UN249135

河合塾
SERIES

2024 大学入学

共通テスト
過去問レビュー

数学 I・A, II・B

河合出版

はじめに

大学入学共通テスト（以下、共通テスト）が、2023年１月14日・15日に実施されました。

その出題内容は、大学入試センターから提示されていた、問題作成の基本的な考え方、各教科・科目の出題方針に概ね則したもので、昨年からの大きな変化はありませんでした。

共通テストでは、大学入試センター試験（以下、センター試験）に比べて、身につけた知識や解法を様々な場面で活用できるか―思考力や判断力を用いて解けるか―を問われる傾向が強くなっています。また、読み取る資料の分量は多く、試験時間をより意識して取り組む必要もあります。

こうした出題方針は、これからも引き継がれていくことでしょう。

一方で、センター試験での出題形式を踏襲した問題も見られました。

センター試験自体、年々「思考力・判断力・表現力」を求める問題が少しずつ増えていき、それが共通テストに引き継がれたのは、とても自然なことでした。

センター試験の過去問を練習することは、共通テスト対策にもつながります。

本書に収録された問題とその解説を十分に活用してください。みなさんの共通テスト対策が充実したものになることを願っています。

本書の構成・もくじ

▶解答・解説編◀

2024年度　実施日程、教科等

9月上旬　　受験案内を配付

⇩

9月下旬～10月上旬　　出願受付・成績通知希望受付

⇩

12月上旬～12月中旬　　受験票等を送付

⇩

2024年 1月13日(土)、14日(日)　　共通テスト（本試験）実施

共通テストの正解等を発表

⇩

国公立大学出願受付

「実施日程」は、本書発行時には未発表であるため2023年度の日程に基づいて作成してあります。また、「2024年度出題教科・科目等」の内容についても2023年3月1日現在大学入試センターが発表している内容に基づいて作成してあります。2024年度の詳しい内容は大学入試センターホームページや2024年度「受験案内」で確認してください。

2024年度出題教科・科目等

大学入学共通テストを利用する大学は、大学入学共通テストの出題教科・科目の中から、入学志願者に解答させる教科・科目及びその利用方法を定めています。入学志願者は、各大学の学生募集要項等により、出題教科・科目を確認の上、大学入学共通テストを受験することになります。

2024年度大学入学共通テストにおいては、次表にあるように6教科30科目が出題されます。

教　科	グループ・科目	時間・配点	出 題 方 法 等
国語	『国語』	80分 200点	「国語総合」の内容を出題範囲とし、近代以降の文章、古典（古文、漢文）を出題する。
地理歴史	「世界史Ａ」 「世界史Ｂ」 「日本史Ａ」 「日本史Ｂ」 「地理Ａ」 「地理Ｂ」 10科目のうちから最大２科目を選択・解答。 同一名称を含む科目の組合せで２科目を選択することはできない。 受験する科目数は出願時に申し出ること。	１科目選択 60分 100点 ２科目選択 130分 （うち解答時間120分） 200点	『倫理，政治・経済』は、「倫理」と「政治・経済」を総合した出題範囲とする。 「同一名称を含む科目の組合せ」とは、「世界史Ａ」と「世界史Ｂ」、「日本史Ａ」と「日本史Ｂ」、「地理Ａ」と「地理Ｂ」、「倫理」と『倫理，政治・経済』及び「政治・経済」と『倫理，政治・経済』の組合せをいう。
公民	「現代社会」 「倫理」 「政治・経済」 『倫理，政治・経済』		
数学	数学① 「数学Ⅰ」 『数学Ⅰ・数学Ａ』 ２科目のうちから１科目を選択・解答。	70分 100点	『数学Ⅰ・数学Ａ』は、「数学Ⅰ」と「数学Ａ」を総合した出題範囲とする。ただし、次に記す「数学Ａ」の３項目の内容のうち、２項目以上を学習した者に対応した出題とし、問題を選択解答させる。 〔場合の数と確率、整数の性質、図形の性質〕
	数学② 「数学Ⅱ」 『数学Ⅱ・数学Ｂ』 『簿記・会計』 『情報関係基礎』 ４科目のうちから１科目を選択・解答。 科目選択に当たり、『簿記・会計』及び『情報関係基礎』の問題冊子の配付を希望する場合は、出願時に申し出ること。	60分 100点	『数学Ⅱ・数学Ｂ』は、「数学Ⅱ」と「数学Ｂ」を総合した出題範囲とする。ただし、次に記す「数学Ｂ」の３項目の内容のうち、２項目以上を学習した者に対応した出題とし、問題を選択解答させる。 〔数列、ベクトル、確率分布と統計的な推測〕 『簿記・会計』は、「簿記」及び「財務会計Ⅰ」を総合した出題範囲とし、「財務会計Ⅰ」については、株式会社の会計の基礎的事項を含め、財務会計の基礎を出題範囲とする。 『情報関係基礎』は、専門教育を主とする農業、工業、商業、水産、家庭、看護、情報及び福祉の８教科に設定されている情報に関する基礎的科目を出題範囲とする。
理科	理科① 「物理基礎」 「化学基礎」 「生物基礎」 「地学基礎」 ８科目のうちから下記のいずれかの選択方法により科目を選択・解答。 Ａ　理科①から２科目 Ｂ　理科②から１科目 Ｃ　理科①から２科目及び理科②から１科目 Ｄ　理科②から２科目 受験する科目の選択方法は出願時に申し出ること。	２科目選択 60分 100点	理科①については、１科目のみの受験は認めない。
	理科② 「物理」 「化学」 「生物」 「地学」	１科目選択 60分 100点 ２科目選択 130分（うち解答時間120分） 200点	
外国語	『英語』『ドイツ語』 『フランス語』『中国語』 『韓国語』 ５科目のうちから１科目を選択・解答。 科目選択に当たり、『ドイツ語』、『フランス語』、『中国語』及び『韓国語』の問題冊子の配付を希望する場合は、出願時に申し出ること。	『英語』 【リーディング】 80分 100点 【リスニング】 60分（うち解答時間30分） 100点 『ドイツ語』 『フランス語』 『中国語』 『韓国語』 【筆記】 80分 200点	『英語』は、「コミュニケーション英語Ⅰ」に加えて「コミュニケーション英語Ⅱ」及び「英語表現Ⅰ」を出題範囲とし、【リーディング】と【リスニング】を出題する。 なお、【リスニング】には、聞き取る英語の音声を２回流す問題と、１回流す問題がある。 リスニングは、音声問題を用い30分間で解答を行うが、解答開始前に受験者に配付したICプレーヤーの作動確認・音量調節を受験者本人が行うために必要な時間を加えた時間を試験時間とする。

1．「　」で記載されている科目は、高等学校学習指導要領上設定されている科目を表し、『　』はそれ以外の科目を表す。
2．地理歴史及び公民並びに理科②の試験時間において２科目を選択する場合は、解答順に第１解答科目及び第２解答科目に区分し各60分間で解答を行うが、第１解答科目及び第２解答科目の間に答案回収等を行うために必要な時間を加えた時間を試験時間とする。
3．外国語において『英語』を選択する受験者は、原則として、リーディングとリスニングの双方を解答する。

2023～2019年度結果概要

本試験科目別平均点の推移

（注）2021年度は第１日程のデータを掲載

科目名（配点）	2023年度	2022年度	2021年度	2020年度	2019年度
国語（200）	105.74	110.26	117.51	119.33	121.55
世界史Ａ（100）	36.32	48.10	46.14	51.16	47.57
世界史Ｂ（100）	58.43	65.83	63.49	62.97	65.36
日本史Ａ（100）	45.38	40.97	49.57	44.59	50.60
日本史Ｂ（100）	59.75	52.81	64.26	65.45	63.54
地理Ａ（100）	55.19	51.62	59.98	54.51	57.11
地理Ｂ（100）	60.46	58.99	60.06	66.35	62.03
現代社会（100）	59.46	60.84	58.40	57.30	56.76
倫理（100）	59.02	63.29	71.96	65.37	62.25
政治・経済（100）	50.96	56.77	57.03	53.75	56.24
倫理，政治・経済（100）	60.59	69.73	69.26	66.51	64.22
数学Ⅰ（100）	37.84	21.89	39.11	35.93	36.71
数学Ⅰ・数学Ａ（100）	55.65	37.96	57.68	51.88	59.68
数学Ⅱ（100）	37.65	34.41	39.51	28.38	30.00
数学Ⅱ・数学Ｂ（100）	61.48	43.06	59.93	49.03	53.21
物理基礎（50）	28.19	30.40	37.55	33.29	30.58
化学基礎（50）	29.42	27.73	24.65	28.20	31.22
生物基礎（50）	24.66	23.90	29.17	32.10	30.99
地学基礎（50）	35.03	35.47	33.52	27.03	29.62
物理（100）	63.39	60.72	62.36	60.68	56.94
化学（100）	54.01	47.63	57.59	54.79	54.67
生物（100）	48.46	48.81	72.64	57.56	62.89
地学（100）	49.85	52.72	46.65	39.51	46.34
英語［リーディング］（100）	53.81	61.80	58.80	－	－
英語［筆記］（200）	－	－	－	116.31	123.30
英語［リスニング］（100）	62.35	59.45	56.16	－	－
英語［リスニング］（50）	－	－	－	28.78	31.42

※2023年度及び2021年度は得点調整後の数値

本試験科目別受験者数の推移

（注）2021年度は第１日程のデータを掲載

科目名	2023年度	2022年度	2021年度	2020年度	2019年度
国語	445,358	460,966	457,304	498,200	516,858
世界史Ａ	1,271	1,408	1,544	1,765	1,346
世界史Ｂ	78,185	82,985	85,689	91,609	93,230
日本史Ａ	2,411	2,173	2,363	2,429	2,359
日本史Ｂ	137,017	147,300	143,363	160,425	169,613
地理Ａ	2,062	2,187	1,952	2,240	2,100
地理Ｂ	139,012	141,375	138,615	143,036	146,229
現代社会	64,676	63,604	68,983	73,276	75,824
倫理	19,878	21,843	19,954	21,202	21,585
政治・経済	44,707	45,722	45,324	50,398	52,977
倫理，政治・経済	45,578	43,831	42,948	48,341	50,886
数学Ⅰ	5,153	5,258	5,750	5,584	5,362
数学Ⅰ・数学Ａ	346,628	357,357	356,492	382,151	392,486
数学Ⅱ	4,845	4,960	5,198	5,094	5,378
数学Ⅱ・数学Ｂ	316,728	321,691	319,696	339,925	349,405
物理基礎	17,978	19,395	19,094	20,437	20,179
化学基礎	95,515	100,461	103,073	110,955	113,801
生物基礎	119,730	125,498	127,924	137,469	141,242
地学基礎	43,070	43,943	44,319	48,758	49,745
物理	144,914	148,585	146,041	153,140	156,568
化学	182,224	184,028	182,359	193,476	201,332
生物	57,895	58,676	57,878	64,623	67,614
地学	1,659	1,350	1,356	1,684	1,936
英語［リーディング］	463,985	480,762	476,173	518,401	537,663
英語［リスニング］	461,993	479,039	474,483	512,007	531,245

志願者・受験者の推移

区分		2023年度	2022年度	2021年度	2020年度	2019年度
志願者数		512,581	530,367	535,245	557,699	576,830
内訳	高等学校等卒業見込者	436,873	449,369	449,795	452,235	464,950
	高等学校卒業者	71,642	76,785	81,007	100,376	106,682
	その他	4,066	4,213	4,443	5,088	5,198
受験者数		474,051	488,383	484,113	527,072	546,198
内訳	本試験のみ	470,580	486,847	(注1)482,623	526,833	545,588
	追試験のみ	2,737	915	(注2)1,021	171	491
	本試験＋追試験	707	438	(注2)407	59	102
欠席者数		38,530	41,984	51,132	30,627	30,632

（注１）2021年度の本試験は、第１日程及び第２日程の合計人数を掲載

（注２）2021年度の追試験は、第２日程の人数を掲載

出題分野一覧

＜数学Ⅰ・A＞

	旧課程科目	'13		'14		'15		'16		'17		'18		'19		'20		'21		'22		'23	
		本試	追試	本試	追試	本試	追試	本試	追試	本試	追試	本試	追試	本試	追試	本試	追試	第1	第2	本試	追試	本試	追試
(数学Ⅰ) 数と式																							
1次不等式	Ⅰ	●	●				●	●			●		●		●	**●**	●	●	●		●	●	●
解の公式	Ⅰ	**●**			●	**●**				**●**		**●**		**●**	●			●		**●**			**●**
展開・因数分解	Ⅰ	**●**	●	●	●	**●**	●	●	●	●		●		●		●	●	●		●		●	
実数	Ⅰ	●		●	**●**		**●**	●	●		●		●					●					
整数	★				**●**	●	●		●		●			●	●	●	**●**	●	●				
集合と命題	A	●	●	●	●	●	●	●	●		●	●	●	●	●	●	●	**●**	●	●	**●**	**●**	**●**
(数学Ⅰ) 2次関数																							
2次関数のグラフ	Ⅰ	●	●	●	●	●	●		●	●	●	●	●	●	**●**	●		**●**	**●**	●	**●**	●	●
最大・最小	Ⅰ	●	●	●	●	●	●	●		●		●	●	●	**●**	**●**	●	●	●	**●**	●	●	●
2次方程式・不等式	Ⅰ	●	●	●	●	●	●	●	●	**●**	●	●	●	**●**	●	●	**●**	●		●	**●**		**●**
(数学Ⅰ) 図形と計量																							
相互関係・三角比	Ⅰ		●	●	**●**	●	●	●		**●**	●	●	**●**	●	●	●	●	●	**●**	●	●	●	●
正弦定理・余弦定理	Ⅰ	●	●	●	●	●	●	●	●	●	●	●	●	●	●	●	●	●	●	●	●	●	●
面積(比)計算	Ⅰ	●		●	●	**●**	●	●	●	●	●	●	●	●	**●**	●	**●**	●	●	**●**		●	●
図形の計量	Ⅰ				●		**●**									**●**	**●**						
(数学Ⅰ) データの分析 (＊注)																							
平均, 分散, 標準偏差	B	●	●	●	●			●	●	●	●	●	●	●	●	●	●		●	●	●	●	●
四分位数, 箱ひげ図	−					●	●	●	●	●	●	●	●	●	●	●	●	●	●	●	●	●	
共分散, 相関係数	B	●	●	●	●	●		●	●	●	●	●	●	●	●		●	●	●	●	●	●	●
散布図, ヒストグラムなど	B	●	●	●	●	●	●	●	●	●	●	●	●	●	●	●	●	●	●	●	●	●	**●**
(数学A) 場合の数と確率																							
順列	A	●				●							●									●	
組合せ	A	●	●	●													●						
確率	A	●	●	●	●			●	●	●	●	●	●	●		●	●		●	●	●		●
独立試行(反復試行)	A				●		●		●		●	●			●	●		●		●			●
条件付き確率	C							●	●	●	●	●	●	●	●	●	●	●	●	●			●
(数学A) 整数の性質(新課程)																							
約数・倍数	−					●	●		●	●		●		●	●				●			●	
余りによる分類	−													●	●		●		●		●		●
不定方程式	−					●	●	●	●		●	●	●	●	●		●	●	●	●		●	●
位取り記数法	−							●		●			●			●							
(数学A) 図形の性質																							
相似・合同・比	A	●	●			●	●	●			●					●		●	●	●	●		●
三角形の五心	A	●		●	●	●	●	●	●	●		●		●				●		●	●		●
円の性質	A	●	●	●	●	●	●	●	●	●	●	●	●	●	●	●	●	●	●	●	●	●	●
基本的な定理	A	●				●	●	●	●	●	●	●	●	●	●	●	●	●	●	●	●	●	●

★旧課程では,「整数の性質」は教科書の学習内容としては位置づけられていなかったが,「方程式と不等式」の応用として出題されていた。また, 新課程においても, 中学校レベルの整数の知識は数学Ⅰの問題で扱われている。

●は「数学Ⅰ」専用問題のみで扱われた部分。

(＊注) 旧課程初年度の2006年度から2014年度ではデータの分析と内容的に重なりの大きい「統計とコンピュータ」が『数学Ⅱ・数学B』に出題されていた。

＜数学Ⅱ・B＞

	旧課程科目	'13 本試	'13 追試	'14 本試	'14 追試	'15 本試	'15 追試	'16 本試	'16 追試	'17 本試	'17 追試	'18 本試	'18 追試	'19 本試	'19 追試	'20 本試	'20 追試	'21 第1	'21 第2	'22 本試	'22 追試	'23 本試	'23 追試
（数学Ⅱ）いろいろな式																							
整式の割り算	Ⅱ	●	●	●			●	●	●	●		●		●	●	●	●	●	●	●	●	●	◍
展開・二項定理	I/A									●			●		●								
分数式	Ⅱ												●			●							
恒等式	Ⅱ				●						●		●					●		●			
相加・相乗など	Ⅱ		◍			◍	◍		◍	●			●					◍					
解と係数の関係	Ⅱ	●	●	●	●	●	●	●		◍	●			●	●				●	●			●
剰余定理・因数定理	Ⅱ	●	●	●		●	●	●	●	●		●		●	●	●	●	●	●		●	●	◍
高次方程式	Ⅱ	●	●	●	●	●	●	●	●	●	●	●	●	●	●	●			●	●	●	●	◍
（数学Ⅱ）図形と方程式																							
点・直線・距離	Ⅱ	◍		◍		●	◍	●	◍	●	●	●	●	●	◍	●	●	●	●	◍	◍	●	◍
円，円と直線	Ⅱ	◍	◍	◍	●	●	◍	●	◍	●		●	●	●	◍	●	●	●	●	◍	◍	●	●
放物線と直線	Ⅱ						◍																
軌跡	Ⅱ		◍			●			◍	●		●		●				●				●	●
不等式と領域	Ⅱ		◍								●		●						●	◍	◍		
（数学Ⅱ）三角関数																							
加法定理・倍角公式	Ⅱ	●	◍	●	◍	◍	●	◍	●	◍	◍	◍	◍	◍	●	◍	◍		◍	◍	◍	◍	●
三角関数の合成	Ⅱ		◍	●	◍		●				◍	◍		◍		◍	◍	◍	◍				●
グラフ	Ⅱ			●			●																●
融合問題	Ⅱ					◍		◍	●	◍			◍		●	◍	◍			●	◍		
（数学Ⅱ）指数・対数																							
指数・対数の計算	Ⅱ			◍	◍			◍	◍	◍	◍	◍	◍	◍	◍	◍	◍	◍	◍	◍	●	◍	◍
方程式・不等式	Ⅱ	◍		◍	◍	◍	◍		◍	◍	◍	◍	◍	◍	◍	◍	◍	◍		◍			
桁数	Ⅱ																		◍				
融合問題	Ⅱ		●	◍		◍		◍	◍	◍		◍	◍		◍	◍		◍		◍	●	◍	◍
（数学Ⅱ）微積分																							
極限値	Ⅱ					◍																	
接線	Ⅱ	◍	◍	◍		◍	◍			◍	◍	◍	◍	◍	◍	◍	◍	◍		◍			
極値・最大最小	Ⅱ	◍		◍	◍	◍	◍	◍	◍	◍	◍	◍		◍		◍	◍	◍	◍	◍	◍	◍	◍
方程式への応用	Ⅱ										◍								◍	◍			
面積	Ⅱ	◍	◍	◍	◍	◍	◍	◍	◍	◍	◍	◍	◍	◍	◍	◍	◍	◍	◍	◍	◍		
積分(面積を除く)	Ⅱ							◍				◍							◍			◍	◍
（数学B）数列																							
等差数列・等比数列	B	◍	◍	◍		◍		◍		◍	◍	◍	◍	◍			◍	◍	◍			◍	◍
階差数列	B			◍			◍				◍	◍		◍	◍	◍			◍	◍	◍		
いろいろな和	B	◍	◍	◍	◍	◍		◍	◍	◍	◍	◍	◍	◍	◍	◍	◍				◍		
漸化式	B	◍		◍	◍	◍	◍				◍		◍	◍	◍	◍	◍	◍	◍	◍	◍	◍	◍
その他	B	◍			◍	◍	◍	◍	◍	◍		◍				◍	◍		◍	◍	◍		
（数学B）ベクトル																							
平面ベクトル	B	◍			◍	◍	◍		◍	◍		◍					◍	◍		◍			
空間ベクトル	B		◍	◍				◍			◍		◍	◍	◍	◍		◍	◍		◍	◍	◍
（数学B）確率分布																							
確率変数の期待値，分散	C					◍	◍	◍	◍	◍	◍	◍	◍	◍	◍	◍	◍	◍	◍	◍	◍	◍	◍
二項分布，正規分布	C					◍	◍	◍	◍	◍	◍	◍	◍	◍	◍	◍	◍	◍	◍	◍	◍	◍	◍
推定	C					◍	◍	◍	◍		◍	◍	◍	◍	◍	◍	◍	◍	◍			◍	◍

●は「数学Ⅱ」専用問題のみで扱われた部分。

出題傾向と学習対策

出題傾向

〈数学Ⅰ・A〉

(1)　**数と式**

１次方程式・不等式，２次方程式・不等式，対称式の計算，無理数の計算，高次式の値，絶対値を含む方程式・不等式などについての出題が予想される。無理数の計算では，有理化や無理数の整数部分・小数部分などの出題も注意が必要。

集合と論理も重要である。ド・モルガンの法則，命題の反例，命題の逆・対偶などをはじめ，必要条件・十分条件を判断する問題も十分に演習を積んでおこう。また，他の分野との融合問題も出題されるので注意しておこう。

(2)　**２次関数**

２次関数のグラフの平行移動・対称移動，２次関数の決定問題，頂点の座標を求める問題をはじめ，最大値および最小値を放物線の軸の位置によって場合分けを行い求める問題や置き換えを行う問題をまず勉強しておこう。また，放物線と x 軸との位置関係を利用する２次方程式・不等式との融合問題にも注意が必要である。

そして，**日常の事象（速さ，利益など）を題材とした文章題や図形と計量の分野と融合した問題**を中心にしっかり演習しておこう。

(3)　**図形と計量**

三角比の相互関係，$180°-\theta$ の三角比，正弦定理，余弦定理，面積公式に加えて，中学校で学習した円の性質，平行線の性質，相似比と面積比・体積比の関係などを用いた**測量の出題**が考えられる。また，定理や性質などの証明の問題および角や辺の大小関係の問題，さらに，図形から最大・最小を読み取る問題も出題されるので演習が必要である。そして，２次関数との融合問題も気をつけておきたい。

(4)　**データの分析**

平均値，分散，標準偏差，四分位数，相関係数などの統計量を求めることができるようにすること。ヒストグラム，箱ひげ図，散布図などの読み取りも重要である。さらに，変量の変換に関する問題も出題されているから，しっかり演習を積んでおこう。また，図から情報を引き出す練習も十分にしておきたい。

(5)　**場合の数と確率**

この分野は，問題文が長く，読み取るのに時間がかかる問題が多い。したがって，設定を読み間違えると正しい答えが得られないので，文章を正確に捉えられるように国語力の養成をしておくことも必要である。

また，文字の並べ方，サイコロ，カード・球の取り出し方，くじ引き，経路など，扱われるテーマは多岐にわたるので，幅広く練習しておこう。

さらに，確率の基本性質を使う問題や反復試行の確率はもちろんだが，条件付き確率は特に力を入れて学習しておこう。

(6) **整数の性質**

まずは，不定方程式 $ax+by=c$ の解法を理解しよう。x，y の組を１つ求めるためにはユークリッドの互除法も有効である。

他に，倍数の判定法，最大公約数・最小公倍数，余りによる整数の分類，n 進法なども重要であり，年々レベルがUPしている。記述レベルの問題まで演習しておいた方がよい。

(7) **図形の性質**

相似，三角形の重心・内心・外心，円の性質，角の二等分線の性質など基本的な内容を理解して使いこなせるようにしておきたい。特に，方べきの定理，チェバ・メネラウスの定理などを使う問題は十分に演習を積み重ねてもらいたい。また，定理や性質の証明および図形と計量の分野との融合や作図にも気をつけておこう。

〈数学Ⅱ・B〉

2021年度から従来のセンター試験に代わって共通テストが行われている。共通テストの試行調査や，これまでの共通テストを見る限りでは，共通テストにはセンター試験ではあまり見られなかったいくつかの特徴がある。

- ・数学の日常現象への応用。
- ・会話文の読み取り。
- ・問題文で２個の方針を提示して，いずれかの方針に沿って問題を解く。
- ・間違いの発見。
- ・選択肢を選ぶ問題の増加。

等である。これらによって，問題文が従来のセンター試験よりも長くなる傾向にあるため，短時間で正確に文章を読む訓練が必要となる。また，解法を丸暗記するだけでは通用しない論理的な思考力も従来以上に要求される。

以上のことも踏まえて，センター試験の過去問もしっかり研究しよう。

以下に過去のセンター試験の特徴を記す。

過去のセンター試験の特徴として，

① 60分の試験時間に対して問題量が多い

② ほとんど全分野から偏りなく出題される

という２点が挙げられる。②の特徴のため，学習すべき範囲が多く，受験生にとって負担であり，①の特徴のため，数学を得意とする受験生でもこの科目が思わぬ落とし穴になる場合がある。また，

③ 出題が特定のテーマに集中しないように，出題が多様化している

という特徴も目立ってきた。過去問では扱われていないようなテーマの問題にも注意を払う必要がある。分野ごとに過去の出題傾向と今後の出題予想，注意点を見ていこう。

⑴　**いろいろな式**

この単元は，過去の『数学Ⅱ・数学B』の試験においては単独では出題されてこなかった。今後もこの傾向は続くものと思われる。ただし，2008年度，2015年度，2021年度の試験では，指数関数・対数関数との融合問題として，「相加平均と相乗平均の大小関係」が出題されている。一通りのことを学習しておきたい。

⑵　**図形と方程式**

過去においては，微分法・積分法との融合問題が多かった。2013年度と2014年度，2022年度の本試においては，第1問にこの単元単独の問題が出題されているので，この分野の学習も怠らないようにすべきである。

⑶　**指数関数・対数関数**

指数・対数に関する基本的理解力を問う問題が過去の問題の主流であるが，2次関数や数と式の知識を必要とする融合問題も出題されているので要注意である。

⑷　**三角関数**

加法定理，2倍角の公式，合成の公式などの種々の公式の運用力を問う典型問題が出題の中心である。$\sin\alpha=\frac{1}{5}$ のように明示的に書き表せないような角を用いた問題も出題されている。

⑸　**微分・積分の考え**

接線，微分して増減や極値を調べる問題をはじめとして，図形と方程式の内容に絡めて面積を計算する問題などが出題されるだろう。この単元の問題は，これまで30点の配点であったが，今後も出題の中心となる可能性が高いので，問題演習を積み重ねてもらいたい。

⑹　**数列**

等差数列・等比数列の一般項や和，$\sum$記号による和の計算，階差数列，漸化式，群数列，数学的帰納法など内容が多く，計算力が必要である。見かけが少々複雑で，いくつかのテーマを融合した問題もよく出題されている。この分野は特に出題者の意図する誘導にうまく乗ることが必要となる。

⑺　**ベクトル**

過去10年間，空間と平面の違いはあっても，内積を含むベクトルの計算が出題されてきた。空間ベクトルが出題される場合は，平面と直線の垂直条件が出題されることもある。また，空間座標の問題も出題されており，計算量が多い年もある。

共通テスト向けの問題集を解き，苦手意識を払拭しよう。

⑻　**確率分布と統計的な推測**

平均（期待値）と分散，二項分布，正規分布，推定など多様なテーマのある単元である。数列やベクトルが苦手であるという理由でこの単元を選択するのはお勧めできない。選択するのであれば，かなりの学習が必要である。

学習対策

〈数学Ⅰ・A〉

① まずは，基本公式・定理を正しく使えるようにしよう。特に，正弦定理，余弦定理，方べきの定理，チェバ・メネラウスの定理などは素早く的確に使えるように十分な演習を積んでおきたい。

② 不得意分野については，設問全体の半分くらいでよいので，**得点しやすい部分をきちんと取る**ように努力しよう。この辺りの粘りが大きな差を生むことになる。

③ 得意分野については，正確に，しかも速く解けるように心がけよう。もちろん，**正確**であることの方が大切である。余力があれば，少し面倒な計算にも挑戦しよう。

④ 問題文の長さに慣れよう。読み取るのに時間がかかる反面，**問題文の中に多くのヒント**が隠されている。図形問題や確率などでは文章が長いものが多いが，設問の流れを読み取り，出題者が意図した誘導に乗ることができれば，スムーズに解答することが可能である。ただ，配点の割には時間を消費してしまうような最後の設問部分には気をつけたい。場合によっては後回しにしてもよいだろう。

⑤ 上手に時間配分ができるようになろう。まず，**易しい問題**から手をつけたい。

⑥ 日常の事象を題材とした問題などは計算が煩雑なことが多いので，日頃から計算用紙の使い方，書き方を意識しながら**計算の工夫**をする練習をしておこう。

以下は問題における取り組み方について述べる。

場合分けを丁寧に

2次関数の最大・最小の問題や，確率の問題では，面倒がらずに場合分けをすれば解ける問題が多い。また，確率では，個数の少ない場合やある特定の場合を具体的に考えると，よいアイデアが浮かぶことが多い。

計算とグラフ・図・表の連携で解こう

計算式を連ねるだけでは，途中で行き詰まることが多い。といって，図だけでは正確な数値は求めにくい。両方の長所を使って，互いに補い合うような解き方を目指そう。時間的にとても忙しい試験であるから，正確さと速さの両方を追求するにはこれしかない。

2次関数でのグラフの利用，三角形・四角形・円などの図の利用，確率での表の利用などはとても有効である。

図を正確に描く練習をしておこう

数学Ⅰの「図形と計量」と数学Aの「図形の性質」では図形を正確に描かないと問題が解けないことがしばしばある。2018年度本試では線分の長さの大小から図形の形状を読み取る問題が2題も出題された。日頃から意識して正しい図を描く練習をしておこう。

定形部分は手早くこなそう

公式を当てはめるだけ，代入するだけ，係数を比較するだけのような，決まりきった形の設問は時間をかけずにこなせるようになろう。そこで余裕を生じさせ，考えなければいけない部分にはじっくり時間をかけて取り組もう。易しい部分は速く，難しい部分はゆっくりというように強弱をつけ，より効率的に時間を活用できるようにしよう。

問題の流れをしっかりつかもう

(1)，(2)，(3)，…と順に積み上げていく問題では，たとえば，(5)が最後の設問だったとすると，(1)〜(4)までの設問がヒントとなる場合が極めて多いので注意しよう。(2019年本試第４問整数の性質，2021年本試第１日程第５問図形の性質の問題を参照しておこう)

また，最後の設問がその前の設問までの解き方を模範にして初めから自分で解くスタイルのものも近年多いのでこのような問題の演習をしておきたい。

一方，(1)と(2)で設定が変わる問題もあるので注意しなければならない。このような問題では，(1)が解けなくても(2)が解けることもある。

文章題の問題をたくさん解いておこう

共通テストでは文章題の出題が多いのが特徴であるから，日頃から少しずつ解いておくことが大切である。

証明の練習もしておこう

図形の問題では証明が出題される可能性が高いので，少なくとも教科書に載っている証明は必ず手を動かして証明しておこう。

解答時間を変えてみよう

最初は時間を気にせず最後まで解くようにしよう。まずは，内容の理解が大切である。

また，制限時間内に解くためには，大問１題に15分強くらいしか割り当てることができない。ある程度の練習をこなした後は，きちんと時間を測って，短い時間の中ですべて解けるように頑張ってみよう。

選択問題に気をつけよう

『数学Ⅰ・数学A』の試験においては，「場合の数と確率」「整数の性質」「図形の性質」の３題から２題を選択する。試験場ですべての問題を解いてからどの問題にするかを決めるのでは時間が足りなくなるので，あらかじめどの問題を解答するか決めておくとよいが，難易度にバラつきがあるので注意しておこう。

いずれにしても，きちんと目標をもって問題演習をこなすことが，実力アップへの早道である。計画的に毎日コツコツと努力を重ねよう。

〈数学Ⅱ・B〉

(1)　分野に偏らない演習

『数学Ⅱ・数学B』の試験では，試験範囲のほとんど全分野から出題される。しかも，出題内容も多様化の傾向が見られるので，特定の分野やテーマに偏って(いわゆる「ヤマをかけて」)学習するのは避けるべきである。

教科書の章末問題を利用して，基本的な定理や公式を確認し整理した上で，分野ごとに問題を並べた問題集を利用するとよいだろう。典型問題を繰り返し解くことで，粘り強い計算力としっかりとした思考力を身につけることができるはずである。

(2)　実戦的な練習

60分で実質４題の問題を解かなければならない。問題の文章が長いものも多く，効率よく解かなければならない。共通テストで高得点を得るためには，分野ごとの演習に加えて共通テスト向けの問題を60分という時間の中で解答する訓練が必要である。なお，正解をマークするのにもある程度の時間はかかるので，演習の際は注意が必要である。

(3)　融合問題に慣れる

「出題傾向」でも述べたように，過去においては複数分野の融合問題が少なからず出題されている。数多くの問題を１つの問題に盛り込もうとした結果，このような出題形式になったとも考えられる。今後もこの傾向は続くだろう。

これは，分野ごとに学習を進めた場合，見落としがちな部分である。本書には様々な融合問題が含まれているので，本書の学習を終えた後に，再度融合問題だけを採り上げて研究してもよいだろう。

(4)　図形問題の練習

センター試験の成績を分析すると，図形的な判断力を要する設問で得点差が開いていることが多い。これは，図形と方程式やベクトルに限ったことではない。他の分野でも図形的要素を含む設問で同様の傾向が見られる。図形問題を苦手とする受験生は多いが，共通テストにおいても避けることのできない分野である。きちんと練習して対処の仕方を身につけてほしい。

数学Ⅰ・数学A
数学Ⅱ・数学B
数学Ⅰ
数学Ⅱ

（2023年1月実施）

	受験者数	平均点
数学Ⅰ・数学A	346,628	55.65
数学Ⅱ・数学B	316,728	61.48
数学Ⅰ	5,153	37.84
数学Ⅱ	4,845	37.65

数学Ⅰ・数学A

解答・採点基準

（100点満点）

問題番号(配点)	解答記号	正解	配点	自己採点
第1問(30)	アイ	－8	2	
	ウエ	－4	1	
	オ，カ	2，2	2	
	キ，ク	4，4	2	
	ケ，コ	7，3	3	
	サ	⓪	3	
	シ	⑦	3	
	ス	④	2	
	セソ	27	2	
	$\frac{タ}{チ}$	$\frac{5}{6}$	2	
	$ツ\sqrt{テト}$	$6\sqrt{11}$	3	
	ナ	⑥	2	
	$ニヌ(\sqrt{ネノ}+\sqrt{ハ})$	$10(\sqrt{11}+\sqrt{2})$	3	
第1問　自己採点小計				
第2問(30)	ア	②	2	
	イ	⑤	2	
	ウ	①	2	
	エ	②	3	
	オ	②	3	
	カ	⑦	3	
	キ，ク	4，3	3	
	ケ，コ	4，3	3	
	サ	②	3	
	$\frac{シ\sqrt{ス}}{セソ}$	$\frac{5\sqrt{3}}{57}$	3	
	タ，チ	⓪，⓪	3	
第2問　自己採点小計				

問題番号(配点)	解答記号	正解	配点	自己採点
第3問(20)	アイウ	320	3	
	エオ	60	3	
	カキ	32	3	
	クケ	30	3	
	コ	②	3	
	サシス	260	2	
	セソタチ	1020	3	
第3問　自己採点小計				
第4問(20)	アイ	11	2	
	ウエオカ	2310	3	
	キク	22	3	
	ケコサシ	1848	3	
	スセソ	770	2	
	タチ	33	2	
	ツテトナ	2310	2	
	ニヌネノ	6930	3	
第4問　自己採点小計				
第5問(20)	アイ	90	2	
	ウ	③	2	
	エ	④	3	
	オ	③	3	
	カ	②	2	
	キ	③	3	
	$\frac{ク\sqrt{ケ}}{コ}$	$\frac{3\sqrt{6}}{2}$	3	
	サ	7	2	
第5問　自己採点小計				
自己採点合計				

（注）

第1問，第2問は必答。

第3問～第5問のうちから2問選択。計4問を解答。

第1問　数と式，図形と計量

〔1〕 実数 x についての不等式 $|x+6|\leqq 2$ の解は，

$$-2\leqq x+6\leqq 2$$

すなわち，

$$\boxed{-8}\leqq x\leqq\boxed{-4}$$

である．　(*)

← $|X|\leqq A \iff -A\leqq X\leqq A$.（$A$ は正の定数）．

$\left|(1-\sqrt{3})(a-b)(c-d)+6\right|\leqq 2$（$a$，$b$，$c$，$d$ は実数）

は，(*)より，

$$-8\leqq(1-\sqrt{3})(a-b)(c-d)\leqq -4$$

となるから，$1-\sqrt{3}$ が負であることに注意すると，

$$\frac{-8}{1-\sqrt{3}}\geqq(a-b)(c-d)\geqq\frac{-4}{1-\sqrt{3}}$$

← 両辺を負の数で割ったり，掛けたりすると不等号の向きは変わる．

すなわち，

$$\frac{4}{\sqrt{3}-1}\leqq(a-b)(c-d)\leqq\frac{8}{\sqrt{3}-1}$$

となる．

よって，$(a-b)(c-d)$ のとり得る値の範囲は，

$$\boxed{2}+\boxed{2}\sqrt{3}\leqq(a-b)(c-d)$$
$$\leqq\boxed{4}+\boxed{4}\sqrt{3}$$

である．

← $\dfrac{4}{\sqrt{3}-1}=\dfrac{4(\sqrt{3}+1)}{(\sqrt{3}-1)(\sqrt{3}+1)}=\dfrac{4(\sqrt{3}+1)}{2}=2(\sqrt{3}+1)=2+2\sqrt{3}$,

$\dfrac{8}{\sqrt{3}-1}=2\cdot\dfrac{4}{\sqrt{3}-1}=2(2+2\sqrt{3})=4+4\sqrt{3}$.

特に，

$$(a-b)(c-d)=4+4\sqrt{3}, \quad\cdots①$$
$$(a-c)(b-d)=-3+\sqrt{3} \quad\cdots②$$

が成り立つときの $(a-d)(c-b)$ の値を求める．

①より，

$$ac-ad-bc+bd=4+4\sqrt{3}. \quad\cdots①'$$

②より，

$$ab-ad-bc+cd=-3+\sqrt{3}. \quad\cdots②'$$

①′−②′ より，

$$ac-ab+bd-cd=7+3\sqrt{3}$$

すなわち，

$$a(c-b)-d(c-b)=7+3\sqrt{3}$$

となるから，

$$(a-d)(c-b)=\boxed{7}+\boxed{3}\sqrt{3} \quad\cdots③$$

である．

〔2〕

(1)(i)

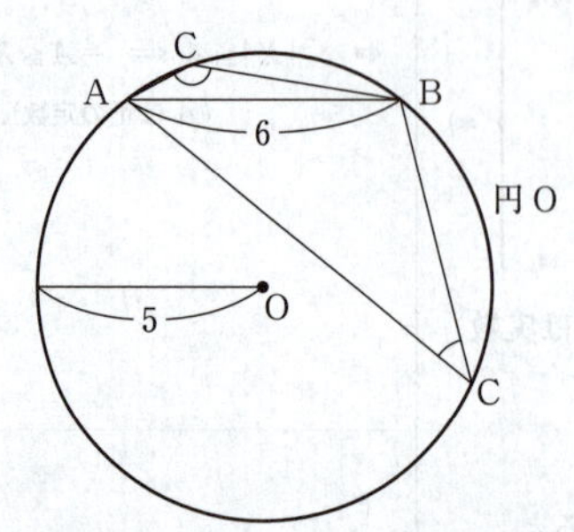

△ABC の外接円の半径は 5 より，正弦定理を用いると，

$$\frac{6}{\sin\angle ACB}=2\cdot 5$$

となるから，

$$\sin\angle ACB=\frac{3}{5}$$　⓪ …サ

である．

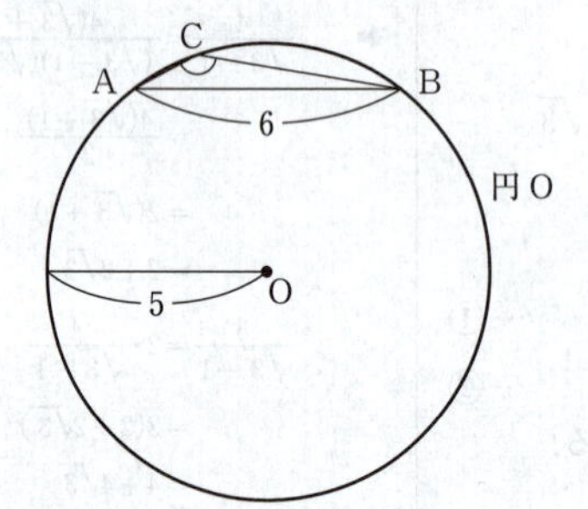

また，∠ACB は鈍角であるから，$\cos\angle ACB<0$ より，

$$\cos\angle ACB=-\sqrt{1-\sin^2\angle ACB}$$
$$=-\sqrt{1-\left(\frac{3}{5}\right)^2}$$
$$=-\frac{4}{5}$$　⑦ …シ

である．

(ii)　△ABC の面積が最大となるような点 C は，点 O を通り辺 AB に垂直な直線と円 O との 2 交点のうち，線分 OC と辺 AB が交点をもたない方の点であり，図示すると次のようになる．

正弦定理

$$\frac{a}{\sin A}=\frac{b}{\sin B}=\frac{c}{\sin C}=2R.$$

（R は外接円の半径）

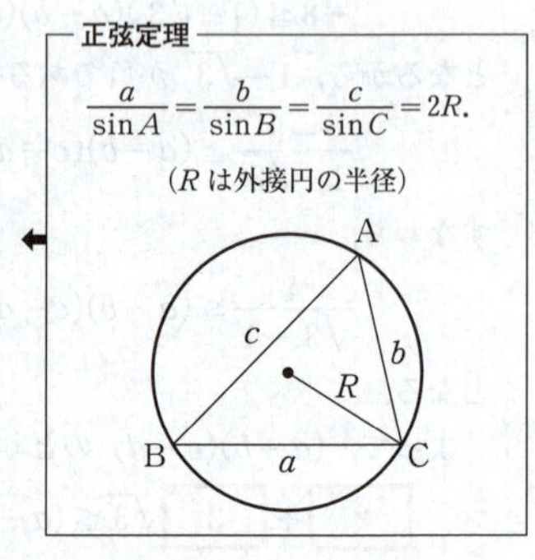

∠ACB は鈍角．

$90°<\theta<180°$ のとき，$\cos\theta<0$.

$\sin^2\theta+\cos^2\theta=1$ と $\cos\theta<0$ より，

$$\cos\theta=-\sqrt{1-\sin^2\theta}.$$

点 C と直線 AB の距離を h とすると，

$$\triangle ABC=\frac{1}{2}AB\cdot h=\frac{1}{2}\cdot 6h=3h.$$

これより，h が最大のとき，△ABC の面積は最大となる．

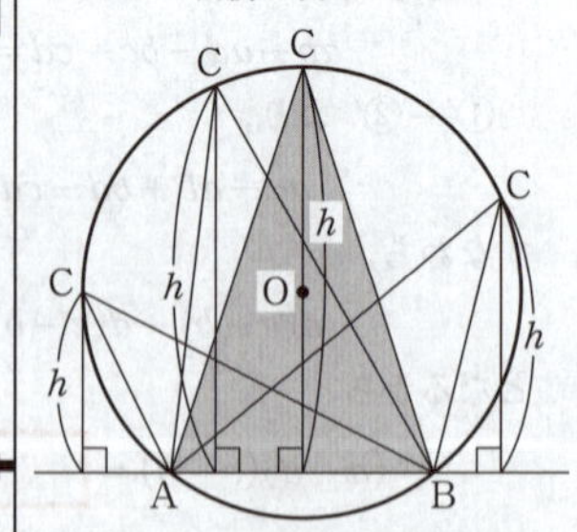

h が最大となるのは，点 C が直線 AB に関して点 O と同じ側にあり，かつ，CO⊥AB のときである．

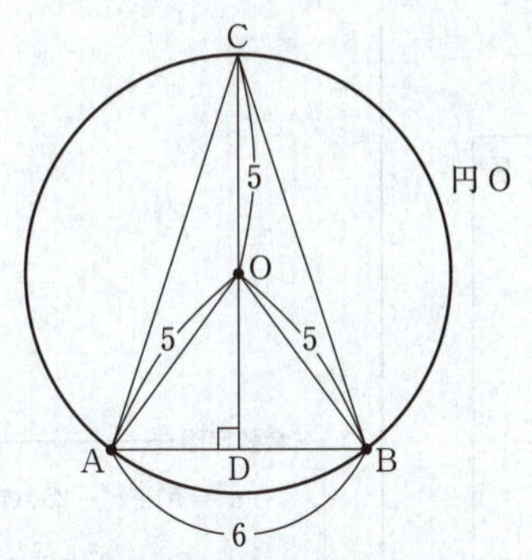

点Cから直線ABに引いた垂線と直線ABとの交点Dは上図の位置にあり，△OAD≡△OBDより，Dは辺ABの中点である．

これより，$AD=\frac{1}{2}AB=\frac{1}{2}\cdot 6=3$ となるから，直角三角形OADに三平方の定理を用いると，

$$OD=\sqrt{OA^2-AD^2}=\sqrt{5^2-3^2}=4.$$

よって，直角三角形OADに注目して，

$$\tan\angle OAD=\frac{OD}{AD}=\frac{4}{3}\quad \boxed{④}\ \cdots ス$$

である．

また，△ABCの面積は，

$$\frac{1}{2}\cdot AB\cdot CD=\frac{1}{2}\cdot AB\cdot(CO+OD)$$
$$=\frac{1}{2}\cdot 6\cdot(5+4)$$
$$=\boxed{27}$$

である．

直角三角形と三角比

$$\sin\theta=\frac{b}{c},$$
$$\cos\theta=\frac{a}{c},$$
$$\tan\theta=\frac{b}{a}.$$

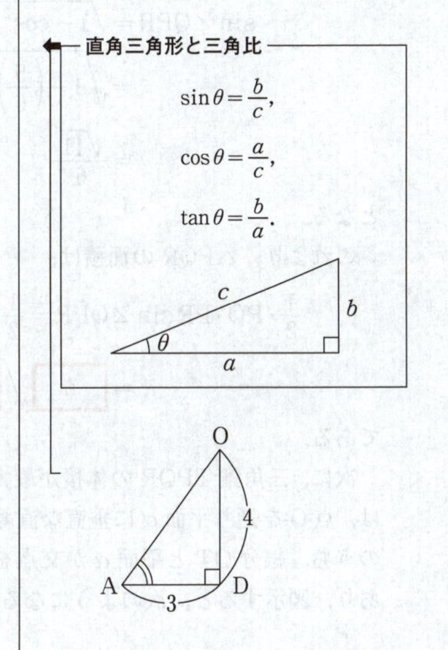

(2)

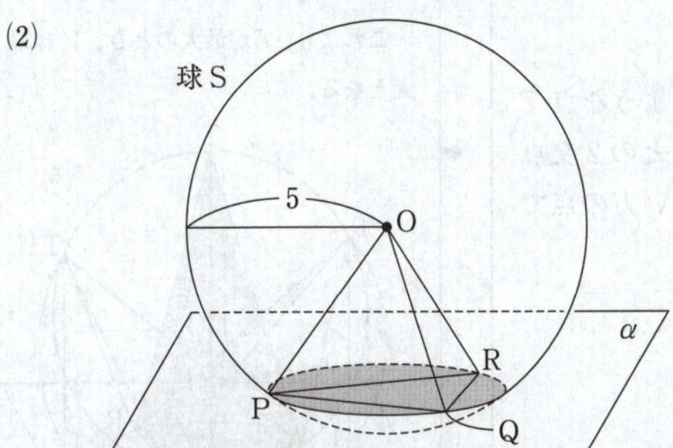

球Sの中心をOとすると，3点P，Q，Rは球面上にあるから，

$$OP=OQ=OR=5$$

である．

平面 α 上は次図のようになっている．

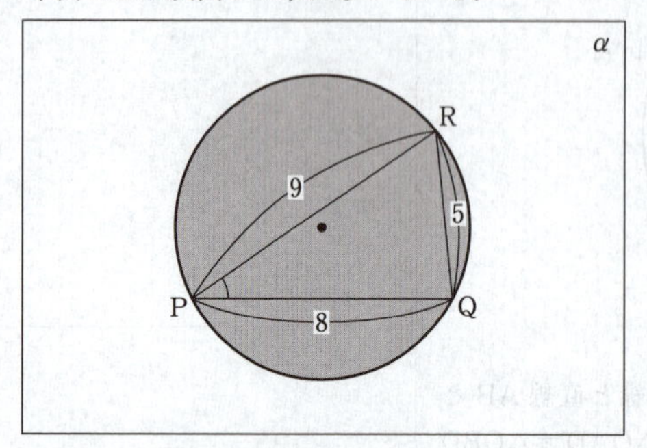

$\triangle$PQR に余弦定理を用いると，

$$\cos\angle\mathrm{QPR}=\frac{8^2+9^2-5^2}{2\cdot8\cdot9}=\frac{120}{2\cdot8\cdot9}=\frac{\boxed{5}}{\boxed{6}}$$

であり，$0^\circ<\angle\mathrm{QPR}<180^\circ$ より，$\sin\angle\mathrm{QPR}>0$ であるから，

$$\sin\angle\mathrm{QPR}=\sqrt{1-\cos^2\angle\mathrm{QPR}}$$
$$=\sqrt{1-\left(\frac{5}{6}\right)^2}$$
$$=\frac{\sqrt{11}}{6}$$

となる．

これより，$\triangle$PQR の面積は，

$$\frac{1}{2}\cdot\mathrm{PQ}\cdot\mathrm{PR}\sin\angle\mathrm{QPR}=\frac{1}{2}\cdot8\cdot9\cdot\frac{\sqrt{11}}{6}$$
$$=\boxed{6}\sqrt{\boxed{11}}$$

である．

次に，三角錐 TPQR の体積が最大となるような点 T は，点 O を通り平面 α に垂直な直線と球 S との 2 交点のうち，線分 OT と平面 α が交点をもたない方の点であり，図示すると，次のようになる．

余弦定理

$$a^2=b^2+c^2-2bc\cos A,$$
$$\cos A=\frac{b^2+c^2-a^2}{2bc}.$$

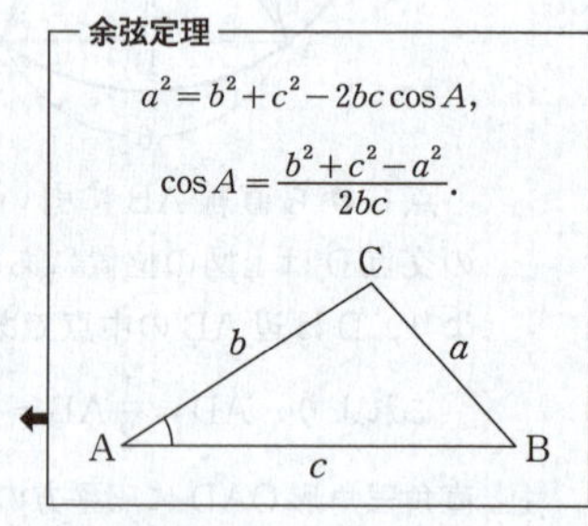

三角形の面積

$$(\triangle\mathrm{ABC}\text{ の面積})=\frac{1}{2}bc\sin A.$$

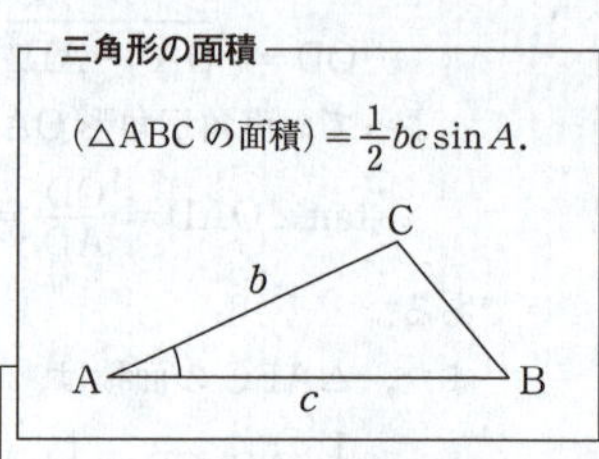

点 T と平面 α の距離を ℓ とし，三角錐 TPQR の体積を V とすると，

$$V=\frac{1}{3}\cdot(\triangle\mathrm{PQR}\text{ の面積})\cdot\ell$$
$$=\frac{1}{3}\cdot6\sqrt{11}\ell=2\sqrt{11}\ell.$$

これより，ℓ が最大のとき，V は最大となる．

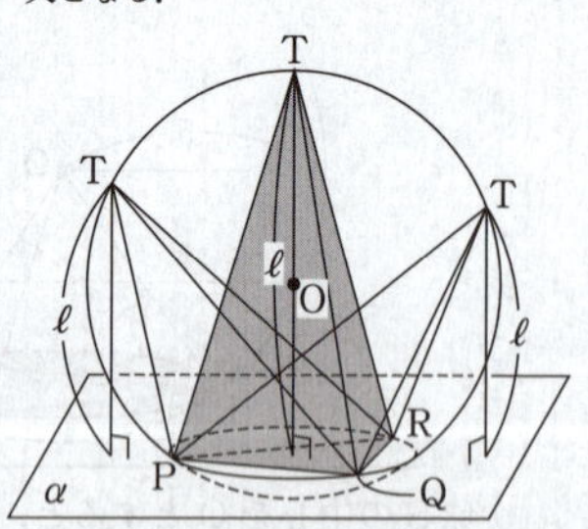

ℓ が最大となるのは，点 T が平面 α に関して点 O と同じ側にあり，かつ，TO$\perp\alpha$ のときである．

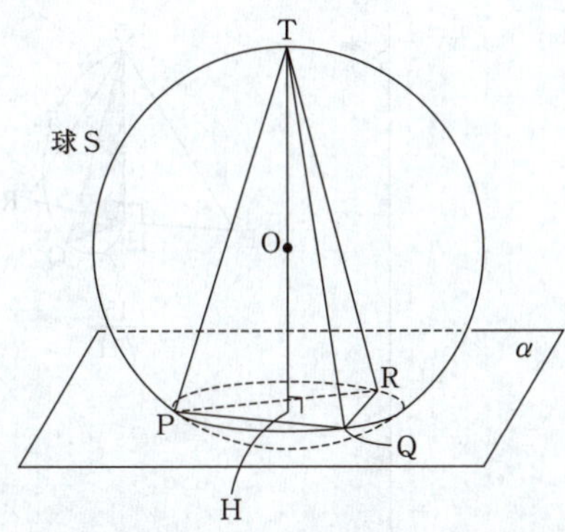

点Tから平面αに引いた垂線と平面αとの交点Hは上図の位置にあり，

$$\triangle OPH \equiv \triangle OQH \equiv \triangle ORH$$

であるから，PH，QH，RHの長さについて

$$PH = QH = RH$$  …ナ

が成り立つ．

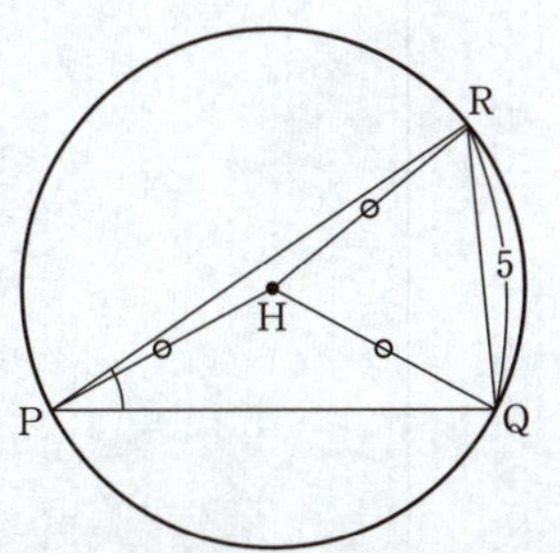

これより，Hは△PQRの外接円の中心であるから，△PQRに正弦定理を用いると，

$$\frac{QR}{\sin\angle QPR} = 2QH$$

であるから，

$$(PH = RH =)QH = \frac{QR}{2\sin\angle QPR}$$

$$= \frac{5}{2\cdot\frac{\sqrt{11}}{6}}$$

$$= \frac{15}{\sqrt{11}}$$

である．

さらに，直角三角形OQHに三平方の定理を用いると，

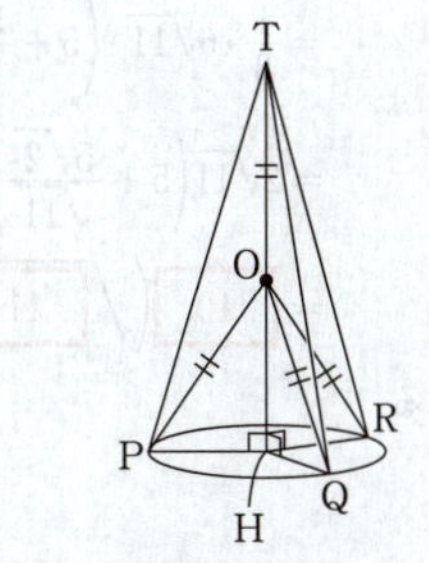

・$OP = OQ = OR\ (=5)$，
・$\angle OHP = \angle OHQ = \angle OHR = 90°$，
・OHは共通．

この3つより，直角三角形における合同条件から，

$$\triangle OPH \equiv \triangle OQH \equiv \triangle ORH$$

となる．

$$\mathrm{OH}=\sqrt{\mathrm{OQ}^2-\mathrm{QH}^2}$$
$$=\sqrt{5^2-\left(\frac{15}{\sqrt{11}}\right)^2}$$
$$=\frac{5\sqrt{2}}{\sqrt{11}}$$

となるから，THの長さは，

$$\mathrm{TH}=\mathrm{TO}+\mathrm{OH}=5+\frac{5\sqrt{2}}{\sqrt{11}}$$

である．

以上より，三角錐TPQRの体積は，

$$\frac{1}{3}\cdot(\triangle\mathrm{PQR}\text{ の面積})\cdot\mathrm{TH}$$
$$=\frac{1}{3}\cdot 6\sqrt{11}\cdot\left(5+\frac{5\sqrt{2}}{\sqrt{11}}\right)$$
$$=2\sqrt{11}\left(5+\frac{5\sqrt{2}}{\sqrt{11}}\right)$$
$$=\boxed{10}\left(\sqrt{\boxed{11}}+\sqrt{\boxed{2}}\right)$$

である．

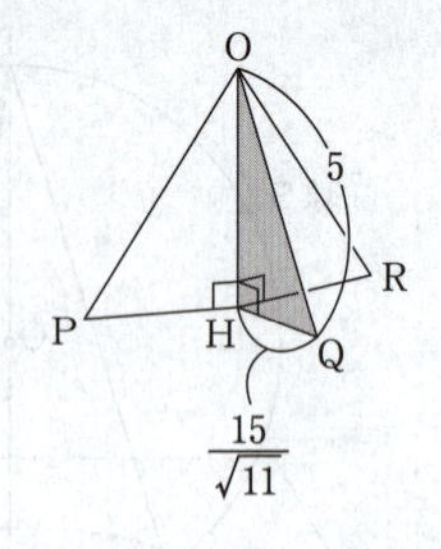

第2問　データの分析，２次関数

〔1〕　図1の「52市におけるかば焼きの支出金額のヒストグラム」より，度数分布表は次のようになる．

階　級	度数	累積度数
1000円以上1400円未満	2	2
1400円以上1800円未満	7	9
1800円以上2200円未満	11	20
2200円以上2600円未満	7	27
2600円以上3000円未満	10	37
3000円以上3400円未満	8	45
3400円以上3800円未満	5	50
3800円以上4200円未満	0	50
4200円以上4600円未満	1	51
4600円以上5000円未満	1	52

⬅ 最初の階級からその階級までの度数をすべて合計したものを累積度数という．

(1)　第1四分位数を Q_1 とすると，Q_1 は小さい方から13番目の値と14番目の値の平均値であるから，

$$1800 \leqq Q_1 < 2200.$$

第3四分位数を Q_3 とすると，Q_3 は小さい方から39番目の値と40番目の値の平均値であるから，

$$3000 \leqq Q_3 < 3400.$$

四分位範囲 $Q_3 - Q_1$ は，

$$3000 - 2200 < Q_3 - Q_1 < 3400 - 1800$$

$$800 < Q_3 - Q_1 < 1600.$$

⬅ (四分位範囲)＝(第3四分位数)－(第1四分位数).

・第1四分位数が含まれる階級は，

1800以上2200未満　②　…ア

である．

・第3四分位数が含まれる階級は，

3000以上3400未満　⑤　…イ

である．

・四分位範囲は，

800より大きく1600より小さい．　①　…ウ

(2)(i)　図2の「東側の地域E（19市）におけるかば焼きの支出金額の箱ひげ図」と図3の「西側の地域W（33市）におけるかば焼きの支出金額の箱ひげ図」から最小値，第1四分位数，中央値，第3四分

位数，最大値は次のようになる．ただし，(　)はデータを小さい方から並べたときの順番を表す．

地域 E (19 市)	
最小値 (1)	約 1200
第 1 四分位数 (5)	約 2000 強
中央値 (10)	約 2200
第 3 四分位数 (15)	約 2700
最大値 (19)	約 3700

地域 W (33 市)	
最小値 (1)	約 1400
第 1 四分位数 (8 と 9 の平均値)	約 1800
中央値 (17)	約 2600 強
第 3 四分位数 (25 と 26 の平均値)	約 3400
最大値 (33)	約 5000

・⓪…誤．

地域 E の小さい方から 5 番目は第 1 四分位数で，2000 より大きい．

・①…誤．

(地域 E の範囲)＝(約 3700)－(約 1200)＝(約 2500)，

(地域 W の範囲)＝(約 5000)－(約 1400)＝(約 3600)．

・②…正．

・③…誤．

地域 E の 2600 未満の市の割合は 50% 以上，

地域 W の 2600 未満の市の割合は 50% 未満

よって，エ に当てはまるものは ② である．

(ii)　地域 E (19 市) のそれぞれの市におけるかば焼きの支出金額を小さい方から x_1，x_2，……，x_{19} とし，それらのデータの平均値を $\overline{x}$，分散を $s_x{}^2$ とすると，分散は，

$$s_x{}^2=\frac{(x_1-\overline{x})^2+(x_2-\overline{x})^2+\cdots\cdots+(x_{19}-\overline{x})^2}{19}$$

として求まる．

よって，地域 E のそれぞれの市におけるかば焼きの支出金額の分散は，地域 E のそれぞれの市におけるかば焼きの支出金額の偏差の 2 乗を合計して地域 E の市の数で割った値である．

② …オ

(3)　地域 E における，やきとりの支出金額とかば焼きの支出金額の相関係数は，表 1 より，

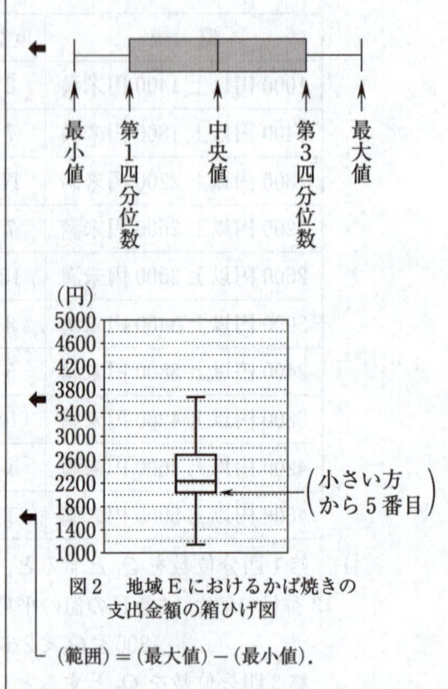

図 2　地域 E におけるかば焼きの支出金額の箱ひげ図

(範囲)＝(最大値)－(最小値)．

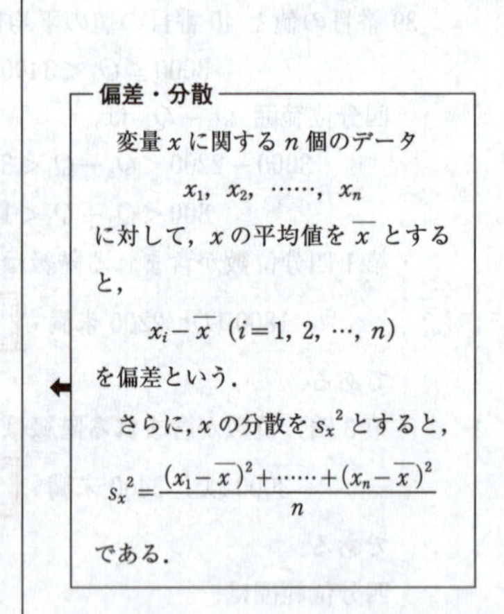
偏差・分散

変量 x に関する n 個のデータ

x_1，x_2，……，x_n

に対して，x の平均値を $\overline{x}$ とすると，

$x_i-\overline{x}$　$(i=1, 2, \cdots, n)$

を偏差という．

さらに，x の分散を $s_x{}^2$ とすると，

$$s_x{}^2=\frac{(x_1-\overline{x})^2+\cdots\cdots+(x_n-\overline{x})^2}{n}$$

である．

$$\frac{124000}{590\times570}=\frac{1240}{59\times57}$$
$$=\frac{1240}{3363}$$
$$=0.368\cdots$$
$$\fallingdotseq 0.37$$

となるから，カ について最も適当なものは

⑦ である．

〔2〕

(1)　放物線 C_1 の方程式を，条件より，

$$y=ax^2+bx+c\ (a<0)$$

とおく．

C_1 は2点 $P_0(0,\ 3)$，$M(4,\ 3)$ を通るから，

$$\begin{cases} 3=c, \\ 3=16a+4b+c \end{cases}$$

が成り立つ．

これを解くと，

$$b=-4a,\quad c=3$$

であるから，C_1 の方程式は，

$$y=ax^2-\boxed{4}ax+\boxed{3} \qquad \cdots①$$

と表すことができる．

また，①は，

$$C_1 : y=a(x-2)^2-4a+3$$

と変形できるから，プロ選手の「シュートの高さ」は，

$$-\boxed{4}a+\boxed{3}\quad (=Y_1 とおく)$$

である．

さらに，プロ選手の「ボールが最も高くなるときの地上の位置」は，

$$2\ (=X_1 とおく)$$

である．

放物線 C_2 の方程式は，

$$y=p\left\{x-\left(2-\frac{1}{8p}\right)\right\}^2-\frac{(16p-1)^2}{64p}+2\ (p<0)$$

であるから，花子さんの「ボールが最も高くなるときの地上の位置」は，

$$2-\frac{1}{8p}\ (=X_2 とおく)$$

であり，花子さんの「シュートの高さ」は，

相関係数

2つの変量 x，y について，
x の標準偏差を s_x，
y の標準偏差を s_y，
x と y の共分散を s_{xy}
とするとき，x と y の相関係数は，
$$\frac{s_{xy}}{s_x s_y}.$$

表1　地域Eにおける，やきとりとかば焼きの支出金額の平均値，分散，標準偏差および共分散

	平均値	分　散	標準偏差	共分散
やきとりの支出金額	2810	348100	590	124000
かば焼きの支出金額	2350	324900	570	

← $\begin{cases} 3=a\cdot0^2+b\cdot0+c, \\ 3=a\cdot4^2+b\cdot4+c. \end{cases}$

← 2次関数 $y=a(x-m)^2+n$ のグラフの頂点の座標は，
$(m,\ n)$.
これより，C_1 の頂点の座標は，
$(2,\ -4a+3)$.

← 「シュートの高さ」は頂点の y 座標．

← 「ボールが最も高くなるときの地上の位置」は頂点の x 座標．

← C_2 の頂点の座標は，
$$\left(2-\frac{1}{8p},\ -\frac{(16p-1)^2}{64p}+2\right).$$

$$-\frac{(16p-1)^2}{64p}+2 \ (=Y_2 \text{とおく})$$

である．

プロ選手と花子さんの「ボールが最も高くなるときの地上の位置」について考える．

⓪…誤．

p は負の値をとって変化するから，X_2 は $X_2>2$ の範囲を変化する．よって，X_2 は $X_1=2$ と一致しない．

①，③…誤．

$(\text{M の } x \text{ 座標})-X_1=4-2=2,$ ← M(4, 3).

$(\text{M の } x \text{ 座標})-X_2=4-\left(2-\dfrac{1}{8p}\right)$ ← $p<0$ より，$\dfrac{1}{8p}<0$ である．

$$=2+\frac{1}{8p}<2 \ (p<0 \text{ より})$$

であるから，花子さんの「ボールが最も高くなるときの地上の位置」の方がつねに M の x 座標に近い．

← X_2 の値の範囲（x 軸上の 2 と 4 の間；$2=X_1$，$4=$（M の x 座標））

②…正．

よって，［サ］に当てはまるものは［②］である．

(2) $\text{AD}=\dfrac{\sqrt{3}}{15}$ より，点 D の座標は，

$$\left(3.8,\ \frac{\sqrt{3}}{15}+3\right), \text{ すなわち，} \left(\frac{19}{5},\ \frac{\sqrt{3}}{15}+3\right)$$

である．

$C_1: y=a(x-2)^2-4a+3$ は，D を通るから，

$$\frac{\sqrt{3}}{15}+3=a\left(\frac{19}{5}-2\right)^2-4a+3$$

$$\frac{\sqrt{3}}{15}=\frac{81}{25}a-4a$$

$$\frac{\sqrt{3}}{15}=-\frac{19}{25}a$$

$$a=-\frac{5\sqrt{3}}{57}$$

が成り立つ．

よって，C_1 の方程式は，

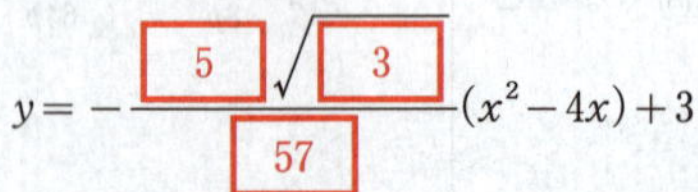

$$y=-\frac{5\sqrt{3}}{57}(x^2-4x)+3$$

← $C_1: y=a(x-2)^2-4a+3 = a(x^2-4x)+3.$

となる．

C_2 がDを通るとき，条件から，花子さんの「シュートの高さ」は，

$$Y_2 = (\text{約}\ 3.4)$$

である．

C_1 と C_2 がDを通るときを考えると，プロ選手の「シュートの高さ」は，

$$\begin{aligned} Y_1 &= -4\left(-\frac{5\sqrt{3}}{57}\right)+3 \\ &= \frac{20\sqrt{3}}{57}+3 \\ &\fallingdotseq 0.61+3 \\ &= (\text{約}\ 3.61) \end{aligned}$$

となるから，

$$Y_1 > Y_2$$

である．

よって，プロ選手の「シュートの高さ」の方が大きく，その差は（約 3.61）−（約 3.4）=（約 0.21）より，ボール約1個分である．

（ 0 …タ， 0 …チ）

第3問　場合の数・確率

(1)

図B

球1の塗り方は5通り，

球1を塗った後，球2の塗り方は4通り，

球2を塗った後，球3の塗り方は4通り，

球3を塗った後，球4の塗り方は4通り

あるから，図Bにおいて，球の塗り方は，

$$5\times4\times4\times4=\boxed{320}\ (通り)$$

ある．

← 球2に塗る色は，球1に塗った色以外の色を塗るから4通りになる．

← 球3に塗る色は，球2に塗った色以外の色を塗るから4通りになる．

← 球4に塗る色は，球3に塗った色以外の色を塗るから4通りになる．

(2)

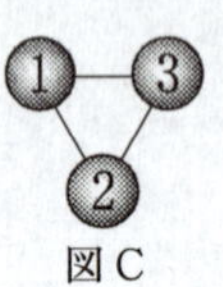

図C

球1の塗り方は5通り，

球1を塗った後，球2の塗り方は4通り，

球2を塗った後，球3の塗り方は3通り

あるから，図Cにおいて，球の塗り方は，

$5\times4\times3=$ 

(通り)

ある．

← 球2に塗る色は，球1に塗った色以外の色を塗るから4通りになる．

← 球3に塗る色は，球1に塗った色と球2に塗った色以外の色を塗るから3通りになる．

(3)

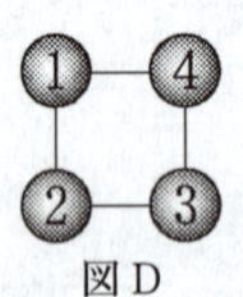

図D

1本のひもでつながれた二つの球は異なる色になるようにするから，赤をちょうど2回使う塗り方は，赤を

「球1と球3に塗るとき」と「球2と球4に塗るとき」の2つの場合がある．

・球1と球3に赤を塗るとき．

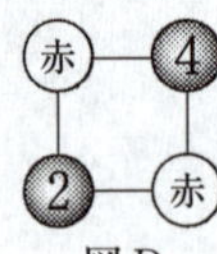

図D

球2と球4の塗り方はともに赤以外の4通りあるから，

$$4\times4=16\ (通り)$$

ある．

← 球1と球2，もしくは球1と球4に赤を塗ると図Dは次図のようになり，条件を満たさない．

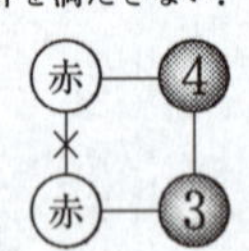

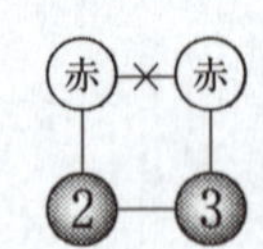

・球2と球4に赤を塗るとき.

　同様に考えて，16通りある.

　よって，図Dにおける球の塗り方のうち，赤をちょうど2回使う塗り方は，

$$16+16=\boxed{32}\ (\text{通り})$$

ある.

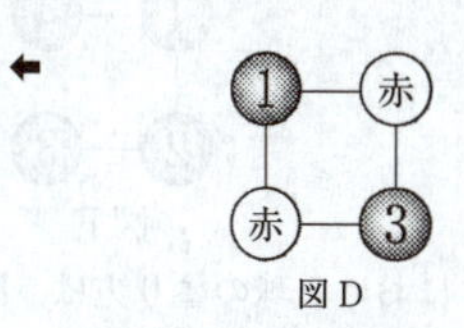

図D

球1と球3の塗り方はともに赤以外の4通りあるから，

$$4\times4=16\ (\text{通り})$$

ある.

(4)

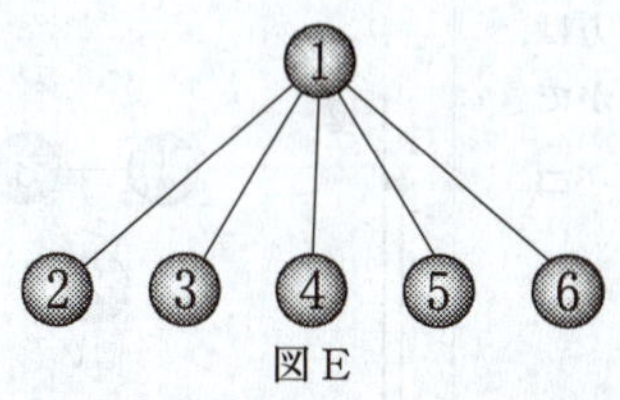

図E

　1本のひもでつながれた二つの球は異なる色になるようにするから，赤をちょうど3回，かつ青をちょうど2回使うので球1に塗る色は，赤，青以外の黄，緑，紫の3通りになる.

　球1に青を塗るとき，球2，球3，球4，球5のいずれかに青をちょうど1回使うから，条件を満たさない.

　例えば，青を球4に塗ると図Eは次図のようになる.

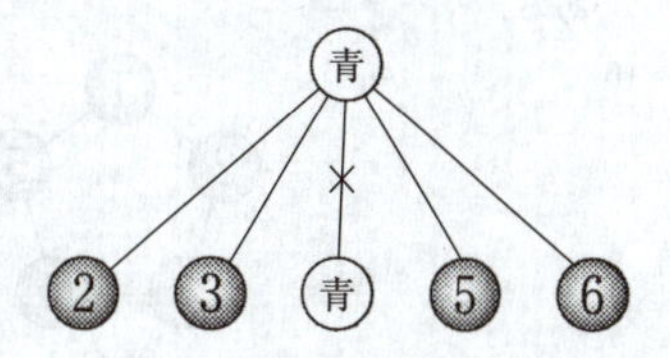

　ここで，球1に黄を塗ったときを考える.

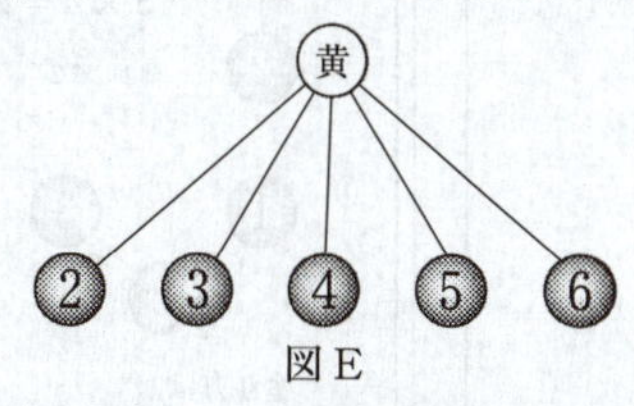

図E

　球2，球3，球4，球5，球6に赤をちょうど3回使い，かつ青をちょうど2回使って塗ることになるから，
赤を塗る球の番号の選び方は ${}_5C_3$ 通り，
残り2個の球に青を塗る球の番号の選び方は ${}_2C_2$ 通り
ある.

　このときの塗り方は，

$${}_5C_3\times{}_2C_2=10\ (\text{通り})$$

ある.

　また，球1に緑および紫を塗ったときも同様に考えると，10通りずつある.

　したがって，図Eにおける球の塗り方のうち，赤をちょうど3回使い，かつ青をちょうど2回使う塗り方は，

$$3\times10=\boxed{30}\ (\text{通り})$$

ある.

(5)

図F

図Fにおける球の塗り方は，図Bにおける球の塗り方と同じであるから，全部で320通りある．

そのうち，球3と球4が同色になる球の塗り方は，球3と球4が同色より球4を球3に重ねることができるから，重ねると「図C」と一致する． ② …コ

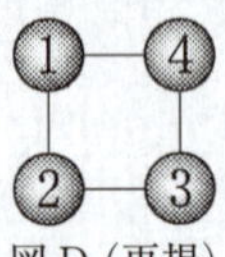

図D（再掲）

図Dにおける球の塗り方の総数は，図Fにおける球の塗り方の総数から図Fにおいて球3と球4が同色になる球の塗り方の総数を引いたものになるから，

$$320-60=\boxed{260}\ (\text{通り})$$

ある．

(6)

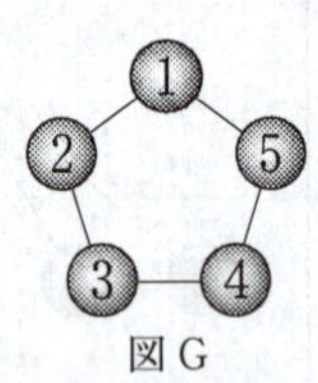

図G

図Gにおける球の塗り方を，(5)で考えた構想と同様にして求める．

まず，図Hを考える．

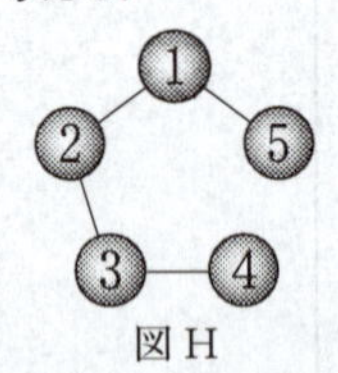

図H

図Gにおける球の塗り方の総数は，

$\left(\begin{array}{l}\text{図Hにおける球}\\\text{の塗り方の総数}\end{array}\right)-\left(\begin{array}{l}\text{図Hにおける球4と球5が}\\\text{同色になる球の塗り方の総数}\end{array}\right)$

として求めることができる．

図Hにおける球の塗り方は，次図の図Iにおける球の塗り方と同じである．

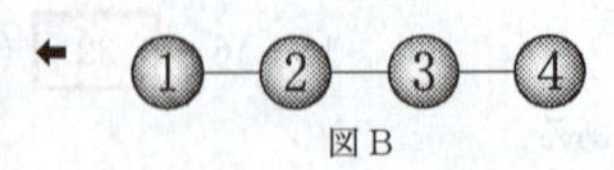

図B

②

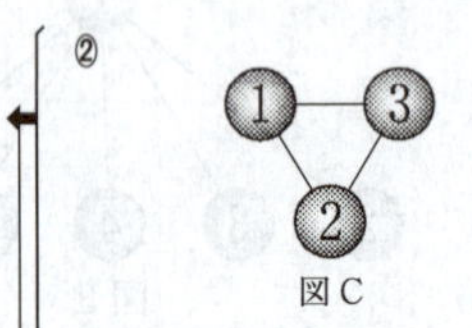

図C

塗り方は，

$$\underset{\text{球1}}{5}\times\underset{\text{球2}}{4}\times\underset{\text{球3}}{3}=60\ (\text{通り}).$$

⓪

塗り方は，

$$\underset{\text{球1}}{5}\times\underset{\text{球2}}{4}=20\ (\text{通り}).$$

①

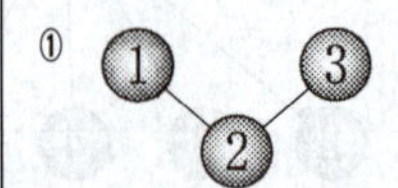

塗り方は，

$$\underset{\text{球1}}{5}\times\underset{\text{球2}}{4}\times\underset{\text{球3}}{4}=80\ (\text{通り}).$$

④

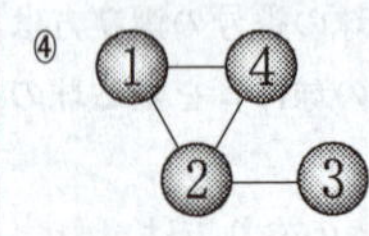

塗り方は，

$$\underset{\text{球1}}{5}\times\underset{\text{球2}}{4}\times\underset{\text{球3}}{4}\times\underset{\text{球4}}{3}=240\ (\text{通り}).$$

球3と球4が同色になる球の塗り方の総数は，次のように求めてもよい．

球3と球4の塗り方は5通り，

球3と球4を塗った後，球1の塗り方は4通り，

球1を塗った後，球2の塗り方は3通りあるから，

$$5\times4\times3=60\ (\text{通り}).$$

図Ⅰ

よって，図H（図Ⅰ）における球の塗り方の総数は，

$$5\times4\times4\times4\times4=1280\ (\text{通り})$$

ある．

そのうち，球4と球5が同色になる球の塗り方は，球4と球5が同色より球5を球4に重ねることができるから，重ねると「図D」と一致する．

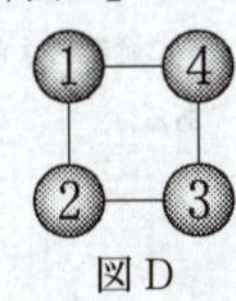
図D

図Dにおける球の塗り方の総数は，(5)の結果より，

260通り

ある．

したがって，図Gにおいて，球の塗り方は，

$$1280-260=\boxed{1020}\ (\text{通り})$$

ある．

← 図Hを一直線に並べると次図のようになるが，次図の球の塗り方は，図Ⅰの球の塗り方の総数と同じになる．

【(6) セソタチ の別解】

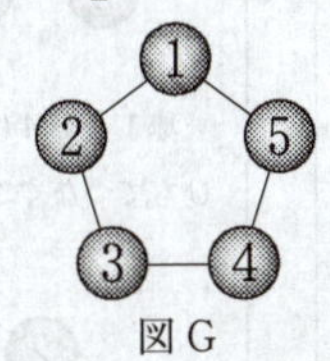
図G

図Gにおける球の塗り方の総数を求めるために，

「球1と球4に同色を塗るとき」

と

「球1と球4に違う色を塗るとき」

に分けて考える．

← 球1と球4に塗る色に注目すると，(5)が使えるため．

・球1と球4に同色を塗るとき．

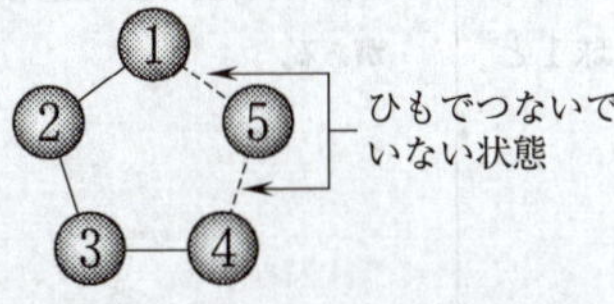

この図における球1，球2，球3，球4の塗り方の総数は，(5)の図Fにおいて球3と球4が同色になる球の塗り方の総数と同じになるから，

60通り

← 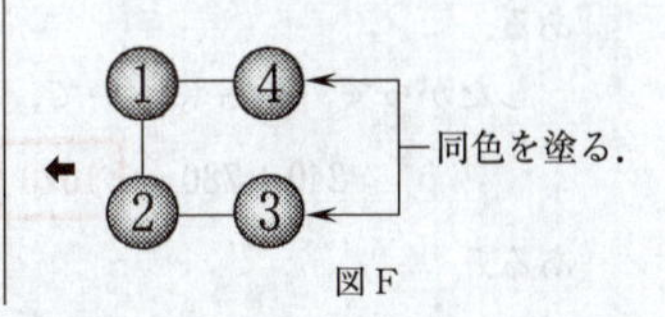

図F

ある．

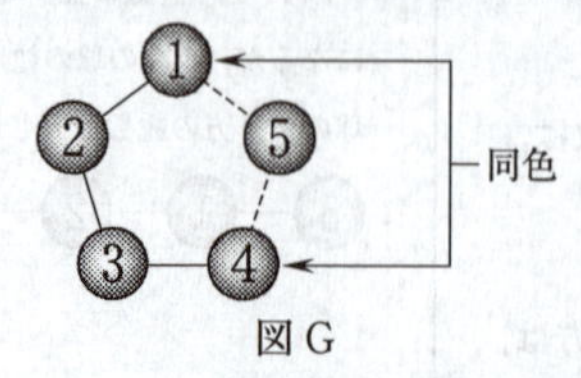

図 G

そのおのおのに対して，球 5 の塗り方は，

4 通り

ある．

← 例えば，球 1 と球 4 に赤を塗ると，球 5 に塗る色は青，黄，緑，紫の 4 通りがある．

よって，図 G における球の塗り方のうち，球 1 と球 4 が同色になる球の塗り方は，

$$60 \times 4 = 240 \text{（通り）}$$

ある．

・球 1 と球 4 に違う色を塗るとき．

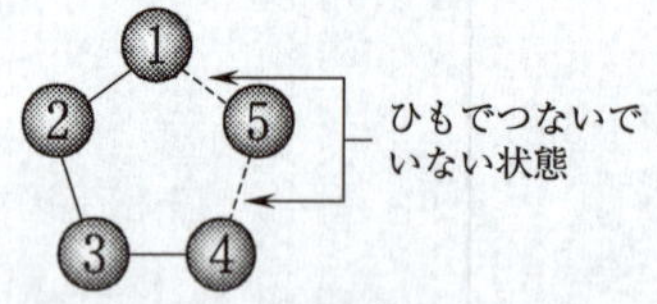

この図における球 1，球 2，球 3，球 4 の塗り方の総数は，(5) の図 D における球の塗り方の総数と同じになるから，(5) の結果より，

260 通り

ある．

←

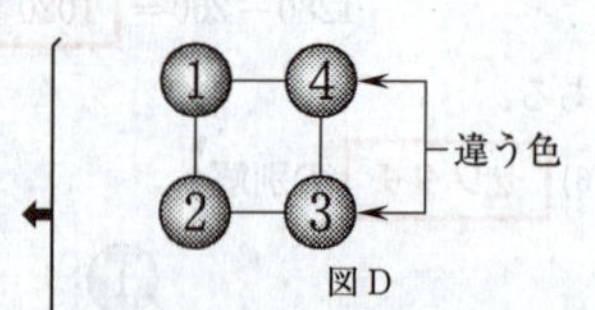

図 D

球 1 と球 4 は違う色であるから，ひもでつなぐことができる．

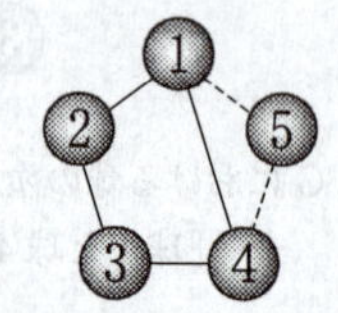

よって，ひもでつなぐと図 D ができる．

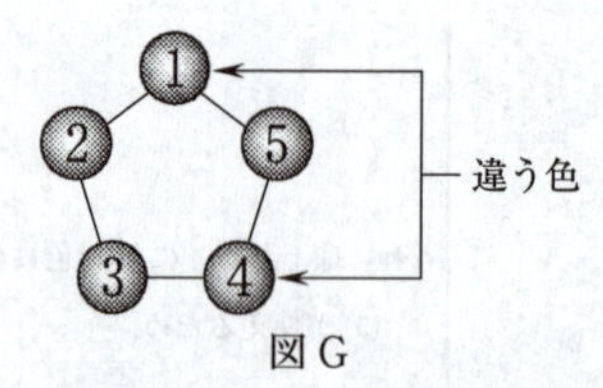

図 G

そのおのおのに対して，球 5 の塗り方は，

3 通り．

ある．

← 例えば，球 1 に赤，球 4 に青を塗ると，球 5 に塗る色は黄，緑，紫の 3 通りがある．

よって，図 G における球の塗り方のうち，球 1 と球 4 が違う色になる球の塗り方は，

$$260 \times 3 = 780 \text{（通り）}$$

ある．

したがって，図 G において，球の塗り方は，

$$240 + 780 = \boxed{1020} \text{（通り）}$$

ある．

第4問　整数の性質

(1)　462と110をそれぞれ素因数分解すると，次のようになる．

$$462=2\times3\times7\times11,$$
$$110=2\times5\times11.$$

これより，462と110の両方を割り切る素数のうち最大のものは 11 である．

赤い長方形を並べて正方形や長方形(図1)を作るとき，横の長さを$462x$，縦の長さを$110y$とする．ただし，x，yは正の整数とする．

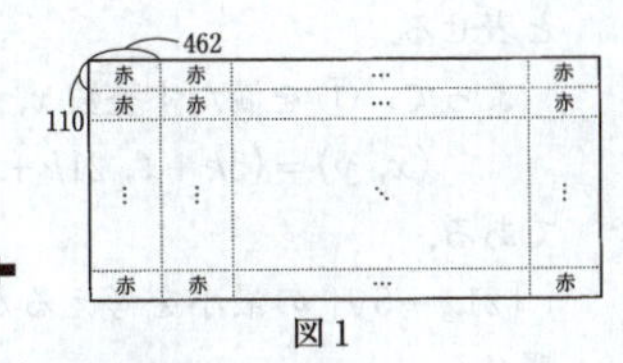

図1

赤い長方形を並べて正方形を作るとき，

$$462x=110y,\text{ すなわち，}21x=5y$$

が成り立つ．

正方形になる条件は，

(横の長さ)＝(縦の長さ)

である．

462と110の最大公約数は，2×11，つまり，22である．

21と5は互いに素より，

xは5の倍数，　yは21の倍数

であり，辺の長さが最小になるのは，xが最小のときであるから，$x=5$ のときである．

aとbが互いに素な整数，x，yは整数であるとする．

$$ax=by$$

が成り立つとき，

xはbの倍数，　yはaの倍数

である．

よって，赤い長方形を並べて作ることができる正方形のうち，辺の長さが最小であるものは，一辺の長さが

$$462\cdot5=\boxed{2310}$$

のものである．

yが最小になるときを考えてもよく，この場合は，$y=21$ のとき最小となるから，一辺の長さは，

$$110\cdot21=2310$$

である．

また，赤い長方形を並べて正方形ではない長方形を作るとき，横の長さと縦の長さの差の絶対値は，

$$|462x-110y|=|22(21x-5y)|$$
$$=22|21x-5y|$$

である．

これより，横の長さと縦の長さの差の絶対値が最小になるのは，$|21x-5y|$ が最小になるときである．

ここで，まず，

$$21x-5y=\ell\ (\ell\text{は0以外の整数})\quad\cdots①$$

を満たす整数x，yの組を調べる．

$\ell=0$ のときは，赤い長方形を並べてできる四角形は正方形になるから $\ell\neq0$ として考える必要がある．

$$21\cdot\ell-5\cdot4\ell=\ell\quad\cdots②$$

であるから，①－② より，

$$21(x-\ell)-5(y-4\ell)=0$$

すなわち，

$$21(x-\ell)=5(y-4\ell)$$

となる．

xとyについての不定方程式

$$ax+by=c$$

(a，b，cは整数の定数)

の整数解は，一組の解

$$(x,y)=(x_0,y_0)$$

を用いて，

$$a(x-x_0)=b(y_0-y)$$

と変形して求める．

21と5は互いに素より，

$x-\ell$ は5の倍数，　$y-4\ell$ は21の倍数

であるから，整数 k を用いて，

$$\begin{cases} x-\ell=5k, \\ y-4\ell=21k \end{cases}$$

と表せる．

よって，① を満たす整数 x，y は，

$$(x,\ y)=(5k+\ell,\ 21k+4\ell)\quad (k\text{ は整数})$$

である．

$|21x-5y|$ の最小を考えるから，$\ell=\pm1$ について調べる．

・$\ell=1$ のとき．

① を満たす正の整数 x，y は，

$$(x,\ y)=(5k+1,\ 21k+4)\ (k=0,\ 1,\ 2,\ \cdots)$$

← $(x,\ y)=(1,\ 4),\ (6,\ 25),\ (11,\ 46),\ \cdots$.

であるから，$|21x-5y|=1$ となり得る．

・$\ell=-1$ のとき．

① を満たす正の整数 x，y は，

$$(x,\ y)=(5k-1,\ 21k-4)\ (k=1,\ 2,\ 3,\ \cdots)$$

← $(x,\ y)=(4,\ 17),\ (9,\ 38),\ (14,\ 59),\ \cdots$.

であるから，$|21x-5y|=1$ となり得る．

したがって，横の長さと縦の長さの差の絶対値が最小になるのは，差の絶対値が

$$22\cdot1=\boxed{22}$$

← 横の長さと縦の長さの差の絶対値は，$22|21x-5y|$.

になるときである．

また，縦の長さが横の長さより22長いとき，

$$110y-462x=22$$

すなわち，

$$21x-5y=-1$$

が成り立つから，$\ell=-1$ のときを考えるとよい．

これより，$\ell=-1$ のときの横の長さと縦の長さは，

$$\begin{cases} (\text{横の長さ})=462x=462(5k-1)=2310k-462, \\ (\text{縦の長さ})=110y=110(21k-4)=2310k-440 \end{cases}\cdots③$$

← $k=1,\ 2,\ 3,\ \cdots$.

である．

よって，縦の長さが横の長さより22長い長方形のうち，横の長さが最小であるものは，③ で $k=1$ を代入した

← 横の長さが最小になるのは，k が最小になるときであるから，$k=1$ を代入した．

$$2310\cdot1-462=\boxed{1848}$$

のものである．

(2)　青い長方形を並べて正方形や長方形(図2)を作るとき，横の長さを $363z$，縦の長さを $154w$ とする．ただし，z，w は正の整数とする．

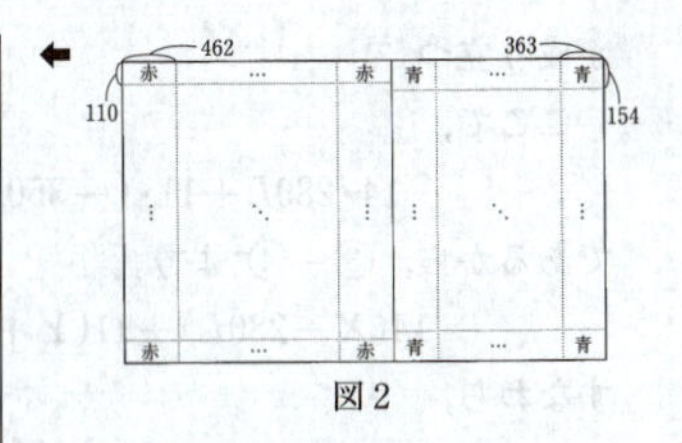

図2

赤い長方形を並べてできる長方形の縦の長さと，青い長方形を並べてできる長方形の縦の長さが等しい長方形を作るとき，

$$110y=154w,\ \text{すなわち，}\ 5y=7w$$

が成り立つ．

⬅ $110=2\times5\quad\times11$，
$154=2\quad\times7\times11$．

5と7は互いに素より，

y は7の倍数，w は5の倍数

であり，縦の長さが最小になるのは，y が最小のときであるから，$y=7$ のときである．

⬅ w が最小になるときを考えてもよく，この場合は，$w=5$ のとき最小となるから，縦の長さは，

$$154\cdot5=770$$

である．

よって，赤い長方形を並べてできる長方形の縦の長さと，青い長方形を並べてできる長方形の縦の長さが等しい長方形のうち，縦の長さが最小のものは，縦の長さが，

$$110\cdot7=\boxed{770}$$

のものであり，このような長方形の縦の長さは，y が7の倍数より，$110\cdot7m=770m$ (m は1以上の整数)となるから，770の倍数である．

$$462=2\times3\times7\times11,$$
$$363=\quad3\quad\times11^2$$

であるから，462と363の最大公約数は，3×11，すなわち，$\boxed{33}$ であり，33の倍数のうちで770の倍数でもあるものは，

$$33=\quad3\quad\times11,$$
$$770=2\quad\times5\times7\times11$$

より，$2\times3\times5\times7\times11$，すなわち，2310の倍数であるから，そのうちで最小の正の整数は $\boxed{2310}$ である．

これより，赤い長方形と青い長方形を並べてできる正方形の一辺の長さは2310の倍数であるから，$2310L$ (L は1以上の整数)と表せ，このときの赤い長方形を並べたときの横の長さを $462X$ (X は1以上の整数)，青い長方形を並べたときの横の長さを $363Y$ (Y は1以上の整数)とすると，

⬅ 赤い長方形と青い長方形を並べてできる長方形の横の長さは，$33t$ (t は1以上の整数)で，縦の長さは $770m$ (m は1以上の整数)であるから，これが正方形になる条件は，

$$33t=770m$$

すなわち，

$$3t=70m.$$

3と70は互いに素より，

t は70の倍数

であるから，$t=70L$ (L は1以上の整数)とおけ，これより，正方形の一辺の長さは，

$$33t=33\cdot70L=2310L$$

と表せる．

$$462X+363Y=2310L$$

すなわち，

$$14X+11Y=70L \qquad \cdots③$$

⬅ $462=2\times3\quad\times7\times11$，
$363=\quad3\quad\times11^2$，
$2310=2\times3\times5\times7\times11$．

が成り立つ．

ここで，

$$14\cdot 280L+11\cdot(-350L)=70L \quad \cdots ④$$

← まず，$14X+11Y=1$ を満たす X，Y を1組見つける．

$14=11\times 1+3$,
$11=3\times 3+2$,
$3=2\times 1+1$.

余りに注目して逆をたどると，

$$\begin{aligned}1&=3-2\times 1\\&=3-(11-3\times 3)\times 1\\&=-11+3\times 4\\&=-11+(14-11\times 1)\times 4\\&=-11\times 5+14\times 4\end{aligned}$$

となるから，

$$14\times 4+11\times(-5)=1.$$

両辺に $70L$ を掛けて，

$$14\cdot(280L)+11\cdot(-350L)=70L.$$

であるから，③－④ より，

$$14(X-280L)+11(Y+350L)=0$$

すなわち，

$$11(Y+350L)=14(280L-X)$$

となる．

11 と 14 は互いに素より，

$Y+350L$ は 14 の倍数，$280L-X$ は 11 の倍数

であるから，整数 K を用いて，

$$\begin{cases}280L-X=11K,\\Y+350L=14K\end{cases}$$

と表せる．

よって，③ を満たす整数 X，Y は，

$$(X,\ Y)=(-11K+280L,\ 14K-350L)$$
（K は整数）

であり，さらに，$X\geqq 1$，$Y\geqq 1$ となる K の範囲は，

$$\begin{cases}-11K+280L\geqq 1,\\14K-350L\geqq 1\end{cases}$$

より，

$$\frac{350L+1}{14}\leqq K\leqq\frac{280L-1}{11} \quad \cdots ⑤$$

となる．

ここで，辺の長さが最小になるのは，L が最小のときであるから，⑤ を満たす整数 K が存在する L のうち，最小の L を求めるとよい．

・$L=1$ のとき．

← L は1以上の整数．

⑤ は，

$$(25.1\fallingdotseq)\frac{351}{14}\leqq K\leqq\frac{279}{11}(\fallingdotseq 25.4)$$

となり，これを満たす整数 K は存在しない．

・$L=2$ のとき．

⑤ は，

$$(50.1\fallingdotseq)\frac{701}{14}\leqq K\leqq\frac{559}{11}(\fallingdotseq 50.8)$$

となり，これを満たす整数 K は存在しない．

・$L=3$ のとき．

⑤ は，

$$(75.1\fallingdotseq)\frac{1051}{14}\leqq K\leqq\frac{839}{11}(\fallingdotseq 76.3)$$

← X，Y の値は，

$$\begin{cases}X=-11\cdot 76+280\cdot 3=4,\\Y=14\cdot 76-350\cdot 3=14.\end{cases}$$

である．

となり，これを満たす整数 K ($K=76$) は存在する．

以上から，赤い長方形と青い長方形を並べてできる正方形のうち，辺の長さが最小であるものは，一辺の長さが

$$2310\cdot3=\boxed{6930}$$

のものである．

第5問　図形の性質

(1)

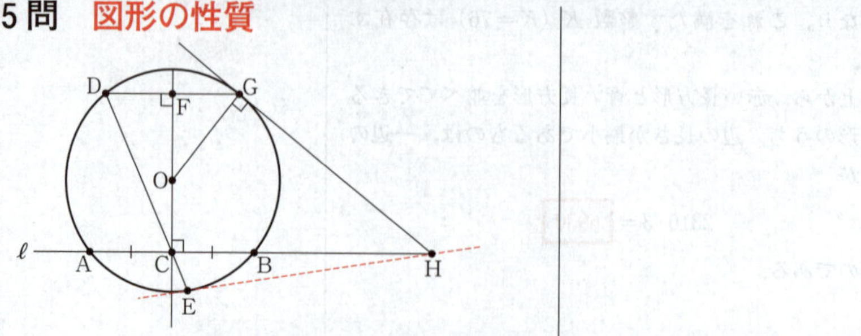

構想

直線EHが円Oの接線であることを証明するためには，∠OEH＝ 90 °であることを示せばよい．

円の接線

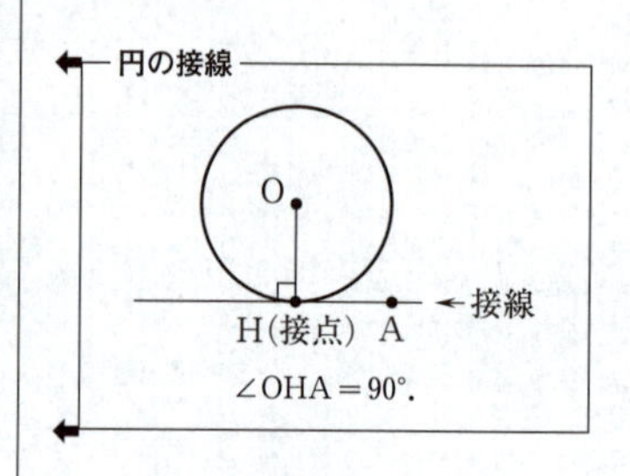

∠OHA＝90°.

手順1の(Step 1)より，△OAC≡△OBCとなるから

$$\angle OCB = 90°$$

であり，(Step 4)より，

$$\angle OGH = 90°$$

であるから，四角形OCHGに注目すると，

$$\angle OCH + \angle OGH = 180° \quad (\text{対角の和が }180°)$$

となる．

∠OCH＝∠OCB＝90°.

よって，4点C，G，H，Oは同一円周上にあることがわかる． ③ …ウ

円に内接する四角形の性質の逆(その1)

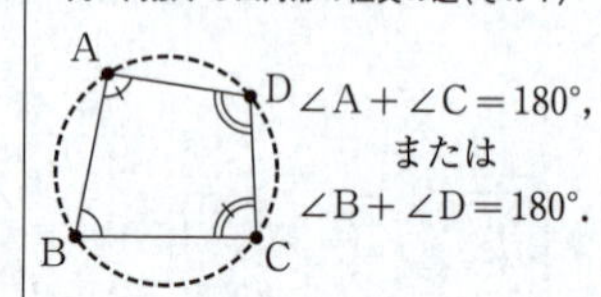

四角形ABCDにおいて，対角の和が180°ならば，4点A，B，C，Dは同一円周上にある．

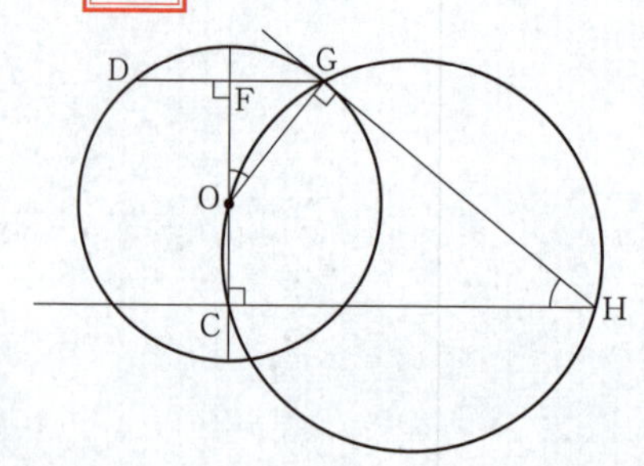

四角形OCHGは円に内接しているから，円に内接する四角形の性質より，

∠CHG＝∠FOG  …エ

である．

円に内接する四角形の性質

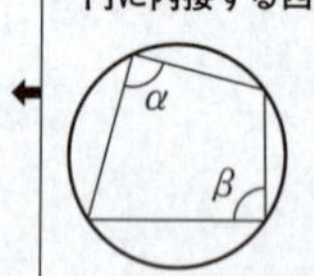

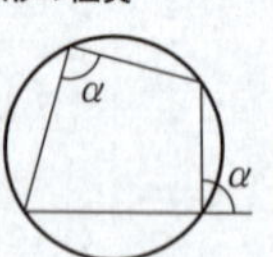

・四角形の対角の和は180°である．
　($\alpha + \beta = 180°$)

・四角形の内角は，その対角の外角に等しい．

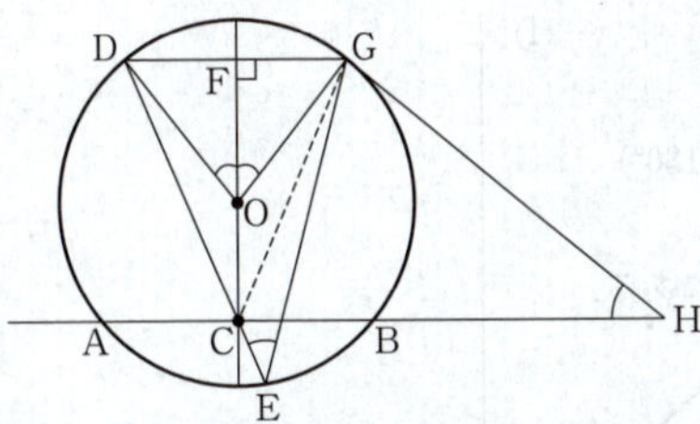

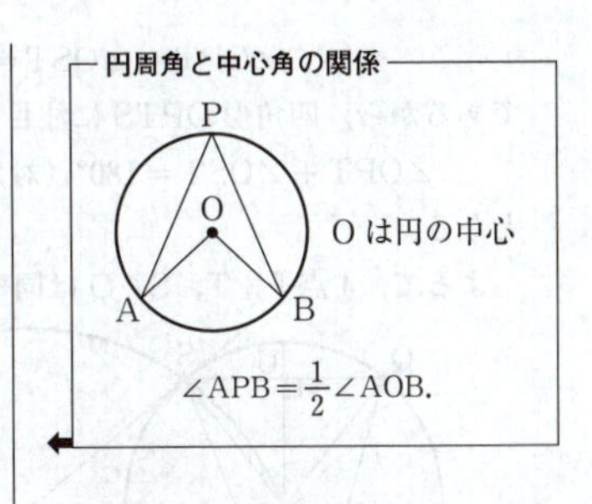

一方，点 E は円 O の周上にあるから，円周角と中心角の関係より，$\angle DEG=\frac{1}{2}\angle DOG$ であり，さらに，$\angle FOG=\angle FOD$ であるから，

$$\angle FOG=\angle DEG$$

がわかる． ③ …オ

← $\triangle OGF\equiv\triangle ODF$ より，$\angle FOG=\angle FOD$.

よって，

$\angle CHG=\angle DEG$，すなわち，$\angle CHG=\angle CEG$

であり，直線 CG に関して同じ側に E，H があるから，円周角の定理の逆より，4 点 C，G，H，E は同一円周上にある． ② …カ

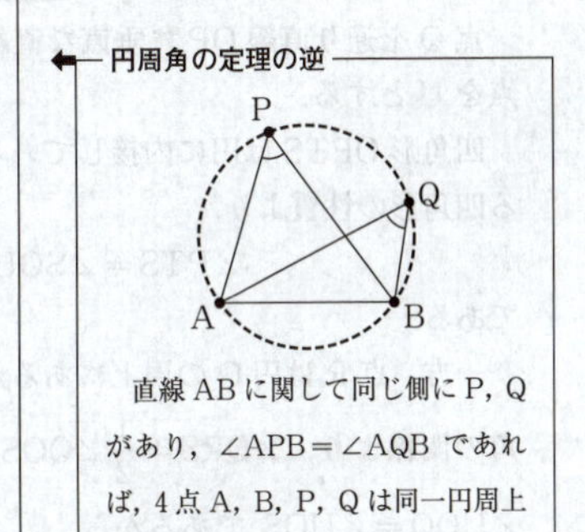

円周角の定理の逆
P
Q
A
B
直線 AB に関して同じ側に P，Q があり，$\angle APB=\angle AQB$ であれば，4 点 A，B，P，Q は同一円周上にある．

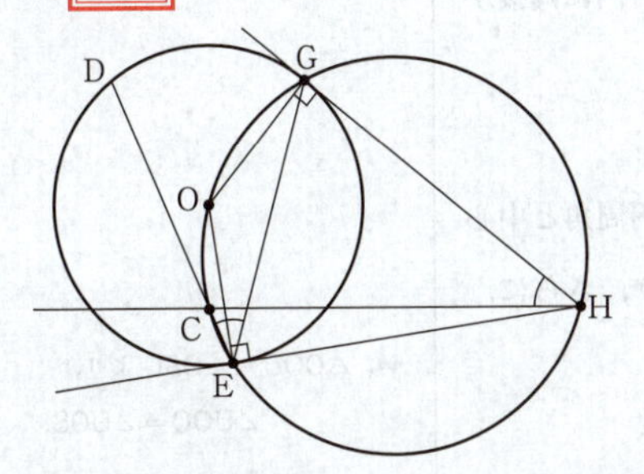

4 点 C，G，H，E を通る円と 4 点 C，G，H，O を通る円は，ともに 3 点 C，G，H を通るから同じ円である．よって，4 点 C，G，H，E を通る円が点 O を通ることにより，$\angle OEH=90^\circ$ である．

← 3 点を通る円は 1 つしか存在しないから，4 点 C，G，H，E を通る円と 4 点 C，G，H，O を通る円は同じになる．

(2)

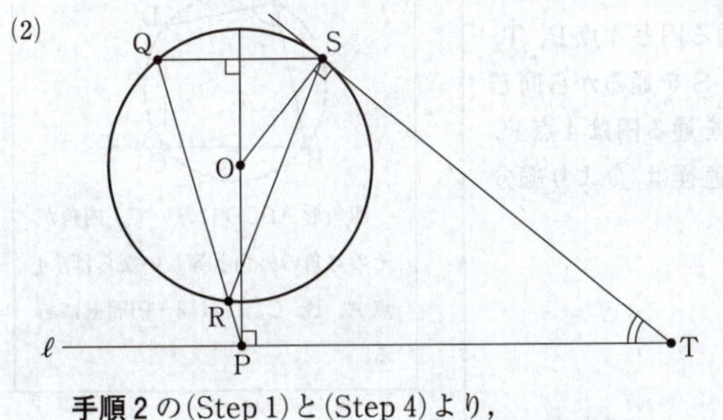

手順 2 の (Step 1) と (Step 4) より，

$$\angle \mathrm{OPT} = \angle \mathrm{OST} = 90^\circ \qquad \cdots ①$$

であるから，四角形 OPTS に注目すると，

$$\angle \mathrm{OPT} + \angle \mathrm{OST} = 180^\circ \text{（対角の和が } 180^\circ\text{）}$$

となる．

よって，4 点 P，T，S，O は同一円周上にある．

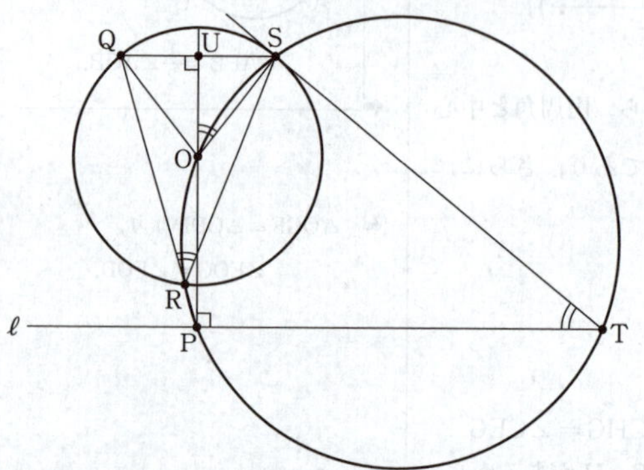

点 Q を通り直線 OP に垂直な直線と直線 OP との交点を U とする．

四角形 OPTS は円に内接しているから，円に内接する四角形の性質より，

$$\angle \mathrm{PTS} = \angle \mathrm{SOU}$$

である．

一方，点 R は円 O の周上にあるから，円周角と中心角の関係より，$\angle \mathrm{QRS} = \frac{1}{2}\angle \mathrm{QOS}$ であり，さらに，$\angle \mathrm{UOQ} = \angle \mathrm{UOS}$ であるから，

← $\triangle \mathrm{OQU} \equiv \triangle \mathrm{OSU}$ より，$\angle \mathrm{UOQ} = \angle \mathrm{UOS}$．

$$\angle \mathrm{PTS} = \angle \mathrm{QRS}$$  …キ

である．

よって，四角形 PTSR に注目すると，円に内接する四角形の性質の逆より，4 点 P，T，S，R は同一円周上にあることがわかる．

したがって，4 点 P，T，S，O を通る円と 4 点 P，T，S，R を通る円は，ともに 3 点 P，T，S を通るから同じ円である．これより，3 点 O，P，R を通る円は 4 点 P，T，S，O を通る円であり，この円の直径は ① より線分 OT である．

← **円に内接する四角形の性質の逆（その 2）**

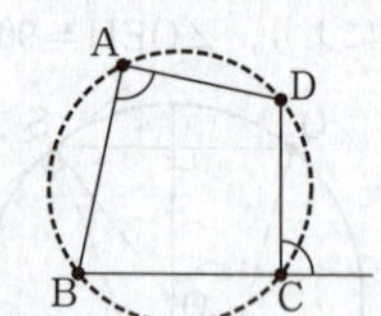

四角形 ABCD において，内角がその対角の外角と等しいならば，4 点 A，B，C，D は同一円周上にある．

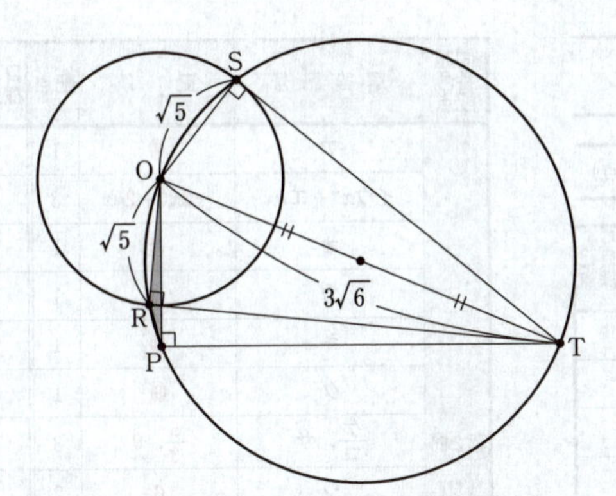

ゆえに，3 点 O，P，R を通る円の半径は，

$$\frac{1}{2}\mathrm{OT}=\frac{1}{2}\cdot 3\sqrt{6}=\frac{\boxed{3}\sqrt{\boxed{6}}}{\boxed{2}}$$

である．

また，4 点 P，T，S，O を通る円は点 R を通ることにより，$\angle\mathrm{ORT}=90^\circ$ であるから，直角三角形 OTR に三平方の定理を用いると，

$$\begin{aligned}\mathrm{RT}&=\sqrt{\mathrm{OT}^2-\mathrm{OR}^2}\\&=\sqrt{(3\sqrt{6})^2-(\sqrt{5})^2}\\&=\boxed{7}\end{aligned}$$

である．

⬅ 線分 OR は円 O の半径であるから，
$\mathrm{OR}=\sqrt{5}$．

数学Ⅱ・数学B

解答・採点基準

（100点満点）

問題番号(配点)	解答記号	正解	配点	自己採点
第1問 (30)	ア	⓪	1	
	イ	②	1	
	ウ，エ	2，1	2	
	オ	3	2	
	$\frac{\text{カ}}{\text{キ}}$	$\frac{5}{3}$	2	
	ク，ケ	ⓐ，⑦	2	
	コ	7	2	
	$\frac{\text{サ}}{\text{シ}}$，$\frac{\text{ス}}{\text{セ}}$	$\frac{3}{7}$，$\frac{5}{7}$	2	
	ソ	6	2	
	$\frac{\text{タ}}{\text{チ}}$	$\frac{5}{6}$	2	
	ツ	②	3	
	テ	2	2	
	$\frac{\text{ト}}{\text{ナ}}$	$\frac{3}{2}$	2	
	ニ	⑤	2	
	ヌ	⑤	3	
	第1問　自己採点小計			

問題番号(配点)	解答記号	正解	配点	自己採点
第2問 (30)	ア	④	1	
	イウx^2＋エkx	$-3x^2+2kx$	3	
	オ	⓪	1	
	カ	⓪	1	
	キ	③	1	
	ク	⑨	1	
	$\frac{\text{ケ}}{\text{コ}}$，サ	$\frac{5}{3}$，9	3	
	シ	6	2	
	スセソ	180	2	
	タチツ	180	3	
	テトナ，ニヌ，ネ	300，12，5	3	
	ノ	④	3	
	ハ	⓪	3	
	ヒ	④	3	
	第2問　自己採点小計			
第3問 (20)	ア	0	1	
	$\frac{\text{イ}}{\text{ウ}}$	$\frac{1}{2}$	1	
	エ	④	2	
	オ	②	2	
	カ.キク	1.65	2	
	ケ	④	2	
	$\frac{\text{コ}}{\text{サ}}$	$\frac{1}{2}$	1	
	シス	25	2	
	セ	③	1	
	ソ	⑦	1	
	タ	⓪	3	
	チツ	17	2	
	第3問　自己採点小計			

問題番号(配点)	解答記号	正　解	配点	自己採点
第4問 (20)	ア	②	2	
	イ，ウ	⓪，③	3	
	エ，オ	④，⓪	3	
	カ，キ	②，③	2	
	ク	②	2	
	ケ	①	2	
	コ	③	2	
	サシ，スセ	30，10	2	
	ソ	⑧	2	
第4問　自己採点小計				
第5問 (20)	$\frac{ア}{イ}$，$\frac{ウ}{エ}$	$\frac{1}{2}$，$\frac{1}{2}$	2	
	オ	①	2	
	カ	9	2	
	キ	2	3	
	ク	⓪	3	
	ケ	③	2	
	コ	⓪	2	
	サ	④	3	
	シ	②	1	
第5問　自己採点小計				
自己採点合計				

(注)

第1問，第2問は必答。

第3問～第5問のうちから2問選択。計4問を解答。

第1問　三角関数，指数関数・対数関数

〔1〕

(1)　$x=\frac{\pi}{6}$ のとき

$$\sin x=\sin\frac{\pi}{6}=\frac{1}{2},$$

$$\sin 2x=\sin\frac{\pi}{3}=\frac{\sqrt{3}}{2}$$

であるから

$$\sin x<\sin 2x$$

である．(0)

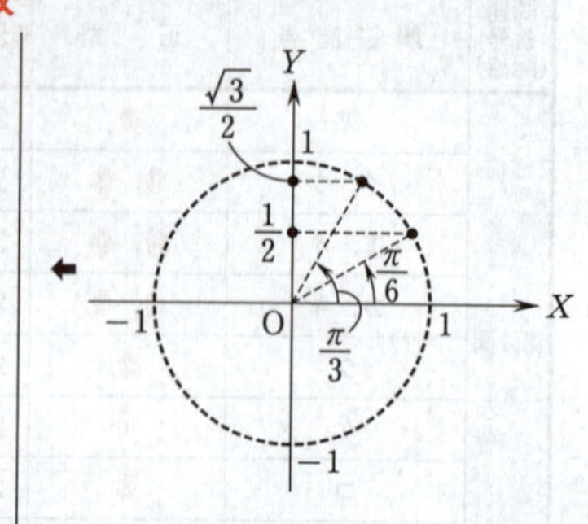

$x=\frac{2}{3}\pi$ のとき

$$\sin x=\sin\frac{2}{3}\pi=\frac{\sqrt{3}}{2},$$

$$\sin 2x=\sin\frac{4}{3}\pi=-\frac{\sqrt{3}}{2}$$

であるから

$$\sin x>\sin 2x$$

である．(2)

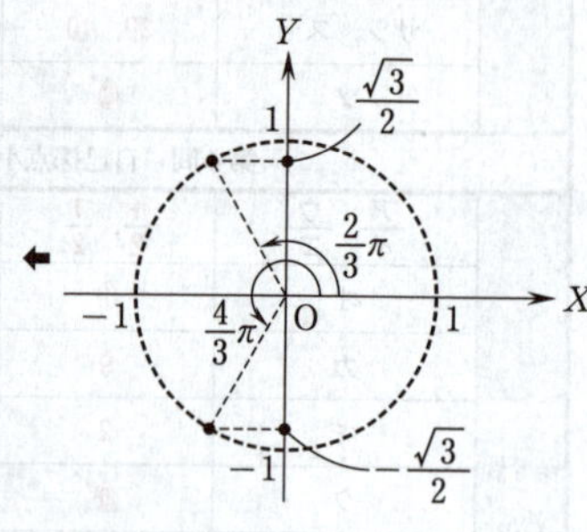

(2)　$\sin 2x-\sin x=2\sin x\cos x-\sin x$

$$=\sin x(\,2\,\cos x-\,1\,)$$

であるから

$$\sin 2x-\sin x>0$$

が成り立つことは

$$\sin x(2\cos x-1)>0$$

と同値であり，これは

「$\sin x>0$　かつ　$2\cos x-1>0$」　…①

または

「$\sin x<0$　かつ　$2\cos x-1<0$」　…②

が成り立つことと同値である．

2倍角の公式

$\sin 2\theta=2\sin\theta\cos\theta.$

$0\leqq x\leqq 2\pi$ のとき，①，すなわち

$$\sin x>0\quad かつ\quad \cos x>\frac{1}{2}$$

が成り立つような x の値の範囲は

$$0<x<\frac{\pi}{3}$$

であり，②，すなわち

$$\sin x<0\quad かつ\quad \cos x<\frac{1}{2}$$

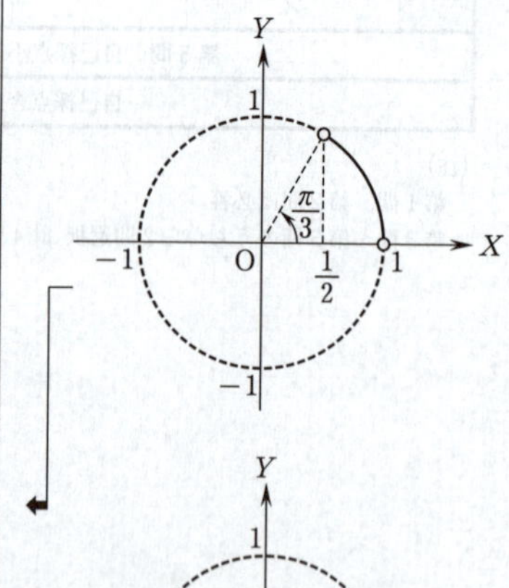

が成り立つような x の値の範囲は

$$\pi < x < \frac{\boxed{5}}{\boxed{3}}\pi$$

である．よって，$0 \leqq x \leqq 2\pi$ のとき，$\sin 2x > \sin x$ が成り立つような x の値の範囲は

← $\sin 2x - \sin x > 0$.

$$0 < x < \frac{\pi}{3},\quad \pi < x < \frac{5}{3}\pi$$

である．

(3)
$$\alpha + \beta = 4x,\quad \alpha - \beta = 3x$$

より

$$\alpha = \frac{7}{2}x,\quad \beta = \frac{x}{2}$$

であるから

$$\sin(\alpha+\beta) - \sin(\alpha-\beta) = 2\cos\alpha\sin\beta \quad \cdots ③$$

← 加法定理
$\sin(\alpha+\beta) = \sin\alpha\cos\beta + \cos\alpha\sin\beta$.
$\sin(\alpha-\beta) = \sin\alpha\cos\beta - \cos\alpha\sin\beta$.

は

$$\sin 4x - \sin 3x = 2\cos\frac{7}{2}x\sin\frac{x}{2}$$

となる．これを用いることにより，
$\sin 4x - \sin 3x > 0$ が成り立つことは

$$\cos\frac{7}{2}x\sin\frac{x}{2} > 0$$

と同値であり，これは

$$「\cos\frac{7}{2}x > 0 \quad かつ \quad \sin\frac{x}{2} > 0」 \quad \cdots ④$$

(ⓐ , ⑦)

または

$$「\cos\frac{7}{2}x < 0 \quad かつ \quad \sin\frac{x}{2} < 0」 \quad \cdots ⑤$$

が成り立つことと同値であることがわかる．

$0 \leqq x \leqq \pi$ のとき，$0 \leqq \dfrac{x}{2} \leqq \dfrac{\pi}{2}$ であるから，

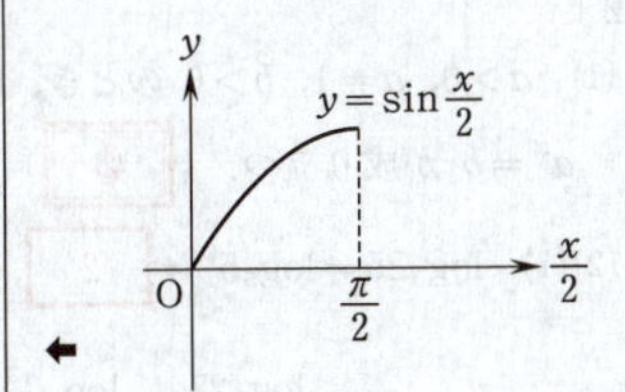

←

$\sin\dfrac{x}{2} \geqq 0$ である．よって，⑤ は成り立たない．

$0 \leqq x \leqq \pi$ のとき，$0 \leqq \dfrac{7}{2}x \leqq \dfrac{7}{2}\pi$ であるから，④ が成り立つような x の値の範囲は

$$0 < \frac{7}{2}x < \frac{\pi}{2},\quad \frac{3}{2}\pi < \frac{7}{2}x < \frac{5}{2}\pi$$

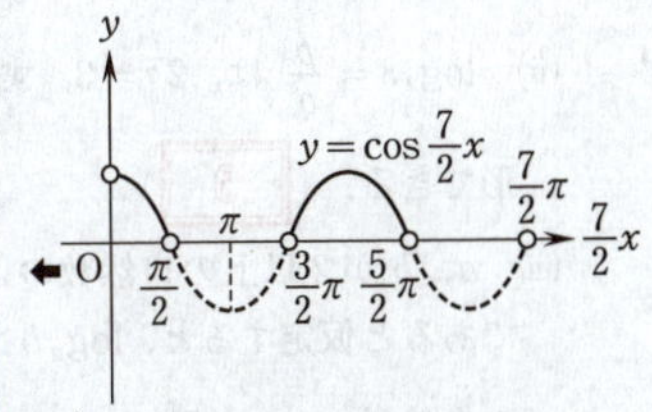

← ($x=0$ のとき，$\sin\frac{\pi}{2}=0$ となり，④ は成り立たない)

すなわち

$$0 < x < \frac{\pi}{\boxed{7}},\quad \frac{\boxed{3}}{\boxed{7}}\pi < x < \frac{\boxed{5}}{\boxed{7}}\pi$$

である．

(4)　$0 \leqq x \leqq \pi$ のとき，$\sin 3x > \sin 4x$ が成り立つような x の値の範囲は，(3) より

$$\frac{\pi}{7} < x < \frac{3}{7}\pi,\quad \frac{5}{7}\pi < x < \pi \qquad \cdots ⑥$$

である．

← (3) と不等号の向きが逆．

$0 \leqq x \leqq \pi$ のとき，$X = 2x$ とおくと，$0 \leqq X \leqq 2\pi$ であり

$$\sin 4x > \sin 2x$$

は

$$\sin 2X > \sin X$$

となるから，これが成り立つような X の値の範囲は，(2) より，

$$0 < X < \frac{\pi}{3},\quad \pi < X < \frac{5}{3}\pi$$

である．よって，$\sin 4x > \sin 2x$ が成り立つような x の値の範囲は

$$0 < x < \frac{\pi}{6},\quad \frac{\pi}{2} < x < \frac{5}{6}\pi \qquad \cdots ⑦$$

である．⑥，⑦ より，$\sin 3x > \sin 4x > \sin 2x$ が成り立つような x の値の範囲は

$$\frac{\pi}{7} < x < \frac{\pi}{\boxed{6}},\quad \frac{5}{7}\pi < x < \frac{\boxed{5}}{\boxed{6}}\pi$$

である．

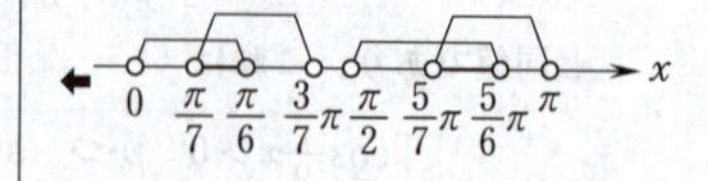

〔2〕

(1)　$a > 0,\ a \neq 1,\ b > 0$ のとき，$\log_a b = x$ とおくと，$a^x = b$ が成り立つ．（ ② ）

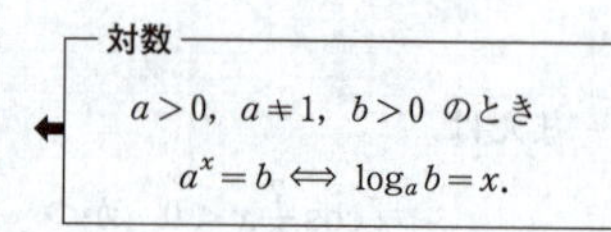

(2)(i)　$\log_5 25 = \log_5 5^2 = \boxed{2}$，

$$\log_9 27 = \frac{\log_3 27}{\log_3 9} = \frac{\log_3 3^3}{\log_3 3^2} = \frac{\boxed{3}}{\boxed{2}}.$$

底の変換公式

$a,\ b,\ c$ が正の数で，$a \neq 1,\ c \neq 1$ のとき

$$\log_a b = \frac{\log_c b}{\log_c a}.$$

(ii)　$\log_2 3 = \dfrac{p}{q}$ は，$2^{\frac{p}{q}} = 3$，すなわち，$2^p = 3^q$ と変形できる．（ ⑤ ）

← $a > 0$，x，y が実数のとき

$$(a^x)^y = a^{xy}.$$

(iii)　a，b が 2 以上の自然数のとき，$\log_a b$ が有理数であると仮定すると，$\log_a b > 0$ であるので，二つの自然数 p，q を用いて，$\log_a b = \dfrac{p}{q}$ と表すことができる．これは，(ii) と同様に $a^p = b^q$ と変形で

きるが，a と b のいずれか一方が偶数で，もう一方が奇数ならば，左辺と右辺で偶奇が異なるので，成り立たない．よって，このとき $\log_a b$ はつねに無理数である．（ ⑤ ）

第2問　微分法・積分法

〔1〕

(1)　k は正の定数．

$$f(x)=x^2(k-x)=-x^3+kx^2$$

より，x の方程式

$$f(x)=0$$

すなわち

$$x^2(k-x)=0$$

の解は，$x=0$，k であるから，$y=f(x)$ のグラフと x 軸との共有点の座標は $(0,\ 0)$ と $(k,\ 0)$ である．

()

$f(x)$ の導関数は

$$f'(x)=\boxed{-3}x^2+\boxed{2}kx=-3x\left(x-\frac{2k}{3}\right)$$

であるから，$f(x)$ の増減は次のようになる．

x	$\cdots$	0	$\cdots$	$\frac{2}{3}k$	$\cdots$
$f'(x)$	$-$	0	$+$	0	$-$
$f(x)$	↘	0	↗	$\frac{4}{27}k^3$	↘

よって，

$x=0$ のとき，$f(x)$ は極小値 0 をとる．

()

$x=\frac{2}{3}k$ のとき，$f(x)$ は極大値 $\frac{4}{27}k^3$ をとる．

(, )

また，$0<x<k$ の範囲における $f(x)$ の増減は次のようになる．

x	(0)	$\cdots$	$\frac{2}{3}k$	$\cdots$	(k)
$f'(x)$	(0)	$+$	0	$-$	
$f(x)$	(0)	↗	$\frac{4}{27}k^3$	↘	(0)

よって，$0<x<k$ の範囲において，$x=\frac{2}{3}k$ のとき $f(x)$ は最大となることがわかり，最大値は $\frac{4}{27}k^3$ である．

導関数

$(x^n)'=nx^{n-1}$ $(n=1,\ 2,\ 3,\ \cdots)$

$(c)'=0$ （c は定数）．

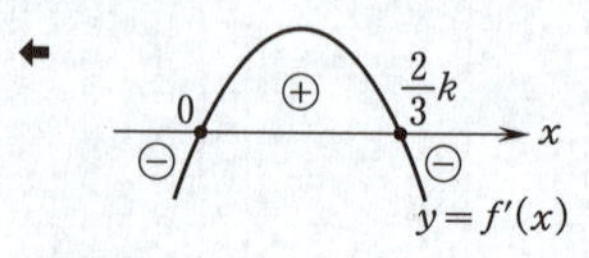

$f'(x)$ の符号はグラフをかくとわかりやすい．

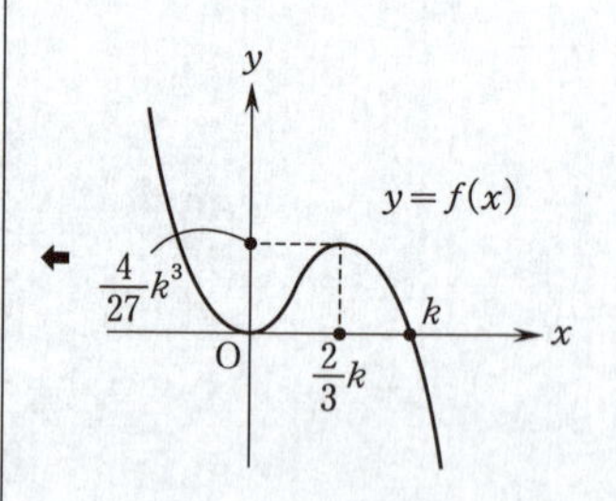

(2)　円錐の頂点をA，底面の円の中心をHとする．点A，Hを通る平面で円錐と円柱を切った断面は右の図のようになる．

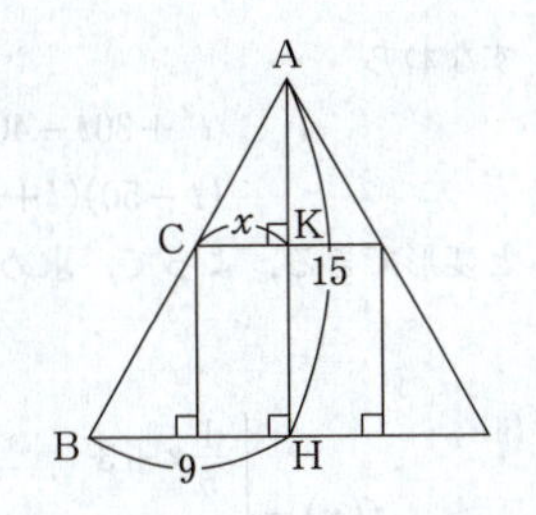

右の図の直角三角形のAKCとAHBは相似であるから

$$\frac{\text{KC}}{\text{HB}}=\frac{\text{AK}}{\text{AH}}$$

すなわち

$$\frac{x}{9}=\frac{\text{AK}}{15}$$

が成り立つ．よって

$$\text{AK}=\frac{5}{3}x$$

であり

$$\text{KH}=\text{AH}-\text{AK}=15-\frac{5}{3}x$$

である．したがって

$$V=\pi x^2\cdot\left(15-\frac{5}{3}x\right)=\frac{\boxed{5}}{\boxed{3}}\pi x^2\left(\boxed{9}-x\right)$$

である．(1)において $k=9$ のときを考えると，

$x=\frac{2}{3}k=\frac{2}{3}\cdot 9=\boxed{6}$ のとき V は最大となることがわかる．V の最大値は

$$\frac{5}{3}\pi\cdot\frac{4}{27}k^3=\frac{5}{3}\pi\cdot\frac{4}{3^3}\cdot 9^3=5\cdot 4\cdot 3^2\pi=\boxed{180}\,\pi$$

である．

〔2〕

(1)　$$\int_0^{30}\left(\frac{1}{5}x+3\right)dx=\left[\frac{1}{10}x^2+3x\right]_0^{30}$$

$$=\frac{1}{10}\cdot 30^2+3\cdot 30=\boxed{180}.$$

$$\int\left(\frac{1}{100}x^2-\frac{1}{6}x+5\right)dx$$

$$=\frac{1}{\boxed{300}}x^3-\frac{1}{\boxed{12}}x^2+\boxed{5}\,x+C.$$

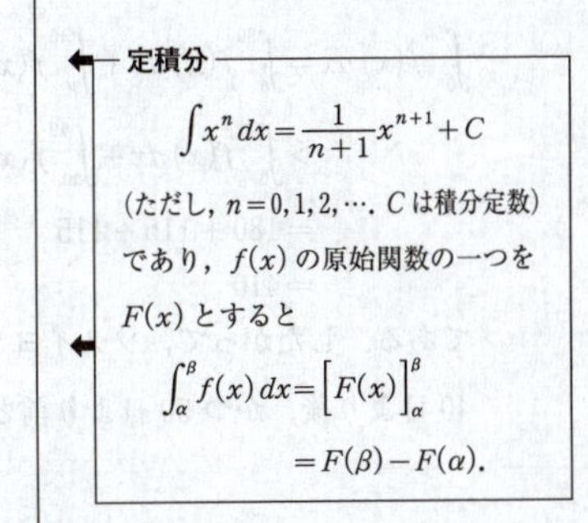

定積分

$$\int x^n\,dx=\frac{1}{n+1}x^{n+1}+C$$

（ただし，$n=0,1,2,\cdots$．C は積分定数）

であり，$f(x)$ の原始関数の一つを $F(x)$ とすると

$$\int_\alpha^\beta f(x)\,dx=\Big[F(x)\Big]_\alpha^\beta$$

$$=F(\beta)-F(\alpha).$$

(2)(i)　ソメイヨシノの開花日時は

$$\int_0^t\left(\frac{1}{5}x+3\right)dx=400$$

を満たす正の実数 t を求めればよい．これは(1)より

$$\frac{1}{10}t^2+3t=400$$

すなわち

$$t^2+30t-4000=0$$
$$(t-50)(t+80)=0$$

と変形できる．よって，求める t は $t=50$ である．

（ ④ ）

(ii)
$$f(x)=\begin{cases}\dfrac{1}{5}x+3 & (0\leqq x\leqq 30)\\[2mm] \dfrac{1}{100}x^2-\dfrac{1}{6}x+5 & (x\geqq 30)\end{cases}$$

$x\geqq 30$ の範囲において

$$f(x)=\frac{1}{100}x^2-\frac{1}{6}x+5$$
$$=\frac{1}{100}\left(x-\frac{100}{12}\right)^2-\frac{100}{12^2}+5$$

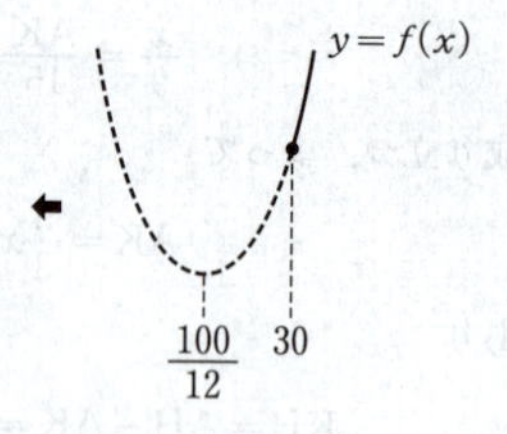

は増加するから

$$\int_{30}^{40}f(x)\,dx<\int_{40}^{50}f(x)\,dx \quad (\text{ ⓪ })$$

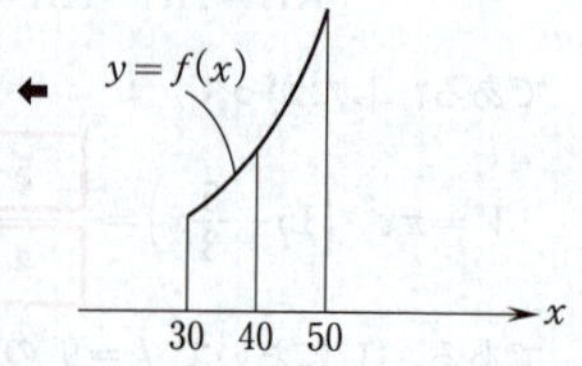

である．(1) より

$$\int_0^{30}\left(\frac{1}{5}x+3\right)dx=180$$

であり

$$\int_{30}^{40}\left(\frac{1}{100}x^2-\frac{1}{6}x+5\right)dx=115$$

である．よって

$$\int_0^{40}f(x)\,dx=\int_0^{30}f(x)\,dx+\int_{30}^{40}f(x)\,dx$$
$$=180+115=295$$

であり

$$\int_0^{50}f(x)\,dx=\int_0^{30}f(x)\,dx+\int_{30}^{40}f(x)\,dx+\int_{40}^{50}f(x)\,dx$$
$$>\int_0^{30}f(x)\,dx+\int_{30}^{40}f(x)\,dx+\int_{30}^{40}f(x)\,dx$$
$$=180+115+115$$
$$=410$$

である．したがって，ソメイヨシノの開花時期は，

40 日より後，かつ 50 日より前となる．（ ④ ）

第3問　確率分布と統計的な推測

(1)　ある生産地で生産されるピーマン全体を母集団とし，この母集団におけるピーマン1個の重さ(単位はg)を表す確率変数を X とする．m と σ を正の実数とし，X は正規分布 $N(m, \sigma^2)$ に従うとする．よって，

$Z=\dfrac{X-m}{\sigma}$ とすると，Z は標準正規分布 $N(0, 1)$ に従う．

←**標準正規分布**
平均0，標準偏差1の正規分布 $N(0, 1)$ を標準正規分布という．

(i)　この母集団から1個のピーマンを無作為に抽出したとき，重さが m g以上である確率 $P(X \geqq m)$ は，

$$P(X \geqq m)=P\left(\frac{X-m}{\sigma} \geqq \frac{m-m}{\sigma}\right)$$
$$=P\left(\frac{X-m}{\sigma} \geqq \boxed{0}\right)$$
$$=P(Z \geqq 0)$$
$$=\frac{\boxed{1}}{\boxed{2}}$$

である．

(ii)　母集団から無作為に抽出された大きさ n の標本 $X_1, X_2, \cdots, X_n$ の標本平均を $\overline{X}$ とする．$\overline{X}$ の平均(期待値)と標準偏差はそれぞれ

$$E(\overline{X})=m, \quad \sigma(\overline{X})=\frac{\sigma}{\sqrt{n}}$$

となる．(④ , ②)

←**標本平均の平均と標準偏差**
母平均 m，母標準偏差 σ の母集団から大きさ n の無作為標本を抽出するとき．標本平均の平均(期待値)と標準偏差はそれぞれ
$$m, \ \frac{\sigma}{\sqrt{n}}.$$

$n=400$，標本平均が30.0 g，標本の標準偏差が3.6 gのとき，m の信頼度90%の信頼区間を次の**方針**で求める．

方針

Z を標準正規分布 $N(0, 1)$ に従う確率変数として，$P(-z_0 \leqq Z \leqq z_0)=0.901$ となる z_0 を正規分布表から求める．この z_0 を用いると m の信頼度90.1%の信頼区間が求められるが，これを信頼度90%の信頼区間とみなして考える．

$$P(-z_0 \leqq Z \leqq z_0)=0.901$$
$$2P(0 \leqq Z \leqq z_0)=0.901$$
$$P(0 \leqq Z \leqq z_0)=0.4505$$

を満たす z_0 は正規分布表より

$$z_0=\boxed{1}.\boxed{65}$$

←正規分布表より
$P(0 \leqq Z \leqq 1.65)=0.4505.$

である．

一般に，標本の大きさ n が大きいときには，母標準偏差の代わりに，標本の標準偏差を用いてよいことが知られている．$n=400$ は十分に大きいので，**方針**に基づくと，m の信頼度90％の信頼区間は

$$30.0-1.65\times\frac{3.6}{\sqrt{400}}\leqq m\leqq 30.0+1.65\times\frac{3.6}{\sqrt{400}}$$

$$30.0-0.297\leqq m\leqq 30.0+0.297$$

$$29.703\leqq m\leqq 30.297\quad(\boxed{④})$$

となる．

(2)

ピーマン分類法

無作為に抽出したいくつかのピーマンについて，重さが30.0 g以下のときをSサイズ，30.0 gを超えるときはLサイズと分類する．そして，分類されたピーマンからSサイズとLサイズのピーマンを一つずつ選び，ピーマン2個を1組とした袋を作る．

(i)　ピーマンを無作為に50個抽出したとき，**ピーマン分類法**で25袋作ることができる確率 p_0 を考える．無作為に1個抽出したピーマンがSサイズ，すなわち重さが30.0 g以下である確率は $\dfrac{\boxed{1}}{\boxed{2}}$ である．ピーマンを無作為に50個抽出したとき，Sサイズのピーマンの個数を表す確率変数を U_0 とすると，U_0 は二項分布 $B\left(50,\ \dfrac{1}{2}\right)$ に従うので

$$p_0={}_{50}\mathrm{C}_{\boxed{25}}\times\left(\frac{1}{2}\right)^{25}\times\left(1-\frac{1}{2}\right)^{50-25}$$

となる．

(ii)　**ピーマン分類法**で25袋作ることができる確率が0.95以上となるようなピーマンの個数を考える．

k を自然数とし，ピーマンを無作為に $(50+k)$ 個抽出したとき，Sサイズのピーマンの個数を表す確率変数を U_k とすると，U_k は二項分布 $B\left(50+k,\ \dfrac{1}{2}\right)$ に従うので，平均と分散はそれぞれ

←**二項分布**

n を自然数とする．

確率変数 X のとり得る値が

$0,\ 1,\ 2,\ \cdots,\ n$

であり，X の確率分布が

$P(X=r)={}_n\mathrm{C}_r p^r(1-p)^{n-r}$

$(r=0,\ 1,\ 2,\ \cdots,\ n)$

であるとき，X の確率分布を二項分布といい，$B(n,\ p)$ で表す．

$$(50+k)\cdot\frac{1}{2}=\frac{50+k}{2}$$

$$(50+k)\cdot\frac{1}{2}\left(1-\frac{1}{2}\right)=\frac{50+k}{4}$$

である．$(50+k)$ は十分に大きいので，U_k は近似的に正規分布

$$N\left(\frac{50+k}{2},\ \frac{50+k}{4}\right)\quad(\boxed{③},\ \boxed{⑦})$$

に従い，$Y=\dfrac{U_k-\dfrac{50+k}{2}}{\sqrt{\dfrac{50+k}{4}}}$ とすると，Y は近似的に標準正規分布 $N(0,\ 1)$ に従う．

よって，**ピーマン分類法**で25袋作ることができる確率を p_k とすると

$$p_k=P(25\leqq U_k\leqq 25+k)$$

$$=P\left(\frac{25-\dfrac{50+k}{2}}{\sqrt{\dfrac{50+k}{4}}}\leqq\frac{U_k-\dfrac{50+k}{2}}{\sqrt{\dfrac{50+k}{4}}}\leqq\frac{(25+k)-\dfrac{50+k}{2}}{\sqrt{\dfrac{50+k}{4}}}\right)$$

$$=P\left(-\frac{k}{\sqrt{50+k}}\leqq Y\leqq\frac{k}{\sqrt{50+k}}\right)\quad(\boxed{⓪})$$

となる．

$k=\alpha$，$\sqrt{50+k}=\beta$ とおく．

$p_k\geqq 0.95$ になるような $\dfrac{\alpha}{\beta}$ について．正規分布表から $\dfrac{\alpha}{\beta}\geqq 1.96$ を満たせばよいことがわかる．

ここでは

$$\frac{\alpha}{\beta}\geqq 2\qquad\cdots①$$

を満たす自然数 k を考える．①の両辺は正であるから，両辺を2乗して

$$\alpha^2\geqq 4\beta^2$$

すなわち

$$k^2\geqq 4(50+k)$$

$$k(k-4)\geqq 200\qquad\cdots②$$

を満たす最小の自然数 k を求める．$k\geqq 4$ においてkが増加すると，②の左辺も増加し

$$16(16-4)=192$$

$$17(17-4)=221$$

であるから，②を満たす最小の自然数 k を k_0 と

二項分布の平均（期待値），分散

確率変数 X が二項分布 $B(n,\ p)$ に従うとき，$q=1-p$ とすると X の平均（期待値）$E(X)$ と分散 $V(X)$ は

$$E(X)=np$$

$$V(X)=npq$$

である．

← $k=1,\ 2,\ 3$ では成り立たない．

すると，

$$k_0 = \boxed{17}$$

であることがわかる．

【チツ の別解】

②は，

$$k^2 - 4k - 200 \geqq 0$$

と変形できるから，これを $k > 0$ の範囲で解くと

$k \geqq 2 + \sqrt{2^2 + 200} = 2 + 2\sqrt{51} = 2 + 2 \times 7.14 = 16.28$　⬅ $\sqrt{51} = 7.14$.

である．これを満たす最小の自然数 k を k_0 とすると，$k_0 = 17$ である．

第4問　数列

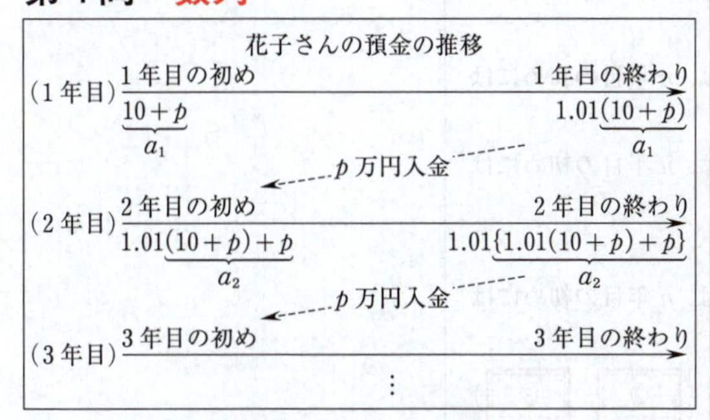

(1)

方針1

n 年目の初めの預金と $(n+1)$ 年目の初めの預金との関係に着目して考える．

$a_1=10+p$

$a_2=1.01a_1+p=1.01(10+p)+p$

$a_3=1.01a_2+p=1.01\{1.01(10+p)+p\}+p$

（ ② ）

である．すべての自然数 n について

$$a_{n+1}=1.01a_n+p \quad (\text{ ⓪ },\ \text{ ③ })$$

が成り立つ．これは

$$a_{n+1}+100p=1.01(a_n+100p) \quad (\text{ ④ },\ \text{ ⓪ })$$

と変形できる．数列 $\{a_n+100p\}$ は公比1.01の等比数列であるから

$$\begin{aligned}a_n+100p&=1.01^{n-1}(a_1+100p)\\&=1.01^{n-1}(10+p+100p)\\&=1.01^{n-1}(10+101p)\end{aligned}$$

が成り立つ．よって，数列 $\{a_n\}$ の一般項は

$$a_n=1.01^{n-1}(10+101p)-100p$$

である．

方針2

もともと預金口座にあった10万円と毎年の初めに入金した p 万円について，n 年目の初めにそれぞれがいくらになるかに着目して考える．

もともと預金口座にあった10万円は，2年目の初めには 10×1.01 万円になり，3年目の初めには

漸化式

$a_{n+1}=pa_n+q$ $(n=1,\ 2,\ 3,\ \cdots)$

$(p,\ q$ は定数，$p\neq1)$

は

$$\alpha=p\alpha+q$$

を満たす α を用いて

$$a_{n+1}-\alpha=p(a_n-\alpha)$$

と変形できる．

等比数列の一般項

初項を a，公比 r をとする等比数列 $\{a_n\}$ の一般項は

$a_n=ar^{n-1}$．$(n=1,\ 2,\ 3,\ \cdots)$

10×1.01^2 万円になる．同様に考えると，n 年目の初めには $10\times1.01^{n-1}$ 万円になる．

・1年目の初めに入金した p 万円は，n 年目の初めには $p\times1.01^{n-1}$ 万円になる．

・2年目の初めに入金した p 万円は，n 年目の初めには $p\times1.01^{n-2}$ 万円になる．

⋮

・n 年目の初めに入金した p 万円は，n 年目の初めには p 万円のままである．

（）

これより

$$a_n=10\times1.01^{n-1}+p\times1.01^{n-1}+p\times1.01^{n-2}+\cdots+p$$
$$=10\times1.01^{n-1}+p\sum_{k=1}^{n}1.01^{k-1}\quad(②)$$

となることがわかる．ここで，数列 $\{1.01^{n-1}\}$ は初項1，公比1.01の等比数列であるから

$$\sum_{k=1}^{n}1.01^{k-1}=\frac{1.01^n-1}{1.01-1}=100(1.01^n-1)\quad(①)$$

となる．よって，数列 $\{a_n\}$ の一般項は

$$a_n=10\times1.01^{n-1}+100p(1.01^n-1)$$
$$=10\times1.01^{n-1}+100p(1.01\times1.01^{n-1}-1)$$
$$=10\times1.01^{n-1}+101p\times1.01^{n-1}-100p$$
$$=1.01^{n-1}(10+101p)-100p$$

である．

等比数列の和
初項 a，公比 r，項数 n の等比数列の和は，$r\neq1$ のとき
$$\frac{a(r^n-1)}{r-1}.$$

方針1の結果と同じ

(2)　10年目の終わりの預金が30万円以上であることを不等式を用いて表すと

$$1.01a_{10}\geqq30\quad(③)$$

すなわち

$$1.01\{10\times1.01^9+100p(1.01^{10}-1)\}\geqq30$$

となる．この不等式を p について解くと

$$p\geqq\frac{30-10\times1.01^{10}}{101(1.01^{10}-1)}$$

となる．

(3)　1年目の入金を始める前における花子さんの預金が10万円ではなく，13万円の場合を考える．（年利は1%．毎年の初めの入金額は p 万円のまま.）このときの n 年目の初めの預金を b_n 万円とおく．**方針1**と同様に考えると

$$a_1=10+p,\quad a_n=1.01^{n-1}(10+101p)-100p$$

に対して

$$b_1=13+p,\quad b_n=1.01^{n-1}(13+101p)-100p$$

となるから

$$b_n-a_n=(13-10)\times1.01^{n-1}=3\times1.01^{n-1}$$

である．よって，すべての自然数 n に対して，b_n 万円は a_n 万円よりも $3\times1.01^{n-1}$ 万円多い．（ ⑧ ）

【 ソ の別解】

方針2 と同様に考えると

$$a_n=10\times1.01^{n-1}+p\times\sum_{k=1}^{n}1.01^{k-1}$$

に対して

$$b_n=13\times1.01^{n-1}+p\times\sum_{k=1}^{n}1.01^{k-1}$$

となる．（以下略）

第5問　空間ベクトル

三角錐 PABC において，辺 BC の中点が M.

$\angle PAB = \angle PAC = \theta$．（$0^\circ < \theta < 90^\circ$）

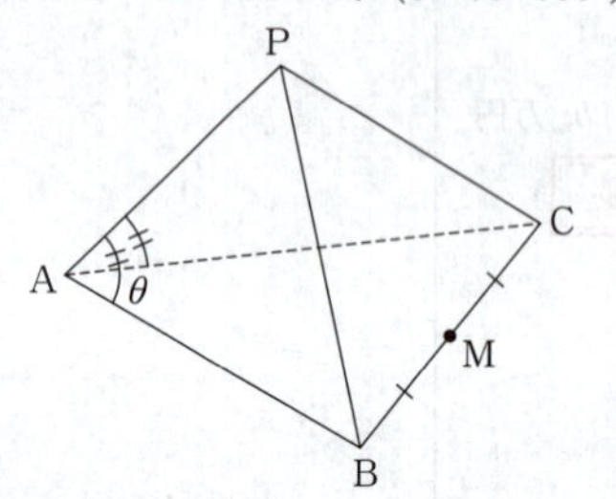

(1)　$\overrightarrow{AM} = \dfrac{1}{2}\overrightarrow{AB} + \dfrac{1}{2}\overrightarrow{AC}$.

$\dfrac{\overrightarrow{AP}\cdot\overrightarrow{AB}}{|\overrightarrow{AP}||\overrightarrow{AB}|} = \dfrac{\overrightarrow{AP}\cdot\overrightarrow{AC}}{|\overrightarrow{AP}||\overrightarrow{AC}|} = \cos\theta$.（①）

分点公式

線分 AB を $m:n$ に内分する点を P とすると

$\overrightarrow{OP} = \dfrac{n\overrightarrow{OA} + m\overrightarrow{OB}}{m+n}$.

内積

$\vec{0}$ でない 2 つのベクトル $\vec{a}$ と $\vec{b}$ のなす角を θ（$0^\circ \leqq \theta \leqq 180^\circ$）とすると

$\vec{a}\cdot\vec{b} = |\vec{a}||\vec{b}|\cos\theta$.

$\theta = 90^\circ$ のとき

$\vec{a}\cdot\vec{b} = |\vec{a}||\vec{b}|\cos 90^\circ = 0$

である．また

$\vec{a}\cdot\vec{a} = |\vec{a}||\vec{a}|\cos 0^\circ = |\vec{a}|^2$

である．

(2)　$\theta = 45^\circ$，$|\overrightarrow{AP}| = 3\sqrt{2}$，$|\overrightarrow{AB}| = |\overrightarrow{PB}| = 3$，$|\overrightarrow{AC}| = |\overrightarrow{PC}| = 3$ のとき

$\overrightarrow{AP}\cdot\overrightarrow{AB} = |\overrightarrow{AP}||\overrightarrow{AB}|\cos 45^\circ = 3\sqrt{2}\cdot 3\cdot\dfrac{1}{\sqrt{2}} = 9$

$\overrightarrow{AP}\cdot\overrightarrow{AC} = |\overrightarrow{AP}||\overrightarrow{AC}|\cos 45^\circ = 3\sqrt{2}\cdot 3\cdot\dfrac{1}{\sqrt{2}} = 9$

である．さらに，直線 AM 上の点 D は $\angle APD = 90^\circ$ を満たしている．このとき，実数 ℓ を用いて，$\overrightarrow{AD} = \ell\overrightarrow{AM}$ とすると

$$\overrightarrow{PA}\cdot\overrightarrow{PD} = 0$$

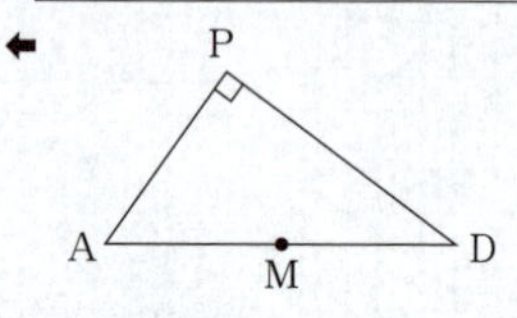

$$\overrightarrow{AP}\cdot(\overrightarrow{AD} - \overrightarrow{AP}) = 0$$
$$\overrightarrow{AP}\cdot\overrightarrow{AD} = \overrightarrow{AP}\cdot\overrightarrow{AP}$$
$$\overrightarrow{AP}\cdot(\ell\overrightarrow{AM}) = |\overrightarrow{AP}|^2$$
$$\overrightarrow{AP}\cdot\left\{\frac{\ell}{2}(\overrightarrow{AB} + \overrightarrow{AC})\right\} = |\overrightarrow{AP}|^2$$

← $\overrightarrow{AM} = \frac{1}{2}(\overrightarrow{AB} + \overrightarrow{AC})$.

$$\frac{\ell}{2}(\overrightarrow{AP}\cdot\overrightarrow{AB} + \overrightarrow{AP}\cdot\overrightarrow{AC}) = (3\sqrt{2})^2$$
$$\frac{\ell}{2}\cdot 2\cdot 9 = 2\cdot 9$$

← $\overrightarrow{AP}\cdot\overrightarrow{AB} = \overrightarrow{AP}\cdot\overrightarrow{AC} = 9$.

$$\ell = 2$$

である．よって，$\overrightarrow{AD} = 2\overrightarrow{AM}$ である．

(3)　$\overrightarrow{AQ} = 2\overrightarrow{AM}$.

(i)　$\overrightarrow{AP}\cdot\overrightarrow{AQ} = |\overrightarrow{AP}||\overrightarrow{AQ}|\cos\angle PAQ$

であるから，$\overrightarrow{PA}$ と $\overrightarrow{PQ}$ が垂直であるとき

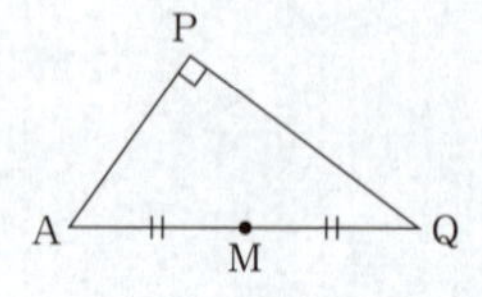

$$\overrightarrow{PA}\cdot\overrightarrow{PQ}=0$$
$$\overrightarrow{AP}\cdot(\overrightarrow{AQ}-\overrightarrow{AP})=0$$
$$\overrightarrow{AP}\cdot\overrightarrow{AQ}-\overrightarrow{AP}\cdot\overrightarrow{AP}=0$$
$$\overrightarrow{AP}\cdot(2\overrightarrow{AM})-\overrightarrow{AP}\cdot\overrightarrow{AP}=0$$
$$\overrightarrow{AP}\cdot\left\{\frac{2}{2}(\overrightarrow{AB}+\overrightarrow{AC})\right\}-\overrightarrow{AP}\cdot\overrightarrow{AP}=0$$
$$\overrightarrow{AP}\cdot\overrightarrow{AB}+\overrightarrow{AP}\cdot\overrightarrow{AC}=\overrightarrow{AP}\cdot\overrightarrow{AP}\quad(\boxed{⓪})$$
$$|\overrightarrow{AP}||\overrightarrow{AB}|\cos\theta+|\overrightarrow{AP}||\overrightarrow{AC}|\cos\theta=|\overrightarrow{AP}|^2$$
$$|\overrightarrow{AB}|\cos\theta+|\overrightarrow{AC}|\cos\theta=|\overrightarrow{AP}|\quad(\boxed{③})$$

が成り立つ．

(ii)　k は正の実数．

$$k\overrightarrow{AP}\cdot\overrightarrow{AB}=\overrightarrow{AP}\cdot\overrightarrow{AC}$$

が成り立つとき

$$k|\overrightarrow{AP}||\overrightarrow{AB}|\cos\theta=|\overrightarrow{AP}||\overrightarrow{AC}|\cos\theta$$
$$k|\overrightarrow{AB}|=|\overrightarrow{AC}|\quad(\boxed{⓪})$$

が成り立つ．

点Bから直線APに下ろした垂線と直線APとの交点がB′．

点Cから直線APに下ろした垂線と直線APとの交点がC′．

(i)より

$$\overrightarrow{PA}\perp\overrightarrow{PQ}$$
$$\Leftrightarrow|\overrightarrow{AB}|\cos\theta+|\overrightarrow{AC}|\cos\theta=|\overrightarrow{AP}|$$
$$\Leftrightarrow|\overrightarrow{AB}|\cos\theta+k|\overrightarrow{AB}|\cos\theta=|\overrightarrow{AP}|$$
$$\Leftrightarrow(1+k)|\overrightarrow{AB}|\cos\theta=|\overrightarrow{AP}|$$
$$\Leftrightarrow(1+k)|\overrightarrow{AB}|\frac{|\overrightarrow{AB'}|}{|\overrightarrow{AB}|}=|\overrightarrow{AP}|$$
$$\Leftrightarrow|\overrightarrow{AB'}|=\frac{1}{1+k}|\overrightarrow{AP}|$$

であり

$$\overrightarrow{PA}\perp\overrightarrow{PQ}$$
$$\Leftrightarrow|\overrightarrow{AB}|\cos\theta+|\overrightarrow{AC}|\cos\theta=|\overrightarrow{AP}|$$
$$\Leftrightarrow k|\overrightarrow{AB}|\cos\theta+k|\overrightarrow{AC}|\cos\theta=k|\overrightarrow{AP}|$$
$$\Leftrightarrow|\overrightarrow{AC}|\cos\theta+k|\overrightarrow{AC}|\cos\theta=k|\overrightarrow{AP}|$$
$$\Leftrightarrow(1+k)|\overrightarrow{AC}|\cos\theta=k|\overrightarrow{AP}|$$

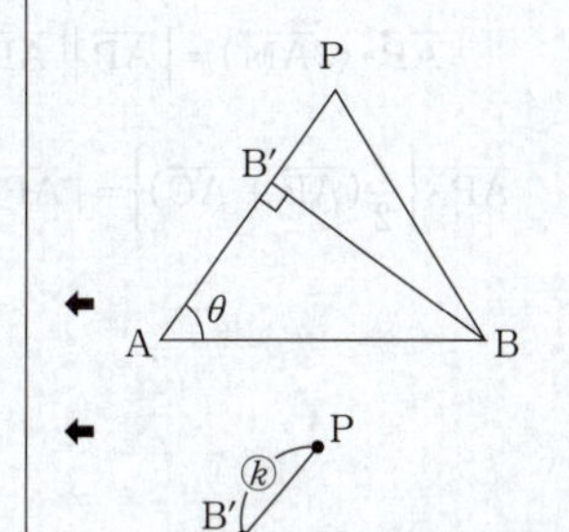

$$\Longleftrightarrow (1+k)\left|\overrightarrow{\mathrm{AC}}\right|\frac{\left|\overrightarrow{\mathrm{AC'}}\right|}{\left|\overrightarrow{\mathrm{AC}}\right|}=k\left|\overrightarrow{\mathrm{AP}}\right|$$

$$\Longleftrightarrow \left|\overrightarrow{\mathrm{AC'}}\right|=\frac{k}{1+k}\left|\overrightarrow{\mathrm{AP}}\right|$$

であるから，$\overrightarrow{\mathrm{PA}}$ と $\overrightarrow{\mathrm{PQ}}$ が垂直であることは，B′ と C′ が線分 AP をそれぞれ $1:k$ と $k:1$ に内分する点であることと同値である．（ ④ ）特に，$k=1$ のとき，$\overrightarrow{\mathrm{PA}}$ と $\overrightarrow{\mathrm{PQ}}$ が垂直であることは，B′ と C′ が線分 AP をいずれも $1:1$ に内分する点であることと同値であり，これは △PAB と △PAC がそれぞれ BP＝BA，CP＝CA を満たす二等辺三角形であることと同値である．（ ② ）

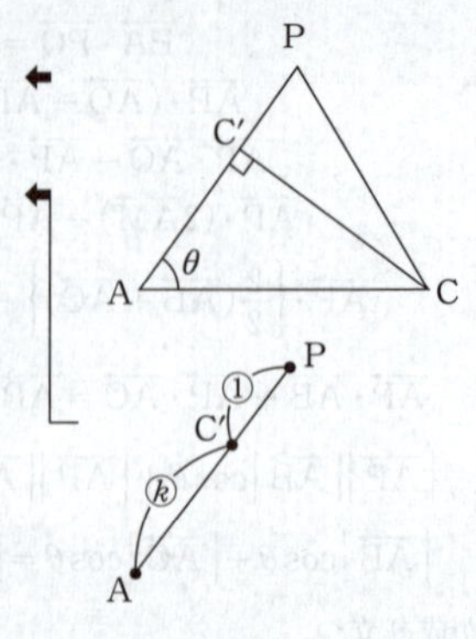

← ∠PAB＝∠PAC より，「△PAB と △PAC がそれぞれ BP＝BA，CP＝CA を満たす二等辺三角形 ⇒ △PAB と △PAC が合同」であるが，⇐ は成り立たない．

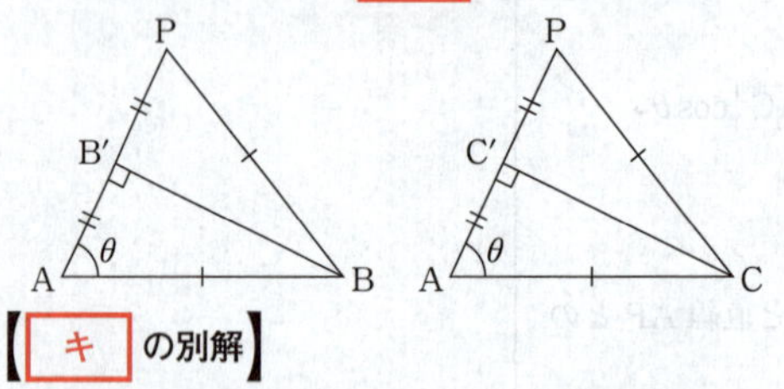

【 キ の別解】

直線 AM 上の点 D は $\angle\mathrm{APD}=90^\circ$ を満たしている．このとき，実数 ℓ を用いて，$\overrightarrow{\mathrm{AD}}=\ell\overrightarrow{\mathrm{AM}}$ とすると

$$\overrightarrow{\mathrm{AP}}\cdot\overrightarrow{\mathrm{AD}}=\left|\overrightarrow{\mathrm{AP}}\right|\left|\overrightarrow{\mathrm{AD}}\right|\cos\angle\mathrm{DAP}$$

$$\overrightarrow{\mathrm{AP}}\cdot(\ell\overrightarrow{\mathrm{AM}})=\left|\overrightarrow{\mathrm{AP}}\right|\left|\overrightarrow{\mathrm{AD}}\right|\frac{\left|\overrightarrow{\mathrm{AP}}\right|}{\left|\overrightarrow{\mathrm{AD}}\right|}$$

$$\overrightarrow{\mathrm{AP}}\cdot\left\{\frac{\ell}{2}(\overrightarrow{\mathrm{AB}}+\overrightarrow{\mathrm{AC}})\right\}=\left|\overrightarrow{\mathrm{AP}}\right|^2.$$ （以下略）

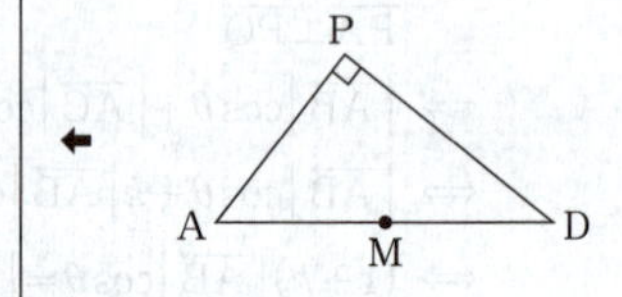

数学Ⅰ

解答・採点基準　（100点満点）

問題番号(配点)	解答記号	正　解	配点	自己採点
第1問 (20)	アイ	−8	2	
	ウエ	−4	1	
	オ，カ	2，2	2	
	キ，ク	4，4	2	
	ケ，コ	7，3	3	
	サ	④	3	
	シ，ス，セ	3，6，9	2	
	ソ，タ，チ	1，5，7	2	
	ツ，テ	①，①	3	
第1問　自己採点小計				
第2問 (30)	ア	⓪	3	
	イ	⑦	3	
	ウ$\sqrt{エ}$−オ	$3\sqrt{3}-4$	3	
	カ	④	2	
	キク	27	2	
	ケ	①	2	
	コ	②	2	
	$\frac{サシ\sqrt{スセ}}{ソ}$	$\frac{12\sqrt{10}}{5}$	3	
	$\frac{タ}{チ}$	$\frac{5}{6}$	2	
	ツ$\sqrt{テト}$	$6\sqrt{11}$	3	
	ナ	⑥	2	
	ニヌ($\sqrt{ネノ}+\sqrt{ハ}$)	$10(\sqrt{11}+\sqrt{2})$	3	
第2問　自己採点小計				

問題番号(配点)	解答記号	正　解	配点	自己採点
第3問 (20)	ア	③	1	
	イ	②	2	
	ウ	⑤	2	
	エ	①	2	
	オ	②	3	
	カ	②	3	
	キ	⑦	3	
	ク	⓪	2	
	ケ	②	2	
第3問　自己採点小計				
第4問 (30)	ア，イウ	5，−9	3	
	エ	9	3	
	オ	5	3	
	カ	4	3	
	$\frac{キ}{ク}$	$\frac{8}{3}$	3	
	ケ，コ	4，3	3	
	サ，シ	4，3	3	
	ス	②	3	
	$\frac{セ\sqrt{ソ}}{タチ}$	$\frac{5\sqrt{3}}{57}$	3	
	ツ，テ	⓪，⓪	3	
第4問　自己採点小計				
自己採点合計				

第1問　数と式，集合と命題

〔1〕 実数 x についての不等式 $|x+6|\leqq 2$ の解は，

$$-2\leqq x+6\leqq 2$$

すなわち，

$$\boxed{-8}\leqq x\leqq \boxed{-4}$$

である．　(＊)

← $|X|\leqq A \iff -A\leqq X\leqq A$.（$A$ は正の定数）．

$\left|(1-\sqrt{3})(a-b)(c-d)+6\right|\leqq 2$（$a$，$b$，$c$，$d$ は実数）

は，(＊) より，

$$-8\leqq(1-\sqrt{3})(a-b)(c-d)\leqq -4$$

となるから，$1-\sqrt{3}$ が負であることに注意すると，

$$\frac{-8}{1-\sqrt{3}}\geqq(a-b)(c-d)\geqq\frac{-4}{1-\sqrt{3}}$$

← 両辺を負の数で割ったり，掛けたりすると不等号の向きは変わる．

すなわち，

$$\frac{4}{\sqrt{3}-1}\leqq(a-b)(c-d)\leqq\frac{8}{\sqrt{3}-1}$$

となる．

よって，$(a-b)(c-d)$ のとり得る値の範囲は，

$$\boxed{2}+\boxed{2}\sqrt{3}\leqq(a-b)(c-d)$$
$$\leqq\boxed{4}+\boxed{4}\sqrt{3}$$

である．

← $$\frac{4}{\sqrt{3}-1}=\frac{4(\sqrt{3}+1)}{(\sqrt{3}-1)(\sqrt{3}+1)}=\frac{4(\sqrt{3}+1)}{2}=2(\sqrt{3}+1)=2+2\sqrt{3},$$
$$\frac{8}{\sqrt{3}-1}=2\cdot\frac{4}{\sqrt{3}-1}=2(2+2\sqrt{3})=4+4\sqrt{3}.$$

特に，

$$(a-b)(c-d)=4+4\sqrt{3},\quad\cdots①$$
$$(a-c)(b-d)=-3+\sqrt{3}\quad\cdots②$$

が成り立つときの $(a-d)(c-b)$ の値を求める．

①より，

$$ac-ad-bc+bd=4+4\sqrt{3}.\quad\cdots①'$$

②より，

$$ab-ad-bc+cd=-3+\sqrt{3}.\quad\cdots②'$$

①′−②′ より，

$$ac-ab+bd-cd=7+3\sqrt{3}$$

すなわち，

$$a(c-b)-d(c-b)=7+3\sqrt{3}$$

となるから，

$$(a-d)(c-b)=\boxed{7}+\boxed{3}\sqrt{3}\quad\cdots③$$

である．

〔2〕(1)　$(A\cap\overline{C})\cup(B\cap C)$ は，

$A\cap\overline{C}$　　　　　　　　$B\cap C$

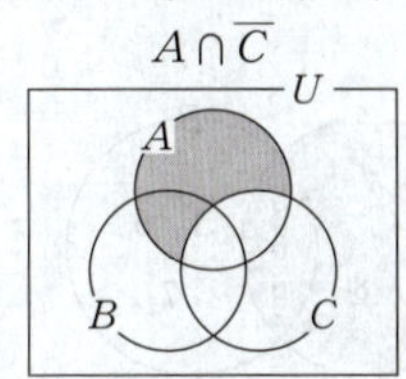

または

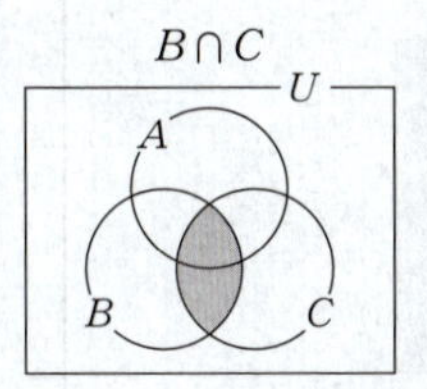

であるから，

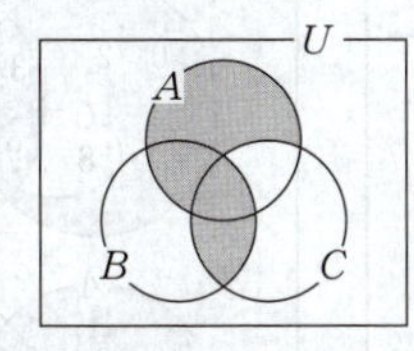

④ …サ

である．

(2)　全体集合 $U=\{0, 1, 2, 3, 4, 5, 6, 7, 8, 9\}$．

集合 A，B は U の部分集合で，

$A=\{0, 2, 3, 4, 6, 8, 9\}$，　$B=\{1, 3, 5, 6, 7, 9\}$

これより，

$\overline{A}=\{1, 5, 7\}$，　$\overline{B}=\{0, 2, 4, 8\}$

である．

(i)　$A\cap B=\{$ 3 , 6 , 9 $\}$，

$\overline{A}\cap B=\{$ 1 , 5 , 7 $\}$

である．

(ii)　集合 C は全体集合 U の部分集合で，

$$(A\cap\overline{C})\cup(B\cap C)=A$$

を満たすとき，(1)の結果より，

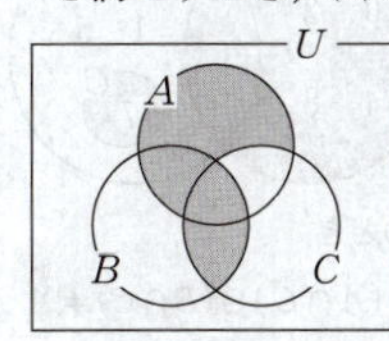

と

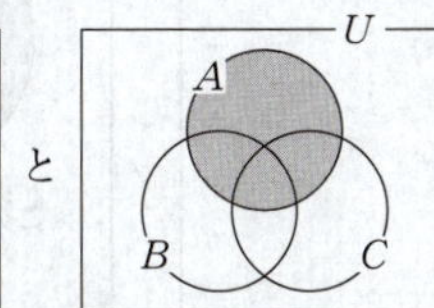

が等しいから，

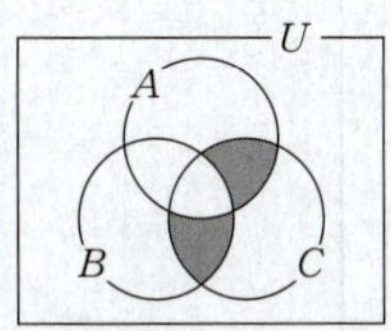

の網掛部分に要素がないことになる．

←・$E\cap F$ は E と F の共通部分．

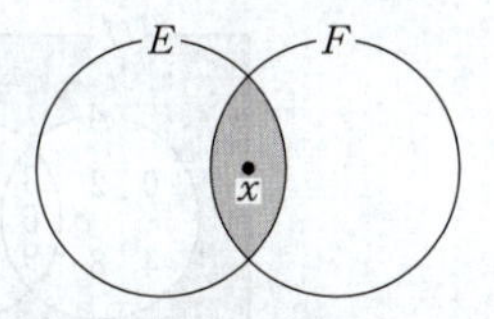

$E\cap F=\{x\,|\,x\in E$ かつ $x\in F\}$．

・$E\cup F$ は E と F の和集合．

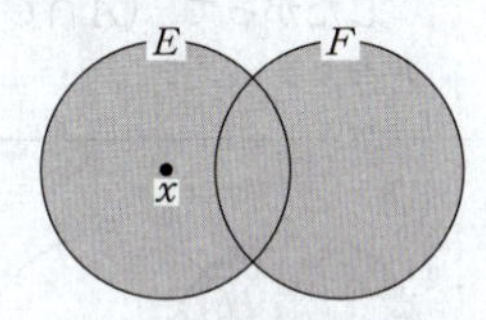

$E\cup F=\{x\,|\,x\in E$ または $x\in F\}$．

一方,

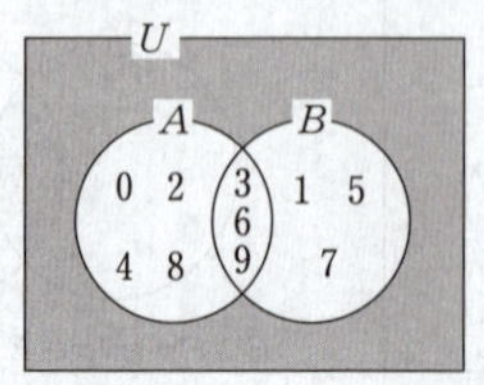

であるから，網掛部分に要素がない.

したがって，$(A\cap\overline{C})\cup(B\cap C)=A$ を満たすとき,

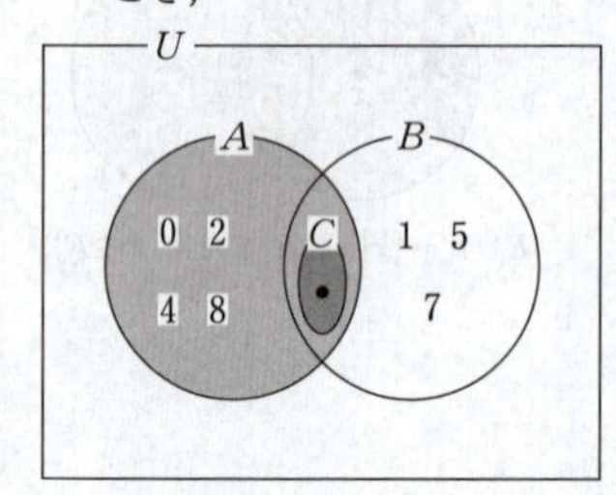

ただし，集合 C は,
$\{3\}$, $\{6\}$, $\{9\}$
$\{3, 6\}$, $\{6, 9\}$
$\{3, 9\}$, $\{3, 6, 9\}$
のいずれか.

であることがわかる.

・$\overline{A}\cap B$ は,

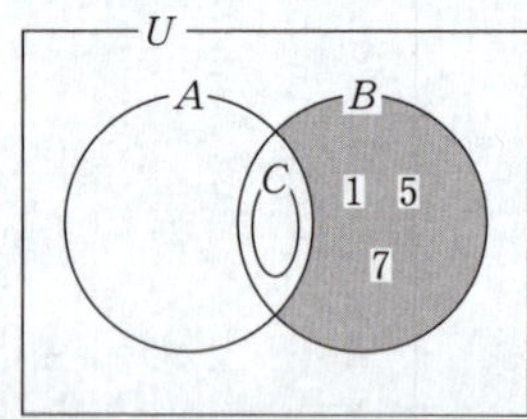

であるから，$\overline{A}\cap B$ のどの要素も C の要素ではない. ① …ツ

・$A\cap\overline{B}$ は,

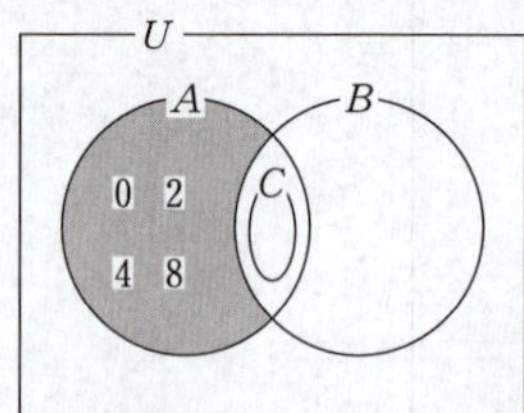

であるから，$A\cap\overline{B}$ のどの要素も C の要素ではない. ① …テ

C が次図のようなときを考えてみる.

このとき,

$$(A\cap\overline{C})\cup(B\cap C)\neq A$$

である.

第２問　図形と計量

(1)(i)

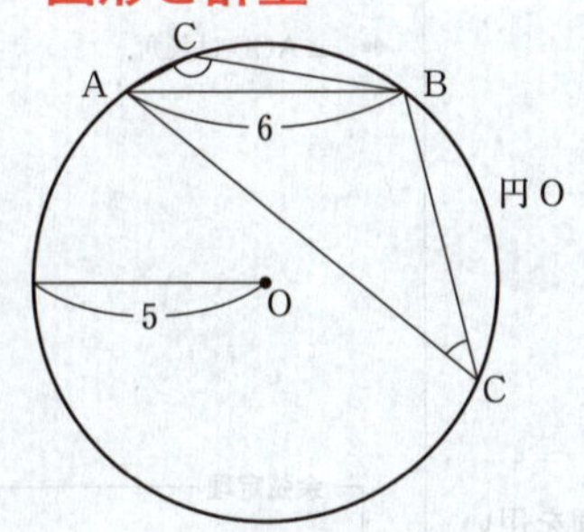

△ABC の外接円の半径は５より，正弦定理を用いると，

$$\frac{6}{\sin\angle\mathrm{ACB}}=2\cdot 5$$

となるから，

$$\sin\angle\mathrm{ACB}=\frac{3}{5}$$ ⓪ …ア

である．

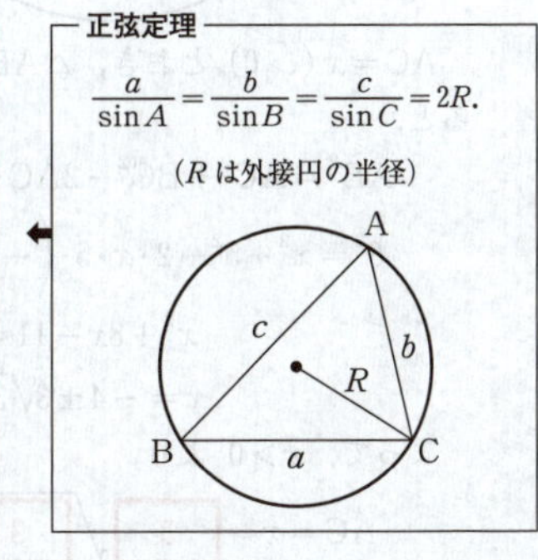

正弦定理
$\frac{a}{\sin A}=\frac{b}{\sin B}=\frac{c}{\sin C}=2R.$
（R は外接円の半径）
A
c
b
R
B
a
C

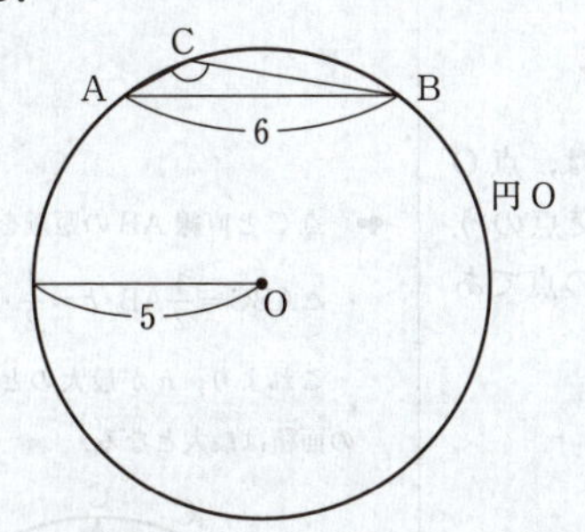

⬅ ∠ACB は鈍角．

また，∠ACB は鈍角であるから，$\cos\angle\mathrm{ACB}<0$ より，

$$\cos\angle\mathrm{ACB}=-\sqrt{1-\sin^2\angle\mathrm{ACB}}$$
$$=-\sqrt{1-\left(\frac{3}{5}\right)^2}$$
$$=-\frac{4}{5}$$ ⑦ …イ

である．

⬅ $90^\circ<\theta<180^\circ$ のとき，$\cos\theta<0$.

⬅ $\sin^2\theta+\cos^2\theta=1$ と $\cos\theta<0$ より，
$\cos\theta=-\sqrt{1-\sin^2\theta}$.

(ii)

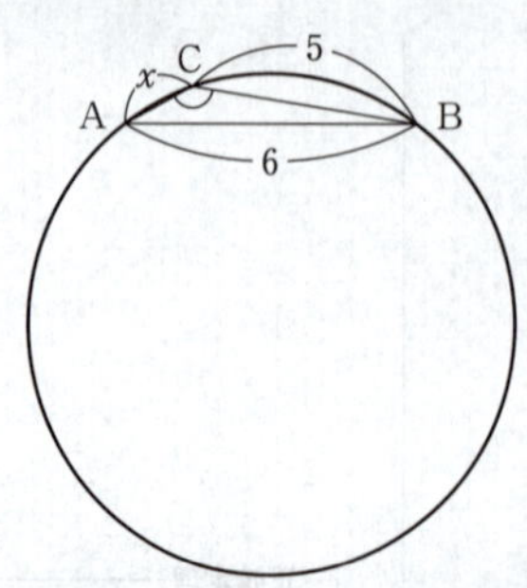

← ∠ACB は鈍角.

AC＝x（＞0）とおき，△ABC に余弦定理を用いると，

$$\mathrm{AB}^2=\mathrm{AC}^2+\mathrm{BC}^2-2\mathrm{AC}\cdot\mathrm{BC}\cos\angle\mathrm{ACB}$$

$$6^2=x^2+5^2-2\cdot x\cdot 5\cdot\left(-\frac{4}{5}\right)\quad\text{((i) より)}$$

$$x^2+8x-11=0$$

$$x=-4\pm3\sqrt{3}.$$

よって，$x>0$ より，

$$\mathrm{AC}=x=\boxed{3}\sqrt{\boxed{3}}-\boxed{4}.$$

余弦定理

$c^2=a^2+b^2-2ab\cos C$,

← $\cos C=\dfrac{a^2+b^2-c^2}{2ab}$.

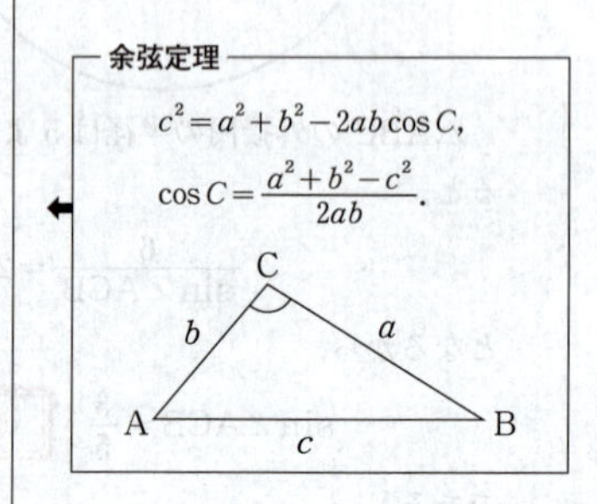

(iii)　△ABC の面積が最大となるような点 C は，点 O を通り辺 AB に垂直な直線と円 O との 2 交点のうち，線分 OC と辺 AB が交点をもたない方の点であり，図示すると次のようになる.

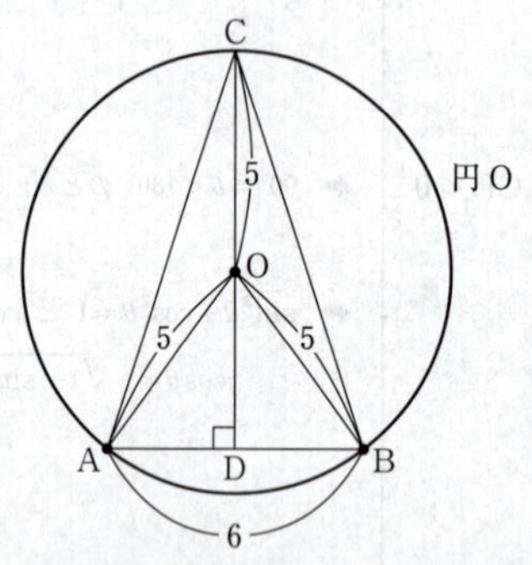

← 点 C と直線 AB の距離を h とすると，

$$\triangle\mathrm{ABC}=\frac{1}{2}\mathrm{AB}\cdot h=\frac{1}{2}\cdot 6h=3h.$$

これより，h が最大のとき，△ABC の面積は最大となる.

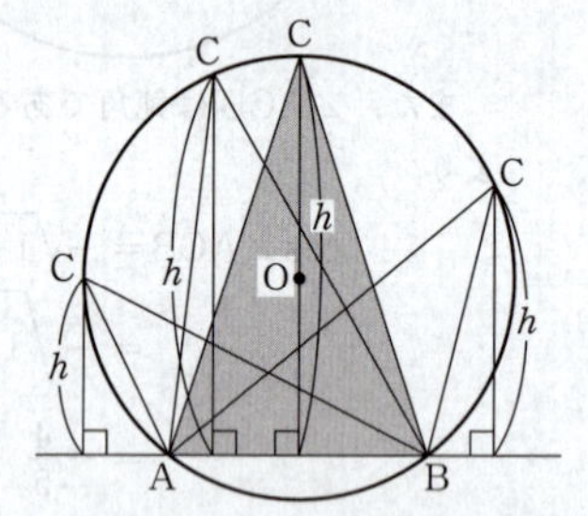

h が最大となるのは，点 C が直線 AB に関して点 O と同じ側にあり，かつ，CO⊥AB のときである.

点 C から直線 AB に引いた垂線と直線 AB との交点 D は上図の位置にあり，△OAD≡△OBD より，D は辺 AB の中点である.

これより，$\mathrm{AD}=\frac{1}{2}\mathrm{AB}=\frac{1}{2}\cdot 6=3$ となるから，直角三角形 OAD に三平方の定理を用いると，

$$\mathrm{OD}=\sqrt{\mathrm{OA}^2-\mathrm{AD}^2}=\sqrt{5^2-3^2}=4.$$

よって，直角三角形OADに注目して，

$$\tan\angle OAD=\frac{OD}{AD}=\frac{4}{3}\quad \boxed{④}\ \cdots カ$$

である．

また，△ABCの面積は，

$$\frac{1}{2}\cdot AB\cdot CD=\frac{1}{2}\cdot AB\cdot(CO+OD)$$
$$=\frac{1}{2}\cdot 6\cdot(5+4)$$
$$=\boxed{27}$$

である．

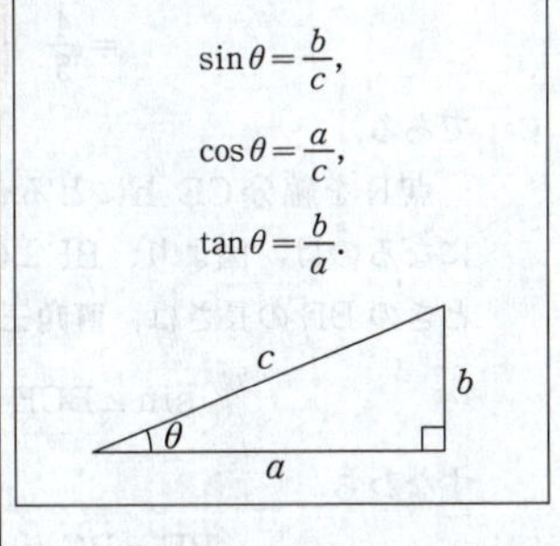

$\sin\theta=\frac{b}{c}$,

$\cos\theta=\frac{a}{c}$,

$\tan\theta=\frac{b}{a}$.

(iv)

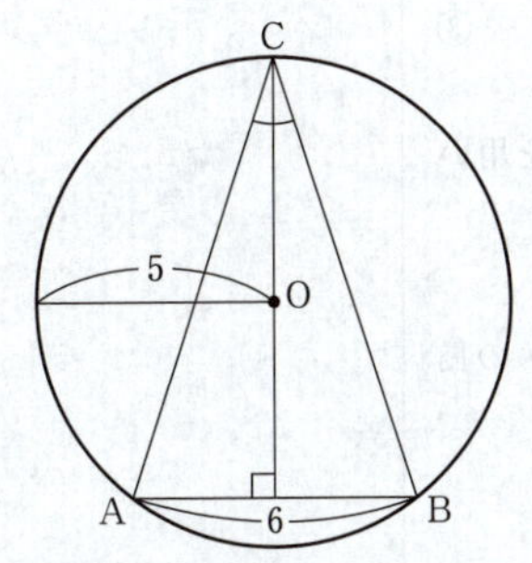

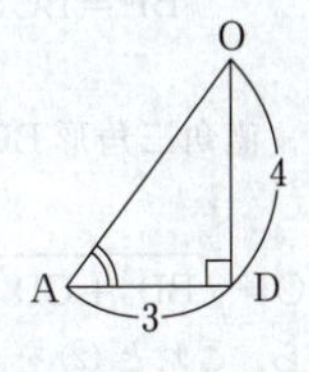

∠ACBは鋭角より，$\cos\angle ACB>0$ であることに注意すると，(i)と同様に考えて，

$$\sin\angle ACB=\frac{3}{5},\quad \cos\angle ACB=\frac{4}{5}\quad\cdots①$$

となる．

← △ABCに正弦定理を用いて，

$$\frac{6}{\sin\angle ACB}=2\cdot 5$$
$$\sin\angle ACB=\frac{3}{5}.$$

$0^\circ<\angle ACB<90^\circ$ より，

$\cos\angle ACB>0$ であるから，

$$\cos\angle ACB=\sqrt{1-\sin^2\angle ACB}$$
$$=\sqrt{1-\left(\frac{3}{5}\right)^2}$$
$$=\frac{4}{5}.$$

これより，

$$\tan\angle ACB=\frac{\sin\angle ACB}{\cos\angle ACB}$$
$$=\frac{\frac{3}{5}}{\frac{4}{5}}$$
$$=\frac{3}{4}\quad \boxed{①}\ \cdots ケ$$

である．

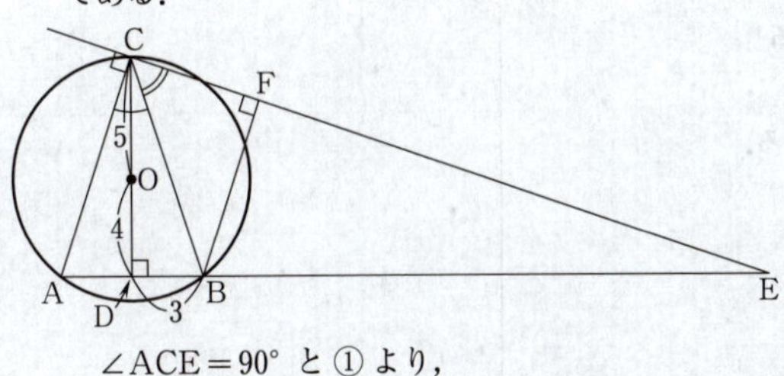

$\angle ACE=90^\circ$ と①より，

$$\sin\angle BCE = \sin(90° - \angle ACB)$$
$$= \cos\angle ACB$$
$$= \frac{4}{5}\quad \boxed{②} \cdots コ \qquad \cdots ②$$

である．

点Fを線分CE上にとるとき，BFの長さが最小になるのは，図より，BF⊥CEのときであり，このときのBFの長さは，直角三角形BCFに注目して，

$$\sin\angle BCE = \frac{BF}{BC}$$

すなわち，

$$BF = BC\sin\angle BCE \qquad \cdots ③$$

である．

ここで，直角三角形BCDに三平方の定理を用いると，

$$BC = \sqrt{BD^2 + CD^2} = \sqrt{3^2 + 9^2} = 3\sqrt{10}$$

であるから，これと②を③に代入すると，BFの長さの最小値は，

$$BF = 3\sqrt{10} \times \frac{4}{5} = \frac{\boxed{12}\sqrt{\boxed{10}}}{\boxed{5}}$$

である．

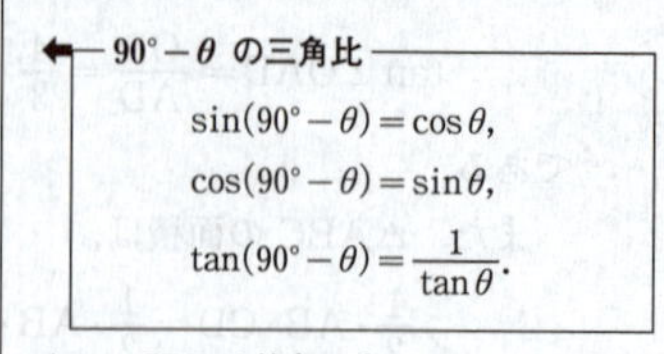

90° − θ の三角比

$\sin(90° - \theta) = \cos\theta$,
$\cos(90° - \theta) = \sin\theta$,
$\tan(90° - \theta) = \dfrac{1}{\tan\theta}$.

∠CBEは鈍角であるから，BF⊥CEとなる点Fは線分CE上に存在する．

(2)

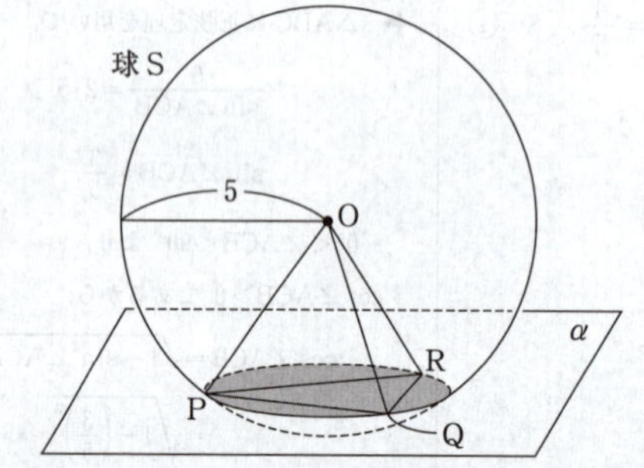

球Sの中心をOとすると，3点P，Q，Rは球面上にあるから，

$$OP = OQ = OR = 5$$

である．

平面α上は次図のようになっている．

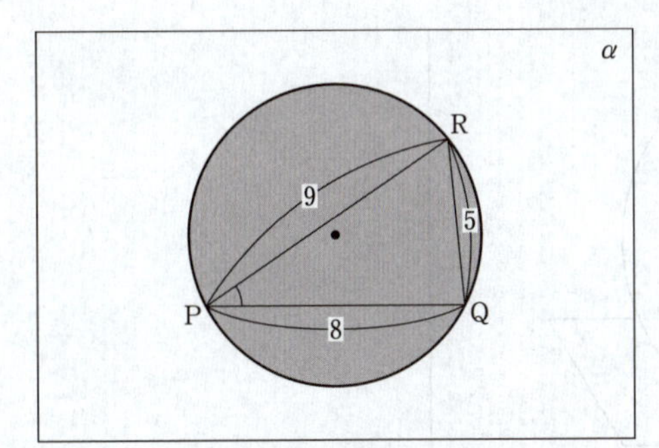

△PQR に余弦定理を用いると，

$$\cos\angle\mathrm{QPR}=\frac{8^2+9^2-5^2}{2\cdot8\cdot9}=\frac{120}{2\cdot8\cdot9}=\frac{\boxed{5}}{\boxed{6}}$$

であり，$0^\circ<\angle\mathrm{QPR}<180^\circ$ より，$\sin\angle\mathrm{QPR}>0$ であるから，

$$\begin{aligned}\sin\angle\mathrm{QPR}&=\sqrt{1-\cos^2\angle\mathrm{QPR}}\\&=\sqrt{1-\left(\frac{5}{6}\right)^2}\\&=\frac{\sqrt{11}}{6}\end{aligned}$$

となる．

これより，△PQR の面積は，

$$\begin{aligned}\frac{1}{2}\cdot\mathrm{PQ}\cdot\mathrm{PR}\sin\angle\mathrm{QPR}&=\frac{1}{2}\cdot8\cdot9\cdot\frac{\sqrt{11}}{6}\\&=\boxed{6}\sqrt{\boxed{11}}\end{aligned}$$

である．

次に，三角錐 TPQR の体積が最大となるような点 T は，点 O を通り平面 α に垂直な直線と球 S との 2 交点のうち，線分 OT と平面 α が交点をもたない方の点であり，図示すると，次のようになる．

三角形の面積

$$(\triangle\mathrm{ABC}\text{ の面積})=\frac{1}{2}bc\sin A.$$

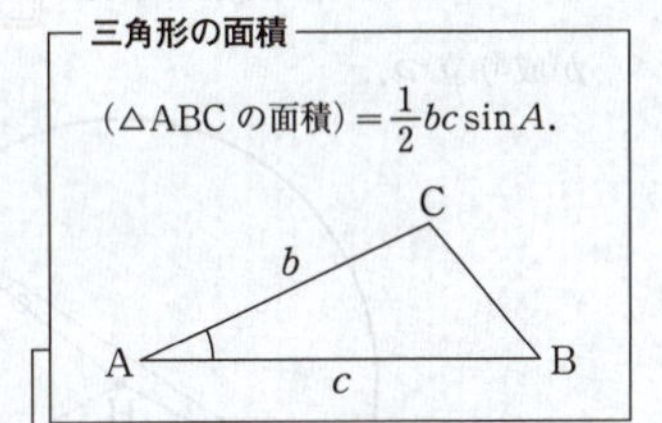

点 T と平面 α の距離を ℓ とし，三角錐 TPQR の体積を V とすると，

$$\begin{aligned}V&=\frac{1}{3}\cdot(\triangle\mathrm{PQR}\text{ の面積})\cdot\ell\\&=\frac{1}{3}\cdot6\sqrt{11}\ell=2\sqrt{11}\ell.\end{aligned}$$

これより，ℓ が最大のとき，V は最大となる．

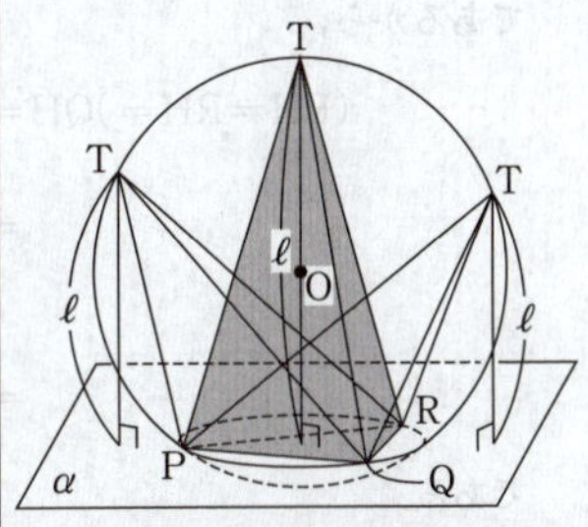

ℓ が最大となるのは，点 T が平面 α に関して点 O と同じ側にあり，かつ，$\mathrm{TO}\perp\alpha$ のときである．

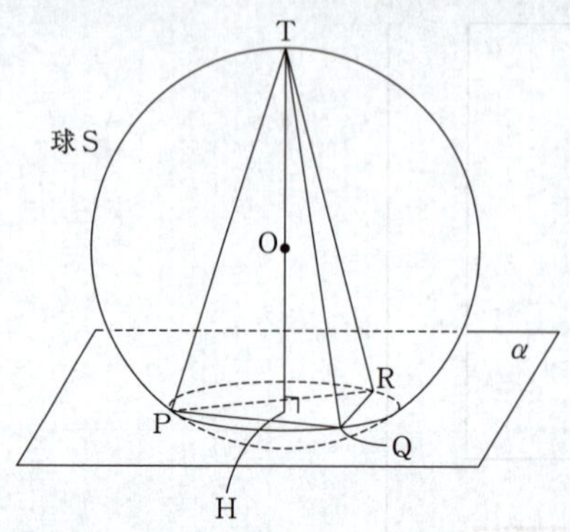

点Tから平面αに引いた垂線と平面αとの交点Hは上図の位置にあり，

$$\triangle OPH \equiv \triangle OQH \equiv \triangle ORH$$

であるから，PH，QH，RHの長さについて

$$PH = QH = RH$$  …ナ

が成り立つ．

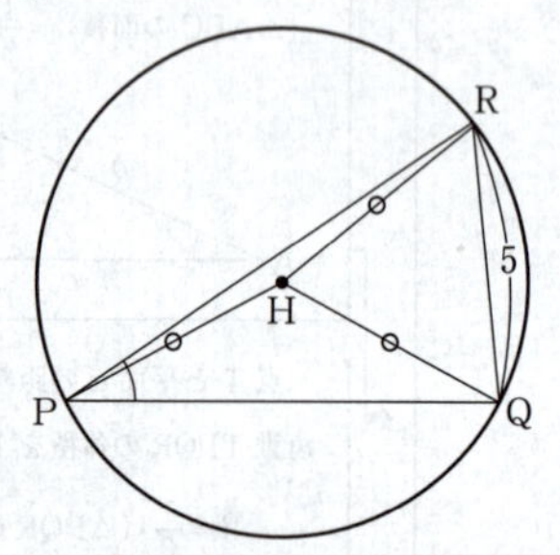

これより，Hは△PQRの外接円の中心であるから，△PQRに正弦定理を用いると，

$$\frac{QR}{\sin\angle QPR} = 2QH$$

であるから，

$$(PH = RH =)QH = \frac{QR}{2\sin\angle QPR}$$

$$= \frac{5}{2\cdot\frac{\sqrt{11}}{6}}$$

$$= \frac{15}{\sqrt{11}}$$

である．

さらに，直角三角形OQHに三平方の定理を用いると，

⬅

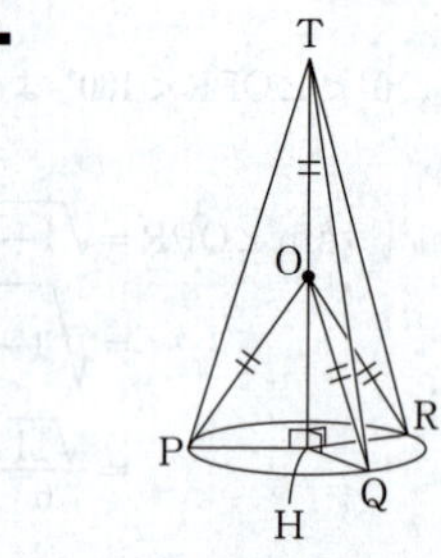

・$OP = OQ = OR\ (=5)$，
・$\angle OHP = \angle OHQ = \angle OHR = 90°$，
・OHは共通．

この3つより，直角三角形における合同条件から，

$$\triangle OPH \equiv \triangle OQH \equiv \triangle ORH$$

となる．

$$\mathrm{OH}=\sqrt{\mathrm{OQ}^2-\mathrm{QH}^2}$$
$$=\sqrt{5^2-\left(\frac{15}{\sqrt{11}}\right)^2}$$
$$=\frac{5\sqrt{2}}{\sqrt{11}}$$

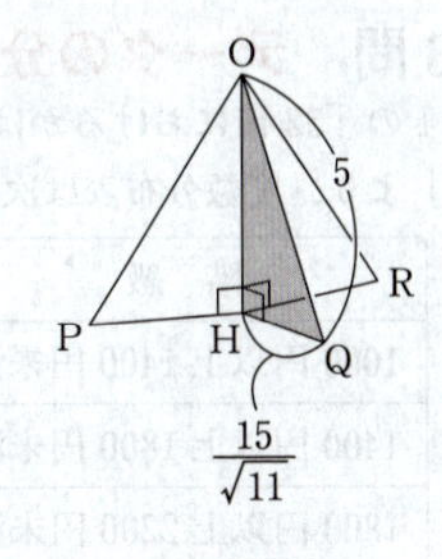

となるから，THの長さは，

$$\mathrm{TH}=\mathrm{TO}+\mathrm{OH}=5+\frac{5\sqrt{2}}{\sqrt{11}}$$

である．

以上より，三角錐TPQRの体積は，

$$\frac{1}{3}\cdot(\triangle\mathrm{PQR}\text{ の面積})\cdot\mathrm{TH}$$
$$=\frac{1}{3}\cdot 6\sqrt{11}\cdot\left(5+\frac{5\sqrt{2}}{\sqrt{11}}\right)$$
$$=2\sqrt{11}\left(5+\frac{5\sqrt{2}}{\sqrt{11}}\right)$$
$$=\boxed{10}\left(\sqrt{\boxed{11}}+\sqrt{\boxed{2}}\right)$$

である．

第3問　データの分析

図1の「52市におけるかば焼きの支出金額のヒストグラム」より，度数分布表は次のようになる．

階　級	度数	累積度数
1000円以上1400円未満	2	2
1400円以上1800円未満	7	9
1800円以上2200円未満	11	20
2200円以上2600円未満	7	27
2600円以上3000円未満	10	37
3000円以上3400円未満	8	45
3400円以上3800円未満	5	50
3800円以上4200円未満	0	50
4200円以上4600円未満	1	51
4600円以上5000円未満	1	52

← 最初の階級からその階級までの度数をすべて合計したものを累積度数という．

(1)　中央値を Q_2 とすると，Q_2 は小さい方から26番目の値と27番目の値の平均値であるから，

$$2200 \leqq Q_2 < 2600.$$

第1四分位数を Q_1 とすると，Q_1 は小さい方から13番目の値と14番目の値の平均値であるから，

$$1800 \leqq Q_1 < 2200.$$

第3四分位数を Q_3 とすると，Q_3 は小さい方から39番目の値と40番目の値の平均値であるから，

$$3000 \leqq Q_3 < 3400.$$

四分位範囲 $Q_3 - Q_1$ は，

$$3000 - 2200 < Q_3 - Q_1 < 3400 - 1800$$

$$800 < Q_3 - Q_1 < 1600.$$

← $\begin{pmatrix}\text{四分位}\\\text{範囲}\end{pmatrix} = \begin{pmatrix}\text{第3四}\\\text{分位数}\end{pmatrix} - \begin{pmatrix}\text{第1四}\\\text{分位数}\end{pmatrix}$.

・中央値が含まれる階級は，

2200以上2600未満　**③**　…ア

である．

・第1四分位数が含まれる階級は，

1800以上2200未満　**②**　…イ

である．

・第3四分位数が含まれる階級は，

3000以上3400未満　**⑤**　…ウ

である．

・四分位範囲は，

800 より大きく 1600 より小さい． ① …エ

(2)(i)　図２の「東側の地域Ｅ(19 市)におけるかば焼きの支出金額の箱ひげ図」と図３の「西側の地域Ｗ(33 市)におけるかば焼きの支出金額の箱ひげ図」から最小値，第１四分位数，中央値，第３四分位数，最大値は次のようになる．ただし，(　)はデータを小さい方から並べたときの順番を表す．

地域Ｅ (19 市)	
最 小 値 (1)	約 1200
第１四分位数 (5)	約 2000 強
中 央 値 (10)	約 2200
第３四分位数(15)	約 2700
最 大 値 (19)	約 3700

地域Ｗ (33 市)	
最 小 値 (1)	約 1400
第１四分位数 (8 と 9 の平均値)	約 1800
中 央 値 (17)	約 2600 強
第３四分位数 (25 と 26 の平均値)	約 3400
最 大 値 (33)	約 5000

・⓪…誤．

地域Ｅの小さい方から５番目は第１四分位数で，2000 より大きい．

・①…誤．

(地域Ｅの範囲)＝(約 3700)－(約 1200)＝(約 2500)，

(地域Ｗの範囲)＝(約 5000)－(約 1400)＝(約 3600)．

・②…正．

・③…誤．

地域Ｅの 2600 未満の市の割合は 50％以上，

地域Ｗの 2600 未満の市の割合は 50％未満

よって， オ に当てはまるものは ② である．

(ii)　地域Ｅ (19 市)のそれぞれの市におけるかば焼きの支出金額を小さい方から x_1，x_2，……，x_{19} とし，それらのデータの平均値を $\overline{x}$，分散を $s_x{}^2$ とすると，分散は，

$$s_x{}^2=\frac{(x_1-\overline{x})^2+(x_2-\overline{x})^2+\cdots\cdots+(x_{19}-\overline{x})^2}{19}$$

として求まる．

よって，地域Ｅのそれぞれの市におけるかば焼きの支出金額の分散は，地域Ｅのそれぞれの市におけ

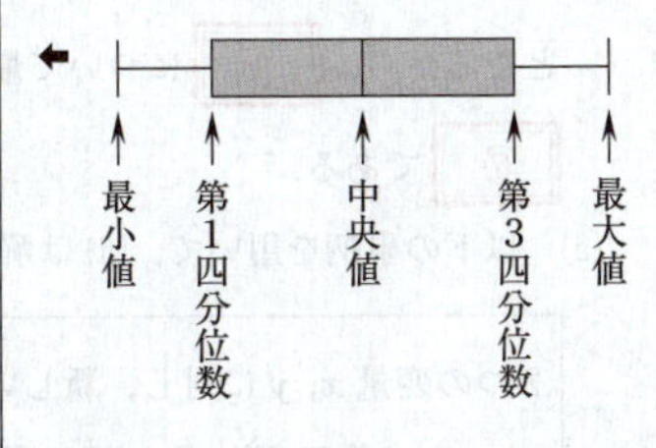

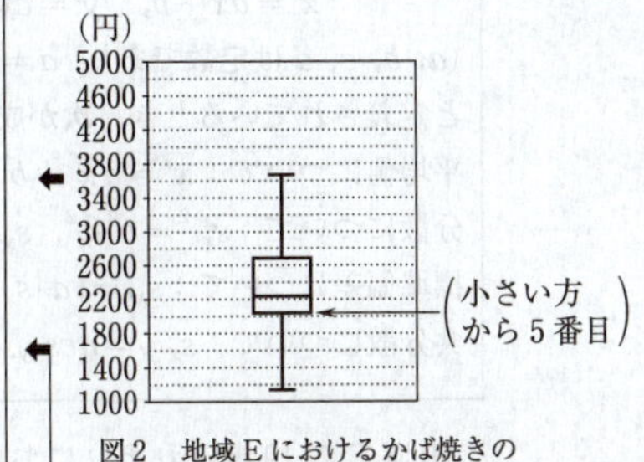

図２　地域Ｅにおけるかば焼きの支出金額の箱ひげ図

(範囲)＝(最大値)－(最小値)．

偏差・分散

変量 x に関する n 個のデータ

x_1，x_2，……，x_n

に対して，x の平均値を $\overline{x}$ とすると，

$x_i-\overline{x}$ $(i=1, 2, \cdots, n)$

を偏差という．

さらに，x の分散を $s_x{}^2$ とすると，

$$s_x{}^2=\frac{(x_1-\overline{x})^2+\cdots\cdots+(x_n-\overline{x})^2}{n}$$

である．

るかば焼きの支出金額の偏差の2乗を合計して地域Eの市の数で割った値である. ② …カ

(3)(i)　地域Eにおける，やきとりの支出金額とかば焼きの支出金額の相関係数は，表1より，

$$\frac{124000}{590\times570}=\frac{1240}{59\times57}=\frac{1240}{3363}=0.368\cdots\fallingdotseq0.37$$

となるから， キ について最も適当なものは ⑦ である.

相関係数

2つの変量 x, y について，
x の標準偏差を s_x,
y の標準偏差を s_y,
x と y の共分散を s_{xy}
とするとき，x と y の相関係数は，
$\frac{s_{xy}}{s_x s_y}$.

表1　地域Eにおける，やきとりとかば焼きの支出金額の平均値，分散，標準偏差および共分散

	平均値	分散	標準偏差	共分散
やきとりの支出金額	2810	348100	590	124000
かば焼きの支出金額	2350	324900	570	

(ii)　以下の事柄を用いて，(ii)は解答する.

2つの変量 x, y に対し，新しい変量 x', y' を
$$x'=ax+b,\quad y'=cy+d$$
(a, b, c, d は定数であり，$a\neq0$ かつ $c\neq0$)
と定義されているとき，次が成り立つ.
平均値について：$\overline{x'}=a\overline{x}+b$, $\overline{y'}=c\overline{y}+d$, …(*)
分散について：${s_{x'}}^2=a^2{s_x}^2$, ${s_{y'}}^2=c^2{s_y}^2$,
標準偏差について：$s_{x'}=|a|s_x$, $s_{y'}=|c|s_y$,
共分散について：$s_{x'y'}=acs_{xy}$.

地域Eの19市それぞれにおける，やきとりの支出金額 x とかば焼きの支出金額 y の値の組は，
$$(x_1,\ y_1),\ (x_2,\ y_2),\ \cdots,\ (x_{19},\ y_{19}).\quad\cdots①$$
地域Eにおいて千円単位に変換した，やきとりの支出金額 x' とかば焼きの支出金額 y' の値の組は，
$$(x'_1,\ y'_1),\ (x'_2,\ y'_2),\ \cdots,\ (x'_{19},\ y'_{19}).\quad\cdots②$$
①, ②に対して，
$$\begin{cases}x'_i=\dfrac{x_i}{1000}\\ y'_i=\dfrac{y_i}{1000}\end{cases}\quad(i=1,\ 2,\ \cdots,\ 19)$$
であるから，
$$x'=\frac{1}{1000}x,\quad y'=\frac{1}{1000}y$$
が成り立つ.

・x' の分散について．

変量 x，x' に対して，分散をそれぞれ $s_x{}^2$，$s_{x'}{}^2$ とすると，(*)と表1より，

$$s_{x'}{}^2=\left(\frac{1}{1000}\right)^2 s_x{}^2,\quad s_x{}^2=348100$$

であるから，

$$s_{x'}{}^2=\frac{348100}{1000^2}\quad \boxed{0}\ \cdots ク$$

となる．

・x' と y' の相関係数について．

変量 x，x' に対して，標準偏差をそれぞれ s_x，$s_{x'}$ とし，変量 y，y' に対して，標準偏差をそれぞれ s_y，$s_{y'}$ とする．また，x と y の共分散を s_{xy}，x' と y' の共分散を $s_{x'y'}$ とし，x と y の相関係数を r，x' と y' の相関係数を r' とすると，

$$r'=\frac{s_{x'y'}}{s_{x'}s_{y'}},\quad r=\frac{s_{xy}}{s_x s_y}$$

である．

(*)より，

$$r'=\frac{\frac{1}{1000}\cdot\frac{1}{1000}s_{xy}}{\left|\frac{1}{1000}\right|s_x\cdot\left|\frac{1}{1000}\right|s_y}=\frac{\left(\frac{1}{1000}\right)^2 s_{xy}}{\left(\frac{1}{1000}\right)^2 s_x s_y}=r$$

となるから，x' と y' の相関係数は，x と y の相関係数と等しい．$\boxed{2}$ …ケ

(*)を用いずに計算すると次のようになる．

変量 x，x' に対して，平均値を $\overline{x}$，$\overline{x'}$ とすると，

$$\overline{x}=\frac{x_1+x_2+\cdots\cdots+x_{19}}{19}$$

であるから，

$$\overline{x'}=\frac{x'_1+x'_2+\cdots\cdots+x'_{19}}{19}=\frac{\frac{1}{1000}x_1+\cdots\cdots+\frac{1}{1000}x_{19}}{19}=\frac{1}{1000}\cdot\frac{x_1+\cdots\cdots+x_{19}}{19}=\frac{1}{1000}\overline{x}.$$

さらに，

$$s_x{}^2=\frac{(x_1-\overline{x})^2+\cdots\cdots+(x_{19}-\overline{x})^2}{19}$$

である．

ここで，

$$x'_i-\overline{x'}=\frac{x_i}{1000}-\frac{\overline{x}}{1000}=\frac{x_i-\overline{x}}{1000}$$

であるから，

$$s_{x'}{}^2=\frac{(x'_1-\overline{x'})^2+\cdots+(x'_{19}-\overline{x'})^2}{19}=\frac{\left(\frac{x_1-\overline{x}}{1000}\right)^2+\cdots+\left(\frac{x_{19}-\overline{x}}{1000}\right)^2}{19}=\left(\frac{1}{1000}\right)^2\cdot\frac{(x_1-\overline{x})^2+\cdots+(x_{19}-\overline{x})^2}{19}=\left(\frac{1}{1000}\right)^2 s_x{}^2.$$

$$s_{x'y'}=\frac{1}{1000}\cdot\frac{1}{1000}s_{xy},$$

$$s_{x'}=\left|\frac{1}{1000}\right|s_x,$$

$$s_{y'}=\left|\frac{1}{1000}\right|s_y.$$

第4問　2次関数

〔1〕　　$f(x)=(x-2)(x-8)+p$ （p は実数）．

(1)　$f(x)=x^2-10x+16+p$

$$=(x-5)^2-9+p$$

と変形できるから，2次関数 $y=f(x)$ のグラフの頂点の座標は，

$$\left(\boxed{5},\ \boxed{-9}+p\right)$$

である．

← 2次関数 $y=a(x-m)^2+n$ のグラフの頂点の座標は，

$(m,\ n)$．

(2)　2次関数 $y=f(x)$ のグラフと x 軸との位置関係は頂点の y 座標の符号に注目すると，次の三つの場合に分けられる．

$-9+p>0$，すなわち，$p>\boxed{9}$ のとき，2次関数 $y=f(x)$ のグラフは x 軸と共有点をもたない．

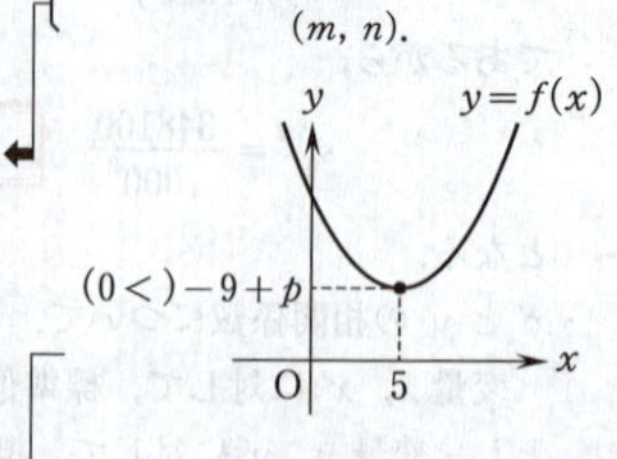

$-9+p=0$，すなわち，$p=9$ のとき，2次関数 $y=f(x)$ のグラフは x 軸と点 $\left(\boxed{5},\ 0\right)$ で接する．

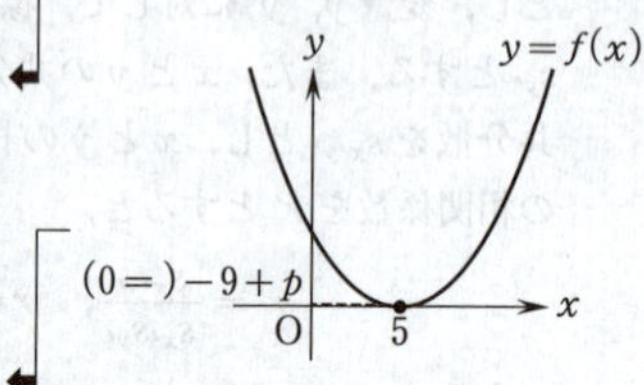

$-9+p<0$，すなわち，$p<9$ のとき，2次関数 $y=f(x)$ のグラフは x 軸と異なる2点で交わる．

(3)　条件より，2次関数 $y=g(x)$ のグラフの頂点は，2次関数 $y=f(x)$ のグラフの頂点を x 軸方向に -3，y 軸方向に5だけ平行移動させた点と一致する．これより，$y=g(x)$ のグラフの頂点の座標は，

$$(5-3,\ -9+p+5)$$

すなわち，

$$(2,\ -4+p)$$

である．

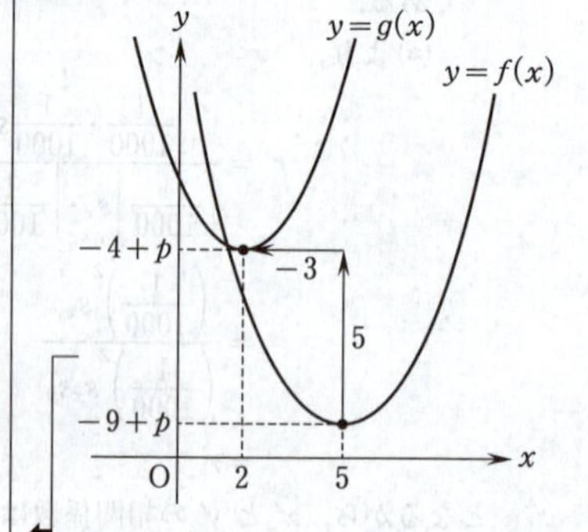

また，放物線を平行移動しても x^2 の係数は変わらないから，2次関数 $g(x)$ は，

$$g(x)=(x-2)^2-4+p$$

$$=x^2-\boxed{4}\,x+p$$

となる．

← 次のように求めてもよい．

2次関数 $y=f(x)$ のグラフを x 軸方向に -3，y 軸方向に5だけ平行移動した放物線が表す方程式は，

$$y-5=f(x+3)$$

と表せるから，

$$y-5=\{(x+3)-2\}\{(x+3)-8\}+p$$

すなわち，

$$y=x^2-4x+p.$$

よって，求める2次関数 $g(x)$ は，

$$g(x)=x^2-4x+p.$$

また，

$$y=|f(x)-g(x)|$$

$$=|(x^2-10x+16+p)-(x^2-4x+p)|$$

$$=|-6x+16|$$

$$=\begin{cases}-6x+16 & (-6x+16\geqq 0\ のとき),\\ -(-6x+16) & (-6x+16<0\ のとき)\end{cases}$$

← $|X|=\begin{cases}X & (X\geqq 0\ のとき),\\ -X & (X<0\ のとき).\end{cases}$

$$=\begin{cases} -6x+16 & \left(x \leqq \dfrac{8}{3} \text{のとき}\right), \\ 6x-16 & \left(x > \dfrac{8}{3} \text{のとき}\right) \end{cases}$$

となるから，関数 $y=|f(x)-g(x)|$ のグラフは次のようになる．

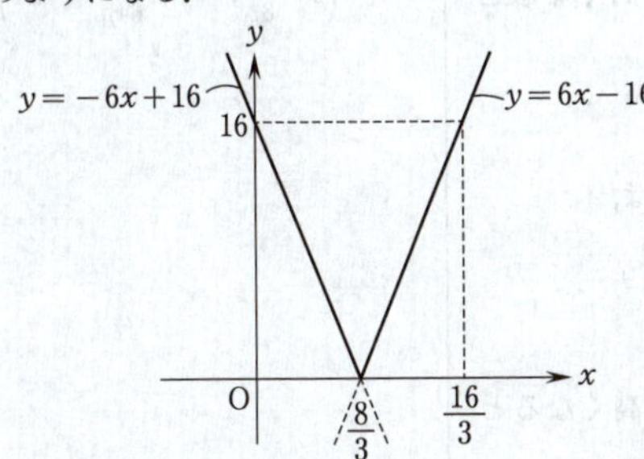

よって，関数 $y=|f(x)-g(x)|$ は $x=\dfrac{\boxed{8}}{\boxed{3}}$ で最小値をとる．

〔2〕

(1)　放物線 C_1 の方程式を，条件より，

$$y=ax^2+bx+c \ (a<0)$$

とおく．

C_1 は2点 $\mathrm{P}_0(0,\ 3)$，$\mathrm{M}(4,\ 3)$ を通るから，

$$\begin{cases} 3=c, \\ 3=16a+4b+c \end{cases}$$

が成り立つ．

← $\begin{cases} 3=a\cdot 0^2+b\cdot 0+c, \\ 3=a\cdot 4^2+b\cdot 4+c. \end{cases}$

これを解くと，

$$b=-4a,\quad c=3$$

であるから，C_1 の方程式は，

$$y=ax^2-\boxed{4}\,ax+\boxed{3} \qquad \cdots ①$$

と表すことができる．

また，①は，

$$C_1: y=a(x-2)^2-4a+3$$

と変形できるから，プロ選手の「シュートの高さ」は，

← C_1 の頂点の座標は，$(2,\ -4a+3)$．

$$-\boxed{4}\,a+\boxed{3} \qquad (=Y_1 \text{とおく})$$

である．

← 「シュートの高さ」は頂点の y 座標．

さらに，プロ選手の「ボールが最も高くなるときの地上の位置」は，

$$2\ (=X_1 とおく)$$

である．

放物線 C_2 の方程式は，

$$y=p\left\{x-\left(2-\frac{1}{8p}\right)\right\}^2-\frac{(16p-1)^2}{64p}+2\ (p<0)$$

であるから，花子さんの「ボールが最も高くなるときの地上の位置」は，

$$2-\frac{1}{8p}\ (=X_2 とおく)$$

であり，花子さんの「シュートの高さ」は，

$$-\frac{(16p-1)^2}{64p}+2\ (=Y_2 とおく)$$

である．

プロ選手と花子さんの「ボールが最も高くなるときの地上の位置」について考える．

⓪…誤．

p は負の値をとって変化するから，X_2 は $X_2>2$ の範囲を変化する．よって，X_2 は $X_1=2$ と一致しない．

①，③…誤．

$(\mathrm{M} の x 座標)-X_1=4-2=2$,

$$(\mathrm{M} の x 座標)-X_2=4-\left(2-\frac{1}{8p}\right)$$

$$=2+\frac{1}{8p}<2\ (p<0 より)$$

であるから，花子さんの「ボールが最も高くなるときの地上の位置」の方がつねにMの x 座標に近い．

②…正．

よって，［ス］に当てはまるものは［②］である．

(2)　$\mathrm{AD}=\dfrac{\sqrt{3}}{15}$ より，点Dの座標は，

$$\left(3.8,\ \frac{\sqrt{3}}{15}+3\right),\ すなわち，\left(\frac{19}{5},\ \frac{\sqrt{3}}{15}+3\right)$$

である．

$C_1: y=a(x-2)^2-4a+3$ は，Dを通るから，

$$\frac{\sqrt{3}}{15}+3=a\left(\frac{19}{5}-2\right)^2-4a+3$$

$$\frac{\sqrt{3}}{15}=\frac{81}{25}a-4a$$

⬅「ボールが最も高くなるときの地上の位置」は頂点の x 座標．

⬅ C_2 の頂点の座標は，

$$\left(2-\frac{1}{8p},\ -\frac{(16p-1)^2}{64p}+2\right).$$

⬅ M(4, 3).

⬅ $p<0$ より，$\dfrac{1}{8p}<0$ である．

⬅
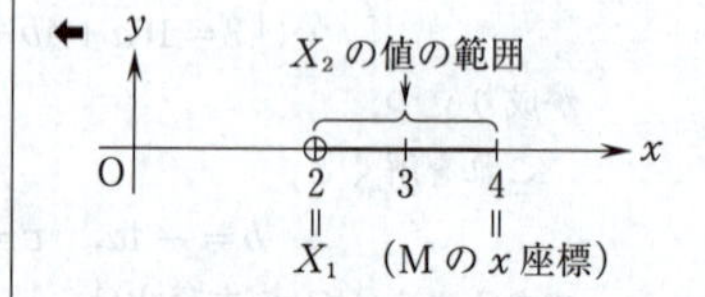

$$\frac{\sqrt{3}}{15}=-\frac{19}{25}a$$

$$a=-\frac{5\sqrt{3}}{57}$$

が成り立つ.

よって，C_1 の方程式は，

$$y=-\frac{\boxed{5}\sqrt{\boxed{3}}}{\boxed{57}}(x^2-4x)+3$$

となる.

C_2 がDを通るとき，条件から，花子さんの「シュートの高さ」は，

$$Y_2=(\text{約 }3.4)$$

である.

C_1 と C_2 がDを通るときを考えると，プロ選手の「シュートの高さ」は，

$$\begin{aligned}Y_1&=-4\left(-\frac{5\sqrt{3}}{57}\right)+3\\&=\frac{20\sqrt{3}}{57}+3\\&\fallingdotseq 0.61+3\\&=(\text{約 }3.61)\end{aligned}$$

となるから，

$$Y_1>Y_2$$

である.

よって，プロ選手の「シュートの高さ」の方が大きく，その差は（約 3.61）−（約 3.4）=（約 0.21）より，ボール約1個分である.

（$\boxed{0}$ …ツ，$\boxed{0}$ …テ）

← C_1 : $y=a(x-2)^2-4a+3$
$=a(x^2-4x)+3.$

数学Ⅱ

解答・採点基準

（100点満点）

問題番号(配点)	解答記号	正解	配点	自己採点
第1問 (30)	ア	⓪	1	
	イ	②	1	
	ウ，エ	2，1	2	
	オ	3	2	
	$\frac{カ}{キ}$	$\frac{5}{3}$	2	
	ク，ケ	ⓐ，⑦	2	
	コ	7	2	
	$\frac{サ}{シ}$，$\frac{ス}{セ}$	$\frac{3}{7}$，$\frac{5}{7}$	2	
	ソ	6	2	
	$\frac{タ}{チ}$	$\frac{5}{6}$	2	
	ツ	②	3	
	テ	2	2	
	$\frac{ト}{ナ}$	$\frac{3}{2}$	2	
	ニ	⑤	2	
	ヌ	⑤	3	
第1問　自己採点小計				

問題番号(配点)	解答記号	正解	配点	自己採点
第2問 (30)	ア	④	1	
	イウx^2＋エkx	$-3x^2+2kx$	3	
	オ	⓪	1	
	カ	⓪	1	
	キ	③	1	
	ク	⑨	1	
	$\frac{ケ}{コ}$，サ	$\frac{5}{3}$，9	3	
	シ	6	2	
	スセソ	180	2	
	タチツ	180	3	
	テトナ，ニヌ，ネ	300，12，5	3	
	ノ	④	3	
	ハ	⓪	3	
	ヒ	④	3	
第2問　自己採点小計				
第3問 (20)	（アイ，ウ）	（10，5）	2	
	エ	5	2	
	$\frac{オ}{カ}$	$\frac{2}{5}$	1	
	$\frac{キ}{ク}$	$\frac{2}{5}$	1	
	ケ，コ	4，2	1	
	サ	2	1	
	シ	②	2	
	ス	②	2	
	セ	④	2	
	ソ	⓪	2	
	（タ，チ）	（3，5）	2	
	ツ	1	2	
第3問　自己採点小計				

問題番号(配点)	解答記号	正　解	配点	自己採点
第4問 (20)	ア，イ	4，4	1	
	ウ	2	2	
	エ	3	1	
	オ，カ	1，2	2	
	キ	3	1	
	ク，ケ	2，1	2	
	コ，サ，シ	⓪，⑥，②	3	
	ス	①	2	
	(セ，ソ)	(2，3)	2	
	(タ，チツ)	(0，−2)	2	
	(テト，ナ)	(−5，8)	2	
第4問　自己採点小計				
自己採点合計				

第１問　三角関数，指数関数・対数関数

数学Ⅱ・数学Ｂ 本試験の**第１問**に同じ。

第２問　微分法・積分法

数学Ⅱ・数学Ｂ 本試験の**第２問**に同じ。

第3問　図形と方程式

(1)(i)　$$C_1:(x-10)^2+(y-5)^2=25$$

より，円 C_1 は，中心 $\left(\boxed{10},\ \boxed{5}\right)$，半径 $\boxed{5}$ の円である．

(ii)　$$\mathrm{P}(s,\ t),\ \mathrm{Q}(x,\ y).$$

点Qは線分OPを $2:3$ に内分するから

$$x=\frac{3\cdot 0+2s}{2+3}=\frac{\boxed{2}}{\boxed{5}}s,$$

$$y=\frac{3\cdot 0+2t}{2+3}=\frac{\boxed{2}}{\boxed{5}}t$$

が成り立つ．したがって

$$s=\frac{5}{2}x,\quad t=\frac{5}{2}y \quad \cdots ②$$

である．

点 $\mathrm{P}(s,\ t)$ は円 C_1 上にあるから

$$(s-10)^2+(t-5)^2=25$$

が成り立つ．これに②を代入すると

$$\left(\frac{5}{2}x-10\right)^2+\left(\frac{5}{2}y-5\right)^2=5^2$$

すなわち

$$\left(\frac{5}{2}\right)^2\{(x-4)^2+(y-2)^2\}=5^2$$

が成り立つ．これより，点Qは方程式

$$\left(x-\boxed{4}\right)^2+\left(y-\boxed{2}\right)^2=\boxed{2}^2 \cdots ①$$

が表す円上にあることがわかる．(①の表す円が C_2．)

(iii)　円 C_1 の中心は $\mathrm{A}(10,\ 5)$ であり，円 C_2 の中心は $(4,\ 2)$，すなわち $\left(\dfrac{3\cdot 0+2\cdot 10}{2+3},\ \dfrac{3\cdot 0+2\cdot 5}{2+3}\right)$ であるから，線分OAを $2:3$ に内分する点である．

($\boxed{②}$)

また，C_2 の半径は $2=\dfrac{2}{2+3}\cdot 5$ であるから，C_1 の半径の $\dfrac{2}{2+3}$ 倍である．

(2)　(1)と同様に考えると，点Rの軌跡である円の中心は線分OAを $m:n$ に内分する点であり，半径は C_1 の

円の方程式

点 $(a,\ b)$ を中心とし，半径を r とする円の方程式は

$$(x-a)^2+(y-b)^2=r^2.$$

内分点

2点 $(x_1,\ y_1)$，$(x_2,\ y_2)$ を結ぶ線分を $m:n$ に内分する点の座標は

$$\left(\frac{nx_1+mx_2}{m+n},\ \frac{ny_1+my_2}{m+n}\right)$$

である．

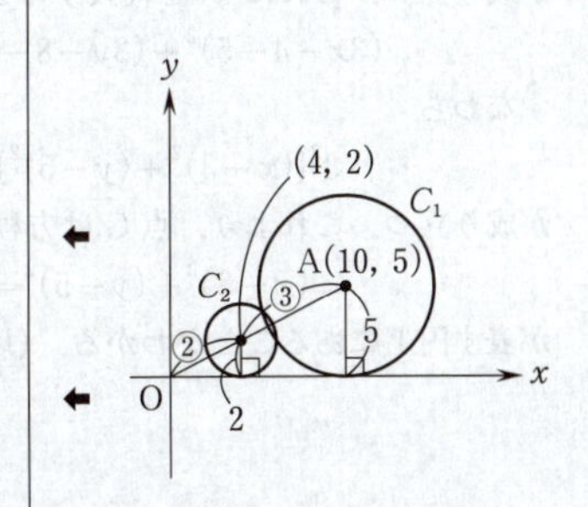

半径の $\dfrac{m}{m+n}$ 倍である．（ ② ， ④ ）

(3)　D(1, 6),　E(3, 2).

$C_3:(x-5)^2+(y-7)^2=9$　(中心 (5, 7), 半径 3)

B(5, 7) とする．

線分 DE の中点 M の座標は $\left(\dfrac{1+3}{2},\ \dfrac{6+2}{2}\right)$, すなわち (2, 4) である．

△DEP の重心 G は，線分 MP を 1 : 2 に内分する点である．（ ⓪ ）

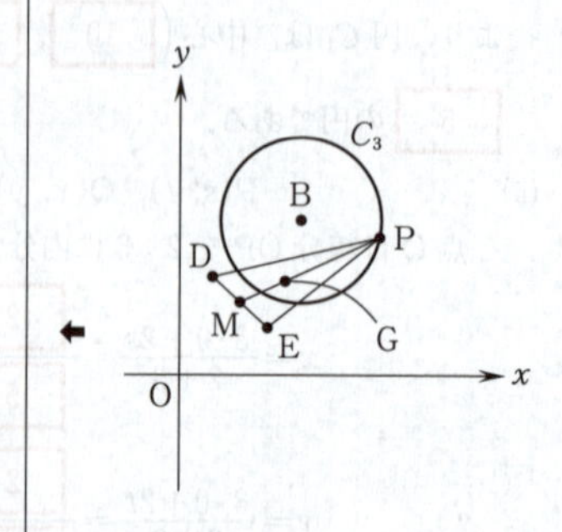

(2) と同様に考えると，点 G の軌跡は円であり，この円の中心は線分 MB を 1 : 2 に内分する点

$\left(\dfrac{2\cdot2+1\cdot5}{1+2},\ \dfrac{2\cdot4+1\cdot7}{1+2}\right)$, すなわち

(3 , 5) であり，半径は C_3 の半径 3 の

$\dfrac{1}{1+2}=\dfrac{1}{3}$ 倍，すなわち，$\dfrac{1}{3}\cdot3=$ 1 である．

【(タ , チ), ツ の別解】

P(s, t), G(x, y) とすると，点 G は △DEP の重心であるから

$$x=\frac{1+3+s}{3}=\frac{4+s}{3},\quad y=\frac{6+2+t}{3}=\frac{8+t}{3}$$

が成り立つ．したがって

$$s=3x-4,\quad t=3y-8 \qquad \cdots③$$

である．

点 P(s, t) は円 C_3 上にあるから

$$(s-5)^2+(t-7)^2=9$$

が成り立つ．これに ③ を代入すると

$$(3x-4-5)^2+(3y-8-7)^2=3^2$$

すなわち

$$3^2\{(x-3)^2+(y-5)^2\}=3^2$$

が成り立つ．これより，点 G は方程式

$$(x-3)^2+(y-5)^2=1^2$$

が表す円上にあることがわかる．（以下略）

重心

$A(x_1,\ y_1)$, $B(x_2,\ y_2)$, $C(x_3,\ y_3)$ とすると，三角形 ABC の重心の座標は

$$\left(\frac{x_1+x_2+x_3}{3},\ \frac{y_1+y_2+y_3}{3}\right).$$

第4問　高次方程式

p，q は実数．

$$S(x)=(x-2)\{x^2-2(p+1)x+2p^2-2p+5\}$$
$$T(x)=x^3+x+q$$

x の3次方程式 $S(x)=0$ の三つの解が 2，α，β．

x の3次方程式 $T(x)=0$ の三つの解が r，α'，β'．(r は実数)

(1)　$S(x)=0$ の解がすべて実数になるのは，x の2次方程式

$$x^2-2(p+1)x+2p^2-2p+5=0 \quad \cdots①$$

が実数解をもつときである．①の判別式を D' とおくと

$$\frac{D'}{4}=(p+1)^2-(2p^2-2p+5)$$
$$=-p^2+4p-4$$

であるから，①が実数解をもつための必要十分条件は

$$D'\geqq 0$$

すなわち

$$p^2-\boxed{4}\,p+\boxed{4}\leqq 0$$

である．これは

$$(p-2)^2\leqq 0$$

と変形できる．p は実数であるから，$p=\boxed{2}$ である．このとき，①は

$$x^2-6x+9=0$$

すなわち

$$(x-3)^2=0$$

となるから

$$S(x)=(x-2)(x-3)^2$$

である．よって，$S(x)=0$ の解がすべて実数になるとき，その解は $x=2$，$\boxed{3}$ である．

$p\neq 2$ のとき，$S(x)=0$ は二つの虚数

$$x=p+1\pm\sqrt{-\frac{D'}{4}}\,i$$
$$=p+1\pm\sqrt{(p-2)^2}\,i$$
$$=p+\boxed{1}\pm\left(p-\boxed{2}\right)i$$

を解にもつ．このことから，$p\neq 2$ のとき，$S(x)=0$ の二つの虚数解 α，β は互いに共役な複素数であることがわかる．

2次方程式の解の判別

実数係数の2次方程式

$$ax^2+bx+c=0$$

の判別式 $D=b^2-4ac$ について

$D>0 \iff$ 異なる二つの実数解をもつ，

$D=0 \iff$ 実数の重解をもつ，

$D<0 \iff$ 異なる二つの虚数解をもつ．

2次方程式

2次方程式

$$ax^2+bx+c=0$$

の解は

$$x=\frac{-b\pm\sqrt{b^2-4ac}}{2a}$$

であり

$$ax^2+2b'x+c=0$$

の解は

$$x=\frac{-b'\pm\sqrt{b'^2-ac}}{a}$$

である．

(2) $x=r$ が $T(x)=0$ の解であるので

$$T(r)=0$$

すなわち

$$r^3+r+q=0$$

が成り立つ．これより

$$q=-r^{3}-r$$

となる．よって

$$T(x)=x^3+x-r^3-r$$

$$=(x-r)\left(x^2+rx+r^{2}+1\right)$$

である．ここで $x^2+rx+r^2+1=0$ の判別式を D とおくと

$$D=r^2-4(r^2+1)=-3r^2-4$$

であるから，すべての実数 r に対して $D<0$ となり，

$T(x)=0$ の $x=r$ 以外の解は $x=\dfrac{-r\pm\sqrt{-D}i}{2}$ となる．（⓪，⑥）したがって，α'，β' は虚数であり，互いに共役な複素数である．（②）

⬅ x^3+x-r^3-r
$=(x^3-r^3)+(x-r)$
$=(x-r)(x^2+rx+r^2)+(x-r)$
$=(x-r)(x^2+rx+r^2+1)$

(3) $S(x)=(x-2)\{x^2-2(p+1)x+2p^2-2p+5\}$
$T(x)=(x-r)(x^2+rx+r^2+1)$

$S(x)=0$，$T(x)=0$ が共通の解をもつ場合を考える．

(i) (2)より，$T(x)=0$ の実数解は r のみであるから，共通の解が $x=2$ であるような r の値は $r=2$ のみであり，ちょうど1個存在する．（①）

(ii) (1)より，$p=2$ のときのみ $S(x)=0$ は $x=2$ 以外の実数解 $x=3$ をもつ．よって，共通の実数解をもつが，$x=2$ が共通の解ではないとき，p，r の値の組 (p, r) は

$$(2,\ 3)$$

である．

(iii) (1)より，$p\neq 2$ のときのみ $S(x)=0$ は二つの虚数解 $p+1\pm(p-2)i$ をもち，(2)より，すべての実数 r に対して $T(x)=0$ は二つの虚数解

$x=\dfrac{-r\pm\sqrt{-D}i}{2}$，すなわち，$x=\dfrac{-r\pm\sqrt{3r^2+4}i}{2}$

をもつ．よって，共通の解が虚数のとき

$$p+1=-\frac{r}{2}\quad\cdots②\quad かつ\quad p-2=\pm\frac{\sqrt{3r^2+4}}{2}$$

が成り立つ．これらより，p を消去して変形すると

$$\left(-\frac{r}{2}-1\right)-2=\pm\frac{\sqrt{3r^2+4}}{2}$$

$$(r+6)^2=3r^2+4$$

$$r^2-6r-16=0$$

$$(r+2)(r-8)=0$$

$$r=-2,\ 8$$

となる．これと ② より，$(p,\ r)$ は

$$\left(\boxed{0},\ \boxed{-2}\right),\quad \left(\boxed{-5},\ \boxed{8}\right)$$

である．

MEMO

数学Ⅰ・数学A
数学Ⅱ・数学B

（2023年１月実施）

追試験
2023

数学Ⅰ・数学A

解答・採点基準

(100点満点)

問題番号(配点)	解答記号	正解	配点	自己採点
第1問 (30)	ア，イ	1，3	2	
	ウエ，オ	−1，4	2	
	カ，キ	7，3	3	
	クケ，コ	−8，4	3	
	$\frac{サ}{シ}$	$\frac{1}{4}$	2	
	ス	2	3	
	$\frac{セ}{ソ}$	$\frac{2}{3}$	3	
	タ，チ	1，3	3	
	$\frac{ツ}{テト}$，$\frac{ナ}{ニ}$	$\frac{9}{16}$，$\frac{5}{8}$	3	
	$\frac{ヌ}{ネ}$，$\frac{\sqrt{ノ}}{ハ}$	$\frac{5}{9}$，$\frac{\sqrt{5}}{3}$	3	
	ヒ，フ	②，⓪	3	
第1問　自己採点小計				
第2問 (30)	アイウ	−14	3	
	エ，オ	3，1	1	
	カ，キクケコ	4，1480	2	
	サシス	185	3	
	セ，ソ	③，④ (解答の順序は問わない)	4 (各2)	
	タ	②	2	
	チ，ツ	⓪，③	2	
	テ，ト	①，②	2	
	ナ	②	2	
	ニ	③	2	
	ヌ	⓪	3	
	ネ	②	2	
	ノ	③	2	
第2問　自己採点小計				

問題番号(配点)	解答記号	正解	配点	自己採点
第3問 (20)	ア	1	1	
	イ	3	1	
	ウ	2	1	
	$\frac{エ}{オ}$	$\frac{3}{8}$	3	
	$\frac{カ}{キ}$	$\frac{1}{4}$	3	
	$\frac{ク}{ケ}$	$\frac{2}{3}$	2	
	コ	3	1	
	$\frac{サシ}{スセソ}$	$\frac{28}{729}$	2	
	$\frac{タチ}{ツテトナ}$	$\frac{32}{2187}$	3	
	$\frac{ニ}{ヌ}$	$\frac{3}{4}$	3	
第3問　自己採点小計				
第4問 (20)	アイ，ウエ	26，51	2	
	オ，カキ	6，−3	2	
	クケ，コサ	51，26	2	
	シ	4	2	
	ス	3	2	
	セ，ソ	7，4	3	
	タ，チ	0，2	3	
	ツテ，ト，ナニ	15，3，13	4	
第4問　自己採点小計				
第5問 (20)	ア：イ	3：4	2	
	ウ	2	2	
	エ	7	3	
	オ	②	3	
	カキ：ク	15：8	2	
	ケコ：サ	20：3	2	
	$\frac{シス}{セ}$	$\frac{32}{9}$	3	
	ソ：タ	5：3	3	
第5問　自己採点小計				
自己採点合計				

(注)

第1問，第2問は必答。

第3問〜第5問のうちから2問選択。計4問を解答。

第1問　数と式・図形と計量

〔1〕

$$\sqrt{5}x < k - x < 2x + 1 \quad (k\text{ は定数}). \qquad \cdots①$$

(1) 不等式 $k - x < 2x + 1$ を解くと，

$$3x > k - 1$$

$$x > \frac{k - \boxed{1}}{\boxed{3}}$$

であり，不等式 $\sqrt{5}x < k - x$ を解くと，

$$(\sqrt{5}+1)x < k$$

$$x < \frac{k}{\sqrt{5}+1}$$

すなわち，

$$x < \frac{\boxed{-1} + \sqrt{5}}{\boxed{4}}k$$

である．

⬅ $\dfrac{k}{\sqrt{5}+1} = \dfrac{k(\sqrt{5}-1)}{(\sqrt{5}+1)(\sqrt{5}-1)} = \dfrac{-1+\sqrt{5}}{4}k.$

これより，① を満たす x が存在する条件は，

「$\dfrac{k-1}{3} < \dfrac{-1+\sqrt{5}}{4}k$　　$\cdots$(I)

が成り立つこと」

である．

⬅ ① を満たす x が存在するとき，① の解を数直線上で表すと次図の網掛部分になる．

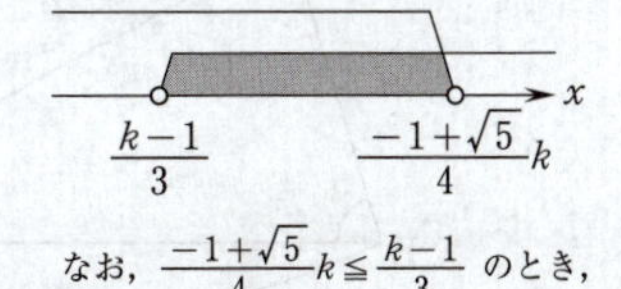

なお，$\dfrac{-1+\sqrt{5}}{4}k \leqq \dfrac{k-1}{3}$ のとき，① を満たす x は存在しない．

よって，求める k の値の範囲は，不等式(I)を解いて，

$$4(k-1) < 3(-1+\sqrt{5})k$$

$$(7-3\sqrt{5})k < 4$$

$$k < \frac{4}{7-3\sqrt{5}}$$

⬅ $7-3\sqrt{5} = \sqrt{49} - \sqrt{45} > 0.$

すなわち，

$$k < \boxed{7} + \boxed{3}\sqrt{5} \qquad \cdots②$$

である．

⬅ $\dfrac{4}{7-3\sqrt{5}} = \dfrac{4(7+3\sqrt{5})}{(7-3\sqrt{5})(7+3\sqrt{5})} = \dfrac{4(7+3\sqrt{5})}{4} = 7+3\sqrt{5}.$

(2) ② が成り立つとき，① の解は，

$$\frac{k-1}{3} < x < \frac{-1+\sqrt{5}}{4}k$$

であるから，① を満たす x の値の範囲の幅が $\dfrac{\sqrt{5}}{3}$ より大きくなるような k の値の範囲は，

$$\frac{-1+\sqrt{5}}{4}k - \frac{k-1}{3} > \frac{\sqrt{5}}{3}$$

$$3(-1+\sqrt{5})k - 4(k-1) > 4\sqrt{5}$$

$$(7-3\sqrt{5})k < -4(\sqrt{5}-1)$$

$$k < \frac{-4(\sqrt{5}-1)}{7-3\sqrt{5}}$$

すなわち，

$$k < \boxed{-8} - \boxed{4}\sqrt{5}$$

である．

← $\dfrac{-4(\sqrt{5}-1)}{7-3\sqrt{5}} = \dfrac{-4(\sqrt{5}-1)(7+3\sqrt{5})}{(7-3\sqrt{5})(7+3\sqrt{5})}$
$= \dfrac{-4(8+4\sqrt{5})}{4}$
$= -8-4\sqrt{5}$.

〔2〕

(1)　$\sin\angle\mathrm{ABC} = \dfrac{\sqrt{15}}{4}$ と $0° < \angle\mathrm{ABC} < 180°$ より，

$$\cos\angle\mathrm{ABC} = \pm\sqrt{1-\sin^2\angle\mathrm{ABC}}$$
$$= \pm\sqrt{1-\left(\frac{\sqrt{15}}{4}\right)^2}$$
$$= \pm\frac{\boxed{1}}{\boxed{4}}$$

である．

← $0° \leqq \theta \leqq 180°$ のとき，
$\sin^2\theta + \cos^2\theta = 1$
より，
$\cos\theta = \pm\sqrt{1-\sin^2\theta}$.

(2)　$\sin\angle\mathrm{ABC} = \dfrac{\sqrt{15}}{4}$, $\sin\angle\mathrm{ACB} = \dfrac{\sqrt{15}}{8}$.　…①

(i)

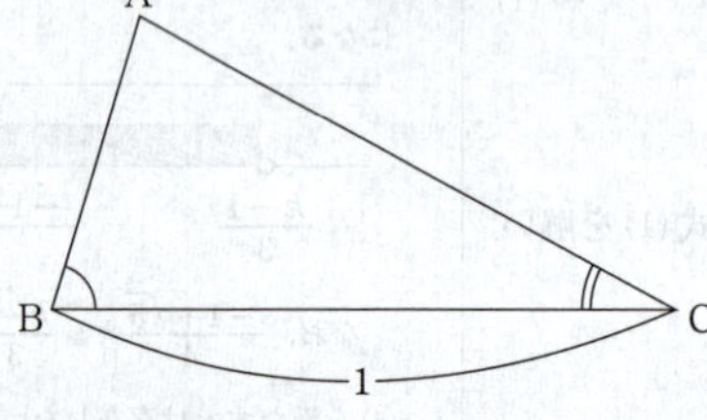

正弦定理を用いると，

$$\frac{\mathrm{AC}}{\sin\angle\mathrm{ABC}} = \frac{\mathrm{AB}}{\sin\angle\mathrm{ACB}}$$

であるから，

$$\mathrm{AC}\sin\angle\mathrm{ACB} = \mathrm{AB}\sin\angle\mathrm{ABC}$$
$$\frac{\sqrt{15}}{8}\mathrm{AC} = \frac{\sqrt{15}}{4}\mathrm{AB}\quad(①\text{ より})$$
$$\mathrm{AC} = \boxed{2}\,\mathrm{AB}\qquad\cdots②$$

である．

← **正弦定理**

$$\frac{a}{\sin A} = \frac{b}{\sin B} = \frac{c}{\sin C} = 2R.$$

（R は △ABC の外接円の半径）

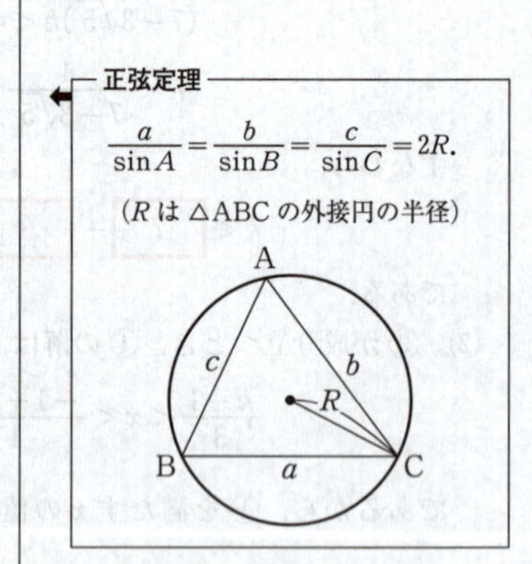

(ii)　①，② を満たす三角形は，(1) より次の二つが考えられる．

(Ⅰ)　$\cos\angle ABC=\frac{1}{4}$ のとき．

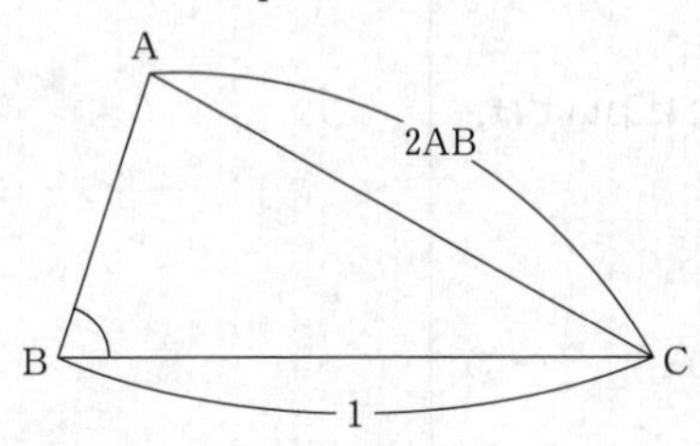

(Ⅱ)　$\cos\angle ABC=-\frac{1}{4}$ のとき．

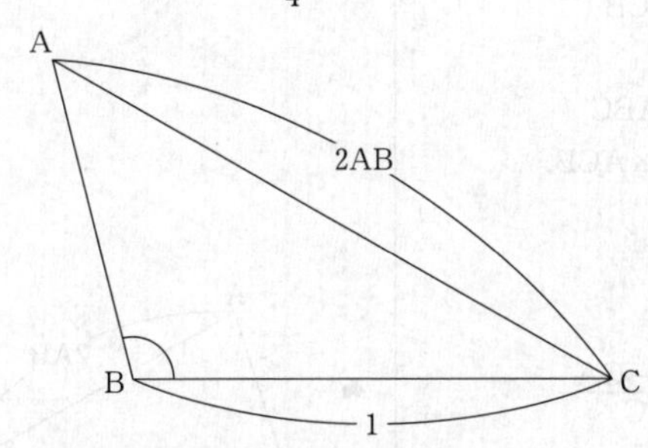

(Ⅰ)，(Ⅱ) はともに △ABC の面積が，

$$(\triangle ABC\text{ の面積})=\frac{1}{2}\cdot 1\cdot AB\sin\angle ABC$$
$$=\frac{\sqrt{15}}{8}AB\quad(\text{① より})$$

であるから，辺 AB の長さが長い方の面積が大きい．

(Ⅰ) のとき．

余弦定理を用いると，

$$(2AB)^2=AB^2+1^2-2AB\cdot 1\cdot\cos\angle ABC$$
$$4AB^2=AB^2+1-2AB\cdot\frac{1}{4}$$
$$6AB^2+AB-2=0$$
$$(3AB+2)(2AB-1)=0$$

となるから，AB > 0 より，

$$AB=\frac{1}{2}.$$

(Ⅱ) のとき．

余弦定理を用いると，

$$(2AB)^2=AB^2+1^2-2AB\cdot 1\cdot\cos\angle ABC$$
$$4AB^2=AB^2+1-2AB\left(-\frac{1}{4}\right)$$

← ∠ACB が鈍角のときを考えると，

$$\cos\angle ACB=-\sqrt{1-\sin^2\angle ACB}$$
$$=-\sqrt{1-\left(\frac{\sqrt{15}}{8}\right)^2}$$
$$=-\frac{7}{8}<-\frac{4\sqrt{2}}{8}=\cos 135^\circ$$

であるから，∠ACB > 135° である．

このとき，∠ABC は鋭角より，

$$\cos\angle ABC=\frac{1}{4}<\frac{1}{2}=\cos 60^\circ$$

となるから，∠ABC > 60° である．

これより，

$$\angle ABC+\angle ACB>60^\circ+135^\circ$$
$$=195^\circ\ (>180^\circ)$$

となるから，△ABC は存在しない．

よって，∠ACB は鋭角である．

数学 A を用いると，∠ACB が鋭角であることは次のように示せる．

AC = 2AB より，

$$AB<AC.$$

三角形の辺と角の大小関係より，

$$\angle ACB<\angle ABC.$$

∠ACB が鈍角とすると，∠ABC も鈍角となるから，∠ACB は鋭角である．

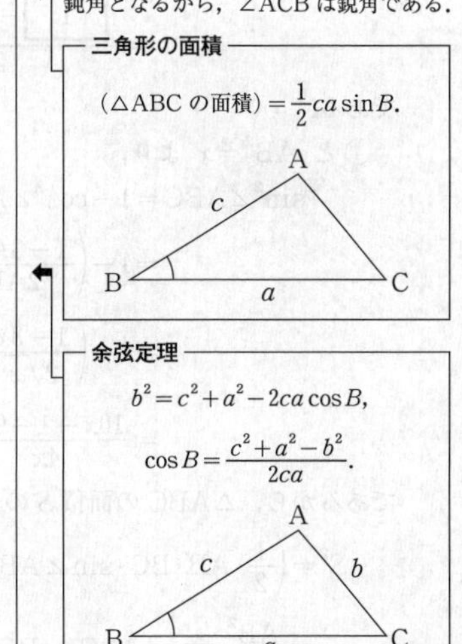

三角形の面積
(△ABC の面積) = $\frac{1}{2}ca\sin B$.
A
c
B
a
C
余弦定理
$b^2=c^2+a^2-2ca\cos B$,
$\cos B=\frac{c^2+a^2-b^2}{2ca}$.
A
c
b
B
a
C

$$6AB^2-AB-2=0$$
$$(3AB-2)(2AB+1)=0$$

となるから，$AB>0$ より，

$$AB=\frac{2}{3}.$$

以上から，面積が大きい方の △ABC においては，

$AB=\dfrac{\boxed{2}}{\boxed{3}}$ である．

(3)　$\sin\angle ABC=2\sin\angle ACB\ (>0).$　…③

正弦定理を用いると，

$$\frac{AC}{\sin\angle ABC}=\frac{AB}{\sin\angle ACB}$$

であるから，③より，

$$AC\sin\angle ACB=AB\sin\angle ABC$$
$$AC\sin\angle ACB=AB\cdot 2\sin\angle ACB.$$

$\sin\angle ACB\neq 0$ より，

$$AC=2AB.$$

さらに，余弦定理を用いると，

$$\cos\angle ABC=\frac{AB^2+BC^2-CA^2}{2AB\cdot BC}$$
$$=\frac{AB^2+1^2-(2AB)^2}{2AB\cdot 1}$$
$$=\frac{\boxed{1}-\boxed{3}AB^2}{2AB}\ \cdots ④$$

である．

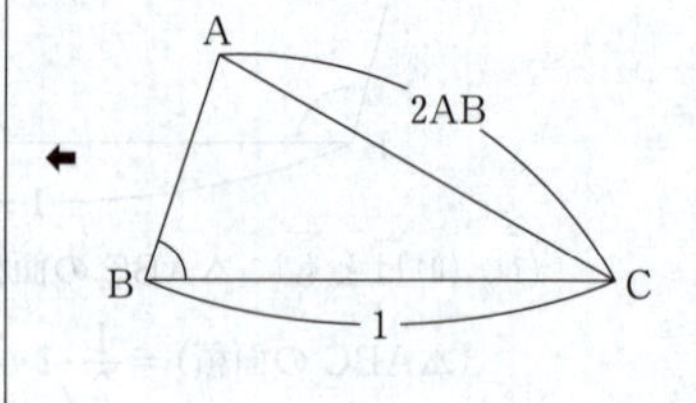

④と $AB^2=x$ より，

$$\sin^2\angle ABC=1-\cos^2\angle ABC$$
$$=1-\left(\frac{1-3AB^2}{2AB}\right)^2$$
$$=1-\left(\frac{1-3x}{2\sqrt{x}}\right)^2$$
$$=\frac{10x-1-9x^2}{4x}$$

← $AB^2=x$ より，$AB=\sqrt{x}$.

であるから，△ABC の面積 S の 2 乗は，

$$S^2=\left(\frac{1}{2}\cdot AB\cdot BC\cdot\sin\angle ABC\right)^2$$
$$=\frac{AB^2}{4}\sin^2\angle ABC\quad (BC=1\ より)$$
$$=\frac{x}{4}\cdot\frac{10x-1-9x^2}{4x}$$

$$=\frac{1}{16}(10x-1-9x^2)$$

$$=-\frac{\boxed{9}}{\boxed{16}}x^2+\frac{\boxed{5}}{\boxed{8}}x-\frac{1}{16}$$

$$=-\frac{9}{16}\left(x-\frac{5}{9}\right)^2+\frac{1}{9}$$

と表すことができる．

ここで，x のとり得る値の範囲を調べると，

$-1<\cos\angle\mathrm{ABC}<1$ と④より，

$$-1<\frac{1-3\mathrm{AB}^2}{2\mathrm{AB}}<1$$

$$-2\mathrm{AB}<1-3\mathrm{AB}^2<2\mathrm{AB}\quad(2\mathrm{AB}>0\text{ より})$$

$$-2\sqrt{x}<1-3x<2\sqrt{x}$$

$$\begin{cases}3x-2\sqrt{x}-1<0,\\3x+2\sqrt{x}-1>0\end{cases}$$

$$\begin{cases}(3\sqrt{x}+1)(\sqrt{x}-1)<0,\\(3\sqrt{x}-1)(\sqrt{x}+1)>0\end{cases}$$

$$\begin{cases}-\frac{1}{3}<\sqrt{x}<1,\\\sqrt{x}<-1,\ \frac{1}{3}<\sqrt{x}\end{cases}$$

となるから，

$$\frac{1}{3}<\sqrt{x}<1$$

すなわち，

$$\frac{1}{9}<x<1$$

である．

← x のとり得る値の範囲は，数学Aの三角形の成立条件を用いて次のように求めてもよい．

$\mathrm{AB}^2=x$ より，$\mathrm{AB}=\sqrt{x}$ であるから，$\mathrm{AB}=\sqrt{x}$，　$\mathrm{BC}=1$，　$\mathrm{CA}=2\sqrt{x}$ となる三角形ABCが存在する条件は，

$$|2\sqrt{x}-\sqrt{x}|<1<2\sqrt{x}+\sqrt{x}$$

である．

これより，

$$\frac{1}{3}<\sqrt{x}<1$$

すなわち，

$$\frac{1}{9}<x<1.$$

← 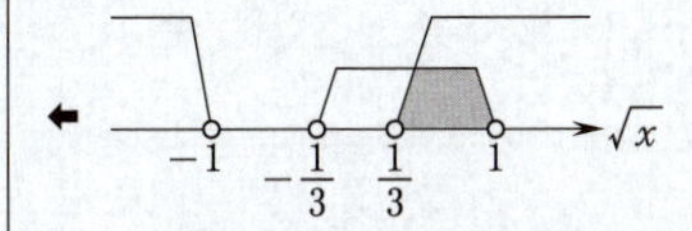

したがって，S^2 が最大となるのは $x=\frac{\boxed{5}}{\boxed{9}}$

← 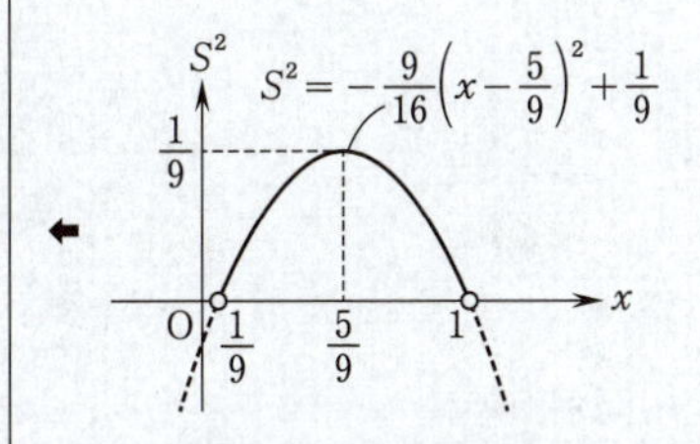

のとき，すなわち $\mathrm{AB}=\frac{\sqrt{\boxed{5}}}{\boxed{3}}$ のときである．

$S>0$ より，このときに面積 S も最大となる．

← S の最大値は $\frac{1}{3}$ である．

また，面積 S が最大となる $\triangle\mathrm{ABC}$ において，$\angle\mathrm{ABC}$ は，④より，

$$\cos\angle\mathrm{ABC}=\frac{1-3\cdot\frac{5}{9}}{2\cdot\frac{\sqrt{5}}{3}}=-\frac{1}{\sqrt{5}}<0$$

← $0^\circ<\theta<180^\circ$ とする．
$\cos\theta>0$ のとき，$0^\circ<\theta<90^\circ$，
$\cos\theta=0$ のとき，$\theta=90^\circ$，
$\cos\theta<0$ のとき，$90^\circ<\theta<180^\circ$．

であるから，鈍角(② …ヒ)であり，∠ACB は

鋭角(⓪ …フ)である．

← 三角形の3つの内角は，次のどれかになる．

・3つとも鋭角，

・1つは直角で，残り2つは鋭角，

・1つは鈍角で，残り2つは鋭角．

よって，∠ABC が鈍角とわかったので，残り2つの角 ∠ACB と ∠BAC は鋭角となる．

第2問　2次関数・データの分析

〔1〕

$$y=ax^2+bx+c. \quad \cdots ①$$

①のグラフが3点 (100, 1250), (200, 450), (300, 50) を通るとき，

$$\begin{cases} 1250=10000a+100b+c, & \cdots ㋐ \\ 450=40000a+200b+c, & \cdots ㋑ \\ 50=90000a+300b+c & \cdots ㋒ \end{cases}$$

が成り立つ．

㋐－㋑ より，

$$800=-30000a-100b$$
$$300a+b=-8. \quad \cdots ㋓$$

㋑－㋒ より，

$$400=-50000a-100b$$
$$500a+b=-4. \quad \cdots ㋔$$

㋓，㋔ より，

$$a=\frac{1}{50}, \quad b=\boxed{-14}.$$

これらを ㋐ に代入して，

$$1250=10000\cdot\frac{1}{50}+100\cdot(-14)+c$$
$$1250=200-1400+c$$
$$c=2450.$$

よって，① は，

$$y=\frac{1}{50}x^2-14x+2450. \quad \cdots ①'$$

与えられた条件より，利益は，1皿あたりの利益 $x-80$ (円) と売り上げ数 ①′ の積から，5000円を引いたものになるから，

$$(利益)=(x-80)\times\left(\frac{1}{50}x^2-14x+2450\right)-5000 \ (円)$$
$$(100\leqq x\leqq 300)$$

となる．

よって，利益は x の $\boxed{3}$ 次式となる．一方で，売り上げ数として ①′ の右辺の代わりに x の $\boxed{1}$ 次式を使えば，利益は x の2次式となる．

$$y=-4x+1160 \quad \cdots ②$$

を考える．

売り上げ数を ② の右辺としたときの利益 z は，

展開して整理すると，利益の式は，

$$(利益)=\frac{1}{50}x^3-\frac{78}{5}x^2+3570x-201000$$

となり，利益は x の3次式となる．

売り上げ数を $y=dx+e \ (d\neq 0)$ とすると，利益の式は，

$$(利益)=(x-80)(dx+e)-5000$$
$$=dx^2-(80d-e)x-80e-5000$$

となり，利益は x の2次式となる．

$$z=(x-80)\times(-4x+1160)-5000$$
$$=-\boxed{4}\,x^2+\boxed{1480}\,x-97800$$
$$(100\leqq x\leqq 290)$$

で与えられる．ただし，$290\leqq x\leqq 300$ のときは，$z=0$ とする．

← $(\text{利益})=\begin{pmatrix}1\text{皿あた}\\ \text{りの利益}\end{pmatrix}\times\begin{pmatrix}\text{売り上}\\ \text{げ数}\end{pmatrix}-5000.$

← ② の右辺が 0 以上のとき，
$-4x+1160\geqq 0$
$x\leqq 290.$

平方完成すると，

$$z=-4(x-185)^2+39100$$

となるから，z が最大となる x を p とおくと，

$p=\boxed{185}$ であり，z の最大値は 39100 である．

← $z=-4(x^2-370x)-97800$
$=-4(x-185)^2+4\cdot185^2-97800$
$=-4(x-185)^2+39100.$

$$y=-8x+1968 \quad \cdots③$$

を考える．

売り上げ数を ③ の右辺にしたときの利益を w とすると，

$$w=(x-80)\times(-8x+1968)-5000$$
$$(100\leqq x\leqq 246)$$

で与えられる．ただし，$246\leqq x\leqq 300$ のときは，$w=0$ とする．

← 平方完成すると，
$w=-8x^2+2608x-162440$
$=-8(x^2-326x)-162440$
$=-8(x-163)^2+8\cdot163^2-162440$
$=-8(x-163)^2+50112.$

← ③ の右辺が 0 以上のとき，
$-8x+1968\geqq 0$
$x\leqq 246.$

問題文より，w は $x=163$ のときに最大となり，最大値は 50112 となる．…㋖

ここで，

売り上げ数を ① の右辺としたときの利益を $Y(x)$，

売り上げ数を ② の右辺としたときの利益を $Z(x)$，

売り上げ数を ③ の右辺としたときの利益を $W(x)$

とおく．

← $Y(x)=(x-80)\left(\frac{1}{50}x^2-14x+2450\right)-5000,$
$Z(x)=(x-80)(-4x+1160)-5000,$
$W(x)=(x-80)(-8x+1968)-5000.$

図 3 より，②，③ のグラフは ① (①′) のグラフより下の方にあるから，売り上げ数を ① (①′) のときよりも少なく見積もっているので，$100\leqq x\leqq 300$ のとき，

$$\begin{cases}Y(x)>Z(x),\\ Y(x)>W(x)\end{cases}$$

が成り立つ．

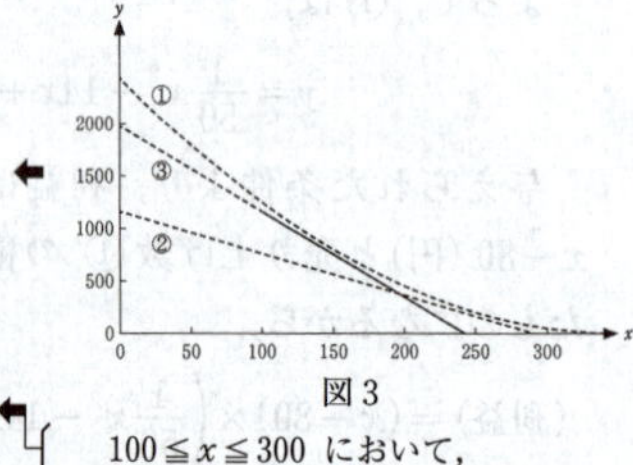

図 3

← $100\leqq x\leqq 300$ において，
$\begin{cases}\frac{1}{50}x^2-14x+2450>-4x+1160\geqq 0,\\ \frac{1}{50}x^2-14x+2450>-8x+1968\geqq 0\end{cases}$
であるから，
$\begin{cases}Y(x)>Z(x),\\ Y(x)>W(x).\end{cases}$

これより，

$$\begin{cases}Y(185)>Z(185)=39100\\ Y(163)>W(163)=50112\end{cases}$$

となる．

また，$Y(x)$ の最大値は M より，つねに

$$M\geqq Y(x)$$

である．

よって，

$$\begin{cases} M \geqq Y(185) > 39100, \\ M \geqq Y(163) > 50112 \end{cases}$$

となるから，M は 50112 より大きい．

さらに，$x=163$ のときの利益 $Y(163)$ は少なくとも 50112 以上であり，$x=185$ のときの利益 $Y(185)$ は少なくとも 39100 以上である．また，$M \geqq Y(x)$ の等号が成り立つ x の値はこのままではわからないので，$x=p=185$ や $x=163$ で M となるかどうかはわからない．

したがって，売り上げ数を①（①′）の右辺としたときの利益の記述として正しいものは ③ と ④ …セ，ソである．

$$y=-6x+1860 \qquad \cdots④$$

を考える．

売り上げ数を④の右辺にしたときの利益を v とすると，

$$\begin{aligned} v &= (x-80)\times(-6x+1860)-5000 \\ &= -6x^2+2340x-153800 \\ &= -6(x-195)^2+74350 \\ &\qquad (100 \leqq x \leqq 300) \end{aligned}$$

となるから，v は $x=195$ のときに最大となり，最大値は 74350 である．

ここで，改めて

売り上げ数を④の右辺にしたときの利益を $V(x)$ とおく．

図4より，④のグラフは①（①′）のグラフより上の方にあるから，売り上げ数を①（①′）のときよりも多く見積もっているので，$100 \leqq x \leqq 300$ のとき，

$$Y(x) < V(x) \qquad \cdots⑤$$

が成り立つ．

また，$V(x)$ の最大値が $V(195)=74350$ より，つねに

$$V(x) \leqq V(195) = 74350 \qquad \cdots⑥$$

である．

よって，⑤，⑥より，

$$Y(x) < 74350$$

となる．

したがって，このことと，$Y(x)$ の最大値が M より，

$$M < 74350$$

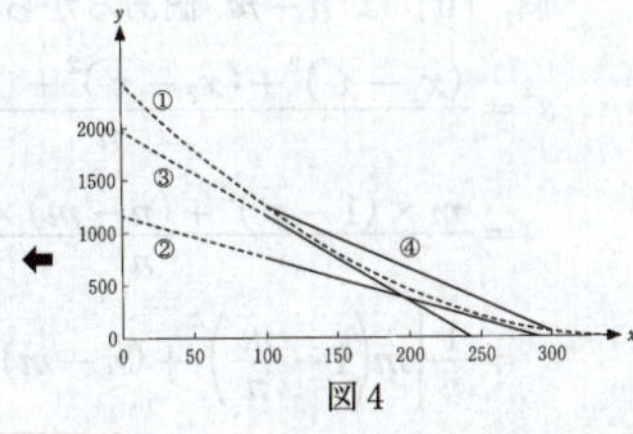

図4

$x=100$ のとき，①の売り上げ数は表より 1250 であり，④の売り上げ数は，

$$-6\cdot100+1860=1260$$

であるから，

$$Y(100) < V(100).$$

$x=300$ のとき，①の売り上げ数は表より 50 であり，④の売り上げ数は，

$$-6\cdot300+1860=60$$

であるから，

$$Y(300) < V(300).$$

となり，M は74350より小さい．

ゆえに，$Y(x)$ の最大値 M は50112より大きく74350より小さい値となる．

したがって，売り上げ数を①（①'）の右辺としたときの利益の最大値 M についての記述として正しいものは **②** …タ　である．

← $Y(x)$ が $x=\alpha$ のとき最大値 M をとるとすると，⑤，⑥より，

$$Y(\alpha)<V(x)\leqq V(195)$$

$$M<74350.$$

〔2〕

(1)　賛成は1，反対は0と表すから，データの値の総和 $x_1+x_2+\cdots+x_n$ は賛成の人の数（**⓪** …チ）と一致し，平均値 $\overline{x}=\dfrac{x_1+x_2+\cdots+x_n}{n}$ は $\dfrac{(\text{賛成の人の数})}{n}$，すなわち，$n$ 人中における賛成の人の割合（**③** …ツ）と一致する．

← 例えば，10人について調べた結果が，

0, 1, 1, 1, 0, 1, 1, 1, 1, 1

のとき，

$$x_1+x_2+\cdots+x_{10}=8$$

で，8は賛成の人の数を表し，平均値

$$\overline{x}=\frac{8}{10}=\frac{4}{5}$$

は10人中における賛成の人の割合を表している．

(2)　0と1だけからなるデータの平均値と分散について調べる．

$$m=x_1+x_2+\cdots+x_n \qquad \cdots ①$$

より，

$$\overline{x}=\frac{x_1+x_2+\cdots+x_n}{n}=\frac{m}{n}. \qquad \cdots ②$$

また，①より，x_1，x_2，…，x_n の中に，「1」は m 個，「0」は $n-m$ 個あるから，分散 s^2 は，

$$s^2=\frac{(x_1-\overline{x})^2+(x_2-\overline{x})^2+\cdots+(x_n-\overline{x})^2}{n}$$

$$=\frac{m\times(1-\overline{x})^2+(n-m)\times(0-\overline{x})^2}{n}$$

$$=\frac{1}{n}\left\{m\left(1-\frac{m}{n}\right)^2+(n-m)\left(0-\frac{m}{n}\right)^2\right\}\quad(②より)$$

（**①** …テ，**②** …ト）

$$=\frac{1}{n}\left\{m\left(1-\frac{2m}{n}+\frac{m^2}{n^2}\right)+(n-m)\cdot\frac{m^2}{n^2}\right\}$$

$$=\frac{1}{n}\left(m-\frac{m^2}{n}\right)$$

$$=\frac{m(n-m)}{n^2}$$ **②** …ナ

と表すことができる．

← **分散**

変量 x に関するデータ

$$x_1,\ x_2,\ \dots,\ x_n$$

に対し，x の平均値を $\overline{x}$ とするとき，x の分散 ${s_x}^2$ は，

$${s_x}^2=\frac{(x_1-\overline{x})^2+\cdots+(x_n-\overline{x})^2}{n}.$$

〔3〕

a は実数．変数 x，y の値の組について，

データ W：$(-1,\ -1)$, $(-1,\ 1)$, $(1,\ -1)$, $(1,\ 1)$,

← データ W の x と y の相関係数は0.

データ W' : $(-1,\ -1),\ (-1,\ 1),\ (1,\ -1),\ (1,\ 1),\ (5a,\ 5a)$.

$\overline{x}$ は W' の x の平均値，$\overline{y}$ は W' の y の平均値．

$$\overline{x}=\frac{(-1)+(-1)+1+1+5a}{5}=a,$$ ③ …ニ

$$\overline{y}=\frac{(-1)+1+(-1)+1+5a}{5}=a.$$

表1の計算表を完成させると次のようになる．

表1　計算表

x	y	$x-\overline{x}$	$y-\overline{y}$	$(x-\overline{x})(y-\overline{y})$
-1	-1	$-1-a$	$-1-a$	$(a+1)^2$
-1	1	$-1-a$	$1-a$	$(a+1)(a-1)\ (=a^2-1)$
1	-1	$1-a$	$-1-a$	$(a-1)(a+1)\ (=a^2-1)$
1	1	$1-a$	$1-a$	$(a-1)^2$
$5a$	$5a$	$4a$	$4a$	$16a^2$

W' の x と y の共分散 s_{xy} は，

$$s_{xy}=\frac{(a+1)^2+(a^2-1)+(a^2-1)+(a-1)^2+16a^2}{5}$$

$$=\frac{20a^2}{5}$$

$$=4a^2$$ ⓪ …ヌ

となる．

W' の x の標準偏差 s_x は，

$$s_x=\sqrt{\frac{(-1-a)^2+(-1-a)^2+(1-a)^2+(1-a)^2+(4a)^2}{5}}$$

$$=\sqrt{\frac{20a^2+4}{5}}$$

であり，W' の y の標準偏差 s_y も

$$s_y=\sqrt{\frac{(-1-a)^2+(1-a)^2+(-1-a)^2+(1-a)^2+(4a)^2}{5}}$$

$$=\sqrt{\frac{20a^2+4}{5}}$$

となるから，積 s_xs_y は，

$$s_xs_y=\sqrt{\frac{20a^2+4}{5}}\cdot\sqrt{\frac{20a^2+4}{5}}$$

$$=\frac{20a^2+4}{5}$$

$$=4a^2+\frac{4}{5}$$ ② …ネ

共分散

変量 x と y に関する n 組のデータ

$(x_1,\ y_1),\ \cdots,\ (x_n,\ y_n)$

に対し，x の平均値を $\overline{x}$，y の平均値を $\overline{y}$ とするとき，x と y の共分散 s_{xy} は，

$$s_{xy}=\frac{(x_1-\overline{x})(y_1-\overline{y})+\cdots+(x_n-\overline{x})(y_n-\overline{y})}{n}.$$

標準偏差

変量 x に関するデータ

$x_1,\ x_2,\ \cdots,\ x_n$

に対し，x の平均値を $\overline{x}$ とするとき，x の標準偏差 s_x は，

$$s_x=\sqrt{\frac{(x_1-\overline{x})^2+\cdots+(x_n-\overline{x})^2}{n}}.$$

となる．

また，相関係数が 0.95 以上となる必要十分条件は，

$$\frac{s_{xy}}{s_x s_y} \geqq 0.95,\quad つまり，\quad s_{xy} \geqq 0.95 s_x s_y$$

である．これより，相関係数が 0.95 以上となるような a の値の範囲は，

$$4a^2 \geqq \frac{19}{20}\left(4a^2+\frac{4}{5}\right)$$

$$\frac{1}{5}a^2 \geqq \frac{19}{25}$$

$$a^2-\frac{19}{5} \geqq 0$$

$$\left(a+\sqrt{\frac{19}{5}}\right)\left(a-\sqrt{\frac{19}{5}}\right) \geqq 0$$

$$a \leqq -\sqrt{\frac{19}{5}},\quad \sqrt{\frac{19}{5}} \leqq a$$

すなわち，

$$a \leqq -\frac{\sqrt{95}}{5},\quad \frac{\sqrt{95}}{5} \leqq a$$ ③ …ノ

である．

←**相関係数**

2つの変量 x，y について，

x の標準偏差を s_x，

y の標準偏差を s_y，

x と y の共分散を s_{xy}

とするとき，x と y の相関係数は，

$$\frac{s_{xy}}{s_x s_y}.$$

第3問　場合の数・確率

以下の解答において，次の事柄を用いて移動の仕方の総数を求める．

点Aまでの移動の仕方を
m 通り
点Bまでの移動の仕方を
n 通り
とする．

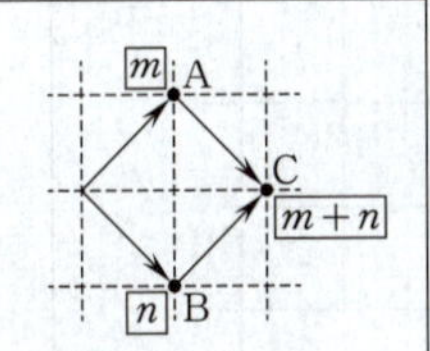

点Aから点Cまでの移動の仕方は1通り，
点Bから点Cまでの移動の仕方は1通り
であるから，出発点から点Cまでの移動の仕方は，和の法則より，

$$m\times1+n\times1=m+n\ (\text{通り})$$

である．

和の法則

2つの事柄 A, B があり，これらは同時に起こらないとする．そして，A の起こり方が m 通り，B の起こり方が n 通りならば，A または B のいずれかが起こる場合の数は，

$m+n$ 通り

である．

(1)(i)　硬貨を3回投げ終えたとき，点Pの移動の仕方の条件が，

$y_1\geqq-1$　かつ　$y_2\geqq-1$　かつ　$y_3\geqq-1$．…(*)

条件(*)を満たす点Pの移動の仕方のうち，点(3, 3)に至る移動の仕方は **1** 通りあり，点(3, 1)に至る移動の仕方は **3** 通りあり，点(3, −1)に至る移動の仕方は **2** 通りある．

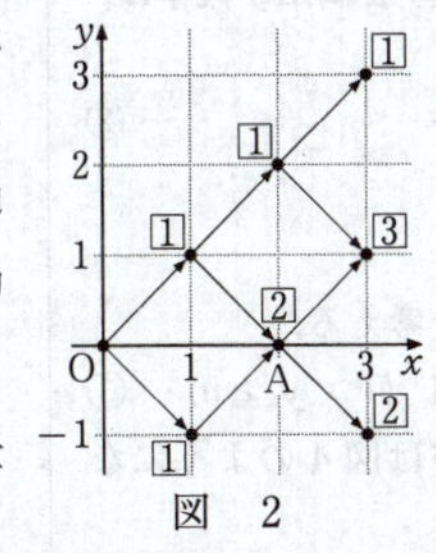

図　2

← 1通り．

← 1+2=3(通り)．

← 2通り．

よって，点Pの移動の仕方が条件(*)を満たすような硬貨の表裏の出方の総数は，

$$1+3+2\ (\text{通り})$$

である．

したがって，点Pの移動の仕方が条件(*)を満たす確率は，

$$\frac{1+3+2}{2^3}=\frac{6}{8}=\frac{3}{4}$$

である．

(ii)　硬貨を4回投げる．

$y_1\geqq0$ かつ $y_2\geqq0$ かつ $y_3\geqq0$ かつ $y_4\geqq0$．…①

①を満たす点Pの移動の仕方は図3のようにな

る．

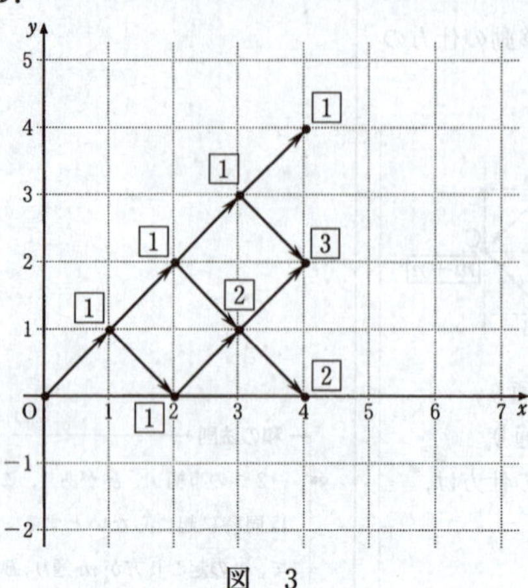

図　3

← 四角囲みの中の数字は，点Oからその点までの移動の仕方の総数を表す．

図3より，① を満たすような硬貨の表裏の出方の総数は，

$$1+3+2=6\ (\text{通り})$$

である．

よって，点Pの移動の仕方が ① を満たす確率は，

$$\frac{6}{2^4}=\frac{3}{8}\quad\cdots②$$

となる．

また，次の条件を満たす確率を考える．

$y_1\geqq 0$ かつ $y_2\geqq 0$ かつ $y_3=1$ かつ $y_4\geqq 0$. …③

③ を満たす点Pの移動の仕方は図4のようになる．

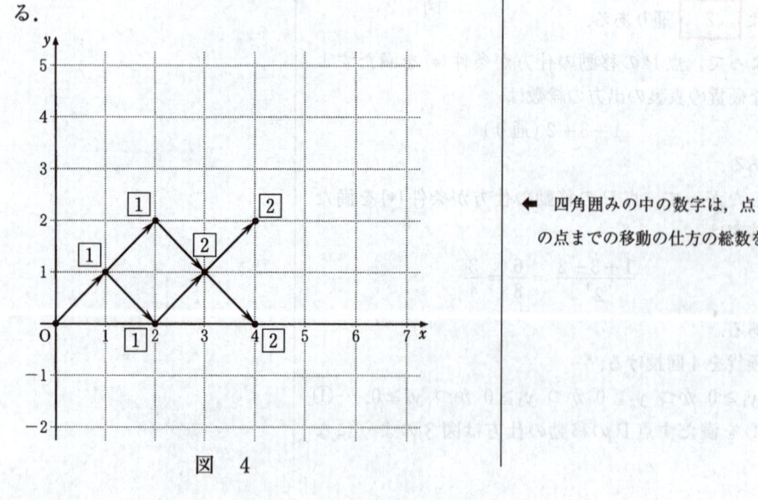

← 四角囲みの中の数字は，点Oからその点までの移動の仕方の総数を表す．

図　4

図4より，③を満たすような硬貨の表裏の出方の総数は，

$$2+2=4\ (\text{通り})$$

である．

よって，点Pの移動の仕方が③を満たす確率は，

$$\frac{4}{2^4}=\frac{\boxed{1}}{\boxed{4}} \quad \cdots ④$$

となる．

さらに，2つの事象 A，B を，

A：①となる事象，　B：$y_3=1$ となる事象

とする．

$y_1 \geqq 0$ かつ $y_2 \geqq 0$ かつ $y_3 \geqq 0$ かつ $y_4 \geqq 0$ であったとき，$y_3=1$ である条件付き確率は，$P_A(B)$ であるから，

$$P_A(B)=\frac{P(A\cap B)}{P(A)}$$

として求まる．

②より，

$$P(A)=\frac{3}{8}.$$

$A\cap B$ は，③となる事象であるから，④より，

$$P(A\cap B)=\frac{1}{4}.$$

したがって，求める条件付き確率は，

$$P_A(B)=\frac{\frac{1}{4}}{\frac{3}{8}}=\frac{\boxed{2}}{\boxed{3}}$$

となる．

(iii)　硬貨を4回投げ終えた時点で点Pの座標が $(4,\ 2)$ であるときの移動の仕方は図5のようになる．（↗は表が出た場合を表し，↘は裏が出た場合を表す．）

⬅ **条件付き確率**

事象 E が起こったときの事象 F が起こる条件付き確率 $P_E(F)$ は，

$$P_E(F)=\frac{P(E\cap F)}{P(E)}.$$

⬅ $y_1 \geqq 0$ かつ $y_2 \geqq 0$ かつ $y_3 \geqq 0$ かつ $y_4 \geqq 0$ となる硬貨の表裏の出方は全部で，

6通り

あり，このうち，$y_1 \geqq 0$ かつ $y_2 \geqq 0$ かつ $y_3=1$ かつ $y_4 \geqq 0$ となる硬貨の表裏の出方が

4通り

あるから，求める条件付き確率を

$$\frac{4}{6}=\frac{2}{3}$$

として求めてもよい．

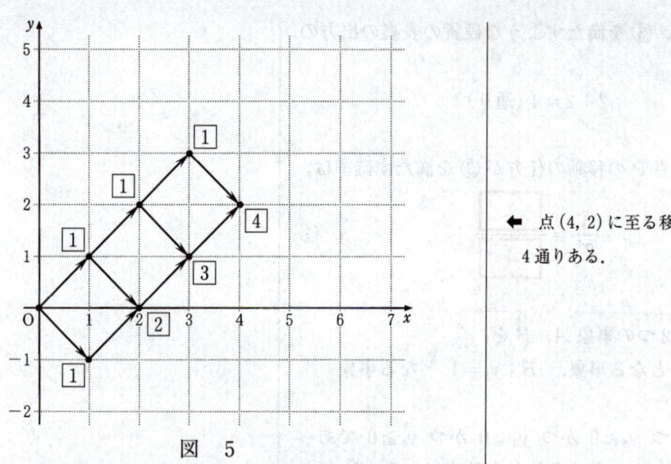

図　5

← 点 (4, 2) に至る移動の仕方は全部で4通りある.

点 (4, 2) に至る移動の仕方によらず ↗ の矢印は3本，↘ の矢印は1本あるから，硬貨の表の出る回数は 3 回，裏の出る回数は (4−3) 回，つまり，1回となる.

(2) 1個のさいころを投げたとき，

$$3\text{の倍数の目が出る確率は } \frac{2}{6}=\frac{1}{3},$$

← 3の倍数の目は3，6である.

$$3\text{の倍数でない目が出る確率は } \frac{4}{6}=\frac{2}{3}$$

である.

点Qの移動を，横軸にさいころを投げた回数，縦軸に数直線上の目盛りをとって，座標平面上で考える. このとき，3の倍数の目が出たら ↗ の方向に $\sqrt{2}$ 進み，3の倍数でない目が出たら ↘ の方向に $\sqrt{2}$ 進むものとし，(1)と同様に考える.

(i) さいころを7回投げ終えた時点で点Qの座標が3であるときの点Qの移動の仕方は図6のようになる.

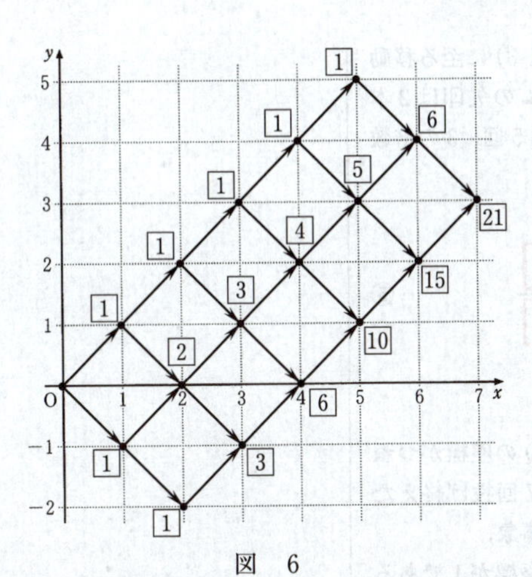

図　6

← 点 (7, 3) に至る移動の仕方は全部で21通りある．

点 (7, 3) に至る移動の仕方によらず ↗ の矢印は5本，↘ の矢印は2本あるから，3の倍数の目が出る回数は5回，3の倍数でない目が出る回数は2回となる．

よって，求める確率は，

$$21\times\left(\frac{1}{3}\right)^5\left(\frac{2}{3}\right)^2=\frac{28}{729}$$

となる．

(ii)　さいころを7回投げる間，点Qの座標がつねに0以上3以下であり，かつ7回投げ終えた時点で点Qの座標が3であるときの点Qの移動の仕方は図7のようになる．

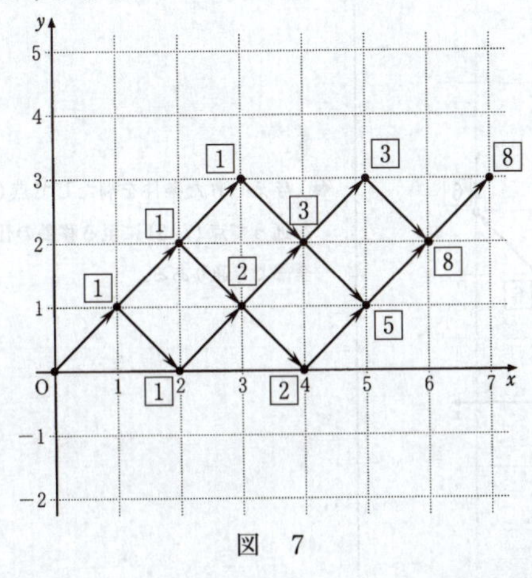

図　7

← 与えられた条件を満たして点 (7, 3) に至る移動の仕方は全部で8通りある．

与えられた条件を満たして，点 (7, 3) に至る移動の仕方によらず ↗ の矢印は 5 本，↘ の矢印は 2 本あるから，3 の倍数の目が出る回数は 5 回，3 の倍数でない目が出る回数は 2 回となる．

よって，求める確率は，

$$8\times\left(\frac{1}{3}\right)^5\left(\frac{2}{3}\right)^2=\frac{\boxed{32}}{\boxed{2187}} \quad \cdots ⑤$$

となる．

(iii) 2 つの事象 C，D を，

C：さいころを 7 回投げる間，点 Q の座標がつねに 0 以上 3 以下であり，かつ 7 回投げ終えた時点で点 Q の座標が 3 である事象，

D：3 回投げ終えた時点で点 Q の座標が 1 である事象

とすると，求める条件付き確率は，$P_C(D)$ であるから，

$$P_C(D)=\frac{P(C\cap D)}{P(C)}$$

として求まる．

⑤ より，

$$P(C)=\frac{32}{2187}.$$

$C\cap D$ は，さいころを 7 回投げる間，点 Q の座標がつねに 0 以上 3 以下であり，かつ 3 回投げ終えた時点と 7 回投げ終えた時点の点 Q の座標がそれぞれ 1 と 3 である事象であり，そのことを満たす点 Q の移動の仕方は図 8 のようになる．

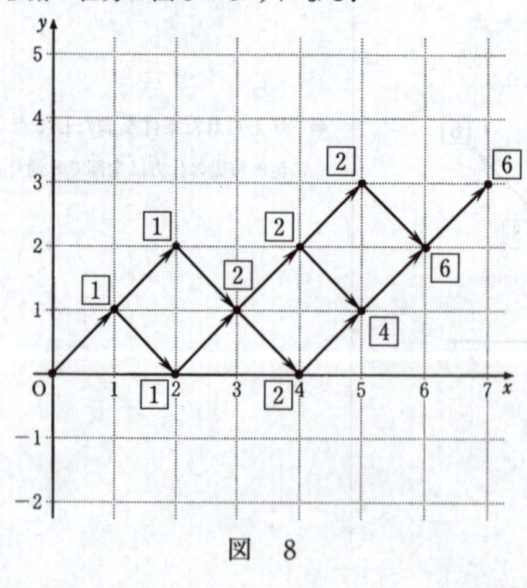

図　8

⬅ 与えられた条件を満たして点 (3, 1) を通って点 (7, 3) に至る移動の仕方は全部で 6 通りある．

与えられた条件を満たして，点 $(3, 1)$ を通って点 $(7, 3)$ に至る移動の仕方によらず ↗ の矢印は5本，↘ の矢印は2本あるから，3の倍数の目が出る回数は5回，3の倍数でない目が出る回数は2回となる．

これより，

$$P(C\cap D)=6\times\left(\frac{1}{3}\right)^5\left(\frac{2}{3}\right)^2=\frac{24}{2187}$$

となる．

したがって，求める条件付き確率は，

$$P_C(D)=\frac{\frac{24}{2187}}{\frac{32}{2187}}=\frac{\boxed{3}}{\boxed{4}}$$

となる．

第4問　整数の性質

(1)
$$7x+13y+17z=8, \quad \cdots ①$$
$$35x+39y+34z=37. \quad \cdots ②$$

①，②から x を消去すると，

$$\boxed{26}\,y+\boxed{51}\,z=3 \quad \cdots ③$$

を得る．

まず，③の右辺を「1」とした $26y+51z=1$ の整数解の一つを求めると，$y=2$，$z=-1$ であるから，

$$26\cdot2+51\cdot(-1)=1.$$

両辺に3を掛けると，

$$26\cdot6+51\cdot(-3)=3. \quad \cdots ㋐$$

③－㋐より，

$$26(y-6)+51(z+3)=0$$

すなわち，

$$51(z+3)=26(6-y) \quad \cdots ㋑$$

と変形できる．

51と26は互いに素より，

$z+3$ は26の倍数

であるから，ℓ を整数として，

$$z+3=26\ell \quad \cdots ㋒$$

と表せる．㋒を㋑に代入すると，

$$51\cdot26\ell=26(6-y)$$

すなわち，

$$51\ell=6-y. \quad \cdots ㋓$$

したがって，③の整数解は，㋒，㋓より，

$$(y,z)=(6-51\ell,\ -3+26\ell)$$

であり，そのうち，y が正の整数で最小になるのは，$\ell=0$ のときの

$$y=\boxed{6},\quad z=\boxed{-3}$$

である．

よって，③のすべての整数解は，k を整数として，

$$y=6-\boxed{51}\,k,\quad z=-3+\boxed{26}\,k$$

と表される．

これらを①に代入して x を求めると，

$$7x+13(6-51k)+17(-3+26k)=8$$
$$7x=221k-19$$
$$x=31k-3+\frac{\boxed{4}\,k+2}{7}$$

①×5－②より，
$$\begin{array}{rr} & 35x+65y+85z=40 \\ -) & 35x+39y+34z=37 \\ \hline & 26y+51z=3. \end{array}$$

$51=26\cdot1+25$
$26=25\cdot1+1$
であるから，余りに注目して逆をたどると，
$$\begin{aligned}1&=26-25\cdot1\\&=26-(51-26\cdot1)\cdot1\\&=26\cdot2-51\end{aligned}$$
となるから，
$$26\cdot2+51\cdot(-1)=1.$$

x と y についての不定方程式
$$ax+by=c$$
（a，b，c は整数の定数）
の整数解は，一組の解
$$(x,y)=(x_0,y_0)$$
を用いて，
$$a(x-x_0)=b(y_0-y)$$
と変形し，次の性質を用いて求める．
a と b が互いに素であるとき，
$$\begin{cases}x-x_0 \text{ は } b \text{ の倍数,}\\ y_0-y \text{ は } a \text{ の倍数}\end{cases}$$
である．

$6-51\ell>0$ を解くと，$\ell<\frac{6}{51}$ であるから，これを満たす整数 ℓ は，
$$\ell=0,\ -1,\ -2,\ \cdots$$
となるので，$6-51\ell$ が正の整数で最小のものは $\ell=0$ のときである．

$$\begin{aligned}7x&=(7\cdot31k+4k)-7\cdot3+2\\&=7(31k-3)+4k+2\end{aligned}$$
となるから，
$$x=31k-3+\frac{4k+2}{7}.$$

となるので，x が整数になる必要十分条件は，

「$4k+2$ が 7 で割り切れること」

である．

これより，k を 7 で割った余りで分類して調べると次の表を得る．（ℓ' は整数）

k	$4k+2$	余り
$7\ell'$	$7\cdot4\ell'+2$	2
$7\ell'+1$	$7\cdot4\ell'+6$	6
$7\ell'+2$	$7(4\ell'+1)+3$	3
$7\ell'+3$	$7(4\ell'+2)$	0

k	$4k+2$	余り
$7\ell'+4$	$7(4\ell'+2)+4$	4
$7\ell'+5$	$7(4\ell'+3)+1$	1
$7\ell'+6$	$7(4\ell'+3)+5$	5

したがって，x が整数になるのは，表より，k を 7 で割ったときの余りが 3 のときである．

以上のことから，この場合は，二つの式をともに満たす整数 x，y，z が存在することがわかる．

(2)，(3)，(4) については，以下の事柄を用いて解く．

> a，b は互いに素な整数，c は整数のとき，
> $ax+by=c$ を満たす整数 x，y が存在する．　…(＊)

(2)　a は整数．

$$2x+5y+7z=a, \qquad \cdots ④$$
$$3x+25y+21z=-1. \qquad \cdots ⑤$$

⑤−④ より，

$$x=-20y-14z-1-a \qquad \cdots ⑥$$

を得る．また，⑤×2−④×3 から，

$$35y+21z=-2-3a \qquad \cdots ⑦$$

を得る．

⑦ は，

$$7(5y+3z)=-2-3a$$
$$5y+3z=\frac{-3a-2}{7}$$

と変形できる．

これより，⑦ を満たす整数 y，z が存在するためには，左辺が整数より，

「右辺の $\frac{-3a-2}{7}$ が整数になること」

が必要である．

また，5 と 3 は互いに素より，これは ⑦ を満たす整

⬅ (＊) を用いている．

数 y, z が存在するための十分条件でもある.

よって, ⑦ を満たす整数 y, z が存在するための必要十分条件は,

「$-3a-2$ が7で割り切れること」

である.

これより, a を7で割った余りで分類して調べると次の表を得る.（m は整数）

a	$-3a-2$	余り
$7m$	$7(-3m-1)+5$	5
$7m+1$	$7(-3m-1)+2$	2
$7m+2$	$7(-3m-2)+6$	6
$7m+3$	$7(-3m-2)+3$	3

a	$-3a-2$	余り
$7m+4$	$7(-3m-2)$	0
$7m+5$	$7(-3m-3)+4$	4
$7m+6$	$7(-3m-3)+1$	1

したがって, 表より,

a を 7 で割ったときの余りが 4 である

ことは, ⑦ を満たす整数 y, z が存在するための必要十分条件であることがわかる. そのときの整数 y, z を ⑥ に代入すると, x も整数になる. また, そのときの x, y, z は ④ と ⑤ をともに満たす.

以上のことから, この場合は, a の値によって, 二つの式をともに満たす整数 x, y, z が存在する場合と存在しない場合があることがわかる.

(3)　b は整数.

$$x+2y+bz=1, \quad \cdots ⑧$$

$$5x+6y+3z=5+b. \quad \cdots ⑨$$

⑨$-$⑧$\times 5$ から,

$$-4y+(3-5b)z=b \quad \cdots ⑩$$

を得る.

ここで, b を4で割った余りで分類して ⑩ について調べる. n を整数とする.

・$b=4n$ のとき, ⑩ は,

$$-4y+(3-20n)z=4n$$

となる.

$$3-20n=2(-10n+1)+1$$

より, $3-20n$ は奇数であるから, -4 と $3-20n$ は互いに素である. よって, ⑩ を満たす整数 y, z が存在する.

← (*) を用いている.

・$b=4n+1$ のとき, ⑩ は,

$$-4y+(-2-20n)z=4n+1$$

となる.

$$-2-20n=2(-10n-1)$$

より, $-2-20n$ は偶数であるから, 左辺は偶数, 右辺は奇数より, ⑩を満たす整数 y, z は存在しない.

・$b=4n+2$ のとき, ⑩は,

$$-4y+(-7-20n)z=4n+2$$

となる.

$$-7-20n=2(-10n-4)+1$$

より, $-7-20n$ は奇数であるから, -4 と $-7-20n$ は互いに素である. よって, ⑩を満たす整数 y, z が存在する.

⬅ (*)を用いている.

・$b=4n+3$ のとき, ⑩は,

$$-4y+(-12-20n)z=4n+3$$

となる.

$$-12-20n=2(-10n-6)$$

より, $-12-20n$ は偶数であるから, 左辺は偶数, 右辺は奇数より, ⑩を満たす整数 y, z は存在しない.

したがって,

b を4で割ったときの余りが

[0] または [2] である

ことは, ⑩を満たす整数 y, z が存在するための必要十分条件であることがわかる.

そのときの整数 y, z を⑧に代入すると, x も整数になる. また, そのときの x, y, z は⑧と⑨をともに満たす.

以上のことから, この場合も, b の値によって, 二つの式をともに満たす整数 x, y, z が存在する場合と存在しない場合があることがわかる.

(4)　c は整数.

$$x+3y+5z=1, \quad \cdots ⑪$$

$$cx+3(c+5)y+10z=3. \quad \cdots ⑫$$

⑪$\times c-$⑫ より,

$$-15y+5(c-2)z=c-3$$

$$5\{-3y+(c-2)z\}=c-3$$

$$-3y+(c-2)z=\frac{c-3}{5} \quad \cdots ⑬$$

を得る.

これより, ⑬を満たす整数 y, z が存在するために

は，左辺が整数より，

$$「右辺の\ \frac{c-3}{5}\ が整数になること」$$

が必要である．

$\dfrac{c-3}{5}$ が整数になるのは，

$$c-3=5p \quad (p\ は整数)$$

すなわち，

$$c=5p+3$$

のときである．

このとき，⑬ は，

$$-3y+(1+5p)z=p \qquad \cdots ⑭$$

となる．

ここで，p を 3 で割った余りで分類して ⑭ について調べる．q を整数とする．

⬅ ⑭ の左辺の y の係数 -3 に着目することにより，p を 3 で割った余りで分類した．

・$p=3q$ のとき，⑭ は，

$$-3y+(1+15q)z=3q$$

となる．

$$1+15q=3\cdot 5q+1$$

より，-3 と $1+15q$ は互いに素である．よって，⑭ を満たす整数 y，z は存在する．

⬅ (*) を用いている．

・$p=3q+1$ のとき，⑭ は，

$$-3y+(6+15q)z=3q+1$$

となる．

$$6+15q=3(5q+2)$$

より，$6+15q$ は 3 の倍数であるから，左辺は 3 の倍数，右辺は 3 で割った余りが 1 になる数より，⑭ を満たす整数 y，z は存在しない．

・$p=3q+2$ のとき，⑭ は，

$$-3y+(11+15q)z=3q+2$$

となる．

$$11+15q=3(5q+3)+2$$

より，-3 と $11+15q$ は互いに素である．よって，⑭ を満たす整数 y，z は存在する．

⬅ (*) を用いている．

したがって，⑭，すなわち，⑬ を満たす c は，

$$\begin{cases} c=5p+3=5\cdot 3q+3=15q+3, \\ c=5p+3=5(3q+2)+3=15q+13 \end{cases}$$

である．

以上から，

c を [15] で割ったときの余りが

[3] または [13] である

ことは ⑬ を満たす整数 y, z が存在するための必要十分条件であることがわかる．

そのときの整数 y, z を ⑪ に代入すると，x も整数になる．また，そのときの x, y, z は ⑪ と ⑫ をともに満たす．

よって，c を 15 で割ったときの余りが 3 または 13 であることは，⑪ と ⑫ をともに満たす整数 x, y, z が存在するための必要十分条件であることがわかる．

第5問　図形の性質

(1)

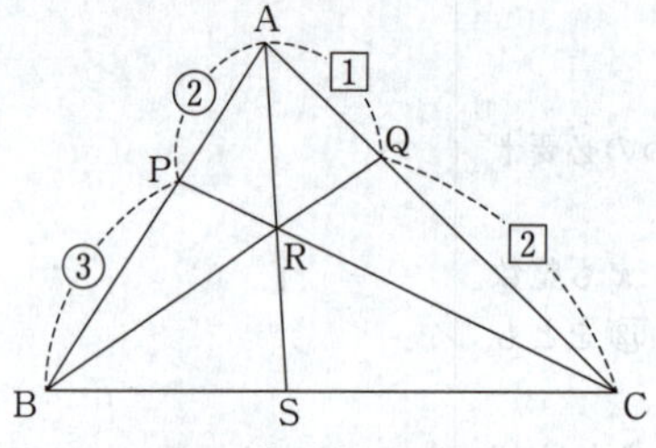

△ABC にチェバの定理を用いると，

$$\frac{AP}{PB}\times\frac{BS}{SC}\times\frac{CQ}{QA}=1$$

であるから，

$$\frac{2}{3}\times\frac{BS}{SC}\times\frac{2}{1}=1$$

すなわち，

$$\frac{BS}{SC}=\frac{3}{4}$$

である．

これより，点 S は辺 BC を 3 : 4 に内分する点である．　…①

← チェバの定理

図において，

$$\frac{AN}{NB}\times\frac{BL}{LC}\times\frac{CM}{MA}=1.$$

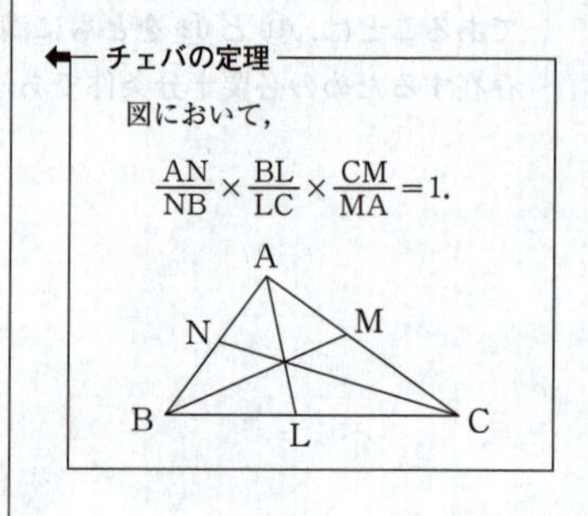

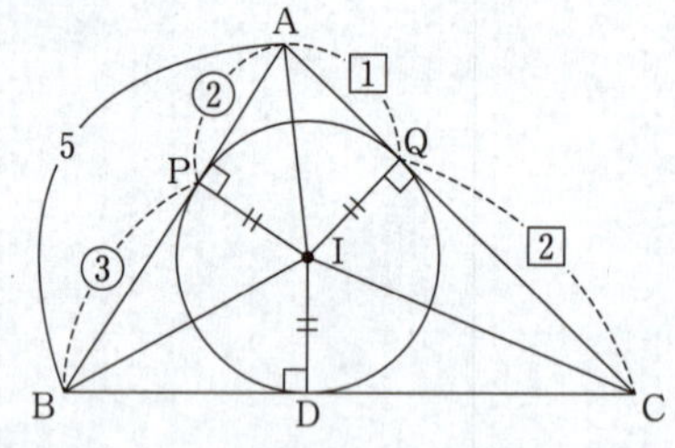

AB = 5 と AP : PB = 2 : 3 より，

$$AP=2,\quad PB=3 \qquad \cdots ②$$

である．

ここで，△ABC の内接円と辺 BC との接点を D とし，内接円の中心を I とすると，

$$\begin{cases}\triangle IAP\equiv\triangle IAQ,\\ \triangle IBP\equiv\triangle IBD,\\ \triangle ICQ\equiv\triangle ICD\end{cases}$$

であるから，このことと ② と AQ : QC = 1 : 2 より，

$$\begin{cases}AQ=AP=\boxed{2},\\ BD=BP=3,\\ CD=CQ=4\end{cases}$$

← △IAP と △IAQ において，

$$\begin{cases}\angle IPA=\angle IQA=90^\circ,\\ \text{AI は共通},\\ IP=IQ\end{cases}$$

であるから，直角三角形の合同条件より，

△IAP ≡ △IAQ.

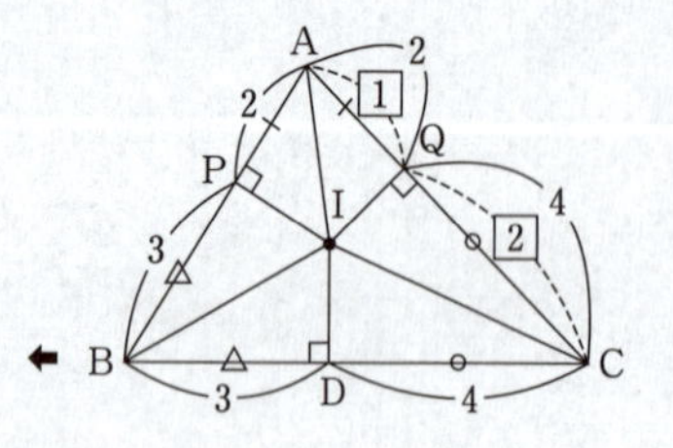

となる．

よって，

$$BC = BD + DC = 3 + 4 = \boxed{7}$$

であり，点Dは辺BCを3：4に内分する点であるから，①より，点Dと点Sは一致する．

したがって，点Sは△ABCの内接円と辺BCとの接点であることがわかる．$\boxed{②}$ …オ

(2)(i)

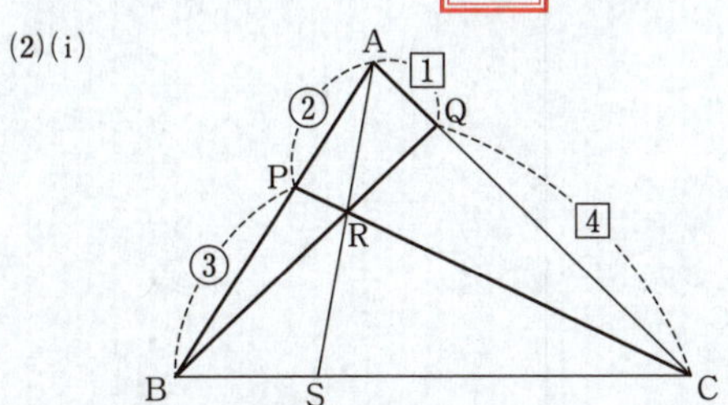

△ABQと直線CPにメネラウスの定理を用いると，

$$\frac{BP}{PA} \times \frac{AC}{CQ} \times \frac{QR}{RB} = 1$$

であるから，

$$\frac{3}{2} \times \frac{5}{4} \times \frac{QR}{RB} = 1$$

すなわち，

$$\frac{QR}{RB} = \frac{8}{15} \quad \cdots ②$$

である．

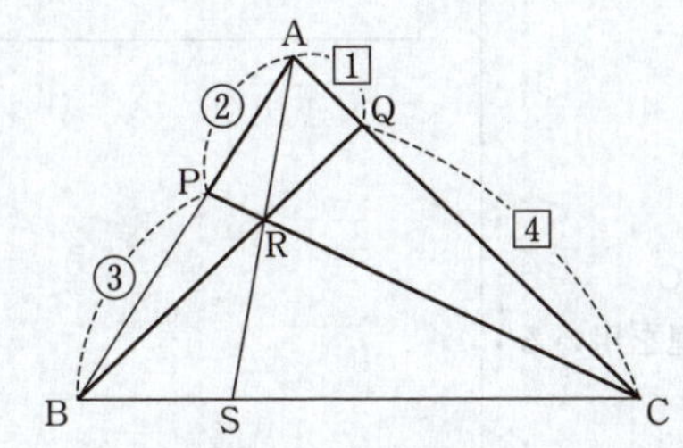

△ACPと直線BQにメネラウスの定理を用いると，

$$\frac{CR}{RP} \times \frac{PB}{BA} \times \frac{AQ}{QC} = 1$$

であるから，

$$\frac{CR}{RP} \times \frac{3}{5} \times \frac{1}{4} = 1$$

すなわち，

← メネラウスの定理

図において，

$$\frac{AN}{NB} \times \frac{BL}{LC} \times \frac{CM}{MA} = 1.$$

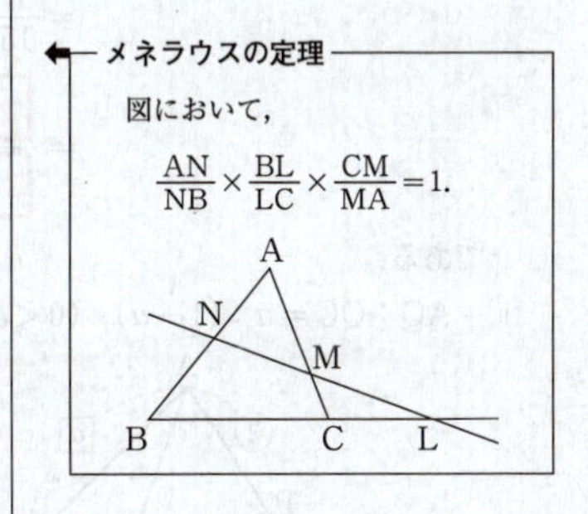

$$\frac{\text{CR}}{\text{RP}}=\frac{20}{3} \qquad \cdots③$$

である．

よって，②，③より，点Rは，線分BQを 15 : 8 に内分し，線分CPを 20 : 3 に内分する．

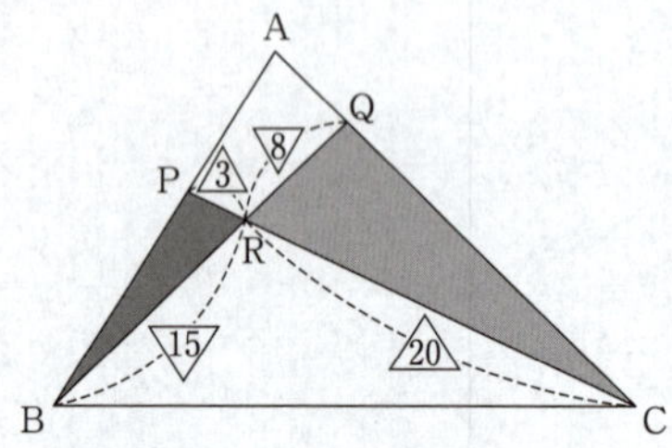

したがって，②，③より，

$$\frac{\triangle\text{CQR の面積}}{\triangle\text{BPR の面積}}=\frac{\text{QR}}{\text{RB}}\times\frac{\text{CR}}{\text{RP}}$$

$$=\frac{8}{15}\times\frac{20}{3}$$

$$=\frac{32}{9}$$

である．

(ii)　AQ：QC $=a:(1-a)$　$(0<a<1)$ とおく．

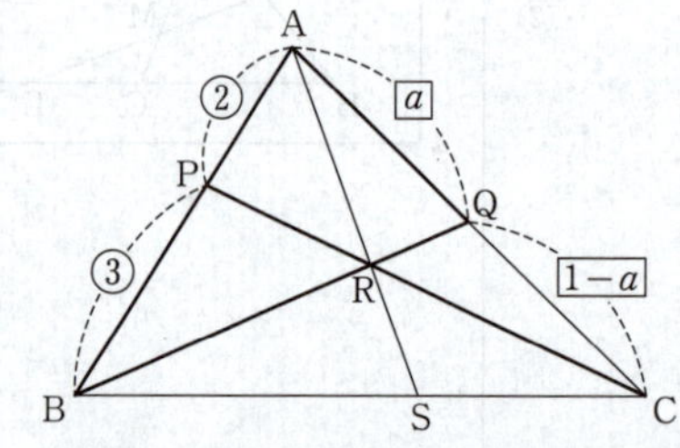

△ABQと直線CPにメネラウスの定理を用いると，

$$\frac{\text{BP}}{\text{PA}}\times\frac{\text{AC}}{\text{CQ}}\times\frac{\text{QR}}{\text{RB}}=1$$

であるから，

$$\frac{3}{2}\times\frac{1}{1-a}\times\frac{\text{QR}}{\text{RB}}=1$$

すなわち，

$$\frac{\text{QR}}{\text{RB}}=\frac{2(1-a)}{3} \qquad \cdots④$$

←同じ角を共有する三角形の面積比

$$\frac{\triangle\text{ADE の面積}}{\triangle\text{ABC の面積}}=\frac{a}{b}\times\frac{s}{t}.$$

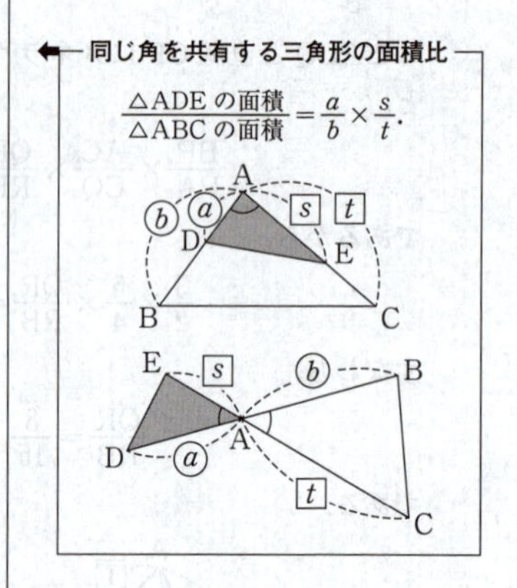

である．

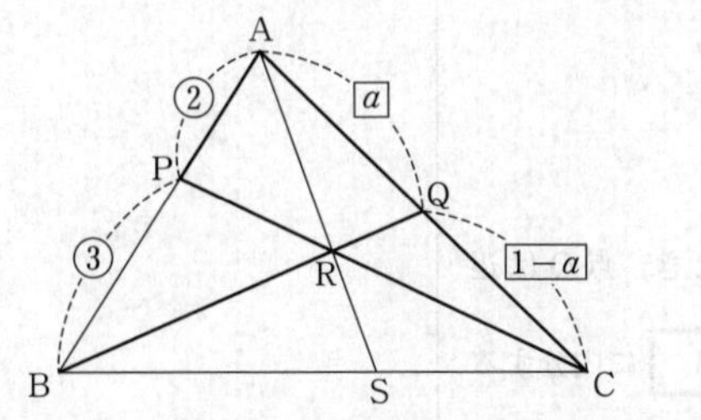

△ACPと直線BQにメネラウスの定理を用いると，

$$\frac{CR}{RP}\times\frac{PB}{BA}\times\frac{AQ}{QC}=1$$

であるから，

$$\frac{CR}{RP}\times\frac{3}{5}\times\frac{a}{1-a}=1$$

すなわち，

$$\frac{CR}{RP}=\frac{5(1-a)}{3a} \quad \cdots ⑤$$

である．

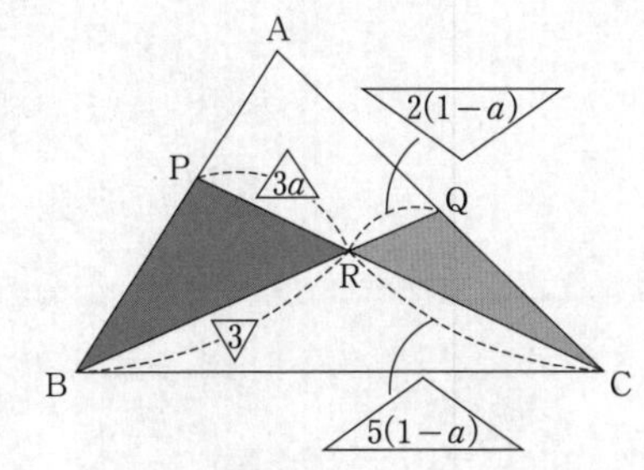

したがって，④，⑤より，

$$\frac{\triangle CQR\text{の面積}}{\triangle BPR\text{の面積}}=\frac{QR}{RB}\times\frac{CR}{RP}$$
$$=\frac{2(1-a)}{3}\times\frac{5(1-a)}{3a}$$
$$=\frac{10(1-a)^2}{9a}$$

である．

これより，$\dfrac{\triangle CQR\text{の面積}}{\triangle BPR\text{の面積}}=\dfrac{1}{4}$ のとき，

$$\frac{10(1-a)^2}{9a}=\frac{1}{4}$$
$$40(1-a)^2=9a$$
$$40a^2-89a+40=0$$

$$(8a-5)(5a-8)=0$$

となるから，$0<a<1$ に注意すると，

$$a=\frac{5}{8}$$

である．

ゆえに，$\dfrac{\triangle \mathrm{CQR}\text{の面積}}{\triangle \mathrm{BPR}\text{の面積}}=\dfrac{1}{4}$ のとき，点Qは辺AC を $\dfrac{5}{8}:\dfrac{3}{8}$，つまり，5 : 3 に内分する点である．

数学Ⅱ・数学B

解答・採点基準

（100点満点）

問題番号(配点)	解答記号	正解	配点	自己採点
第1問 (30)	x^2-ア$x+$イ	x^2-2x+3	2	
	ウ	③	1	
	エ	0	1	
	オ，カ	0，0	1	
	キ	③	2	
	クx^2+ケ$x+$コ	$3x^2+8x+7$	2	
	$(k-$サシ$)x+\ell-$スセ	$(k-10)x+\ell-21$	2	
	ソタ，チツ	10，21	2	
	テ$-\sqrt{ト}i$	$1-\sqrt{2}i$	1	
	$\dfrac{-ナ\pm\sqrt{ニ}i}{ヌ}$	$\dfrac{-4\pm\sqrt{5}i}{3}$	2	
	ネ	2	3	
	ノ．ハヒフ	2.566	3	
	ヘ	②	4	
	ホ	⑤	4	
第1問　自己採点小計				

問題番号(配点)	解答記号	正解	配点	自己採点
第2問 (30)	$\dfrac{ア}{イ}$	$\dfrac{9}{2}$	2	
	ウ，エオ，カキク	4，66，216	2	
	ケ	2	2	
	コサシ	200	2	
	ス	③	2	
	セ	④	3	
	ソ	②	3	
	タ	④	4	
	チ	1	1	
	$\dfrac{ツ}{テ}$	$\dfrac{1}{2}$	1	
	$\dfrac{ト}{ナ}$	$\dfrac{1}{3}$	1	
	ニ	1	1	
	ヌネ	-1	2	
	$\dfrac{ノ}{ハ}$	$\dfrac{1}{6}$	2	
	ヒフ	11	2	
第2問　自己採点小計				
第3問 (20)	ア	7	1	
	イ，ウ，エ	5，3，1	2	
	オ，カ，キ	3，5，7	1	
	ク	5	1	
	$\dfrac{ケコ}{8}$	$\dfrac{15}{8}$	2	
	$\dfrac{サシ}{8}$	$\dfrac{25}{8}$	1	
	ス	③	2	
	$\dfrac{セソ}{64}$	$\dfrac{11}{64}$	1	
	タ	①	1	
	チ	②	1	
	ツ，テ	④，⑦	2	
	ト，ナ	④，⑦	2	
	ニ，ヌ，ネ	①，⓪，①	3	
第3問　自己採点小計				

問題番号(配点)	解答記号	正解	配点	自己採点
第4問 (20)	アイn＋ウエ	$-3n+26$	2	
	オ	9	2	
	カ	①	1	
	キ	②	2	
	ク，ケ	⓪，⓪	2	
	コサ	10	1	
	シス	20	2	
	セ，ソタ	3，30	2	
	チツ，テ，トナ	20，3，20	2	
	ニ，ヌ	②，①	2	
	ネ	④	2	
第4問　自己採点小計				
第5問 (20)	ア，イ，ウ，エ	2，3，3，5	2	
	(オカ，キク，0)	(10，12，0)	1	
	ケ：コ	5：4	2	
	$\frac{\text{サシ}}{\text{ス}}$	$\frac{-1}{2}$	2	
	-7(セ$t-$ソ)	$-7(2t-5)$	2	
	14(t^2-タ$t+$チ)	$14(t^2-5t+7)$	2	
	ツ，テ	2，3	2	
	(ト，ナ，ニ)	(6，6，2)	2	
	ヌネ，ノハ，ヒフ	17，19，35	3	
	ヘ	④	2	
第5問　自己採点小計				
自己採点合計				

(注)

第1問，第2問は必答。

第3問～第5問のうちから2問選択。計4問を解答。

第1問　高次方程式，指数関数・対数関数

〔1〕

$P(x)$ は係数が実数である x の整式．方程式 $P(x)=0$ は虚数 $1+\sqrt{2}i$ を解にもつ．

(1) 虚数 $1-\sqrt{2}i$ も $P(x)=0$ の解であることを示す．

$1\pm\sqrt{2}i$ を解とする x の2次方程式で x^2 の係数が1であるものは

$(1+\sqrt{2}i)+(1-\sqrt{2}i)=2,\quad (1+\sqrt{2}i)(1-\sqrt{2}i)=3$

より

$$x^2-\boxed{2}x+\boxed{3}=0$$

である．$S(x)=x^2-2x+3$ とし，$P(x)$ を $S(x)$ で割ったときの商を $Q(x)$，余りを $R(x)$ とすると

$$P(x)=S(x)Q(x)+R(x) \quad \cdots① \quad (\boxed{③})$$

が成り立つ．また，$S(x)$ は2次式であるから，m，n を実数として，$R(x)$ は

$$R(x)=mx+n \quad \cdots②$$

と表せる．$1+\sqrt{2}i$ は二つの方程式 $P(x)=0$ と $S(x)=0$ の解であるから

$$P(1+\sqrt{2}i)=0,\quad S(1+\sqrt{2}i)=0$$

が成り立つ．よって，①に $x=1+\sqrt{2}i$ を代入すると

$$P(1+\sqrt{2}i)=S(1+\sqrt{2}i)Q(1+\sqrt{2}i)+R(1+\sqrt{2}i)$$

より

$$R(1+\sqrt{2}i)=\boxed{0}$$

となる．これと②より

$$m(1+\sqrt{2}i)+n=0 \quad \cdots③$$

が成り立つ．これは $m\neq0$ と仮定すると

$$1+\sqrt{2}i=-\frac{n}{m}$$

と変形できるが，左辺は虚数，右辺は実数であるから，成り立たない．よって，$m=\boxed{0}$ であり，③より，$n=\boxed{0}$ である．したがって，

$R(x)=0$ $(\boxed{③})$ であることがわかり，①より

$$P(x)=0$$

←
$\alpha+\beta=p,\quad \alpha\beta=q$
を満たす α，β は，x の2次方程式
$x^2-px+q=0$
の2つの解である．

← m，n は実数．

は

$$S(x)Q(x)=0$$

となる．$1-\sqrt{2}i$ は $S(x)=0$ の解であるから，$1-\sqrt{2}i$ は $P(x)=0$ の解である．

(2) k，ℓ は実数．

$$P(x)=3x^4+2x^3+kx+\ell$$

を(1)の $S(x)$ で割った商 $Q(x)$，余り $R(x)$ はそれぞれ

$$Q(x)=\boxed{3}x^2+\boxed{8}x+\boxed{7}$$

$$R(x)=\left(k-\boxed{10}\right)x+\ell-\boxed{21}$$

となる．$P(x)=0$ は $1+\sqrt{2}i$ を解にもつので，(1)の考察を用いると

$$k-10=0,\quad \ell-21=0$$

すなわち

$$k=\boxed{10},\quad \ell=\boxed{21}$$

である．$P(x)=0$ は

$$S(x)Q(x)=0$$

と変形できる．2次方程式 $S(x)=0$ の2解は $1\pm\sqrt{2}i$ であり，$Q(x)=0$ の2解は

$$\frac{-4\pm\sqrt{4^2-3\cdot7}}{3}=\frac{-4\pm\sqrt{5}i}{3}$$

である．よって，$P(x)=0$ の $1+\sqrt{2}i$ 以外の2解は

$$x=\boxed{1}-\sqrt{\boxed{2}}i,\quad \frac{-\boxed{4}\pm\sqrt{\boxed{5}}i}{\boxed{3}}$$

である．

$$\begin{array}{r} 3x^2+8x\ +7 \\ x^2-2x+3\overline{)\,3x^4+2x^3\qquad +kx\quad +\ell} \\ \underline{3x^4-6x^3+\ 9x^2\qquad\qquad} \\ 8x^3-\ 9x^2+kx\qquad \\ \underline{8x^3-16x^2+24x\qquad} \\ 7x^2+(k-24)x+\ell \\ \underline{7x^2-14x+21} \\ (k-10)x+\ell-21 \end{array}$$

(1)の $m=0$，$n=0$．

> 2次方程式
> $$ax^2+bx+c=0$$
> の解は
> $$x=\frac{-b\pm\sqrt{b^2-4ac}}{2a}$$
> であり
> $$ax^2+2b'x+c=0$$
> の解は
> $$x=\frac{-b'\pm\sqrt{b'^2-ac}}{a}$$
> である．

【ア，イ の別解】

$x=1\pm\sqrt{2}i$ より，

$$x-1=\pm\sqrt{2}i$$
$$(x-1)^2=(\pm\sqrt{2}i)^2$$
$$x^2-2x+1=-2$$
$$x^2-2x+3=0$$

が成り立つ．

〔2〕

$$N_1=285,\quad N_2=368,\quad N_3=475.$$

(1) 常用対数表によると，$\log_{10}2.85=0.4548$ であるので

$$\begin{aligned}\log_{10}N_1&=\log_{10}285\\&=\log_{10}(2.85\times10^2)\\&=\log_{10}2.85+\log_{10}10^2\\&=0.4548+\boxed{2}\\&=2.4548\end{aligned}$$

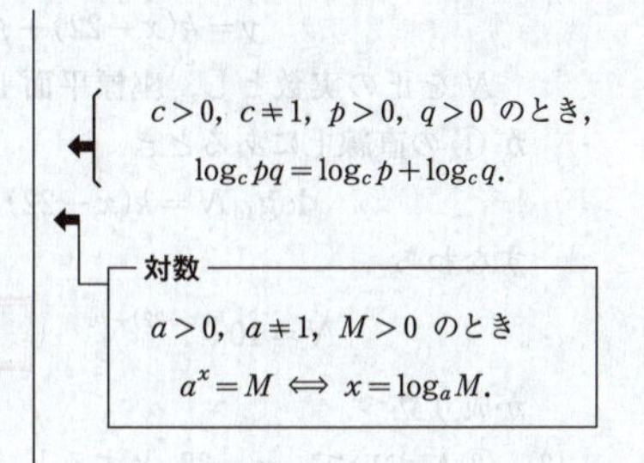

である．この値の小数第4位を四捨五入したものを p_1 とすると

$$p_1=2.455$$

である．常用対数表によると，$\log_{10}3.68=0.5658$ であるので

$$\begin{aligned}\log_{10}N_2&=\log_{10}368\\&=\log_{10}(3.68\times10^2)\\&=\log_{10}3.68+\log_{10}10^2\\&=0.5658+2\\&=2.5658\end{aligned}$$

である．この値の小数第4位を四捨五入したものを p_2 とすると

$$p_2=\boxed{2}.\boxed{566}$$

である．常用対数表によると，$\log_{10}4.75=0.6767$ であるので

$$\begin{aligned}\log_{10}N_3&=\log_{10}475\\&=\log_{10}(4.75\times10^2)\\&=\log_{10}4.75+\log_{10}10^2\\&=0.6767+2\\&=2.6767\end{aligned}$$

である．この値の小数第4位を四捨五入したものを p_3 とすると

$$p_3=2.677$$

である．

$$\frac{p_2-p_1}{25-22}=\frac{2.566-2.455}{3}=0.037$$

$$\frac{p_3-p_2}{28-25}=\frac{2.677-2.566}{3}=0.037$$

より

$$\frac{p_2-p_1}{25-22}=\frac{p_3-p_2}{28-25}=0.037$$

が成り立つことが確かめられる．$k=0.037$ とおくとき，座標平面上の3点 $(22,\ p_1)$，$(25,\ p_2)$，$(28,\ p_3)$ は次の方程式が表す直線上にある．

$$y=k(x-22)+p_1 \quad \cdots ①$$

N を正の実数とし，座標平面上の点 $(x,\ \log_{10}N)$ が ① の直線上にあるとき

$$\log_{10}N=k(x-22)+p_1 \quad \cdots ②$$

すなわち

$$N=10^{k(x-22)+p_1}$$ （ ② ）

が成り立つ．

(2) ② において，$x=32$ とすると

$$\log_{10}N=k(32-22)+p_1$$
$$=0.037\times10+2.455$$
$$=2.825$$

すなわち

$$N=10^{2.825}=10^{2+0.825}=10^2\times10^{0.825}$$

← $a>0$，x，y が実数のとき $a^{x+y}=a^x\cdot a^y$.

が成り立つ．常用対数表より

$$\log_{10}6.68=0.8248,\quad \log_{10}6.69=0.8254$$

すなわち

$$10^{0.8248}=6.68,\quad 10^{0.8254}=6.69$$

であるから

$$10^2\times6.68<N<10^2\times6.69$$

が成り立つ．よって，N の値は 660 以上 670 未満の範囲にある．（ ⑤ ）

第2問　微分法・積分法

〔1〕

(1) 右の図より

$$0<2x<9$$

であるから，箱が作れるための x のとり得る値の範囲は

$$0<x<\frac{\boxed{9}}{\boxed{2}} \quad \cdots ①$$

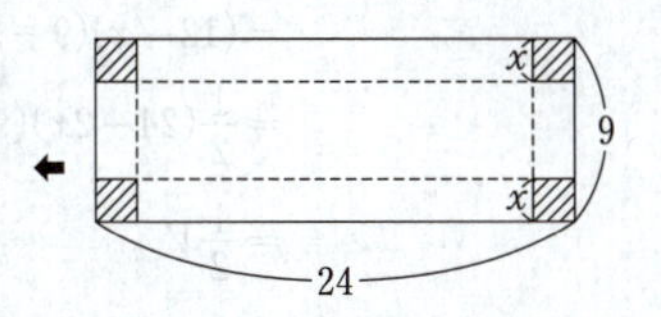

このとき，$0<2x<24$ も成立．

である．V を x の式で表すと

$$V=(24-2x)(9-2x)x$$
$$=\boxed{4}x^3-\boxed{66}x^2+\boxed{216}x$$

である．

$$\frac{dV}{dx}=12x^2-132x+216$$
$$=12(x^2-11x+18)$$
$$=12(x-2)(x-9)$$

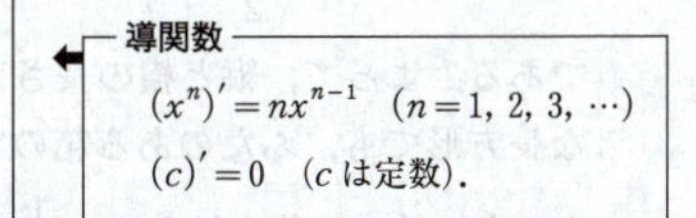

より，V の増減は次のようになる．

x	(0)	$\cdots$	2	$\cdots$	$\left(\frac{9}{2}\right)$
$\frac{dV}{dx}$		$+$	0	$-$	
V	(0)	↗	200	↘	(0)

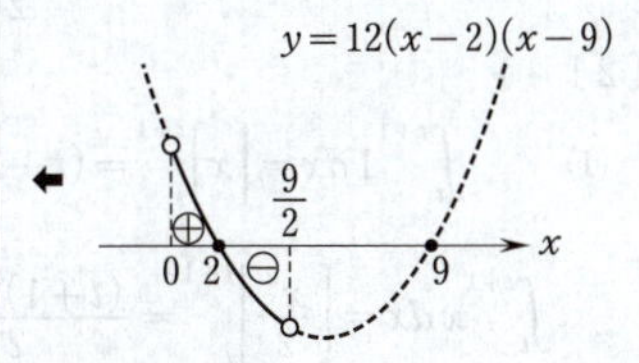

$\frac{dV}{dx}$ の符号はグラフをかくとわかりやすい．

よって，V は $x=\boxed{2}$ で最大値

$$V=(24-2\cdot2)(9-2\cdot2)\cdot2=\boxed{200}$$

をとる．

(2) 右の図のように x，y をとると

$$x+y+x+y=24$$

すなわち

$$x+y=12$$

であるから，右の図の右側の二つの斜線部分は，それぞれ縦の長さが $x$cm，横の長さが $x+y=12$cm の長方形となる．（$\boxed{③}$）

W を x の式で表すと

$$W = y(9-2x)x$$
$$= (12-x)(9-2x)x$$
$$= \frac{1}{2}(24-2x)(9-2x)x$$
$$= \frac{1}{2}V$$

であるから，(1)より，W は $x=2$ で最大値 $\frac{1}{2}\cdot 200 = 100$ をとる．（ ④ ， ② ）

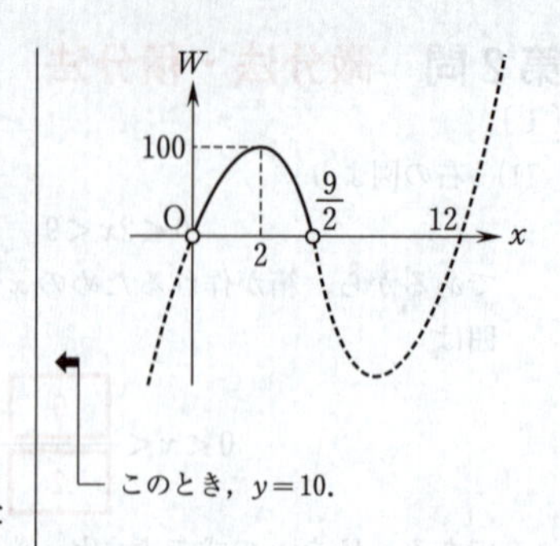

← このとき，$y=10$.

(3)　縦の長さを a，横の長さを b とし，このときのふたのない箱とふたのある箱の容積をそれぞれ V，W とする．(1)，(2)と同様に考えると

$$V = (b-2x)(a-2x)x$$
$$W = \left(\frac{b}{2}-x\right)(a-2x)x = \frac{1}{2}V$$

である．よって，縦と横の長さに関係なくどのような長方形でも，ふたのある箱の容積の最大値は，ふたのない箱の容積の最大値の $\frac{1}{2}$ 倍である．（ ④ ）

← 定義域は
$0<x<\frac{a}{2}$ （$a \leqq b$ のとき）
または
$0<x<\frac{b}{2}$ （$b<a$ のとき）.

〔2〕

(1)
$$\int_t^{t+1} 1\,dx = \Big[x\Big]_t^{t+1} = (t+1)-t = \boxed{1}$$
$$\int_t^{t+1} x\,dx = \left[\frac{x^2}{2}\right]_t^{t+1} = \frac{(t+1)^2-t^2}{2} = t + \frac{\boxed{1}}{\boxed{2}}$$
$$\int_t^{t+1} x^2\,dx = \left[\frac{x^3}{3}\right]_t^{t+1} = \frac{(t+1)^3-t^3}{3} = t^2+t+\frac{\boxed{1}}{\boxed{3}}$$

である．ℓ，m，n を定数とし，$f(x)=\ell x^2+mx+n$ とおくと

$$\int_t^{t+1} f(x)\,dx = \int_t^{t+1} (\ell x^2+mx+n)\,dx$$
$$= \ell\left(t^2+t+\frac{1}{3}\right)+m\left(t+\frac{1}{2}\right)+n\cdot 1$$
$$= \ell t^2+(\ell+m)t+\frac{1}{3}\ell+\frac{1}{2}m+n$$

を得る．このことから，t についての恒等式

$$t^2 = \ell t^2+(\ell+m)t+\frac{1}{3}\ell+\frac{1}{2}m+n$$

を得る．よって

$$1=\ell,\quad 0=\ell+m,\quad 0=\frac{1}{3}\ell+\frac{1}{2}m+n$$

が成り立つ．これより，$\ell = \boxed{1}$，$m = \boxed{-1}$，

← **定積分**

$$\int x^n\,dx = \frac{1}{n+1}x^{n+1}+C$$

（ただし $n=0, 1, 2, \cdots$. C は積分定数）

であり，$f(x)$ の原始関数の一つを $F(x)$ とすると

$$\int_\alpha^\beta f(x)\,dx = \Big[F(x)\Big]_\alpha^\beta$$
$$= F(\beta)-F(\alpha).$$

← $t^2 = \int_t^{t+1} f(x)\,dx$.

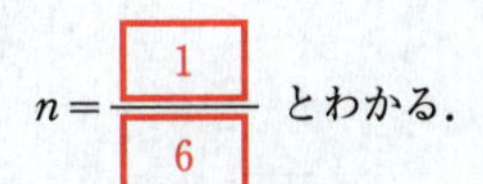

$n=\dfrac{1}{6}$ とわかる．

(2)　(1)で求めた $f(x)$ を用いれば

$$t^2=\int_t^{t+1} f(x)\,dx$$

が成り立つから

$$1^2+2^2+\cdots+10^2=\int_1^2 f(x)\,dx+\int_2^3 f(x)\,dx+\cdots+\int_{10}^{11} f(x)\,dx$$

すなわち

$$1^2+2^2+\cdots+10^2=\int_1^{\boxed{11}} f(x)\,dx$$

が成り立つ．

第3問 確率分布と統計的な推測

(1) 白のカードに書かれた数字が k，赤のカードに書かれた数字が ℓ であることを $(k,\ \ell)$ で表す．

カードの取り出し方の総数は $4^2=16$ である．

$X=1$ となるのは

$(1,\ 1)$

$(1,\ 2),\ (1,\ 3),\ (1,\ 4)$

$(2,\ 1),\ (3,\ 1),\ (4,\ 1)$

の 7 通りある．$X=2,\ 3,\ 4$ についても同様に考えることにより，X の確率分布は

X	1	2	3	4	計
P	$\frac{7}{16}$	$\frac{5}{16}$	$\frac{3}{16}$	$\frac{1}{16}$	1

となることがわかる．また，Y の確率分布は

Y	1	2	3	4	計
P	$\frac{1}{16}$	$\frac{3}{16}$	$\frac{5}{16}$	$\frac{7}{16}$	1

となる．

確率変数 Z を $Z=$ 5 $-X$ とすると，Z の確率分布は

X	4	3	2	1	
Z	1	2	3	4	計
P	$\frac{1}{16}$	$\frac{3}{16}$	$\frac{5}{16}$	$\frac{7}{16}$	1

となり，Z の確率分布と Y の確率分布は同じであることがわかる．

(2) 確率変数 X の平均(期待値)は

$$E(X)=1\cdot\frac{7}{16}+2\cdot\frac{5}{16}+3\cdot\frac{3}{16}+4\cdot\frac{1}{16}=\frac{15}{8}$$

である．X の分散は

$$V(X)=1^2\cdot\frac{7}{16}+2^2\cdot\frac{5}{16}+3^2\cdot\frac{3}{16}+4^2\cdot\frac{1}{16}-\left(\frac{15}{8}\right)^2=\frac{55}{8^2}$$

であるから，X の標準偏差は $\sigma(X)=\frac{\sqrt{55}}{8}$ である．

平均(期待値)，分散

確率変数 X のとり得る値を

$x_1,\ x_2,\ \cdots,\ x_n$

とし，X がこれらの値をとる確率をそれぞれ

$p_1,\ p_2,\ \cdots,\ p_n$

とすると，X の平均(期待値) $E(X)$ は

$$E(X)=\sum_{k=1}^{n}x_kp_k.$$

また，X の分散 $V(X)$ は $E(X)=m$ として

$$V(X)=\sum_{k=1}^{n}(x_k-m)^2p_k \quad \cdots(*)$$

または

$$V(X)=E(X^2)-\{E(X)\}^2. \quad \cdots(**)$$

⬅ ここでは(＊＊)を用いた．

⬅ $\sqrt{V(X)}$ を X の標準偏差という．

(1)の確率変数 Z に関する考察から，確率変数 Y の平均は

$$E(Y)=E(Z)=E(5-X)=5-E(X)=5-\frac{15}{8}=\frac{\boxed{25}}{8}$$

となり，標準偏差は

$$\sigma(Y)=\sigma(5-X)=|-1|\sigma(X)=\sigma(X)\quad(\boxed{③})$$

となる．

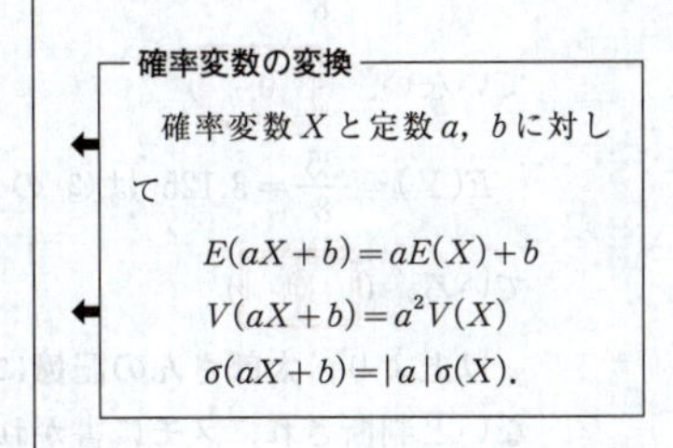

確率変数の変換

確率変数 X と定数 a，b に対して

$$E(aX+b)=aE(X)+b$$
$$V(aX+b)=a^2V(X)$$
$$\sigma(aX+b)=|a|\sigma(X).$$

(3)

(i)

$$X_1+X_2=5$$

となるのは

$$(X_1,\ X_2)=(1,\ 4),\ (2,\ 3),\ (3,\ 2),\ (4,\ 1)$$

のときであるから，(1)の X の確率分布表より

$$P(\overline{X}=2.50)$$
$$=P\left(\frac{X_1+X_2}{2}=2.50\right)$$
$$=P(X_1+X_2=5)$$
$$=\frac{7}{16}\cdot\frac{1}{16}+\frac{5}{16}\cdot\frac{3}{16}+\frac{3}{16}\cdot\frac{5}{16}+\frac{1}{16}\cdot\frac{7}{16}$$
$$=\frac{\boxed{11}}{64}$$

となる．Y についても同様に考えると

$$P(\overline{Y}=2.50)=P(\overline{X}=2.50)\quad(\boxed{①})$$

が成り立つことがわかる．

(ii)　n が大きいとき，$\overline{X}$ は近似的に正規分布 $N(E(\overline{X}),\ \{\sigma(\overline{X})\}^2)$ に従い，$\sigma(\overline{X})=\dfrac{\sigma(X)}{\sqrt{n}}$ である．($\boxed{②}$) $n=100$ は大きいので，$\overline{X}=2.95$ であったとすると，推定される母平均を m_X として，m_X の信頼度95％の信頼区間は

母標準偏差 σ の母集団から大きさ n の無作為標本を抽出するとき，標本平均の標準偏差は

$$\frac{\sigma}{\sqrt{n}}.$$

$$2.95-1.96\times\frac{\frac{\sqrt{55}}{8}}{\sqrt{100}}\leqq m_X\leqq 2.95+1.96\times\frac{\frac{\sqrt{55}}{8}}{\sqrt{100}}$$

母平均の推定

標本平均を $\overline{X}$，母標準偏差を σ とすると，標本の大きさ n が大きいとき，母平均 m に対する信頼度95％の信頼区間は

$$\left[\overline{X}-1.96\cdot\frac{\sigma}{\sqrt{n}},\quad \overline{X}+1.96\cdot\frac{\sigma}{\sqrt{n}}\right].$$

すなわち

$$2.7687\leqq m_X\leqq 3.1313\ \cdots ①\quad(\boxed{④},\ \boxed{⑦})$$

となる．$\overline{Y}=2.95$ であったとすると，同様に考えると

$$2.7687\leqq m_Y\leqq 3.1313\ \cdots ②\quad(\boxed{④},\ \boxed{⑦})$$

となることもわかる．

$E(X)=\dfrac{15}{8}=1.875$ は①の信頼区間に含まれていない．（ ① ）

$E(Y)=\dfrac{25}{8}=3.125$ は②の信頼区間に含まれている．（ ⓪ ）

以上より，**太郎さんの記憶**については，正しくないと判断され，メモに書かれていた t_2 と t_{100} は「確率変数 Y」の平均値である．（ ① ）

第4問　数列

(1)　$a_1=23,\quad a_{n+1}=a_n-3\quad (n=1,\ 2,\ 3,\ \cdots)$

より，数列 $\{a_n\}$ は初項 23，公差 -3 の等差数列であるから，一般項は

$$a_n=23+(n-1)(-3)=\boxed{-3}\,n+\boxed{26}$$

> **等差数列の一般項**
> 初項 a，公差 d の等差数列 $\{a_n\}$ の一般項 a_n は
> $$a_n=a+(n-1)d.$$

となる．$a_n<0$，すなわち

$$-3n+26<0$$

が成り立つのは

$$n>\frac{26}{3}=8.66\cdots$$

のときであるから，$a_n<0$ を満たす最小の自然数 n は $\boxed{9}$ である．よって，

$$a_n>0\quad(1\leqq n\leqq 8)$$

であり

$$a_n<0\quad(n\geqq 9)$$

である．

$$a_{n+1}-a_n=-3<0\quad(n=1,\ 2,\ 3,\ \cdots)$$

より，すべての自然数 n について

$$a_{n+1}<a_n$$

となるから，数列 $\{a_n\}$ はつねに減少する．（）

自然数 n に対して，$S_n=\sum_{k=1}^{n}a_k$ とおくと，$n\geqq 2$ のとき

$$S_n-S_{n-1}=a_n$$

⬅ $n\geqq 2$ のとき
$$\begin{array}{rl} & S_n=a_1+\cdots+a_{n-1}+a_n \\ -) & S_{n-1}=a_1+\cdots+a_{n-1} \\ \hline & S_n-S_{n-1}=a_n. \end{array}$$

より

$$S_n>S_{n-1}\quad(2\leqq n\leqq 8)$$
$$S_n<S_{n-1}\quad(n\geqq 9)$$

であるから，数列 $\{S_n\}$ は増加することも減少することもある．（$\boxed{②}$）

$n\geqq 9$ のとき，$a_n<0$ である．（$\boxed{⓪}$）$b_n=\dfrac{1}{a_n}$ とおくと，$n\geqq 9$ のとき

$$b_{n+1}-b_n=\frac{1}{a_{n+1}}-\frac{1}{a_n}=\frac{a_n-a_{n+1}}{a_{n+1}a_n}=\frac{3}{a_{n+1}a_n}>0$$

⬅ $a_{n+1}-a_n=-3.$

であるから，$b_n<b_{n+1}$ である．（$\boxed{⓪}$）

(2)　$c_1=30,\quad c_{n+1}=\dfrac{50c_n-800}{c_n-10}\quad(n=1,\ 2,\ 3,\ \cdots)$

$$c_n\neq 20\quad(n=1,\ 2,\ 3,\ \cdots)$$

$d_n=\dfrac{1}{c_n-20}$ $(n=1, 2, 3, \cdots)$ とおくと

$$d_1=\frac{1}{c_1-20}=\frac{1}{30-20}=\frac{1}{\boxed{10}}$$

であり，また

$$c_n-20=\frac{1}{d_n}$$

すなわち

$$c_n=\frac{1}{d_n}+\boxed{20}\quad (n=1, 2, 3, \cdots)\quad \cdots①$$

が成り立つ．したがって

$$c_{n+1}=\frac{50c_n-800}{c_n-10}$$

は

$$\frac{1}{d_{n+1}}+20=\frac{50\left(\frac{1}{d_n}+20\right)-800}{\left(\frac{1}{d_n}+20\right)-10}$$

となる．これより

$$\frac{1}{d_{n+1}}=\frac{50(1+20d_n)-800d_n}{(1+20d_n)-10d_n}-20$$

$$\frac{1}{d_{n+1}}=\frac{50+200d_n}{1+10d_n}-20$$

$$\frac{1}{d_{n+1}}=\frac{50+200d_n-20(1+10d_n)}{1+10d_n}$$

$$\frac{1}{d_{n+1}}=\frac{30}{1+10d_n}$$

$$d_{n+1}=\frac{1+10d_n}{30}$$

である．よって

$$d_{n+1}=\frac{d_n}{\boxed{3}}+\frac{1}{\boxed{30}}\quad (n=1, 2, 3, \cdots)$$

が成り立つ．これは

$$d_{n+1}-\frac{1}{20}=\frac{1}{3}\left(d_n-\frac{1}{20}\right)\quad (n=1, 2, 3, \cdots)$$

と変形できる．数列 $\left\{d_n-\dfrac{1}{20}\right\}$ は初項

$d_1-\dfrac{1}{20}=\dfrac{1}{10}-\dfrac{1}{20}=\dfrac{1}{20}$，公比 $\dfrac{1}{3}$ の等比数列であるから，一般項は

$$d_n-\frac{1}{20}=\frac{1}{20}\left(\frac{1}{3}\right)^{n-1}$$

漸化式

$a_{n+1}=pa_n+q$　$(n=1, 2, 3, \cdots)$

(p，q は定数，$p\neq 1$)

は

$$\alpha=p\alpha+q$$

を満たす α を用いて

$$a_{n+1}-\alpha=p(a_n-\alpha)$$

と変形できる．

等比数列の一般項

初項を a，公比を r とする等比数列 $\{a_n\}$ の一般項は

$a_n=ar^{n-1}$．$(n=1, 2, 3, \cdots)$

である．よって，数列 $\{d_n\}$ の一般項は

$$d_n=\frac{1}{\boxed{20}}\left(\frac{1}{\boxed{3}}\right)^{n-1}+\frac{1}{\boxed{20}}>0$$

である．したがって

$$d_n>\frac{1}{20}\quad(n=1,\ 2,\ 3,\ \cdots)\qquad\cdots ②\quad(\boxed{②})$$

すなわち

$$d_n-\frac{1}{20}>0\quad(n=1,\ 2,\ 3,\ \cdots)$$

である．

$$\frac{d_{n+1}-\frac{1}{20}}{d_n-\frac{1}{20}}=\frac{1}{3}\quad(n=1,\ 2,\ 3,\ \cdots)$$

⬅ $d_n-\frac{1}{20}=\frac{1}{20}\left(\frac{1}{3}\right)^{n-1}$.

より

$$\frac{d_{n+1}-\frac{1}{20}}{d_n-\frac{1}{20}}<1\quad(n=1,\ 2,\ 3,\ \cdots)$$

であるから，すべての自然数 n に対して

$$d_{n+1}-\frac{1}{20}<d_n-\frac{1}{20}$$

すなわち

$$d_{n+1}<d_n$$

となる．よって，数列 $\{d_n\}$ はつねに減少する．
$(\boxed{①})$

$d_n>0$ $(n=1,\ 2,\ 3,\ \cdots)$ であるから，数列 $\left\{\frac{1}{d_n}\right\}$ はつねに増加する．よって，① より，数列 $\{c_n\}$ はつねに増加する．また，② より，$\frac{1}{d_n}<20$ であるから，① より

⬅ $\frac{1}{d_{n+1}}-\frac{1}{d_n}=\frac{d_n-d_{n+1}}{d_{n+1}d_n}>0$.

$$c_n=\frac{1}{d_n}+20<20+20=40$$

である．したがって，O を原点とする座標平面上に $n=1$ から $n=10$ まで点 $(n,\ c_n)$ を図示すると $\boxed{④}$ となる．

第5問　空間ベクトル

Oを原点とする座標空間において，A(0, −3, 5)，B(2, 0, 4)とし，直線ABとxy平面との交点をCとする．また，D(7, 4, 5)である．

$$\overrightarrow{AB}=\overrightarrow{OB}-\overrightarrow{OA}$$
$$=(2,\ 0,\ 4)-(0,\ -3,\ 5)$$
$$=(2,\ 3,\ -1)$$

であり

$$\left|\overrightarrow{AB}\right|^2=2^2+3^2+(-1)^2=14$$

である．直線AB上の点Pについて，$\overrightarrow{OP}$を実数tを用いて

$$\overrightarrow{OP}=\overrightarrow{OA}+t\overrightarrow{AB}$$
$$=(0,\ -3,\ 5)+t(2,\ 3,\ -1)$$
$$=(2t,\ 3t-3,\ -t+5)$$

と表すことにする．

(1)　点Pの座標は

$$\mathrm{P}(\boxed{2}\,t,\ \boxed{3}\,t-\boxed{3},\ -t+\boxed{5})$$

と表すことができる．Pのz座標が0のときがCであるから

$$-t+5=0$$

すなわち

$$t=5$$

である．よって，Cの座標は

$$\mathrm{C}(\boxed{10},\ \boxed{12},\ 0)$$

である．

$$\overrightarrow{OC}=\overrightarrow{OA}+5\overrightarrow{AB}$$

であるから，点Cは線分ABを

$$\boxed{5}:\boxed{4}$$

に外分する．

(2)　∠CPD＝120° となるときの点Pの座標について考える．

∠CPD＝120° のとき

$$\overrightarrow{PC}\cdot\overrightarrow{PD}=\left|\overrightarrow{PC}\right|\left|\overrightarrow{PD}\right|\cos 120^\circ=\frac{\boxed{-1}}{\boxed{2}}\left|\overrightarrow{PC}\right|\left|\overrightarrow{PD}\right| \quad \cdots①$$

が成り立つ．ここで，$\overrightarrow{PC}$と$\overrightarrow{AB}$が平行であることか

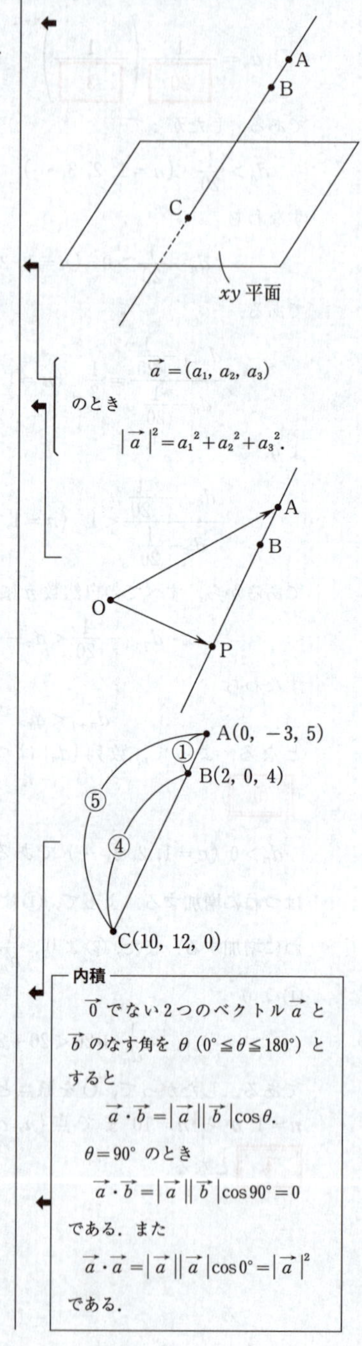
A
B
C
xy 平面
$\vec{a}=(a_1,\ a_2,\ a_3)$
のとき
$|\vec{a}|^2=a_1{}^2+a_2{}^2+a_3{}^2$.
A
B
O
P
A(0, −3, 5)
①
B(2, 0, 4)
⑤
④
C(10, 12, 0)
内積
$\vec{0}$でない2つのベクトル$\vec{a}$と$\vec{b}$のなす角をθ (0°≦θ≦180°) とすると
$\vec{a}\cdot\vec{b}=|\vec{a}||\vec{b}|\cos\theta$.
$\theta=90°$ のとき
$\vec{a}\cdot\vec{b}=|\vec{a}||\vec{b}|\cos 90°=0$
である．また
$\vec{a}\cdot\vec{a}=|\vec{a}||\vec{a}|\cos 0°=|\vec{a}|^2$
である．

ら，0でない実数kを用いて $\overrightarrow{PC}=k\overrightarrow{AB}$ と表すことができるので，①は

$$k\overrightarrow{AB}\cdot\overrightarrow{PD}=-\frac{1}{2}\left|k\overrightarrow{AB}\right|\left|\overrightarrow{PD}\right| \quad \cdots②$$

と表すことができる．

$$\overrightarrow{PD}=\overrightarrow{OD}-\overrightarrow{OP}$$
$$=(7,\ 4,\ 5)-(2t,\ 3t-3,\ -t+5)$$
$$=(7-2t,\ -3t+7,\ t)$$

であるから，$\overrightarrow{AB}\cdot\overrightarrow{PD}$ は

$$\overrightarrow{AB}\cdot\overrightarrow{PD}=2(7-2t)+3(-3t+7)+(-1)t$$
$$=-7(\boxed{2}\,t-\boxed{5})$$

と表され，$\left|\overrightarrow{PD}\right|^2$ は

$$\left|\overrightarrow{PD}\right|^2=(7-2t)^2+(-3t+7)^2+t^2$$
$$=14(t^2-\boxed{5}\,t+\boxed{7})$$

と表される．したがって，②の両辺を2乗した

$$k^2(\overrightarrow{AB}\cdot\overrightarrow{PD})^2=\frac{1}{4}k^2\left|\overrightarrow{AB}\right|^2\left|\overrightarrow{PD}\right|^2 \quad \cdots③$$

は

$$k^2\cdot(-7)^2(2t-5)^2=\frac{1}{4}k^2\cdot 14^2(t^2-5t+7)$$

となる．これは

$$(2t-5)^2=(t^2-5t+7)$$
$$t^2-5t+6=0$$
$$(t-2)(t-3)=0$$

となるから，②の両辺の2乗が等しくなるのは

$$t=\boxed{2},\ \boxed{3}$$

のときである．

$t=2$ のとき

$$\overrightarrow{AB}\cdot\overrightarrow{PD}=-7(2\cdot 2-5)=7$$
$$\overrightarrow{PC}=\overrightarrow{OC}-\overrightarrow{OP}=(\overrightarrow{OA}+5\overrightarrow{AB})-(\overrightarrow{OA}+2\overrightarrow{AB})=3\overrightarrow{AB}$$

となり，$k=3$ である．このとき，②の左辺は正，②の右辺は負であるから，②は成り立たない．

$t=3$ のとき

$$\overrightarrow{AB}\cdot\overrightarrow{PD}=-7(2\cdot 3-5)=-7$$
$$\overrightarrow{PC}=\overrightarrow{OC}-\overrightarrow{OP}=(\overrightarrow{OA}+5\overrightarrow{AB})-(\overrightarrow{OA}+3\overrightarrow{AB})=2\overrightarrow{AB}$$

となり，$k=2$ である．このとき，②の両辺は負となり，②は成り立つ．

以上より，$\angle CPD=120°$ となる点Pの座標は

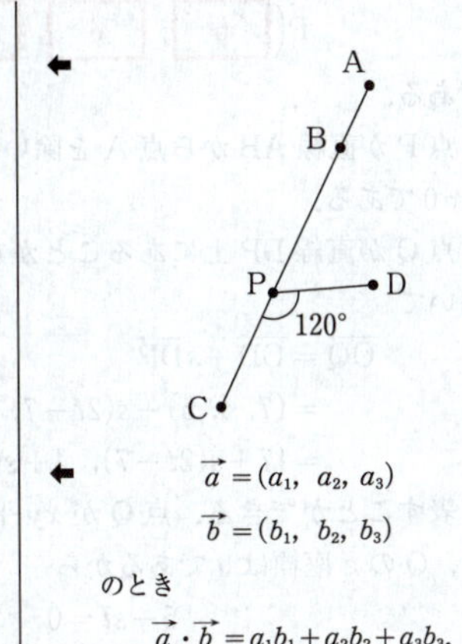

⬅ $\vec{a}=(a_1,\ a_2,\ a_3)$
$\vec{b}=(b_1,\ b_2,\ b_3)$
のとき
$\vec{a}\cdot\vec{b}=a_1b_1+a_2b_2+a_3b_3$.

⬅ $\left|\overrightarrow{AB}\right|^2=14$.

⬅ $\overrightarrow{AB}\cdot\overrightarrow{PD}=-7(2t-5)$.

⬅ $\overrightarrow{PC}=k\overrightarrow{AB}$.

⬅ このときも②を2乗した③は成り立つ．

である．

← $P(2t,\ 3t-3,\ -t+5)$.

(3)　点 P が直線 AB から点 A を除いた部分を動くから，$t \neq 0$ である．

　点 Q が直線 DP 上にあることから，$\overrightarrow{OQ}$ は実数 s を用いて

$$\overrightarrow{OQ}=\overrightarrow{OD}+s\overrightarrow{DP}$$
$$=(7,\ 4,\ 5)+s(2t-7,\ 3t-7,\ -t)$$
$$=(7+s(2t-7),\ 4+s(3t-7),\ 5-st)$$

と表すことができる．点 Q が xy 平面上にあることより，Q の z 座標は 0 であるから

$$5-st=0$$

すなわち

$$s=\frac{5}{t}$$

である．よって

$$\overrightarrow{OQ}=\left(7+\frac{5}{t}(2t-7),\ 4+\frac{5}{t}(3t-7),\ 0\right)$$
$$=\left(17-\frac{35}{t},\ 19-\frac{35}{t},\ 0\right)$$
$$=\left(\boxed{17},\ \boxed{19},\ 0\right)-\frac{\boxed{35}}{t}(1,\ 1,\ 0)$$

と表すことができる．

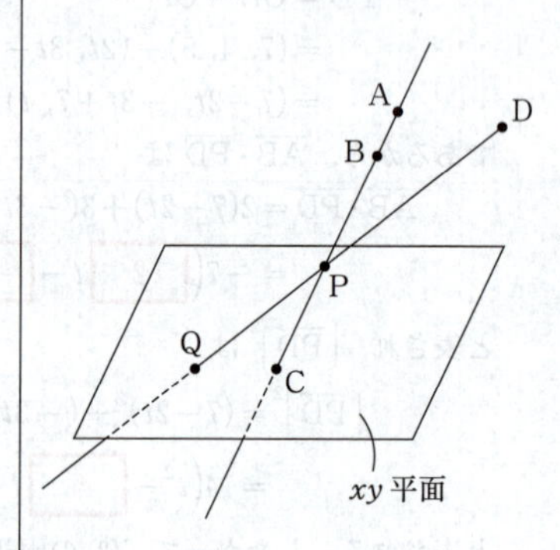

　したがって，点 Q は点 (17, 19, 0) を通り，ベクトル (1, 1, 0) と平行な直線上を動くことがわかる．t が 0 以外の実数値を変化するとき $\frac{1}{t}$ は 0 以外のすべての実数値をとることに注意すると，点 Q が描く図形は直線から点 (17, 19, 0) を除いたものである．この除かれた点を R とするとき

$$\overrightarrow{DR}=\overrightarrow{OR}-\overrightarrow{OD}=(17,\ 19,\ 0)-(7,\ 4,\ 5)=(10,\ 15,\ -5)=5\overrightarrow{AB}$$

より，$\overrightarrow{DR}$ は $\overrightarrow{AB}$ に平行である．（ ④ ）

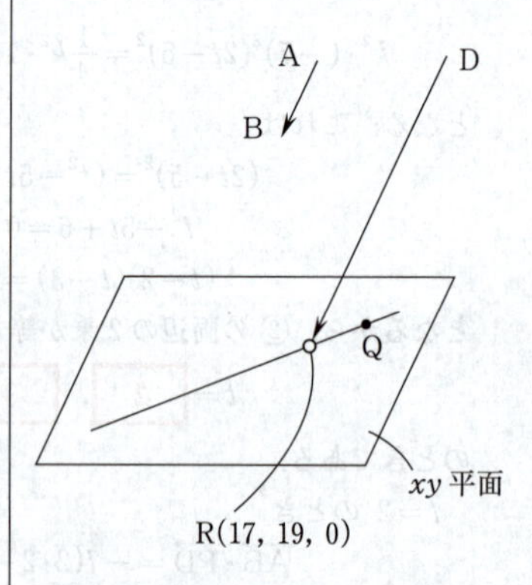

数学Ⅰ・数学A
数学Ⅱ・数学B
数学Ⅰ
数学Ⅱ

（2022年１月実施）

	受験者数	平均点
数学Ⅰ・数学A	357,357	37.96
数学Ⅱ・数学B	321,691	43.06
数学Ⅰ	5,258	21.89
数学Ⅱ	4,960	34.41

数学Ⅰ・数学A

解答・採点基準

(100点満点)

問題番号(配点)	解答記号	正　解	配点	自己採点
第1問 (30)	アイ	−6	2	
	ウエ	38	2	
	オカ	−2	2	
	キク	18	2	
	ケ	2	2	
	コ.サシス	0.072	3	
	セ	②	3	
	$\frac{ソ}{タ}$	$\frac{2}{3}$	3	
	$\frac{チツ}{テ}$	$\frac{10}{3}$	2	
	ト≦AB≦ナ	4≦AB≦6	3	
	$\frac{ニヌ}{ネ}$, $\frac{ノ}{ハ}$	$\frac{-1}{3}$, $\frac{7}{3}$	3	
	ヒ	4	3	
		第1問　自己採点小計		
第2問 (30)	ア	3	2	
	イ	2	2	
	ウ	5	3	
	エ	9	2	
	オ	⑥	1	
	カ	①	2	
	キ，ク	③，①	3	
	ケ，コ，サ	②，②，⓪	3	
	シ，ス	⓪，③	2	
	セ	②	4	
	ソ.タチ	0.63	3	
	ツ	③	3	
		第2問　自己採点小計		

問題番号(配点)	解答記号	正　解	配点	自己採点
第3問 (20)	ア	1	1	
	イ，ウ	1，2	1	
	エ	2	2	
	オ，カ	1，3	1	
	キク，ケコ	65，81	2	
	サ	8	2	
	シ	6	2	
	スセ	15	1	
	ソ，タ	3，8	2	
	チツ，テト	11，30	3	
	ナニ，ヌネ	44，53	3	
		第3問　自己採点小計		
第4問 (20)	ア，イウ	1，39	3	
	エオ	17	2	
	カキク	664	2	
	ケ，コ	8，5	2	
	サシス	125	3	
	セソタチツ	12207	3	
	テト	19	3	
	ナニヌネノ	95624	2	
		第4問　自己採点小計		
第5問 (20)	ア，イ	1，2	2	
	ウ，エ，オ	2，①，③	2	
	カ，キ，ク	2，②，③	2	
	ケ	4	2	
	コ，サ	3，2	2	
	シス，セ	13，6	2	
	ソタ，チ	13，4	2	
	ツテ，トナ	44，15	3	
	ニ，ヌ	1，3	3	
		第5問　自己採点小計		
		自己採点合計		

(注)

第1問，第2問は必答。

第3問～第5問のうちから2問選択。計4問を解答。

第1問　数と式・図形と計量・2次関数

〔1〕

$$a+b+c=1, \quad \cdots ①$$

$$a^2+b^2+c^2=13. \quad \cdots ②$$

(1)　$(a+b+c)^2=a^2+b^2+c^2+2(ab+bc+ca)$

であるから，

$$ab+bc+ca=\frac{(a+b+c)^2-(a^2+b^2+c^2)}{2}$$

$$=\frac{1^2-13}{2} \quad (①,\ ② より)$$

$$=\boxed{-6}. \quad \cdots ③$$

よって，

$$(a-b)^2+(b-c)^2+(c-a)^2$$

$$=2(a^2+b^2+c^2)-2(ab+bc+ca)$$

$$=2\cdot13-2\cdot(-6) \quad (②,\ ③ より)$$

$$=\boxed{38}. \quad \cdots ④$$

(2)　$a-b=2\sqrt{5},\quad b-c=x,\quad c-a=y. \quad \cdots ⑤$

$$x+y=(b-c)+(c-a) \quad (⑤ より)$$

$$=-(a-b)$$

$$=\boxed{-2}\sqrt{5}. \ (⑤ より) \quad \cdots ⑥$$

また，④，⑤ より，

$$(2\sqrt{5})^2+x^2+y^2=38$$

であるから，

$$x^2+y^2=\boxed{18}.$$

上の等式において左辺は，

$$(x+y)^2-2xy=18$$

と変形できるから，⑥ を代入して，

$$(-2\sqrt{5})^2-2xy=18$$

$$xy=1. \quad \cdots ⑦$$

よって，⑤，⑦ より，

$$(a-b)(b-c)(c-a)=2\sqrt{5}\,xy$$

$$=2\sqrt{5}\cdot1$$

$$=\boxed{2}\sqrt{5}.$$

←**展開公式**

$(x+y+z)^2$

$=x^2+y^2+z^2+2xy+2yz+2zx.$

← 次の等式はよく使われるので覚えておくとよい．

$\alpha^2+\beta^2=(\alpha+\beta)^2-2\alpha\beta,$

$(\alpha-\beta)^2=(\alpha+\beta)^2-4\alpha\beta.$

〔2〕

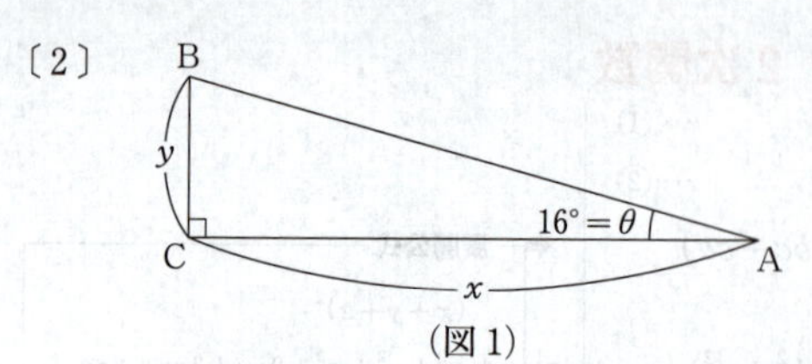

(図 1)

図 1 において線分 AC, BC の長さを定規で測ったときの値をそれぞれ x, y とすると，条件より，

$$\tan 16^\circ = \frac{y}{x},\ \text{すなわち},\ \frac{y}{x} = 0.2867. \quad \cdots ①$$

さらに，条件より，

(2 点 A, C の間の距離) = AC = $100000x$,

(2 点 B, C の間の距離) = BC = $25000y$

であるから，

$$\tan\angle\mathrm{BAC} = \frac{\mathrm{BC}}{\mathrm{AC}} = \frac{25000y}{100000x} = \frac{1}{4}\cdot\frac{y}{x} = 0.25\times 0.2867 \quad (①\text{より}) = 0.071675.$$

よって，

$$\tan\angle\mathrm{BAC} = \boxed{0}.\boxed{072}$$

であり，∠BAC の大きさは 4° より大きく 5° より小さい． ② …セ

直角三角形と三角比

$$\sin\theta = \frac{b}{c},\quad \cos\theta = \frac{a}{c},\quad \tan\theta = \frac{b}{a}.$$

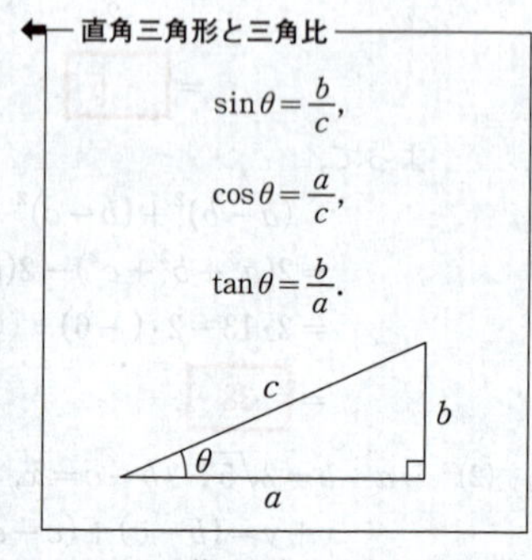

tan 16° の値は三角比の表から読み取る．

∠BAC の大きさは三角比の表から読み取る．

〔3〕

(1)

三角形 ABC に正弦定理を用いると，

$$2\cdot 3 = \frac{4}{\sin\angle\mathrm{ABC}}$$

であるから，

正弦定理

$$\frac{a}{\sin A} = \frac{b}{\sin B} = \frac{c}{\sin C} = 2R.$$

(R は外接円の半径)

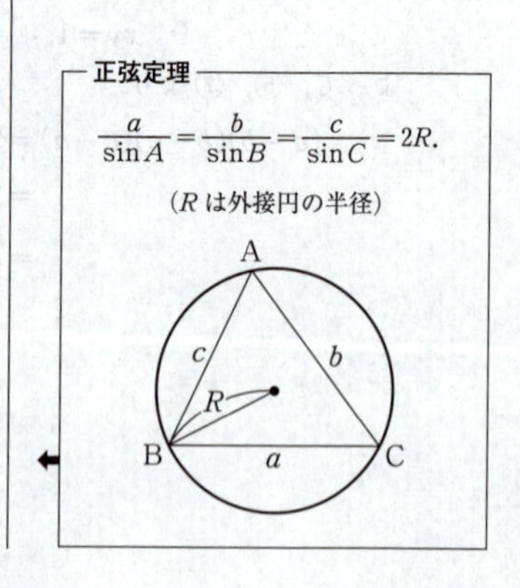

$$\sin\angle ABC=\frac{\boxed{2}}{\boxed{3}}.$$

さらに，直角三角形 ABD に注目すると，

$$\sin\angle ABD=\frac{AD}{AB}$$

であるから，$\angle ABD=\angle ABC$ より，

$$\begin{aligned}AD&=AB\sin\angle ABC\\&=5\cdot\frac{2}{3}\\&=\frac{\boxed{10}}{\boxed{3}}.\end{aligned}$$

(2)　$AB=x, AC=y$ とおくと，$2AB+AC=14$ より，

$$2x+y=14. \quad \cdots ①$$

このときの辺 AB の長さのとり得る値の範囲を求める．

辺 AB が三角形 ABC の外接円の直径になるときを考える．

←辺 AB の長さが最大になるのは，図より，AB が外接円の直径になるときと推定されるので，そのときの場合を考えた．なお，①より y の値が負になれば，AB の長さが最大になるのは，AB が外接円の直径になるときではないことになる．

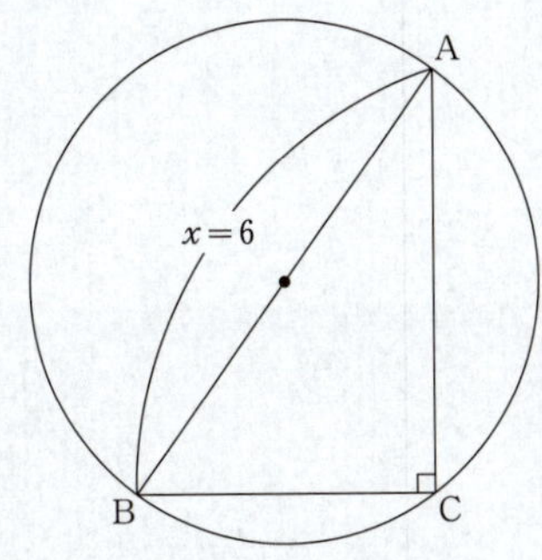

$AB=x=6$ であり，このときの y 値は，① より，

$$AC=y=2\ (>0)$$

である(辺 AC は存在している)．

また，① より，

$$x=\frac{14-y}{2} \quad \cdots ①'$$

であるから，y が最大のとき，x は最小になる．

辺 AC が三角形 ABC の外接円の直径になるときを考える．

←辺 AB の長さが最大になるときと同様に，辺 AC の長さが最大になるときも AC が外接円の直径になるときを考えた．このとき，x の値が正になることを確認しておくこと．

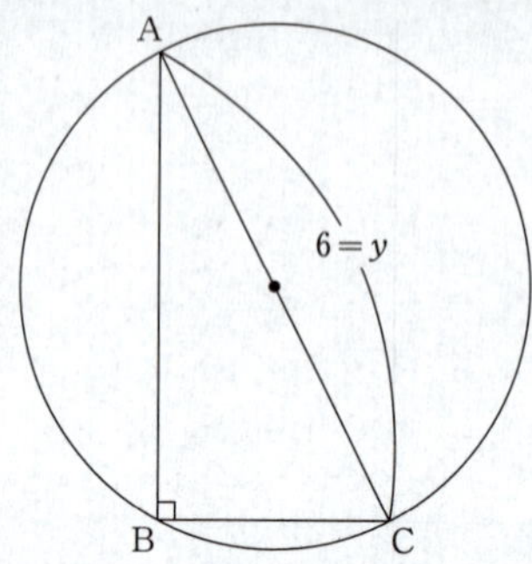

AC＝y＝6 であり，このときの x の値は，①′ より，

$$AB=x=4\ (>0)$$

である（辺 AB は存在している）．

よって，図より，辺 AB の長さのとり得る値の範囲は，

$$\boxed{4} \leqq AB \leqq \boxed{6}.$$

次に，線分 AD の長さを AB を用いて表す．

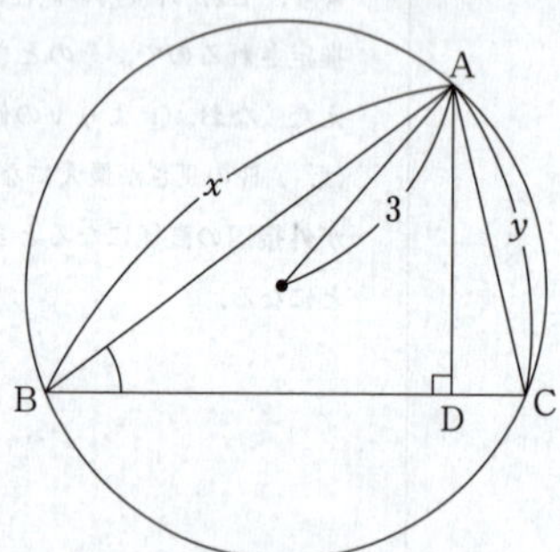

三角形 ABC に正弦定理を用いると，

$$2\cdot 3=\frac{y}{\sin\angle ABC}$$

であるから，

$$\sin\angle ABC=\frac{y}{6}. \qquad \cdots ②$$

さらに，直角三角形 ABD に注目すると，

$$\sin\angle ABD=\frac{AD}{AB}$$

であるから，∠ABD＝∠ABC より，

$$AD=AB\sin\angle ABC$$

$$=x\cdot\frac{y}{6}\quad (② より)$$

$$= x\cdot\frac{14-2x}{6}\quad（①より）$$

$$= -\frac{1}{3}x^2+\frac{7}{3}x$$

$$\left(=\frac{\boxed{-1}}{\boxed{3}}\mathrm{AB}^2+\frac{\boxed{7}}{\boxed{3}}\mathrm{AB}\right).$$

ここで，

$$f(x)=-\frac{1}{3}x^2+\frac{7}{3}x\ (4\leqq x\leqq 6)$$

とおくと，

$$f(x)=-\frac{1}{3}\left(x-\frac{7}{2}\right)^2+\frac{49}{12}.$$

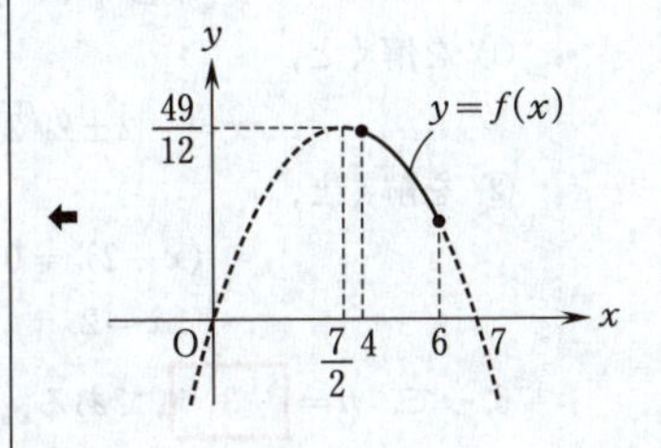

よって，線分 AD の長さの最大値は，

$$f(4)=-\frac{1}{3}\cdot 4^2+\frac{7}{3}\cdot 4=\boxed{4}.$$

第2問　2次関数，データの分析

〔1〕 p，q は実数．

$$x^2+px+q=0, \qquad \cdots ①$$
$$x^2+qx+p=0. \qquad \cdots ②$$

n：① または ② を満たす実数 x の個数．

(1) $p=4$，$q=-4$ のとき，①，② は，

$$x^2+4x-4=0, \qquad \cdots ①'$$
$$x^2-4x+4=0. \qquad \cdots ②'$$

①′ を解くと，

$$x=-2\pm2\sqrt{2}.$$

②′ を解くと，

$$(x-2)^2=0$$
$$x=2.$$

よって，$n=$ **3** である．

また，$p=1$，$q=-2$ のとき，①，② は，

$$x^2+x-2=0, \qquad \cdots ①''$$
$$x^2-2x+1=0. \qquad \cdots ②''$$

①″ を解くと，

$$(x+2)(x-1)=0$$
$$x=-2,\ 1.$$

②″ を解くと，

$$(x-1)^2=0$$
$$x=1.$$

よって，$n=$ **2** である．

(2) $p=-6$ のとき，①，② は，

$$x^2-6x+q=0, \qquad \cdots ①'''$$
$$x^2+qx-6=0. \qquad \cdots ②'''$$

①‴ と ②‴ をともに満たす実数を α とすると，

$$\alpha^2-6\alpha+q=0,$$
$$\alpha^2+q\alpha-6=0$$

が成り立つ．

辺々を引くと，

$$-(q+6)\alpha+(q+6)=0$$
$$(q+6)(1-\alpha)=0$$
$$q=-6 \quad \text{または} \quad \alpha=1.$$

・$q=-6$ のとき．

①‴ と ②‴ はともに

$$x^2-6x-6=0$$

となり，これを満たす実数 x は，$3\pm\sqrt{15}$ である．

2次方程式の解の公式

2次方程式 $ax^2+bx+c=0$

の解は，

$$x=\frac{-b\pm\sqrt{b^2-4ac}}{2a}.$$

2次方程式 $ax^2+2b'x+c=0$

の解は，

$$x=\frac{-b'\pm\sqrt{b'^2-ac}}{a}.$$

よって，$n=2$ である．

・$\alpha=1$ のとき．

$\alpha^2-6\alpha+q=0$ に代入すると，$q=5$ であるから，①‴，②‴ は，

$$x^2-6x+5=0,$$
$$x^2+5x-6=0.$$

$x^2-6x+5=0$ の解は，

$$x=1,\ 5.$$

$x^2+5x-6=0$ の解は，

$$x=-6,\ 1.$$

よって，$n=3$ である．

また，これ以外に $n=3$ となるのは，

(i)　①‴ が重解をもち，②‴ は ①‴ の重解以外の異なる2つの実数解をもつとき，

(ii)　②‴ が重解をもち，①‴ は ②‴ の重解以外の異なる2つの実数解をもつとき

の2つの場合がある．

ここで，①‴ の判別式を D_1，②‴ の判別式を D_2 とすると，

$$D_1=(-6)^2-4\cdot1\cdot q=4(9-q),$$
$$D_2=q^2-4\cdot1\cdot(-6)=q^2+24.$$

(i)のとき．

$D_1=0$ より，$4(9-q)=0$ であるから，

$$q=9.$$

このとき，①‴ と ②‴ は，

$$x^2-6x+9=0,$$
$$x^2+9x-6=0.$$

$x^2-6x+9=0$ の解は，

$$x=3.$$

$x^2+9x-6=0$ の解は，

$$x=\frac{-9\pm\sqrt{105}}{2}.$$

よって，$n=3$ である．

(ii)のとき．

$D_2=q^2+24>0$ より，$x^2+qx-6=0$ は重解をもたないから，$n=3$ となることはない．

以上から，$n=3$ となる q の値は，

$$q=\boxed{5},\ \boxed{9}.$$

⬅ $\alpha^2+q\alpha-6=0$ に $\alpha=1$ を代入して，$q=5$ を求めてもよい．

⬅ $(x-1)(x-5)=0$ より，$x=1,\ 5.$

⬅ $(x+6)(x-1)=0$ より，$x=-6,\ 1.$

⬅ **2次方程式の解の判別式**

2次方程式 $ax^2+bx+c=0$ において，b^2-4ac を判別式といい，Dで表す．

$D>0 \iff$ (異なる2つの実数解をもつ)，

$D=0 \iff$ (実数の重解をもつ)，

$D<0 \iff$ (実数解をもたない)．

⬅ $(x-3)^2=0$ より，$x=3.$

(3)
$$y=x^2-6x+q, \quad \cdots ③$$
$$y=x^2+qx-6. \quad \cdots ④$$

③を平方完成すると，
$$y=(x-3)^2+q-9$$
となるから，

頂点の座標は $(3,\ q-9)$，

軸の方程式は $x=3$.

← 2次関数 $y=a(x-b)^2+c$ のグラフの頂点の座標は，
$(b,\ c)$.
軸の方程式は，
$x=b$.

q の値を1から増加させると，

頂点の x 座標と軸の方程式は変わらないが，頂点の y 座標は大きくなるから，頂点は真上に上がる．

よって，点線のグラフと実線のグラフの位置関係は次のようになる．

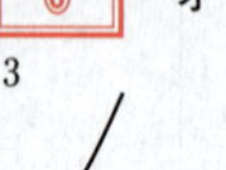
⑥ …オ

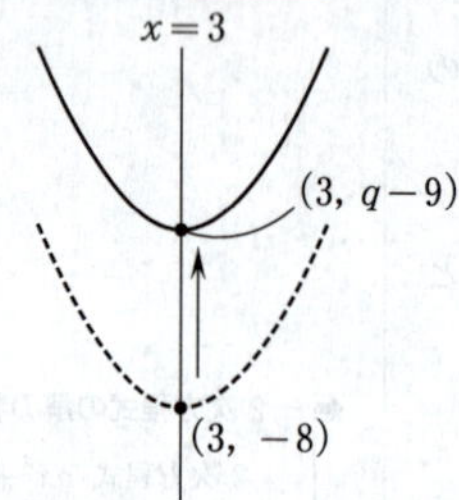

④を平方完成すると，
$$y=\left(x+\frac{q}{2}\right)^2-\left(\frac{q^2}{4}+6\right)$$
となるから，

頂点の座標は $\left(-\frac{q}{2},\ -\left(\frac{q^2}{4}+6\right)\right)$，

軸の方程式は $x=-\frac{q}{2}$.

q の値を1から増加させると，

頂点の x 座標と y 座標はともに小さくなるから，頂点は左下に移動するが，点線のグラフと実線のグラフはともに点 $(0,\ -6)$ を通るから，y 切片は変わらない．

← 軸は左へ移動していく．

よって，点線のグラフと実線のグラフの位置関係は次のようになる．　① …カ

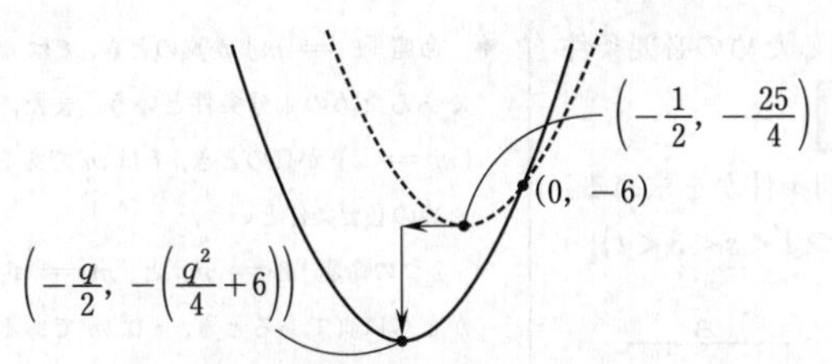

(4)　U は実数全体の集合で，$A \subset U$，$B \subset U$，$5<q<9$ であり，

$$A=\{x \mid x^2-6x+q<0\},$$
$$B=\{x \mid x^2+qx-6<0\}.$$

$f(x)=x^2-6x+q$，$g(x)=x^2+qx-6$ とおくと，$5<q<9$ より，

$$f(1)=g(1)=q-5>0,$$
$$D_1=4(9-q)>0$$

であるから，$y=f(x)$ …③ と $y=g(x)$ …④ の2つのグラフの位置関係は次のようになる．

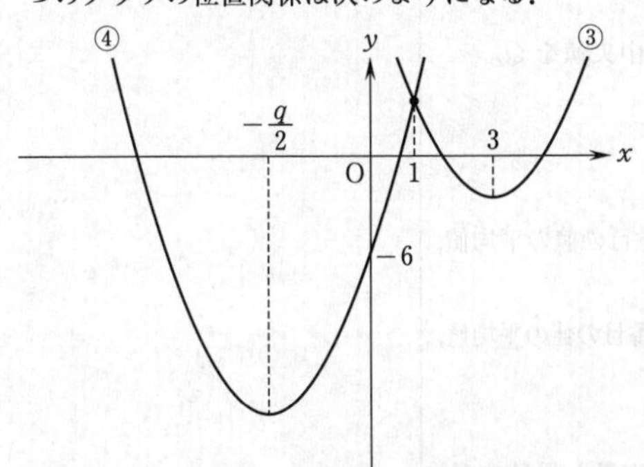

ここで，$f(x)=0$ の異なる2つの実数解を s，t $(s<t)$ とし，$g(x)=0$ の異なる2つの実数解を u，v $(u<v)$ とすると，図より，$1<s<t$ であり，$u<v<1$ であるから，集合 A，B は次のように書き換えることができる．

$$A=\{x \mid 1<s<x<t \text{ かつ } s<3<t\},$$
$$B=\{x \mid u<x<v<1 \text{ かつ } u<0<v\}.$$

・$x \in A$ は，$x \in B$ であるための何条件かを求める．

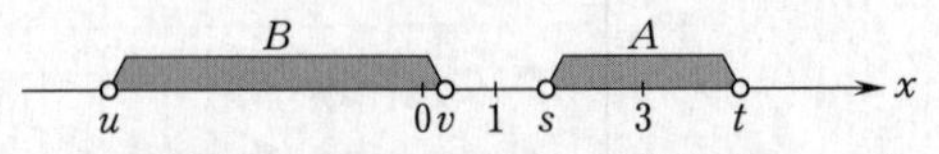

命題「$x \in A \Longrightarrow x \in B$」は偽(反例 $x=3$)，

命題「$x \in B \Longrightarrow x \in A$」は偽(反例 $x=0$)

である．

$q=5$ のとき，$y=f(x)$ …③ と $y=g(x)$ …④ の2つのグラフの位置関係は，(2)の結果より，次のようになる．

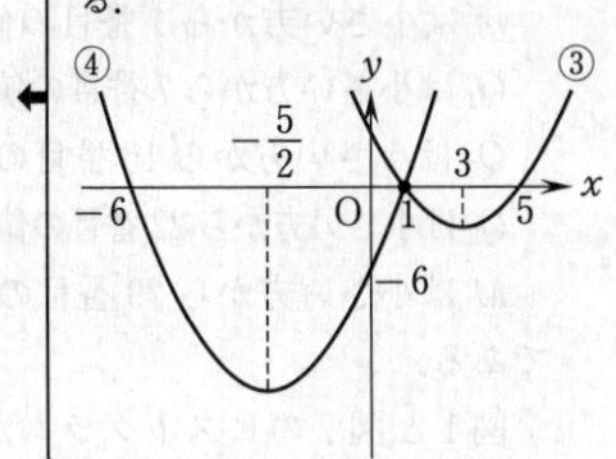

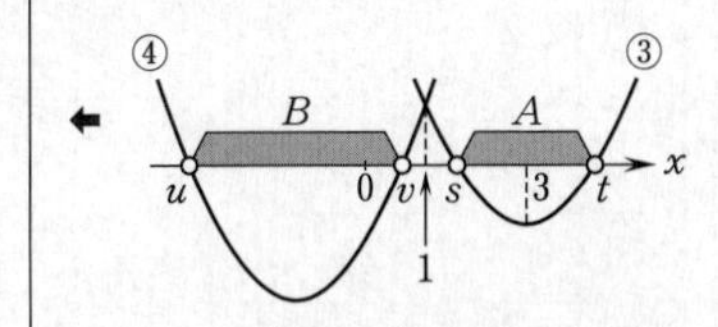

偽である命題「$\ell \Longrightarrow m$」において，仮定 ℓ を満たすが，結論 m を満たさないものを，この命題の反例という．

よって，$x \in A$ は，$x \in B$ であるための必要条件でも十分条件でもない．　③　…キ

・$x \in B$ は，$x \in \overline{A}$ であるための何条件かを求める．

$\overline{A} = \{x \mid (x \leqq s$ または $t \leqq x)$ かつ $1 < s < 3 < t\}$.

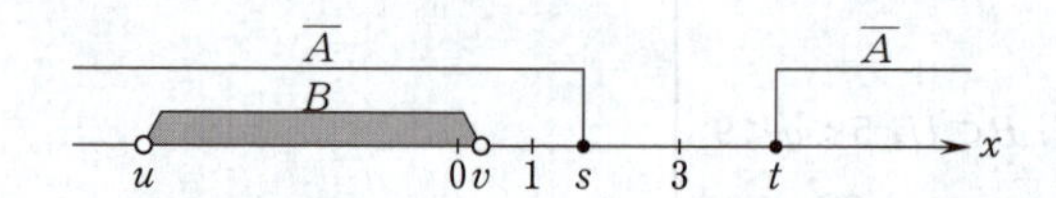

命題「$x \in B \Longrightarrow x \in \overline{A}$」は真，

命題「$x \in \overline{A} \Longrightarrow x \in B$」は偽(反例 $x=1$)

である．

よって，$x \in B$ は，$x \in \overline{A}$ であるための十分条件であるが，必要条件ではない．　①　…ク

← 命題「$\ell \Longrightarrow m$」が真のとき，ℓ は m であるための十分条件という．また，「$m \Longrightarrow \ell$」が真のとき，ℓ は m であるための必要条件という．

2つの命題「$\ell \Longrightarrow m$」と「$m \Longrightarrow \ell$」がともに真であるとき，ℓ は m であるための必要十分条件という．

〔2〕

(1)　29か国の2009年度と2018年度における教員1人あたりの学習者数のデータについて，

最小値を m，第1四分位数を Q_1，中央値を Q_2，

第3四分位数を Q_3，最大値を M

とすると，

m は小さい方から1番目の値，

Q_1 は小さい方から7番目の値と8番目の値の平均値，

Q_2 は小さい方から15番目の値，

Q_3 は小さい方から22番目の値と23番目の値の平均値，

M は小さい方から29番目の値

である．

図1と図2のヒストグラムから，度数と累積度数は次のようになる．

	2009年度		2018年度	
	度数	累積度数	度数	累積度数
0人以上15人未満	0	0	1	1
15人以上30人未満	11	11	9	10
30人以上45人未満	6	17	11	21
45人以上60人未満	4	21	2	23
60人以上75人未満	3	24	1	24
75人以上90人未満	2	26	2	26
90人以上105人未満	0	26	1	27
105人以上120人未満	1	27	0	27
120人以上135人未満	0	27	2	29
135人以上150人未満	1	28	0	29
150人以上165人未満	0	28	0	29
165人以上180人未満	1	29	0	29

← 最初の階級からその階級までの度数を合計したものを累積度数という.

2009年度と2018年度の m, Q_1, Q_2, Q_3, M は次のようになる.

	2009年度		2018年度	
	階　級	階級値	階　級	階級値
m	15人以上30人未満	22.5人	0人以上15人未満	7.5人
Q_1	15人以上30人未満	22.5人	15人以上30人未満	22.5人
Q_2	30人以上45人未満	37.5人	30人以上45人未満	37.5人
Q_3	60人以上75人未満	67.5人	45人以上60人未満	52.5人
M	165人以上180人未満	172.5人	120人以上135人未満	127.5人

← 各階級の中央の値を階級値という.

・2009年度と2018年度の中央値(Q_2)が含まれる階級の階級値を比較すると，両者は等しい.

②…ケ

・2009年度と2018年度の第1四分位数(Q_1)が含まれる階級の階級値を比較すると，両者は等しい.

②…コ

・2009年度と2018年度の第3四分位数(Q_3)が含まれる階級の階級値を比較すると，2018年度の方が小さい.

⓪…サ

・2009年度と2018年度の範囲を比較すると，2018

← (範囲)＝(最大値)－(最小値).
2009年度の範囲は，$M-m$ より，
135人より大きく165人より小さい値.
2018年度の範囲は，$M-m$ より，
105人より大きく135人より小さい値.

年度の方が小さい．　⓪ …シ

・2009年度と2018年度の四分位範囲を比較すると，これら二つのヒストグラムからだけでは両者の大小を判断できない．　③ …ス

$\left(\begin{matrix}四分位\\範囲\end{matrix}\right)=\left(\begin{matrix}第3四分\\位数\end{matrix}\right)-\left(\begin{matrix}第1四分\\位数\end{matrix}\right)$．

2009年度の四分位範囲は，Q_3-Q_1 より，

30人より大きく60人より小さい値．

2018年度の四分位範囲は，Q_3-Q_1 より，

15人より大きく45人より小さい値．

(2)　図3の2009年度における「教育機関1機関あたりの学習者数」の箱ひげ図より，

最小値　：50人　（小さい方から1番目の値），

第1四分位数　：約85人　（小さい方から7番目の値と8番目の値の平均値），

中央値　：約140人　（小さい方から15番目の値），

第3四分位数　：約235人　（小さい方から22番目の値と23番目の値の平均値），

最大値　：約485人　（小さい方から29番目の値）

である．

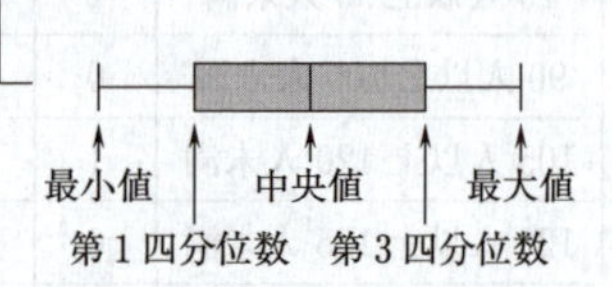

2009年度について，「教育機関1機関あたりの学習者数」（横軸）と「教員1人あたりの学習者数」（縦軸）の散布図は，教育機関1機関あたりの学習者数の第1四分位数と第3四分位数に注目して

② …セである．

①と③の散布図は，教育機関1機関あたりの学習者数の第1四分位数がともに100人以上である．

⓪の散布図は，教育機関1機関あたりの学習者数の第3四分位数が250人以上である．

(3)　表1より，S と T の相関係数は，

$$\frac{735.3}{39.3\times29.9}=\frac{735.3}{1175.07}=0.6257\cdots$$

より，

0 . 63

である．

相関係数

2つの変量 x，y について，

x の標準偏差を s_x，

y の標準偏差を s_y，

x と y の共分散を s_{xy}

とするとき，x と y の相関係数は，

$$\frac{s_{xy}}{s_x s_y}.$$

(4)　(3)で求めた相関係数 0.63 は，正の相関が強く，散布図上で点が右上がりに直線状に分布することを表すから，①か③に限られる．さらに，①の散分図の T の値について 70 人以上が 22 か国，70 人未満が 7 か国であり，S の値について 80 人以上が 21 か国，80 人未満が 8 か国である．③の散分図の T の値について 70 人以上が 16 か国，70 人未満が 13 か国であり，S の値について 80 人以上が 14 か国，80 人未満が 15 か国である．表 1 より，T の平均値が 72.9 人，S の平均値が 81.8 人であることを考えると，(3)で算出した 2009 年度の S(横軸)と T(縦軸)の散布図として最も適当なものは

[③] …ツである．

← 相関係数 r は $-1 \leqq r \leqq 1$ を満たす実数で，相関関係の強さを表す指標である．$|r|$ が 1 に近いほど相関が強く，散布図上では点が直線状に分布する．

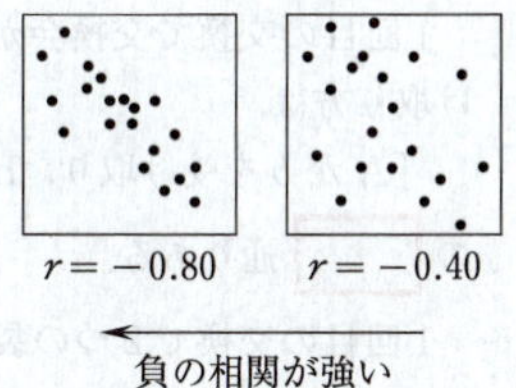

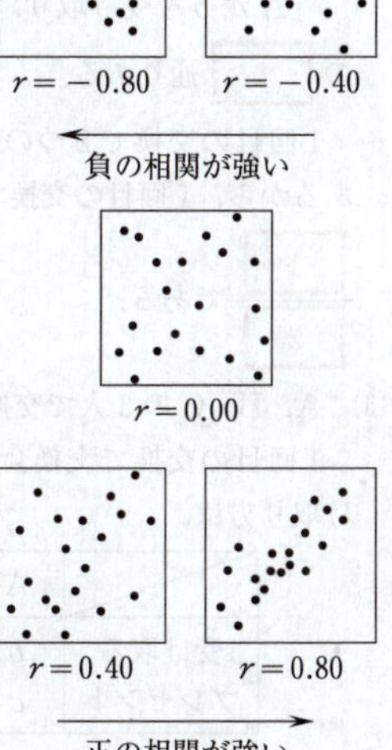

第3問　場合の数・確率

交換会に参加する人をA, B, C, D, Eとし，それぞれが持参したプレゼントを順にa, b, c, d, eとする．

(1)(i)　A，Bの2人で交換会を開くとする．

1回目の交換で交換会が終了するプレゼントの受け取り方は，

「Aがbを受け取り，Bがaを受け取るとき」

の **1** 通りある．

1回目の交換で2つの袋の配り方は $2!=2$ (通り) あるから，1回目の交換で交換会が終了する確率は，

$\frac{1}{2}$ である．

(ii)　A，B，Cの3人で交換会を開くとする．

1回目の交換で交換会が終了するプレゼントの受け取り方は，

	A	B	C
受け取るプレゼント	b	c	a
	c	a	b

の **2** 通りある．

1回目の交換で3つの袋の配り方は $3!=6$ (通り) あるから，1回目の交換で交換会が終了する確率は，

$\frac{2}{6}=\frac{1}{3}$ である．

(iii)　3人で交換会を開く場合，4回以下の交換で交換会が終了する事象の余事象は，

「4回の交換でも交換会が終了しない事象」

である．

ここで，1回の交換で交換会が終了しない確率は，(ii)より，

$$1-\frac{1}{3}=\frac{2}{3}$$

であるから，余事象の確率は，

$$\left(\frac{2}{3}\right)^4=\frac{16}{81}$$

となる．

よって，3人で交換会を開く場合，4回以下の交換で交換会が終了する確率は，

⬅ 事象Mの余事象を$\overline{M}$とすると，

$$P(M)+P(\overline{M})=1$$

であるから，

$$P(\overline{M})=1-P(M)$$

である．

$$1-\frac{16}{81}=\frac{\boxed{65}}{\boxed{81}}$$

である．

以下，自分の持参したプレゼントを受け取る人数を k 人とする．

(2)　A，B，C，Dの4人で交換会を開くとする．

1回目の交換で交換会が終了しない受け取り方の総数を調べる．

・$k=1$ のとき．

自分のプレゼントを受け取る1人の選び方は ${}_4C_1$ 通りあり，たとえば，その1人をDとする．このとき，A，B，Cの3人が自分以外の人のプレゼントを受け取る方法は，(1)(ii)より2通りある．また，自分のプレゼントを受け取る1人がAのときもBのときもCのときも同様に2通りある．

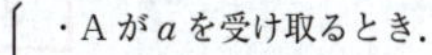

・A が a を受け取るとき．

B	C	D
c	d	b
d	b	c

・B が b を受け取るとき．

A	C	D
c	d	a
d	a	c

・C が c を受け取るとき．

A	B	D
b	d	a
d	a	b

よって，ちょうど1人が自分の持参したプレゼントを受け取る方法は，

$${}_4C_1\times 2=\boxed{8}\ \text{（通り）}$$

ある．

・$k=2$ のとき．

自分のプレゼントを受け取る2人の選び方は ${}_4C_2$ 通りあり，たとえば，その2人をC，Dとする．このとき，A，Bの2人が自分以外の人のプレゼントを受け取る方法は，(1)(i)より1通りある．また，自分のプレゼントを受け取る2人が他の2人のときも同様に1通りある．

よって，ちょうど2人が自分の持参したプレゼントを受け取る方法は，

$${}_4C_2\times 1=\boxed{6}\ \text{（通り）}$$

ある．

・$k=3$ のとき．

これは起こり得ない．

たとえば，Aが a，Bが b，Cが c を受け取ると，Dは自動的に d を受け取ることになる．

・$k=4$ のとき．

受け取り方は1通りある．

A	B	C	D
a	b	c	d

ゆえに，1回目のプレゼントの受け取り方のうち，1回目の交換で交換会が終了しない受け取り方の総数は，

$$8+6+1=\boxed{15}$$

である．

また，1回目の交換で4つの袋の配り方は $4!=24$ (通り)あるから，1回目の交換で交換会が終了する受け取り方の総数は，

$$24-15=9 \quad \cdots ①$$

である．

したがって，1回目の交換で交換会が終了する確率は，

$$\frac{9}{24}=\frac{\boxed{3}}{\boxed{8}}$$

である．

⬅ 直接，数え上げると次のようになる．

A	B	C	D
b	a	d	c
b	c	d	a
b	d	a	c
c	a	d	b
c	d	a	b
c	d	b	a
d	a	b	c
d	c	a	b
d	c	b	a

よって，9通りある．

(3)　(2)と同様に，1回目の交換で交換会が終了しないプレゼントの受け取り方の総数を自分の持参したプレゼントを受け取る人数によって場合分けをして調べる．

・$k=1$ のとき．

自分のプレゼントを受け取る1人の選び方は ${}_5C_1$ 通りあり，たとえば，その1人をEとする．このとき，A, B, C, Dの4人が自分以外の人のプレゼントを受け取る方法は，① より9通りある．また，自分のプレゼントを受け取る1人が他の1人のときも同様に9通りある．

よって，ちょうど1人が自分の持参したプレゼントを受け取る方法は，

$${}_5C_1\times 9=45\ (通り)$$

ある．

・$k=2$ のとき．

自分のプレゼントを受け取る2人の選び方は ${}_5C_2$ 通りあり，たとえば，その2人をD, Eとする．このとき，A, B, Cの3人が自分以外の人のプレゼントを受け取る方法は，(1)(ii)より2通りある．また，自分のプレゼントを受け取る2人が他の2人ときも同様に2通りある．

よって，ちょうど2人が自分の持参したプレゼントを受け取る方法は，

$${}_5C_2\times 2=20\ (通り)$$

ある．

・$k=3$ のとき．

自分のプレゼントを受け取る3人の選び方は ${}_5C_3$ 通りあり，たとえば，その3人をC, D, Eとする．

このとき，A，Bの2人が自分以外の人のプレゼントを受け取る方法は，(1)(i)より1通りある．また，自分のプレゼントを受け取る3人が他の3人のときも同様に1通りある．

よって，ちょうど3人が自分の持参したプレゼントを受け取る方法は，

$${}_5C_3 \times 1 = 10 \text{（通り）}$$

ある．

・$k=4$ のとき．

これは起こり得ない．

・$k=5$ のとき．

受け取り方は1通りある．

ゆえに，1回目のプレゼントの受け取り方のうち，1回目の交換で交換会が終了しない受け取り方の総数は，

$$45+20+10+1=76$$

である．

また，1回目の交換で5つの袋の配り方は $5!=120$（通り）あるから，1回目の交換で交換会が終了する受け取り方の総数は，

$$120-76=44 \quad \cdots ②$$

である．

したがって，1回目の交換で交換会が終了する確率は，

$$\frac{44}{120}=\frac{\boxed{11}}{\boxed{30}} \quad \cdots ③$$

である．

(4)　2つの事象 F，G を

F：1回目の交換でA，B，C，Dがそれぞれ自分以外の人の持参したプレゼントを受け取る事象

G：1回目の交換で交換会が終了する事象

とすると，1回目の交換でA，B，C，Dがそれぞれ自分以外の人の持参したプレゼントを受け取ったとき，その回で交換会が終了する条件付き確率は $P_F(G)$ であるから，

$$P_F(G)=\frac{P(F\cap G)}{P(F)} \quad \cdots ④$$

として求まる．

事象 $F\cap G$ は，

たとえば，Aが a，Bが b，Cが c，Dが d を受け取ると，Eは自動的に e を受け取ることになる．

A	B	C	D	E
a	b	c	d	e

条件付き確率

事象 F が起こったときの事象 G が起こる条件付き確率 $P_F(G)$ は，

$$P_F(G)=\frac{P(F\cap G)}{P(F)}.$$

「A，B，C，D，Eの5人全員が1回目の交換で自分以外の人の持参したプレゼントを受け取って交換会が終了する事象」

であるから，③より，

$$P(F\cap G)=\frac{11}{30}=\frac{44}{120} \quad \cdots ⑤$$

である．

事象Fは，

(I) 1回目の交換でA，B，C，D，Eの5人全員が自分以外の人の持参したプレゼントを受け取る，

(II) 1回目の交換でEはeを受け取り，残りのA，B，C，Dの4人は自分以外の人の持参したプレゼントを受け取る

の和事象であり，これらの事象は互いに排反である．

(I)の確率は，②より，

$$\frac{44}{120}$$

である．

(II)の確率は，①より，

$$\frac{9}{120}$$

である．

よって，確率$P(F)$は，

$$P(F)=\frac{44}{120}+\frac{9}{120}=\frac{53}{120} \quad \cdots ⑥$$

である．

したがって，求める条件付き確率は，④に⑤，⑥を代入して，

$$P_F(G)=\frac{\frac{44}{120}}{\frac{53}{120}}=\frac{\boxed{44}}{\boxed{53}}$$

である．

第4問　整数の性質

(1)
$$5^4x-2^4y=1. \quad \cdots①$$

「$5^4=625$ を 2^4 で割ったときの余りは1に等しい」ことより，

$$5^4=2^4\cdot39+1$$

であるから，

$$5^4\cdot1-2^4\cdot39=1$$

であり，$x=1$，$y=39$ は①を満たす．①の整数解のうち，x が正の整数で最小になるのは，「1」が正の整数の中で1番小さいから，

$$x=\boxed{1},\quad y=\boxed{39}$$

であることがわかる．

また，

$$\begin{array}{rl} & 5^4x \quad -2^4y=1 \\ -) & 5^4\cdot1 \quad -2^4\cdot39=1 \\ \hline & 5^4(x-1)-2^4(y-39)=0 \\ & 5^4(x-1)=2^4(y-39) \end{array}$$

となる．

5^4 と 2^4 は互いに素より，

$x-1$ は 2^4 の倍数

であるから，整数 k を用いて，

$$x-1=2^4k$$

と表せる．

これを $5^4(x-1)=2^4(y-39)$ に代入すると，

$$5^4\cdot2^4k=2^4(y-39)$$

すなわち，

$$5^4k=y-39$$

となる．

よって，①の整数解は，

$(x,\ y)=(16k+1,\ 625k+39)$ （k は任意の整数）

と表せる．

これより，①の整数解のうち，x が2桁の正の整数で最小になるのは，$k=1$ のときであるから，求める整数解は，

$$x=\boxed{17},\quad y=\boxed{664}$$

である．

(2)
$$625^2=(5^4)^2=5^{\boxed{8}}$$

であり，$m=39$ とすると，$5^4\cdot1=2^4\cdot39+1$ より，

⬅ $(2^4=)\ 16\overline{)\ 625}\ (=5^4)$

$$\begin{array}{r} 39 \\ 16\overline{)\,625} \\ 48 \\ \hline 145 \\ 144 \\ \hline 1 \end{array}$$

⬅ x と y についての不定方程式

$$ax+by=c$$

（a，b，c は整数の定数）

の整数解は，一組の解

$$(x,\ y)=(x_0,\ y_0)$$

を用いて，

$$a(x-x_0)=b(y_0-y)$$

と変形し，次の性質を用いて求める．

a と b が互いに素であるとき，

$$\begin{cases} x-x_0 \text{ は } b \text{ の倍数,} \\ y_0-y \text{ は } a \text{ の倍数} \end{cases}$$

である．

⬅ $16k+1\geqq10$ を解くと，

$$k\geqq\frac{9}{16}.$$

これを満たす最小の整数 k は，

1

である．

$$5^4=2^4m+1$$

であるから,

$$625^2=(5^4)^2$$
$$=(2^4m+1)^2$$
$$=2^8m^2+2^{\boxed{5}}m+1$$

である.

← $(2^4m+1)^2=(2^4m)^2+2\cdot2^4m\cdot1+1^2$
$=2^8m^2+2^5m+1.$

さらに,

$$625^2=5^5\cdot5^3,$$
$$625^2=2^5(2^3m^2+m)+1$$

と変形できるから，625^2 を 5^5 で割ったときの余りは0であり，2^5 で割ったときの余りは1である.

(3)
$$5^5x-2^5y=1. \qquad \cdots ②$$
(x, y は②の整数解)

5^5x と 625^2 はともに 5^5 の倍数であるから,

5^5x-625^2 は 5^5 の倍数

である.

また，②と $625^2=2^5(2^3m^2+m)+1$ より,

$$5^5x-625^2=(2^5y+1)-\{2^5(2^3m^2+m)+1\}$$
$$=2^5\{y-(2^3m^2+m)\}$$

であるから,

5^5x-625^2 は 2^5 の倍数

である.

5^5 と 2^5 は互いに素であるから,

5^5x-625^2 は $5^5\cdot2^5$ の倍数

である.

このことより,

$$5^5x-625^2=(5^5\cdot2^5)M \quad (M \text{ は整数})$$

と表せるから,

$$5^5(x-5^3)=5^5\cdot2^5M$$
$$x-5^3=2^5M$$
$$x=32M+125$$

となる.

← $625^2=5^5\cdot5^3.$

これより，②の整数解のうち，x が3桁の正の整数で最小になるのは，$M=0$ のときであるから，x の値は,

$$x=32\cdot0+125=125$$

であり，y の値は $x=125$ を②に代入すると,

$$5^5\cdot125-2^5y=1$$
$$2^5y=5^8-1$$

← $32M+125\geqq100$ を解くと,
$M\geqq-\dfrac{25}{32}.$
これを満たす最小の整数 M は,
0
である.

← $5^8-1=390624.$

$$y=12207$$

となる．

よって，② の整数解のうち，x が3桁の正の整数で最小になるのは，

$$x=\boxed{125},\quad y=\boxed{12207}$$

である．

(4)
$$11^5x-2^5y=1. \qquad \cdots ③$$

x, y を ③ の整数解とする．

ここで，$11^4=2^4\cdot915+1$ であり，$n=915$ とおくと，

$$11^4=2^4n+1$$

であるから，

$$(11^4)^2=(2^4n+1)^2$$
$$=2^8n^2+2^5n+1$$

である．

さらに，

$$(11^4)^2=11^5\cdot11^3,$$
$$(11^4)^2=2^5(2^3n^2+n)+1$$

と変形できるから，$(11^4)^2$ を 11^5 で割ったときの余りは0であり，2^5 で割ったときの余りは1である．

これより，11^5x と $(11^4)^2$ はともに 11^5 の倍数であるから，

$$11^5x-(11^4)^2 \text{ は } 11^5 \text{ の倍数}$$

である．

また，③ と $(11^4)^2=2^5(2^3n^2+n)+1$ より，

$$11^5x-(11^4)^2=(2^5y+1)-\{2^5(2^3n^2+n)+1\}$$
$$=2^5\{y-(2^3n^2+n)\}$$

であるから，

$$11^5x-(11^4)^2 \text{ は } 2^5 \text{ の倍数}$$

である．

11^5 と 2^5 は互いに素であるから，

$$11^5x-(11^4)^2 \text{ は } 11^5\cdot2^5 \text{ の倍数}$$

である．

このことより，

$$11^5x-(11^4)^2=(11^5\cdot2^5)N \quad (N \text{ は整数})$$

と表せるから，

$$11^5(x-11^3)=11^5\cdot2^5N$$
$$x-11^3=2^5N$$
$$x=32N+1331$$

となる．

← $11^3=1331$.

これより，③の整数解のうち，x が正の整数で最小になるのは，$N=-41$ のときであるから，x の値は，

$$x=32(-41)+1331=19$$

であり，y の値は $x=19$ を③に代入すると，

$$11^5\cdot19-2^5y=1$$
$$2^5y=11^5\cdot19-1$$
$$y=95624$$

となる．

よって，③の整数解のうち，x が正の整数で最小になるのは，

$$x=\boxed{19},\quad y=\boxed{95624}$$

である．

$32N+1331>0$ を解くと，

$$N>-\frac{1331}{32}=-\left(41+\frac{19}{32}\right).$$

これを満たす最小の整数 N は，

$$-41$$

である．

$$11^5\cdot19-1=161051\cdot19-1$$
$$=3059969-1$$
$$=3059968$$

第5問　図形の性質

(1)

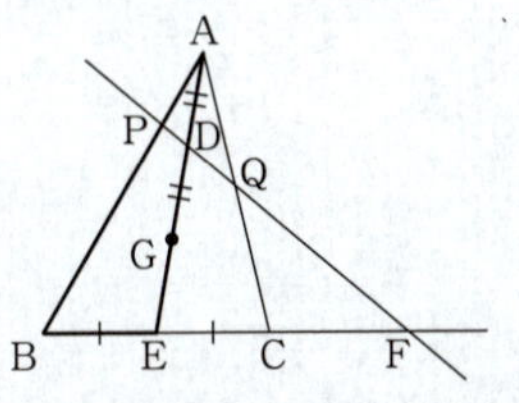

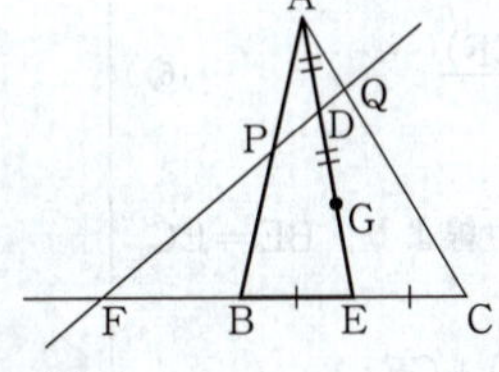

点Gは△ABCの重心であるから，

$$\mathrm{AG}:\mathrm{GE}=2:1 \qquad \cdots①$$

である．

三角形の重心

三角形の3つの中線が交わる点を，三角形の重心といい，重心は各中線を2：1に内分する．

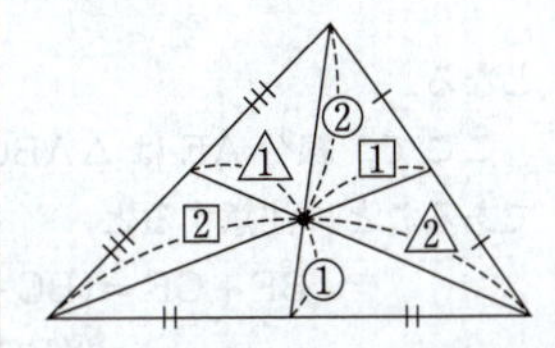

(注)　三角形の頂点とそれに向かい合う辺の中点を結ぶ線分を中線という．

また，点Dは線分AGの中点であるから，

$$\mathrm{AD}:\mathrm{AG}=1:2 \qquad \cdots②$$

である．

①，②より，AD＝DG＝GE となるから，

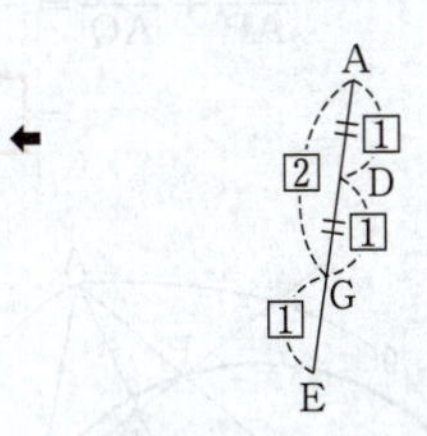

$$\frac{\mathrm{AD}}{\mathrm{DE}}=\frac{\mathrm{AD}}{\mathrm{DG}+\mathrm{GE}}=\frac{\mathrm{AD}}{\mathrm{AD}+\mathrm{AD}}=\frac{\boxed{1}}{\boxed{2}} \qquad \cdots③$$

である．

△ABEと直線FPにメネラウスの定理を用いると，

$$\frac{\mathrm{BP}}{\mathrm{PA}}\times\frac{\mathrm{AD}}{\mathrm{DE}}\times\frac{\mathrm{EF}}{\mathrm{FB}}=1$$

が成り立つから，③を代入すると，

$$\frac{\mathrm{BP}}{\mathrm{AP}}\times\frac{1}{2}\times\frac{\mathrm{EF}}{\mathrm{BF}}=1$$

すなわち，

$$\frac{\mathrm{BP}}{\mathrm{AP}}=\boxed{2}\times\frac{\mathrm{BF}}{\mathrm{EF}} \qquad \cdots④$$

①　…エ
③　…オ

である．

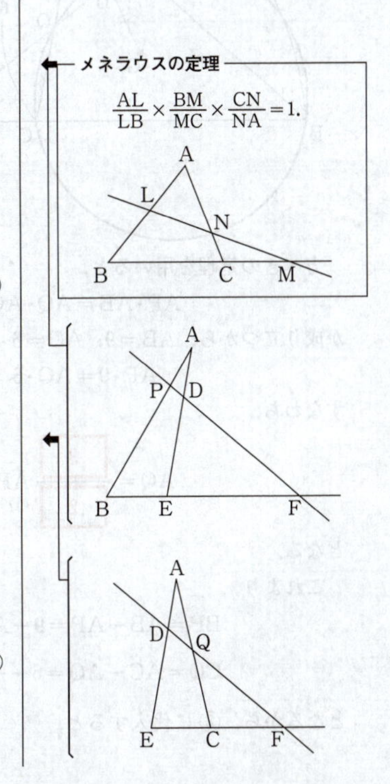

△ACEと直線FDにメネラウスの定理を用いると，

$$\frac{\mathrm{CQ}}{\mathrm{QA}}\times\frac{\mathrm{AD}}{\mathrm{DE}}\times\frac{\mathrm{EF}}{\mathrm{FC}}=1$$

が成り立つから，③を代入すると，

$$\frac{\mathrm{CQ}}{\mathrm{AQ}}\times\frac{1}{2}\times\frac{\mathrm{EF}}{\mathrm{CF}}=1$$

すなわち，

$$\frac{\mathrm{CQ}}{\mathrm{AQ}}=\boxed{2}\times\frac{\mathrm{CF}}{\mathrm{EF}} \qquad \cdots⑤$$

②　…キ
③　…ク

である．

④，⑤より，

$$\frac{BP}{AP}+\frac{CQ}{AQ}=2\times\frac{BF}{EF}+2\times\frac{CF}{EF}$$

$$=\frac{2(BF+CF)}{EF} \quad \cdots ⑥$$

となる．

ここで，線分 AE は △ABC の中線より，BE＝EC であることに注意すると，

$$BF+CF=(BC+CF)+CF$$

$$=2(EC+CF)$$

$$=2EF \quad \cdots ⑦$$

となるから，⑥ に代入すると，つねに，

$$\frac{BP}{AP}+\frac{CQ}{AQ}=\frac{2\cdot 2EF}{EF}$$

$$=\boxed{4} \quad \cdots ⑧$$

となる．

← $BC=BE+EC$
$=EC+EC$
$=2EC.$

(2)

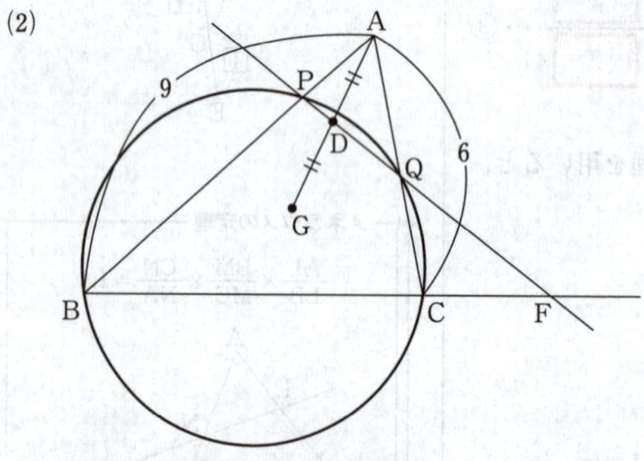

方べきの定理を用いると，

$$AP\cdot AB=AQ\cdot AC$$

が成り立つから，AB＝9，AC＝6 を代入すると，

$$AP\cdot 9=AQ\cdot 6$$

すなわち，

$$AQ=\frac{\boxed{3}}{\boxed{2}}AP$$

となる．

← 方べきの定理

$PA\cdot PB=PC\cdot PD.$

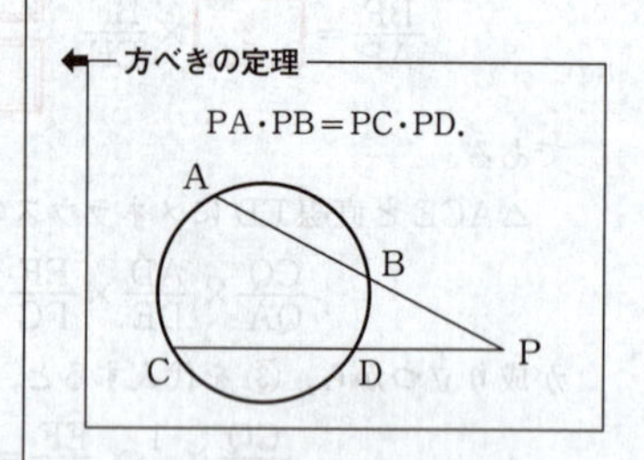

これより，

$$BP=AB-AP=9-AP,$$

$$CQ=AC-AQ=6-\frac{3}{2}AP$$

となるから，⑧ に代入すると，

←

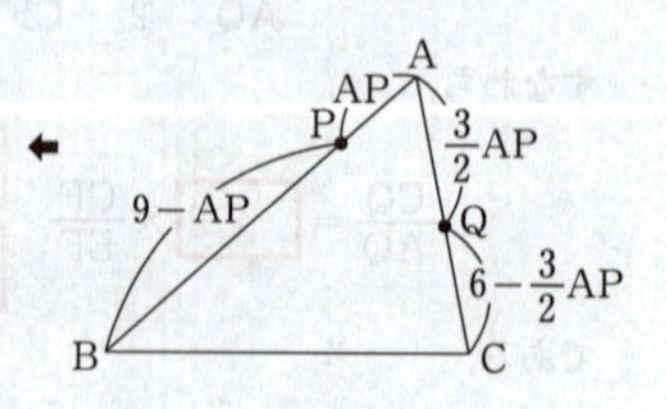

$$\frac{9-\mathrm{AP}}{\mathrm{AP}}+\frac{6-\frac{3}{2}\mathrm{AP}}{\frac{3}{2}\mathrm{AP}}=4$$

$$\frac{\frac{3}{2}(9-\mathrm{AP})+\left(6-\frac{3}{2}\mathrm{AP}\right)}{\frac{3}{2}\mathrm{AP}}=4$$

$$\frac{39}{2}-3\mathrm{AP}=4\cdot\frac{3}{2}\mathrm{AP}$$

$$\mathrm{AP}=\frac{\boxed{13}}{\boxed{6}}$$

であり，

$$\mathrm{AQ}=\frac{\boxed{13}}{\boxed{4}}$$

である．

⬅ $\mathrm{AQ}=\frac{3}{2}\mathrm{AP}.$

よって，

$$\frac{\mathrm{AP}}{\mathrm{BP}}=\frac{\frac{13}{6}}{\frac{41}{6}}=\frac{13}{41},\quad \frac{\mathrm{AQ}}{\mathrm{CQ}}=\frac{\frac{13}{4}}{\frac{11}{4}}=\frac{13}{11}\quad \cdots ⑨$$

⬅ $\mathrm{BP}=9-\frac{13}{6}=\frac{41}{6},$

$\mathrm{CQ}=6-\frac{3}{2}\cdot\frac{13}{6}=\frac{11}{4}.$

となるから，次図を得る．

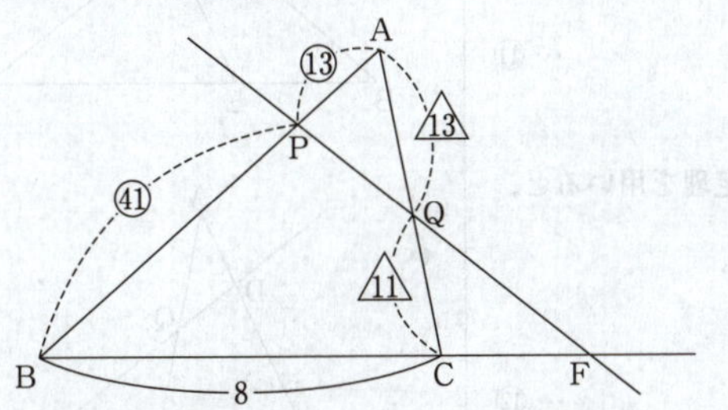

△ABCと直線FPにメネラウスの定理を用いると，

$$\frac{\mathrm{AP}}{\mathrm{PB}}\times\frac{\mathrm{BF}}{\mathrm{FC}}\times\frac{\mathrm{CQ}}{\mathrm{QA}}=1$$

であるから，⑨を代入すると，

$$\frac{13}{41}\times\frac{\mathrm{BF}}{\mathrm{FC}}\times\frac{11}{13}=1$$

すなわち，

$$\frac{\mathrm{BF}}{\mathrm{FC}}=\frac{41}{11}$$

である．

したがって，

$$\mathrm{BC}:\mathrm{CF}=30:11$$

⬅
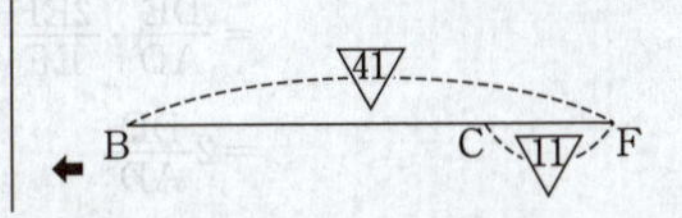

であるから，

$$\mathrm{CF}=\frac{11}{30}\mathrm{BC}$$
$$=\frac{11}{30}\cdot 8$$
$$=\frac{44}{15}$$

である．

(3)
$$\frac{\mathrm{BP}}{\mathrm{AP}}+\frac{\mathrm{CQ}}{\mathrm{AQ}}=10. \quad \cdots ⑩$$

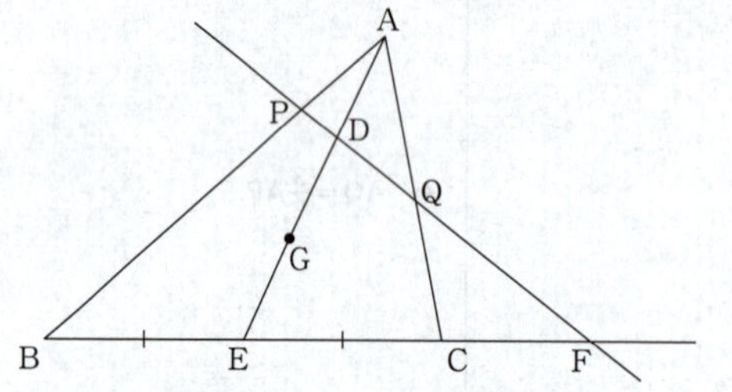

次図で考えてもよい．

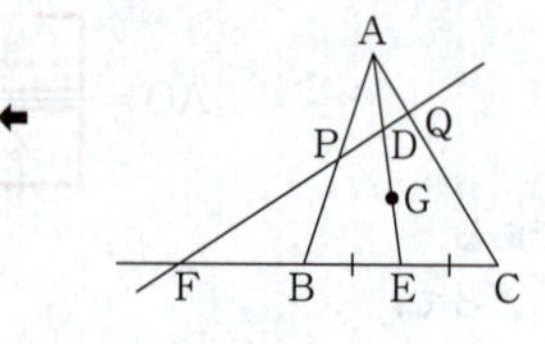

△ABE と直線 FP にメネラウスの定理を用いると，

$$\frac{\mathrm{BP}}{\mathrm{PA}}\times\frac{\mathrm{AD}}{\mathrm{DE}}\times\frac{\mathrm{EF}}{\mathrm{FB}}=1$$

が成り立つから，

$$\frac{\mathrm{BP}}{\mathrm{AP}}=\frac{\mathrm{DE}}{\mathrm{AD}}\cdot\frac{\mathrm{BF}}{\mathrm{EF}} \quad \cdots ⑪$$

となる．

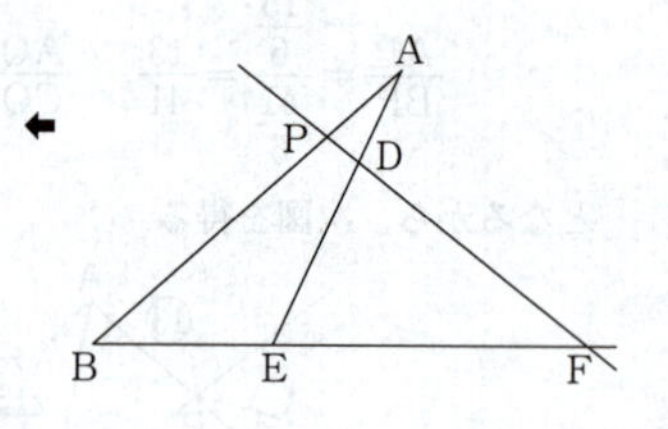

△ACE と直線 FD にメネラウスの定理を用いると，

$$\frac{\mathrm{CQ}}{\mathrm{QA}}\times\frac{\mathrm{AD}}{\mathrm{DE}}\times\frac{\mathrm{EF}}{\mathrm{FC}}=1$$

が成り立つから，

$$\frac{\mathrm{CQ}}{\mathrm{AQ}}=\frac{\mathrm{DE}}{\mathrm{AD}}\cdot\frac{\mathrm{CF}}{\mathrm{EF}} \quad \cdots ⑫$$

となる．

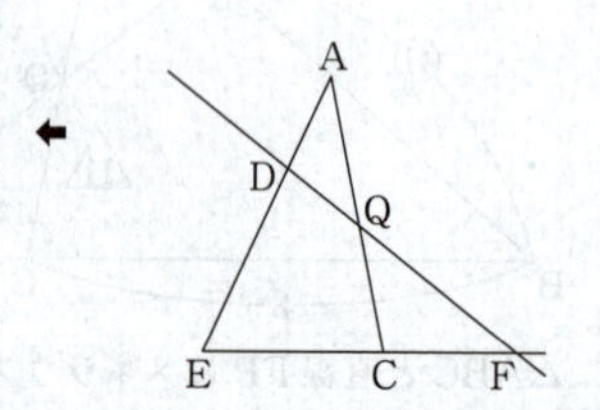

⑪，⑫ より，

$$\frac{\mathrm{BP}}{\mathrm{AP}}+\frac{\mathrm{CQ}}{\mathrm{AQ}}=\frac{\mathrm{DE}}{\mathrm{AD}}\cdot\frac{\mathrm{BF}}{\mathrm{EF}}+\frac{\mathrm{DE}}{\mathrm{AD}}\cdot\frac{\mathrm{CF}}{\mathrm{EF}}$$
$$=\frac{\mathrm{DE}}{\mathrm{AD}}\left(\frac{\mathrm{BF}}{\mathrm{EF}}+\frac{\mathrm{CF}}{\mathrm{EF}}\right)$$
$$=\frac{\mathrm{DE}}{\mathrm{AD}}\cdot\frac{\mathrm{BF}+\mathrm{CF}}{\mathrm{EF}}$$
$$=\frac{\mathrm{DE}}{\mathrm{AD}}\cdot\frac{2\mathrm{EF}}{\mathrm{EF}} \quad (⑦ より)$$
$$=2\frac{\mathrm{DE}}{\mathrm{AD}}$$

となるから，⑩に代入すると，

$$2\frac{DE}{AD}=10$$

$$\frac{DE}{AD}=5$$

である．

これより，

$$AD:AE=1:6$$

であり，AG：GE＝2：1＝4：2 であるから，

$$AG:AE=4:6$$

である．

したがって，

$$AD:AG=1:4$$

となるから，△ABC の形状や点 F の位置に関係なく，

つねに⑩となるのは，$\frac{AD}{DG}=\frac{1}{3}$ のときである．

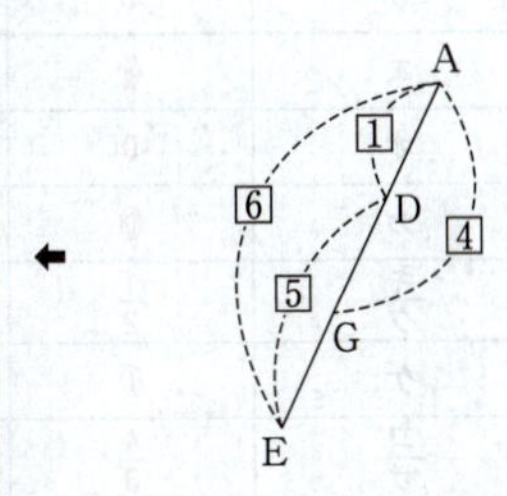

数学Ⅱ・数学B

解答・採点基準

(100点満点)

問題番号(配点)	解答記号	正　解	配点	自己採点
第1問(30)	(ア, イ)	(2, 5)	1	
	ウ	5	1	
	エ	③	2	
	オ	0	2	
	カ	⓪	2	
	$\frac{キ}{ク}$	$\frac{1}{2}$	1	
	ケ	①	2	
	$\frac{コ}{サ}$	$\frac{4}{3}$	2	
	シ	⑤	2	
	ス	2	2	
	セ	8	3	
	ソ	①	2	
	タ	①	1	
	チ	③	2	
	ツ	⓪	2	
	テ	②	3	
第1問　自己採点小計				
第2問(30)	ア	①	2	
	イ	⓪	2	
	ウ	③	2	
	エ	②	2	
	オカ$\sqrt{キ}$	$-2\sqrt{2}$	2	
	ク	2	2	
	ケ, コ	①, ④(解答の順序は問わない)	6(各3)	
	サ, シス	b, 2b	2	
	セ, ソ	②, ①	2	
	タ	②	2	
	$\frac{チツ}{テ}$, ト, ナニ, ヌ	$\frac{-1}{6}$, 9, 12, 5	4	
	$\frac{ネ}{ノ}$	$\frac{5}{2}$	2	
第2問　自己採点小計				

問題番号(配点)	解答記号	正　解	配点	自己採点
第3問(20)	0.アイ	0.25	2	
	ウエオ	100	2	
	カ	②	2	
	キ	②	3	
	ク	1	2	
	ケ, コ	4, 2	2	
	サ	3	2	
	シス	11	2	
	セ	②	3	
第3問　自己採点小計				
第4問(20)	ア	4	1	
	イ	8	1	
	ウ	7	1	
	エ	③	2	
	オ	④	2	
	a_n＋カb_n＋キ	a_n+2b_n+2	2	
	ク	1	2	
	ケ	⑦	2	
	コ	⑨	3	
	サ	4	2	
	シスセ	137	2	
第4問　自己採点小計				

問題番号(配点)	解答記号	正　解	配点	自己採点
第5問 (20)	$\frac{アイ}{ウ}$	$\frac{-2}{3}$	1	
	エ，オ	①，⓪	2	
	カ，キ	④，⓪	2	
	$\frac{ク}{ケ}$	$\frac{3}{5}$	2	
	$\frac{コ}{サt-シ}$	$\frac{3}{5t-3}$	2	
	ス	③	2	
	セ	⓪	2	
	ソ	6	2	
	タ	−	1	
	チ$\overrightarrow{OA}$＋ツ$\overrightarrow{OB}$	2$\overrightarrow{OA}$＋3$\overrightarrow{OB}$	1	
	$\frac{テ}{ト}$	$\frac{3}{4}$	3	
		第5問　自己採点小計		
		自己採点合計		

(注)

第1問，第2問は必答。

第3問～第5問のうちから2問選択。計4問を解答。

第1問　図形と方程式，指数関数・対数関数

〔1〕

(1)　不等式

$$x^2+y^2-4x-10y+4\leqq 0$$

は

$$(x-2)^2+(y-5)^2\leqq 5^2$$

と変形できるから，この不等式の表す領域 D は，中心が点 $\left(\boxed{2},\ \boxed{5}\right)$，半径が $\boxed{5}$ の円の周および内部である．（③）

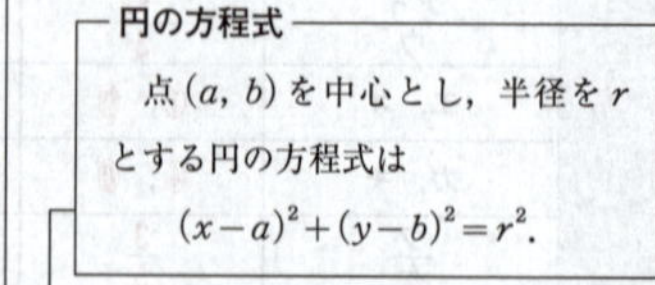

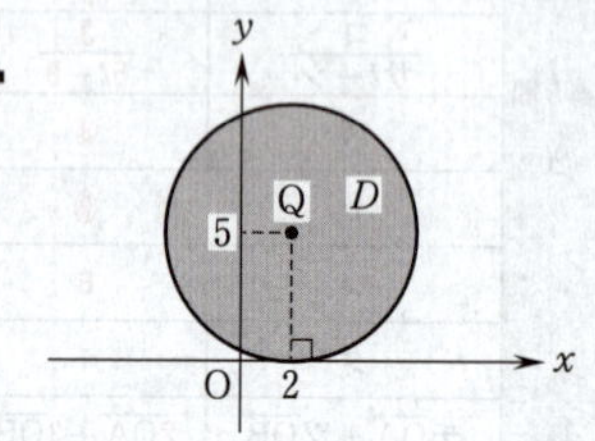

以下，点 $(2,\ 5)$ を Q とし，方程式

$$x^2+y^2-4x-10y+4=0$$

すなわち

$$(x-2)^2+(y-5)^2=5^2$$

の表す円を C とする．

(2)　点 $\mathrm{A}(-8,\ 0)$ を通る直線と領域 D が共有点をもつのはどのようなときかを考える．

(i)　(1)により，直線 $y=\boxed{0}$ は点 A を通る C の接線の一つとなることがわかる．

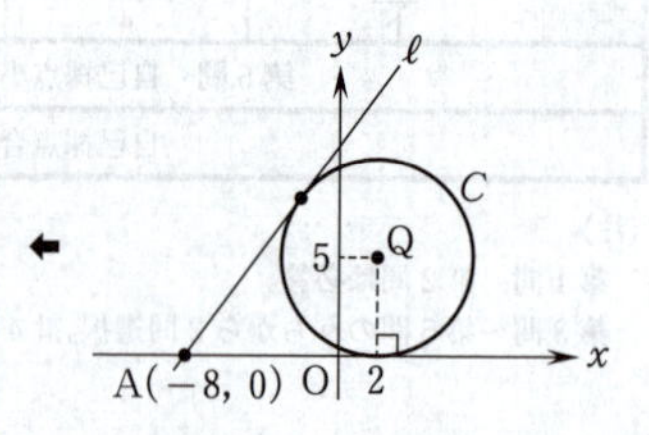

(ii)　点 A を通り，傾きが k の直線を ℓ とすると，ℓ の方程式は $y=k(x+8)$ と表すことができる．これを C の方程式に代入すると

$$x^2+k^2(x+8)^2-4x-10k(x+8)+4=0$$

すなわち

$$(k^2+1)x^2+(16k^2-10k-4)x+64k^2-80k+4=0$$

が得られる．この x の2次方程式が重解をもつとき，すなわち

$$(16k^2-10k-4)^2-4(k^2+1)(64k^2-80k+4)=0$$

が成り立つときの k の値が点 A を通る C の接線の傾きとなる．（⓪）

直線の方程式

点 $(x_1,\ y_1)$ を通り，傾き p の直線の方程式は

$$y=p(x-x_1)+y_1.$$

← この k の方程式を解くのは大変である．

(iii)　x 軸と直線 AQ のなす角を $\theta\left(0<\theta\leqq\dfrac{\pi}{2}\right)$ とすると，$\tan\theta$ は直線 AQ の傾きであるから

$$\tan\theta=\frac{5-0}{2-(-8)}=\frac{\boxed{1}}{\boxed{2}}$$

であり，直線 $y=0$ と異なる接線の傾きは $\tan 2\theta$ と表すことができる．（①）

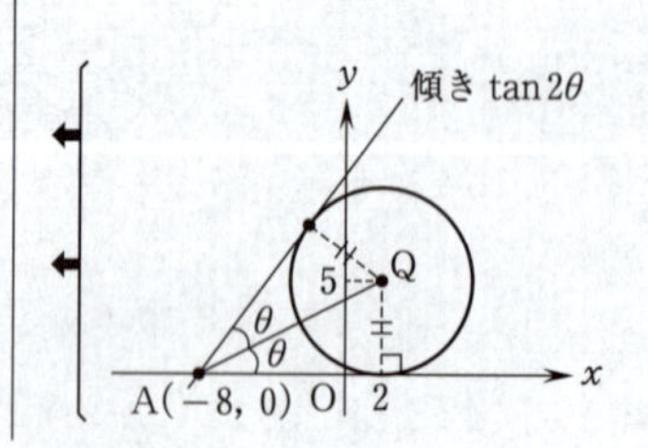

(iv)　点Aを通るCの接線のうち，直線 $y=0$ と異なる接線の傾きをk_0とすると

$$k_0=\tan 2\theta$$
$$=\frac{2\tan\theta}{1-\tan^2\theta}$$
$$=\frac{2\cdot\frac{1}{2}}{1-\left(\frac{1}{2}\right)^2}$$
$$=\frac{\boxed{4}}{\boxed{3}}$$

である．

← 2倍角の公式
$$\tan 2\theta=\frac{2\tan\theta}{1-\tan^2\theta}.$$

　直線ℓと領域Dが共有点をもつようなkの値の範囲は $0\leqq k\leqq k_0$ である．（$\boxed{⑤}$）

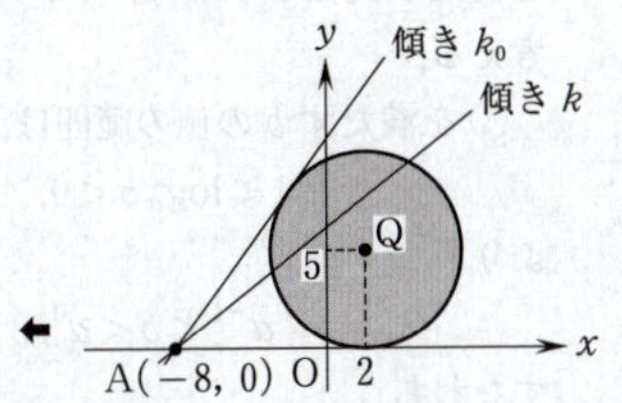

〔2〕

(1)
$$\log_3 9=\boxed{2}$$
$$\log_9 3=\frac{1}{2}$$
$$\log_{\frac{1}{4}}\boxed{8}=-\frac{3}{2}$$
$$\log_8\frac{1}{4}=-\frac{2}{3}$$

であるから

$$\log_3 9>\log_9 3,\quad \log_{\frac{1}{4}}8<\log_8\frac{1}{4}$$

が成り立つ．

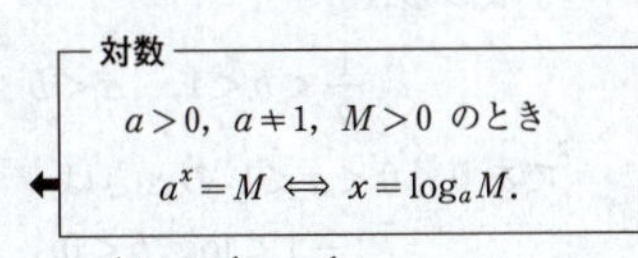
対数
$a>0$，$a\neq 1$，$M>0$ のとき
$$a^x=M \iff x=\log_a M.$$

← $9^{\frac{1}{2}}=(3^2)^{\frac{1}{2}}=3^{2\cdot\frac{1}{2}}=3.$

← $\left(\frac{1}{4}\right)^{-\frac{3}{2}}=4^{\frac{3}{2}}=(2^2)^{\frac{3}{2}}=2^{2\cdot\frac{3}{2}}=2^3=8.$

← $8^{-\frac{2}{3}}=(2^3)^{-\frac{2}{3}}=2^{3\cdot\left(-\frac{2}{3}\right)}=2^{-2}=\frac{1}{2^2}=\frac{1}{4}.$

(2)
$$\log_a b=t \qquad \cdots①$$

← $a>0$，$b>0$，$a\neq 1$，$b\neq 1$.

とおくと

$$a^t=b \quad (\boxed{①})$$

であるから

$$a=b^{\frac{1}{t}} \quad (\boxed{①})$$

← $a^t=b$ より，$a^{t\cdot\frac{1}{t}}=b^{\frac{1}{t}}$ すなわち $a=b^{\frac{1}{t}}$.

が得られ

$$\log_b a=\frac{1}{t} \qquad \cdots②$$

が成り立つことが確かめられる．

(3)
$$t>\frac{1}{t} \qquad \cdots③$$

を満たす実数t（$t\neq 0$）の値の範囲を求める．

　$t>0$ ならば，③の両辺にtを掛けることにより，

$t^2>1$ を得る．このような $t\ (t>0)$ の値の範囲は $1<t$ である．

$t<0$ ならば，③の両辺に t を掛けることにより，$t^2<1$ を得る．このような $t\ (t<0)$ の値の範囲は $-1<t<0$ である．

a の値を一つ定めたとき，不等式

$$\log_a b>\log_b a \quad \cdots④$$

← (2)の t を用いると，$t>\frac{1}{t}$.

を満たす実数 $b\ (b>0,\ b\neq1)$ の値の範囲について考える．

④を満たす b の値の範囲は，$a>1$ のときは

$$-1<\log_a b<0,\quad 1<\log_a b$$

← $-1<t<0,\ 1<t$

より

$$a^{-1}<b<a^0,\quad a^1<b$$

←

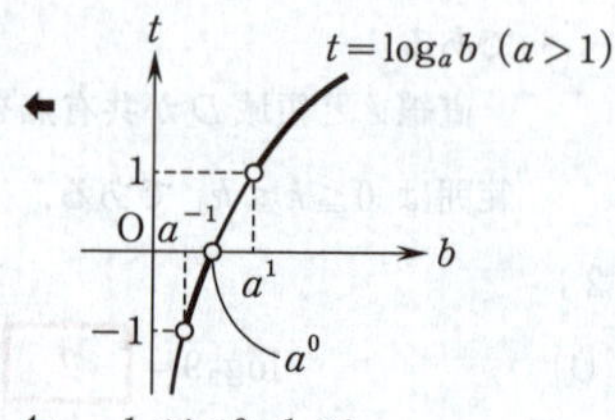

すなわち

$$\frac{1}{a}<b<1,\quad a<b\quad (\boxed{③})$$

であり，$0<a<1$ のときは

$$-1<\log_a b<0,\quad 1<\log_a b$$

← $-1<t<0,\ 1<t$

より

$$a^{-1}>b>a^0,\quad a>b>0$$

←

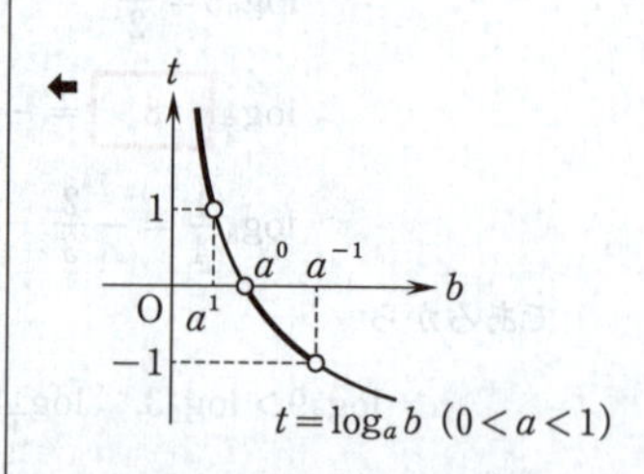

すなわち

$$1<b<\frac{1}{a},\quad 0<b<a\quad (\boxed{⓪})$$

である．

(4)
$$p=\frac{12}{13},\quad q=\frac{12}{11},\quad r=\frac{14}{13}.$$

$$q>1,\quad \frac{1}{q}<p<1\quad \left(\frac{12}{11}>1,\ \frac{11}{12}<\frac{12}{13}<1\right)$$

← (3)の $a>1,\ \frac{1}{a}<b<1$.

$\frac{11}{12}<\frac{12}{13}<1 \iff -\frac{1}{12}<-\frac{1}{13}<0$

$\iff \frac{1}{12}>\frac{1}{13}>0.$

が成り立つから

$$\log_q p>\log_p q$$

← (3)の $\log_a b>\log_b a$.

が成り立つ．

$$0<p<1,\quad 1<r<\frac{1}{p}\quad \left(0<\frac{12}{13}<1,\ 1<\frac{14}{13}<\frac{13}{12}\right)$$

← (3)の $0<a<1,\ 1<b<\frac{1}{a}$.

$1<\frac{14}{13}<\frac{13}{12} \iff 0<\frac{1}{13}<\frac{1}{12}.$

が成り立つから

$$\log_p r>\log_r p$$

← (3)の $\log_a b>\log_b a$.

が成り立つ．以上より

$$\log_p q<\log_q p \quad かつ \quad \log_p r>\log_r p$$

が成り立つ．$(\boxed{②})$

第2問　微分法・積分法

〔1〕

a は実数.

$$f(x)=x^3-6ax+16.$$
$$f'(x)=3x^2-6a=3(x^2-2a).$$

← 導関数
$(x^n)'=nx^{n-1}$ $(n=1, 2, 3, \cdots)$.
$(c)'=0$ （c は定数）.

(1)　$a=0$ のとき

$$f'(x)=3x^2$$

であるから，$f(x)$ の増減は次のようになる.

x	$\cdots$	0	$\cdots$
$f'(x)$	+	0	+
$f(x)$	↗	16	↗

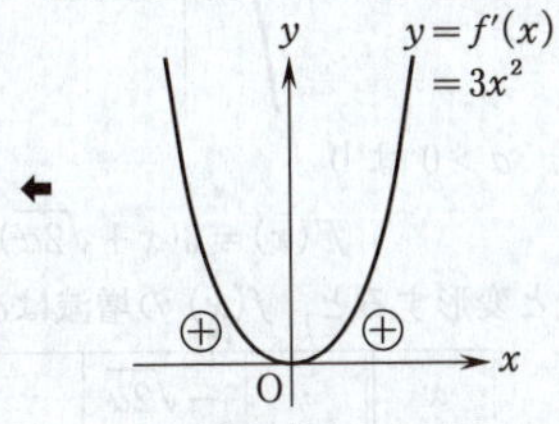

← $f'(x)$ の符号は $y=f'(x)$ のグラフをかくとわかりやすい.

よって，$y=f(x)$ のグラフの概形は次のようになる.　（ ① ）

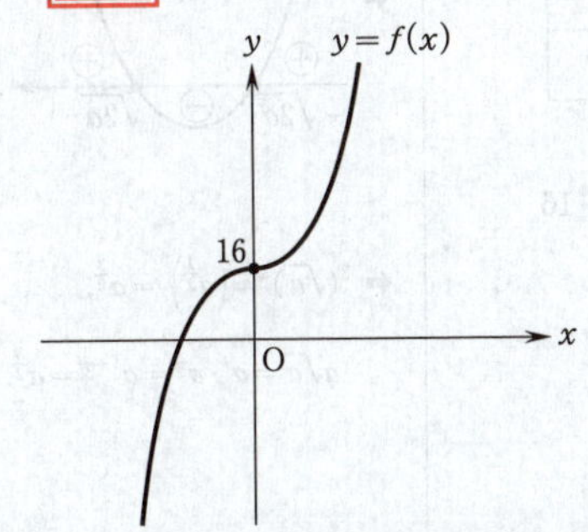

$a<0$ のとき，$f'(x)>0$ より，$f(x)$ の増減は次のようになる.

x	$\cdots$
$f'(x)$	+
$f(x)$	↗

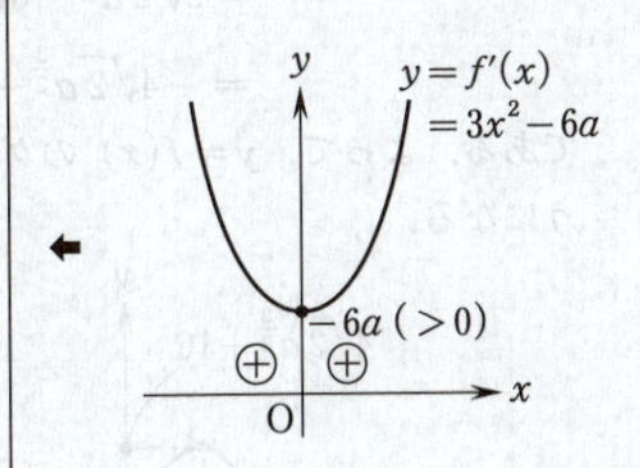

よって，$y=f(x)$ のグラフの概形は次のようになる.　（ ⓪ ）

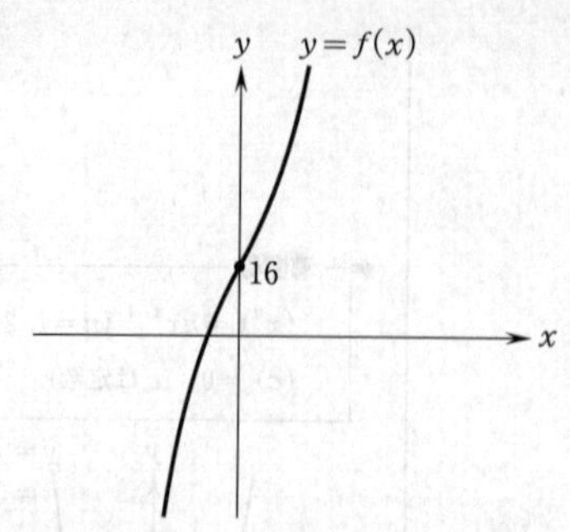

(2)　$a>0$ より

$$f'(x)=3(x+\sqrt{2a})(x-\sqrt{2a})$$

と変形すると，$f(x)$ の増減は次のようになる．

x	$\cdots$	$-\sqrt{2a}$	$\cdots$	$\sqrt{2a}$	$\cdots$
$f'(x)$	$+$	0	$-$	0	$+$
$f(x)$	↗	極大	↘	極小	↗

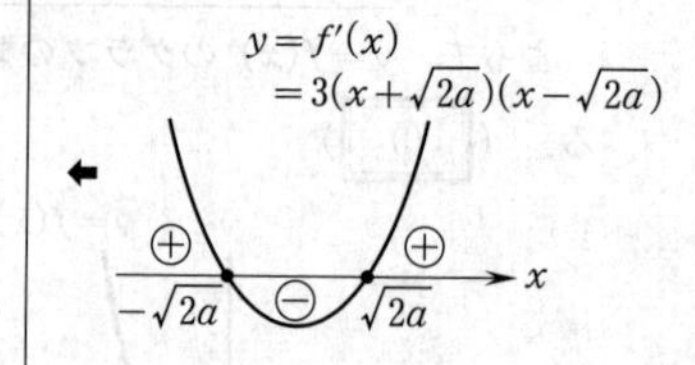

また

$$\begin{aligned} f(-\sqrt{2a}) &= (-\sqrt{2a})^3-6a(-\sqrt{2a})+16 \\ &= -2\sqrt{2}\,a^{\frac{3}{2}}+6\sqrt{2}\,a^{\frac{3}{2}}+16 \\ &= 4\sqrt{2}\,a^{\frac{3}{2}}+16 \end{aligned}$$

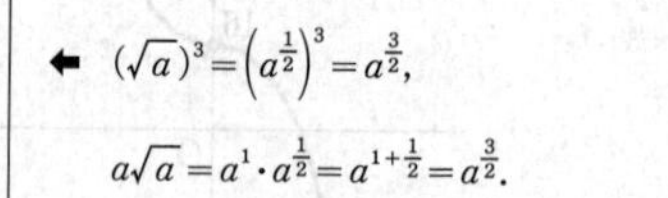

であり

$$\begin{aligned} f(\sqrt{2a}) &= (\sqrt{2a})^3-6a\sqrt{2a}+16 \\ &= 2\sqrt{2}\,a^{\frac{3}{2}}-6\sqrt{2}\,a^{\frac{3}{2}}+16 \\ &= -4\sqrt{2}\,a^{\frac{3}{2}}+16 \end{aligned}$$

である．よって，$y=f(x)$ のグラフの概形は次のようになる．

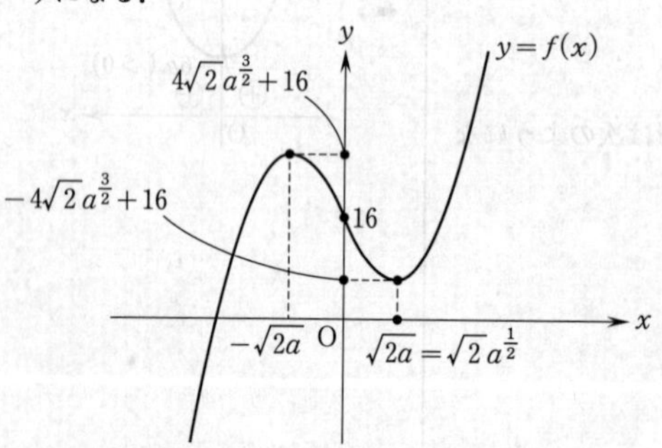

したがって，p を実数として，曲線 $y=f(x)$ と直線 $y=p$ が3個の共有点をもつような p の値の範囲は

$$-4\sqrt{2}\,a^{\frac{3}{2}}+16<p<4\sqrt{2}\,a^{\frac{3}{2}}+16$$

である．（ ③ ），（ ② ）

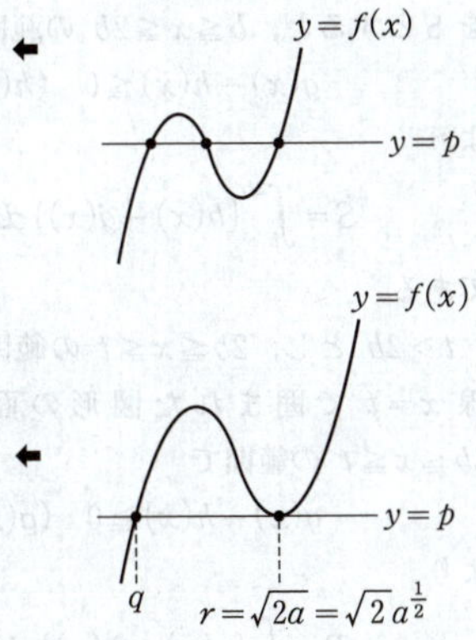

$p=-4\sqrt{2}\,a^{\frac{3}{2}}+16$ のとき，曲線 $y=f(x)$ と直線 $y=p$ は2個の共有点をもつ．それらの x 座標を q，r $(q<r)$ とする．曲線 $y=f(x)$ と直線 $y=p$ は点 $(r,\ p)$ で接するから

$$r=\sqrt{\boxed{2}}\,a^{\frac{1}{2}}$$

と表せる．また，方程式 $f(x)=p$ の r 以外の解が q であるから

$$x^3-6ax+16=-4\sqrt{2}\,a^{\frac{3}{2}}+16$$

$$x^3-6ax+4\sqrt{2}\,a^{\frac{3}{2}}=0$$

$$\left(x-\sqrt{2}\,a^{\frac{1}{2}}\right)^2\left(x+2\sqrt{2}\,a^{\frac{1}{2}}\right)=0$$

← $f(x)=p$.

← 曲線 $y=f(x)$ は直線 $y=p$ と $x=r$ で接するから，$f(x)=p$ は $x=r$ を重解にもつ．

より

$$q=\boxed{-2}\sqrt{\boxed{2}}\,a^{\frac{1}{2}}$$

と表せる．

(3)　方程式 $f(x)=0$ の異なる実数解の個数を n とする．

$a<0$ ならば，(1)のグラフの概形から，$n=1$ である．（ ① ）

← $n=1$ でも $a\geqq 0$ となることがある．

$n=3$ ならば，3次関数 $f(x)$ は極大値と極小値をもち，極大値が正，極小値が負となるから，$a>0$ である．（ ④ ）

← $a>0$ でも $n=3$ でないことがある．

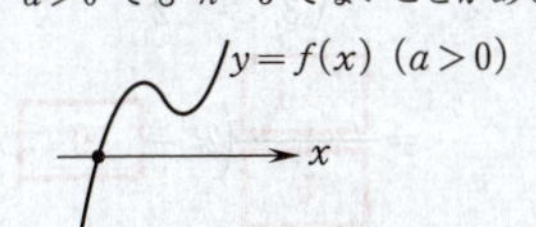

〔2〕

$b>0$．　$g(x)=x^3-3bx+3b^2$，　$h(x)=x^3-x^2+b^2$．

$C_1: y=g(x)$，　$C_2: y=h(x)$．

C_1 と C_2 は2点で交わる．これらの交点の x 座標をそれぞれ α，β $(\alpha<\beta)$ とすると

$$g(x)=h(x)$$

$$g(x)-h(x)=0$$

$$(x^3-3bx+3b^2)-(x^3-x^2+b^2)=0$$

$$x^2-3bx+2b^2=0$$

$$(x-b)(x-2b)=0$$

より，$\alpha=\boxed{b}$，$\beta=\boxed{2b}$ である．

$b\leqq x\leqq 2b$ の範囲で C_1 と C_2 で囲まれた図形の面積

を S とすると，$b \leqq x \leqq 2b$ の範囲で

$$g(x)-h(x) \leqq 0 \quad (h(x) \geqq g(x))$$

より

$$S=\int_b^{2b}\{h(x)-g(x)\}\,dx \quad (\boxed{②})$$

である．

$t>2b$ とし，$2b \leqq x \leqq t$ の範囲で C_1 と C_2 および直線 $x=t$ で囲まれた図形の面積を T とすると，$2b \leqq x \leqq t$ の範囲で

$$g(x)-h(x) \geqq 0 \quad (g(x) \geqq h(x))$$

より

$$T=\int_{2b}^{t}\{g(x)-h(x)\}\,dx \quad (\boxed{①})$$

である．

よって

$$\begin{aligned}
S-T&=\int_b^{2b}\{h(x)-g(x)\}\,dx-\int_{2b}^{t}\{g(x)-h(x)\}\,dx\\
&=\int_b^{2b}\{h(x)-g(x)\}\,dx+\int_{2b}^{t}\{h(x)-g(x)\}\,dx\\
&=\int_b^{t}\{h(x)-g(x)\}\,dx \quad (\boxed{②})\\
&=-\int_b^{t}(x^2-3bx+2b^2)\,dx\\
&=-\left[\frac{1}{3}x^3-\frac{3b}{2}x^2+2b^2x\right]_b^t\\
&=-\left(\frac{1}{3}t^3-\frac{3b}{2}t^2+2b^2t\right)+\left(\frac{1}{3}b^3-\frac{3}{2}b^3+2b^3\right)\\
&=\frac{\boxed{-1}}{\boxed{6}}\left(2t^3-\boxed{9}\,bt^2+\boxed{12}\,b^2t-\boxed{5}\,b^3\right)
\end{aligned}$$

である．

したがって

$$S=T$$

となるのは

$$S-T=0$$

$$2t^3-9bt^2+12b^2t-5b^3=0$$

$$(2t-5b)(t-b)^2=0$$

より $t=\dfrac{\boxed{5}}{\boxed{2}}b$ のときである．

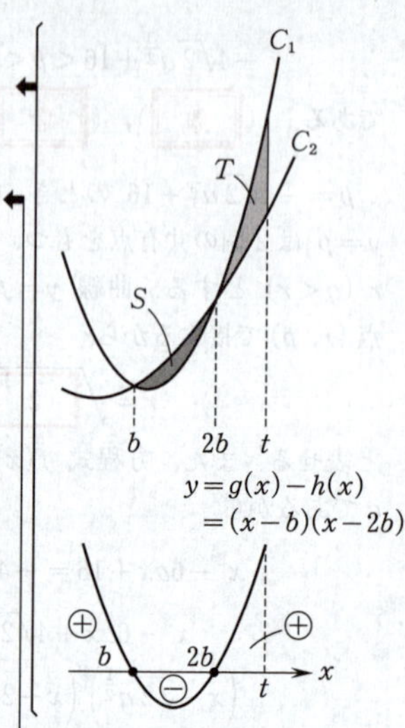

面積

区間 $\alpha \leqq x \leqq \beta$ においてつねに $g(x) \leqq f(x)$ ならば2曲線 $y=f(x)$，$y=g(x)$ および直線 $x=\alpha$，$x=\beta$ で囲まれた部分の面積は

$$S=\int_\alpha^\beta\{f(x)-g(x)\}\,dx.$$

定積分

$$\int x^n\,dx=\frac{1}{n+1}x^{n+1}+C$$

（$n=0$, 1, 2, …．C は積分定数）

であり，$f(x)$ の原始関数の一つを $F(x)$ とすると

$$\int_\alpha^\beta f(x)\,dx=\Big[F(x)\Big]_\alpha^\beta=F(\beta)-F(\alpha).$$

第3問　確率分布・統計的推測

ジャガイモを栽培し販売している会社に勤務する花子さんは，A 地区と B 地区で収穫されるジャガイモについて調べることになった．

(1)　A 地区で収穫されるジャガイモには1個の重さが200g を超えるものが25% 含まれることが経験的にわかっている．花子さんは A 地区で収穫されたジャガイモから400個を無作為に抽出し，重さを計測した．そのうち，重さが200g を超えるジャガイモの個数を表す確率変数を Z とする．このとき Z は二項分布 $B(400,\ 0.\boxed{25})$ に従うから，Z の平均(期待値)は

$$400\cdot\frac{1}{4}=\boxed{100}$$

である．

(2)　Z を(1)の確率変数とし，A 地区で収穫されたジャガイモ400個からなる標本において，重さが200g を超えていたジャガイモの標本における比率を $R=\dfrac{Z}{400}$ とする．このとき，R の標準偏差は

$$\sigma(R)=\frac{\sqrt{400\cdot\frac{1}{4}\cdot\frac{3}{4}}}{400}=\frac{\sqrt{3}}{80}\quad(\boxed{②})$$

である．

標本の大きさ400は十分に大きいので，R は近似的に正規分布 $N\left(0.25,\ \left(\dfrac{\sqrt{3}}{80}\right)^2\right)$ に従い，$Z=\dfrac{R-0.25}{\frac{\sqrt{3}}{80}}$ とおくと，確率変数 Z は標準正規分布 $N(0,\ 1)$ に従う．したがって

$$P(R\geqq x)=0.0465$$

より

$$P\left(\frac{R-0.25}{\frac{\sqrt{3}}{80}}\geqq\frac{x-0.25}{\frac{\sqrt{3}}{80}}\right)=0.0465$$

$$P\left(Z\geqq\frac{x-0.25}{\frac{\sqrt{3}}{80}}\right)=0.0465$$

$$P\left(0\leqq Z\leqq\frac{x-0.25}{\frac{\sqrt{3}}{80}}\right)=0.5-0.0465$$

二項分布

n を自然数とする．

確率変数 X のとり得る値が

$0,\ 1,\ 2,\ \cdots,\ n$

であり，X の確率分布が

$P(X=r)={}_n\mathrm{C}_r p^r(1-p)^{n-r}$

$(r=0,\ 1,\ 2,\ \cdots,\ n)$

であるとき，X の確率分布を二項分布といい，$B(n,\ p)$ で表す．

平均(期待値)，分散

確率変数 X のとり得る値を

$x_1,\ x_2,\ \cdots,\ x_n$

とし，X がこれらの値をとる確率をそれぞれ

$p_1,\ p_2,\ \cdots,\ p_n$

とすると，X の平均(期待値) $E(X)$ は

$E(X)=\sum_{k=1}^{n}x_kp_k.$

また，X の分散 $V(X)$ は

$E(X)=m$ として

$V(X)=\sum_{k=1}^{n}(x_k-m)^2p_k$

または

$V(X)=E(X^2)-\{E(X)\}^2.$

二項分布の平均(期待値)，分散

確率変数 X が二項分布 $B(n,\ p)$ に従うとき，$q=1-p$ とすると X の平均(期待値) $E(X)$ と分散 $V(X)$ は

$E(X)=np$

$V(X)=npq$

である．

$\sqrt{V(X)}$ を X の標準偏差という．

標準正規分布

平均0，標準偏差1の正規分布 $N(0,\ 1)$ を標準正規分布という．

$$P\left(0 \leqq Z \leqq \frac{x-0.25}{\frac{\sqrt{3}}{80}}\right)=0.4535$$

であり，正規分布表より

$$\frac{x-0.25}{\frac{\sqrt{3}}{80}}=1.68$$

すなわち

$$x=0.25+1.68\cdot\frac{\sqrt{3}}{80}=0.28633 \quad (\boxed{②})$$

← $\sqrt{3}=1.73$.

である．

(3)　B地区で収穫され，出荷される予定のジャガイモ1個の重さは100gから300gの間に分布している．B地区で収穫され，出荷される予定のジャガイモ1個の重さを表す確率変数をXとするとき，Xは連続型確率変数であり，Xのとり得る値xの範囲は$100 \leqq x \leqq 300$である．

花子さんは，B地区で収穫され，出荷される予定のすべてのジャガイモのうち，重さが200g以上のものの割合を見積もりたいと考えた．そのために花子さんは，Xの確率密度関数$f(x)$として適当な関数を定め，それを用いて割合を見積もるという方針を立てた．

B地区で収穫され，出荷される予定のジャガイモから206個を無作為に抽出したところ，重さの標本平均は180gであった．図1はこの標本のヒストグラムである．

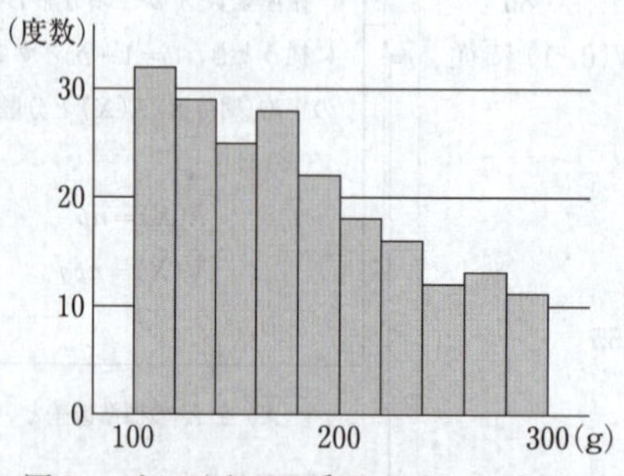

図1　ジャガイモの重さのヒストグラム

花子さんは図1のヒストグラムにおいて，重さxの増加とともに度数がほぼ一定の割合で減少している傾向に着目し，xの確率密度関数$f(x)$として，1次関数

$$f(x)=ax+b \ (100 \leqq x \leqq 300) \quad \cdots ①$$

を考えることにした．ただし，$100 \leqq x \leqq 300$ の範囲で $f(x) \geqq 0$ とする．

このとき，$P(100 \leqq X \leqq 300) =$ 1 であることから

$$\int_{100}^{300} f(x)\,dx = 1$$

$$\int_{100}^{300} (ax+b)\,dx = 1$$

$$\left[\frac{a}{2}x^2 + bx\right]_{100}^{300} = 1$$

$$\frac{a}{2}(300^2 - 100^2) + b(300-100) = 1$$

$$\boxed{4} \cdot 10^4 a + \boxed{2} \cdot 10^2 b = 1 \quad \cdots ①$$

である．

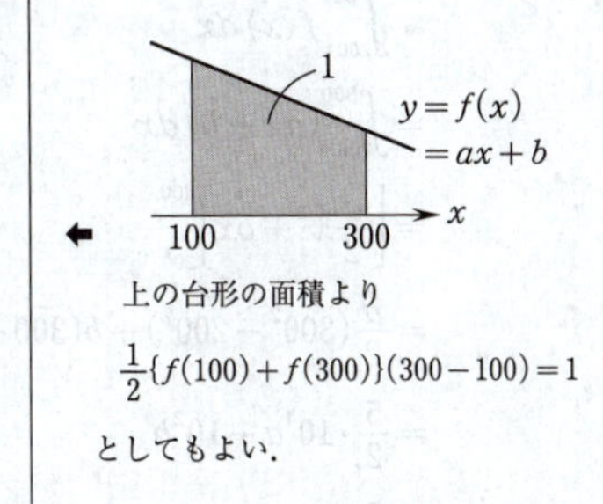

上の台形の面積より

$$\frac{1}{2}\{f(100)+f(300)\}(300-100)=1$$

としてもよい．

花子さんは，X の平均（期待値）が重さの標本平均 180g と等しくなるように確率密度関数を定める方法を用いることにした。

連続型確率変数 X のとり得る値 x の範囲が $100 \leqq x \leqq 300$ で，その確率密度関数が $f(x)$ のとき，X の平均（期待値）m は

$$m = \int_{100}^{300} xf(x)\,dx$$

で定義される．この定義と ① から

$$\begin{aligned} m &= \int_{100}^{300} x(ax+b)\,dx \\ &= \int_{100}^{300} (ax^2+bx)\,dx \\ &= \left[\frac{a}{3}x^3 + \frac{b}{2}x^2\right]_{100}^{300} \\ &= \frac{a}{3}(300^3-100^3) + \frac{b}{2}(300^2-100^2) \\ &= \frac{26}{3}\cdot 10^6 a + 4\cdot 10^4 b = 180 \quad \cdots ② \end{aligned}$$

となる．① と ② より

$$a = -3\cdot 10^{-5}, \quad b = 11\cdot 10^{-3}$$

となるから，確率密度関数は

$$f(x) = -\boxed{3}\cdot 10^{-5}x + \boxed{11}\cdot 10^{-3} \quad \cdots ③$$

と得られる．このようにして得られた ③ の $f(x)$ は，$100 \leqq x \leqq 300$ の範囲で $f(x) \geqq 0$ を満たしており，確かに確率密度関数として適当である。

したがって，B 地区で収穫され，出荷される予定の

すべてのジャガイモのうち，重さが 200g 以上のものは

$$\int_{200}^{300} f(x)\,dx$$
$$=\int_{200}^{300}(ax+b)\,dx$$
$$=\left[\frac{a}{2}x^2+bx\right]_{200}^{300}$$
$$=\frac{a}{2}(300^2-200^2)+b(300-200)$$
$$=\frac{5}{2}\cdot10^4a+10^2b$$
$$=\frac{5}{2}\cdot10^4(-3\cdot10^{-5})+10^2(11\cdot10^{-3})$$
$$=0.35$$

より，35% あると見積もることができる．（ ② ）

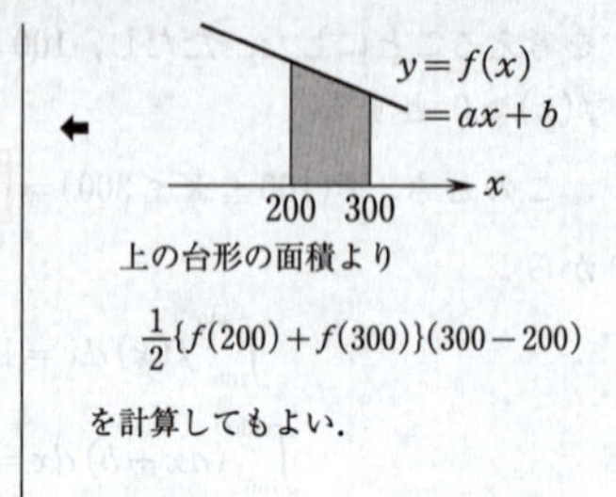

上の台形の面積より

$$\frac{1}{2}\{f(200)+f(300)\}(300-200)$$

を計算してもよい．

第4問　数列

(1)　座標平面上における自転車の位置を $(x,\ y)$ とすると $x \geqq a_1$ の範囲で最初に自転車が歩行者に追いつくまでの $x,\ y$ は

$$y=2(x-a_1)$$

を満たす.

← 自転車は毎分2の速さ.

　座標平面上における歩行者の位置を $(x,\ y)$ とすると，$x \geqq a_1$ の範囲で最初に歩行者が自転車に追いつかれるまでの $x,\ y$ は

$$y=(x-a_1)+b_1$$

を満たす.

← 歩行者は毎分1の速さ.

　よって，最初に自転車が歩行者に追いつくとき

$$2(x-a_1)=(x-a_1)+b_1$$

が成り立つ. これと $a_1=2,\ b_1=2$ より

$$x=a_1+b_1=2+2=4$$

であり

$$y=2b_1=2\cdot 2=4$$

である. したがって，最初に自転車が歩行者に追いつくときの座標は $\left(\boxed{4},\ 4\right)$ である.

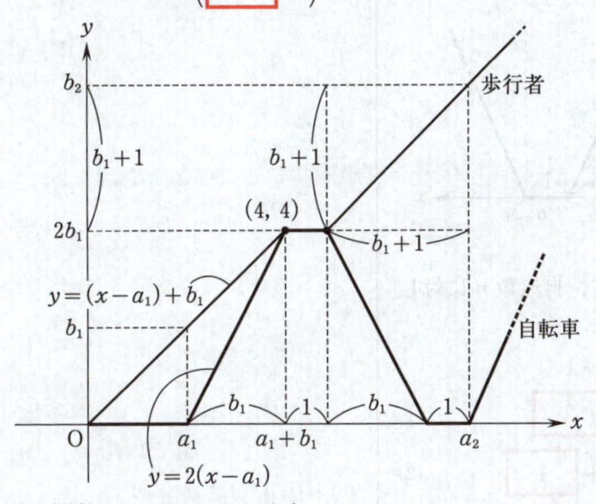

　図と $a_1=2,\ b_1=2$ より

$$a_2=(a_1+b_1)+1+b_1+1=a_1+2b_1+2=\boxed{8}$$

$$b_2=2b_1+b_1+1=3b_1+1=\boxed{7}$$

である.

　座標平面上における自転車の位置を $(x,\ y)$ とすると $x \geqq a_n$ の範囲で n 回目に自転車が歩行者に追いつくまでの $x,\ y$ は

$$y=2(x-a_n)$$

を満たす．

座標平面上における歩行者の位置を$(x,\ y)$とすると，$x \geqq a_n$ の範囲で n 回目に歩行者が自転車に追いつかれるまでの $x,\ y$ は

$$y=(x-a_n)+b_n$$

を満たす．

よって，n 回目に自転車が歩行者に追いつくとき

$$2(x-a_n)=(x-a_n)+b_n$$

が成り立つ．これより

$$x=a_n+b_n$$

であり

$$y=2b_n$$

である．（③），（④）

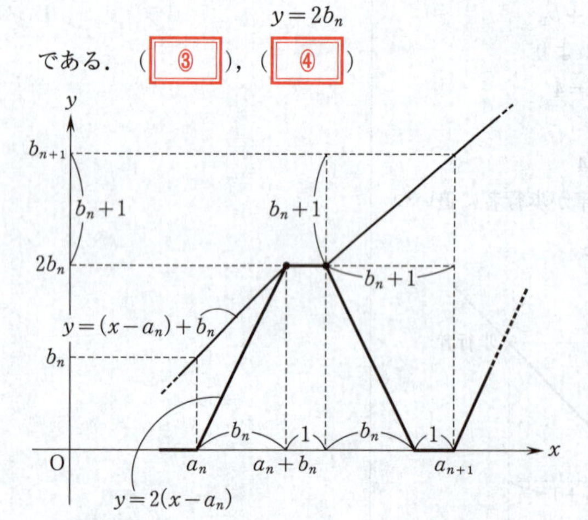

図より，数列$\{a_n\}$，$\{b_n\}$について，自然数 n に対して，関係式

$$a_{n+1}=(a_n+b_n)+1+b_n+1$$
$$=a_n+\boxed{2}\,b_n+\boxed{2} \quad \cdots ①$$
$$b_{n+1}=2b_n+b_n+1=3b_n+\boxed{1} \quad \cdots ②$$

が成り立つことがわかる．②は

$$b_{n+1}+\frac{1}{2}=3\left(b_n+\frac{1}{2}\right)$$

と変形できるから，これと $b_1=2$ より，数列 $\left\{b_n+\frac{1}{2}\right\}$ は初項 $b_1+\frac{1}{2}=2+\frac{1}{2}=\frac{5}{2}$，公比 3 の等比数列とわかる．よって

← 漸化式

$$c_{n+1}=pc_n+q \quad (n=1,\ 2,\ 3,\ \cdots)$$

（$p,\ q$ は定数，$p \neq 0,\ 1$）

は

$$\alpha=p\alpha+q$$

を満たす α を用いて

$$c_{n+1}-\alpha=p(c_n-\alpha)$$

と変形できる．

$$b_n+\frac{1}{2}=\frac{5}{2}\cdot 3^{n-1}\quad (n=1,\ 2,\ 3,\ \cdots)$$

すなわち

$$b_n=\frac{5}{2}\cdot 3^{n-1}-\frac{1}{2}\quad (n=1,\ 2,\ 3,\ \cdots)$$

を得る．（ ⑦ ）この結果と ① より

$$a_{n+1}=a_n+2\left(\frac{5}{2}\cdot 3^{n-1}-\frac{1}{2}\right)+2$$

すなわち

$$a_{n+1}-a_n=5\cdot 3^{n-1}+1$$

を得る．これと $a_1=2$ より，$n=2,\ 3,\ 4,\ \cdots$ のとき

$$a_n=a_1+\sum_{k=1}^{n-1}(5\cdot 3^{k-1}+1)$$

$$=2+\frac{5(3^{n-1}-1)}{3-1}+n-1$$

$$=\frac{5}{2}\cdot 3^{n-1}+n-\frac{3}{2}$$

である．この結果は $n=1$ でも成り立つ．よって

$$a_n=\frac{5}{2}\cdot 3^{n-1}+n-\frac{3}{2}\quad (n=1,\ 2,\ 3,\ \cdots)$$

である．（ 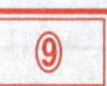 ）

(2)　歩行者が $y=300$ の位置に到着するときまでに，自転車が歩行者に追いつく回数は

$$2b_n\leqq 300$$

を満たす最大の n の値である．これより

$$2\left(\frac{5}{2}\cdot 3^{n-1}-\frac{1}{2}\right)\leqq 300$$

すなわち

$$3^{n-1}\leqq 60+\frac{1}{5}$$

を得る．これを満たす最大の n の値は 4 である．

また，4 回目に自転車が歩行者に追いつく時刻は

$$x=a_4+b_4$$

$$=\left(\frac{5}{2}\cdot 3^{4-1}+4-\frac{3}{2}\right)+\left(\frac{5}{2}\cdot 3^{4-1}-\frac{1}{2}\right)$$

$$=5\cdot 3^3+4-2$$

$$=137$$

である．

等比数列の一般項

初項を a，公比を r とする等比数列 $\{a_n\}$ の一般項は

$$a_n=ar^{n-1}.$$

階差数列

数列 $\{a_n\}$ に対して

$$b_n=a_{n+1}-a_n$$

とすると，$n=2,\ 3,\ 4,\ \cdots$ に対して

$$a_n=a_1+\sum_{k=1}^{n-1}b_k.$$

等比数列の和

初項 a，公比 r，項数 n の等比数列の和は，$r\neq 1$ のとき

$$\frac{a(r^n-1)}{r-1}.$$

← $3^{4-1}=27,\ 3^{5-1}=81.$

第5問　平面ベクトル

平面上の点Oを中心とする半径1の円周上に，3点A，B，Cがあり，$\overrightarrow{OA}\cdot\overrightarrow{OB}=-\frac{2}{3}$ および $\overrightarrow{OC}=-\overrightarrow{OA}$ を満たすとする．t を $0<t<1$ を満たす実数とし，線分ABを $t:(1-t)$ に内分する点をPとする．また，直線OP上に点Qをとる．

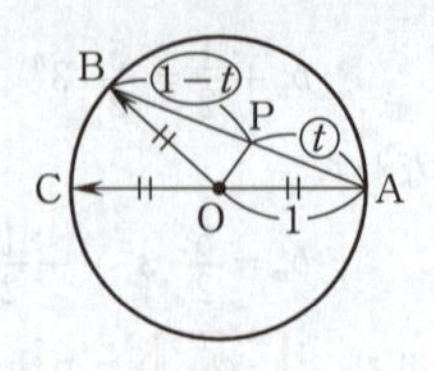

(1)
$$\overrightarrow{OA}\cdot\overrightarrow{OB}=-\frac{2}{3}$$

より

$$|\overrightarrow{OA}||\overrightarrow{OB}|\cos\angle AOB=-\frac{2}{3}$$

であり，$|\overrightarrow{OA}|=|\overrightarrow{OB}|=1$ であるから

$$\cos\angle AOB=\frac{\boxed{-2}}{\boxed{3}}$$

である．

内積

$\vec{0}$ でない2つのベクトル $\vec{x}$ と $\vec{y}$ のなす角を θ $(0°\leqq\theta\leqq180°)$ とすると

$$\vec{x}\cdot\vec{y}=|\vec{x}||\vec{y}|\cos\theta.$$

特に

$$\vec{x}\cdot\vec{x}=|\vec{x}||\vec{x}|\cos 0°=|\vec{x}|^2.$$

また，実数 k を用いて，$\overrightarrow{OQ}=k\overrightarrow{OP}$ と表せる．したがって

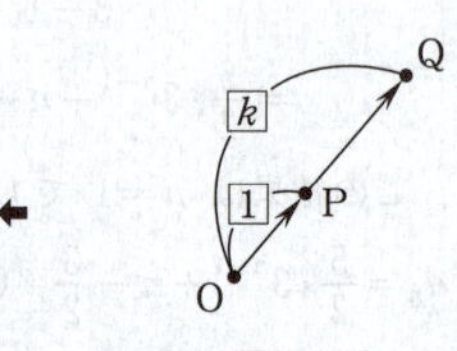

$$\begin{aligned}\overrightarrow{OQ}&=k\overrightarrow{OP}\\&=k\{(1-t)\overrightarrow{OA}+t\overrightarrow{OB}\}\\&=(k-kt)\overrightarrow{OA}+kt\overrightarrow{OB}\quad\cdots①\end{aligned}$$

となり（$\boxed{①}$），（$\boxed{⓪}$）

内分点

t が $0<t<1$ を満たす実数のとき，線分ABを $t:(1-t)$ に内分する点をPとすると

$$\overrightarrow{OP}=(1-t)\overrightarrow{OA}+t\overrightarrow{OB}.$$

$$\begin{aligned}\overrightarrow{CQ}&=\overrightarrow{OQ}-\overrightarrow{OC}\\&=\{(k-kt)\overrightarrow{OA}+kt\overrightarrow{OB}\}-(-\overrightarrow{OA})\\&=(k-kt+1)\overrightarrow{OA}+kt\overrightarrow{OB}\end{aligned}$$

となる．（$\boxed{④}$），（$\boxed{⓪}$）

$\overrightarrow{OA}$ と $\overrightarrow{OP}$ が垂直となるのは

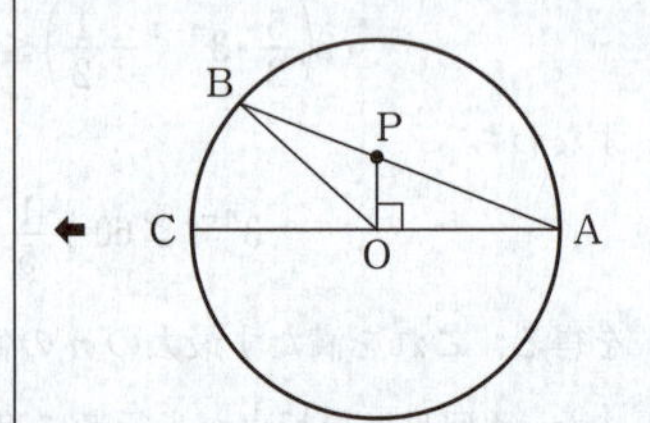

$$\overrightarrow{OA}\cdot\overrightarrow{OP}=0$$

$$\overrightarrow{OA}\cdot\{(1-t)\overrightarrow{OA}+t\overrightarrow{OB}\}=0$$

$$(1-t)|\overrightarrow{OA}|^2+t\overrightarrow{OA}\cdot\overrightarrow{OB}=0$$

$$(1-t)\cdot1^2+t\left(-\frac{2}{3}\right)=0$$

$$\left\{\begin{aligned}&|\overrightarrow{OA}|=|\overrightarrow{OB}|=1,\\&\overrightarrow{OA}\cdot\overrightarrow{OB}=-\frac{2}{3}.\end{aligned}\right.$$

より，$t=\frac{\boxed{3}}{\boxed{5}}$ のときである．

以下，$t\neq\frac{3}{5}$ とし，$\angle OCQ$ が直角であるとする．

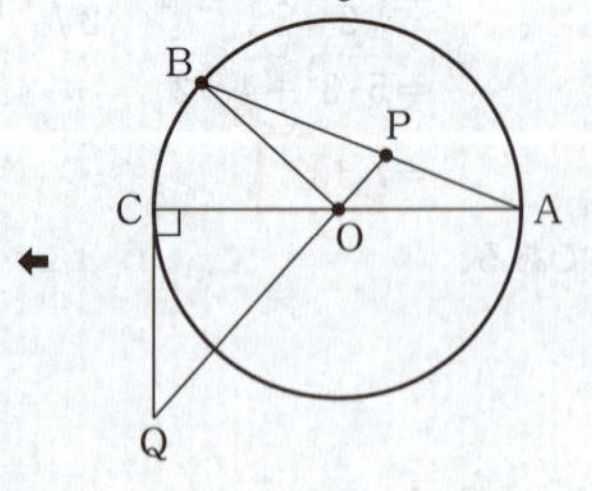

(2)　$\angle OCQ$ が直角であることにより

$$\overrightarrow{OC}\cdot\overrightarrow{CQ}=0$$

$$\overrightarrow{OA}\cdot\overrightarrow{CQ}=0$$
$$\overrightarrow{OA}\cdot\{(k-kt+1)\overrightarrow{OA}+kt\overrightarrow{OB}\}=0$$
$$(k-kt+1)|\overrightarrow{OA}|^2+kt\overrightarrow{OA}\cdot\overrightarrow{OB}=0$$
$$(k-kt+1)\cdot 1^2+kt\left(-\frac{2}{3}\right)=0$$
$$\left(\frac{5t-3}{3}\right)k=1$$

← $\overrightarrow{OC}=-\overrightarrow{OA}$.

であるから，(1) の k は

$$k=\frac{\boxed{3}}{\boxed{5}\,t-\boxed{3}} \quad \cdots ②$$

← $t\neq\frac{3}{5}$ より，$5t-3\neq 0$.

となることがわかる．

平面から直線 OA を除いた部分は，直線 OA を境に二つの部分に分けられる．そのうち，点 B を含む部分を D_1，含まない部分を D_2 とする．また，平面から直線 OB を除いた部分は，直線 OB を境に二つの部分に分けられる．そのうち，点 A を含む部分を E_1，含まない部分を E_2 とする．

・$0<t<\frac{3}{5}$ ならば，点 Q は D_2 に含まれ，かつ E_2 に含まれる．

($\boxed{③}$)

← $0<t<\frac{3}{5}$ のとき

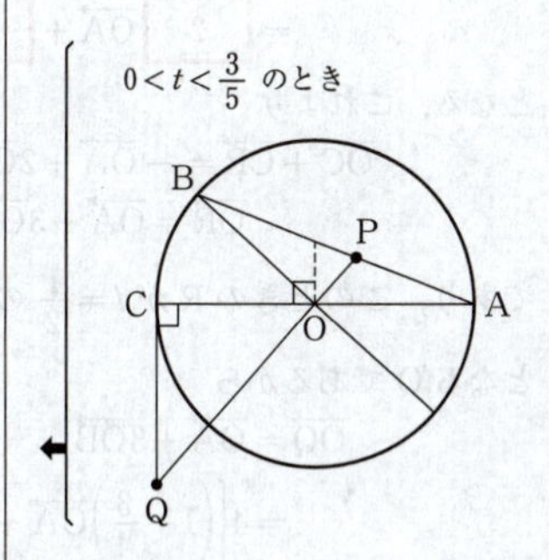

・$\frac{3}{5}<t<1$ ならば，点 Q は D_1 に含まれ，かつ E_1 に含まれる．

($\boxed{⓪}$)

← $\frac{3}{5}<t<1$ のとき

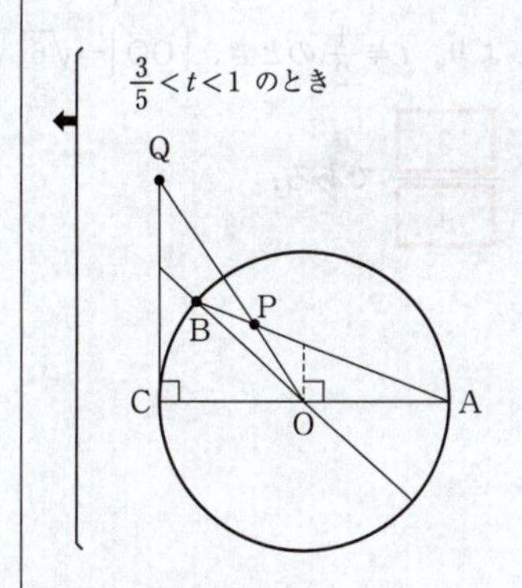

(3)　点 P の位置と $|\overrightarrow{OQ}|$ の関係について考える．

$t=\frac{1}{2}$ のとき，① と ② により

$$\overrightarrow{OQ}=k\{(1-t)\overrightarrow{OA}+t\overrightarrow{OB}\}$$
$$=\frac{3}{5t-3}\{(1-t)\overrightarrow{OA}+t\overrightarrow{OB}\}$$
$$=\frac{3}{5\cdot\frac{1}{2}-3}\left\{\left(1-\frac{1}{2}\right)\overrightarrow{OA}+\frac{1}{2}\overrightarrow{OB}\right\}$$
$$=-3(\overrightarrow{OA}+\overrightarrow{OB})$$

← $k=\dfrac{3}{5\cdot\frac{1}{2}-3}=-6$.

であるから

$$|\overrightarrow{OQ}|^2=3^2|\overrightarrow{OA}+\overrightarrow{OB}|^2$$
$$=3^2(|\overrightarrow{OA}|^2+|\overrightarrow{OB}|^2+2\overrightarrow{OA}\cdot\overrightarrow{OB})$$

$$=3^2\left\{1^2+1^2+2\left(-\frac{2}{3}\right)\right\}$$
$$=6$$

より，$|\overrightarrow{OQ}|=\sqrt{\boxed{6}}$ とわかる．

← $|\overrightarrow{OA}|=|\overrightarrow{OB}|=1$，$\overrightarrow{OA}\cdot\overrightarrow{OB}=-\frac{2}{3}$．

直線 OA に関して，$t=\frac{1}{2}$ のときの点 Q と対称な点を R とすると

← $t=\frac{1}{2}$ のとき $\left(0<t<\frac{3}{5}\text{ を満たす.}\right)$

$$\overrightarrow{CR}=\boxed{-}\,\overrightarrow{CQ}$$
$$=-(\overrightarrow{OQ}-\overrightarrow{OC})$$
$$=3(\overrightarrow{OA}+\overrightarrow{OB})-\overrightarrow{OA}$$
$$=\boxed{2}\,\overrightarrow{OA}+\boxed{3}\,\overrightarrow{OB}$$

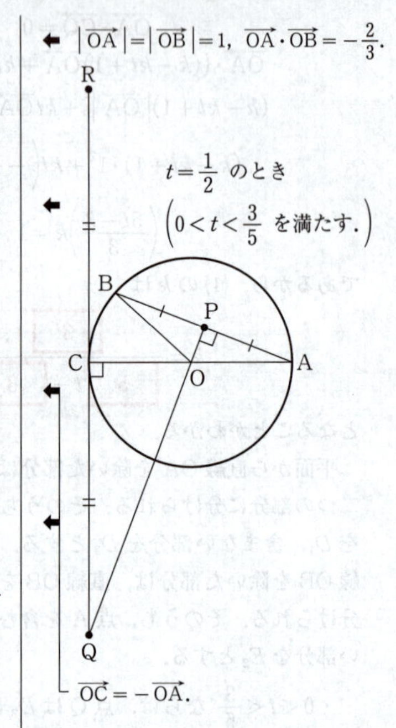

となる．これより

$$\overrightarrow{OC}+\overrightarrow{CR}=-\overrightarrow{OA}+2\overrightarrow{OA}+3\overrightarrow{OB}$$
$$\overrightarrow{OR}=\overrightarrow{OA}+3\overrightarrow{OB}$$

← $\overrightarrow{OC}=-\overrightarrow{OA}$．

であり，このときの R が $t\neq\frac{1}{2}$ のときの $|\overrightarrow{OQ}|=\sqrt{6}$ となる Q であるから

$$\overrightarrow{OQ}=\overrightarrow{OA}+3\overrightarrow{OB}$$
$$=4\left\{\left(1-\frac{3}{4}\right)\overrightarrow{OA}+\frac{3}{4}\overrightarrow{OB}\right\}$$

← $\overrightarrow{OQ}=k\overrightarrow{OP}=k\{(1-t)\overrightarrow{OA}+t\overrightarrow{OP}\}$

より，$t\neq\frac{1}{2}$ のとき，$|\overrightarrow{OQ}|=\sqrt{6}$ となる t の値は

$$\frac{\boxed{3}}{\boxed{4}}$$ である．

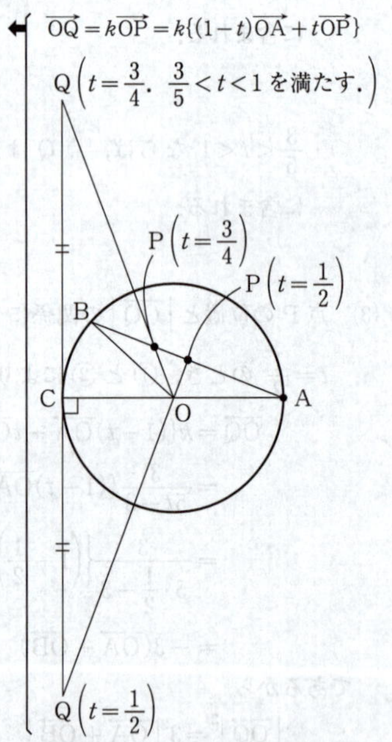

数学Ⅰ

解答・採点基準

（100点満点）

問題番号(配点)	解答記号	正解	配点	自己採点
第1問 (20)	アイ	−6	2	
	ウエ	38	2	
	オカ	−2	2	
	キク	18	2	
	ケ	2	2	
	コ，サ，シ	2，4，2	2	
	ス	⑧	2	
	セ	⓪	2	
	ソ	①	2	
	タ，チ	①，③	2	
	第1問　自己採点小計			
第2問 (30)	ア.イウエ	0.072	3	
	オ	②	3	
	$\frac{\sqrt{カ}}{キ}$	$\frac{\sqrt{6}}{3}$	2	
	$ク\sqrt{ケ}$	$2\sqrt{6}$	2	
	$コ\sqrt{サ}$	$2\sqrt{6}$	3	
	$\frac{シ}{ス}$	$\frac{2}{3}$	3	
	$\frac{セソ}{タ}$	$\frac{10}{3}$	2	
	チ≦AB≦ツ	4≦AB≦6	3	
	$\frac{テト}{ナ}$，$\frac{ニ}{ヌ}$	$\frac{-1}{3}$，$\frac{7}{3}$	3	
	ネ	4	3	
	$ノ\sqrt{ハ}$	$4\sqrt{5}$	3	
	第2問　自己採点小計			

問題番号(配点)	解答記号	正解	配点	自己採点
第3問 (30)	ア，イ	2，⓪	2	
	ウ，エ	7，①	2	
	オ<t<カキ	1<t<21	3	
	ク	⓪	2	
	ケ	⑦	3	
	コ	③	3	
	サ	3	2	
	シ	2	2	
	ス	5	3	
	セ	9	2	
	ソ	⑥	1	
	タ	①	2	
	チ，ツ	③，①	3	
	第3問　自己採点小計			
第4問 (20)	ア，イ，ウ	②，②，⓪	3	
	エ，オ	⓪，③	2	
	カ	②	4	
	キ.クケ	0.63	3	
	コ	③	3	
	サシ，ス，セ	14，3，2	1	
	ソ	②	2	
	タ	②	2	
	第4問　自己採点小計			
	自己採点合計			

第1問　数と式，2次方程式，集合と命題

〔1〕 数学Ⅰ・数学Aの**第1問**〔1〕の解答を参照.

〔2〕

> **命題A**　p，q，r，s を実数とする.
> $pq=2(r+s)$ ならば，二つの2次関数 $y=x^2+px+r$，$y=x^2+qx+s$ のグラフのうち，少なくとも一方は x 軸と共有点をもつ.

2次方程式 $x^2+px+r=0$ に解の公式を適用すると，

$$x=\frac{-p\pm\sqrt{p^{\boxed{2}}-\boxed{4}\,r}}{\boxed{2}}.$$

$x^2+px+r=0$ の判別式が D_1，$x^2+qx+s=0$ の判別式が D_2 より，

$$D_1=p^2-4r,\quad D_2=q^2-4s.$$

$y=x^2+px+r$，$y=x^2+qx+s$ のグラフのうち，少なくとも一方が x 軸と共有点をもつための必要十分条件は，

$D_1\geqq 0$　または　$D_2\geqq 0$.　⑧　…ス

よって，**命題A**が真であることを示す代わりに**命題B**が真であることを示すとよい.

> **命題B**　p，q，r，s を実数とする.
> $pq=2(r+s)$ ならば，ス が成り立つ.

命題Bを背理法を用いて証明するには，

$D_1\geqq 0$　または　$D_2\geqq 0$

が成り立たない，すなわち，

$D_1<0$　かつ　$D_2<0$　⓪　…セ

が成り立つと仮定して矛盾を導けばよい.

$D_1<0$ かつ $D_2<0$ が成り立つならば，

$D_1+D_2<0$　①　…ソ

が得られる.

2次方程式の解の公式(その1)

2次方程式 $ax^2+bx+c=0$ の解は，

$$x=\frac{-b\pm\sqrt{b^2-4ac}}{2a}.$$

2次関数のグラフと x 軸の位置関係

2次方程式 $ax^2+bx+c=0$ の判別式を D とする.

放物線 $y=ax^2+bx+c$　…①

について，

(①と x 軸が異なる2点で交わる) $\iff D>0$,

(①と x 軸が接する) $\iff D=0$,

(①と x 軸は交わらない) $\iff D<0$.

①と x 軸が共有点をもつ条件は，「異なる2点で交わる」，または，「接する」を合わせたものであるから，

$D>0$　または　$D=0$

つまり，

$D\geqq 0$.

ド・モルガンの法則

$\overline{s\text{ または }t}\iff\overline{s}\text{ かつ }\overline{t}$,

$\overline{s\text{ かつ }t}\iff\overline{s}\text{ または }\overline{t}$.

一方，$pq=2(r+s)$ を用いると，

$$
\begin{aligned}
D_1+D_2&=(p^2-4r)+(q^2-4s)\\
&=(p^2+q^2)-2\cdot 2(r+s)\\
&=p^2+q^2-2pq \quad \boxed{①} \cdots タ
\end{aligned}
$$

が得られるので，

$$
\begin{aligned}
D_1+D_2&=(p-q)^2\\
&\geqq 0 \quad \boxed{③} \cdots チ
\end{aligned}
$$

となるが，これは $D_1+D_2<0$ に矛盾する．したがって，$D_1<0$ かつ $D_2<0$ は成り立たない．よって，命題 **B** は真である．

第2問　図形と計量，2次関数

〔1〕

(図1)

図1において線分AC，BCの長さを定規で測ったときの値をそれぞれx，yとすると，条件より，

$$\tan 16^\circ = \frac{y}{x}, \text{ すなわち, } \frac{y}{x} = 0.2867. \quad \cdots ①$$

さらに，条件より，

(2点A, Cの間の距離) $= \mathrm{AC} = 100000x$,

(2点B, Cの間の距離) $= \mathrm{BC} = 25000y$

であるから，

$$\begin{aligned}\tan\angle\mathrm{BAC} &= \frac{\mathrm{BC}}{\mathrm{AC}}\\ &= \frac{25000y}{100000x}\\ &= \frac{1}{4}\cdot\frac{y}{x}\\ &= 0.25\times 0.2867 \quad (①\text{より})\\ &= 0.071675.\end{aligned}$$

よって，

$$\tan\angle\mathrm{BAC} = \boxed{0}.\boxed{072}$$

であり，∠BACの大きさは4°より大きく5°より小さい．$\boxed{②}$ …オ

←直角三角形と三角比

$$\sin\theta = \frac{b}{c},$$

$$\cos\theta = \frac{a}{c},$$

$$\tan\theta = \frac{b}{a}.$$

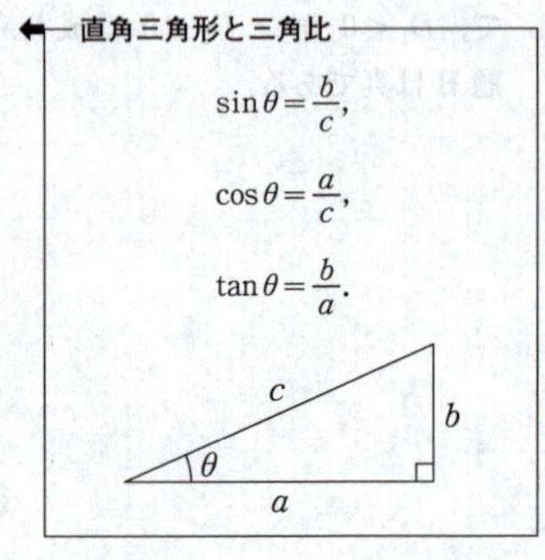

tan 16° の値は三角比の表から読み取る．

← ∠BACの大きさは三角比の表から読み取る．

〔2〕

(1)

$$\cos\angle\mathrm{ACB} = \frac{\sqrt{3}}{3} \text{ と, } 0^\circ < \angle\mathrm{ACB} < 180^\circ \text{ より}$$

$\sin\angle ACB>0$ であるから,

$$\sin\angle ACB=\sqrt{1-\cos^2\angle ACB}$$
$$=\sqrt{1-\left(\frac{\sqrt{3}}{3}\right)^2}$$
$$=\frac{\sqrt{\boxed{6}}}{\boxed{3}}.$$

正弦定理を用いると,

$$\frac{AB}{\sin\angle ACB}=2\cdot 3$$

であるから,

$$AB=6\sin\angle ACB$$
$$=6\cdot\frac{\sqrt{6}}{3}$$
$$=\boxed{2}\sqrt{\boxed{6}}.$$

また, $AC:BC=\sqrt{3}:2$ より,

$$AC=\sqrt{3}k,\quad BC=2k\ (k>0)$$

とおく. 余弦定理を用いると,

$$AB^2=BC^2+AC^2-2BC\cdot AC\cos\angle ACB$$
$$(2\sqrt{6})^2=(2k)^2+(\sqrt{3}k)^2-2\cdot 2k\cdot\sqrt{3}k\cdot\frac{\sqrt{3}}{3}$$
$$24=3k^2$$
$$k^2=8$$

となるから, $k>0$ より,

$$k=2\sqrt{2}.$$

よって,

$$AC=\sqrt{3}\cdot 2\sqrt{2}=\boxed{2}\sqrt{\boxed{6}}.$$

(2)(i)

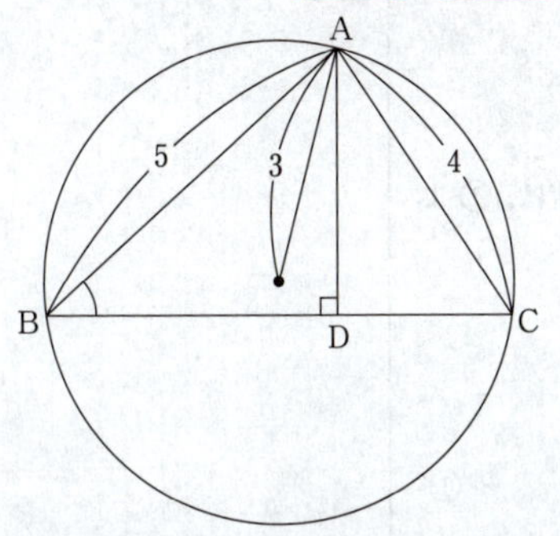

三角形 ABC に正弦定理を用いると,

三角比の相互関係

・$\sin^2\theta+\cos^2\theta=1$,

・$\tan\theta=\dfrac{\sin\theta}{\cos\theta}$,

・$1+\tan^2\theta=\dfrac{1}{\cos^2\theta}$.

正弦定理

$$\frac{a}{\sin A}=\frac{b}{\sin B}=\frac{c}{\sin C}=2R.$$

(R は外接円の半径)

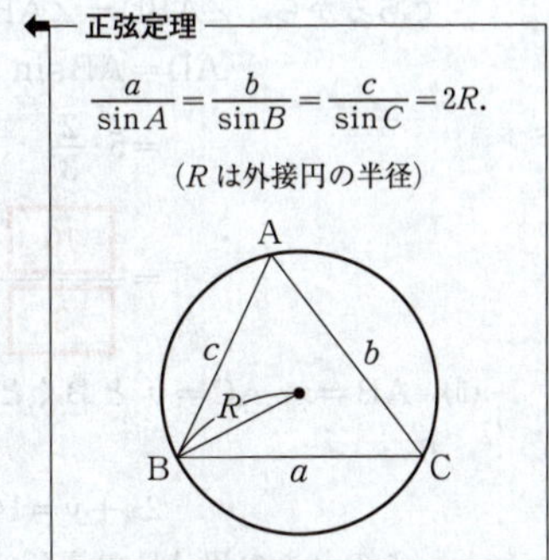

余弦定理

$$c^2=a^2+b^2-2ab\cos C,$$
$$\cos C=\frac{a^2+b^2-c^2}{2ab}.$$

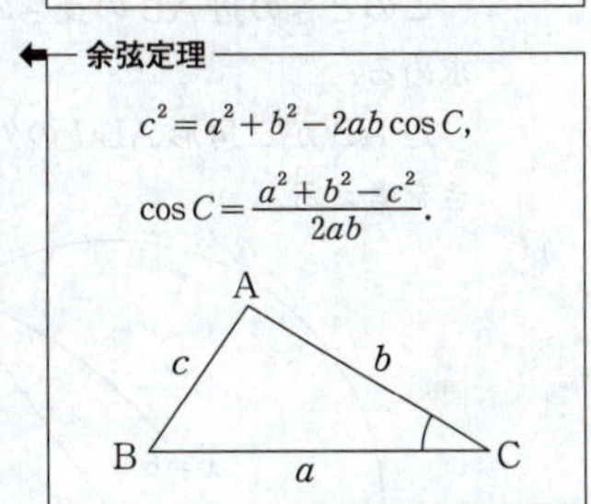

$$2\cdot3=\frac{4}{\sin\angle\mathrm{ABC}}$$

であるから，

$$\sin\angle\mathrm{ABC}=\frac{\boxed{2}}{\boxed{3}}.$$

さらに，直角三角形 ABD に注目すると，

$$\sin\angle\mathrm{ABD}=\frac{\mathrm{AD}}{\mathrm{AB}}$$

であるから，$\angle\mathrm{ABD}=\angle\mathrm{ABC}$ より，

$$\begin{aligned}\mathrm{AD}&=\mathrm{AB}\sin\angle\mathrm{ABC}\\&=5\cdot\frac{2}{3}\\&=\frac{\boxed{10}}{\boxed{3}}.\end{aligned}$$

(ii) $\mathrm{AB}=x$, $\mathrm{AC}=y$ とおくと，$2\mathrm{AB}+\mathrm{AC}=14$ より，

$$2x+y=14. \quad \cdots ①$$

このときの辺 AB の長さのとり得る値の範囲を求める．

辺 AB が三角形 ABC の外接円の直径になるときを考える．

← 辺 AB の長さが最大になるのは，図より，AB が外接円の直径になるときと推定されるので，そのときの場合を考えた．なお，① より y の値が負になれば，AB の長さが最大になるのは，AB が外接円の直径になるときではないことになる．

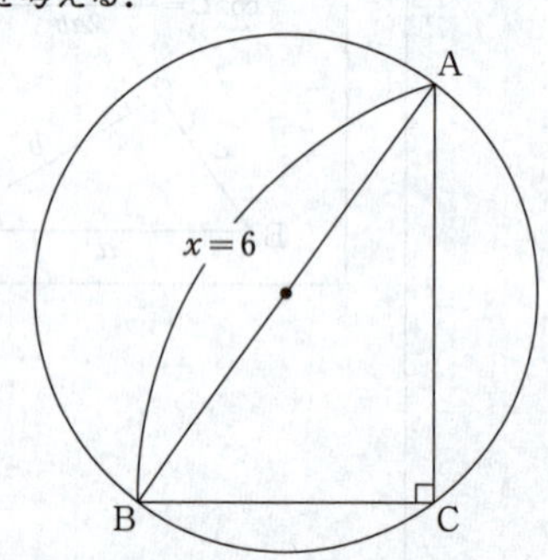

$\mathrm{AB}=x=6$ であり，このときの y の値は，① より，

$$\mathrm{AC}=y=2\ (>0)$$

である(辺 AC は存在している)．

また，① より，

$$x=\frac{14-y}{2} \quad \cdots ①'$$

であるから，y が最大のとき，x は最小になる．

辺ACが三角形ABCの外接円の直径になるときを考える.

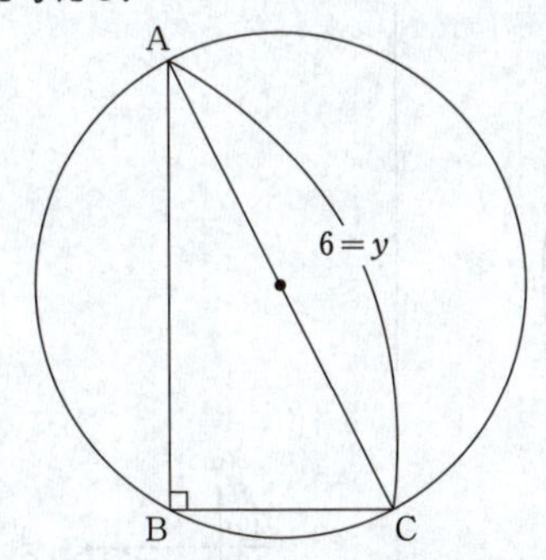

$AC=y=6$ であり，このときの x の値は，①′より，

$$AB=x=4\ (>0)$$

である(辺ABは存在している).

よって，図より，辺ABの長さのとり得る値の範囲は，

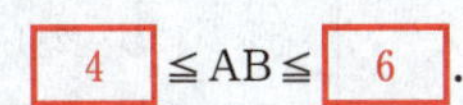

次に，線分ADの長さをABを用いて表す.

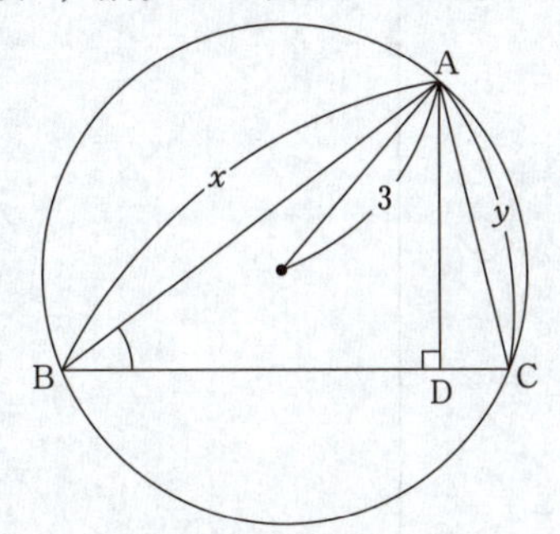

三角形ABCに正弦定理を用いると，

$$2\cdot 3=\frac{y}{\sin\angle ABC}$$

であるから，

$$\sin\angle ABC=\frac{y}{6}. \qquad \cdots ②$$

さらに，直角三角形ABDに注目すると，

$$\sin\angle ABD=\frac{AD}{AB}$$

であるから，$\angle ABD=\angle ABC$ より，

$$AD=AB\sin\angle ABC$$

⬅ 辺ABの長さが最大になるときと同様に，辺ACの長さが最大になるときもACが外接円の直径になるときを考えた．このとき，x の値が正になることを確認しておくこと．

$=x\cdot\dfrac{y}{6}$　(② より)

$=x\cdot\dfrac{14-2x}{6}$　(① より)

$=-\dfrac{1}{3}x^2+\dfrac{7}{3}x$

$$\left(=\frac{\boxed{-1}}{\boxed{3}}\mathrm{AB}^2+\frac{\boxed{7}}{\boxed{3}}\mathrm{AB}\right).$$

ここで,

$$f(x)=-\frac{1}{3}x^2+\frac{7}{3}x\ (4\leqq x\leqq 6)$$

とおくと,

$$f(x)=-\frac{1}{3}\left(x-\frac{7}{2}\right)^2+\frac{49}{12}.$$

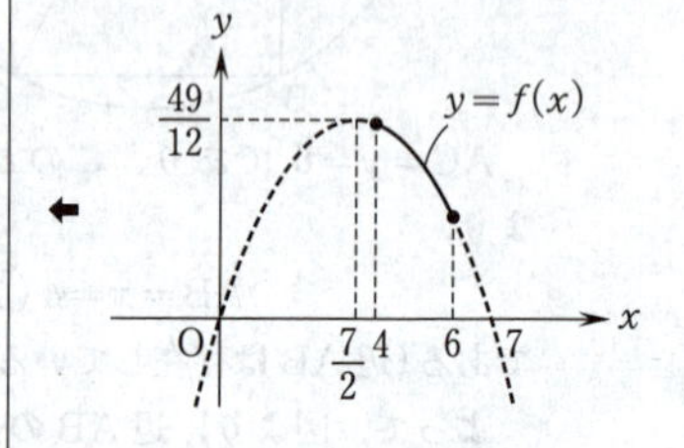

よって，線分 AD の長さの最大値は,

$$f(4)=-\frac{1}{3}\cdot 4^2+\frac{7}{3}\cdot 4=\boxed{4}.$$

このとき，$\mathrm{AD}=\mathrm{AB}=x=4$，$\mathrm{AC}=y=6$ であるから，三角形 ABC は次図のように $\angle\mathrm{ABC}=90^\circ$ の直角三角形になる.

⬅ ① より,

$2\cdot 4+y=14$

$y=6.$

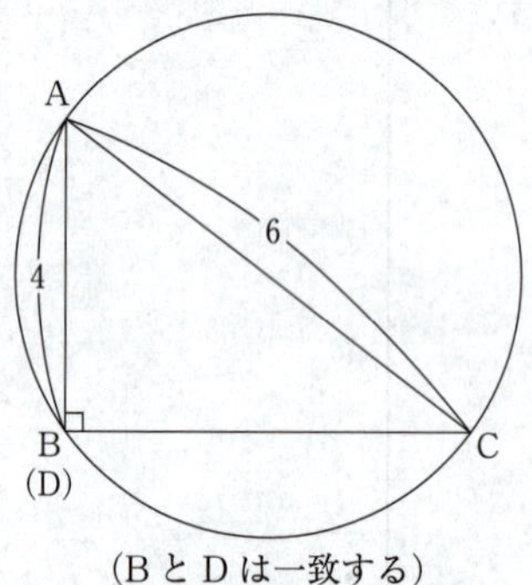

(B と D は一致する)

これより，三平方の定理を用いると,

$$\mathrm{BC}=\sqrt{\mathrm{AC}^2-\mathrm{AB}^2}$$
$$=\sqrt{6^2-4^2}$$
$$=2\sqrt{5}$$

であるから，△ABC の面積は,

$$\frac{1}{2}\cdot\mathrm{BC}\cdot\mathrm{AB}=\frac{1}{2}\cdot 2\sqrt{5}\cdot 4=\boxed{4}\sqrt{\boxed{5}}.$$

第3問　2次関数

〔1〕 a, b, c, d は実数で，$a \neq 0$，$c \neq 0$.

$$y=(ax+b)(cx+d). \qquad \cdots(*)$$

$$\ell : y=ax+b, \quad m : y=cx+d.$$

$f(x)=ax+b$, $g(x)=cx+d$ とおくと，(*) は，

$$y=f(x)g(x)$$

と表せ，x^2 の係数は ac である．

s : ℓ と x 軸との交点の x 座標，

t : m と x 軸との交点の x 座標．

(1)(i)　$s=-1$, $t=5$ より，$f(-1)=0$, $g(5)=0$ であるから，(*) のグラフは2点 $(-1, 0)$, $(5, 0)$ を通る．また，x^2 の係数 ac は，$a>0$, $c<0$ より負であるから，(*) のグラフは次のようになる．

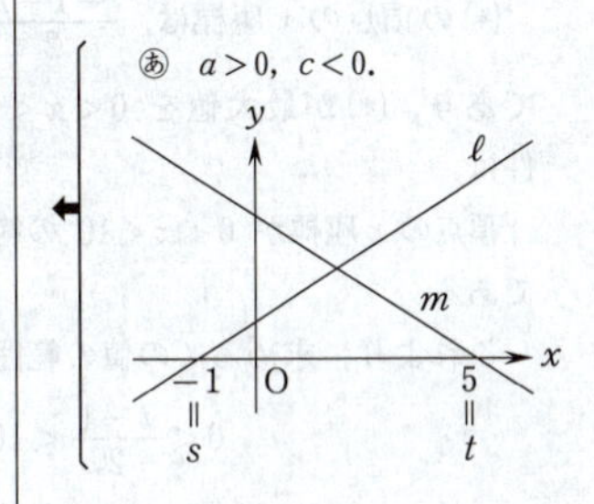

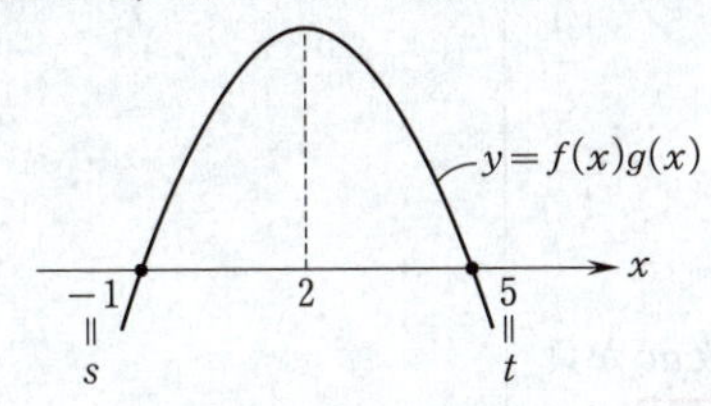

← (*) は，
$$y=f(x)g(x)=ac(x+1)(x-5)$$
と表せる．

(*) の頂点の x 座標は，$\dfrac{-1+5}{2}=2$ であるから，

(*) は $x=$ **2** で最大値をとる．　**⓪** …イ

(ii)　$s=6$, $t=8$ より，$f(6)=0$, $g(8)=0$ であるから，(*) のグラフは2点 $(6, 0)$, $(8, 0)$ を通る．また，x^2 の係数 ac は，$a<c<0$ より正であるから，(*) のグラフは次のようになる．

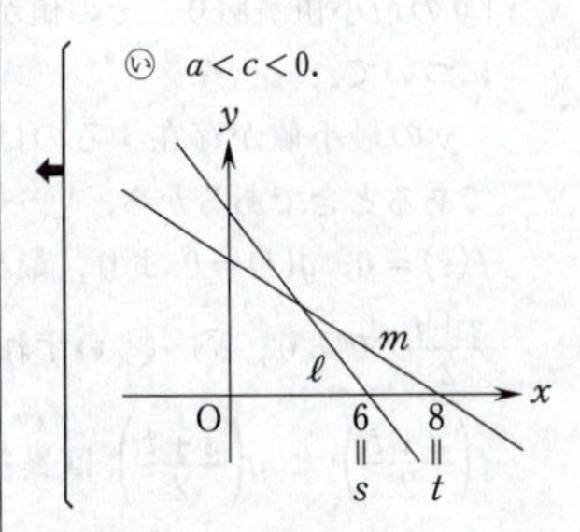

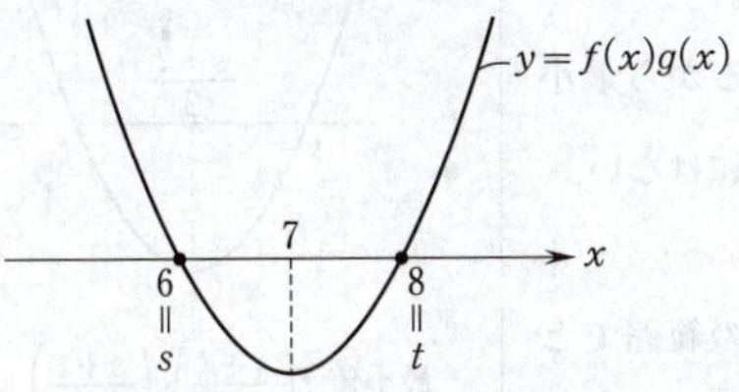

← (*) は，
$$y=f(x)g(x)=ac(x-6)(x-8)$$
と表せる．

(*) の頂点の x 座標は，$\dfrac{6+8}{2}=7$ であるから，

(*) は $x=$ **7** で最小値をとる．　**①** …エ

(2)　$s=-1$ のときの あ について考えるから，$f(-1)=0$, $g(t)=0$ より，(*) のグラフは2点 $(-1, 0)$, $(t, 0)$ $(-1<t)$ を通る．また，x^2 の係数 ac は負であるから，(*) のグラフは次のようになる．

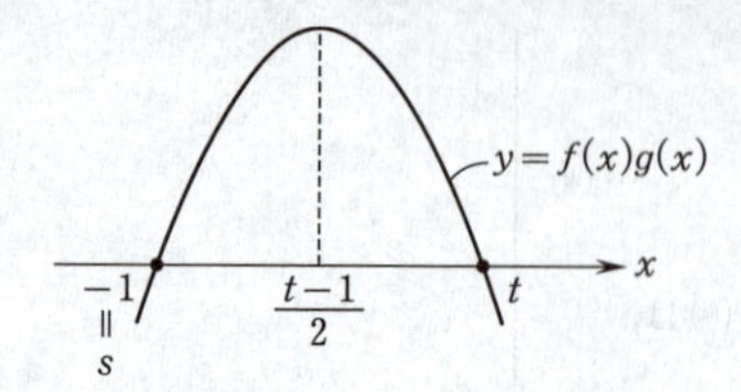

(*)の頂点の x 座標は，$\frac{-1+t}{2}$，すなわち，$\frac{t-1}{2}$ であり，(*)が最大値を $0<x<10$ の範囲でとる条件は，

「頂点の x 座標が $0<x<10$ の範囲に存在する」ことである．

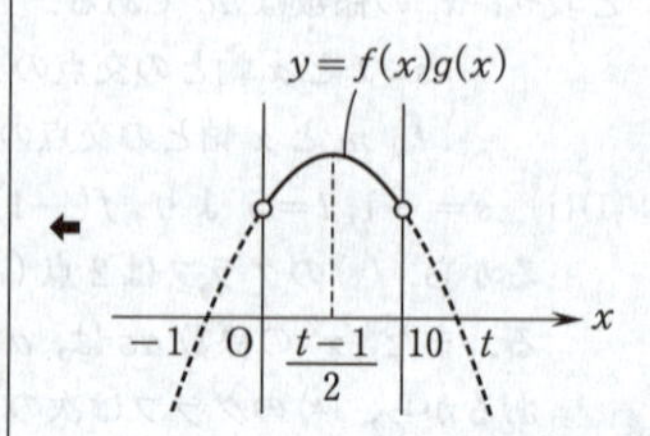

これより，求める t の値の範囲は，

$$0<\frac{t-1}{2}<10$$

$$0<t-1<20$$

$$\boxed{1}<t<\boxed{21}.$$

(3)・「y の最大値がある」ことについて．

y の最大値が存在するのは，x^2 の係数 ac が負のときであり，それは ㋐ のみである．$\boxed{⓪}$ …ク

・「y の最小値があり，その値が 0 以上になる」ことについて．

y の最小値が存在するのは，x^2 の係数 ac が正であるときであるから，㋑～㋔ に限られるが，$f(s)=0$，$g(t)=0$ より，最小値をとる x の値は，$\frac{s+t}{2}$ であり，㋑～㋔ いずれについても $f\left(\frac{s+t}{2}\right)$ と $g\left(\frac{s+t}{2}\right)$ は異符号になるから最小値は負である．よって，㋐～㋔ のうちにはない．

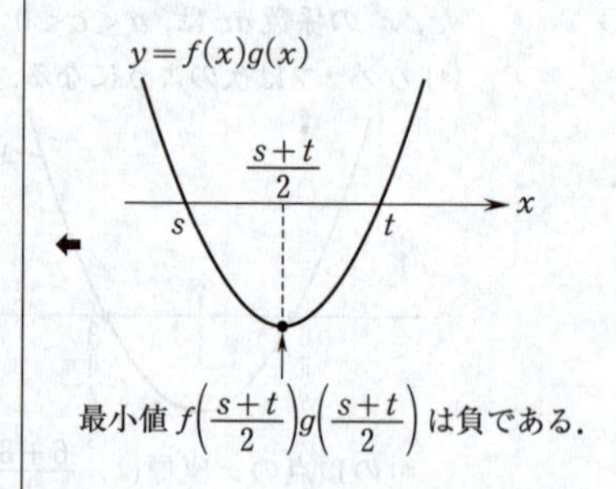

最小値 $f\left(\frac{s+t}{2}\right)g\left(\frac{s+t}{2}\right)$ は負である．

$\boxed{⑦}$ …ケ

・「y の最小値があり，その値を $x>0$ の範囲でとる」ことについて．

y の最小値が存在するのは，x^2 の係数 ac が正であるときであるから，㋑～㋔ に限られるが，$f(s)=0$，$g(t)=0$ より，最小値をとる x の値は，$\frac{s+t}{2}$ であり，$\frac{s+t}{2}>0$ となるものは，㋑ と ㋓ である．$\boxed{③}$ …コ

← ㋒，㋔ は，$s<t<0$ より，$\frac{s+t}{2}<0$．

〔２〕 p, q は実数.

$$x^2+px+q=0, \qquad \cdots①$$

$$x^2+qx+p=0. \qquad \cdots②$$

n：① または ② を満たす実数 x の個数.

(1) $p=4$, $q=-4$ のとき，①，② は，

$$x^2+4x-4=0, \qquad \cdots①'$$

$$x^2-4x+4=0. \qquad \cdots②'$$

①′ を解くと，

$$x=-2\pm2\sqrt{2}.$$

②′ を解くと，

$$(x-2)^2=0$$

$$x=2.$$

よって，$n=$ 3 である.

また，$p=1$, $q=-2$ のとき，①，② は，

$$x^2+x-2=0, \qquad \cdots①''$$

$$x^2-2x+1=0. \qquad \cdots②''$$

①″ を解くと，

$$(x+2)(x-1)=0$$

$$x=-2,\ 1.$$

②″ を解くと，

$$(x-1)^2=0$$

$$x=1.$$

よって，$n=$ 2 である.

(2) $p=-6$ のとき，①，② は，

$$x^2-6x+q=0, \qquad \cdots①'''$$

$$x^2+qx-6=0. \qquad \cdots②'''$$

①‴ と ②‴ をともに満たす実数を α とすると，

$$\alpha^2-6\alpha+q=0,$$

$$\alpha^2+q\alpha-6=0$$

が成り立つ.

辺々を引くと，

$$-(q+6)\alpha+(q+6)=0$$

$$(q+6)(1-\alpha)=0$$

$$q=-6 \quad \text{または} \quad \alpha=1.$$

・$q=-6$ のとき.

①‴ と ②‴ はともに

$$x^2-6x-6=0$$

となり，これを満たす実数 x は，$3\pm\sqrt{15}$ である.

← **2 次方程式の解の公式（その 2）**

2 次方程式 $ax^2+2b'x+c=0$ の解は，

$$x=\frac{-b'\pm\sqrt{b'^2-ac}}{a}.$$

よって，$n=2$ である．

・$\alpha=1$ のとき．

$\alpha^2-6\alpha+q=0$ に代入すると，$q=5$ であるから，①‴，②‴ は，

$$x^2-6x+5=0,$$
$$x^2+5x-6=0.$$

$x^2-6x+5=0$ の解は，

$$x=1,\ 5.$$

$x^2+5x-6=0$ の解は，

$$x=-6,\ 1.$$

よって，$n=3$ である．

また，これ以外に $n=3$ となるのは，

(i) ①‴ が重解をもち，②‴ は ①‴ の重解以外の異なる2つの実数解をもつとき，

(ii) ②‴ が重解をもち，①‴ は ②‴ の重解以外の異なる2つの実数解をもつとき

の2つの場合がある．

ここで，①‴ の判別式を D_1，②‴ の判別式を D_2 とすると，

$$D_1=(-6)^2-4\cdot1\cdot q=4(9-q),$$
$$D_2=q^2-4\cdot1\cdot(-6)=q^2+24.$$

(i) のとき．

$D_1=0$ より，$4(9-q)=0$ であるから，

$$q=9.$$

このとき，①‴ と ②‴ は，

$$x^2-6x+9=0,$$
$$x^2+9x-6=0.$$

$x^2-6x+9=0$ の解は，

$$x=3.$$

$x^2+9x-6=0$ の解は，

$$x=\frac{-9\pm\sqrt{105}}{2}.$$

よって，$n=3$ である．

(ii) のとき．

$D_2=q^2+24>0$ より，$x^2+qx-6=0$ は重解をもたないから，$n=3$ となることはない．

以上から，$n=3$ となる q の値は，

$$q=\boxed{5},\ \boxed{9}.$$

⬅ $\alpha^2+q\alpha-6=0$ に $\alpha=1$ を代入して，$q=5$ を求めてもよい．

⬅ $(x-1)(x-5)=0$ より，$x=1,\ 5.$

⬅ $(x+6)(x-1)=0$ より，$x=-6,\ 1.$

⬅ **2次方程式の解の判別式**

2次方程式 $ax^2+bx+c=0$ において，b^2-4ac を判別式といい，D で表す．

$D>0 \iff$（異なる2つの実数解をもつ），

$D=0 \iff$（実数の重解をもつ），

$D<0 \iff$（実数解をもたない）．

⬅ $(x-3)^2=0$ より，$x=3.$

(3)
$$y=x^2-6x+q, \qquad \cdots③$$
$$y=x^2+qx-6. \qquad \cdots④$$

③を平方完成すると，
$$y=(x-3)^2+q-9$$
となるから，

頂点の座標は $(3,\ q-9)$，

軸の方程式は $x=3$．

← 2次関数 $y=a(x-b)^2+c$ のグラフの頂点の座標は，
$$(b,\ c).$$
軸の方程式は，
$$x=b.$$

q の値を1から増加させると，

頂点の x 座標と軸の方程式は変わらないが，頂点の y 座標は大きくなるから，頂点は真上に上がる．

よって，点線のグラフと実線のグラフの位置関係は次のようになる． ⑥ …ソ

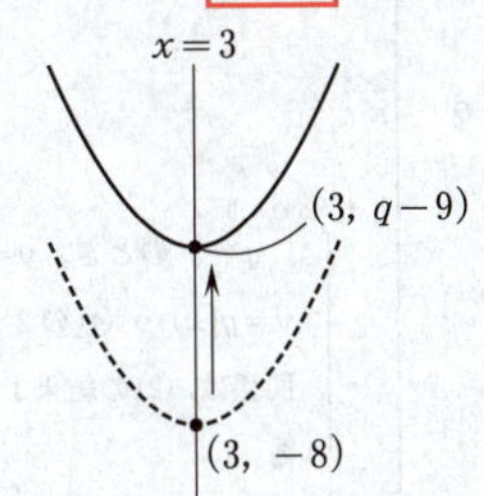

④を平方完成すると，
$$y=\left(x+\frac{q}{2}\right)^2-\left(\frac{q^2}{4}+6\right)$$
となるから，

頂点の座標は $\left(-\frac{q}{2},\ -\left(\frac{q^2}{4}+6\right)\right)$，

軸の方程式は $x=-\frac{q}{2}$．

q の値を1から増加させると，

頂点の x 座標と y 座標はともに小さくなるから，頂点は左下に移動するが，点線のグラフと実線のグラフはともに点 $(0,\ -6)$ を通るから，y 切片は変わらない．

← 軸は左へ移動していく．

よって，点線のグラフと実線のグラフの位置関係は次のようになる． ① …タ

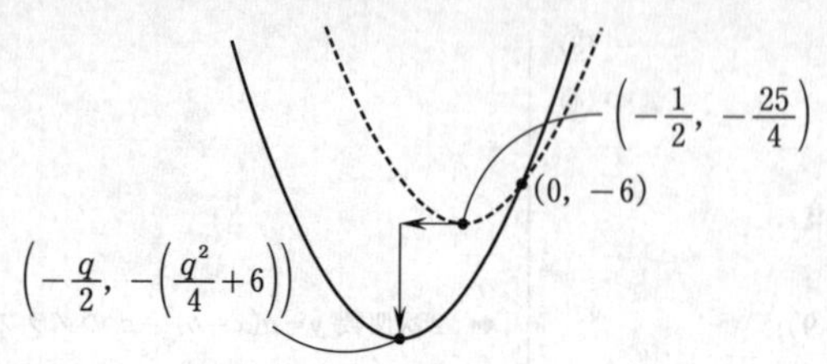

(4)　U は実数全体の集合で，$A\subset U$，$B\subset U$，$5<q<9$ であり，

$$A=\{x\,|\,x^2-6x+q<0\},$$
$$B=\{x\,|\,x^2+qx-6<0\}.$$

$f(x)=x^2-6x+q$，$g(x)=x^2+qx-6$ とおくと，$5<q<9$ より，

$$f(1)=g(1)=q-5>0,$$
$$D_1=4(9-q)>0$$

であるから，$y=f(x)$ …③と $y=g(x)$ …④の2つのグラフの位置関係は次のようになる．

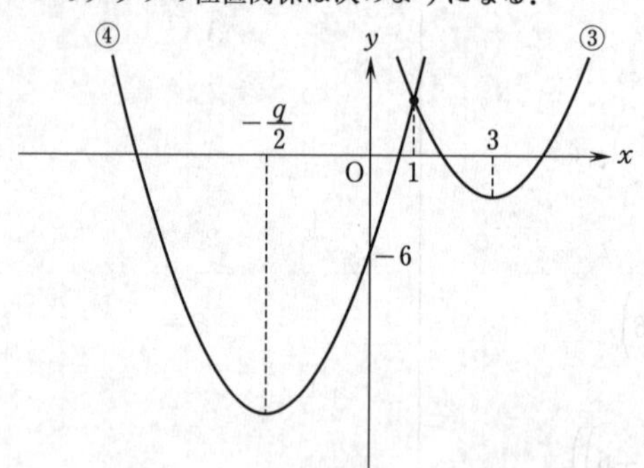

$q=5$ のとき，$y=f(x)$ …③と $y=g(x)$ …④の2つのグラフの位置関係は，(2)の結果より，次のようになる．

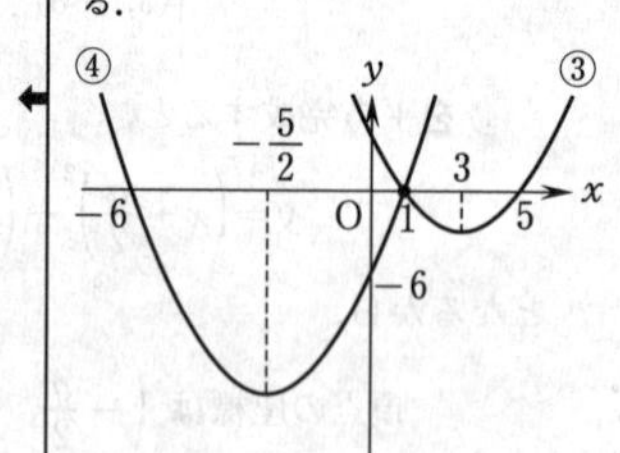

ここで，$f(x)=0$ の異なる2つの実数解を s，t $(s<t)$ とし，$g(x)=0$ の異なる2つの実数解を u，v $(u<v)$ とすると，図より，$1<s<t$ であり，$u<v<1$ であるから，集合 A，B は次のように書き換えることができる．

$$A=\{x\,|\,1<s<x<t \text{ かつ } s<3<t\},$$
$$B=\{x\,|\,u<x<v<1 \text{ かつ } u<0<v\}.$$

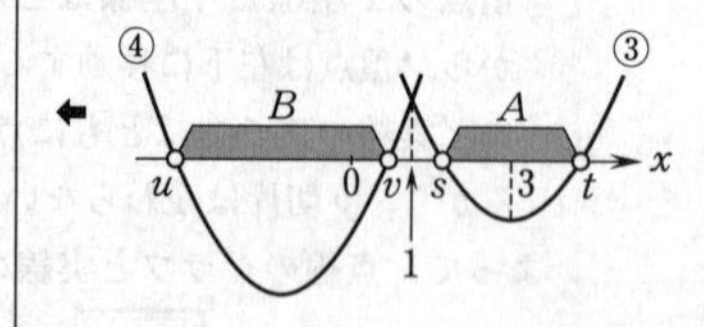

・$x\in A$ は，$x\in B$ であるための何条件かを求める．

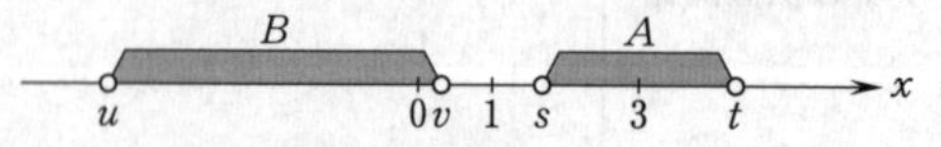

命題「$x\in A \Longrightarrow x\in B$」は偽(反例 $x=3$)，

命題「$x\in B \Longrightarrow x\in A$」は偽(反例 $x=0$)

である．

偽である命題「$\ell \Longrightarrow m$」において，仮定 ℓ を満たすが，結論 m を満たさないものを，この命題の反例という．

よって，$x \in A$ は，$x \in B$ であるための必要条件でも十分条件でもない．　③　…チ

・$x \in B$ は，$x \in \overline{A}$ であるための何条件かを求める．
$\overline{A} = \{x \mid (x \leqq s$ または $t \leqq x)$ かつ $1 < s < 3 < t\}$．

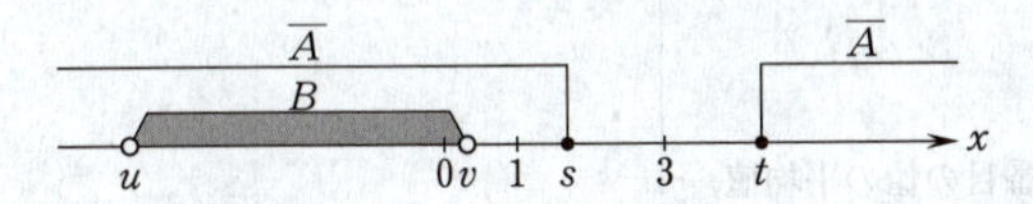

命題「$x \in B \Longrightarrow x \in \overline{A}$」は真，
命題「$x \in \overline{A} \Longrightarrow x \in B$」は偽（反例 $x=1$）
である．

よって，$x \in B$ は，$x \in \overline{A}$ であるための十分条件であるが，必要条件ではない．　①　…ツ

⬅ 命題「$\ell \Longrightarrow m$」が真のとき，ℓ は m であるための十分条件という．また，「$m \Longrightarrow \ell$」が真のとき，ℓ は m であるための必要条件という．
2つの命題「$\ell \Longrightarrow m$」と「$m \Longrightarrow \ell$」がともに真であるとき，ℓ は m であるための必要十分条件という．

第4問　データの分析

(1)　29 か国の 2009 年度と 2018 年度における教員 1 人あたりの学習者数のデータについて，

最小値を m，第 1 四分位数を Q_1，中央値を Q_2，
第 3 四分位数を Q_3，最大値を M

とすると，

m は小さい方から 1 番目の値，
Q_1 は小さい方から 7 番目の値と 8 番目の値の平均値，
Q_2 は小さい方から 15 番目の値，
Q_3 は小さい方から 22 番目の値と 23 番目の値の平均値，
M は小さい方から 29 番目の値

である．

図 1 と図 2 のヒストグラムから，度数と累積度数は次のようになる．

	2009 年度		2018 年度	
	度数	累積度数	度数	累積度数
0 人以上 15 人未満	0	0	1	1
15 人以上 30 人未満	11	11	9	10
30 人以上 45 人未満	6	17	11	21
45 人以上 60 人未満	4	21	2	23
60 人以上 75 人未満	3	24	1	24
75 人以上 90 人未満	2	26	2	26
90 人以上 105 人未満	0	26	1	27
105 人以上 120 人未満	1	27	0	27
120 人以上 135 人未満	0	27	2	29
135 人以上 150 人未満	1	28	0	29
150 人以上 165 人未満	0	28	0	29
165 人以上 180 人未満	1	29	0	29

← 最初の階級からその階級までの度数を合計したものを累積度数という．

2009 年度と 2018 年度の m，Q_1，Q_2，Q_3，M は次のようになる．

	2009年度		2018年度	
	階　級	階級値	階　級	階級値
m	15人以上30人未満	22.5人	0人以上15人未満	7.5人
Q_1	15人以上30人未満	22.5人	15人以上30人未満	22.5人
Q_2	30人以上45人未満	37.5人	30人以上45人未満	37.5人
Q_3	60人以上75人未満	67.5人	45人以上60人未満	52.5人
M	165人以上180人未満	172.5人	120人以上135人未満	127.5人

← 各階級の中央の値を階級値という．

・2009年度と2018年度の中央値(Q_2)が含まれる階級の階級値を比較すると，両者は等しい．　②　…ア

・2009年度と2018年度の第1四分位数(Q_1)が含まれる階級の階級値を比較すると，両者は等しい．　②　…イ

・2009年度と2018年度の第3四分位数(Q_3)が含まれる階級の階級値を比較すると，2018年度の方が小さい．　⓪　…ウ

・2009年度と2018年度の範囲を比較すると，2018年度の方が小さい．　⓪　…エ

← (範囲)＝(最大値)－(最小値)．
2009年度の範囲は，$M-m$ より，
135人より大きく165人より小さい値．
2018年度の範囲は，$M-m$ より，
105人より大きく135人より小さい値．

・2009年度と2018年度の四分位範囲を比較すると，これら二つのヒストグラムからだけでは両者の大小を判断できない．　③　…オ

← (四分位範囲)＝(第3四分位数)－(第1四分位数)．
2009年度の四分位範囲は，Q_3-Q_1 より，
30人より大きく60人より小さい値．
2018年度の四分位範囲は，Q_3-Q_1 より，
15人より大きく45人より小さい値．

(2)　図3の2009年度における「教育機関1機関あたりの学習者数」の箱ひげ図より，

最小値　：50人　(小さい方から1番目の値)，
第1四分位数　：約85人　(小さい方から7番目の値と8番目の値の平均値)，
中央値　：約140人　(小さい方から15番目の値)，
第3四分位数　：約235人　(小さい方から22番目の値と23番目の値の平均値)，
最大値　：約485人　(小さい方から29番目の値)

である．

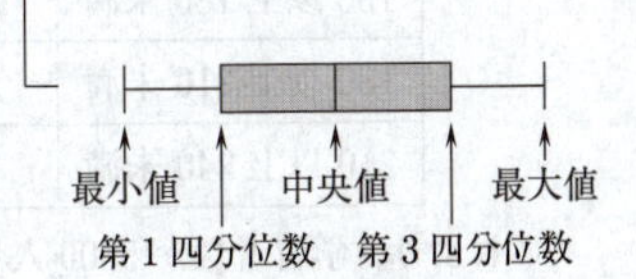

2009年度について，「教育機関1機関あたりの学習者数」(横軸)と「教員1人あたりの学習者数」(縦軸)の散布図は，教育機関1機関あたりの学習者数の第1四分位数と第3四分位数に注目して　②　…カである．

← ①と③の散布図は，教育機関1機関あたりの学習者数の第1四分位数がともに100人以上である．
⓪の散布図は，教育機関1機関あたりの学習者数の第3四分位数が250人以上である．

(3)　表1より，S と T の相関係数は，

$$\frac{735.3}{39.3\times 29.9}=\frac{735.3}{1175.07}=0.6257\cdots$$

より，

0 . **63**

である．

(4)　(3)で求めた相関係数 0.63 は，正の相関が強く，散布図上で点が右上がりに直線状に分布することを表すから，①か③に限られる．さらに，①の散分図の T の値について 70 人以上が 22 か国，70 人未満が 7 か国であり，S の値について 80 人 以上が 21 か国，80 人未満が 8 か国である．③の散分図の T の値について 70 人以上が 16 か国，70 人未満が 13 か国であり，S の値について 80 人以上が 14 か国，80 人未満が 15 か国である．表1より，T の平均値が 72.9 人，S の平均値が 81.8 人であることを考えると，(3)で算出した 2009 年度の S（横軸）と T（縦軸）の散布図として最も適当なものは

③ …コである．

(5)　表2の度数分布表は次のようになる．

階級(人)	度数(国数)
0 以上 30 未満	4
30 以上 60 未満	1
60 以上 90 未満	0
90 以上 120 未満	1
120 以上 150 未満	0
150 以上 180 未満	0
180 以上 210 未満	0
210 以上 240 未満	1

これより，学習者数が 5000 人以上の 29 か国に，表2の 7 か国を加えた 36 か国の「教員1人あたりの学習者数」についての表3の度数分布表は次のようになる．

相関係数

2つの変量 x，y について，

x の標準偏差を s_x，

y の標準偏差を s_y，

x と y の共分散を s_{xy}

とするとき，x と y の相関係数は，

$$\frac{s_{xy}}{s_x s_y}.$$

相関係数 r は $-1\leqq r\leqq 1$ を満たす実数で，相関関係の強さを表す指標である．$|r|$ が1に近いほど相関が強く，散布図上では点が直線状に分布する．

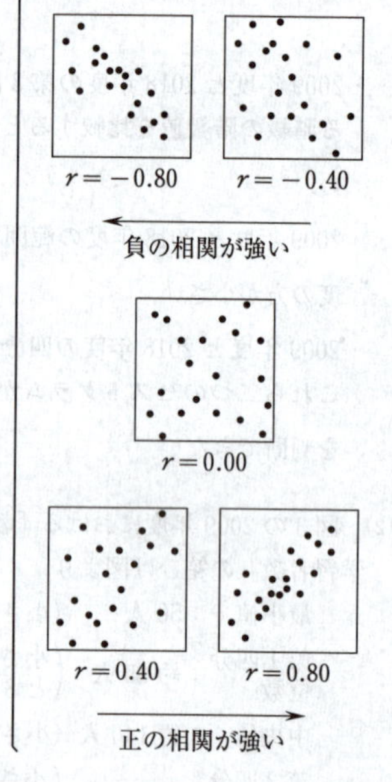

階級(人)	度数(国数)
0 以上 30 未満	14
30 以上 60 未満	14
60 以上 90 未満	3
90 以上 120 未満	2
120 以上 150 未満	2
150 以上 180 未満	0
180 以上 210 未満	0
210 以上 240 未満	1

表 4 より，36 か国の「教員 1 人あたり学習者数」の平均値を算出する式は，

$$\frac{44.8\times29+62.6\times7}{29+7}$$ ②…ソ

であり，平均値は小数第 2 位を四捨五入すると，48.3 人である．

(Ⅰ) について．

36 か国の「教員 1 人あたりの学習者数」の平均値 48.3 人は，29 か国の「教員 1 人あたりの学習者数」の平均値 44.8 人より大きいから誤りである．

(Ⅱ) について．

29 か国の「教員 1 人あたりの学習者数」の分散 29.1^2 は，7 か国の「教員 1 人あたりの学習者数」の分散 66.1^2 より小さいから正しい．

よって，(Ⅰ), (Ⅱ) の正誤の組合せとして正しいものは ②…タである．

変量 x に関する m 個のデータ

$$x_1,\ x_2,\ \cdots,\ x_m$$

に対して，x の平均値を $\overline{x}$ とする．

また，変量 y に関する n 個のデータ

$$y_1,\ y_2,\ \cdots,\ y_n$$

に対して，y の平均値を $\overline{y}$ とする．

このとき，$(m+n)$ 個のデータ

$$x_1,\ x_2,\ \cdots,\ x_m,\ y_1,\ y_2,\ \cdots,\ y_n$$

に対する平均値は，

$$\begin{cases}\overline{x}=\dfrac{x_1+x_2+\cdots+x_m}{m},\\ \overline{y}=\dfrac{y_1+y_2+\cdots+y_n}{n}\end{cases}$$

より，

$$\begin{cases}x_1+x_2+\cdots+x_m=\overline{x}m,\\ y_1+y_2+\cdots+y_n=\overline{y}n\end{cases}$$

となるから，

$$\frac{(x_1+\cdots+x_m)+(y_1+\cdots+y_n)}{m+n}$$

$$=\frac{\overline{x}m+\overline{y}n}{m+n}.$$

分散

変量 x に関するデータ

$$x_1,\ x_2,\ \cdots,\ x_n$$

に対して，x の標準偏差を s_x とすると，x の分散は，

$${s_x}^2.$$

MEMO

数学Ⅱ

解答・採点基準

(100点満点)

問題番号(配点)	解答記号	正解	配点	自己採点
第1問 (30)	(ア, イ)	(2, 5)	1	
	ウ	5	1	
	エ	③	2	
	オ	0	2	
	カ	⓪	2	
	$\frac{キ}{ク}$	$\frac{1}{2}$	1	
	ケ	①	2	
	$\frac{コ}{サ}$	$\frac{4}{3}$	2	
	シ	⑤	2	
	ス	2	2	
	セ	8	3	
	ソ	①	2	
	タ	①	1	
	チ	③	2	
	ツ	⓪	2	
	テ	②	3	
第1問　自己採点小計				
第2問 (30)	ア	①	2	
	イ	⓪	2	
	ウ	③	2	
	エ	②	2	
	オカ$\sqrt{キ}$	$-2\sqrt{2}$	2	
	ク	2	2	
	ケ, コ	①, ④ (解答の順序は問わない)	6 (各3)	
	サ, シス	b, 2b	2	
	セ, ソ	②, ①	2	
	タ	②	2	
	$\frac{チツ}{テ}$, ト, ナニ, ヌ	$\frac{-1}{6}$, 9, 12, 5	4	
	$\frac{ネ}{ノ}$	$\frac{5}{2}$	2	
第2問　自己採点小計				

問題番号(配点)	解答記号	正解	配点	自己採点
第3問 (20)	アt^2−イ	$2t^2-1$	2	
	ウt^2＋エ$t-1$	$8t^2+2t-1$	1	
	$\frac{オカ}{キ}$	$\frac{-1}{2}$	2	
	$\frac{ク}{ケ}$	$\frac{2}{3}$	2	
	コ	③	1	
	サ	⑤	1	
	シ	⑦	1	
	ス	③	3	
	$\frac{セソ}{タ}$	$\frac{-7}{8}$	1	
	$\frac{チツ}{テト}$	$\frac{17}{32}$	1	
	ナ	4	2	
	ニ	⑧	3	
第3問　自己採点小計				
第4問 (20)	$\frac{ア\pm\sqrt{イ}i}{ウ}$	$\frac{1\pm\sqrt{7}i}{2}$	2	
	エm＋オ	$2m+6$	3	
	カ	3	3	
	キク＜m＜ケ	$-2<m<6$	2	
	コ	−	1	
	サ	3	1	
	シ	2	2	
	スセ±ソi	$-1\pm2i$	1	
	タチ, ツ	−2, 6	1	
	テ	2	1	
	トナ	−1	2	
	ニ	2	1	
第4問　自己採点小計				
自己採点合計				

第１問　図形と方程式，指数関数・対数関数

数学Ⅱ・数学Ｂ　本試験の**第１問**に同じ。

第２問　微分法・積分法

数学Ⅱ・数学Ｂ　本試験の**第２問**に同じ。

第3問　三角関数

$0 \leqq \theta \leqq \pi$ のとき

$$4\cos 2\theta + 2\cos\theta + 3 = 0 \quad \cdots ①$$

を満たす θ について考える．

(1)　$t=\cos\theta$ とおくと，t のとり得る値の範囲は $-1 \leqq t \leqq 1$ である．2倍角の公式により

$$\cos 2\theta = 2\cos^2\theta - 1 = \boxed{2}\,t^2 - \boxed{1}$$

であるから，① により，t についての方程式

$$4(2t^2-1)+2t+3=0$$

すなわち

$$\boxed{8}\,t^2 + \boxed{2}\,t - 1 = 0$$

が得られる．この方程式を変形すると

$$(2t+1)(4t-1)=0$$

となるから，この方程式の解は

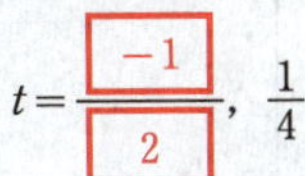

$$t = \frac{\boxed{-1}}{\boxed{2}},\ \frac{1}{4}$$

である．

2倍角の公式

$$\cos 2\theta = \cos^2\theta - \sin^2\theta = 2\cos^2\theta - 1 = 1 - 2\sin^2\theta.$$

以下，$0 \leqq \theta \leqq \pi$ かつ $\cos\theta = -\dfrac{1}{2}$ を満たす θ を α とし，$0 \leqq \theta \leqq \pi$ かつ $\cos\theta = \dfrac{1}{4}$ を満たす θ を β とする．

(2)　$\cos\alpha = -\dfrac{1}{2}$ により，$\alpha = \dfrac{\boxed{2}}{\boxed{3}}\pi$ であることがわかる．そこで β の値について調べてみる．

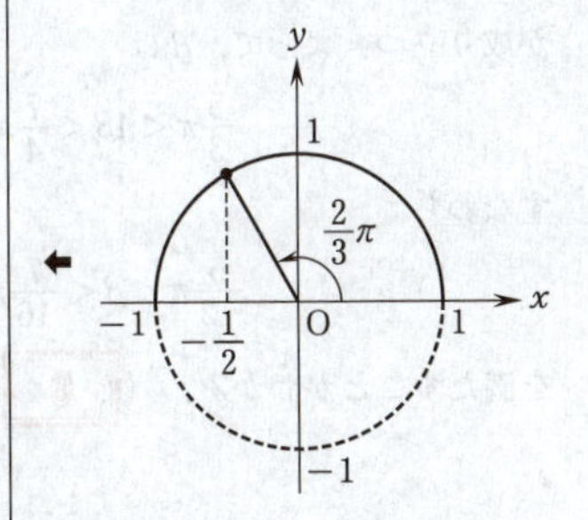

$\cos\beta = \dfrac{1}{4}$ と

$\cos\dfrac{\pi}{6} = \dfrac{\sqrt{3}}{2}$ $(\boxed{③})$，　$\cos\dfrac{\pi}{4} = \dfrac{\sqrt{2}}{2}$ $(\boxed{⑤})$，

$\cos\dfrac{\pi}{3} = \dfrac{1}{2}$ $(\boxed{⑦})$

を比較することにより，β は $\dfrac{\pi}{3} < \beta < \dfrac{\pi}{2}$ を満たすことがわかる．$(\boxed{③})$

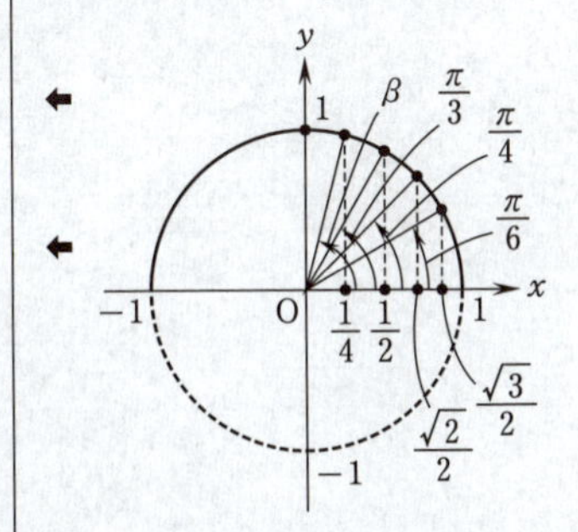

(3)　β の値について，さらに詳しく調べてみる．
2倍角の公式を用いると

$$\cos 2\beta = 2\cos^2\beta - 1 = 2\left(\frac{1}{4}\right)^2 - 1 = \frac{\boxed{-7}}{\boxed{8}}$$

$$\cos 4\beta = 2\cos^2 2\beta - 1 = 2\left(-\frac{7}{8}\right)^2 - 1 = \frac{\boxed{17}}{\boxed{32}}$$

であることがわかる．$\dfrac{\pi}{3} < \beta < \dfrac{\pi}{2}$ より

$$\frac{4}{3}\pi < 4\beta < 2\pi$$

が成り立つから，$\cos 4\beta = \dfrac{17}{32}$ とあわせると，座標平面上で 4β の動径は第 $\boxed{4}$ 象限にあることがわかる．

$$\cos\frac{5}{3}\pi = \frac{1}{2} = \frac{16}{32}, \quad \cos 4\beta = \frac{17}{32},$$

$$\cos\frac{7}{4}\pi = \frac{\sqrt{2}}{2} = \frac{16\sqrt{2}}{32}$$

であり

$$\frac{16}{32} < \frac{17}{32} < \frac{16\sqrt{2}}{32}$$

であるから

$$\cos\frac{5}{3}\pi < \cos 4\beta < \cos\frac{7}{4}\pi$$

が成り立つ．よって，β は

$$\frac{5}{3}\pi < 4\beta < \frac{7}{4}\pi$$

すなわち

$$\frac{5}{12}\pi < \beta < \frac{7}{16}\pi$$

を満たすことがわかる．（）

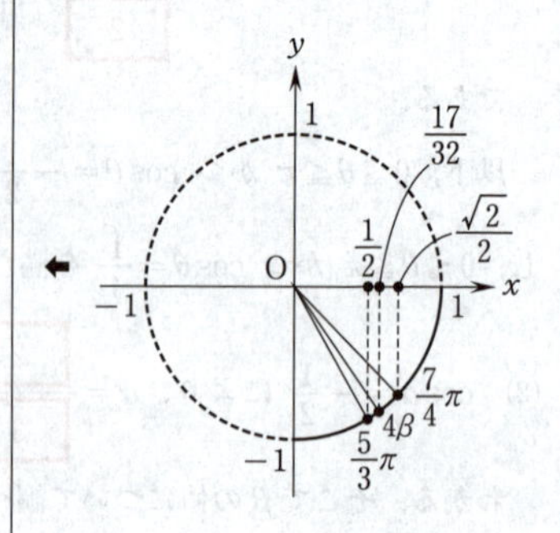

第4問　高次方程式

m，n は実数．

$$P(x)=x^4+(m-1)x^3+5x^2+(m-3)x+n$$
$$Q(x)=x^2-x+2$$

$P(x)$ は $Q(x)$ で割り切れる．$P(x)$ を $Q(x)$ で割ったときの商が $R(x)$．

(1)　2次方程式 $Q(x)=0$ の解は

$$x=\frac{-(-1)\pm\sqrt{(-1)^2-4\cdot1\cdot2}}{2}$$
$$=\frac{\boxed{1}\pm\sqrt{\boxed{7}}\,i}{\boxed{2}}$$

である．

← 2次方程式
$ax^2+bx+c=0\ (a\neq0)$
の解は
$x=\dfrac{-b\pm\sqrt{b^2-4ac}}{2a}$.

(2)　$P(x)$ は $Q(x)$ で割り切れるから，下の割り算により

$$n-2m-6=0$$

すなわち

$$n=\boxed{2}\,m+\boxed{6}$$

である．また

$$R(x)=x^2+mx+m+\boxed{3}$$

である．

$$\begin{array}{r}
x^2\quad\quad\ +mx+m+3\qquad\qquad\qquad\\
x^2-x+2\,\overline{\big)\,x^4+(m-1)x^3+5x^2\quad\ +(m-3)x+n}\\
\underline{x^4\qquad\ -x^3+2x^2\qquad\qquad\qquad\qquad\quad}\\
mx^3+3x^2\quad\ +(m-3)x\qquad\\
\underline{mx^3-mx^2\quad\ +2mx\qquad\qquad}\\
(3+m)x^2-(m+3)x+n\\
\underline{(3+m)x^2-(m+3)x+2m+6}\\
n-2m-6
\end{array}$$

(3)　方程式 $R(x)=0$ は異なる二つの虚数解 α，β をもつとする．このとき方程式 $R(x)=0$ の判別式を D とすると

$$D<0$$

すなわち

$$m^2-4(m+3)<0$$
$$(m+2)(m-6)<0$$

であるから，m のとり得る値の範囲は

$$\boxed{-2}<m<\boxed{6}\qquad\cdots①$$

← **2次方程式の解の判別**
実数係数の2次方程式
$ax^2+bx+c=0$
の判別式 $D=b^2-4ac$ について，
$D>0 \iff$ 異なる二つの実数解をもつ，
$D=0 \iff$ 実数の重解をもつ，
$D<0 \iff$ 異なる二つの虚数解をもつ．

である．また

$$\alpha+\beta=\boxed{-}\,m,\quad \alpha\beta=m+\boxed{3}$$

である．

いま，$\alpha\beta(\alpha+\beta)=-10$ であるとすると

$$(m+3)(-m)=-10$$
$$m^2+3m-10=0$$
$$(m+5)(m-2)=0$$

が成り立つ．これを満たす m のうち，① を満たすのは，$m=\boxed{2}$ である．このとき，方程式 $R(x)=0$ は

$$x^2+2x+5=0$$

となるから，虚数解は

$$x=-1\pm\sqrt{1^2-1\cdot5}=\boxed{-1}\pm\boxed{2}\,i$$

である．

(4)　方程式 $P(x)=0$ すなわち $Q(x)R(x)=0$ の解について考える．

異なる解が全部で3個になるのは，方程式 $R(x)=0$ が重解をもつときであるから

$$D=0$$

より

$m=\boxed{-2}$，$\boxed{6}$ のときであり，そのうち虚数解は $\boxed{2}$ 個である．

異なる解が全部で2個になるのは，$Q(x)=0$ と $R(x)=0$ が一致するときであるから，$m=\boxed{-1}$ のときである．

異なる解が全部で4個になるのは，m の値が -2，6，-1 のいずれとも等しくないときであり，$m<-2$，$6<m$ のとき，$D>0$ であるから，方程式 $R(x)=0$ は異なる二つの実数解をもつ．よって，このとき，4個の解のうち虚数解は $\boxed{2}$ 個である．

←**解と係数の関係**

2次方程式

$$ax^2+bx+c=0$$

の二つの解を α，β とすると

$$\begin{cases}\alpha+\beta=-\dfrac{b}{a},\\ \alpha\beta=\dfrac{c}{a}.\end{cases}$$

← 2次方程式

$$ax^2+2b'x+c=0$$

の解は

$$x=\frac{-b'\pm\sqrt{b'^2-ac}}{a}.$$

← $Q(x)=0$ の解は $\dfrac{1\pm\sqrt{7}\,i}{2}$.

← このとき，$R(x)=0$ は実数の重解をもつ．

数学Ⅰ・数学A
数学Ⅱ・数学B

（2022年１月実施）

追試験
2022

数学Ⅰ・数学A

解答・採点基準

（100点満点）

問題番号(配点)	解答記号	正解	配点	自己採点
第1問 (30)	$\sqrt{ア}$，イ	$\sqrt{3}$，2	2	
	ウ	②	2	
	エ，オカ	6，11	2	
	キ	⑤	2	
	ク，ケ，コ	①，④，⑦	2	
	サシ	36	2	
	ス	⑤	2	
	セ	④	2	
	ソ	6	2	
	タ，チ	4，3	2	
	ツ	4	2	
	$\sqrt{テ}$	$\sqrt{2}$	2	
	ト	⑤	2	
	ナ	⑦	2	
	ニ	⑧	2	
第1問　自己採点小計				

問題番号(配点)	解答記号	正解	配点	自己採点
第2問 (30)	ア	4	2	
	イウ，エ	25，2	2	
	オカ	12	2	
	キク	10	2	
	ケコ，サ	15，2	4	
	シス，セソ，タチツ	−2，30，100	3	
	テ	⑥	1	
	ト	①	2	
	ナ	①	1	
	ニ，ヌ	①，⑤ (解答の順序は問わない)	2 (各1)	
	ネノ	57	2	
	ハ	3	1	
	ヒ	2	2	
	フ	②	2	
	ヘ，ホ	⓪，②	2	
第2問　自己採点小計				

問題番号(配点)	解答記号	正　解	配点	自己採点
第3問 (20)	ア	4	1	
	イウ	10	1	
	エ，オ	1，6	2	
	カ，キ	1，3	2	
	ク，ケ	1，3	2	
	コ	①	2	
	サ，シ	5，9	2	
	ス，セ	2，3	1	
	ソタ，チツ	13，18	2	
	テ	⓪	1	
	ト	⓪	2	
	ナニ，ヌネ	11，18	2	
	第3問　自己採点小計			
第4問 (20)	ア	3	2	
	イ	6	2	
	ウ	6	2	
	エ	2	2	
	オ，カ	4，5	3	
	キ	3	2	
	ク	5	3	
	ケコサ	191	4	
	第4問　自己採点小計			

問題番号(配点)	解答記号	正　解	配点	自己採点
第5問 (20)	ア，イ	⓪，① (解答の順序は問わない)	2	
	ウ，エ	2，5	2	
	オ，カ	1，2	2	
	キ，ク	1，4	2	
	ケ，コ	6，5	3	
	サ，シ，ス，セ	4，5，9，5	3	
	ソ，$\sqrt{タチ}$，ツテ	2，$\sqrt{15}$，15	3	
	ト，$\sqrt{ナ}$，ニヌ	4，$\sqrt{6}$，15	3	
	第5問　自己採点小計			
	自己採点合計			

(注)

第1問，第2問は必答。

第3問〜第5問のうちから2問選択。計4問を解答。

第１問　数と式・図形と計量

〔1〕　$|3x-3c+1|=(3-\sqrt{3})x-1.$　…①

(1)　$x \geqq c-\dfrac{1}{3}$ のとき，$3x-3c+1 \geqq 0$ であるから，

①は，

$$3x-3c+1=(3-\sqrt{3})x-1 \quad \cdots ②$$

← $|X|=\begin{cases} X & (X \geqq 0 \text{のとき}), \\ -X & (X<0 \text{のとき}). \end{cases}$

となる．②を満たす x は，

$$\sqrt{3}x=3c-2$$

$$x=\frac{3c-2}{\sqrt{3}}=\sqrt{\boxed{3}}\,c-\frac{\boxed{2}\sqrt{3}}{3} \quad \cdots ③$$

となる．③が $x \geqq c-\dfrac{1}{3}$ を満たす条件は，

「$\sqrt{3}c-\dfrac{2\sqrt{3}}{3} \geqq c-\dfrac{1}{3}$ が成り立つこと」

←

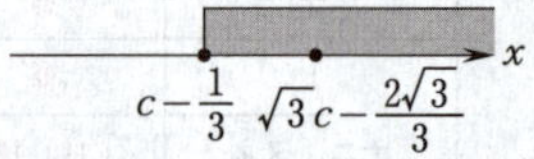

であるから，上の不等式を解くと，

$$(\sqrt{3}-1)c \geqq \frac{2\sqrt{3}-1}{3}$$

$$c \geqq \frac{2\sqrt{3}-1}{3(\sqrt{3}-1)}=\frac{5+\sqrt{3}}{6}.$$

← $\dfrac{2\sqrt{3}-1}{3(\sqrt{3}-1)}=\dfrac{(2\sqrt{3}-1)(\sqrt{3}+1)}{3(\sqrt{3}-1)(\sqrt{3}+1)}$

$=\dfrac{2\cdot3+2\sqrt{3}-\sqrt{3}-1}{3\cdot2}$

$=\dfrac{5+\sqrt{3}}{6}.$

よって，③が $x \geqq c-\dfrac{1}{3}$ を満たすような c の値の範囲は　$c \geqq \dfrac{5+\sqrt{3}}{6}$　である．$\boxed{②}$ …ウ

また，$x<c-\dfrac{1}{3}$ のとき，$3x-3c+1<0$ であるから，①は，

$$-(3x-3c+1)=(3-\sqrt{3})x-1$$

$$-3x+3c-1=(3-\sqrt{3})x-1 \quad \cdots ④$$

となる．④を満たす x は，

$$(6-\sqrt{3})x=3c$$

$$x=\frac{3c}{6-\sqrt{3}}=\frac{\boxed{6}+\sqrt{3}}{\boxed{11}}c \quad \cdots ⑤$$

← $\dfrac{3c}{6-\sqrt{3}}=\dfrac{3c(6+\sqrt{3})}{(6-\sqrt{3})(6+\sqrt{3})}$

$=\dfrac{3(6+\sqrt{3})}{36-3}c$

$=\dfrac{3(6+\sqrt{3})}{33}c$

$=\dfrac{6+\sqrt{3}}{11}c.$

となる．⑤が $x<c-\dfrac{1}{3}$ を満たす条件は，

「$\dfrac{6+\sqrt{3}}{11}c<c-\dfrac{1}{3}$ が成り立つこと」

←

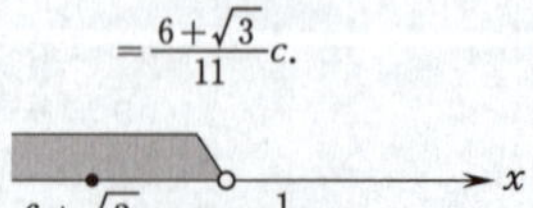

であるから，上の不等式を解くと，

$$\frac{5-\sqrt{3}}{11}c>\frac{1}{3}$$

$$c>\frac{11}{3(5-\sqrt{3})}=\frac{5+\sqrt{3}}{6}.$$

←
$$\frac{11}{3(5-\sqrt{3})}=\frac{11(5+\sqrt{3})}{3(5-\sqrt{3})(5+\sqrt{3})}=\frac{11(5+\sqrt{3})}{3\cdot(25-3)}=\frac{11(5+\sqrt{3})}{3\cdot 22}=\frac{5+\sqrt{3}}{6}.$$

よって，⑤が $x<c-\frac{1}{3}$ を満たすような c の値の範囲は　$c>\frac{5+\sqrt{3}}{6}$ である．**⑤** …キ

(2)　①が異なる二つの解をもつための必要十分条件は，

「①が③と⑤を解にもつこと」

すなわち，

「(③は $x\geqq c-\frac{1}{3}$ を満たす) かつ (⑤は $x<c-\frac{1}{3}$ を満たす)」

であるから，

$$c\geqq\frac{5+\sqrt{3}}{6}\quad かつ\quad c>\frac{5+\sqrt{3}}{6}.$$

よって，①が異なる二つの解をもつための必要十分条件は，

$$c>\frac{5+\sqrt{3}}{6}\quad \textbf{①}\qquad \cdots⑥$$

である．

←
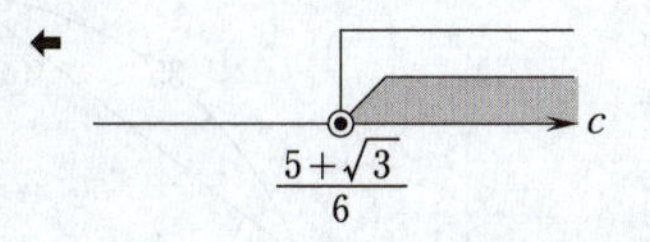

①がただ一つの解をもつための必要十分条件は，

「①が③か⑤のいずれか一方の解をもつこと」

すなわち，

「(③は $x\geqq c-\frac{1}{3}$ を満たすが，⑤は $x<c-\frac{1}{3}$ を満たさない)

または

(③は $x\geqq c-\frac{1}{3}$ を満たさないが，⑤は $x<c-\frac{1}{3}$ を満たす)」

であるから，

$$\left(c\geqq\frac{5+\sqrt{3}}{6}\quad かつ\quad c\leqq\frac{5+\sqrt{3}}{6}\right)$$

または

$$\left(c<\frac{5+\sqrt{3}}{6}\quad かつ\quad c>\frac{5+\sqrt{3}}{6}\right).$$

← 「⑤は $x<c-\frac{1}{3}$ を満たさない」ということは，「⑤は $x\geqq c-\frac{1}{3}$ を満たす」ということであるから，

$$\frac{6+\sqrt{3}}{11}c\geqq c-\frac{1}{3}$$

$$c\leqq\frac{5+\sqrt{3}}{6}.$$

← これを満たす c は存在しない．

よって，①がただ一つの解をもつための必要十分条件は，

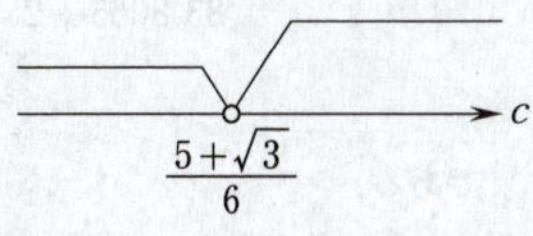

$$c=\frac{5+\sqrt{3}}{6}\quad \boxed{④} \qquad \cdots ⑦$$

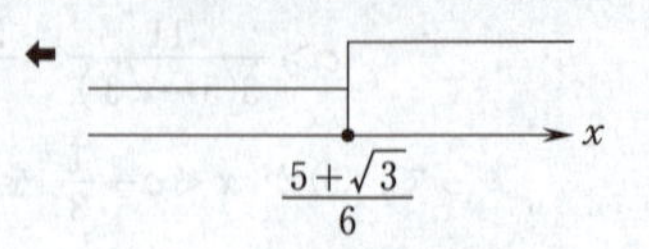

である．

①が解をもたないための必要十分条件は，

「①が少なくとも一つの解をもつ」の否定

となる．

①が少なくとも一つの解をもつときの c の値の範囲は，⑥または⑦より，

$$c \geqq \frac{5+\sqrt{3}}{6}.$$

よって，①が解をもたないための必要十分条件は，

$$c<\frac{5+\sqrt{3}}{6}\quad \boxed{⑦}$$

である．

〔2〕

(1) 図1を次図のように簡略化して考える．

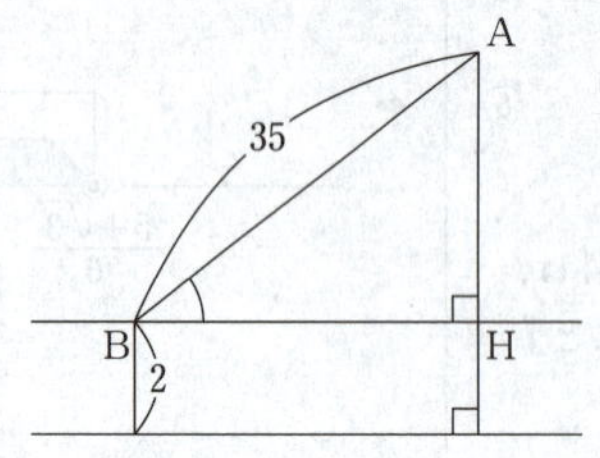

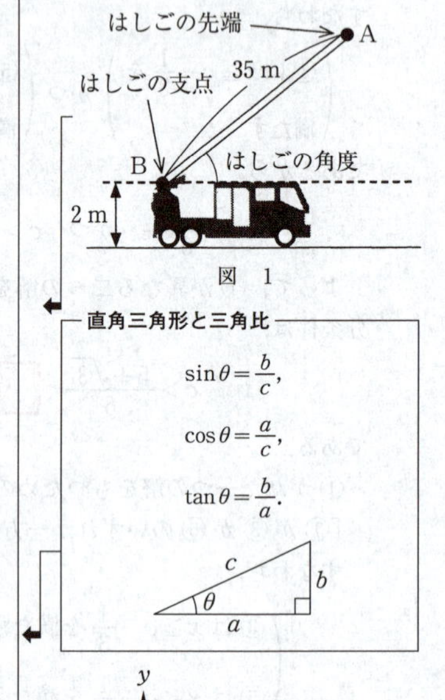

Hを図のようにとると，$\sin\angle\mathrm{ABH}=\frac{\mathrm{AH}}{\mathrm{AB}}$ より，

$$\mathrm{AH}=\mathrm{AB}\sin\angle\mathrm{ABH}=35\sin\angle\mathrm{ABH}$$

となるから，$\sin\angle\mathrm{ABH}$ が最大のとき，AHも最大となる．

さらに，$0^\circ \leqq \angle\mathrm{ABH} \leqq 75^\circ$ より，$\sin\angle\mathrm{ABH}$ が最大となるのは，$\angle\mathrm{ABH}=75^\circ$ のときであるから，AHの最大値は，三角比の表を用いて，

$$\begin{aligned}35\sin 75^\circ &= 35\times 0.9659\\ &=33.8065\end{aligned}$$

となる．

よって，はしごの先端Aの最高到達点の高さは，地面から，

$$\begin{aligned}33.8065+2&=35.8065\\ &\fallingdotseq \boxed{36}\ \mathrm{m}\end{aligned}$$

である．

y
1
P$(X,\ Y)$
θ
O
1
x

$0^\circ \leqq \theta \leqq 90^\circ$ とする．

$$X=\cos\theta,\quad Y=\sin\theta.$$

図からわかるように，θ が大きくなるほど，Y，つまり，$\sin\theta$ は大きくなり，逆に，Y，つまり，$\sin\theta$ が大きくなるほど，θ は大きくなる．

よって，

（θ が最大）$\Longleftrightarrow$（$\sin\theta$ が最大）

となる．

(2)(i)　図3を次図のように簡略化して考える.

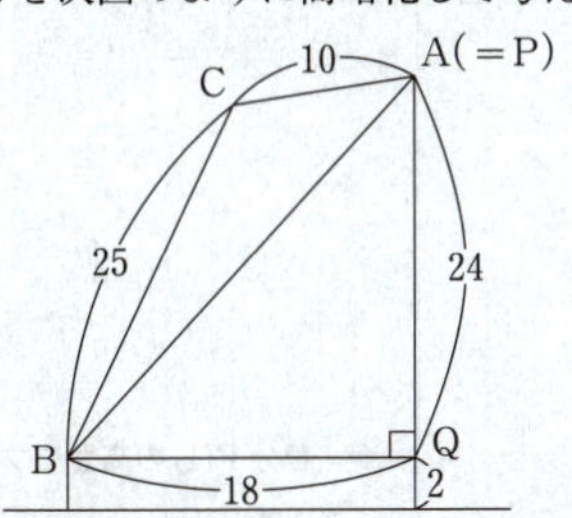

直角三角形ABQに三平方の定理を用いると,

$$AB=\sqrt{AQ^2+BQ^2}=\sqrt{24^2+18^2}=30$$

となり,さらに,△ABCに余弦定理を用いると,

$$\cos\angle ABC=\frac{25^2+30^2-10^2}{2\cdot 25\cdot 30}$$

$$=\frac{5^2+6^2-2^2}{2\cdot 30}$$

$$=\frac{19}{20}=0.95$$

となるから,三角比の表を用いて,

$$\angle ABC\fallingdotseq 18^\circ \qquad \cdots ①$$

である.

また,直角三角形ABQに注目すると,

$$\tan\angle QBA=\frac{24}{18}=\frac{4}{3}=1.333\cdots$$

となるから,三角比の表を用いて,

$$\angle QBA\fallingdotseq 53^\circ \qquad \cdots ②$$

である.

よって,∠QBC＝∠QBA＋∠ABC であることと①,②より,∠QBCの大きさはおよそ71°になる. ⑤

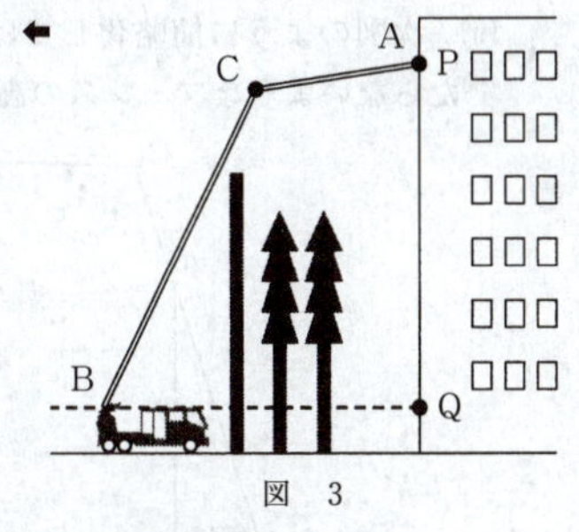

図　3

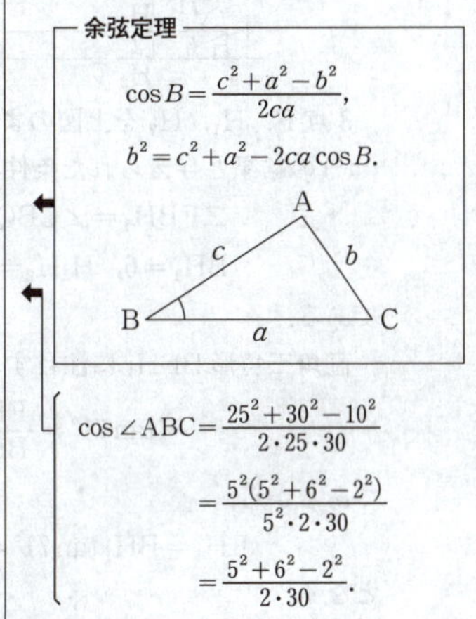

$$\cos\angle ABC=\frac{25^2+30^2-10^2}{2\cdot 25\cdot 30}$$

$$=\frac{5^2(5^2+6^2-2^2)}{5^2\cdot 2\cdot 30}$$

$$=\frac{5^2+6^2-2^2}{2\cdot 30}.$$

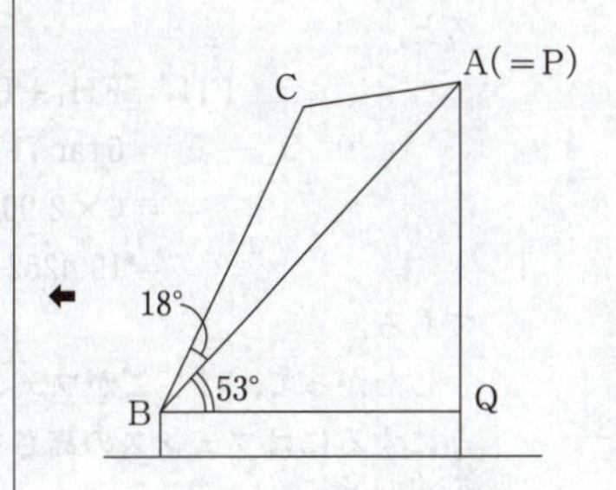

(ii) 次図のように簡略化してはしごがフェンスに当たらないようなフェンスの高さを調べる.

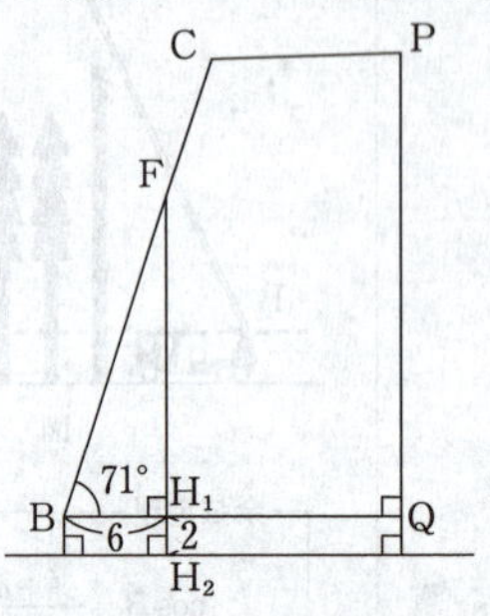

← 線分 FH_2 の高さをフェンスの高さと考えるとよい.

3点F, H_1, H_2 を上図のように設定する.

(i)の結果と与えられた条件より,

$$\angle FBH_1 = \angle CBQ = 71°,$$
$$BH_1 = 6,\ H_1H_2 = 2$$

である.

直角三角形 BFH_1 に注目すると,

$$\tan 71° = \frac{FH_1}{BH_1}$$

であるから,

$$FH_1 = BH_1 \tan 71° = 6\tan 71°$$

となる.

よって, 線分 FH_2 の長さは, 三角比の表を用いると,

$$\begin{aligned} FH_2 &= FH_1 + H_1H_2 \\ &= 6\tan 71° + 2 \\ &= 6 \times 2.9042 + 2 \\ &= 19.4252 \end{aligned}$$

である.

したがって, はしごがフェンスに当たらないようにするにはフェンスの高さを 19.4252 m 未満にすればよい.

ゆえに, はしごがフェンスに当たらずに, はしごの先端Aを点Pに一致させることができる最大のものは, 19 m となるから, セ に当てはまるものは ④ である.

（注）　はしごの先端Aを点Pに一致させることができる点Cの位置は1ケ所しかないことは次図よりわかる．

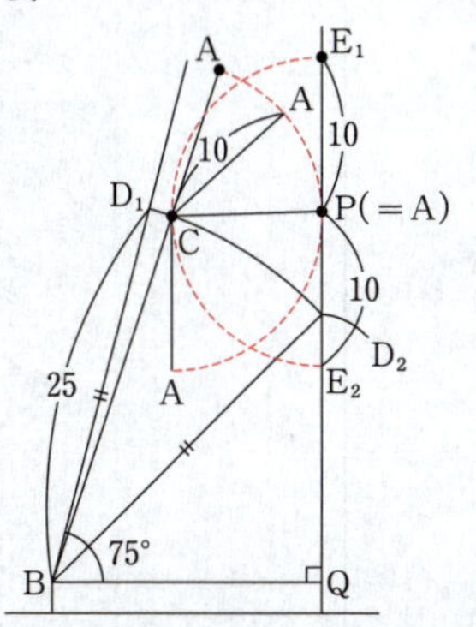

4点D_1，D_2，E_1，E_2を上図のように設定する．

はしごの先端Aを点Pに一致させることができる点Cの位置は，「点Bからの距離が25，かつ点Pからの距離が10である点」すなわち，「弧D_1D_2と弧E_1E_2の交点」であり，このときの∠CBQは75°より小さいから，上図から1点しかないことがわかる．

したがって，はしごの先端Aを点Pに一致させることができるのは(i)の設定のときしかない．

なお，直線PBに関して点Cの対称点はビルの内部にあることを示しておく．

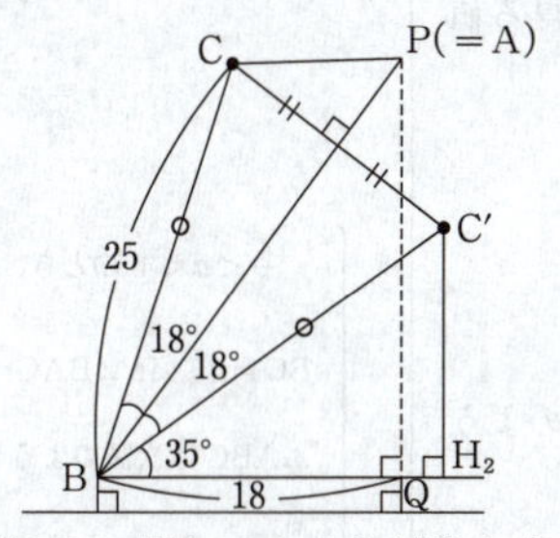

直線PBに関して点Cと対称な点をC′とし，H_3を図のようにおく．

直角三角形$BC'H_3$に注目すると，

$$BH_3 = C'B\cos 35° = 25 \times 0.8192 \fallingdotseq 20$$

となり，$BH_3 > BQ = 18$ であるから，点C′はビルの内部にある．

⬅ 弧D_1D_2は点Bを中心とする半径25の円周上の一部である．

弧E_1E_2は点Pを中心とする半径10の円周上の一部である．

⬅

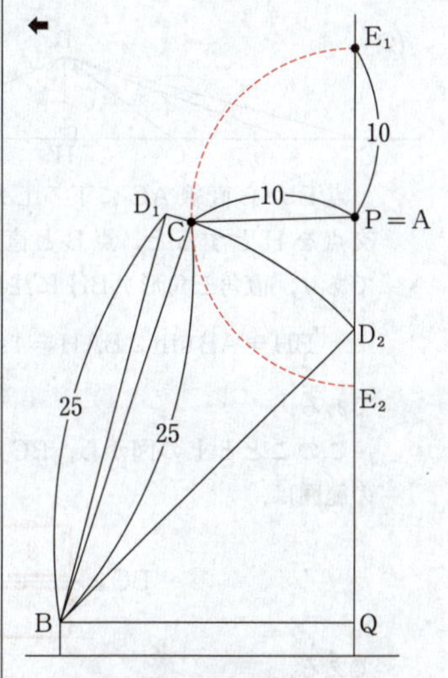

点Cは弧D_1D_2上を動き，さらに，点Pからの距離が10であるためには，点Cが弧E_1E_2上にないといけない．

〔3〕

(1)

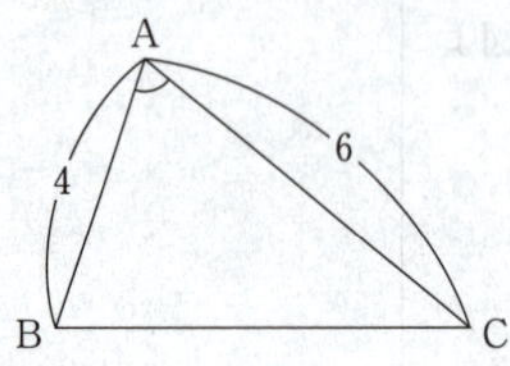

余弦定理を用いると，

$$BC^2 = 6^2 + 4^2 - 2 \cdot 6 \cdot 4 \cos \angle BAC$$
$$= 36 + 16 - 48 \cdot \frac{1}{3}$$
$$= 36$$

← $\cos \angle BAC = \frac{1}{3}$.

となるから，$BC > 0$ より，

$$BC = \boxed{6}$$

であり，△ABC はただ一通りに決まる．

(2)

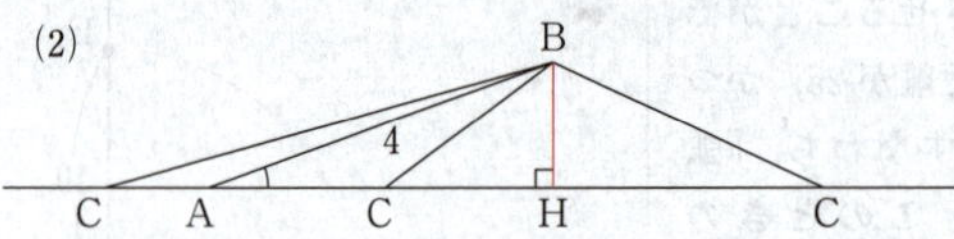

← $\sin \angle BAC = \frac{1}{3}$.

点 B から直線 AC に下ろした垂線と直線 AC の交点を H とすると，点 B と直線 AC の距離は BH であり，直角三角形 ABH に注目すると，

$$BH = AB \sin \angle BAH = 4 \sin \angle BAC = \frac{4}{3}$$

← $\sin \angle BAH = \frac{BH}{AB}$.

である．

このことと上の図から，BC の長さのとり得る値の範囲は，

$$BC \geqq \frac{\boxed{4}}{\boxed{3}}$$

である．

$BC \neq \frac{4}{3}$，$BC \neq 4$ のとき，△ABC は次の図のように二通りに決まる．

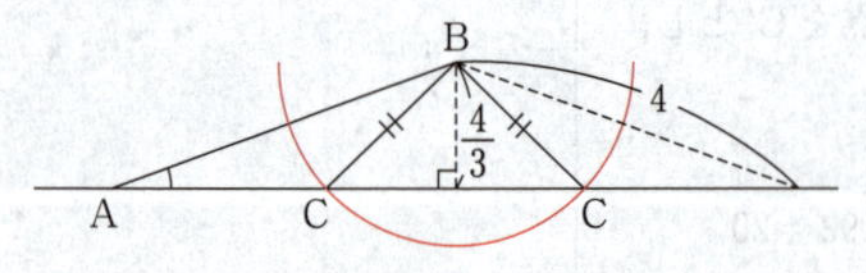

← $\frac{4}{3} < a < 4$ のとき，$AB = 4$，$BC = a$，$\sin \angle BAC = \frac{1}{3}$ を満たす △ABC は次図のように二通り存在する．

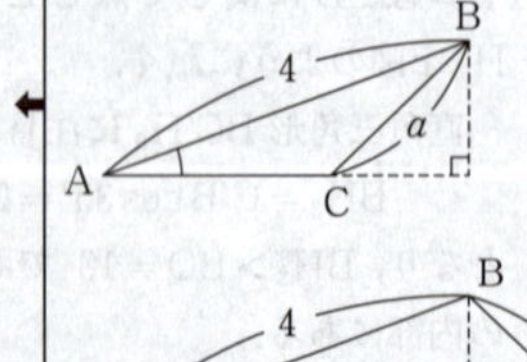

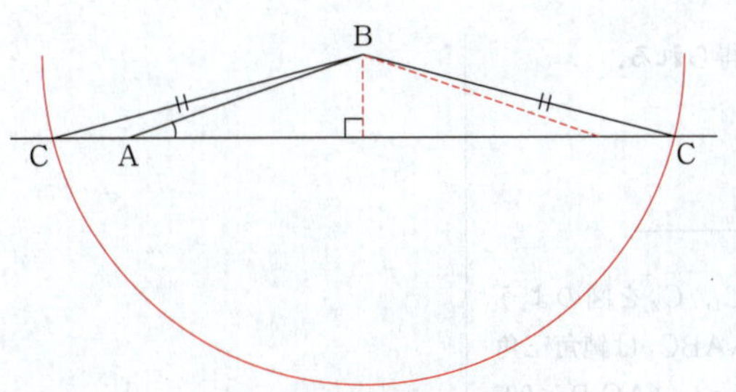

これより，$BC=\frac{4}{3}$ または $BC=$ 4 のとき，

△ABC はただ一通りに決まる．

また，∠ABC＝90° のとき，

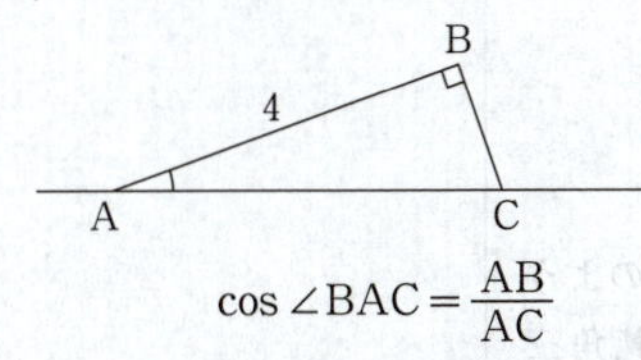

$$\cos\angle BAC=\frac{AB}{AC}$$

であり，$0°<\angle BAC<90°$ より，$\cos\angle BAC>0$ であるから，

$$AC=\frac{AB}{\cos\angle BAC}$$
$$=\frac{AB}{\sqrt{1-\sin^2\angle BAC}}$$
$$=\frac{4}{\sqrt{1-\left(\frac{1}{3}\right)^2}}$$
$$=3\sqrt{2}.$$

これより，三平方の定理を用いて，

$$BC=\sqrt{AC^2-AB^2}$$
$$=\sqrt{(3\sqrt{2})^2-4^2}$$
$$=\sqrt{\boxed{2}}$$

である．

したがって，△ABC の形状について，次のことが成り立つ．

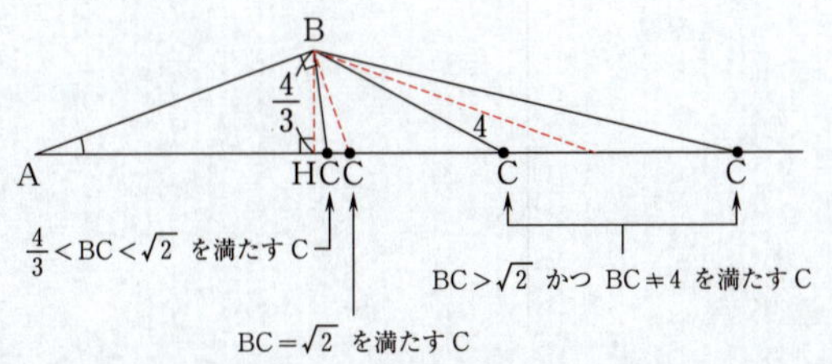

⬅ $a>4$ のとき，$AB=4$，$BC=a$，$\sin\angle BAC=\frac{1}{3}$ を満たす △ABC は次図のように二通り存在する．

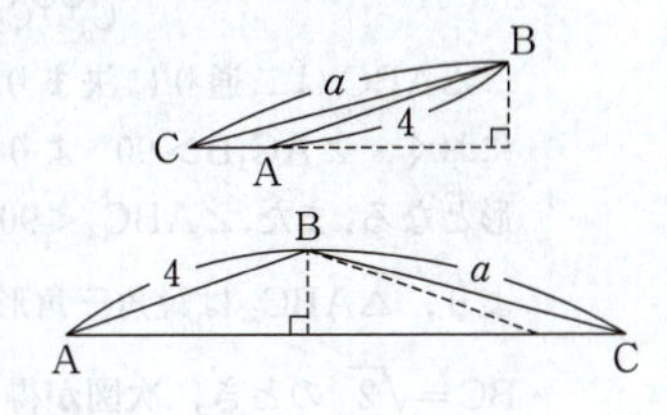

⬅ 次のように求めてもよい．

$0°<\angle BAC<90°$ より，

$$\cos\angle BAC>0$$

であるから，

$$\cos\angle BAC=\sqrt{1-\sin^2\angle BAC}$$
$$=\sqrt{1-\left(\frac{1}{3}\right)^2}$$
$$=\frac{2\sqrt{2}}{3}.$$

これより，

$$\tan\angle BAC=\frac{\sin\angle BAC}{\cos\angle BAC}$$
$$=\frac{\frac{1}{3}}{\frac{2\sqrt{2}}{3}}$$
$$=\frac{1}{2\sqrt{2}}$$

となるから，

$$BC=AB\tan\angle BAC$$
$$=4\cdot\frac{1}{2\sqrt{2}}$$
$$=\sqrt{2}.$$

・$\frac{4}{3}<\mathrm{BC}<\sqrt{2}$ のとき，次図が得られる．

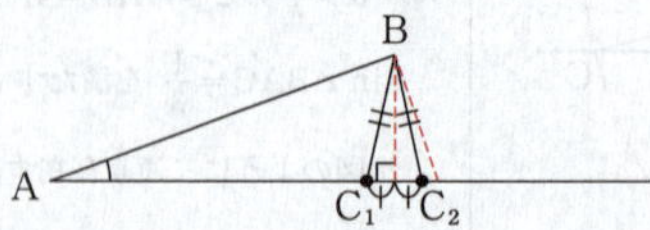

△ABC は二通りに決まり，C_1，C_2 を図のようにおく．$\angle AC_1B>90°$ より，$\triangle ABC_1$ は鈍角三角形となる．また，$\angle ABC_2<90°$ かつ $\angle AC_2B<90°$ より，$\triangle ABC_2$ は鋭角三角形となる．⑤

⬅ △ABC は二通りに決まり，それらは鋭角三角形と鈍角三角形である．

・$\mathrm{BC}=\sqrt{2}$ のとき，次図が得られる．

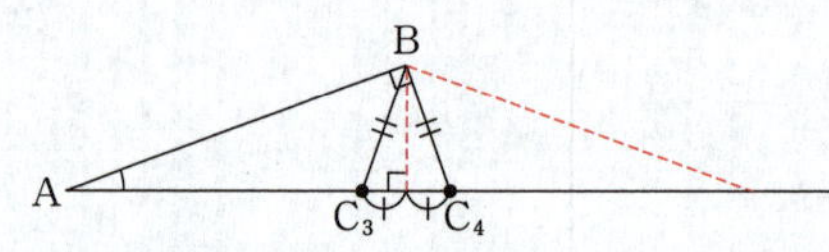

△ABC は二通りに決まり，C_3，C_4 を図のようにおく．$\angle AC_3B>90°$ より，$\triangle ABC_3$ は鈍角三角形となる．また，$\angle ABC_4=90°$ より，$\triangle ABC_4$ は直角三角形となる．⑦

⬅ △ABC は二通りに決まり，それらは直角三角形と鈍角三角形である．

・$\mathrm{BC}>\sqrt{2}$ かつ $\mathrm{BC}\neq 4$ のとき，次図が得られる．

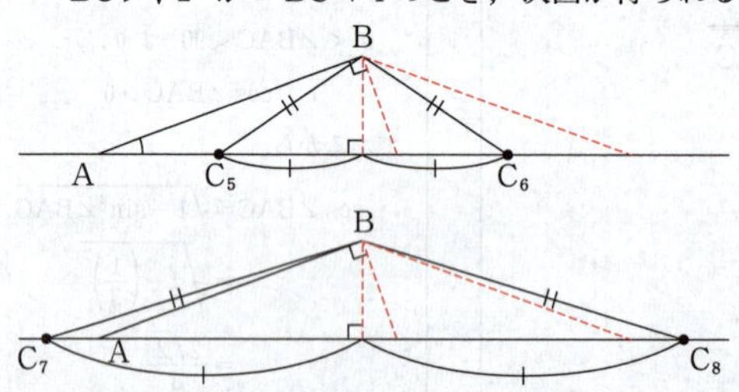

△ABC は二通りに決まり，C_5, C_6, C_7, C_8 を図のようにおく．$\angle AC_5B>90°$ より，$\triangle ABC_5$ は鈍角三角形となる．また，$\angle ABC_6>90°$ より，$\triangle ABC_6$ は鈍角三角形となる．

さらに，$\angle BAC_7>90°$ より，$\triangle ABC_7$ は鈍角三角形であり，$\angle ABC_8>90°$ より，$\triangle ABC_8$ は鈍角三角形である．⑧

⬅ △ABC は二通りに決まり，それらはともに鈍角三角形である．

第2問　2次関数，データの分析

〔1〕

(1)　$a=6$ のとき，$\mathrm{AP}=x$ $(0\leqq x<5)$ とおくと，与えられた条件より次図を得る．

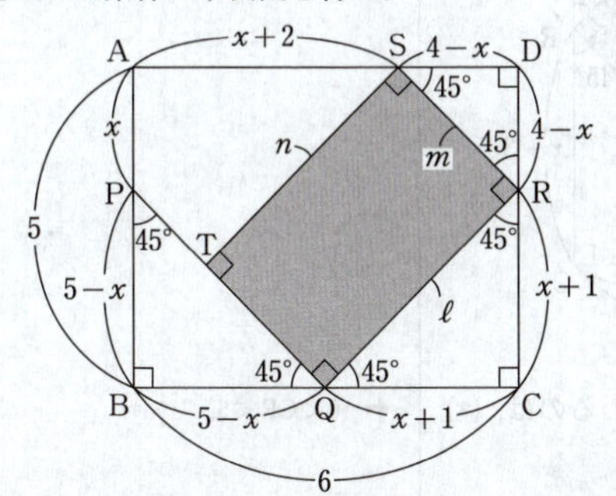

ℓ が頂点 C，D 以外の点で辺 CD と交わるのは，

$$0<\mathrm{CR}<5 \quad \cdots(*)$$

のときであるから，

$$0<x+1<5$$

すなわち，

$$-1<x<4$$

である．

よって，$0\leqq x<5$ より，$0\leqq x<4$ となるから，ℓ が頂点 C，D 以外の点で辺 CD と交わるときの AP の値の範囲は，

$$0\leqq \mathrm{AP}<\boxed{4}$$

である．

← $0\leqq x<4$ のとき，点 Q は頂点 B，C 以外の辺 BC 上にあり，点 S は頂点 A，D 以外の辺 AD 上にある．

$a=6$ のときの四角形 QRST の面積を S_1 とすると，

$$\begin{aligned} S_1&=\mathrm{QR}\cdot\mathrm{RS}\\ &=\sqrt{2}(x+1)\cdot\sqrt{2}(4-x)\\ &=-2x^2+6x+8\\ &=-2\left(x-\frac{3}{2}\right)^2+\frac{25}{2} \end{aligned}$$

となる．

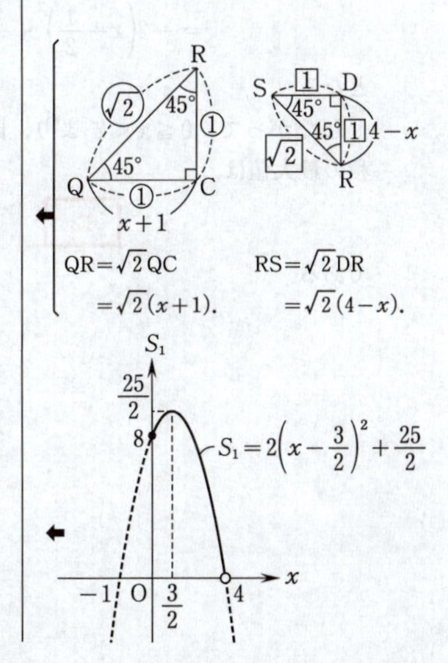

したがって，$0\leqq x<4$ より，四角形 QRST の面積の最大値は，

$$\frac{\boxed{25}}{\boxed{2}}$$

である．

また，$a=8$ のとき，$\mathrm{AP}=x$ $(0\leqq x<5)$ とおくと，与えられた条件より次図を得る．

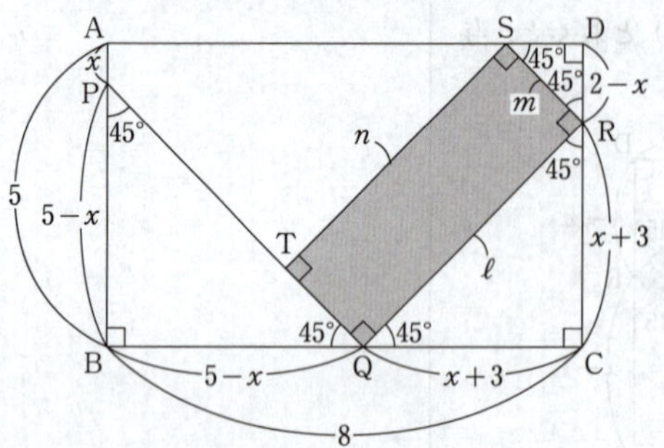

ℓ が頂点 C, D 以外の点で辺 CD と交わるのは，(*) のときであるから，

$$0<x+3<5$$

すなわち，

$$-3<x<2$$

であり，x の取り得る値の範囲は，$0\leqq x<5$ より，

$$0\leqq x<2$$

である．

⬅ $0<\mathrm{CR}<5.$ $\cdots$(*)

$a=8$ のときの四角形 QRST の面積を S_2 とすると，

$$\begin{aligned}S_2&=\mathrm{QR}\cdot\mathrm{RS}\\&=\sqrt{2}(x+3)\cdot\sqrt{2}(2-x)\\&=-2x^2-2x+12\\&=-2\left(x+\frac{1}{2}\right)^2+\frac{25}{2}\end{aligned}$$

となる．

⬅

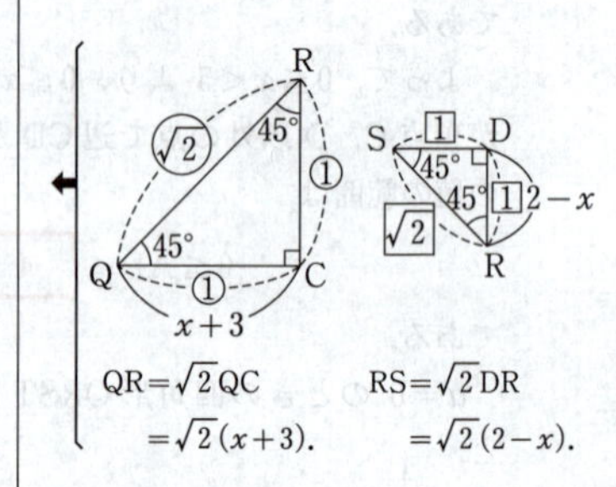

$\mathrm{QR}=\sqrt{2}\,\mathrm{QC}$
$=\sqrt{2}(x+3).$

$\mathrm{RS}=\sqrt{2}\,\mathrm{DR}$
$=\sqrt{2}(2-x).$

したがって，$0\leqq x<2$ より，四角形 QRST の面積の最大値は，

12

である．

⬅

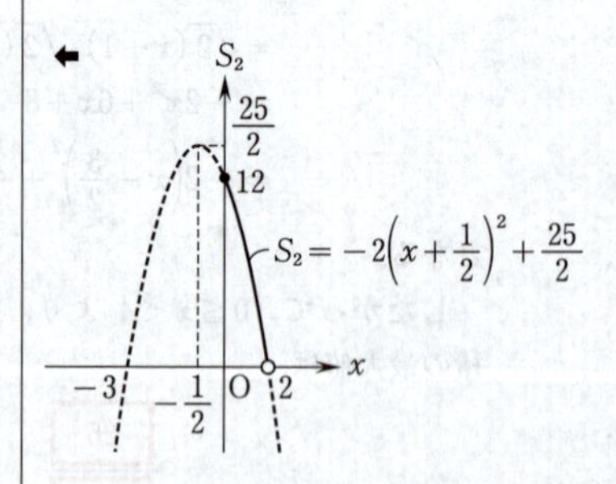

(2)　$5<a<10$ とする．$\mathrm{AP}=x$ $(0\leqq x<5)$ とおくと，与えられた条件より次図を得る．

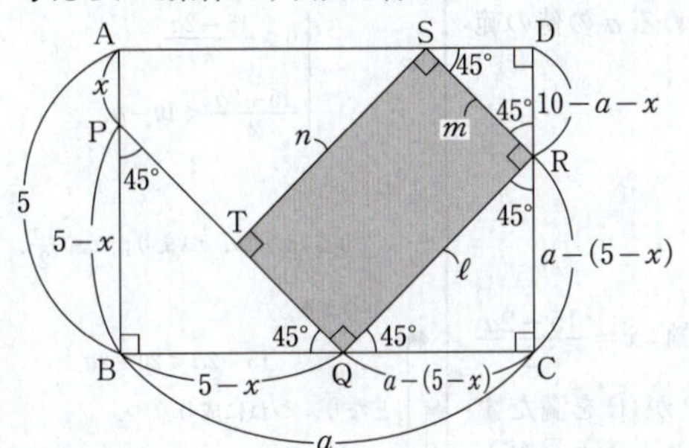

← $\mathrm{DR}=\mathrm{CD}-\mathrm{CR}$
$=5-\{a-(5-x)\}$
$=10-a-x.$

ℓ が頂点 C, D 以外の点で辺 CD と交わるのは，(*) のときであるから，

← $0<\mathrm{CR}<5.$　…(*)

$$0<a-(5-x)<5$$

すなわち，

$$5-a<x<10-a$$

であり，$5<a<10$ であることと $0\leqq x<5$ より，

← $5<a<10$ より，
$-5<5-a<0,\quad 0<10-a<5.$

$$0\leqq \mathrm{AP}<\boxed{10}-a\qquad\cdots①$$

である．

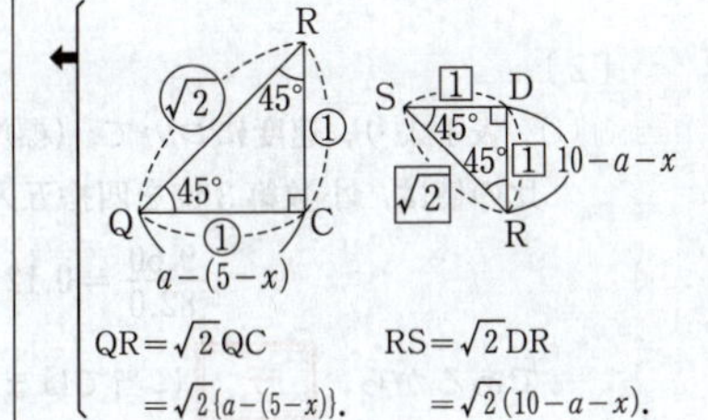

$5<a<10$ のときの四角形 QRST の面積を S_3 とすると，

$S_3=\mathrm{QR}\cdot\mathrm{RS}$
$=\sqrt{2}\{a-(5-x)\}\cdot\sqrt{2}(10-a-x)$
$=2\{-x^2+(15-2a)x-a^2+15a-50\}$
$=-2x^2+2(15-2a)x-2(a^2-15a+50)$
$=-2\left(x-\dfrac{15-2a}{2}\right)^2+\dfrac{(15-2a)^2}{2}-2(a^2-15a+50)$
$=-2\left(x-\dfrac{15-2a}{2}\right)^2+\dfrac{25}{2}$

となる．

←
R
$\sqrt{2}$
45°
①
45°
Q
①
C
$a-(5-x)$

S　① D
45°
45°
① $10-a-x$
$\sqrt{2}$
R

$\mathrm{QR}=\sqrt{2}\,\mathrm{QC}$
$=\sqrt{2}\{a-(5-x)\}.$

$\mathrm{RS}=\sqrt{2}\,\mathrm{DR}$
$=\sqrt{2}(10-a-x).$

S_3 の最大値が $\dfrac{25}{2}$ となるのは，① より，

「軸：$x=\dfrac{15-2a}{2}$ が $0\leqq x<10-a$ に含まれること」

←

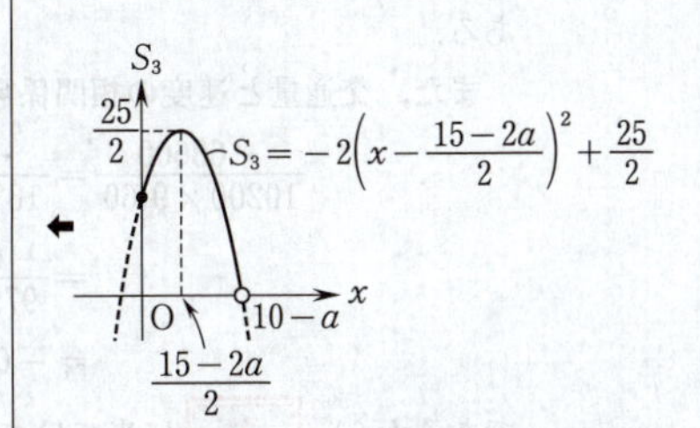

であるから，

$$0\leqq\frac{15-2a}{2}<10-a$$

である．

これより，

$$a \leqq \frac{15}{2}$$

であり，$5<a<10$ であるから，求める a の値の範囲は，

$$5<a\leqq\frac{\boxed{15}}{\boxed{2}}$$

である．

a が $\frac{15}{2}<a<10$ を満たすとき，軸：$x=\frac{15-2a}{2}$ は $x<0$ の範囲に含まれるから，P が①を満たす範囲を動いたとき，$x=0$ で S_3 は最大となり，最大値は，

$$\boxed{-2}\,a^2+\boxed{30}\,a-\boxed{100}$$

である．

← $0\leqq\frac{15-2a}{2}<10-a$ より，

$$\begin{cases} 0\leqq\frac{15-2a}{2}, & \cdots㋐ \\ \frac{15-2a}{2}<10-a. & \cdots㋑ \end{cases}$$

㋐より，

$0\leqq15-2a$，つまり，$a\leqq\frac{15}{2}$.

㋑より，

$15-2a<20-2a$

となり，つねに成り立つ．

← $\frac{15}{2}<a<10$ のとき，

$$-\frac{5}{2}<\frac{15-2a}{2}<0.$$

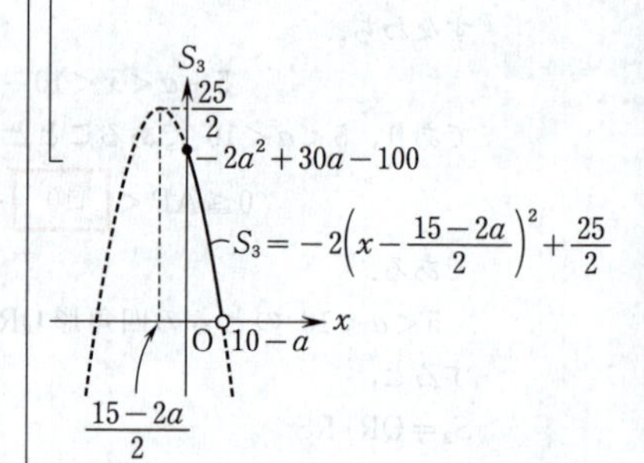

〔2〕

(1)　表1より，速度について，(標準偏差)：(平均値)の比の値は，小数第3位を四捨五入すると，

$$\frac{9.60}{82.0}\fallingdotseq0.12$$

であるから，$\boxed{テ}$ に当てはまるものは $\boxed{⑥}$ である．

← 表1　2015年の交通量と速度の平均値，標準偏差および共分散

	平均値	標準偏差	共分散
交通量	17300	10200	−63600
速　度	82.0	9.60	

← $\frac{9.60}{82.0}=0.11707\cdots$.

また，交通量と速度の相関係数は，

$$\frac{-63600}{10200\times9.60}=\frac{-636}{102\times9.6}$$
$$=\frac{-636}{979.2}$$
$$\fallingdotseq-0.65$$

であるから， に当てはまるものは $\boxed{①}$ である．

相関係数

2つの変量 x，y について，

x の標準偏差を s_x，

y の標準偏差を s_y，

x と y の共分散を s_{xy}

とするとき，x と y の相関係数は，

$$\frac{s_{xy}}{s_xs_y}.$$

← $\frac{-636}{979.2}=-0.64950\cdots$.

図1の散布図より，0～15000台までを度数分布表にまとめると次のようになる．

階　　級	度 数
0台以上5000台未満	4
5000台以上10000台未満	17
10000台以上15000台未満	12

この3つの階級を満たしている2015年の交通量のヒストグラムは①のみであるから，ナ に当てはまるものは ① である.

← ⓪は0台以上5000台未満の階級の度数が異なる. ②, ③は5000台以上10000台未満の階級の度数が異なる.

また，表1および図1から読み取れることについて考える.

⓪…正しくない.

交通量が27500以上の地域において，速度が75以上のところが5ケ所ある.（Ⅰの部分）

①…正しい.

②…正しくない.

速度が平均値(82.0)以上の地域において，交通量が平均値(17300)未満のところは多数ある.（Ⅱの部分）

③…正しくない.

速度が平均値(82.0)未満の地域において，交通量が平均値(17300)以上のところは多数ある.（Ⅲの部分）

④…正しくない.

交通量が27500以上の地域は7地域より多く存在する.（Ⅳの部分）

⑤…正しい.

よって，ニ と ヌ に当てはまるものは ① と ⑤ である.

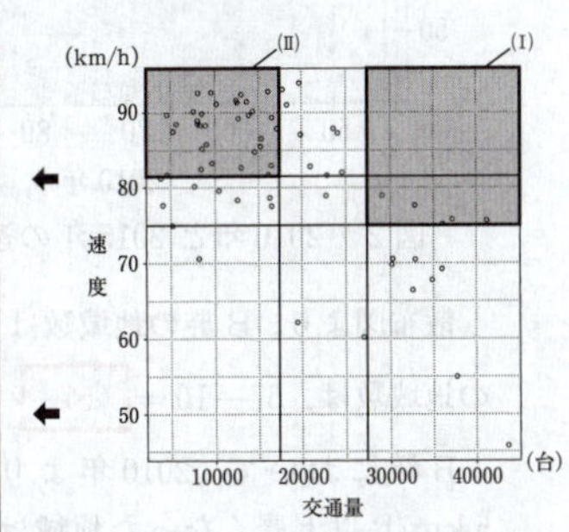

図1　2015年の交通量と速度の散布図

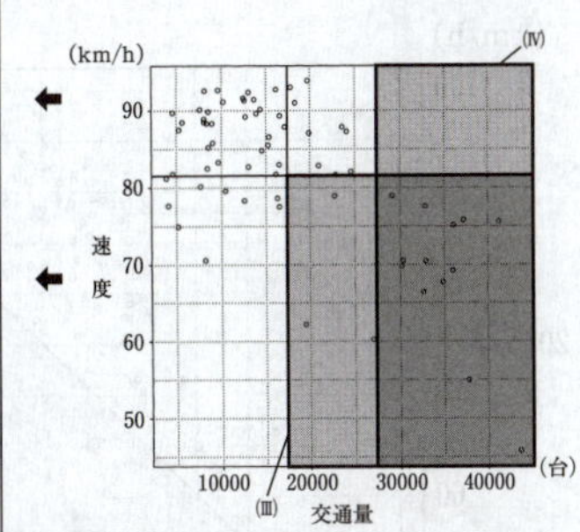

図1　2015年の交通量と速度の散布図

(2)　A群(2010年より2015年の速度が速くなった地域群)は直線 $y=x$ の上側であり，B群(2010年より2015年の速度が遅くなった地域群)は直線 $y=x$ の下側である.

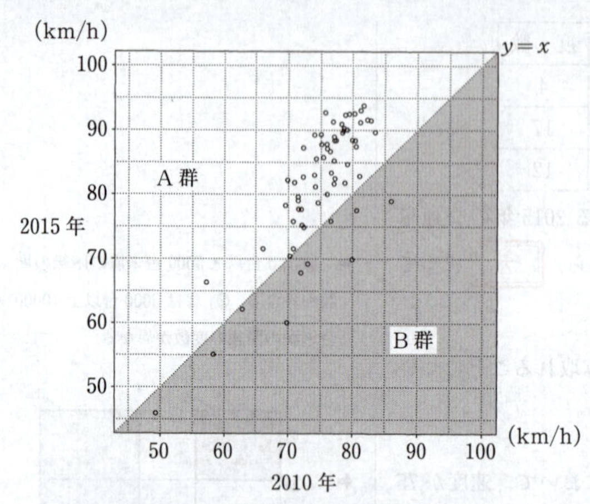

図2　2010年と2015年の速度の散布図

散布図より，B群の地域数は10であるから，A群の地域数は，$67-10=$ 57 である．

B群において，2010年より2015年の速度が，5 km/h以上遅くなった地域は直線 $y=x-5$ の下側および境界線である．

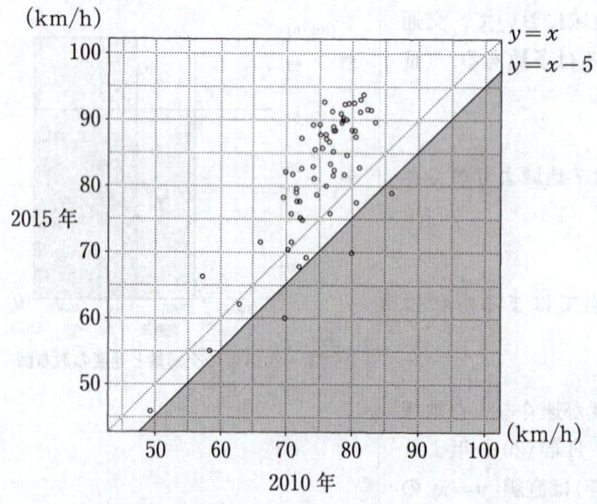

図2　2010年と2015年の速度の散布図

散布図より，5 km/h以上遅くなった地域数は 3 である．

B群において，2010年より2015年の速度が10%以上遅くなった地域は直線 $y=0.9x$ の下側および境界線である．

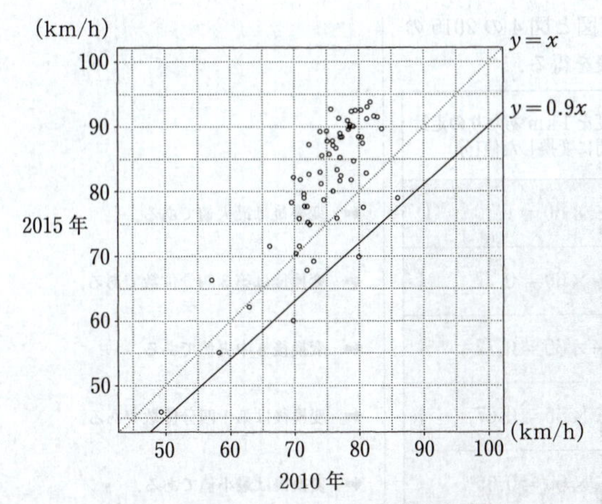

図2　2010年と2015年の速度の散布図

散布図より，10% 以上遅くなった地域数は

2 である．

(Ⅰ)，(Ⅱ)，(Ⅲ) の真偽を考える．

(Ⅰ)…正しい．

(A 群の速度の範囲)＝(約 94)－(約 66)＝(約 28)，

(B 群の速度の範囲)＝(約 79)－(約 46)＝(約 33)．

(Ⅱ)…正しくない．

A 群の速度の第 1 四分位数は問題文より，81.2 である．B 群の速度の第 3 四分位数は，10 の地域数のうち，小さい方から 8 番目になるので散布図より約 76 である．

(Ⅲ)…正しい．

A 群の速度の四分位範囲は，問題文より，

$$89.7-81.2=8.5.$$

B 群の速度の第 1 四分位数は，10 の地域数のうち，小さい方から 3 番目になるので，散布図より，約 60 である．よって，B 群の速度の四分位範囲は，

$$(約 76)-(約 60)=(約 16).$$

よって，フ に当てはまるものは ② である．

(範囲)＝(最大値)－(最小値).

a_1 は A 群の最大値，

a_2 は A 群の最小値，

b_1 は B 群の最大値，

b_2 は B 群の最小値，

c は B の第 3 四分位数，

d は B の第 1 四分位数．

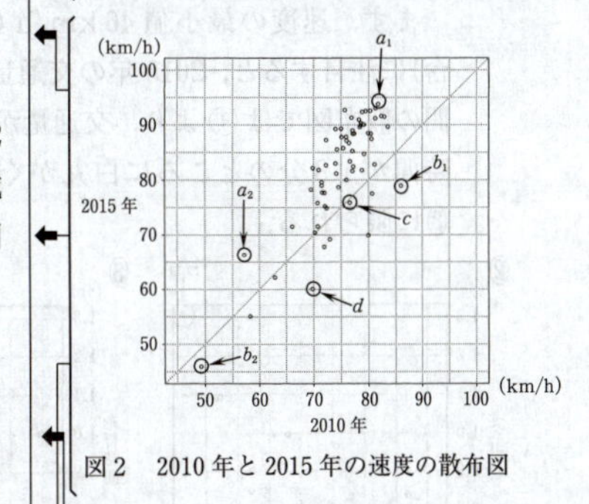

図2　2010年と2015年の速度の散布図

$\begin{pmatrix}四分位\\範囲\end{pmatrix}=\begin{pmatrix}第3四\\分位数\end{pmatrix}-\begin{pmatrix}第1四\\分位数\end{pmatrix}$.

(3)　図3の2015年の速度の箱ひげ図と図4の2015の交通量と速度の散布図から次の表を得る.

	図3, 図4から読み取った値(km/h)	速度を1kmあたりの走行時間に変換した値(分)
最　小　値	約46	$\frac{1}{46}\times 60 \fallingdotseq 1.30 \cdots$ ①
第1四分位数	約78	$\frac{1}{78}\times 60 \fallingdotseq 0.77$
中　央　値	約83	$\frac{1}{83}\times 60 \fallingdotseq 0.72$
第3四分位数	約90	$\frac{1}{90}\times 60 \fallingdotseq 0.67$
最　大　値	約93	$\frac{1}{93}\times 60 \fallingdotseq 0.65$

← 変換後は最大値である.
← 変換後は第3四分位数である.
← 変換後も中央値である.
← 変換後は第1四分位数である.
← 変換後は最小値である.

よって, 求めるデータの箱ひげ図は上の表の網掛部分を箱ひげ図にしたものであるから, **ヘ** に当てはまるものは **⓪** である.

次に, 2015年の交通量と1kmあたりの走行時間の散布図を考える.

まず, 速度の最小値46km/h (交通量は約43000台)に注目すると, 2015年の交通量と1kmの走行時間の散布図では①より, 交通量が約43000台で走行時間が1.3分のところに白丸がくるから, ②または③に限られる.

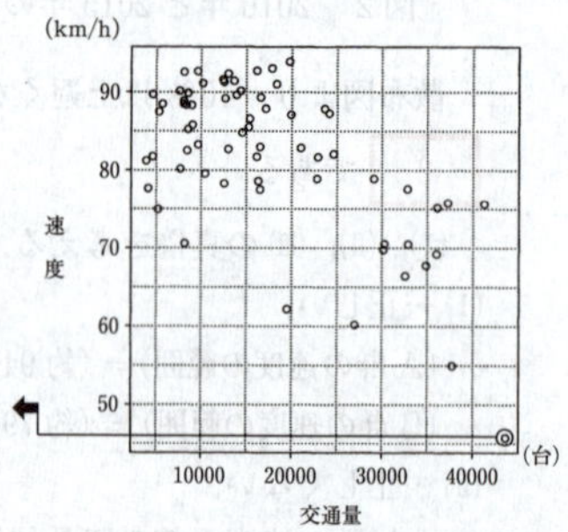

図4　2015年の交通量と速度の散布図

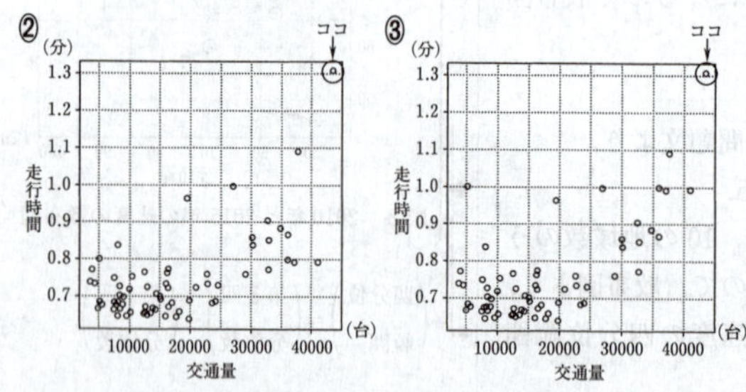

← 散布図⓪と①には「ココ」の部分に白丸がない.
(下は散布図⓪で, ◌のところに白丸がある.)

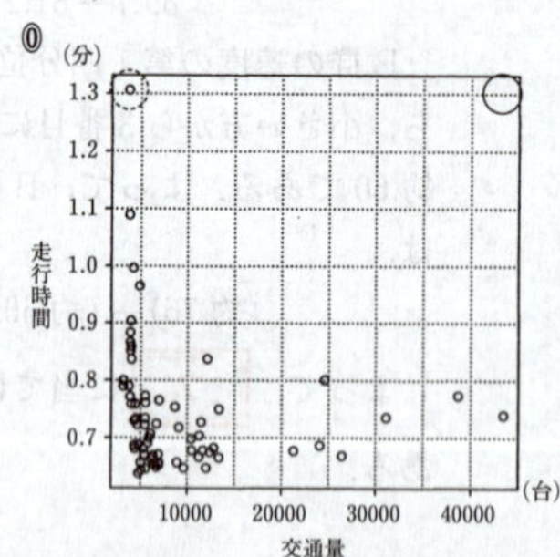

さらに, 速度60km/hについて考える. 速度60km/hを1kmあたりの走行時間に変換した値は,

$$\frac{1}{60}\times 60 = 1.0 \ (分)$$

である. ここで, 図4の2015年の交通量と速度の散布図では速度60km/hの地域は1つしかないから, 2015年の交通量と1kmの走行時間の散布図においる

← 速度60km/hのときの交通量は約27000台である.

て走行時間が1.0分の地域は1つである．したがって，求める散布図は②である．

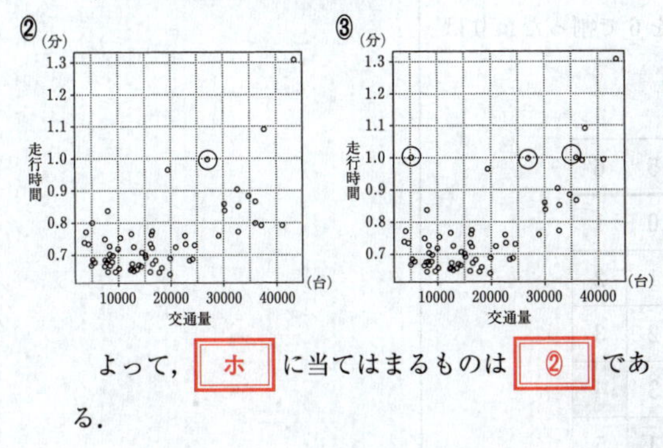

よって，ホ に当てはまるものは ② である．

⬅ 走行時間が1.0分の地域の交通量は約27000台である．

⬅ 散布図③は，走行時間が1.0分の地域が3つある．

第3問 場合の数・確率

(1) 1回目に投げたさいころの目を a，2回目に投げたさいころの目を b とすると，$a+b$ を6で割った余りは次の表のようになる．

表1

a \ b	1	2	3	4	5	6
1	2	3	4	5	0	1
2	3	4	5	0	1	2
3	4	5	0	1	2	3
4	5	0	1	2	3	4
5	0	1	2	3	4	5
6	1	2	3	4	5	0

$A=4$ となるのは出た目の合計が [4] または [10] の場合である．$A=4$ となる目の出方は表1より6通りあるから，$A=4$ となる確率は

$\frac{6}{6^2}=\frac{1}{6}$ である．また，$A=5$ となる目の出方も6通りあるから，$A \geqq 4$ となる確率は，

$\frac{6+6}{6^2}=\frac{1}{3}$ である．

← $a+b=6$ と $a+b=12$ は6で割った余りが0であるから，$A \geqq 4$ にはならないことに注意する．

(2) $a=5$ という条件のもとで，2回目を投げて $A \geqq 4$ となるのは，表1より $b=5$ または $b=6$ のときであるから，2回目を投げて $A \geqq 4$ となる確率は

$\frac{2}{6}=\frac{1}{3}$ である．よって，$a=5$ という条件のもとでは2回目を投げない方が $A \geqq 4$ となる確率は大きくなる．

← $a=5$ という条件のもとで2回目を投げないときは $A \geqq 4$ となる確率は1である．

2回目を投げない場合と投げる場合で比較する．1回目に投げたさいころの目を6で割った余りが3以下のとき，2回目を投げない場合，$A \leqq 3$ となるから，$A \geqq 4$ となる確率は0である．よって，2回目を投げる方が $A \geqq 4$ となる確率は大きい．したがって，花子さんの戦略は次のようになる．

← さいころの目が1，2，3，6のとき．

← 2回目を投げるとき，$A \geqq 4$ となる確率は表より，$\frac{2}{6}=\frac{1}{3}$ である．

花子さんの戦略
1回目に投げたさいころの目を6で割った余りが3以下のときのみ，2回目を投げる．

よって，**コ** に当てはまるものは **①** である．

1回目に投げたさいころの目が5以外の場合も考えてみると，表1より，いずれの場合も2回目を投げたときに $A \geqq 4$ となる確率は $\frac{1}{3}$ である．このことから，花子さんの戦略のもとで $A \geqq 4$ となるのは，

- $a=1$ または $a=2$ または $a=3$ または $a=6$ で，2回目のさいころの目は $A=4$ または $A=5$ となるような2つの目が出るとき，
- $a=4$ または $a=5$ のとき

の2つの場合がある．

⬅ 表より，
$a=1$ のときは，$b=3$ または $b=4$，
$a=2$ のときは，$b=2$ または $b=3$，
$a=3$ のときは，$b=1$ または $b=2$，
$a=6$ のときは，$b=4$ または $b=5$．

したがって，花子さんの戦略のもとで $A \geqq 4$ となる確率は，

$$\frac{4}{6}\times\frac{1}{3}+\frac{2}{6}=\frac{\boxed{5}}{\boxed{9}}$$

であり，この確率は $\frac{1}{3}$ より大きくなる．

(3)　$a=3$ という条件のもとで，2回目を投げない場合，得点なしとなるのは，$A=3$ より，最後にさいころをもう1回投げたときの目が3以上になるときである．

よって，得点なしとなる確率は，

$$\frac{4}{6}=\frac{\boxed{2}}{\boxed{3}}=\frac{12}{18} \quad \cdots ①$$

である．

また，2回目を投げる場合，得点なしとなるのは次のようなときである．

b	A	最後にさいころをもう1回投げたときの目	b	A	最後にさいころをもう1回投げたときの目
1	4	4, 5, 6	4	1	1, 2, 3, 4, 5, 6
2	5	5, 6	5	2	2, 3, 4, 5, 6
3	0	1, 2, 3, 4, 5, 6	6	3	3, 4, 5, 6

これより，$a=3$ という条件のもとで，2回目を投げる場合，得点なしとなる確率は，

$$\frac{1}{6}\times\frac{3}{6}+\frac{1}{6}\times\frac{2}{6}+\frac{1}{6}\times\frac{6}{6}+\frac{1}{6}\times\frac{6}{6}+\frac{1}{6}\times\frac{5}{6}+\frac{1}{6}\times\frac{4}{6}$$

$$=\frac{3+2+6+6+5+4}{36}$$

$$=\frac{26}{36}=\frac{\boxed{13}}{\boxed{18}} \quad \cdots ②$$

である．

よって，①，② より，1回目に投げたさいころの目が3であったときは，

$$\begin{pmatrix}\text{2回目を投げない場合}\\\text{の得点なしの確率}\end{pmatrix}<\begin{pmatrix}\text{2回目を投げる場合}\\\text{の得点なしの確率}\end{pmatrix}$$

となる．したがって，［テ］に当てはまるものは［0］である．

次に，太郎さんの戦略について考える．

2回目を投げる場合の得点なしとなる A の値と，最後にもう1回投げたときの目の対応を表にまとめると次のようになる．

表2

A	最後にさいころをもう1回投げたときの目	A	最後にさいころをもう1回投げたときの目
0	1, 2, 3, 4, 5, 6	3	3, 4, 5, 6
1	1, 2, 3, 4, 5, 6	4	4, 5, 6
2	2, 3, 4, 5, 6	5	5, 6

表1からわかるように1回目に投げたさいころの目(a の値)にかかわらず A の値が0, 1, 2, 3, 4, 5 のいずれかになるのは同様に確からしい．これより，a の値が何であっても2回目を投げる場合の得点なしとなるさいころの目の出方は表2より26通りあるから，その確率は，

$$\frac{26}{36}=\frac{13}{18} \quad \cdots ③$$

である．

また，1回目のさいころの目が $a=k$ ($k=1, 2, 3, 4, 5, 6$) であったとき，2回目を投げない場合の得点なしとなる確率は次の表のようになる．

← 1回目に投げたさいころの目にかかわらず A の値が0, 1, 2, 3, 4, 5 になる確率はいずれも $\frac{1}{6}$ である．

← $a=1$ のとき．

b	A	さいころの目
1	2	2～6
2	3	3～6
3	4	4, 5, 6
4	5	5, 6
5	0	1～6
6	1	1～6

$a=4$ のとき．

b	A	さいころの目
1	5	5, 6
2	0	1～6
3	1	1～6
4	2	2～6
5	3	3～6
6	4	4, 5, 6

表3

k(余り)	1(1)	2(2)	3(3)	4(4)	5(5)	6(0)
さいころの目	1～6	2～6	3～6	4, 5, 6	5, 6	1～6
確率	1 $\left(\frac{36}{36}\right)$	$\frac{5}{6}$ $\left(\frac{30}{36}\right)$	$\frac{4}{6}$ $\left(\frac{24}{36}\right)$	$\frac{3}{6}$ $\left(\frac{18}{36}\right)$	$\frac{2}{6}$ $\left(\frac{12}{36}\right)$	1 $\left(\frac{36}{36}\right)$

← 最後にさいころをもう1回投げるときのさいころの目.

③より大きい確率となるkの値は1，2，6である.

したがって，太郎さんの戦略は次のようになる.

太郎さんの戦略

1回目に投げたさいころの目を6で割った余りが2以下のときのみ，2回目を投げる.

よって，［ト］に当てはまるものは［⓪］である.

この戦略のもとで太郎さんが得点なしとなる確率は，③と表2より，

$$\frac{3}{6}\times\frac{13}{18}+\frac{1}{6}\times\frac{4}{6}+\frac{1}{6}\times\frac{3}{6}+\frac{1}{6}\times\frac{2}{6}$$

$$=\frac{22}{36}=\frac{11}{18}$$

であり，この確率は，1回目に投げたさいころの目にかかわらず2回目を投げる場合における得点なしの確率$\left(\frac{13}{18}\right)$より小さくなる.

← 得点なしとなる確率は次のようになる.

$k=1$ のとき，$\frac{1}{6}\times\frac{13}{18}$，　…(★)

$k=2$ のとき，$\frac{1}{6}\times\frac{13}{18}$，　…(★)

$k=3$ のとき，$\frac{1}{6}\times\frac{4}{6}$，

$k=4$ のとき，$\frac{1}{6}\times\frac{3}{6}$，

$k=5$ のとき，$\frac{1}{6}\times\frac{2}{6}$，

$k=6$ のとき，$\frac{1}{6}\times\frac{13}{18}$.　…(★)

(★)をまとめると，

$$\frac{1}{6}\times\frac{13}{18}\times3=\frac{3}{6}\times\frac{13}{18}$$

となる.

第4問　整数の性質

本問については，次の事柄(※)が成り立つことを前提として解答する．証明については最後に載せている．

> A，B を整数，p を正の整数とする．
> $\left(\begin{array}{l}A\text{ を }p\text{ で割った余りと}\\B\text{ を }p\text{ で割った余りは}\\\text{同じである}\end{array}\right)\Leftrightarrow(A-B\text{ は }p\text{ の倍数})$　…(※)

さらに，(※)より，次のことが成り立つ．

2つの整数 a，b を p で割ったときの余りをそれぞれ r_a，r_b とすると，

← q_a，q_b を整数として，
$a=pq_a+r_a$，　$b=pq_b+r_b$
とおく．

（性質1）　$a+b$ を p で割った余りは，r_a+r_b を p で割った余りに等しい．

← $(a+b)-(r_a+r_b)=pq_a+pq_b$
$=p(q_a+q_b)$．

（性質2）　$a-b$ を p で割った余りは，r_a-r_b を p で割った余りに等しい．

← $(a-b)-(r_a-r_b)=pq_a-pq_b$
$=p(q_a-q_b)$．

（性質3）　ab を p で割った余りは，r_ar_b を p で割った余りに等しい．

← $ab-r_ar_b=(pq_a+r_a)(pq_b+r_b)-r_ar_b$
$=p(pq_aq_b+q_ar_b+q_br_a)$．

（性質4）　k を正の整数とするとき，a^k を p で割った余りは，${r_a}^k$ を p で割った余りに等しい．

← 性質3を繰り返し用いると，
・$a^2=a\cdot a$ を p で割った余りは，$r_a\cdot r_a$，つまり，${r_a}^2$ を p で割った余りに等しい．
・$a^3=a^2\cdot a$ を p で割った余りは，${r_a}^2\cdot r_a$，つまり，${r_a}^3$ を p で割った余りに等しい．
これを続けていくと（性質4）が成り立つ．

(1)　整数 k は $0\leqq k<5$ を満たす．

$77k=5\times15k+2k$ より，$77k-2k=5\times15k$ であるから，(※)を用いると，「$77k$ を5で割った余りが1となること」と「$2k$ を5で割った余りが1となること」は同値である．

ここで，$k=3$ のとき，$2k(=6)$ を5で割った余りは1であるから，$77k$ を5で割った余りが1となるのは $k=$ **3** のときである．

← $2k$ を5で割った余りは次のようになる．

k	0	1	2	3	4
$2k$	0	2	4	6	8
$2k$ を5で割った余り	0	2	4	1	3

(2)　三つの整数 k，ℓ，m が，

$$0\leqq k<5,\quad 0\leqq \ell<7,\quad 0\leqq m<11$$

を満たす．このとき，

$$\frac{k}{5}+\frac{\ell}{7}+\frac{m}{11}-\frac{1}{385}\quad\cdots①$$

← $385=5\times7\times11$．

が整数となる k，ℓ，m を求める．

①の値が整数のとき，その値を n とすると，

$$\frac{k}{5}+\frac{\ell}{7}+\frac{m}{11}=\frac{1}{385}+n\quad\cdots②$$

となる．②の両辺に385を掛けると，

$$77k+55\ell+35m=1+385n\quad\cdots③$$

となる．これより，

$$77k=5(-11\ell-7m+77n)+1$$

となることから，$77k$ を5で割った余りは1なので $k=3$ である．

③より，

$$55\ell=7(-11k-5m+55n)+1$$

となるから，55ℓ を7で割った余りは1である．

ここで，$55\ell=7\times7\ell+6\ell$ より，$55\ell-6\ell=7\times7\ell$ であるから，(※)を用いると，「55ℓ を7で割った余りが1になること」と「6ℓ を7で割った余りが1になること」は同値である．

$\ell=6$ のとき，$6\ell(=36)$ を7で割った余りは1であるから，55ℓ を7で割った余りが1となるのは $\ell=$ 6 のときである．

← 6ℓ を7で割った余りは次のようになる．

ℓ	0	1	2	3	4	5	6
6ℓ	0	6	12	18	24	30	36
余り	0	6	5	4	3	2	1

さらに，③より，

$$35m=11(-7k-5\ell+35n)+1$$

となるから，$35m$ を11で割った余りは1である．

ここで，$35m=11\times3m+2m$ より，$35m-2m=11\times3m$ であるから，(※)を用いると，「$35m$ を11で割った余りが1になること」と「$2m$ を11で割った余りが1になること」は同値である．

$m=6$ のとき，$2m(=12)$ を11で割った余りは1であるから，$35m$ を11で割った余りが1となるのは $m=$ 6 のときである．

← $2m$ を11で割ったときの余りは次のようになる．

m	0	1	2	3	4	5
$2m$	0	2	4	6	8	10
余り	0	2	4	6	8	10

m	6	7	8	9	10
$2m$	12	14	16	18	20
余り	1	3	5	7	9

なお，$k=3,\ \ell=6,\ m=6$ を③に代入すると，

$$77\cdot3+55\cdot6+35\cdot6=1+385n$$
$$770=385n$$
$$n=2$$

である．

(3)　三つの整数 $x,\ y,\ z$ が，

$$0\leqq x<5,\quad 0\leqq y<7,\quad 0\leqq z<11$$

を満たし，整数

$77\times3\times x+55\times6\times y+35\times6\times z$ （$=I$ とおく）

を5，7，11で割った余りはそれぞれ2, 4, 5である．

このときの $x,\ y,\ z$ を求める．

I は5で割ると余りが2であるから，

$$I=5L+2\ (L\text{ は整数})$$

と表せる．これより，

$$77\times3\times x=(5L+2)-55\times6\times y-35\times6\times z$$

← $77\times3\times x+55\times6\times y+35\times6\times z=I$ より，$77\times3\times x=I-55\times6\times y-35\times6\times z$.

すなわち，

$$231x=5(L-11\times6\times y-7\times6\times z)+2$$

となるから，$231x$ を 5 で割った余りは 2 である．

ここで，$231x=5\times46x+x$ より，
$231x-x=5\times46x$ であるから，(※) を用いると，「$231x$ を 5 で割った余りが 2 になること」と「x を 5 で割った余りが 2 になること」は同値である．

$x=2$ のとき，$x(=2)$ を 5 で割った余りが 2 であるから，$231x$，つまり，$77\times3\times x$ を 5 で割った余りが 2 となるのは $x=$ 2 のときである．

← $0\leqq x<5$ であるから，x を 5 で割った余りが 2 となるのは，$x=2$ のみである．

I は 7 で割ると余りが 4 であるから，

$$I=7M+4\ (M\text{ は整数})$$

と表せる．これより，

$$55\times6\times y=(7M+4)-77\times3\times x-35\times6\times z$$

← $77\times3\times x+55\times6\times y+35\times6\times z=I$ より，
$55\times6\times y=I-77\times3\times x-35\times6\times z$.

すなわち，

$$330y=7(M-11\times3\times x-5\times6\times z)+4$$

となるから，$330y$ を 7 で割った余りは 4 である．

ここで，$330y=7\times47y+y$ より，$330y-y=7\times47y$ であるから，(※) を用いると，「$330y$ を 7 で割った余りが 4 になること」と「y を 7 で割った余りが 4 になること」は同値である．

$y=4$ のとき，$y(=4)$ を 7 で割った余りが 4 であるから，$330y$，つまり，$55\times6\times y$ を 7 で割った余りが 4 となるのは $y=$ 4 のときである．

← $0\leqq y<7$ であるから，y を 7 で割った余りが 4 となるのは，$y=4$ のみである．

I は 11 で割ると余りが 5 であるから，

$$I=11N+5\ (N\text{ は整数})$$

と表せる．これより，

$$35\times6\times z=(11N+5)-77\times3\times x-55\times6\times y$$

← $77\times3\times x+55\times6\times y+35\times6\times z=I$ より，
$35\times6\times z=I-77\times3\times x-55\times6\times y$.

すなわち，

$$210z=11(N-7\times3\times x-5\times6\times y)+5$$

となるから，$210z$ を 11 で割った余りは 5 である．

ここで，$210z=11\times19z+z$ より，
$210z-z=11\times19z$ であるから，(※) を用いると，「$210z$ を 11 で割った余りが 5 になること」と「z を 11 で割った余りが 5 になること」は同値である．

$z=5$ のとき，$z(=5)$ を 11 で割った余りが 5 であるから，$210z$，つまり，$35\times6\times z$ を 11 で割った余りが 5 となるのは $z=$ 5 のときである．

← $0\leqq z<11$ であるから，z を 11 で割った余りが 5 となるのは，$z=5$ のみである．

整数pを，

$$p=77\times3\times2+55\times6\times4+35\times6\times5$$

と定める．このとき，5，7，11 で割った余りがそれぞれ 2，4，5 である整数Mは，ある整数rを用いて $M=p+385r$ と表すことができる．

← $M-p$ を 5，7，11 で割った余りはいずれも 0 であるから，$M-p$ は 385 の倍数となり，
$M-p=385r$ （rは整数）
すなわち，
$M=p+385r$
の形で表せる．

(4)　(性質 4)を用いると，「p^aを 5 で割った余りが 1 になること」と「2^aを 5 で割った余りが 1 になること」は同値である．

← pを 5 で割った余りは 2 である．

正の整数aのうち，2^aを 5 で割った余りが 1 となる最小のものは $a=4$ である．よって，p^aを 5 で割った余りが 1 となる正の整数aのうち，最小のものは $a=4$ である．　…④

a	1	2	3	4
2^a	2	4	8	16
2^aを 5 で割った余り	2	4	3	1

また，(性質 4)を用いると，「p^bを 7 で割った余りが 1 になること」と「4^bを 7 で割った余りが 1 になること」は同値である．

← pを 7 で割った余りは 4 である．

正の整数bのうち，4^bを 7 で割った余りが 1 となる最小のものは $b=3$ である．よって，p^bを 7 で割った余りが 1 となる正の整数bのうち，最小のものは $b=$ 3 となる．　…⑤

b	1	2	3
4^b	4	16	64
4^bを 7 で割った余り	4	2	1

さらに，(性質 4)を用いると，「p^cを 11 で割った余りが 1 になること」と「5^cを 11 で割った余りが 1 になること」は同値である．

← pを 11 で割った余りは 5 である．

正の整数cのうち，5^cを 11 で割った余りが 1 となる最小のものは $c=5$ である．よって，p^cを 11 で割った余りが 1 となる正の整数cのうち，最小のものは $c=$ 5 となる．　…⑥

c	1	2	3	4	5
5^c	5	25	125	625	3125
5^cを 11 で割った余り	5	3	4	9	1

p^8を 385 で割った余りをqとするときのqを求める．

④より，p^4を 5 で割った余りが 1 であるから，p^8を 5 で割った余りは 1 である．

← $p^8=(p^4)^2$ より，(性質 4)を用いると，p^8を 5 で割った余りは，$1^2=1$ を 5 で割った余りと同じなので，1 である．

⑤より，p^3を 7 で割った余りが 1 であるから，p^8を 7 で割った余りは 2 である．

← $p^8=(p^3)^2\cdot p^2$ より，(性質 3)と(性質 4)を用いると，p^8を 7 で割った余りは，$1^2\cdot4^2=16$ を 7 で割った余りと同じなので，2 である．

⑥より，p^5を 11 で割った余りが 1 であるから，p^8を 11 で割った余りは 4 である．

← $p^8=p^5\cdot p^3$ より，(性質 3)と(性質 4)を用いると，p^8を 11 で割った余りは，$1\cdot5^3=125$ を 11 で割った余りと同じなので，4 である．

これより，p^8を 5，7，11 で割った余りがそれぞれ 1，2，4 であるから，(3)と同様に考えると，整数p^8は，ある整数rを用いて，

$$p^8=(77\times3\times1+55\times6\times2+35\times6\times4)+385r$$

と表せる．

これは，

$$p^8=1731+385r$$
$$=385\times4+191+385r$$
$$=385(r+4)+191$$

と変形できるから，p^8 を 385 で割った余りは 191 である．

したがって，$q=$ 191 であることがわかる．

← $I=77\times3\times x+55\times6\times y+35\times6\times z$ は，I を 5, 7, 11 で割った余りがそれぞれ x, y, z になる整数である．これより，$77\times3\times1+55\times6\times2+35\times6\times4$ を 5, 7, 11 で割った余りがそれぞれ 1, 2, 4 になる．

（注）　(※)の証明は次のようになる．

2つの条件 s, t を，

s：A を p で割った余りと B を p で割った余りは同じである，
t：$A-B$ は p の倍数である

とする．

A を p で割った商を q_A，余りを r_A，
B を p で割った商を q_B，余りを r_B

とおくと，

$$A=pq_A+r_A,\quad B=pq_B+r_B$$

であるから，

$$A-B=p(q_A-q_B)+(r_A-r_B).\quad\cdots ㋐$$

(i)　$s\Longrightarrow t$ の証明について．

$r_A=r_B$ のとき，㋐ は，

$$A-B=p(q_A-q_B).$$

q_A-q_B は整数であるから，$A-B$ は p の倍数である．

← q_A, q_B はともに整数である．

(ii)　$t\Longrightarrow s$ の証明について．

$A-B$ が p の倍数であるとき，k を整数として，

$$A-B=pk\quad\cdots ㋑$$

とおける．

㋑ を ㋐ に代入すると，

$$pk=p(q_A-q_B)+(r_A-r_B)$$

すなわち，

$$r_A-r_B=p(k-q_A+q_B)$$

が成り立つ．

$k-q_A+q_B$ は整数であるから，r_A-r_B は p の倍数である．

また，$0\leqq r_A<p$, $0\leqq r_B<p$ より，r_A-r_B のとり得る値の範囲は，

$$-p<r_A-r_B<p.$$

← r_A, r_B は，ともに整数を p で割った余りであるから，p より小さい0以上の整数である．

← r_A-r_B のとり得る値は $-p$ より大きく，p より小さい整数である．

これを満たす p の倍数 r_A-r_B は0しかないから，

$$r_A-r_B=0$$

すなわち，

$$r_A=r_B.$$

よって，A を p で割った余りと B を p で割った余りは同じである．

したがって，(i)，(ii) より，s と t は同値である．

(証明終)

⬅ p の倍数は，

$0,\ \pm p,\ \pm 2p,\ \pm 3p,\ \cdots.$

$-3p$　$-2p$　$-p$　0　p　$2p$　$3p$

第5問　図形の性質

(1)

> **定理** 3点P，Q，Rは一直線上にこの順に並んでいるとし，点Tはこの直線上にないものとする．このとき，$\mathrm{PQ \cdot PR = PT^2}$ が成り立つならば，直線PTは3点Q，R，Tを通る円に接する．

← 「方べきの定理の逆」に関する定理である．

この定理が成り立つことは，次のように説明できる．

直線PTは3点Q，R，Tを通る円Oに接しないとする．このとき，直線PTは円Oと異なる2点で交わる．直線PTと円Oとの交点で点Tとは異なる点をT′とすると，

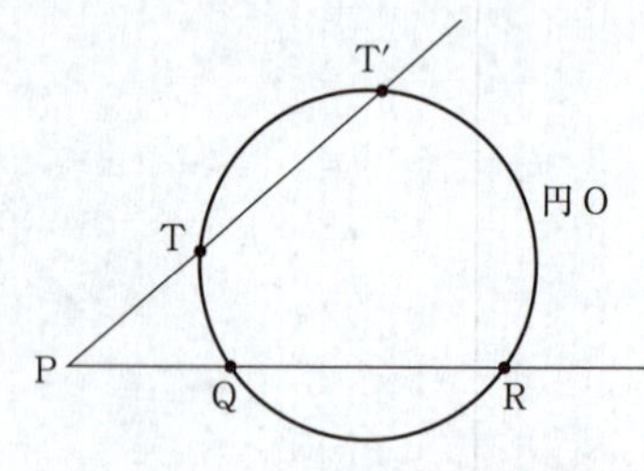

$$\mathrm{PT \cdot PT' = PQ \cdot PR}$$ ，

が成り立つ．点Tと点T′が異なることにより，$\mathrm{PT \cdot PT'}$ の値と $\mathrm{PT^2}$ の値は異なる．したがって，$\mathrm{PQ \cdot PR = PT^2}$ に矛盾するので，背理法により，直線PTは3点Q，R，Tを通る円に接するといえる．

← **方べきの定理**

$\mathrm{PA \cdot PB = PC \cdot PD}$.

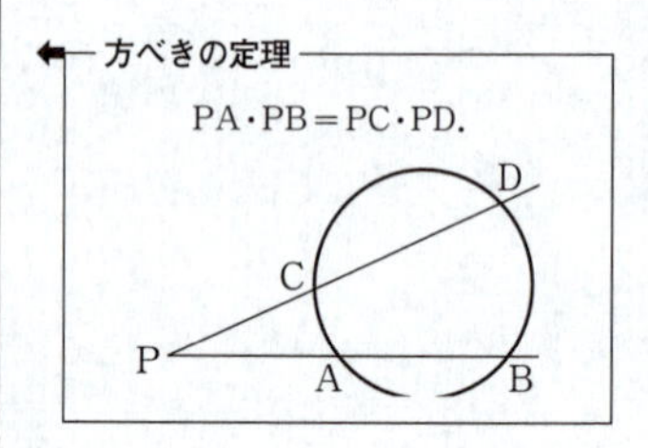

(2)

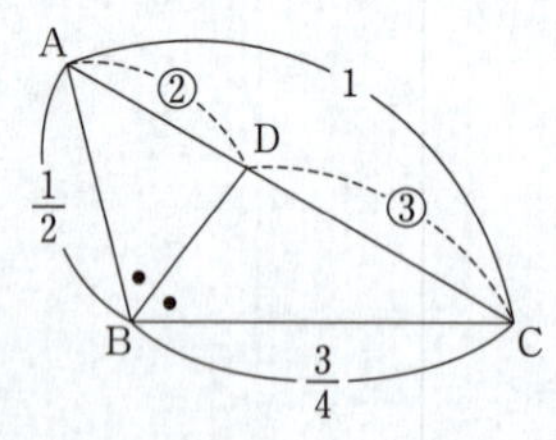

角の二等分線の性質より，

$$\mathrm{AD : DC = BA : BC} = \frac{1}{2} : \frac{3}{4} = 2 : 3$$

であるから，

$$\mathrm{AD} = \frac{2}{2+3}\mathrm{AC} = \frac{2}{5} \cdot 1 = \frac{2}{5} \quad \cdots ①$$

である．

← **角の二等分線の性質**

$a : b = m : n$.

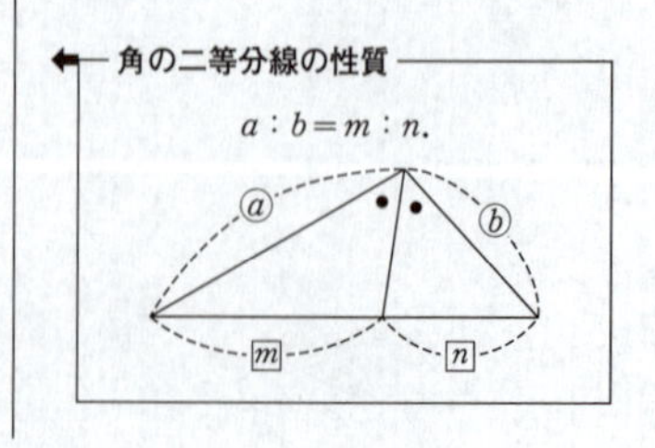

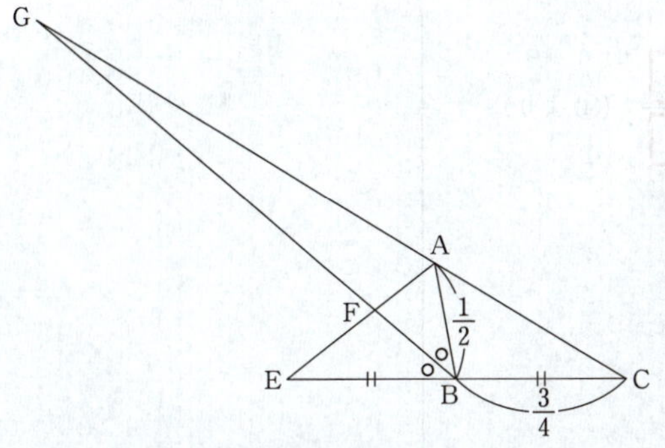

また，角の二等分線の性質より，

$$AF:FE=BA:BE=\frac{1}{2}:\frac{3}{4}=2:3 \quad \cdots ②$$

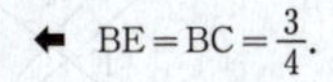

である．

ここで，△ACE と直線 BG にメネラウスの定理を用いると，

$$\frac{EB}{BC}\times\frac{CG}{GA}\times\frac{AF}{FE}=1$$

であるから，

$$\frac{1}{1}\times\frac{CG}{GA}\times\frac{2}{3}=1 \quad (② より)$$

すなわち，

$$\frac{CG}{GA}=\frac{3}{2}$$

である．

よって，

$$\frac{AC}{AG}=\frac{\boxed{1}}{\boxed{2}} \quad \cdots ③$$

である．

さらに，△BCG と直線 AE にメネラウスの定理を用いると，

$$\frac{GF}{FB}\times\frac{BE}{EC}\times\frac{CA}{AG}=1$$

であるから，

$$\frac{GF}{FB}\times\frac{1}{2}\times\frac{1}{2}=1 \quad (③ より)$$

すなわち，

$$\frac{GF}{FB}=\frac{4}{1} \quad \cdots ④$$

である．

△ABF と △AFG の底辺をそれぞれ BF，GF とみ

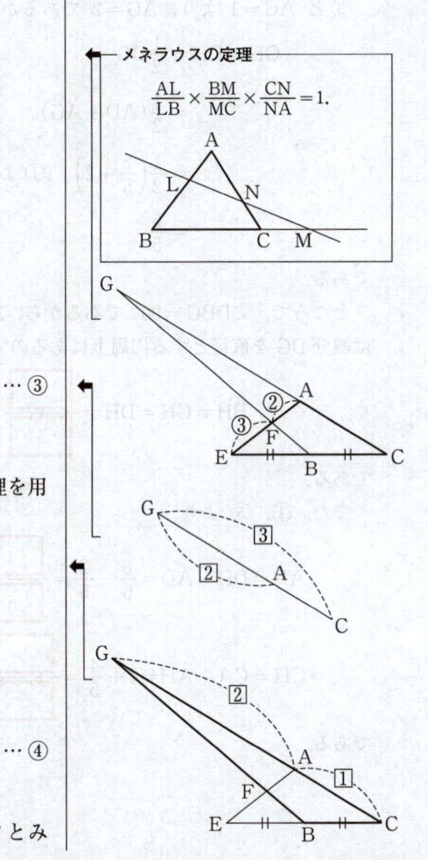

ると，高さは同じであるから，

$$\frac{\triangle ABF\text{の面積}}{\triangle AFG\text{の面積}}=\frac{FB}{GF}=\frac{\boxed{1}}{\boxed{4}}\quad(④より)$$

である．

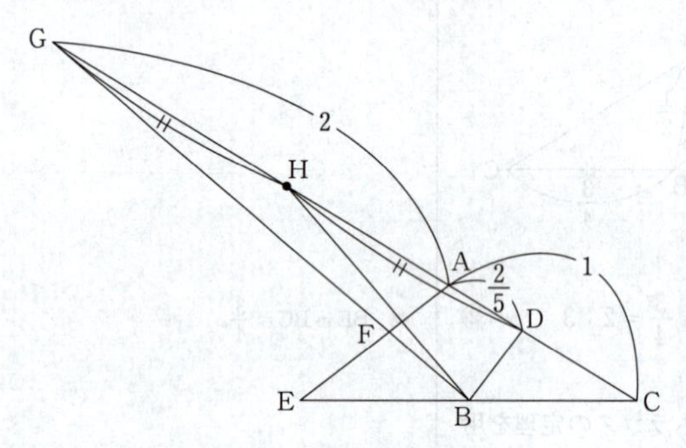

③と $AC=1$ より，$AG=2$ であるから，

$$\begin{aligned}GH=DH&=\frac{1}{2}DG\\&=\frac{1}{2}(AD+AG)\\&=\frac{1}{2}\left(\frac{2}{5}+2\right)\quad(①より)\\&=\frac{6}{5}\end{aligned}\qquad\cdots⑤$$

である．

ところで，$\angle DBG=90°$ であるから，3 点 B，D，G は線分 DG を直径とする円周上にあるので，⑤より，

$$BH=GH=DH=\frac{\boxed{6}}{\boxed{5}}\qquad\cdots⑤'$$

である．

また，①，⑤′より，

$$AH=DH-AD=\frac{6}{5}-\frac{2}{5}=\frac{\boxed{4}}{\boxed{5}},$$

$$CH=CA+AH=1+\frac{4}{5}=\frac{\boxed{9}}{\boxed{5}}\qquad\cdots⑥$$

である．

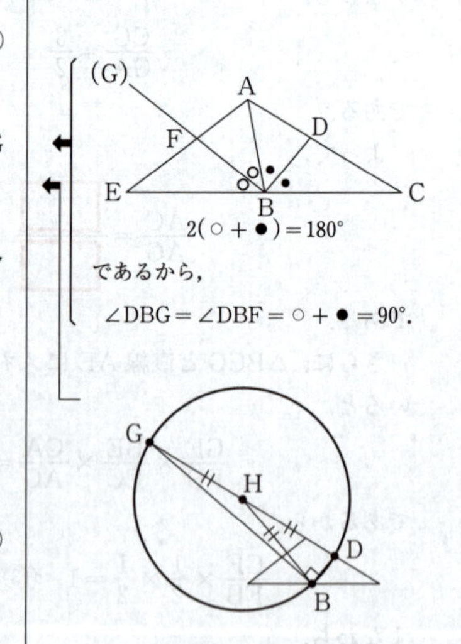

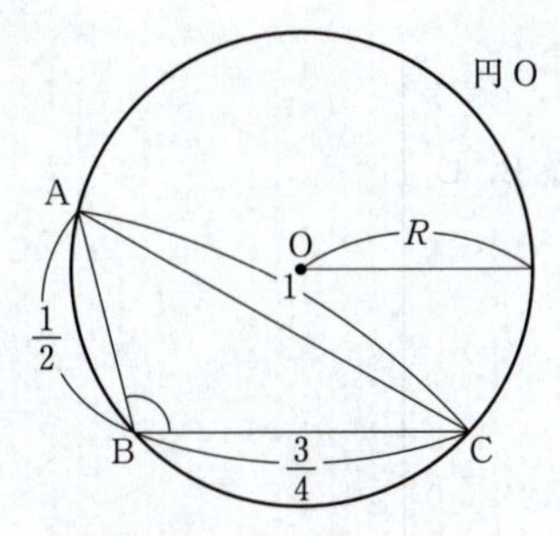

△ABCに余弦定理を用いると，

$$\cos\angle ABC=\frac{AB^2+BC^2-CA^2}{2AB\cdot BC}$$

$$=\frac{\left(\frac{1}{2}\right)^2+\left(\frac{3}{4}\right)^2-1^2}{2\cdot\frac{1}{2}\cdot\frac{3}{4}}$$

$$=-\frac{1}{4}$$

であり，$0°<\angle ABC<180°$ より，$\sin\angle ABC>0$ であるから，

$$\sin\angle ABC=\sqrt{1-\cos^2\angle ABC}$$

$$=\sqrt{1-\left(-\frac{1}{4}\right)^2}$$

$$=\frac{\sqrt{15}}{4}.$$

△ABCの外接円Oの半径をRとし，正弦定理を用いると，

$$2R=\frac{CA}{\sin\angle ABC}$$

であるから，

$$R=\frac{1}{2}\cdot\frac{1}{\frac{\sqrt{15}}{4}}$$

$$=\frac{\boxed{2}\sqrt{\boxed{15}}}{\boxed{15}}. \qquad \cdots ⑦$$

ここで，⑤′，⑥より，

$$HA\cdot HC=\frac{4}{5}\cdot\frac{9}{5}=\frac{36}{25},$$

$$HB^2=\left(\frac{6}{5}\right)^2=\frac{36}{25}$$

であるから，

←**余弦定理**

$$\cos B=\frac{c^2+a^2-b^2}{2ca},$$

$$b^2=c^2+a^2-2ca\cos B.$$

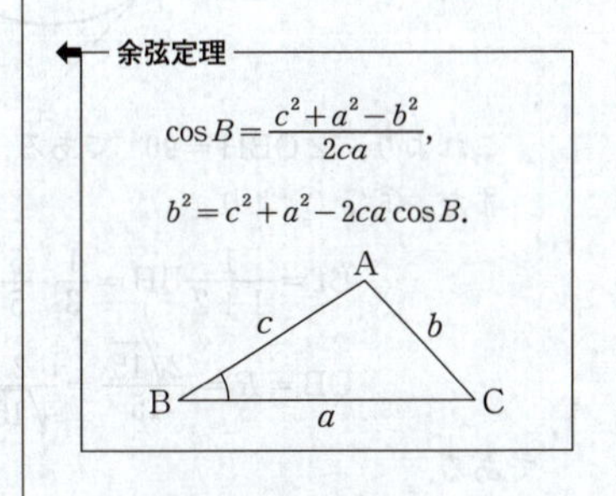

←**正弦定理**

$$\frac{a}{\sin A}=\frac{b}{\sin B}=\frac{c}{\sin C}=2R.$$

（Rは△ABCの外接円の半径）

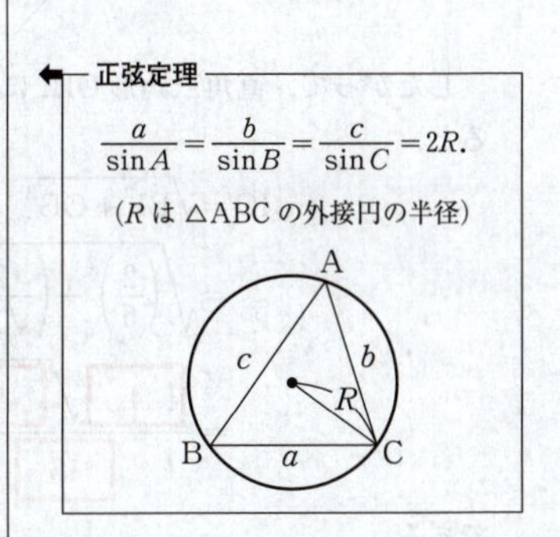

$$HA \cdot HC = HB^2$$

が成り立つ．

よって，(1)の 定理 から直線 HB は 3 点 A，B，C を通る円，すなわち，円 O に接する．

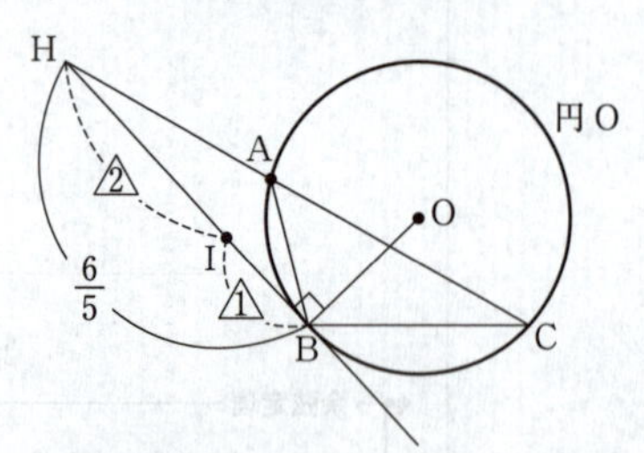

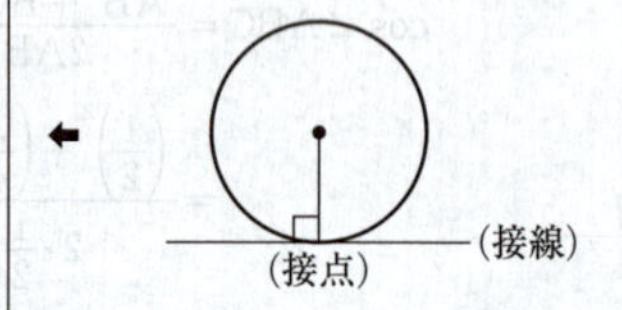

これより，∠OBH＝90° である．

また，⑤′，⑦ より，

$$BI = \frac{1}{1+2}BH = \frac{1}{3} \cdot \frac{6}{5} = \frac{2}{5},$$

$$OB = R = \frac{2\sqrt{15}}{15} = \frac{2}{\sqrt{15}}$$

である．

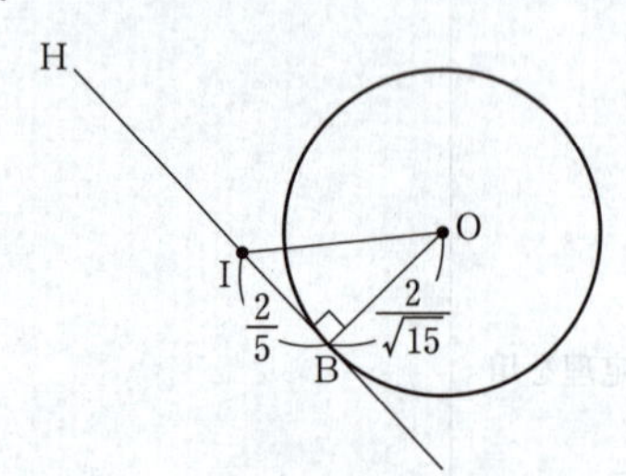

したがって，直角三角形 OBI に三平方の定理を用いると，

$$IO = \sqrt{BI^2 + OB^2}$$

$$= \sqrt{\left(\frac{2}{5}\right)^2 + \left(\frac{2}{\sqrt{15}}\right)^2}$$

$$= \frac{\boxed{4}\sqrt{\boxed{6}}}{\boxed{15}}$$

である．

数学Ⅱ・数学B

解答・採点基準

（100点満点）

問題番号(配点)	解答記号	正　解	配点	自己採点
第1問 (30)	アイ	13	2	
	(ウ, エオ)	(5, 12)	2	
	カ	0	2	
	$\frac{キク}{ケ}$	$\frac{-3}{2}$	2	
	$\frac{コ}{サ}$	$\frac{2}{3}$	1	
	シス	13	2	
	$\frac{セ}{ソ}$	$\frac{2}{3}$	2	
	$\frac{タチ}{ツ}$	$\frac{-3}{2}$	2	
	テ	⓪	2	
	ト, ナ	⑦, ④	2	
	ニ	⑧	2	
	ヌ	ⓐ	2	
	ネ	②	2	
	ノ	④	2	
	ハ	②	3	
第1問　自己採点小計				

問題番号(配点)	解答記号	正　解	配点	自己採点
第2問 (30)	ア	0	2	
	イウ	12	2	
	エオ	−2	2	
	カ	5	2	
	キク	19	2	
	ケ	3	1	
	$\frac{コサ}{シ}$	$\frac{81}{2}$	4	
	スセ	−a	2	
	ソ	3	2	
	タ	3	1	
	チ	3	2	
	ツ	6	2	
	テト	−1	2	
	ナ, ニ	①, ③ (解答の順序は問わない)	4	
第2問　自己採点小計				
第3問 (20)	アイ	72	1	
	$\frac{ウ}{エオ}$	$\frac{1}{36}$	1	
	カ	②	1	
	キ	2	1	
	$\frac{\sqrt{クケ}}{コ}$	$\frac{\sqrt{70}}{6}$	2	
	$\frac{サ}{シ}$, ス	$\frac{1}{7}$, 1	1	
	$\frac{セソ}{タチ}$	$\frac{38}{21}$	2	
	$\frac{ツ}{テ}$	$\frac{1}{7}$	2	
	$\frac{トナ}{ニヌ}$	$\frac{38}{21}$	1	
	ネ	②	2	
	ノ, ハ	⓪, ⓪	2	
	ヒ	④	2	
	0.フヘホ	0.055	2	
第3問　自己採点小計				

問題番号(配点)	解答記号	正　解	配点	自己採点
第4問 (20)	ア	7	1	
	イn^2－ウ	$2n^2-1$	3	
	$\dfrac{エn^3+オn^2-カn}{キ}$	$\dfrac{2n^3+3n^2-2n}{3}$	3	
	ク	5	1	
	ケ	⑤	2	
	コ，サ	①，②	2	
	シ，ス	②，②	2	
	セ－ソ	1－c	2	
	タ	2	2	
	チ，ツ	⓪，①	2	
第4問　自己採点小計				
第5問 (20)	B_2(－1, ア, イウ)	B_2(－1, 1, 2a)	2	
	C_3(－1, エ, オカ)	C_3(－1, 0, 3a)	2	
	キ	⑧	2	
	ク	③	2	
	$\dfrac{\sqrt{ケ}}{コ}$	$\dfrac{\sqrt{2}}{2}$	2	
	$\dfrac{サ}{シ}$	$\dfrac{3}{2}$	1	
	$\dfrac{ス}{セ}$	$\dfrac{1}{2}$	1	
	$\dfrac{ソ}{タ}$	$\dfrac{1}{3}$	2	
	チ	①	3	
	ツ，テ	①，⓪	3	
第5問　自己採点小計				
自己採点合計				

(注)

第1問，第2問は必答。

第3問～第5問のうちから2問選択。計4問を解答。

第1問　図形と方程式・三角関数

〔1〕 k は実数.

$$\ell_1 : 3x+2y-39=0 \quad \left(\text{傾きは } -\frac{3}{2}\right)$$

$$\ell_2 : kx-y-5k+12=0 \quad (\text{傾きは } k)$$

(1) ℓ_1 の方程式において，$y=0$ とすると

$$3x-39=0$$

$$x=13$$

となるから，直線 ℓ_1 と x 軸は，点(13 , 0)で交わる.

また，ℓ_2 の方程式は

$$k(x-5)-(y-12)=0$$

と変形できるから，直線 ℓ_2 は k の値に関係なく点(5 , 12)を通る．$x=5$，$y=12$ を ℓ_1 の方程式に代入すると

$$3\cdot5+2\cdot12-39=0$$

となり，これは成立するから，直線 ℓ_1 も点 $(5, 12)$ を通る.

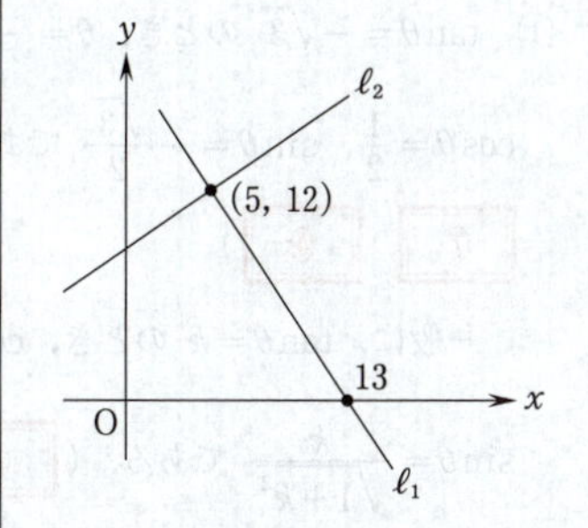

(2) 2直線 ℓ_1，ℓ_2 および x 軸によって囲まれた三角形ができないのは以下の二つのときである.

(i) ℓ_2 が x 軸と平行，すなわち，ℓ_2 の傾きが0となるとき

(ii) ℓ_1，ℓ_2 が一致する，すなわち，ℓ_2 の傾きが $-\frac{3}{2}$ となるとき

⬅ ℓ_1，ℓ_2 ともに点 $(5, 12)$ を通る.

よって，求める k の値は $k=$ 0 ，$\frac{-3}{2}$ である.

(3) 2直線 ℓ_1，ℓ_2 および x 軸によって囲まれた三角形ができるとき，この三角形の周および内部からなる領域が D であり，不等式 $x^2+y^2 \leqq r^2$ の表す領域が E である．(r は正の実数)

直線 ℓ_2 が点 $(-13, 0)$ を通るとき

$$-13k-5k+12=0$$

$$18k=12$$

⬅ ℓ_2 の方程式に $x=-13$，$y=0$ を代入.

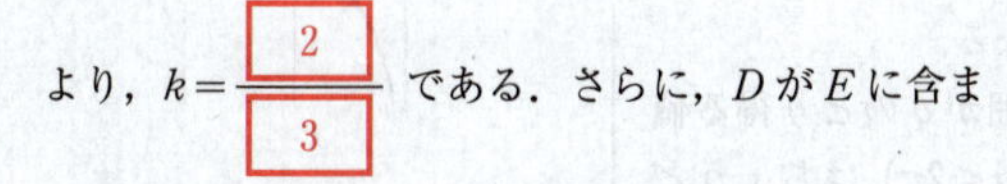

より，$k=\frac{2}{3}$ である．さらに，D が E に含ま

れるような r の値の範囲は，原点から三角形の三つの頂点までの距離がいずれも13であることから，

$r \geqq$ [13] である．

次に $r=13$ のとき，図より，D が E に含まれるような k の値の範囲は

$$k \geqq \frac{2}{3} \quad \text{または} \quad k < \frac{-3}{2}$$

である．

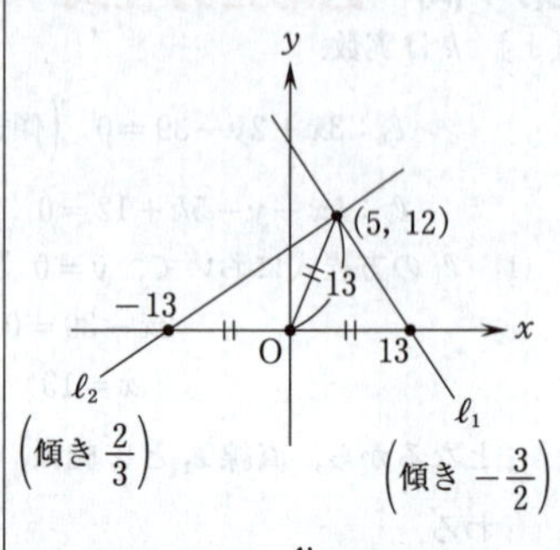

〔2〕　$-\frac{\pi}{2}<\theta<\frac{\pi}{2}$.

(1)　$\tan\theta=-\sqrt{3}$ のとき，$\theta=-\frac{\pi}{3}$ であり，

$\cos\theta=\frac{1}{2}$，$\sin\theta=-\frac{\sqrt{3}}{2}$ である．([⓪], [⑦], [④])

一般に，$\tan\theta=k$ のとき，$\cos\theta=\frac{1}{\sqrt{1+k^2}}$，

$\sin\theta=\frac{k}{\sqrt{1+k^2}}$ である．([⑧], [ⓐ])

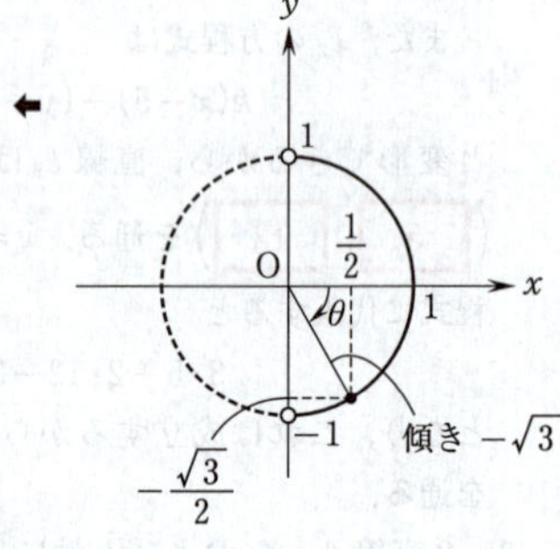

(2)　$p=\frac{\sin 2\theta}{\cos\theta}=\frac{2\sin\theta\cos\theta}{\cos\theta}=2\sin\theta$

← $\sin 2\theta=2\sin\theta\cos\theta$.

$$q=\frac{\sin\left(\theta+\frac{\pi}{7}\right)}{\cos\theta}=\frac{\sin\theta\cos\frac{\pi}{7}+\cos\theta\sin\frac{\pi}{7}}{\cos\theta}$$

$$=\cos\frac{\pi}{7}\tan\theta+\sin\frac{\pi}{7}$$

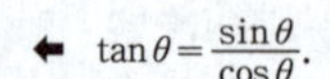

← $\tan\theta=\frac{\sin\theta}{\cos\theta}$.

より，$-\frac{\pi}{2}<\theta<\frac{\pi}{2}$ の範囲で θ を動かすとき，p のとり得る値の範囲は $-2<p<2$ であり，q のとり得る値の範囲は実数全体である．([②], [④])

(3)　$0 \leqq \alpha < 2\pi$.

$$r=\frac{\sin(\theta+\alpha)}{\cos\theta}=\frac{\sin\theta\cos\alpha+\cos\theta\sin\alpha}{\cos\theta}$$

$$=\cos\alpha\tan\theta+\sin\alpha$$

は $\cos\alpha=0$，すなわち，$\alpha=\frac{\pi}{2}$，$\frac{3}{2}\pi$ のときに，それぞれ $r=1$，-1 となり，これ以外のときは，r のとり得る値の範囲は実数全体となる．

よって，r のとり得る値の範囲が q のとり得る値の範囲と異なるような α $(0 \leqq \alpha < 2\pi)$ はちょうど

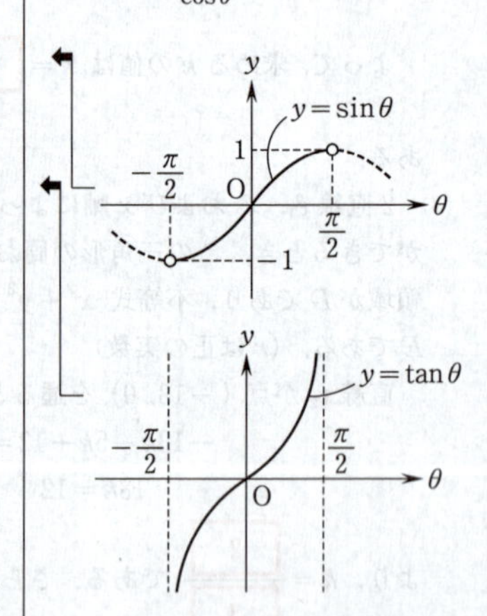

2 個存在する．（ ② ）

第2問　微分法・積分法

k は実数．

$$f(x)=x^3-kx \quad (f'(x)=3x^2-k)$$
$$C: y=f(x)$$

(1)　t は実数．

$$g(x)=(x-t)^3-k(x-t)$$
$$C_1: y=g(x)$$

(i)　関数 $f(x)$ が $x=2$ で極値をとるとき

$$f'(2)=\boxed{0}$$

すなわち

$$3\cdot 2^2-k=0$$

であるから，$k=\boxed{12}$ であり，このとき

$$f(x)=x^3-12x$$
$$f'(x)=3(x^2-4)=3(x+2)(x-2)$$

となるから，$f(x)$ の増減は次の表のようになる．

x	$\cdots$	-2	$\cdots$	2	$\cdots$
$f'(x)$	$+$	0	$-$	0	$+$
$f(x)$	↗	16	↘	-16	↗

よって，$f(x)$ は $x=\boxed{-2}$ で極大値をとる．

曲線 C_1 は曲線 C を x 軸方向に t だけ平行移動したものであるから，$g(x)$ は $x=-2+t$ で極大値をとる．したがって，$g(x)$ が $x=3$ で極大値をとるとき

$$-2+t=3$$

より，$t=\boxed{5}$ である．

(ii)　$t=1$ であり，曲線 C と C_1 は2点で交わり，一つの交点の x 座標は -2 である．このとき x の方程式

$$f(x)=g(x) \qquad \cdots③$$

は $x=-2$ を解に持つから

$$f(-2)=g(-2)$$

が成り立つ．よって

$$(-2)^3-k(-2)=(-2-1)^3-k(-2-1)$$
$$-8+2k=-27+3k$$

より，$k=\boxed{19}$ である．このとき，③は

$$f(x)-g(x)=0$$

←**導関数**

$(x^n)'=nx^{n-1}\quad(n=1,\ 2,\ 3,\ \cdots)$

$(c)'=0\quad(c$ は定数$)$．

←**平行移動**

曲線 $y=f(x)$ を x 軸方向に p，y 軸方向に q だけ平行移動した曲線の方程式は

$$y=f(x-p)+q.$$

←

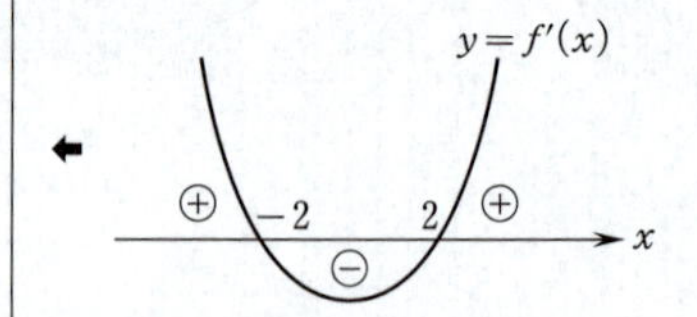

$y=f'(x)$ のグラフをかくと，$f'(x)$ の符号がわかりやすい．

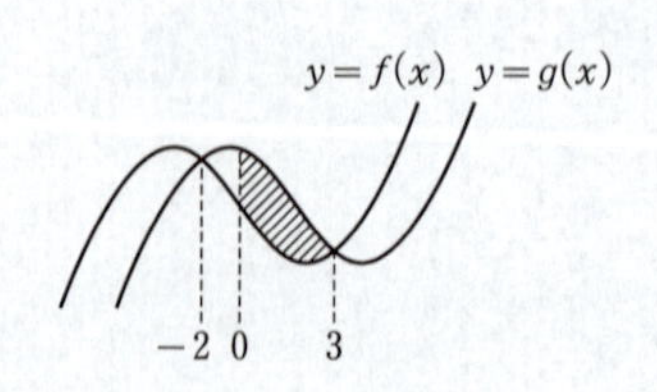

$$(x^3-19x)-\{(x-1)^3-19(x-1)\}=0$$
$$(x^3-19x)-(x^3-3x^2+3x-1-19x+19)=0$$
$$3x^2-3x-18=0$$
$$3(x^2-x-6)=0$$
$$3(x+2)(x-3)=0$$

と変形できるから，もう一方の交点の x 座標は

[3] である．また，C と C_1 で囲まれた図形のうち，$x\geqq 0$ の範囲にある部分の面積は

$$\int_0^3\{g(x)-f(x)\}\,dx$$
$$=-3\int_0^3(x^2-x-6)\,dx$$
$$=-3\left[\frac{x^3}{3}-\frac{x^2}{2}-6x\right]_0^3$$
$$=-3\left(\frac{3^3}{3}-\frac{3^2}{2}-6\cdot 3\right)$$
$$=\frac{\boxed{81}}{\boxed{2}}$$

である．

(2)　a，b，c は実数．

$$h(x)=x^3+3ax^2+bx+c$$
$$C_2：y=h(x)$$

(i)　C を x 軸方向に p，y 軸方向に q だけ平行移動した曲線が C_2 と一致する必要十分条件は

$$h(x)=(x-p)^3-k(x-p)+q \qquad \cdots ①$$

すなわち

$$x^3+3ax^2+bx+c$$
$$=x^3-3px^2+3p^2x-p^3-kx+kp+q$$

すなわち

$$x^3+3ax^2+bx+c$$
$$=x^3-3px^2+(3p^2-k)x-p^3+kp+q$$

が x の恒等式となることであるから

$3a=-3p$,　$b=\boxed{3}\,p^2-k$,　$c=-p^3+kp+q$

すなわち

$p=\boxed{-a}$,　$k=\boxed{3}\,a^2-b$　$\cdots$②,　$q=2a^3-ab+c$

である．また，①において，$x=p$ を代入すると

$$q=h(p)=h(-a)=(-a)^3+3a(-a)^2+b(-a)+c$$
$$=2a^3-ab+c$$

面積

区間 $\alpha\leqq x\leqq\beta$ においてつねに $f(x)\leqq g(x)$ ならば2曲線 $y=g(x)$，$y=f(x)$ および直線 $x=\alpha$，$x=\beta$ で囲まれた部分の面積は

$$S=\int_\alpha^\beta\{g(x)-f(x)\}\,dx.$$

定積分

$$\int x^n\,dx=\frac{1}{n+1}x^{n+1}+C$$

($n=0$, 1, 2, …. C は積分定数)

であり，$f(x)$ の原始関数の一つを $F(x)$ とすると

$$\int_\alpha^\beta f(x)\,dx=\Big[F(x)\Big]_\alpha^\beta$$
$$=F(\beta)-F(\alpha).$$

$p=-a$ と $b=3p^2-k$ より

$$b=3(-a)^2-k$$
$$k=3a^2-b.$$

これと $p=-a$ と $c=-p^3+kp+q$ より

$$c=-(-a)^3+(3a^2-b)(-a)+q$$
$$q=2a^3-ab+c.$$

となる．

逆に，k が②を満たすとき，C を x 軸方向に $-a$，y 軸方向に $h(-a)$ だけ平行移動させると C_2 と一致することが確かめられる．

← $p=-a$，$q=h(-a)$．

(ii)　$b=3a^2-3$ のとき，②より

$$k=3a^2-(3a^2-3)=3$$

であるから，曲線 C_2 はこのときの曲線 C

$$y=x^3-\boxed{3}\,x$$

を平行移動したものと一致する．これを x で微分すると

$$y'=3x^2-3=3(x+1)(x-1)$$

となるから，増減は次のようになり，x^3-3x は $x=-1$ で極大値2をとり，$x=1$ で極小値 -2 をとることがわかる．

x	$\cdots$	-1	$\cdots$	1	$\cdots$
y'	$+$	0	$-$	0	$+$
y	↗	2	↘	-2	↗

← 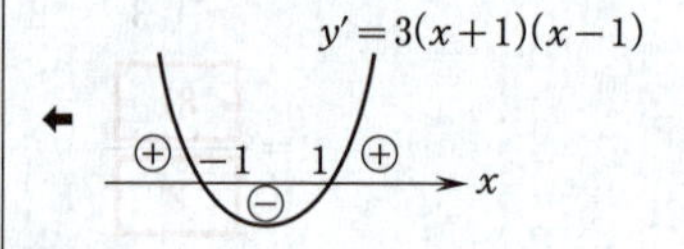

$h(x)$ が $x=4$ で極大値3をとるとき，C_2 は C を x 軸方向に $4-(-1)=5$，y 軸方向に $3-2=1$ 平行移動したものであるから，$h(x)$ は $x=1+5=\boxed{6}$ で極小値 $-2+1=\boxed{-1}$ をとることがわかる．

(iii)
$$y=h(x)$$

すなわち

$$y=x^3+3ax^2+bx+c$$

において

$$y=x^3-x-5 \qquad \cdots④$$
$$y=x^3+3x^2-2x-4 \qquad \cdots⑤$$
$$y=x^3-6x^2-x-4 \qquad \cdots⑥$$
$$y=x^3-6x^2+7x-5 \qquad \cdots⑦$$

はそれぞれ

$a=0$，$b=-1$，$c=-5$　$(3a^2-b=1)$　← (i)②の $k=1$．

$a=1$，$b=-2$，$c=-4$　$(3a^2-b=5)$　← (i)②の $k=5$．

$a=-2$，$b=-1$，$c=-4$　$(3a^2-b=13)$　← (i)②の $k=13$．

$a=-2$，$b=7$，$c=-5$　$(3a^2-b=5)$　← (i)②の $k=5$．

としたものであるから，(i)より，⑤と⑦は

$$y=x^3-5x$$

← $C:y=x^3-kx$ で $k=5$ とした．

を平行移動させたものと一致する．よって，⑤と⑦は平行移動によって一致させることができる．

( , )

第3問　確率分布と統計的な推測

太郎さんのクラスでは，確率分布の問題として，2個のさいころを同時に投げることを72回繰り返す試行を行い，2個とも1の目が出た回数を表す確率変数 X の分布を考えることとなった．そこで，21名の生徒がこの試行を行った．

(1)　2個とも1の目が出る確率は $\left(\frac{1}{6}\right)^2=\frac{1}{36}$ であるから，X は二項分布 $B\left(\boxed{72},\ \frac{\boxed{1}}{\boxed{36}}\right)$ に従う．このとき，$k=72$，$p=\frac{1}{36}$ とおくと，$X=r$ である確率は

$$P(X=r)={}_k\mathrm{C}_r p^r(1-p)^{k-r}\quad (r=0,\ 1,\ 2,\ \cdots,\ k)$$

…①　（ $\boxed{②}$ ）

である．

また，X の平均（期待値）は

$$E(X)=72\cdot\frac{1}{36}=\boxed{2}$$

であり，標準偏差は

$$\sigma(X)=\sqrt{72\cdot\frac{1}{36}\left(1-\frac{1}{36}\right)}=\frac{\sqrt{\boxed{70}}}{\boxed{6}}$$

である．

(2)　21名全員の試行結果について，2個とも1の目が出た回数を調べたところ，次の表のような結果になった．なお，5回以上出た生徒はいなかった．

回数	0	1	2	3	4	計
人数	2	7	7	3	2	21

この表をもとに，確率変数 Y を考える．Y のとり得る値を0，1，2，3，4とし，各値の相対度数を確率として，Y の確率分布を次の表のとおりとする．

Y	0	1	2	3	4	計
P	$\frac{2}{21}$	$\frac{1}{3}$	$\frac{1}{3}$	q	$\frac{2}{21}$	$\boxed{1}$

$Y=3$ となる確率を q とおくと

$$q=\frac{3}{21}=\frac{\boxed{1}}{\boxed{7}}$$

二項分布

n を自然数とする．

確率変数 X のとり得る値が

$$0,\ 1,\ 2,\ \cdots,\ n$$

であり，X の確率分布が

$$P(X=r)={}_n\mathrm{C}_r p^r(1-p)^{n-r}$$
$$(r=0,\ 1,\ 2,\ \cdots,\ n)$$

であるとき，X の確率分布を二項分布といい，$B(n,\ p)$ で表す．

平均（期待値），分散

確率変数 X のとり得る値を

$$x_1,\ x_2,\ \cdots,\ x_n$$

とし，X がこれらの値をとる確率をそれぞれ

$$p_1,\ p_2,\ \cdots,\ p_n$$

とすると，X の平均（期待値）$E(X)$ は

$$E(X)=\sum_{k=1}^{n}x_kp_k.$$

また，X の分散 $V(X)$ は $E(X)=m$ として

$$V(X)=\sum_{k=1}^{n}(x_k-m)^2p_k$$

または

$$V(X)=E(X^2)-\{E(X)\}^2.$$

二項分布の平均（期待値），分散

確率変数 X が二項分布 $B(n,\ p)$ に従うとき，$q=1-p$ とすると X の平均（期待値）$E(X)$ と分散 $V(X)$ は

$$E(X)=np$$
$$V(X)=npq$$

である．

$\sqrt{V(X)}$ を X の標準偏差という．

である．よって，Y の平均は

$$E(Y)=0\cdot\frac{2}{21}+1\cdot\frac{1}{3}+2\cdot\frac{1}{3}+3\cdot\frac{1}{7}+4\cdot\frac{2}{21}$$

$$=\frac{\boxed{38}}{\boxed{21}}$$

であり，Y^2 の平均は

$$E(Y^2)=0^2\cdot\frac{2}{21}+1^2\cdot\frac{7}{21}+2^2\cdot\frac{7}{21}+3^2\cdot\frac{3}{21}+4^2\cdot\frac{2}{21}$$

$$=\frac{94}{21}$$

であるから，Y の分散は

$$V(Y)=E(Y^2)-\{E(Y)\}^2=\frac{94}{21}-\left(\frac{38}{21}\right)^2=\frac{530}{(21)^2}$$

である．よって，Y の標準偏差は $\sigma(Y)=\frac{\sqrt{530}}{21}$ である．

(3)　$$P(Z=r)=\alpha\cdot\frac{2^r}{r!}\ (r=0,\ 1,\ 2,\ 3,\ 4)$$

Z の確率分布表は次のようになる．

Z	0	1	2	3	4	計
P	$\alpha\cdot\frac{2^0}{0!}$	$\alpha\cdot\frac{2^1}{1!}$	$\alpha\cdot\frac{2^2}{2!}$	$\alpha\cdot\frac{2^3}{3!}$	$\alpha\cdot\frac{2^4}{4!}$	1

よって

$$\alpha\left(\frac{2^0}{0!}+\frac{2^1}{1!}+\frac{2^2}{2!}+\frac{2^3}{3!}+\frac{2^4}{4!}\right)=1$$

すなわち

$$\alpha\left(1+2+2+\frac{4}{3}+\frac{2}{3}\right)=1$$

が成り立つから

$$\alpha=\frac{\boxed{1}}{\boxed{7}}$$

である．

Z の平均は

$$E(Z)=\frac{1}{7}\left(0\cdot1+1\cdot2+2\cdot2+3\cdot\frac{4}{3}+4\cdot\frac{2}{3}\right)$$

$$=\frac{38}{21}$$

であり，Z^2 の平均は

$$E(Z^2)=\frac{1}{7}\left(0^2\cdot1+1^2\cdot2+2^2\cdot2+3^2\cdot\frac{4}{3}+4^2\cdot\frac{2}{3}\right)$$

$=\dfrac{98}{21}$

であるから，Z の分散は

$$V(Z)=E(Z^2)-\{E(Z)\}^2=\frac{98}{21}-\left(\frac{38}{21}\right)^2=\frac{614}{(21)^2}$$

である．よって，Z の標準偏差は $\sigma(Z)=\dfrac{\sqrt{614}}{21}$ である．

(4)　(3)で考えた確率変数 Z の確率分布をもつ母集団を考え，この母集団から無作為に抽出した大きさ n の標本を確率変数 $W_1, W_2, \cdots, W_n$ とし，標本平均を $\overline{W}=\dfrac{1}{n}(W_1+W_2+\cdots+W_n)$ とする．

$\overline{W}$ の平均を $E(\overline{W})=m$，標準偏差を $\sigma(\overline{W})=s$ とおくと

$$m=E(\overline{W})=E(Z)=\frac{\boxed{38}}{\boxed{21}},$$

$$s=\sigma(\overline{W})=\sigma(Z)\cdot\frac{1}{\sqrt{n}}\quad(\boxed{②})$$

である．

また，標本の大きさ n が十分に大きいとき，$\overline{W}$ は近似的に正規分布 $N(m, s^2)$ に従う．さらに，n が増加すると $s^2=\left\{\sigma(Z)\cdot\dfrac{1}{\sqrt{n}}\right\}^2$ は小さくなる（$\boxed{⓪}$）ので，$\overline{W}$ の分布曲線と，$m=\dfrac{38}{21}$ と $E(X)=2$ の大小関係 $m<E(X)$ に注意すれば，n が増加すると $P(\overline{W}\geqq 2)$ は小さくなることがわかる．（$\boxed{⓪}$）

ここで，$U=\dfrac{\overline{W}-m}{s}$（$\boxed{④}$）とおくと，$n$ が十分に大きいとき，確率変数 U は近似的に標準正規分布 $N(0, 1)$ に従う．このことを利用すると，$n=100$ のとき，標本の大きさは十分に大きいので

$$P(\overline{W}\geqq 2)=P\left(\frac{\overline{W}-\frac{38}{21}}{\frac{\sqrt{614}}{21}\cdot\frac{1}{\sqrt{100}}}\geqq\frac{2-\frac{38}{21}}{\frac{\sqrt{614}}{21}\cdot\frac{1}{\sqrt{100}}}\right)$$

$$=P(U\geqq 1.60)$$

$$=0.5-P(0\leqq U\leqq 1.60)$$

$$=0.5-0.4452$$

標本平均の平均と標準偏差

母平均 m，母標準偏差 σ の母集団から大きさ n の無作為標本を抽出するとき，標本平均 $\overline{X}$ の平均と標準偏差は

$$E(\overline{X})=m,\quad \sigma(\overline{X})=\frac{\sigma}{\sqrt{n}}.$$

← 平均0，標準偏差1の正規分布 $N(0, 1)$ を標準正規分布という．

← $\dfrac{1}{\sqrt{614}}=0.040$ を用いた．

← 正規分布表より $P(0\leqq U\leqq 1.60)=0.4452$．

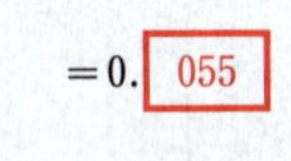

である．

第4問 数列

$a_1=1,\ a_{n+1}=a_n+4n+2\quad(n=1,\ 2,\ 3,\ \cdots)$

$b_1=1,\ b_{n+1}=b_n+4n+2+2\cdot(-1)^n\quad(n=1,\ 2,\ 3,\ \cdots)$

$S_n=\sum_{k=1}^{n}a_k$

(1)
$$a_2=a_1+6=1+6=\boxed{7}$$

である．また，階差数列を考えることにより，$n\geqq 2$ のとき

$$a_n=a_1+\sum_{k=1}^{n-1}(4k+2)$$
$$=1+\frac{n-1}{2}\{4\cdot 1+2+4(n-1)+2\}$$
$$=2n^2-1$$

である．これは $n=1$ のときも成り立つ．

よって

$$a_n=\boxed{2}\,n^2-\boxed{1}\quad(n=1,\ 2,\ 3,\ \cdots)$$

である．さらに

$$S_n=\sum_{k=1}^{n}a_k$$
$$=\sum_{k=1}^{n}(2k^2-1)$$
$$=\frac{2}{6}n(n+1)(2n+1)-n$$
$$=\frac{\boxed{2}\,n^3+\boxed{3}\,n^2-\boxed{2}\,n}{\boxed{3}}$$
$$(n=1,\ 2,\ 3,\ \cdots)$$

である．

(2)
$$b_2=b_1+4=1+4=\boxed{5}$$

である．すべての自然数 n に対して

$a_{n+1}-b_{n+1}=(a_n+4n+2)-\{b_n+4n+2+2\cdot(-1)^n\}$

すなわち

$$a_{n+1}-b_{n+1}=a_n-b_n+2\cdot(-1)^{n-1}$$

が成り立つ．これは $d_n=a_n-b_n$ とすると

$$d_{n+1}-d_n=2\cdot(-1)^{n-1}$$

となるから，$n\geqq 2$ のとき

$$d_n=d_1+2\sum_{k=1}^{n-1}(-1)^{k-1}$$
$$=a_1-b_1+2\cdot\frac{1-(-1)^{n-1}}{1-(-1)}$$

階差数列

数列 $\{a_n\}$ に対して

$b_n=a_{n+1}-a_n\quad(n=1,\ 2,\ 3,\ \cdots)$

で定められる数列 $\{b_n\}$ を $\{a_n\}$ の階差数列という．

$$a_n=a_1+\sum_{k=1}^{n-1}b_k\quad(n\geqq 2)$$

が成り立つ．

数列 $\{4k+2\}$ は公差4の等差数列．

等差数列の和

初項 a の等差数列 $\{a_n\}$ の初項から第 n 項までの和 S_n は

$$S_n=\frac{n}{2}(a+a_n).$$

和の公式

$$\sum_{k=1}^{n}1=n,$$
$$\sum_{k=1}^{n}k=\frac{1}{2}n(n+1),$$
$$\sum_{k=1}^{n}k^2=\frac{1}{6}n(n+1)(2n+1).$$

数列 $\{(-1)^{k-1}\}$ は公比 -1 の等比数列．

等比数列の和

初項 a，公比 r，項数 n の等比数列の和は，$r\neq 1$ のとき

$$\frac{a(1-r^n)}{1-r}.$$

$$=1-1+1+(-1)^n$$
$$=1+(-1)^n$$

である．これは $n=1$ のときも成り立つ．（ ⑤ ）

← $d_1=a_1-b_1=1-1=0.$

(3)　(2)より

$$a_{2021}-b_{2021}=1+(-1)^{2021}=1-1=0$$
$$a_{2022}-b_{2022}=1+(-1)^{2022}=1+1>0$$

であるから

$$a_{2021}=b_{2021}\quad（①）$$
$$a_{2022}>b_{2022}\quad（②）$$

である．また，$T_n=\sum_{k=1}^{n}b_k$ とおくと

$$S_{2021}-T_{2021}=\sum_{k=1}^{2021}a_k-\sum_{k=1}^{2021}b_k$$
$$=\sum_{k=1}^{2021}(a_k-b_k)$$
$$=\sum_{k=1}^{2021}\{1+(-1)^k\}$$
$$=2021+(-1)\cdot\frac{1-(-1)^{2021}}{1-(-1)}$$
$$=2020>0$$

← $d_n=a_n-b_n.$

$$S_{2022}-T_{2022}=2022+(-1)\cdot\frac{1-(-1)^{2022}}{1-(-1)}$$
$$=2022>0$$

であるから

$$S_{2021}>T_{2021}\quad（②）$$
$$S_{2022}>T_{2022}\quad（②）$$

である．

(4)　$c_1=c$

$$c_{n+1}=c_n+4n+2+2\cdot(-1)^n\quad(n=1,\ 2,\ 3,\ \cdots)$$

すべての自然数 n に対して

$$b_{n+1}-c_{n+1}$$
$$=\{b_n+4n+2+2\cdot(-1)^n\}-\{c_n+4n+2+2\cdot(-1)^n\}$$

すなわち

$$b_{n+1}-c_{n+1}=b_n-c_n$$

が成り立つから，すべての自然数 n に対して

$$b_n-c_n=b_1-c_1$$
$$=\boxed{1}-\boxed{c}$$

である．

また，$U_n=\sum_{k=1}^{n}c_k$ とおくと

$$
\begin{aligned}
S_n-U_n&=\sum_{k=1}^{n}a_k-\sum_{k=1}^{n}c_k\\
&=\sum_{k=1}^{n}(a_k-b_k)+\sum_{k=1}^{n}(b_k-c_k)\\
&=\sum_{k=1}^{n}\{1+(-1)^k\}+\sum_{k=1}^{n}(1-c)\\
&=n-\frac{1-(-1)^n}{2}+n(1-c)\\
&=(2-c)n-\frac{1-(-1)^n}{2}
\end{aligned}
$$

⬅ $a_k-c_k=(a_k-b_k)+(b_k-c_k)$.

であるから，$S_4-U_4=0$ が成り立つとき

$$(2-c)\cdot4-\frac{1-(-1)^4}{2}=0$$

すなわち

$$c=\boxed{2}$$

である．このとき

$$S_n-U_n=-\frac{1-(-1)^n}{2}$$

となり

$$S_{2021}-U_{2021}=-\frac{1-(-1)^{2021}}{2}=-1<0$$

$$S_{2022}-U_{2022}=-\frac{1-(-1)^{2022}}{2}=0$$

であるから

$S_{2021}<U_{2021}$ （ ⓪ ）

$S_{2022}=U_{2022}$ （ ① ）

である．

第5問　空間ベクトル

a は正の実数．O が原点．

$A_1(1, 0, a)$，$A_2(0, 1, a)$，$A_3(-1, 0, a)$，$A_4(0, -1, a)$

四角形 $A_1OA_2B_1$，$A_2OA_3B_2$，$A_3OA_4B_3$，$A_4OA_1B_4$ はひし形．

四角形 $A_1B_1C_1B_4$，$A_2B_2C_2B_1$，$A_3B_3C_3B_2$，$A_4B_4C_4B_3$ はひし形．

(1)

$$\overrightarrow{OB_2}=\overrightarrow{OA_2}+\overrightarrow{OA_3}$$
$$=(0, 1, a)+(-1, 0, a)$$
$$=(-1, 1, 2a)$$

より，B_2 の座標は，$B_2\left(-1, \boxed{1}, \boxed{2a}\right)$ であり

$$\overrightarrow{OC_3}=\overrightarrow{OB_2}+\overrightarrow{B_2C_3}$$
$$=\overrightarrow{OB_2}+\overrightarrow{A_3B_3}$$
$$=\overrightarrow{OB_2}+\overrightarrow{OA_4}$$
$$=(-1, 1, 2a)+(0, -1, a)$$
$$=(-1, 0, 3a)$$

より，C_3 の座標は，$C_3\left(-1, \boxed{0}, \boxed{3a}\right)$ である．

また

$$\overrightarrow{OA_1}\cdot\overrightarrow{OB_2}=1\cdot(-1)+0\cdot1+a\cdot2a$$
$$=2a^2-1\quad(\boxed{⑧})$$

となり

$$\overrightarrow{OA_1}\cdot\overrightarrow{B_2C_3}=1\cdot0+0\cdot(-1)+a\cdot a$$
$$=a^2\quad(\boxed{③})$$

となる．

(2)

$$\overrightarrow{A_1A_2}=\overrightarrow{OA_2}-\overrightarrow{OA_1}$$
$$=(0, 1, a)-(1, 0, a)$$
$$=(-1, 1, 0)$$

より

$$\left|\overrightarrow{A_1A_2}\right|=\sqrt{(-1)^2+1^2+0^2}=\sqrt{2}$$

である．また

$$\overrightarrow{A_1C_1}=\overrightarrow{A_1B_1}+\overrightarrow{A_1B_4}$$
$$=\overrightarrow{OA_2}+\overrightarrow{OA_4}$$
$$=(0, 1, a)+(0, -1, a)$$
$$=(0, 0, 2a)$$

より

$$\left|\overrightarrow{A_1C_1}\right|=2a$$

である．ひし形 $A_1OA_2B_1$ と $A_1B_1C_1B_4$ が合同であるとすると，対応する対角線の長さが等しいことから

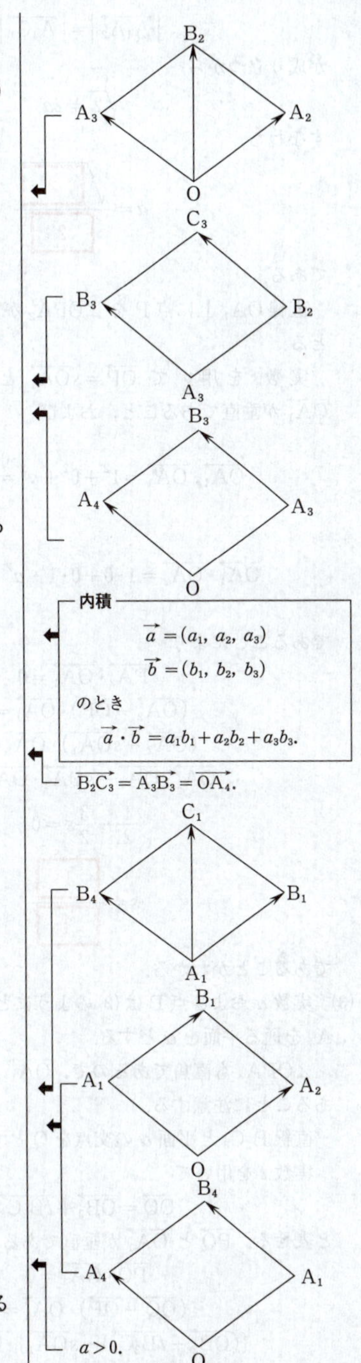

$$\left|\overrightarrow{A_1A_2}\right|=\left|\overrightarrow{A_1C_1}\right|$$

が成り立つから

$$\sqrt{2}=2a$$

すなわち

$$a=\frac{\sqrt{2}}{2}$$

である．

直線 OA_1 上に点 P を $\angle OPA_2$ が直角となるようにとる．

実数 s を用いて $\overrightarrow{OP}=s\overrightarrow{OA_1}$ と表せる．$\overrightarrow{PA_2}$ と $\overrightarrow{OA_1}$ が垂直であること，および

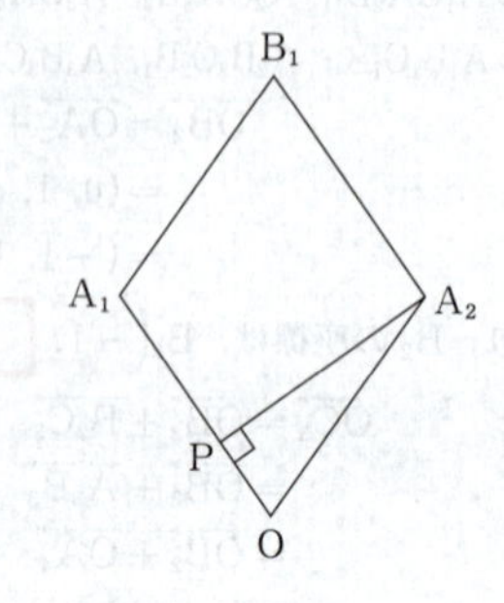

$$\overrightarrow{OA_1}\cdot\overrightarrow{OA_1}=1^2+0^2+a^2=\frac{3}{2}$$

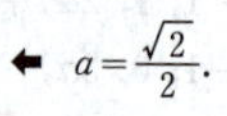

← $a=\dfrac{\sqrt{2}}{2}$.

$$\overrightarrow{OA_1}\cdot\overrightarrow{OA_2}=1\cdot 0+0\cdot 1+a^2=\frac{1}{2}$$

であることにより

$$\overrightarrow{PA_2}\cdot\overrightarrow{OA_1}=0$$
$$(\overrightarrow{OA_2}-\overrightarrow{OP})\cdot\overrightarrow{OA_1}=0$$
$$(\overrightarrow{OA_2}-s\overrightarrow{OA_1})\cdot\overrightarrow{OA_1}=0$$
$$\overrightarrow{OA_2}\cdot\overrightarrow{OA_1}-s\overrightarrow{OA_1}\cdot\overrightarrow{OA_1}=0$$
$$\frac{1}{2}-\frac{3}{2}s=0$$
$$s=\frac{1}{3}$$

← **ベクトルの垂直条件**

$\vec{a}\neq\vec{0}$，$\vec{b}\neq\vec{0}$ であるとき，

$\vec{a}\perp\vec{b}\iff\vec{a}\cdot\vec{b}=0$.

であることがわかる．

(3) 実数 a および点 P は(2)のようにとり，3 点 P，A_2，A_4 を通る平面を α とする．

$\angle OPA_4$ も直角であるので，$\overrightarrow{OA_1}$ と平面 α は垂直であることに注意する．

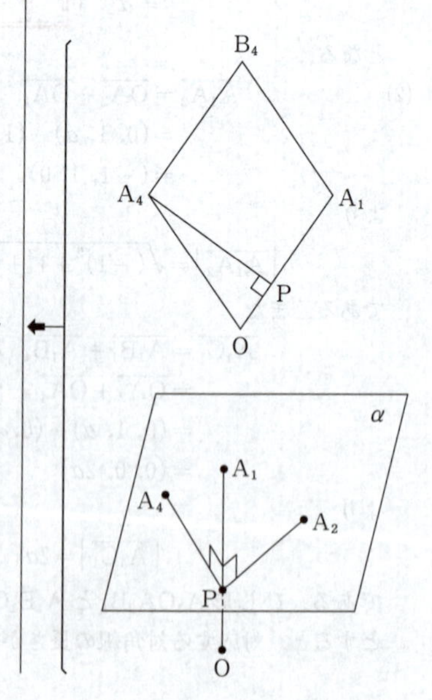

直線 B_2C_3 と平面 α の交点を Q とする．

実数 t を用いて

$$\overrightarrow{OQ}=\overrightarrow{OB_2}+t\overrightarrow{B_2C_3}$$

と表せる．$\overrightarrow{PQ}$ と $\overrightarrow{OA_1}$ が垂直であることにより

$$\overrightarrow{PQ}\cdot\overrightarrow{OA_1}=0$$
$$(\overrightarrow{OQ}-\overrightarrow{OP})\cdot\overrightarrow{OA_1}=0$$
$$\{(\overrightarrow{OB_2}+t\overrightarrow{B_2C_3})-s\overrightarrow{OA_1}\}\cdot\overrightarrow{OA_1}=0$$

$$\overrightarrow{OB_2}\cdot\overrightarrow{OA_1}+t\overrightarrow{B_2C_3}\cdot\overrightarrow{OA_1}-s\overrightarrow{OA_1}\cdot\overrightarrow{OA_1}=0$$

$$(2a^2-1)+ta^2-\frac{3}{2}s=0$$

$$\frac{1}{2}t-\frac{1}{2}=0$$

← $a=\frac{\sqrt{2}}{2}$, $s=\frac{1}{3}$, $\overrightarrow{OB_2}\cdot\overrightarrow{OA_1}=0$.

$$t=1$$

であることがわかる．（ ① ）

座標空間から平面αを除いた部分は．αを境に，原点Oを含む側と含まない側に分けられる．このとき，点B_2はOを含む側にあり，（ ① ）点C_3はα上にある．（ ⓪ ）

←

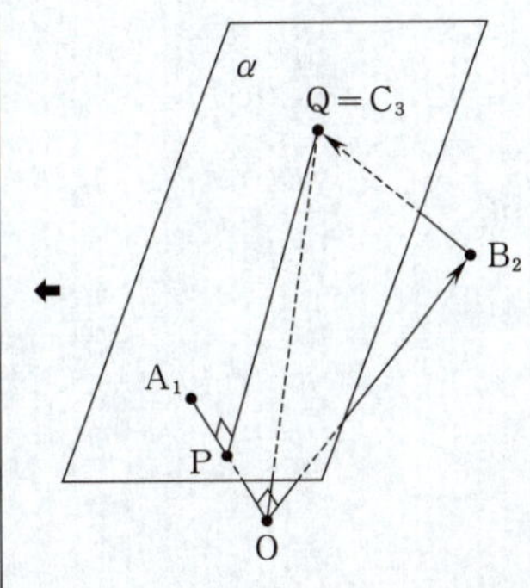

$\overrightarrow{OQ}=\overrightarrow{OB_2}+\overrightarrow{B_2C_3}=\overrightarrow{OC_3}$.

MEMO

数学Ⅰ・数学A
数学Ⅱ・数学B
数学Ⅰ
数学Ⅱ

（2023年１月実施）

	受験者数	平均点
数学Ⅰ・数学A	356,493	57.68
数学Ⅱ・数学B	319,697	59.93
数学Ⅰ	5,750	39.11
数学Ⅱ	5,198	39.51

数学Ⅰ・数学A

解答・採点基準

(100点満点)

問題番号(配点)	解答記号	正解	配点	自己採点
第1問 (30)	(アx+イ)(x−ウ)	$(2x+5)(x-2)$	2	
	$\frac{-エ\pm\sqrt{オカ}}{キ}$	$\frac{-5\pm\sqrt{65}}{4}$	2	
	$\frac{ク+\sqrt{ケコ}}{サ}$	$\frac{5+\sqrt{65}}{2}$	2	
	シ	6	2	
	ス	3	2	
	$\frac{セ}{ソ}$	$\frac{4}{5}$	2	
	タチ	12	2	
	ツテ	12	2	
	ト	②	1	
	ナ	⓪	1	
	ニ	①	1	
	ヌ	③	3	
	ネ	②	2	
	ノ	②	2	
	ハ	⓪	2	
	ヒ	③	2	
第1問 自己採点小計				
第2問 (30)	ア	②	3	
	$イウx+\frac{エオ}{5}$	$-2x+\frac{44}{5}$	3	
	カ.キク	2.00	2	
	ケ.コサ	2.20	3	
	シ.スセ	4.40	2	
	ソ	③	2	
	タとチ	①, ③ (解答の順序は問わない)	4 (各2)	
	ツ	①	2	
	テ	④	3	
	ト	⑤	3	
	ナ	②	3	
第2問 自己採点小計				

問題番号(配点)	解答記号	正解	配点	自己採点
第3問 (20)	$\frac{ア}{イ}$	$\frac{3}{8}$	2	
	$\frac{ウ}{エ}$	$\frac{4}{9}$	3	
	$\frac{オカ}{キク}$	$\frac{27}{59}$	3	
	$\frac{ケコ}{サシ}$	$\frac{32}{59}$	2	
	ス	③	3	
	$\frac{セソタ}{チツテ}$	$\frac{216}{715}$	4	
	ト	⑧	3	
第3問 自己採点小計				
第4問 (20)	ア	2	1	
	イ	3	1	
	ウ, エ	3, 5	3	
	オ	4	2	
	カ	4	2	
	キ	8	1	
	ク	1	2	
	ケ	4	2	
	コ	5	1	
	サ	③	2	
	シ	6	3	
第4問 自己採点小計				
第5問 (20)	$\frac{ア}{イ}$	$\frac{3}{2}$	2	
	$\frac{ウ\sqrt{エ}}{オ}$	$\frac{3\sqrt{5}}{2}$	2	
	$カ\sqrt{キ}$	$2\sqrt{5}$	2	
	$\sqrt{ク}r$	$\sqrt{5}r$	2	
	$ケ-r$	$5-r$	2	
	$\frac{コ}{サ}$	$\frac{5}{4}$	2	
	シ	1	2	
	$\sqrt{ス}$	$\sqrt{5}$	2	
	$\frac{セ}{ソ}$	$\frac{5}{2}$	2	
	タ	①	2	
第5問 自己採点小計				
自己採点合計				

(注)

第1問，第2問は必答。

第3問～第5問のうちから2問選択。計4問を解答。

第1問 数と式，2次関数，図形と計量

〔1〕 c は正の整数．

$$2x^2+(4c-3)x+2c^2-c-11=0. \qquad \cdots ①$$

(1) $c=1$ のとき，① の左辺を因数分解すると，

$$(\text{左辺})=2x^2+x-10$$
$$=(\boxed{2}x+\boxed{5})(x-\boxed{2})$$

であるから，① の解は，

$$(2x+5)(x-2)=0$$
$$x=-\frac{5}{2},\ 2$$

である．

(2) $c=2$ のとき，① の解は，

$$2x^2+5x-5=0$$
$$x=\frac{-\boxed{5}\pm\sqrt{\boxed{65}}}{\boxed{4}}$$

であるから，大きい方の解 α は，

$$\alpha=\frac{-5+\sqrt{65}}{4}$$

である．これより，

$$\frac{5}{\alpha}=5\cdot\frac{4}{\sqrt{65}-5}$$
$$=\frac{20(\sqrt{65}+5)}{(\sqrt{65}-5)(\sqrt{65}+5)}$$
$$=\frac{20(\sqrt{65}+5)}{65-25}$$
$$=\frac{\boxed{5}+\sqrt{\boxed{65}}}{\boxed{2}}$$

である．

また，$8<\sqrt{65}<9$ より，

$$\left(\frac{13}{2}=\right)\frac{5+8}{2}<\frac{5+\sqrt{65}}{2}<\frac{5+9}{2}\ (=7)$$

すなわち，

$$6<\frac{5}{\alpha}<7$$

となるから，$m<\dfrac{5}{\alpha}<m+1$ を満たす整数 m は

$\boxed{6}$ である．

← **2次方程式の解の公式**
$a,\ b,\ c$ は実数の定数 $(a\neq 0)$．
$ax^2+bx+c=0$ の解は，
$$x=\frac{-b\pm\sqrt{b^2-4ac}}{2a}.$$

← $$\frac{c}{\sqrt{a}-\sqrt{b}}=\frac{c(\sqrt{a}+\sqrt{b})}{(\sqrt{a}-\sqrt{b})(\sqrt{a}+\sqrt{b})}=\frac{c(\sqrt{a}+\sqrt{b})}{a-b}.$$

← $(8^2=)\ 64<65<81\ (=9^2)$ より，
$8<\sqrt{65}<9$.

(3)　① の判別式を D とすると,

$$D=(4c-3)^2-4\cdot 2\cdot(2c^2-c-11)$$
$$=-16c+97$$

である.

① が異なる二つの有理数の解をもつには, ① が異なる二つの実数解をもつことが必要であるから,

$$D=-16c+97>0$$

であり, これを解くと,

$$c<\frac{97}{16}\left(=6+\frac{1}{16}\right)$$

である.

よって, ① の解が異なる二つの有理数であるための正の整数 c は,

$$c=1,\ 2,\ 3,\ 4,\ 5,\ 6$$

に限られる.

さらに, ① の解が有理数となるのは, D の値が平方数になるときであり, D の値を求めると次の表のようになる.

c	1	2	3	4	5	6
D	9^2	65	7^2	33	17	1^2

したがって, D の値が平方数になる c の値は,

$$1,\ 3,\ 6$$

であるから, ① の解が異なる二つの有理数であるような正の整数 c の個数は [3] 個である.

← 2次方程式の解の判別

実数係数の2次方程式

$$ax^2+bx+c=0$$

の判別式 $D=b^2-4ac$ について,

$D>0 \iff$ 異なる二つの実数解をもつ,
$D=0 \iff$ 重解をもつ,
$D<0 \iff$ 実数解をもたない.

← ① の解は,

$$x=\frac{-(4c-3)\pm\sqrt{D}}{4}$$

であるから, D の値が 1, 4, 9 のような平方数のとき, 根号が外れ, x は有理数になる.

〔2〕

(1)

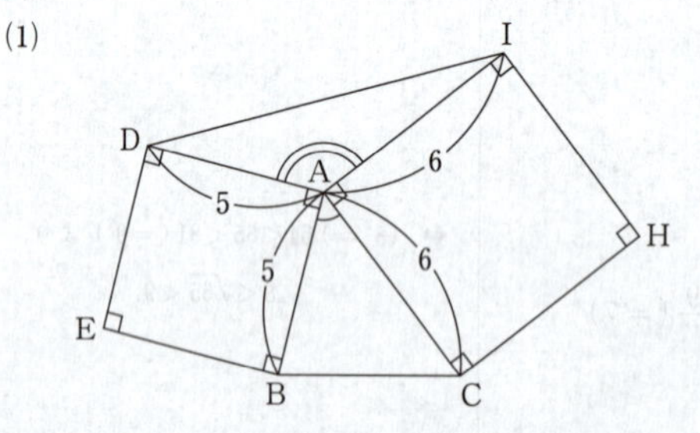

← $\cos A=\frac{3}{5}$.

$\angle DAI=360^\circ-90^\circ-90^\circ-A$
$=180^\circ-A$.

$0^\circ<A<180^\circ$ より, $\sin A>0$ であるから,

$$\sin A=\sqrt{1-\cos^2 A}$$
$$=\sqrt{1-\left(\frac{3}{5}\right)^2}$$

← $0^\circ\leqq\theta\leqq180^\circ$ のとき,

$$\sin\theta=\sqrt{1-\cos^2\theta}.$$

$$=\frac{\boxed{4}}{\boxed{5}}$$

であり，

$$(\triangle \mathrm{ABC}\text{ の面積})=\frac{1}{2}\mathrm{AB}\cdot\mathrm{AC}\sin A$$
$$=\frac{1}{2}\cdot 5\cdot 6\cdot\frac{4}{5}$$
$$=\boxed{12},$$

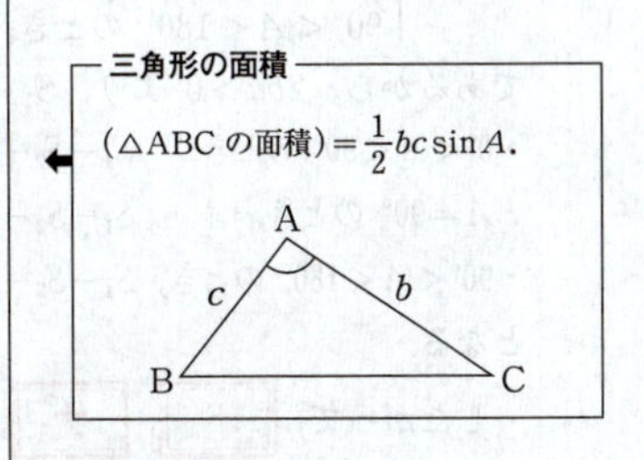

三角形の面積
(△ABC の面積) = $\frac{1}{2}bc\sin A$.
A
c
b
B
C

$$(\triangle \mathrm{AID}\text{ の面積})=\frac{1}{2}\mathrm{AD}\cdot\mathrm{AI}\sin(180^\circ-A)$$
$$=\frac{1}{2}\mathrm{AB}\cdot\mathrm{AC}\sin A$$
$$=(\triangle \mathrm{ABC}\text{ の面積})$$
$$=\boxed{12}$$

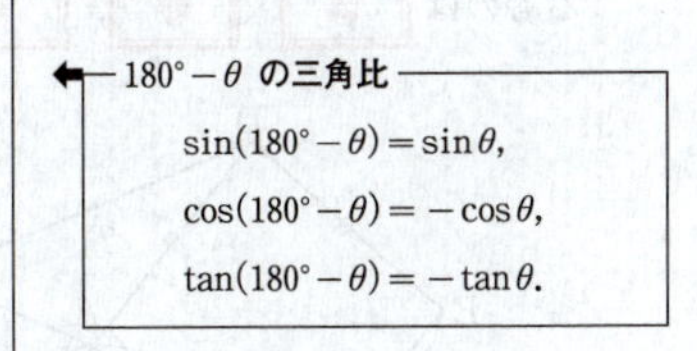

である．

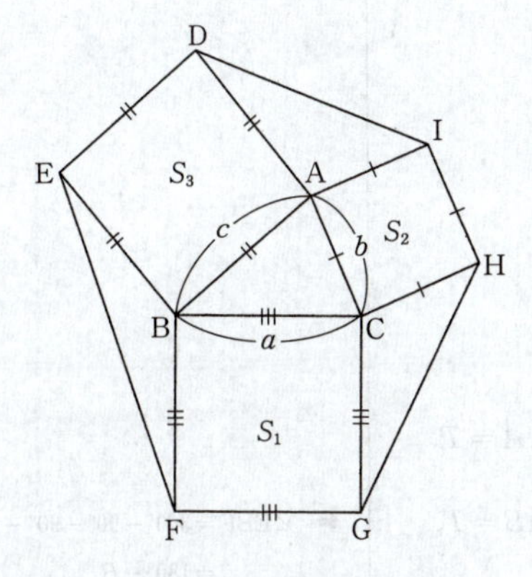

△ABC に余弦定理を用いると，

$$a^2=b^2+c^2-2bc\cos A$$

であるから，

$$a^2-b^2-c^2=-2bc\cos A$$

である．

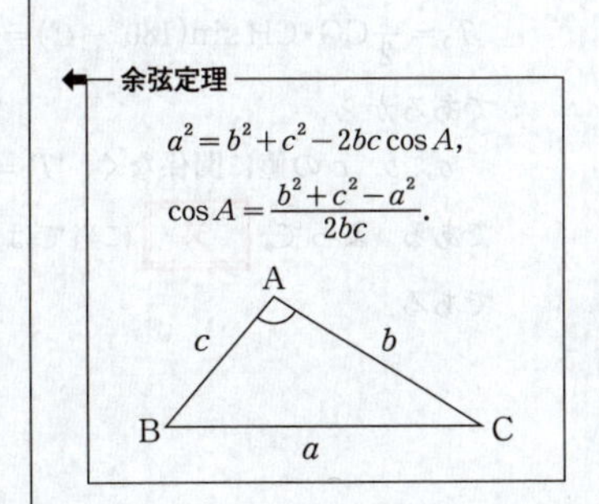

このことより，

$$S_1-S_2-S_3=a^2-b^2-c^2$$
$$=-2bc\cos A$$

となる．

ここで，

$$\begin{cases} 0^\circ < A < 90^\circ \text{ のとき，} & \cos A > 0, \\ A = 90^\circ \text{ のとき，} & \cos A = 0, \\ 90^\circ < A < 180^\circ \text{ のとき，} & \cos A < 0 \end{cases}$$

であるから，$2bc > 0$ より，$S_1 - S_2 - S_3$ は，

・$0^\circ < A < 90^\circ$ のとき，　$S_1 - S_2 - S_3 < 0$（負の値である），

・$A = 90^\circ$ のとき，　$S_1 - S_2 - S_3 = 0$（0である），

・$90^\circ < A < 180^\circ$ のとき，$S_1 - S_2 - S_3 > 0$（正の値である）

となる．

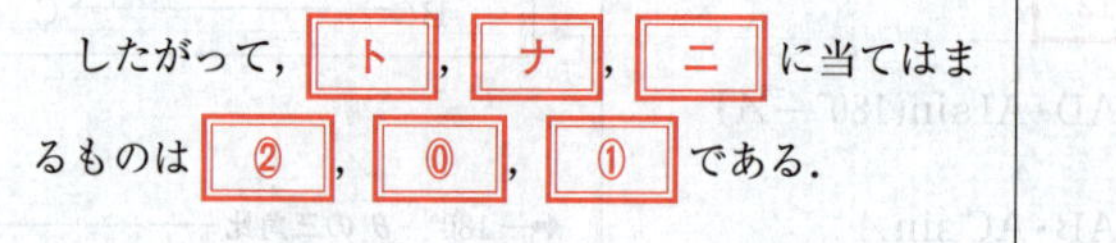

したがって，ト，ナ，ニ に当てはまるものは ②，⓪，① である．

(3)

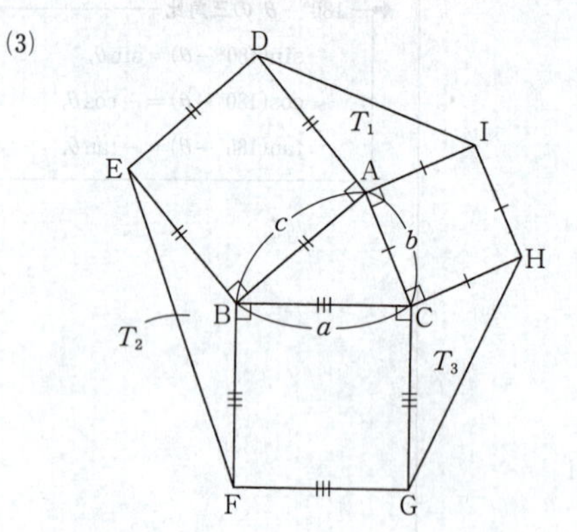

△ABC の面積を T とすると，

$T_1 = \frac{1}{2}\mathrm{AD} \cdot \mathrm{AI} \sin(180^\circ - A) = \frac{1}{2} bc \sin A = T$,

$T_2 = \frac{1}{2}\mathrm{BE} \cdot \mathrm{BF} \sin(180^\circ - B) = \frac{1}{2} ca \sin B = T$,　⬅ $\angle \mathrm{EBF} = 360^\circ - 90^\circ - 90^\circ - B = 180^\circ - B$.

$T_3 = \frac{1}{2}\mathrm{CG} \cdot \mathrm{CH} \sin(180^\circ - C) = \frac{1}{2} ab \sin C = T$　⬅ $\angle \mathrm{GCH} = 360^\circ - 90^\circ - 90^\circ - C = 180^\circ - C$.

であるから，

a，b，c の値に関係なく，$T_1 = T_2 = T_3\ (= T)$

である．よって，ヌ に当てはまるものは ③

である．

(4)

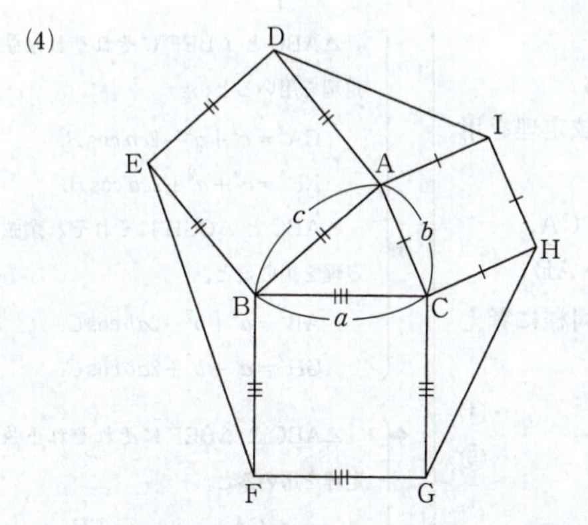

△ABC, △AID, △BEF, △CGH の外接円の半径をそれぞれ R, R_1, R_2, R_3 とする.

△ABC と △AID にそれぞれ余弦定理を用いると,

$$BC^2 = b^2 + c^2 - 2bc\cos A,$$

$$ID^2 = b^2 + c^2 - 2bc\cos(180° - A)$$

$$= b^2 + c^2 + 2bc\cos A$$

である.

$0° < A < 90°$ のとき, $2bc\cos A > 0$ であるから,

$$ID^2 > BC^2$$

← $0° < A < 90°$ のとき, $\cos A > 0$.

← $b^2 + c^2 + 2bc\cos A > b^2 + c^2 - 2bc\cos A$
$ID^2 > BC^2$.

すなわち,

$$ID > BC \quad \cdots ②$$

である. よって, ネ に当てはまるものは ② である.

さらに, △ABC と △AID にそれぞれ正弦定理を用いると,

$$2R = \frac{BC}{\sin A},$$

$$2R_1 = \frac{ID}{\sin(180° - A)} = \frac{ID}{\sin A}$$

である.

← **正弦定理**

$$\frac{a}{\sin A} = \frac{b}{\sin B} = \frac{c}{\sin C} = 2R.$$

(R は外接円の半径)

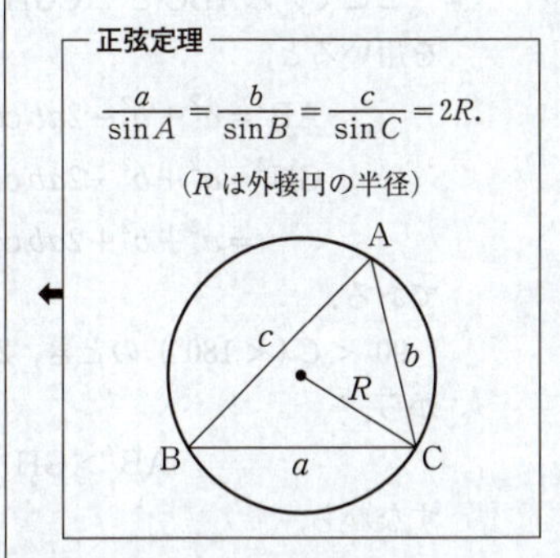

これらと ② より,

$$2R_1 > 2R$$

← ② より,

$$\frac{ID}{\sin A} > \frac{BC}{\sin A}$$

$$2R_1 > 2R.$$

すなわち,

$$R_1 > R \quad \cdots ③$$

である. よって, ノ に当てはまるものは ② である.

・$0° < A < B < C < 90°$ のときを調べる．

R_2 と R，R_3 と R の大小関係を求める．

$0° < B < 90°$，$0° < C < 90°$ より，余弦定理を用いて同様に考えると，

$$\begin{cases} EF^2 > CA^2, \\ GH^2 > AB^2 \end{cases} \quad すなわち \quad \begin{cases} EF > CA, \\ GH > AB \end{cases}$$

となり，このことと正弦定理とから，同様に考えると，

$$\begin{cases} 2R_2 > 2R, \\ 2R_3 > 2R \end{cases} \quad すなわち \quad \begin{cases} R_2 > R, & \cdots ④ \\ R_3 > R & \cdots ⑤ \end{cases}$$

である．

よって，③，④，⑤ より，外接円の半径が最も小さい三角形は，

$$\triangle ABC$$

である．したがって，ハ に当てはまるものは ⓪ である．

・$0° < A < B < 90° < C$ のときを調べる．

$0° < A < 90°$，$0° < B < 90°$ より，③，④，すなわち，

$$R_1 > R, \quad R_2 > R \qquad \cdots ⑥$$

が成り立つ．

ここで，△ABC と △CGH にそれぞれ余弦定理を用いると，

$$AB^2 = a^2 + b^2 - 2ab\cos C,$$
$$GH^2 = a^2 + b^2 - 2ab\cos(180° - C)$$
$$= a^2 + b^2 + 2ab\cos C$$

である．

$90° < C\ (< 180°)$ のとき，$2ab\cos C < 0$ であるから，

$$AB^2 > GH^2$$

すなわち，

$$AB > GH \qquad \cdots ⑦$$

である．

さらに，△ABC と △CGH にそれぞれ正弦定理を用いると，

$$2R = \frac{AB}{\sin C},$$
$$2R_3 = \frac{GH}{\sin(180° - C)} = \frac{GH}{\sin C}$$

← △ABC と △BEF にそれぞれ余弦定理を用いると，

$CA^2 = c^2 + a^2 - 2ca\cos B,$

$EF^2 = c^2 + a^2 + 2ca\cos B.$

△ABC と △CGH にそれぞれ余弦定理を用いると，

$AB^2 = a^2 + b^2 - 2ab\cos C,$

$GH^2 = a^2 + b^2 + 2ab\cos C.$

← △ABC と △BEF にそれぞれ正弦定理を用いると，

$2R = \dfrac{CA}{\sin B}, \quad 2R_2 = \dfrac{EF}{\sin B}.$

△ABC と △CGH にそれぞれ正弦定理を用いると，

$2R = \dfrac{AB}{\sin C}, \quad 2R_3 = \dfrac{GH}{\sin C}.$

← $90° < C < 180°$ のとき，$\cos C < 0$.

← $a^2 + b^2 - \underset{\ominus}{2ab\cos C} > a^2 + b^2 + \underset{\ominus}{2ab\cos C}$

$AB^2 > GH^2$.

である．

これらと ⑦ より，

$$2R > 2R_3$$

すなわち，

$$R > R_3 \quad \cdots ⑧$$

である．

よって，⑥，⑧ より，外接円の半径が最も小さい三角形は，

$$\triangle \mathrm{CGH}$$

である．したがって，ヒ に当てはまるものは ③ である．

⬅ ⑦ より，

$$\frac{\mathrm{AB}}{\sin C} > \frac{\mathrm{GH}}{\sin C}$$

$$2R > 2R_3.$$

第2問　2次関数，データの分析

〔1〕

(1)　1秒あたりの進む距離，すなわち，平均速度は，

$$\frac{100\,(\text{m})}{\text{タイム(秒)}}$$

で求めることができる．

このことと与えられた条件より，

$$\frac{100\,(\text{m})}{\text{タイム(秒)}}=\frac{100\,(\text{m})}{\text{100 m を走るのにかかった歩数(歩)}}\times\frac{\text{100 m を走るのにかかった歩数(歩)}}{\text{タイム(秒)}}$$

すなわち，

(平均速度)＝ストライド(m/歩)×ピッチ(歩/秒)

が成り立つ．

よって，平均速度は，x と z を用いて，

(平均速度)＝xz (m/秒)

と表されるから，**ア** に当てはまるものは

② である．

これより，タイムと，ストライド，ピッチとの関係は，

$$\text{タイム}=\frac{100}{xz} \quad \cdots ①$$

と表されるので，xz が最大になるときにタイムが最もよくなる．

← タイムがよくなるとは，「タイムの値が小さくなること」である．

(2)　太郎さんは，ストライドが0.05大きくなるとピッチが0.1小さくなるという関係があると考えて，ピッチがストライドの1次関数として表されると仮定したことより，ピッチ z はストライド x を用いて，

$$z=\frac{-0.1}{0.05}x+b,\ \text{すなわち，}\ z=-2x+b$$

とおける．

← 太郎さんが練習で100 m を3回走ったときのストライドとピッチのデータは次の表である．

	1回目	2回目	3回目
ストライド	2.05	2.10	2.15
ピッチ	4.70	4.60	4.50

ストライドが2.05のとき，ピッチは4.70であるから，

$$4.70=-2\times 2.05+b$$

$$b=8.8=\frac{44}{5}$$

となる．

← ストライドが2.10のとき，ピッチは4.60であるから，これを用いて，

$$4.60=-2\times 2.10+b$$

$$b=8.8=\frac{44}{5}$$

として求めてもよい．

よって，z は x を用いて，

$$z=\boxed{-2}\,x+\frac{\boxed{44}}{5} \quad \cdots ②$$

と表される．

②が太郎さんのストライドの最大値2.40とピッチの最大値4.80まで成り立つと仮定すると，不等式を用いて，

$$\begin{cases} x \leqq 2.40, \\ z \leqq 4.80 \end{cases} \quad \cdots ③$$

と表され，さらに，②を③に代入すると，

$$\begin{cases} x \leqq 2.40, \\ -2x + \dfrac{44}{5} \leqq 4.80 \end{cases}$$

すなわち，

$$\begin{cases} x \leqq 2.40, \\ 2.00 \leqq x \end{cases}$$

となるから，x の値の範囲は，

$$\boxed{2}.\boxed{00} \leqq x \leqq 2.40$$

である．

$y = xz \ (2.00 \leqq x \leqq 2.40)$ とおく．

②を $y = xz$ に代入することより，

$$y = x\left(-2x + \frac{44}{5}\right)$$

$$= -2x^2 + \frac{44}{5}x$$

$$= -2\left(x - \frac{11}{5}\right)^2 + \frac{242}{25}$$

と変形できる．

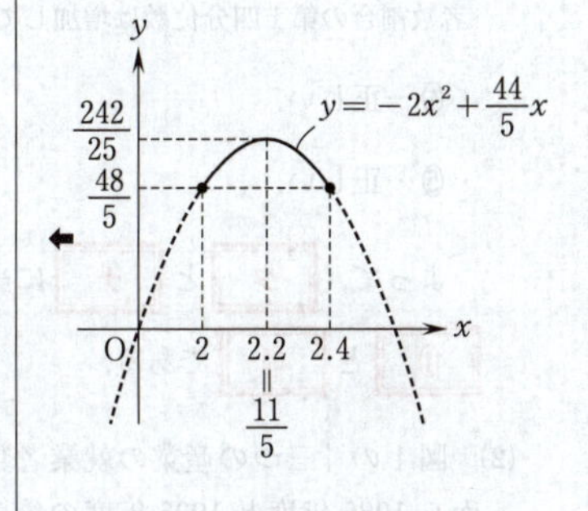

y の値が最大になるのは，$2.00 \leqq x \leqq 2.40$ より，

$$x = \frac{11}{5} = \boxed{2}.\boxed{20} \text{ のとき}$$

である．

よって，太郎さんのタイムが最もよくなるのは，ストライドが2.20のときであり，このとき，ピッチは $x = 2.20$ を②に代入して，

$$z = -2 \times 2.20 + \frac{44}{5} = \boxed{4}.\boxed{40}$$

である．また，このときの太郎さんのタイムは，①に $x = 2.20$，$z = 4.40$ を代入して，

$$\text{タイム} = \frac{100}{2.20 \times 4.40} = 10.3305\cdots$$

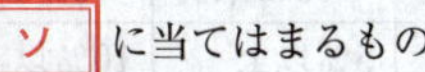

である．したがって，ソ に当てはまるものは ③ である．

〔2〕

(1)・⓪…正しい．

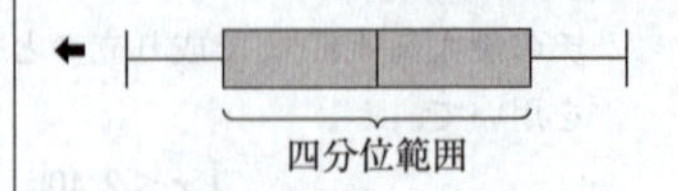

・①…正しくない．

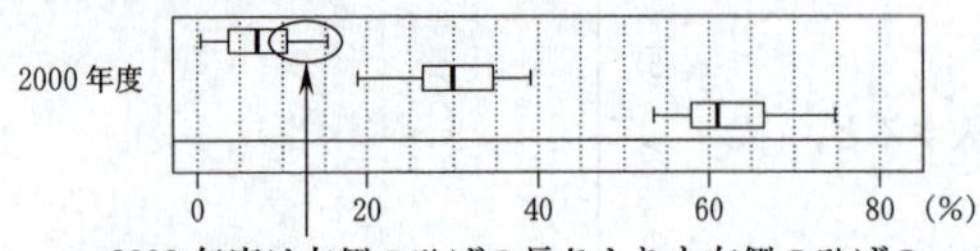

2000年度は左側のひげの長さよりも右側のひげの方が長い．

← 1990年度で考えてもよい．

・②…正しい．

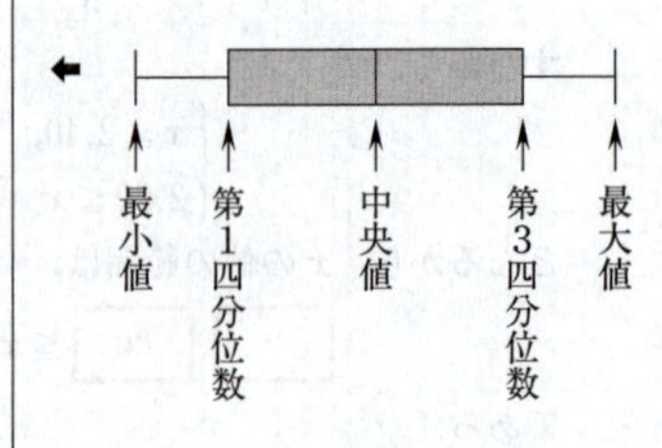

・③…正しくない．

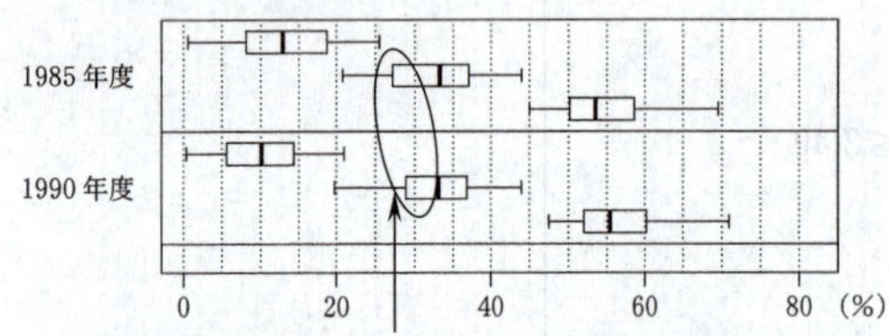

1985年度から1990年度において，第2次産業の就業者数割合の第1四分位数は増加している．

← 1975年度から1980年度で考えてもよい．

・④…正しい．

・⑤…正しい．

よって，［タ］と［チ］に当てはまるものは［①］と［③］である．

(2)　図1の「三つの産業の就業者数割合の箱ひげ図」から1985年度と1995年度の第1次産業，第3次産業の最小値，第1四分位数，中央値，第3四分位数，最大値は次のようになる．ただし，(　)は，データを小さい方から並べたときの順番を表す．

年度	産業	最小値(1)	第1四分位数(12)	中央値(24)	第3四分位数(36)	最大値(47)
1985	第1次	0%以上 5%未満	5%以上 10%未満	10%以上 15%未満	15%以上 20%未満	25%以上 30%未満
	第3次	45%以上 50%未満	50%以上 55%未満	50%以上 55%未満	55%以上 60%未満	65%以上 70%未満
1995	第1次	0%以上 5%未満	5%以上 10%未満	5%以上 10%未満	10%以上 15%未満	15%以上 20%未満
	第3次	50%以上 55%未満	50%以上 55%未満	55%以上 60%未満	60%以上 65%未満	70%以上 75%未満

・1985年度におけるグラフは，第1次産業の最大値と第3次産業の最小値に注目すると，ツ に当てはまるものは ① である.

← 第1次産業の最大値に注目すると，①か③に絞られる.

・1995年度におけるグラフは，第1次産業の最大値と第1四分位数，および第3次産業の第1四分位数に注目すると，テ に当てはまるものは ④ である.

← 第1次産業の最大値に注目すると，②か④に絞られる.

(3)・(I)…誤.

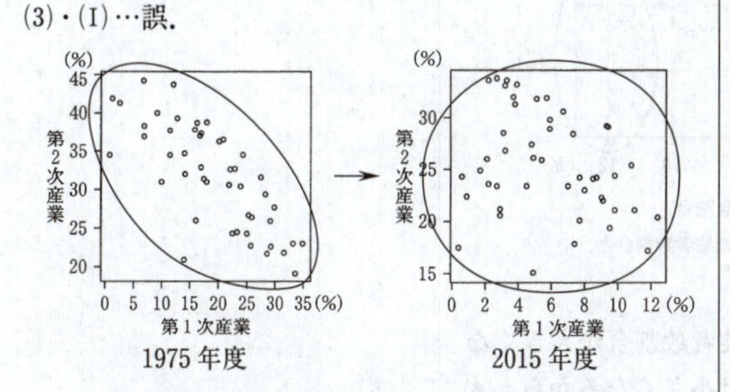

← 2つの変量の間に相関があるとき，散布図における点の分布の様子が1つの直線に接近しているほど相関が強いといい，散らばっているほど相関が弱いという.

これより，2015年度は1975年度を基準にすると，相関は弱くなっている.

都道府県別の第1次産業の就業者数割合と第2次産業の就業者数割合の間の相関は弱くなった.

・(II)…正.

・(III)…誤.

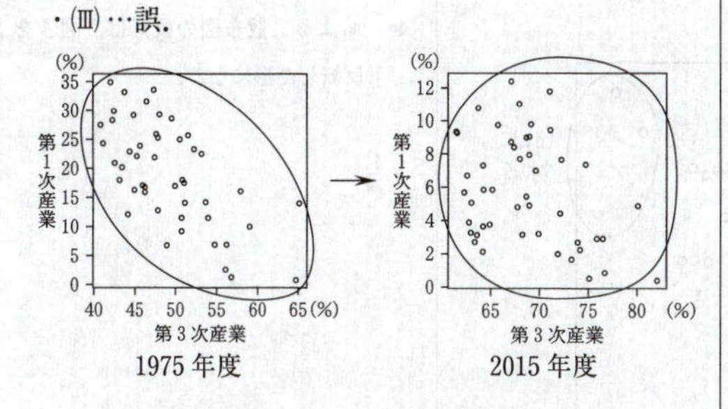

← 2015年度は1975年度を基準にすると，相関は弱くなっている.

都道府県別の第3次産業の就業者数割合と第1次産業の就業者数割合の間の相関は弱くなった.

よって，ト に当てはまるものは ⑤ である.

(4) 各都道府県の，男性の就業者数と女性の就業者数を合計すると就業者数の全体になることに注意すると，

$\begin{pmatrix}\text{男性の就業}\\\text{者数の割合}\end{pmatrix}+\begin{pmatrix}\text{女性の就業}\\\text{者数の割合}\end{pmatrix}=100\,(\%)\cdots(*)$

である．

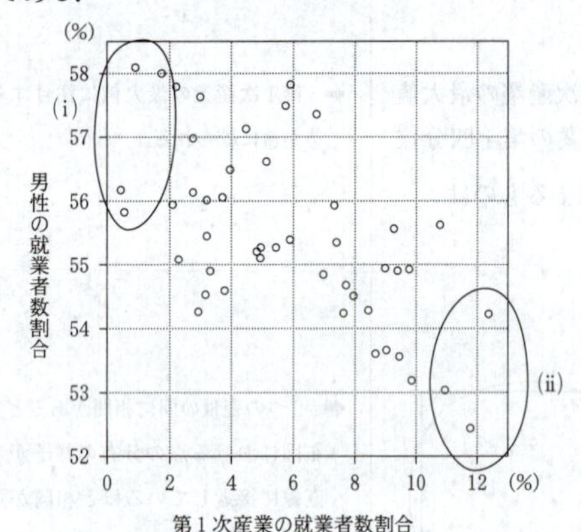

図4　都道府県別の，第1次産業の就業者数割合と，
男性の就業者数割合の散布図

図4より，第1次産業の就業者数割合が大きくなるほど，男性の就業者数割合は小さくなるから，(*)より，第1次産業の就業者数割合が大きくなるほど，女性の就業者数割合は大きくなっていく．このことと図4の2つの丸囲みと(*)に注意すると，第1次産業の就業者数割合(横軸)と，女性の就業者数割合(縦軸)の散布図は②になる．

← (*)より，散布図の概形は，図4を上下反転した形になる．

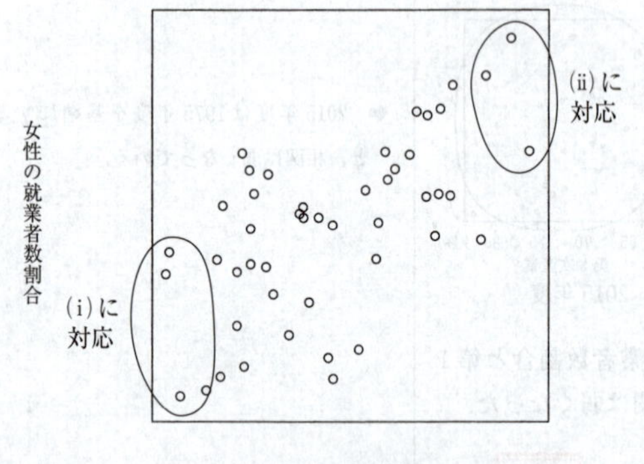

第1次産業の就業者数割合

よって，[ナ] に当てはまるものは [②] である．

第3問 場合の数・確率

(1)(i) 各箱で，くじを1本引いてはもとに戻す試行を3回繰り返す．

箱Aにおいて，3回中ちょうど1回当たる確率は，

$${}_3C_1\left(\frac{1}{2}\right)^1\left(1-\frac{1}{2}\right)^2=\frac{3}{8}, \quad \cdots ①$$

箱Bにおいて，3回中ちょうど1回当たる確率は，

$${}_3C_1\left(\frac{1}{3}\right)^1\left(1-\frac{1}{3}\right)^2=\frac{4}{9} \quad \cdots ②$$

である．

当たりくじを引くことを○，はずれくじを引くことを×で表すと，3回中ちょうど1回当たるのは次の場合がある．

1回目	2回目	3回目
○	×	×
×	○	×
×	×	○

反復試行の確率

1回の試行で事象Eが起こる確率をpとする．この試行をn回繰り返し行うとき，事象Eがちょうどr回起こる確率は，

$${}_nC_r p^r(1-p)^{n-r}.$$

(ii) A：箱Aが選ばれる事象，

B：箱Bが選ばれる事象，

W：3回中ちょうど1回当たる事象．

3回中ちょうど1回当たったとき，選んだ箱がAである条件付き確率$P_W(A)$は，

$$P_W(A)=\frac{P(A\cap W)}{P(W)}$$

$$=\frac{P(A\cap W)}{P(A\cap W)+P(B\cap W)}$$

$$=\frac{\frac{1}{2}\times\frac{3}{8}}{\frac{1}{2}\times\frac{3}{8}+\frac{1}{2}\times\frac{4}{9}}$$

$$=\frac{\frac{3}{8}}{\frac{3}{8}+\frac{4}{9}}$$

$$=\frac{27}{59}$$

となる．

条件付き確率

事象Eが起こったときの事象Fが起こる条件付き確率$P_E(F)$は，

$$P_E(F)=\frac{P(E\cap F)}{P(E)}.$$

また，条件付き確率$P_W(B)$は，

$$P_W(B)=1-P_W(A)$$

$$=1-\frac{27}{59}$$

$$=\frac{32}{59}$$

となる．

$P_W(A)+P_W(B)=1$ を利用した．

また，次のように求めてもよい．

$$P_W(B)=\frac{P(B\cap W)}{P(W)}$$

$$=\frac{P(B\cap W)}{P(A\cap W)+P(B\cap W)}$$

$$=\frac{\frac{1}{2}\times\frac{4}{9}}{\frac{1}{2}\times\frac{3}{8}+\frac{1}{2}\times\frac{4}{9}}$$

$$=\frac{\frac{4}{9}}{\frac{3}{8}+\frac{4}{9}}$$

$$=\frac{32}{59}.$$

(2)
$$\frac{P_W(A)}{P_W(B)}=\frac{\frac{27}{59}}{\frac{32}{59}}=\frac{27}{32}.$$

$$\frac{(\text{①の確率})}{(\text{②の確率})}=\frac{\frac{3}{8}}{\frac{4}{9}}=\frac{27}{32}$$

であるから,

事象(*)

$P_W(A)$ と $P_W(B)$ の比は, ① の確率と ② の確率の比に等しい.

よって, **ス** に当てはまるものは **③** である.

(注)　一般的に示すと次のようになる.

$$\frac{P_W(A)}{P_W(B)}=\frac{\frac{P(A\cap W)}{P(W)}}{\frac{P(B\cap W)}{P(W)}}$$

$$=\frac{P(A\cap W)}{P(B\cap W)}$$

$$=\frac{\frac{1}{2}\times(\text{①の確率})}{\frac{1}{2}\times(\text{②の確率})}$$

$$=\frac{(\text{①の確率})}{(\text{②の確率})}$$

となる.

(注終わり)

(3)　4つの事象 A, B, C, W を

A：箱Aが選ばれる事象,

B：箱Bが選ばれる事象,

C：箱Cが選ばれる事象,

W：3回中ちょうど1回当たる事象

とする.

箱Cにおいて, 3回中ちょうど1回当たる確率は,

$${}_3C_1\left(\frac{1}{4}\right)^1\left(1-\frac{1}{4}\right)^2=\frac{27}{64}\quad\cdots③$$

である.

3回中ちょうど1回当たったとき, 選んだ箱がAである条件付き確率 $P_W(A)$ は,

$$P_W(A)=\frac{P(A\cap W)}{P(W)}$$

$$=\frac{P(A\cap W)}{P(A\cap W)+P(B\cap W)+P(C\cap W)}$$

$$=\frac{\frac{1}{3}\times(①\text{の確率})}{\frac{1}{3}\times(①\text{の確率})+\frac{1}{3}\times(②\text{の確率})+\frac{1}{3}\times(③\text{の確率})}$$

$$=\frac{(①\text{の確率})}{(①\text{の確率})+(②\text{の確率})+(③\text{の確率})}$$

← 分母，分子にそれぞれ3を掛けた．

$$=\frac{\frac{3}{8}}{\frac{3}{8}+\frac{4}{9}+\frac{27}{64}}$$

$$=\frac{\frac{2^3\cdot3^3}{2^6\cdot3^2}}{\frac{2^3\cdot3^3+2^8+3^5}{2^6\cdot3^2}}=\frac{\boxed{216}}{\boxed{715}}$$

となる．

(4) 5つの事象 A，B，C，D，W を

A：箱Aが選ばれる事象，
B：箱Bが選ばれる事象，
C：箱Cが選ばれる事象，
D：箱Dが選ばれる事象，
W：3回中ちょうど1回当たる事象

とする．

箱Dにおいて，3回中ちょうど1回当たる確率は，

$${}_3C_1\left(\frac{1}{5}\right)^1\left(1-\frac{1}{5}\right)^2=\frac{48}{125}\quad\cdots④$$

である．

ここで，箱X（X＝A，B，C，D）が選ばれる事象を X とすると，3回中ちょうど1回当たったとき，選んだ箱がXである条件付き確率 $P_W(X)$ は，

$$P_W(X)=\frac{P(X\cap W)}{P(W)}$$

$$=\frac{P(X\cap W)}{P(A\cap W)+P(B\cap W)+P(C\cap W)+P(D\cap W)}$$

$$=\frac{(\text{箱Xにおいて，3回中ちょうど1回当たる確率})}{(①\text{の確率})+(②\text{の確率})+(③\text{の確率})+(④\text{の確率})}$$

← 分母，分子にそれぞれ4を掛けた．

となる．

これより，

(①の確率)＋(②の確率)＋(③の確率)＋(④の確率)＝Q

とおくと，

$$P_W(A)=\frac{(①\text{の確率})}{Q},$$

$$P_W(B)=\frac{(②\text{の確率})}{Q},$$

$$P_W(C)=\frac{(③\text{の確率})}{Q},$$

$$P_W(D)=\frac{(④\text{の確率})}{Q}$$

となるから，$P_W(A)$，$P_W(B)$，$P_W(C)$，$P_W(D)$ の大小と(① の確率)，(② の確率)，(③ の確率)，(④ の確率)の大小は一致する．

← 分母 Q は一定であるから，分子が大きいほど分数は大きくなる．

このことと，

$$(①\text{の確率})=\frac{3}{8}=0.375,$$

$$(②\text{の確率})=\frac{4}{9}=0.444\cdots,$$

$$(③\text{の確率})=\frac{27}{64}=0.4218\cdots,$$

$$(④\text{の確率})=\frac{48}{125}=0.384$$

より，

(② の確率) > (③ の確率) > (④ の確率) > (① の確率)

となるから，

$$P_W(B)>P_W(C)>P_W(D)>P_W(A)$$

である．

よって，どの箱からくじを引いた可能性が高いかを高い方から順に並べると，

B，C，D，A

となる．したがって，ト に当てはまるものは ⑧ である．

第4問 整数の性質

与えられた条件を表にまとめると次のようになる.

目	偶数 (2, 4, 6)	奇数 (1, 3, 5)
移動	反時計回りに 5個先の点に移動	時計回りに 3個先の点に移動

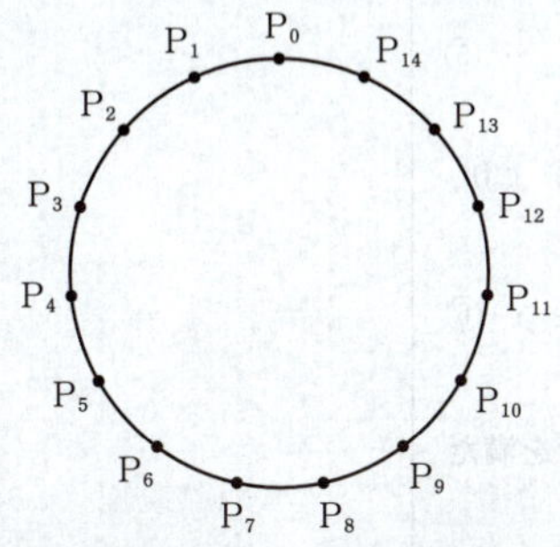

(1) さいころを5回投げて, 偶数の目および奇数の目が出た回数とそれに対応した石の位置は次の表のようになる.

偶数の目	0回	1回	2回	3回	4回	5回
奇数の目	5回	4回	3回	2回	1回	0回
石の位置	P_0	P_8	P_1	P_9	P_2	P_{10}

表より, さいころを5回投げて, 偶数の目が [2] 回, 奇数の目が [3] 回出れば, 点 P_0 にある石を点 P_1 に移動させることができる. このとき, $x=2$, $y=3$ は不定方程式 $5x-3y=1$ の整数解になっているから,

$$5\cdot2-3\cdot3=1 \qquad \cdots ⓪$$

が成り立つ.

(2)

$$5x-3y=8. \qquad \cdots ①$$

⓪の両辺に8を掛けると,

$$5(2\times8)-3(3\times8)=8 \qquad \cdots ②$$

である.

①−②より,

$$5(x-2\times8)-3(y-3\times8)=0$$

すなわち,

$$5(x-2\times8)=3(y-3\times8) \qquad \cdots ③$$

と変形できる.

5と3は互いに素より,

x と y についての不定方程式

$$ax+by=c$$

(a, b, c は整数の定数)

の整数解は, 一組の解

$$(x,\ y)=(x_0,\ y_0)$$

を用いて,

$$a(x-x_0)=b(y_0-y)$$

と変形し, 次の性質を用いて求める.

a と b が互いに素であるとき,

$$\begin{cases} x-x_0 \text{ は } b \text{ の倍数,} \\ y_0-y \text{ は } a \text{ の倍数} \end{cases}$$

である.

$$x-2\times 8 \text{ は } 3 \text{ の倍数}$$

であるから，c を整数として，

$$x-2\times 8=3c \quad \cdots ④$$

と表せる．④ を ③ に代入すると，

$$5\cdot 3c=3(y-3\times 8)$$

すなわち，

$$5c=y-3\times 8 \quad \cdots ⑤$$

と表せる．

よって，① のすべての整数解 x，y は，④，⑤ より，k を整数として，

$$x=2\times 8+\boxed{3}\,k,\quad y=3\times 8+\boxed{5}\,k \quad \cdots ⑥$$

と表される．

ここで，① の整数解 x，y の中で，$0\leqq y<5$ を満たす整数 k を求めると，

$$0\leqq 3\times 8+5k<5$$

すなわち，

$$\left(-5+\frac{1}{5}=\right)-\frac{24}{5}\leqq k<-\frac{19}{5}\left(=-4+\frac{1}{5}\right)$$

となるから，

$$k=-4$$

である．

よって，① の整数解 x，y の中で，$0\leqq y<5$ を満たすものは，$k=-4$ を ⑥ に代入して，

$$x=\boxed{4},\quad y=\boxed{4}$$

である．

これは，偶数の目が出る回数を x 回（x は 0 以上の整数），奇数の目が出る回数を y 回（$y=0$, 1, 2, 3, 4）とし，反時計回りを $+$，時計回りを $-$ と定めて，点 P_0 にある石を点 P_8 に移動させることができる x，y の値である．

したがって，$x+y=4+4=8$ より，さいころを $\boxed{8}$ 回投げて，偶数の目が 4 回，奇数の目が 4 回出れば，点 P_0 にある石を点 P_8 に移動させることができる．

(3)

> (*) 石を反時計回りまたは時計回りに 15 個先の点に移動させると元の点に戻る．

偶数の目が出る回数を x 回（x は 0 以上の整数），奇数の目が出る回数を y 回（y は 0 以上の整数）とすると，

(*)より，点P_0にある石を点P_8に移動させることができるx，yの値は，

$$(x,\ y)=(4+3m,\ 4+5n)$$

(mは-1以上の整数，nは0以上の整数) …⑦

である．

これより，さいころを投げる回数は，

$$x+y=(4+3m)+(4+5n)=3m+5n+8$$

であるから，8回より少ない回数だけ投げて，点P_0にある石を点P_8に移動させることができるのは，⑦より，

$$m=-1,\quad n=0$$

すなわち，

$$x=1,\quad y=4$$

のときである．

よって，偶数の目が 1 回，奇数の目が 4 回出れば，さいころを投げる回数が 5 回で，点P_0にある石を点P_8に移動させることができる．

← (*)に注意すると，

$(x,\ y)=(1,\ 4),\ (4,\ 4),\ (7,\ 4)$
$(10,\ 4),\ (13,\ 4),\ \cdots$

のようにxの値が3ずつ増えても石は点P_8に移動でき，また，

$(x,\ y)=(4,\ 4),\ (4,\ 9),\ (4,\ 14)$
$(4,\ 19),\ (4,\ 24),\ \cdots$

のようにyの値が5ずつ増えても石は点P_8に移動できる．

(4) 偶数の目が出る回数をx回(xは0以上の整数)，奇数の目が出る回数をy回(yは0以上の整数)とおく．

(*)より，$x\geqq 3$ または $y\geqq 5$ のとき，点P_0，P_1，P_2，…，P_{14}の中に，石が2回以上置かれる点が少なくとも1個存在する．ところで，いま，最小回数を考えるから，$x\leqq 2$ かつ $y\leqq 4$ のときの石が移動する点を調べてみると，次の表のようになる．

x \ y	0	1	2	3	4
0	P_0	P_{12}	P_9	P_6	P_3
1	P_5	P_2	P_{14}	P_{11}	P_8
2	P_{10}	P_7	P_4	P_1	P_{13}

表より，$x=0,\ 1,\ 2,\ y=0,\ 1,\ 2,\ 3,\ 4$のとき，点$P_0$にある石は，点$P_0$，$P_1$，$P_2$，…，$P_{14}$のすべての点に移動させることができる．

したがって，点P_1，P_2，…，P_{14}のうち，この最小回数が最も大きいのは点P_{13}であり，その最小回数は 6 回である．ゆえに，サ に当てはまるものは ③ である．

← $(x,\ y)=(2,\ 4)$ より，

$x+y=6$ (回)．

第5問　図形の性質

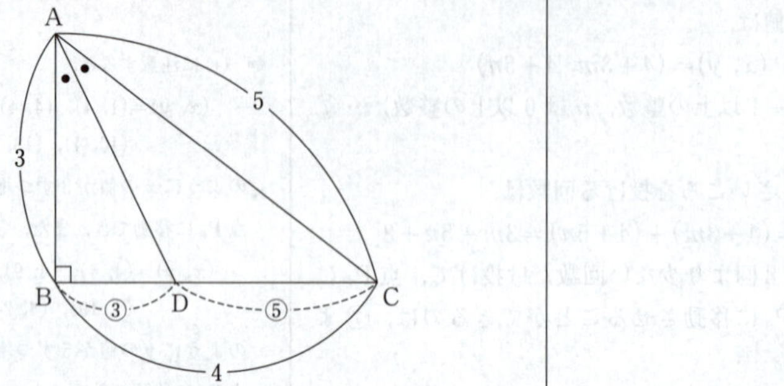

$3^2+4^2=5^2$，すなわち，$AB^2+BC^2=CA^2$ が成り立つから，

$$\angle ABC = 90°$$

である．

← 三平方の定理の逆を用いた．

また，角の二等分線の性質より，

$$BD : DC = AB : AC = 3 : 5$$

が成り立つから，

$$BD = \frac{3}{3+5}BC = \frac{3}{8}\cdot 4 = \frac{3}{2}$$

← 角の二等分線の性質

$a : b = m : n.$

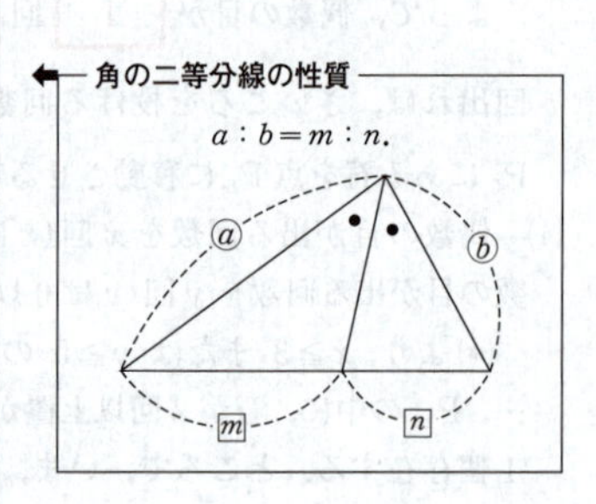

であり，直角三角形 ABD に三平方の定理を用いると，

$$AD = \sqrt{AB^2+BD^2}$$

$$= \sqrt{3^2+\left(\frac{3}{2}\right)^2}$$

$$= \frac{3\sqrt{5}}{2}$$

である．

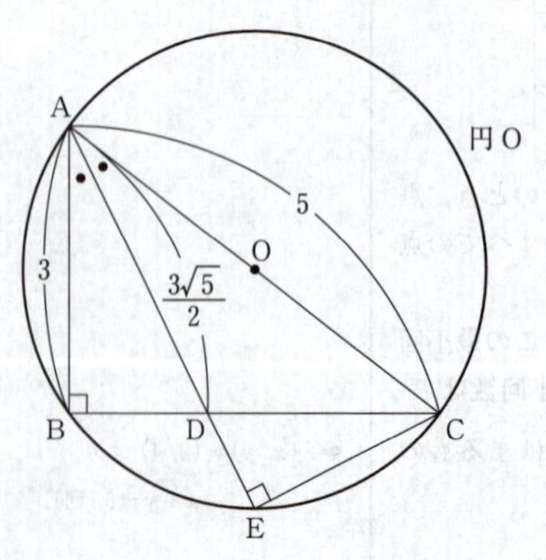

辺ACは△ABCの外接円Oの直径であるから，

$$\angle \mathrm{AEC}=90^\circ$$

である．

直角三角形AECに注目すると，

∠CAE＝∠CAD＝∠DAB であるから，

$$\triangle \mathrm{ABD} \backsim \triangle \mathrm{AEC}$$

である．これより，線分AEの長さは，

$$\mathrm{AB}:\mathrm{AD}=\mathrm{AE}:\mathrm{AC}$$

$$3:\frac{3\sqrt{5}}{2}=\mathrm{AE}:5$$

$$\frac{3\sqrt{5}}{2}\mathrm{AE}=15$$

$$\mathrm{AE}=\boxed{2}\sqrt{\boxed{5}}$$

である．

← 線分ADは∠BACの二等分線．

← ∠ABD＝∠AEC，∠DAB＝∠CAE より，2組の角がそれぞれ等しいので，△ABDと△AECは相似である．

← 次のように求めてもよい．

直角三角形AECに着目すると，

$$\begin{aligned}\mathrm{AE}&=\mathrm{AC}\cos\angle\mathrm{CAE}\\&=\mathrm{AC}\cos\angle\mathrm{DAB}\\&=\mathrm{AC}\cdot\frac{\mathrm{AB}}{\mathrm{AD}}\\&=5\cdot\frac{3}{\frac{3\sqrt{5}}{2}}\\&=5\cdot\frac{2}{\sqrt{5}}\ \text{①}\\&=2\sqrt{5}.\end{aligned}$$

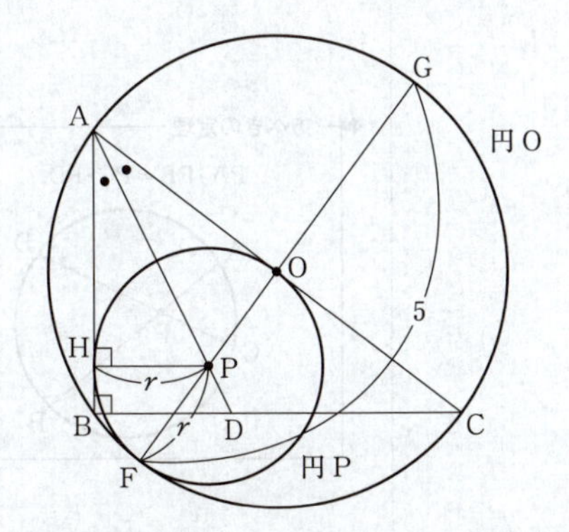

円Pは辺ABと辺ACの両方に接しているから，点Pは線分AD上にある．さらに，円Pは円Oに点Fで内接しているから，点Fで共通接線をもつので，点Oは直線FG上にあり，線分FGは円Oの直径である．円Pと辺ABとの接点をHとすると，

$$\triangle \mathrm{AHP} \backsim \triangle \mathrm{ABD}$$

である．

このことと PH＝r より，

$$\mathrm{AP}:\mathrm{PH}=\mathrm{AD}:\mathrm{DB}$$

$$\mathrm{AP}:r=\frac{3\sqrt{5}}{2}:\frac{3}{2}$$

$$\frac{3}{2}\mathrm{AP}=\frac{3\sqrt{5}}{2}r$$

$$\mathrm{AP}=\sqrt{\boxed{5}}\,r$$

次のように求めてもよい．

直角三角形AHPに着目すると，

$$\sin\angle\mathrm{PAH}=\frac{\mathrm{PH}}{\mathrm{AP}}$$

$$\sin\angle\mathrm{DAB}=\frac{\mathrm{PH}}{\mathrm{AP}}$$

$$\sqrt{1-\cos^2\angle\mathrm{DAB}}=\frac{\mathrm{PH}}{\mathrm{AP}}$$

$$\sqrt{1-\left(\frac{2}{\sqrt{5}}\right)^2}=\frac{r}{\mathrm{AP}}\quad(\text{①より})$$

$$\frac{1}{\sqrt{5}}=\frac{r}{\mathrm{AP}}\ \text{②}$$

$$\mathrm{AP}=\sqrt{5}\,r.$$

であり，PF$=r$ より，

$$\mathrm{PG}=\mathrm{FG}-\mathrm{PF}$$
$$=\boxed{5}-r$$

と表せる．

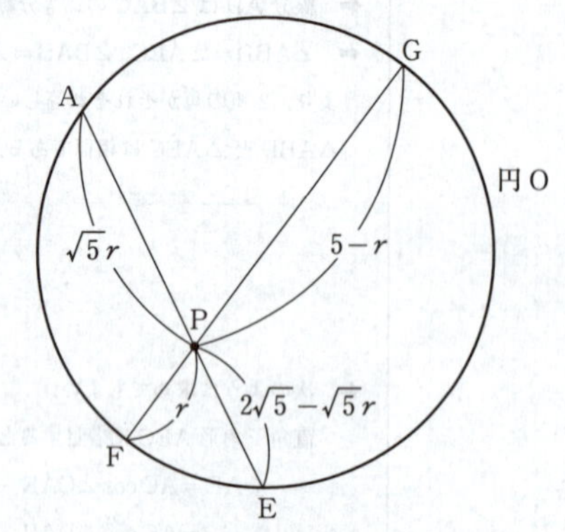

⬅ $\mathrm{PE}=\mathrm{AE}-\mathrm{AP}$
$=2\sqrt{5}-\sqrt{5}\,r.$

円Oに方べきの定理を用いると，

$$\mathrm{PA}\cdot\mathrm{PE}=\mathrm{PF}\cdot\mathrm{PG}$$
$$\sqrt{5}\,r(2\sqrt{5}-\sqrt{5}\,r)=r(5-r)$$
$$10r-5r^2=5r-r^2$$
$$r(4r-5)=0$$

であるから，$r>0$ より，

$$r=\frac{\boxed{5}}{\boxed{4}}$$

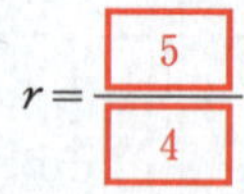

である．

⬅ **方べきの定理**

$\mathrm{PA}\cdot\mathrm{PB}=\mathrm{PC}\cdot\mathrm{PD}.$

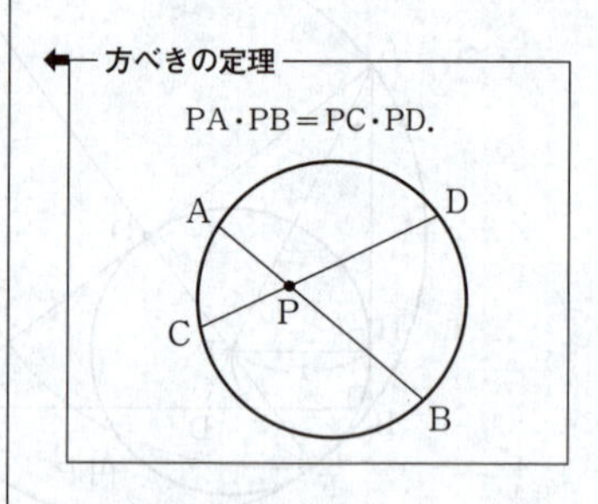

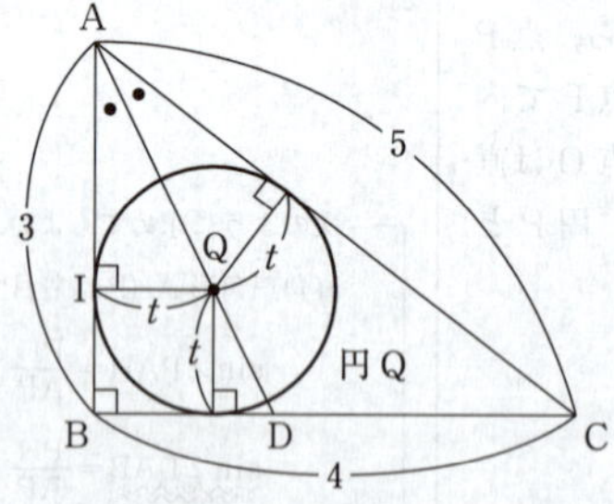

△ABCの内接円Qの半径を t とし，△ABCの面積に注目すると，内接円Qの半径は，

$$(\triangle\mathrm{ABC}=)\ \frac{1}{2}t(3+4+5)=\frac{1}{2}\cdot4\cdot3$$
$$(\mathrm{QI}=)\ t=\boxed{1}$$

である．

⬅ **内接円の半径と面積**

△ABCの内接円の半径を t とすると，

$$(\triangle\mathrm{ABC}\ \text{の面積})=\frac{1}{2}t(a+b+c).$$

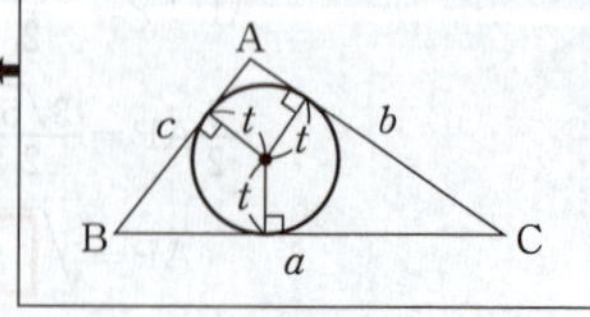

さらに，点Qは線分AD上にあるから，円Qと辺ABとの接点をIとすると，

$$\triangle AIQ \backsim \triangle ABD$$

である．これより，

$$AQ : QI = AD : DB$$

$$AQ : 1 = \frac{3\sqrt{5}}{2} : \frac{3}{2}$$

$$\frac{3}{2}AQ = \frac{3\sqrt{5}}{2}$$

$$AQ = \sqrt{\boxed{5}}$$

である．

← 次のように求めてもよい．
直角三角形AIQに着目すると，

$$\sin\angle QAI = \frac{QI}{AQ}$$

$$\sin\angle DAB = \frac{QI}{AQ}$$

$$\frac{1}{\sqrt{5}} = \frac{1}{AQ} \quad (② より)$$

$$AQ = \sqrt{5}.$$

また，線分AHの長さは，直角三角形AHPに三平方の定理を用いると，$r = \frac{5}{4}$ より，

$$\begin{aligned} AH &= \sqrt{AP^2 - PH^2} \\ &= \sqrt{(\sqrt{5}r)^2 - r^2} \\ &= \sqrt{4r^2} \\ &= 2r \quad (r > 0 より) \\ &= 2 \cdot \frac{5}{4} \\ &= \frac{\boxed{5}}{\boxed{2}} \end{aligned}$$

である．

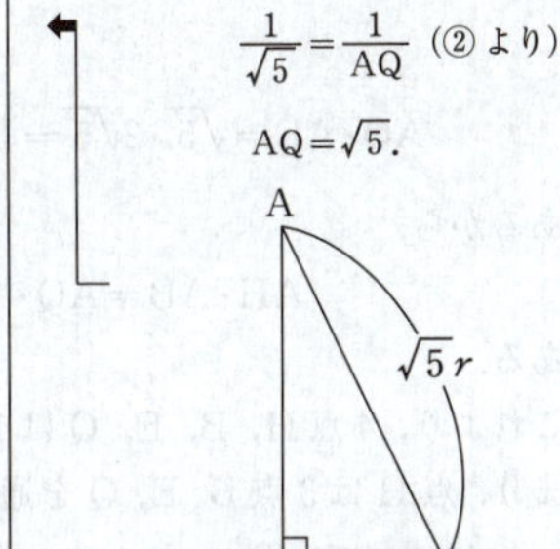

(a), (b)の正誤について，「方べきの定理の逆」が成り立つかどうかで調べる．

← **方べきの定理の逆**
2つの線分ABとCD，またはABの延長とCDの延長が点Pで交わるとき，PA・PB＝PC・PD が成り立つならば，4点A，B，C，Dは1つの円周上にある．

・(a)について．

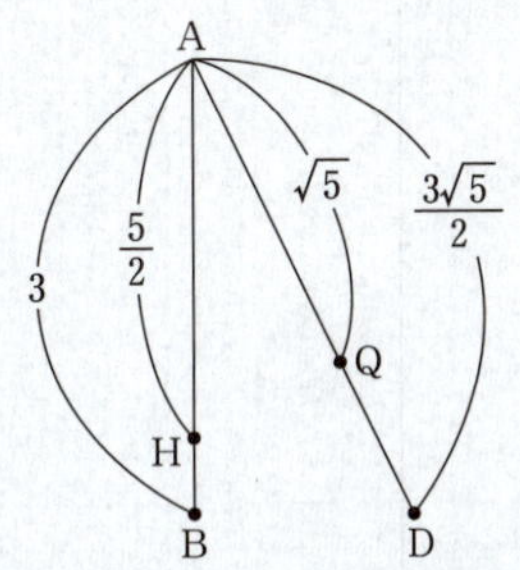

$$AH \cdot AB = \frac{5}{2} \cdot 3 = \frac{15}{2}, \quad AQ \cdot AD = \sqrt{5} \cdot \frac{3\sqrt{5}}{2} = \frac{15}{2}$$

であるから，

$$AH \cdot AB = AQ \cdot AD$$

が成り立つ.

これより，4点H，B，D，Qは1つの円周上にある，つまり，点Hは3点B，D，Qを通る円の周上にあるから，(a)は正しい.

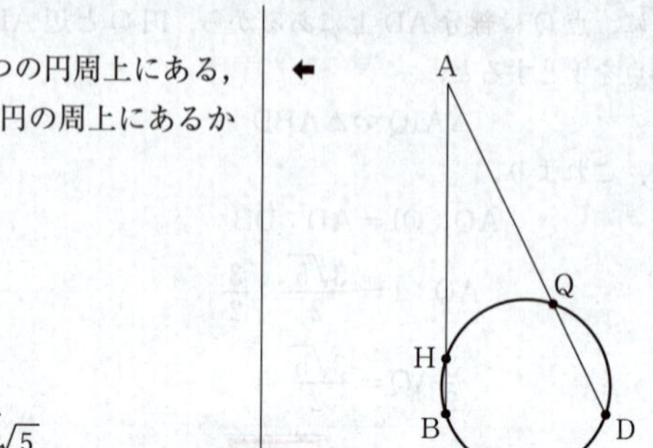

・(b)について.

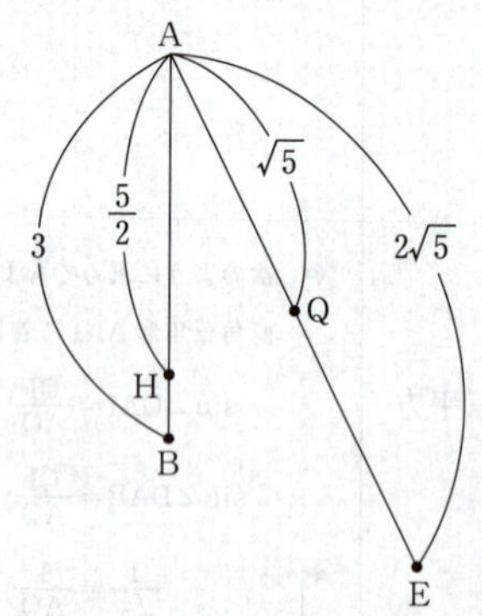

$$AQ\cdot AE=\sqrt{5}\cdot 2\sqrt{5}=10\left(\neq\frac{15}{2}\right)$$

であるから，

$$AH\cdot AB\neq AQ\cdot AE$$

である.

これより，4点H，B，E，Qは1つの円周上にない，つまり，点Hは3点B，E，Qを通る円の周上にないから，(b)は誤っている.

よって，**タ** に当てはまるものは **①** である.

数学Ⅱ・数学B

解答・採点基準

（100点満点）

問題番号(配点)	解答記号	正解	配点	自己採点
第1問 (30)	$\sin\frac{\pi}{ア}$	$\sin\frac{\pi}{3}$	2	
	イ	2	2	
	$\frac{\pi}{ウ}$, エ	$\frac{\pi}{6}$, 2	2	
	$\frac{\pi}{オ}$, カ	$\frac{\pi}{2}$, 1	1	
	キ	⑨	2	
	ク	①	1	
	ケ	③	1	
	コ, サ	①, ⑨	2	
	シ, ス	②, ①	2	
	セ	1	1	
	ソ	0	1	
	タ	0	1	
	チ	1	1	
	$\log_2(\sqrt{ツ}-テ)$	$\log_2(\sqrt{5}-2)$	2	
	ト	⓪	1	
	ナ	③	1	
	ニ	1	2	
	ヌ	2	2	
	ネ	①	3	
第1問 自己採点小計				

問題番号(配点)	解答記号	正解	配点	自己採点
第2問 (30)	ア	3	1	
	イx+ウ	$2x+3$	2	
	エ	④	2	
	オ	c	1	
	カx+キ	$bx+c$	2	
	$\frac{クケ}{コ}$	$\frac{-c}{b}$	1	
	$\frac{ac^{サ}}{シb^{ス}}$	$\frac{ac^3}{3b^3}$	4	
	セ	⓪	3	
	ソ	5	1	
	タx+チ	$3x+5$	2	
	ツ	d	1	
	テx+ト	$cx+d$	2	
	ナ	②	3	
	$\frac{ニヌ}{ネ}$, ノ	$\frac{-b}{a}$, 0	2	
	$\frac{ハヒフ}{ヘホ}$	$\frac{-2b}{3a}$	3	
第2問 自己採点小計				
第3問 (20)	ア	③	2	
	イウ	50	2	
	エ	5	2	
	オ	①	2	
	カ	②	1	
	キクケ	408	2	
	コサ.シ	58.8	2	
	ス	③	2	
	セ	③	1	
	ソ, タ	②, ④ (解答の順序は問わない)	4 (各2)	
第3問 自己採点小計				

問題番号(配点)	解答記号	正解	配点	自己採点
第4問 (20)	ア$+(n-1)p$	$3+(n-1)p$	1	
	イr^{n-1}	$3r^{n-1}$	1	
	ウ$a_{n+1}=r(a_n+$エ$)$	$2a_{n+1}=r(a_n+3)$	2	
	オ，カ，キ	2，6，6	2	
	ク	3	2	
	$\frac{ケ}{コ}n(n+サ)$	$\frac{3}{2}n(n+1)$	2	
	シ，ス	3，1	2	
	$\frac{セa_{n+1}}{a_n+ソ}c_n$	$\frac{4a_{n+1}}{a_n+3}c_n$	2	
	タ	②	2	
	$\frac{チ}{q}(d_n+u)$	$\frac{2}{q}(d_n+u)$	2	
	$q>$ツ	$q>2$	1	
	$u=$テ	$u=0$	1	
第4問　自己採点小計				
第5問 (20)	アイ	36	2	
	ウ	a	2	
	エ－オ	a－1	3	
	$\frac{カ+\sqrt{キ}}{ク}$	$\frac{3+\sqrt{5}}{2}$	2	
	$\frac{ケ-\sqrt{コ}}{サ}$	$\frac{1-\sqrt{5}}{4}$	3	
	シ	⑨	3	
	ス	⓪	3	
	セ	⓪	2	
第5問　自己採点小計				
自己採点合計				

(注)

第1問，第2問は必答。

第3問～第5問のうちから2問選択。計4問を解答。

第1問 三角関数，指数関数・対数関数

〔1〕

(1) 次の**問題A**について考える．

> **問題A** 関数 $y=\sin\theta+\sqrt{3}\cos\theta \left(0\leqq\theta\leqq\frac{\pi}{2}\right)$
> の最大値を求めよ．

$$\sin\frac{\pi}{\boxed{3}}=\frac{\sqrt{3}}{2},\quad \cos\frac{\pi}{3}=\frac{1}{2}$$

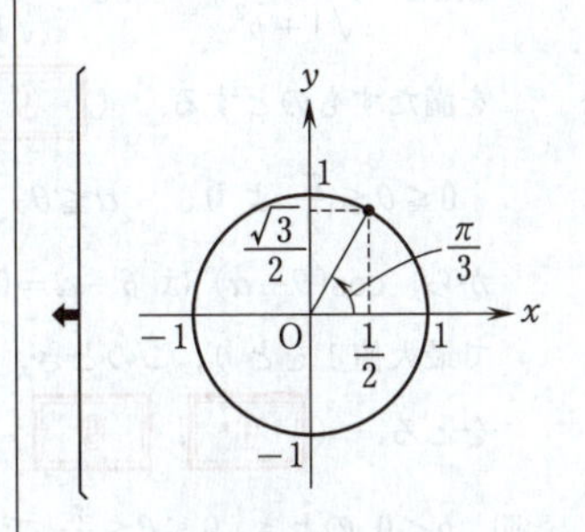

であるから，三角関数の合成により

$$\begin{aligned}y&=\sin\theta+\sqrt{3}\cos\theta\\&=2\left(\frac{1}{2}\sin\theta+\frac{\sqrt{3}}{2}\cos\theta\right)\\&=2\left(\cos\frac{\pi}{3}\sin\theta+\sin\frac{\pi}{3}\cos\theta\right)\\&=\boxed{2}\sin\left(\theta+\frac{\pi}{3}\right)\end{aligned}$$

と変形できる．$0\leqq\theta\leqq\frac{\pi}{2}$ より，$\frac{\pi}{3}\leqq\theta+\frac{\pi}{3}\leqq\frac{5\pi}{6}$

であるから，$\sin\left(\theta+\frac{\pi}{3}\right)$ は $\theta+\frac{\pi}{3}=\frac{\pi}{2}$，すなわち

$\theta=\frac{\pi}{\boxed{6}}$ で最大値1をとり，このとき，y は最大

値 $\boxed{2}$ をとる．

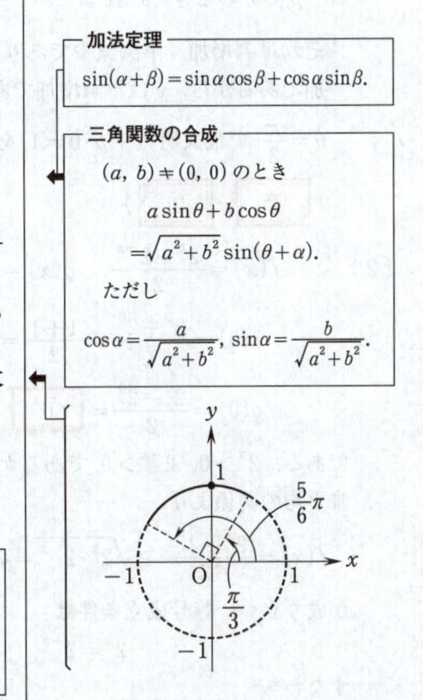

加法定理
$\sin(\alpha+\beta)=\sin\alpha\cos\beta+\cos\alpha\sin\beta$.
三角関数の合成
$(a, b)\neq(0, 0)$ のとき
$a\sin\theta+b\cos\theta$
$=\sqrt{a^2+b^2}\sin(\theta+\alpha)$.
ただし
$\cos\alpha=\frac{a}{\sqrt{a^2+b^2}}$, $\sin\alpha=\frac{b}{\sqrt{a^2+b^2}}$.
y
1
$\frac{5}{6}\pi$
x
−1
O
1
$\frac{\pi}{3}$
−1

(2) p を定数とし，次の**問題B**について考える．

> **問題B** 関数 $y=\sin\theta+p\cos\theta \left(0\leqq\theta\leqq\frac{\pi}{2}\right)$
> の最大値を求めよ．

(i) $p=0$ のとき，y は $y=\sin\theta$ となるから，

$\theta=\frac{\pi}{\boxed{2}}$ で最大値 $\boxed{1}$ をとる．

(ii) $p>0$ のときは，加法定理を用いると

$$\begin{aligned}y&=\sin\theta+p\cos\theta\\&=\sqrt{1+p^2}\left(\frac{1}{\sqrt{1+p^2}}\sin\theta+\frac{p}{\sqrt{1+p^2}}\cos\theta\right)\\&=\sqrt{1+p^2}(\sin\alpha\sin\theta+\cos\alpha\cos\theta)\end{aligned}$$

$=\sqrt{1+p^2}\cos(\theta-\alpha)$　（ ⑨ ）

と表すことができる．ただし，α は

$\sin\alpha=\dfrac{1}{\sqrt{1+p^2}}$，　$\cos\alpha=\dfrac{p}{\sqrt{1+p^2}}$，　$0<\alpha<\dfrac{\pi}{2}$

を満たすものとする．（ ,  ）

$0\leqq\theta\leqq\dfrac{\pi}{2}$ より，$-\alpha\leqq\theta-\alpha\leqq\dfrac{\pi}{2}-\alpha$ であるから，$\cos(\theta-\alpha)$ は $\theta-\alpha=0$，すなわち $\theta=\alpha$ で最大値1をとり，このとき，y は最大値 $\sqrt{1+p^2}$ をとる．（ ① ， ⑨ ）

(iii)　$p<0$ のとき，$0\leqq\theta\leqq\dfrac{\pi}{2}$ で $\sin\theta$，$\cos\theta$ はそれぞれ単調増加，単調減少であり，$p\cos\theta$ は単調増加であるから，y は単調増加である．よって，y は $\theta=\dfrac{\pi}{2}$ で最大値 $1+p\cdot 0=1$ をとる．

（ ② ， ① ）

加法定理

$\cos(\theta-\alpha)=\cos\theta\cos\alpha+\sin\theta\sin\alpha.$

← $p=\sqrt{3}$ のとき，$\alpha=\dfrac{\pi}{6}$.

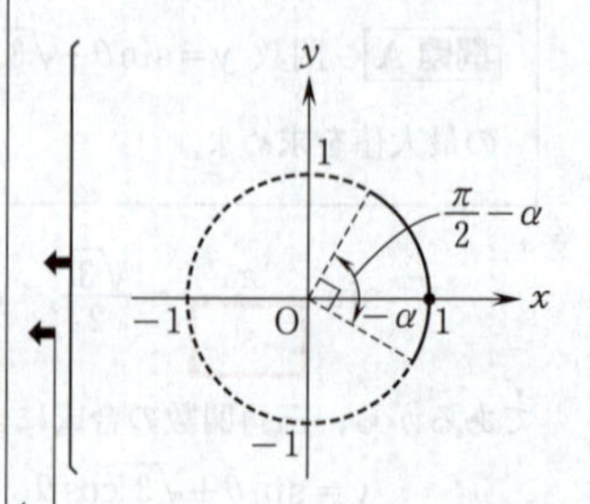

← $p=\sqrt{3}$ のとき，問題Aの答えと一致．

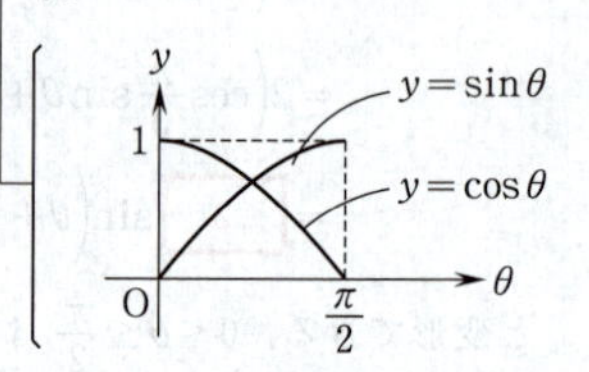

〔2〕　$f(x)=\dfrac{2^x+2^{-x}}{2}$，　$g(x)=\dfrac{2^x-2^{-x}}{2}$.

(1)　$f(0)=\dfrac{2^0+2^0}{2}=\dfrac{1+1}{2}=$ 1 ，

← $2^0=1$.

$g(0)=\dfrac{2^0-2^0}{2}=$ 0

である．$2^x>0$，$2^{-x}>0$ であるから，相加平均と相乗平均の関係より

$$f(x)=\frac{2^x+2^{-x}}{2}\geqq\sqrt{2^x\cdot 2^{-x}}=\sqrt{2^{x-x}}=\sqrt{2^0}=1$$

が成り立つ．等号成立条件は

$$2^x=2^{-x}$$

すなわち

$$x=-x$$

より

$$x=0$$

である．よって，$f(x)$ は $x=$ 0 で最小値 1 をとる．

相加平均と相乗平均の関係

$x>0$，$y>0$ のとき

$\dfrac{x+y}{2}\geqq\sqrt{xy}$

が成り立つ．等号成立条件は

$x=y$.

$2^x\cdot 2^{-x}=2^{x+(-x)}$.

$$g(x)=-2$$

すなわち

$$2^x-2^{-x}=-4$$

の両辺に 2^x をかけると

$$(2^x)^2-1=-4\cdot 2^x$$

となり，$X=2^x$ とおくと

$$X^2-1=-4X$$

すなわち

$$X^2+4X-1=0$$

となる．$X=2^x>0$ であるから，これを満たす実数 X は

$$X=-2+\sqrt{5}$$

である．よって

$$2^x=\sqrt{5}-2$$

であるから，$g(x)=-2$ となる x の値は

$$\log_2\left(\sqrt{\boxed{5}}-\boxed{2}\right)$$

である．

← $2^{-x}\cdot 2^x=2^{-x+x}=2^0=1.$

← 対数
$a>0$，$a\neq 1$，$M>0$ のとき
$a^x=M \iff x=\log_a M.$

(2) $f(-x)=\dfrac{2^{-x}+2^x}{2}=f(x)$ $\cdots$ ① （$\boxed{⓪}$）

$g(-x)=\dfrac{2^{-x}-2^x}{2}=-g(x)$ $\cdots$ ② （$\boxed{③}$）

$$\{f(x)\}^2-\{g(x)\}^2$$
$$=\left(\frac{2^x+2^{-x}}{2}\right)^2-\left(\frac{2^x-2^{-x}}{2}\right)^2$$
$$=\frac{(2^x)^2+(2^{-x})^2+2\cdot 2^x\cdot 2^{-x}}{4}-\frac{(2^x)^2+(2^{-x})^2-2\cdot 2^x\cdot 2^{-x}}{4}$$
$$=\frac{4\cdot 2^x\cdot 2^{-x}}{4}$$
$$=\boxed{1} \qquad \cdots ③$$

$$g(2x)=\frac{2^{2x}-2^{-2x}}{2}$$
$$=\frac{(2^x)^2-(2^{-x})^2}{2}$$
$$=\frac{(2^x+2^{-x})(2^x-2^{-x})}{2}$$
$$=2\cdot\frac{2^x+2^{-x}}{2}\cdot\frac{2^x-2^{-x}}{2}$$
$$=\boxed{2}\,f(x)g(x) \qquad \cdots ④$$

← $2^{2x}=(2^x)^2.$

(3) $\beta=0$ とすると，(A)〜(D) はそれぞれ

$$f(\alpha)=f(\alpha)g(0)+g(\alpha)f(0)$$
$$f(\alpha)=f(\alpha)f(0)+g(\alpha)g(0)$$
$$g(\alpha)=f(\alpha)f(0)+g(\alpha)g(0)$$

$$g(\alpha)=f(\alpha)g(0)-g(\alpha)f(0)$$

となる．$f(0)=1$, $g(0)=0$ を代入すると，これらはそれぞれ

$$f(\alpha)=g(\alpha)$$
$$f(\alpha)=f(\alpha)$$
$$g(\alpha)=f(\alpha)$$
$$g(\alpha)=-g(\alpha)$$

となるから，(B) 以外の三つは成り立たないことがわかる．（ ① ）

また

$$\begin{aligned}
&f(\alpha)f(\beta)+g(\alpha)g(\beta)\\
&=\frac{2^{\alpha}+2^{-\alpha}}{2}\cdot\frac{2^{\beta}+2^{-\beta}}{2}+\frac{2^{\alpha}-2^{-\alpha}}{2}\cdot\frac{2^{\beta}-2^{-\beta}}{2}\\
&=\frac{2^{\alpha}\cdot2^{\beta}+2^{-\alpha}\cdot2^{-\beta}+2^{\alpha}\cdot2^{-\beta}+2^{-\alpha}\cdot2^{\beta}}{4}\\
&\qquad+\frac{2^{\alpha}\cdot2^{\beta}+2^{-\alpha}\cdot2^{-\beta}-2^{\alpha}\cdot2^{-\beta}-2^{-\alpha}\cdot2^{\beta}}{4}\\
&=\frac{2^{\alpha}\cdot2^{\beta}+2^{-\alpha}\cdot2^{-\beta}}{2}\\
&=\frac{2^{\alpha+\beta}+2^{-(\alpha+\beta)}}{2}\\
&=f(\alpha+\beta)
\end{aligned}$$

より，(B) は成り立つ．

⬅ $2^{\alpha}\cdot2^{\beta}=2^{\alpha+\beta}$,　$2^{-\alpha}\cdot2^{-\beta}=2^{-\alpha-\beta}$.

第2問 微分法・積分法

(1) $y=3x^2+2x+3 \quad (y'=6x+2)$ …①

$y=2x^2+2x+3 \quad (y'=4x+2)$ …②

①, ② はいずれも $x=0$ のとき, $y=3$, $y'=2$ であるから, ①, ② の2次関数のグラフには次の**共通点**がある.

共通点

・y 軸との交点の y 座標は $\boxed{3}$ である.

・y 軸との交点 $(0, 3)$ における接線の方程式は

$$y=\boxed{2}x+\boxed{3}$$

である.

導関数

$(x^n)'=nx^{n-1}$ $(n=1, 2, 3, \cdots)$,

$(c)'=0$ (c は定数).

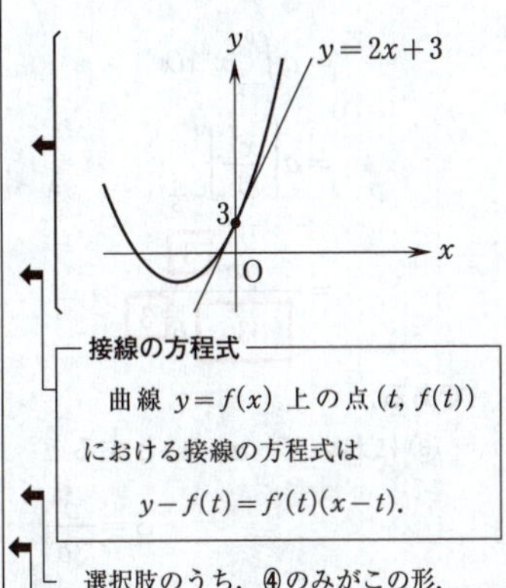

接線の方程式

曲線 $y=f(x)$ 上の点 $(t, f(t))$ における接線の方程式は

$y-f(t)=f'(t)(x-t)$.

a を0でない実数とすると, 2次関数

$$y=ax^2+2x+3 \quad (y'=2ax+2)$$

において, $x=0$ のとき, $y=3$, $y'=2$ であるから, y 軸との交点の y 座標は3であり, y 軸との交点 $(0, 3)$ における接線の方程式は $y=2x+3$ である.

(④)

選択肢のうち, ④のみがこの形.

選択肢のうち, ④のみがこの性質を満たす.

a, b, c を0でない実数とすると, 2次関数

$$y=ax^2+bx+c \quad (y'=2ax+b)$$

において, $x=0$ のとき, $y=c$, $y'=b$ であるから, 曲線 $y=ax^2+bx+c$ 上の点 $\left(0, \boxed{c}\right)$ における接線を ℓ とすると, その方程式は $y=\boxed{b}x+\boxed{c}$ である. この方程式において, $y=0$ とすることにより, 接線 ℓ と x 軸との交点の x 座標は $\dfrac{\boxed{-c}}{\boxed{b}}$ とわかる.

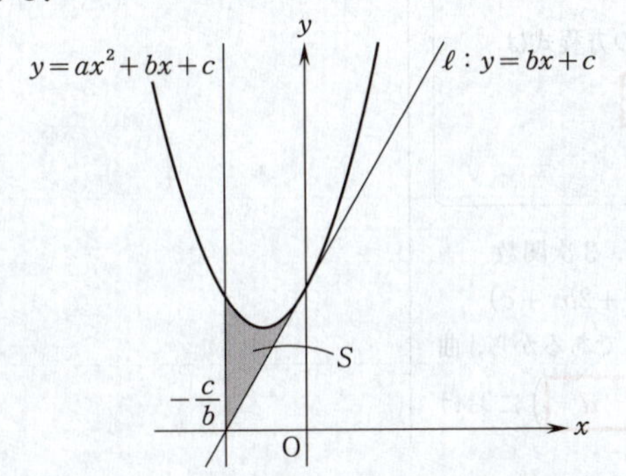

a, b, c が正の実数であるとき，曲線 $y=ax^2+bx+c$ と接線 ℓ および直線 $x=-\dfrac{c}{b}$ で囲まれた図形の面積 S は

$$S=\int_{-\frac{c}{b}}^{0}\{(ax^2+bx+c)-(bx+c)\}dx$$

$$=a\int_{-\frac{c}{b}}^{0}x^2dx$$

$$=a\left[\frac{x^3}{3}\right]_{-\frac{c}{b}}^{0}$$

$$=\frac{ac^{\boxed{3}}}{\boxed{3}\,b^{\boxed{3}}} \quad \cdots ③$$

である．

③において，$a=1$ とすると

$$S=\frac{c^3}{3b^3}$$

すなわち

$$c=\sqrt[3]{3S}\,b$$

が成り立つから，S の値が一定となるように正の実数 b, c の値を変化させるとき，b と c の関係を表すグラフの概形は $\boxed{⓪}$ である．

(2)　$y=4x^3+2x^2+3x+5 \quad (y'=12x^2+4x+3) \quad \cdots ④$

$y=-2x^3+7x^2+3x+5 \quad (y'=-6x^2+14x+3) \quad \cdots ⑤$

$y=5x^3-x^2+3x+5 \quad (y'=15x^2-2x+3) \quad \cdots ⑥$

④，⑤，⑥ はいずれも $x=0$ のとき，$y=5$, $y'=3$ であるから，④，⑤，⑥ の3次関数のグラフには次の**共通点**がある．

共通点

- y 軸との交点の y 座標は $\boxed{5}$ である．
- y 軸との交点 $(0,\ 5)$ における接線の方程式は

$$y=\boxed{3}\,x+\boxed{5}$$

である．

a, b, c, d を0でない実数とすると，3次関数

$$y=ax^3+bx^2+cx+d \quad (y'=3ax^2+2bx+c)$$

において，$x=0$ のとき，$y=d$, $y'=c$ であるから，曲線 $y=ax^3+bx^2+cx+d$ 上の点 $\left(0,\ \boxed{d}\right)$ におけ

面積

区間 $\alpha \leqq x \leqq \beta$ においてつねに $g(x) \leqq f(x)$ ならば2曲線 $y=f(x)$, $y=g(x)$ および直線 $x=\alpha$, $x=\beta$ で囲まれた部分の面積 S は

$$S=\int_{\alpha}^{\beta}\{f(x)-g(x)\}dx.$$

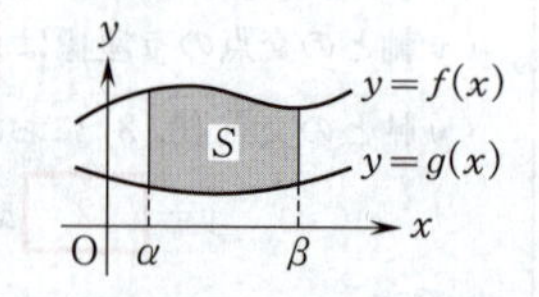

原始関数

$$\int x^n dx=\frac{1}{n+1}x^{n+1}+C$$

($n=0,\ 1,\ 2,\ \cdots$．C は積分定数)

であり，$f(x)$ の原始関数の一つを $F(x)$ とすると

$$\int_{\alpha}^{\beta}f(x)\,dx=\Big[F(x)\Big]_{\alpha}^{\beta}$$
$$=F(\beta)-F(\alpha).$$

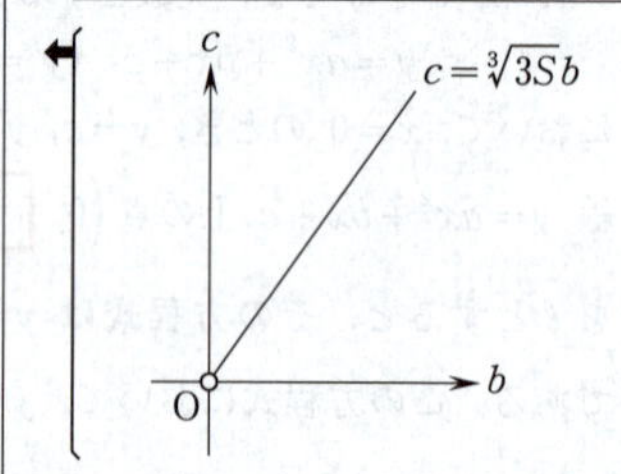

る接線の方程式は $y=$ $\boxed{c}$ $x+$ $\boxed{d}$ である.

$$f(x)=ax^3+bx^2+cx+d,\quad g(x)=cx+d$$

とし

$$\begin{aligned} h(x)&=f(x)-g(x) \\ &=(ax^3+bx^2+cx+d)-(cx+d) \\ &=ax^3+bx^2 \end{aligned}$$

とすると, a, b, c, d が正の実数のとき

$$h'(x)=3ax^2+2bx=3ax\left(x+\frac{2b}{3a}\right)$$

より, $h(x)$ の増減表は次のようになる.

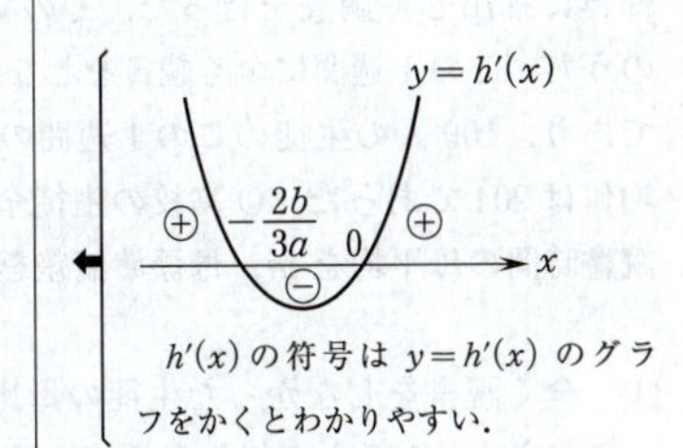

$h'(x)$ の符号は $y=h'(x)$ のグラフをかくとわかりやすい.

x	$\cdots$	$-\frac{2b}{3a}$	$\cdots$	0	$\cdots$
$h'(x)$	$+$	0	$-$	0	$+$
$h(x)$	↗		↘		↗

また

$$h(x)=0$$

すなわち

$$a\left(x+\frac{b}{a}\right)x^2=0$$

より, $y=h(x)$ のグラフと x 軸の共有点の x 座標は $-\frac{b}{a}$ と 0 である. 以上より, $y=h(x)$ のグラフの概形は $\boxed{②}$ である.

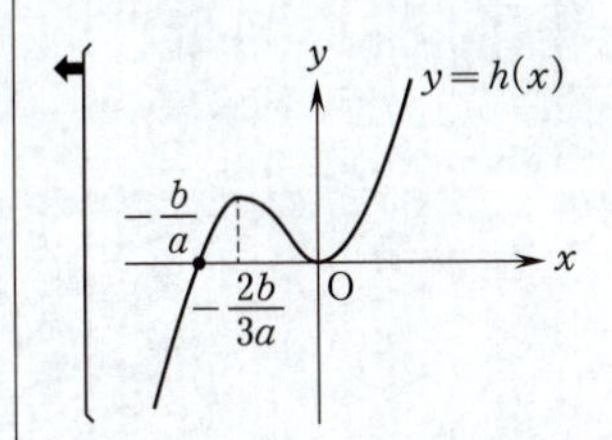

$y=f(x)$ のグラフと $y=g(x)$ のグラフの共有点の x 座標は

$$f(x)=g(x)$$

すなわち

$$h(x)=0$$

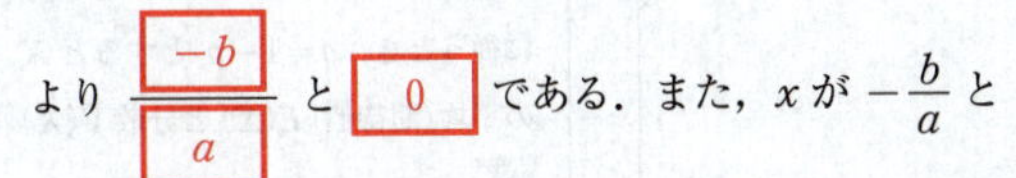

より $\dfrac{\boxed{-b}}{\boxed{a}}$ と $\boxed{0}$ である. また, x が $-\frac{b}{a}$ と 0 の間を動くとき, $|f(x)-g(x)|$, すなわち, $|h(x)|$ の値が最大となるのは, $x=\dfrac{\boxed{-2b}}{\boxed{3a}}$ のときである.

第3問　確率分布・統計的推測

Q高校の校長先生は，ある日，新聞で高校生の読書に関する記事を読んだ．そこで，Q高校の生徒全員を対象に，直前の1週間の読書時間に関して，100人の生徒を無作為に抽出して調査を行った．その結果，100人の生徒のうち，この1週間に全く読書をしなかった生徒が36人であり，100人の生徒のこの1週間の読書時間(分)の平均値は204であった．Q高校の生徒全員のこの1週間の読書時間の母平均を m，母標準偏差を150とする．

(1)　全く読書をしなかった生徒の母比率が0.5である．このとき，100人の無作為標本のうちで全く読書をしなかった生徒の数を表す確率変数を X とすると，X は二項分布 $B(100,\ 0.5)$ に従う．(③)また，X の平均(期待値)は $100\cdot 0.5=$ 50，標準偏差は $\sqrt{100\cdot 0.5\cdot 0.5}=\sqrt{25}=$ 5 である．

二項分布

n を自然数とする．

確率変数 X のとり得る値が

$0,\ 1,\ 2,\ \cdots,\ n$

であり，X の確率分布が

$$P(X=r)={}_n\mathrm{C}_r p^r(1-p)^{n-r}$$
$$(r=0,\ 1,\ 2,\ \cdots,\ n)$$

であるとき，X の確率分布を二項分布といい，$B(n,\ p)$ で表す．

平均(期待値)，分散

確率変数 X のとり得る値を

$x_1,\ x_2,\ \cdots,\ x_n$

とし，X がこれらの値をとる確率をそれぞれ

$p_1,\ p_2,\ \cdots,\ p_n$

とすると，X の平均(期待値) $E(X)$ は

$$E(X)=\sum_{k=1}^{n}x_kp_k.$$

また，X の分散 $V(X)$ は $E(X)=m$ として

$$V(X)=\sum_{k=1}^{n}(x_k-m)^2p_k$$

または

$$V(X)=E(X^2)-\{E(X)\}^2.$$

$\sqrt{V(X)}$ を X の標準偏差という．

二項分布の平均(期待値)，分散

確率変数 X が二項分布 $B(n,\ p)$ に従うとき，$q=1-p$ とすると X の平均(期待値) $E(X)$ と分散 $V(X)$ は

$$E(X)=np$$
$$V(X)=npq$$

である．

(2) 標本の大きさ100は十分に大きいので，100人のうち全く読書をしなかった生徒の数は近似的に正規分布に従う．

全く読書をしなかった生徒の母比率を0.5とするとき，全く読書をしなかった生徒が36人以下となる確率がp_5である．$Z=\dfrac{X-50}{5}$とすると，確率変数Zは標準正規分布$N(0,\ 1)$に従うと考えられるから，p_5の近似値を求めると

$$\begin{aligned} &P(X \leqq 36) \\ &=P\left(\frac{X-50}{5} \leqq \frac{36-50}{5}\right) \\ &=P(Z \leqq -2.8) \\ &=P(Z \geqq 2.8) \\ &=0.5-P(0 \leqq Z \leqq 2.8) \\ &=0.5-0.4974 \\ &=0.0026 \end{aligned}$$

より，$p_5=0.003$である．（ ① ）

また，全く読書をしなかった生徒の母比率を0.4とするとき，(1)と同様に考えると，Xの平均(期待値)は$100\cdot 0.4=40$，標準偏差は$\sqrt{100\cdot 0.4\cdot 0.6}=\sqrt{24}$であり

$$\frac{36-40}{\sqrt{24}}=-\frac{4}{\sqrt{24}} \geqq -\frac{14}{\sqrt{25}}=\frac{36-50}{5}\ (=-2.8)$$

であるから，全く読書をしなかった生徒が36人以下となる確率p_4は

$$p_4 > p_5$$

を満たす．（ ② ）

(3)
$$C_2=204+1.96\cdot\frac{150}{\sqrt{100}}=204+1.96\cdot 15$$
$$C_1=204-1.96\cdot\frac{150}{\sqrt{100}}=204-1.96\cdot 15$$

であるから

$$C_1+C_2=2\cdot 204=\boxed{408}$$
$$C_2-C_1=2\cdot 1.96\cdot 15=\boxed{58}.\boxed{8}$$

である．

また，母平均mに対する信頼度95%の信頼区間が$C_1 \leqq m \leqq C_2$であるとは，この区間にmの値が含まれることが，約95%の確からしさで期待できることであ

標準正規分布

平均0，標準偏差1の正規分布$N(0,\ 1)$を標準正規分布という．

正規分布表より

$P(0 \leqq Z \leqq 2.8)=0.4974.$

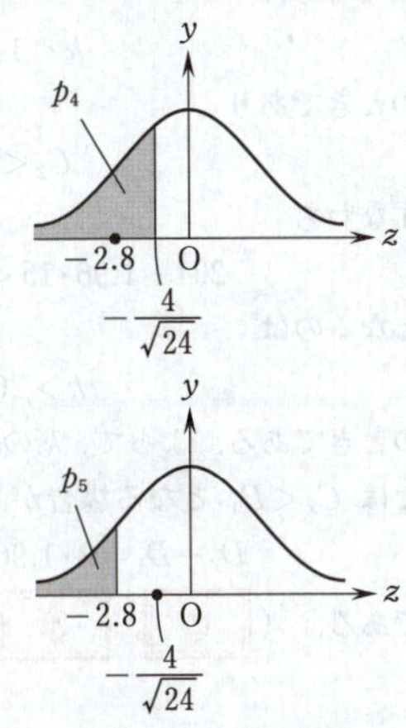

母平均の推定

標本平均を$\overline{X}$，母標準偏差をσとすると，標本の大きさnが大きいとき，母平均mに対する信頼度95%の信頼区間は

$$\left[\overline{X}-1.96\cdot\frac{\sigma}{\sqrt{n}},\ \overline{X}+1.96\cdot\frac{\sigma}{\sqrt{n}}\right].$$

る．よって，母平均 m と C_1，C_2 については，$C_1 \leqq m$ も $m \leqq C_2$ も成り立つとは限らない．（ ③ ）

(4) 図書委員会の調査における100人と校長先生の調査における100人は標本として一致するとは限らないから，n と36との大小はわからない．（ ③ ）

(5) (4)の図書委員会が行った調査結果において，1週間の読書時間の標本平均を k とすると

$$D_2 = k + 1.96 \cdot \frac{150}{\sqrt{100}} = k + 1.96 \cdot 15$$

$$D_1 = k - 1.96 \cdot \frac{150}{\sqrt{100}} = k - 1.96 \cdot 15$$

であるから

$$D_2 < C_1$$

すなわち

$$k + 1.96 \cdot 15 < 204 - 1.96 \cdot 15$$

となるのは

$$k < 145.2$$

のときであり

$$C_2 < D_1$$

すなわち

$$204 + 1.96 \cdot 15 < k - 1.96 \cdot 15$$

となるのは

$$k > 262.8$$

のときである．よって，k の値によっては，$D_2 < C_1$ または $C_2 < D_1$ となる場合がある．また

$$D_2 - D_1 = 2 \cdot 1.96 \cdot 15 = C_2 - C_1$$

である．（ ②，④ ）

← $k \neq 204$ のとき，$C_1 \neq D_1$ かつ $C_2 \neq D_2$．
$k = 204$ のとき，$C_1 = D_1$ かつ $C_2 = D_2$．

第4問　数列

$a_nb_{n+1}-2a_{n+1}b_n+3b_{n+1}=0 \quad (n=1,\ 2,\ 3,\ \cdots)$ …①

(1)　数列 $\{a_n\}$ は初項3，公差 $p\ (p \neq 0)$ の等差数列であり，数列 $\{b_n\}$ は初項3，公比 $r\ (r \neq 0)$ の等比数列であるから，自然数 n について，a_n，a_{n+1}，b_n はそれぞれ

$$a_n=\boxed{3}+(n-1)p \qquad \cdots ②$$

$$a_{n+1}=3+np \qquad \cdots ③$$

$$b_n=\boxed{3}\,r^{n-1}$$

と表される．$r \neq 0$ により，すべての自然数 n について，$b_n \neq 0$ となる．① の両辺を b_n で割ることにより

$$a_n\frac{b_{n+1}}{b_n}-2a_{n+1}+3\frac{b_{n+1}}{b_n}=0$$

を得る．$\dfrac{b_{n+1}}{b_n}=r$ であることから

$$a_nr-2a_{n+1}+3r=0$$

すなわち

$$\boxed{2}\,a_{n+1}=r\left(a_n+\boxed{3}\right) \qquad \cdots ④$$

が成り立つことがわかる．④ に ② と ③ を代入すると

$$2(3+np)=r\{3+(n-1)p+3\}$$

すなわち

$$\left(r-\boxed{2}\right)pn=r\left(p-\boxed{6}\right)+\boxed{6} \qquad \cdots ⑤$$

となる．⑤ がすべての n で成り立つことにより

$$(r-2)p=0 \qquad \cdots ⑧$$

$$r(p-6)+6=0 \qquad \cdots ⑨$$

が成り立つ．$p \neq 0$ より，⑧ から

$$r-2=0$$

すなわち

$$r=2$$

を得る．これと ⑨ より

$$p=\boxed{3}$$

を得る．よって

$$a_n=3+(n-1)\cdot 3=3n$$

$$b_n=3\cdot 2^{n-1}$$

である．以上から，すべての自然数 n について，a_n と b_n が正であることもわかる．

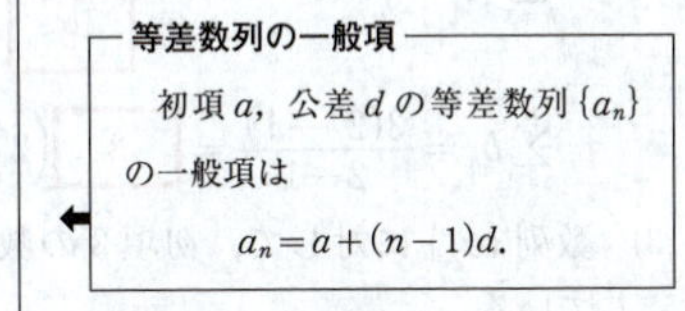

等比数列の一般項

初項 a，公比 r の等比数列 $\{a_n\}$ の一般項は

$$a_n=ar^{n-1}.$$

(2) $\{a_n\}$, $\{b_n\}$ の初項から第 n 項までの和は，それぞれ次の式で与えられる．

$$\sum_{k=1}^{n} a_k = \frac{1}{2}n(3+3n) = \frac{\boxed{3}}{\boxed{2}}n\left(n+\boxed{1}\right)$$

$$\sum_{k=1}^{n} b_k = \frac{3(2^n-1)}{2-1} = \boxed{3}\left(2^n-\boxed{1}\right)$$

等差数列の和

初項 a の等差数列 $\{a_n\}$ の初項から第 n 項までの和 S_n は

$$S_n = \frac{n}{2}(a+a_n).$$

等比数列の和

初項 a，公比 r，項数 n の等比数列の和 S_n は，$r \neq 1$ のとき

$$S_n = \frac{a(r^n-1)}{r-1}.$$

(3) 数列 $\{a_n\}$ に対して，初項3の数列 $\{c_n\}$ が次を満たしている．

$$a_n c_{n+1} - 4a_{n+1}c_n + 3c_{n+1} = 0 \quad (n=1,\ 2,\ 3,\ \cdots) \cdots ⑥$$

⑥ を変形すると

$$(a_n+3)c_{n+1} = 4a_{n+1}c_n$$

となる．a_n が正であることから，これは

$$c_{n+1} = \frac{\boxed{4}\,a_{n+1}}{a_n+\boxed{3}}c_n$$

と変形できる．これと $a_n = 3n$, $a_{n+1} = 3(n+1)$ より

$$c_{n+1} = \frac{4\cdot 3(n+1)}{3n+3}c_n$$

すなわち

$$c_{n+1} = 4c_n$$

が成り立つから，数列 $\{c_n\}$ は公比4の等比数列であることがわかる．（ ② ）

(4) q, u は定数で，$q \neq 0$ である．数列 $\{b_n\}$ に対して，初項3の数列 $\{d_n\}$ が次を満たしている．

$$d_n b_{n+1} - q d_{n+1} b_n + u b_{n+1} = 0 \quad (n=1,\ 2,\ 3,\ \cdots) \cdots ⑦$$

⑦ の両辺を b_n で割り，$\frac{b_{n+1}}{b_n} = 2$ を用いると

← $\frac{b_{n+1}}{b_n} = r$, $r=2$.

$$2d_n - q d_{n+1} + 2u = 0$$

となり，これを変形して

$$d_{n+1} = \frac{\boxed{2}}{q}(d_n+u)$$

を得る．したがって，数列 $\{d_n\}$ が，公比が0より大きく1より小さい等比数列となるための必要十分条件は

$$0 < \frac{2}{q} < 1 \quad かつ \quad u=0$$

← このとき，$d_{n+1} = \frac{2}{q}d_n \left(0 < \frac{2}{q} < 1\right)$.

すなわち

$$q > \boxed{2} \quad かつ \quad u = \boxed{0}$$

である．

第5問 空間ベクトル

(1) $\angle A_1C_1B_1 =$ **36** °，$\angle C_1A_1A_2 = 36°$ となることから，$\overrightarrow{A_1A_2}$ と $\overrightarrow{B_1C_1}$ は平行である．ゆえに

$$\overrightarrow{A_1A_2} = \boxed{a}\ \overrightarrow{B_1C_1}$$

であるから

$$\overrightarrow{B_1C_1} = \frac{1}{a}\overrightarrow{A_1A_2} = \frac{1}{a}(\overrightarrow{OA_2} - \overrightarrow{OA_1})$$

また，$\overrightarrow{OA_1}$ と $\overrightarrow{A_2B_1}$ は平行で，さらに，$\overrightarrow{OA_2}$ と $\overrightarrow{A_1C_1}$ も平行であることから

$$\begin{aligned}\overrightarrow{B_1C_1} &= \overrightarrow{B_1A_2} + \overrightarrow{A_2O} + \overrightarrow{OA_1} + \overrightarrow{A_1C_1}\\ &= -a\overrightarrow{OA_1} - \overrightarrow{OA_2} + \overrightarrow{OA_1} + a\overrightarrow{OA_2}\\ &= (\boxed{a} - \boxed{1})(\overrightarrow{OA_2} - \overrightarrow{OA_1})\end{aligned}$$

となる．したがって

$$\frac{1}{a} = a - 1$$

が成り立つ．両辺に a をかけると

$$1 = a^2 - a$$

すなわち

$$a^2 - a - 1 = 0 \quad (a^2 = a + 1) \qquad \cdots ①$$

である．$a > 0$ に注意してこれを解くと，$a = \dfrac{1+\sqrt{5}}{2}$

を得る．

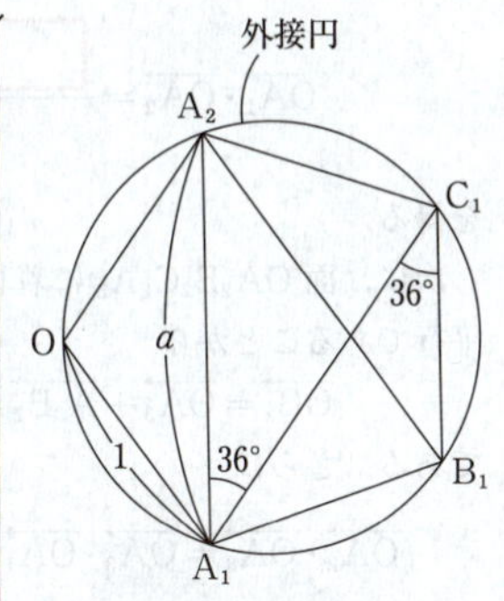

弧 A_1B_1 に対する中心角は

$\dfrac{360°}{5} = 72°$.

円周角 $\angle A_1C_1B_1$ は $\dfrac{72°}{2} = 36°$.

$\angle C_1A_1A_2$ についても同様．

(2) 面 $OA_1B_1C_1A_2$ に着目する．$\overrightarrow{OA_1}$ と $\overrightarrow{A_2B_1}$ が平行であることから

$$\overrightarrow{OB_1} = \overrightarrow{OA_2} + \overrightarrow{A_2B_1} = \overrightarrow{OA_2} + a\overrightarrow{OA_1}$$

である．また

$$\left|\overrightarrow{OA_2} - \overrightarrow{OA_1}\right|^2 = \left|\overrightarrow{A_1A_2}\right|^2 = a^2 = a + 1 = \frac{\boxed{3} + \sqrt{\boxed{5}}}{\boxed{2}}$$

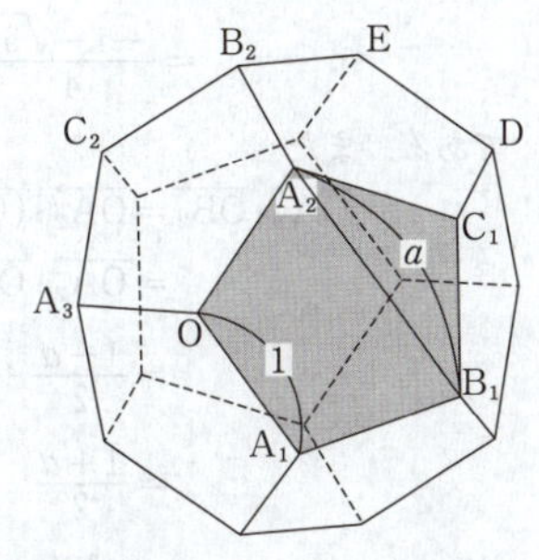

← ①を用いた．

より

$$\left|\overrightarrow{OA_2}\right|^2 + \left|\overrightarrow{OA_1}\right|^2 - 2\overrightarrow{OA_2}\cdot\overrightarrow{OA_1} = a + 1$$

であり，1辺の長さが1であることから

$$1^2 + 1^2 - 2\overrightarrow{OA_2}\cdot\overrightarrow{OA_1} = a + 1$$

である．これより

$$\overrightarrow{OA_1}\cdot\overrightarrow{OA_2} = \frac{1-a}{2}$$

すなわち

内積

$\vec{0}$ でない2つのベクトル $\vec{x}$ と $\vec{y}$ のなす角を $\theta\,(0° \leqq \theta \leqq 180°)$ とすると

$$\vec{x}\cdot\vec{y} = |\vec{x}||\vec{y}|\cos\theta.$$

特に

$$\vec{x}\cdot\vec{x} = |\vec{x}||\vec{x}|\cos 0° = |\vec{x}|^2.$$

$$\overrightarrow{OA_1}\cdot\overrightarrow{OA_2}=\frac{\boxed{1}-\sqrt{\boxed{5}}}{\boxed{4}}$$

を得る．

← $a=\frac{1+\sqrt{5}}{2}$．

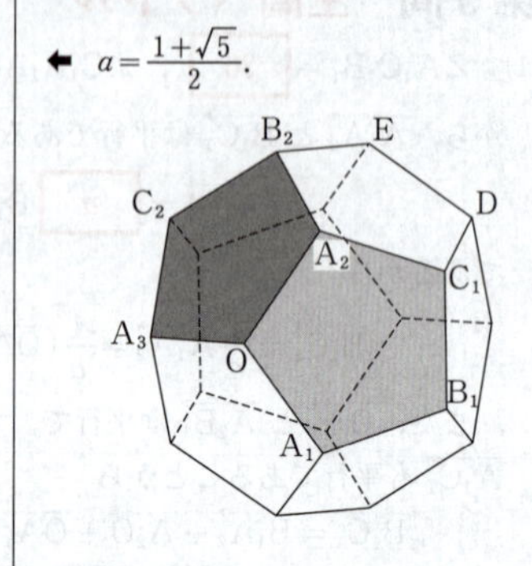

次に，面 $OA_2B_2C_2A_3$ に着目する．$\overrightarrow{OA_2}$ と $\overrightarrow{A_3B_2}$ が平行であることから

$$\overrightarrow{OB_2}=\overrightarrow{OA_3}+\overrightarrow{A_3B_2}=\overrightarrow{OA_3}+a\overrightarrow{OA_2}$$

である．さらに

$$\overrightarrow{OA_2}\cdot\overrightarrow{OA_3}=\overrightarrow{OA_3}\cdot\overrightarrow{OA_1}=\frac{1-a}{2}=\frac{1-\sqrt{5}}{4}$$

が成り立つことがわかる．ゆえに

$$\begin{aligned}\overrightarrow{OA_1}\cdot\overrightarrow{OB_2}&=\overrightarrow{OA_1}\cdot(\overrightarrow{OA_3}+a\overrightarrow{OA_2})\\&=\overrightarrow{OA_1}\cdot\overrightarrow{OA_3}+a\overrightarrow{OA_1}\cdot\overrightarrow{OA_2}\\&=\frac{1-a}{2}+a\cdot\frac{1-a}{2}\\&=\frac{1-a^2}{2}\\&=-\frac{a}{2}\qquad\cdots②\\&=\frac{-1-\sqrt{5}}{4}\quad(\boxed{⑨})\end{aligned}$$

← ①を用いた．

である．また

$$\begin{aligned}\overrightarrow{OA_2}\cdot\overrightarrow{OB_2}&=\overrightarrow{OA_2}\cdot(\overrightarrow{OA_3}+a\overrightarrow{OA_2})\\&=\overrightarrow{OA_2}\cdot\overrightarrow{OA_3}+a\left|\overrightarrow{OA_2}\right|^2\\&=\frac{1-a}{2}+a\cdot1^2\\&=\frac{1+a}{2}\\&=\frac{a^2}{2}\qquad\cdots③\end{aligned}$$

である．②，③より

$$\begin{aligned}&\overrightarrow{OB_1}\cdot\overrightarrow{OB_2}\\&=(\overrightarrow{OA_2}+a\overrightarrow{OA_1})\cdot\overrightarrow{OB_2}\\&=\overrightarrow{OA_2}\cdot\overrightarrow{OB_2}+a\overrightarrow{OA_1}\cdot\overrightarrow{OB_2}\\&=\frac{a^2}{2}+a\left(-\frac{a}{2}\right)\\&=0\quad(\boxed{⓪})\end{aligned}$$

である．よって，$\overrightarrow{OB_1}\perp\overrightarrow{OB_2}$ である．

最後に，面 $A_2C_1DEB_2$ に着目する．

$$\overrightarrow{B_2D}=a\overrightarrow{A_2C_1}=\overrightarrow{OB_1}$$

であることに注意すると，4点 O，B_1，D，B_2 は同一平面上にあり，$\overrightarrow{OB_1}\perp\overrightarrow{OB_2}$，$\left|\overrightarrow{OB_1}\right|=\left|\overrightarrow{OB_2}\right|=a$ であるから，四角形 OB_1DB_2 は正方形であることがわかる．

()

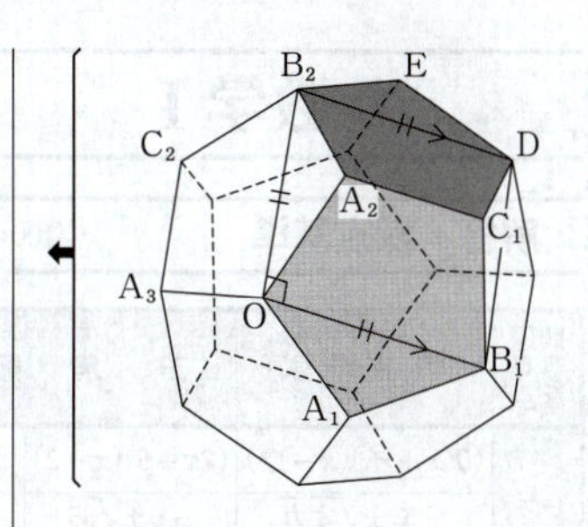

【③ の別解】

$$\overrightarrow{OA_2}\cdot\overrightarrow{OB_2}=\left|\overrightarrow{OA_2}\right|\left|\overrightarrow{OB_2}\right|\cos\angle A_2OB_2$$

$$=\left|\overrightarrow{OA_2}\right|\left|\overrightarrow{OB_2}\right|\cdot\frac{\frac{\left|\overrightarrow{OB_2}\right|}{2}}{\left|\overrightarrow{OA_2}\right|}$$

$$=\frac{\left|\overrightarrow{OB_2}\right|^2}{2}$$

$$=\frac{a^2}{2}.$$

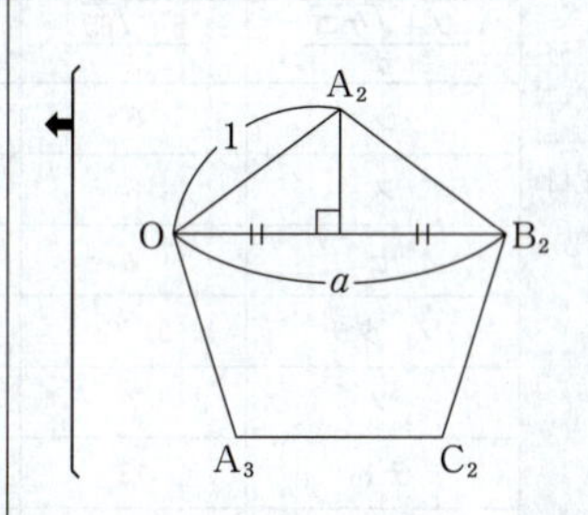

数学Ⅰ

解答・採点基準

（100点満点）

問題番号(配点)	解答記号	正解	配点	自己採点
第1問 (20)	(アx+イ)(x−ウ)	$(2x+5)(x-2)$	2	
	$\frac{-エ\pm\sqrt{オカ}}{キ}$	$\frac{-5\pm\sqrt{65}}{4}$	2	
	$\frac{ク+\sqrt{ケコ}}{サ}$	$\frac{5+\sqrt{65}}{2}$	2	
	シ	6	2	
	ス	3	2	
	セ	②	2	
	ソ，タチ	6，12	2	
	ツ	7	2	
	テト	13	2	
	ナ	⓪	2	
	第1問　自己採点小計			
第2問 (30)	$\frac{ア}{イ}$	$\frac{4}{5}$	2	
	ウエ	12	2	
	オカ	12	2	
	キク	25	3	
	ケ	②	1	
	コ	⓪	1	
	サ	①	1	
	シ	③	3	
	ス	①	3	
	セ	②	2	
	ソ	②	2	
	タ	⓪	2	
	チ	③	2	
	ツ	⓪	2	
	テ	③	2	
	第2問　自己採点小計			

問題番号(配点)	解答記号	正解	配点	自己採点
第3問 (30)	(ア，イ)	(1，3)	3	
	$k>$ウエ	$k>-3$	3	
	オ，カ	1，2	3	
	$\sqrt{キク(k+ケ)}$	$\sqrt{-2(k+3)}$	3	
	コサシ	−11	2	
	スセ	−3	1	
	ソ	②	3	
	タチ$x+\frac{ツテ}{5}$	$-2x+\frac{44}{5}$	3	
	ト.ナニ	2.00	2	
	ヌ.ネノ	2.20	3	
	ハ.ヒフ	4.40	2	
	ヘ	③	2	
	第3問　自己採点小計			
第4問 (20)	ア	③	1	
	イ	③	1	
	ウ	②	1	
	エ	⑤	1	
	オ	⑦	1	
	カとキ	①，③ (解答の順序は問わない)	4 (各2)	
	ク	①	2	
	ケ	④	3	
	コ	⑤	3	
	サ	②	3	
	第4問　自己採点小計			
	自己採点合計			

第１問　数と式，２次関数，集合と命題

〔１〕 数学Ⅰ・数学Aの**第１問**〔１〕の解答を参照.

〔２〕 U は全体集合で，A，B，C は U の部分集合である.

$$C=(A\cup B)\cap(\overline{A\cap B}).$$

(1)

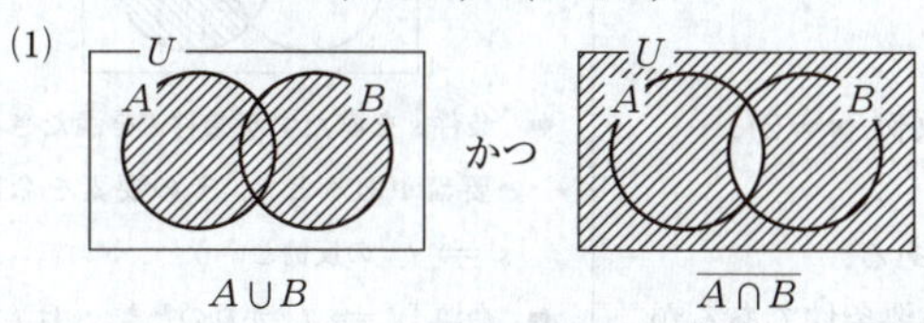

$A\cup B$　　　　$\overline{A\cap B}$

であるから，C は，次図の斜線部分である.

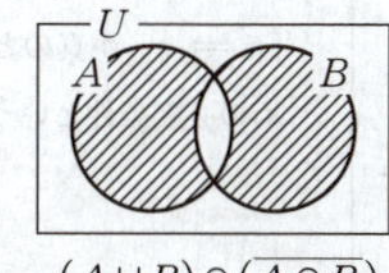

$(A\cup B)\cap(\overline{A\cap B})$

よって，セ に当てはまるものは ② である.

(2) $U=\{x\mid x$ は 15 以下の正の整数$\}$,
$A=\{x\mid x$ は 15 以下の正の整数で 3 の倍数$\}$,
$C=\{2,\ 3,\ 5,\ 7,\ 9,\ 11,\ 13,\ 15\}$

であるから,

$$A=\{3,\ 6,\ 9,\ 12,\ 15\},$$
$$\overline{C}=\{1,\ 4,\ 6,\ 8,\ 10,\ 12,\ 14\}$$

であり，$A\cap B=A\cap\overline{C}$ に注意すると次図を得る.

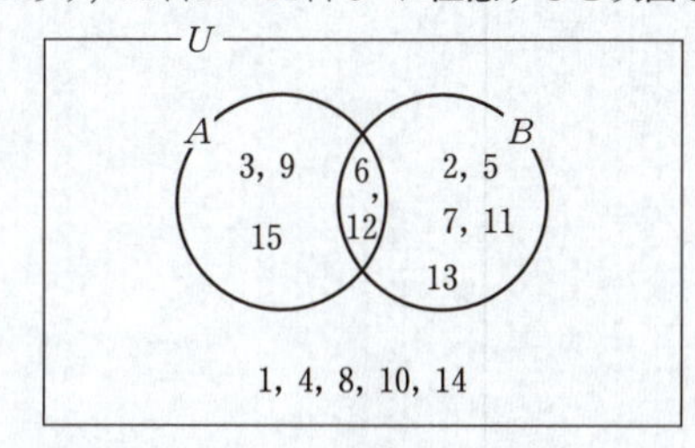

図より,

$$A\cap B=\{\boxed{6},\ \boxed{12}\}$$

である．また，B の要素は全部で 7 個あり，そのうち，最大のものは 13 である.

U の要素 x について，条件 p，q は,

⬅ $\overline{A\cap B}$ は $A\cap B$ の補集合である.

U は全体集合で，E は U の部分集合とする.

このとき，U の要素であって E の要素ではないもの全体の集合を E の補集合といい，$\overline{E}$ で表す.

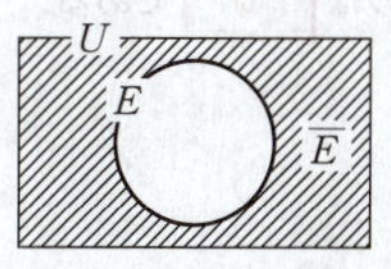

p：x は $\overline{A}\cap B$ の要素である

q：x は 5 以上かつ 15 以下の素数である．

q を満たす要素全体の集合を Q とすると，

$$\overline{A}\cap B=\{2,\ 5,\ 7,\ 11,\ 13\},$$
$$Q=\{5,\ 7,\ 11,\ 13\}$$

である．

$\overline{A}\cap B\not\subset Q$ より，

命題「$p \Longrightarrow q$」は偽である（反例 $x=2$）．

$Q\subset\overline{A}\cap B$ より，

命題「$q \Longrightarrow p$」は真である．

このとき，p は q であるための必要条件であるが，十分条件ではない．よって，ナ に当てはまるものは ⓪ である．

$\overline{A}\cap B$ は次図の斜線部分．

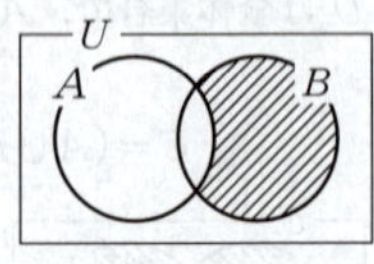

⬅ 条件 s を満たすが条件 t を満たさない要素があるとき，その要素を命題「$s \Longrightarrow t$」の反例という．

⬅ 命題「$s \Longrightarrow t$」が真のとき，s は t であるための十分条件といい，命題「$t \Longrightarrow s$」が真のとき，s は t であるための必要条件という．

第2問 図形と計量

(1)

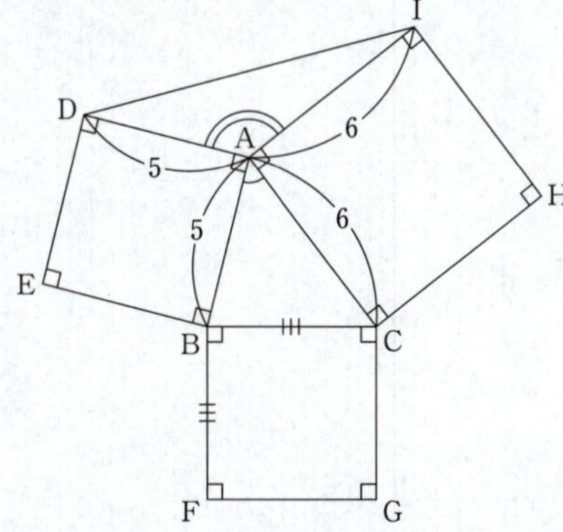

← $\cos A=\frac{3}{5}$.

$\angle \mathrm{DAI}=360°-90°-90°-A$

$=180°-A$.

$0°<A<180°$ より，$\sin A>0$ であるから，

$$\sin A=\sqrt{1-\cos^2 A}=\sqrt{1-\left(\frac{3}{5}\right)^2}=\frac{\boxed{4}}{\boxed{5}}$$

← $0°\leqq\theta\leqq180°$ のとき，$\sin\theta=\sqrt{1-\cos^2\theta}$.

であり，

$$(\triangle\mathrm{ABC}\text{ の面積})=\frac{1}{2}\mathrm{AB}\cdot\mathrm{AC}\sin A=\frac{1}{2}\cdot5\cdot6\cdot\frac{4}{5}=\boxed{12},$$

$$(\triangle\mathrm{AID}\text{ の面積})=\frac{1}{2}\mathrm{AD}\cdot\mathrm{AI}\sin(180°-A)=\frac{1}{2}\mathrm{AB}\cdot\mathrm{AC}\sin A=(\triangle\mathrm{ABC}\text{ の面積})=\boxed{12}$$

である．

三角形の面積

← $(\triangle\mathrm{ABC}\text{ の面積})=\frac{1}{2}bc\sin A$.

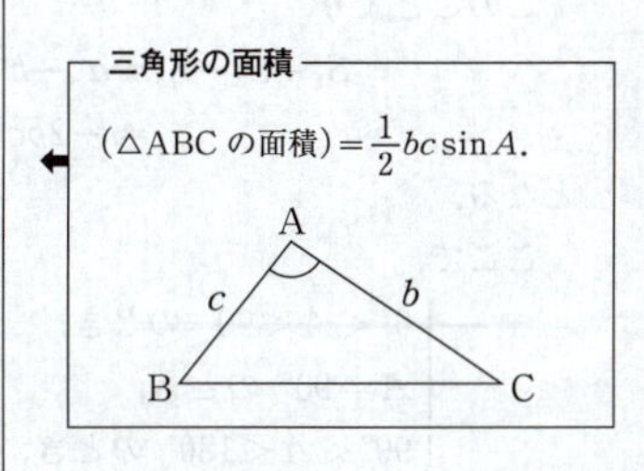

$180°-\theta$ の三角比

$\sin(180°-\theta)=\sin\theta$,

$\cos(180°-\theta)=-\cos\theta$,

$\tan(180°-\theta)=-\tan\theta$.

また，△ABC に余弦定理を用いると，

$$\mathrm{BC}^2=\mathrm{AB}^2+\mathrm{AC}^2-2\mathrm{AB}\cdot\mathrm{AC}\cos A=5^2+6^2-2\cdot5\cdot6\cdot\frac{3}{5}=25$$

であるから，

$$(\text{正方形 BFGC の面積})=\mathrm{BC}^2=\boxed{25}$$

余弦定理

← $a^2=b^2+c^2-2bc\cos A$,

$\cos A=\frac{b^2+c^2-a^2}{2bc}$.

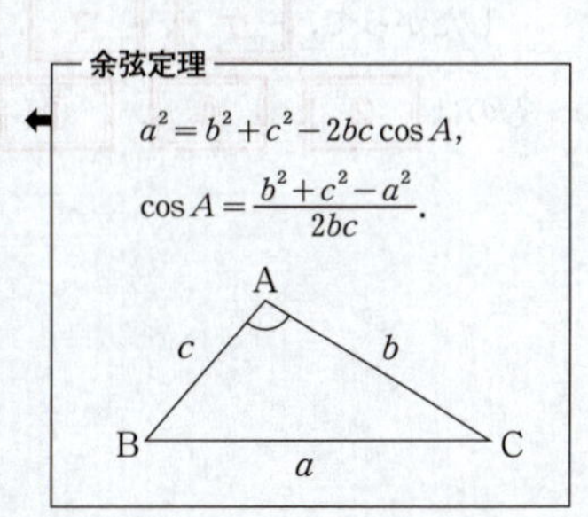

である．

(2)

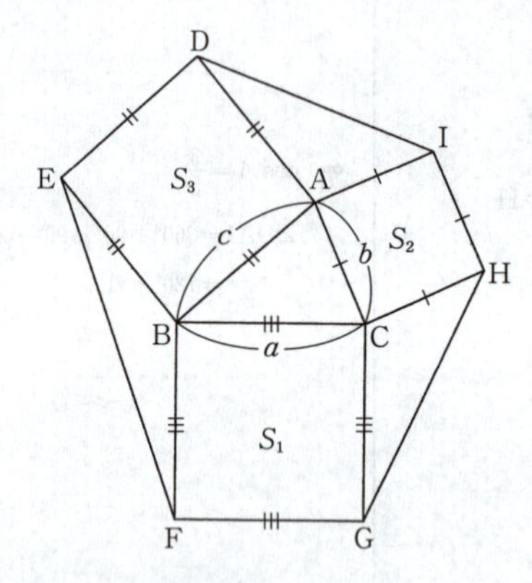

△ABC に余弦定理を用いると，

$$a^2=b^2+c^2-2bc\cos A$$

であるから，

$$a^2-b^2-c^2=-2bc\cos A$$

である．

このことより，

$$\begin{aligned}S_1-S_2-S_3&=a^2-b^2-c^2\\&=-2bc\cos A\end{aligned}$$

となる．

ここで，

$$\begin{cases}0^\circ<A<90^\circ \text{ のとき，} & \cos A>0,\\ A=90^\circ \text{ のとき，} & \cos A=0,\\ 90^\circ<A<180^\circ \text{ のとき，} & \cos A<0\end{cases}$$

であるから，$2bc>0$ より，$S_1-S_2-S_3$ は，

・$0^\circ<A<90^\circ$ のとき，　$S_1-S_2-S_3<0$（負の値である），

・$A=90^\circ$ のとき，　$S_1-S_2-S_3=0$（0 である），

・$90^\circ<A<180^\circ$ のとき，$S_1-S_2-S_3>0$（正の値である）

となる．

したがって，ケ，コ，サ に当てはまるものは ②，⓪，① である．

(3)

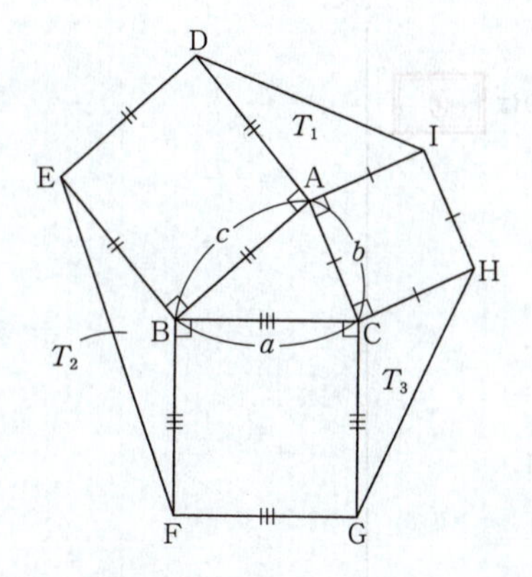

△ABC の面積を T とすると，

$T_1=\frac{1}{2}\mathrm{AD}\cdot\mathrm{AI}\sin(180^\circ-A)=\frac{1}{2}bc\sin A=T$,

$T_2=\frac{1}{2}\mathrm{BE}\cdot\mathrm{BF}\sin(180^\circ-B)=\frac{1}{2}ca\sin B=T$,

⬅ $\angle\mathrm{EBF}=360^\circ-90^\circ-90^\circ-B$
$=180^\circ-B$.

$T_3=\frac{1}{2}\mathrm{CG}\cdot\mathrm{CH}\sin(180^\circ-C)=\frac{1}{2}ab\sin C=T$

⬅ $\angle\mathrm{GCH}=360^\circ-90^\circ-90^\circ-C$
$=180^\circ-C$.

であるから，

a，b，c の値に関係なく，$T_1=T_2=T_3\,(=T)$ …①

である．よって，シ に当てはまるものは ③

である．

(4)

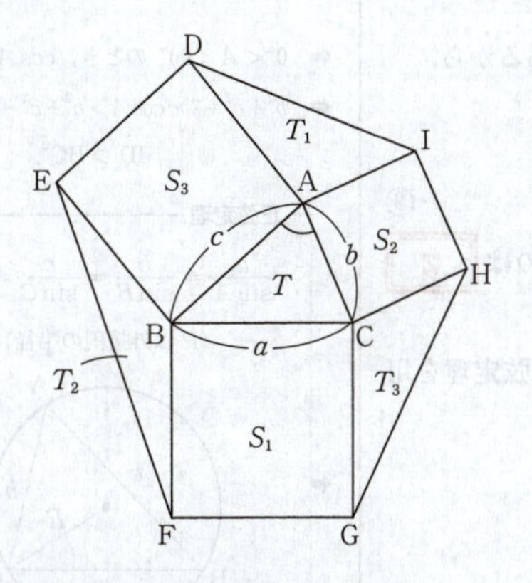

六角形 DEFGHI の面積を U とすると，

$U=S_1+S_2+S_3+T_1+T_2+T_3+T$

$=a^2+b^2+c^2+4T$ （①より）

$=(b^2+c^2-2bc\cos A)+b^2+c^2+4\left(\frac{1}{2}bc\sin A\right)$

⬅ △ABC に余弦定理を用いると，
$a^2=b^2+c^2-2bc\cos A$.
△ABC の面積 T は，
$T=\frac{1}{2}bc\sin A$.

$=2b^2+2c^2-2bc\cos A+2bc\sin A$

$=2\{b^2+c^2+bc(\sin A-\cos A)\}$

と表せる．よって，**ス** に当てはまるものは **①** である．

(5)

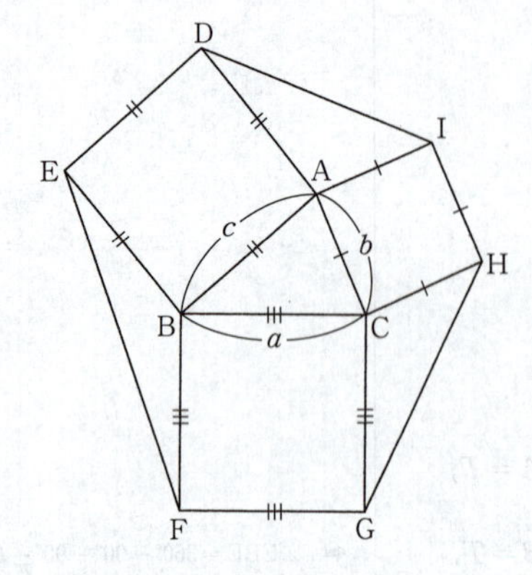

$\triangle$ABC，$\triangle$AID，$\triangle$BEF，$\triangle$CGH の外接円の半径をそれぞれ R，R_1，R_2，R_3 とする．

$\triangle$ABC と $\triangle$AID にそれぞれ余弦定理を用いると，

$$BC^2=b^2+c^2-2bc\cos A,$$
$$ID^2=b^2+c^2-2bc\cos(180°-A)$$
$$=b^2+c^2+2bc\cos A$$

である．

$0°<A<90°$ のとき，$2bc\cos A>0$ であるから，

$$ID^2>BC^2$$

すなわち，

$$ID>BC \quad \cdots ②$$

である．よって，**セ** に当てはまるものは **②** である．

さらに，$\triangle$ABC と $\triangle$AID にそれぞれ正弦定理を用いると，

$$2R=\frac{BC}{\sin A},$$

$$2R_1=\frac{ID}{\sin(180°-A)}=\frac{ID}{\sin A}$$

である．

これらと②より，

$$2R_1>2R$$

すなわち，

$$R_1>R \quad \cdots ③$$

← $0°<A<90°$ のとき，$\cos A>0$.

← $b^2+c^2+2bc\cos A>b^2+c^2-2bc\cos A$
$ID^2>BC^2$.

正弦定理

$$\frac{a}{\sin A}=\frac{b}{\sin B}=\frac{c}{\sin C}=2R.$$

（R は外接円の半径）

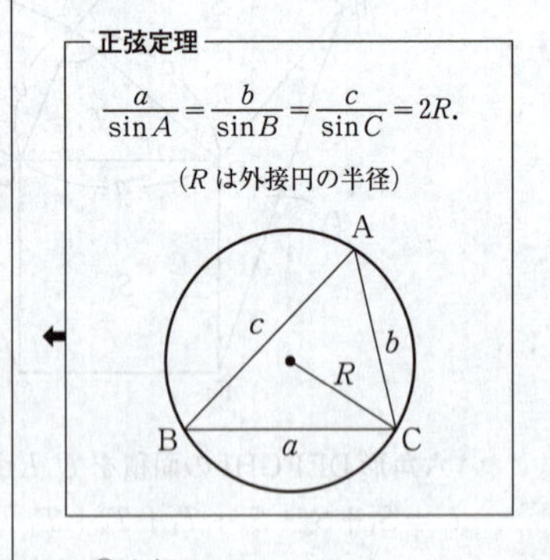

← ②より，

$$\frac{ID}{\sin A}>\frac{BC}{\sin A}$$
$$2R_1>2R.$$

である．よって， ソ に当てはまるものは ② である．

・$0^\circ < A < B < C < 90^\circ$ のときを調べる．

R_2 と R，R_3 と R の大小関係を求める．

$0^\circ < B < 90^\circ$，$0^\circ < C < 90^\circ$ より，余弦定理を用いて同様に考えると，

$$\begin{cases} EF^2 > CA^2, \\ GH^2 > AB^2 \end{cases} \quad \text{すなわち} \quad \begin{cases} EF > CA, & \cdots ④ \\ GH > AB & \cdots ⑤ \end{cases}$$

となり，このことと正弦定理とから，同様に考えると，

$$\begin{cases} 2R_2 > 2R, \\ 2R_3 > 2R \end{cases} \quad \text{すなわち} \quad \begin{cases} R_2 > R, & \cdots ⑥ \\ R_3 > R & \cdots ⑦ \end{cases}$$

である．

よって，③，⑥，⑦より，外接円の半径が最も小さい三角形は，

$$\triangle ABC$$

である．したがって， タ に当てはまるものは ⓪ である．

・$0^\circ < A < B < 90^\circ < C$ のときを調べる．

$0^\circ < A < 90^\circ$，$0^\circ < B < 90^\circ$ より，③，⑥，すなわち，

$$R_1 > R, \quad R_2 > R \qquad \cdots ⑧$$

が成り立つ．

ここで，△ABC と △CGH にそれぞれ余弦定理を用いると，

$$AB^2 = a^2 + b^2 - 2ab\cos C,$$
$$GH^2 = a^2 + b^2 - 2ab\cos(180^\circ - C)$$
$$= a^2 + b^2 + 2ab\cos C$$

である．

$90^\circ < C\ (< 180^\circ)$ のとき，$2ab\cos C < 0$ であるから，

$$AB^2 > GH^2$$

すなわち，

$$AB > GH \qquad \cdots ⑨$$

である．

さらに，△ABC と △CGH にそれぞれ正弦定理を用いると，

△ABC と △BEF にそれぞれ余弦定理を用いると，

$$CA^2 = c^2 + a^2 - 2ca\cos B,$$
$$EF^2 = c^2 + a^2 + 2ca\cos B.$$

△ABC と △CGH にそれぞれ余弦定理を用いると，

$$AB^2 = a^2 + b^2 - 2ab\cos C,$$
$$GH^2 = a^2 + b^2 + 2ab\cos C.$$

△ABC と △BEF にそれぞれ正弦定理を用いると，

$$2R = \frac{CA}{\sin B}, \quad 2R_2 = \frac{EF}{\sin B}.$$

△ABC と △CGH にそれぞれ正弦定理を用いると，

$$2R = \frac{AB}{\sin C}, \quad 2R_3 = \frac{GH}{\sin C}.$$

$90^\circ < C < 180^\circ$ のとき，$\cos C < 0$.

$$a^2 + b^2 - \underbrace{2ab\cos C}_{\ominus} > a^2 + b^2 + \underbrace{2ab\cos C}_{\ominus}$$

$$AB^2 > GH^2.$$

$$2R=\frac{\mathrm{AB}}{\sin C},$$

$$2R_3=\frac{\mathrm{GH}}{\sin(180^\circ-C)}=\frac{\mathrm{GH}}{\sin C}$$

である．

これらと⑨より，

$$2R>2R_3$$

すなわち，

$$R>R_3 \quad \cdots ⑩$$

である．

よって，⑧，⑩より，外接円の半径が最も小さい三角形は，

$$\triangle\mathrm{CGH}$$

である．したがって，**チ** に当てはまるものは **③** である．

← ⑨より，

$$\frac{\mathrm{AB}}{\sin C}>\frac{\mathrm{GH}}{\sin C}$$

$$2R>2R_3.$$

(6)　△ABC，△AID，△BEF，△CGH の内接円の半径をそれぞれ r，r_1，r_2，r_3 とすると，

$$T=\frac{1}{2}r(\mathrm{AB}+\mathrm{BC}+\mathrm{CA})=\frac{1}{2}r(a+b+c),$$

$$T_1=\frac{1}{2}r_1(\mathrm{AI}+\mathrm{ID}+\mathrm{DA})=\frac{1}{2}r_1(b+c+\mathrm{ID}),$$

$$T_2=\frac{1}{2}r_2(\mathrm{BE}+\mathrm{EF}+\mathrm{FB})=\frac{1}{2}r_2(c+a+\mathrm{EF}),$$

$$T_3=\frac{1}{2}r_3(\mathrm{CG}+\mathrm{GH}+\mathrm{HC})=\frac{1}{2}r_3(a+b+\mathrm{GH})$$

であるから，①より，

$$\left.\begin{aligned} r&=\frac{2T}{a+b+c},\\ r_1&=\frac{2T_1}{b+c+\mathrm{ID}}=\frac{2T}{b+c+\mathrm{ID}},\\ r_2&=\frac{2T_2}{c+a+\mathrm{EF}}=\frac{2T}{c+a+\mathrm{EF}},\\ r_3&=\frac{2T_3}{a+b+\mathrm{GH}}=\frac{2T}{a+b+\mathrm{GH}}\end{aligned}\right\}\cdots ⑪$$

となる．

・$0^\circ<A<B<C<90^\circ$ のときを調べる．

$0^\circ<A<90^\circ$，$0^\circ<B<90^\circ$，$0^\circ<C<90^\circ$ より，②，④，⑤，つまり，

$$\begin{cases}\mathrm{ID}>\mathrm{BC}=a,\\ \mathrm{EF}>\mathrm{CA}=b,\\ \mathrm{GH}>\mathrm{AB}=c\end{cases}$$

← **内接円の半径と面積**

△ABC の内接円の半径を r とすると，

$$(\triangle\mathrm{ABC}\text{ の面積})=\frac{1}{2}r(a+b+c).$$

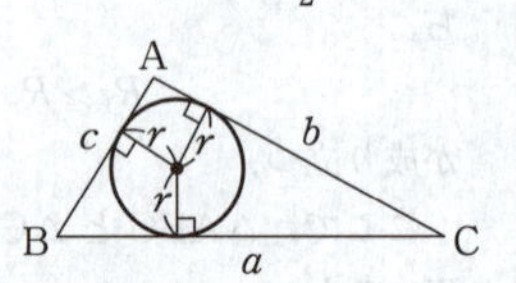

が成り立つから,

$$\begin{cases} b+c+\mathrm{ID}>b+c+a, \\ c+a+\mathrm{EF}>c+a+b, \\ a+b+\mathrm{GH}>a+b+c \end{cases}$$

であり，これより,

$$\begin{cases} \dfrac{2T}{b+c+\mathrm{ID}}<\dfrac{2T}{a+b+c}, \\ \dfrac{2T}{c+a+\mathrm{EF}}<\dfrac{2T}{a+b+c}, \\ \dfrac{2T}{a+b+\mathrm{GH}}<\dfrac{2T}{a+b+c} \end{cases}$$

となる．このことと ⑪ から,

$$\begin{cases} r_1<r, \\ r_2<r, \\ r_3<r \end{cases}$$

である.

よって，内接円の半径が最も大きい三角形は,

$$\triangle\mathrm{ABC}$$

である．したがって， ツ に当てはまるものは

⓪ である.

・$0^\circ<A<B<90^\circ<C$ のときを調べる.

$0^\circ<A<90^\circ$, $0^\circ<B<90^\circ$, $90^\circ<C\ (<180^\circ)$

より，②，④，⑨，つまり,

$$\begin{cases} \mathrm{ID}>\mathrm{BC}=a, \\ \mathrm{EF}>\mathrm{CA}=b, \\ \mathrm{GH}<\mathrm{AB}=c \end{cases}$$

が成り立つから,

$$\begin{cases} b+c+\mathrm{ID}>b+c+a, \\ c+a+\mathrm{EF}>c+a+b, \\ a+b+\mathrm{GH}<a+b+c \end{cases}$$

であり，これより,

$$\begin{cases} \dfrac{2T}{b+c+\mathrm{ID}}<\dfrac{2T}{a+b+c}, \\ \dfrac{2T}{c+a+\mathrm{EF}}<\dfrac{2T}{a+b+c}, \\ \dfrac{2T}{a+b+\mathrm{GH}}>\dfrac{2T}{a+b+c} \end{cases}$$

となる．このことと ⑪ から,

$$\begin{cases} r_1 < r, \\ r_2 < r, \\ r_3 > r \end{cases} \quad \text{すなわち} \quad \begin{cases} r_1 < r < r_3, \\ r_2 < r < r_3 \end{cases}$$

である．

よって，内接円の半径が最も大きい三角形は，

$$\triangle \mathrm{CGH}$$

である．したがって，テ に当てはまるものは

③ である．

第3問　2次関数

〔1〕

$$y=2x^2-4x+5. \quad \cdots ①$$

G：①のグラフ，

H：G を y 軸方向に k だけ平行移動したグラフ．

(1)　①は，

$$y=2(x-1)^2+3$$

と変形できるから，グラフ G の頂点の座標は，

$$(\boxed{1},\ \boxed{3})$$

である．

← 2次関数 $y=a(x-p)^2+q$ のグラフの頂点の座標は，

$(p,\ q)$.

(2)　グラフ H の頂点の座標は，条件より，

$$(1,\ 3+k)$$

である．

H は下に凸の放物線より，H が x 軸と共有点をもたない条件は，

$$(頂点の\ y\ 座標)>0$$

であるから，求める k の値の範囲は，

$$3+k>0$$

$$k>\boxed{-3}$$

である．

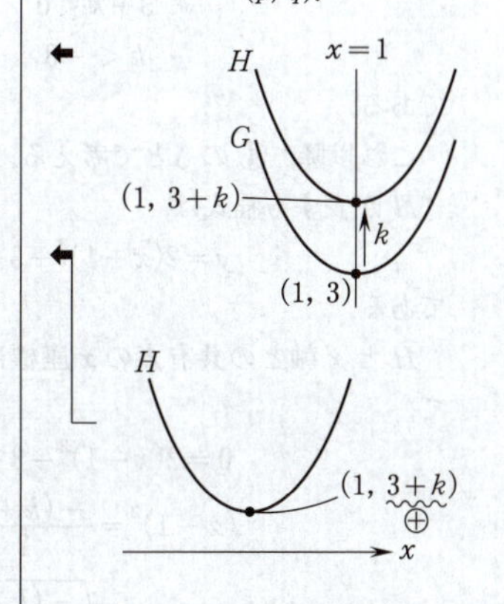

(3)　$k=-5$ のとき，グラフ H が表す放物線の方程式は，

$$y=2(x-1)^2-2 \quad \cdots ②$$

である．

← グラフ H の頂点の座標は，$(1,\ 3+k)$ に $k=-5$ を代入して，

$(1,\ -2)$

である．

②と x 軸との共有点の座標は，$y=0$ を代入すると，

$$0=2(x-1)^2-2$$

$$(x-1)^2=1$$

$$x-1=\pm1$$

$$x=0,\ 2$$

となるから，

$$(0,\ 0),\ (2,\ 0) \quad \cdots ③$$

である．

②を x 軸方向に1だけ平行移動したグラフを H_1 とすると，H_1 と x 軸との共有点の座標は，③を x 軸方向に1だけ平行移動したものであるから，

$$(1,\ 0),\ (3,\ 0)$$

である．よって，H_1 は $2\leqq x\leqq 6$ の範囲で x 軸と $\boxed{1}$ 点で交わる．

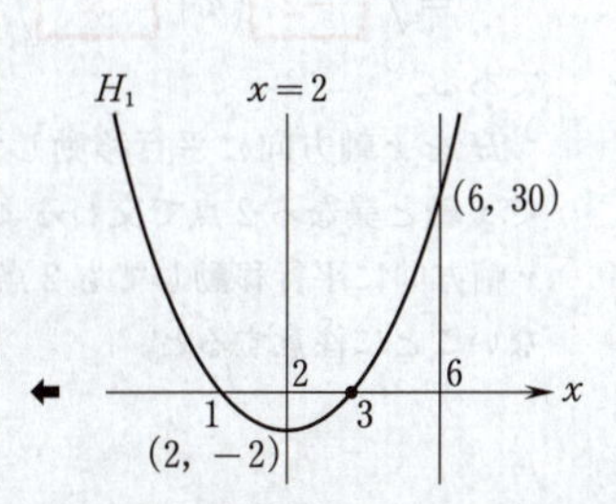

②を x 軸方向に3だけ平行移動したグラフを H_2 とすると，H_2 と x 軸との共有点の座標は，③を x 軸方向に3だけ平行移動したものであるから，

$$(3,\ 0),\ (5,\ 0)$$

である．よって，H_2 は $2 \leqq x \leqq 6$ の範囲で x 軸と 2 点で交わる．

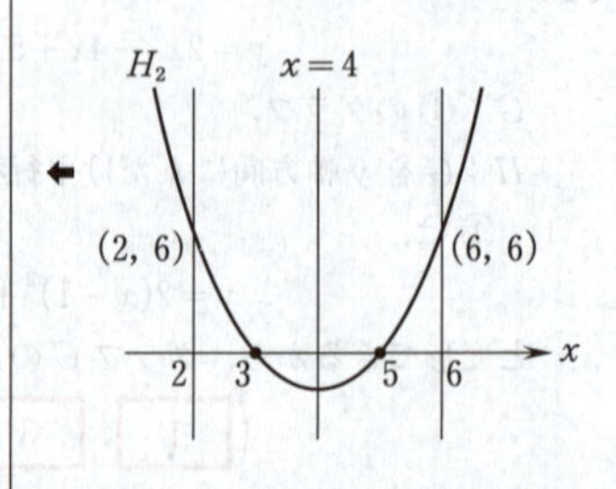

(4) グラフ H が x 軸と異なる2点で交わる条件は，(2)に注意すると，

$$(\text{頂点の } y \text{ 座標}) < 0$$

であるから，

$$3+k<0$$
$$k<-3 \qquad \cdots ④$$

である．

これ以降，④のもとで考える．

H が表す方程式は，

$$y=2(x-1)^2+3+k$$

である．

← グラフ H の頂点の座標は，$(1,\ 3+k)$．

H と x 軸との共有点の x 座標は，$y=0$ を代入して，

$$0=2(x-1)^2+3+k$$
$$(x-1)^2=\frac{-(k+3)}{2}$$
$$x-1=\pm\sqrt{\frac{-(k+3)}{2}}$$
$$x=1\pm\sqrt{\frac{-(k+3)}{2}}$$

である．

これより，その2点の間の距離は，

$$\left(1+\sqrt{\frac{-(k+3)}{2}}\right)-\left(1-\sqrt{\frac{-(k+3)}{2}}\right)$$
$$=2\sqrt{\frac{-(k+3)}{2}}$$
$$=\sqrt{\boxed{-2}\left(k+\boxed{3}\right)}$$

である．

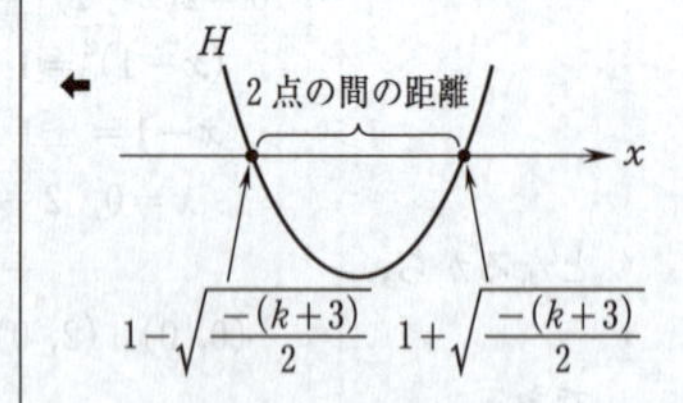

H を x 軸方向に平行移動して，$2 \leqq x \leqq 6$ の範囲で x 軸と異なる2点で交わるようにできる条件は，x 軸方向に平行移動しても2点の間の距離は変わらないことに注意すると，

④ かつ $\sqrt{-2(k+3)} \leqq 4\,(=\sqrt{16})$

である．

これより，k のとり得る値の範囲は，

$$k<-3 \quad かつ \quad -2(k+3) \leqq 16$$

$$\boxed{-11} \leqq k < \boxed{-3}$$

である．

← H が x 軸と交わる2点の間の距離が4以下であれば，H を x 軸方向に平行移動したグラフにおいても x 軸と交わる2点の間の距離は4以下になるから，$2 \leqq x \leqq 6$ の範囲で x 軸と異なる2点で交わるようにできる．

〔2〕

(1) 1秒あたりの進む距離，すなわち，平均速度は，

$$\frac{100\,(\mathrm{m})}{タイム(秒)}$$

で求めることができる．

このことと与えられた条件より，

$$\frac{100\,(\mathrm{m})}{タイム(秒)}=\frac{100\,(\mathrm{m})}{100\,\mathrm{m}を走るのにかかった歩数(歩)}\times\frac{100\,\mathrm{m}を走るのにかかった歩数(歩)}{タイム(秒)}$$

すなわち，

(平均速度)＝ストライド(m/歩)×ピッチ(歩/秒)

が成り立つ．

よって，平均速度は，x と z を用いて，

$$(平均速度)=xz\ (\mathrm{m}/秒)$$

と表されるから，ソ に当てはまるものは

② である．

これより，タイムと，ストライド，ピッチとの関係は，

$$タイム=\frac{100}{xz} \qquad \cdots ①$$

と表されるので，xz が最大になるときにタイムが最もよくなる．

← タイムがよくなるとは，「タイムの値が小さくなること」である．

(2) 太郎さんは，ストライドが0.05大きくなるとピッチが0.1小さくなるという関係があると考えて，ピッチがストライドの1次関数として表されると仮定したことより，ピッチ z はストライド x を用いて，

$$z=\frac{-0.1}{0.05}x+b,\ すなわち,\ z=-2x+b$$

とおける．

← 太郎さんが練習で100 mを3回走ったときのストライドとピッチのデータは次の表である．

	1回目	2回目	3回目
ストライド	2.05	2.10	2.15
ピッチ	4.70	4.60	4.50

ストライドが2.05のとき，ピッチは4.70であるから，

$$4.70=-2\times2.05+b$$

$$b=8.8=\frac{44}{5}$$

← ストライドが2.10のとき，ピッチは4.60であるから，これを用いて，

$$4.60=-2\times2.10+b$$

$$b=8.8=\frac{44}{5}$$

として求めてもよい．

となる．

よって，z は x を用いて，

$$z = \boxed{-2}\,x + \frac{\boxed{44}}{5} \qquad \cdots②$$

と表される．

② が太郎さんのストライドの最大値 2.40 とピッチの最大値 4.80 まで成り立つと仮定すると，不等式を用いて，

$$\begin{cases} x \leqq 2.40, \\ z \leqq 4.80 \end{cases} \qquad \cdots③$$

と表され，さらに，② を ③ に代入すると，

$$\begin{cases} x \leqq 2.40, \\ -2x + \dfrac{44}{5} \leqq 4.80 \end{cases}$$

すなわち，

$$\begin{cases} x \leqq 2.40, \\ 2.00 \leqq x \end{cases}$$

となるから，x の値の範囲は，

$$\boxed{2}.\boxed{00} \leqq x \leqq 2.40$$

である．

$y = xz\ (2.00 \leqq x \leqq 2.40)$ とおく．

② を $y = xz$ に代入することより，

$$\begin{aligned} y &= x\left(-2x + \frac{44}{5}\right) \\ &= -2x^2 + \frac{44}{5}x \\ &= -2\left(x - \frac{11}{5}\right)^2 + \frac{242}{25} \end{aligned}$$

と変形できる．

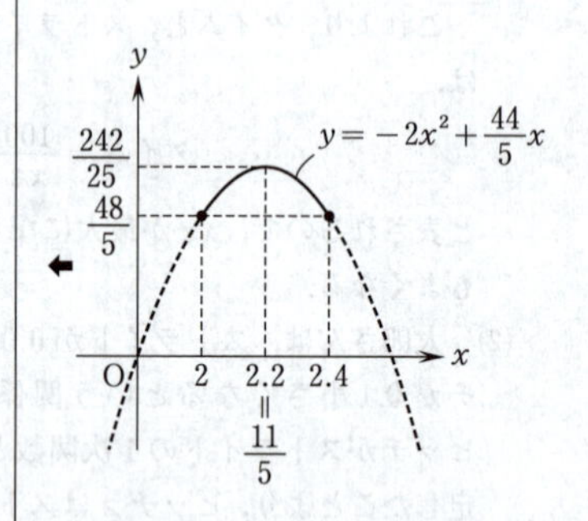

y の値が最大になるのは，$2.00 \leqq x \leqq 2.40$ より，

$$x = \frac{11}{5} = \boxed{2}.\boxed{20} \text{ のとき}$$

である．

よって，太郎さんのタイムが最もよくなるのは，ストライドが 2.20 のときであり，このとき，ピッチは $x = 2.20$ を ② に代入して，

$$z = -2 \times 2.20 + \frac{44}{5} = \boxed{4}.\boxed{40}$$

である．また，このときの太郎さんのタイムは，① に $x = 2.20$，$z = 4.40$ を代入して，

$$タイム = \frac{100}{2.20 \times 4.40} = 10.3305\cdots$$

である．したがって，［へ］に当てはまるものは

［③］である．

第4問 データの分析

(1) 図1の「2015年度における都道府県別の第2次産業の就業者数割合のヒストグラム」を度数分布表にまとめると次のようになる.

階　級	度数	累積度数
15.0 以上 17.5 未満	3	3
17.5 以上 20.0 未満	2	5
20.0 以上 22.5 未満	9	14
22.5 以上 25.0 未満	11	25
25.0 以上 27.5 未満	6	31
27.5 以上 30.0 未満	6	37
30.0 以上 32.5 未満	5	42
32.5 以上 35.0 未満	5	47

← 最初の階級からその階級までの度数を合計したものを累積度数という.

・最頻値とは，度数分布表において度数の最も大きい階級の階級値である．よって，最頻値は階級22.5以上25.0未満の階級値である．したがって，ア に当てはまるものは ③ である.

← 最頻値とは，データにおいて最も個数の多い値のことであるが，度数分布表で与えられているときには度数の最も大きい階級の階級値である.

・中央値は小さい方から24番目の値である．よって，中央値が含まれる階級は22.5以上25.0未満の階級値である．したがって，イ に当てはまるものは ③ である.

・第1四分位数は小さい方から12番目の値である．よって，第1四分位数が含まれる階級は20.0以上22.5未満である．したがって，ウ に当てはまるものは ② である.

・第3四分位数は小さい方から36番目の値である．よって，第3四分位数が含まれる階級は27.5以上30.0未満である．したがって，エ に当てはまるものは ⑤ である.

・最大値は小さい方から47番目の値である．よって，最大値が含まれる階級は32.5以上35.0未満である．したがって，オ に当てはまるものは ⑦ である.

(2) ・⓪…正しい.

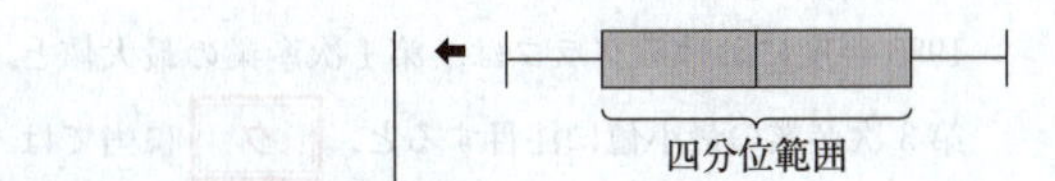

・①…正しくない.

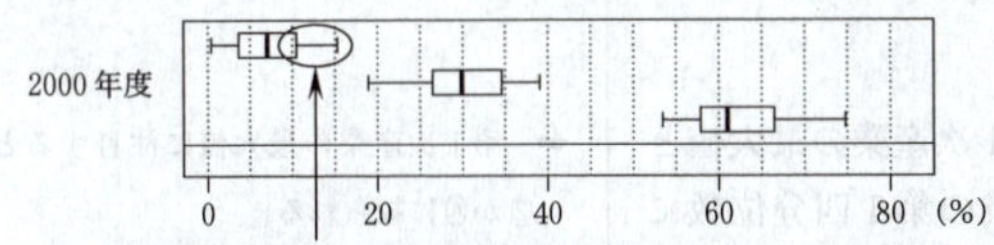

2000 年度は左側のひげの長さよりも右側のひげの方が長い.

← 1990 年度で考えてもよい.

・②…正しい.

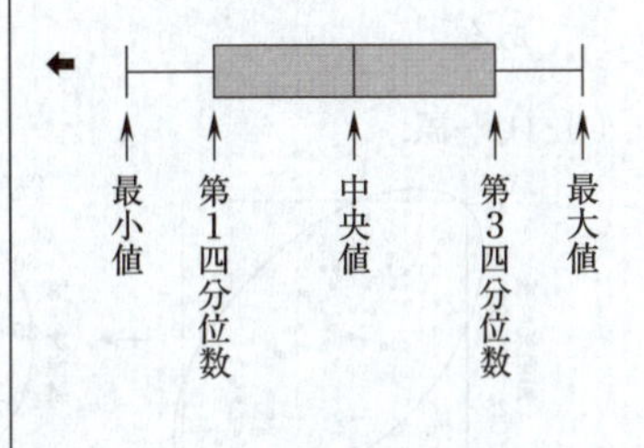

・③…正しくない.

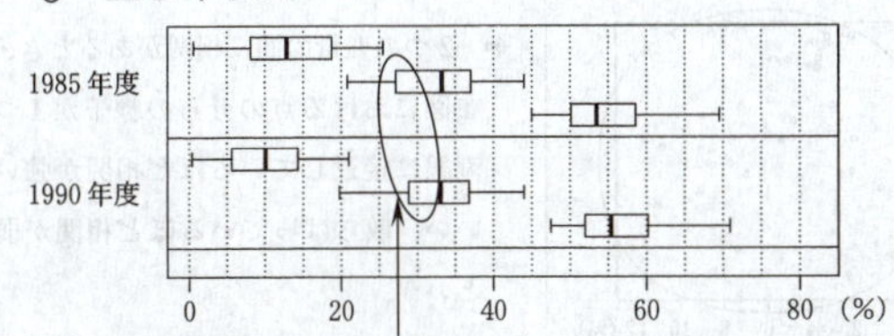

1985 年度から 1990 年度において, 第 2 次産業の就業者数割合の第 1 四分位数は増加している.

← 1975 年度から 1980 年度で考えてもよい.

・④…正しい.

・⑤…正しい.

よって, カ と キ に当てはまるものは

① と ③ である.

(3) 図 2 の「三つの産業の就業者数割合の箱ひげ図」から 1985 年度と 1995 年度の第 1 次産業, 第 3 次産業の最小値, 第 1 四分位数, 中央値, 第 3 四分位数, 最大値は次のようになる. ただし, ( )は, データを小さい方から並べたときの順番を表す.

年度	産業	最小値 (1)	第 1 四分位数 (12)	中央値 (24)	第 3 四分位数 (36)	最大値 (47)
1985	第 1 次	0%以上 5%未満	5%以上 10%未満	10%以上 15%未満	15%以上 20%未満	25%以上 30%未満
	第 3 次	45%以上 50%未満	50%以上 55%未満	50%以上 55%未満	55%以上 60%未満	65%以上 70%未満
1995	第 1 次	0%以上 5%未満	5%以上 10%未満	5%以上 10%未満	10%以上 15%未満	15%以上 20%未満
	第 3 次	50%以上 55%未満	50%以上 55%未満	55%以上 60%未満	60%以上 65%未満	70%以上 75%未満

・1985年度におけるグラフは，第１次産業の最大値と第３次産業の最小値に注目すると，[ク]に当てはまるものは[①]である．

← 第１次産業の最大値に注目すると，①か③に絞られる．

・1995年度におけるグラフは，第１次産業の最大値と第１四分位数，および第３次産業の第１四分位数に注目すると，[ケ]に当てはまるものは[④]である．

← 第１次産業の最大値に注目すると，②か④に絞られる．

(4)・(Ⅰ)…誤．

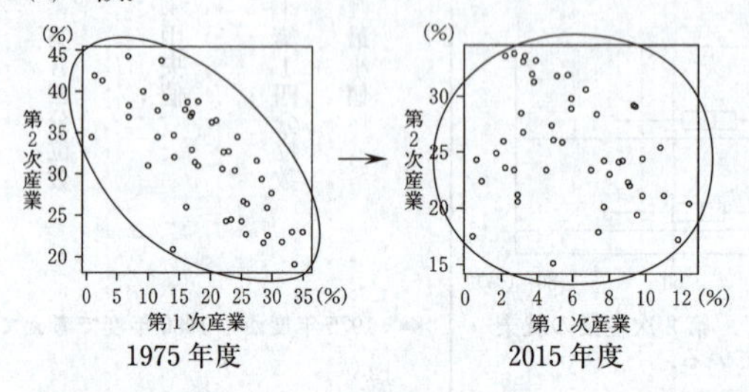

← ２つの変量の間に相関があるとき，散布図における点の分布の様子が１つの直線に接近しているほど相関が強いといい，散らばっているほど相関が弱いという．

これより，2015年度は1975年度を基準にすると，相関は弱くなっている．

都道府県別の第１次産業の就業者数割合と第２次産業の就業者数割合の間の相関は弱くなった．

・(Ⅱ)…正．

・(Ⅲ)…誤．

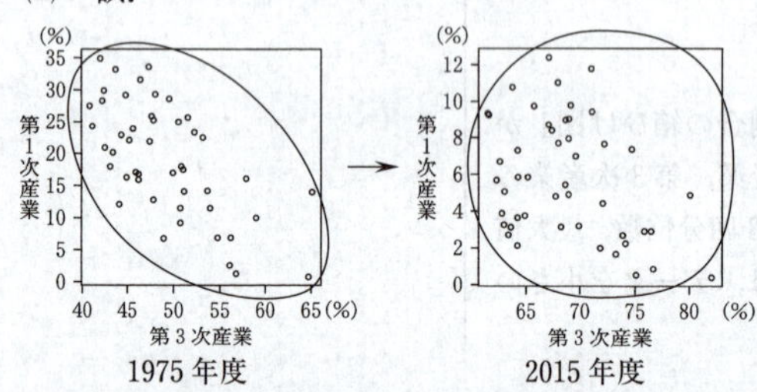

← 2015年度は1975年度を基準にすると，相関は弱くなっている．

都道府県別の第３次産業の就業者数割合と第１次産業の就業者数割合の間の相関は弱くなった．

よって，[コ]に当てはまるものは[⑤]である．

(5) 各都道府県の，男性の就業者数と女性の就業者数を合計すると就業者数の全体になることに注意すると，

$$\left(\begin{array}{c}\text{男性の就業}\\\text{者数の割合}\end{array}\right)+\left(\begin{array}{c}\text{女性の就業}\\\text{者数の割合}\end{array}\right)=100\,(\%) \quad \cdots(*)$$

である．

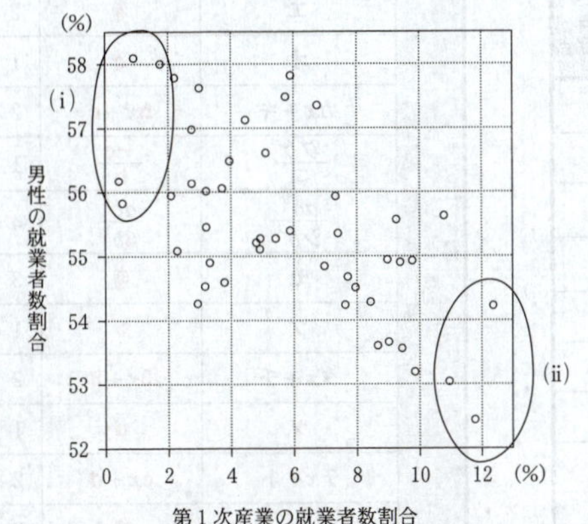

図5 都道府県別の，第1次産業の就業者数割合と，男性の就業者数割合の散布図

図5より，第1次産業の就業者数割合が大きくなるほど，男性の就業者数割合は小さくなるから，(*)より，第1次産業の就業者数割合が大きくなるほど，女性の就業者数割合は大きくなっていく．このことと図5の2つの丸囲みと(*)に注意すると，第1次産業の就業者数割合(横軸)と，女性の就業者数割合(縦軸)の散布図は②になる．

⬅ (*)より，散布図の概形は，図5を上下反転した形になる．

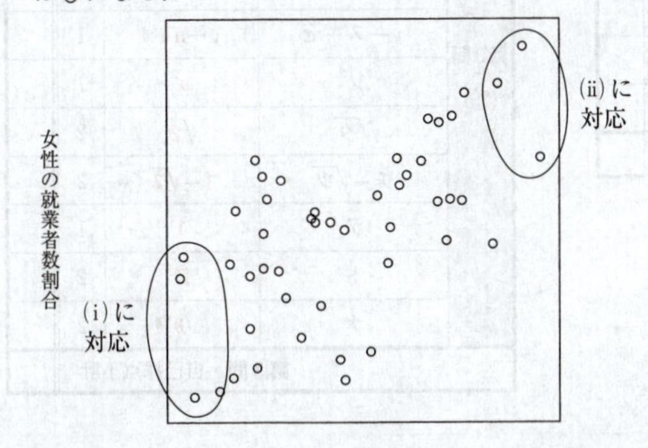

第1次産業の就業者数割合

よって， サ に当てはまるものは ② である．

数学Ⅱ

解答・採点基準

（100点満点）

問題番号(配点)	解答記号	正解	配点	自己採点
第1問 (30)	$\sin\frac{\pi}{ア}$	$\sin\frac{\pi}{3}$	2	
	イ	2	2	
	$\frac{\pi}{ウ}$，エ	$\frac{\pi}{6}$，2	2	
	$\frac{\pi}{オ}$，カ	$\frac{\pi}{2}$，1	1	
	キ	⑨	2	
	ク	①	1	
	ケ	③	1	
	コ，サ	①，⑨	2	
	シ，ス	②，①	2	
	セ	1	1	
	ソ	0	1	
	タ	0	1	
	チ	1	1	
	$\log_2(\sqrt{ツ}-テ)$	$\log_2(\sqrt{5}-2)$	2	
	ト	⓪	1	
	ナ	③	1	
	ニ	1	2	
	ヌ	2	2	
	ネ	①	3	
		第1問　自己採点小計		

問題番号(配点)	解答記号	正解	配点	自己採点
第2問 (30)	ア	3	1	
	イx＋ウ	$2x+3$	2	
	エ	④	2	
	オ	c	1	
	カx＋キ	$bx+c$	2	
	$\frac{クケ}{コ}$	$\frac{-c}{b}$	1	
	$\frac{ac^{サ}}{シb^{ス}}$	$\frac{ac^3}{3b^3}$	4	
	セ	⓪	3	
	ソ	5	1	
	タx＋チ	$3x+5$	2	
	ツ	d	1	
	テx＋ト	$cx+d$	2	
	ナ	②	3	
	$\frac{ニヌ}{ネ}$，ノ	$\frac{-b}{a}$，0	2	
	$\frac{ハヒフ}{ヘホ}$	$\frac{-2b}{3a}$	3	
		第2問　自己採点小計		
第3問 (20)	ア－イ	$a-1$	2	
	$\frac{x+ウエ-オ}{カ}$	$\frac{x+2a-2}{a}$	3	
	$\frac{y-キ+ク}{ケ}$	$\frac{y-a+1}{a}$	3	
	x＋コサ－シ	$x+2a-2$	1	
	y－ス＋セ	$y-a+1$	1	
	ソ^2	a^2	1	
	$\sqrt{タ}$	$\sqrt{2}$	2	
	チ－$\sqrt{ツ}$	$1-\sqrt{2}$	2	
	テ	1	1	
	ト	②	2	
	ナ	①	2	
		第3問　自己採点小計		

問題番号(配点)	解答記号	正解	配点	自己採点
第4問 (20)	ア	6	2	
	イ	0	3	
	ウ	2	3	
	エ$\pm\sqrt{\text{オ}}\,i$	$1\pm\sqrt{2}\,i$	3	
	x^2+カ$x+$キ	x^2+2x+3	3	
	ク	2	3	
	ケ	1	3	
第4問 自己採点小計				
自己採点合計				

第1問　三角関数，指数関数・対数関数

数学Ⅱ・数学B　第1日程の**第1問**に同じ。

第2問　微分法・積分法

数学Ⅱ・数学B　第1日程の**第2問**に同じ。

第3問 図形と方程式

a は $a>1$ を満たす定数である．また，座標平面上に点 M$(2,\ -1)$ がある．M と異なる点 P$(s,\ t)$ に対して，点 Q を，3 点 M，P，Q がこの順に同一直線上に並び，線分 MQ の長さが線分 MP の長さの a 倍となるようにとる．

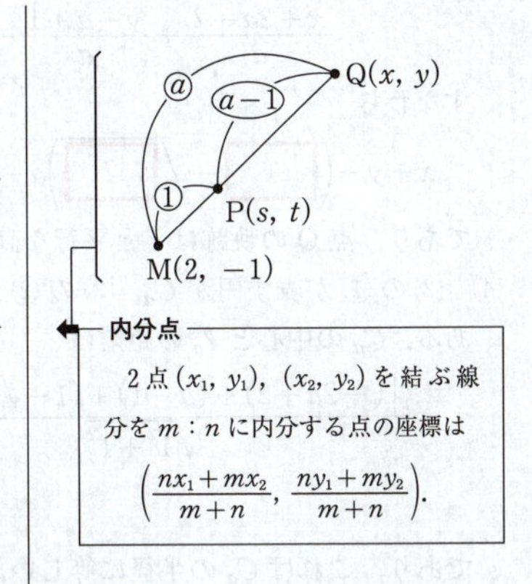

(1) 点 P は線分 MQ を $1:(\boxed{a}-\boxed{1})$ に内分する．よって，点 Q の座標を $(x,\ y)$ とすると

$$s=\frac{(a-1)\cdot 2+1\cdot x}{1+(a-1)},\quad t=\frac{(a-1)(-1)+1\cdot y}{1+(a-1)}$$

すなわち

$$s=\frac{x+\boxed{2a}-\boxed{2}}{\boxed{a}},\quad t=\frac{y-\boxed{a}+\boxed{1}}{\boxed{a}}$$

である．

内分点

2 点 $(x_1,\ y_1)$，$(x_2,\ y_2)$ を結ぶ線分を $m:n$ に内分する点の座標は

$$\left(\frac{nx_1+mx_2}{m+n},\ \frac{ny_1+my_2}{m+n}\right).$$

(2) 座標平面上に原点 O を中心とする半径 1 の円 C がある．点 P が C 上を動くとき，点 Q の軌跡を考える．

点 P が C 上にあるとき

$$s^2+t^2=1$$

が成り立つから，点 Q の座標を $(x,\ y)$ とすると，x，y は

$$\left(\frac{x+2a-2}{a}\right)^2+\left(\frac{y-a+1}{a}\right)^2=1$$

すなわち

$$(x+\boxed{2a}-\boxed{2})^2+(y-\boxed{a}+\boxed{1})^2=\boxed{a}^2 \quad \cdots ①$$

を満たすので，点 Q は $(-2a+2,\ a-1)$ を中心とする半径 a の円上にある．

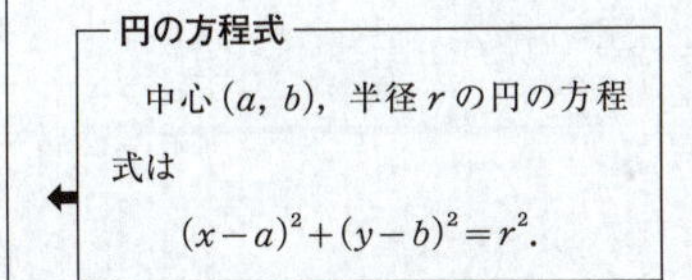
円の方程式

中心 $(a,\ b)$，半径 r の円の方程式は

$$(x-a)^2+(y-b)^2=r^2.$$

(3) k は正の定数であり，直線 $\ell : x+y-k=0$ と円 $C : x^2+y^2=1$ は接しているとする．このとき，C の中心 $(0,\ 0)$ から ℓ までの距離が C の半径 1 に等しいので

$$\frac{|0+0-k|}{\sqrt{1^2+1^2}}=1$$

が成り立つ．よって，$k=\sqrt{\boxed{2}}$ である．

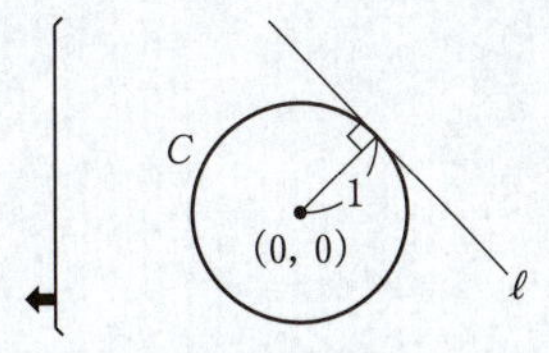

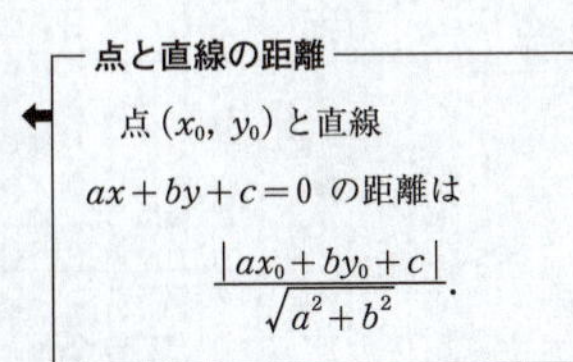
点と直線の距離

点 $(x_0,\ y_0)$ と直線 $ax+by+c=0$ の距離は

$$\frac{|ax_0+by_0+c|}{\sqrt{a^2+b^2}}.$$

点 P が ℓ 上を動くとき

$$s+t-\sqrt{2}=0$$

が成り立つから，点 Q$(x,\ y)$ の軌跡の方程式は

← $\ell : x+y-\sqrt{2}=0.$

$$\frac{x+2a-2}{a}+\frac{y-a+1}{a}-\sqrt{2}=0$$

すなわち

$$x+y+\left(\boxed{1}-\sqrt{\boxed{2}}\right)a-\boxed{1}=0 \quad \cdots ②$$

であり，点 Q の軌跡は ℓ と平行な直線である．

(4)　(2)の ① が表す円が C_a，(3)の ② が表す直線が ℓ_a である．C_a の中心と ℓ_a の距離は

$$\frac{|(-2a+2)+(a-1)+(1-\sqrt{2})a-1|}{\sqrt{1^2+1^2}}=a$$

（ $\boxed{②}$ ）

であり，これは C_a の半径に等しい．よって，C_a と ℓ_a は a の値によらず，接する．（ $\boxed{①}$ ）

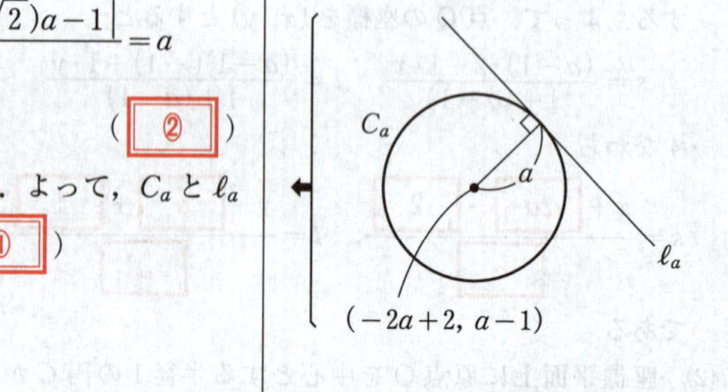

第4問 高次方程式

k は実数.

$$P(x)=x^4+(k-1)x^2+(6-2k)x+3k$$

(1) $k=0$ とする. このとき

$$P(x)=x^4-x^2+6x$$
$$=x\left(x^3-x+\boxed{6}\right)$$

である. また

$$P(-2)=-2\{(-2)^3-(-2)+6\}=\boxed{0}$$

である. これらのことにより, $P(x)$ は

$$P(x)=x\left(x+\boxed{2}\right)(x^2-2x+3)$$

と因数分解できる.

また, 方程式 $P(x)=0$ の虚数解は

$$x^2-2x+3=0$$

の解 $\boxed{1}\pm\sqrt{\boxed{2}}\,i$ である.

(2) $k=3$ とすると, $P(x)$ を x^2-2x+3 で割ることにより

$$P(x)=\left(x^2+\boxed{2}\,x+\boxed{3}\right)(x^2-2x+3)$$

が成り立つことがわかる.

(3) (1), (2) の結果を踏まえると, 次の**予想**が立てられる.

予想

k がどのような実数であっても, $P(x)$ は x^2-2x+3 で割り切れる.

この**予想**が正しいとすると, ある実数 m, n に対して

$$P(x)=(x^2+mx+n)(x^2-2x+3) \quad \cdots ①$$

すなわち

$$x^4+(k-1)x^2+(6-2k)x+3k$$
$$=x^4+(m-2)x^3+(3-2m+n)x^2+(3m-2n)x+3n \quad \cdots ②$$

が成り立つ. この式の x^3 の係数に着目とすると

$$0=m-2$$

より

$$m=\boxed{2}$$

が得られる. また, 定数項に着目することにより, $n=k$ が得られる.

このとき, ② は成り立つから, ① も成り立ち, この

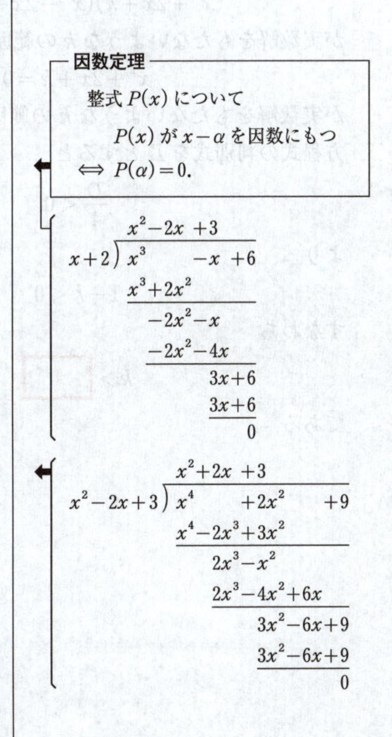

予想が正しいことがわかる．①は

$$P(x)=(x^2+2x+k)(x^2-2x+3)$$

となる．

⬅ ①に $m=2$, $n=k$ を代入した．

(4)　方程式

$$P(x)=0$$

すなわち

$$(x^2+2x+k)(x^2-2x+3)=0$$

が実数解をもたないような k の範囲は，2 次方程式

$$x^2+2x+k=0$$

が実数解をもたないような k の範囲であるから，この方程式の判別式を D とすると

⬅ $x^2-2x+3=0$ の解は $1\pm\sqrt{2}\,i$.

$$\frac{D}{4}<0$$

より

$$1-k<0$$

すなわち

$$k>\boxed{1}$$

である．

⬅ **2 次方程式の解の判別**

実数係数の 2 次方程式

$$ax^2+bx+c=0$$

の判別式 $D=b^2-4ac$ について

$D>0 \iff$ 異なる二つの実数解をもつ，

$D=0 \iff$ 重解をもつ，

$D<0 \iff$ 異なる二つの虚数解をもつ．

数学Ⅰ・数学A
数学Ⅱ・数学B

（2021年１月実施）

2021
第2日程

数学Ⅰ・数学A

解答・採点基準

（100点満点）

問題番号(配点)	解答記号	正　解	配点	自己採点
第1問 (30)	アイ，ウエ	−2，−1 (解答の順序は問わない)	3	
	オ	8	3	
	カ	3	4	
	キ	8	2	
	クケ	90	2	
	コ	4	2	
	サ	4	2	
	シ	①	2	
	ス	①	1	
	セ	⓪	1	
	ソ	⓪	2	
	タ	③	2	
	$\frac{チ}{ツ}$	$\frac{4}{5}$	2	
	テ	5	2	
		第1問　自己採点小計		
第2問 (30)	アイウ$-x$	400$-x$	3	
	エオカ，キ	560，7	3	
	クケコ	280	3	
	サシスセ	8400	3	
	ソタチ	250	3	
	ツ	⑤	4	
	テ	③	3	
	トナニ	240	2	
	ヌ，ネ	③，⓪	2	
	ノ	⑥	2	
	ハ	③	2	
		第2問　自己採点小計		
第3問 (20)	$\frac{アイ}{ウエ}$	$\frac{11}{12}$	2	
	$\frac{オカ}{キク}$	$\frac{17}{24}$	2	
	$\frac{ケ}{コサ}$	$\frac{9}{17}$	3	
	$\frac{シ}{ス}$	$\frac{1}{3}$	3	
	$\frac{セ}{ソ}$	$\frac{1}{2}$	3	
	$\frac{タチ}{ツテ}$	$\frac{17}{36}$	3	
	$\frac{トナ}{ニヌ}$	$\frac{12}{17}$	4	
		第3問　自己採点小計		
第4問 (20)	ア，イ，ウ，エ	3，2，1，0	3	
	オ	3	3	
	カ	8	3	
	キ	4	3	
	クケ，コ，サ，シ	12，8，4，0	4	
	ス	3	2	
	セソタ	448	2	
		第4問　自己採点小計		
第5問 (20)	ア	⑤	2	
	イ，ウ，エ	②，⑥，⑦	2	
	オ	①	1	
	カ	②	2	
	キ	2	1	
	ク$\sqrt{ケコ}$	$2\sqrt{15}$	2	
	サシ	15	3	
	ス$\sqrt{セソ}$	$3\sqrt{15}$	2	
	$\frac{タ}{チ}$	$\frac{4}{5}$	2	
	$\frac{ツ}{テ}$	$\frac{5}{3}$	3	
		第5問　自己採点小計		
		自己採点合計		

(注)

第1問，第2問は必答。

第3問～第5問のうちから2問選択。計4問を解答。

第1問　数と式，図形と計量

〔1〕

$$|ax-b-7|<3 \quad (a,\ b \text{は定数}). \qquad \cdots ①$$

(1)　$a=-3$，$b=-2$ のとき，① は，

$$|-3x-5|<3 \qquad \cdots ①'$$

すなわち，

$$|3x+5|<3$$

であり，これを解くと，

$$-3<3x+5<3$$
$$-8<3x<-2$$
$$-\frac{8}{3}<x<-\frac{2}{3}$$

である．

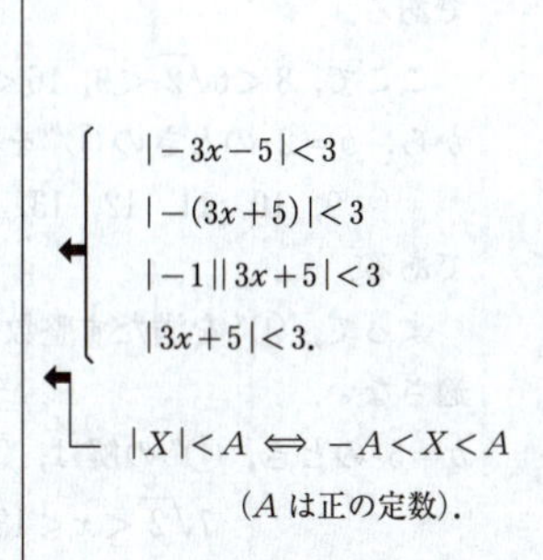

$|-3x-5|<3$
$|-(3x+5)|<3$
$|-1||3x+5|<3$
$|3x+5|<3.$
$|X|<A \iff -A<X<A$
(A は正の定数).

これより，①′ を満たす整数全体の集合 P は，

$$P=\{\boxed{-2},\ \boxed{-1}\}$$

となる．

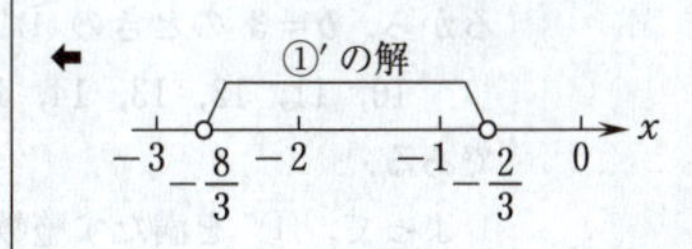

(2)　$a=\dfrac{1}{\sqrt{2}}$ のとき，① は，

$$\left|\frac{1}{\sqrt{2}}x-b-7\right|<3 \qquad \cdots ①''$$

であり，これを解くと，

$$-3<\frac{1}{\sqrt{2}}x-b-7<3$$
$$b+4<\frac{1}{\sqrt{2}}x<b+10$$
$$(b+4)\sqrt{2}<x<(b+10)\sqrt{2} \qquad \cdots ②$$

である．

(i)　$b=1$ のとき，①″ の解は，② より，

$$5\sqrt{2}<x<11\sqrt{2}$$

である．

ここで，$7<5\sqrt{2}<8$，$15<11\sqrt{2}<16$ であるから，$b=1$ のときの ①″ を満たす整数は，

$$8,\ 9,\ 10,\ 11,\ 12,\ 13,\ 14,\ 15$$

である．

← $5\sqrt{2}=\sqrt{50}$，$11\sqrt{2}=\sqrt{242}$ より，
$(7=)\sqrt{49}<\sqrt{50}<\sqrt{64}\ (=8)$，
$(15=)\sqrt{225}<\sqrt{242}<\sqrt{256}\ (=16)$.

よって，①″ を満たす整数は全部で $\boxed{8}$ 個である．

(ii)　①″ を満たす整数が全部で9個であるような最小の正の整数 b を求める．

・$b=1$ のとき，(i) より，適さない．

← $b=1,\ 2,\ 3,\ \cdots$ を順々に代入して調べていく．

・$b=2$ のとき，①″ の解は，② より，

$$6\sqrt{2}<x<12\sqrt{2}$$

である．

ここで，$8<6\sqrt{2}<9$，$16<12\sqrt{2}<17$ であるから，$b=2$ のときの ①″ を満たす整数は，

9，10，11，12，13，14，15，16

である．

← $6\sqrt{2}=\sqrt{72}$，$12\sqrt{2}=\sqrt{288}$ より，
$(8=)\sqrt{64}<\sqrt{72}<\sqrt{81}\ (=9)$，
$(16=)\sqrt{256}<\sqrt{288}<\sqrt{289}\ (=17)$．

よって，①″ を満たす整数は全部で 8 個より，適さない．

・$b=3$ のとき，①″ の解は，② より，

$$7\sqrt{2}<x<13\sqrt{2}$$

である．

ここで，$9<7\sqrt{2}<10$，$18<13\sqrt{2}<19$ であるから，$b=3$ のときの ①″ を満たす整数は，

10，11，12，13，14，15，16，17，18

である．

← $7\sqrt{2}=\sqrt{98}$，$13\sqrt{2}=\sqrt{338}$ より，
$(9=)\sqrt{81}<\sqrt{98}<\sqrt{100}\ (=10)$，
$(18=)\sqrt{324}<\sqrt{338}<\sqrt{361}\ (=19)$．

よって，①″ を満たす整数は全部で 9 個より，適する．

したがって，①″ を満たす整数が全部で 9 個であるような最小の正の整数 b は **3** である．

〔2〕

(1)

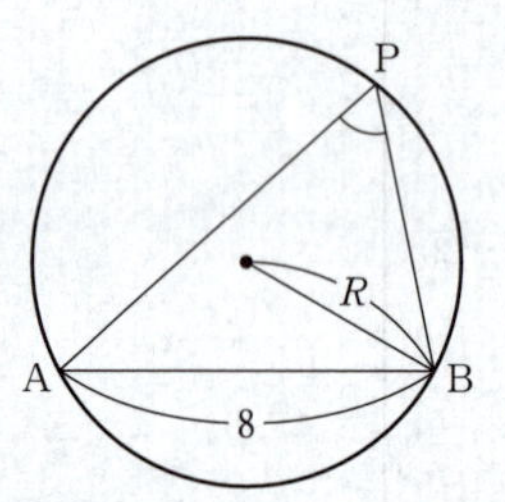

正弦定理より，

$$2R=\frac{\mathrm{AB}}{\sin\angle\mathrm{APB}}=\frac{\boxed{8}}{\sin\angle\mathrm{APB}}$$

であるから，

$$R=\frac{4}{\sin\angle\mathrm{APB}} \quad \cdots ①$$

である．

← **正弦定理**

$$\frac{a}{\sin A}=\frac{b}{\sin B}=\frac{c}{\sin C}=2R.$$

（R は外接円の半径）

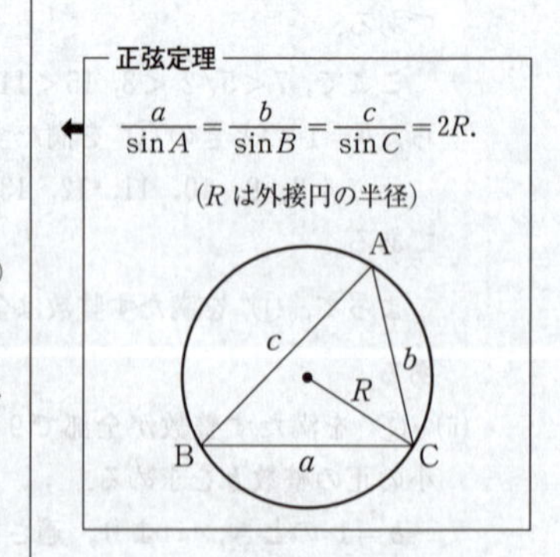

R が最小となるのは，分子が一定 (4) より分母である $\sin\angle\mathrm{APB}$ が最大になるときであるから，

$\angle\mathrm{APB}=$ **90**° の三角形

である．

　このとき，R の値は，① より，

$$R=\frac{4}{\sin 90^\circ}=\frac{4}{1}=\boxed{4}$$

である．

(2)　円 C は線分 AB $(=8)$ を直径とする円であるから，半径は 4 である．

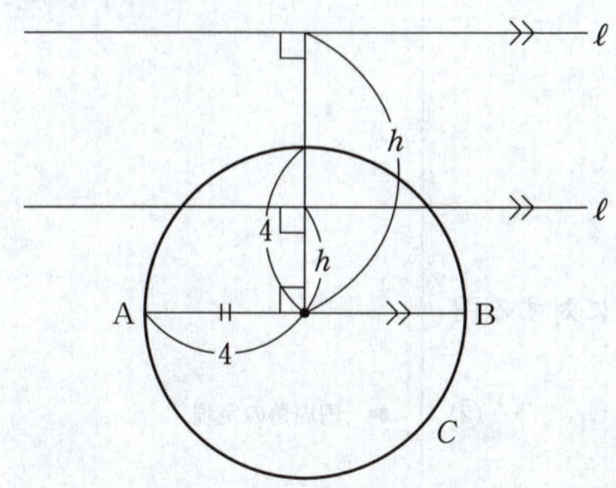

　直線 ℓ が円 C と共有点をもつ場合は，$h\leqq\boxed{4}$ のときであり，共有点をもたない場合は，$h>4$ のときである．

(i)　$h\leqq 4$ のとき．

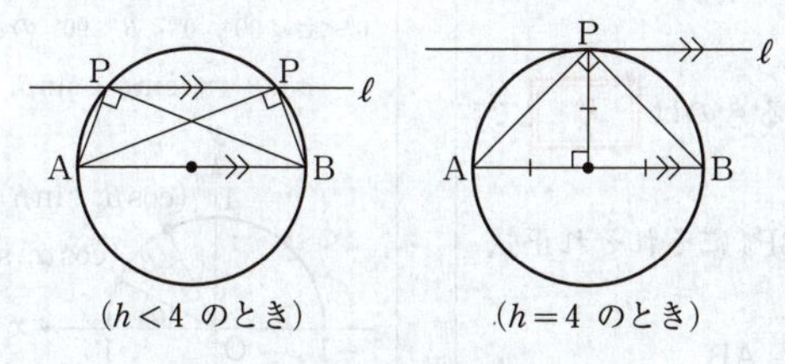

($h<4$ のとき)　　($h=4$ のとき)

　R が最小となる △ABP は，図より，

　　$h<4$ のとき，直角三角形

　　$h=4$ のとき，直角二等辺三角形

である．

　よって，$\boxed{シ}$ に当てはまるものは $\boxed{①}$ である．

(ii)　$h>4$ のとき．

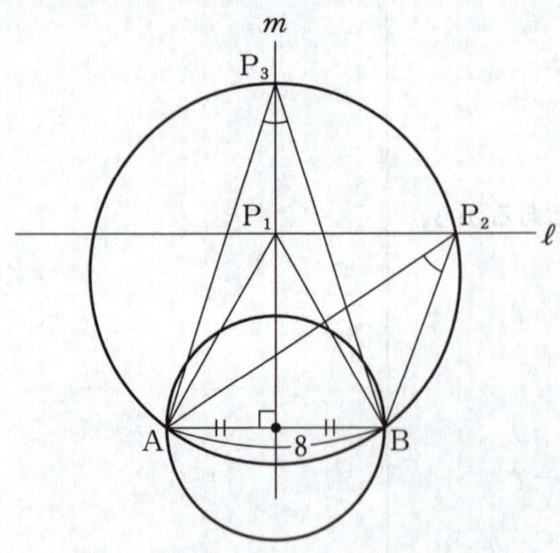

$\triangle ABP_2$ の外接円において，弧 AB に対する円周角より，

$$\angle AP_3B=\angle AP_2B \quad \cdots ②$$

である．

← 円周角の定理．

よって，［ス］に当てはまるものは［①］である．

また，$\angle AP_3B<\angle AP_1B<90°$ より，

$$\sin\angle AP_3B<\sin\angle AP_1B \quad \cdots ③$$

である．

← $0°<\alpha<90°$，$0°<\beta<90°$ のとき，
$\alpha<\beta \iff \sin\alpha<\sin\beta$．

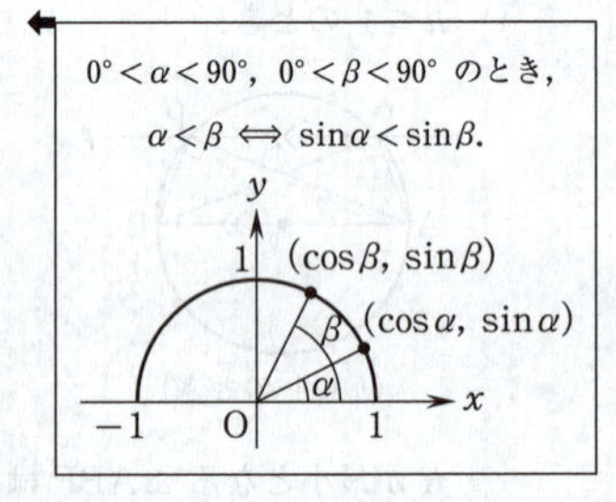

よって，［セ］に当てはまるものは［⓪］である．

このとき，$\triangle ABP_1$ と $\triangle ABP_2$ にそれぞれ正弦定理を用いると，

$$2(\triangle ABP_1 \text{の外接円の半径})=\frac{AB}{\sin\angle AP_1B}=\frac{8}{\sin\angle AP_1B},$$

$$2(\triangle ABP_2 \text{の外接円の半径})=\frac{AB}{\sin\angle AP_2B}=\frac{8}{\sin\angle AP_3B} \ (② \text{より})$$

である．

ここで，③ より，

$$\frac{8}{\sin\angle AP_3B}>\frac{8}{\sin\angle AP_1B}$$

となるから，

← ③ より，
$$\frac{1}{\sin\angle AP_3B}>\frac{1}{\sin\angle AP_1B}$$
であり，両辺に 8 を掛けた．

$2(\triangle ABP_2$ の外接円の半径$)>2(\triangle ABP_1$ の外接円の半径$)$

すなわち

($\triangle ABP_1$ の外接円の半径)＜($\triangle ABP_2$ の外接円の半径)

である．

よって，ソ に当てはまるものは ⓪ である．

さらに，R が最小となる $\triangle ABP$ は $AP_1=BP_1$ の $\triangle ABP_1$ である．　…④

したがって，タ に当てはまるものは ③ である．

(3)　$h=8\,(>4)$ のとき，$\triangle ABP$ の外接円の半径 R が最小となるのは，④ より，$AP=BP$ の $\triangle ABP$ のときであり，次図のようになる．

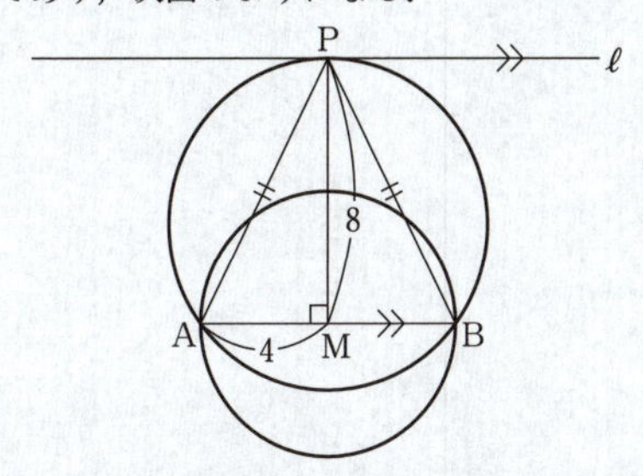

辺 AB の中点を M とすると，$AP=BP$ より，$AM\perp MP$ であるから，直角三角形 AMP に三平方の定理を用いると，

$$BP=AP=\sqrt{AM^2+MP^2}=\sqrt{4^2+8^2}=4\sqrt{5}$$

である．

⬅ $AM=\frac{1}{2}AB=\frac{1}{2}\cdot 8=4$．
$h=8$ より，$MP=8$．

$\triangle ABP$ に余弦定理を用いると，

$$\cos\angle APB=\frac{AP^2+BP^2-AB^2}{2AP\cdot BP}=\frac{(4\sqrt{5})^2+(4\sqrt{5})^2-8^2}{2\cdot 4\sqrt{5}\cdot 4\sqrt{5}}=\frac{3}{5}$$

⬅ **余弦定理**

$$a^2=b^2+c^2-2bc\cos A,$$
$$\cos A=\frac{b^2+c^2-a^2}{2bc}.$$

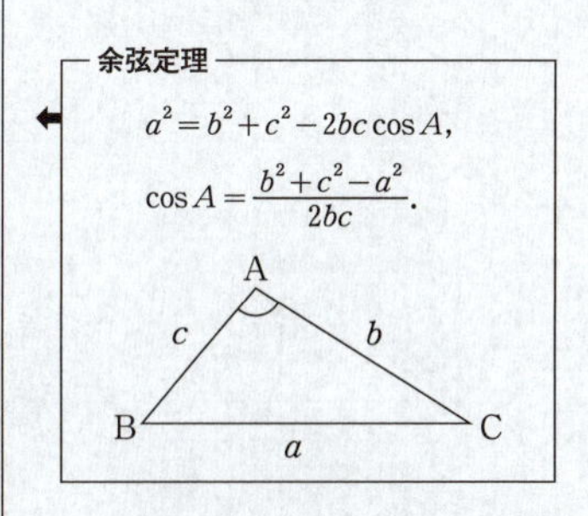

であり，$0°<\angle APB<180°$ より，$\sin\angle APB>0$ であるから，

$$\sin\angle APB=\sqrt{1-\cos^2\angle APB}=\sqrt{1-\left(\frac{3}{5}\right)^2}$$

⬅ $0°\leqq\theta\leqq 180°$ のとき，
$\sin\theta=\sqrt{1-\cos^2\theta}$．

$$=\frac{\boxed{4}}{\boxed{5}}$$

である．さらに，△ABP に正弦定理を用いると，

$$2R=\frac{\mathrm{AB}}{\sin\angle\mathrm{APB}}$$

であるから，

$$R=\frac{\mathrm{AB}}{2\sin\angle\mathrm{APB}}$$

$$=\frac{8}{2\cdot\frac{4}{5}}$$

$$=\boxed{5}$$

である．

第2問　2次関数，データの分析

〔1〕

(1) x は1皿あたりの価格(円).

売り上げ数を z 皿とすると，問題文より，z は x の1次関数で表せる．さらに，1皿あたりの価格と売り上げ数の関係をまとめた表より，

← 1皿あたりの価格と売り上げ数の関係をまとめた表

x (円)	200	250	300
z (皿)	200	150	100

$$x+z=400$$

が成り立つから，売り上げ数 z は

$$(z=)\ \boxed{400}-x \quad \cdots①$$

と表される．

(2) y は利益(円).

問題文より，利益 y は，

$y=$(売り上げ金額)$-$(必要な経費)

$=\begin{pmatrix}1皿あた\\りの価格\end{pmatrix}\times\begin{pmatrix}売り上\\げ数\end{pmatrix}-\left\{(材料費)+\begin{pmatrix}たこ焼き用\\器具の賃貸料\end{pmatrix}\right\}$

$=xz-(160\cdot z+6000)$

$=x(400-x)-160(400-x)-6000$ (①より)

$=-x^2+\boxed{560}\,x-\boxed{7}\times10000 \quad \cdots②$

である．

(3) ②は，

$$\begin{aligned}y&=-(x^2-560x)-7\times10000\\&=-(x-280)^2+280^2-7\times10000\\&=-(x-280)^2+8400\end{aligned}$$

← $280^2=78400$.

と変形できる．

また，x のとり得る値の範囲は，$x\geqq0$, $z\geqq0$ と①より，

$$x\geqq0 \quad かつ \quad 400-x\geqq0$$

$$0\leqq x\leqq400 \quad \cdots③$$

である．

よって，利益が最大になるのは，③より，1皿あたりの価格が $\boxed{280}$ 円のときであり，そのときの利益は $\boxed{8400}$ 円である．

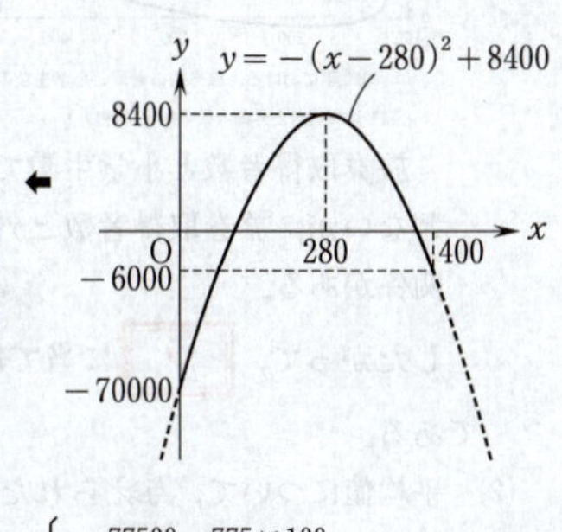

(4) $y\geqq7500$ を満たす x の値の範囲を調べる．

$y\geqq7500$ と②より，

$$\begin{aligned}-x^2+560x-7\times10000&\geqq7500\\x^2-560x+77500&\leqq0\\(x-250)(x-310)&\leqq0\\250\leqq x&\leqq310.\end{aligned}$$

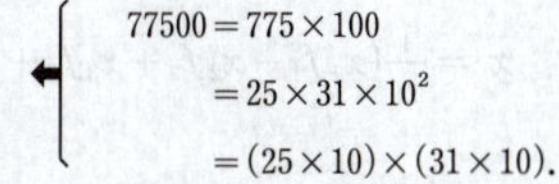

よって，利益が7500円以上となる1皿あたりの価格のうち，最も安い価格は **250** 円となる.

〔2〕

(1)(Ⅰ)　誤.

小学生数について，第1四分位数が約540人，第3四分位数が約570人であるから，四分位範囲は，

(約570)－(約540)＝(約30)(人).

外国人数について，第1四分位数が約50人，第3四分位数が約140人であるから，四分位範囲は，

(約140)－(約50)＝(約90)(人).

← 第1四分位数は，黒丸の小さい方から12番目．第3四分位数は黒丸の小さい方から36番目，つまり，大きい方から12番目.

← (四分位範囲)＝(第3四分位数)－(第1四分位数).

(Ⅱ)　正.

旅券取得者数について，最大値が約530人，最小値が約130人であるから，範囲は，

(約530)－(約130)＝(約400)(人).

← (範囲)＝(最大値)－(最小値).

外国人数について，最大値が約250人，最小値が約25人であるから，範囲は，

(約250)－(約25)＝(約225)(人).

(Ⅲ)　誤.

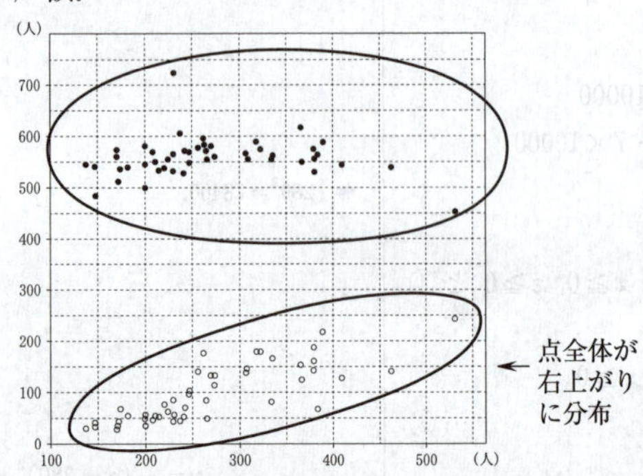

2010年における，旅券取得者数と小学生数の散布図(黒丸)，
旅券取得者数と外国人数の散布図(白丸)

旅券取得者数と小学生数では相関関係はほとんどないが，旅券取得者数と外国人数では正の相関関係がある.

←
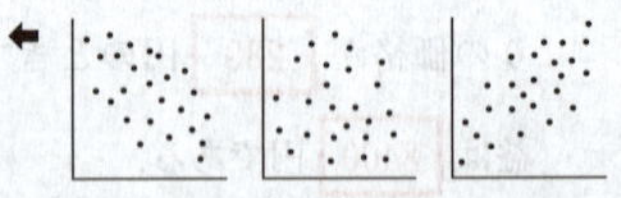

したがって， **ツ** に当てはまるものは **⑤** である.

(2)　平均値について，与えられた条件より，

$$\overline{x}=\frac{1}{n}(x_1f_1+x_2f_2+x_3f_3+\cdots\cdots+x_kf_k)$$

$$=\frac{1}{n}\{x_1f_1+(x_1+h)f_2+(x_1+2h)f_3+\cdots+\{x_1+(k-1)h\}f_k\}$$

$$=\frac{1}{n}\{x_1(f_1+f_2+f_3+\cdots+f_k)+h\{f_2+2f_3+\cdots+(k-1)f_k\}\}$$

$$=\frac{1}{n}\{x_1\cdot n+h\{f_2+2f_3+\cdots+(k-1)f_k\}\}$$

← $f_1+f_2+f_3+\cdots+f_k=n$.

$$=x_1+\frac{h}{n}\{f_2+2f_3+3f_4+\cdots+(k-1)f_k\}\ \cdots ⓪$$

と変形できる．

したがって，テ に当てはまるものは ③ である．

2008年における旅券取得者数のヒストグラム(図2)より，次の度数分布表を得る．

階級値	100	200	300	400	500	計
度　数	4	25	14	3	1	47

← 階級の中央の値を階級値という．

この表と，$x_1=100$，$h=100$，$n=47$ として ⓪ を用いることにより，

$$\overline{x}=100+\frac{100}{47}(25+2\times14+3\times3+4\times1)$$

← $f_2=25$，$f_3=14$，$f_4=3$，$f_5=1$.

$$=100+\frac{100}{47}\cdot66$$

$$=240.42\cdots$$

となるから，平均値 $\overline{x}$ は小数第1位を四捨五入すると 240 である．

(3)　分散について，与えられた条件より，

$$s^2=\frac{1}{n}\{(x_1-\overline{x})^2f_1+(x_2-\overline{x})^2f_2+\cdots+(x_k-\overline{x})^2f_k\}$$

$$=\frac{1}{n}\{(x_1{}^2f_1+x_2{}^2f_2+\cdots+x_k{}^2f_k)-2\overline{x}(x_1f_1+x_2f_2+\cdots+x_kf_k)+(\overline{x})^2(f_1+f_2+\cdots+f_k)\}$$

$$=\frac{1}{n}\{(x_1{}^2f_1+x_2{}^2f_2+\cdots+x_k{}^2f_k)-2\overline{x}\times n\overline{x}+(\overline{x})^2\times n\}$$

← $\overline{x}=\frac{1}{n}(x_1f_1+x_2f_2+\cdots+x_kf_k)$ であるから，$n\overline{x}=x_1f_1+x_2f_2+\cdots+x_kf_k$ であり，$f_1+f_2+\cdots+f_k=n$.

と変形できるから，

$$s^2=\frac{1}{n}(x_1{}^2f_1+x_2{}^2f_2+\cdots+x_k{}^2f_k)-(\overline{x})^2.\ \cdots ①$$

したがって，ヌ，ネ，ノ に当てはま

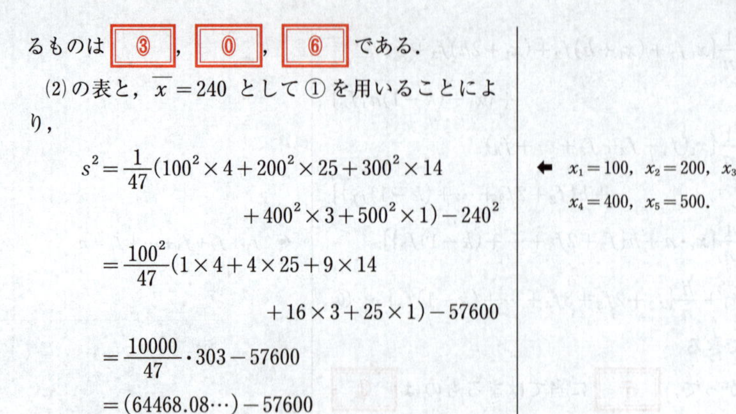

るものは ③ , ⓪ , ⑥ である.

(2) の表と, $\overline{x}=240$ として ① を用いることにより,

$$s^2=\frac{1}{47}(100^2\times4+200^2\times25+300^2\times14+400^2\times3+500^2\times1)-240^2$$

← $x_1=100$, $x_2=200$, $x_3=300$, $x_4=400$, $x_5=500$.

$$=\frac{100^2}{47}(1\times4+4\times25+9\times14+16\times3+25\times1)-57600$$

$$=\frac{10000}{47}\cdot303-57600$$

$$=(64468.08\cdots)-57600$$

$$=6868.08\cdots$$

であるから, 分散 s^2 に最も近い値は 6900 である.

したがって, ハ に当てはまるものは ③ である.

第3問　場合の数・確率

Aの袋：赤球2個，白球1個

Bの袋：赤球3個，白球1個

合計7個の球はすべて区別して考える．

(1)(i)「箱の中の2個の球のうち，少なくとも1個が赤球である」という事象の余事象は，

「箱の中の2個の球がともに白球である」

であり，このようになるのは，

A，Bの袋からともに白球を取り出すとき

である．

よって，箱の中の2個の球のうち，少なくとも1個が赤球である確率は，

$$1-\left(\frac{1}{3}\times\frac{1}{4}\right)=\frac{\boxed{11}}{\boxed{12}}$$

である．

← 余事象の確率
$P(A)=1-P(\overline{A})$.

(ii) 箱の中から球を1個取り出したとき，取り出した球が赤球となるのは，

・A，Bの袋からともに赤球を取り出して箱の中に入れた後，箱の中から赤球を取り出すとき

・Aの袋から赤球，Bの袋から白球を取り出して箱の中に入れた後，箱の中から赤球を取り出すとき

・Aの袋から白球，Bの袋から赤球を取り出して箱の中に入れた後，箱の中から赤球を取り出すとき

の3つの場合がある．

よって，箱の中から球を1個取り出したとき，取り出した球が赤球である確率は，

$$\left(\frac{2}{3}\times\frac{3}{4}\right)\times\frac{2}{2}+\left(\frac{2}{3}\times\frac{1}{4}\right)\times\frac{1}{2}+\left(\frac{1}{3}\times\frac{3}{4}\right)\times\frac{1}{2}$$

$$=\frac{12}{24}+\frac{2}{24}+\frac{3}{24}$$

$$=\frac{\boxed{17}}{\boxed{24}} \qquad \cdots①$$

である．

次に，取り出した球が赤球であったとき，それがBの袋に入っていたものである条件付き確率を求める．

事象 A，B を

A：箱の中から赤球を取り出す

B：箱の中からBの袋に入っていた球を取り出す

と定めると，取り出した球が赤球であったときに，それがBの袋に入っていたものである条件付き確率は，

$$P_A(B)=\frac{P(A\cap B)}{P(A)} \quad \cdots ②$$

として求めることができる．

①より，

$$P(A)=\frac{17}{24} \quad \cdots ③$$

である．

事象 $A\cap B$ は，

「Aの袋から何色の球でもよいから球を1個取り出し，Bの袋から赤球を1個取り出して計2個の球を箱の中に入れた後，箱の中からBの袋に入っていた赤球を取り出す事象」

であるから，

$$P(A\cap B)=\left(\frac{3}{3}\times\frac{3}{4}\right)\times\frac{1}{2}=\frac{9}{24} \quad \cdots ④$$

である．

よって，求める条件付き確率は，③，④を②に代入して，

$$P_A(B)=\frac{\frac{9}{24}}{\frac{17}{24}}=\frac{\boxed{9}}{\boxed{17}}$$

である．

←**条件付き確率**

事象 E が起こったときの事象 F が起こる条件付き確率 $P_E(F)$ は，

$$P_E(F)=\frac{P(E\cap F)}{P(E)}.$$

← Aの袋に入っている赤球と白球をそれぞれ Ⓡ_A，Ⓦ_A と表し，Bの袋に入っている赤球と白球を Ⓡ_B，Ⓦ_B と表すと，$A\cap B$ は下のような取り出し方である．

Aの袋	Bの袋	箱
Ⓡ_A	Ⓡ_B	Ⓡ_B
Ⓦ_A		

$P(A\cap B)$ は次のように求めてもよい．

$$P(A\cap B)=\frac{2}{3}\times\frac{3}{4}\times\frac{1}{2}+\frac{1}{3}\times\frac{3}{4}\times\frac{1}{2}=\frac{9}{24}.$$

(2)(i)　箱の中の4個の球のうち，ちょうど2個が赤球であるのは，A，Bの袋に白球が1個ずつしかないことに注意すると，

「A，Bの袋からともに赤球1個と白球1個を取り出すとき」　…(*)

である．

よって，ちょうど2個が赤球である確率は，

$$\frac{{}_2C_1\times{}_1C_1}{{}_3C_2}\times\frac{{}_3C_1\times{}_1C_1}{{}_4C_2}=\frac{2}{3}\times\frac{3}{6}=\frac{\boxed{1}}{\boxed{3}} \quad \cdots ⑤$$

である．

また，箱の中の4個の球のうち，ちょうど3個が赤球であるのは，

(あ)　Aの袋から赤球2個とBの袋から赤球と白球を1個ずつ取り出すとき

← Aの袋から赤球を2個取り出すと，Bの袋から白球を2個取り出す必要があるが，白球は1個しかないから，Aの袋から赤球を2個取ることはできない．同様に考えると，Bの袋から赤球を2個取り出すこともない．

(い)　Aの袋から赤球と白球を1個ずつとBの袋から赤球を2個取り出すとき

である．

よって，ちょうど3個が赤球である確率は，

$$\underbrace{\frac{{}_2C_2}{{}_3C_2}\times\frac{{}_3C_1\times{}_1C_1}{{}_4C_2}}_{(あ)}+\underbrace{\frac{{}_2C_1\times{}_1C_1}{{}_3C_2}\times\frac{{}_3C_2}{{}_4C_2}}_{(い)}$$

$$=\underbrace{\frac{1}{6}}_{(あ)}+\underbrace{\frac{1}{3}}_{(い)}=\frac{\boxed{1}}{\boxed{2}}\quad\cdots⑥$$

である．

← 余事象を利用して次のように求めてもよい．

箱の中に赤球がちょうど3個ある事象の余事象は，箱の中に赤球がちょうど2個または4個ある事象である．

箱の中に赤球がちょうど4個ある確率は，A，Bの袋からともに赤球2個ずつ取り出すときであるから，

$$\frac{{}_2C_2}{{}_3C_2}\times\frac{{}_3C_2}{{}_4C_2}=\frac{1}{3}\times\frac{1}{2}=\frac{1}{6}.$$

よって，求める確率は，

$$1-\frac{1}{3}-\frac{1}{6}=\frac{1}{2}.$$

(ii)　箱の中から球を2個同時に取り出すとき，どちらの球も赤球であるのは，

(う)　箱の中に赤球がちょうど2個あり，2個の赤球を取り出すとき

(え)　箱の中に赤球がちょうど3個あり，そのうち2個の赤球を取り出すとき

(お)　箱の中に赤球がちょうど4個あり，そのうち2個の赤球を取り出すとき

の3つの場合がある．

(う)のとき．

⑤より，

$$\frac{1}{3}\times\frac{{}_2C_2}{{}_4C_2}=\frac{1}{3}\times\frac{1}{6}=\frac{1}{18}.$$

← 箱の中には赤球と白球が2個ずつ入っているから，赤球2個を取り出す確率は，

$$\frac{{}_2C_2}{{}_4C_2}.$$

(え)のとき．

⑥より，

$$\frac{1}{2}\times\frac{{}_3C_2}{{}_4C_2}=\frac{1}{2}\times\frac{1}{2}=\frac{1}{4}.$$

← 箱の中には赤球3個と白球1個が入っているから，赤球2個を取り出す確率は，

$$\frac{{}_3C_2}{{}_4C_2}.$$

(お)のとき．

箱の中に赤球がちょうど4個あるのは，

「A，Bの袋からともに赤球を2個ずつ取り出したとき」　…(**)

であるから，

$$\left(\frac{{}_2C_2}{{}_3C_2}\times\frac{{}_3C_2}{{}_4C_2}\right)\times\frac{{}_4C_2}{{}_4C_2}=\frac{1}{6}\times1=\frac{1}{6}.\quad\cdots⑦$$

← 箱の中には赤球4個が入っているから，赤球2個を取り出す確率は，

$$\frac{{}_4C_2}{{}_4C_2}.$$

よって，箱の中から球を2個同時に取り出すとき，どちらの球も赤球である確率は，

$$\frac{1}{18}+\frac{1}{4}+\frac{1}{6}=\frac{\boxed{17}}{\boxed{36}}\quad\cdots⑧$$

である．

次に，取り出した2個の球がどちらも赤球であったときに，それらのうちの1個のみがBの袋に入っていたものである条件付き確率を求める．

事象 C，D を

C：箱の中から球を2個同時に取り出すとき，
どちらも赤球である

D：箱の中から球を2個同時に取り出すとき，
A，Bの袋の球を1個ずつ取り出す

と定めると，取り出した2個の球がどちらも赤球であったときに，それらのうちの1個のみがBの袋に入っていたものである条件付き確率は，

$$P_C(D)=\frac{P(C\cap D)}{P(C)} \qquad \cdots ⑨$$

として求めることができる．

⑧より，

$$P(C)=\frac{17}{36} \qquad \cdots ⑩$$

である．

事象 $C\cap D$ は，

「箱の中から2個を同時に取り出すとき，A，Bの袋に入っていた赤球を1個ずつ取り出す事象」

であり，箱の中にある赤球の個数で場合分けをして $P(C\cap D)$ を求める．

(I)　箱の中に赤球が2個あるとき．

(*)より，Aの袋から取り出した1個しかない赤球と，Bの袋から取り出した1個しかない赤球を取り出すときであるから，⑤を用いて，

$$\frac{1}{3}\times\frac{{}_1\mathrm{C}_1\times{}_1\mathrm{C}_1}{{}_4\mathrm{C}_2}=\frac{1}{3}\times\frac{1}{6}=\frac{1}{18}.$$

⬅ 箱の中の赤球と白球の内訳は次のようになっている．

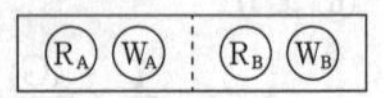

(II)　箱の中に赤球が3個あるとき．

・(あ)のとき．

Aの袋から取り出した2個の赤球のうちの1個と，Bの袋から取り出した1個しかない赤球を取り出すときであるから，(あ)の確率を用いて，

$$\frac{1}{6}\times\frac{{}_2\mathrm{C}_1\times{}_1\mathrm{C}_1}{{}_4\mathrm{C}_2}=\frac{1}{6}\times\frac{1}{3}=\frac{1}{18}.$$

⬅ 箱の中の赤球と白球の内訳は次のようになっている．

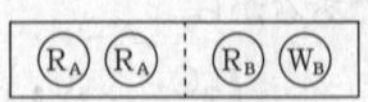

・(い)のとき．

Aの袋から取り出した1個しかない赤球と，Bの袋から取り出した2個の赤球のうちの1個

⬅ 箱の中の赤球と白球の内訳は次のようになっている．

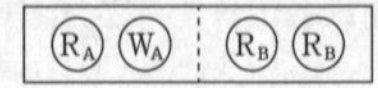

を取り出すときであるから，(い)の確率を用いて，

$$\frac{1}{3}\times\frac{{}_1C_1\times{}_2C_1}{{}_4C_2}=\frac{1}{3}\times\frac{1}{3}=\frac{1}{9}.$$

(Ⅲ) 箱の中に赤球が4個あるとき．

(**)より，Aの袋から取り出した2個の赤球のうちの1個と，Bの袋から取り出した2個の赤球のうちの1個を取り出すときであるから，⑦を用いて，

$$\frac{1}{6}\times\frac{{}_2C_1\times{}_2C_1}{{}_4C_2}=\frac{1}{6}\times\frac{2}{3}=\frac{1}{9}.$$

← 箱の中の赤球と白球の内訳は次のようになっている．

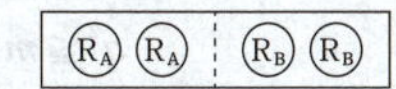

よって，(Ⅰ)，(Ⅱ)，(Ⅲ)より，確率$P(C\cap D)$は，

$$P(C\cap D)=\frac{1}{18}+\frac{1}{18}+\frac{1}{9}+\frac{1}{9}=\frac{1}{3}\quad\cdots ⑪$$

である．

したがって，求める条件付き確率は，⑩，⑪を⑨に代入して，

$$P_C(D)=\frac{\frac{1}{3}}{\frac{17}{36}}=\frac{\boxed{12}}{\boxed{17}}$$

である．

第4問　整数の性質

m は正の整数, a, b, c, d は整数.

$$a^2+b^2+c^2+d^2=m,\quad a \geqq b \geqq c \geqq d \geqq 0. \quad \cdots ①$$

①より,

$$a^2 \leqq a^2+b^2+c^2+d^2 \leqq a^2+a^2+a^2+a^2$$

すなわち,

$$a^2 \leqq m \leqq 4a^2. \quad \cdots ②$$

← 文字に大小設定がされているときは, そのことを利用して答えを絞り込むことを考えるとよい.

(1)　$m=14$ のとき, ②は,

$$a^2 \leqq 14 \leqq 4a^2.$$

$$(3.5=)\ \frac{7}{2} \leqq a^2 \leqq 14.$$

これを満たす0以上の整数 a は,

$$a=2,\ 3$$

に限られる.

・$a=3$ のとき.

①は,

$$3^2+b^2+c^2+d^2=14$$

$$b^2+c^2+d^2=5. \quad \cdots ③$$

③と $3 \geqq b \geqq c \geqq d \geqq 0$ より,

$$b^2 \leqq b^2+c^2+d^2 \leqq b^2+b^2+b^2$$

$$b^2 \leqq 5 \leqq 3b^2$$

$$(1.66\cdots=)\ \frac{5}{3} \leqq b^2 \leqq 5.$$

これを満たす0以上3以下の整数 b は,

$$b=2$$

に限られる.

← 次のようにして b の値を絞り込んでもよい.

③より,

$$c^2+d^2=5-b^2.$$

$c^2+d^2 \geqq 0$ より,

$$5-b^2 \geqq 0$$

であるから,

$$b^2 \leqq 5$$

これを満たす0以上の整数 b は,

$$b=1,\ 2$$

に限られる.

このとき, ③は,

$$2^2+c^2+d^2=5$$

$$c^2+d^2=1.$$

これを満たす0以上の整数 c, d $(2 \geqq c \geqq d)$ は,

$$(c,\ d)=(1,\ 0).$$

よって,

$$(a,\ b,\ c,\ d)=(3,\ 2,\ 1,\ 0).$$

・$a=2$ のとき.

①は,

$$2^2+b^2+c^2+d^2=14$$

$$b^2+c^2+d^2=10. \quad \cdots ④$$

④と $2 \geqq b \geqq c \geqq d \geqq 0$ より,

$$b^2 \leqq b^2+c^2+d^2 \leqq b^2+b^2+b^2$$

$$b^2 \leqq 10 \leqq 3b^2$$

$$(3.33\cdots=)\ \frac{10}{3} \leqq b^2 \leqq 10.$$

これを満たす0以上2以下の整数 b は，

$$b=2$$

に限られる．

このとき，④は，

$$2^2+c^2+d^2=10$$
$$c^2+d^2=6.$$

これを満たす0以上の整数 c，d は存在しない．

したがって，$m=14$ のとき，①を満たす a，b，c，d の組 (a, b, c, d) は，

また，$m=28$ のとき，②は，

$$a^2 \leqq 28 \leqq 4a^2$$
$$7 \leqq a^2 \leqq 28.$$

これを満たす0以上の整数 a は，

$$a=3,\ 4,\ 5$$

に限られる．

・$a=5$ のとき．

①は，

$$5^2+b^2+c^2+d^2=28$$
$$b^2+c^2+d^2=3. \quad \cdots⑤$$

⑤と $5 \geqq b \geqq c \geqq d \geqq 0$ より，

$$b^2 \leqq b^2+c^2+d^2 \leqq b^2+b^2+b^2$$
$$b^2 \leqq 3 \leqq 3b^2$$
$$1 \leqq b^2 \leqq 3.$$

これを満たす0以上5以下の整数 b は，

$$b=1$$

に限られる．

このとき，⑤は，

$$1^2+c^2+d^2=3$$
$$c^2+d^2=2.$$

これを満たす0以上の整数 c，d $(1 \geqq c \geqq d)$ は，

$$(c,\ d)=(1,\ 1).$$

よって，

$$(a,\ b,\ c,\ d)=(5,\ 1,\ 1,\ 1).$$

・$a=4$ のとき．

①は，

$$4^2+b^2+c^2+d^2=28$$

$$b^2+c^2+d^2=12. \quad \cdots ⑥$$

⑥と $4 \geqq b \geqq c \geqq d \geqq 0$ より,

$$b^2 \leqq b^2+c^2+d^2 \leqq b^2+b^2+b^2$$
$$b^2 \leqq 12 \leqq 3b^2$$
$$4 \leqq b^2 \leqq 12.$$

これを満たす0以上4以下の整数 b は,

$$b=2,\ 3$$

に限られる.

$b=3$ のとき, ⑥は,

$$3^2+c^2+d^2=12$$
$$c^2+d^2=3$$

となり, これを満たす整数 c, d は存在しない.

$b=2$ のとき, ⑥は,

$$2^2+c^2+d^2=12$$
$$c^2+d^2=8$$

となり, これを満たす整数 c, d $(2 \geqq c \geqq d \geqq 0)$ は,

$$(c,\ d)=(2,\ 2).$$

よって,

$$(a,\ b,\ c,\ d)=(4,\ 2,\ 2,\ 2).$$

・$a=3$ のとき.

①は,

$$3^2+b^2+c^2+d^2=28$$
$$b^2+c^2+d^2=19. \quad \cdots ⑦$$

⑦と $3 \geqq b \geqq c \geqq d \geqq 0$ より,

$$b^2 \leqq b^2+c^2+d^2 \leqq b^2+b^2+b^2$$
$$b^2 \leqq 19 \leqq 3b^2$$
$$(6.33\cdots=)\ \frac{19}{3} \leqq b^2 \leqq 19.$$

これを満たす0以上3以下の整数 b は,

$$b=3$$

に限られる.

このとき, ⑦は,

$$3^2+c^2+d^2=19$$
$$c^2+d^2=10.$$

これを満たす整数 c, d $(3 \geqq c \geqq d \geqq 0)$ は,

$$(c,\ d)=(3,\ 1).$$

よって,

$$(a,\ b,\ c,\ d)=(3,\ 3,\ 3,\ 1).$$

したがって, $m=28$ のとき, ①を満たす整数 a, b, c, d の組の個数は [3] 個である.

(2)　aが奇数のとき，$a=2n+1$（nは整数）と表すと，

$$a^2-1=(2n+1)^2-1$$
$$=4n^2+4n$$
$$=4n(n+1).$$

$n(n+1)$ は偶数より，$n(n+1)=2\ell$（ℓは整数）とおくと，

$$a^2-1=4\cdot 2\ell=2^3\ell. \quad \cdots ⑧$$

← 連続するp個の整数の積は，pの倍数．
このことより，$n(n+1)$ は連続する2個の整数の積であるから，2の倍数(偶数)．

これより，a^2-1 は2の倍数でもあり，4の倍数であり，8の倍数でもあるが16の倍数とは限らないので，すべての奇数aで「条件：a^2-1 はhの倍数である.」が成り立つような正の整数hのうち，最大なものは $h=$ **8** である．

よって，aが奇数のとき，⑧より，

$$a^2=8\ell+1$$

となるから，a^2を8で割ったときの余りは1である．

また，aが偶数のとき，$a=2n$（nは整数）と表すと，

$$a^2=(2n)^2=4n^2.$$

さらに，nをkを整数として，$2k$，$2k+1$ に分類すると，

$n=2k$のとき，$a^2=4(2k)^2=8(2k^2)$，

$n=2k+1$のとき，$a^2=4(2k+1)^2=8(2k^2+2k)+4$

となるから，a^2を8で割ったときの余りは，0または4のいずれかである．

(3)　(2)より，$a^2+b^2+c^2+d^2$ を8で割ったときの余りを表にまとめると次のようになる．

a, b, c, dの偶奇の内訳		$a^2+b^2+c^2+d^2$ を8で割ったときの余り
偶　数	奇　数	
4個	0個	0　または　4
3個	1個	1　または　5
2個	2個	2　または　6
1個	3個	3　または　7
0個	4個	4

表より，$a^2+b^2+c^2+d^2$ が8の倍数ならば，整数a, b, c, dのうち，偶数であるものの個数は **4** 個である．

← a，b，c，dはすべて偶数である．

(4)　$m=224=8\times 28$ のとき，①は，

$$a^2+b^2+c^2+d^2=8\times 28. \qquad \cdots ⑨$$

$a^2+b^2+c^2+d^2$ は8の倍数であるから，(3)より，a，b，c，d はすべて偶数である．

これより，整数 p，q，r，s $(p\geqq q\geqq r\geqq s\geqq 0)$ を用いて，

$$a=2p,\quad b=2q,\quad c=2r,\quad d=2s \qquad \cdots (*)$$

とおき，⑨に代入すると，

$$(2p)^2+(2q)^2+(2r)^2+(2s)^2=8\times 28$$
$$p^2+q^2+r^2+s^2=8\times 7. \qquad \cdots ⑩$$

$p^2+q^2+r^2+s^2$ は8の倍数であるから，(3)より，p，q，r，s はすべて偶数である．

さらに，整数 t，u，v，w $(t\geqq u\geqq v\geqq w\geqq 0)$ を用いて，

$$p=2t,\quad q=2u,\quad r=2v,\quad s=2w \qquad \cdots (**)$$

とおき，⑩に代入すると，

$$(2t)^2+(2u)^2+(2v)^2+(2w)^2=8\times 7$$
$$t^2+u^2+v^2+w^2=14.$$

これを満たす整数 t，u，v，w の組 $(t,\ u,\ v,\ w)$ は，(1)の結果より，

$$(t,\ u,\ v,\ w)=(3,\ 2,\ 1,\ 0).$$

これより，

$$(p,\ q,\ r,\ s)=(6,\ 4,\ 2,\ 0)$$

となるから，$m=224$ のとき，①を満たす整数 a，b，c，d の組 $(a,\ b,\ c,\ d)$ は，

(12 , 8 , 4 , 0)

のただ一つであることがわかる．

(5)　$896=7\times 2^7$ より，7の倍数で896の約数である正の整数 m は，

$$m=7\times 1,\ 7\times 2,\ 7\times 2^2,\ 7\times 2^3,$$
$$7\times 2^4,\ 7\times 2^5,\ 7\times 2^6,\ 7\times 2^7$$

である．

・$m=7\times 1$ のとき，①は

$$a^2+b^2+c^2+d^2=7,\quad a\geqq b\geqq c\geqq d\geqq 0$$

であり，これを満たす整数 a，b，c，d の組は，

$$(a,\ b,\ c,\ d)=(2,\ 1,\ 1,\ 1)\ の1組.$$

・$m=7\times 2=14$ のとき，(1)の結果より，整数 a，b，c，d の組は，

1組．

・$m=7\times 2^2=28$ のとき，(1)の結果より，整数 a，b，

←②より，

$$a^2\leqq 7\leqq 4a^2$$
$$(1.75=)\ \frac{7}{4}\leqq a^2\leqq 4.$$

これを満たす0以上の整数 a は

$$a=2$$

に限られる．これより a，b，c，d の組を求めるとよい．

c, d の組は,

3組.

・$m=7\times2^3\,(=56)$ のとき, ① は,

$$a^2+b^2+c^2+d^2=7\times2^3. \quad \cdots ⑪$$

これに (*) を代入して整理すると,

$$p^2+q^2+r^2+s^2=7\times2\,(=14).$$

これを満たす整数 p, q, r, s の組は (1) の結果より, 1組であるから, ⑪ を満たす整数 a, b, c, d の組は,

1組.

⬅ $(p,\ q,\ r,\ s)=(3,\ 2,\ 1,\ 0)$.

⬅ $(a,\ b,\ c,\ d)=(6,\ 4,\ 2,\ 0)$.

・$m=7\times2^4\,(=112)$ のとき, ① は,

$$a^2+b^2+c^2+d^2=7\times2^4. \quad \cdots ⑫$$

これに (*) を代入して整理すると,

$$p^2+q^2+r^2+s^2=7\times2^2\,(=28)$$

これを満たす整数 p, q, r, s の組は (1) の結果より, 3組であるから, ⑫ を満たす整数 a, b, c, d の組は,

3組.

⬅ $(p,\ q,\ r,\ s)=(5,\ 1,\ 1,\ 1),\ (4,\ 2,\ 2,\ 2),\ (3,\ 3,\ 3,\ 1)$.

⬅ $(a,\ b,\ c,\ d)=(10,\ 2,\ 2,\ 2),\ (8,\ 4,\ 4,\ 4),\ (6,\ 6,\ 6,\ 2)$.

・$m=7\times2^5\,(=224)$ のとき, (4) の結果より, 整数 a, b, c, d の組は,

1組.

・$m=7\times2^6\,(=448)$ のとき, ① は,

$$a^2+b^2+c^2+d^2=7\times2^6. \quad \cdots ⑬$$

これに (*) を代入して整理すると,

$$p^2+q^2+r^2+s^2=7\times2^4.$$

さらに, (**) を代入して整理すると,

$$t^2+u^2+v^2+w^2=7\times2^2\,(=28).$$

これを満たす整数 t, u, v, w の組は (1) の結果より, 3組であるから, ⑬ を満たす整数 a, b, c, d の組は,

3組.

⬅ $(t,\ u,\ v,\ w)=(5,\ 1,\ 1,\ 1),\ (4,\ 2,\ 2,\ 2),\ (3,\ 3,\ 3,\ 1)$.

⬅ $(a,\ b,\ c,\ d)=(20,\ 4,\ 4,\ 4),\ (16,\ 8,\ 8,\ 8),\ (12,\ 12,\ 12,\ 4)$.

・$m=7\times2^7\,(=896)$ のとき, ① は,

$$a^2+b^2+c^2+d^2=7\times2^7. \quad \cdots ⑭$$

これに (*) を代入して整理すると,

$$p^2+q^2+r^2+s^2=7\times2^5\,(=224).$$

これを満たす整数 p, q, r, s の組は (4) の結果より, 1組であるから, ⑭ を満たす整数 a, b, c, d の組は,

1組.

⬅ $(p,\ q,\ r,\ s)=(12,\ 8,\ 4,\ 0)$.

⬅ $(a,\ b,\ c,\ d)=(24,\ 16,\ 8,\ 0)$.

したがって, 7の倍数で896の約数である正の整数

m のうち，① を満たす整数 a，b，c，d の組の個数が 3 個であるものの個数は **3** 個であり，そのうち最大のものは $m =$ **448** である.

⬅ $m = 28$，112，448 の 3 個.

第5問　図形の性質

(Step 1)～(Step 5)の手順で円Oを作図すると次のようになる．

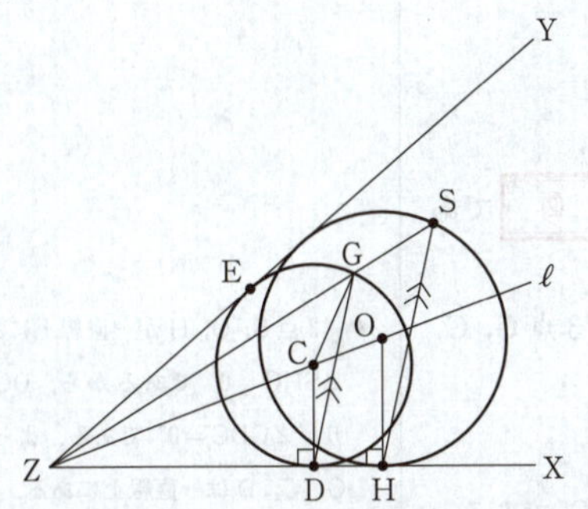

点Oは∠XZYの二等分線ℓ上にあるから，円Oは半直線ZXと半直線ZYの両方に接する．これより，

構想

円Oが点Sを通り，半直線ZXと半直線ZYの両方に接する円であることを示すには，OH＝OS が成り立つことを示せばよい．

よって，**ア** に当てはまるものは **⑤** である．

△ZDGと△ZHSの関係は，

$$\begin{cases}\angle \mathrm{DZG}=\angle \mathrm{HZS}\ （共通）,\\ \angle \mathrm{ZDG}=\angle \mathrm{ZHS}\ （\mathrm{DG}\,/\!/\,\mathrm{HS}より，同位角）\end{cases}$$

であるから，

$$\triangle \mathrm{ZDG} \backsim \triangle \mathrm{ZHS}. \qquad \cdots ①$$

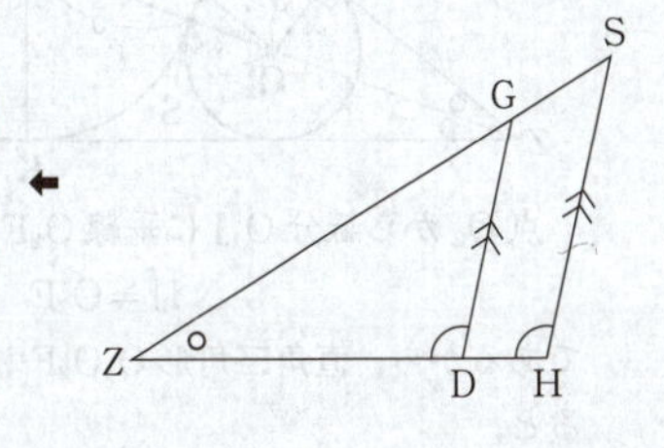

△ZDCと△ZHOの関係は，

$$\begin{cases}\angle \mathrm{DZC}=\angle \mathrm{HZO}\ （共通）,\\ \angle \mathrm{ZDC}=\angle \mathrm{ZHO}=90^\circ\end{cases}$$

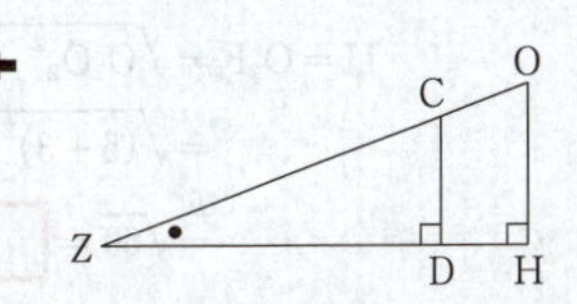

であるから，

$$\triangle \mathrm{ZDC} \backsim \triangle \mathrm{ZHO}. \qquad \cdots ②$$

よって，①，②より，

$$\mathrm{DG}:\mathrm{HS}=\mathrm{ZD}:\mathrm{ZH},$$
$$\mathrm{DC}:\mathrm{HO}=\mathrm{ZD}:\mathrm{ZH}$$

であるから，

$$\mathrm{DG}:\mathrm{HS}=\mathrm{DC}:\mathrm{HO}. \qquad \cdots ③$$

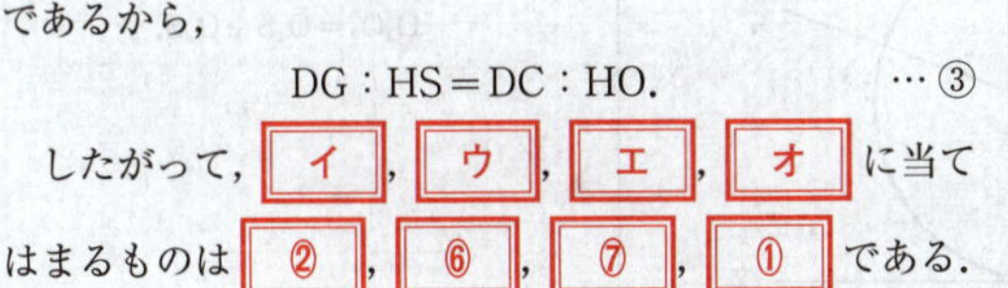

したがって，**イ**，**ウ**，**エ**，**オ** に当てはまるものは **②**，**⑥**，**⑦**，**①** である．

ここで，3点S，O，Hが一直線上にない場合，

$\angle CDG = \angle ZDG - 90°$

$= \angle ZHS - 90°$ （DG // HS より）

$= \angle OHS$ …④

であるから，③，④より，

$\triangle CDG \backsim \triangle OHS.$

よって，CD＝CG より，OH＝OS である．

したがって，［カ］に当てはまるものは［②］である．

なお，3 点 S，O，H が一直線上にある場合，3 点 G，C，D は一直線上にあるから，

DG＝［2］DC

となり，DG：HS＝DC：HO より，OH＝OS である．

⬅ 3 点 S，O，H が一直線上にあるとき，∠SHO＝0° であるから，DG // HS より，∠GDC＝0° である．よって，3 点 G，C，D は一直線上にある．

(2)

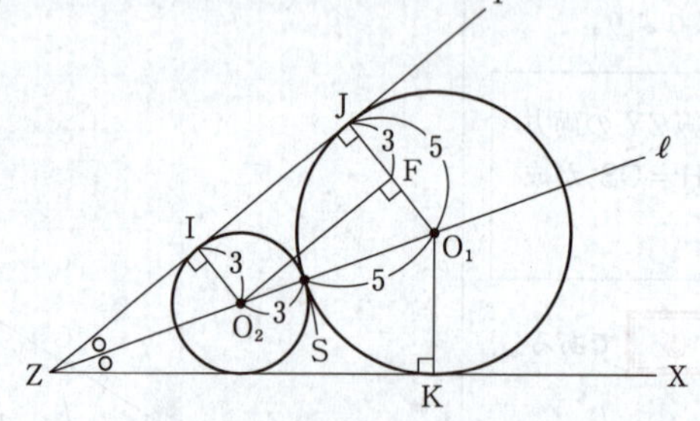

点 O_2 から線分 O_1J に垂線 O_2F を引くと，図より，

$IJ = O_2F$

であるから，直角三角形 O_1O_2F に三平方の定理を用いると，

$$IJ = O_2F = \sqrt{O_1O_2{}^2 - O_1F^2}$$
$$= \sqrt{(5+3)^2 - (5-3)^2}$$
$$= \sqrt{60} = [2]\sqrt{[15]} \quad \cdots ⑤$$

である．

⬅ 2 円が外接する条件

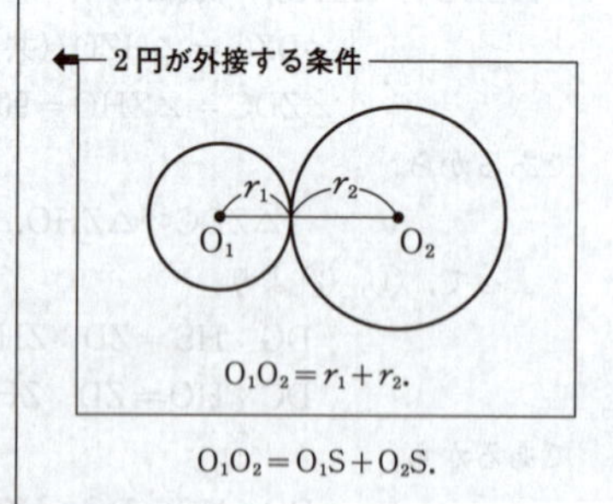

$O_1O_2 = r_1 + r_2.$

$O_1O_2 = O_1S + O_2S.$

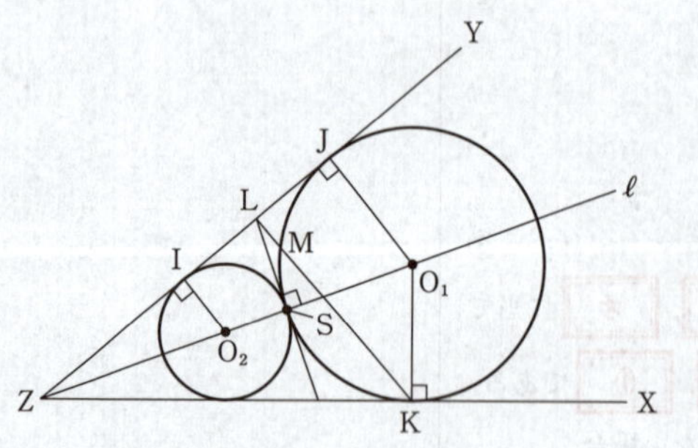

円 O_1 に方べきの定理を用いると，

$$LM \cdot LK = LJ^2 \quad \cdots ⑥$$

が成り立つ．

また，直線 LJ と直線 LS は円 O_1 の接線であるから，

$$LJ = LS \quad \cdots ⑦$$

であり，直線 LI と直線 LS は円 O_2 の接線であるから，

$$LI = LS$$

であることより，

$$LJ = LI.$$

よって，L は線分 IJ の中点であり，これと ⑤ より，

$$(LI =)\ LJ = \frac{1}{2}IJ = \frac{1}{2} \cdot 2\sqrt{15} = \sqrt{15}$$

であるから，

$$LM \cdot LK = (\sqrt{15})^2 = \boxed{15}$$

である．

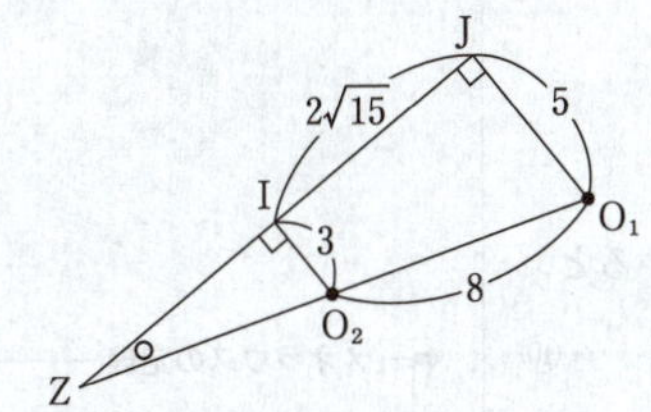

$\triangle ZIO_2 \backsim \triangle ZJO_1$ より，

$$ZI : ZJ = IO_2 : JO_1$$
$$ZI : (ZI + IJ) = 3 : 5$$
$$ZI : (ZI + 2\sqrt{15}) = 3 : 5$$
$$5ZI = 3(ZI + 2\sqrt{15})$$
$$ZI = \boxed{3}\sqrt{\boxed{15}}$$

である．

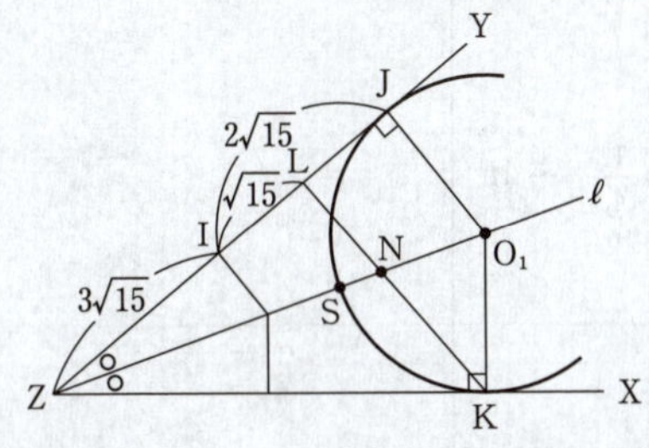

線分 ZN は ∠KZL，つまり，∠XZY の二等分線より，

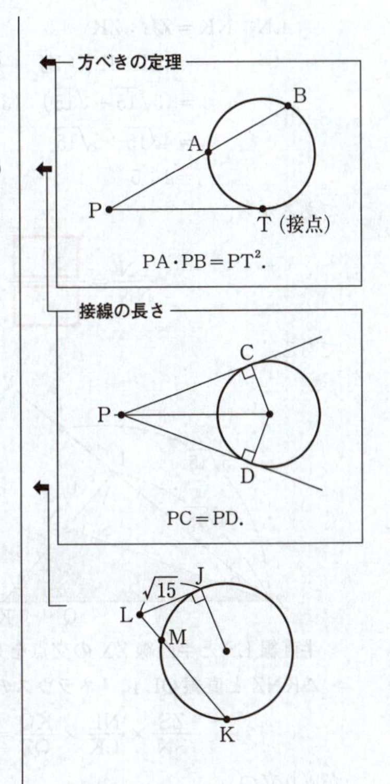

$$\mathrm{LN : NK = ZL : ZK}$$
$$= (\mathrm{ZI}+\mathrm{IL}) : \mathrm{ZJ}$$
$$= (3\sqrt{15}+\sqrt{15}) : (3\sqrt{15}+2\sqrt{15})$$
$$= 4\sqrt{15} : 5\sqrt{15} \qquad \cdots ⑧$$
$$= 4 : 5$$

であるから，

$$\frac{\mathrm{LN}}{\mathrm{NK}} = \frac{\boxed{4}}{\boxed{5}} \qquad \cdots ⑨$$

である．

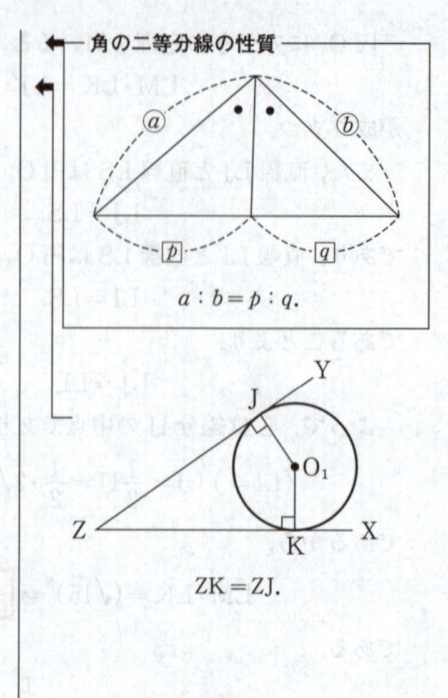

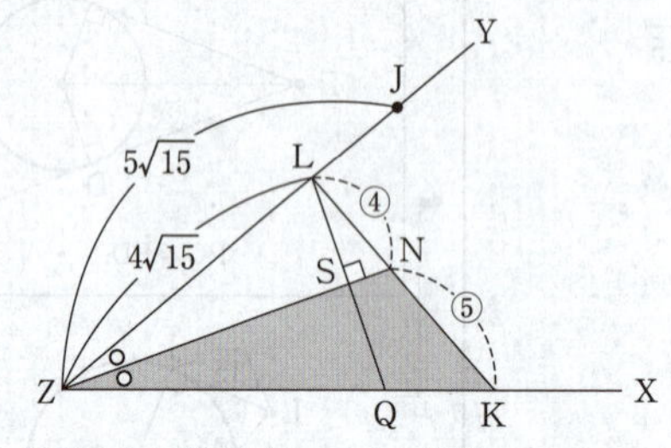

半直線 LS と半直線 ZX の交点を Q とする．

△KNZ と直線 QL にメネラウスの定理を用いると，

$$\frac{\mathrm{ZS}}{\mathrm{SN}} \times \frac{\mathrm{NL}}{\mathrm{LK}} \times \frac{\mathrm{KQ}}{\mathrm{QZ}} = 1 \qquad \cdots ⑩$$

が成り立つ．

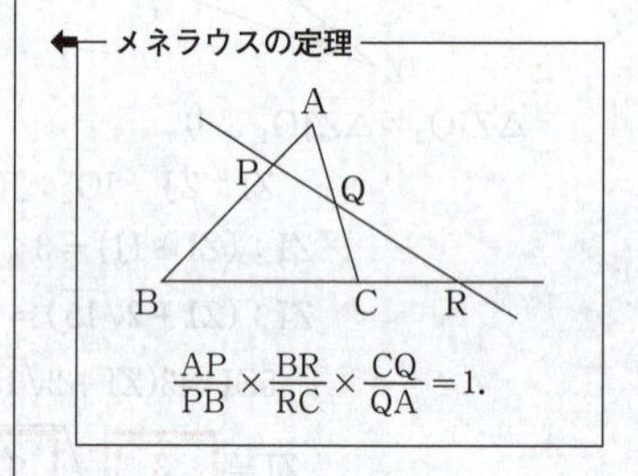

⑨ より，

$$\frac{\mathrm{NL}}{\mathrm{LK}} = \frac{4}{9} \qquad \cdots ⑨'$$

である．

また，△ZSL ≡ △ZSQ と ⑧ より，

$$\mathrm{ZQ} = \mathrm{ZL} = 4\sqrt{15}$$

であり，さらに，⑧ より，

$$\mathrm{ZK} = \mathrm{ZJ} = 5\sqrt{15}$$

であるから，

$$\frac{\mathrm{KQ}}{\mathrm{QZ}} = \frac{\mathrm{ZK}-\mathrm{ZQ}}{\mathrm{ZQ}} = \frac{5\sqrt{15}-4\sqrt{15}}{4\sqrt{15}} = \frac{1}{4} \qquad \cdots ⑪$$

である．

よって，⑨′ と ⑪ を ⑩ に代入すると，

$$\frac{\mathrm{ZS}}{\mathrm{SN}} \times \frac{4}{9} \times \frac{1}{4} = 1$$

$$\frac{\mathrm{ZS}}{\mathrm{SN}} = 9$$

となるから，

$$SN = \frac{1}{9}ZS \qquad \cdots ⑫$$

である．

ここで，直角三角形ZSLに三平方の定理を用いると，

$$\begin{aligned} ZS &= \sqrt{ZL^2 - LS^2} \\ &= \sqrt{ZL^2 - LJ^2} \quad (⑦より) \\ &= \sqrt{(4\sqrt{15})^2 - (\sqrt{15})^2} \quad (⑧より) \\ &= \sqrt{225} = 15 \end{aligned}$$

であるから，⑫に代入して，

$$SN = \frac{1}{9} \cdot 15 = \frac{\boxed{5}}{\boxed{3}}$$

である．

数学Ⅱ・数学B

解答・採点基準

(100点満点)

問題番号(配点)	解答記号	正解	配点	自己採点
第1問 (30)	ア	1	1	
	イ$\log_{10}2$＋ウ	$-\log_{10}2+1$	2	
	エ$\log_{10}2+\log_{10}3$＋オ	$-\log_{10}2+\log_{10}3+1$	2	
	カキ	23	2	
	クケ	24	2	
	$\log_{10}$コ	$\log_{10}3$	2	
	サ	3	2	
	シ	2	1	
	ス	4	1	
	セ	⑦	2	
	ソ	④	2	
	タ	0	1	
	$\frac{\sqrt{チ}}{ツ}$	$\frac{\sqrt{2}}{2}$	1	
	$\sqrt{テ}\sin\left(\alpha+\frac{\pi}{ト}\right)$	$\sqrt{2}\sin\left(\alpha+\frac{\pi}{4}\right)$	1	
	ナニ	11	2	
	ヌネ	19	1	
	$\frac{ノハ}{ヒ}$	$\frac{-1}{2}$	2	
	$\frac{フ}{ヘ}\pi$	$\frac{2}{3}\pi$	1	
	ホ	⓪	2	
	第1問　自己採点小計			

問題番号(配点)	解答記号	正解	配点	自己採点
第2問 (30)	ア	2	2	
	イ	2	2	
	ウ	0	1	
	エ	①	2	
	オ，カ	①，③	2	
	キ	2	2	
	ク	a	2	
	ケ	0	1	
	コ*	2	3	
	サ	1	3	
	シス	−c	2	
	セ	c	2	
	ソ，タ，チ，ツ	−，3，3，6	3	
	テ	2	3	
	第2問　自己採点小計			
第3問 (20)	アイ	45	2	
	ウエ	15	2	
	オカ	47	2	
	$\frac{キ}{ク}$	$\frac{a}{5}$	1	
	$\frac{ケ\sqrt{コサ}}{シ}$	$\frac{3\sqrt{11}}{8}$	3	
	ス	①	2	
	セ	4	2	
	ソタチ.ツテ	112.16	1	
	トナニ.ヌネ	127.84	1	
	ノ	②	2	
	ハ.ヒ	1.5	2	
	第3問　自己採点小計			

問題番号(配点)	解答記号	正　解	配点	自己採点
第４問 (20)	ア	4	1	
	イ・ウ$^{n-1}$	$4\cdot5^{n-1}$	2	
	$\dfrac{エ}{オカ}$	$\dfrac{5}{16}$	2	
	キ	5	1	
	ク	4	2	
	ケ，コ	1，1	3	
	サシ	15	2	
	ス，セ	1，2	3	
	ソタ	41	2	
	チツテ	153	2	
第４問　自己採点小計				
第５問 (20)	ア	5	2	
	$\dfrac{イ}{ウエ}$	$\dfrac{9}{10}$	2	
	$\dfrac{オ}{カ}$，$\dfrac{キ}{ク}$	$\dfrac{2}{5}$，$\dfrac{1}{2}$	2	
	ケ	4	2	
	コ，$\sqrt{サ}$	3，$\sqrt{7}$	2	
	シ	−	2	
	$\dfrac{ス}{セ}$	$\dfrac{1}{3}$	3	
	$\dfrac{ソ}{タチ}$	$\dfrac{7}{12}$	3	
	ツ	①	2	
第５問　自己採点小計				
自己採点合計				

(注)

第１問，第２問は必答。

第３問～第５問のうちから２問選択。計４問を解答。

＊第２問コでｂと解答した場合，第２問キで２と解答しているときにのみ３点を与える。

第1問　指数関数・対数関数，三角関数

〔1〕

(1)　$\log_{10} 10 = \boxed{1}$

である．また

$$\log_{10} 5 = \log_{10} \frac{10}{2}$$
$$= \log_{10} 10 - \log_{10} 2$$
$$= \boxed{-} \log_{10} 2 + \boxed{1}$$

$$\log_{10} 15 = \log_{10} 3 \cdot 5$$
$$= \log_{10} 3 + \log_{10} 5$$
$$= \log_{10} 3 - \log_{10} 2 + 1$$
$$= \boxed{-} \log_{10} 2 + \log_{10} 3 + \boxed{1}$$

と表せる．

(2)
$$\log_{10} 15^{20} = 20 \log_{10} 15$$
$$= 20(-\log_{10} 2 + \log_{10} 3 + 1)$$
$$= 20(-0.3010 + 0.4771 + 1)$$
$$= 23.522$$

より，$\log_{10} 15^{20}$ は

$$\boxed{23} < \log_{10} 15^{20} < 23 + 1$$

を満たすから

$$10^{23} < 15^{20} < 10^{24}$$

が成り立つ．よって，15^{20} は $\boxed{24}$ 桁の数である．

$\log_{10} 15^{20}$ の小数部分は

$$\log_{10} 15^{20} - 23 = 23.522 - 23 = 0.522$$

であり

$$0.4771 < 0.522 < 2 \cdot 0.3010$$

すなわち

$$\log_{10} \boxed{3} < \log_{10} 15^{20} - 23 < \log_{10} 4$$

が成り立つ．これを変形すると

$$23 + \log_{10} 3 < \log_{10} 15^{20} < 23 + \log_{10} 4$$
$$\log_{10} 10^{23} + \log_{10} 3 < \log_{10} 15^{20} < \log_{10} 10^{23} + \log_{10} 4$$
$$\log_{10} 3 \cdot 10^{23} < \log_{10} 15^{20} < \log_{10} 4 \cdot 10^{23}$$

が成り立つから

$$3 \cdot 10^{23} < 15^{20} < 4 \cdot 10^{23}$$

である．よって，15^{20} の最高位の数字は $\boxed{3}$ である．

←対数

$a > 0$，$a \neq 1$，$M > 0$ のとき

$a^x = M \iff x = \log_a M$.

← $c > 0$，$c \neq 1$，$p > 0$，$q > 0$ のとき

$\log_c \frac{p}{q} = \log_c p - \log_c q$.

← $c > 0$，$c \neq 1$，$p > 0$，$q > 0$ のとき

$\log_c pq = \log_c p + \log_c q$.

← $c > 0$，$c \neq 1$，$R > 0$ のとき

$\log_c R^r = r \log_c R$.

← $\log_{10} 4 = \log_{10} 2^2 = 2 \log_{10} 2$
$= 2 \cdot 0.3010$.

〔2〕 P$(\cos\theta, \sin\theta)$, Q$(\cos\alpha, \sin\alpha)$, R$(\cos\beta, \sin\beta)$

$$0 \leqq \theta < \alpha < \beta < 2\pi$$

$$s = \cos\theta + \cos\alpha + \cos\beta, \quad t = \sin\theta + \sin\alpha + \sin\beta$$

(1) △PQR が正三角形や二等辺三角形のときの s と t の値について考察する．

考察1

△PQR が正三角形である場合を考える．

この場合，α, β を θ で表すと

$$\alpha = \theta + \frac{\boxed{2}}{3}\pi, \quad \beta = \theta + \frac{\boxed{4}}{3}\pi$$

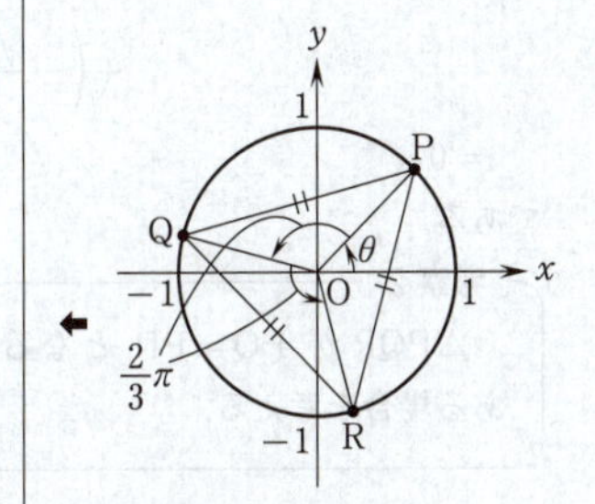

であり，加法定理により

$$\cos\alpha = \cos\left(\theta + \frac{2}{3}\pi\right)$$
$$= \cos\frac{2}{3}\pi\cos\theta - \sin\frac{2}{3}\pi\sin\theta$$
$$= -\frac{1}{2}\cos\theta - \frac{\sqrt{3}}{2}\sin\theta \quad (\boxed{⑦})$$

加法定理
$\cos(\alpha+\beta) = \cos\alpha\cos\beta - \sin\alpha\sin\beta$.

$$\sin\alpha = \sin\left(\theta + \frac{2}{3}\pi\right)$$
$$= \sin\frac{2}{3}\pi\cos\theta + \cos\frac{2}{3}\pi\sin\theta$$
$$= \frac{\sqrt{3}}{2}\cos\theta - \frac{1}{2}\sin\theta \quad (\boxed{④})$$

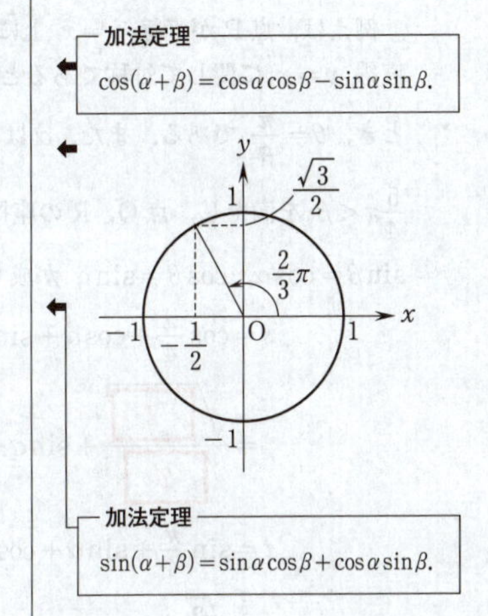

加法定理
$\sin(\alpha+\beta) = \sin\alpha\cos\beta + \cos\alpha\sin\beta$.

である．同様に

$$\cos\beta = \cos\left(\theta + \frac{4}{3}\pi\right)$$
$$= \cos\frac{4}{3}\pi\cos\theta - \sin\frac{4}{3}\pi\sin\theta$$
$$= -\frac{1}{2}\cos\theta + \frac{\sqrt{3}}{2}\sin\theta$$

$$\sin\beta = \sin\left(\theta + \frac{4}{3}\pi\right)$$
$$= \sin\frac{4}{3}\pi\cos\theta + \cos\frac{4}{3}\pi\sin\theta$$
$$= -\frac{\sqrt{3}}{2}\cos\theta - \frac{1}{2}\sin\theta$$

である．これらのことから

$$s=\cos\theta+\left(-\frac{1}{2}\cos\theta-\frac{\sqrt{3}}{2}\sin\theta\right)+\left(-\frac{1}{2}\cos\theta+\frac{\sqrt{3}}{2}\sin\theta\right)$$

$$=\boxed{0}$$

⬅ $s=\cos\theta+\cos\alpha+\cos\beta$.

$$t=\sin\theta+\left(\frac{\sqrt{3}}{2}\cos\theta-\frac{1}{2}\sin\theta\right)+\left(-\frac{\sqrt{3}}{2}\cos\theta-\frac{1}{2}\sin\theta\right)$$

$$=0$$

⬅ $t=\sin\theta+\sin\alpha+\sin\beta$.

である．

考察２

△PQR が PQ＝PR となる二等辺三角形である場合を考える．

例えば，点Pが直線 $y=x$ 上にあり，点Q，Rが直線 $y=x$ に関して対称であるときを考える．このとき，$\theta=\frac{\pi}{4}$ である．また，α は $\alpha<\frac{5}{4}\pi$，β は $\frac{5}{4}\pi<\beta$ を満たし，点Q，Rの座標について，$\sin\beta=\cos\alpha$，$\cos\beta=\sin\alpha$ が成り立つ．よって

⬅

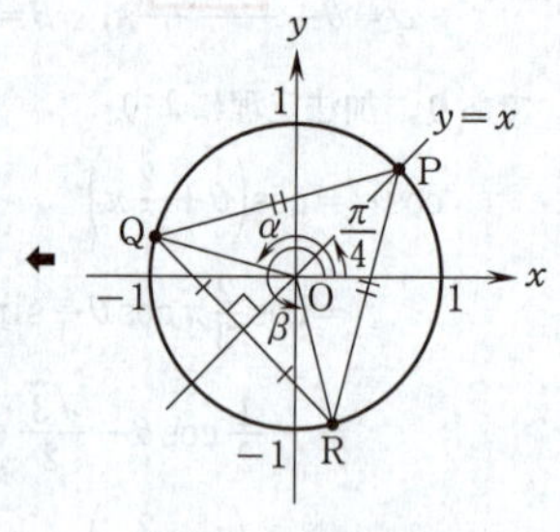

$\theta<\alpha$ より，$\frac{\pi}{4}<\alpha$.

$$s=\cos\frac{\pi}{4}+\cos\alpha+\sin\alpha$$

$$=\frac{\sqrt{\boxed{2}}}{\boxed{2}}+\sin\alpha+\cos\alpha$$

⬅ $s=\cos\theta+\cos\alpha+\cos\beta$.

$$t=\sin\frac{\pi}{4}+\sin\alpha+\cos\alpha$$

$$=\frac{\sqrt{2}}{2}+\sin\alpha+\cos\alpha$$

⬅ $t=\sin\theta+\sin\alpha+\sin\beta$.

である．ここで，三角関数の合成により

$$\sin\alpha+\cos\alpha=\sqrt{\boxed{2}}\sin\left(\alpha+\frac{\pi}{\boxed{4}}\right)$$

⬅ **三角関数の合成**

$(a,\ b)\neq(0,\ 0)$ のとき

$$a\sin\theta+b\cos\theta=\sqrt{a^2+b^2}\sin(\theta+\alpha).$$

ただし

$$\cos\alpha=\frac{a}{\sqrt{a^2+b^2}},\ \sin\alpha=\frac{b}{\sqrt{a^2+b^2}}.$$

である．したがって

$$s=t=0$$

は

$$\sqrt{2}\sin\left(\alpha+\frac{\pi}{4}\right)=-\frac{\sqrt{2}}{2}$$

$$\sin\left(\alpha+\frac{\pi}{4}\right)=-\frac{1}{2}$$

となる．$\frac{\pi}{4}<\alpha<\frac{5}{4}\pi$ より，$\frac{\pi}{2}<\alpha+\frac{\pi}{4}<\frac{3}{2}\pi$ であるから

$$\alpha+\frac{\pi}{4}=\frac{7}{6}\pi$$

である．よって

$$\alpha=\frac{\boxed{11}}{12}\pi$$

であり

$$\beta=\frac{11}{12}\pi+2\left(\frac{5}{4}\pi-\frac{11}{12}\pi\right)=\frac{\boxed{19}}{12}\pi$$

である．このとき

$$\beta-\alpha=\alpha-\theta=\frac{2}{3}\pi$$

であり，△PQR は正三角形である．

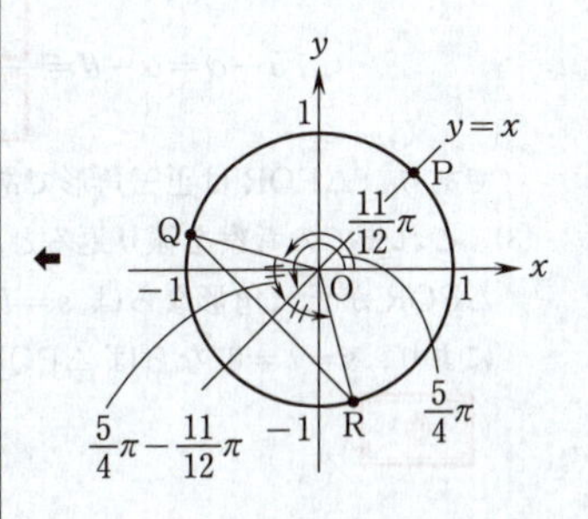

(2)　次に，s と t の値を定めたときの θ，α，β の関係について考察する．

考察 3

$s=t=0$ の場合を考える．

この場合

$$\cos\theta=-(\cos\alpha+\cos\beta),\quad \sin\theta=-(\sin\alpha+\sin\beta)$$

← $s=\cos\theta+\cos\alpha+\cos\beta$.
$t=\sin\theta+\sin\alpha+\sin\beta$.

である．$\sin^2\theta+\cos^2\theta=1$ により

$$(\sin\alpha+\sin\beta)^2+(\cos\alpha+\cos\beta)^2=1$$

が成り立つ．これを変形すると

$$(\sin^2\alpha+\sin^2\beta+2\sin\alpha\sin\beta)+(\cos^2\alpha+\cos^2\beta+2\cos\alpha\cos\beta)=1$$

$$1+1+2(\sin\alpha\sin\beta+\cos\alpha\cos\beta)=1$$

← $\sin^2\alpha+\cos^2\alpha=\sin^2\beta+\cos^2\beta=1$.

$$\cos\alpha\cos\beta+\sin\alpha\sin\beta=\frac{\boxed{-1}}{\boxed{2}}$$

$$\cos(\beta-\alpha)=-\frac{1}{2}$$

← **加法定理**
$\cos(\beta-\alpha)=\cos\alpha\cos\beta+\sin\alpha\sin\beta$.

である．同様に

$$\cos\beta=-(\cos\theta+\cos\alpha),\quad \sin\beta=-(\sin\theta+\sin\alpha)$$

と $\sin^2\beta+\cos^2\beta=1$ より

$$(\sin\theta+\sin\alpha)^2+(\cos\theta+\cos\alpha)^2=1$$

が成り立ち，これを変形すると

$$(\sin^2\theta+\sin^2\alpha+2\sin\theta\sin\alpha)+(\cos^2\theta+\cos^2\alpha+2\cos\theta\cos\alpha)=1$$

$$1+1+2(\sin\theta\sin\alpha+\cos\theta\cos\alpha)=1$$

$$\cos\theta\cos\alpha+\sin\theta\sin\alpha=-\frac{1}{2}$$

$$\cos(\alpha-\theta)=-\frac{1}{2}$$

であるから，$0\leqq\theta<\alpha<\beta<2\pi$ に注意すると

$$\beta-\alpha=\alpha-\theta=\frac{\boxed{2}}{\boxed{3}}\pi$$

であり，△PQR は正三角形である．

(3)　これまでの考察を振り返ると，**考察 1** により，△PQR が正三角形ならば $s=t=0$ であり，**考察 3** により，$s=t=0$ ならば △PQR は正三角形である．

($\boxed{0}$)

← $0<\beta-\theta<2\pi$ より $0<(\beta-\alpha)+(\alpha-\theta)<2\pi$ なので，
$(\beta-\alpha,\ \alpha-\theta)$
$=\left(\frac{2}{3}\pi,\ \frac{4}{3}\pi\right),\ \left(\frac{4}{3}\pi,\ \frac{2}{3}\pi\right),\ \left(\frac{4}{3}\pi,\ \frac{4}{3}\pi\right)$
は不適．

$\frac{4}{3}\pi$
0　θ　α　β　2π

← **考察 2** でも $s=t=0$ ならば△PQR は正三角形である．

第2問　微分法・積分法

〔1〕　a は実数.

$$f(x)=(x-a)(x-2).$$

$$F(x)=\int_0^x f(t)\,dt=\int_0^x (t-a)(t-2)\,dt.$$

$$F'(x)=f(x)=(x-a)(x-2).$$

微分と積分の関係

$$\int_a^x f(t)\,dt$$

を x で微分すると

$f(x)$.

(1)　$a=1$ のとき

$$F'(x)=(x-1)(x-2)$$

より，$F(x)$ の増減は次のようになる.

x	$\cdots$	1	$\cdots$	2	$\cdots$
$F'(x)$	$+$	0	$-$	0	$+$
$F(x)$	↗	極大	↘	極小	↗

よって，$F(x)$ は $x=$ 2 で極小になる.

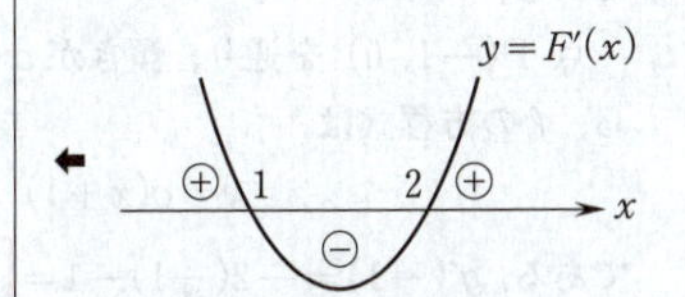

$F'(x)$ の符号は $y=F'(x)$ のグラフをかくとわかりやすい.

(2)　$a=$ 2 のとき

$$F'(x)=(x-2)^2 \geqq 0$$

より，$F(x)$ はつねに増加する．また，

$F(0)=\int_0^0 f(t)\,dt=$ 0 であるから，$a=2$ のとき $F(2)$ の値は正である．（①）

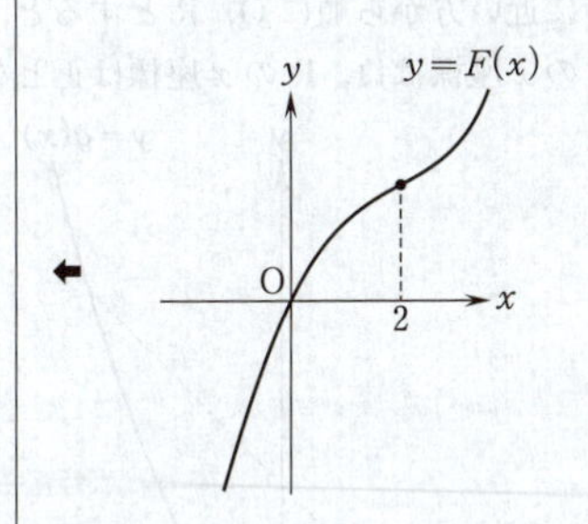

(3)　$a>2$．b は実数.

$$G(x)=\int_b^x f(t)\,dt$$

$$=\int_0^x f(t)\,dt-\int_0^b f(t)\,dt=F(x)-F(b)$$

$$G'(x)=f(x)=(x-a)(x-2)$$

関数 $y=G(x)$ のグラフは，$y=F(x)$ のグラフを y 軸方向に $-F(b)$ だけ平行移動したものと一致する．（①，③）

また，$G(x)$ の増減は次のようになる.

x	$\cdots$	2	$\cdots$	a	$\cdots$
$G'(x)$	$+$	0	$-$	0	$+$
$G(x)$	↗	極大	↘	極小	↗

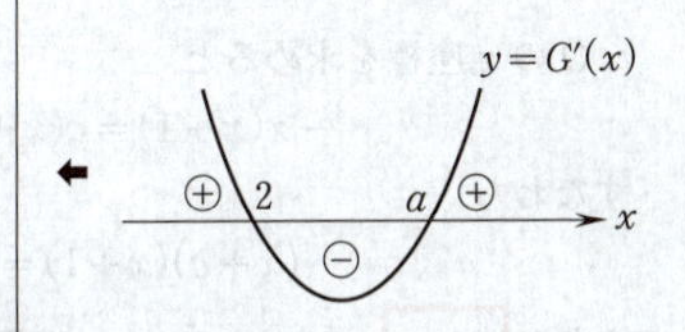

よって，$G(x)$ は $x=$ 2 で極大になり，

$x=$ a で極小になる.

$G(b)=\int_b^b f(t)\,dt=$ 0 であるから，$b=2$ のとき，$G(2)=0$ であり，曲線 $y=G(x)$ と x 軸との

共有点の個数は $\boxed{2}$ 個である．

← 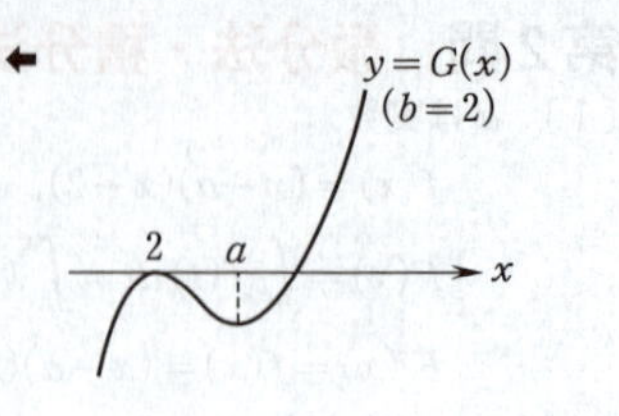

〔2〕

$$g(x)=|x|(x+1)=\begin{cases} x(x+1)=x^2+x & (x \geqq 0) \\ -x(x+1)=-x^2-x & (x<0) \end{cases}$$

であるから

$$g'(x)=\begin{cases} 2x+1 & (x>0) \\ -2x-1 & (x<0) \end{cases}$$

である．

点 $\mathrm{P}(-1,\ 0)$ を通り，傾きが c の直線が ℓ であるから，ℓ の方程式は

$$y=c(x+1)$$

である．$g'(-1)=-2(-1)-1=\boxed{1}$ であるから，$0<c<1$ のとき，曲線 $y=g(x)$ と直線 ℓ は3点で交わる．そのうちの1点はPであり，残りの2点を点Pに近い方から順にQ，Rとすると，下の図のようにQの x 座標は負，Rの x 座標は正となる．

← $c=1$ のときの ℓ がPにおける接線．

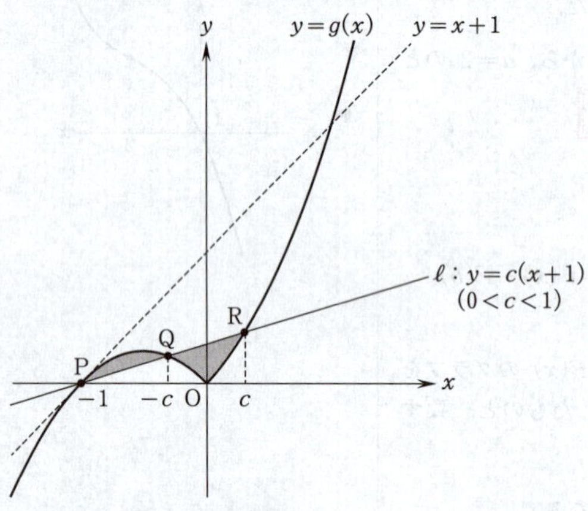

Qの x 座標を求めると

$$-x(x+1)=c(x+1)$$

すなわち

$$(x+c)(x+1)=0$$

← $x=-1$ はPの x 座標．

より，$\boxed{-c}$ であり，Rの x 座標を求めると

← $-1<-c<0$.

$$x(x+1)=c(x+1)$$

すなわち

$$(x-c)(x+1)=0$$

より，$\boxed{c}$ である．

← $0<c<1$.

$0<c<1$ のとき，線分 PQ と曲線 $y=g(x)$ で囲まれた図形の面積 S は

$$\int_{-1}^{-c}\{-x(x+1)-c(x+1)\}\,dx$$

$$=-\int_{-1}^{-c}(x+1)(x+c)\,dx$$

$$=\frac{\{-c-(-1)\}^3}{6}$$

$$=\frac{\boxed{-}\,c^3+\boxed{3}\,c^2-\boxed{3}\,c+1}{\boxed{6}}$$

である．

$0<c<1$ のとき，線分 QR と曲線 $y=g(x)$ で囲まれた図形の面積 T は

$$\int_{-1}^{c}\{c(x+1)-x(x+1)\}\,dx-2\int_{-1}^{0}\{-x(x+1)\}\,dx+S$$

$$=-\int_{-1}^{c}(x+1)(x-c)\,dx+2\int_{-1}^{0}(x+1)x\,dx+\frac{(-c+1)^3}{6}$$

$$=\frac{(c+1)^3}{6}-\frac{2(0+1)^3}{6}+\frac{(-c+1)^3}{6}$$

$$=\frac{(c^3+3c^2+3c+1)-2+(-c^3+3c^2-3c+1)}{6}$$

$$=c^{\boxed{2}}$$

である．

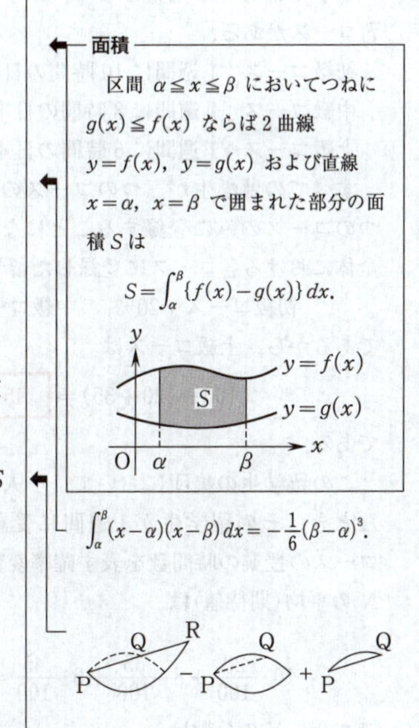

$\int_{\alpha}^{\beta}(x-\alpha)(x-\beta)\,dx=-\frac{1}{6}(\beta-\alpha)^3.$

第3問 確率分布・統計的推測

(1) 留学生に対する授業として，以下の三つの日本語学習コースがある．

初級コース：1週間に10時間の日本語の授業を行う
中級コース：1週間に8時間の日本語の授業を行う
上級コース：1週間に6時間の日本語の授業を行う

すべての留学生が三つのコースのうち，いずれか一つのコースのみに登録することになっている．留学生全体における各コースに登録した留学生の割合は

初級コース：20%，　中級コース：35%

であるから，上級コースは

$$100-(20+35)=\boxed{45}\ \%$$

である．

この留学生の集団において，一人を無作為に抽出したとき，その留学生が1週間に受講する日本語学習コースの授業の時間数を表す確率変数を X とすると，X の平均(期待値)は

$$10\cdot\frac{20}{100}+8\cdot\frac{35}{100}+6\cdot\frac{45}{100}=\frac{\boxed{15}}{2}$$

であり，X の分散は

$$10^2\cdot\frac{20}{100}+8^2\cdot\frac{35}{100}+6^2\cdot\frac{45}{100}-\left(\frac{15}{2}\right)^2=\frac{\boxed{47}}{20}$$

である．

次に，留学生全体を母集団とし，a 人を無作為に抽出したとき，初級コースに登録した人数を表す確率変数を Y とすると，Y は二項分布 $B\left(a,\ \frac{20}{100}\right)$ に従う．このとき，Y の平均 $E(Y)$ は

$$E(Y)=a\cdot\frac{20}{100}=\frac{\boxed{a}}{\boxed{5}}$$

である．

また，上級コースに登録した人数を表す確率変数を Z とすると，Z は二項分布 $B\left(a,\ \frac{45}{100}\right)$ に従う．Y，Z の標準偏差を $\sigma(Y)$，$\sigma(Z)$ とすると

$$\frac{\sigma(Z)}{\sigma(Y)}=\frac{\sqrt{a\cdot\frac{45}{100}\cdot\frac{55}{100}}}{\sqrt{a\cdot\frac{20}{100}\cdot\frac{80}{100}}}=\frac{\boxed{3}\sqrt{\boxed{11}}}{\boxed{8}}$$

平均(期待値)，分散

確率変数 X のとり得る値を

$$x_1,\ x_2,\ \cdots,\ x_n$$

とし，X がこれらの値をとる確率をそれぞれ

$$p_1,\ p_2,\ \cdots,\ p_n$$

とすると，X の平均(期待値) $E(X)$ は

$$E(X)=\sum_{k=1}^{n}x_kp_k.$$

また，X の分散 $V(X)$ は $E(X)=m$ として

$$V(X)=\sum_{k=1}^{n}(x_k-m)^2p_k\quad\cdots(*)$$

または

$$V(X)=E(X^2)-\{E(X)\}^2.\cdots(**)$$

ここでは (**) を用いた．

二項分布

n を自然数とする．

確率変数 X のとり得る値が

$$0,\ 1,\ 2,\ \cdots,\ n$$

であり，X の確率分布が

$$P(X=r)={}_n\mathrm{C}_r p^r(1-p)^{n-r}\quad(r=0,\ 1,\ 2,\ \cdots,\ n)$$

であるとき，X の確率分布を二項分布といい，$B(n,\ p)$ で表す．

二項分布の平均(期待値)，分散

確率変数 X が二項分布 $B(n,\ p)$ に従うとき，$q=1-p$ とすると X の平均(期待値) $E(X)$ と分散 $V(X)$ は

$$E(X)=np,$$
$$V(X)=npq$$

である．

$\sqrt{V(X)}$ を X の標準偏差という．

である．

ここで，$a=100$ としたとき，無作為に抽出された留学生のうち，初級コースに登録した留学生が28人以上となる確率を p とすると，$a=100$ は十分大きいので，Y は近似的に正規分布に従い

$$W=\frac{Y-\frac{100}{5}}{\sqrt{100\cdot\frac{20}{100}\cdot\frac{80}{100}}}=\frac{Y-20}{4}$$ とおくと，W は近似的に標準正規分布 $N(0,\,1)$ に従う．このことを用いて p の近似値を求めると

$$\begin{aligned}P(Y\geqq 28)&=P\left(\frac{Y-20}{4}\geqq\frac{28-20}{4}\right)\\&=P(W\geqq 2)\\&=0.5-P(0\leqq W\leqq 2)\\&=0.5-0.4772\\&=0.0228\end{aligned}$$

より，$p=0.023$ である．（ ① ）

← $E(Y)=\frac{a}{5},\ \sigma(Y)=\sqrt{a\cdot\frac{20}{100}\cdot\frac{80}{100}}$.

← **標準正規分布**

平均0，標準偏差1の正規分布 $N(0,\,1)$ を標準正規分布という．

← 正規分布表より

$P(0\leqq W\leqq 2)=0.4772$.

(2)　40人の留学生を無作為に抽出し，ある1週間における留学生の日本語学習コース以外の日本語の学習時間(分)を調査した．ただし，日本語の学習時間は母平均 m，母分散 σ^2 の分布に従うものとする．

母分散 σ^2 を640と仮定すると，標本平均の標準偏差は

$$\frac{\sqrt{640}}{\sqrt{40}}=\boxed{4}$$

となる．調査の結果，40人の学習時間の平均値は120であった．標本平均が近似的に正規分布に従うとして，母平均 m に対する信頼度95%の信頼区間を $C_1\leqq m\leqq C_2$ とすると

$$C_1=120-1.96\cdot 4=\boxed{112}.\boxed{16}$$
$$C_2=120+1.96\cdot 4=\boxed{127}.\boxed{84}$$

である．

← 母標準偏差 σ の母集団から大きさ n の無作為標本を抽出するとき，標本平均の標準偏差は

$$\frac{\sigma}{\sqrt{n}}.$$

← **母平均の推定**

標本平均を $\overline{X}$，母標準偏差を σ とすると，標本の大きさ n が大きいとき，母平均 m に対する信頼度95%の信頼区間は

$$\left[\overline{X}-1.96\cdot\frac{\sigma}{\sqrt{n}},\ \overline{X}+1.96\cdot\frac{\sigma}{\sqrt{n}}\right].$$

(3)　(2)の調査とは別に，日本語の学習時間を再度調査することになった．50人の留学生を無作為に抽出し，調査した結果，学習時間の平均値は120であった．

母分散 σ^2 を640と仮定したとき，母平均 m に対する信頼度95%の信頼区間を $D_1\leqq m\leqq D_2$ とすると

$$D_1 = 120 - 1.96 \cdot \frac{\sqrt{640}}{\sqrt{50}} > 120 - 1.96 \cdot \frac{\sqrt{640}}{\sqrt{40}} = C_1$$

$$D_2 = 120 + 1.96 \cdot \frac{\sqrt{640}}{\sqrt{50}} < 120 + 1.96 \cdot \frac{\sqrt{640}}{\sqrt{40}} = C_2$$

であり　（ ② ）

$$D_2 - D_1 = 2 \cdot 1.96 \frac{\sqrt{640}}{\sqrt{50}}$$

である．

母分散 σ^2 を 960 と仮定したとき，母平均 m に対する信頼度 95% の信頼区間を $E_1 \leqq m \leqq E_2$ とすると

$$\sqrt{960} = \sqrt{1.5 \cdot 640}$$

より，$D_2 - D_1 = E_2 - E_1$ となるためには標本の大きさを 50 の 1 . 5 倍にする必要があり，このとき

$$E_2 - E_1 = 2 \cdot 1.96 \frac{\sqrt{1.5 \cdot 640}}{\sqrt{1.5 \cdot 50}}$$

である．

第4問　数列

〔1〕　$S_n=5^n-1$　（n は自然数）.

数列 $\{a_n\}$ の初項から第 n 項までの和が S_n であるから

$$a_1=S_1=5^1-1=\boxed{4}$$

である．また，$n\geqq 2$ のとき

$$\begin{aligned}a_n&=S_n-S_{n-1}\\&=(5^n-1)-(5^{n-1}-1)\\&=(5-1)\cdot 5^{n-1}\\&=\boxed{4}\cdot\boxed{5}^{n-1}\end{aligned}$$

である．この式は $n=1$ のときにも成り立つ．よって，すべての自然数 n に対して

$$\frac{1}{a_n}=\frac{1}{4}\left(\frac{1}{5}\right)^{n-1}$$

であるから，数列 $\left\{\frac{1}{a_n}\right\}$ は初項 $\frac{1}{4}$，公比 $\frac{1}{5}$ の等比数列とわかる．

したがって，すべての自然数 n に対して

$$\begin{aligned}\sum_{k=1}^{n}\frac{1}{a_k}&=\sum_{k=1}^{n}\frac{1}{4}\left(\frac{1}{5}\right)^{k-1}\\&=\frac{1}{4}\cdot\frac{1-\left(\frac{1}{5}\right)^n}{1-\frac{1}{5}}\\&=\frac{\boxed{5}}{\boxed{16}}\left(1-\boxed{5}^{-n}\right)\end{aligned}$$

が成り立つことがわかる．

← $n\geqq 2$ のとき

$$\begin{array}{rl} & S_n=a_1+a_2+\cdots+a_{n-1}+a_n\\ -) & S_{n-1}=a_1+a_2+\cdots+a_{n-1}\\ \hline & S_n-S_{n-1}=a_n.\end{array}$$

← **等比数列の一般項**

初項を a，公比を r とする等比数列 $\{a_n\}$ の一般項は

$a_n=ar^{n-1}$ $(n=1,\ 2,\ 3,\ \cdots)$.

← **等比数列の和**

初項 a，公比 r，項数 n の等比数列の和は，$r\neq 1$ のとき

$$a\cdot\frac{1-r^n}{1-r}.$$

〔2〕

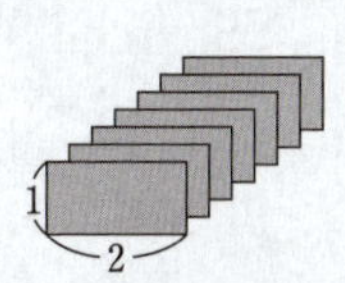

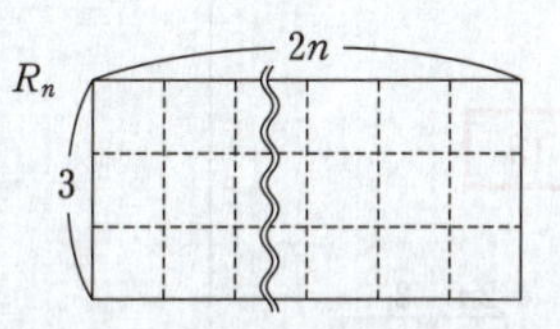

上の図のように，縦の長さが3，横の長さが $2n$ の長方形を R_n とし，$3n$ 枚のタイルを用いた R_n 内の配置の総数が r_n である．

$n=1$ のときは，下の図のように $r_1=3$ である．

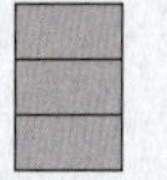 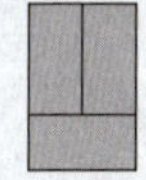 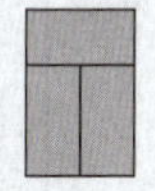

$n=2$ のときは，下の図のように，$r_2=11$ である．

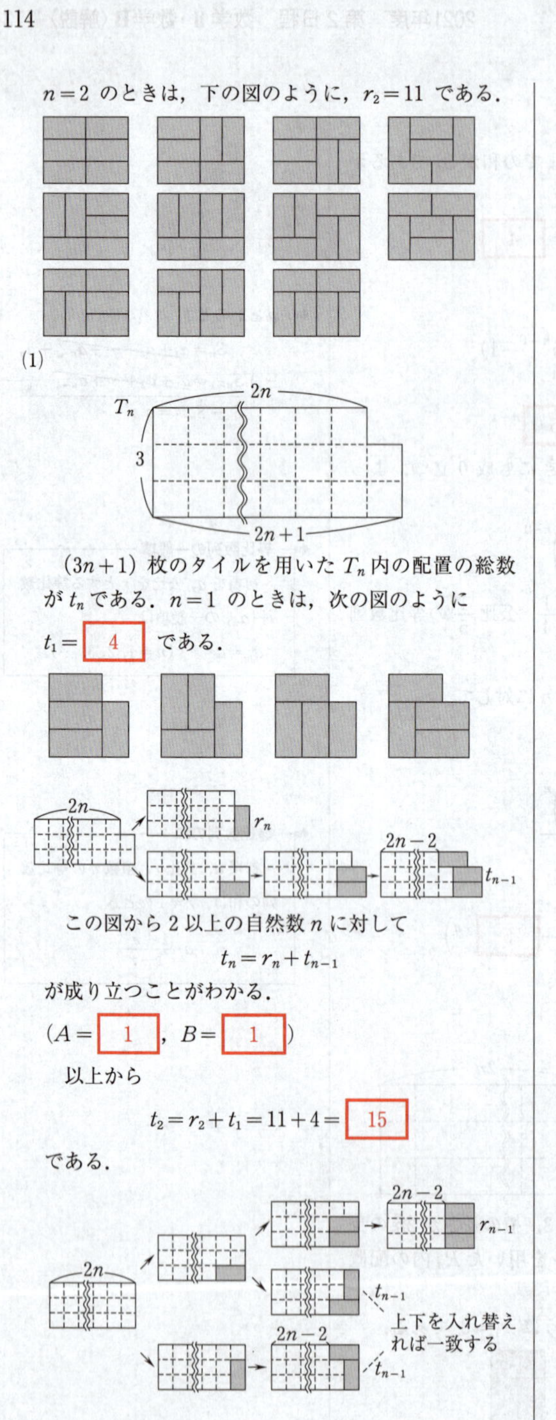

$(3n+1)$ 枚のタイルを用いた T_n 内の配置の総数が t_n である．$n=1$ のときは，次の図のように

$t_1=$ **4** である．

この図から 2 以上の自然数 n に対して

$$t_n=r_n+t_{n-1}$$

が成り立つことがわかる．

($A=$ **1**，$B=$ **1**)

以上から

$$t_2=r_2+t_1=11+4=\boxed{15}$$

である．

この図から2以上の自然数nに対して

$$r_n = r_{n-1} + t_{n-1} + t_{n-1} = r_{n-1} + 2t_{n-1}$$

が成り立つことがわかる．

$(C=$ 1 $, D=$ 2 $)$

(2)　畳を縦の長さが1，横の長さが2の長方形とみなす．縦の長さが3，横の長さが6の長方形の部屋に畳を敷き詰めるとき，敷き詰め方の総数は

$$r_3 = r_2 + 2t_2 = 11 + 2 \cdot 15 = \boxed{41}$$

である．

縦の長さが3，横の長さが8の長方形の部屋に畳を敷き詰めるとき，敷き詰め方の総数は

$$r_4 = r_3 + 2t_3 = r_3 + 2(r_3 + t_2) = 3r_3 + 2t_2$$

$$= 3 \cdot 41 + 2 \cdot 15 = \boxed{153}$$

である．

第5問　空間ベクトル

A$(-1, 2, 0)$, B$(2, p, q)$, $q>0$.

線分ABの中点Cから直線OAに引いた垂線と直線OAの交点Dは，線分OAを9：1に内分する．点Cから直線OBに引いた垂線と直線OBの交点Eは，線分OBを3：2に内分する．

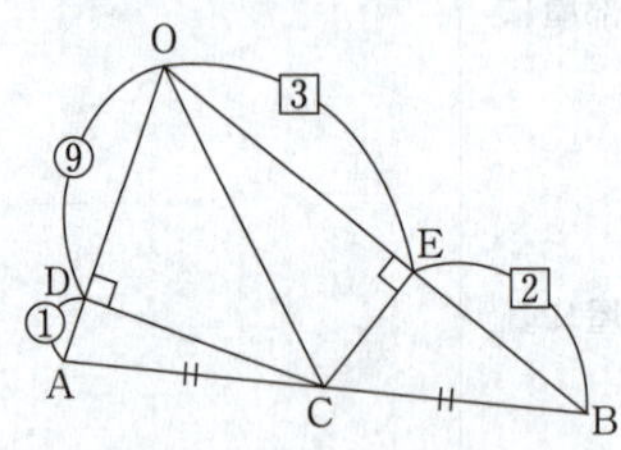

(1)　点Bの座標を求める．

$|\overrightarrow{OA}|^2=(-1)^2+2^2+0^2=\boxed{5}$ である．また，

$\overrightarrow{OD}=\dfrac{\boxed{9}}{\boxed{10}}\overrightarrow{OA}$ であることにより

$$\begin{aligned}\overrightarrow{CD}&=\overrightarrow{OD}-\overrightarrow{OC}\\&=\frac{9}{10}\overrightarrow{OA}-\frac{1}{2}(\overrightarrow{OA}+\overrightarrow{OB})\\&=\frac{\boxed{2}}{\boxed{5}}\overrightarrow{OA}-\frac{\boxed{1}}{\boxed{2}}\overrightarrow{OB}\qquad\cdots③\end{aligned}$$

と表される．$\overrightarrow{OA}\perp\overrightarrow{CD}$ から

$$\overrightarrow{OA}\cdot\overrightarrow{CD}=0$$

である．③を用いてこれを変形すると

$$\overrightarrow{OA}\cdot\left(\frac{2}{5}\overrightarrow{OA}-\frac{1}{2}\overrightarrow{OB}\right)=0$$

$$\frac{2}{5}|\overrightarrow{OA}|^2-\frac{1}{2}\overrightarrow{OA}\cdot\overrightarrow{OB}=0$$

$$\frac{2}{5}\cdot5-\frac{1}{2}\overrightarrow{OA}\cdot\overrightarrow{OB}=0$$

となる．よって

$$\overrightarrow{OA}\cdot\overrightarrow{OB}=\boxed{4}\qquad\cdots①$$

である．これと $\overrightarrow{OA}=(-1, 2, 0)$, $\overrightarrow{OB}=(2, p, q)$ より

$$(-1)\cdot2+2p+0\cdot q=4$$

すなわち

$$p=3$$

内積

$\vec{0}$ でない2つのベクトル $\vec{a}$ と $\vec{b}$ のなす角を θ $(0^\circ\leqq\theta\leqq180^\circ)$ とすると，$\vec{a}$ と $\vec{b}$ の内積 $\vec{a}\cdot\vec{b}$ は

$$\vec{a}\cdot\vec{b}=|\vec{a}||\vec{b}|\cos\theta.$$

特に

$$\vec{a}\cdot\vec{a}=|\vec{a}||\vec{a}|\cos0^\circ=|\vec{a}|^2.$$

内積

$$\vec{a}=(a_1,\ a_2,\ a_3),$$
$$\vec{b}=(b_1,\ b_2,\ b_3)$$

のとき

$$\vec{a}\cdot\vec{b}=a_1b_1+a_2b_2+a_3b_3.$$

分点公式

線分ABを $m:n$ に内分する点をPとすると

$$\overrightarrow{OP}=\frac{n\overrightarrow{OA}+m\overrightarrow{OB}}{m+n}.$$

を得る．

$$\overrightarrow{CE}=\overrightarrow{OE}-\overrightarrow{OC}$$
$$=\frac{3}{5}\overrightarrow{OB}-\frac{1}{2}(\overrightarrow{OA}+\overrightarrow{OB})$$
$$=-\frac{1}{2}\overrightarrow{OA}+\frac{1}{10}\overrightarrow{OB} \quad \cdots ④$$

と表される．$\overrightarrow{OB}\perp\overrightarrow{CE}$ から

$$\overrightarrow{OB}\cdot\overrightarrow{CE}=0$$

である．④ を用いてこれを変形すると

$$\overrightarrow{OB}\cdot\left(-\frac{1}{2}\overrightarrow{OA}+\frac{1}{10}\overrightarrow{OB}\right)=0$$
$$-\frac{1}{2}\overrightarrow{OA}\cdot\overrightarrow{OB}+\frac{1}{10}|\overrightarrow{OB}|^2=0$$
$$-\frac{1}{2}\cdot 4+\frac{1}{10}|\overrightarrow{OB}|^2=0$$

となる．よって

$$|\overrightarrow{OB}|^2=20 \quad \cdots ②$$

である．これと $\overrightarrow{OB}=(2,\ p,\ q)$，$p=3$ より

$$2^2+3^2+q^2=20$$

であり，$q>0$ より

$$q=\sqrt{7}$$

である．

以上より，Bの座標は $\left(2,\ \boxed{3},\ \sqrt{\boxed{7}}\right)$ である．

(2)　3点O，A，Bの定める平面が α，点 $(4,\ 4,\ -\sqrt{7})$ がG．

α 上に点Hを $\overrightarrow{GH}\perp\overrightarrow{OA}$ と $\overrightarrow{GH}\perp\overrightarrow{OB}$ が成り立つようにとる．

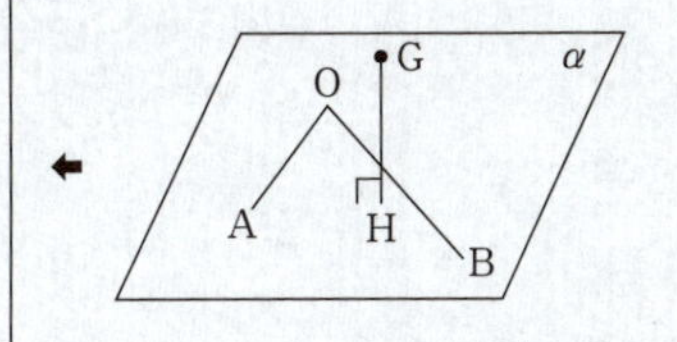

$\overrightarrow{OH}$ を $\overrightarrow{OA}$，$\overrightarrow{OB}$ を用いて表す．

Hが α 上にあることから，実数 s，t を用いて

$$\overrightarrow{OH}=s\overrightarrow{OA}+t\overrightarrow{OB}$$

と表される．よって

$$\overrightarrow{GH}-\overrightarrow{GO}=s\overrightarrow{OA}+t\overrightarrow{OB}$$

すなわち

$$\overrightarrow{GH}=\boxed{-}\ \overrightarrow{OG}+s\overrightarrow{OA}+t\overrightarrow{OB} \quad \cdots ⑤$$

である．$\overrightarrow{GH}\perp\overrightarrow{OA}$ より

$$\overrightarrow{GH}\cdot\overrightarrow{OA}=0$$

である．⑤ を用いてこれを変形すると

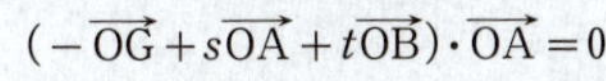

$$(-\overrightarrow{OG}+s\overrightarrow{OA}+t\overrightarrow{OB})\cdot\overrightarrow{OA}=0$$

$$-\overrightarrow{OG}\cdot\overrightarrow{OA}+s\left|\overrightarrow{OA}\right|^2+t\overrightarrow{OB}\cdot\overrightarrow{OA}=0$$

$$-4+5s+4t=0 \quad \cdots ⑥$$

となる．同様に $\overrightarrow{GH}\perp\overrightarrow{OB}$ から

$$\overrightarrow{GH}\cdot\overrightarrow{OB}=0$$

$$(-\overrightarrow{OG}+s\overrightarrow{OA}+t\overrightarrow{OB})\cdot\overrightarrow{OB}=0$$

$$-\overrightarrow{OG}\cdot\overrightarrow{OB}+s\overrightarrow{OA}\cdot\overrightarrow{OB}+t\left|\overrightarrow{OB}\right|^2=0$$

$$-13+4s+20t=0 \quad \cdots ⑦$$

を得る．⑥，⑦より，$s=\dfrac{1}{3}$，$t=\dfrac{7}{12}$ が得られる．ゆえに

$$\overrightarrow{OH}=\frac{1}{3}\overrightarrow{OA}+\frac{7}{12}\overrightarrow{OB}$$

となる．これを

$$\overrightarrow{OH}=\frac{11}{12}\left(\frac{4}{11}\overrightarrow{OA}+\frac{7}{11}\overrightarrow{OB}\right)$$

と変形し，線分 AB を 7 : 4 に内分する点を F とすると

$$\overrightarrow{OH}=\frac{11}{12}\overrightarrow{OF}$$

と表せるから，H は三角形 OBC の内部の点であることがわかる．（ ① ）

← $\overrightarrow{OG}\cdot\overrightarrow{OA}=4\cdot(-1)+4\cdot2+(-\sqrt{7})\cdot0$
$=4.$

← $\overrightarrow{OG}\cdot\overrightarrow{OB}=4\cdot2+4\cdot3+(-\sqrt{7})\cdot\sqrt{7}$
$=13.$

←

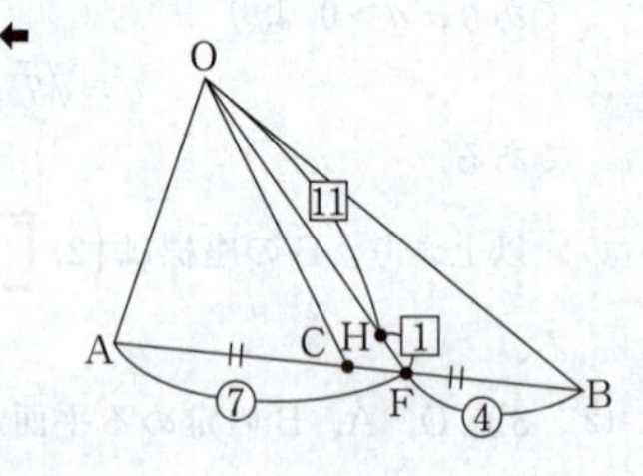

数学Ⅰ・数学A
数学Ⅱ・数学B

（2020年１月実施）

	受験者数	平均点
数学Ⅰ・数学A	382,151	51.88
数学Ⅱ・数学B	339,925	49.03

数学Ⅰ・数学A

解答・採点基準

(100点満点)

問題番号(配点)	解答記号	正解	配点	自己採点
第1問 (30)	アイ<a<ウ	$-2<a<4$	3	
	エ<a<オ	$0<a<4$	2	
	カキ	-2	2	
	$\frac{ク\sqrt{ケ}-コ}{サシ}$	$\frac{5\sqrt{3}-6}{13}$	3	
	ス	②	2	
	セソ	12	2	
	タ	④	2	
	チ	③	2	
	$x^2-2(c+ツ)x+c(c+テ)$	$x^2-2(c+2)x+c(c+4)$	2	
	$-ト\leqq c\leqq ナ$	$-1\leqq c\leqq 0$	2	
	$ニ\leqq c\leqq ヌ$	$2\leqq c\leqq 3$	2	
	$ネ+\sqrt{ノ}$	$3+\sqrt{3}$	2	
	ハヒ	-4	2	
	$フ+ヘ\sqrt{ホ}$	$8+6\sqrt{3}$	2	
第1問 自己採点小計				
第2問 (30)	ア	2	3	
	$\frac{\sqrt{イウ}}{エ}$	$\frac{\sqrt{14}}{4}$	3	
	$\sqrt{オ}$	$\sqrt{2}$	3	
	カ	1	3	
	$\frac{キ\sqrt{ク}}{ケ}$	$\frac{4\sqrt{7}}{7}$	3	
	コ, サ	③, ⑤ (解答の順序は問わない)	6 (各3)	
	シ	⑥	3	
	ス	④	3	
	セ	③	3	
第2問 自己採点小計				
第3問 (20)	ア, イ	⓪, ② (解答の順序は問わない)	4 (各2)	
	$\frac{ウ}{エ}$	$\frac{1}{4}$	2	
	$\frac{オ}{カ}$	$\frac{1}{2}$	2	
	キ	3	2	
	$\frac{ク}{ケ}$	$\frac{3}{8}$	3	
	$\frac{コ}{サシ}$	$\frac{7}{32}$	4	
	$\frac{ス}{セ}$	$\frac{4}{7}$	3	
第3問 自己採点小計				
第4問 (20)	$\frac{アイ}{ウエ}$	$\frac{26}{11}$	3	
	$\frac{オカ+7\times a+b}{キク}$	$\frac{96+7\times a+b}{48}$	3	
	ケ	9	2	
	コサ	11	2	
	シス	36	3	
	セ, ソ	5, 1	3	
	タ	6	4	
第4問 自己採点小計				
第5問 (20)	ア	1	2	
	$\frac{イ}{ウ}$	$\frac{1}{8}$	2	
	$\frac{エ}{オ}$	$\frac{2}{7}$	2	
	$\frac{カ}{キク}$	$\frac{9}{56}$	4	
	ケコ	12	4	
	サシ	72	2	
	ス	②	4	
第5問 自己採点小計				
自己採点合計				

(注)

第1問，第2問は必答。

第3問～第5問のうちから2問選択。計4問を解答。

第1問　数と式・集合と命題・2次関数

〔1〕 a は定数.

(1)　　　直線 $\ell : y=(a^2-2a-8)x+a$.

ℓ の傾き「a^2-2a-8」が負となるのは,

$$a^2-2a-8<0$$

のときであるから, 求める a の値の範囲は,

$$(a+2)(a-4)<0$$

$$\boxed{-2}<a<\boxed{4} \quad \cdots ①$$

である.

(2) $a^2-2a-8 \neq 0$, つまり, $a \neq -2$ かつ $a \neq 4$ のとき.

b は, (1)の ℓ と x 軸との交点の x 座標である.

$a>0$ の場合.

ℓ の y 切片 (a) は正であるから, $b>0$ となるのは,

「ℓ の傾きが負のとき」

である.

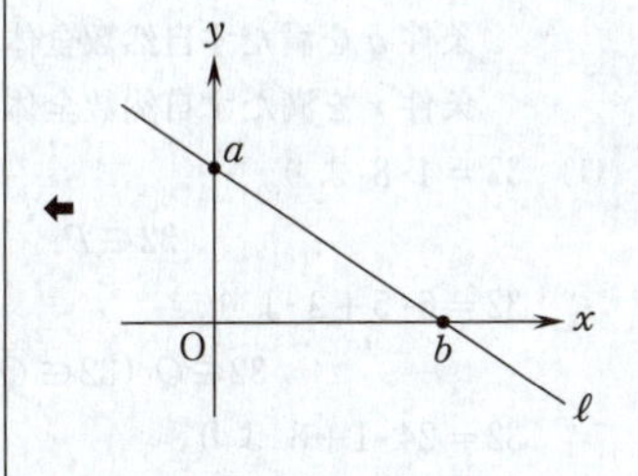

よって, ① と $a>0$ より, a の値の範囲は,

$$\boxed{0}<a<\boxed{4}$$

である.

$a \leqq 0$ の場合.

ℓ の y 切片 (a) は負または0であるから, $b>0$ となるのは,

「ℓ の傾きが正のとき」

である.

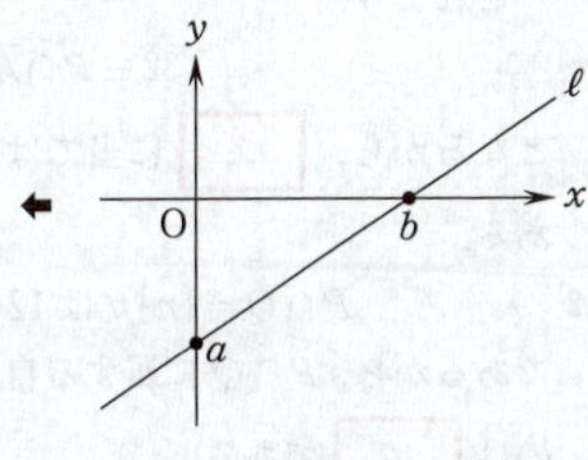

$a=0$ のとき, $b=0$ である.

これより,

$$a^2-2a-8>0$$

$$(a+2)(a-4)>0$$

$$a<-2, \quad 4<a$$

である.

よって, $a \leqq 0$ より, a の値の範囲は,

$$a<\boxed{-2}$$

である.

また, $a=\sqrt{3}$ のとき, ℓ は,

$$y=-(5+2\sqrt{3})x+\sqrt{3}$$

である.

b の値は, $x=b$, $y=0$ を代入して,

$$0=-(5+2\sqrt{3})b+\sqrt{3}$$

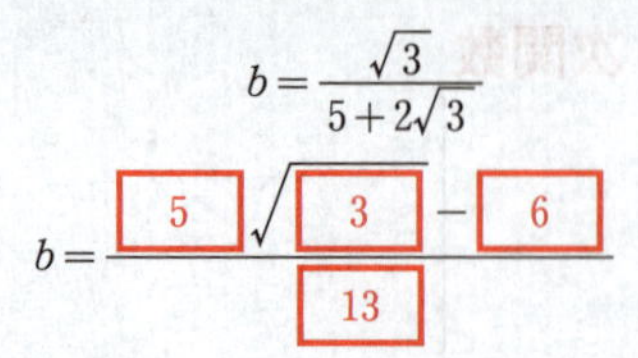

$$b=\frac{\sqrt{3}}{5+2\sqrt{3}}$$

$$b=\frac{\boxed{5}\sqrt{\boxed{3}}-\boxed{6}}{\boxed{13}}$$

である.

← $b=\dfrac{\sqrt{3}(5-2\sqrt{3})}{(5+2\sqrt{3})(5-2\sqrt{3})}$
$=\dfrac{5\sqrt{3}-6}{13}$.

〔2〕 n は自然数.

p : n は 4 の倍数である,

q : n は 6 の倍数である,

r : n は 24 の倍数である.

条件 p を満たす自然数全体の集合を P,
条件 q を満たす自然数全体の集合を Q,
条件 r を満たす自然数全体の集合を R.

(1) $32=4\cdot 8$ より,

$$32\in P.$$

$32=6\cdot 5+2$ より,

$$32\notin Q\ (32\in\overline{Q}).$$

$32=24\cdot 1+8$ より,

$$32\notin R\ (32\in\overline{R}).$$

これより,

$$32\in P\cap\overline{Q}$$

となるから, ス に当てはまるものは ② である.

← a が集合 A の要素(集合を構成している1つ1つのもの)であるとき, a は集合 A に属するといい,

$$a\in A$$

と表し, b が集合 A の要素でないことを,

$$b\notin A$$

と表す.

← $A\cap B$ は A と B の共通部分.

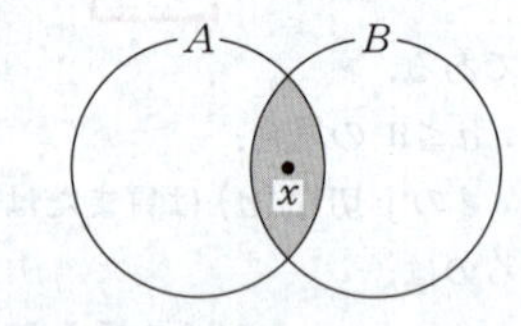

$A\cap B=\{x\,|\,x\in A$ かつ $x\in B\}$.

(2) $$P\cap Q=\{n\,|\,n \text{ は } 12 \text{ の倍数}\}$$

であるから, $P\cap Q$ に属する自然数のうち, 最小のものは 12 である. …①

← $P\cap Q$ は, n が 4 の倍数 かつ n が 6 の倍数の集合である.

$12=24\cdot 0+12$ より,

$$12\notin R\ (12\in\overline{R})\quad\cdots②$$

であるから, タ に当てはまるものは ④ である.

(3)・12 は命題⓪, ①の反例ではない.
　②より, 12 は結論である $\overline{r}$ を満たすから.
・12 は命題②の反例ではない.
　②より, 12 は仮定である r を満たさないから.
・12 は命題③の反例である.
　①より, 12 は仮定である p かつ q を満たし, ②より, 12 は結論である r を満たさないから.

← 偽である命題「$s \Longrightarrow t$」において, 仮定 s を満たすが, 結論 t を満たさないものを, この命題の反例という.

よって, チ に当てはまるものは ③ であ

る．

〔3〕 c は定数．

(1) G は，2次関数 $y=x^2$ のグラフを，2点 $(c,\ 0)$，$(c+4,\ 0)$ を通るように平行移動して得られるグラフであるから，G をグラフにもつ2次関数は，

$$y=(x-c)\{x-(c+4)\}$$

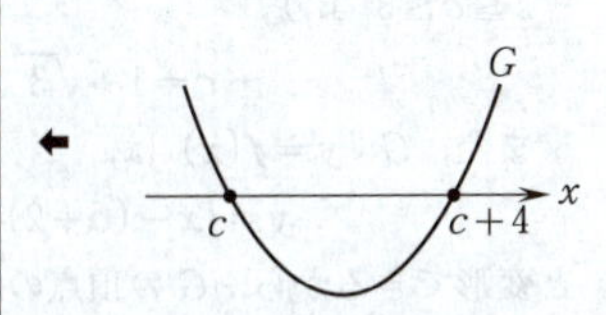

すなわち，

$$y=x^2-2\left(c+\boxed{2}\right)x+c\left(c+\boxed{4}\right)$$

と表せる．

⬅ 2次関数の x^2 の係数が a であるグラフが2点 $(p,\ 0)$，$(q,\ 0)$ を通るとき，そのグラフが表す2次関数は，

$$y=a(x-p)(x-q)\quad (a \neq 0)$$

と表せる．

ここで，

$$f(x)=x^2-2(c+2)x+c(c+4)$$

とおくと，2点 $(3,\ 0)$，$(3,\ -3)$ を両端とする線分と G が共有点をもつ条件は，

$$-3 \leqq f(3) \leqq 0 \qquad \cdots ①$$

である．

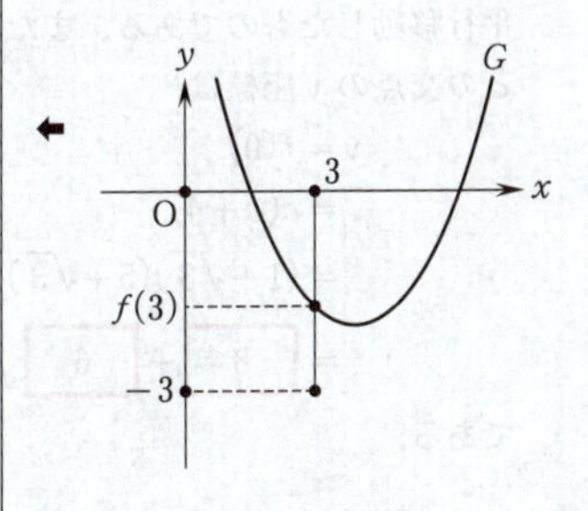

$$f(3)=3^2-2(c+2)\cdot 3+c(c+4)=c^2-2c-3$$

であるから，① は，

$$-3 \leqq c^2-2c-3 \leqq 0$$

すなわち，

$$\begin{cases} c^2-2c \geqq 0, & \cdots ② \\ c^2-2c-3 \leqq 0 & \cdots ③ \end{cases}$$

となる．

② より，

$$c(c-2) \geqq 0$$

$$c \leqq 0,\quad 2 \leqq c. \qquad \cdots ②'$$

③ より，

$$(c+1)(c-3) \leqq 0$$

$$-1 \leqq c \leqq 3. \qquad \cdots ③'$$

よって，求める c の値の範囲は，②′ かつ ③′ より，

$$-\boxed{1} \leqq c \leqq \boxed{0},\quad \boxed{2} \leqq c \leqq \boxed{3}$$

である．

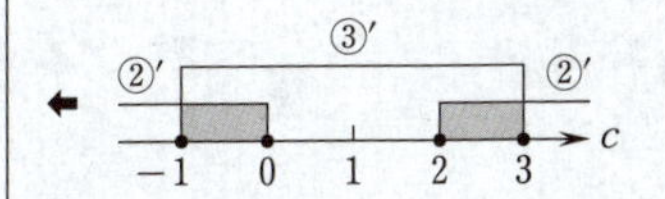

(2) $2 \leqq c \leqq 3$ とする．

$G : y=f(x)$ が点 $(3,\ -1)$ を通るとき，

$$-1=f(3)$$

が成り立つから，

$$-1=c^2-2c-3$$

$$c^2-2c-2=0$$

$$c=1 \pm \sqrt{3}.$$

$2 \leqq c \leqq 3$ より，

$$c=1+\sqrt{3}. \qquad \cdots ④$$

また，$G : y=f(x)$ は，

$$y=\{x-(c+2)\}^2-4$$

と変形できるから，G の頂点の座標は，

$$(c+2,\ -4)$$

であり，④ を代入すると，

$$(3+\sqrt{3},\ -4)$$

である．

⬅ 2次関数

$$y=a(x-p)^2+q$$

のグラフの頂点の座標は，

$$(p,\ q).$$

よって，G は，2次関数 $y=x^2$ のグラフを x 軸方向に $\boxed{3}+\sqrt{\boxed{3}}$，$y$ 軸方向に $\boxed{-4}$ だけ平行移動したものである．また，このとき G と y 軸との交点の y 座標は，

$$\begin{aligned} y&=f(0)\\ &=c(c+4)\\ &=(1+\sqrt{3})(5+\sqrt{3}) \quad (④ より)\\ &=\boxed{8}+\boxed{6}\sqrt{\boxed{3}} \end{aligned}$$

である．

⬅

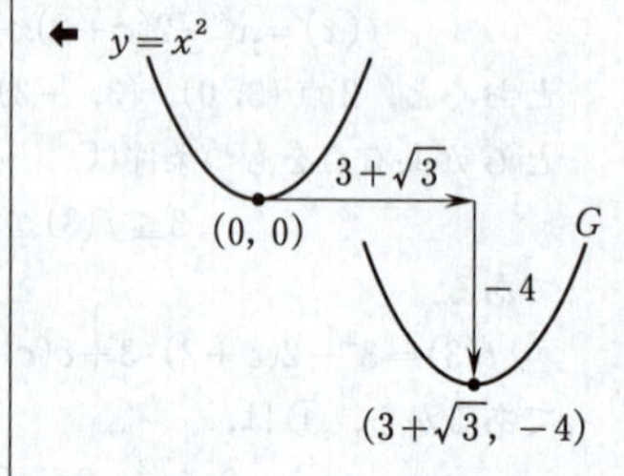

第2問　図形と計量・データの分析

〔1〕

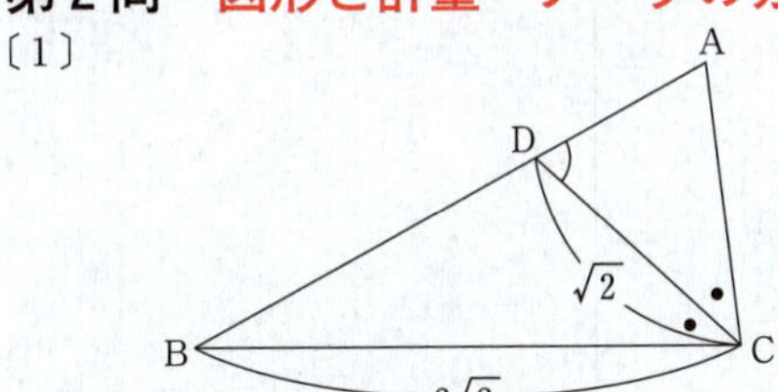

← $\cos\angle BCD=\frac{3}{4}$.

△BCD に余弦定理を用いると，

$$BD^2=BC^2+CD^2-2BC\cdot CD\cos\angle BCD$$
$$=(2\sqrt{2})^2+(\sqrt{2})^2-2\cdot 2\sqrt{2}\cdot\sqrt{2}\cdot\frac{3}{4}$$
$$=4$$

であるから，BD > 0 より，

$$BD=\boxed{2}$$

である．

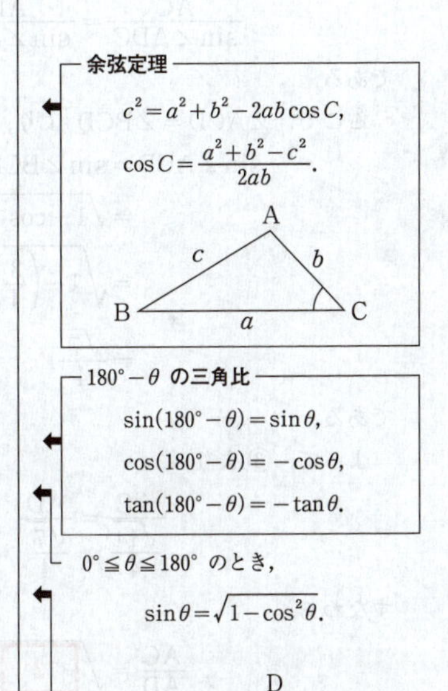

余弦定理

$c^2=a^2+b^2-2ab\cos C$,

$\cos C=\frac{a^2+b^2-c^2}{2ab}$.

また，

$$\sin\angle ADC=\sin(180^\circ-\angle BDC)$$
$$=\sin\angle BDC$$
$$=\sqrt{1-\cos^2\angle BDC}\quad\cdots ①$$

180° − θ の三角比

$\sin(180^\circ-\theta)=\sin\theta$,

$\cos(180^\circ-\theta)=-\cos\theta$,

$\tan(180^\circ-\theta)=-\tan\theta$.

$0^\circ\leqq\theta\leqq 180^\circ$ のとき，

$\sin\theta=\sqrt{1-\cos^2\theta}$.

であり，さらに，△BCD に余弦定理を用いると，

$$\cos\angle BDC=\frac{BD^2+CD^2-BC^2}{2BD\cdot CD}$$
$$=\frac{2^2+(\sqrt{2})^2-(2\sqrt{2})^2}{2\cdot 2\cdot\sqrt{2}}$$
$$=-\frac{1}{2\sqrt{2}}=-\frac{\sqrt{2}}{4}\quad\cdots ②$$

D, 2, $\sqrt{2}$, B, C, $2\sqrt{2}$

となるから，① に代入して，

$$\sin\angle ADC=\sqrt{1-\left(-\frac{\sqrt{2}}{4}\right)^2}$$
$$=\frac{\sqrt{\boxed{14}}}{\boxed{4}}$$

である．

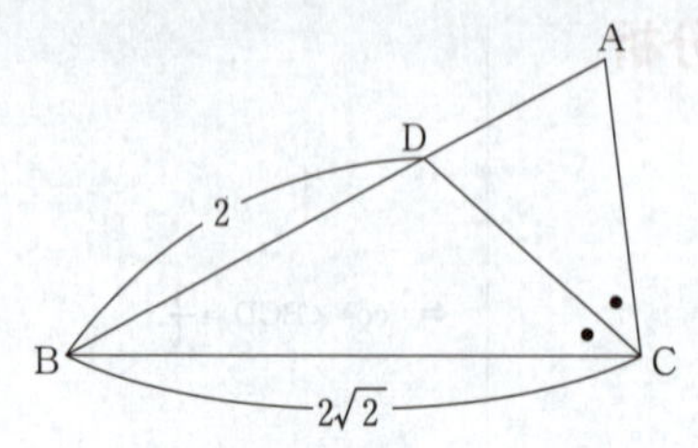

$\triangle$ACD に正弦定理を用いると，

$$\frac{AC}{\sin\angle ADC}=\frac{AD}{\sin\angle ACD} \quad \cdots ③$$

である．

ここで，$\angle ACD=\angle BCD$ より，

$$\begin{aligned}\sin\angle ACD&=\sin\angle BCD\\&=\sqrt{1-\cos^2\angle BCD}\\&=\sqrt{1-\left(\frac{3}{4}\right)^2}\\&=\frac{\sqrt{7}}{4}\end{aligned}$$

である．

よって，③ より，

$$\frac{AC}{\frac{\sqrt{14}}{4}}=\frac{AD}{\frac{\sqrt{7}}{4}}$$

すなわち，

$$\frac{AC}{AD}=\sqrt{\boxed{2}} \quad \cdots ④$$

となる．

$AD=x\ (>0)$ とおくと，④ より，$AC=\sqrt{2}x$ であり，

$$\begin{aligned}\cos\angle ADC&=\cos(180^\circ-\angle BDC)\\&=-\cos\angle BDC\\&=\frac{\sqrt{2}}{4}\quad (② より)\end{aligned}$$

であるから，$\triangle$ACD に余弦定理を用いると，

$$AC^2=AD^2+CD^2-2AD\cdot CD\cos\angle ADC$$

$$(\sqrt{2}x)^2=x^2+(\sqrt{2})^2-2x\cdot\sqrt{2}\cdot\frac{\sqrt{2}}{4}$$

$$x^2+x-2=0$$

$$(x+2)(x-1)=0.$$

したがって，$x>0$ より，

$$AD=x=\boxed{1}$$

正弦定理

$$\frac{a}{\sin A}=\frac{b}{\sin B}=\frac{c}{\sin C}=2R.$$

（R は外接円の半径）

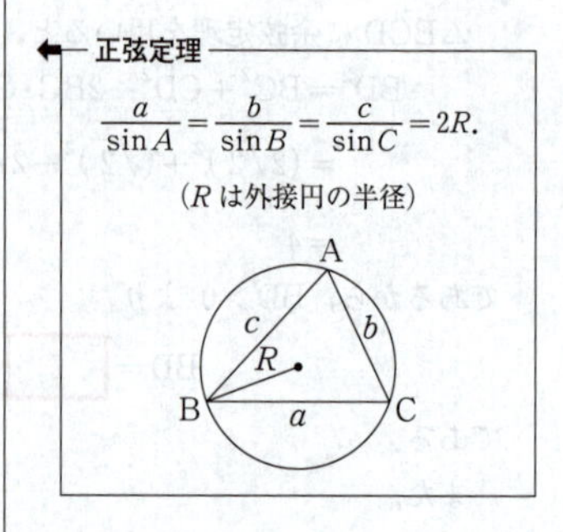

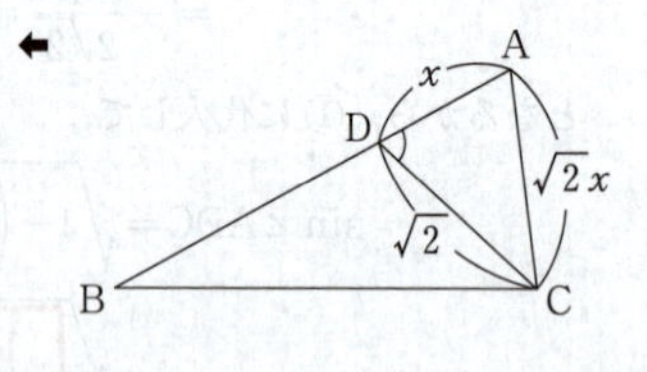

である．

　これより，$AC=\sqrt{2}$ となるから，△ACD は $AC=CD$ の二等辺三角形である．

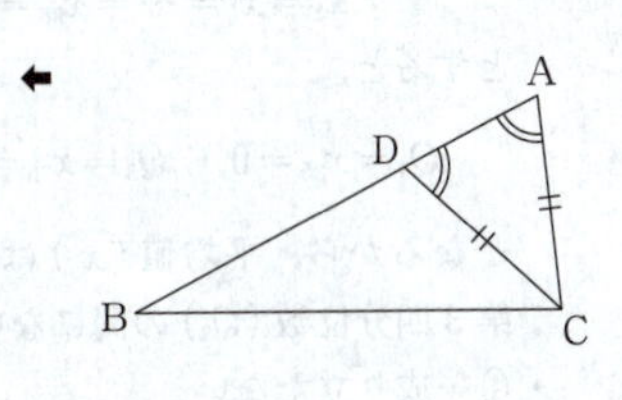

　ゆえに，∠CAD＝∠ADC より，

$$\sin\angle CAB=\sin\angle CAD$$
$$=\sin\angle ADC$$
$$=\frac{\sqrt{14}}{4}$$

である．

　△ABC の外接円の半径を R とおき，△ABC に正弦定理を用いると，

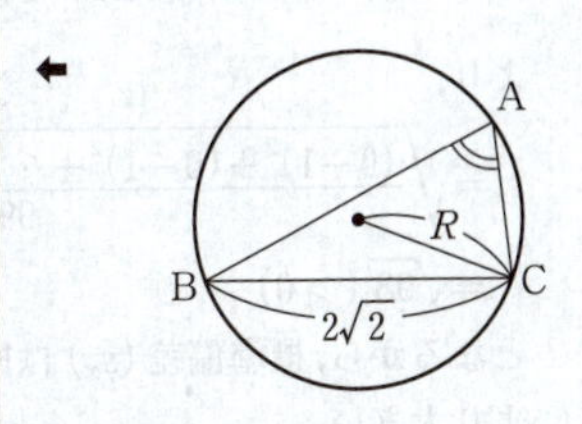

$$2R=\frac{BC}{\sin\angle CAB}$$
$$2R=\frac{2\sqrt{2}}{\frac{\sqrt{14}}{4}}$$

となるから，

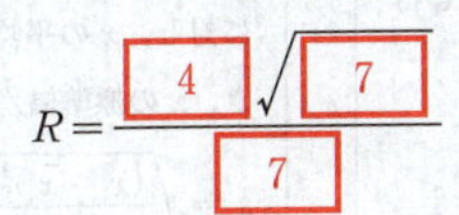

$$R=\frac{4\sqrt{7}}{7}$$

である．

【オ の別解】

　数学 A で学習する「角の二等分線の性質」を用いて次のように求めてもよい．

　△ABC において，線分 CD は ∠C の二等分線であるから，その性質より，

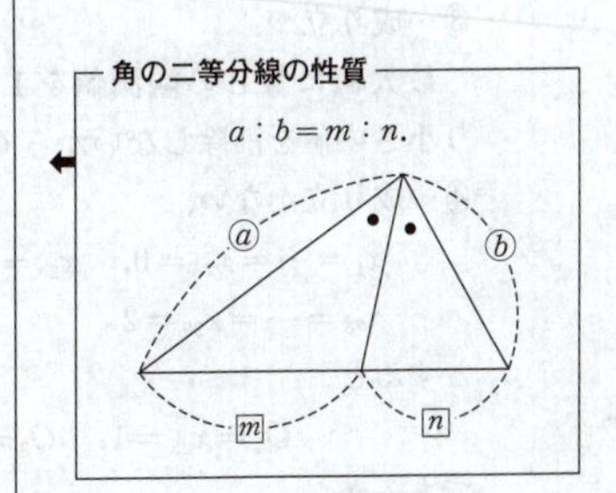

$$AC:BC=AD:DB$$
$$AC:2\sqrt{2}=AD:2$$
$$\frac{AC}{AD}=\sqrt{2}$$

となる．

（別解終わり）

〔2〕

(1)　99 個の観測値を小さい方から順に並べたものを順に

$$x_1,\ x_2,\ x_3,\ \cdots,\ x_{99}$$

とし，この平均値を $\overline{x}$，標準偏差を s_x とする．

　また，最小値を $m(x_1)$，第 1 四分位数を $Q_1(x_{25})$，中央値を $Q_2(x_{50})$，第 3 四分位数を $Q_3(x_{75})$，最大値を $M(x_{99})$ とする．

データを小さい方から順に並べたとき，中央の位置にくる値を中央値という．

中央の位置より，左半分のデータの中央値を第 1 四分位数，右半分のデータの中央値を第 3 四分位数という．

・⓪…成り立たない．

$$x_1=x_2=\cdots=x_{98}=0,\quad x_{99}=99$$

とすると，

$$Q_1=x_{25}=0,\quad Q_3=x_{75}=0,\quad \overline{x}=\frac{99}{99}=1$$

となるから，平均値 $(\overline{x})$ は第１四分位数 (Q_1) と第３四分位数 (Q_3) の間にない．

・①…成り立たない．

$$x_1=x_2=\cdots=x_{98}=0,\ x_{99}=99$$

とすると，

$$Q_3-Q_1=x_{75}-x_{25}=0,\quad \overline{x}=\frac{99}{99}=1$$

より，

$$s_x=\sqrt{\frac{(0-1)^2+(0-1)^2+\cdots+(0-1)^2+(99-1)^2}{99}}$$

$$=\sqrt{98}\ (>0)$$

となるから，標準偏差 (s_x) は四分位範囲 (Q_3-Q_1) より大きい．

・②…成り立たない．

$$x_1=x_2=\cdots=x_{48}=0,\quad x_{49}=x_{50}=\cdots=x_{99}=1$$

とすると，

$$Q_2=x_{50}=1$$

となり，中央値１より，小さい観測値の個数は 48 個である．

・③…成り立つ．

最大値に等しい観測値を１個削除しても Q_1 より小さい値を削除しないから Q_1 は変わらない．

・④…成り立たない．

$$x_1=\cdots=x_{23}=0,\quad x_{24}=\cdots=x_{75}=1,$$
$$x_{76}=\cdots=x_{99}=2$$

とすると，

$$Q_1=x_{25}=1,\quad Q_3=x_{75}=1$$

であるから，

第１四分位数 (Q_1) より小さい観測値は 23 個，

第３四分位数 (Q_3) より大きい観測値は 24 個

となる．

よって，第１四分位数より小さい観測値と，第３四分位数より大きい観測値とをすべて削除すると，残りの観測値の個数は，

$$99-23-24=52\ (個)$$

平均値

変量 x に関するデータ

$$x_1,\ x_2,\ \cdots,\ x_n$$

に対し，x の平均値を $\overline{x}$ とすると，

$$\overline{x}=\frac{x_1+x_2+\cdots+x_n}{n}.$$

⬅ $\begin{pmatrix}四分位\\範囲\end{pmatrix}=\begin{pmatrix}第３四分\\位数\end{pmatrix}-\begin{pmatrix}第１四分\\位数\end{pmatrix}$

標準偏差

変量 x に関するデータ

$$x_1,\ x_2,\ \cdots,\ x_n$$

に対し，x の平均値を $\overline{x}$ とするとき，x の標準偏差 s_x は，

$$s_x=\sqrt{\frac{(x_1-\overline{x})^2+\cdots+(x_n-\overline{x})^2}{n}}.$$

⬅ $x_1=x_2=\cdots=x_{48}=0.$

⬅ 98 個の観測値を小さい方から順に並べても第１四分位数は小さい方から 25 番目の値となり変わらない．

⬅ $x_1=\cdots=x_{23}=0.$

⬅ $x_{76}=\cdots=x_{99}=2.$

となる．

・⑤…成り立つ．

残りの観測値からなるデータにおいて，

$$(\text{最小値})=Q_1,\ (\text{最大値})=Q_3$$

となるから，範囲はもとの四分位範囲に等しい．

← (範囲)＝(最大値)－(最小値)．

よって，［コ］，［サ］に当てはまるものは

③，⑤である．

(2)(Ⅰ)…誤．

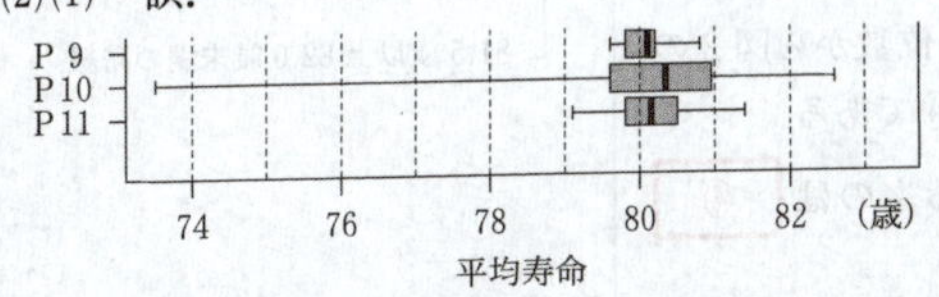

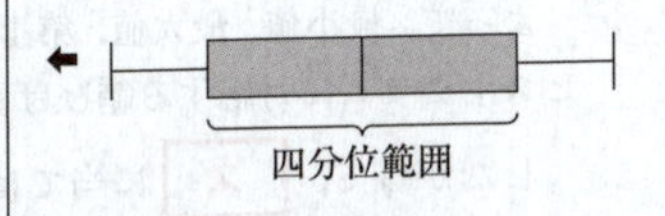

P 10 は，四分位範囲が 1 より大きい．

(Ⅱ)…誤．

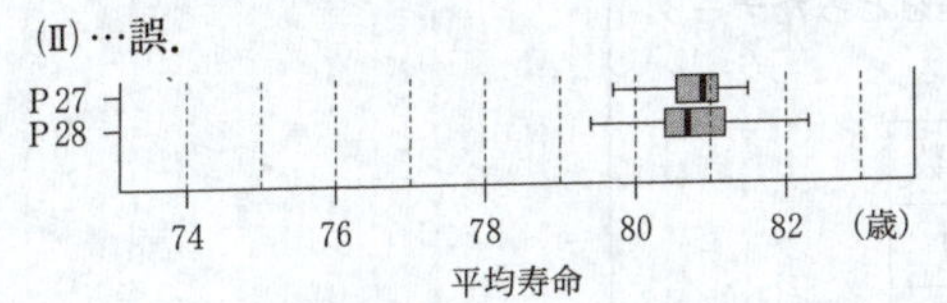

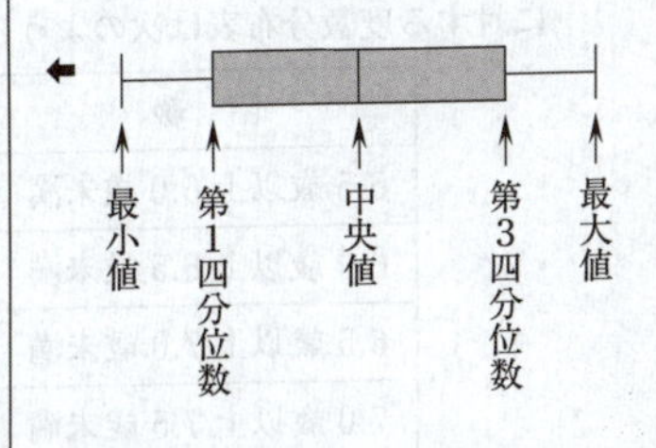

P 27 から P 28 において，中央値が大きい値から小さい値になっている．

(Ⅲ)…正．

よって，［シ］に当てはまるものは ⑥ である．

(3)　図 2 の「市区町村別平均寿命のヒストグラム」より，度数分布表は次のようになる．

階　級	度数	累積度数
79.5 歳以上 80.0 歳未満	2	2
80.0 歳以上 80.5 歳未満	4	6
80.5 歳以上 81.0 歳未満	9	15
81.0 歳以上 81.5 歳未満	3	18
81.5 歳以上 82.0 歳未満	2	20

← 最初の階級からその階級までの度数を合計したものを累積度数という．

最小値は小さい方から 1 番目の値であるから，

最小値は 79.75 歳．

← 79.5 歳以上 80.0 歳未満の階級．

第 1 四分位数は小さい方から 5 番目の値と 6 番目の値の平均値であるから，

第1四分位数は 80.25 歳.

中央値は小さい方から 10 番目の値と 11 番目の値の平均値であるから,

中央値は 80.75 歳.

第3四分位数は小さい方から 15 番目の値と 16 番目の値の平均値であるから,

第3四分位数は 81.0 歳.

最大値は小さい方から 20 番目の値であるから,

最大値は 81.75 歳.

よって，最小値，最大値，第1四分位数から図2のヒストグラムに対応する箱ひげ図は④である.

したがって， ス に当てはまるものは ④ である.

← 80.0 歳以上 80.5 歳未満の階級.

← 80.5 歳以上 81.0 歳未満の階級.

← 80.5 歳以上 81.0 歳未満の階級 と 81.0 歳以上 81.5 歳未満の階級.

← 81.5 歳以上 82.0 歳未満の階級.

(4) 図3の「男と女の都道府県別平均寿命の散布図」より，都道府県ごとに男女寿命の差をとったデータに対する度数分布表は次のようになる.

階　級	度数
5.5 歳以上 6.0 歳未満	9
6.0 歳以上 6.5 歳未満	22
6.5 歳以上 7.0 歳未満	13
7.0 歳以上 7.5 歳未満	3

これより，都道府県ごとに男女の平均寿命の差をとったデータに対するヒストグラムは，5.5 歳以上 6.0 歳未満の階級と 7.0 歳以上 7.5 歳未満の階級に注目して③である.

したがって， セ に当てはまるものは ③ である.

第3問　場合の数・確率

〔1〕

・⓪…正しい．

1回の試行において，1枚のコインを投げるとき，

表が出る確率は $\frac{1}{2}$，裏が出る確率は $\frac{1}{2}$

である．

1枚のコインを投げる試行を5回繰り返すとき，表が1回も出ない，つまり，裏が5回続けて出る確率は，

$$\left(\frac{1}{2}\right)^5=\frac{1}{32}$$

である．

よって，少なくとも1回は表が出る確率 p は，

$$p=1-\frac{1}{32}=\frac{31}{32}=0.968\cdots\ (>0.95)$$

である．

←余事象の確率
$P(A)+P(\overline{A})=1.$

・①…正しくない．

袋の中に赤球が a 個 $(a=0,\ 1,\ 2,\ \cdots,\ 8)$ 入っているとすると，1回の試行で赤球が出る確率は，

$$\frac{a}{8}\ (a=0,\ 1,\ 2,\ \cdots,\ 8)\left(\neq\frac{3}{5}\right)$$

である．

・②…正しい．

箱の中に，

「い」と書かれたカードが1枚，
「ろ」と書かれたカードが2枚，
「は」と書かれたカードが2枚

が入っている．

5枚のカードはすべて区別して考える．

5枚のカードの中から同時に2枚のカードを取り出す方法は全部で，

$${}_5\mathrm{C}_2 \text{ 通り}$$

あり，これらはすべて同様に確からしい．

書かれた文字が同じである取り出し方は，

・「ろ」と書かれたカードを2枚取り出すとき，
・「は」と書かれたカードを2枚取り出すとき

の2つの場合があるから，その確率は，

$$\frac{{}_2\mathrm{C}_2+{}_2\mathrm{C}_2}{{}_5\mathrm{C}_2}=\frac{1}{5}$$

である．

よって，書かれた文字が異なる確率は，

$$1-\frac{1}{5}=\frac{4}{5}$$

である．

・③…正しくない．

2体のロボットをA，Bとする．

2つの事象E，Fを，

E：1枚のコインを投げて表が出る，

F：2体のロボットA，Bが「オモテ」と発言する

と定める．

1枚のコインを投げて，出た面を見た2体が，ともに「オモテ」と発言したときに，実際に表が出ている条件付き確率pは，

$$p=P_F(E)=\frac{P(E\cap F)}{P(F)} \quad \cdots ①$$

として求めることができる．

$E\cap F$は，

「コインの表が出て，ロボットA，Bがともに出た面に対して「オモテ」と正しく発言する事象」

であるから，

$$P(E\cap F)=\frac{1}{2}\times\frac{9}{10}\times\frac{9}{10}=\frac{81}{200}$$

である．

Fは，

「コインの表が出て，ロボットA，Bがともに出た面に対して「オモテ」と正しく発言することと，コインの裏が出て，ロボットA，Bがともに出た面に対して「オモテ」と正しく発言しないことを合わせた事象」

であるから，

$$P(F)=\frac{1}{2}\times\frac{9}{10}\times\frac{9}{10}+\frac{1}{2}\times\frac{1}{10}\times\frac{1}{10}=\frac{82}{200}$$

である．

よって，これらを①に代入すると，

$$p=\frac{\frac{81}{200}}{\frac{82}{200}}=\frac{81}{82}=0.987\cdots\ (>0.9)$$

である．

よって，ア，イ に当てはまるものは

← ・「い」…1枚と「ろ」…1枚，
・「い」…1枚と「は」…1枚，
・「ろ」…1枚と「は」…1枚

と直接数え上げて，

$$\frac{{}_1C_1\times{}_2C_1+{}_1C_1\times{}_2C_1+{}_2C_1\times{}_2C_1}{{}_5C_2}$$

$$=\frac{4}{5}$$

と求めてもよい．

← **条件付き確率**

事象Cが起こったときの事象Dが起こる条件付き確率$P_C(D)$は，

$$P_C(D)=\frac{P(C\cap D)}{P(C)}.$$

← 出た面に対してロボットが正しく発言する確率は，

$$0.9=\frac{9}{10}.$$

← 出た面に対してロボットが正しく発言しない確率は，

$$0.1=\frac{1}{10}.$$

⓪，②である．

【参考】

	E	$\overline{E}$
F	$\frac{1}{2}\times\frac{9}{10}\times\frac{9}{10}=\frac{81}{200}$	$\frac{1}{2}\times\frac{1}{10}\times\frac{1}{10}=\frac{1}{200}$
$\overline{F}$	$\frac{1}{2}\left(\frac{9}{10}\times\frac{1}{10}+\frac{1}{10}\times\frac{9}{10}+\frac{1}{10}\times\frac{1}{10}\right)=\frac{19}{200}$	$\frac{1}{2}\left(\frac{1}{10}\times\frac{9}{10}+\frac{9}{10}\times\frac{1}{10}+\frac{9}{10}\times\frac{9}{10}\right)=\frac{99}{200}$

← $P(F)=P(E\cap F)+P(\overline{E}\cap F)$
$=\frac{82}{200}$.

〔2〕

1回の試行において，1枚のコインを投げるとき，

表が出る確率は $\frac{1}{2}$，裏が出る確率は $\frac{1}{2}$

である．

コインを3回投げたときの樹形図は次のようになる．(　)内の数は持ち点を表す．

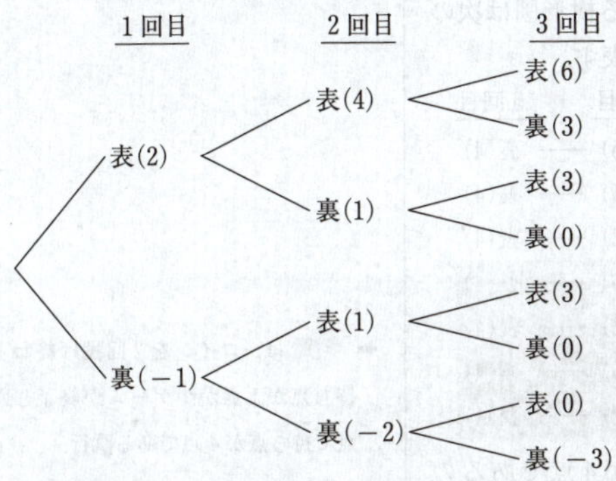

(1)　コインを2回投げ終わって持ち点が −2 点であるのは樹形図より，1通りしかない．

←

1回目	2回目
裏	裏

よって，コインを2回投げ終わって持ち点が −2 である確率は，

$$\left(\frac{1}{2}\right)^2\times 1=\frac{1}{4}$$

である．

また，コインを2回投げ終わって持ち点が1点であるのは樹形図より，2通りある．

←

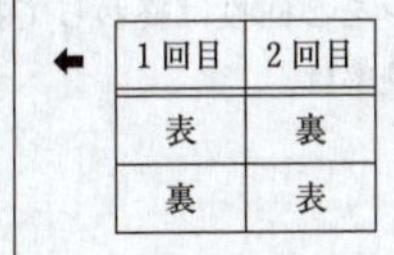

1回目	2回目
表	裏
裏	表

よって，コインを2回投げ終わって持ち点が1点である確率は，

$$\left(\frac{1}{2}\right)^2 \times 2 = \frac{\boxed{1}}{\boxed{2}}$$

である．

(2)　持ち点が再び0点になることが起こるのは，樹形図より，コインを $\boxed{3}$ 回投げ終わったときである．

コインを3回投げ終わって持ち点が0点になるのは，樹形図より，3通りある．

1回目	2回目	3回目
表	裏	裏
裏	表	裏
裏	裏	表

よって，コインを3回投げ終わって持ち点が0点になる確率は，

$$\left(\frac{1}{2}\right)^3 \times 3 = \frac{\boxed{3}}{\boxed{8}}$$

である．

さらに，コインを5回投げ終わった時点でゲームを終了し，持ち点が4点になっている樹形図は次のようになる．(　) 内の数は持ち点を表す．

1回目　2回目　3回目　4回目　5回目

表(2) ─ 表(4) ─ 表(6) ─ 裏(5) ─ 裏(4)
表(2) ─ 表(4) ─ 裏(3) ─ 表(5) ─ 裏(4)
表(2) ─ 表(4) ─ 裏(3) ─ 裏(2) ─ 表(4)
表(2) ─ 裏(1) ─ 表(3) ─ 表(5) ─ 裏(4)
表(2) ─ 裏(1) ─ 表(3) ─ 裏(2) ─ 表(4)
裏(−1) ─ 表(1) ─ 表(3) ─ 表(5) ─ 裏(4)
裏(−1) ─ 表(1) ─ 表(3) ─ 裏(2) ─ 表(4)

（網かけ部分）は，コインを2回投げ終わって持ち点が1点かつゲームが終了した時点で持ち点が4点である試行．

(3)　ゲームが終了した時点で持ち点が4点であるのは，樹形図より，7通りある．

よって，ゲームが終了した時点で持ち点が4点である確率は，

$$\left(\frac{1}{2}\right)^5 \times 7 = \frac{\boxed{7}}{\boxed{32}} \quad \cdots ①$$

である．

(4)　ゲームが終了した時点で持ち点が4点であるとき，コインを2回投げ終わって持ち点が1点である条件付き確率は，

$$\frac{\left(\begin{array}{l}\text{コインを2回投げ終わって持ち点が1点}\\\text{かつゲームが終了した時点で持ち点が}\\\text{4点である確率}\end{array}\right)}{\left(\begin{array}{l}\text{ゲームが終了した時点で持ち点が4点}\\\text{である確率}\end{array}\right)}$$

$$=\frac{\left(\frac{1}{2}\right)^5\times 4}{\frac{7}{32}}$$ （①と樹形図より）

$$=\frac{\boxed{4}}{\boxed{7}}$$

である．

⬅ 分子の計算は次の表より得られる．

1回目	2回目	3回目	4回目	5回目
表	裏	表	表	裏
表	裏	表	裏	表
裏	表	表	表	裏
裏	表	表	裏	表

第4問　整数の性質

(1)　$x=2.\dot{3}\dot{6}$ とすると，このとき，

$$100\times x-x=236.\dot{3}\dot{6}-2.\dot{3}\dot{6}$$

であるから，x を分数で表すと，

$$99x=234$$

すなわち，

$$x=\frac{234}{99}=\frac{\boxed{26}}{\boxed{11}}$$

である．

← $100x=236.363636\cdots$
$-)\quad x=\quad 2.363636\cdots$
$99x=234.000000\cdots.$

(2)　$y=2.\dot{a}\dot{b}_{(7)}$ とすると，このとき，

$$49y-y=2ab.\dot{a}\dot{b}_{(7)}-2.\dot{a}\dot{b}_{(7)}$$

であるから，

$$49y=2\times7^2+a\times7+b+a\times\frac{1}{7}+b\times\frac{1}{7^2}+\cdots$$

$$-)\quad y=\qquad 2+a\times\frac{1}{7}+b\times\frac{1}{7^2}+\cdots$$

$$48y=2\times7^2+a\times7+b-2$$

すなわち，

$$y=\frac{\boxed{96}+7\times a+b}{\boxed{48}}\qquad\cdots①$$

（ただし，a, b は0以上6以下の異なる整数）

と表せる．

← ■ は0になる．

・n 進法で $pqr_{(n)}$ と表される整数を10進法で表すと，

$$p\times n^2+q\times n^1+r.$$

・n 進法で $0.pqr\cdots_{(n)}$ と表される小数を10進法で表すと，

$$p\times\frac{1}{n^1}+q\times\frac{1}{n^2}+r\times\frac{1}{n^3}+\cdots.$$

(i)　①は，

$$y=2+\frac{7a+b}{48}\left(\begin{array}{c}1\leqq 7a+b\leqq 47\ より，\\ 0<\dfrac{7a+b}{48}<1\end{array}\right)\cdots②$$

と変形できる．

これより，y が，分子が奇数で分母が4である分数で表されるのは，

$$y=2+\frac{12}{48}\quad または\quad y=2+\frac{36}{48}\qquad\cdots③$$

すなわち，

$$y=\frac{\boxed{9}}{4}\quad または\quad y=\frac{\boxed{11}}{4}$$

のときである．

$y=\dfrac{11}{4}$ のときは，②，③より，$7a+b=\boxed{36}$

であるから，

← $a=0$, $b=1$ のとき，
$7a+b=1.$
$a=6$, $b=5$ のとき，
$7a+b=47.$

← $y=2+\dfrac{24}{48}$ も考えられるが，

$$y=\frac{10}{4}$$

となり，条件を満たさない．

$$a = \boxed{5}, \quad b = \boxed{1}$$

である．

(ii)　②より，

$$y-2=\frac{7a+b}{48}$$

である．

$y-2$ は，分子が1で分母が2以上の整数である分数で表されるとき，

$$7a+b=1,\ 2,\ 3,\ 4,\ 6,\ 8,\ 12,\ 16,\ 24$$

で表されることが必要である．

$7a+b=1$ のとき，　$(a,\ b)=(0,\ 1)$，
$7a+b=2$ のとき，　$(a,\ b)=(0,\ 2)$，
$7a+b=3$ のとき，　$(a,\ b)=(0,\ 3)$，
$7a+b=4$ のとき，　$(a,\ b)=(0,\ 4)$，
$7a+b=6$ のとき，　$(a,\ b)=(0,\ 6)$，
$7a+b=8$ のとき，　$(a,\ b)=(1,\ 1)$，
$7a+b=12$ のとき，　$(a,\ b)=(1,\ 5)$，
$7a+b=16$ のとき，　$(a,\ b)=(2,\ 2)$，
$7a+b=24$ のとき，　$(a,\ b)=(3,\ 3)$

であるから，$a \neq b$ より，

$$7a+b=1,\ 2,\ 3,\ 4,\ 6,\ 12$$

に限られる．

このとき，$y-2$ はそれぞれ

$$y-2=\frac{1}{48},\ \frac{1}{24},\ \frac{1}{16},\ \frac{1}{12},\ \frac{1}{8},\ \frac{1}{4}$$

となり，条件を満たす．

よって，「$y-2$ は，分子が1で分母が2以上の整数である分数で表される」ような y の個数は，全部で $\boxed{6}$ 個である．

← $0 \leqq b \leqq 6$ より，

$$30 \leqq 7a \leqq 36$$

となるから，

$$a=5.$$

← 48の正の約数のうち，分母が2以上であるから，48の半分，つまり，24以下の正の約数を考えるとよい．

第5問 図形の性質

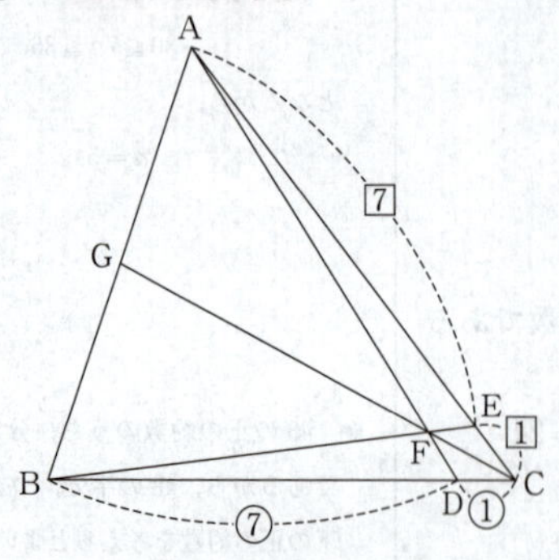

△ABC にチェバの定理を用いると,

$$\frac{BG}{GA}\times\frac{AE}{EC}\times\frac{CD}{DB}=1$$

であるから,

$$\frac{BG}{GA}\times\frac{7}{1}\times\frac{1}{7}=1$$

すなわち,

$$\frac{BG}{AG}=\boxed{1}$$

である.

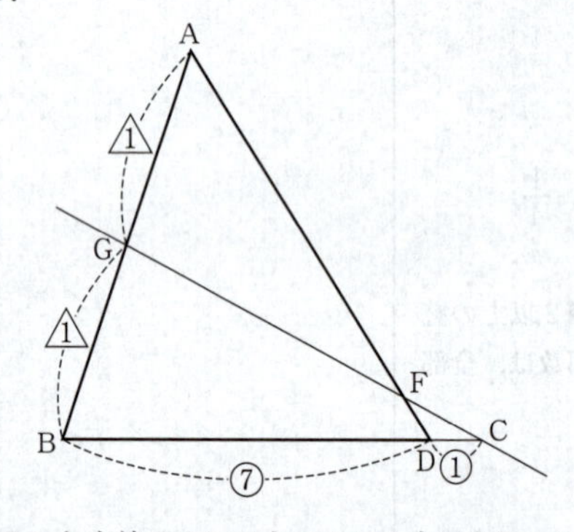

△ABD と直線 CG にメネラウスの定理を用いると,

$$\frac{DF}{FA}\times\frac{AG}{GB}\times\frac{BC}{CD}=1$$

であるから,

$$\frac{DF}{FA}\times\frac{1}{1}\times\frac{8}{1}=1$$

すなわち,

← チェバの定理

$$\frac{AL}{LB}\times\frac{BM}{MC}\times\frac{CN}{NA}=1.$$

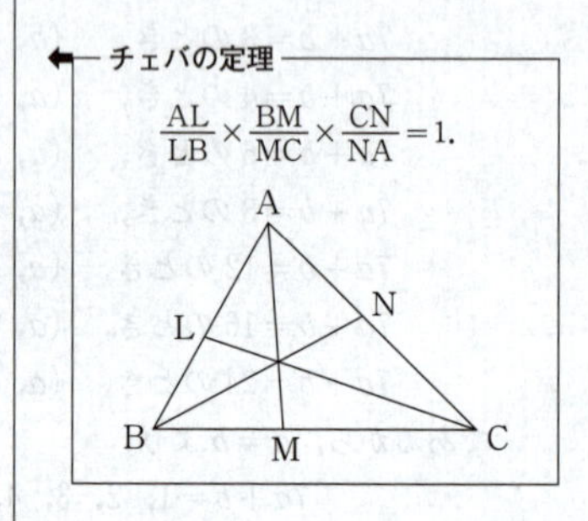

← メネラウスの定理

$$\frac{AL}{LB}\times\frac{BM}{MC}\times\frac{CN}{NA}=1.$$

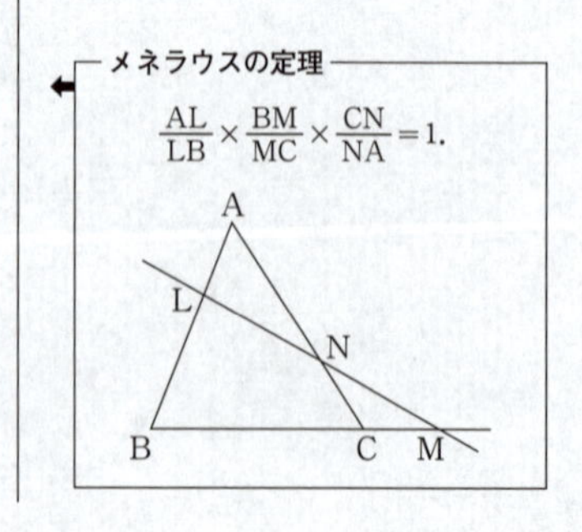

$$\frac{FD}{AF}=\frac{\boxed{1}}{\boxed{8}} \quad \cdots ①$$

である.

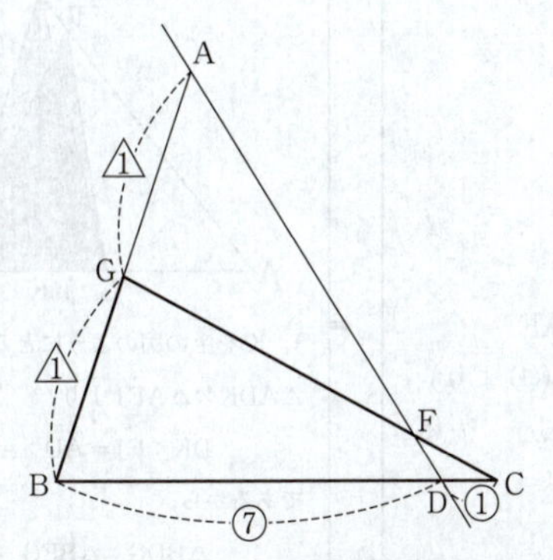

⬅ △ACD と直線 BE にメネラウスの定理を用いて,

$$\frac{DF}{FA}\times\frac{AE}{EC}\times\frac{CB}{BD}=1$$

$$\frac{DF}{FA}\times\frac{7}{1}\times\frac{8}{7}=1$$

$$\frac{FD}{AF}=\frac{1}{8}$$

として求めてもよい.

△BCG と直線 AD にメネラウスの定理を用いると,

$$\frac{CF}{FG}\times\frac{GA}{AB}\times\frac{BD}{DC}=1$$

であるから,

$$\frac{CF}{FG}\times\frac{1}{2}\times\frac{7}{1}=1$$

すなわち,

$$\frac{FC}{GF}=\frac{\boxed{2}}{\boxed{7}}$$

である.

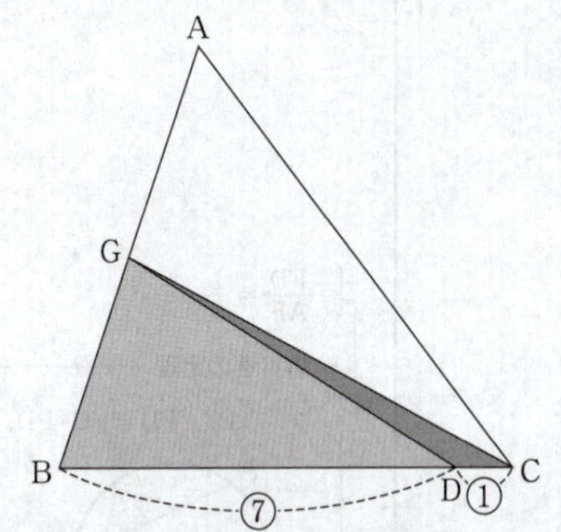

$$(\triangle CDG の面積):(\triangle BDG の面積)=CD:BD$$
$$=1:7$$
$$=9:63 \quad \cdots ②$$

である.

さらに,

⬅ $S:T=m:n$.

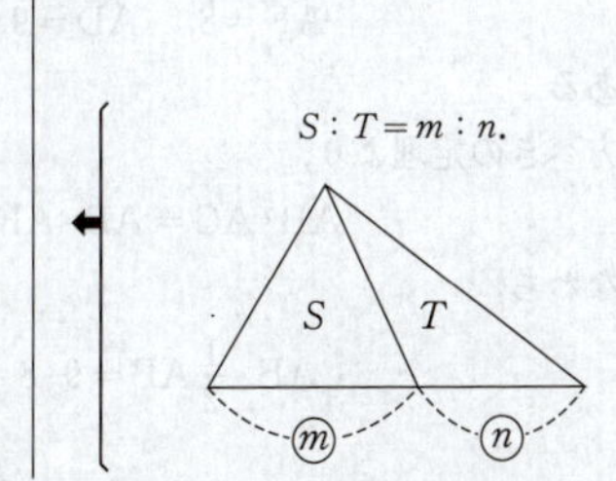

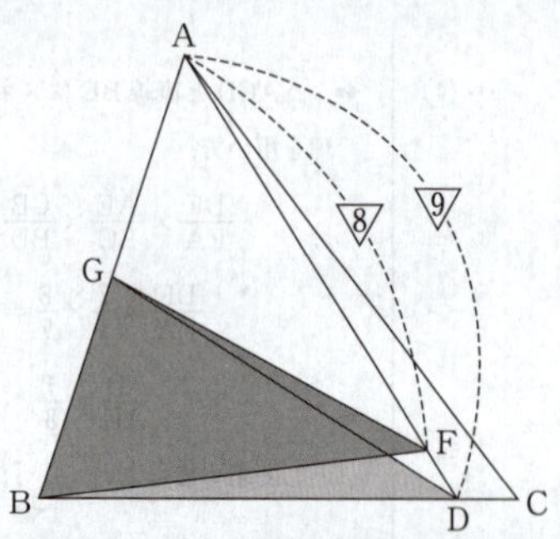

(△BDGの面積)：(△BFGの面積)＝AD：AF

＝9：8　(① より)

＝63：56　　　… ③

である．

よって，②，③ より，

$$\frac{(\triangle \text{CDG} の面積)}{(\triangle \text{BFG} の面積)} = \frac{\boxed{9}}{\boxed{56}}$$

となる．

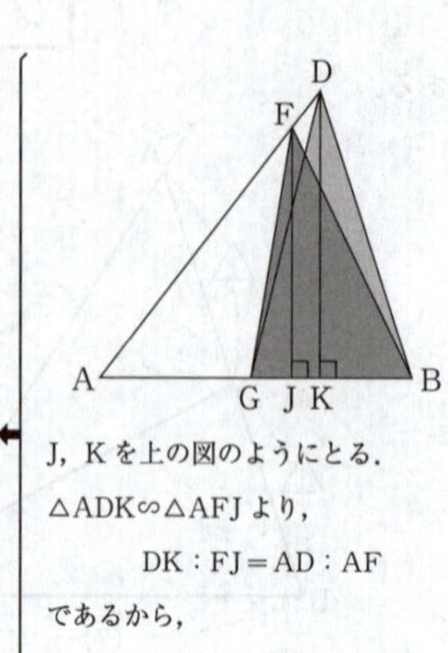

J，K を上の図のようにとる．

△ADK∽△AFJ より，

DK：FJ＝AD：AF

であるから，

△BDG：△BFG

$=\frac{1}{2}$BG・DK：$\frac{1}{2}$BG・FJ

＝DK：FJ

＝AD：AF.

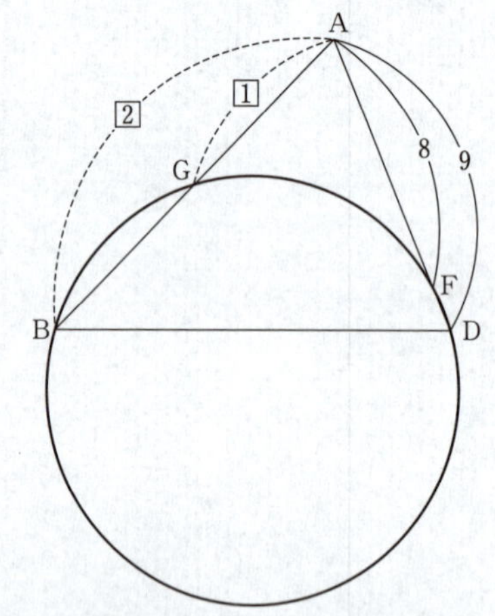

$\frac{FD}{AF}=\frac{1}{8}$．… ①

FD＝1 と ① より，

AF＝8，　AD＝9

である．

方べきの定理より，

AB・AG＝AD・AF

すなわち，

AB・$\frac{1}{2}$AB＝9・8

方べきの定理

PA・PB＝PC・PD.

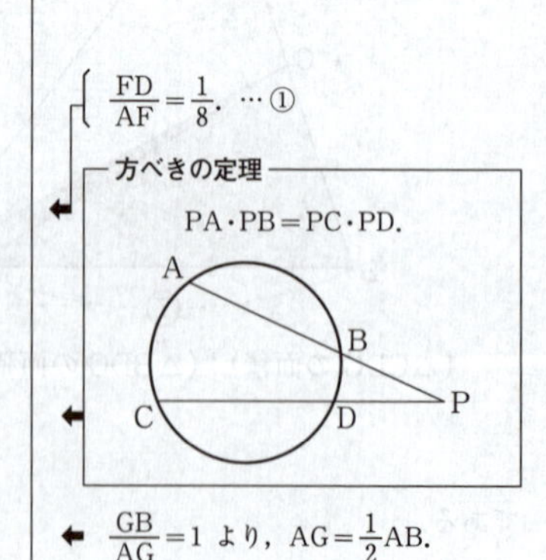

$\frac{GB}{AG}=1$ より，AG＝$\frac{1}{2}$AB.

であるから，

$$AB^2=144$$

となる．

よって，AB＞0 より，

$$AB=\boxed{12} \quad \cdots ④$$

である．

さらに，$AE=3\sqrt{7}$ と $AE:EC=7:1$ より，

$$AC=\frac{7+1}{7}AE=\frac{8}{7}\cdot 3\sqrt{7}=\frac{24}{\sqrt{7}}$$

であるから，

$$AE\cdot AC=3\sqrt{7}\cdot\frac{24}{\sqrt{7}}=\boxed{72} \quad \cdots ⑤$$

である．

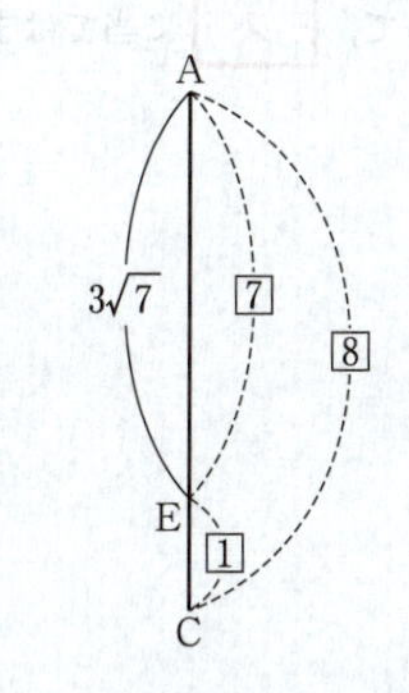

$AG=\frac{1}{2}AB$ と④より，

$$AG=\frac{1}{2}\cdot 12=6$$

であるから，

$$AG\cdot AB=6\cdot 12=72 \quad \cdots ⑥$$

である．

したがって，⑤，⑥より，

$$AE\cdot AC=AG\cdot AB$$

が成り立つから，方べきの定理の逆より，4点B，C，E，Gは同一円周上にある．

方べきの定理の逆

2つの線分ABとCD，またはABの延長とCDの延長が点Pで交わるとき，PA・PB＝PC・PD が成り立つならば，4点A，B，C，Dは1つの円周上にある．

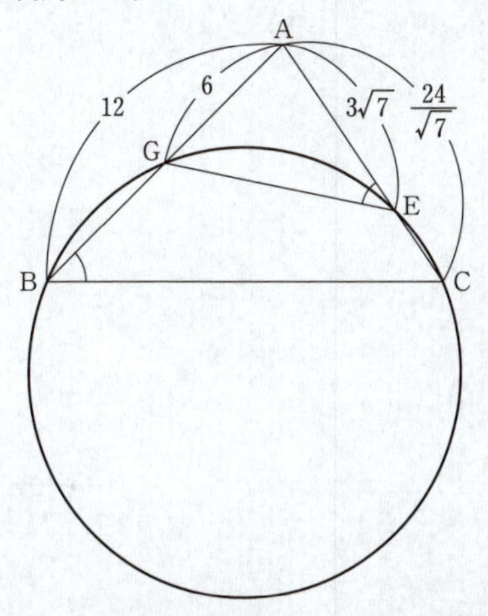

ゆえに，四角形BCEGは円に内接しているから，その性質より，

$$\angle AEG = \angle GBC = \angle ABC$$

である.

よって，ス に当てはまるものは ② である.

←円に内接する四角形の性質

・内角は，その対角の外角に等しい.

・対角の和は 180° である.

$(\alpha + \beta = 180°)$

MEMO

数学Ⅱ・数学B

解答・採点基準

(100点満点)

問題番号(配点)	解答記号	正解	配点	自己採点
第1問 (30)	$\frac{\sqrt{\text{ア}}}{\text{イ}}$, ウ	$\frac{\sqrt{3}}{2}$, 3	2	
	$\sin\left(\theta+\frac{\pi}{\text{エ}}\right)$	$\sin\left(\theta+\frac{\pi}{3}\right)$	2	
	$\frac{\text{オ}}{\text{カ}}$, $\frac{\text{キ}}{\text{ク}}$	$\frac{2}{3}$, $\frac{5}{3}$	3	
	ケコ	12	2	
	$\frac{\text{サ}}{\text{シ}}$	$\frac{4}{5}$	2	
	$\frac{\text{ス}}{\text{セ}}$	$\frac{3}{5}$	2	
	ソ	③	2	
	タチ	11	3	
	$\sqrt{\text{ツテ}}$	$\sqrt{13}$	2	
	トナニ	-36	2	
	$\text{ヌ}X+Y\leqq\text{ネノ}$	$2X+Y\leqq 10$	2	
	$\text{ハ}X-Y\geqq\text{ヒフ}$	$3X-Y\geqq -4$	2	
	ヘ	7	2	
	ホ	5	2	
第1問 自己採点小計				
第2問 (30)	$\text{ア}t+\text{イ}$	$2t+2$	2	
	ウ	1	2	
	$\text{エ}s-\text{オ}a+\text{カ}$	$2s-4a+2$	2	
	$\text{キ}a^2+\text{ク}$	$4a^2+1$	2	
	ケ, コ	0, 2	3	
	$\text{サ}x+\text{シ}$	$2x+1$	2	
	ス	a	2	
	$\frac{a^{\text{セ}}}{\text{ソ}}$	$\frac{a^3}{3}$	3	
	タ	1	2	
	$\frac{\text{チ}}{\text{ツ}}$	$\frac{1}{3}$	3	
	テ, ト, ナ, $\frac{\text{ニ}}{\text{ヌ}}$	2, 4, 2, $\frac{1}{3}$	3	
	$\frac{\text{ネ}}{\text{ノ}}$	$\frac{2}{3}$	3	
	$\frac{\text{ハ}}{\text{ヒフ}}$	$\frac{2}{27}$	1	
第2問 自己採点小計				

問題番号(配点)	解答記号	正解	配点	自己採点
第3問 (20)	ア	6	2	
	イ	0	1	
	$\frac{\text{ウ}}{(n+\text{エ})(n+\text{オ})}$	$\frac{1}{(n+1)(n+2)}$	2	
	カ	3	1	
	キ	1	1	
	ク, ケ, コ	2, 1, 1	2	
	$\frac{\text{サ}}{\text{シ}}$, $\frac{\text{ス}}{\text{セ}}$	$\frac{1}{6}$, $\frac{1}{2}$	2	
	$\frac{n-\text{ソ}}{\text{タ}(n+\text{チ})}$	$\frac{n-2}{3(n+1)}$	2	
	ツ, テ, ト	3, 1, 4	2	
	$\frac{(n+\text{ナ})(n+\text{ニ})}{\text{ヌ}}$	$\frac{(n+1)(n+2)}{2}$	2	
	ネ, ノ, ハ	1, 0, 0	1	
	ヒ	1	2	
第3問 自己採点小計				
第4問 (20)	$\text{ア}\sqrt{\text{イ}}$	$3\sqrt{6}$	2	
	$\text{ウ}\sqrt{\text{エ}}$	$4\sqrt{3}$	2	
	オカ	36	2	
	$\frac{\text{キク}}{\text{ケ}}$	$\frac{-2}{3}$	1	
	コ	1	1	
	$\text{サ}\sqrt{\text{シ}}$	$2\sqrt{6}$	2	
	(ス, セ, ソタ)	(2, 2, -4)	1	
	チ	③	2	
	ツテ	30	2	
	$\text{ト}+\frac{\sqrt{\text{ナ}}}{\text{ニ}}$, $\text{ヌ}-\frac{\sqrt{\text{ネ}}}{\text{ノ}}$	$1+\frac{\sqrt{2}}{2}$, $1-\frac{\sqrt{2}}{2}$	2	
	ハヒ	60	1	
	$\sqrt{\text{フ}}$	$\sqrt{3}$	1	
	$\text{ヘ}\sqrt{\text{ホ}}$	$4\sqrt{3}$	1	
第4問 自己採点小計				

問題番号(配点)	解答記号	正解	配点	自己採点
第5問 (20)	$\frac{ア}{イ}$	$\frac{1}{4}$	2	
	$\frac{ウ}{エ}$	$\frac{1}{2}$	2	
	$\frac{\sqrt{オ}}{カ}$	$\frac{\sqrt{7}}{4}$	2	
	キクケ	240	2	
	コサ	12	2	
	0.シス	0.02	2	
	セ	2	2	
	$\sqrt{ソ}$	$\sqrt{6}$	2	
	タチ	60	1	
	ツテ	30	1	
	トナ.ニ	44.1	1	
	ヌネ.ノ	55.9	1	
第5問　自己採点小計				
自己採点合計				

(注)

第1問，第2問は必答。

第3問～第5問のうちから2問選択。計4問を解答。

第1問　三角関数，指数関数・対数関数

〔1〕

(1)　$0 \leqq \theta < 2\pi$ のとき

$$\sin\theta > \sqrt{3}\cos\left(\theta - \frac{\pi}{3}\right) \quad \cdots ①$$

となる θ の値の範囲を求める．

加法定理を用いると

$$\sqrt{3}\cos\left(\theta - \frac{\pi}{3}\right)$$
$$= \sqrt{3}\left(\cos\theta\cos\frac{\pi}{3} + \sin\theta\sin\frac{\pi}{3}\right)$$
$$= \sqrt{3}\left(\frac{1}{2}\cos\theta + \frac{\sqrt{3}}{2}\sin\theta\right)$$
$$= \frac{\sqrt{3}}{2}\cos\theta + \frac{3}{2}\sin\theta$$

である．よって，三角関数の合成を用いると，① は

$$\sin\theta > \frac{\sqrt{3}}{2}\cos\theta + \frac{3}{2}\sin\theta$$
$$\frac{\sqrt{3}}{2}\cos\theta + \frac{1}{2}\sin\theta < 0$$
$$\sin\left(\theta + \frac{\pi}{3}\right) < 0$$

と変形できる．$0 \leqq \theta < 2\pi$ より，

$\frac{\pi}{3} \leqq \theta + \frac{\pi}{3} < 2\pi + \frac{\pi}{3}$ であるから

$$\pi < \theta + \frac{\pi}{3} < 2\pi$$

である．したがって，求める範囲は

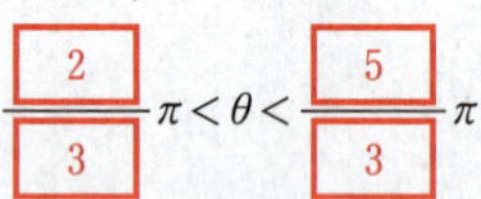

$$\frac{2}{3}\pi < \theta < \frac{5}{3}\pi$$

である．

(2)　$0 \leqq \theta \leqq \frac{\pi}{2}$ であり，k は実数である．$\sin\theta$ と $\cos\theta$ は x の 2 次方程式 $25x^2 - 35x + k = 0$ の解であるとする．このとき，解と係数の関係により

$$\sin\theta + \cos\theta = \frac{35}{25} = \frac{7}{5} \quad \cdots ⑥$$

$$\sin\theta\cos\theta = \frac{k}{25} \quad \cdots ⑦$$

加法定理

$\cos(\alpha+\beta) = \cos\alpha\cos\beta - \sin\alpha\sin\beta$,
$\cos(\alpha-\beta) = \cos\alpha\cos\beta + \sin\alpha\sin\beta$.

三角関数の合成

$(a,\ b) \neq (0,\ 0)$ のとき

$a\sin\theta + b\cos\theta = \sqrt{a^2+b^2}\sin(\theta+\alpha)$.

ただし，

$\cos\alpha = \frac{a}{\sqrt{a^2+b^2}}$, $\sin\alpha = \frac{b}{\sqrt{a^2+b^2}}$.

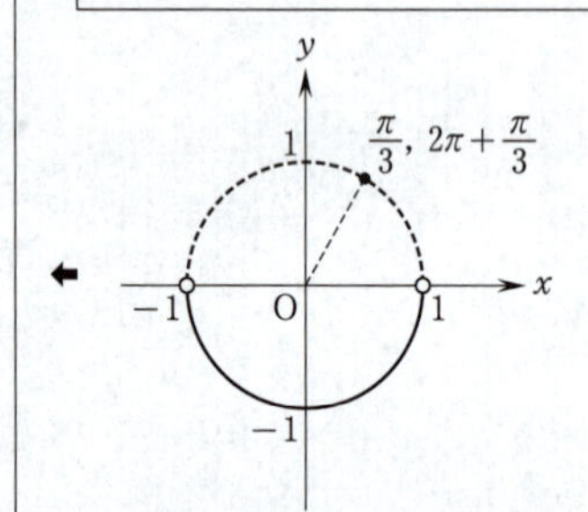

解と係数の関係

2 次方程式

$$ax^2 + bx + c = 0$$

の二つの解を α，β とすると

$$\begin{cases} \alpha + \beta = -\dfrac{b}{a}, \\ \alpha\beta = \dfrac{c}{a}. \end{cases}$$

が成り立つ．⑥より

$$(\sin\theta+\cos\theta)^2=\left(\frac{7}{5}\right)^2$$

$$\sin^2\theta+\cos^2\theta+2\sin\theta\cos\theta=\frac{49}{25}$$

である．これと⑦より

$$1+\frac{2k}{25}=\frac{49}{25}$$

⬅ $\sin^2\theta+\cos^2\theta=1.$

であるから

$$k=\boxed{12}$$

である．よって，$\sin\theta$ と $\cos\theta$ は

$$25x^2-35x+12=0$$

すなわち

$$(5x-4)(5x-3)=0$$

の解である．さらに，θ が $\sin\theta\geqq\cos\theta$ を満たすとすると

$$\sin\theta=\frac{\boxed{4}}{\boxed{5}},\quad \cos\theta=\frac{\boxed{3}}{\boxed{5}}$$

である．このとき

$$\sin\frac{\pi}{4}=\frac{\sqrt{2}}{2},\quad \sin\frac{\pi}{3}=\frac{\sqrt{3}}{2}$$

より

$$\sin\frac{\pi}{4}\leqq\sin\theta<\sin\frac{\pi}{3}$$

⬅ $\left(\frac{\sqrt{2}}{2}\right)^2\leqq\left(\frac{4}{5}\right)^2<\left(\frac{\sqrt{3}}{2}\right)^2$
すなわち
$\frac{50}{100}\leqq\frac{64}{100}<\frac{75}{100}.$

である．$0\leqq\theta\leqq\frac{\pi}{2}$ より，θ は

$$\frac{\pi}{4}\leqq\theta<\frac{\pi}{3}$$

⬅ 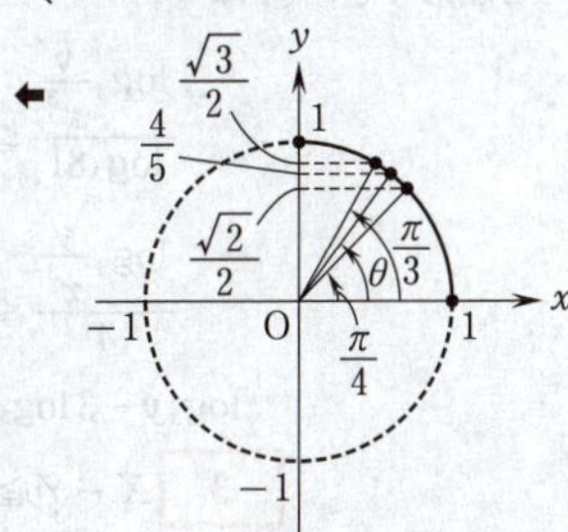

を満たす．よって，$\boxed{ソ}$ にあてはまるものは

$\boxed{③}$ である．

〔2〕

(1)　$t^{\frac{1}{3}}-t^{-\frac{1}{3}}=-3\quad(t>0)$

より

$$\left(t^{\frac{1}{3}}-t^{-\frac{1}{3}}\right)^2=(-3)^2$$

$$t^{\frac{2}{3}}+t^{-\frac{2}{3}}-2t^{\frac{1}{3}}t^{-\frac{1}{3}}=9$$

⬅ $\left(t^{\frac{1}{3}}\right)^2=t^{\frac{1}{3}\cdot 2}=t^{\frac{2}{3}}.$

$$t^{\frac{2}{3}}+t^{-\frac{2}{3}}-2=9$$

⬅ $t^{\frac{1}{3}}t^{-\frac{1}{3}}=t^{\frac{1}{3}+\left(-\frac{1}{3}\right)}=t^0=1.$

$$t^{\frac{2}{3}}+t^{-\frac{2}{3}}=\boxed{11}$$

である．

$$\left(t^{\frac{1}{3}}+t^{-\frac{1}{3}}\right)^2=t^{\frac{2}{3}}+t^{-\frac{2}{3}}+2t^{\frac{1}{3}}t^{-\frac{1}{3}}$$
$$=11+2$$
$$=13$$

より

$$t^{\frac{1}{3}}+t^{-\frac{1}{3}}=\sqrt{\boxed{13}}$$

← $t^{\frac{1}{3}}>0$, $t^{-\frac{1}{3}}>0$.

である．

$$\left(t^{\frac{2}{3}}+t^{-\frac{2}{3}}\right)\left(t^{\frac{1}{3}}-t^{-\frac{1}{3}}\right)=11\cdot(-3)$$
$$t-t^{-1}-\left(t^{\frac{1}{3}}-t^{-\frac{1}{3}}\right)=-33$$
$$t-t^{-1}-(-3)=-33$$
$$t-t^{-1}=\boxed{-36}$$

である．

(2)

$$x>0,\ y>0.$$
$$\begin{cases}\log_3(x\sqrt{y})\leqq 5 & \cdots② \\ \log_{81}\dfrac{y}{x^3}\leqq 1 & \cdots③\end{cases}$$

← $\sqrt{y}=y^{\frac{1}{2}}$.

$X=\log_3 x$, $Y=\log_3 y$ とおくと，② は

$$\log_3 x+\log_3 y^{\frac{1}{2}}\leqq 5$$

← $a>0$, $a\neq1$, $p>0$, $q>0$ のとき $\log_a pq=\log_a p+\log_a q$.

$$\log_3 x+\frac{1}{2}\log_3 y\leqq 5$$

← $a>0$, $a\neq1$, $x>0$ のとき $\log_a x^p=p\log_a x$.

$$\boxed{2}\,X+Y\leqq\boxed{10}\quad\cdots④$$

と変形でき，③ は

$$\frac{\log_3\dfrac{y}{x^3}}{\log_3 81}\leqq 1$$

← **底の変換公式**
a, b, c が正の数で，$a\neq1$, $c\neq1$ のとき
$$\log_a b=\frac{\log_c b}{\log_c a}.$$

$$\frac{\log_3\dfrac{y}{x^3}}{4}\leqq 1$$

← $a>0$, $a\neq1$, $x>0$ のとき $\log_a x=p \iff a^p=x$.

$$\log_3 y-3\log_3 x\leqq 4$$

← $a>0$, $a\neq1$, $p>0$, $q>0$ のとき $\log_a\dfrac{q}{p}=\log_a q-\log_a p$.

$$\boxed{3}\,X-Y\geqq\boxed{-4}\quad\cdots⑤$$

と変形できる．④×3＋⑤×(−2) より

$$5Y\leqq 38$$

すなわち

$$Y\leqq\frac{38}{5}\ (=7.6)$$

であるから，X と Y が ④ と ⑤ を満たすとき，Y のとり得る最大の整数の値は $\boxed{7}$ である．$Y=7$,

すなわち $\log_3 y=7$ のとき ④，⑤ は

$$2X \leqq 3,\quad 3X \geqq 3$$

となるから

$$1 \leqq X \leqq \frac{3}{2}$$

$$1 \leqq \log_3 x \leqq \frac{3}{2}$$

$$3^1 \leqq x \leqq 3^{\frac{3}{2}}$$

である．よって，x のとり得る最大の整数の値は

5 である．

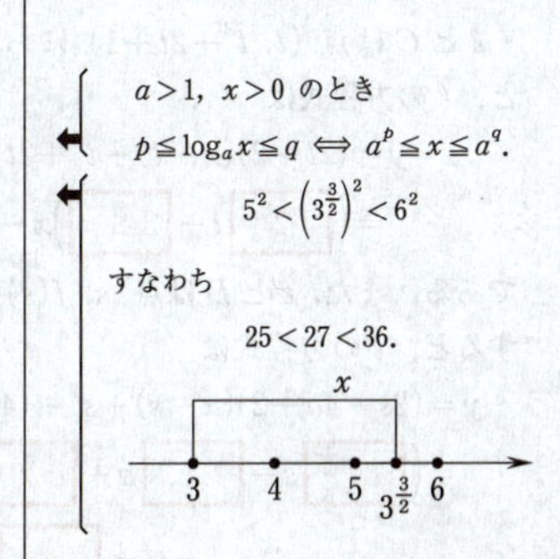

$a>1$，$x>0$ のとき
$p \leqq \log_a x \leqq q \iff a^p \leqq x \leqq a^q$.
$5^2<\left(3^{\frac{3}{2}}\right)^2<6^2$
すなわち
$25<27<36$.
x
3
4
5
$3^{\frac{3}{2}}$
6

第2問　微分法・積分法

$$f(x)=x^2-(4a-2)x+4a^2+1.\ (a>0.)$$
$$C : y=x^2+2x+1.\ (y'=2x+2.)$$
$$D : y=f(x).\ (f'(x)=2x-(4a-2).)$$

(1)　C と D の両方に接する直線 ℓ の方程式を求める．

ℓ と C は点 $(t,\ t^2+2t+1)$ において接するとすると，ℓ の方程式は

$$y=(2t+2)(x-t)+t^2+2t+1$$
$$=\left(\boxed{2}\,t+\boxed{2}\right)x-t^2+\boxed{1}\quad\cdots①$$

である．また，ℓ と D は点 $(s,\ f(s))$ において接するとすると，ℓ の方程式は

$$y=(2s-4a+2)(x-s)+s^2-(4a-2)s+4a^2+1$$
$$=\left(\boxed{2}\,s-\boxed{4}\,a+\boxed{2}\right)x$$
$$-s^2+\boxed{4}\,a^2+\boxed{1}\quad\cdots②$$

である．ここで，① と ② は同じ直線を表しているので

$$2t+2=2s-4a+2$$
$$-t^2+1=-s^2+4a^2+1$$

が成り立つ．これを t と s について解くと

$$t=\boxed{0},\quad s=\boxed{2}\,a$$

が成り立つ．したがって ℓ の方程式は

$$y=\boxed{2}\,x+\boxed{1}$$

である．

(2)　二つの放物線 C, D の交点の x 座標は

$$x^2+2x+1=x^2-(4a-2)x+4a^2+1$$

すなわち

$$4ax=4a^2$$

より

$$x=\boxed{a}$$

である．

C と直線 ℓ，および直線 $x=a$ で囲まれた図形の面積 S は

$$S=\int_0^a\{(x^2+2x+1)-(2x+1)\}\,dx$$
$$=\int_0^a x^2\,dx$$
$$=\left[\frac{1}{3}x^3\right]_0^a$$

導関数

$(x^n)'=nx^{n-1}$ $(n=1,\ 2,\ 3,\ \cdots)$,
$(c)'=0$ (c は定数)．

接線の方程式

曲線 $y=f(x)$ 上の点 $(t,\ f(t))$ における接線の方程式は
$$y-f(t)=f'(t)(x-t).$$

← $t=s-2a$.

面積

区間 $\alpha \leqq x \leqq \beta$ においてつねに $g(x) \leqq f(x)$ ならば2曲線 $y=f(x)$，$y=g(x)$ および直線 $x=\alpha$，$x=\beta$ で囲まれた部分の面積は

$$S=\int_\alpha^\beta\{f(x)-g(x)\}\,dx.$$

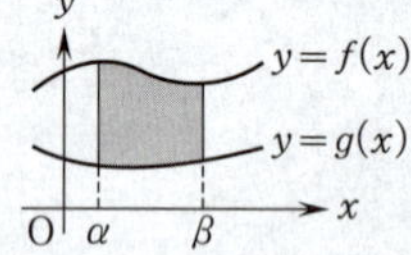

定積分

$$\int(x-\alpha)^n\,dx=\frac{1}{n+1}(x-\alpha)^{n+1}+C$$

($n=0,\ 1,\ 2,\ \cdots$. C は積分定数)

であり，$f(x)$ の原始関数の一つを $F(x)$ とすると

$$\int_\alpha^\beta f(x)\,dx=\Big[F(x)\Big]_\alpha^\beta$$
$$=F(\beta)-F(\alpha).$$

$$=\frac{a^{\boxed{3}}}{\boxed{3}}$$

である．

(3)　二つの放物線 C, D と直線 ℓ で囲まれた図形の中で $0 \leqq x \leqq 1$ を満たす部分の面積 T は，$a > \boxed{1}$ のとき

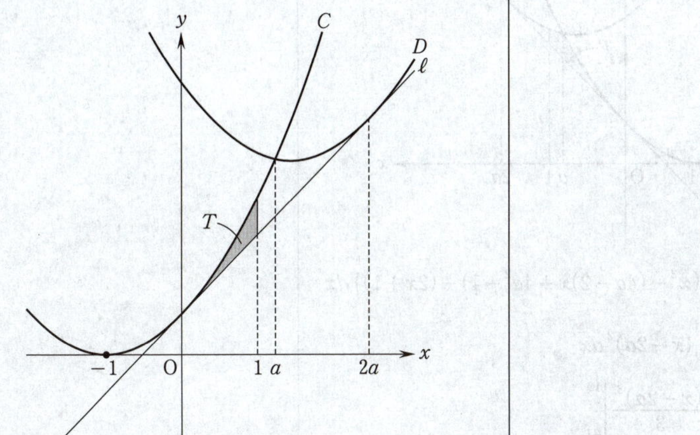

a の値によらず

$$T=\int_0^1\{(x^2+2x+1)-(2x+1)\}\,dx$$

$$=\int_0^1 x^2\,dx$$

$$=\left[\frac{1}{3}x^3\right]_0^1$$

$$=\frac{\boxed{1}}{\boxed{3}}$$

である．

$\frac{1}{2} \leqq a \leqq 1$ のとき

⬅ $a \leqq 1 \leqq 2a$.

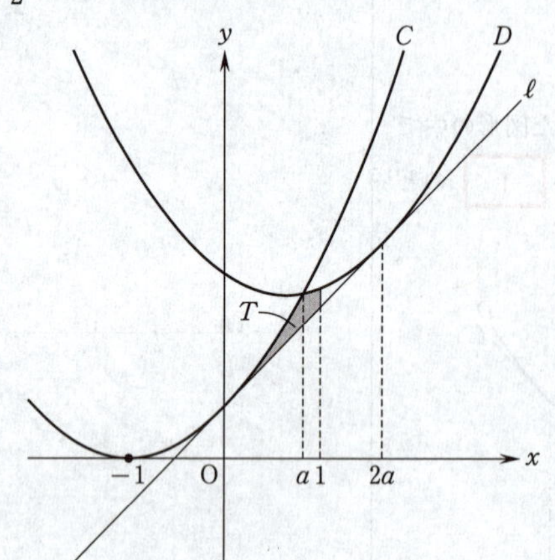

$$T = S + \int_a^1 \{(x^2-(4a-2)x+4a^2+1)-(2x+1)\}\,dx$$

$$= \frac{a^3}{3} + \int_a^1 (x-2a)^2\,dx$$

$$= \frac{a^3}{3} + \left[\frac{(x-2a)^3}{3}\right]_a^1$$

$$= \frac{2a^3+(1-2a)^3}{3}$$

$$= -\boxed{2}\,a^3 + \boxed{4}\,a^2 - \boxed{2}\,a + \frac{\boxed{1}}{\boxed{3}}$$

である.

(4)　(2), (3) で定めた S, T に対して, $U = 2T - 3S$ とおくと, $\frac{1}{2} \leqq a \leqq 1$ のとき

$$U = 2\left(-2a^3+4a^2-2a+\frac{1}{3}\right) - 3\cdot\frac{a^3}{3}$$

$$= -5a^3+8a^2-4a+\frac{2}{3}$$

であり

$$U' = -15a^2+16a-4$$
$$= -(5a-2)(3a-2)$$

であるから, $\frac{1}{2} \leqq a \leqq 1$ における U の増減は次のようになる.

a	$\frac{1}{2}$	$\cdots$	$\frac{2}{3}$	$\cdots$	1
U'		$+$	0	$-$	
U		$\nearrow$	$\frac{2}{27}$	$\searrow$	

よって，a が $\frac{1}{2} \leqq a \leqq 1$ の範囲を動くとき，U は

$a = \frac{2}{3}$ で最大値 $\frac{2}{27}$ をとる．

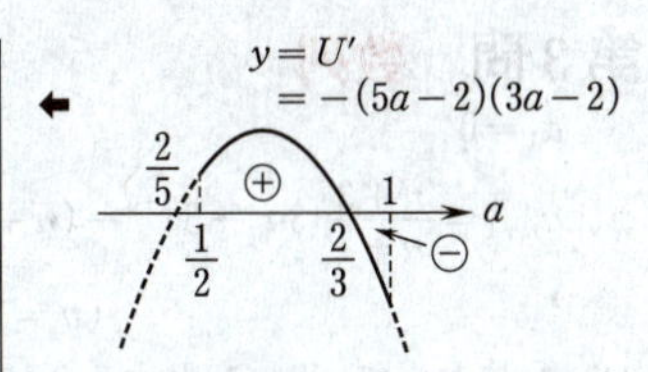

$y=U'$ のグラフを描くと U' の符号の変化がわかりやすい．

第3問　数列

$a_1=0$

$$a_{n+1}=\frac{n+3}{n+1}\{3a_n+3^{n+1}-(n+1)(n+2)\}$$

$$(n=1,\ 2,\ 3,\ \cdots)\qquad \cdots ①$$

(1)　① において，$n=1$ とすると

$$a_2=\frac{4}{2}(3a_1+3^2-2\cdot 3)$$

$$=\boxed{6}$$

である．

(2)
$$b_n=\frac{a_n}{3^n(n+1)(n+2)}$$

より

$$b_1=\frac{a_1}{3^1\cdot 2\cdot 3}=\boxed{0}$$

である．① の両辺を $3^{n+1}(n+2)(n+3)$ で割ると

$$\frac{a_{n+1}}{3^{n+1}(n+2)(n+3)}$$

$$=\frac{a_n}{3^n(n+1)(n+2)}+\frac{1}{(n+1)(n+2)}-\left(\frac{1}{3}\right)^{n+1}$$

となるから

$$b_{n+1}=b_n+\frac{\boxed{1}}{\left(n+\boxed{1}\right)\left(n+\boxed{2}\right)}-\left(\frac{1}{\boxed{3}}\right)^{n+1}$$

を得る．したがって

$$b_{n+1}-b_n=\left(\frac{\boxed{1}}{n+1}-\frac{1}{n+2}\right)-\left(\frac{1}{3}\right)^{n+1}$$

である．

⬅ $\dfrac{1}{n+1}-\dfrac{1}{n+2}=\dfrac{(n+2)-(n+1)}{(n+1)(n+2)}$
$=\dfrac{1}{(n+1)(n+2)}.$

n を 2 以上の自然数とするとき

$$\sum_{k=1}^{n-1}\left(\frac{1}{k+1}-\frac{1}{k+2}\right)$$

$$=\left(\frac{1}{2}-\frac{1}{3}\right)+\left(\frac{1}{3}-\frac{1}{4}\right)+\left(\frac{1}{4}-\frac{1}{5}\right)+\cdots+\left(\frac{1}{n}-\frac{1}{n+1}\right)$$

$$=\frac{1}{2}-\frac{1}{n+1}$$

$$=\frac{(n+1)-2}{2(n+1)}$$

$$=\frac{1}{\boxed{2}}\left(\frac{n-\boxed{1}}{n+\boxed{1}}\right)$$

であり

$$\sum_{k=1}^{n-1}\left(\frac{1}{3}\right)^{k+1}=\left(\frac{1}{3}\right)^2\cdot\frac{1-\left(\frac{1}{3}\right)^{n-1}}{1-\frac{1}{3}}$$

$$=\frac{\boxed{1}}{\boxed{6}}-\frac{\boxed{1}}{\boxed{2}}\left(\frac{1}{3}\right)^n$$

であるから，n が 2 以上の自然数のとき

$$b_n=b_1+\frac{1}{2}\left(\frac{n-1}{n+1}\right)-\frac{1}{6}+\frac{1}{2}\left(\frac{1}{3}\right)^n$$

$$=\frac{3(n-1)-(n+1)}{6(n+1)}+\frac{1}{2}\left(\frac{1}{3}\right)^n$$

$$=\frac{n-\boxed{2}}{\boxed{3}\left(n+\boxed{1}\right)}+\frac{1}{2}\left(\frac{1}{3}\right)^n$$

が得られる．これは $n=1$ のときも成り立つ．

(3)　(2)により，$\{a_n\}$ の一般項は

$$a_n=3^n(n+1)(n+2)b_n$$

$$=\boxed{3}^{\,n-\boxed{1}}\left(n^2-\boxed{4}\right)+\frac{\left(n+\boxed{1}\right)\left(n+\boxed{2}\right)}{2}$$

で与えられる．

このことから，すべての自然数 n について，a_n は整数となることがわかる．

(4)　n が 2 以上の整数のとき $3^{n-1}(n^2-4)$ は 3 で割り切れる．

k が自然数のとき，$\frac{(n+1)(n+2)}{2}$ は，$n=3k$，$3k+1$，$3k+2$ とするとそれぞれ

$$\frac{(3k+1)(3k+2)}{2}=\frac{9k^2+9k+2}{2}=9\cdot\frac{k(k+1)}{2}+1$$

$$\frac{(3k+2)(3k+3)}{2}=3\cdot\frac{(3k+2)(k+1)}{2}$$

$$\frac{(3k+3)(3k+4)}{2}=3\cdot\frac{(k+1)(3k+4)}{2}$$

となる．よって，a_{3k}，a_{3k+1}，a_{3k+2} を 3 で割った余りはそれぞれ $\boxed{1}$，$\boxed{0}$，$\boxed{0}$ である．したがって

$$a_{3k}=3m_{3k}+1,\quad a_{3k+1}=3m_{3k+1},\quad a_{3k+2}=3m_{3k+2}$$

$(m_{3k}$，m_{3k+1}，m_{3k+2} は整数)

← **等比数列の和**

初項 a，公比 r，項数 n の等比数列の和は，$r\neq1$ のとき

$$a\cdot\frac{(1-r^n)}{1-r}.$$

← **階差数列**

数列 $\{b_n\}$ に対して

$c_n=b_{n+1}-b_n$　$(n=1, 2, 3, \cdots)$

で定められる数列 $\{c_n\}$ を $\{b_n\}$ の階差数列という．

$$b_n=b_1+\sum_{k=1}^{n-1}c_k\quad(n\geqq2)$$

が成り立つ．

← n，$n+1$ は偶奇が異なるから $\frac{n(n+1)}{2}$ は整数．

← $3k+2$，$k+1$ は偶奇が異なるから $\frac{(3k+2)(k+1)}{2}$ は整数．

← $k+1$，$3k+4$ は偶奇が異なるから $\frac{(k+1)(3k+4)}{2}$ は整数．

とおくと

$$\sum_{k=1}^{2020} a_k = a_1 + a_2 + (a_3 + a_4 + a_5) + (a_6 + a_7 + a_8) + \cdots + (a_{3\cdot 672} + a_{3\cdot 672+1} + a_{3\cdot 672+2}) + a_{2019} + a_{2020}$$

← $3\cdot 672 + 2 = 2018.$

$$= a_1 + a_2 + \sum_{k=1}^{672}(a_{3k} + a_{3k+1} + a_{3k+2}) + a_{2019} + a_{2020}$$

$$= 0 + 6 + \sum_{k=1}^{672}\{(3m_{3k}+1) + 3m_{3k+1} + 3m_{3k+2}\} + (3m_{2019}+1) + 3m_{2020}$$

← $3\cdot 673 = 2019$，$3\cdot 673 + 1 = 2020.$

$$= 3\cdot 2 + 3\sum_{k=1}^{672}(m_{3k} + m_{3k+1} + m_{3k+2}) + \sum_{k=1}^{672} 1 + 3(m_{2019} + m_{2020}) + 1$$

$$= 3\cdot 2 + 3\sum_{k=1}^{672}(m_{3k} + m_{3k+1} + m_{3k+2}) + 3(m_{2019} + m_{2020}) + 3\cdot 224 + 1$$

← $\sum_{k=1}^{672} 1 = 672 = 3\cdot 224.$

と表せるから，$\{a_n\}$ の初項から第 2020 項までの和を 3 で割った余りは 1 である．

第4問　空間ベクトル

Oが原点．

$\mathrm{A}(3,\ 3,\ -6)$，　$\mathrm{B}(2+2\sqrt{3},\ 2-2\sqrt{3},\ -4)$．

← $\overrightarrow{\mathrm{OA}}=3(1,\ 1,\ -2)$．

3点O，A，Bの定める平面がα．

αに含まれる点Cは

$$\overrightarrow{\mathrm{OA}}\perp\overrightarrow{\mathrm{OC}},\ \overrightarrow{\mathrm{OB}}\cdot\overrightarrow{\mathrm{OC}}=24 \quad \cdots①$$

を満たす．

(1)　$\left|\overrightarrow{\mathrm{OA}}\right|=3\sqrt{1^2+1^2+(-2)^2}=\boxed{3}\sqrt{\boxed{6}}$

$\left|\overrightarrow{\mathrm{OB}}\right|=2\sqrt{(1+\sqrt{3})^2+(1-\sqrt{3})^2+(-2)^2}$

$=\boxed{4}\sqrt{\boxed{3}}$

であり

$\overrightarrow{\mathrm{OA}}\cdot\overrightarrow{\mathrm{OB}}=3\cdot2\{1\cdot(1+\sqrt{3})+1\cdot(1-\sqrt{3})+(-2)(-2)\}$

$=\boxed{36}$

である．

← **内積**

$\vec{a}=(a_1,\ a_2,\ a_3)$，$\vec{b}=(b_1,\ b_2,\ b_3)$ のとき

$\vec{a}\cdot\vec{b}=a_1b_1+a_2b_2+a_3b_3$．

特に

$|\vec{a}|^2=\vec{a}\cdot\vec{a}=a_1{}^2+a_2{}^2+a_3{}^2$．

(2)　点Cは平面α上にあるので，実数s，tを用いて，

$$\overrightarrow{\mathrm{OC}}=s\overrightarrow{\mathrm{OA}}+t\overrightarrow{\mathrm{OB}}$$

と表すことができる．①より

← 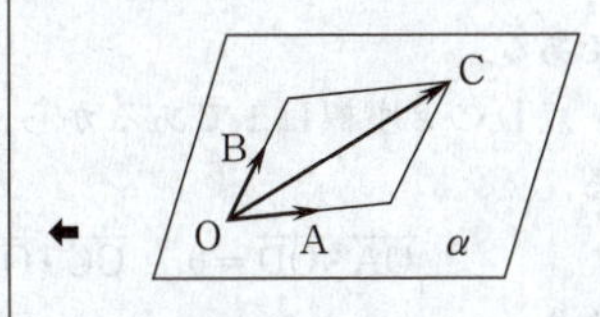

$$\overrightarrow{\mathrm{OA}}\cdot\overrightarrow{\mathrm{OC}}=0$$

$$\overrightarrow{\mathrm{OA}}\cdot(s\overrightarrow{\mathrm{OA}}+t\overrightarrow{\mathrm{OB}})=0$$

$$s\left|\overrightarrow{\mathrm{OA}}\right|^2+t\overrightarrow{\mathrm{OA}}\cdot\overrightarrow{\mathrm{OB}}=0$$

$$s(3\sqrt{6})^2+t\cdot36=0$$

$$3s+2t=0 \quad \cdots②$$

が成り立つ．さらに，①より

← **内積**

$\vec{0}$でない2つのベクトル$\vec{a}$と$\vec{b}$のなす角をθ $(0^\circ\leqq\theta\leqq180^\circ)$とすると

$\vec{a}\cdot\vec{b}=|\vec{a}||\vec{b}|\cos\theta$．

特に，$\theta=90^\circ$ のとき

$\vec{a}\cdot\vec{b}=|\vec{a}||\vec{b}|\cos90^\circ=0$．

$$\overrightarrow{\mathrm{OB}}\cdot(s\overrightarrow{\mathrm{OA}}+t\overrightarrow{\mathrm{OB}})=24$$

$$s\overrightarrow{\mathrm{OA}}\cdot\overrightarrow{\mathrm{OB}}+t\left|\overrightarrow{\mathrm{OB}}\right|^2=24$$

$$s\cdot36+t\cdot(4\sqrt{3})^2=24$$

$$3s+4t=2 \quad \cdots③$$

が成り立つ．②，③より，$s=\dfrac{\boxed{-2}}{\boxed{3}}$，$t=\boxed{1}$ である．したがって

$\overrightarrow{\mathrm{OC}}=-\dfrac{2}{3}\overrightarrow{\mathrm{OA}}+\overrightarrow{\mathrm{OB}}$

$=-\dfrac{2}{3}(3,\ 3,\ -6)+(2+2\sqrt{3},\ 2-2\sqrt{3},\ -4)$

$=2\sqrt{3}(1,\ -1,\ 0)$

であるから

$$|\overrightarrow{OC}|=2\sqrt{3}\sqrt{1^2+(-1)^2+0^2}=\boxed{2}\sqrt{\boxed{6}}$$

である．

(3)　$\overrightarrow{CB}=\overrightarrow{OB}-\overrightarrow{OC}$

$$=(2+2\sqrt{3},\ 2-2\sqrt{3},\ -4)-2\sqrt{3}(1,\ -1,\ 0)$$

$$=(\boxed{2},\ \boxed{2},\ \boxed{-4})$$

$$=\frac{2}{3}\overrightarrow{OA}$$

である．よって，平面α上の四角形OABCは平行四辺形ではないが，台形である．したがって，$\boxed{チ}$にあてはまるものは$\boxed{③}$である．

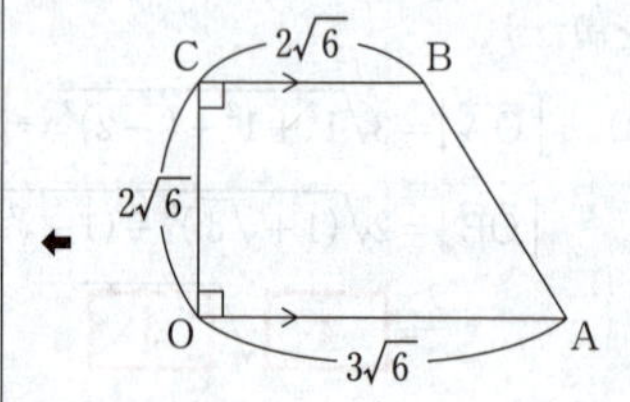

$\overrightarrow{OA}\perp\overrightarrow{OC}$であるので，四角形OABCの面積は

$$\frac{1}{2}(OA+CB)OC=\frac{1}{2}(3\sqrt{6}+2\sqrt{6})2\sqrt{6}=\boxed{30}$$

である．

(4)　点Dのz座標は1であるから，D$(x,\ y,\ 1)$とおける．

$$\overrightarrow{OA}\cdot\overrightarrow{OD}=0,\quad \overrightarrow{OC}\cdot\overrightarrow{OD}=2\sqrt{6}$$

← $\overrightarrow{OA}\perp\overrightarrow{OD}$より$\overrightarrow{OA}\cdot\overrightarrow{OD}=0$.

より

$$1\cdot x+1\cdot y+(-2)\cdot 1=0,$$
$$2\sqrt{3}\cdot x+(-2\sqrt{3})\cdot y+0\cdot 1=2\sqrt{6}$$

すなわち

$$x+y=2,\quad x-y=\sqrt{2}$$

が成り立つ．これより

$$x=1+\frac{\sqrt{2}}{2},\quad y=1-\frac{\sqrt{2}}{2}$$

である．よって，点Dの座標は

$$\left(\boxed{1}+\frac{\sqrt{\boxed{2}}}{\boxed{2}},\ \boxed{1}-\frac{\sqrt{\boxed{2}}}{\boxed{2}},\ 1\right)$$

である．このとき

$$|\overrightarrow{OD}|=\sqrt{\left(1+\frac{\sqrt{2}}{2}\right)^2+\left(1-\frac{\sqrt{2}}{2}\right)^2+1^2}=2$$

である．

$$\overrightarrow{OC}\cdot\overrightarrow{OD}=2\sqrt{6}$$

より

$$|\overrightarrow{OC}||\overrightarrow{OD}|\cos\angle COD=2\sqrt{6}$$

すなわち

$$2\sqrt{6}\cdot 2\cos\angle\mathrm{COD}=2\sqrt{6}$$

であるから

$$\cos\angle\mathrm{COD}=\frac{1}{2}$$

である．よって

$$\angle\mathrm{COD}=\boxed{60}^\circ$$

である．$\overrightarrow{\mathrm{OC}}$ に垂直で点Dを通る直線が直線OCと交点Hをもつとき

$$\mathrm{DH}=\mathrm{OD}\sin\angle\mathrm{COD}=2\sin 60^\circ=\sqrt{3}$$

である．

3点O，C，Dの定める平面が β であり，$\overrightarrow{\mathrm{OA}}\perp\overrightarrow{\mathrm{OC}}$，$\overrightarrow{\mathrm{OA}}\perp\overrightarrow{\mathrm{OD}}$ であるから，$\overrightarrow{\mathrm{OA}}\perp$(平面 β)である．よって，α と β は垂直である．したがって，三角形ABCを底面とする四面体DABCの高さは，$\mathrm{DH}=\sqrt{\boxed{3}}$ である．

$$\triangle\mathrm{ABC}=\frac{1}{2}\mathrm{CB}\cdot\mathrm{OC}=\frac{1}{2}(2\sqrt{6})^2=12$$

であるから，四面体DABCの体積は

$$\frac{1}{3}\cdot\triangle\mathrm{ABC}\cdot\mathrm{DH}=\frac{1}{3}\cdot 12\cdot\sqrt{3}=\boxed{4}\sqrt{\boxed{3}}$$

である．

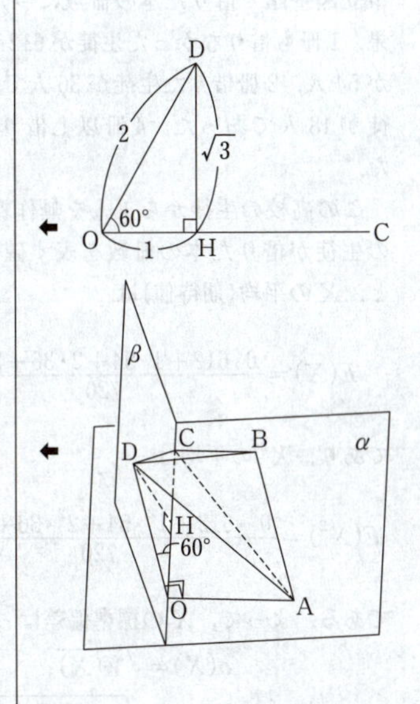

第5問　確率分布と統計的な推測

ある市立図書館の利用状況について調査を行った．

(1)　ある高校の生徒720人全員を対象に，ある1週間に市立図書館で借りた本の冊数について調査を行った結果，1冊も借りなかった生徒が612人，1冊借りた生徒が54人，2冊借りた生徒が36人であり，3冊借りた生徒が18人であった．4冊以上借りた生徒はいなかった．

この高校の生徒から1人を無作為に選んだとき，その生徒が借りた本の冊数を表す確率変数を X とすると，X の平均(期待値)は

$$E(X)=\frac{0\cdot612+1\cdot54+2\cdot36+3\cdot18}{720}=\frac{\boxed{1}}{\boxed{4}}$$

であり，X^2 の平均は

$$E(X^2)=\frac{0^2\cdot612+1^2\cdot54+2^2\cdot36+3^2\cdot18}{720}=\frac{\boxed{1}}{\boxed{2}}$$

である．よって，X の標準偏差は

$$\begin{aligned}\sigma(X)&=\sqrt{V(X)}\\&=\sqrt{E(X^2)-\{E(X)\}^2}\\&=\sqrt{\frac{1}{2}-\left(\frac{1}{4}\right)^2}\\&=\frac{\sqrt{\boxed{7}}}{\boxed{4}}\end{aligned}$$

である．

(2)　市内の高校生全員を母集団とし，ある1週間に市立図書館を利用した生徒の割合(母比率)を p とする．この母集団から600人を無作為に選んだとき，その1週間に市立図書館を利用した生徒の数を確率変数 Y で表す．Y は二項分布 $B(600,\ p)$ に従う．

$p=0.4$ のとき，Y の平均は

$$E(Y)=600\cdot0.4=\boxed{240}$$

になり，標準偏差は

$$\sigma(Y)=\sqrt{V(Y)}=\sqrt{600\cdot0.4(1-0.4)}=\boxed{12}$$

になる．ここで，$Z=\dfrac{Y-240}{12}$ とおくと，標本数600は十分に大きいので，Z は近似的に標準正規分布に従

平均(期待値)，分散

確率変数 X のとり得る値を

$$x_1,\ x_2,\ \cdots,\ x_n$$

とし，X がこれらの値をとる確率をそれぞれ

$$p_1,\ p_2,\ \cdots,\ p_n$$

とすると，X の平均(期待値) $E(X)$ は

$$E(X)=\sum_{k=1}^{n}x_kp_k.$$

また，X の分散 $V(X)$ は $E(X)=m$ として

$$V(X)=\sum_{k=1}^{n}(x_k-m)^2p_k\quad\cdots(*)$$

または

$$V(X)=E(X^2)-\{E(X)\}^2.\cdots(**)$$

ここでは (**) を用いた．

$\sqrt{V(X)}$ を X の標準偏差という．

二項分布

n を自然数とする．

確率変数 X のとり得る値が

$$0,\ 1,\ 2,\ \cdots,\ n$$

であり，X の確率分布が

$$P(X=r)={}_n\mathrm{C}_rp^r(1-p)^{n-r}$$
$$(r=0,\ 1,\ 2,\ \cdots,\ n)$$

であるとき，X の確率分布を二項分布といい，$B(n,\ p)$ で表す．

二項分布の平均(期待値)，分散

確率変数 X が二項分布 $B(n,\ p)$ に従うとき，$q=1-p$ とすると X の平均(期待値) $E(X)$ と分散 $V(X)$ は

$$E(X)=np,$$
$$V(X)=npq$$

である．

標準正規分布

平均0，標準偏差1の正規分布を標準正規分布という．

う．このことを利用して，Y が 215 以下となる確率を求めると

$$P(Y \leqq 215)=P\left(\frac{Y-240}{12} \leqq \frac{215-240}{12}\right)$$
$$=P(Z \leqq -2.08)$$
$$=P(Z \geqq 2.08)$$
$$=0.5-P(0 \leqq Z \leqq 2.08)$$
$$=0.5-0.4812$$
$$=0.\boxed{02}$$

になる．

← 正規分布表より $P(0 \leqq Z \leqq 2.08)=0.4812.$

また，$p=0.2$ のとき Y の平均は

$$600 \cdot 0.2=\frac{1}{2} \cdot 600 \cdot 0.4=\frac{1}{2} \cdot 240$$

より，240 の $\dfrac{1}{\boxed{2}}$ 倍，標準偏差は

$$\sqrt{600 \cdot 0.2(1-0.2)}=\sqrt{\frac{1}{2} \cdot \frac{4}{3} \cdot 600 \cdot 0.4(1-0.4)}$$
$$=\frac{\sqrt{6}}{3} \cdot 12$$

より，12 の $\dfrac{\sqrt{\boxed{6}}}{3}$ 倍である．

(3)　市立図書館に利用者登録のある高校生全員を母集団とする．1 回あたりの利用時間（分）を表す確率変数を W とし，W は母平均 m，母標準偏差 30 の分布に従うとする．この母集団から大きさ n の標本 W_1, W_2, $\cdots$, W_n を無作為に抽出した．

利用時間が 60 分をどの程度超えるかについて調査するために

$U_1=W_1-60$, $U_2=W_2-60$, $\cdots$, $U_n=W_n-60$

とおくと，確率変数 U_1, U_2, $\cdots$, U_n の平均と標準偏差はそれぞれ

$$E(U_1)=E(U_2)=\cdots=E(U_n)$$
$$=E(W_1-60)=E(W_2-60)=\cdots=E(W_n-60)$$
$$=m-\boxed{60}$$
$$\sigma(U_1)=\sigma(U_2)=\cdots=\sigma(U_n)$$
$$=\sigma(W_1-60)=\sigma(W_2-60)=\cdots=\sigma(W_n-60)$$
$$=\boxed{30}$$

である．

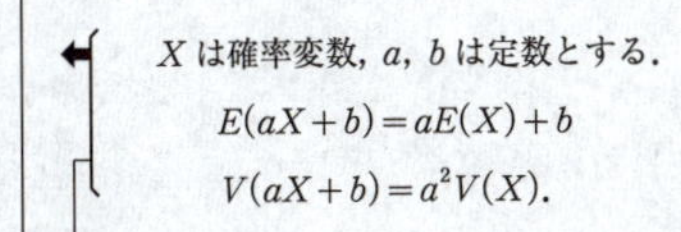
X は確率変数，a, b は定数とする．
$E(aX+b)=aE(X)+b$
$V(aX+b)=a^2V(X).$

$t=m-60$ として，t に対する信頼度95%の信頼区間を求める．

この母集団から無作為抽出された100人の生徒に対して U_1，U_2，…，U_{100} の値を調べたところ，その標本平均の値が50分であった．標本数は十分大きいことを利用して，この信頼区間を求めると

$$50-1.96\cdot\frac{30}{\sqrt{100}}\leqq t\leqq 50+1.96\cdot\frac{30}{\sqrt{100}}$$

すなわち

$$\boxed{44}.\boxed{1}\leqq t\leqq\boxed{55}.\boxed{9}$$

になる．

←**母平均の推定**

標本平均を $\overline{X}$，母標準偏差を σ とすると，標本の大きさ n が大きいとき，母平均 m に対する信頼度95% の信頼区間は

$$\left[\overline{X}-1.96\cdot\frac{\sigma}{\sqrt{n}},\ \overline{X}+1.96\cdot\frac{\sigma}{\sqrt{n}}\right].$$

数学Ⅰ・数学A
数学Ⅱ・数学B

（2019年1月実施）

	受験者数	平均点
数学Ⅰ・数学A	392,486	59.68
数学Ⅱ・数学B	349,405	53.21

2019
本試験

数学Ⅰ・数学A

解答・採点基準

（100点満点）

問題番号（配点）	解答記号	正解	配点	自己採点
第1問（30）	$(\text{ア}a-\text{イ})^2$	$(3a-1)^2$	2	
	$\text{ウ}a+\text{エ}$	$4a+1$	2	
	$\text{オカ}a+\text{キ}$	$-2a+3$	2	
	ク	6	2	
	$\frac{\text{ケコ}}{\text{サ}}$	$\frac{-7}{3}$	2	
	シ	⓪	2	
	ス	②	2	
	セ	⓪	2	
	ソ	②	2	
	タ	③	2	
	$\frac{b}{\text{チ}}$	$\frac{b}{2}$	2	
	$-\frac{b^2}{\text{ツ}}+ab+\text{テ}$	$-\frac{b^2}{4}+ab+1$	2	
	ト，ナ	5，1	2	
	$\frac{\text{ニ}}{\text{ヌ}}$	$\frac{3}{2}$	2	
	$\frac{\text{ネノ}}{\text{ハ}}$	$\frac{-1}{4}$	2	
	第1問　自己採点小計			
第2問（30）	$\frac{\text{アイ}}{\text{ウ}}$，エ	$\frac{-1}{4}$，②	4	
	$\frac{\sqrt{\text{オカ}}}{\text{キ}}$	$\frac{\sqrt{15}}{4}$	3	
	$\frac{\text{ク}}{\text{ケ}}$	$\frac{1}{4}$	2	
	コ	4	3	
	$\frac{\text{サ}\sqrt{\text{シス}}}{\text{セ}}$	$\frac{7\sqrt{15}}{4}$	3	
	ソ	③	3	
	タ	④	3	
	チ，ツ	④，⑦（解答の順序は問わない）	4（各2）	
	テ	⓪	1	
	ト	⓪	1	
	ナ	①	1	
	ニ	②	2	
	第2問　自己採点小計			
第3問（20）	$\frac{\text{ア}}{\text{イ}}$	$\frac{4}{9}$	2	
	$\frac{\text{ウ}}{\text{エ}}$	$\frac{1}{6}$	2	
	$\frac{\text{オ}}{\text{カキ}}$	$\frac{7}{18}$	3	
	$\frac{\text{ク}}{\text{ケ}}$	$\frac{1}{6}$	2	
	$\frac{\text{コサ}}{\text{シスセ}}$	$\frac{43}{108}$	2	
	$\frac{\text{ソタチ}}{\text{ツテト}}$	$\frac{259}{648}$	3	
	$\frac{\text{ナニ}}{\text{ヌネ}}$	$\frac{21}{43}$	3	
	$\frac{\text{ノハ}}{\text{ヒフヘ}}$	$\frac{88}{259}$	3	
	第3問　自己採点小計			
第4問（20）	ア，イウ	8，17	3	
	エオ，カキ	23，49	2	
	ク，ケコ	8，17	3	
	サ，シス	7，15	3	
	セ	2	2	
	ソ	6	2	
	タ，チ，ツテ	3，2，23	2	
	トナニ	343	3	
	第4問　自己採点小計			
第5問（20）	$\frac{\sqrt{\text{ア}}}{\text{イ}}$	$\frac{\sqrt{6}}{2}$	4	
	ウ	1	3	
	$\frac{\text{エ}\sqrt{\text{オカ}}}{\text{キ}}$	$\frac{2\sqrt{15}}{5}$	3	
	$\frac{\text{ク}}{\text{ケ}}$	$\frac{3}{4}$	2	
	コ	3	2	
	$\frac{\sqrt{\text{サ}}}{\text{シ}}$	$\frac{\sqrt{6}}{2}$	3	
	$\frac{\sqrt{\text{スセ}}}{\text{ソ}}$	$\frac{\sqrt{15}}{5}$	3	
	第5問　自己採点小計			
	自己採点合計			

（注）

第1問，第2問は必答。

第3問〜第5問のうちから2問選択。計4問を解答。

第1問　数と式・集合と命題・2次関数

〔1〕

$$9a^2-6a+1=(\boxed{3}\,a-\boxed{1})^2$$

であるから,

$$A=\sqrt{9a^2-6a+1}+|a+2|$$

とおくと,

$$A=\sqrt{(3a-1)^2}+|a+2|$$
$$=|3a-1|+|a+2|$$

である.

⬅ $\sqrt{X^2}=|X|$.

・$a>\dfrac{1}{3}$ のとき.

$3a-1>0$, $a+2>0$ であるから,

$$A=(3a-1)+(a+2)$$
$$=\boxed{4}\,a+\boxed{1} \quad \cdots①$$

である.

⬅ $|X|=\begin{cases} X & (X\geqq 0 \text{ のとき}), \\ -X & (X<0 \text{ のとき}). \end{cases}$

・$-2\leqq a\leqq\dfrac{1}{3}$ のとき.

$3a-1\leqq 0$, $a+2\geqq 0$ であるから,

$$A=-(3a-1)+(a+2)$$
$$=\boxed{-2}\,a+\boxed{3} \quad \cdots②$$

である.

・$a<-2$ のとき.

$3a-1<0$, $a+2<0$ であるから,

$$A=-(3a-1)-(a+2)$$
$$=-4a-1 \quad \cdots③$$

である.

次に, $A=2a+13$ となる a の値を求める.

・$a>\dfrac{1}{3}$ のとき.

$A=2a+13$ となる a の値は, ① より,

$$4a+1=2a+13$$
$$a=6.$$

これは $a>\dfrac{1}{3}$ を満たす.

・$-2\leqq a\leqq\dfrac{1}{3}$ のとき.

$A=2a+13$ となる a の値は, ② より,

$$-2a+3=2a+13$$
$$a=-\frac{5}{2}.$$

これは $-2 \leqq a \leqq \frac{1}{3}$ を満たさない.

・$a<-2$ のとき.

$A=2a+13$ となる a の値は, ③ より,

$$-4a-1=2a+13$$

$$a=-\frac{7}{3}.$$

これは $a<-2$ を満たす.

以上から, $A=2a+13$ となる a の値は,

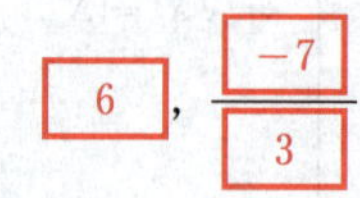

6 , $\frac{-7}{3}$

である.

〔2〕

m, n は自然数.

p : m と n はともに奇数である,

q : $3mn$ は奇数である,

r : $m+5n$ は偶数である.

(1) $\overline{p}$: m は偶数または n は偶数である.

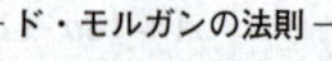

ド・モルガンの法則

$\overline{s \text{ かつ } t} \iff \overline{s}$ または $\overline{t}$,

$\overline{s \text{ または } t} \iff \overline{s}$ かつ $\overline{t}$.

m, n が条件 $\overline{p}$ を満たすとき,

m が奇数ならば n は偶数である.

また,

m が偶数ならば n は偶数でも奇数でもよい.

条件 $\overline{p}$ を満たす m, n の偶奇の組合せは, 次の表のようになる.

m	n
偶数	偶数
偶数	奇数
奇数	偶数

したがって, シ , ス に当てはまるものは

⓪ , ② である.

(2) ・p は q であるための何条件かを求める.

命題「$p \Longrightarrow q$」は真

である.

$3\times$(奇数)$\times$(奇数)$=$(奇数).

命題「$q \Longrightarrow p$」は真

である. よって, p は q であるための必要十分条件である. したがって, セ に当てはまるものは ⓪ である.

$3mn=$(奇数) のとき,

$mn=$(奇数)

であるから, m と n はともに奇数.

命題「$\ell \Longrightarrow m$」が真のとき, ℓ は m であるための十分条件という.

また,「$m \Longrightarrow \ell$」が真のとき, ℓ は m であるための必要条件という.

2つの命題「$\ell \Longrightarrow m$」と「$m \Longrightarrow \ell$」がともに真であるとき, ℓ は m であるための必要十分条件という.

・p は r であるための何条件かを求める.

命題「$p \Longrightarrow r$」は真

である.

$m+5n=$(奇数)$+5\times$(奇数)

$=$(奇数)$+$(奇数)

$=$(偶数).

命題「$r \Longrightarrow p$」は偽 (反例 $m=n=2$ など)

である. よって, p は r であるための十分条件であるが, 必要条件ではない. したがって, ソ

$m+5n=2+5\cdot2=12$ (偶数)

となるが, m と n はともに偶数.

に当てはまるものは ② である．

・$\overline{p}$ は r であるための何条件かを求める．

$\overline{r}$: $m+5n$ は奇数である．

命題「$\overline{p} \Longrightarrow r$」の対偶

「$\overline{r} \Longrightarrow p$」は偽（反例 $m=2$, $n=1$ など）

であるから，

命題「$\overline{p} \Longrightarrow r$」は偽

である．

命題「$r \Longrightarrow \overline{p}$」の対偶

「$p \Longrightarrow \overline{r}$」は偽（反例 $m=n=1$ など）

であるから，

命題「$r \Longrightarrow \overline{p}$」は偽

である．よって，$\overline{p}$ は r であるための必要条件でも十分条件でもない．したがって，タ に当てはまるものは ③ である．

← m が偶数，n が奇数のとき，
$m+5n=$(偶数)$+5\times$(奇数)
$=$(奇数)
となるが，m と n はともに奇数ではない．

← 命題の真偽と対偶の真偽は一致する．

← $m+5n=$(奇数)$+5\times$(奇数)
$=$(奇数)$+$(奇数)
$=$(偶数)．

〔3〕

$$f(x)=x^2+(2a-b)x+a^2+1 \quad (a>0,\ b>0)$$

とおくと，

$$f(x)=\left(x+\frac{2a-b}{2}\right)^2-\frac{(2a-b)^2}{4}+a^2+1$$

$$=\left\{x-\left(\frac{b}{2}-a\right)\right\}^2-\frac{b^2}{4}+ab+1$$

と変形できる．

(1) グラフ $G: y=f(x)$ の頂点の座標は，

$$\left(\frac{b}{\boxed{2}}-a,\ -\frac{b^2}{\boxed{4}}+ab+\boxed{1}\right)$$

である．

← 2次関数 $y=p(x-q)^2+r$ のグラフの頂点の座標は，
$(q,\ r)$．

(2) グラフ G が点 $(-1, 6)$ を通るとき，

$$6=f(-1)$$

が成り立つから，

$$6=(-1)^2+(2a-b)(-1)+a^2+1$$

すなわち，

$$b=-a^2+2a+4$$

であり，

$$b=-(a-1)^2+5$$

と変形できる．

$a>0$ より，b のとり得る値の最大値は，

$$\boxed{5}$$

であり，そのときの a の値は，

$$\boxed{1}$$

である．

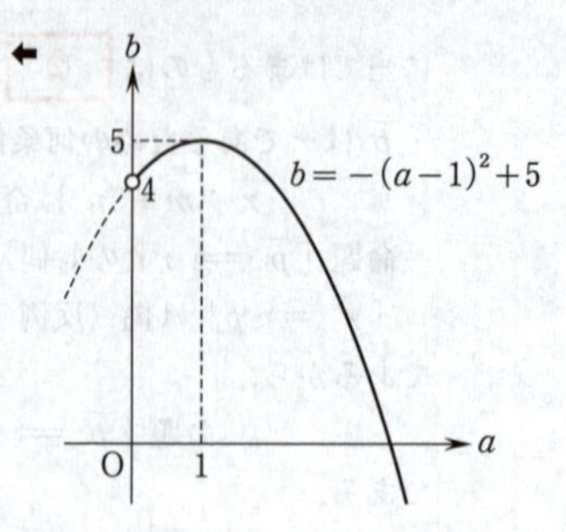

$b=5$，$a=1$ のとき，グラフ G の頂点の座標は，(1) より，

$$\left(\frac{5}{2}-1,\ -\frac{5^2}{4}+1\cdot5+1\right)$$

すなわち，

$$\left(\frac{3}{2},\ -\frac{1}{4}\right)$$

である．

また，2 次関数 $y=x^2$ のグラフの頂点の座標は，

$$(0,\ 0)$$

である．

よって，グラフ G は 2 次関数 $y=x^2$ のグラフを x 軸方向に $\dfrac{\boxed{3}}{\boxed{2}}$，$y$ 軸方向に $\dfrac{\boxed{-1}}{\boxed{4}}$ だけ平行移動したものである．

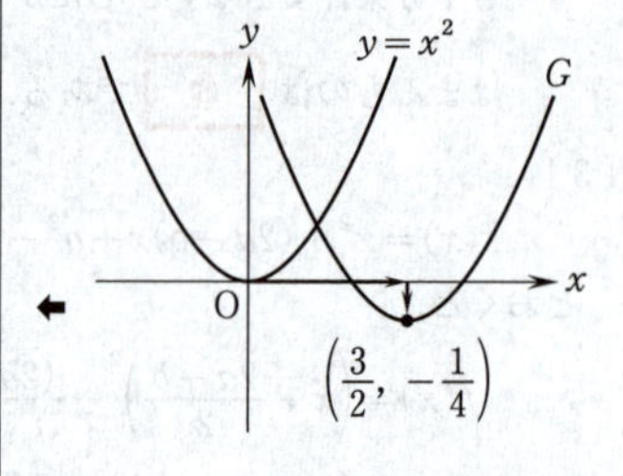

第2問　図形と計量・データの分析

〔1〕

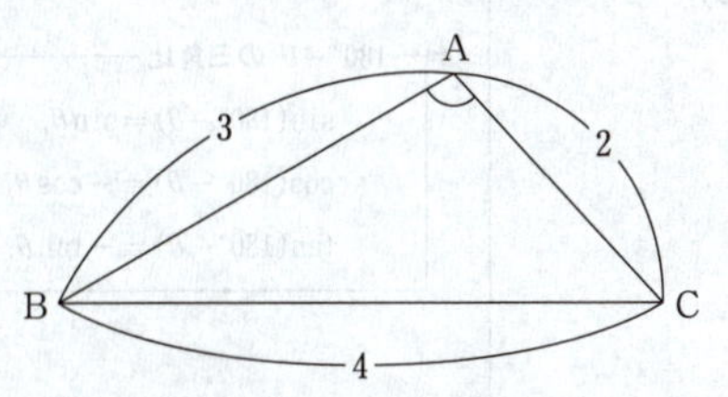

余弦定理を用いると,

$$\cos\angle\mathrm{BAC}=\frac{\mathrm{AC}^2+\mathrm{AB}^2-\mathrm{BC}^2}{2\mathrm{AC}\cdot\mathrm{AB}}$$

$$=\frac{2^2+3^2-4^2}{2\cdot2\cdot3}$$

$$=\frac{\boxed{-1}}{\boxed{4}}$$

であり, $\cos\angle\mathrm{BAC}<0$ であるから, $\angle\mathrm{BAC}$ は鈍角である.

よって, エ に当てはまるものは ② である.

また, $0°<\angle\mathrm{BAC}<180°$ より, $\sin\angle\mathrm{BAC}>0$ であるから,

$$\sin\angle\mathrm{BAC}=\sqrt{1-\cos^2\angle\mathrm{BAC}}$$

$$=\sqrt{1-\left(-\frac{1}{4}\right)^2}$$

$$=\frac{\sqrt{\boxed{15}}}{\boxed{4}}$$

である.

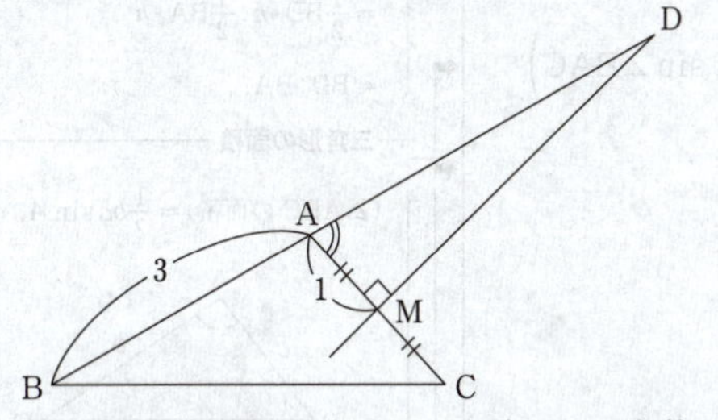

辺ACの中点をMとおくと, 直線DMは条件より線分ACの垂直二等分線であるから, $\angle\mathrm{AMD}=90°$ であり, $\mathrm{AM}=1$ である. また, $\angle\mathrm{BAC}$ は鈍角より, Dは上図のように辺ABの端点Aの側の延長上にある.

余弦定理

$$a^2=b^2+c^2-2bc\cos A,$$

$$\cos A=\frac{b^2+c^2-a^2}{2bc}.$$

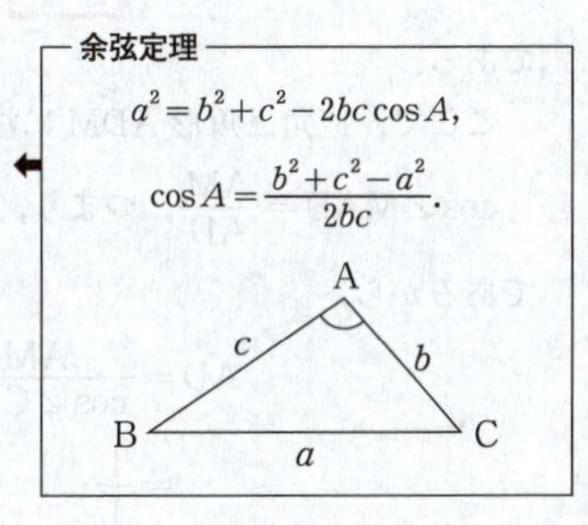

⬅ $\cos\angle\mathrm{BAC}<0$ より, $90°<\angle\mathrm{BAC}<180°$.

⬅ $0°\leqq\theta\leqq180°$ のとき, $\sin\theta=\sqrt{1-\cos^2\theta}$.

⬅ $\mathrm{AM}=\frac{1}{2}\mathrm{AC}=\frac{1}{2}\cdot2=1$.

$\angle BAC+\angle CAD=180^\circ$ であるから，

$$\cos\angle CAD=\cos(180^\circ-\angle BAC)$$
$$=-\cos\angle BAC$$
$$=-\left(-\frac{1}{4}\right)$$
$$=\frac{1}{4}$$

である．

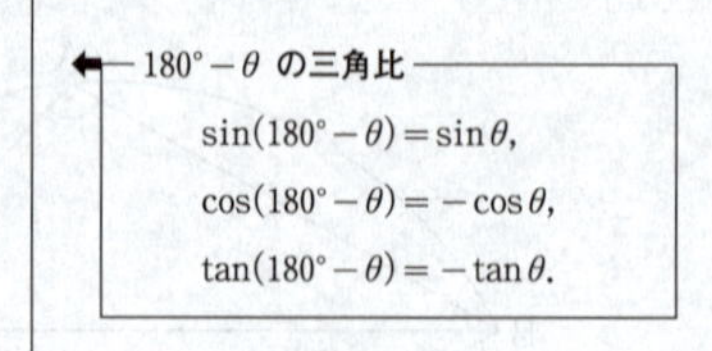

ここで，直角三角形 ADM に注目すると，

$\cos\angle MAD=\frac{AM}{AD}$，つまり，$\cos\angle CAD=\frac{AM}{AD}$

であるから，

$$AD=\frac{AM}{\cos\angle CAD}$$
$$=\frac{1}{\frac{1}{4}}$$
$$=4$$

である．

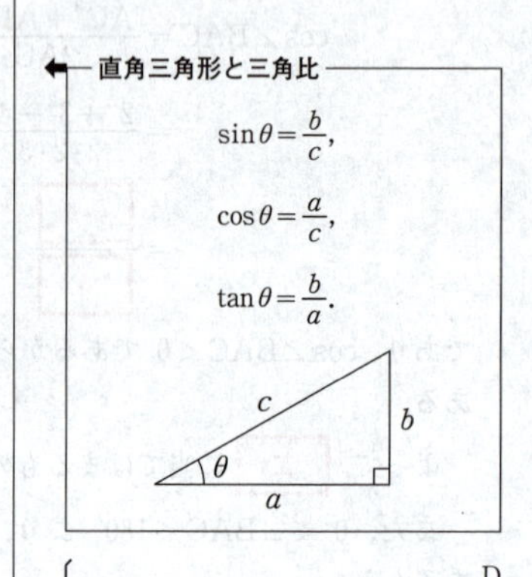

直角三角形と三角比
sinθ=b/c,
cosθ=a/c,
tanθ=b/a.
c
b
θ
a

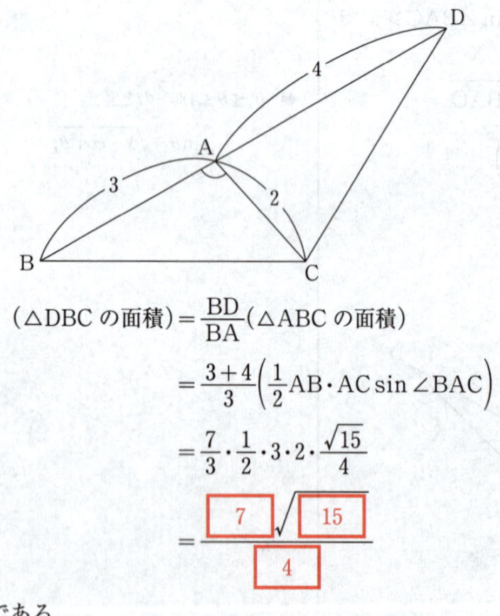

$$(\triangle DBC\text{ の面積})=\frac{BD}{BA}(\triangle ABC\text{ の面積})$$
$$=\frac{3+4}{3}\left(\frac{1}{2}AB\cdot AC\sin\angle BAC\right)$$
$$=\frac{7}{3}\cdot\frac{1}{2}\cdot3\cdot2\cdot\frac{\sqrt{15}}{4}$$
$$=\frac{7\sqrt{15}}{4}$$

である．

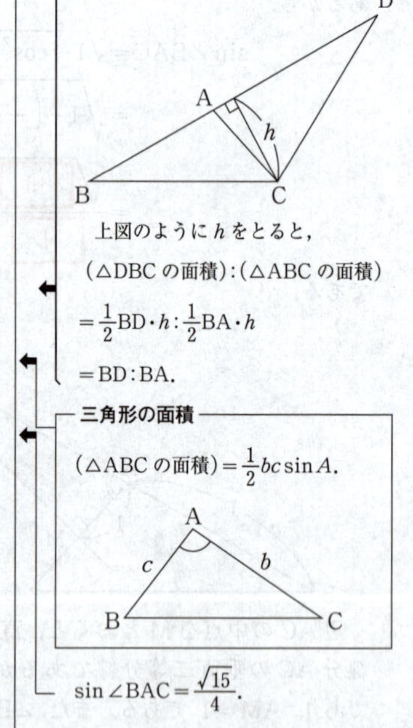

$\sin\angle BAC=\frac{\sqrt{15}}{4}$.

〔2〕

(1) 2013 年および 2017 年の最小値，第 1 四分位数，中央値，第 3 四分位数，最大値は，図 1 の箱ひげ図より次のようになる.

	最小値	第1四分位数	中央値	第3四分位数	最大値
2013年	約72	約77	約80	約89	約136
2017年	80	約89	約92.5	95	約122.5

図2の6個のヒストグラムにおいて最小値と最大値はそれぞれ次のようになる.

	最小値	最大値
⓪	80以上85未満	115以上120未満
①	80以上85未満	130以上135未満
②	75以上80未満	115以上120未満
③	70以上75未満	135以上140未満
④	80以上85未満	120以上125未満
⑤	75以上80未満	115以上120未満

よって，最小値と最大値に注目すると，

・2013年のヒストグラムは③である.

・2017年のヒストグラムは④である.

したがって，ソ，タ に当てはまるものは順に ③，④ である.

(2)　図3のモンシロチョウとツバメの初見日(2017年)の箱ひげ図より，最小値，第1四分位数，中央値，第3四分位数，最大値は次のようになる.

	最小値	第1四分位数	中央値	第3四分位数	最大値
モンシロチョウ	約69	約83	約93	約103	約121
ツバメ	約69	約88	約91	約97	約114

・⓪について.

モンシロチョウの初見日の最小値(約69)はツバメの初見日の最小値(約69)と同じであるから，⓪は正しい.

・①について.

モンシロチョウの初見日の最大値(約121)はツバメの初見日の最大値(約114)より大きいから，①は正しい.

← 箱ひげ図からは，次の5つの情報が得られる.

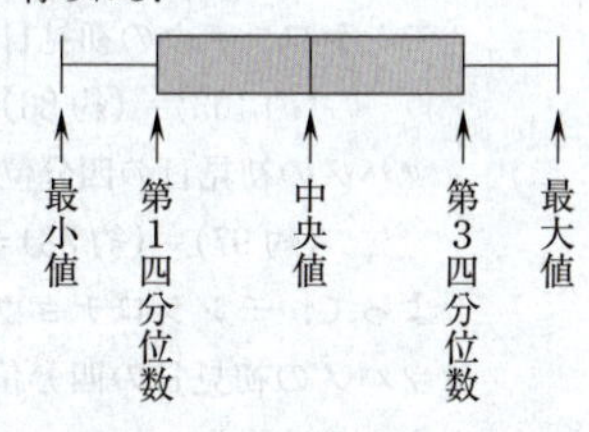

・②について．

モンシロチョウの初見日の中央値(約 93)はツバメの初見日の中央値(約 91)より大きいから，②は正しい．

・③について．

モンシロチョウの初見日の四分位範囲は，

(約 103)−(約 83)＝(約 20) (日).

ツバメの初見日の四分位範囲は，

(約 97)−(約 88)＝(約 9) (日).

よって，モンシロチョウの初見日の四分位範囲はツバメの初見日の四分位範囲の 3 倍より小さいから，③は正しい．

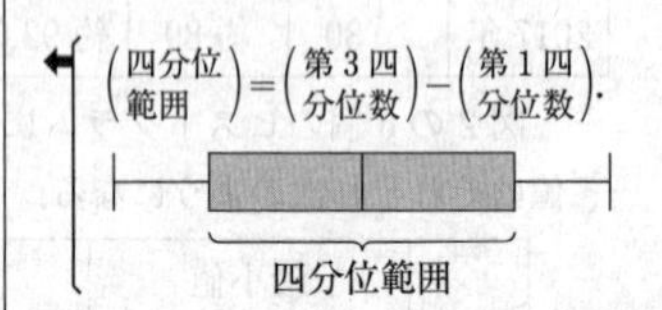

・④について．

モンシロチョウの初見日の四分位範囲(約 20 日)は 15 日以下ではないから，④は正しくない．

・⑤について．

ツバメの初見日の四分位範囲(約 9 日)は 15 日以下であるから，⑤は正しい．

・⑥について．

図 4 のモンシロチョウとツバメの初見日(2017 年)の散布図において，原点を通り傾き 1 の直線(実線)上にある点は，モンシロチョウとツバメの初見日が同じである地点に対応している．これより，散布図の点には重なった点が 2 点あることに注意すると，モンシロチョウとツバメの初見日が同じ所が少なくとも 4 地点あるから，⑥は正しい．

← 原点を通り傾き 1 の直線(実線)上に点は 4 個あるから，初見日が同じ所が 4 地点，5 地点，6 地点のいずれかになる．

・⑦について．

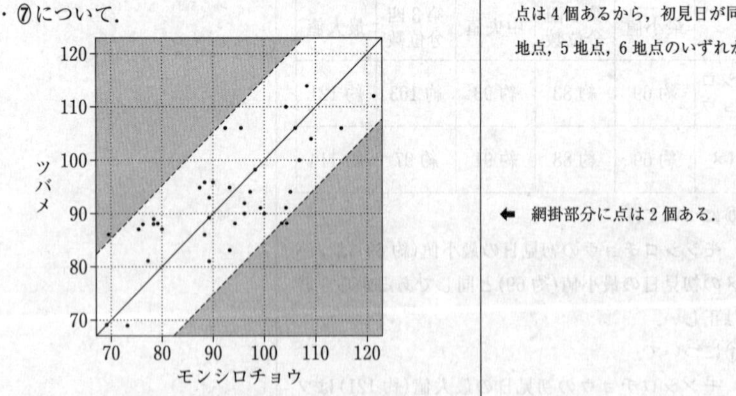

図 4　モンシロチョウとツバメの初見日(2017 年)の散布図

← 網掛部分に点は 2 個ある．

網掛部分(境界線は含まない)にある点は，同一地点でのモンシロチョウの初見日とツバメの初見日の差が15日より大きい地点に対応している．

よって，41地点における同一地点でのモンシロチョウの初見日とツバメの初見日の差が15日以下ではないから，⑦は正しくない．

したがって，図3，図4から読み取れることとして正しくないものは，④，⑦であるから，チ，ツ に当てはまるものは ④，⑦ である．

(3)　$n\ (\geqq 2)$ 個の数値 $x_1,\ x_2,\ \cdots,\ x_n$ からなるデータ X について，

平均値は $\overline{x}$，分散は s^2，標準偏差は $s\ (s>0)$ であるから，

$$\overline{x}=\frac{x_1+x_2+\cdots+x_n}{n}, \qquad \cdots①$$

$$s=\sqrt{\frac{(x_1-\overline{x})^2+(x_2-\overline{x})^2+\cdots+(x_n-\overline{x})^2}{n}}. \qquad \cdots②$$

また，各 x_i に対して，

$$x'_i=\frac{x_i-\overline{x}}{s} \quad (i=1,\ 2,\ \cdots,\ n)$$

と変換した $x'_1,\ x'_2,\ \cdots,\ x'_n$ からなるデータ X' について，

平均値を $\overline{x'}$，分散を s'^2，標準偏差を $s'\ (s'>0)$ とおく．

・X の偏差 $x_1-\overline{x},\ x_2-\overline{x},\ \cdots,\ x_n-\overline{x}$ の平均値について．

$$\frac{(x_1-\overline{x})+(x_2-\overline{x})+\cdots+(x_n-\overline{x})}{n}$$

$$=\frac{(x_1+x_2+\cdots+x_n)-n\overline{x}}{n}$$

$$=\frac{x_1+x_2+\cdots+x_n}{n}-\overline{x}$$

$$=\overline{x}-\overline{x} \quad (①\text{より})$$

$$=0. \qquad \cdots③$$

よって，テ に当てはまるものは ⓪ である．

・X' の平均値について．

$$\overline{x'}=\frac{x'_1+x'_2+\cdots+x'_n}{n}$$

← **平均値・標準偏差**

変量 x に関するデータ

$x_1,\ x_2,\ \cdots,\ x_n$

に対し，x の平均値を $\overline{x}$，標準偏差を s とすると，

$$\overline{x}=\frac{x_1+x_2+\cdots+x_n}{n},$$

$$s=\sqrt{\frac{(x_1-\overline{x})^2+\cdots+(x_n-\overline{x})^2}{n}}.$$

$$=\frac{1}{n}\left(\frac{x_1-\overline{x}}{s}+\frac{x_2-\overline{x}}{s}+\cdots+\frac{x_n-\overline{x}}{s}\right)$$

$$=\frac{1}{s}\cdot\frac{(x_1-\overline{x})+(x_2-\overline{x})+\cdots+(x_n-\overline{x})}{n}$$

$$=\frac{1}{s}\cdot 0 \quad (③\text{ より})$$

$$=0. \qquad \cdots④$$

よって，[ト]に当てはまるものは[⓪]である．

・X' の標準偏差について．

$$s'=\sqrt{\frac{(x'_1-\overline{x'})^2+(x'_2-\overline{x'})^2+\cdots+(x'_n-\overline{x'})^2}{n}}$$

$$=\sqrt{\frac{{x'_1}^2+{x'_2}^2+\cdots+{x'_n}^2}{n}} \quad (④\text{ より}) \qquad \cdots⑤$$

$$=\sqrt{\frac{1}{n}\left\{\left(\frac{x_1-\overline{x}}{s}\right)^2+\left(\frac{x_2-\overline{x}}{s}\right)^2+\cdots+\left(\frac{x_n-\overline{x}}{s}\right)^2\right\}}$$

$$=\sqrt{\frac{1}{ns^2}\{(x_1-\overline{x})^2+(x_2-\overline{x})^2+\cdots+(x_n-\overline{x})^2\}}$$

$$=\frac{1}{s}\sqrt{\frac{(x_1-\overline{x})^2+(x_2-\overline{x})^2+\cdots+(x_n-\overline{x})^2}{n}}$$

$(s>0$ より)

$$=\frac{1}{s}\cdot s \quad (②\text{ より})$$

$$=1. \qquad \cdots⑥$$

よって，[ナ]に当てはまるものは[①]である．

次に，変換後のモンシロチョウの初見日のデータ M' と変換後のツバメの初見日のデータ T' の散布図について調べる．以下，$n=41$ とする．

モンシロチョウの初見日のデータ M を $a_1, a_2, \cdots, a_n$,

ツバメの初見日のデータ T を $b_1, b_2, \cdots, b_n$

とし，さらに，

M の平均値を $\overline{a}$，標準偏差を s_a $(s_a>0)$,

T の平均値を $\overline{b}$，標準偏差を s_b $(s_b>0)$

とする．各 a_i, b_i に対して，

$$a'_i=\frac{a_i-\overline{a}}{s_a},\quad b'_i=\frac{b_i-\overline{b}}{s_b}\quad (i=1,\ \cdots,\ n)\ \cdots(*)$$

← $a'_i=\frac{1}{s_a}a_i-\frac{\overline{a}}{s_a}$, $b'_i=\frac{1}{s_b}b_i-\frac{\overline{b}}{s_b}$.

と変換した a'_1, a'_2, $\cdots$, a'_n をデータ M', b'_1, b'_2, $\cdots$, b'_n をデータ T' とし，さらに，

M' の平均値を $\overline{a'}$，標準偏差を $s_{a'}$ $(s_{a'}>0)$，

T' の平均値を $\overline{b'}$，標準偏差を $s_{b'}$ $(s_{b'}>0)$

とする．

先程と同様にして考えると，④，⑥ より，

$$\begin{cases} \overline{a'}=\overline{b'}=0, & \cdots ⑦ \\ s_{a'}=s_{b'}=1 & \cdots ⑧ \end{cases}$$

である．

また，2つのデータ M，T に関する n 組のデータ

$$(a_1,\ b_1),\ (a_2,\ b_2),\ \cdots,\ (a_n,\ b_n)$$

の共分散を s_{ab}，M と T の相関係数を r_{ab} とし，さらに，2つのデータ M'，T' に関する n 組のデータ

$$(a'_1,\ b'_1),\ (a'_2,\ b'_2),\ \cdots,\ (a'_n,\ b'_n)$$

の共分散を $s_{a'b'}$，M' と T' の相関係数を $r_{a'b'}$ とする．

(*) より，

$$s_{a'b'}=\frac{1}{s_a}\cdot\frac{1}{s_b}s_{ab}=\frac{s_{ab}}{s_as_b}$$

となるから，

$$\begin{aligned} r_{a'b'}&=\frac{s_{a'b'}}{s_{a'}s_{b'}} \\ &=\frac{\frac{s_{ab}}{s_as_b}}{1\cdot 1} \quad (⑧ より) \\ &=\frac{s_{ab}}{s_as_b} \\ &=r_{ab} \end{aligned}$$

である．

これより，M と T の散布図と M' と T' の散布図において，横軸と縦軸の目盛りを無視すれば，41個の点の位置は変化しないと考えてよい．よって，M' と T' の散布図は⓪か②のいずれかになる．

次に，M' と T' の標準偏差の値について考える．

$|a'_i|<1$，$|b'_i|<1$ $(i=1,\ 2,\ \cdots,\ n)$ と仮定すると，⑤，⑦ より，

$$\begin{cases} s_{a'}=\sqrt{\dfrac{{a'_1}^2+{a'_2}^2+\cdots+{a'_n}^2}{n}}<\sqrt{\dfrac{1^2+1^2+\cdots+1^2}{n}}=\sqrt{\dfrac{n}{n}}=1, \\ s_{b'}=\sqrt{\dfrac{{b'_1}^2+{b'_2}^2+\cdots+{b'_n}^2}{n}}<\sqrt{\dfrac{1^2+1^2+\cdots+1^2}{n}}=\sqrt{\dfrac{n}{n}}=1 \end{cases}$$

となるから，⑧ に対して矛盾が生じる．

よって，$|a_i|\geqq 1$，$|b_i|\geqq 1$ となる i が少なくとも1

変量の変換

2つの変量 x，y に対し，a，b，c，d を定数として新しい変量 X，Y を

$$X=ax+b,\quad Y=cy+d$$
$$(a\neq 0\ かつ\ c\neq 0)$$

と定めるとき，次が成り立つ．

(1) 平均値について，
$$\overline{X}=a\overline{x}+b,\quad \overline{Y}=c\overline{y}+d.$$

(2) 分散について，
$${s_X}^2=a^2{s_x}^2,\quad {s_Y}^2=c^2{s_y}^2.$$

(3) 標準偏差について，
$$s_X=|a|s_x,\quad s_Y=|c|s_y.$$

(4) 共分散について，
$$s_{XY}=acs_{xy}.$$

相関係数

2つの変量 x，y について，

x の標準偏差を s_x，

y の標準偏差を s_y，

x と y の共分散を s_{xy}

とするとき，x と y の相関係数は，

$$\frac{s_{xy}}{s_xs_y}.$$

← 散布図①と③の点の位置と，図4の散布図の点の位置は異なる．

つは存在するから，散布図⓪のようになることはない．つまり，次の網掛部分以外のところに点が少なくとも1つ存在する．

← 散布図⓪はすべての点が網掛部分にあるから，⑧になることはない．

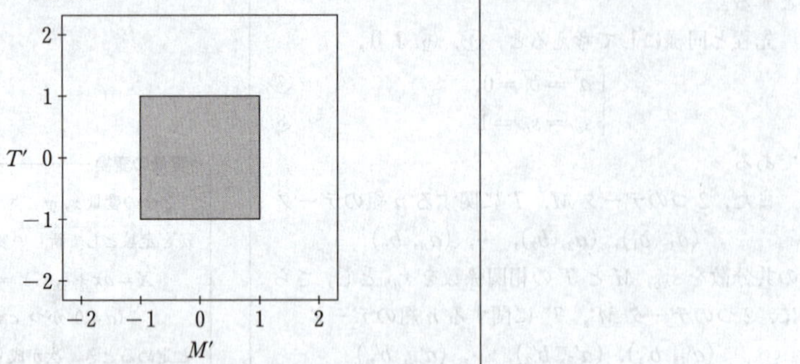

　したがって，変換後のモンシロチョウの初見日のデータ M' と変換後のツバメの初見日のデータ T' の散布図は，M' と T' の標準偏差の値を考慮すると②であるから，ニ に当てはまるものは ② である．

第3問　場合の数・確率

赤い袋：赤球2個と白球1個,
白い袋：赤球1個と白球1個.

(1)　1回目の操作で，赤い袋が選ばれ赤球が取り出されるのは，

「さいころ1個を投げて，3の倍数以外の目が出て赤い袋を選び，赤い袋から赤球を1個取り出す」

ときである．

← 3の倍数以外の目は，
1，2，4，5.

よって，赤い袋が選ばれ赤球が取り出される確率は，

$$\frac{4}{6}\times\frac{2}{3}=\frac{\boxed{4}}{\boxed{9}}$$

である．

1回目の操作で，白い袋が選ばれ赤球が取り出されるのは，

「さいころ1個を投げて，3の倍数の目が出て白い袋を選び，白い袋から赤球を1個取り出す」

ときである．

← 3の倍数の目は，
3，6.

よって，白い袋が選ばれ赤球が取り出される確率は，

$$\frac{2}{6}\times\frac{1}{2}=\frac{\boxed{1}}{\boxed{6}}$$

である．

(2)　2回目の操作が白い袋で行われるのは，

「1回目の操作で，3の倍数の目が出て白い袋が選ばれ白球を取り出す
または
1回目の操作で，3の倍数以外の目が出て赤い袋が選ばれ白球を取り出す」

ときである．

よって，2回目の操作が白い袋で行われる確率は，

$$\frac{2}{6}\times\frac{1}{2}+\frac{4}{6}\times\frac{1}{3}=\frac{\boxed{7}}{\boxed{18}}\qquad\cdots ①$$

である．

← 「2回目の操作が白い袋で行われる」という事象の余事象は，
「2回目の操作が赤い袋で行われる」
すなわち，
「1回目の操作で赤球が取り出される」
であるから，(1)の結果より，
$$1-\left(\frac{4}{9}+\frac{1}{6}\right)=\frac{7}{18}$$
として求めてもよい．

(3)「1回目の操作で白球を取り出す」ことと「2回目の操作が白い袋で行われる」ことは同じである．

よって，1回目の操作で白球を取り出す確率 p は，

①より，

$$p=\frac{7}{18} \qquad \cdots①'$$

である．

2回目の操作で白球が取り出されるのは，

「1回目の操作で白球を取り出し，2回目の操作で白い袋から白球を取り出す

または

1回目の操作で赤球を取り出し，2回目の操作で赤い袋から白球を取り出す」

ときである．

← 「1回目の操作で赤球を取り出す」という事象は，「1回目の操作で白球を取り出す」という事象の余事象であるから，1回目の操作で赤球を取り出す確率は，

$$1-p.$$

これより，2回目の操作で白球が取り出される確率は，

$$p\times\frac{1}{2}+(1-p)\times\frac{1}{3}=\frac{\boxed{1}}{\boxed{6}}p+\frac{1}{3} \qquad \cdots②$$

と表される．

よって，2回目の操作で白球が取り出される確率は，①′を②に代入して，

$$\frac{1}{6}\cdot\frac{7}{18}+\frac{1}{3}=\frac{\boxed{43}}{\boxed{108}} \qquad \cdots③$$

である．

2回目の操作で白球を取り出す確率を q で表すと，③より，

$$q=\frac{43}{108} \qquad \cdots③'$$

である．

3回目の操作で白球が取り出されるのは，

「2回目の操作で白球を取り出し，3回目の操作で白い袋から白球を取り出す

または

2回目の操作で赤球を取り出し，3回目の操作で赤い袋から白球を取り出す」

ときである．

← 「2回目の操作で赤球を取り出す」という事象は，「2回目の操作で白球を取り出す」という事象の余事象であるから，2回目の操作で赤球を取り出す確率は，

$$1-q.$$

よって，3回目の操作で白球が取り出される確率は，

$$q\times\frac{1}{2}+(1-q)\times\frac{1}{3}=\frac{1}{6}q+\frac{1}{3} \qquad \cdots④$$

$$=\frac{1}{6}\cdot\frac{43}{108}+\frac{1}{3} \quad (③'より)$$

$$= \frac{\boxed{259}}{\boxed{648}} \quad \cdots ④'$$

である．

(4)　2回目の操作で取り出した球が白球であったとき，その球を取り出した袋の色が白である条件付き確率は，

$$\frac{\left(\text{1回目の操作で白球を取り出し，2回目の操作で白い袋から白球を取り出す確率}\right)}{(\text{2回目の操作で白球が取り出される確率})}$$

$$= \frac{p \times \frac{1}{2}}{\frac{1}{6}p + \frac{1}{3}} \quad (\text{②より})$$

$$= \frac{\frac{7}{18} \cdot \frac{1}{2}}{\frac{43}{108}} \quad (\text{①}',\ \text{③より})$$

$$= \frac{\boxed{21}}{\boxed{43}}$$

である．

3回目の操作で取り出した球が白球であったとき，はじめて白球が取り出されたのが3回目の操作である条件付き確率は，

$$\frac{\left(\text{1回目の操作で赤球を取り出し，2回目の操作で赤い袋から赤球を取り出し，3回目の操作で赤い袋から白球を取り出す確率}\right)}{(\text{3回目の操作で白球が取り出される確率})}$$

$$= \frac{(1-p) \times \frac{2}{3} \times \frac{1}{3}}{\frac{1}{6}q + \frac{1}{3}} \quad (\text{④より})$$

$$= \frac{\frac{11}{18} \cdot \frac{2}{9}}{\frac{259}{648}} \quad (\text{①}',\ \text{④}'\text{より})$$

$$= \frac{\boxed{88}}{\boxed{259}}$$

である．

条件付き確率

事象 A が起こったときに事象 B が起こる条件付き確率 $P_A(B)$ は，

$$P_A(B) = \frac{P(A \cap B)}{P(A)}.$$

第4問　整数の性質

(1)　x, y は,

$$49x-23y=1 \quad \cdots ①$$

の解となる自然数である.

$$49=23\times 2+3, \quad \cdots ②$$
$$23=3\times 7+2, \quad \cdots ③$$
$$3=2\times 1+1. \quad \cdots ④$$

余りに注目して逆をたどっていくと,

$$\begin{aligned} 1&=3-2\times 1 & (④\text{より})\\ &=3-(23-3\times 7)\times 1 & (③\text{より})\\ &=-23\times 1+3\times 8 & \\ &=-23\times 1+(49-23\times 2)\times 8 & (②\text{より})\\ &=49\times 8-23\times 17 & \end{aligned}$$

となるから,

$$49\times 8-23\times 17=1 \quad \cdots ⑤$$

である.

①−⑤ より,

$$49(x-8)-23(y-17)=0$$

すなわち,

$$49(x-8)=23(y-17) \quad \cdots ⑥$$

と変形できる.

⬅ x と y についての不定方程式
$$ax+by=c$$
(a, b, c は整数の定数)
の整数解は，一組の解
$$(x,\ y)=(x_0,\ y_0)$$
を用いて,
$$a(x-x_0)=b(y_0-y)$$
と変形し，次の性質を用いて求める.
a と b が互いに素であるとき,
$$\begin{cases} x-x_0 \text{ は } b \text{ の倍数,} \\ y_0-y \text{ は } a \text{ の倍数} \end{cases}$$
である.

49 と 23 は互いに素より，$x-8$ は 23 の倍数であるから,

$$x-8=23\ell \ (\ell \text{ は整数}) \quad \cdots ⑦$$

と表せる．これを ⑥ に代入すると,

$$49\cdot 23\ell=23(y-17)$$

すなわち,

$$49\ell=y-17 \quad \cdots ⑧$$

となる.

よって，① の整数解は，⑦, ⑧ より,

$$x=23\ell+8, \quad y=49\ell+17 \ (\ell \text{ は整数})$$

である.

① の解となる自然数 x, y の中で, x の値が最小のものは, $\ell=0$ のときの解

$$x=\boxed{8}, \quad y=\boxed{17}$$

⬅ $\begin{cases} x=23\cdot 0+8=8, \\ y=49\cdot 0+17=17. \end{cases}$

であり，すべての整数解は, k を整数として,

$$x=\boxed{23}k+8, \quad y=\boxed{49}k+17$$

と表せる.

(2)　49 の倍数である自然数 A と 23 の倍数である自然数

Bを

$$A=49x,\quad B=23y\quad (x,\ y\text{は自然数})$$

とおく.

・$|A-B|=1$ のとき.

$$A-B=1,\ -1$$

すなわち,

$$49x-23y=1,\ -1.$$

(i)　$49x-23y=1$ $(A-B=1)$ のとき.

Aが最小となる組$(A,\ B)$は, (1)の結果より,

$$(A,\ B)=(49\times 8,\ 23\times 17).$$

⬅ $(A,\ B)=(392,\ 391)$.

(ii)　$49x-23y=-1$ $(A-B=-1)$ のとき. …⑨

⑨を満たす自然数x, yをまず求める.

⑤の両辺に -1 を掛けて,

$$49\times(-8)-23\times(-17)=-1.\quad \cdots⑤'$$

⑨$-$⑤$'$ より,

$$49(x+8)-23(y+17)=0$$

すなわち,

$$49(x+8)=23(y+17).$$

49と23は互いに素より, (1)と同様に考えると, ⑨を満たす自然数x, yは, sを自然数として,

$$x+8=23s,\quad y+17=49s$$

すなわち,

$$x=23s-8,\quad y=49s-17$$

と表せる.

これより, xの値が最小となる組$(x,\ y)$は, $s=1$ のときの解

$$(x,\ y)=(15,\ 32).$$

よって, Aが最小となる組$(A,\ B)$は,

$$(A,\ B)=(49\times 15,\ 23\times 32).$$

⬅ $(A,\ B)=(735,\ 736)$.

したがって, AとBの差の絶対値が1となる組$(A,\ B)$の中で, Aが最小になるのは, (i), (ii)より,

$$(A,\ B)=\left(49\times\boxed{8},\ 23\times\boxed{17}\right)$$

である.

・$|A-B|=2$ のとき.

$$A-B=2,\ -2$$

すなわち,

$$49x-23y=2,\ -2.$$

(iii)　$49x-23y=2$ $(A-B=2)$ のとき. …⑩

⑩を満たす自然数x, yをまず求める.

⑤ の両辺に 2 を掛けて，

$$49\times16-23\times34=2. \qquad \cdots ⑤''$$

⑩ − ⑤″ より，

$$49(x-16)-23(y-34)=0$$

すなわち，

$$49(x-16)=23(y-34).$$

49 と 23 は互いに素より，(1) と同様に考えると，⑩ を満たす自然数 x, y は，t を 0 以上の整数として，

$$x-16=23t, \quad y-34=49t$$

すなわち，

$$x=23t+16, \quad y=49t+34$$

と表せる．

これより，x の値が最小となる組 (x, y) は，$t=0$ のときの解

$$(x, y)=(16, 34).$$

よって，A が最小となる組 (A, B) は，

$$(A, B)=(49\times16, 23\times34).$$

⬅ $(A, B)=(784, 782)$.

(iv)　$49x-23y=-2$ $(A-B=-2)$ のとき．　$\cdots$ ⑪

⑪ を満たす自然数 x, y をまず求める．

⑤ の両辺に -2 を掛けて，

$$49\times(-16)-23\times(-34)=-2. \qquad \cdots ⑤'''$$

⑪ − ⑤‴ より，

$$49(x+16)-23(y+34)=0$$

すなわち，

$$49(x+16)=23(y+34).$$

49 と 23 は互いに素より，(1) と同様に考えると，⑪ を満たす自然数 x, y は，u を自然数として，

$$x+16=23u, \quad y+34=49u$$

すなわち，

$$x=23u-16, \quad y=49u-34$$

と表せる．

これより，x の値が最小となる組 (x, y) は，$u=1$ のときの解

$$(x, y)=(7, 15).$$

よって，A が最小となる組 (A, B) は，

$$(A, B)=(49\times7, 23\times15).$$

⬅ $(A, B)=(343, 345)$.

したがって，A と B の差の絶対値が 2 となる組 (A, B) の中で，A が最小になるのは，(iii), (iv) より，

$$(A, B)=\left(49\times\boxed{7}, 23\times\boxed{15}\right)$$

である．

(3)　連続する3つの自然数 a，$a+1$，$a+2$ において，

a と $a+1$ の最大公約数は1，

$a+1$ と $a+2$ の最大公約数は1

である．

a と $a+2$ の最大公約数を求める．

a と $a+2$ の最大公約数を g とおくと，a_1，a_2 を自然数として，

$$\begin{cases} a=ga_1 \\ a+2=ga_2 \end{cases}$$

と表せる．2式より，a を消去すると，

$$ga_1+2=ga_2$$

すなわち，

$$g(a_2-a_1)=2$$

と変形できる．

これより，g は2の正の約数であるから，

$$g=1,\ 2$$

である．

よって，a と $a+2$ の最大公約数は1または 2

である．

次に，条件「$a(a+1)(a+2)$ は m の倍数である」がすべての自然数 a で成り立つような自然数 m のうち，最大の m を求める．

a，$a+1$ のいずれか1つは2の倍数であるから，$a(a+1)$ は2の倍数である．また，a，$a+1$，$a+2$ のいずれか1つは3の倍数であるから，$a(a+1)(a+2)$ は3の倍数である．

よって，$a(a+1)(a+2)$ は2の倍数かつ3の倍数，すなわち，6の倍数である．

一方，$a=1$ のとき，$a(a+1)(a+2)=6$ であるから m が7以上のとき，6は m の倍数ではない．ゆえに，条件を満たす m は6以下である．

したがって，条件がすべての自然数 a で成り立つような自然数 m のうち，最大のものは $m=$ 6 である．

(4)　6762を素因数分解すると，

$$6762=2\times 3 \times 7^{2} \times 23$$

である．

← a と $a+1$ の最大公約数を g とおくと，a_1，a_2 を自然数として，

$$\begin{cases} a=ga_1, \\ a+1=ga_2 \end{cases}$$

と表せる．2式より，a を消去すると，

$$ga_1+1=ga_2$$

すなわち，

$$g(a_2-a_1)=1.$$

よって，g は1の正の約数であるから，

$$g=1.$$

$a+1$ と $a+2$ の最大公約数についても同様にして求めることができる．

← a が偶数のとき，

$a(a+1)$ は2の倍数．

a が奇数のとき，$a+1$ が偶数であるから，

$a(a+1)$ は2の倍数．

← a が3の倍数のとき，

$a(a+1)(a+2)$ は3の倍数．

a が3で割ると1余る数のとき，$a+2$ が3の倍数であるから，

$a(a+1)(a+2)$ は3の倍数．

a が3で割ると2余る数のとき，$a+1$ が3の倍数であるから，

$a(a+1)(a+2)$ は3の倍数．

←
```
2) 6762
3) 3381
7) 1127
7)  161
     23
```

　次に，$b(b+1)(b+2)$ が 6762 の倍数となる最小の自然数 b を求める．

$b(b+1)(b+2)=6762M$

$\qquad=(2\times3\times7^2\times23)\times M$ （M は整数）… ⑫

とおく．

　(3) より，b と $b+1$ の最大公約数は 1，$b+1$ と $b+2$ の最大公約数は 1，b と $b+2$ の最大公約数は 1 または 2，さらに，すべての自然数 b で「$b(b+1)(b+2)$ は m の倍数である」が成り立つような最大の自然数 m は 6 であることと ⑫ より，b，$b+1$，$b+2$ のいずれかは 7^2 の倍数であり，その数を $A=49x$ （x は自然数）とおき，また，b，$b+1$，$b+2$ のいずれかは 23 の倍数であり，その数を $B=23y$ （y は自然数）とおく．

　2 つの数 A，B と 3 つの数 b，$b+1$，$b+2$ の組合せおよび b の値は (2) より次の表のようになる．

$A-B$	b	$b+1$	$b+2$	(A, B)	b
0	A, B			$(49\times23,\ 23\times49)$	1127
		A, B		$(49\times23,\ 23\times49)$	1126
			A, B	$(49\times23,\ 23\times49)$	1125
1	B	A		$(49\times8,\ 23\times17)$	391
		B	A	$(49\times8,\ 23\times17)$	390
-1	A	B		$(49\times15,\ 23\times32)$	735
		A	B	$(49\times15,\ 23\times32)$	734
2	B		A	$(49\times16,\ 23\times34)$	782
-2	A		B	$(49\times7,\ 23\times15)$	343

　したがって，$b(b+1)(b+2)$ が 6762 の倍数となる最小の自然数 b は表より，$b=$ 343 である．

← b，$b+1$，$b+2$ のうち，7 の倍数が 2 つあることはない．

← b，$b+1$，$b+2$ のうち，23 の倍数が 2 つあることはない．

← $b(b+1)(b+2)$ はつねに 6 の倍数，つまり，2 の倍数かつ 3 の倍数であるから，b，$b+1$，$b+2$ のうち，どれが 2 の倍数なのかどれが 3 の倍数なのかを考えるよりも，b，$b+1$，$b+2$ のうち，どれが 7^2 の倍数なのか，どれが 23 の倍数なのかを考えた方が組合せが少なく，(2) が使える．

← $A=B$ のとき，

$$49x=23y.$$

　これを満たす自然数 x，y は，49 と 23 は互いに素より，

$$\begin{cases}x=23q,\\ y=49q\end{cases}\quad(q\text{ は自然数}).$$

　x の値が最小となる組 (x, y) は $q=1$ のときの解

$$(x, y)=(23, 49).$$

　よって，A が最小となる組 (A, B) は，

$$(A, B)=(49\times23,\ 23\times49).$$

← $b(b+1)(b+2)$

$=343\times344\times345$

$=7^3\times(2^3\times43)\times(3\times5\times23)$

$=(2\times3\times7^2\times23)\times(2^2\times5\times7\times43)$

$=(2\times3\times7^2\times23)\times M.$

第5問　図形の性質

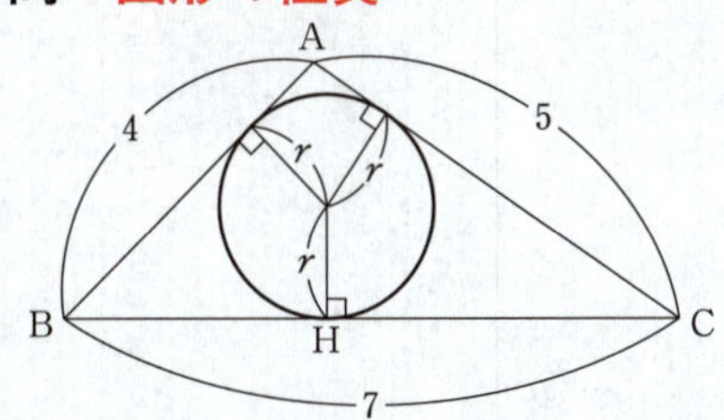

$\triangle$ABC の内接円の半径を r とし，$\triangle$ABC の面積に注目すると，

$$\frac{1}{2}r(7+5+4)=\frac{1}{2}\cdot 5\cdot 4\sin\angle\text{BAC}$$

が成り立つから，

$$8r=4\sqrt{6}$$

すなわち，

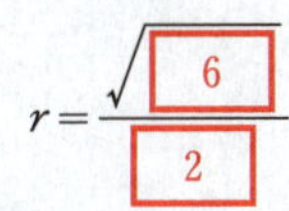

である．

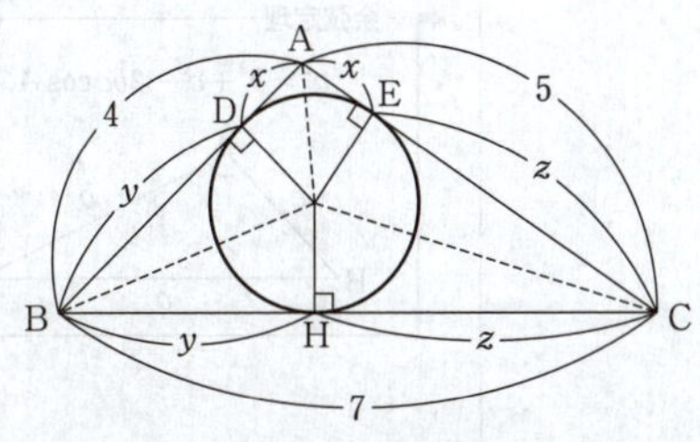

$\triangle$ABC の内接円と辺 BC との接点を H とする．

辺 AB，辺 BC，辺 CA は $\triangle$ABC の内接円に接するから，

$$\begin{cases}\text{AD}=\text{AE}=x,\\ \text{BD}=\text{BH}=y,\\ \text{CE}=\text{CH}=z\end{cases}$$

とおける．

このことと AB$=4$，BC$=7$，AC$=5$ より，

$$\begin{cases}x+y=4, & \cdots①\\ y+z=7, & \cdots②\\ z+x=5 & \cdots③\end{cases}$$

である．

$(①+②+③)\times\frac{1}{2}$ より，

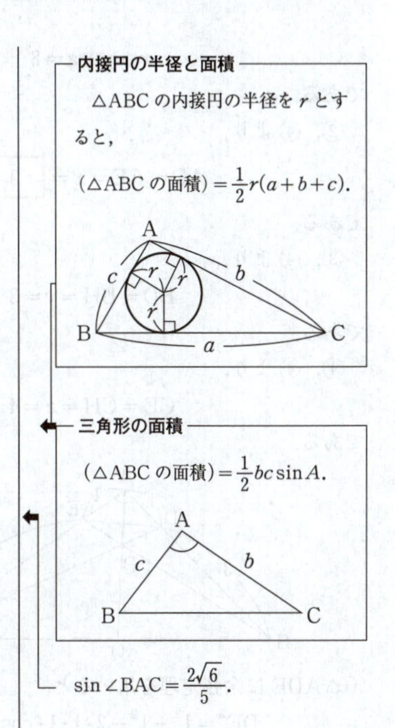

内接円の半径と面積

$\triangle$ABC の内接円の半径を r とすると，

$$(\triangle\text{ABC の面積})=\frac{1}{2}r(a+b+c).$$

三角形の面積

$$(\triangle\text{ABC の面積})=\frac{1}{2}bc\sin A.$$

$\sin\angle\text{BAC}=\frac{2\sqrt{6}}{5}.$

接線の長さ

PA＝PB.

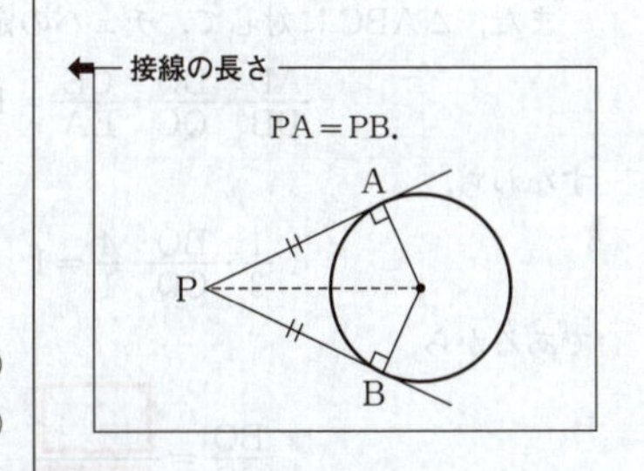

$$x+y+z=8 \qquad \cdots ④$$

である．

②，④ より，

$$AD=AE=x=\boxed{1}$$

である．

③，④ より，

$$BD=BH=y=3 \qquad \cdots ⑤$$

である．

①，④ より，

$$CE=CH=z=4$$

である．

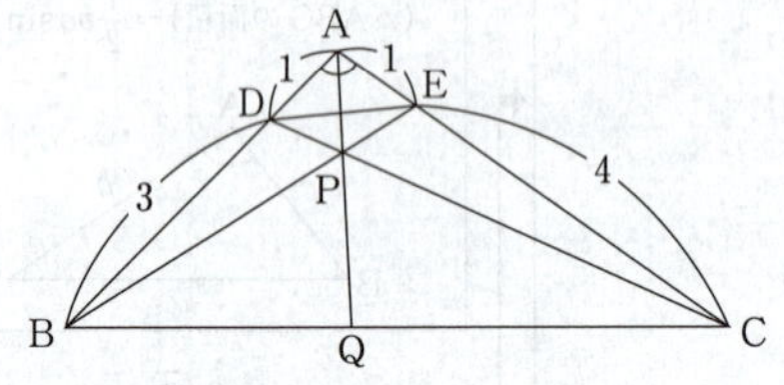

△ADE に余弦定理を用いると，

$$DE^2=1^2+1^2-2\cdot1\cdot1\cdot\cos\angle BAC$$

$$=2-2\left(-\frac{1}{5}\right)$$

$$=\frac{12}{5}$$

であるから，DE＞0 より，

DE＝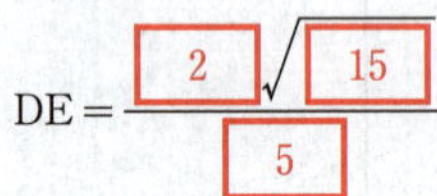

である．

また，△ABC に対して，チェバの定理を用いると，

$$\frac{AD}{DB}\cdot\frac{BQ}{QC}\cdot\frac{CE}{EA}=1$$

すなわち，

$$\frac{1}{3}\cdot\frac{BQ}{CQ}\cdot\frac{4}{1}=1$$

であるから，

$$\frac{BQ}{CQ}=\frac{\boxed{3}}{\boxed{4}}$$

である．

これより，

←余弦定理

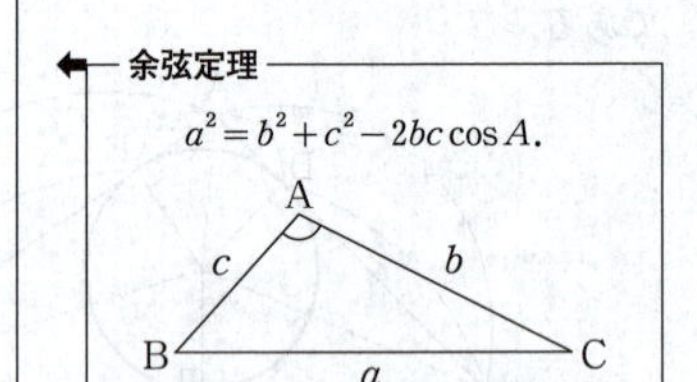

←チェバの定理

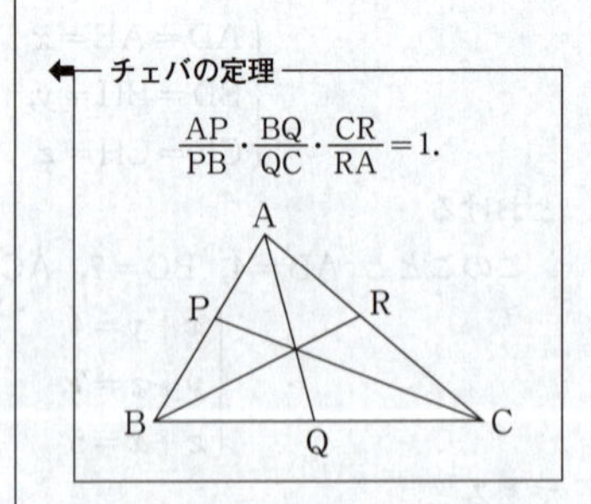

$$\mathrm{BQ}=\frac{\mathrm{BQ}}{\mathrm{BQ}+\mathrm{QC}}\mathrm{BC}$$

$$=\frac{3}{3+4}\cdot 7$$

$$=\boxed{3}$$

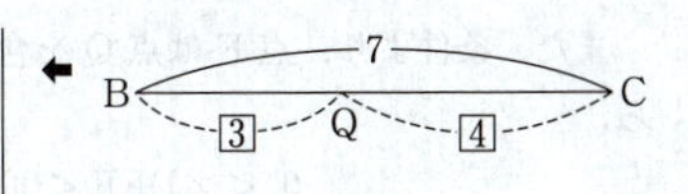

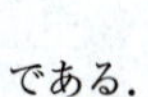

である．

このことと⑤より，QとHは一致するから，次図を得る．

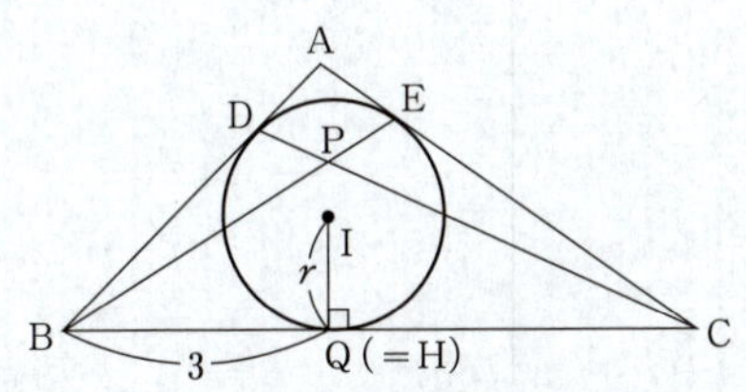

よって，線分IQは△ABCの内接円の半径となるから，

$$\mathrm{IQ}=r=\frac{\sqrt{\boxed{6}}}{\boxed{2}}$$

である．

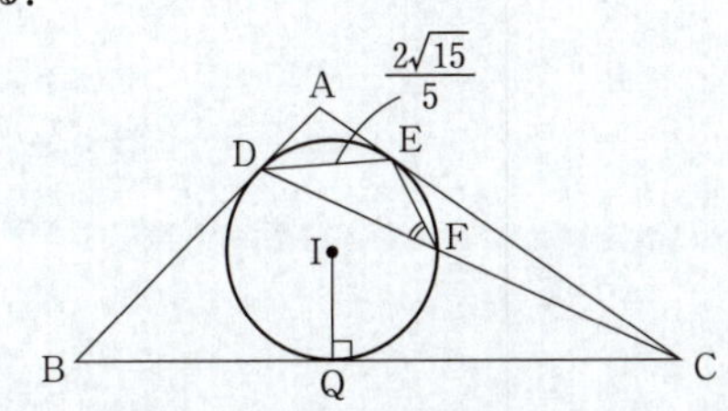

△DEFの外接円は，条件より△ABCの内接円であるから，△DEFに正弦定理を用いると，

$$2\mathrm{IQ}=\frac{\mathrm{DE}}{\sin\angle\mathrm{DFE}}$$

である．

よって，

$$\sin\angle\mathrm{DFE}=\frac{\mathrm{DE}}{2\mathrm{IQ}}$$

$$=\frac{\frac{2\sqrt{15}}{5}}{2\cdot\frac{\sqrt{6}}{2}}$$

$$=\frac{\sqrt{10}}{5}$$

である．

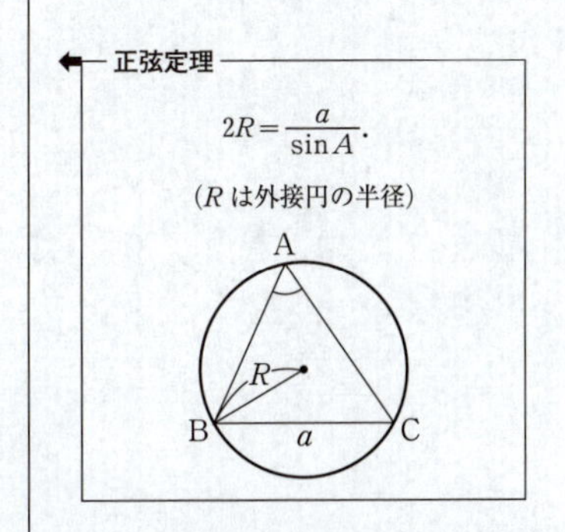

正弦定理
2R = a/sin A.
（Rは外接円の半径）
A
R
B
a
C

また，条件より，点Fは点Qを含む弧DE上にあるから，

$$0° < \angle DFE < 90°$$

である．

よって，$\cos\angle DFE > 0$ より，

$$\cos\angle DFE = \sqrt{1-\sin^2\angle DFE} = \sqrt{1-\left(\frac{\sqrt{10}}{5}\right)^2} = \frac{\sqrt{\boxed{15}}}{\boxed{5}}$$

である．

← $0° < \theta < 90°$ のとき，
$\cos\theta = \sqrt{1-\sin^2\theta}$.

数学Ⅱ・数学B

解答・採点基準

（100点満点）

問題番号(配点)	解答記号	正解	配点	自己採点
第1問 (30)	アイ	-1	1	
	ウ$+\sqrt{エ}$	$2+\sqrt{3}$	2	
	$\frac{\cos 2\theta+オ}{カ}$	$\frac{\cos 2\theta+1}{2}$	2	
	キ，ク，ケ	2，2，1	3	
	コ，サ，シ	2，2，4	3	
	ス	3	2	
	$\frac{\pi}{セ}$，$\frac{\pi}{ソ}$	$\frac{\pi}{4}$，$\frac{\pi}{2}$	2	
	タ	②	2	
	チ	2	2	
	ツx＋テ	$2x+1$	2	
	t^2－トナt＋ニヌ	$t^2-11t+18$	2	
	ネ	0	1	
	ノ	9	1	
	ハ	2	1	
	$\log_3\frac{ヒ}{フ}$	$\log_3\frac{1}{2}$	2	
	$\log_3\frac{ヘ}{ホ}$	$\log_3\frac{3}{4}$	2	
第1問　自己採点小計				

問題番号(配点)	解答記号	正解	配点	自己採点
第2問 (30)	ア	0	1	
	イ	0	1	
	ウエ	-3	1	
	オ	1	2	
	カキ	-2	1	
	クケ	-2	2	
	$ka^{コ}$	ka^2	1	
	$\frac{サ}{シ}$	$\frac{a}{2}$	2	
	$\frac{k}{ス}a^{セ}$	$\frac{k}{3}a^3$	2	
	ソタ	12	2	
	$\frac{チ}{ツ}$－テ	$\frac{3}{a}-a$	3	
	ト$(b^2-ナ)x$	$3(b^2-1)x$	2	
	ニb^3	$2b^3$	1	
	$(x-ヌ)^2$	$(x-b)^2$	1	
	x＋ネb	$x+2b$	2	
	$\frac{ノハ}{ヒ}$	$\frac{12}{5}$	3	
	$\frac{フ}{ヘホ}$	$\frac{3}{25}$	3	
第2問　自己採点小計				
第3問 (20)	アイ	15	2	
	ウ	2	2	
	エ，オ，カ	4，①，1	2	
	キ，ク，ケ，コ，サ	4，①，3，4，3	3	
	シス	-5	1	
	セT_n＋ソn＋タ	$4T_n+3n+3$	3	
	チb_n＋ツ	$4b_n+6$	2	
	テト，ナ，ニ	-3，⓪，2	2	
	ヌ，ネ，ノ，ハ，ヒ	－，9，8，8，3	3	
第3問　自己採点小計				

問題番号(配点)	解答記号	正解	配点	自己採点
第4問 (20)	アイ°	90°	1	
	$\frac{\sqrt{ウ}}{エ}$	$\frac{\sqrt{5}}{2}$	1	
	オカ	−1	1	
	$\sqrt{キ}$	$\sqrt{2}$	1	
	$\sqrt{ク}$	$\sqrt{2}$	1	
	ケコサ°	120°	1	
	シス°	60°	1	
	セ	2	1	
	$\vec{a}-ソ\vec{b}+タ\vec{c}$	$\vec{a}-2\vec{b}+2\vec{c}$	1	
	$\frac{チ\sqrt{ツ}}{テ}$	$\frac{3\sqrt{3}}{2}$	2	
	ト	0	1	
	ナ, $\frac{ニ}{ヌ}$	1, $\frac{3}{5}$	2	
	$\frac{\sqrt{ネ}}{ノ}$	$\frac{\sqrt{5}}{5}$	2	
	$\frac{ハ}{ヒ}$	$\frac{1}{6}$	1	
	フ	3	1	
	$\frac{\sqrt{ヘ}}{ホ}$	$\frac{\sqrt{3}}{3}$	2	
第4問　自己採点小計				
第5問 (20)	アイ	74	2	
	-7×10^{ウ}	-7×10^{3}	2	
	$5^{エ}\times10^{オ}$	$5^{2}\times10^{6}$	2	
	カ.キ	1.4	2	
	0.クケ	0.08	2	
	コ.サ	4.0	2	
	$\sqrt{シ.ス}$	$\sqrt{3.7}$	2	
	セ.ソ	0.6	2	
	0.タチ	0.90	2	
	ツ	②	2	
第5問　自己採点小計				
自己採点合計				

(注)

第1問，第2問は必答。

第3問～第5問のうちから2問選択。計4問を解答。

第1問　三角関数，指数関数・対数関数

〔1〕 $f(\theta)=3\sin^2\theta+4\sin\theta\cos\theta-\cos^2\theta.$

(1)
$$f(0)=3\cdot0+4\cdot0\cdot1-1^2$$
$$=\boxed{-1}$$

← $\sin0=0,\ \cos0=1.$

$$f\left(\frac{\pi}{3}\right)=3\left(\frac{\sqrt{3}}{2}\right)^2+4\cdot\frac{\sqrt{3}}{2}\cdot\frac{1}{2}-\left(\frac{1}{2}\right)^2$$
$$=\boxed{2}+\sqrt{\boxed{3}}$$

← $\sin\frac{\pi}{3}=\frac{\sqrt{3}}{2},\ \cos\frac{\pi}{3}=\frac{1}{2}.$

である．

(2) 2倍角の公式
$$\cos2\theta=2\cos^2\theta-1$$
を用いて計算すると
$$\cos^2\theta=\frac{\cos2\theta+\boxed{1}}{\boxed{2}}$$
となる．さらに，$\sin2\theta$，$\cos2\theta$ を用いて $f(\theta)$ を表すと

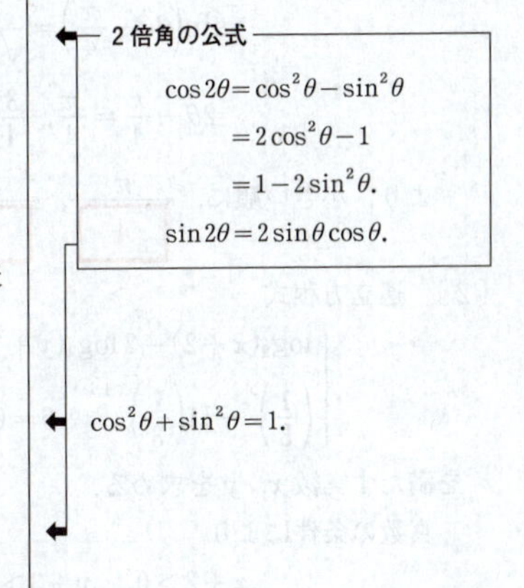

$$f(\theta)=3\sin^2\theta+4\sin\theta\cos\theta-\cos^2\theta$$
$$=3(1-\cos^2\theta)+4\sin\theta\cos\theta-\cos^2\theta$$
$$=3+2\cdot2\sin\theta\cos\theta-4\cos^2\theta$$
$$=3+2\sin2\theta-4\cdot\frac{\cos2\theta+1}{2}$$
$$=\boxed{2}\sin2\theta-\boxed{2}\cos2\theta+\boxed{1}\quad\cdots①$$

← $\cos^2\theta+\sin^2\theta=1.$

となる．

(3) θ が $0\leqq\theta\leqq\pi$ の範囲を動くとき，関数 $f(\theta)$ のとり得る最大の整数の値 m とそのときの θ の値を求める．

三角関数の合成を用いると，① は
$$f(\theta)=\boxed{2}\sqrt{\boxed{2}}\sin\left(2\theta-\frac{\pi}{\boxed{4}}\right)+1$$
と変形できる．θ が
$$0\leqq\theta\leqq\pi$$
の範囲を動くとき，$2\theta-\frac{\pi}{4}$ は
$$-\frac{\pi}{4}\leqq2\theta-\frac{\pi}{4}\leqq2\pi-\frac{\pi}{4}$$
の範囲を動くから，$\sin\left(2\theta-\frac{\pi}{4}\right)$ は
$$-1\leqq\sin\left(2\theta-\frac{\pi}{4}\right)\leqq1$$

← 三角関数の合成

$(a,\ b)\neq(0,\ 0)$ のとき
$$a\sin\theta+b\cos\theta=\sqrt{a^2+b^2}\sin(\theta+\alpha).$$
ただし，
$$\cos\alpha=\frac{a}{\sqrt{a^2+b^2}},\ \sin\alpha=\frac{b}{\sqrt{a^2+b^2}}.$$

の範囲を動く．よって，関数 $f(\theta)$ のとり得る値の範囲は

$$-2\sqrt{2}+1 \leqq f(\theta) \leqq 2\sqrt{2}+1$$

である．したがって，$m=$ [3] である．

$$-2=-2\cdot\frac{3}{2}+1<-2\sqrt{2}+1<-2\cdot1+1=-1.$$

$$3=2\cdot1+1<2\sqrt{2}+1<2\cdot\frac{3}{2}+1=4.$$

また，$0 \leqq \theta \leqq \pi$ において

$$f(\theta)=3$$

となる θ の値は

$$2\sqrt{2}\sin\left(2\theta-\frac{\pi}{4}\right)+1=3$$

$$\sin\left(2\theta-\frac{\pi}{4}\right)=\frac{1}{\sqrt{2}}$$

$$2\theta-\frac{\pi}{4}=\frac{\pi}{4},\ \frac{3}{4}\pi$$

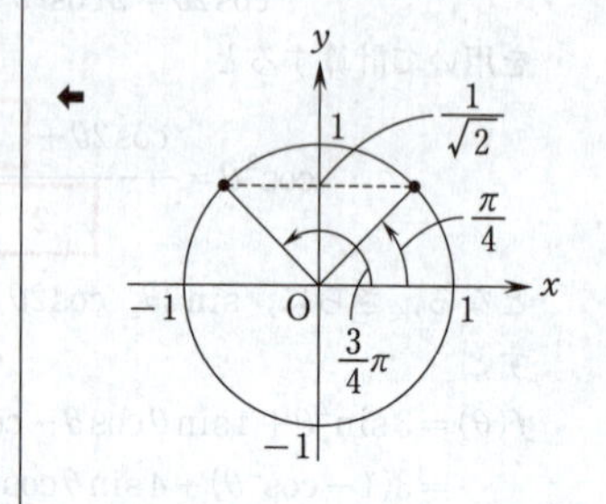

より，小さい順に，$\dfrac{\pi}{[4]}$，$\dfrac{\pi}{[2]}$ である．

〔2〕　連立方程式

$$\begin{cases}\log_2(x+2)-2\log_4(y+3)=-1 & \cdots ② \\ \left(\dfrac{1}{3}\right)^y-11\left(\dfrac{1}{3}\right)^{x+1}+6=0 & \cdots ③\end{cases}$$

を満たす実数 x，y を求める．

真数の条件により

$$x+2>0,\quad y+3>0$$

であるから，x，y のとり得る値の範囲は

$$x>-2,\quad y>-3$$

である．よって，[タ] に当てはまるものは [②] である．

底の変換公式により

$$\log_4(y+3)=\frac{\log_2(y+3)}{\log_2 4}=\frac{\log_2(y+3)}{[2]}$$

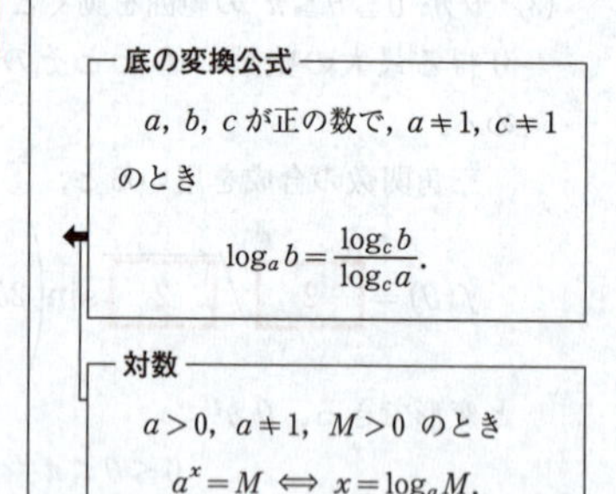
底の変換公式

a，b，c が正の数で，$a \neq 1$，$c \neq 1$ のとき

$$\log_a b=\frac{\log_c b}{\log_c a}.$$

対数

$a>0$，$a \neq 1$，$M>0$ のとき

$$a^x=M \iff x=\log_a M.$$

である．よって，② から

$$\log_2(x+2)-2\cdot\frac{\log_2(y+3)}{2}=-\log_2 2$$

$$\log_2(x+2)+\log_2 2=\log_2(y+3)$$

$$\log_2 2(x+2)=\log_2(y+3)$$

$$2(x+2)=y+3$$

$$y=[2]x+[1] \qquad \cdots ④$$

← $a>0$，$a \neq 1$，$M>0$，$N>0$ のとき

$$\log_a M+\log_a N=\log_a MN.$$

が得られる．

次に，$t=\left(\dfrac{1}{3}\right)^x$ とおき，④ を用いて ③ を t の方程

式に書き直すと

$$\left(\frac{1}{3}\right)^{2x+1}-11\left(\frac{1}{3}\right)^{x+1}+6=0$$

$$\left\{\left(\frac{1}{3}\right)^{x}\right\}^{2}\cdot\frac{1}{3}-11\left(\frac{1}{3}\right)^{x}\cdot\frac{1}{3}+6=0$$

⬅ $a>0$, x, y が実数のとき
$a^{x+y}=a^{x}a^{y}$,
$(a^{x})^{y}=a^{xy}$.

$$\frac{1}{3}t^{2}-\frac{11}{3}t+6=0$$

$$t^{2}-\boxed{11}\,t+\boxed{18}=0 \quad \cdots ⑤$$

が得られる．また，x が $x>-2$ の範囲を動くとき，t のとり得る値の範囲は

$$0<t<\left(\frac{1}{3}\right)^{-2}$$

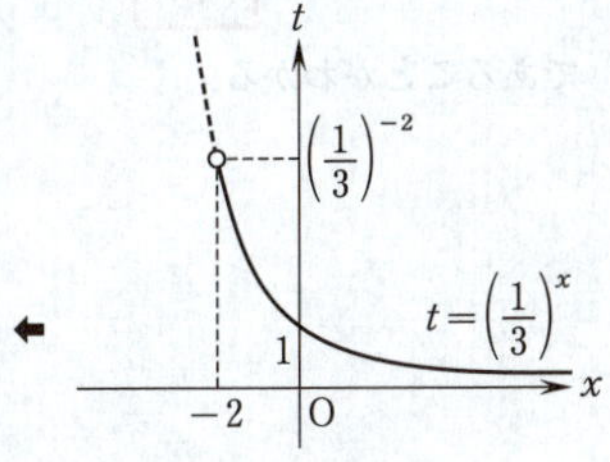

すなわち

$$\boxed{0}<t<\boxed{9} \quad \cdots ⑥$$

⬅ $\left(\frac{1}{3}\right)^{-2}=(3^{-1})^{-2}=3^{2}=9$.

である．

⑥ の範囲で方程式 ⑤ を解くと

$$(t-2)(t-9)=0$$

より

$$t=\boxed{2}$$

すなわち

$$\left(\frac{1}{3}\right)^{x}=2$$

となる．3 を底とする両辺の対数をとると

$$\log_{3}\left(\frac{1}{3}\right)^{x}=\log_{3}2$$

$$x\log_{3}\frac{1}{3}=\log_{3}2$$

⬅ $a>0$, $a\neq1$, $p>0$ で，x が実数のとき
$\log_{a}p^{x}=x\log_{a}p$.

$$x\log_{3}3^{-1}=\log_{3}2$$

$$-x=\log_{3}2$$

$$x=-\log_{3}2$$

$$x=\log_{3}2^{-1}$$

$$x=\log_{3}\frac{1}{2}$$

を得る．これを ④ に代入すると

$$y=2\log_{3}\frac{1}{2}+1$$

$$=\log_{3}\left(\frac{1}{2}\right)^{2}+\log_{3}3$$

$$=\log_{3}\left(\frac{1}{2}\right)^{2}\cdot3$$

$$= \log_3 \frac{3}{4}$$

となる．したがって，連立方程式 ②，③ を満たす実数 x，y の値は

$$x = \log_3 \frac{\boxed{1}}{\boxed{2}}, \quad y = \log_3 \frac{\boxed{3}}{\boxed{4}}$$

であることがわかる．

第2問　微分法・積分法

p, q は実数．関数 $f(x)=x^3+px^2+qx$ は $x=-1$ で極値2をとる．

$C: y=f(x)$, $D: y=-kx^2$.

D 上の点 $(a, -ka^2)$ が A．$k>0$, $a>0$.

$$f'(x)=3x^2+2px+q.$$

導関数

$(x^n)'=nx^{n-1}$ $(n=1, 2, 3, \cdots)$,

$(c)'=0$ (c は定数).

(1) 関数 $f(x)$ が $x=-1$ で極値をとるので

$$f'(-1)=\boxed{0}$$

すなわち

$$3-2p+q=0$$

であることが必要．これと

$$f(-1)=2$$

すなわち

$$p-q-3=0$$

より

$$p=0,\quad q=-3$$

である．このとき

$$f(x)=x^3-3x$$
$$f'(x)=3x^2-3=3(x+1)(x-1)$$

となるから，$f(x)$ の増減は次の表のようになる．

x	$\cdots$	-1	$\cdots$	1	$\cdots$
$f'(x)$	$+$	0	$-$	0	$+$
$f(x)$	↗	2	↘	-2	↗

← $f(x)$ は $x=-1$ で極値2をとる．

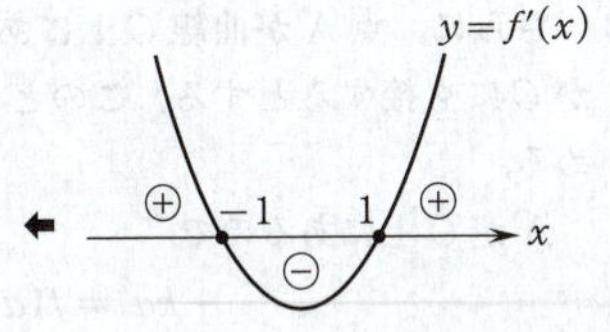

$y=f'(x)$ のグラフを描くと $f'(x)$ の符号の変化がわかりやすい．

よって，$p=\boxed{0}$，$q=\boxed{-3}$ であり，

$x=\boxed{1}$ で極小値 $\boxed{-2}$ をとる．

(2) 点Aにおける放物線 D の接線を ℓ とする．D と ℓ および x 軸で囲まれた図形の面積 S を a と k を用いて表す．

$$D: y=-kx^2$$

より

$$y'=-2kx$$

であるから，ℓ の方程式は

$$y=-2ka(x-a)-ka^2$$

すなわち

$$y=\boxed{-2}kax+ka^{\boxed{2}}\quad\cdots①$$

と表せる．①において $y=0$ とすることにより，ℓ と

接線の方程式

曲線 $y=f(x)$ 上の点 $(t, f(t))$ における接線の方程式は

$$y-f(t)=f'(t)(x-t).$$

x 軸の交点の x 座標は $\dfrac{\boxed{a}}{\boxed{2}}$ であり，D と x 軸および直線 $x=a$ で囲まれた図形の面積は

$$-\int_0^a(-kx^2)\,dx=\left[\frac{1}{3}kx^3\right]_0^a=\frac{k}{\boxed{3}}a^{\boxed{3}}$$

である．よって

$$S=\frac{k}{3}a^3-\frac{1}{2}\left(a-\frac{a}{2}\right)ka^2=\frac{k}{\boxed{12}}a^3$$

である．

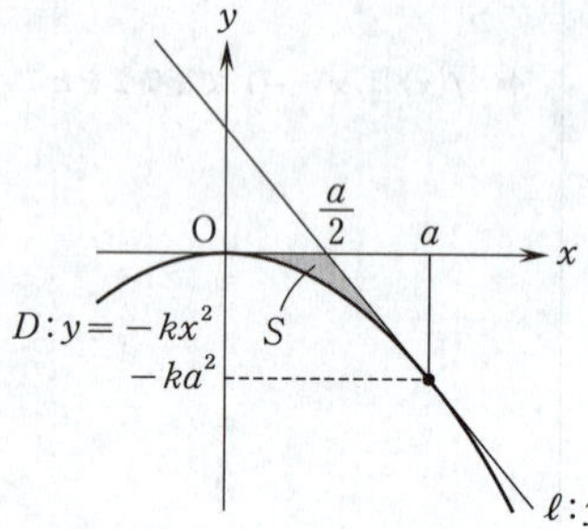

(3)　さらに，点Aが曲線 C 上にあり，かつ(2)の接線 ℓ が C にも接するとする．このときの(2)の S の値を求める．

Aが C 上にあるので

$$-ka^2=f(a)$$
$$-ka^2=a^3-3a$$
$$k=\frac{\boxed{3}}{\boxed{a}}-\boxed{a}$$

である．ℓ と C の接点の x 座標を b とすると，ℓ の方程式は b を用いて

$$y=f'(b)(x-b)+f(b)$$
$$y=3(b^2-1)(x-b)+b^3-3b$$
$$y=\boxed{3}(b^2-\boxed{1})x-\boxed{2}b^3 \quad \cdots ②$$

と表される．②の右辺を $g(x)$ とおくと

$$\begin{aligned}f(x)-g(x)&=(x^3-3x)-\{3(b^2-1)x-2b^3\}\\&=x^3-3b^2x+2b^3\\&=(x-\boxed{b})^2(x+\boxed{2}b)\end{aligned}$$

と因数分解されるので，$a=-2b$ となる．①と②の表す直線の傾きを比較すると

面積

区間 $\alpha\leqq x\leqq\beta$ においてつねに $g(x)\leqq f(x)$ ならば2曲線 $y=f(x)$，$y=g(x)$ および直線 $x=\alpha$，$x=\beta$ で囲まれた部分の面積は

$$\int_\alpha^\beta\{f(x)-g(x)\}\,dx.$$

y　$y=f(x)$　$y=g(x)$　O　α　β　x

定積分

$$\int x^n\,dx=\frac{1}{n+1}x^{n+1}+C$$

（ただし $n=0$, 1, 2, …. C は積分定数）

であり，$f(x)$ の原始関数の一つを $F(x)$ とすると

$$\int_\alpha^\beta f(x)\,dx=\Big[F(x)\Big]_\alpha^\beta=F(\beta)-F(\alpha).$$

$$-2ka=3(b^2-1)$$

$$-2\left(\frac{3}{a}-a\right)a=3\left\{\left(-\frac{a}{2}\right)^2-1\right\}$$

← $k=\frac{3}{a}-a$, $a=-2b$.

$$a^2=\frac{\boxed{12}}{\boxed{5}}$$

である．したがって，求める S の値は

$$S=\frac{k}{12}a^3$$

$$=\frac{1}{12}\left(\frac{3}{a}-a\right)a^3$$

$$=\frac{1}{12}(3-a^2)a^2$$

$$=\frac{1}{12}\left(3-\frac{12}{5}\right)\cdot\frac{12}{5}$$

$$=\frac{\boxed{3}}{\boxed{25}}$$

である．

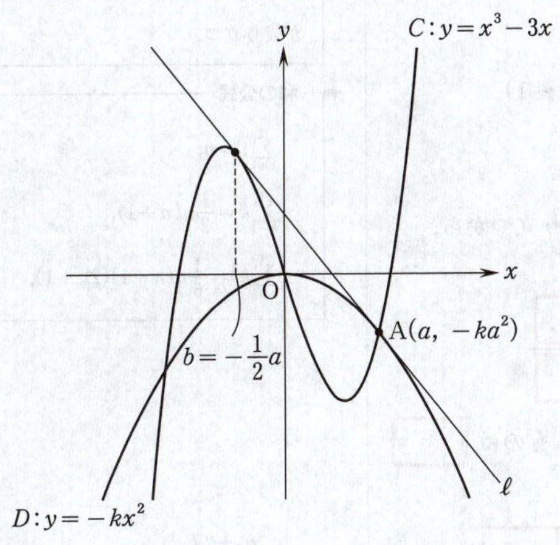

第3問 数列

初項が3，公比が4の等比数列の初項から第 n 項までの和が S_n．

初項が -1 であり，階差数列が $\{S_n\}$ であるような数列が $\{T_n\}$．

(1)
$$S_2=3+3\cdot4=\boxed{15}$$
$$T_2=T_1+S_1=-1+3=\boxed{2}$$
である．

(2) $\{S_n\}$ の一般項は
$$S_n=\frac{3(4^n-1)}{4-1}=\boxed{4}^n-\boxed{1}$$
である．よって，［オ］に当てはまるものは［①］である．

$n\geqq2$ のとき
$$T_n=T_1+\sum_{k=1}^{n-1}S_k$$
$$=-1+\sum_{k=1}^{n-1}(4^k-1)$$
$$=-1+\frac{4(4^{n-1}-1)}{4-1}-(n-1)$$
$$=\frac{4^n}{3}-n-\frac{4}{3}$$
であり，この結果は $n=1$ のときも成り立つから，$\{T_n\}$ の一般項は
$$T_n=\frac{\boxed{4}^n}{\boxed{3}}-n-\frac{\boxed{4}}{\boxed{3}}$$
である．よって，［ク］に当てはまるものは［①］である．

(3)
$$b_1=\frac{a_1+2T_1}{1}=\frac{-3+2(-1)}{1}=\boxed{-5}$$
である．
$$T_{n+1}=\frac{4^{n+1}}{3}-(n+1)-\frac{4}{3}$$
$$=4\left(\frac{4^n}{3}-n-\frac{4}{3}\right)+3n+3$$
$$=4T_n+3n+3\quad(n=1,\ 2,\ 3,\ \cdots)$$
より，$\{T_n\}$ は漸化式

等比数列の一般項

初項を a，公比を r とする等比数列 $\{a_n\}$ の一般項は
$a_n=ar^{n-1}$ $(n=1,\ 2,\ 3,\ \cdots)$．

等比数列の和

初項 a，公比 r，項数 n の等比数列の和は，$r\neq1$ のとき
$$\frac{a(r^n-1)}{r-1}.$$

階差数列

数列 $\{a_n\}$ に対して
$b_n=a_{n+1}-a_n$ $(n=1,\ 2,\ 3,\ \cdots)$
で定められる数列 $\{b_n\}$ を $\{a_n\}$ の階差数列という．
$$a_n=a_1+\sum_{k=1}^{n-1}b_k\quad(n\geqq2)$$
が成り立つ．

和の公式

$$\sum_{k=1}^{n}1=n,$$
$$\sum_{k=1}^{n}k=\frac{1}{2}n(n+1),$$
$$\sum_{k=1}^{n}k^2=\frac{1}{6}n(n+1)(2n+1).$$

← $b_n=\dfrac{a_n+2T_n}{n}$.

$$T_{n+1} = \boxed{4} T_n + \boxed{3} n + \boxed{3}$$
$(n=1, 2, 3, \cdots)$

を満たす．これと

$$na_{n+1} = 4(n+1)a_n + 8T_n \quad (n=1, 2, 3, \cdots)$$

より

$$b_{n+1} = \frac{a_{n+1}+2T_{n+1}}{n+1}$$
$$= \frac{\frac{1}{n}\{4(n+1)a_n+8T_n\}+2(4T_n+3n+3)}{n+1}$$
$$= 4\cdot\frac{a_n+2T_n}{n}+6$$
$$= 4b_n+6 \quad (n=1, 2, 3, \cdots)$$

← $b_n = \dfrac{a_n+2T_n}{n}$.

が成り立つ．よって，$\{b_n\}$ は漸化式

$$b_{n+1} = \boxed{4} b_n + \boxed{6} \quad (n=1, 2, 3, \cdots)$$

を満たすことがわかる．これは

$$b_{n+1}+2 = 4(b_n+2) \quad (n=1, 2, 3, \cdots)$$

と変形できる．数列 $\{b_n+2\}$ は初項

$$b_1+2 = -5+2 = -3$$

公比 4 の等比数列であるから，一般項は

$$b_n+2 = -3\cdot 4^{n-1}$$

である．よって，$\{b_n\}$ の一般項は

$$b_n = \boxed{-3}\cdot 4^{n-1} - \boxed{2}$$

である．したがって，$\boxed{ナ}$ に当てはまるものは $\boxed{⓪}$ である．

← 漸化式
$b_{n+1} = pb_n + q \quad (n=1, 2, 3, \cdots)$
(p, q は定数，$p \neq 0, 1$)
は
$\alpha = p\alpha + q$
を満たす α を用いて
$b_{n+1} - \alpha = p(b_n - \alpha)$
と変形できる．

以上より，$\{a_n\}$ の一般項は

$$a_n = nb_n - 2T_n$$
$$= n(-3\cdot 4^{n-1}-2) - 2\left(\frac{4^n}{3} - n - \frac{4}{3}\right)$$
$$= \frac{\boxed{-}(\boxed{9}n+\boxed{8})4^{n-1}+\boxed{8}}{\boxed{3}}$$

← $b_n = \dfrac{a_n+2T_n}{n}$.

である．

第4問　空間ベクトル

四角錐 OABCD は四角形 ABCD を底面とする．

四角形 ABCD は辺 AD と辺 BC が平行で，AB＝CD，

∠ABC＝∠BCD を満たす．

$$\overrightarrow{OA}=\vec{a},\quad \overrightarrow{OB}=\vec{b},\quad \overrightarrow{OC}=\vec{c}$$

$$|\vec{a}|=1,\quad |\vec{b}|=\sqrt{3},\quad |\vec{c}|=\sqrt{5}$$

$$\vec{a}\cdot\vec{b}=1,\quad \vec{b}\cdot\vec{c}=3,\quad \vec{a}\cdot\vec{c}=0.$$

(1)
$$\vec{a}\cdot\vec{c}=|\vec{a}||\vec{c}|\cos\angle AOC=0$$

より，∠AOC＝ 90 ° であるから，三角形 OAC の面積は

$$\frac{1}{2}|\vec{a}||\vec{c}|=\frac{1}{2}\cdot1\cdot\sqrt{5}=\frac{\sqrt{5}}{2}$$

である．

(2)
$$\overrightarrow{BA}\cdot\overrightarrow{BC}=(\vec{a}-\vec{b})\cdot(\vec{c}-\vec{b})$$
$$=\vec{a}\cdot\vec{c}-\vec{a}\cdot\vec{b}-\vec{b}\cdot\vec{c}+|\vec{b}|^2$$
$$=0-1-3+3$$
$$=-1$$

である．

$$|\overrightarrow{BA}|^2=|\vec{a}-\vec{b}|^2$$
$$=|\vec{a}|^2-2\vec{a}\cdot\vec{b}+|\vec{b}|^2$$
$$=1-2+3$$
$$=2$$

より

$$|\overrightarrow{BA}|=\sqrt{2}$$

である．

$$|\overrightarrow{BC}|^2=|\vec{c}-\vec{b}|^2$$
$$=|\vec{c}|^2-2\vec{c}\cdot\vec{b}+|\vec{b}|^2$$
$$=5-2\cdot3+3$$
$$=2$$

より

$$|\overrightarrow{BC}|=\sqrt{2}$$

である．以上より

$$\overrightarrow{BA}\cdot\overrightarrow{BC}=-1$$

すなわち

内積

$\vec{0}$ でない2つのベクトル $\vec{a}$ と $\vec{b}$ のなす角を θ $(0^\circ\leqq\theta\leqq180^\circ)$ とすると

$$\vec{a}\cdot\vec{b}=|\vec{a}||\vec{b}|\cos\theta.$$

特に

$$\vec{a}\cdot\vec{a}=|\vec{a}||\vec{a}|\cos0^\circ=|\vec{a}|^2.$$

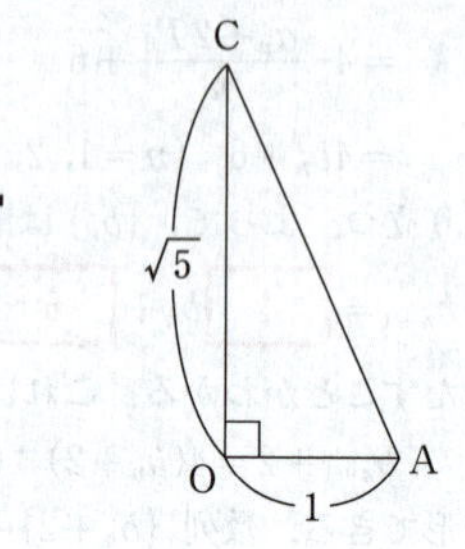

$$\left|\overrightarrow{\mathrm{BA}}\right|\left|\overrightarrow{\mathrm{BC}}\right|\cos\angle\mathrm{ABC}=-1$$

は

$$\cos\angle\mathrm{ABC}=-\frac{1}{2}$$

と変形できるから，$\angle\mathrm{ABC}=\boxed{120}^\circ$ である．さらに，辺ADと辺BCが平行であるから，

$\angle\mathrm{BAD}=\angle\mathrm{ADC}=\boxed{60}^\circ$ である．よって，右図のように $\overrightarrow{\mathrm{AD}}=\boxed{2}\,\overrightarrow{\mathrm{BC}}$ であり，これより

$$\overrightarrow{\mathrm{OD}}-\vec{a}=2(\vec{c}-\vec{b})$$

$$\overrightarrow{\mathrm{OD}}=\vec{a}-\boxed{2}\,\vec{b}+\boxed{2}\,\vec{c}$$

←

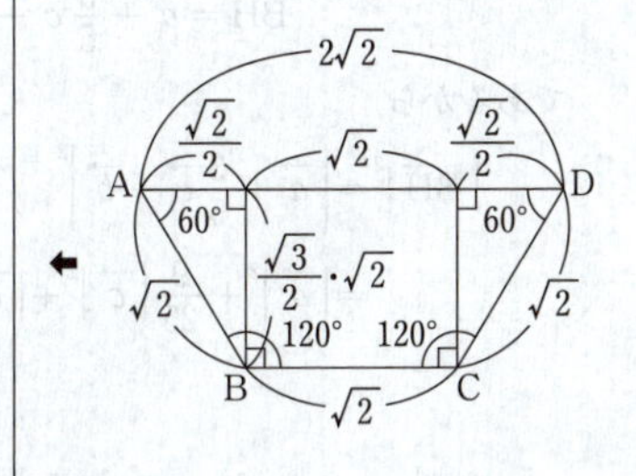

と表される．また，四角形ABCDの面積は

$$\frac{1}{2}(\sqrt{2}+2\sqrt{2})\cdot\frac{\sqrt{3}}{2}\cdot\sqrt{2}=\frac{\boxed{3}\sqrt{\boxed{3}}}{\boxed{2}}$$

である．

(3)　三角形OACを底面とする三角錐BOACの体積 V を求める．

3点O，A，Cの定める平面 α 上に，点Hを $\overrightarrow{\mathrm{BH}}\perp\vec{a}$ と $\overrightarrow{\mathrm{BH}}\perp\vec{c}$ が成り立つようにとると，$\left|\overrightarrow{\mathrm{BH}}\right|$ は三角錐BOACの高さである．Hは α 上の点であるから，実数 s，t を用いて $\overrightarrow{\mathrm{OH}}=s\vec{a}+t\vec{c}$ の形に表される．

←

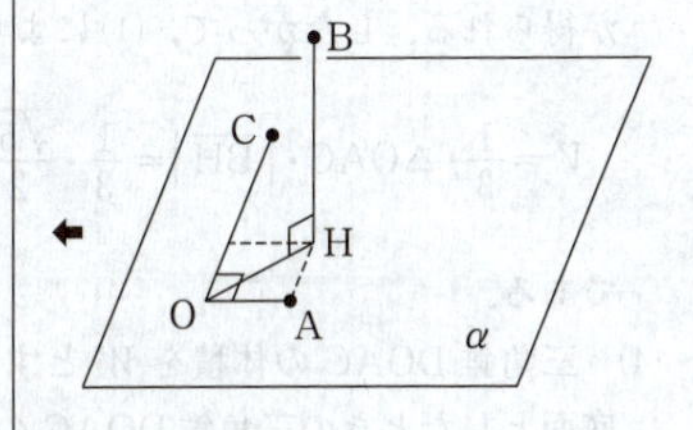

$$\overrightarrow{\mathrm{BH}}\cdot\vec{a}=\boxed{0}$$

により

$$(\overrightarrow{\mathrm{OH}}-\vec{b})\cdot\vec{a}=0$$

$$(s\vec{a}+t\vec{c}-\vec{b})\cdot\vec{a}=0$$

$$s\left|\vec{a}\right|^2+t\vec{c}\cdot\vec{a}-\vec{b}\cdot\vec{a}=0$$

$$s-1=0$$

$$s=\boxed{1}$$

← $\overrightarrow{\mathrm{BH}}=s\vec{a}+t\vec{c}-\vec{b}$.

である．

$$\overrightarrow{\mathrm{BH}}\cdot\vec{c}=0$$

により

$$(\overrightarrow{\mathrm{OH}}-\vec{b})\cdot\vec{c}=0$$

$$(s\vec{a}+t\vec{c}-\vec{b})\cdot\vec{c}=0$$

$$s\vec{a}\cdot\vec{c}+t\left|\vec{c}\right|^2-\vec{b}\cdot\vec{c}=0$$

$$5t-3=0$$

$$t=\frac{\boxed{3}}{\boxed{5}}$$

である．以上より

$$\overrightarrow{\mathrm{BH}}=\vec{a}+\frac{3}{5}\vec{c}-\vec{b}$$

であるから

$$\begin{aligned}\left|\overrightarrow{\mathrm{BH}}\right|^2&=\left|\vec{a}+\frac{3}{5}\vec{c}-\vec{b}\right|^2\\&=\left|\vec{a}\right|^2+\frac{9}{25}\left|\vec{c}\right|^2+\left|\vec{b}\right|^2+\frac{6}{5}\vec{a}\cdot\vec{c}\\&\qquad-\frac{6}{5}\vec{c}\cdot\vec{b}-2\vec{b}\cdot\vec{a}\\&=1+\frac{9}{25}\cdot5+3-\frac{6}{5}\cdot3-2\cdot1\\&=\frac{1}{5}\end{aligned}$$

である．よって

$$\left|\overrightarrow{\mathrm{BH}}\right|=\frac{\sqrt{\boxed{5}}}{\boxed{5}}$$

が得られる．したがって，(1)により

$$V=\frac{1}{3}\cdot\triangle\mathrm{OAC}\cdot\left|\overrightarrow{\mathrm{BH}}\right|=\frac{1}{3}\cdot\frac{\sqrt{5}}{2}\cdot\frac{\sqrt{5}}{5}=\frac{\boxed{1}}{\boxed{6}}$$

である．

(4)　三角錐DOACの体積をWとする．三角形ADCを底面としたときの三角錐DOACの高さと三角形ABCを底面としたときの三角錐BOACの高さは同じであり，ADを底辺としたときの三角形ADCの高さとBCを底辺としたときの三角形ABCの高さは同じであるから

$$W:V=\triangle\mathrm{ADC}:\triangle\mathrm{ABC}=\mathrm{AD}:\mathrm{BC}=2:1$$

である．よって，四角錐OABCDの体積は

$$W+V=2V+V=\boxed{3}\,V$$

と表せる．さらに，四角形ABCDの面積をS，四角形ABCDを底面とする四角錐OABCDの高さをhとすると，四角錐OABCDの体積について

$$3V=\frac{1}{3}Sh$$

すなわち

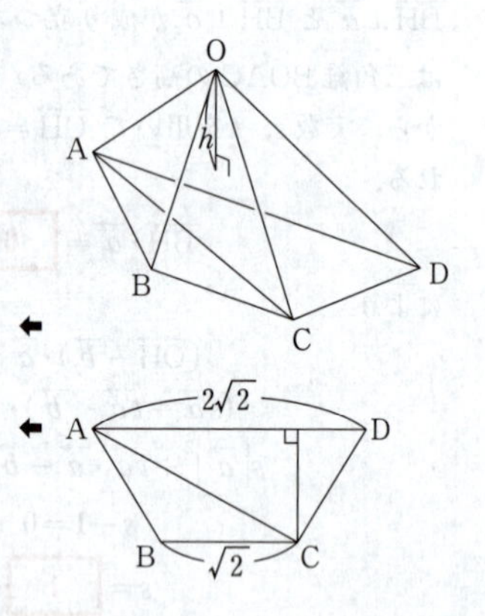

$$3\cdot\frac{1}{6}=\frac{1}{3}\cdot\frac{3\sqrt{3}}{2}\cdot h$$

が成り立つから

$$h=\frac{\sqrt{\boxed{3}}}{\boxed{3}}$$

である．

第5問　確率分布と統計的な推測

(1)　ある食品を摂取したときに，血液中の物質Aの量がどのように変化するか調べる．食品摂取前と摂取してから3時間後に，それぞれ一定量の血液に含まれる物質Aの量(単位はmg)を測定し，その変化量，すなわち摂取後の量から摂取前の量を引いた値を表す確率変数を X とする．X の期待値(平均)は $E(X)=-7$，標準偏差は $\sigma(X)=5$ とする．このとき

$$E(X^2)-\{E(X)\}^2=\{\sigma(X)\}^2$$

より

$$E(X^2)-(-7)^2=5^2$$

であるから

$$E(X^2)=\boxed{74}$$

である．

また，測定単位を変更して $W=1000X$ とすると，その期待値は

$$E(W)=E(1000X)=1000E(X)=-7\times10^{\boxed{3}}$$

であり，分散は

$$V(W)=V(1000X)=1000^2V(X)=5^{\boxed{2}}\times10^{\boxed{6}}$$

となる．

(2)　(1)の X が正規分布に従うとするとき，物質Aの量が減少しない確率 $P(X\geqq0)$ を求める．この確率は

$\dfrac{X-E(X)}{\sigma(X)}=\dfrac{X+7}{5}$ を用いると

$$P(X\geqq0)=P\left(\frac{X+7}{5}\geqq\boxed{1}.\boxed{4}\right)$$

であるので，標準正規分布に従う確率変数を Z とすると，正規分布表から，次のように求められる．

$$\begin{aligned}P(Z\geqq1.4)&=0.5-P(0\leqq Z\leqq1.4)\\&=0.5-0.4192\\&=0.\boxed{08}\end{aligned}\quad\cdots①$$

無作為に抽出された50人がこの食品を摂取したときに，物質Aの量が減少するか，減少しないかを考え，物質Aの量が減少しない人数を表す確率変数を M とする．M は二項分布 $B(50,\ 0.08)$ に従うので，期待値は $E(M)=50\times0.08=\boxed{4}.\boxed{0}$，標準偏差は

$\sigma(M)=\sqrt{4.0\times(1-0.08)}=\sqrt{\boxed{3}.\boxed{7}}$ となる．

(3)　(1)の食品摂取前と摂取してから3時間後に，それぞ

期待値(平均)，分散

確率変数 X のとり得る値を

$$x_1,\ x_2,\ \cdots,\ x_n$$

とし，X がこれらの値をとる確率をそれぞれ

$$p_1,\ p_2,\ \cdots,\ p_n$$

とすると，X の期待値(平均) $E(X)$ は

$$E(X)=\sum_{k=1}^{n}x_kp_k.$$

また，X の分散 $V(X)$ は

$E(X)=m$ として

$$V(X)=\sum_{k=1}^{n}(x_k-m)^2p_k\quad\cdots(*)$$

または

$$V(X)=E(X^2)-\{E(X)\}^2.\cdots(**)$$

ここでは $(**)$ を用いた．

$\sqrt{V(X)}$ を X の標準偏差という．

X は確率変数，a，b は定数とする．

$$E(aX+b)=aE(X)+b,$$
$$V(aX+b)=a^2V(X).$$

標準正規分布

平均0，標準偏差1の正規分布 $N(0,\ 1)$ を標準正規分布という．

二項分布

n を自然数とする．

確率変数 X のとり得る値が

$$0,\ 1,\ 2,\ \cdots,\ n$$

であり，X の確率分布が

$$P(X=r)={}_n\mathrm{C}_rp^r(1-p)^{n-r}$$
$$(r=0,\ 1,\ 2,\ \cdots,\ n)$$

であるとき，X の確率分布を二項分布といい，$B(n,\ p)$ で表す．

二項分布の期待値(平均)，分散

確率変数 X が二項分布 $B(n,\ p)$ に従うとき，$q=1-p$ とすると X の期待値(平均) $E(X)$ と分散 $V(X)$ は

$$E(X)=np,$$
$$V(X)=npq$$

である．

れ一定量の血液に含まれる別の物質Bの量(単位はmg)を測定し，その変化量，すなわち摂取後の量から摂取前の量を引いた値を表す確率変数を Y とする．Y の母集団分布は母平均 m，母標準偏差6をもつとする．m を推定するため，母集団から無作為に抽出された100人に対して物質Bの変化量を測定したところ，標本平均 $\overline{Y}$ の値は -10.2 であった．

このとき，$\overline{Y}$ の期待値は $E(\overline{Y})=m$，標準偏差は

$$\sigma(\overline{Y})=\frac{6}{\sqrt{100}}=\boxed{0}.\boxed{6}$$

である．$\overline{Y}$ の分布が正規分布で近似できるとすれば，$Z=\dfrac{\overline{Y}-m}{0.6}$ は近似的に標準正規分布に従うとみなすことができる．

正規分布表を用いて $|Z|\leqq 1.64$ となる確率を求めると

$$0.4495\times 2=0.\boxed{90}$$

となる．このことを利用して，母平均 m に対する信頼度90%の信頼区間，すなわち，90%の確率で m を含む信頼区間を求めると

$$-10.2-1.64\times 0.6\leqq m\leqq -10.2+1.64\times 0.6$$

すなわち

$$-11.184\leqq m\leqq -9.216$$

となる．よって，$\boxed{ツ}$ に当てはまるものは $\boxed{②}$ である．

← 母平均 m，母標準偏差 σ の母集団から大きさ n の無作為標本を抽出するとき，標本平均の期待値(平均)と標準偏差はそれぞれ

$$m,\ \frac{\sigma}{\sqrt{n}}.$$

← **母平均の推定**

標本平均を $\overline{X}$，母標準偏差を σ とすると，標本の大きさ n が大きいとき，母平均 m に対する信頼度90%の信頼区間は

$$\left[\overline{X}-1.64\cdot\frac{\sigma}{\sqrt{n}},\ \overline{X}+1.64\cdot\frac{\sigma}{\sqrt{n}}\right].$$

MEMO

数学Ⅰ・数学A
数学Ⅱ・数学B

（2018年１月実施）

	受験者数	平均点
数学Ⅰ・数学A	396,479	61.91
数学Ⅱ・数学B	353,423	51.07

数学Ⅰ・数学A

解答・採点基準

（100点満点）

問題番号(配点)	解答記号	正解	配点	自己採点
第1問 (30)	ア	5	2	
	イ，ウエ	6，14	4	
	オ	2	2	
	カ	8	2	
	キ	②	3	
	ク	⓪	3	
	ケ	②	2	
	コ	⓪	2	
	サ$+\frac{シ}{a}$	$1+\frac{3}{a}$	2	
	ス	1	2	
	セ	1	2	
	$\frac{ソ}{タ}$	$\frac{4}{5}$	2	
	$\frac{チ+\sqrt{ツテ}}{ト}$	$\frac{7+\sqrt{13}}{4}$	2	
	第1問　自己採点小計			
第2問 (30)	$\frac{ア}{イ}$	$\frac{7}{9}$	3	
	$\frac{ウ\sqrt{エ}}{オ}$	$\frac{4\sqrt{2}}{9}$	3	
	カ，キ	⓪，④	5	
	ク$\sqrt{ケコ}$	$2\sqrt{33}$	4	
	サ，シ	①，⑥ (解答の順序は問わない)	6 (各3)	
	ス，セ	④，⑤ (解答の順序は問わない)	6 (各3)	
	ソ	②	3	
	第2問　自己採点小計			

問題番号(配点)	解答記号	正解	配点	自己採点
第3問 (20)	$\frac{ア}{イ}$	$\frac{1}{6}$	2	
	$\frac{ウ}{エ}$	$\frac{1}{6}$	2	
	$\frac{オ}{カ}$	$\frac{1}{9}$	2	
	$\frac{キ}{ク}$	$\frac{1}{4}$	2	
	$\frac{ケ}{コ}$	$\frac{1}{6}$	2	
	サ	①	2	
	シ	②	2	
	$\frac{ス}{セソタ}$	$\frac{1}{432}$	3	
	$\frac{チ}{ツテ}$	$\frac{1}{81}$	3	
	第3問　自己採点小計			
第4問 (20)	ア，イ，ウ	4，3，2	3	
	エオ	15	3	
	カ	2	2	
	キク	41	2	
	ケ	7	2	
	コサシ	144	2	
	ス	2	3	
	セソ	23	3	
	第4問　自己採点小計			
第5問 (20)	$\frac{ア\sqrt{イ}}{ウ}$	$\frac{2\sqrt{5}}{3}$	3	
	$\frac{エオ}{カ}$	$\frac{20}{9}$	3	
	$\frac{キク}{ケ}$	$\frac{10}{9}$	2	
	コ，サ	⓪，④	4	
	$\frac{シ}{ス}$	$\frac{5}{8}$	3	
	$\frac{セ}{ソ}$	$\frac{5}{3}$	2	
	タ	①	3	
	第5問　自己採点小計			
	自己採点合計			

(注)

第1問，第2問は必答。

第3問～第5問のうちから2問選択。計4問を解答。

第1問　数と式・集合と命題・2次関数

〔1〕

$$A=x(x+1)(x+2)(5-x)(6-x)(7-x).\quad\cdots①$$

$$(x+n)(n+5-x)=nx+x(5-x)+n^2+n(5-x)$$
$$=x(5-x)+n^2+\boxed{5}\,n\quad\cdots②$$

であり，$X=x(5-x)$ とおくと，② は，

$$(x+n)(n+5-x)=X+n^2+5n\quad\cdots②'$$

となる.

$n=0, 1, 2$ を ②′ にそれぞれ代入すると，

$$\left.\begin{array}{l} x(5-x)=X, \\ (x+1)(6-x)=X+6, \\ (x+2)(7-x)=X+14 \end{array}\right\}\quad\cdots③$$

← $n=0$ のとき.
← $n=1$ のとき.
← $n=2$ のとき.

である.

したがって，③ を ① に代入すると，

$$A=x(5-x)\cdot(x+1)(6-x)\cdot(x+2)(7-x)$$
$$=X\left(X+\boxed{6}\right)\left(X+\boxed{14}\right)\quad\cdots①'$$

と表せる.

$x=\dfrac{5+\sqrt{17}}{2}$ のとき，

$$2x=5+\sqrt{17}$$
$$2x-5=\sqrt{17}$$
$$(2x-5)^2=(\sqrt{17})^2$$
$$20x-4x^2=8$$
$$4x(5-x)=8$$
$$4X=8$$
$$X=\boxed{2}$$

← 次のように $x=\dfrac{5+\sqrt{17}}{2}$ を直接 X に代入して求めてもよい.

$$X=x(5-x)$$
$$=\frac{5+\sqrt{17}}{2}\left(5-\frac{5+\sqrt{17}}{2}\right)$$
$$=\frac{5+\sqrt{17}}{2}\cdot\frac{5-\sqrt{17}}{2}$$
$$=\frac{25-17}{4}$$
$$=2.$$

であり，これを ①′ に代入すると，

$$A=2(2+6)(2+14)$$
$$=2^1\cdot2^3\cdot2^4$$
$$=2^{\boxed{8}}$$

である.

〔2〕

(1)　$U=\{x\,|\,x$ は 20 以下の自然数$\}$，

$A=\{x\,|\,x\in U$ かつ x は 20 の約数$\}$，　← $A=\{1, 2, 4, 5, 10, 20\}$.

$B=\{x\,|\,x\in U$ かつ x は 3 の倍数$\}$，　← $B=\{3, 6, 9, 12, 15, 18\}$.

$C=\{x\,|\,x\in U$ かつ x は偶数$\}$　← $C=\{2, 4, 6, 8, 10, 12, 14, 16, 18, 20\}$.

より，次図を得る.

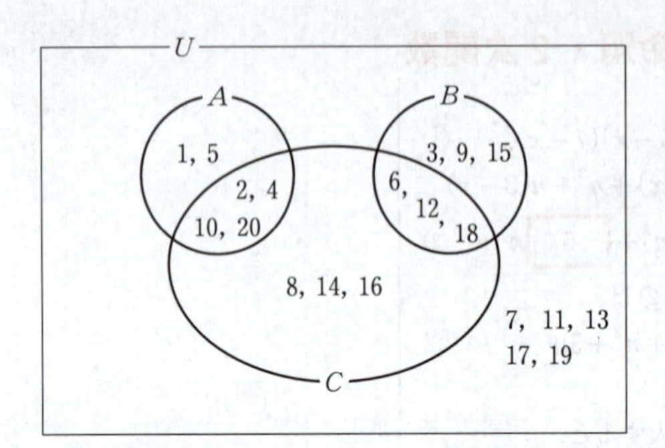

・(a)　$A \subset C$ について．

$1 \in A$, $5 \in A$ であるが，$1 \notin C$, $5 \notin C$ より，A は C の部分集合ではない．よって，(a)は誤りである．

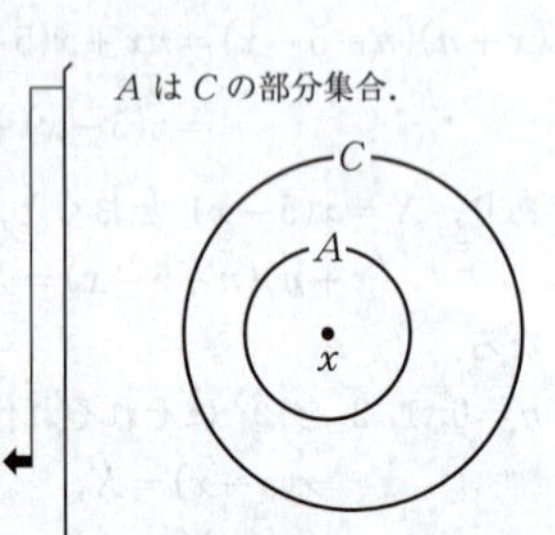

・(b)　$A \cap B = \emptyset$ について．

A と B のどちらにも属する要素が1つもないから，$A \cap B$ は空集合，つまり，$A \cap B = \emptyset$ より，(b)は正しい．

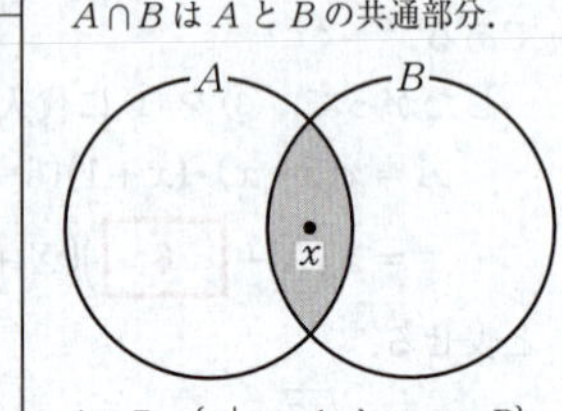

したがって，キ に当てはまるものは ② である．

・(c)　$(A \cup C) \cap B = \{6, 12, 18\}$ について．

$A \cup C = \{1, 2, 4, 5, 6, 8, 10, 12, 14, 16, 18, 20\}$ であるから，

$$(A \cup C) \cap B = \{6, 12, 18\}$$

である．よって，(c)は正しい．

$A \cup C$ は A と C の和集合．

$A \cup C = \{x \mid x \in A$ または $x \in C\}$．

$(A \cup C) \cap B$ は次図の網掛部分．

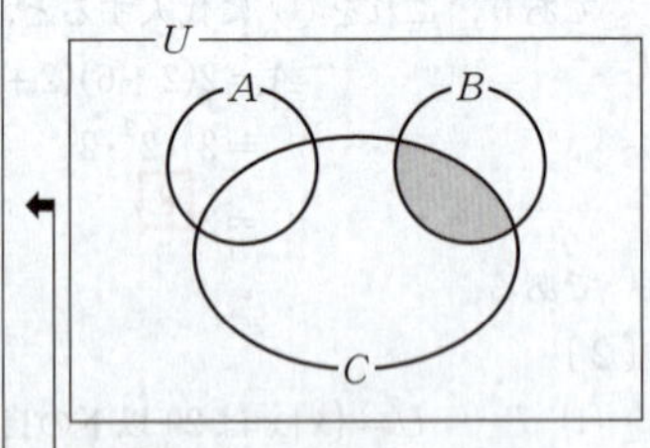

・(d)　$(\overline{A} \cap C) \cup B = \overline{A} \cap (B \cup C)$ について．

$\overline{A} \cap C$　　　　　　　　B

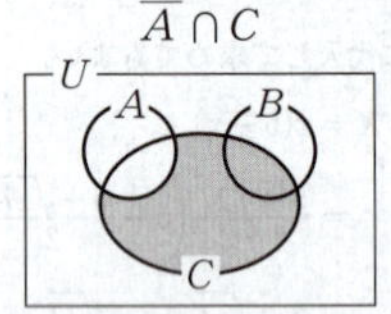

または

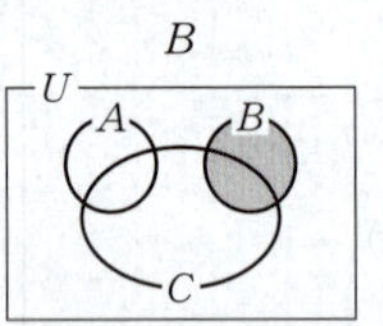

となるから，$(\overline{A} \cap C) \cup B$ を図示すると次のようになる．

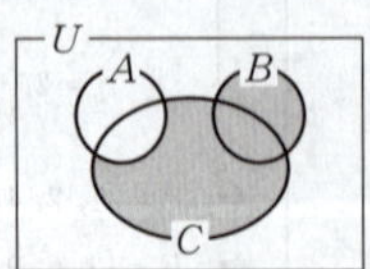

$\overline{A} \cap C = \{6, 8, 12, 14, 16, 18\}$,

$B = \{3, 6, 9, 12, 15, 18\}$

であるから，

$(\overline{A} \cap C) \cup B$

$= \{3, 6, 8, 9, 12, 14, 15, 16, 18\}$．

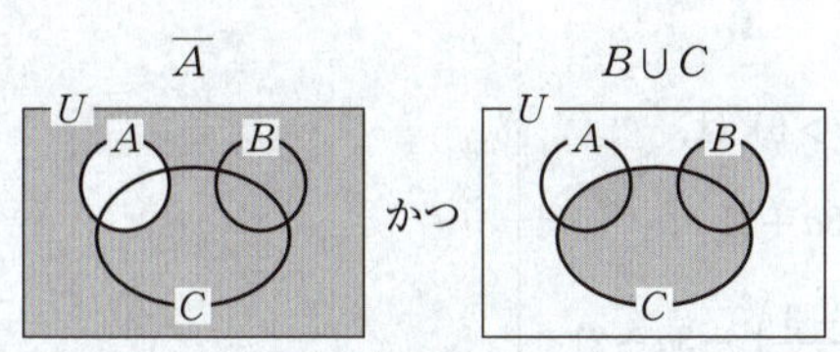

となるから，$\overline{A}\cap(B\cup C)$ を図示すると次のようになる．

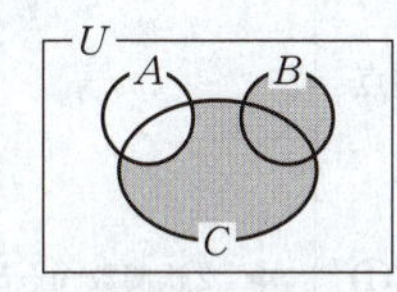

よって，$(\overline{A}\cap C)\cup B=\overline{A}\cap(B\cup C)$ となるから，(d)は正しい．

したがって，**ク** に当てはまるものは **⓪** である．

← $\overline{A}=\{3, 6, 7, 8, 9, 11, 12, 13, 14, 15, 16, 17, 18, 19\}$,

$B\cup C=\{2, 3, 4, 6, 8, 9, 10, 12, 14, 15, 16, 18, 20\}$

であるから，

$\overline{A}\cap(B\cup C)$
$=\{3, 6, 8, 9, 12, 14, 15, 16, 18\}$.

(2)　$p：|x-2|>2$，つまり，$(x<0$ または $4<x)$，

$q：x<0$，

$r：x>4$，

$s：\sqrt{x^2}>4$，つまり，$(x<-4$ または $4<x)$．

← $|x-2|>2$ より，

$x-2<-2,\quad 2<x-2$

$x<0,\quad 4<x.$

← $\sqrt{x^2}=|x|$ であるから，

$|x|>4$

$x<-4,\quad 4<x.$

・$(q$ または $r)$ であることは p であるための何条件かを求める．

$(q$ または $r)$ は，$(x<0$ または $x>4)$ である．

よって，

「$(q$ または $r) \iff p$」

であるから，q または r であることは，p であるための必要十分条件である．したがって，**ケ** に当てはまるものは **②** である．

← 2つの命題「$\ell \Longrightarrow m$」と「$m \Longrightarrow \ell$」がともに真であるとき，つまり，「$\ell \iff m$」が成り立つとき，ℓ は m であるための必要十分条件であるという．

・s は r であるための何条件かを求める．

「$s \Longrightarrow r$」は偽（反例 $x=-5$ など）

である．

「$r \Longrightarrow s$」は真

である．

←

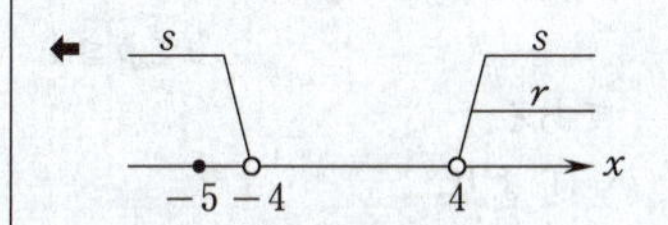

よって，s は r であるための必要条件であるが，十分条件ではない．したがって，**コ** に当てはまるものは **⓪** である．

← 命題「$\ell \Longrightarrow m$」が真のとき，ℓ は m であるための十分条件といい，「$m \Longrightarrow \ell$」が真のとき，ℓ は m であるための必要条件という．

〔3〕

$f(x)=ax^2-2(a+3)x-3a+21$ $(a>0)$ は,

$$f(x)=a\left\{x^2-\frac{2(a+3)}{a}x\right\}-3a+21$$

$$=a\left(x-\frac{a+3}{a}\right)^2-a\left(\frac{a+3}{a}\right)^2-3a+21$$

$$=a\left\{x-\left(1+\frac{3}{a}\right)\right\}^2-4a+15-\frac{9}{a}$$

と変形できるから，2次関数 $y=f(x)$ のグラフの頂点の x 座標 p は,

$$p=\boxed{1}+\frac{\boxed{3}}{a} \quad \cdots ①$$

である.

← 2次関数 $y=b(x-c)^2+d$ のグラフの頂点の座標は,
$(c,\ d)$.

2次関数 $y=f(x)$ のグラフは，下に凸で軸が直線 $x=p$ の放物線であるから，$0\leqq x\leqq 4$ における関数 $y=f(x)$ の最小値が $f(4)$ となるような p の値の範囲は,

$$4\leqq p$$

である.

←

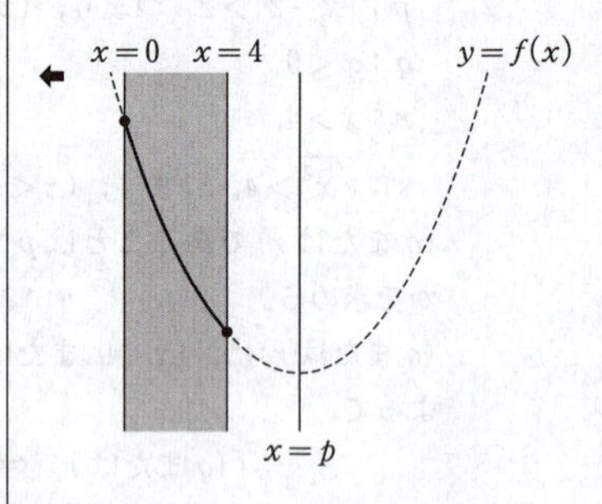

① より,

$$4\leqq 1+\frac{3}{a}$$

$$3\leqq\frac{3}{a}$$

であるから，求める a の値の範囲は，$a>0$ に注意して,

$$0<a\leqq\boxed{1}$$

である.

また，$0\leqq x\leqq 4$ における関数 $y=f(x)$ の最小値が $f(p)$ となるような p の値の範囲は,

$$0\leqq p\leqq 4$$

である.

←

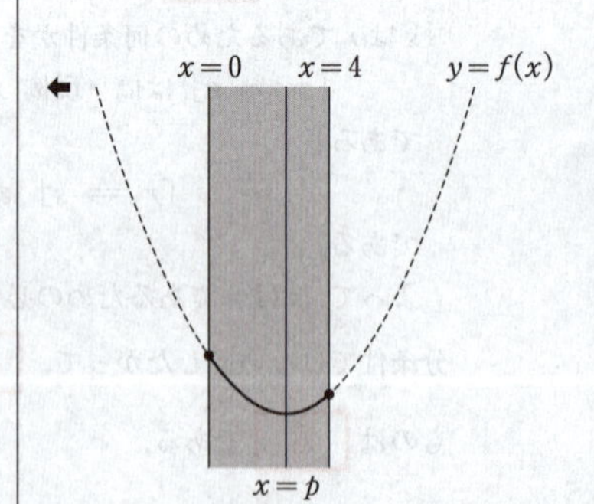

① より,

$$0\leqq 1+\frac{3}{a}\leqq 4$$

$$-1\leqq\frac{3}{a}\leqq 3$$

であるから，求める a の値の範囲は，$a>0$ に注意して,

$$\boxed{1}\leqq a$$

である．

次に，$0 \leqq x \leqq 4$ における関数 $y=f(x)$ の最小値が1であるような a の値を求める．

・$0<a \leqq 1$ のとき．

最小値は，

$$f(4)=5a-3$$

であるから，これが1であるのは，

$$5a-3=1$$

$$a=\frac{4}{5} \quad (0<a \leqq 1 \text{ を満たす})$$

のときである．

・$1 \leqq a$ のとき．

最小値は，

$$f(p)=-4a+15-\frac{9}{a}$$

であるから，これが1であるのは，

$$-4a+15-\frac{9}{a}=1$$

$$4a^2-14a+9=0$$

$$a=\frac{7 \pm \sqrt{13}}{4}$$

より，$a \geqq 1$ に注意して，

$$a=\frac{7+\sqrt{13}}{4}$$

のときである．

← $3<\sqrt{13}<4$ より，

$$\begin{cases} 10<7+\sqrt{13}<11, \\ 3<7-\sqrt{13}<4 \end{cases}$$

であるから，

$$\begin{cases} \frac{10}{4}<\frac{7+\sqrt{13}}{4}<\frac{11}{4}, \\ \frac{3}{4}<\frac{7-\sqrt{13}}{4}<1 \end{cases}$$

である．

したがって，$0 \leqq x \leqq 4$ における関数 $y=f(x)$ の最小値が1であるのは，

$$a=\frac{\boxed{4}}{\boxed{5}} \quad \text{または} \quad a=\frac{\boxed{7}+\sqrt{\boxed{13}}}{\boxed{4}}$$

のときである．

第2問 図形と計量・データの分析

〔1〕

(1)

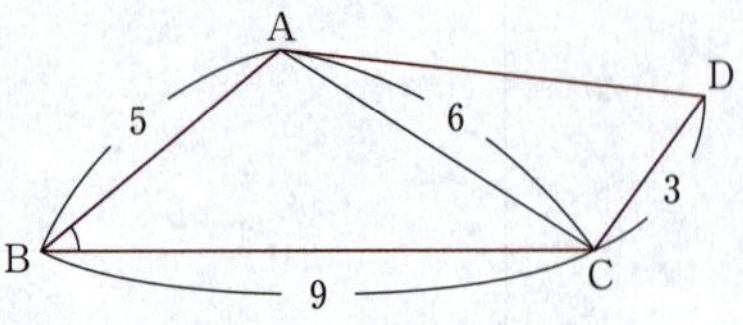

△ABC に余弦定理を用いると，

$$\cos\angle ABC=\frac{AB^2+BC^2-CA^2}{2AB\cdot BC}$$

$$=\frac{5^2+9^2-6^2}{2\cdot5\cdot9}$$

$$=\frac{\boxed{7}}{\boxed{9}}$$

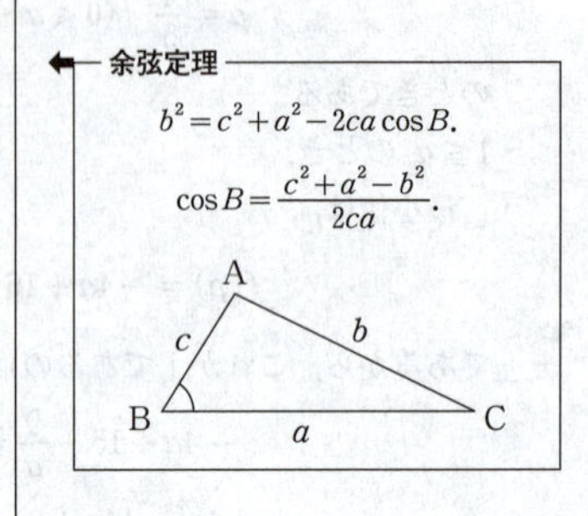

余弦定理
$b^2=c^2+a^2-2ca\cos B.$
$\cos B=\frac{c^2+a^2-b^2}{2ca}.$
A
c
b
B
a
C

であり，$0°<\angle ABC<180°$ より，$\sin\angle ABC>0$ であるから，

$$\sin\angle ABC=\sqrt{1-\cos^2\angle ABC}$$

$$=\sqrt{1-\left(\frac{7}{9}\right)^2}$$

$$=\frac{\boxed{4}\sqrt{\boxed{2}}}{\boxed{9}}$$

← $0°\leqq\theta\leqq180°$ のとき，

$$\sin\theta=\sqrt{1-\cos^2\theta}.$$

である．

$$CD=3=\frac{27}{9}=\frac{\sqrt{729}}{9},$$

$$AB\cdot\sin\angle ABC=5\cdot\frac{4\sqrt{2}}{9}=\frac{20\sqrt{2}}{9}=\frac{\sqrt{800}}{9}$$

であるから，$\sqrt{729}<\sqrt{800}$ より，

$$CD<AB\cdot\sin\angle ABC$$

である．

よって，$\boxed{カ}$ に当てはまるものは $\boxed{⓪}$ である．

ところで，$\cos\angle ABC>0$ であることと $0°<\angle ABC<180°$ であることから，∠ABC は鋭角であり，A から直線 BC に下ろした垂線の足を H とすると，

$$AH=AB\cdot\sin\angle ABC$$

である．

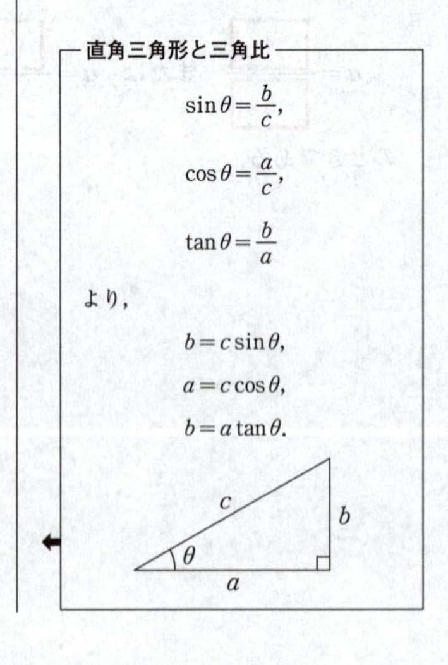

直角三角形と三角比
$\sin\theta=\frac{b}{c},$
$\cos\theta=\frac{a}{c},$
$\tan\theta=\frac{b}{a}$
より，
$b=c\sin\theta,$
$a=c\cos\theta,$
$b=a\tan\theta.$
c
b
θ
a

ここで，辺ADと辺BCが平行であるとすると，次図のようになり，CD＞3 となるから矛盾が生じる．

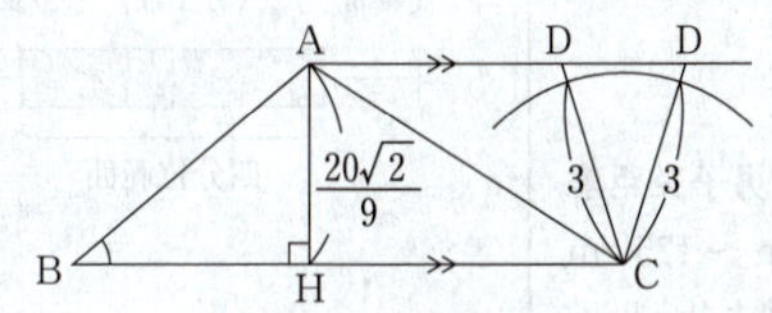

よって，CD＜AB・sin∠ABC であるから，辺ABと辺CDが平行である．したがって，キ に当てはまるものは ④ である．

ゆえに，台形ABCDは次図のようになる．

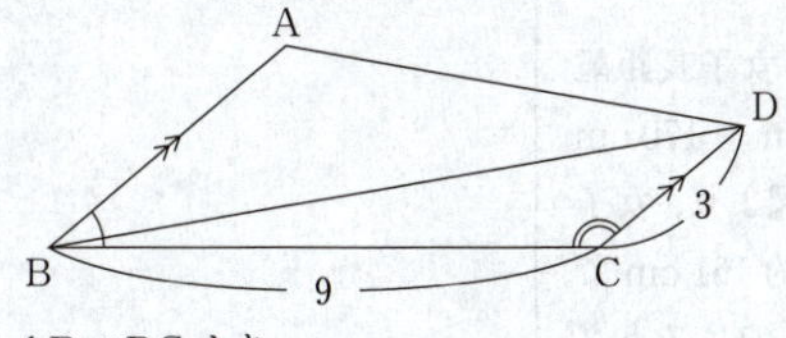

AB∥DC より，

$$\angle BCD = 180° - \angle ABC$$

であるから，

$$\cos\angle BCD = \cos(180° - \angle ABC)$$
$$= -\cos\angle ABC$$
$$= -\frac{7}{9}$$

である．

したがって，△BCDに余弦定理を用いると，

$$BD^2 = BC^2 + CD^2 - 2BC\cdot CD\cos\angle BCD$$
$$= 9^2 + 3^2 - 2\cdot 9\cdot 3\cdot\left(-\frac{7}{9}\right)$$
$$= 132$$

であるから，BD＞0 より，

$$BD = 2\sqrt{33}$$

である．

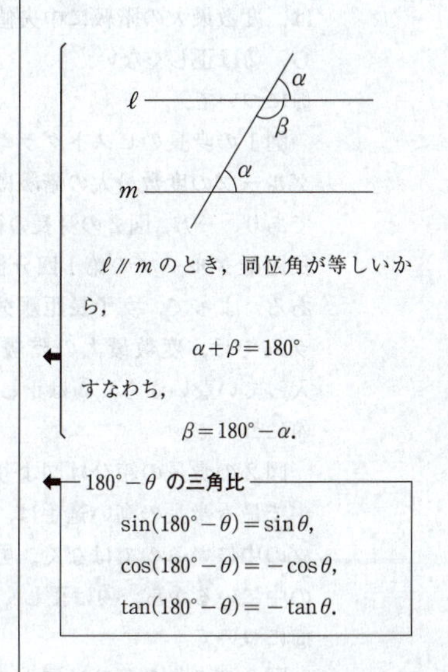

〔2〕

(1)　・⓪について．

四つのグループのうち範囲が最も大きいのは，図2の身長の箱ひげ図より，女子短距離グループではなく男子短距離グループであるから，⓪は正しくない．

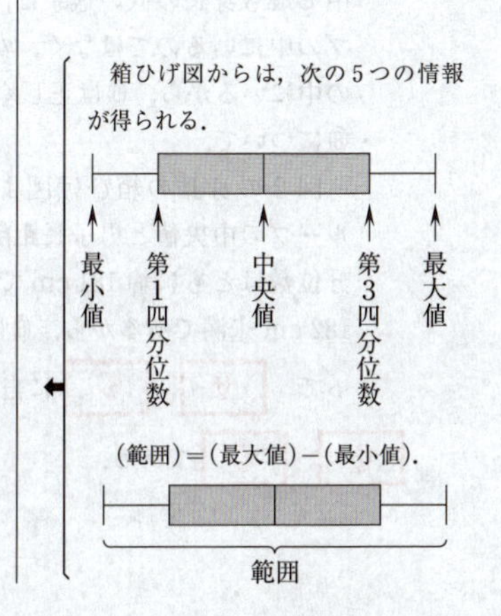

・①について.

図2の身長の箱ひげ図より，四つのグループのすべてにおいて，四分位範囲はすべて12未満であるから，①は正しい.

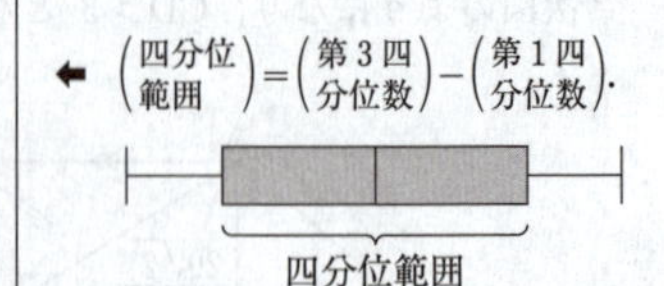
(四分位範囲)＝(第3四分位数)－(第1四分位数).
四分位範囲

・②について.

図1の身長のヒストグラムより，男子長距離グループの度数最大の階級は170 cm～175 cmであり，一方，図2の身長の箱ひげ図より，男子長距離グループの中央値は176 cmである.
よって，男子長距離グループのヒストグラムでは，度数最大の階級に中央値は入っていないから，②は正しくない.

・③について.

図1の身長のヒストグラムより，女子長距離グループの度数最大の階級は165 cm～170 cmであり，一方，図2の身長の箱ひげ図より，女子長距離グループの第1四分位数は約161 cmである．よって，女子長距離グループのヒストグラムでは，度数最大の階級に第1四分位数は入っていないから，③は正しくない.

・④について.

図2の身長の箱ひげ図より，すべての選手の中で最も身長の高い選手は，男子長距離グループの中にいるのではなく，男子短距離グループの中にいるから，④は正しくない.

・⑤について.

図2の身長の箱ひげ図より，すべての選手の中で最も身長の低い選手は，女子長距離グループの中にいるのではなく，女子短距離グループの中にいるから，⑤は正しくない.

・⑥について.

図2の身長の箱ひげ図より，男子短距離グループの中央値と男子長距離グループの第3四分位数はともに約181 cmであり，180 cm以上182 cm未満であるから，⑥は正しい.

よって，サ，シに当てはまるものは

①，⑥である.

(2)　$Z=\dfrac{W}{X}$ より，1つのデータに対する Z の値は，そのデータが表す点と原点を通る直線の傾きになる．また，直線 l_1，l_2，l_3，l_4 の傾きは順に15，20，25，30である．

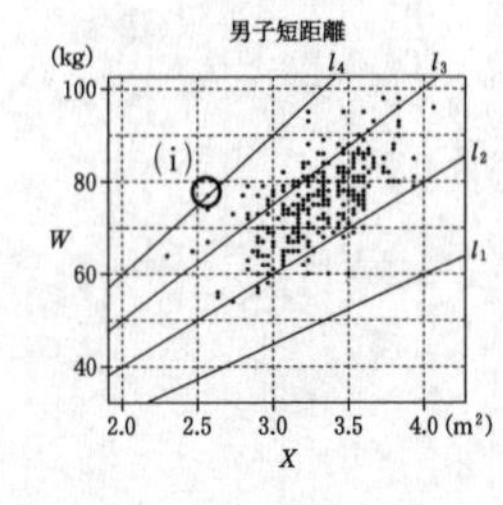

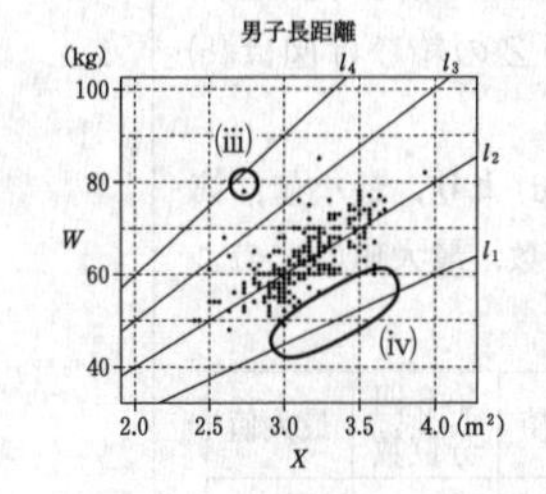

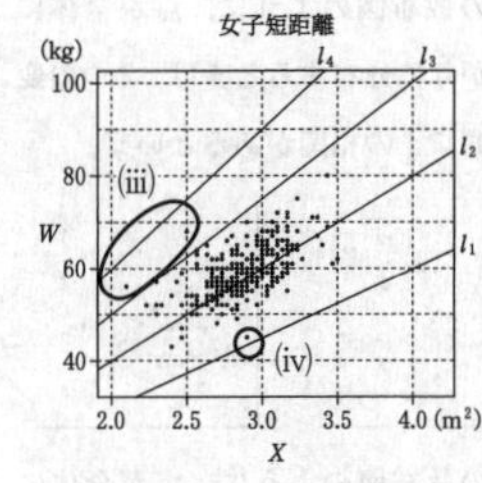

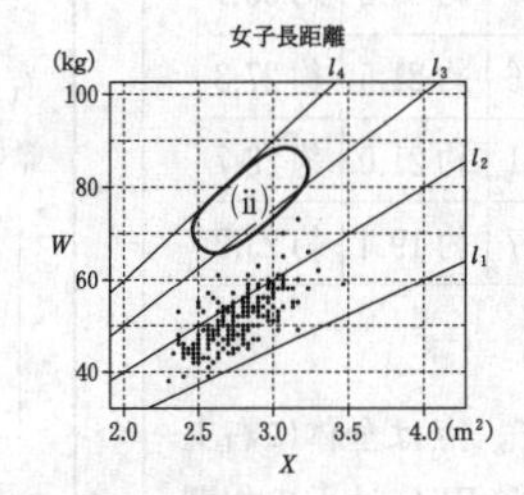

図3　X と W の散布図

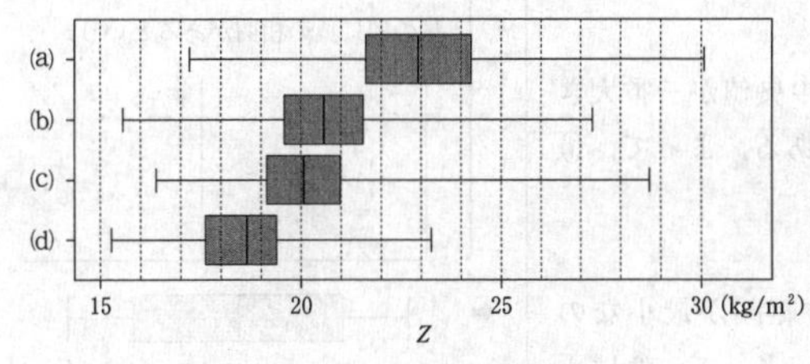

図4　Z の箱ひげ図

(i)より，男子短距離グループにおいて，Z の最大値は約30である．他の3つのグループの散布図において，Z の最大値が約30になるものはないから，男子短距離グループの Z の箱ひげ図は(a)である．

(ii)より，女子長距離グループにおいて，Z の最大値は25未満である．他の3つのグループの散布図において，Z の最大値は25以上であるから，女子長距離グループの Z の箱ひげ図は(d)である．

2つの(iii)より，男子長距離グループの最大値と女子短距離グループの最大値を比べると男子長距離グループの最大値の方がより 30 に近い．

さらに，2 つの(iv)より，男子長距離グループの最小値と女子短距離グループの最小値を比べると女子短距離グループの最小値の方がより 15 に近い．

よって，男子長距離グループの Z の箱ひげ図は(c)であり，女子短距離グループの Z の箱ひげ図は(b)である．

また，箱ひげ図(a)，(b)，(c)，(d)より，最小値，第 1 四分位数，中央値，第 3 四分位数，最大値は次のようになる．

	最小値	第 1 四分位数	中央値	第 3 四分位数	最大値
(a)男子短距離	約 17.2	約 21.6	約 22.9	約 24.2	約 30.1
(b)女子短距離	約 15.5	約 19.6	約 20.6	約 21.5	約 27.3
(c)男子長距離	約 16.3	約 19.1	約 20.1	約 21.0	約 28.7
(d)女子長距離	約 15.2	約 17.6	約 18.7	約 19.4	約 23.2

・⓪について．

4 つの散布図すべてにおいて，点は全体に右上がりに分布しているから，X と W には正の相関がある．よって，⓪は正しくない．

下の散布図のように，点が全体に右上がりに分布するときは，2 つの変量の間に正の相関があるという．

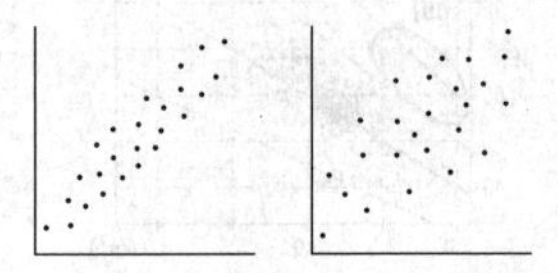

下の散布図のように，点が全体に右下がりに分布するときは，2 つの変量の間に負の相関があるという．

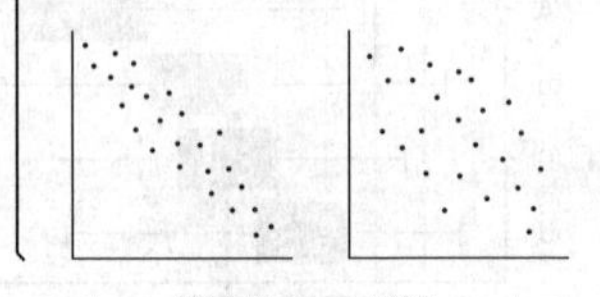

・①について．

4 つのグループのうちで Z の中央値が一番大きいのは，男子短距離グループである．よって，①は正しくない．

・②について．

4 つのグループのうちで Z の範囲が最小なのは，女子長距離グループである．よって，②は正しくない．

ここの長さが一番短いものをさがすとよい．

・③について．

4 つのグループのうちで Z の四分位範囲が最大なのは，男子短距離グループである．よって，「Z の四分位範囲が最小なのは，男子短距離グループである」は誤りである．したがって，③は正しくない．

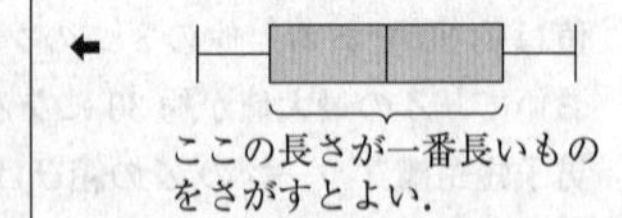

ここの長さが一番長いものをさがすとよい．

・④について．

正しい．

・⑤について．

正しい．

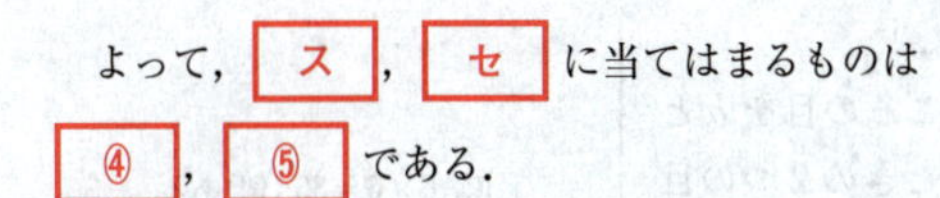

よって，ス，セ に当てはまるものは ④，⑤ である．

(3) $\overline{x}=\dfrac{x_1+x_2+\cdots+x_n}{n}$，$\overline{w}=\dfrac{w_1+w_2+\cdots+w_n}{n}$

であるから，

$x_1+x_2+\cdots+x_n=n\overline{x}$，　$w_1+w_2+\cdots+w_n=n\overline{w}$

である．

これより，偏差の積の和は，

$$\begin{aligned}&(x_1-\overline{x})(w_1-\overline{w})+(x_2-\overline{x})(w_2-\overline{w})+\cdots+(x_n-\overline{x})(w_n-\overline{w})\\&=x_1w_1+x_2w_2+\cdots+x_nw_n\\&\quad-(x_1+x_2+\cdots+x_n)\overline{w}-(w_1+w_2+\cdots+w_n)\overline{x}+n\overline{x}\ \overline{w}\\&=x_1w_1+x_2w_2+\cdots+x_nw_n-n\overline{x}\cdot\overline{w}-n\overline{w}\cdot\overline{x}+n\overline{x}\ \overline{w}\\&=x_1w_1+x_2w_2+\cdots+x_nw_n-n\overline{x}\ \overline{w}\end{aligned}$$

である．

⬅ $i=1, 2, \cdots, n$ において，

$$(x_i-\overline{x})(w_i-\overline{w})=x_iw_i-x_i\overline{w}-w_i\overline{x}+\overline{x}\ \overline{w}.$$

よって，ソ に当てはまるものは ② である．

第3問　場合の数・確率

大きいさいころの目をa，小さいさいころの目をbとし，大小2個のさいころを同時に投げたときの2つの目を(a, b)と記す．

大小2個のさいころを同時に投げたときの目の出方は，全部で

$$6\times 6=36\ (\text{通り})$$

あり，どの場合も同様に確からしい．

(1)「大きいさいころについて，4の目が出る」という事象Aは，

$(a, b)=(4, 1), (4, 2), (4, 3), (4, 4), (4, 5), (4, 6)$

の6通りある．

よって，事象Aの確率は，

$$P(A)=\frac{6}{36}=\frac{1}{6} \quad \cdots ①$$

である．

「2個のさいころの出た目の和が7である」という事象Bは，

$(a, b)=(1, 6), (2, 5), (3, 4), (4, 3), (5, 2), (6, 1)$

の6通りある．

よって，事象Bの確率は，

$$P(B)=\frac{6}{36}=\frac{1}{6} \quad \cdots ②$$

である．

「2個のさいころの出た目の和が9である」という事象Cは，

$(a, b)=(3, 6), (4, 5), (5, 4), (6, 3)$

の4通りある．

よって，事象Cの確率は，

$$P(C)=\frac{4}{36}=\frac{1}{9} \quad \cdots ③$$

である．

(2) 事象Cが起こったときの事象Aが起こる条件付き確率は，

$$P_C(A)=\frac{P(A\cap C)}{P(C)} \quad \cdots ④$$

である．

□は $6\times 6=36$ (個) ある．

a＼b	1	2	3	4	5	6
1						
2						
3						
4						
5						
6						

事象Aは下の網掛部分．

a＼b	1	2	3	4	5	6
1						
2						
3						
4						
5						
6						

事象Bは下の網掛部分．

(□の中の数は $a+b$ の値)

a＼b	1	2	3	4	5	6
1	2	3	4	5	6	7
2	3	4	5	6	7	8
3	4	5	6	7	8	9
4	5	6	7	8	9	10
5	6	7	8	9	10	11
6	7	8	9	10	11	12

事象Cは下の網掛部分．

(□の中の数は $a+b$ の値)

a＼b	1	2	3	4	5	6
1	2	3	4	5	6	7
2	3	4	5	6	7	8
3	4	5	6	7	8	9
4	5	6	7	8	9	10
5	6	7	8	9	10	11
6	7	8	9	10	11	12

条件付き確率

事象Xが起こったときに事象Yが起こる条件付き確率$P_X(Y)$は，

$$P_X(Y)=\frac{P(X\cap Y)}{P(X)}.$$

事象 $A\cap C$ は,

$$(a,\ b)=(4,\ 5)$$

の1通りあるから,

$$P(A\cap C)=\frac{1}{36} \qquad \cdots ⑤$$

である.

よって, 事象 C が起こったときの事象 A が起こる条件付き確率は, ③, ⑤ を ④ に代入して,

$$P_C(A)=\frac{\frac{1}{36}}{\frac{1}{9}}=\frac{\boxed{1}}{\boxed{4}}$$

であり, 事象 A が起こったときの事象 C が起こる条件付き確率は,

$$P_A(C)=\frac{P(A\cap C)}{P(A)}$$

であるから, これに ①, ⑤ を代入して,

$$P_A(C)=\frac{\frac{1}{36}}{\frac{1}{6}}=\frac{\boxed{1}}{\boxed{6}}$$

である.

⑶　$P(A\cap B)$ と $P(A)P(B)$ の大小について調べる.

事象 $A\cap B$ は,

$$(a,\ b)=(4,\ 3)$$

の1通りあるから,

$$P(A\cap B)=\frac{1}{36} \qquad \cdots ⑥$$

である.

また, ①, ② より,

$$P(A)P(B)=\frac{1}{6}\times\frac{1}{6}=\frac{1}{36}$$

であるから,

$$P(A\cap B)=P(A)P(B)$$

である. よって, $\boxed{サ}$ に当てはまるものは $\boxed{①}$ である.

次に, $P(A\cap C)$ と $P(A)P(C)$ の大小について調べる.

①, ③ より,

$$P(A)P(C)=\frac{1}{6}\times\frac{1}{9}=\frac{1}{54}$$

であり, ⑤ より,

← 事象 $A\cap C$ は下の濃い網掛部分.

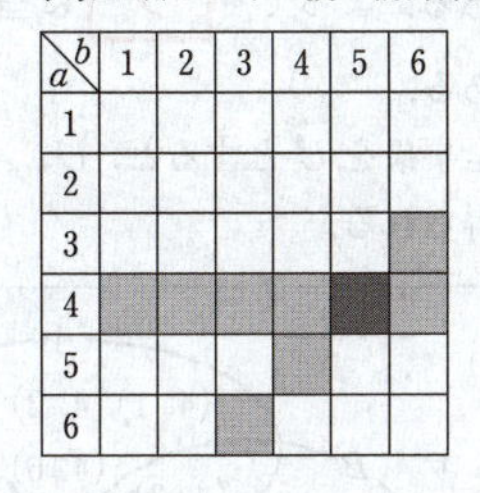

← 事象 $A\cap B$ は下の濃い網掛部分.

a \ b	1	2	3	4	5	6
1						
2						
3						
4						
5						
6						

$$P(A\cap C)>P(A)P(C)$$

である．よって， シ に当てはまるものは ②

である．

(4) 全事象を U とすると，U, A, B, C について次の図が得られる．

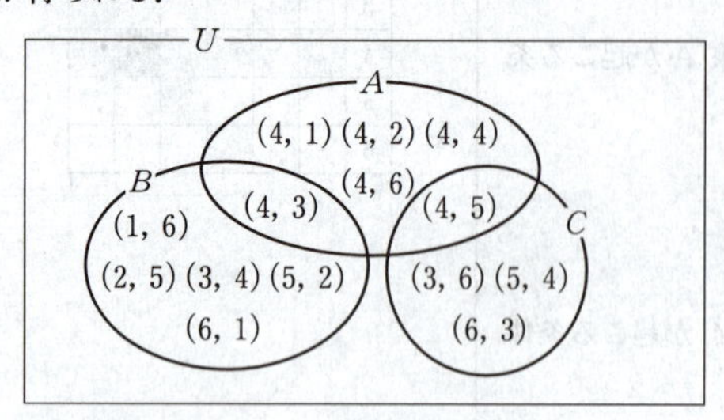

事象 $\overline{A}\cap C$ は，

$$(a,\ b)=(3,\ 6),\ (5,\ 4),\ (6,\ 3)$$

の3通りあるから，

$$P(\overline{A}\cap C)=\frac{3}{36}=\frac{1}{12} \quad \cdots ⑦$$

である．

よって，1回目に事象 $A\cap B$ が起こり，2回目に事象 $\overline{A}\cap C$ が起こる確率は，1回目の試行と2回目の試行は独立であるから，⑥，⑦より，

$$P(A\cap B)P(\overline{A}\cap C)=\frac{1}{36}\times\frac{1}{12}=\frac{1}{432} \quad \cdots ⑧$$

である．

独立な試行の確率

2つの独立な試行 S，T を行うとき，「S では事象 E が起こり，T では事象 F が起こる」という事象を G とすると，事象 G の確率は，

$$P(G)=P(E)P(F).$$

三つの事象 A, B, C がいずれもちょうど1回ずつ起こるのは，$B\cap C=\varnothing$ であることに注意すると，

	1回目	2回目
(i)	$A\cap B$	$\overline{A}\cap C$
	$\overline{A}\cap C$	$A\cap B$
(ii)	$A\cap C$	$\overline{A}\cap B$
	$\overline{A}\cap B$	$A\cap C$

の場合がある．

事象 $A\cap B$ と事象 $\overline{B}\cap C$ が1回ずつ起こる場合は適さない．なぜなら，$\overline{B}\cap C$ の部分集合として $A\cap C$ が存在し，A が2回起こってしまう場合を含むためである．

事象 $A\cap C$ と事象 $\overline{C}\cap B$ が1回ずつ起こる場合は適さない．なぜなら，$\overline{C}\cap B$ の部分集合として $A\cap B$ が存在し，A が2回起こってしまう場合を含むためである．

(i) のとき．

⑧より，

$$P(A\cap B)P(\overline{A}\cap C)+P(\overline{A}\cap C)P(A\cap B)$$

$$=\frac{1}{432}\times 2$$

$$=\frac{1}{216}$$

である．

(ii)のとき．

事象 $\overline{A}\cap B$ は，

$(a,\ b)=(1,\ 6),\ (2,\ 5),\ (3,\ 4),\ (5,\ 2),\ (6,\ 1)$

の5通りあるから，

$$P(\overline{A}\cap B)=\frac{5}{36} \qquad \cdots ⑨$$

である．

よって，(ii)の確率は，⑤，⑨より，

$$P(A\cap C)P(\overline{A}\cap B)+P(\overline{A}\cap B)P(A\cap C)$$

$$=\left(\frac{1}{36}\times\frac{5}{36}\right)\times 2$$

$$=\frac{5}{648}$$

である．

したがって，三つの事象 A，B，C がいずれもちょうど1回ずつ起こる確率は，(i)，(ii)が互いに排反より，

$$\frac{1}{216}+\frac{5}{648}=\frac{\boxed{1}}{\boxed{81}}$$

である．

第4問　整数の性質

(1)　144を素因数分解すると,

$$144=2^{\boxed{4}}\times\boxed{3}^{\boxed{2}}$$

であり，144の正の約数の個数は,

$$(4+1)(2+1)=\boxed{15}\ 個$$

である.

(2)　$144x-7y=1.$　…①

①を満たす整数解 x, y の中で，x の絶対値が最小になるのが $x=\boxed{カ}$，つまり，0以上9以下の整数となっているから，$x=0,\ 1,\ 2,\ \cdots$ の順に①に代入して考えていく.

・$x=0$ のとき.

$$144\cdot0-7y=1,\ つまり,\ y=-\frac{1}{7}$$

となり，y は整数でないから適さない.

・$x=1$ のとき.

$$144\cdot1-7y=1,\ つまり,\ y=\frac{143}{7}$$

となり，y は整数でないから適さない.

・$x=2$ のとき.

$$144\cdot2-7y=1,\ つまり,\ y=41$$

となり，y は整数であるから適する.

よって，①を満たす整数解 x, y の中で，x の絶対値が最小になるのは,

$$x=\boxed{2},\quad y=\boxed{41}$$

である.

これより,

$$144\cdot2-7\cdot41=1$$　…②

である.

①−②より,

$$144(x-2)-7(y-41)=0$$

すなわち

$$144(x-2)=7(y-41)$$　…③

と変形できる.

144と7は互いに素より，$x-2$ は7の倍数である.

よって，k を整数として，$x-2=7k$ とおける.

これを③に代入すると,

$$144\cdot7k=7(y-41)$$

$$\begin{array}{r|l} 2 & 144 \\ 2 & 72 \\ 2 & 36 \\ 2 & 18 \\ 3 & 9 \\ & 3 \end{array}$$

$p^aq^br^c\cdots$ と素因数分解される自然数の正の約数の個数は,

$$(a+1)(b+1)(c+1)\cdots\ (個).$$

x と y についての不定方程式

$$ax+by=c$$

の整数解は，1組の解

$$(x,\ y)=(x_0,\ y_0)$$

を用いて,

$$a(x-x_0)=b(y_0-y)$$

と変形し，次の性質を用いて求める.

a と b が互いに素であるとき,

$x-x_0$ は b の倍数,

y_0-y は a の倍数

である.

$$144k = y - 41$$

となる．

よって，① を満たすすべての整数解は，k を整数として，

$$\begin{cases} x = \boxed{7}\,k + 2 \\ y = \boxed{144}\,k + 41 \end{cases} \quad \cdots ④$$

と表される．

(3)　144 の倍数で，7 で割ったら余りが 1 となる自然数を N とすると，N は 0 以上の整数 x，y を用いて，

$$N = 144x = 7y + 1 \quad \cdots ⑤$$

と表される．

これを満たす整数 x は ④ より，

$$x = 7k + 2 \ (k \text{ は } 0 \text{ 以上の整数})$$

と表されるから，⑤ に代入して，

$$N = 144(7k + 2)\ (= 7y + 1) \quad \cdots ⑥$$

である．

正の約数の個数が 18 個である N と正の約数の個数が 30 個である N の最小のものをそれぞれ求めるから，$k = 0, 1, 2, \cdots$ の順に ⑥ に代入して考えていく．

・$k = 0$ のとき．

$$N = 144 \times 2 = 2^5 \times 3^2$$

であるから，N の正の約数の個数は，

$$(5 + 1)(2 + 1) = 18 \ (\text{個})$$

であり，求めるものである．

・$k = 1$ のとき．

$$N = 144 \times 9 = 2^4 \times 3^4$$

であるから，N の正の約数の個数は，

$$(4 + 1)(4 + 1) = 25 \ (\text{個})$$

である．

・$k = 2$ のとき．

$$N = 144 \times 16 = 2^8 \times 3^2$$

であるから，N の正の約数の個数は，

$$(8 + 1)(2 + 1) = 27 \ (\text{個})$$

である．

・$k = 3$ のとき．

$$N = 144 \times 23 = 2^4 \times 3^2 \times 23$$

であるから，N の正の約数の個数は，

$$(4 + 1)(2 + 1)(1 + 1) = 30 \ (\text{個})$$

であり，求めるものである．

したがって，144 の倍数で，7 で割ったら余りが 1 となる自然数のうち，正の約数の個数が 18 個である最小のものは 144× 2 であり，正の約数の個数が 30 個である最小のものは 144× 23 である．

第5問　図形の性質

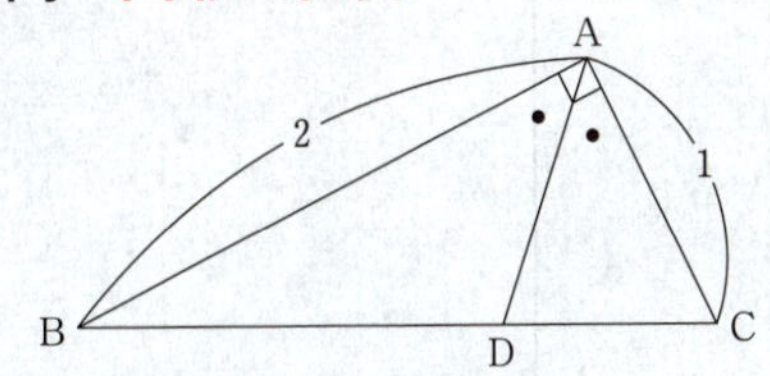

直角三角形 ABC に三平方の定理を用いて,

$$\begin{aligned}BC &= \sqrt{AB^2+AC^2}\\ &= \sqrt{2^2+1^2}\\ &= \sqrt{5}\end{aligned}$$

である.

△ABC において, 線分 AD は ∠A の二等分線であるから, その性質より,

$$BD : DC = AB : AC = 2 : 1 \qquad \cdots ①$$

である.

よって, 線分 BD の長さは,

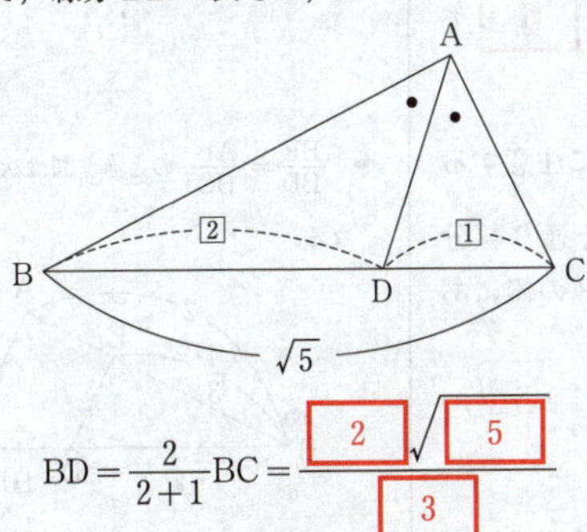

$$BD = \frac{2}{2+1}BC = \frac{\boxed{2}\sqrt{\boxed{5}}}{\boxed{3}}$$

である.

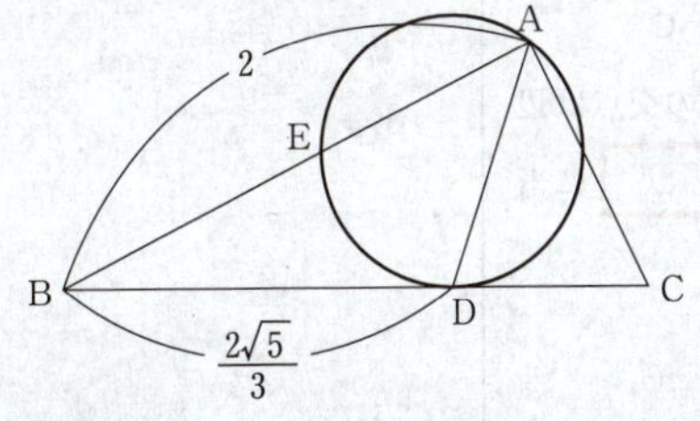

方べきの定理より,

$$BA \cdot BE = BD^2$$

であるから,

$$AB \cdot BE = \left(\frac{2\sqrt{5}}{3}\right)^2$$

角の二等分線の性質

$a : b = m : n.$

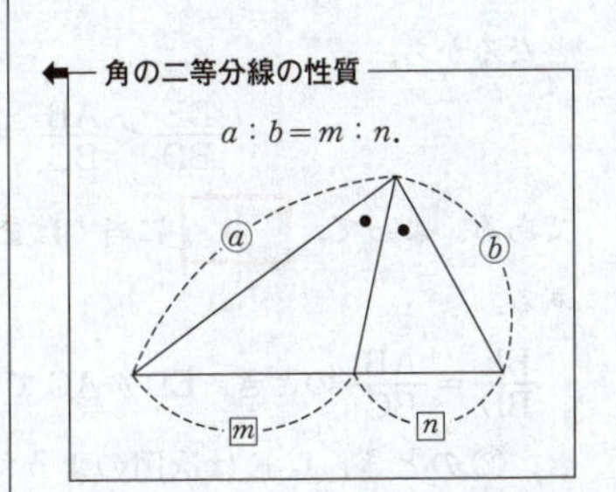

方べきの定理

$PM \cdot PN = PT^2.$

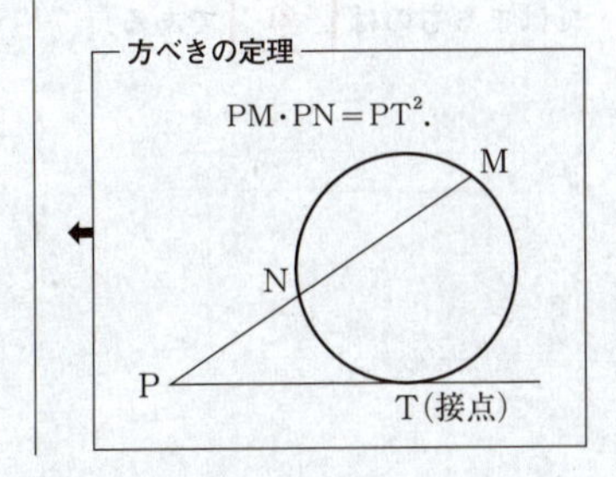

$$\mathrm{AB}\cdot\mathrm{BE}=\frac{\boxed{20}}{\boxed{9}}$$

であり，これに AB＝2 を代入して，

$$2\mathrm{BE}=\frac{20}{9}$$

$$\mathrm{BE}=\frac{\boxed{10}}{\boxed{9}}$$

である．

これより，

$$\frac{\mathrm{BE}}{\mathrm{BD}}=\frac{\frac{10}{9}}{\frac{2\sqrt{5}}{3}}=\frac{5}{3\sqrt{5}},\quad \frac{\mathrm{AB}}{\mathrm{BC}}=\frac{2}{\sqrt{5}}=\frac{6}{3\sqrt{5}}$$

となるから，

$$\frac{\mathrm{BE}}{\mathrm{BD}}<\frac{\mathrm{AB}}{\mathrm{BC}} \qquad \cdots②$$

である．よって，$\boxed{コ}$ に当てはまるものは $\boxed{⓪}$ である．

$\frac{\mathrm{BE}}{\mathrm{BD}}=\frac{\mathrm{AB}}{\mathrm{BC}}$ のとき，ED∥AC であることに注意すると，②のとき，点 E は次図のように，点 D を通り線分 AC と平行な直線と線分 AB の交点より，点 B の側にある．

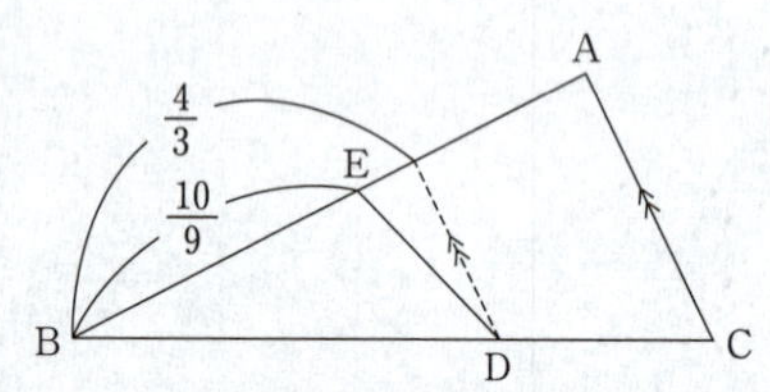

したがって，②より，直線 AC と直線 DE の交点は辺 AC の端点 C の側の延長上にある．ゆえに，$\boxed{サ}$ に当てはまるものは $\boxed{④}$ である．

⬅ $\frac{\mathrm{BE}}{\mathrm{BD}}=\frac{\mathrm{AB}}{\mathrm{BC}}$ のとき，図は次のようになる．

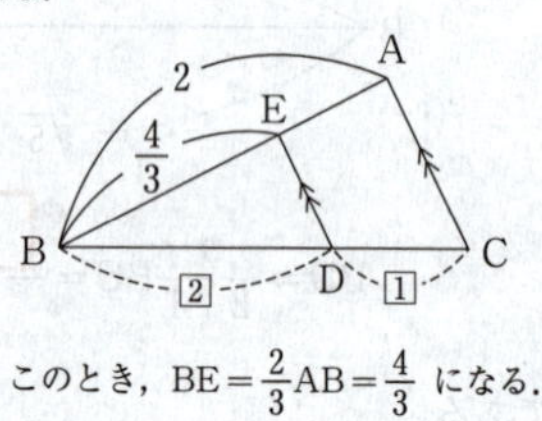

このとき，$\mathrm{BE}=\frac{2}{3}\mathrm{AB}=\frac{4}{3}$ になる．

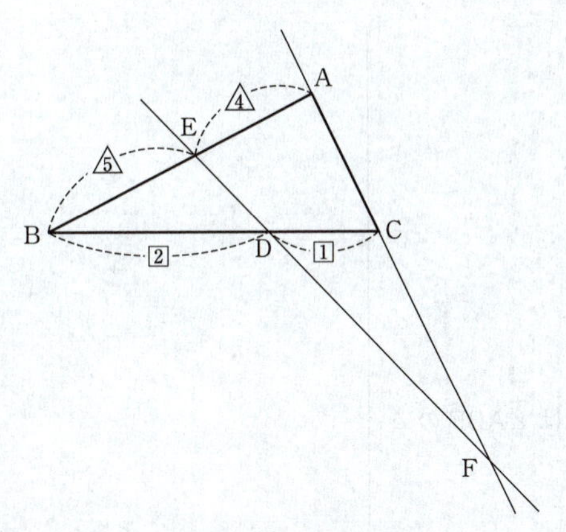

$AE = AB - BE = 2 - \frac{10}{9} = \frac{8}{9}$ であるから，

$$AE : EB = \frac{8}{9} : \frac{10}{9} = 4 : 5 \qquad \cdots ③$$

である．

△ABC と直線 EF に対して，メネラウスの定理を用いると，

$$\frac{CF}{FA} \cdot \frac{AE}{EB} \cdot \frac{BD}{DC} = 1$$

であるから，①，③ より，

$$\frac{CF}{FA} \cdot \frac{4}{5} \cdot \frac{2}{1} = 1$$

すなわち

$$\frac{CF}{AF} = \frac{5}{8}$$

である．

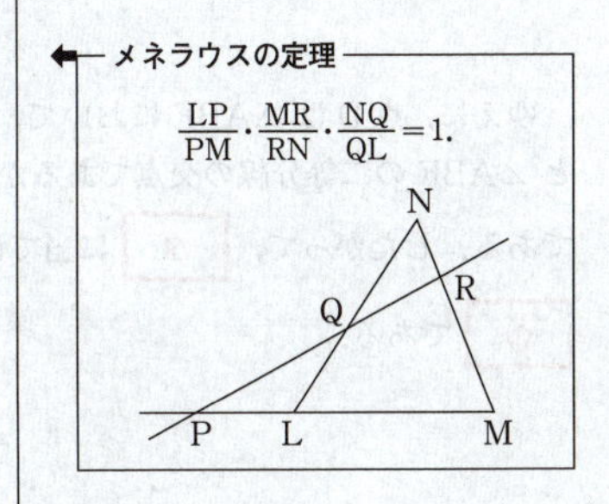

メネラウスの定理
$\frac{LP}{PM} \cdot \frac{MR}{RN} \cdot \frac{NQ}{QL} = 1.$
N
R
Q
P
L
M

これより，AC : CF = 3 : 5 となるから，

$$CF = \frac{5}{3}AC = \frac{5}{3} \cdot 1 = \frac{5}{3}$$

であり，

$$AF = \frac{8}{3}AC = \frac{8}{3} \cdot 1 = \frac{8}{3}$$

である．

また，直角三角形 ABF に三平方の定理を用いると，

$$BF = \sqrt{AB^2 + AF^2}$$
$$= \sqrt{2^2 + \left(\frac{8}{3}\right)^2}$$

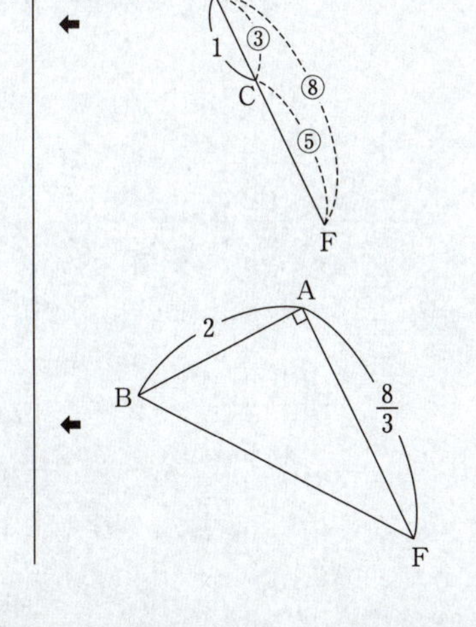

$$=\frac{10}{3}$$

であるから，

$$\frac{BF}{AB}=\frac{\frac{10}{3}}{2}=\frac{5}{3}$$

である．

　したがって，

$$\frac{CF}{AC}=\frac{BF}{AB}=\frac{5}{3}$$

であるから，△ABF において，線分 BC は ∠ABF の二等分線となり，次図を得る．

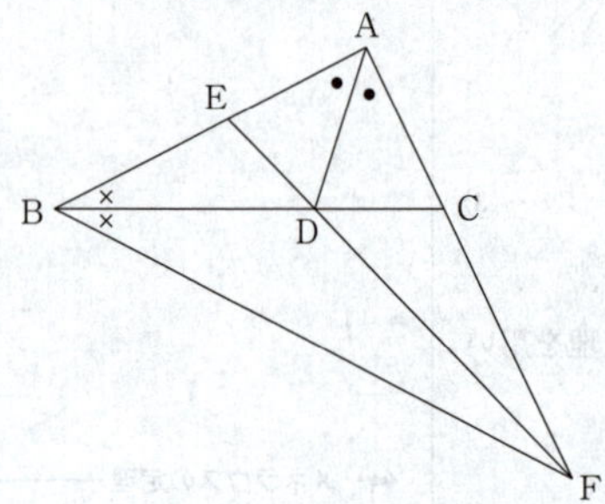

　ゆえに，点 D は △ABF において，∠BAF の二等分線と ∠ABF の二等分線の交点であるから，△ABF の内心である．したがって，タ に当てはまるものは ① である．

←三角形の内心

3つの内角のそれぞれの二等分線の交点 I を内心という．

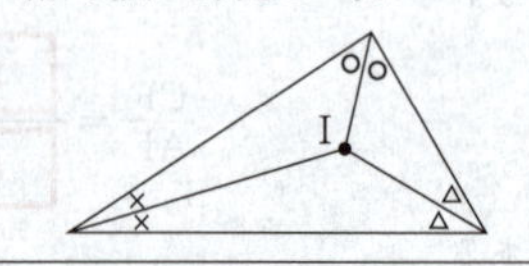

$$\begin{cases} FA:FB=\frac{8}{3}:\frac{10}{3}=4:5, \\ AE:EB=4:5 \end{cases}$$

より，

$$FA:FB=AE:EB.$$

　よって，線分 EF は ∠AFB の二等分線である．

数学Ⅱ・数学B

解答・採点基準

（100点満点）

問題番号(配点)	解答記号	正解	配点	自己採点
第1問 (30)	ア	②	1	
	$\frac{イ}{ウ}\pi$	$\frac{4}{5}\pi$	2	
	エオカ°	345°	2	
	$\frac{\pi}{キ}$	$\frac{\pi}{6}$	2	
	$\sqrt{ク}$	$\sqrt{3}$	2	
	$\sin\left(x-\frac{\pi}{ケ}\right)=\frac{1}{コ}$	$\sin\left(x-\frac{\pi}{3}\right)=\frac{1}{2}$	3	
	$\frac{サシ}{スセ}\pi$	$\frac{29}{30}\pi$	3	
	$t^{ソ}-タt$	t^2-3t	3	
	$t \leqq チ,\ t \geqq ツ$	$t \leqq 1,\ t \geqq 2$	2	
	テ	0	1	
	$x \leqq ト,\ x \geqq ナ$	$x \leqq 3,\ x \geqq 9$	1	
	ニ	②	2	
	$\frac{ヌ}{ネ}$	$\frac{3}{4}$	3	
	$\sqrt[4]{ハヒ}$	$\sqrt[4]{27}$	3	
第1問　自己採点小計				
第2問 (30)	ア	2	1	
	イウp＋エ	$-2p+2$	2	
	オ	1	2	
	$\frac{p}{カ}(v^3-キv^2+クv-ケ)$	$\frac{p}{3}(v^3-3v^2+3v-1)$	4	
	コ	2	2	
	サ	3	3	
	$\frac{シ+\sqrt{ス}}{セ}$	$\frac{3+\sqrt{5}}{2}$	3	
	ソ	③	2	
	タチ	−1	3	
	ツ	⑦	1	
	テ	④	3	
	トナ$t^{ニ}$＋ヌ	$-6t^2+2$	4	
第2問　自己採点小計				

問題番号(配点)	解答記号	正解	配点	自己採点
第3問 (20)	アイ	−6	2	
	ウエ	12	2	
	オn^2−カキn	$6n^2-12n$	2	
	クケ	12	2	
	コ	3	2	
	サ(シ^n−ス)	$6(3^n-1)$	2	
	セ	⑤	2	
	ソ$n^2-2\cdot$タ$^{n+チ}$	$6n^2-2\cdot3^{n+2}$	2	
	ツテト	−18	1	
	ナn^3−ニn^2+n+ヌ, ネ	$2n^3-3n^2+n+9$, 2	3	
第3問　自己採点小計				
第4問 (20)	ア	②	1	
	イ$\vec{p}\cdot\vec{q}$	$2\vec{p}\cdot\vec{q}$	1	
	$\frac{ウ}{エ}\vec{p}+\frac{オ}{カ}\vec{q}$	$\frac{3}{4}\vec{p}+\frac{1}{4}\vec{q}$	2	
	キク$\vec{p}$＋ケ$s\vec{r}$	$-3\vec{p}+4s\vec{r}$	2	
	コ−サ, シ	$1-a$, a	4	
	スセ, ソ	$-a$, 4	2	
	タチ	−3	2	
	ツ, テ	9, 6	3	
	$\frac{トナ-ニ}{ヌ}$	$\frac{3a-2}{2}$	3	
第4問　自己採点小計				

問題番号(配点)	解答記号	正　解	配点	自己採点
第5問 (20)	$\frac{ア}{イ}$	$\frac{1}{a}$	2	
	ウ	6	1	
	エ	8	1	
	オ	2	1	
	カ	8	1	
	0.キ	0.6	1	
	$\frac{ク}{ケ}$	$\frac{1}{6}$	2	
	コサ	30	1	
	シス	25	1	
	−セ.ソタ	−2.40	1	
	チ.ツテ	1.20	1	
	0.トナ	0.88	2	
	0.ニ	0.8	1	
	0.ヌネ	0.76	1	
	0.ノハ	0.84	1	
	ヒ	④	2	
		第5問　自己採点小計		
		自己採点合計		

(注)
第1問，第2問は必答。
第3問～第5問のうちから2問選択。計4問を解答。

第1問　三角関数，指数関数・対数関数

〔1〕

(1)　1ラジアンとは，半径が1，弧の長さが1の扇形の中心角の大きさであるから，［ア］に当てはまるものは［②］である．

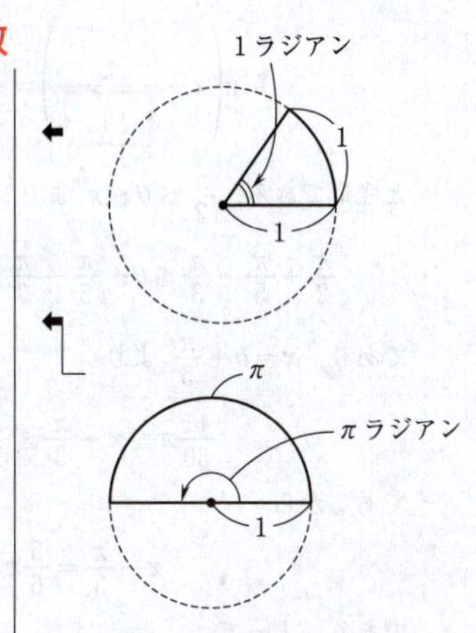

(2)　180° を弧度で表すと π ラジアンであるから，144° を弧度で表すと $\dfrac{144}{180}\times\pi=\dfrac{4}{5}\pi$ ラジアンである．また，$\dfrac{23}{12}\pi$ ラジアンを度で表すと

$\dfrac{23}{12}\times 180^\circ=$［345］° である．

(3)　$\dfrac{\pi}{2}\leqq\theta\leqq\pi$ の範囲で

$$2\sin\left(\theta+\frac{\pi}{5}\right)-2\cos\left(\theta+\frac{\pi}{30}\right)=1 \qquad \cdots①$$

を満たす θ の値を求める．

$x=\theta+\dfrac{\pi}{5}$ とおくと

$\theta+\dfrac{\pi}{30}=\theta+\dfrac{\pi}{5}-\dfrac{\pi}{6}=x-\dfrac{\pi}{6}$ より，① は

$$2\sin x-2\cos\left(x-\frac{\pi}{6}\right)=1$$

と表せる．加法定理を用いると

$$\cos\left(x-\frac{\pi}{6}\right)=\cos x\cos\frac{\pi}{6}+\sin x\sin\frac{\pi}{6}$$

$$=\frac{\sqrt{3}}{2}\cos x+\frac{1}{2}\sin x$$

と表せるから，① の左辺は

$$2\sin x-2\left(\frac{\sqrt{3}}{2}\cos x+\frac{1}{2}\sin x\right)$$

$$=\sin x-\sqrt{3}\cos x$$

となる．よって，① は

$$\sin x-\sqrt{3}\cos x=1$$

となる．さらに，三角関数の合成を用いると

$$2\sin\left(x-\frac{\pi}{3}\right)=1$$

すなわち

加法定理

$\cos(\alpha+\beta)=\cos\alpha\cos\beta-\sin\alpha\sin\beta$,
$\cos(\alpha-\beta)=\cos\alpha\cos\beta+\sin\alpha\sin\beta$.

三角関数の合成

$(a,\ b)\neq(0,\ 0)$ のとき

$a\sin\theta+b\cos\theta=\sqrt{a^2+b^2}\sin(\theta+\alpha)$.

ただし，

$\cos\alpha=\dfrac{a}{\sqrt{a^2+b^2}}$, $\sin\alpha=\dfrac{b}{\sqrt{a^2+b^2}}$.

$$\sin\left(x-\frac{\pi}{\boxed{3}}\right)=\frac{1}{\boxed{2}}$$

と変形できる．$\frac{\pi}{2}\leqq\theta\leqq\pi$ より

$$\frac{\pi}{2}+\frac{\pi}{5}-\frac{\pi}{3}\leqq\theta+\frac{\pi}{5}-\frac{\pi}{3}\leqq\pi+\frac{\pi}{5}-\frac{\pi}{3}$$

であり，$x=\theta+\frac{\pi}{5}$ より

$$\frac{11}{30}\pi\leqq x-\frac{\pi}{3}\leqq\frac{13}{15}\pi$$

であるから

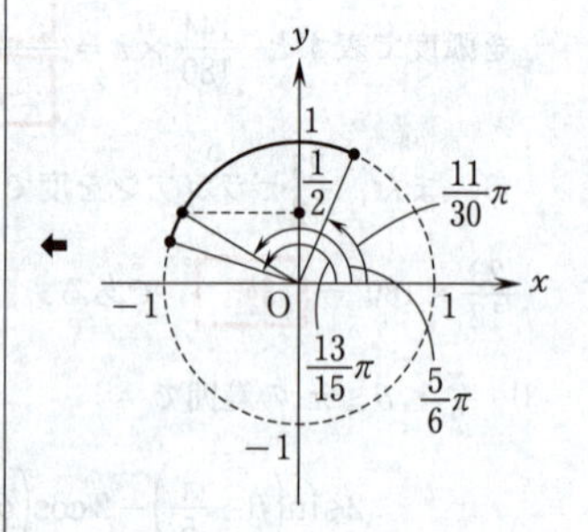

$$x-\frac{\pi}{3}=\frac{5}{6}\pi$$

である．よって

$$\theta+\frac{\pi}{5}-\frac{\pi}{3}=\frac{5}{6}\pi$$

すなわち

$$\theta=\frac{\boxed{29}}{\boxed{30}}\pi$$

である．

〔2〕

c は正の定数．

$$x^{\log_3 x}\geqq\left(\frac{x}{c}\right)^3. \qquad \cdots②$$

3 を底とする ② の両辺の対数をとると

$$\log_3 x^{\log_3 x}\geqq\log_3\left(\frac{x}{c}\right)^3$$

$$(\log_3 x)(\log_3 x)\geqq 3\log_3\frac{x}{c}$$

$$(\log_3 x)^2\geqq 3(\log_3 x-\log_3 c)$$

と変形できる．$t=\log_3 x$ とおくと

$$t^2\geqq 3(t-\log_3 c)$$

$$t^{\boxed{2}}-\boxed{3}\,t+3\log_3 c\geqq 0 \qquad \cdots③$$

となる．

$c=\sqrt[3]{9}$ のとき，② を満たす x の値の範囲を求める．

$$\log_3\sqrt[3]{9}=\log_3\sqrt[3]{3^2}=\log_3 3^{\frac{2}{3}}=\frac{2}{3}$$

より，③ は

$$t^2-3t+3\cdot\frac{2}{3}\geqq 0$$

$a>0$，$a\neq 1$，$x>0$ で，p が実数のとき

$$\log_a x^p=p\log_a x.$$

$a>0$，$a\neq 1$，$M>0$，$N>0$ のとき

$$\log_a\frac{M}{N}=\log_a M-\log_a N.$$

$a>0$，n が 2 以上の整数，m が整数のとき

$$\sqrt[n]{a^m}=a^{\frac{m}{n}}.$$

対数

$a>0$，$a\neq 1$，$M>0$ のとき

$$x=\log_a M \iff a^x=M.$$

$$(t-1)(t-2) \geqq 0$$

と変形できるから

$$t \leqq \boxed{1}, \quad t \geqq \boxed{2}$$

である．$t=\log_3 x$ であるから

$$\log_3 x \leqq 1, \quad \log_3 x \geqq 2$$

すなわち

$$\log_3 x \leqq \log_3 3, \quad \log_3 x \geqq \log_3 9$$

である．さらに，真数は正であり，底 3 は 1 より大きいから

$$\boxed{0} < x \leqq \boxed{3}, \quad x \geqq \boxed{9}$$

である．

$a>1$，$M>0$，$N>0$ のとき
$\log_a M \leqq \log_a N \iff M \leqq N$.

　次に ② が $x>0$ の範囲でつねに成り立つような c の値の範囲を求める．

　x が $x>0$ の範囲を動くとき，$t=\log_3 x$ のとり得る値の範囲は実数全体である．よって，$\boxed{ニ}$ に当てはまるものは $\boxed{②}$ である．

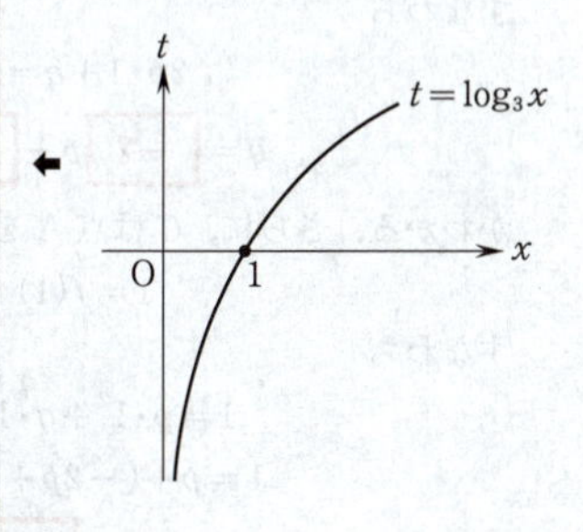

　③ は

$$\left(t-\frac{3}{2}\right)^2-\frac{9}{4}+3\log_3 c \geqq 0$$

と変形できるから，実数全体の範囲の値をとる t に対して，③ がつねに成り立つための必要十分条件は

$$-\frac{9}{4}+3\log_3 c \geqq 0$$

である．これを変形すると

$$\log_3 c \geqq \frac{\boxed{3}}{\boxed{4}}$$

$$\log_3 c \geqq \log_3 3^{\frac{3}{4}}$$

となる．よって

$$c \geqq 3^{\frac{3}{4}}=(3^3)^{\frac{1}{4}}=27^{\frac{1}{4}}=\sqrt[\boxed{4}]{\boxed{27}}$$

である．

第2問　微分法・積分法

〔1〕

$C: y = px^2 + qx + r$, $\ell: y = 2x - 1$, $A(1, 1)$, $p > 0$.

C は点Aにおいて ℓ と接している.

$$f(x) = px^2 + qx + r$$

とおくと

$$f'(x) = 2px + q$$

である.

(1)　q と r を, p を用いて表す. 放物線 C 上の点Aにおける接線 ℓ の傾きは $\boxed{2}$ であることから

$$f'(1) = 2$$

すなわち

$$2p \cdot 1 + q = 2$$

$$q = \boxed{-2}\,p + \boxed{2}$$

がわかる. さらに, C は点Aを通ることから

$$1 = f(1)$$

すなわち

$$1 = p \cdot 1^2 + q \cdot 1 + r$$

$$1 = p + (-2p + 2) + r$$

$$r = p - \boxed{1}$$

となる. よって

$$f(x) = px^2 + (-2p + 2)x + p - 1$$

と表せる.

(2)

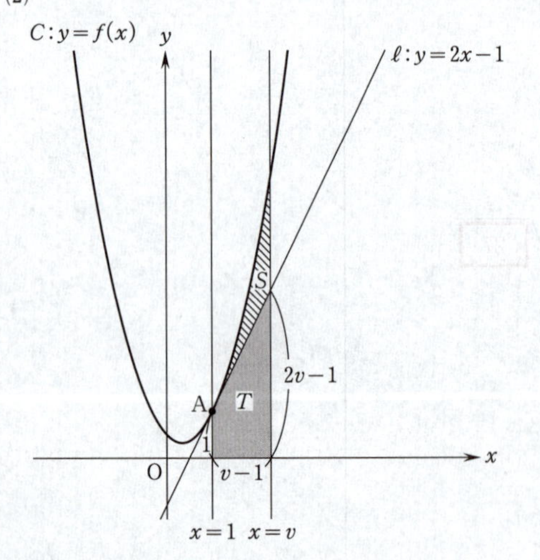

←**導関数**

$(x^n)' = nx^{n-1}$ $(n = 1, 2, 3, \cdots)$,

$(c)' = 0$ (c は定数).

←**接線の方程式**

曲線 $y = f(x)$ 上の点 $(t, f(t))$ における接線の方程式は

$$y - f(t) = f'(t)(x - t).$$

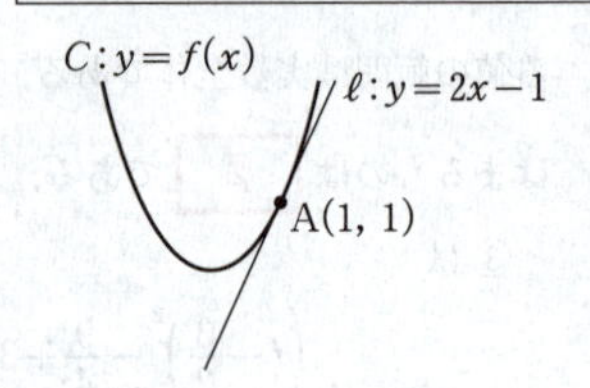

放物線 C と直線 ℓ および直線 $x=v$ $(v>1)$ で囲まれた図形の面積 S は

$$S=\int_1^v\{(px^2+(-2p+2)x+p-1)-(2x-1)\}\,dx$$

$$=p\int_1^v(x^2-2x+1)\,dx$$

$$=p\left[\frac{x^3}{3}-x^2+x\right]_1^v$$

$$=p\left\{\left(\frac{v^3}{3}-v^2+v\right)-\left(\frac{1}{3}-1+1\right)\right\}$$

$$=\frac{p}{\boxed{3}}\left(v^3-\boxed{3}\,v^2+\boxed{3}\,v-\boxed{1}\right)$$

である．

面積

区間 $\alpha\leqq x\leqq\beta$ においてつねに $g(x)\leqq f(x)$ ならば 2 曲線 $y=f(x)$，$y=g(x)$ および直線 $x=\alpha$，$x=\beta$ で囲まれた部分の面積は

$$\int_\alpha^\beta\{f(x)-g(x)\}\,dx.$$

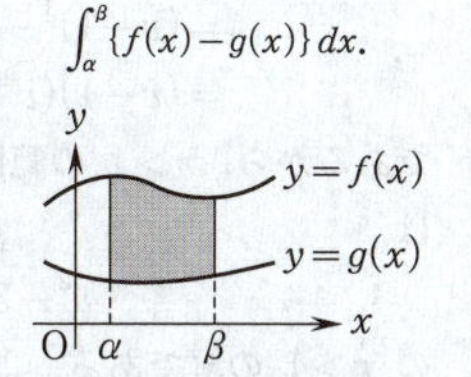

定積分

$$\int x^n\,dx=\frac{1}{n+1}x^{n+1}+C$$

$(n=0,\ 1,\ 2,\ \cdots.$ C は積分定数$)$

であり，$f(x)$ の不定積分の一つを $F(x)$ とすると

$$\int_\alpha^\beta f(x)\,dx=\Big[F(x)\Big]_\alpha^\beta=F(\beta)-F(\alpha).$$

また，x 軸と ℓ および 2 直線 $x=1$，$x=v$ で囲まれた図形の面積 T は

$$T=\frac{1}{2}\{1+(2v-1)\}(v-1)$$

$$=v^{\boxed{2}}-v$$

である．

台形の面積の公式．

$$U=S-T$$

$$=\frac{p}{3}(v^3-3v^2+3v-1)-(v^2-v)$$

より

$$U'=\frac{p}{3}(3v^2-6v+3)-(2v-1)$$

$$=pv^2-2(p+1)v+(p+1)$$

である．U が $v=2$ で極値をとるとき

$$U'=0$$

すなわち

$$p\cdot2^2-2(p+1)\cdot2+(p+1)=0$$

$$p=3$$

であることが必要である．このとき

$$U'=3v^2-8v+4$$

$$=(3v-2)(v-2)$$

より，$v>1$ における U の増減は次の表のようになり，確かに $v=2$ で極値(極小値)をとる．よって，

$p=\boxed{3}$ である．

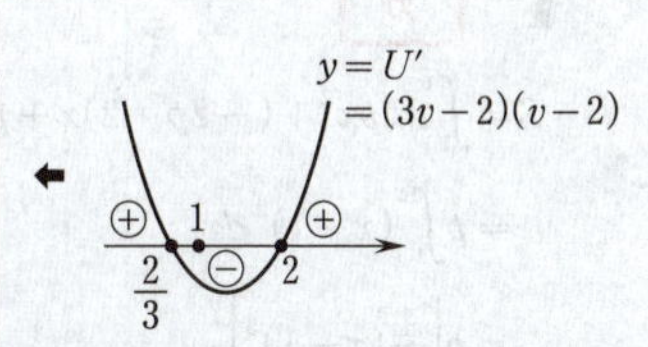

$y=U'$ のグラフを描くと U' の符号の変化がわかりやすい．

v	(1)	…	2	…
U'		$-$	0	$+$
U	(0)	↘	極小	↗

$p=3$ のとき

$$U=(v^3-3v^2+3v-1)-(v^2-v)$$
$$=(v-1)^3-(v-1)v$$
$$=(v-1)(v^2-3v+1)$$

であるから，$v>1$ の範囲で $U=0$ となる v の値 v_0 は

$$v^2-3v+1=0$$

の $v>1$ の解である．よって

$$v_0=\frac{\boxed{3}+\sqrt{\boxed{5}}}{\boxed{2}}$$

である．$v_0>2$ より，$1<v<v_0$ における U の増減は次の表のようになるから，$1<v<v_0$ の範囲で U は負の値のみをとる．よって，ソ に当てはまるものは ③ である．

← $\frac{3+\sqrt{5}}{2}>\frac{3+\sqrt{4}}{2}=\frac{5}{2}>2.$

v	(1)	…	2	…	(v_0)
U'		$-$	0	$+$	
U	(0)	↘	-1	↗	(0)

また，$v=2$ のとき，U は最小値

$$U=(2-1)(2^2-3\cdot2+1)$$
$$=\boxed{-1}$$

をとる．

← $U=(v-1)(v^2-3v+1).$

【$S=\frac{p}{\text{カ}}(v^3-\text{キ}v^2+\text{ク}v-\text{ケ})$ の別解】

$$S=\int_1^v\{(px^2+(-2p+2)x+p-1)-(2x-1)\}\,dx$$
$$=p\int_1^v(x-1)^2\,dx$$
$$=p\left[\frac{1}{3}(x-1)^3\right]_1^v$$
$$=\frac{p}{3}(v-1)^3$$
$$=\frac{p}{3}(v^3-3v^2+3v-1).$$

← $\int(x-a)^n\,dx=\frac{1}{n+1}(x-a)^{n+1}+C.$
(a は定数．$n=0, 1, 2, \cdots$．C は積分定数)

〔2〕 $F(x)$ を $f(x)$ の不定積分とすると，一般に

$$F'(x)=f(x)$$

が成り立つ．$f(x)$ は $x \geqq 1$ の範囲でつねに $f(x) \leqq 0$ を満たすから，曲線 $y=f(x)$ と x 軸および2直線 $x=1$，$x=t$ $(t>1)$ で囲まれた図形の面積 W について

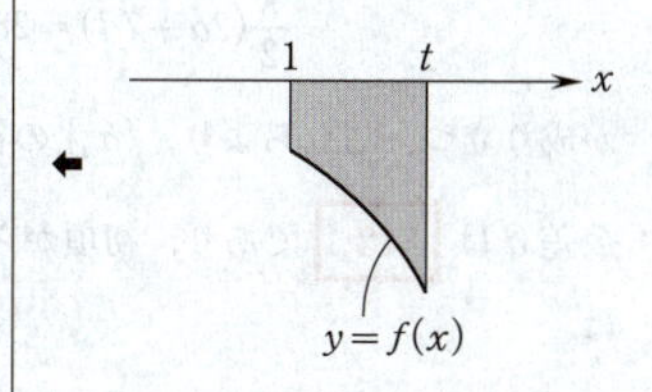

$$W=\int_1^t \{0-f(x)\}\,dx$$
$$=-\{F(t)-F(1)\}$$

が成り立つ．よって，[ツ]，[テ] に当てはまるものはそれぞれ [⑦]，[④] である．

t が $t>1$ の範囲を動くとき，W は，底辺の長さが $2t^2-2$，他の2辺の長さがそれぞれ t^2+1 の二等辺三角形の面積とつねに等しいから

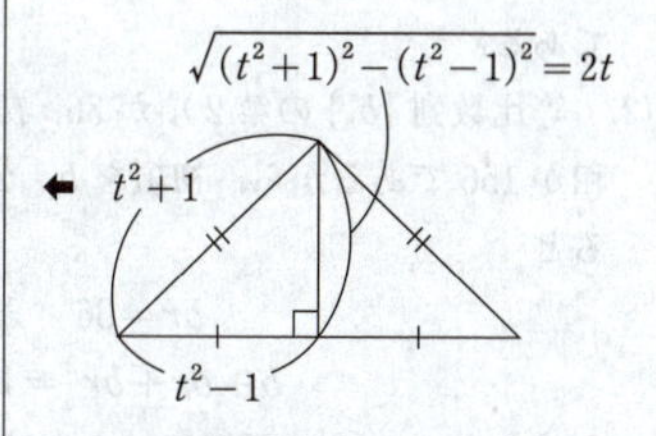

$$W=\frac{1}{2}\cdot 2t(2t^2-2)$$
$$=2t^3-2t$$

すなわち

$$-F(t)+F(1)=2t^3-2t$$

が成り立つ．両辺を t で微分すると

$$-f(t)=6t^2-2$$

となる．よって

$$f(t)=\boxed{-6}\,t^{\boxed{2}}+\boxed{2}$$

である．したがって，$x>1$ における $f(x)$ が

$$f(x)=-6x^2+2$$

であるとわかる．

微分と積分の関係

$$\int_a^t f(x)\,dx$$

を t で微分すると

$$f(t).$$

第3問　数列

(1)　等差数列 $\{a_n\}$ の第4項が30，初項から第8項までの和が288であるから，初項を a，公差を d とすると

$$a+3d=30$$

$$\frac{8}{2}(2a+7d)=288$$

が成り立つ．これらより，$\{a_n\}$ の初項 a は $\boxed{-6}$，公差 d は $\boxed{12}$ であり，初項から第 n 項までの和 S_n は

$$S_n=\frac{n}{2}\{2\cdot(-6)+(n-1)\cdot 12\}$$

$$=\boxed{6}\,n^2-\boxed{12}\,n$$

である．

等差数列の一般項

初項 a，公差 d の等差数列 $\{a_n\}$ の一般項 a_n は

$$a_n=a+(n-1)d.$$

$(n=1,\ 2,\ 3,\ \cdots)$

等差数列の和

初項 a の等差数列 $\{a_n\}$ の初項から第 n 項までの和 S_n は

$$S_n=\frac{n}{2}(a+a_n).$$

(2)　等比数列 $\{b_n\}$ の第2項が36，初項から第3項までの和が156であるから，初項を b，公比を $r\ (>1)$ とすると

$$br=36 \qquad \cdots ①$$

$$b+br+br^2=156 \qquad \cdots ②$$

が成り立つ．② の両辺に r をかけて ① を用いると

$$br+br^2+br^3=156r$$

$$36(1+r+r^2)=156r$$

となるから，これを整理すると

$$3r^2-10r+3=0$$

$$(3r-1)(r-3)=0$$

が成り立つ．これと $r>1$ より

$$r=3$$

である．これを ① に代入すると

$$b=12$$

である．以上より，$\{b_n\}$ の初項 b は $\boxed{12}$，公比 r は $\boxed{3}$ であり，初項から第 n 項までの和 T_n は

$$T_n=\frac{12(3^n-1)}{3-1}$$

$$=\boxed{6}\left(\boxed{3}^{\,n}-\boxed{1}\right)$$

である．

等比数列の一般項

初項を b，公比を r とする等比数列 $\{b_n\}$ の一般項は

$$b_n=br^{n-1}.\ (n=1,\ 2,\ 3,\ \cdots)$$

等比数列の和

初項 a，公比 r，項数 n の等比数列の和 S_n は，$r\neq 1$ のとき

$$S_n=\frac{a(r^n-1)}{r-1}.$$

(3)

$$c_n=\sum_{k=1}^{n}(n-k+1)(a_k-b_k)$$

より

$d_n=c_{n+1}-c_n$

$$=\sum_{k=1}^{n+1}\{(n+1)-k+1\}(a_k-b_k)-\sum_{k=1}^{n}(n-k+1)(a_k-b_k)$$
$$=\sum_{k=1}^{n+1}(n-k+2)(a_k-b_k)-\sum_{k=1}^{n}(n-k+1)(a_k-b_k)$$
$$=a_{n+1}-b_{n+1}+\sum_{k=1}^{n}(n-k+2)(a_k-b_k)-\sum_{k=1}^{n}(n-k+1)(a_k-b_k)$$
$$=a_{n+1}-b_{n+1}+\sum_{k=1}^{n}\{(n-k+2)-(n-k+1)\}(a_k-b_k)$$
$$=a_{n+1}-b_{n+1}+\sum_{k=1}^{n}(a_k-b_k)$$
$$=\sum_{k=1}^{n+1}(a_k-b_k)$$
$$=S_{n+1}-T_{n+1}$$

である．よって，[セ] に当てはまるものは [⑤] である．

したがって，(1) と (2) により

$$d_n=S_{n+1}-T_{n+1}$$
$$=\{6(n+1)^2-12(n+1)\}-6(3^{n+1}-1)$$
$$=6(n+1)\{(n+1)-2\}-2\cdot3\cdot3^{n+1}+6$$
$$=[6]n^2-2\cdot[3]^{n+[2]}$$

であり，$a_1=-6$，$b_1=12$ であるから

$$c_1=\sum_{k=1}^{1}(1-k+1)(a_k-b_k)$$
$$=a_1-b_1$$
$$=-6-12$$
$$=[-18]$$

である．よって，$n\geqq2$ のとき

$$c_n=c_1+\sum_{k=1}^{n-1}d_k$$
$$=-18+\sum_{k=1}^{n-1}(6k^2-2\cdot3^{k+2})$$
$$=-18+6\cdot\frac{1}{6}(n-1)n(2n-1)-\frac{2\cdot3^{1+2}(3^{n-1}-1)}{3-1}$$
$$=-18+(n-1)n(2n-1)-3^{n+2}+27$$
$$=2n^3-3n^2+n+9-3^{n+2}$$

である．この結果は $n=1$ のときも成り立つ．よって，$\{c_n\}$ の一般項は

$$c_n=[2]n^3-[3]n^2+n+[9]-3^{n+[2]}$$

である．

← 問題文に与えられている c_2，c_3 を用いて $d_2=c_3-c_2$ を計算すると確かに $d_2=S_3-T_3$ が成り立っている．

← **階差数列**

数列 $\{c_n\}$ に対して，

$d_n=c_{n+1}-c_n$ $(n=1,\ 2,\ 3,\ \cdots)$

で定められる数列 $\{d_n\}$ を $\{c_n\}$ の階差数列という．

$$c_n=c_1+\sum_{k=1}^{n-1}d_k\ (n\geqq2)$$

が成り立つ．

← **和の公式**

$\sum_{k=1}^{n}1=n$,

$\sum_{k=1}^{n}k=\frac{1}{2}n(n+1)$,

$\sum_{k=1}^{n}k^2=\frac{1}{6}n(n+1)(2n+1)$.

第4問　平面ベクトル

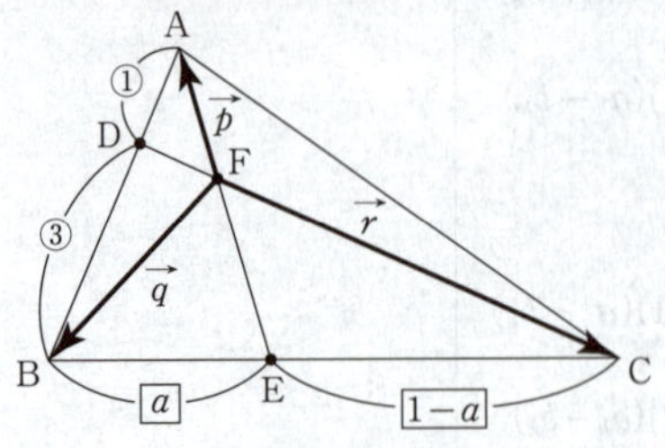

← $0<a<1$.

(1)
$$\overrightarrow{AB}=\overrightarrow{FB}-\overrightarrow{FA}$$
$$=\vec{q}-\vec{p}.$$

よって，［ア］に当てはまるものは［②］である．したがって

$$|\overrightarrow{AB}|^2=|\vec{q}-\vec{p}|^2$$
$$=(\vec{q}-\vec{p})\cdot(\vec{q}-\vec{p})$$
$$=\vec{q}\cdot\vec{q}-2\vec{p}\cdot\vec{q}+\vec{p}\cdot\vec{p}$$
$$=|\vec{p}|^2-\boxed{2}\,\vec{p}\cdot\vec{q}+|\vec{q}|^2 \quad \cdots ①$$

である．

← **内積**

$\vec{0}$ でない2つのベクトル $\vec{a}$ と $\vec{b}$ のなす角を θ $(0°\leqq\theta\leqq180°)$ とすると

$$\vec{a}\cdot\vec{b}=|\vec{a}||\vec{b}|\cos\theta.$$

特に

$$\vec{a}\cdot\vec{a}=|\vec{a}||\vec{a}|\cos 0°=|\vec{a}|^2.$$

(2)　点Dは辺ABを1:3に内分するから

$$\overrightarrow{FD}=\frac{3}{4}\overrightarrow{FA}+\frac{1}{4}\overrightarrow{FB}$$
$$=\frac{\boxed{3}}{\boxed{4}}\vec{p}+\frac{\boxed{1}}{\boxed{4}}\vec{q} \quad \cdots ②$$

である．

← **分点公式**

線分ABを $m:n$ に内分する点をPとすると

$$\overrightarrow{OP}=\frac{n\overrightarrow{OA}+m\overrightarrow{OB}}{m+n}.$$

(3)　s，t はそれぞれ $\overrightarrow{FD}=s\vec{r}$，$\overrightarrow{FE}=t\vec{p}$ となる実数である．s と t を a を用いて表す．

$$\overrightarrow{FD}=s\vec{r}$$

であるから，②により

$$\frac{3}{4}\vec{p}+\frac{1}{4}\vec{q}=s\vec{r}$$

である．これを変形すると

$$\vec{q}=\boxed{-3}\,\vec{p}+\boxed{4}\,s\vec{r} \quad \cdots ③$$

である．また，点Eは辺BCを $a:(1-a)$ に内分するから

$$\overrightarrow{FE}=(1-a)\overrightarrow{FB}+a\overrightarrow{FC}$$
$$=(1-a)\vec{q}+a\vec{r}$$

であり

$$\overrightarrow{FE}=t\vec{p}$$

であるから

$$(1-a)\vec{q}+a\vec{r}=t\vec{p}$$

である．これを変形すると

$$\vec{q}=\frac{t}{\boxed{1}-\boxed{a}}\vec{p}-\frac{\boxed{a}}{1-a}\vec{r}\quad\cdots④$$

である．$\vec{p}\neq\vec{0}$，$\vec{r}\neq\vec{0}$，$\vec{p}\not\parallel\vec{r}$ であるから，③と④により

$$-3=\frac{t}{1-a},\quad 4s=-\frac{a}{1-a}$$

が成り立つ．これを s と t について解くと

$$s=\frac{\boxed{-a}}{\boxed{4}(1-a)},\quad t=\boxed{-3}(1-a)$$

である．

←ベクトルの相等

$\vec{a}\neq 0$，$\vec{b}\neq 0$，$\vec{a}\not\parallel\vec{b}$ のとき，実数 x，x'，y，y' に対して

$$x\vec{a}+y\vec{b}=x'\vec{a}+y'\vec{b}\iff\begin{cases}x=x',\\ y=y'.\end{cases}$$

(4)　$|\overrightarrow{AB}|=|\overrightarrow{BE}|$，$|\vec{p}|=1$ のとき，$\vec{p}$ と $\vec{q}$ の内積を a を用いて表す．

①により

$$|\overrightarrow{AB}|^2=1-2\vec{p}\cdot\vec{q}+|\vec{q}|^2$$

である．また

$$\begin{aligned}|\overrightarrow{BE}|^2&=|\overrightarrow{FE}-\overrightarrow{FB}|^2\\&=|-3(1-a)\vec{p}-\vec{q}|^2\\&=9(1-a)^2|\vec{p}|^2+6(1-a)\vec{p}\cdot\vec{q}+|\vec{q}|^2\\&=\boxed{9}(1-a)^2+\boxed{6}(1-a)\vec{p}\cdot\vec{q}+|\vec{q}|^2\end{aligned}$$

←$\overrightarrow{FE}=t\vec{p}$，$t=-3(1-a)$．

である．したがって

$$|\overrightarrow{AB}|=|\overrightarrow{BE}|$$

より

$$1-2\vec{p}\cdot\vec{q}+|\vec{q}|^2=9(1-a)^2+6(1-a)\vec{p}\cdot\vec{q}+|\vec{q}|^2$$

が成り立つ．これを変形すると

$$\begin{aligned}(8-6a)\vec{p}\cdot\vec{q}&=1-9(1-a)^2\\2(4-3a)\vec{p}\cdot\vec{q}&=\{1+3(1-a)\}\{1-3(1-a)\}\\2(4-3a)\vec{p}\cdot\vec{q}&=(4-3a)(3a-2)\end{aligned}$$

となる．$0<a<1$ より，$4-3a\neq 0$ であるから

$$\vec{p}\cdot\vec{q}=\frac{\boxed{3a}-\boxed{2}}{\boxed{2}}$$

である．

第5問　確率分布と統計的な推測

(1)　a は正の整数であり，2, 4, 6, …, $2a$ の数字がそれぞれ一つずつ書かれた a 枚のカードが箱に入っている．この箱から1枚のカードを無作為に取り出すとき，そこに書かれた数字を表す確率変数が X である．

このとき，カードの取り出し方の総数は a であり，$2a$ と書かれたカードの取り出し方は1通りであるから，

$X=2a$ となる確率は $\dfrac{\boxed{1}}{\boxed{a}}$ である．

$a=5$ のとき，$2a=10$ である．このとき，X の平均(期待値) $E(X)$ は

$$E(X)=\frac{1}{5}\cdot 2+\frac{1}{5}\cdot 4+\frac{1}{5}\cdot 6+\frac{1}{5}\cdot 8+\frac{1}{5}\cdot 10$$
$$=\frac{2}{5}(1+2+3+4+5)$$
$$=\boxed{6} \quad \cdots ①$$

であり，X の分散 $V(X)$ は

$$V(X)=\frac{1}{5}(2-6)^2+\frac{1}{5}(4-6)^2+\frac{1}{5}(6-6)^2+\frac{1}{5}(8-6)^2+\frac{1}{5}(10-6)^2$$
$$=\frac{2}{5}(16+4)$$
$$=\boxed{8} \quad \cdots ②$$

である．また，s, t は定数で $s>0$ のとき，$sX+t$ の平均 $E(sX+t)$ が20，分散 $V(sX+t)$ が32となるように s, t を定めると

$$E(sX+t)=20$$

より

$$sE(X)+t=20$$

が成り立つ．これと①より

$$6s+t=20 \quad \cdots ③$$

が成り立つ．さらに

$$V(sX+t)=32$$

より

$$s^2V(X)=32$$

が成り立つ．これと②より

$$8s^2=32 \quad \cdots ④$$

が成り立つ．③，④，$s>0$ より

平均(期待値)，分散

確率変数 X のとり得る値を

$$x_1,\ x_2,\ \cdots,\ x_n$$

とし，X がこれらの値をとる確率をそれぞれ

$$p_1,\ p_2,\ \cdots,\ p_n$$

とすると，X の平均(期待値) $E(X)$ は

$$E(X)=\sum_{k=1}^{n}x_kp_k.$$

また，X の分散 $V(X)$ は $E(X)=m$ として

$$V(X)=\sum_{k=1}^{n}(x_k-m)^2p_k \quad \cdots (*)$$

または

$$V(X)=E(X^2)-\{E(X)\}^2. \cdots (**)$$

ここでは(*)を用いた．

平均(期待値)，分散の性質

X は確率変数，a, b は定数とする．

$$E(aX+b)=aE(X)+b$$
$$V(aX+b)=a^2V(X).$$

$$s=\boxed{2},\quad t=\boxed{8}$$

である．このとき，

$$sX+t=2X+8$$

であるから，$sX+t$ が 20 以上である確率は

$$2X+8\geqq 20$$

すなわち

$$X\geqq 6$$

である確率

$$\frac{3}{5}=0.\boxed{6}$$

である．

(2)　(1)の箱のカードの枚数 a は 3 以上であり，この箱から 3 枚のカードを同時に取り出し，それらのカードを横 1 列に並べる．このような並べ方の総数は ${}_a\mathrm{P}_3$ である．

この試行において，カードの数字が左から小さい順に並んでいる事象を A とすると，事象 A の起こる場合の数は ${}_a\mathrm{C}_3$ であるから，事象 A の起こる確率は

$$\frac{{}_a\mathrm{C}_3}{{}_a\mathrm{P}_3}=\frac{\dfrac{a!}{3!(a-3)!}}{\dfrac{a!}{(a-3)!}}=\frac{1}{3!}=\frac{\boxed{1}}{\boxed{6}}$$

である．

この試行を 180 回繰り返すとき，事象 A が起こる回数を表す確率変数を Y とすると，Y は二項分布 $B\left(180,\ \dfrac{1}{6}\right)$ に従うから，Y の平均 m は

$$m=180\cdot\frac{1}{6}=\boxed{30}$$

であり，Y の分散 σ^2 は

$$\sigma^2=180\cdot\frac{1}{6}\cdot\frac{5}{6}=\boxed{25}$$

である．

事象 A が 18 回以上 36 回以下起こる確率の近似値を次のように求める．

試行回数 180 は大きいことから，Y は近似的に平均 $m=30$，標準偏差 $\sigma=\sqrt{25}=5$ の正規分布に従うと考えられる．ここで，$Z=\dfrac{Y-m}{\sigma}=\dfrac{Y-30}{5}$ とおくと，Z は近似的に標準正規分布に従うと考えられるから，求める確率の近似値は次のようになる．

⬅ $X=6,\ 8,\ 10$ の 3 通り．

二項分布

n を自然数とする．

確率変数 X のとり得る値が

$$0,\ 1,\ 2,\ \cdots,\ n$$

であり，X の確率分布が

$$P(X=r)={}_n\mathrm{C}_r\,p^r(1-p)^{n-r}$$
$$(r=0,\ 1,\ 2,\ \cdots,\ n)$$

であるとき，X の確率分布を二項分布といい，$B(n,\ p)$ で表す．

二項分布の平均(期待値)，分散

確率変数 X が二項分布 $B(n,\ p)$ に従うとき，$q=1-p$ とすると X の平均(期待値) $E(X)$ と分散 $V(X)$ は

$$E(X)=np$$
$$V(X)=npq$$

である．

⬅ $\sqrt{V(X)}$ を X の標準偏差という．

標準正規分布

平均 0，標準偏差 1 の正規分布 $N(0,\ 1)$ を標準正規分布という．

$P(18 \leqq Y \leqq 36)$

$= P\left(\frac{18-30}{5} \leqq \frac{Y-30}{5} \leqq \frac{36-30}{5}\right)$

$= P(-\boxed{2}.\boxed{40} \leqq Z \leqq \boxed{1}.\boxed{20})$

$= P(-2.40 \leqq Z \leqq 0) + P(0 \leqq Z \leqq 1.20)$

$= P(0 \leqq Z \leqq 2.40) + P(0 \leqq Z \leqq 1.20)$

$= 0.4918 + 0.3849$

$= 0.\boxed{88}$

← 正規分布表より
$P(0 \leqq Z \leqq 2.40) = 0.4918$,
$P(0 \leqq Z \leqq 1.20) = 0.3849$.

(3) ある都市での世論調査において，無作為に400人の有権者を選び，ある政策に対する賛否を調べたところ，320人が賛成であったから，この調査での賛成者の比率(標本比率)は

$$\frac{320}{400} = 0.\boxed{8}$$

である.

母比率，標本比率
母集団全体の中で特性Aを持つ要素の割合を特性Aの母比率といい，標本の中で特性Aを持つ要素の割合を特性Aの標本比率という.

この都市の有権者全体のうち，この政策の賛成者の母比率 p に対する信頼度95%の信頼区間を求める．標本の大きさが400と大きいので，二項分布の正規分布による近似を用いると，p に対する信頼度95%の信頼区間は

$$0.8 - 1.96\sqrt{\frac{0.8(1-0.8)}{400}} \leqq p \leqq 0.8 + 1.96\sqrt{\frac{0.8(1-0.8)}{400}}$$

すなわち

$$0.\boxed{76} \leqq p \leqq 0.\boxed{84}$$

である.

母比率の推定
標本比率を r とすると，標本の大きさ n が大きいとき，母比率 p に対する信頼度(信頼係数) 95% の信頼区間は
$\left[r-1.96\sqrt{\frac{r(1-r)}{n}},\ r+1.96\sqrt{\frac{r(1-r)}{n}}\right]$.

母比率 p に対する信頼区間 $A \leqq p \leqq B$ において，$B-A$ をこの信頼区間の幅とよぶ．R を標本比率として

上で求めた信頼区間の幅を L_1

標本の大きさが400の場合に $R=0.6$ が得られたときの信頼区間の幅を L_2

標本の大きさが500の場合に $R=0.8$ が得られたときの信頼区間の幅を L_3

とすると

$$L_1 = \left(0.8 + 1.96\sqrt{\frac{0.8(1-0.8)}{400}}\right) - \left(0.8 - 1.96\sqrt{\frac{0.8(1-0.8)}{400}}\right)$$

$$= 3.92\sqrt{\frac{0.8(1-0.8)}{400}}$$

であり，同様にして

$$L_2=3.92\sqrt{\frac{0.6(1-0.6)}{400}}=\sqrt{\frac{6\times4}{8\times2}}L_1=\sqrt{\frac{3}{2}}L_1$$

$$L_3=3.92\sqrt{\frac{0.8(1-0.8)}{500}}=\sqrt{\frac{4}{5}}L_1$$

であるから

$$L_3<L_1<L_2$$

である．よって，ヒ に当てはまるものは ④

である．

MEMO

数学Ⅰ・数学A
数学Ⅱ・数学B

（2017年1月実施）

	受験者数	平均点
数学Ⅰ・数学A	394,557	61.12
数学Ⅱ・数学B	353,836	52.07

数学I・数学A

解答・採点基準

(100点満点)

問題番号(配点)	解答記号	正解	配点	自己採点
第1問 (30)	アイ	13	3	
	ウ	2	1	
	エ$\sqrt{オカ}$	$7\sqrt{13}$	3	
	キク	73	3	
	ケ	⓪	1	
	コ	③	2	
	サ	③	2	
	シ	①	2	
	ス	②	3	
	セa^2＋ソa	$3a^2+5a$	2	
	タa^4＋チツa^2＋テト	$9a^4+24a^2+16$	2	
	$-\frac{ナニ}{ヌネ}$	$-\frac{25}{12}$	3	
	ノハ	16	3	
第1問　自己採点小計				
第2問 (30)	$\sqrt{ア}$	$\sqrt{6}$	3	
	$\sqrt{イ}$	$\sqrt{2}$	3	
	$\frac{\sqrt{ウ}+\sqrt{エ}}{オ}$	$\frac{\sqrt{2}+\sqrt{6}}{4}$ または $\frac{\sqrt{6}+\sqrt{2}}{4}$	3	
	$\frac{カ\sqrt{キ}-ク}{ケ}$	$\frac{2\sqrt{3}-2}{3}$	3	
	$\frac{コ}{サ}$	$\frac{2}{3}$	3	
	シ，ス，セ	①，④，⑥ (解答の順序は問わない)	6 (各2)	
	ソ	④	2	
	タ	③	2	
	チ	②	2	
	ツ	⓪	1	
	テ	①	2	
第2問　自己採点小計				

問題番号(配点)	解答記号	正解	配点	自己採点
第3問 (20)	$\frac{ア}{イ}$	$\frac{5}{6}$	2	
	ウ，エ，オ	①，③，⑤ (解答の順序は問わない)	3	
	$\frac{カ}{キ}$	$\frac{1}{2}$	2	
	$\frac{ク}{ケ}$	$\frac{3}{5}$	2	
	コ，サ，シ	⓪，③，⑤ (解答の順序は問わない)	3	
	$\frac{ス}{セ}$	$\frac{5}{6}$	2	
	$\frac{ソ}{タ}$	$\frac{5}{6}$	2	
	チ	⑥	4	
第3問　自己採点小計				
第4問 (20)	ア，イ	2，6 (解答の順序は問わない)	2 (各1)	
	ウ	3	2	
	b＝エ，c＝オ	$b=0$，$c=6$	2	
	b＝カ，c＝キ	$b=9$，$c=6$	2	
	b＝ク，c＝ケ，n＝コサ	$b=0$，$c=6$，$n=14$	3	
	シス	24	2	
	セソ	16	2	
	タ	8	2	
	チツ	24	3	
第4問　自己採点小計				
第5問 (20)	アイ	28	3	
	$\frac{ウ}{エ}$	$\frac{7}{2}$	3	
	$\frac{オカ}{キ}$	$\frac{12}{7}$	3	
	$\frac{クケ}{コ}$	$\frac{21}{5}$	3	
	サシ°	60°	2	
	$\frac{ス\sqrt{セ}}{ソ}$	$\frac{2\sqrt{3}}{3}$	3	
	$\frac{タ\sqrt{チ}}{ツ}$	$\frac{4\sqrt{3}}{3}$	3	
第5問　自己採点小計				
自己採点合計				

(注)

第1問，第2問は必答。

第3問～第5問のうちから2問選択。計4問を解答。

第1問　数と式・集合と命題・2次関数

〔1〕

$$x^2+\frac{4}{x^2}=9\ (x>0) \qquad \cdots ①$$

$$\begin{aligned}\left(x+\frac{2}{x}\right)^2&=x^2+2\cdot x\cdot\frac{2}{x}+\left(\frac{2}{x}\right)^2\\&=\left(x^2+\frac{4}{x^2}\right)+4\\&=9+4\quad(①より)\\&=\boxed{13}\end{aligned}$$

であり，$x>0$ より，$x+\frac{2}{x}>0$ であるから，

$$x+\frac{2}{x}=\sqrt{13} \qquad \cdots ②$$

である．

ここで，

$$x^3+\frac{8}{x^3}=\left(x+\frac{2}{x}\right)\left(x^2+\frac{4}{x^2}-a\right)$$

とおき，右辺を展開して整理すると，

$$x^3+\frac{8}{x^3}=x^3+(2-a)x+(4-2a)\cdot\frac{1}{x}+\frac{8}{x^3} \qquad \cdots ③$$

となる．

よって，a の値は，③ の左辺と右辺の係数を比較して，

$$2-a=0\quad かつ\quad 4-2a=0$$

すなわち

$$a=2$$

である．

したがって，

$$\begin{aligned}x^3+\frac{8}{x^3}&=\left(x+\frac{2}{x}\right)\left(x^2+\frac{4}{x^2}-\boxed{2}\right)\\&=\sqrt{13}\cdot(9-2)\quad(①,\ ②より)\\&=\boxed{7}\sqrt{\boxed{13}}\end{aligned}$$

である．

また，

$$\left(x^2+\frac{4}{x^2}\right)^2=x^4+2\cdot x^2\cdot\frac{4}{x^2}+\frac{16}{x^4}$$

であるから，

$$x^4+\frac{16}{x^4}=\left(x^2+\frac{4}{x^2}\right)^2-8$$

← 数学Ⅱで学習する因数分解の公式

$$a^3+b^3=(a+b)(a^2-ab+b^2)$$

を用いて次のように求めてもよい．

$$\begin{aligned}x^3+\frac{8}{x^3}&=x^3+\left(\frac{2}{x}\right)^3\\&=\left(x+\frac{2}{x}\right)\left\{x^2-x\cdot\frac{2}{x}+\left(\frac{2}{x}\right)^2\right\}\\&=\left(x+\frac{2}{x}\right)\left(x^2+\frac{4}{x^2}-2\right).\end{aligned}$$

$= 9^2 - 8$　(①より)

$=$ 73

である．

〔2〕

実数 x に関する条件 p, q は，

$p : x = 1$,

$q : x^2 = 1$，つまり，$x = \pm 1$.

(1)・q は p であるための何条件かを求める．

「$q \Longrightarrow p$」の真偽を調べる．

「$q \Longrightarrow p$」は偽

である．

「$p \Longrightarrow q$」の真偽を調べる．

「$p \Longrightarrow q$」は真　…①

である．

よって，q は p であるための必要条件だが十分条件でない．したがって， ケ にあてはまるものは ⓪ である．

・$\overline{p}$ は q であるための何条件かを求める．

$\overline{p} : x \neq 1$，つまり，$\overline{p} : x < 1$, $1 < x$. …②

「$\overline{p} \Longrightarrow q$」の真偽を調べる．

「$\overline{p} \Longrightarrow q$」は偽

である．

「$q \Longrightarrow \overline{p}$」の真偽を調べる．

「$q \Longrightarrow \overline{p}$」は偽

である．

よって，$\overline{p}$ は q であるための必要条件でも十分条件でもない．したがって， コ に当てはまるものは ③ である．

・(p または $\overline{q}$) は q であるための何条件かを求める．

$\overline{q} : x^2 \neq 1$，つまり，$\overline{q} : x \neq \pm 1$

であるから，p または $\overline{q}$ は，

$x = 1$ または $x \neq \pm 1$，つまり，$x < -1$, $-1 < x$

である．

「(p または $\overline{q}$) $\Longrightarrow q$」の真偽を調べる．

「(p または $\overline{q}$) $\Longrightarrow q$」は偽

である．

「$q \Longrightarrow$ (p または $\overline{q}$)」の真偽を調べる．

⬅ 反例 $x = -1$.

⬅ 命題「$s \Longrightarrow t$」が真のとき，s は t であるための十分条件といい，t は s であるための必要条件という．

⬅ 反例 $x = 2$ など．

⬅ 反例 $x = 1$.

⬅ 反例 $x = 0$ など．

「$q \Longrightarrow (p$ または $\overline{q})$」は偽

である．

← 反例 $x=-1$.

よって，(p または $\overline{q}$) は q であるための必要条件でも十分条件でもない．したがって，サ に当てはまるものは ③ である．

・($\overline{p}$ かつ q) は q であるための何条件かを求める．

②より，$\overline{p}$ かつ q は，

$(x<1,\ 1<x)$ かつ $x=\pm1$，つまり，$x=-1$

である．

「($\overline{p}$ かつ q) $\Longrightarrow q$」の真偽を調べる．

「($\overline{p}$ かつ q) $\Longrightarrow q$」は真

である．

「$q \Longrightarrow$ ($\overline{p}$ かつ q)」の真偽を調べる．

「$q \Longrightarrow$ ($\overline{p}$ かつ q)」は偽

である．

← 反例 $x=1$.

よって，($\overline{p}$ かつ q) は q であるための十分条件だが必要条件でない．したがって，シ に当てはまるものは ① である．

(2)　実数 x に関する条件 r は，

$r : x>0$.

命題A：「(p かつ q) $\Longrightarrow r$」の真偽を調べる．

← $p : x=1,\ q : x=\pm1$.

p かつ q は，

$x=1$ かつ $x=\pm1$，つまり，$x=1$

である．

よって，

A：「(p かつ q) $\Longrightarrow r$」は真

である．

命題B：「$q \Longrightarrow r$」の真偽を調べる．

B：「$q \Longrightarrow r$」は偽

である．

← 反例 $x=-1$.

命題C：「$\overline{q} \Longrightarrow \overline{p}$」の真偽を調べる．

Cの対偶は，「$p \Longrightarrow q$」であり，①より，真であるから，

C：「$\overline{q} \Longrightarrow \overline{p}$」は真

である．

← 命題の真偽と対偶の真偽は一致する．

したがって，ス に当てはまるものは ② である．

〔3〕

$$g(x)=x^2-2(3a^2+5a)x+18a^4+30a^3+49a^2+16$$
$$=\{x-(3a^2+5a)\}^2-(3a^2+5a)^2+18a^4+30a^3+49a^2+16$$
$$=\{x-(3a^2+5a)\}^2+9a^4+24a^2+16$$

と変形できるから，2 次関数 $y=g(x)$ のグラフの頂点は，

$$\left(\boxed{3}\,a^2+\boxed{5}\,a,\ \boxed{9}\,a^4+\boxed{24}\,a^2+\boxed{16}\right)$$

である．

← 2 次関数 $y=p(x-q)^2+r$ のグラフの頂点の座標は，
$(q,\ r)$.

頂点の x 座標を X とすると，

$$X=3a^2+5a$$
$$=3\left(a+\frac{5}{6}\right)^2-\frac{25}{12}$$

と変形できるから，a が実数全体を動くとき，X の最小値は $-\dfrac{\boxed{25}}{\boxed{12}}$ である．

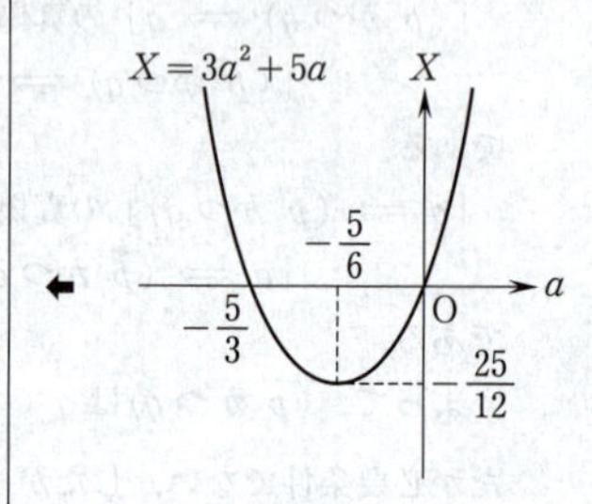

頂点の y 座標を Y とすると，

$$Y=9a^4+24a^2+16$$

であり，$t=a^2$ より，

$$Y=9t^2+24t+16$$
$$=9\left(t+\frac{4}{3}\right)^2$$

と変形できる．

a が実数全体を動くとき，t のとり得る値の範囲は，

$$t\geqq 0$$

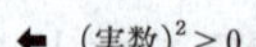
← (実数)$^2\geqq 0$.

であるから，Y は $t=0$ (つまり $a=0$)のとき最小となり，最小値は $\boxed{16}$ である．

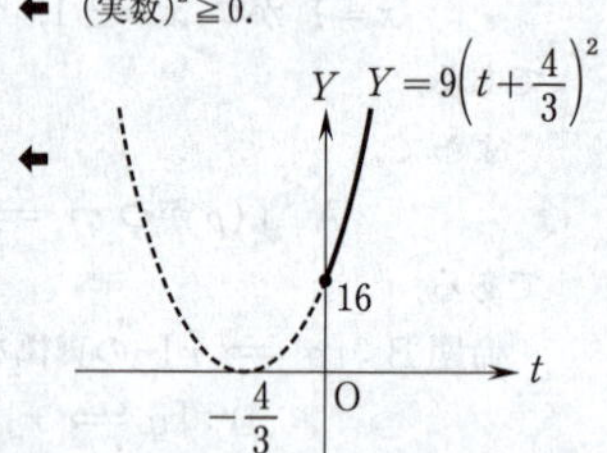

第2問　図形と計量・データの分析

〔1〕

(1)

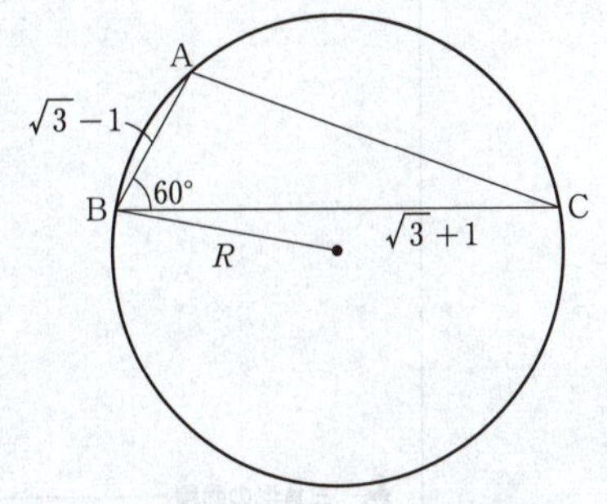

余弦定理を用いると,

$$\begin{aligned}AC^2&=AB^2+BC^2-2\cdot AB\cdot BC\cos 60^\circ\\&=(\sqrt{3}-1)^2+(\sqrt{3}+1)^2-2(\sqrt{3}-1)(\sqrt{3}+1)\cdot\frac{1}{2}\\&=6\end{aligned}$$

であるから，AC＞0 より,

$$AC=\sqrt{\boxed{6}}$$

である.

△ABC の外接円の半径を R とし，正弦定理を用いると,

$$2R=\frac{AC}{\sin 60^\circ}$$

であるから,

$$\begin{aligned}R&=\frac{AC}{2\sin 60^\circ}\\&=\frac{\sqrt{6}}{2\cdot\frac{\sqrt{3}}{2}}\\&=\sqrt{\boxed{2}}\end{aligned}$$

である.

さらに，正弦定理を用いると,

$$2R=\frac{BC}{\sin\angle BAC}$$

であるから,

$$\begin{aligned}\sin\angle BAC&=\frac{BC}{2R}\\&=\frac{\sqrt{3}+1}{2\sqrt{2}}\end{aligned}$$

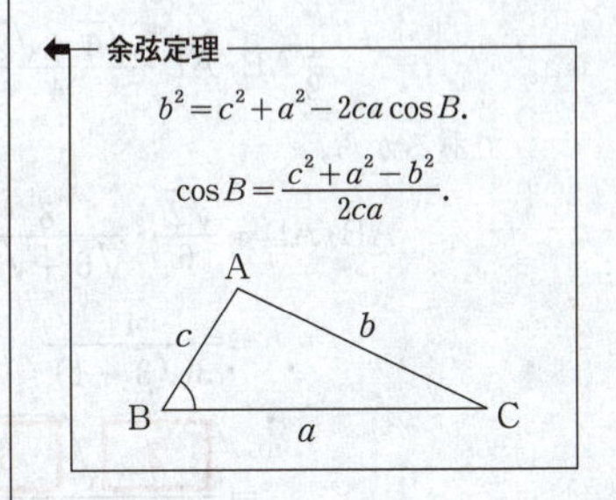

余弦定理
$b^2=c^2+a^2-2ca\cos B.$
$\cos B=\dfrac{c^2+a^2-b^2}{2ca}.$
A
c
b
B
a
C

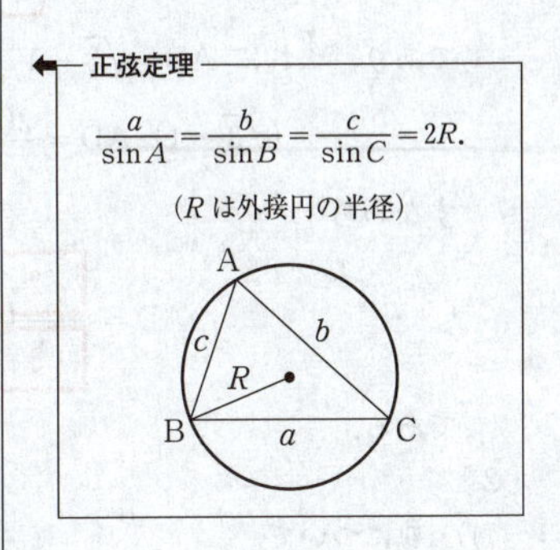

正弦定理
$\dfrac{a}{\sin A}=\dfrac{b}{\sin B}=\dfrac{c}{\sin C}=2R.$
(R は外接円の半径)
A
c
b
R
B
a
C

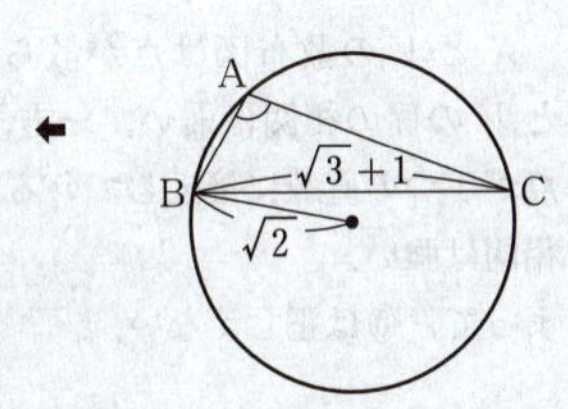

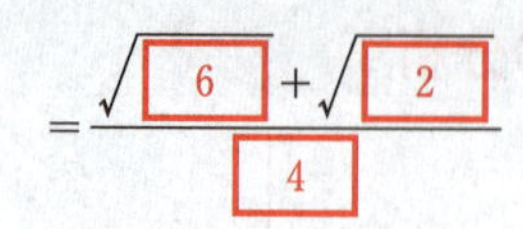

$$=\frac{\sqrt{6}+\sqrt{2}}{4}$$

である．

(2)

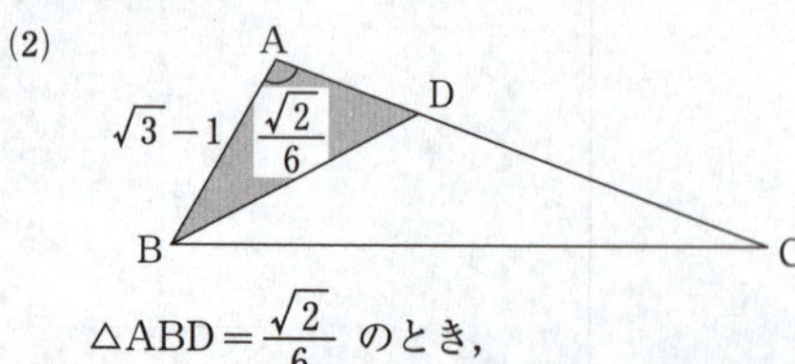

$\triangle \mathrm{ABD}=\frac{\sqrt{2}}{6}$ のとき，

$$\frac{1}{2}\mathrm{AB}\cdot\mathrm{AD}\sin\angle\mathrm{BAC}=\frac{\sqrt{2}}{6}$$

$$\frac{1}{2}\mathrm{AB}\cdot\mathrm{AD}\cdot\frac{\sqrt{6}+\sqrt{2}}{4}=\frac{\sqrt{2}}{6}$$

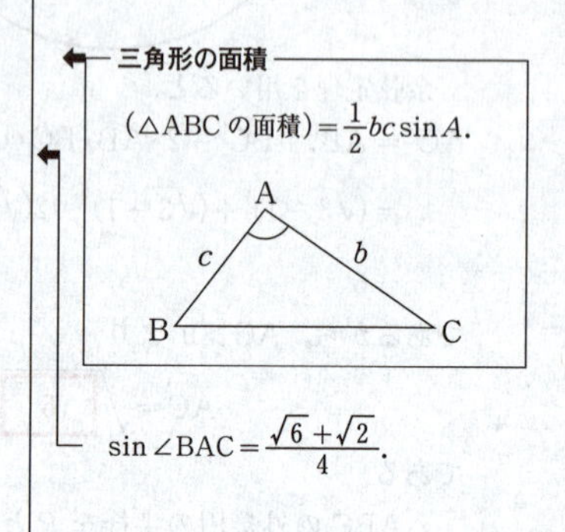

三角形の面積
$(\triangle\mathrm{ABC}\text{の面積})=\frac{1}{2}bc\sin A.$
A
c
b
B
C
$\sin\angle\mathrm{BAC}=\frac{\sqrt{6}+\sqrt{2}}{4}.$

であるから，

$$\mathrm{AB}\cdot\mathrm{AD}=\frac{\sqrt{2}}{6}\cdot\frac{8}{\sqrt{6}+\sqrt{2}}$$

$$=\frac{4}{3(\sqrt{3}+1)}$$

$$=\frac{2\sqrt{3}-2}{3}$$

であり，これに $\mathrm{AB}=\sqrt{3}-1$ を代入すると，

$$(\sqrt{3}-1)\cdot\mathrm{AD}=\frac{2(\sqrt{3}-1)}{3}$$

すなわち

$$\mathrm{AD}=\frac{2}{3}$$

である．

〔2〕

(1)・⓪について．

X と V の散布図は点が散らばっているから，X と V の間の相関は弱い．一方，X と Y の散布図は点が1つの直線に接近しているから，X と Y の間の相関は強い．

よって，⓪は正しくない．

⬅ 2つの変量の間に相関があるとき，散布図における点の分布の様子が1つの直線に接近しているほど相関が強いといい，散らばっているほど相関が弱いという．

・①について.

X と Y の散布図は，Y が増加するほど X も増加する傾向があるから，X と Y の間には正の相関がある.

よって，①は正しい.

・②について.

X の最大値は約 87 である．V が最大(約 94.2)のとき，X は約 59 であるから最大ではない.

よって，②は正しくない.

・③について.

Y の最大値は約 58.5 である．V が最大(約 94.2)のとき，Y は約 51.5 であるから最大ではない.

よって，③は正しくない.

・④について,

X の最小値は約 53 である．Y が最小(約 50)のとき，X は約 56 であるから最小ではない.

よって，④は正しい.

・⑤について.

X が 80 以上のジャンプであっても Y が 93 未満のジャンプが 1 回存在する.

よって，⑤は正しくない.

・⑥について.

Y が 55 以上かつ V が 94 以上のジャンプはない.

よって，⑥は正しい.

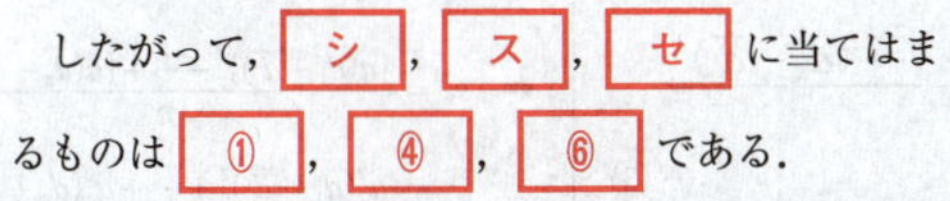

したがって，シ，ス，セ に当てはまるものは ①，④，⑥ である.

← 2つの変量からなるデータにおいて，一方が増加すると他方も増加する傾向がみられるとき，2つの変量には正の相関があるという．また，一方が増加すると他方が減少する傾向がみられるとき，2つの変量には負の相関があるという.

← この部分に点が存在しない.

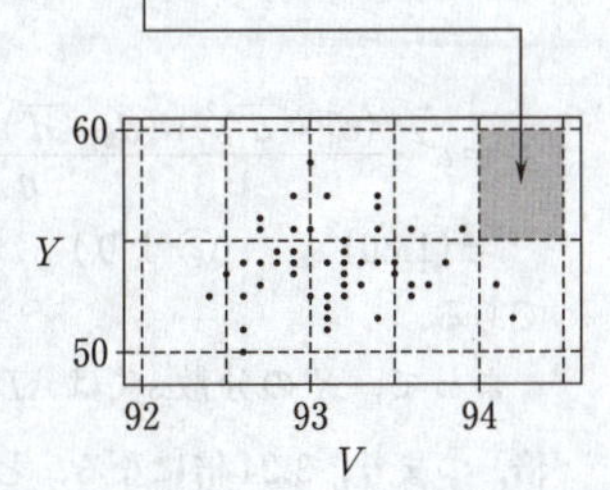

(2)　$X=1.80\times(D-125.0)+60.0=1.80\times D-165.0.$

$a=1.80$, $b=165.0$ とおくと，与えられた計算式は,

$$X=aD-b \qquad \cdots(*)$$

で表せる.

$n=58$ とし，D のデータを d_1, d_2, …, d_n, X のデータを x_1, x_2, …, x_n, Y のデータを y_1, y_2, …, y_n とする．さらに，D, X, Y について平均値をそれぞれ $\overline{d}$, $\overline{x}$, $\overline{y}$ とし，分散をそれぞれ $s_d{}^2$, $s_x{}^2$, $s_y{}^2$ とする.

・X の分散は，D の分散の何倍かを求める.

$$\begin{cases} \overline{d}=\dfrac{d_1+d_2+\cdots+d_n}{n}, & \cdots ① \\ s_d{}^2=\dfrac{(d_1-\overline{d})^2+(d_2-\overline{d})^2+\cdots+(d_n-\overline{d})^2}{n} & \cdots ② \end{cases}$$

である.

X の平均値は,

$$\overline{x}=\frac{x_1+x_2+\cdots+x_n}{n}$$

$$=\frac{(ad_1-b)+(ad_2-b)+\cdots+(ad_n-b)}{n}$$

$$=a\cdot\frac{d_1+d_2+\cdots+d_n}{n}-b$$

$$=a\overline{d}-b \quad (①\text{ より}) \qquad \cdots ③$$

である.

X の偏差は, ③ より,

$$\left.\begin{array}{l} x_1-\overline{x}=(ad_1-b)-(a\overline{d}-b)=a(d_1-\overline{d}), \\ x_2-\overline{x}=(ad_2-b)-(a\overline{d}-b)=a(d_2-\overline{d}), \\ \qquad\vdots \\ x_n-\overline{x}=(ad_n-b)-(a\overline{d}-b)=a(d_n-\overline{d}) \end{array}\right\} \cdots ④$$

であるから, X の分散は,

$$s_x{}^2=\frac{(x_1-\overline{x})^2+(x_2-\overline{x})^2+\cdots+(x_n-\overline{x})^2}{n}$$

$$=\frac{\{a(d_1-\overline{d})\}^2+\{a(d_2-\overline{d})\}^2+\cdots+\{a(d_n-\overline{d})\}^2}{n}$$

(④ より)

$$=a^2\cdot\frac{(d_1-\overline{d})^2+(d_2-\overline{d})^2+\cdots+(d_n-\overline{d})^2}{n}$$

$$=(1.80)^2 s_d{}^2 \quad (②\text{ より}) \qquad \cdots ⑤$$

である.

よって, X の分散 $s_x{}^2$ は, D の分散 $s_d{}^2$ の $(1.80)^2$ 倍, つまり, 3.24 倍になる. したがって, ソ に当てはまるものは ④ である.

・X と Y の共分散は, D と Y の共分散の何倍かを求める.

X と Y の共分散を s_{xy}, D と Y の共分散を s_{dy} とすると,

$$s_{dy}=\frac{(d_1-\overline{d})(y_1-\overline{y})+(d_2-\overline{d})(y_2-\overline{y})+\cdots+(d_n-\overline{d})(y_n-\overline{y})}{n} \qquad \cdots ⑥$$

であり, ④, ⑥ より,

$$\Leftarrow \overline{x}=\frac{(ad_1-b)+\cdots+(ad_n-b)}{n} =\frac{a(d_1+\cdots+d_n)-nb}{n} =a\cdot\frac{d_1+\cdots+d_n}{n}-b.$$

$$\Leftarrow s_x{}^2=\frac{\{a(d_1-\overline{d})\}^2+\cdots+\{a(d_n-\overline{d})\}^2}{n} =\frac{a^2(d_1-\overline{d})^2+\cdots+a^2(d_n-\overline{d})^2}{n} =a^2\cdot\frac{(d_1-\overline{d})^2+\cdots+(d_n-\overline{d})^2}{n}.$$

$$s_{xy}=\frac{(x_1-\overline{x})(y_1-\overline{y})+(x_2-\overline{x})(y_2-\overline{y})+\cdots+(x_n-\overline{x})(y_n-\overline{y})}{n}$$

$$=\frac{a(d_1-\overline{d})(y_1-\overline{y})+a(d_2-\overline{d})(y_2-\overline{y})+\cdots+a(d_n-\overline{d})(y_n-\overline{y})}{n}$$

$$=a\cdot\frac{(d_1-\overline{d})(y_1-\overline{y})+(d_2-\overline{d})(y_2-\overline{y})+\cdots+(d_n-\overline{d})(y_n-\overline{y})}{n}$$

$$=1.80s_{dy} \quad \cdots ⑦$$

である．

よって，X と Y の共分散 s_{xy} は，D と Y の共分散 s_{dy} の 1.80 倍である．したがって，［タ］に当てはまるものは［③］である．

・X と Y の相関係数は，D と Y の相関係数の何倍かを求める．

X と Y の相関係数を r_{xy}，D と Y の相関係数を r_{dy} とすると，

$$r_{dy}=\frac{s_{dy}}{\sqrt{s_d{}^2}\sqrt{s_y{}^2}}$$

であり，⑤，⑦ より，

$$r_{xy}=\frac{s_{xy}}{\sqrt{s_x{}^2}\sqrt{s_y{}^2}}$$

$$=\frac{1.80s_{dy}}{\sqrt{(1.80)^2s_d{}^2}\sqrt{s_y{}^2}}$$

$$=\frac{s_{dy}}{\sqrt{s_d{}^2}\sqrt{s_y{}^2}}$$

$$=r_{dy}$$

である．

よって，X と Y の相関係数 r_{xy} は，D と Y の相関係数 r_{dy} の 1 倍である．したがって，［チ］に当てはまるものは［②］である．

(3)　1 回目の $X+Y$ の最小値が 108.0 より，1 回目の $X+Y$ の値に対するヒストグラムは A であり，箱ひげ図は a である．これより，2 回目の $X+Y$ の値に対するヒストグラムは B であり，箱ひげ図は b である．

したがって，［ツ］に当てはまるものは［⓪］である．

箱ひげ図 a，b より，最小値，第 1 四分位数，中央

⬅ 箱ひげ図からは，次の 5 つの情報が得られる．

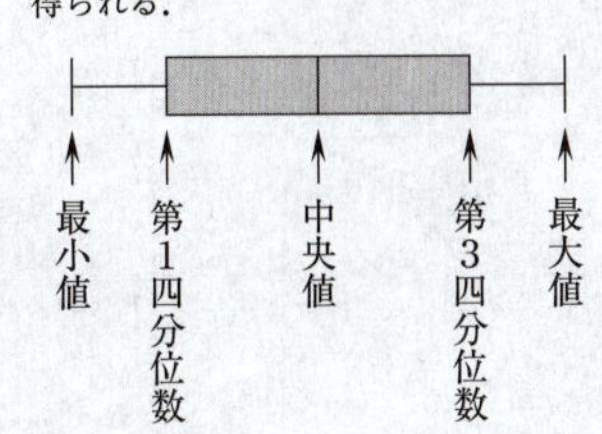

値，第3四分位数，最大値は次のようになる．

	最小値	第1四分位数	中央値	第3四分位数	最大値
a	約108.0	約115.5	約124.0	約129.5	約143.5
b	約103.5	約109.5	約114.0	約125.0	約141.5

← aは1回目の $X+Y$ に対する箱ひげ図，bは2回目の $X+Y$ に対する箱ひげ図．

・⓪について．

1回目の $X+Y$ の四分位範囲は，

$$129.5-115.5=14.0.$$

2回目の $X+Y$ の四分位範囲は，

$$125.0-109.5=15.5.$$

← $\begin{pmatrix}\text{四分位}\\\text{範囲}\end{pmatrix}=\begin{pmatrix}\text{第3四}\\\text{分位数}\end{pmatrix}-\begin{pmatrix}\text{第1四}\\\text{分位数}\end{pmatrix}$.

よって，1回目の $X+Y$ の四分位範囲は，2回目の $X+Y$ の四分位範囲より小さいから，⓪は正しくない．

・①について．

1回目の $X+Y$ の中央値は，2回目の $X+Y$ の中央値より大きいから，①は正しい．

・②について．

1回目の $X+Y$ の最大値は，2回目の $X+Y$ の最大値より大きいから，②は正しくない．

・③について．

1回目の $X+Y$ の最小値は，2回目の $X+Y$ の最小値より大きいから，③は正しくない．

よって，［テ］に当てはまるものは［①］である．

第3問　場合の数・確率

あたりのくじを引くことを○，はずれのくじを引くことを×で表すことにする．

(1)　A，Bの少なくとも一方があたりのくじを引く事象 E_1 は，あたりが2本，はずれが2本であることに注意すると，

A	B	C
○	○	×
○	×	○
○	×	×
×	○	○
×	○	×

であり，余事象 $\overline{E_1}$ は次のようになる．

A	B	C
×	×	○

よって，確率 $P(\overline{E_1})$ は，

$$P(\overline{E_1})=\frac{2}{4}\times\frac{1}{3}\times\frac{2}{2}=\frac{1}{6}$$

である．

← Aがくじを引くとき，くじは合計4本あり，はずれが2本ある．Bがくじを引くとき，くじは合計3本あり，はずれが1本ある．Cがくじを引くとき，くじは合計2本あり，あたりが2本ある．

したがって，求める確率 $P(E_1)$ は，

$$P(E_1)=1-P(\overline{E_1})$$
$$=1-\frac{1}{6}$$
$$=\frac{\boxed{5}}{\boxed{6}}$$

である．

← 事象 F の余事象を $\overline{F}$ とすると，

$$P(F)+P(\overline{F})=1$$

であるから，

$$P(F)=1-P(\overline{F})$$

である．

(2)　A，B，Cの3人で2本のあたりのくじを引く事象 E は，

A	B	C	
×	○	○	…①
○	×	○	…②
○	○	×	…③

であり，これらは互いに排反である．

よって，E は，「Aだけがはずれのくじを引く事象」，「Bだけがはずれのくじを引く事象」，「Cだけがはずれのくじを引く事象」の和事象である．

← 2つの事象 A，B が同時には決して起こらないとき，つまり，$A\cap B=\varnothing$ のとき，2つの事象 A，B は互いに排反であるという．3つの事象について，その中のどの2つの事象も互いに排反であるとき，3つの事象は互いに排反であるという．

したがって，［ウ］，［エ］，［オ］に当てはまる

ものは ①，③，⑤ である．

①の確率は，

$$\frac{2}{4}\times\frac{2}{3}\times\frac{1}{2}=\frac{1}{6}$$

である．

②の確率は，

$$\frac{2}{4}\times\frac{2}{3}\times\frac{1}{2}=\frac{1}{6}$$

である．

③の確率は，

$$\frac{2}{4}\times\frac{1}{3}\times\frac{2}{2}=\frac{1}{6}$$

である．

ゆえに，その和事象の確率，つまり，確率 $P(E)$ は，

$$P(E)=\frac{1}{6}+\frac{1}{6}+\frac{1}{6}$$

$$=\frac{1}{2}$$

である．

(3) 事象 E_1 が起こったときの事象 E の起こる条件付き確率は，

$$P_{E_1}(E)=\frac{P(E_1\cap E)}{P(E_1)} \quad \cdots ④$$

である．

事象 $E_1\cap E$ は，

A	B	C
○	○	×
○	×	○
○	×	×
×	○	○
×	○	×

の網掛部分であるから，

$$E_1\cap E=E \quad \cdots ⑤$$

である．

よって，求める確率 $P_{E_1}(E)$ は，⑤を④に代入して，

$$P_{E_1}(E)=\frac{P(E)}{P(E_1)}$$

Aがくじを引くとき，くじは合計4本あり，はずれが2本ある．Bがくじを引くとき，くじは合計3本あり，あたりが2本ある．Cがくじを引くとき，くじは合計2本あり，あたりが1本ある．

Aがくじを引くとき，くじは合計4本あり，あたりが2本ある．Bがくじを引くとき，くじは合計3本あり，はずれが2本ある．Cがくじを引くとき，くじは合計2本あり，あたりが1本ある．

Aがくじを引くとき，くじは合計4本あり，あたりが2本ある．Bがくじを引くとき，くじは合計3本あり，あたりが1本ある．Cがくじを引くとき，くじは合計2本あり，はずれが2本ある．

3つの事象 A，B，C が互いに排反であるとき，3つの事象のいずれかが起こる確率は，

$$P(A\cup B\cup C)=P(A)+P(B)+P(C)$$

である．

条件付き確率

事象 A が起こったときに事象 B が起こる条件付き確率は，

$$P_A(B)=\frac{P(A\cap B)}{P(A)}.$$

$$=\frac{\frac{1}{2}}{\frac{5}{6}}$$

$$=\frac{\boxed{3}}{\boxed{5}}$$

である.

(4)　B, C の少なくとも一方があたりのくじを引く事象 E_2 は, あたりが2本, はずれが2本であることに注意すると次のようになる.

A	B	C	
×	○	○	…⑥
○	○	×	…⑦
×	○	×	…⑧
○	×	○	…⑨
×	×	○	…⑩

A がはずれのくじを引く事象は　⑥, ⑧, ⑩,
B だけがはずれのくじを引く事象は　⑨,
C だけがはずれのくじを引く事象は　⑦

であり, これらは互いに排反である. また, この3つの事象以外の⓪～⑤において, E は3つの排反な事象の和事象で表せない.

よって, [コ], [サ], [シ] に当てはまるものは [⓪], [③], [⑤] である.

また, 余事象 $\overline{E_2}$ は,

A	B	C
○	×	×

であるから, 3つの排反な事象の和事象の確率, つまり, 確率 $P(E_2)$ は,

$$P(E_2)=1-P(\overline{E_2})$$
$$=1-\frac{2}{4}\times\frac{2}{3}\times\frac{1}{2}$$
$$=\frac{\boxed{5}}{\boxed{6}}$$

である.

A, C の少なくとも一方があたりのくじを引く事象

← $P(E)=\frac{1}{2}$, $P(E_1)=\frac{5}{6}$.

← ×が1つだけついている事象, つまり, ⑥, ⑦, ⑨ に注目して3つの和事象を考えるとよい.

← $P(E_2)$
=(A がはずれのくじを引く事象の確率)
+(B だけがはずれのくじを引く事象の確率)
+(C だけがはずれのくじを引く事象の確率)
と考えて求めることもできる.

E_3 は，あたりが 2 本，はずれが 2 本であることに注意すると，

A	B	C
○	×	○
○	○	×
○	×	×
×	○	○
×	×	○

であり，余事象 $\overline{E_3}$ は次のようになる．

A	B	C
×	○	×

よって，確率 $P(E_3)$ は，

$$P(E_3)=1-P(\overline{E_3})$$
$$=1-\frac{2}{4}\times\frac{2}{3}\times\frac{1}{2}$$
$$=\frac{\boxed{5}}{\boxed{6}}$$

である．

(5) 与えられた条件より，

$$\left.\begin{aligned} p_1&=P_{E_1}(E)=\frac{P(E_1\cap E)}{P(E_1)},\\ p_2&=P_{E_2}(E)=\frac{P(E_2\cap E)}{P(E_2)},\\ p_3&=P_{E_3}(E)=\frac{P(E_3\cap E)}{P(E_3)} \end{aligned}\right\}\quad\cdots ⑪$$

であり，(1)，(4) の結果より，

$$P(E_1)=P(E_2)=P(E_3)=\frac{5}{6}\qquad\cdots ⑫$$

である．

また，事象 $E_2\cap E$ は，

A	B	C
×	○	○
○	○	×
×	○	×
○	×	○
×	×	○

の網掛部分であるから，

$$E_2 \cap E = E$$

である．

さらに，事象 $E_3 \cap E$ は，

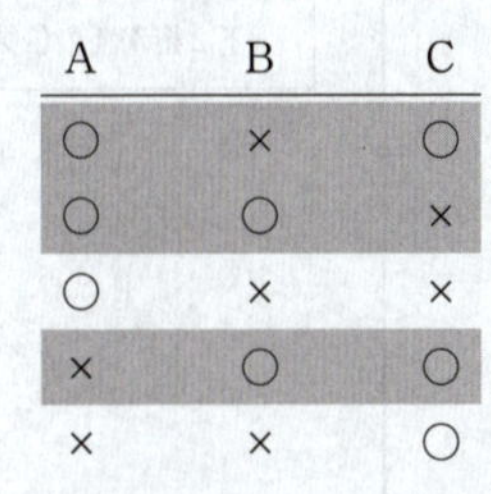

の網掛部分であるから，

$$E_3 \cap E = E$$

である．

これらのことと ⑤ より，

$$P(E_1 \cap E) = P(E_2 \cap E) = P(E_3 \cap E) = P(E) \quad \cdots ⑬$$

である．

よって，⑫，⑬ を ⑪ に代入すると，

$$p_1 = p_2 = p_3 = \frac{P(E)}{\frac{5}{6}} = \frac{3}{5}$$

が成り立つから，　チ　に当てはまるものは　⑥

である．

⬅ $E_1 \cap E = E.\ \cdots ⑤$

⬅ $P(E) = \frac{1}{2}.$

第4問　整数の性質

(1)　$37a$ が4で割り切れるのは，

下2桁である $7a$ が4の倍数

のときであり，そのような下2桁は，

72 と 76

である．

よって，$37a$ が4で割り切れるのは，

$a=$ 2 ， 6

のときである．

> **4の倍数の判定法**
> 下2桁が4の倍数である．

(2)　$7b5c$ が4でも9でも割り切れるのは，

(下2桁である $5c$ が4の倍数)　…①

かつ

(各位の数の和である $7+b+5+c$，つまり，$b+c+12$ が9の倍数)　…②

のときである．

> **9の倍数の判定法**
> 各位の数の和が9の倍数である．

①を満たす下2桁は，

52 と 56

であるから，

$c=2,\ 6$

である．

$c=2$ のとき．

各位の数の和は $b+2+12$，つまり，$b+14$ であり，②を満たす b の値は，

$b=4$

である．

$c=6$ のとき．

各位の数の和は $b+6+12$，つまり，$b+18$ であり，②を満たす b の値は，

$b=0,\ 9$

である．

よって，$7b5c$ が4でも9でも割り切れる b，c の組は，

$(b,\ c)=(4,\ 2),\ (0,\ 6),\ (9,\ 6)$

であるから，全部で 3 個ある．

これより，$7b5c$ が4でも9でも割り切れる数は，

7452，　7056，　7956　…③

であるから，$7b5c$ の値が最小になるのは，

$b=$ 0 ，　$c=$ 6

のときで，$7b5c$ の値が最大になるのは，

$$b=\boxed{9},\quad c=\boxed{6}$$

のときである．

　また，$7b5c=(6\times n)^2=(4\times 9)\times n^2$ となるには，$7b5c$ が 4 でも 9 でも割り切れる数であることが必要であるから，③ の 3 つの数に限られる．

　ここで，

$$7452=(4\times 9)\times 207,$$
$$7056=(4\times 9)\times 196,$$
$$7956=(4\times 9)\times 221$$

であり，$196=14^2$，$14^2<207<221<15^2$ であるから，条件を満たす $7b5c$ の値は 7056 である．

← $15^2=225$.

　したがって，$7b5c=(6\times n)^2$ となる b，c と自然数 n は，

$$b=\boxed{0},\quad c=\boxed{6},\quad n=\boxed{14}$$

である．

(3)　1188 を素因数分解すると，

$$1188=2^2\times 3^3\times 11$$

であるから，正の約数は全部で

$$(2+1)(3+1)(1+1)=\boxed{24}\ (個)$$

ある．

← $p^aq^br^c\cdots$ と素因数分解される自然数の正の約数は，
$(a+1)(b+1)(c+1)\cdots$（個）
ある．

　これらのうち，2 の倍数は，

$$2^a\times 3^b\times 11^c\ (a=1,\ 2,\ b=0,\ 1,\ 2,\ 3,\ c=0,\ 1)$$

で表されるから，その個数は，

$$2\times 4\times 2=\boxed{16}\ (個)$$

あり，4 の倍数は，

$$2^2\times 3^b\times 11^c\ (b=0,\ 1,\ 2,\ 3,\ c=0,\ 1)$$

で表されるから，その個数は，

$$4\times 2=\boxed{8}\ (個)$$

ある．

　次に，1188 のすべての正の約数の積を 2 進法で表すと，末尾には 0 が連続して何個並ぶかを求める．

　1188 のすべての正の約数の積を N とし，N を素因数分解したときの素因数 2 の個数を調べる．

　4 の倍数は素因数 2 を 2 個もつが，2 の倍数として 1 個，4 の倍数として 1 個数えればよい．

	1	2	3	2^2	5	$2\cdot3$	$\cdots$	$2^2\cdot3$	$\cdots$	$2\cdot3\cdot11$	$\cdots$	$2^2\cdot3^3\cdot11$
2の倍数		○		○		○		○		○		○
4の倍数				◎				◎				◎

← ○は16個ある.

← ◎は8個ある.

1188のすべての正の約数のうち,

2の倍数の個数は16, 4の倍数の個数は8

であるから, N を素因数分解したときの素因数2の個数は,

$$16+8=24 \text{（個）}$$

ある.

これより,

$$N=2^{24}\times m \quad (m \text{ は正の奇数}) \qquad \cdots ④$$

と表せる.

← m は $3^r\times11^s$ (r, s は正の整数) の形で表されるから, 正の奇数である.

m は奇数より, 2進法では 2^0 の位の数字が1である. このことに注意すると,

$$m=1\times2^{\ell}+a_{\ell-1}\times2^{\ell-1}+\cdots+a_1\times2^1+1\times2^0$$

(ℓ は正の整数, a_1, $\cdots$, $a_{\ell-1}$ は0か1の数)

と表せるから, ④に代入すると,

← m を2進法で表すと,

$$1\ a_{\ell-1}\cdots a_1\ 1_{(2)}$$

と表せる.

$$N=2^{24}\times(1\times2^{\ell}+a_{\ell-1}\times2^{\ell-1}+\cdots+a_1\times2^1+1\times2^0)$$

$$=1\times2^{\ell+24}+a_{\ell-1}\times2^{\ell+23}+\cdots+a_1\times2^{25}+1\times2^{24}$$

である.

← 2^{24} を2進法で表すと,

$$1\underbrace{0\cdots0}_{0\text{が}24\text{個並ぶ}}{}_{(2)}$$

と表せる.

よって, N の2進法による表示は,

$$1\ a_{\ell-1}\cdots a_1\ 1\underbrace{0\ 0\ 0\cdots0}_{0\text{が}24\text{個並ぶ}}{}_{(2)}$$

である.

← $1\times2^{\ell+24}+a_{\ell-1}\times2^{\ell+23}+\cdots+a_1\times2^{25}+1\times2^{24}$
$+0\times2^{23}+0\times2^{22}+\cdots+0\times2^1+0\times2^0$.

したがって, 1188のすべての正の約数の積を2進法で表すと, 末尾には0が連続して **24** 個並ぶ.

第5問　図形の性質

(1)
$$CD = AC - AD = 7 - 3 = 4$$
である．

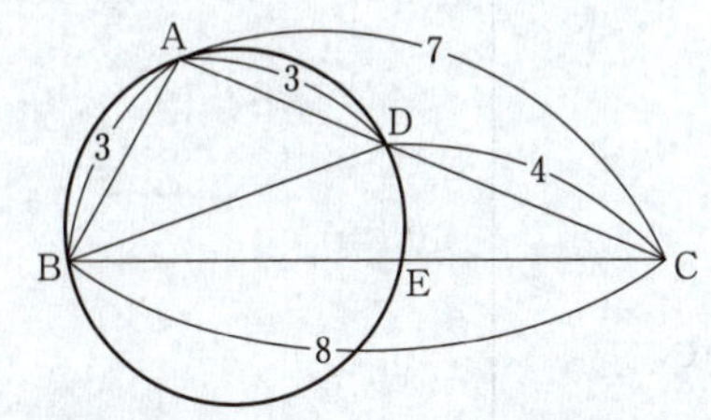

方べきの定理より，

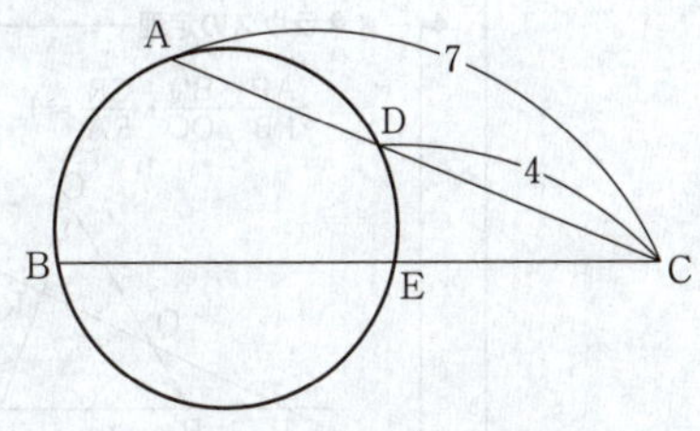

$$CB \cdot CE = CA \cdot CD$$
であるから，
$$BC \cdot CE = 7 \cdot 4 = \boxed{28}$$
である．

これに BC = 8 を代入して，
$$8 \cdot CE = 28$$
すなわち
$$CE = \frac{\boxed{7}}{\boxed{2}}$$
である．

これより，
$$BE = BC - CE = 8 - \frac{7}{2} = \frac{9}{2}$$
である．

△ABC と直線 EF に対して，メネラウスの定理を用いると，

← 方べきの定理

PA・PB＝PC・PD.

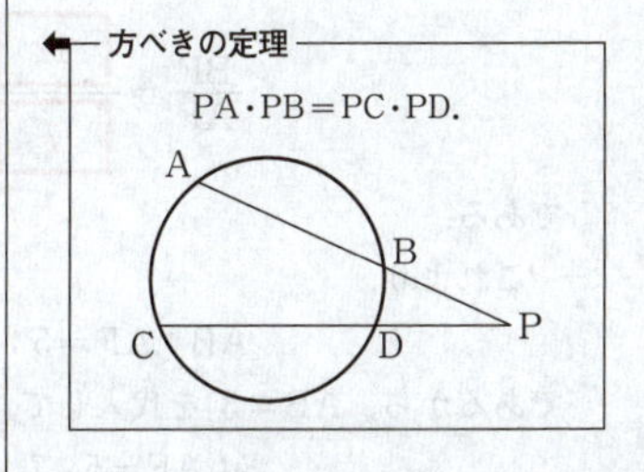

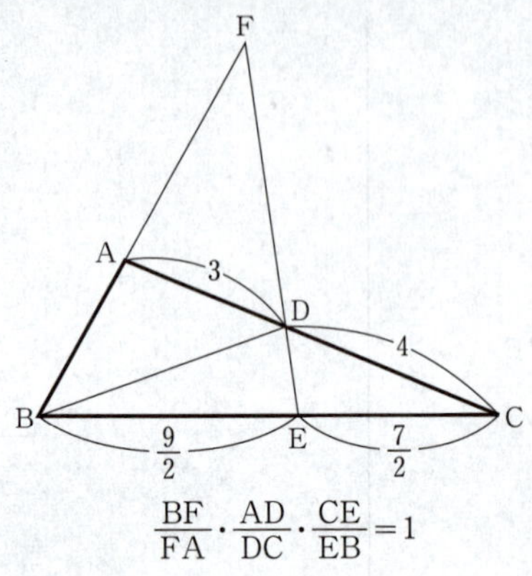

$$\frac{BF}{FA}\cdot\frac{AD}{DC}\cdot\frac{CE}{EB}=1$$

であるから，

$$\frac{BF}{AF}\cdot\frac{3}{4}\cdot\frac{\frac{7}{2}}{\frac{9}{2}}=1$$

すなわち

$$\frac{BF}{AF}=\frac{\boxed{12}}{\boxed{7}}$$

である．

これより，

$$AB:AF=5:7$$

であるから，AB＝3 を代入して，

$$3:AF=5:7$$
$$5AF=21$$
$$AF=\frac{\boxed{21}}{\boxed{5}}$$

である．

(2) △ABC に余弦定理を用いると，

$$\cos\angle ABC=\frac{3^2+8^2-7^2}{2\cdot3\cdot8}=\frac{1}{2}$$

であるから，$0°<\angle ABC<180°$ より，

$$\angle ABC=\boxed{60}°$$

である．

△ABC の内接円の半径を r とし，△ABC の面積に注目すると，

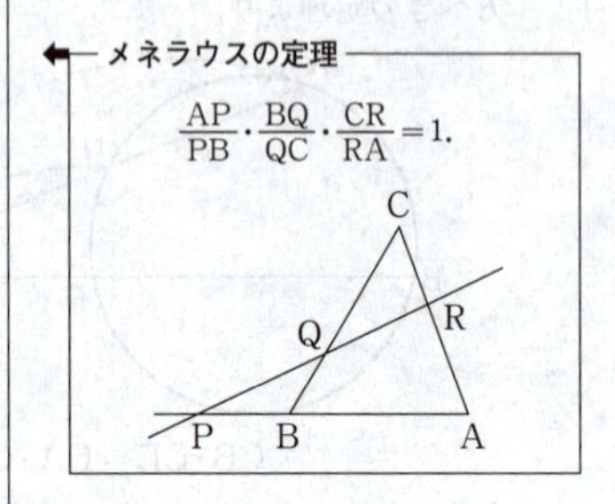

メネラウスの定理
$\frac{AP}{PB}\cdot\frac{BQ}{QC}\cdot\frac{CR}{RA}=1.$
C
Q
R
P
B
A

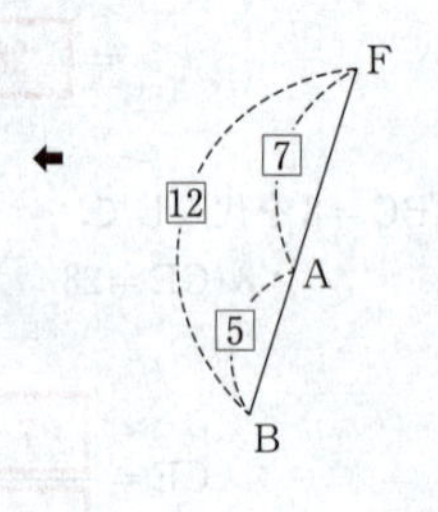

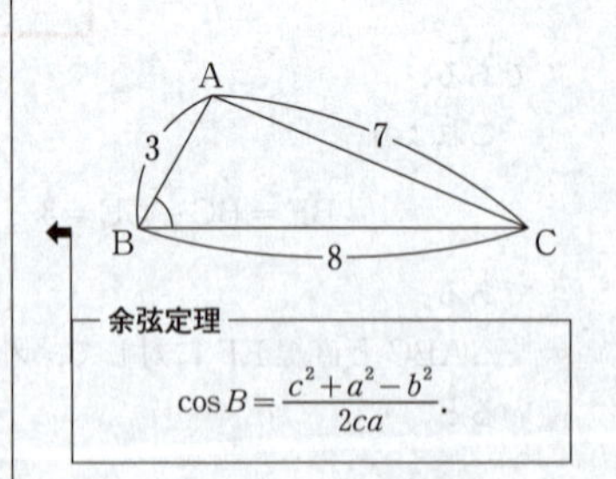

余弦定理

$$\cos B=\frac{c^2+a^2-b^2}{2ca}.$$

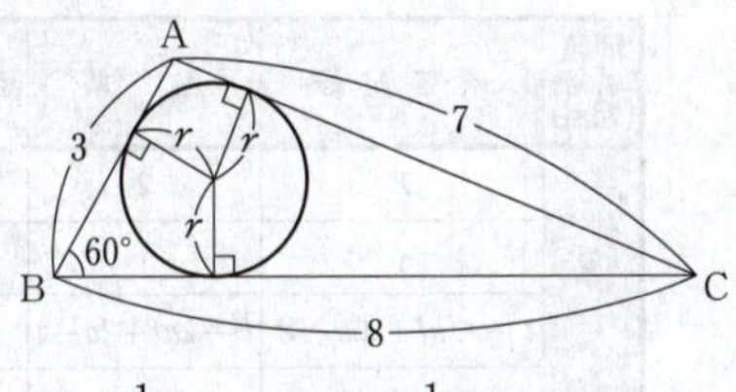

$$\frac{1}{2}r(8+7+3)=\frac{1}{2}\cdot 3\cdot 8\sin 60^\circ$$

が成り立つから，

$$9r=12\cdot\frac{\sqrt{3}}{2}$$

すなわち

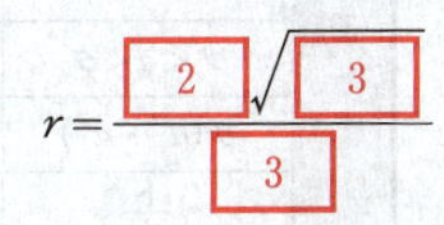

$$r=\frac{\boxed{2}\sqrt{\boxed{3}}}{\boxed{3}}$$

である．

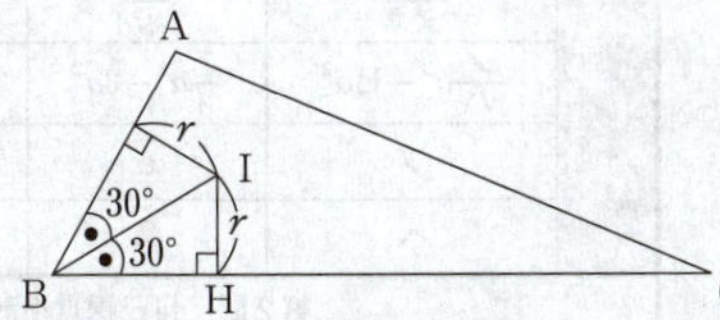

△ABCの内接円と辺BCの接点をHとすると，Iが△ABCの内心より，BIは∠ABCの二等分線であるから，

$$\angle \mathrm{IBH}=\frac{1}{2}\angle \mathrm{ABC}=\frac{1}{2}\cdot 60^\circ=30^\circ$$

である．

よって，△BHIは，

$$\angle \mathrm{BHI}=90^\circ,\quad \angle \mathrm{IBH}=30^\circ,\quad \angle \mathrm{HIB}=60^\circ$$

の直角三角形であるから，

$$\mathrm{BI}:\mathrm{HI}=2:1,\ \text{つまり}\ \mathrm{BI}:r=2:1$$

である．

したがって，

$$\mathrm{BI}=2r$$
$$=2\cdot\frac{2\sqrt{3}}{3}$$
$$=\frac{\boxed{4}\sqrt{\boxed{3}}}{\boxed{3}}$$

である．

内接円の半径と面積

△ABCの内接円の半径を r とすると，

$$(\triangle\mathrm{ABC}\text{の面積})=\frac{1}{2}r(a+b+c).$$

三角形の面積

$$(\triangle\mathrm{ABC}\text{の面積})=\frac{1}{2}ca\sin B.$$

三角形の内心

3つの内角のそれぞれの二等分線の交点Iを内心という．

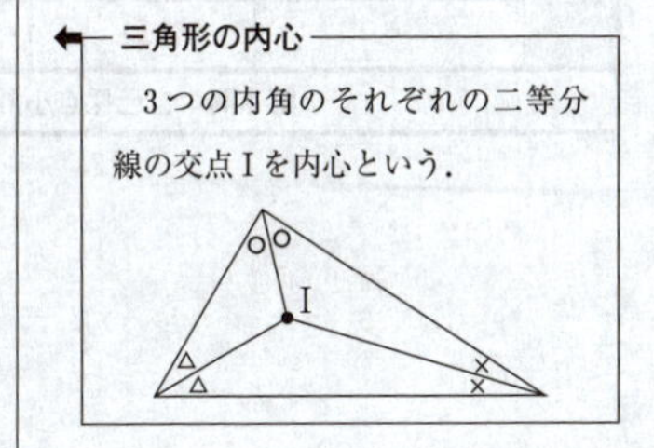

数学Ⅱ・数学B

解答・採点基準

（100点満点）

問題番号(配点)	解答記号	正解	配点	自己採点
第1問 (30)	$\frac{アイ}{ウエ}$	$\frac{17}{15}$	3	
	オ	4	2	
	$\frac{カ}{キ}$	$\frac{4}{5}$	3	
	$\frac{ク}{ケ}$	$\frac{1}{3}$	3	
	$\frac{コ\sqrt{サ}}{シ}$	$\frac{2\sqrt{5}}{5}$	2	
	$\frac{ス\sqrt{セ}}{ソ}$	$\frac{-\sqrt{3}}{3}$	2	
	タ	0	2	
	$\frac{チ}{ツ}$	$\frac{1}{3}$	2	
	$\frac{テ}{ト}\log_2 p+ナ$	$\frac{1}{3}\log_2 p+1$	2	
	$\frac{ニ}{ヌ}q^{ネ}$	$\frac{1}{8}q^3$	3	
	$ノ\sqrt{ハ}$	$6\sqrt{6}$	2	
	$ヒ\sqrt{フ}$	$2\sqrt{6}$	2	
	ヘ	⑥	2	
第1問　自己採点小計				

問題番号(配点)	解答記号	正解	配点	自己採点
第2問 (30)	ア	2	2	
	イ	1	1	
	$t^2-ウat+エa-オ$	$t^2-2at+2a-1$	2	
	$カa-キ$	$2a-1$	1	
	ク	1	1	
	ケ	1	1	
	$(コa-サ)x-シa^2+スa$	$(4a-2)x-4a^2+4a$	2	
	セ	2	2	
	$ソ<a<タ$	$0<a<1$	2	
	$チ(a^{ツ}-a^{テ})$	$2(a^2-a^3)$	3	
	$\frac{ト}{ナ}$	$\frac{2}{3}$	3	
	$\frac{ニ}{ヌネ}$	$\frac{8}{27}$	3	
	$\frac{ノ}{ハ}a^3-ヒa^2$	$\frac{7}{3}a^3-3a^2$	3	
	フ	a	1	
	ヘ	②	3	
第2問　自己採点小計				
第3問 (20)	ア	8	2	
	イ	7	2	
	ウ	a	2	
	$エr^2+(オ-カ)r+キ$	$ar^2+(a-b)r+a$	3	
	$クa^2+ケab-b^2$	$3a^2+2ab-b^2$	2	
	コ	4	2	
	サシ	16	2	
	ス，セ	1，1	2	
	$\frac{ソn+タ}{チ}$，ツ	$\frac{3n+2}{9}$，2	2	
	$\frac{テト}{ナ}$	$\frac{32}{9}$	1	
第3問　自己採点小計				

問題番号(配点)	解答記号	正解	配点	自己採点
第4問 (20)	ア, $\sqrt{イ}$	1, $\sqrt{3}$	1	
	$-$ウ	-2	1	
	$-\dfrac{エ}{オ}$, $\dfrac{\sqrt{カ}}{キ}$	$-\dfrac{5}{2}$, $\dfrac{\sqrt{3}}{2}$	2	
	ク, $\sqrt{ケ}$	1, $\sqrt{3}$	2	
	$\dfrac{コ}{サ}$	$\dfrac{4}{3}$	2	
	$\dfrac{シ}{ス}$	$\dfrac{2}{3}$	2	
	$-\dfrac{セ}{ソ}$, $\dfrac{タ\sqrt{チ}}{ツ}$	$-\dfrac{4}{3}$, $\dfrac{2\sqrt{3}}{3}$	2	
	テ, ト$+\sqrt{ナ}$	2, $a+\sqrt{3}$	2	
	$\dfrac{ニa^{ヌ}+ネ}{ノ}$, ハ	$\dfrac{-a^2+1}{2}$, a	3	
	$\pm\dfrac{ヒ}{フヘ}$	$\pm\dfrac{5}{12}$	3	
第4問　自己採点小計				
第5問 (20)	アイウ	152	3	
	$\dfrac{エ}{オカ}$	$\dfrac{8}{27}$	3	
	キ.クケ	1.25	3	
	0.コサ	0.89	3	
	$\dfrac{シ}{ス}$	$\dfrac{1}{8}$	2	
	$\dfrac{セ}{ソ}$	$\dfrac{a}{3}$	3	
	$\dfrac{タチ}{ツ}$	$\dfrac{2a}{3}$	2	
	テ	7	1	
第5問　自己採点小計				
自己採点合計				

(注)

第1問，第2問は必答。

第3問～第5問のうちから2問選択。計4問を解答。

第1問　三角関数，指数関数・対数関数

〔1〕　連立方程式

$$\begin{cases} \cos 2\alpha + \cos 2\beta = \dfrac{4}{15} & \cdots ① \\ \cos\alpha\cos\beta = -\dfrac{2\sqrt{15}}{15} & \cdots ② \end{cases}$$

を考える．ただし，$0 \leqq \alpha \leqq \pi$，$0 \leqq \beta \leqq \pi$ であり，

$\alpha < \beta$ かつ

$$|\cos\alpha| \geqq |\cos\beta| \qquad \cdots ③$$

← ③より，$\cos^2\alpha \geqq \cos^2\beta$.

とする．このとき，$\cos\alpha$ と $\cos\beta$ の値を求める．

2倍角の公式を用いると，①から

$$(2\cos^2\alpha - 1) + (2\cos^2\beta - 1) = \frac{4}{15}$$

← **2倍角の公式**
$\cos 2\theta = 2\cos^2\theta - 1$.

$$\cos^2\alpha + \cos^2\beta = \frac{17}{15} \qquad \cdots ⑦$$

が得られる．また，②から

$$\cos^2\alpha\cos^2\beta = \frac{4}{15} \qquad \cdots ⑧$$

← ②の両辺を2乗した．

である．⑦，⑧より，$\cos^2\alpha$，$\cos^2\beta$ は x の方程式

$$x^2 - \frac{17}{15}x + \frac{4}{15} = 0$$

← **解と係数の関係**
2次方程式
$$ax^2 + bx + c = 0$$
の二つの解を α，β とすると
$$\begin{cases} \alpha + \beta = -\dfrac{b}{a}, \\ \alpha\beta = \dfrac{c}{a} \end{cases}$$
が成り立つ．

の2つの解である．これを変形すると

$$\left(x - \frac{4}{5}\right)\left(x - \frac{1}{3}\right) = 0$$

であるから，③とあわせると

$$\cos^2\alpha = \frac{4}{5}, \quad \cos^2\beta = \frac{1}{3}$$

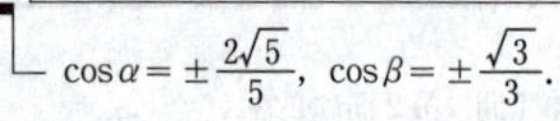

である．よって，②と条件 $0 \leqq \alpha \leqq \pi$，$0 \leqq \beta \leqq \pi$，

$\alpha < \beta$ から

$$\cos\alpha = \frac{2\sqrt{5}}{5},$$

$$\cos\beta = \frac{-\sqrt{3}}{3}$$

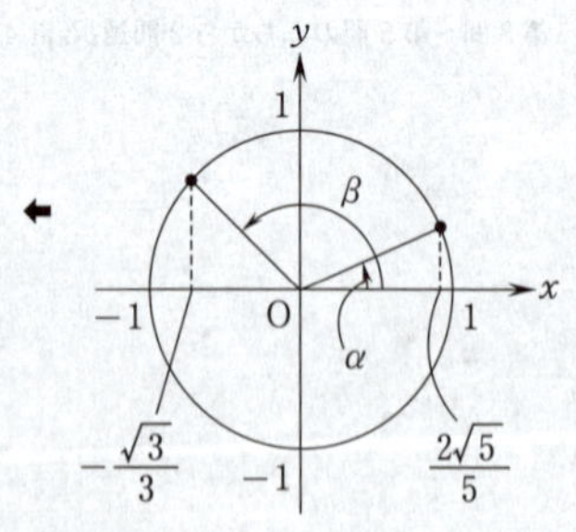

である．

〔2〕 $A\left(0,\ \frac{3}{2}\right)$, $B(p,\ \log_2 p)$, $C(q,\ \log_2 q)$．線分 AB を 1：2 に内分する点が C であるとき，p, q の値を求める．

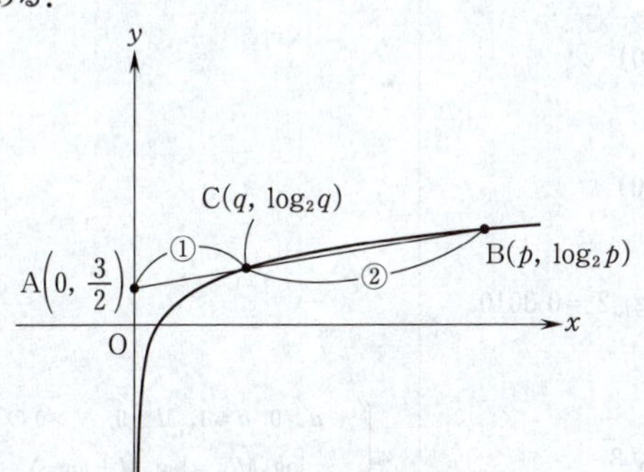

真数は正であるから，$p >$ 0 ，$q > 0$ である．

線分 AB を 1：2 に内分する点の座標は，p を用いて

$$\left(\frac{2\cdot 0 + 1\cdot p}{3},\ \frac{2\cdot\frac{3}{2} + 1\cdot\log_2 p}{3}\right)$$

すなわち

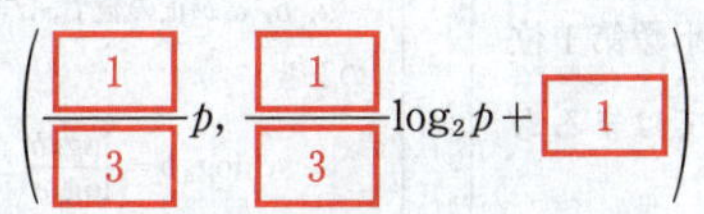

$$\left(\frac{1}{3}p,\ \frac{1}{3}\log_2 p + 1\right)$$

と表される．これが C の座標と一致するので

$$\begin{cases} \frac{1}{3}p = q & \cdots ④ \\ \frac{1}{3}\log_2 p + 1 = \log_2 q & \cdots ⑤ \end{cases}$$

が成り立つ．

⑤ は

$$\log_2 p = 3(\log_2 q - 1)$$

$$\log_2 p = 3(\log_2 q - \log_2 2)$$

$$\log_2 p = 3\log_2\frac{q}{2}$$

$$\log_2 p = \log_2\left(\frac{q}{2}\right)^3$$

$$p = \frac{1}{8}q^{3} \quad \cdots ⑥$$

と変形できる．⑥ を ④ に代入し，$q > 0$ に注意すると

内分点

2 点 $(x_1,\ y_1)$, $(x_2,\ y_2)$ を結ぶ線分を $m:n$ に内分する点の座標は

$$\left(\frac{nx_1 + mx_2}{m+n},\ \frac{ny_1 + my_2}{m+n}\right)$$

である．

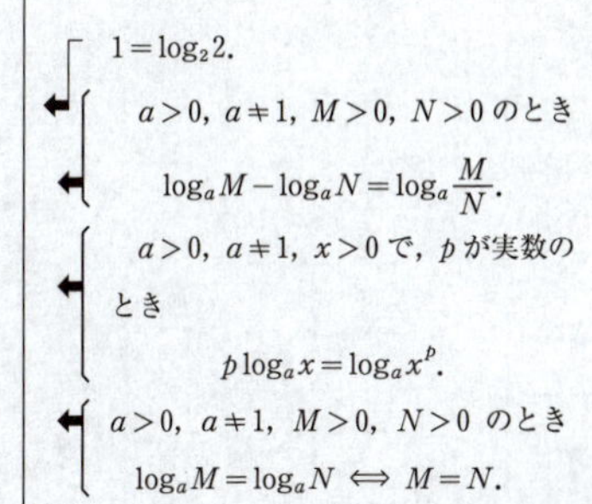

$1 = \log_2 2$.

$a > 0$, $a \neq 1$, $M > 0$, $N > 0$ のとき

$$\log_a M - \log_a N = \log_a\frac{M}{N}.$$

$a > 0$, $a \neq 1$, $x > 0$ で，p が実数のとき

$$p\log_a x = \log_a x^p.$$

$a > 0$, $a \neq 1$, $M > 0$, $N > 0$ のとき

$$\log_a M = \log_a N \iff M = N.$$

$$\frac{1}{3}\cdot\frac{1}{8}q^3=q$$
$$q^3=24q$$
$$q^2=24$$
$$q=\boxed{2}\sqrt{\boxed{6}}\quad(>0)$$

であり，これを ④ に代入すると

$$p=\boxed{6}\sqrt{\boxed{6}}\quad(>0)$$

である．

また，C の y 座標 $\log_2(2\sqrt{6})$ は，$\log_{10}2=0.3010$，$\log_{10}3=0.4771$ より

$$\begin{aligned}\log_2 2\sqrt{6}&=\log_2(2\sqrt{2}\cdot\sqrt{3})\\&=\log_2 2\sqrt{2}+\log_2\sqrt{3}\\&=\log_2 2^{\frac{3}{2}}+\log_2 3^{\frac{1}{2}}\\&=\frac{3}{2}+\frac{1}{2}\log_2 3\\&=\frac{3}{2}+\frac{1}{2}\cdot\frac{\log_{10}3}{\log_{10}2}\\&=\frac{3}{2}+\frac{1}{2}\cdot\frac{0.4771}{0.3010}\end{aligned}$$

となり，これを小数第 2 位を四捨五入して小数第 1 位まで求めると 2.3 であるから，$\boxed{ヘ}$ に当てはまるものは $\boxed{⑥}$ である．

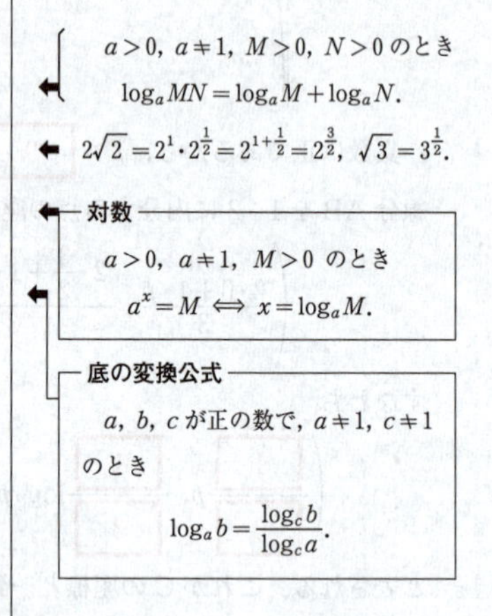

第2問　微分法・積分法

$C: y=x^2+1$, $\mathrm{P}(a,\ 2a)$.

(1)　点Pを通り，放物線 C に接する直線の方程式を求める．

$y=x^2+1$ より $y'=2x$ であるから，C 上の点 $(t,\ t^2+1)$ における C の接線の方程式は

$$y=2t(x-t)+t^2+1$$
$$=\boxed{2}tx-t^2+\boxed{1} \quad \cdots ②$$

である．この直線が $\mathrm{P}(a,\ 2a)$ を通るとすると

$$2a=2ta-t^2+1$$

が成り立ち，これを変形すると，t は方程式

$$t^2-\boxed{2}at+\boxed{2}a-\boxed{1}=0$$

を満たすことがわかる．これを因数分解すると

$$(t-2a+1)(t-1)=0$$

となるから，$t=\boxed{2}a-\boxed{1}$，$\boxed{1}$ である．

よって，$a\neq\boxed{1}$ のとき，Pを通る C の接線は2本あり，それらの方程式は

$$y=(\boxed{4}a-\boxed{2})x-\boxed{4}a^2+\boxed{4}a \quad \cdots ①$$

と

$$y=\boxed{2}x$$

である．

(2)　ℓ と y 軸との交点Rの y 座標 r は

$$r=-4a^2+4a$$

であり，$r>0$ となるのは

$$-4a^2+4a>0$$
$$4a(a-1)<0$$

より $\boxed{0}<a<\boxed{1}$ のときであり，このとき，三角形OPRの面積 S は

$$S=\frac{1}{2}(\text{P の } x \text{ 座標})\times(\text{R の } y \text{ 座標})$$
$$=\frac{1}{2}a(-4a^2+4a)$$
$$=\boxed{2}\left(a^{\boxed{2}}-a^{\boxed{3}}\right)$$

となる．

導関数

$(x^n)'=nx^{n-1}$ $(n=1,\ 2,\ 3,\ \cdots)$,
$(c)'=0$ (c は定数).

接線の方程式

曲線 $y=f(x)$ 上の点 $(t,\ f(t))$ における接線の方程式は

$$y-f(t)=f'(t)(x-t).$$

← $a\neq1$ のとき，$2a-1\neq1$.

← $t=2a-1$ を②に代入した.

← $t=1$ を②に代入した.

← (1)の方程式①で表される直線が ℓ.

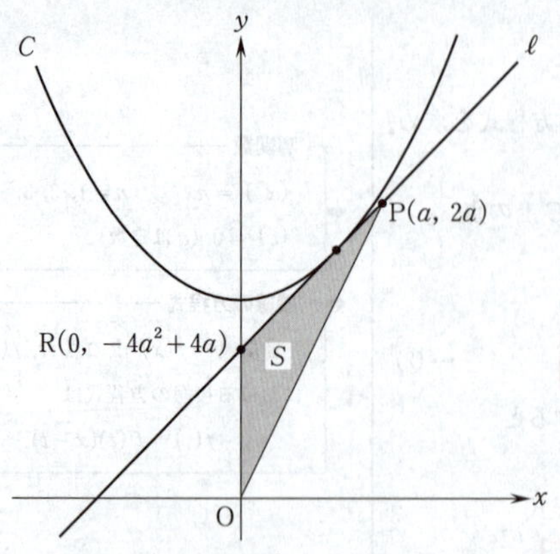

$$S' = 2(2a-3a^2) = -2a(3a-2)$$

より，$0<a<1$ のとき，S の増減を調べると以下のようになる．

a	(0)	$\cdots$	$\frac{2}{3}$	$\cdots$	(1)
S'	(0)	$+$	0	$-$	
S		↗	$\frac{8}{27}$	↘	

よって，S は $a=\dfrac{2}{3}$ で最大値 $\dfrac{8}{27}$ をとることがわかる．

(3)　$f(x)=x^2+1$ とする．また，点 $(a,\ 0)$ を A とし，三角形 OAP の面積を U とすると

$$U=\frac{1}{2}\cdot a\cdot 2a=a^2$$

である．$0<a<1$ のとき，放物線 C と (2) の直線 ℓ および 2 直線 $x=0$，$x=a$ で囲まれた図形の面積 T は

$$T=\int_0^a f(x)\,dx-S-U \quad \cdots ③$$

$$=\left[\frac{1}{3}x^3+x\right]_0^a-2(a^2-a^3)-a^2$$

$$=\left(\frac{1}{3}a^3+a\right)-2(a^2-a^3)-a^2$$

$$=\frac{7}{3}a^3-3a^2+a$$

である．

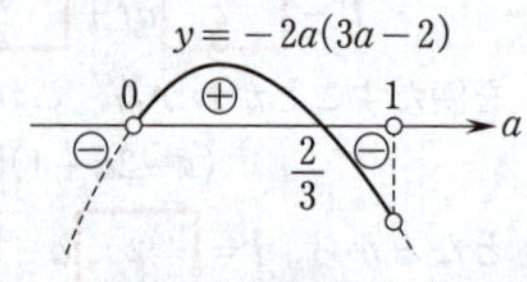

$y=S'$ のグラフを描くと S' の符号の変化がわかりやすい．

面積

区間 $\alpha \leqq x \leqq \beta$ においてつねに $f(x)\geqq 0$ ならば曲線 $y=f(x)$ と x 軸および直線 $x=\alpha$，$x=\beta$ で囲まれた部分の面積は

$$\int_\alpha^\beta f(x)\,dx.$$

定積分

$$\int x^n\,dx=\frac{1}{n+1}x^{n+1}+C$$

(ただし $n=0, 1, 2, \cdots$. C は積分定数)

であり，$f(x)$ の原始関数の一つを $F(x)$ とすると

$$\int_\alpha^\beta f(x)\,dx=\Big[F(x)\Big]_\alpha^\beta =F(\beta)-F(\alpha).$$

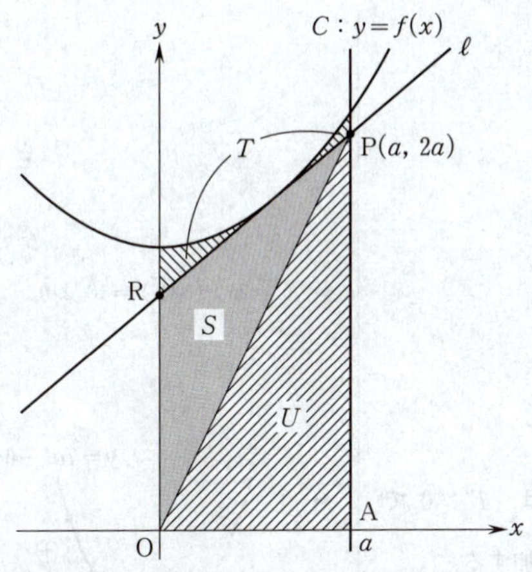

③の両辺を a で微分すると

$$T'=f(a)-S'-2a$$
$$=(a^2+1)-S'-2a$$
$$=(a-1)^2-S'$$

である．$\frac{2}{3}\leqq a<1$ のとき，$(a-1)^2>0$，$S'\leqq 0$ であるから，このとき，$T'>0$ である．よって，$\frac{2}{3}\leqq a<1$ の範囲において T は増加する．したがって，ヘ に当てはまるものは ② である．

微分と積分の関係

$$\int_b^a f(x)\,dx$$

を a で微分すると

$$f(a).$$

面積

区間 $\alpha\leqq x\leqq\beta$ においてつねに $g(x)\leqq f(x)$ ならば2曲線 $y=f(x)$，$y=g(x)$ および直線 $x=\alpha$，$x=\beta$ で囲まれた部分の面積は

$$\int_\alpha^\beta\{f(x)-g(x)\}\,dx.$$

y
y=f(x)
y=g(x)
O　α　β　x

【(3)の別解】

$f(x)=x^2+1$ とし，(1)の①の右辺を $g(x)$ とする．$0<a<1$ のとき，放物線 C と(2)の直線 ℓ および2直線 $x=0$，$x=a$ で囲まれた図形の面積 T は

$$T=\int_0^a\{f(x)-g(x)\}\,dx$$
$$=\int_0^a\{x^2-(4a-2)x+(4a^2-4a+1)\}\,dx$$
$$=\left[\frac{1}{3}x^3-(2a-1)x^2+(4a^2-4a+1)x\right]_0^a$$
$$=\frac{1}{3}a^3-(2a-1)a^2+(4a^2-4a+1)a$$
$$=\frac{7}{3}a^3-3a^2+a$$

である．T を a で微分すると

$$T'=7a^2-6a+1$$

であり

$$T'=0$$

$$S=\int_\alpha^\beta\{f(x)-g(x)\}\,dx$$
$$=\int_0^a\{x-(2a-1)\}^2\,dx$$
$$=\left[\frac{1}{3}\{x-(2a-1)\}^3\right]_0^a$$
$$=\frac{1}{3}\{a-(2a-1)\}^3-\frac{1}{3}\{0-(2a-1)\}^3$$
$$=\frac{7}{3}a^3-3a^2+a$$

としてもよい．

すなわち

$$7a^2-6a+1=0$$

を解くと

$$a=\frac{3\pm\sqrt{2}}{7}$$

である．

$$\frac{2}{3}-\frac{3+\sqrt{2}}{7}=\frac{5-3\sqrt{2}}{21}>0$$

⬅ $5^2=25>(3\sqrt{2})^2=18$ より．

より

$$\frac{2}{3}>\frac{3+\sqrt{2}}{7}$$

であるから，$\frac{2}{3}\leqq a<1$ の範囲においては，$T'>0$ である．よって，この範囲において T は増加する．

⬅

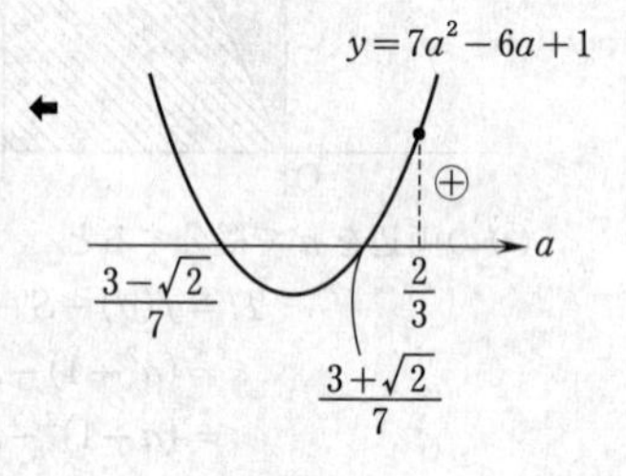

第3問　数列

(1)　等比数列 $\{s_n\}$ の初項が1，公比が2であるから

$$s_n=2^{n-1}$$

と表される．よって

$$s_1s_2s_3=1\cdot 2\cdot 4=\boxed{8}$$

$$s_1+s_2+s_3=1+2+4=\boxed{7}$$

である．

←**等比数列の一般項**
初項を a，公比を r とする等比数列 $\{a_n\}$ の一般項は
$a_n=ar^{n-1}$ $(n=1,\ 2,\ 3,\ \cdots)$.

(2)　等比数列 $\{s_n\}$ の初項が x，公比が r であるから

$$s_n=xr^{n-1}$$

と表される．よって

$$s_1s_2s_3=a^3 \quad \cdots ①$$

$$s_1+s_2+s_3=b \quad \cdots ②$$

より

$$xr=\boxed{a} \quad \cdots ③$$

←$x\cdot xr\cdot xr^2=a^3$，すなわち $x^3r^3=a^3$ より．

$$xr(1+r+r^2)=br$$

←$x+xr+xr^2=b$ の両辺に r をかけた．

を得る．これらより x を消去すると

$$a(1+r+r^2)=br$$

となる．これを r について整理すると

$$\boxed{a}r^2+\left(\boxed{a}-\boxed{b}\right)r+\boxed{a}=0 \quad \cdots ④$$

を得る．④を満たす実数 r が存在するので，r の方程式④の判別式を D とすると

$$D=(a-b)^2-4a^2\geqq 0$$

すなわち

$$\boxed{3}a^2+\boxed{2}ab-b^2\leqq 0 \quad \cdots ⑤$$

である．

逆に，a，b が⑤を満たすとき，③，④を用いて r，x の値を求めることができる．

←**2次方程式の解の判別**
a，b，c を実数とし，$a\neq 0$ する．
x の2次方程式
$ax^2+bx+c=0$　$\cdots(*)$
の判別式 $D=b^2-4ac$ において，
$D>0 \iff (*)$が異なる二つの実数解をもつ，
$D=0 \iff (*)$が実数の重解をもつ，
$D<0 \iff (*)$が異なる二つの虚数解をもつ．

(3)　$a=64$，$b=336$ のとき，④は

$$64r^2-272r+64=0$$

$$16(4r-1)(r-4)=0$$

となる．公比 r が1より大きいことから

$$r=\boxed{4}$$

である．これと③より

$$x=\boxed{16}$$

である．よって

$$s_n = 16 \cdot 4^{n-1} = 4^{n+1}$$

である．このとき

$$\begin{aligned} t_n &= s_n \log_4 s_n \\ &= 4^{n+1} \log_4 4^{n+1} \\ &= \left(n + \boxed{1}\right) \cdot 4^{n+\boxed{1}} \end{aligned}$$

である．数列 $\{t_n\}$ の初項から第 n 項までの和 U_n を求める．$U_n - 4U_n$ を次のように計算すると，$n \geqq 2$ のとき

$$\begin{array}{rl} U_n = & 2\cdot4^2+3\cdot4^3+4\cdot4^4+\cdots\cdots+n\cdot4^n+(n+1)\cdot4^{n+1} \\ 4U_n = & \qquad 2\cdot4^3+3\cdot4^4+4\cdot4^5+\cdots\cdots\cdots\cdots+n\cdot4^{n+1}+(n+1)\cdot4^{n+2} \\ \hline -3U_n = & 2\cdot4^2+(4^3+\ \ 4^4\ \ +4^5\cdots\cdots\cdots\cdots\cdots\cdots+4^{n+1})-(n+1)\cdot4^{n+2} \end{array}$$

$$\begin{aligned} -3U_n &= 2\cdot4^2 + 4^3\cdot\frac{4^{n-1}-1}{4-1} - (n+1)\cdot4^{n+2} \\ &= 2\cdot4^2 + \frac{4^{n+2}-4\cdot4^2}{3} - (n+1)\cdot4^{n+2} \\ &= \frac{2}{3}\cdot4^2 - \left(n+\frac{2}{3}\right)\cdot4^{n+2} \end{aligned}$$

となる．これは $n=1$ のときも成り立つ．よって

$$U_n = \frac{\boxed{3}\,n + \boxed{2}}{\boxed{9}}\cdot4^{n+\boxed{2}} - \frac{\boxed{32}}{\boxed{9}}$$

である．

← $16\cdot4^{n-1} = 4^2\cdot4^{n-1} = 4^{2+(n-1)}$.

← $\log_4 4^{n+1} = n+1$.

← **等比数列の和**

初項 a，公比 r，項数 n の等比数列の和は，$r \neq 1$ のとき

$$a\cdot\frac{r^n-1}{r-1}.$$

第4問　平面ベクトル

(1)　OB＝2，∠AOB＝60° より

$$\mathrm{B}(2\cos 60°,\ 2\sin 60°)$$

すなわち

$$\mathrm{B}\left(\boxed{1},\ \sqrt{\boxed{3}}\right)$$

である．同様にして，点C，E，Fの座標はそれぞれ $(-1,\ \sqrt{3})$，$(-1,\ -\sqrt{3})$，$(1,\ -\sqrt{3})$ である．また，点Dの座標は $\left(-\boxed{2},\ 0\right)$ である．

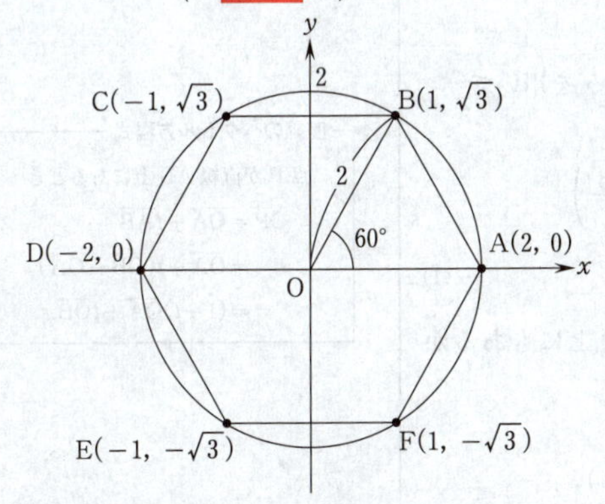

(2)　線分BDの中点がMであるから

$$\overrightarrow{\mathrm{OM}}=\frac{1}{2}\overrightarrow{\mathrm{OB}}+\frac{1}{2}\overrightarrow{\mathrm{OD}}$$
$$=\frac{1}{2}(1,\ \sqrt{3})+\frac{1}{2}(-2,\ 0)$$
$$=\frac{1}{2}(-1,\ \sqrt{3})$$

である．よって

$$\overrightarrow{\mathrm{AM}}=\overrightarrow{\mathrm{OM}}-\overrightarrow{\mathrm{OA}}$$
$$=\frac{1}{2}(-1,\ \sqrt{3})-(2,\ 0)$$
$$=\left(-\frac{\boxed{5}}{\boxed{2}},\ \frac{\sqrt{\boxed{3}}}{\boxed{2}}\right)$$

である．また

$$\overrightarrow{\mathrm{DC}}=\overrightarrow{\mathrm{OC}}-\overrightarrow{\mathrm{OD}}$$
$$=(-1,\ \sqrt{3})-(-2,\ 0)$$
$$=\left(\boxed{1},\ \sqrt{\boxed{3}}\right)$$

である．

← 分点公式

線分ABを $m:n$ に内分する点をPとすると

$$\overrightarrow{\mathrm{OP}}=\frac{n\overrightarrow{\mathrm{OA}}+m\overrightarrow{\mathrm{OB}}}{m+n}.$$

← 上の図より，$\overrightarrow{\mathrm{DC}}=\overrightarrow{\mathrm{OB}}=(1,\ \sqrt{3})$ としてもよい．

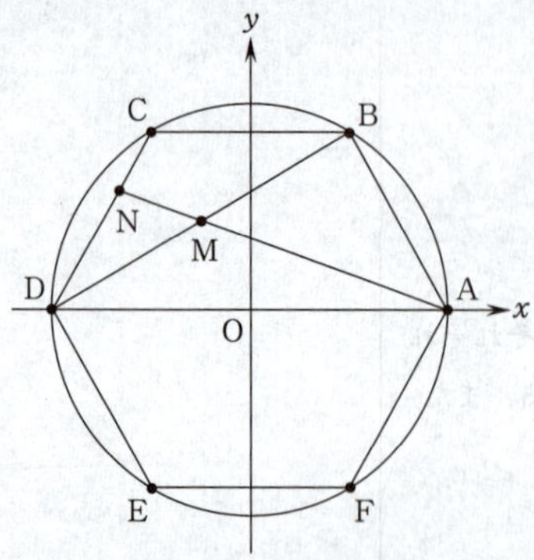

点Nは直線AM上にあるから，実数rを用いて

$$\overrightarrow{ON}=\overrightarrow{OA}+r\overrightarrow{AM}$$
$$=(2,\ 0)+r\left(-\frac{5}{2},\ \frac{\sqrt{3}}{2}\right)$$
$$=\left(2-\frac{5}{2}r,\ \frac{\sqrt{3}}{2}r\right)\qquad\cdots①$$

と表される．さらに，点Nは直線CD上にもあるから，実数sを用いて

$$\overrightarrow{ON}=\overrightarrow{OD}+s\overrightarrow{DC}$$
$$=(-2,\ 0)+s(1,\ \sqrt{3})$$
$$=(-2+s,\ \sqrt{3}s)\qquad\cdots②$$

と表される．①，②より

$$2-\frac{5}{2}r=-2+s,\quad \frac{\sqrt{3}}{2}r=\sqrt{3}s$$

が成り立つ．これらより

$$r=\frac{\boxed{4}}{\boxed{3}},\quad s=\frac{\boxed{2}}{\boxed{3}}$$

である．これを②に代入すると

$$\overrightarrow{ON}=\left(-\frac{\boxed{4}}{\boxed{3}},\ \frac{\boxed{2}\sqrt{\boxed{3}}}{\boxed{3}}\right)$$

である．

(3)　Pは線分BF上にあり，そのy座標はaであるから，P$(1,\ a)$である．よって

$$\overrightarrow{EP}=\overrightarrow{OP}-\overrightarrow{OE}$$
$$=(1,\ a)-(-1,\ -\sqrt{3})$$
$$=\left(\boxed{2},\ \boxed{a}+\sqrt{\boxed{3}}\right)$$

←**直線のベクトル方程式**

点Pが直線AB上にあるとき

$$\overrightarrow{OP}=\overrightarrow{OA}+t\overrightarrow{AB}$$
$$=\overrightarrow{OA}+t(\overrightarrow{OB}-\overrightarrow{OA})$$
$$=(1-t)\overrightarrow{OA}+t\overrightarrow{OB}.$$

←①に代入してもよい．

と表される．

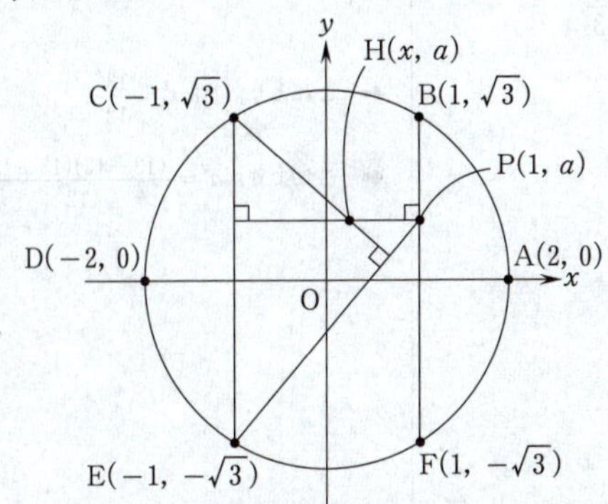

Hは点Pから直線CEに引いた垂線上にあるから，実数xを用いて$\mathrm{H}(x,\ a)$と表される．よって

$$\begin{aligned}\overrightarrow{\mathrm{CH}}&=\overrightarrow{\mathrm{OH}}-\overrightarrow{\mathrm{OC}}\\&=(x,\ a)-(-1,\ \sqrt{3})\\&=(x+1,\ a-\sqrt{3})\end{aligned}$$

と表される．さらに，$\overrightarrow{\mathrm{CH}}\perp\overrightarrow{\mathrm{EP}}$であるから

$$\overrightarrow{\mathrm{CH}}\cdot\overrightarrow{\mathrm{EP}}=0$$

である．これを計算すると

$$(x+1)\cdot 2+(a-\sqrt{3})(a+\sqrt{3})=0$$

$$2x+2+a^2-3=0$$

$$x=\frac{-a^2+1}{2}$$

を得る．これより，Hの座標をaを用いて表すと

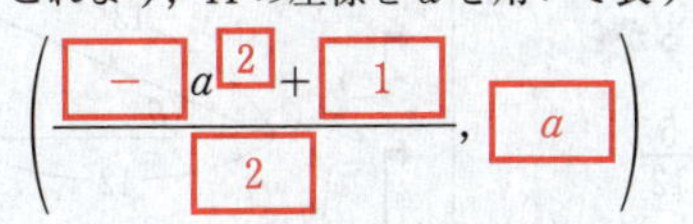

$$\left(\frac{-a^{2}+1}{2},\ a\right)$$

である．よって

$$\overrightarrow{\mathrm{OP}}\cdot\overrightarrow{\mathrm{OH}}=1\cdot\frac{-a^2+1}{2}+a\cdot a=\frac{a^2+1}{2}\quad\cdots③$$

である．また

$$|\overrightarrow{\mathrm{OH}}|=\sqrt{\left(\frac{-a^2+1}{2}\right)^2+a^2}=\frac{a^2+1}{2}$$

と $\cos\theta=\dfrac{12}{13}$ より

$$\begin{aligned}\overrightarrow{\mathrm{OP}}\cdot\overrightarrow{\mathrm{OH}}&=|\overrightarrow{\mathrm{OP}}||\overrightarrow{\mathrm{OH}}|\cos\theta\\&=\sqrt{1^2+a^2}\cdot\frac{a^2+1}{2}\cdot\frac{12}{13}\quad\cdots④\end{aligned}$$

である．③，④より

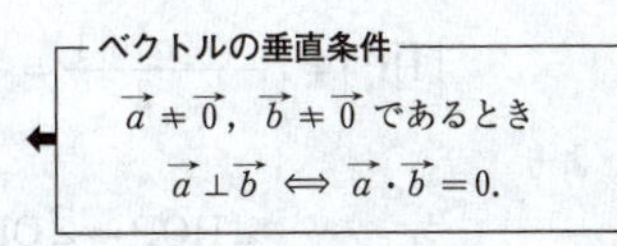

ベクトルの垂直条件

$\vec{a}\neq\vec{0}$，$\vec{b}\neq\vec{0}$であるとき

$$\vec{a}\perp\vec{b}\iff\vec{a}\cdot\vec{b}=0.$$

内積

$\vec{a}=(a_1,\ a_2)$，$\vec{b}=(b_1,\ b_2)$

のとき

$$\vec{a}\cdot\vec{b}=a_1b_1+a_2b_2.$$

$$\sqrt{\left(\frac{-a^2+1}{2}\right)^2+a^2}=\sqrt{\frac{a^4+2a^2+1}{4}}=\sqrt{\left(\frac{a^2+1}{2}\right)^2}.$$

内積

$\vec{0}$でない2つのベクトル$\vec{a}$と$\vec{b}$のなす角をθ（$0^\circ\leqq\theta\leqq180^\circ$）とすると

$$\vec{a}\cdot\vec{b}=|\vec{a}||\vec{b}|\cos\theta.$$

特に，

$$\vec{a}\cdot\vec{a}=|\vec{a}||\vec{a}|\cos 0^\circ=|\vec{a}|^2.$$

$$\frac{a^2+1}{2}=\sqrt{1^2+a^2}\cdot\frac{a^2+1}{2}\cdot\frac{12}{13}$$

$$1=\sqrt{1+a^2}\cdot\frac{12}{13}$$

⬅ これより，$1+a^2=\dfrac{13^2}{12^2}$.

$$a^2=\frac{13^2-12^2}{12^2}$$

⬅ これより，$a^2=\dfrac{(13-12)(13+12)}{12^2}$.

$$a^2=\frac{5^2}{12^2}$$

$$a=\pm\frac{\boxed{5}}{\boxed{12}}$$

である．

【 $a=\pm\dfrac{\boxed{ヒ}}{\boxed{フヘ}}$ の別解 】

$$\left|\overrightarrow{\mathrm{OH}}\right|=\sqrt{\left(\frac{-a^2+1}{2}\right)^2+a^2}=\frac{a^2+1}{2}$$

⬅ $\mathrm{H}\left(\dfrac{-a^2+1}{2},\ a\right)$.

$$\left|\overrightarrow{\mathrm{HP}}\right|=1-\frac{-a^2+1}{2}=\frac{a^2+1}{2}$$

⬅ $\mathrm{P}(1,\ a)$.

より

$$\angle\mathrm{HOP}=\angle\mathrm{OPH}$$

⬅

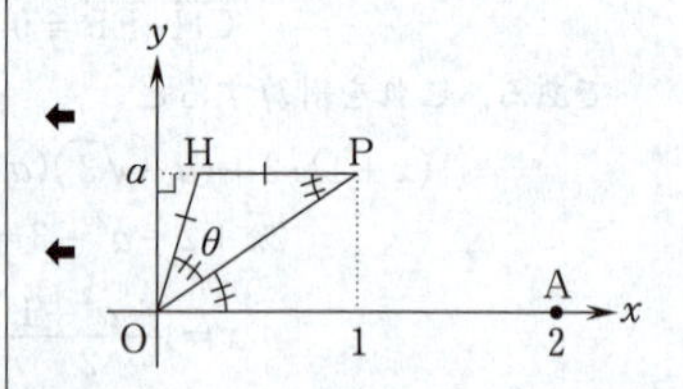

である．また，直線 HP と x 軸は平行であるから

$$\angle\mathrm{AOP}=\angle\mathrm{OPH}$$

⬅

である．よって

$$\angle\mathrm{AOP}=\angle\mathrm{HOP}\ (=\theta)$$

である．$\cos\theta=\dfrac{12}{13}$ より $\tan\theta=\dfrac{5}{12}$ であるから

$$|a|=\frac{|a|}{1}=\tan\angle\mathrm{AOP}=\tan\theta=\frac{5}{12}$$

が成り立つ．よって

$$a=\pm\frac{5}{12}$$

である．

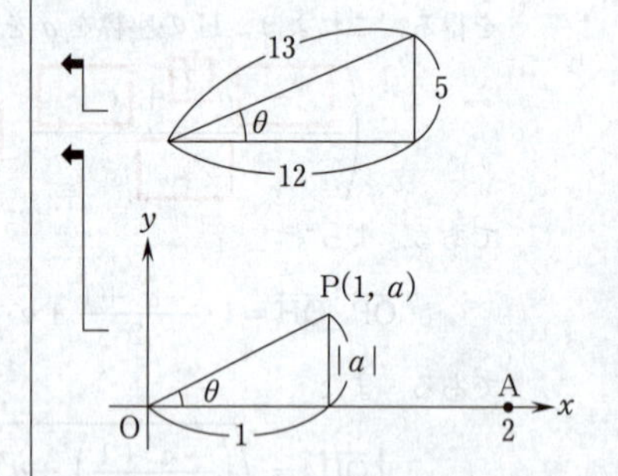

第5問　確率分布と統計的な推測

(1)　1回の試行において，事象 A の起こる確率が p，起こらない確率が $1-p$ であり，この試行を n 回繰り返すとき，事象 A の起こる回数が W である．確率変数 W の平均(期待値) m が $\frac{1216}{27}$，標準偏差 σ が $\frac{152}{27}$ であるとき

$$np=\frac{1216}{27} \quad \cdots ①$$

$$np(1-p)=\left(\frac{152}{27}\right)^2 \quad \cdots ②$$

が成り立つ．② を ① で割ると

$$1-p=\left(\frac{152}{27}\right)^2\cdot\frac{27}{152\cdot 8}$$

$$1-p=\frac{19\cdot 8}{27\cdot 8}$$

$$p=\frac{\boxed{8}}{\boxed{27}}$$

である．これを ① に代入して

$$n=\boxed{152}$$

である．

(2)　(1)の反復試行において，W が38以上となる確率の近似値を求める．

$$W\geqq 38$$

より

$$\frac{W-m}{\sigma}\geqq\frac{38-\frac{1216}{27}}{\frac{152}{27}}=\frac{38\cdot 27-1216}{152}$$

$$=\frac{-19\cdot 10}{19\cdot 8}$$

$$=-1.25$$

であるから

$$P(W\geqq 38)=P\left(\frac{W-m}{\sigma}\geqq-\boxed{1}.\boxed{25}\right)$$

と変形できる．ここで，$Z=\frac{W-m}{\sigma}$ とおき，W の分布を正規分布で近似すると，正規分布表から確率の近似値は

二項分布

n を自然数とする．

確率変数 X のとり得る値が

$$0,\ 1,\ 2,\ \cdots,\ n$$

であり，X の確率分布が

$$P\ (X=r)={}_n\mathrm{C}_r p^r(1-p)^{n-r}$$
$$(r=0,\ 1,\ 2,\ \cdots,\ n)$$

であるとき，X の確率分布を二項分布といい，$B(n,\ p)$ で表す．

平均(期待値)，分散

確率変数 X のとり得る値を

$$x_1,\ x_2,\ \cdots,\ x_n$$

とし，X がこれらの値をとる確率をそれぞれ

$$p_1,\ p_2,\ \cdots,\ p_n$$

とすると，X の平均(期待値) $E(X)$ は

$$E(X)=\sum_{k=1}^{n}x_k p_k.$$

また，X の分散 $V(X)$ は $E(X)=m$ として

$$V(X)=\sum_{k=1}^{n}(x_k-m)^2 p_k \quad \cdots(*)$$

または

$$V(X)=E(X^2)-\{E(X)\}^2. \cdots(**)$$

$\sqrt{V(X)}$ を X の標準偏差という．

二項分布の平均(期待値)，分散

確率変数 X が二項分布 $B(n,\ p)$ に従うとき，$q=1-p$ とすると X の平均(期待値) $E(X)$ と分散 $V(X)$ は

$$E(X)=np$$
$$V(X)=npq$$

である．

$1216=152\cdot 8.$

$152=19\cdot 8.$

$$P(Z \geqq -1.25) = P(Z \leqq 1.25)$$
$$= P(Z \leqq 0) + P(0 \leqq Z \leqq 1.25)$$
$$= 0.5 + 0.3944$$
$$= 0.\boxed{89}$$

である．

正規分布表より
$P(0 \leqq Z \leqq 1.25) = 0.3944.$
$P(Z \leqq 0) = 0.5.$

(3) 連続確率変数 X のとり得る値 x の範囲が $-a \leqq x \leqq 2a$ $(a > 0)$ で，確率密度関数が

$$f(x) = \begin{cases} \dfrac{2}{3a^2}(x+a) & (-a \leqq x \leqq 0) \\ \dfrac{1}{3a^2}(2a-x) & (0 \leqq x \leqq 2a) \end{cases}$$

である．このとき，$a \leqq X \leqq \frac{3}{2}a$ となる確率は

$$\int_a^{\frac{3}{2}a} f(x)\,dx = \int_a^{\frac{3}{2}a} \frac{1}{3a^2}(2a-x)\,dx$$
$$= \frac{1}{3a^2}\left[2ax - \frac{1}{2}x^2\right]_a^{\frac{3}{2}a}$$
$$= \frac{1}{3a^2}\left\{2a\left(\frac{3}{2}a - a\right) - \frac{1}{2}\left(\left(\frac{3}{2}a\right)^2 - a^2\right)\right\}$$
$$= \frac{\boxed{1}}{\boxed{8}}$$

である．

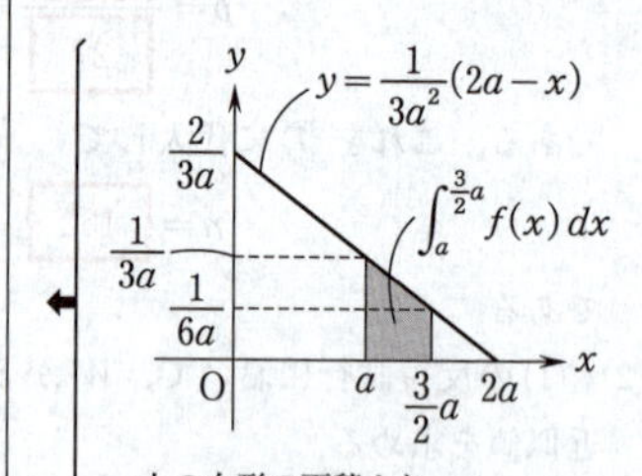

上の台形の面積より
$$\frac{1}{2}\cdot\left(\frac{1}{3a}+\frac{1}{6a}\right)\left(\frac{3}{2}a - a\right) = \frac{1}{8}$$
としてもよい．

また，X の平均 $E(X)$ は

$$\int_{-a}^{2a} xf(x)\,dx = \int_{-a}^{0} x\cdot\frac{2}{3a^2}(x+a)\,dx + \int_0^{2a} x\cdot\frac{1}{3a^2}(2a-x)\,dx$$
$$= \frac{2}{3a^2}\int_{-a}^{0}(x+a)x\,dx - \frac{1}{3a^2}\int_0^{2a} x(x-2a)\,dx$$
$$= -\frac{2}{3a^2}\cdot\frac{1}{6}(0+a)^3 + \frac{1}{3a^2}\cdot\frac{1}{6}(2a-0)^3$$
$$= \frac{\boxed{a}}{\boxed{3}}$$

$$\int_\alpha^\beta (x-\alpha)(x-\beta)\,dx = -\frac{1}{6}(\beta-\alpha)^3.$$

である．さらに，$Y = 2X + 7$ であるとき，Y の平均 $E(Y)$ は

$$E(Y) = E(2X+7)$$
$$= 2E(X) + 7$$
$$= 2\cdot\frac{a}{3} + 7$$

平均(期待値)の性質

X, Y の確率変数，a，b は定数とする．このとき
$$E(aX+b) = aE(X) + b$$
が成り立つ．

$$= \frac{\boxed{2a}}{\boxed{3}} + \boxed{7}$$

である．

MEMO

数学Ⅰ・数学A
数学Ⅱ・数学B

（2016年１月実施）

	受験者数	平均点
数学Ⅰ・数学A	392,479	55.27
数学Ⅱ・数学B	353,423	47.92

数学Ⅰ・数学A

解答・採点基準

（100点満点）

問題番号(配点)	解答記号	正　解	配点	自己採点
第1問 (30)	$-$ア$a+$イ	$-3a+1$	2	
	ウ$a+$エ	$2a+1$	2	
	オ$a+$カ	$-a+2$	2	
	$\frac{キ}{ク}$	$\frac{1}{4}$	2	
	$\frac{ケ}{コ}$	$\frac{2}{5}$	2	
	サ，シ	③，⓪	2	
	ス，セ	⑤，④	2	
	ソ	①	3	
	タ	③	3	
	チツテ	-20	3	
	トナa，ニ$\leqq x$	$-4a$，$0\leqq x$	3	
	ヌ	5	4	
	第1問　自己採点小計			
第2問 (30)	ア	7	3	
	イ$\sqrt{ウエ}$	$3\sqrt{21}$	3	
	オ$\sqrt{カ}$	$7\sqrt{3}$	3	
	キク	14	3	
	$\frac{ケコ\sqrt{サ}}{シ}$	$\frac{49\sqrt{3}}{2}$	3	
	ス，セ	⓪，③ (解答の順序は問わない)	3	
	ソ	⑤	3	
	タ，チ	①，③ (解答の順序は問わない)	3	
	ツ	⑨	2	
	テ	⑧	2	
	ト	⑦	2	
	第2問　自己採点小計			

問題番号(配点)	解答記号	正　解	配点	自己採点
第3問 (20)	$\frac{アイ}{ウエ}$	$\frac{28}{33}$	3	
	$\frac{オ}{カキ}$	$\frac{5}{33}$	3	
	$\frac{ク}{ケコ}$	$\frac{5}{11}$	3	
	$\frac{サ}{シス}$	$\frac{5}{44}$	3	
	$\frac{セ}{ソタ}$	$\frac{5}{12}$	4	
	$\frac{チ}{ツテ}$	$\frac{4}{11}$	4	
	第3問　自己採点小計			
第4問 (20)	$x=$アイ	$x=15$	3	
	$y=$ウエ	$y=-7$	3	
	$x=$オカキ	$x=-47$	2	
	$y=$クケ	$y=22$	2	
	コサシ$_{(4)}$	$123_{(4)}$	4	
	ス，セ，ソ	⓪，③，⑤ (解答の順序は問わない)	6	
	第4問　自己採点小計			
第5問 (20)	ア	⓪	2	
	$\frac{EC}{AE}=\frac{イ}{ウ}$	$\frac{EC}{AE}=\frac{1}{2}$	3	
	$\frac{GC}{DG}=\frac{エ}{オ}$	$\frac{GC}{DG}=\frac{1}{3}$	3	
	BG＝カ	BG＝3	3	
	DC＝キ$\sqrt{ク}$	DC＝$2\sqrt{7}$	3	
	ケ	4	2	
	コサ°	30°	2	
	AH＝シ	AH＝2	2	
	第5問　自己採点小計			
	自己採点合計			

（注）

第1問，第2問は必答。

第3問～第5問のうちから2問選択。計4問を解答。

第1問　1次関数・集合と命題・2次関数

〔1〕

$f(x)=(1+2a)(1-x)+(2-a)x$ より，

$$f(x)=\left(-\boxed{3}\,a+\boxed{1}\right)x+2a+1$$

である．

← $y=f(x)$ のグラフは，傾き $-3a+1$, y 切片 $2a+1$ の直線である．

(1)　$0\leqq x\leqq 1$ における $f(x)$ の最小値は，

$a\leqq\dfrac{1}{3}$ のとき，$-3a+1\geqq 0$ より，$y=f(x)$ のグラフは右上がりの直線もしくは x 軸に平行な直線となるから，

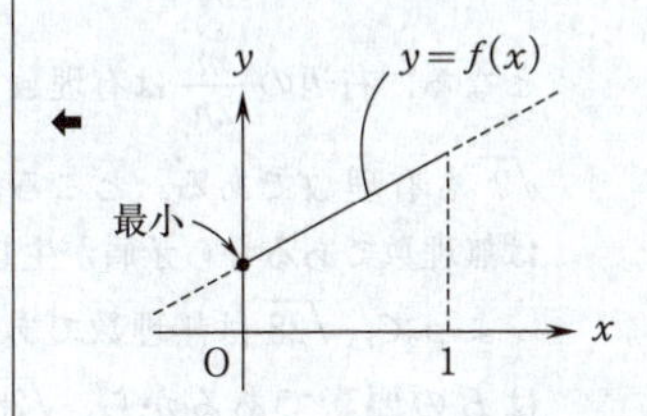

$$f(0)=\boxed{2}\,a+\boxed{1}$$

であり，

$a>\dfrac{1}{3}$ のとき，$-3a+1<0$ より，$y=f(x)$ のグラフは右下がりの直線となるから，

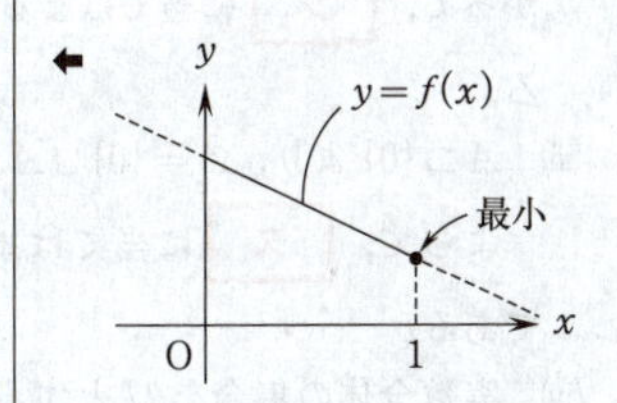

$$f(1)=\boxed{-}\,a+\boxed{2}$$

である．

(2)　$0\leqq x\leqq 1$ において，常に $f(x)\geqq\dfrac{2(a+2)}{3}$ が成り立つ条件は，

$$f(0)\geqq\frac{2(a+2)}{3}\ \text{かつ}\ f(1)\geqq\frac{2(a+2)}{3}$$

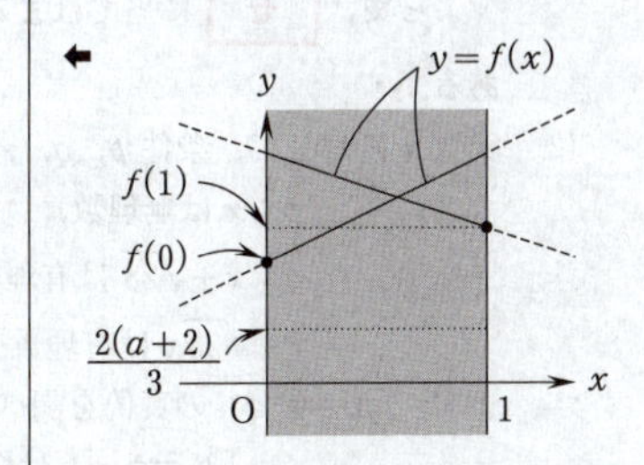

であるから，

$$2a+1\geqq\frac{2(a+2)}{3}\ \text{かつ}\ -a+2\geqq\frac{2(a+2)}{3}$$

すなわち

$$a\geqq\frac{1}{4}\ \text{かつ}\ a\leqq\frac{2}{5}$$

である．

よって，求める a の値の範囲は，

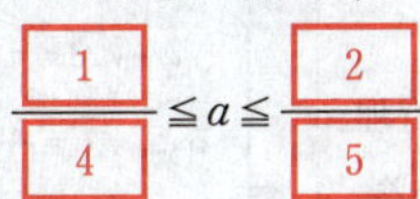

$$\frac{\boxed{1}}{\boxed{4}}\leqq a\leqq\frac{\boxed{2}}{\boxed{5}}$$

である．

〔2〕

(1)　A：有理数全体の集合，B：無理数全体の集合

(i)　0 は有理数より，集合 $\{0\}$ は A の部分集合である．

よって，$A\supset\{0\}$ となるから，$\boxed{サ}$ に当ては

まるものは ③ である．

(ii) $\sqrt{28}$ が有理数であると仮定し，$\sqrt{28}=\dfrac{m}{n}$（m は整数，n は0でない整数）とおくと，

$$2\sqrt{7}=\frac{m}{n},\ \text{つまり},\ \sqrt{7}=\frac{m}{2n}$$

となる．右辺の $\dfrac{m}{2n}$ は有理数であるから，左辺の $\sqrt{7}$ も有理数である．ところが，問題文より $\sqrt{7}$ は無理数であるから矛盾が生じる．

よって，$\sqrt{28}$ は無理数である．これより，$\sqrt{28}$ は B の要素であるから，$\sqrt{28}\in B$ である．したがって，シ に当てはまるものは ⓪ である．

(iii) $A\supset\{0\}$ より，$A=\{0\}\cup A$ が成り立つ．

よって，ス に当てはまるものは，⑤ である．

(iv) 実数全体の集合を U とすると，$\overline{A}=B$ であるから，$\varnothing=A\cap B$ が成り立つ．

よって，セ に当てはまるものは ④ である．

(2) 実数 x に対して，条件 p，q，r は，

p：x は無理数，
q：$x+\sqrt{28}$ は有理数，
r：$\sqrt{28}x$ は有理数．

まず，「$p\Longrightarrow q$」の真偽を調べる．

「$p\Longrightarrow q$」は偽

である．

次に，「$q\Longrightarrow p$」の真偽を調べる．

$x+\sqrt{28}$ が有理数のとき，$x+\sqrt{28}=u$（u は有理数）とすると，x は $u-\sqrt{28}$ の形をした無理数である．

これより，

「$q\Longrightarrow p$」は真

である．

よって，p は q であるための必要条件であるが，十分条件でない．したがって，ソ に当てはまるものは ① である．

← 有理数とは，整数 m と0でない整数 n を用いて分数 $\dfrac{m}{n}$ の形で表すことができる数のこと．

← 無理数とは，実数のうち有理数でない数のこと．

← 2つの集合 P，Q について
$P\supset Q$ ならば
$P\cup Q=P$，$P\cap Q=Q$
である．

P
Q

← 全体集合 U の部分集合 A について
$A\cap\overline{A}=\varnothing$，$A\cup\overline{A}=U$
である．
（空集合 $\varnothing$ とは，要素が1つもない集合のこと．）

← 反例 $x=-\sqrt{7}$ など．
$x+\sqrt{28}=-\sqrt{7}+2\sqrt{7}=\sqrt{7}$ となり，$x+\sqrt{28}$ は無理数である．

← $u-\sqrt{28}=v$（v は有理数）と仮定すると，$\sqrt{7}=\dfrac{u-v}{2}$ となり，右辺は有理数，左辺は無理数なので矛盾が生じる．よって，$u-\sqrt{28}$ は無理数である．…(*)

← 命題「$s\Longrightarrow t$」が真のとき，s は t であるための十分条件，t は s であるための必要条件という．

まず，「$p \Longrightarrow r$」の真偽を調べる．

「$p \Longrightarrow r$」は偽

である．

次に，「$r \Longrightarrow p$」の真偽を調べる．

$\sqrt{28}x$ が有理数となる x の1つは0である．0は有理数であるから，

「$r \Longrightarrow p$」は偽

である．

よって，p は r であるための必要条件でも十分条件でもない．したがって，タ に当てはまるものは ③ である．

← 反例 $x=\dfrac{\sqrt{7}+1}{2}$ など．

$\dfrac{\sqrt{7}+1}{2}=k$（k は有理数）と仮定すると，$\sqrt{7}=2k-1$ となり，右辺は有理数，左辺は無理数なので矛盾が生じる．よって，$\dfrac{\sqrt{7}+1}{2}$ は無理数である．

このとき，

$$\sqrt{28}x=2\sqrt{7}\cdot\frac{\sqrt{7}+1}{2}$$
$$=7+\sqrt{7}$$

となり，(*)と同様にして考えると，$7+\sqrt{7}$ は無理数である．

〔3〕

a は1以上の定数．

$$\begin{cases} x^2+(20-a^2)x-20a^2\leqq 0, & \cdots ① \\ x^2+4ax\geqq 0. & \cdots ② \end{cases}$$

①は，

$$(x+20)(x-a^2)\leqq 0$$

と変形でき，$a\geqq 1$ より，$a^2\geqq 1$ であるから，不等式①の解は，

$$-20\leqq x\leqq a^2 \quad \cdots ①'$$

である．

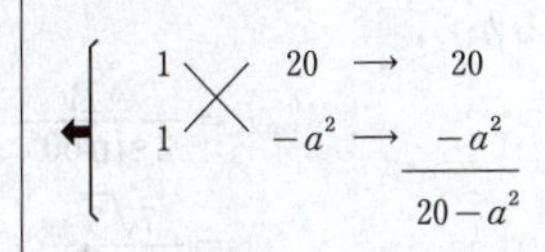

また，②は，

$$x(x+4a)\geqq 0$$

と変形でき，$a\geqq 1$ より，$-4a\leqq -4$ であるから，不等式②の解は，

$$x\leqq -4a,\quad 0\leqq x \quad \cdots ②'$$

である．

①かつ②を満たす負の実数が存在する条件は，

「①′と②′の共通範囲が負に存在すること」

であるから，

$$-20\leqq -4a$$
$$a\leqq 5$$

である．

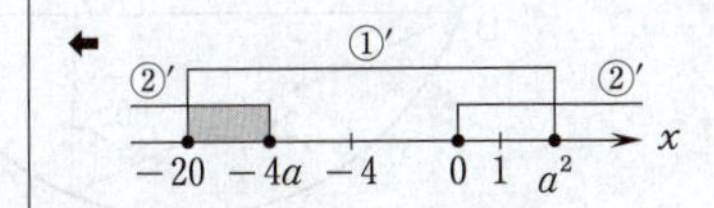

よって，求める a の値の範囲は，$a\geqq 1$ との共通範囲を考えて，

$$1\leqq a\leqq 5$$

である．

第2問　図形と計量・データの分析

〔1〕

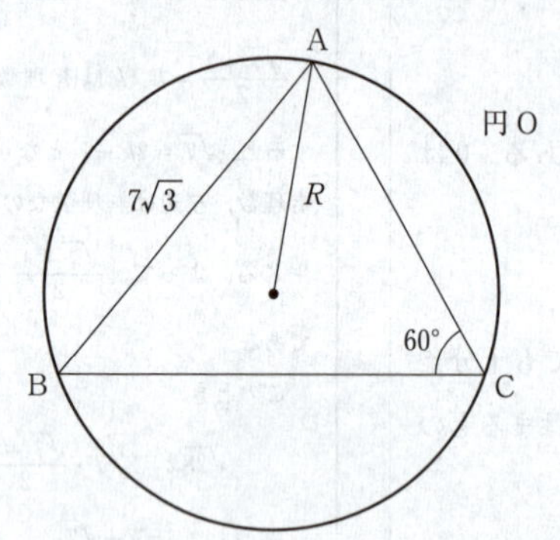

△ABC の外接円 O の半径を R とし，正弦定理を用いると，

$$2R=\frac{\mathrm{AB}}{\sin 60^\circ}$$

であるから，

$$R=\frac{\mathrm{AB}}{2\sin 60^\circ}$$

$$=\frac{7\sqrt{3}}{2\cdot\frac{\sqrt{3}}{2}}$$

$$=\boxed{7}$$

である．

← **正弦定理**

$$\frac{a}{\sin A}=\frac{b}{\sin B}=\frac{c}{\sin C}=2R.$$

(R は外接円の半径)

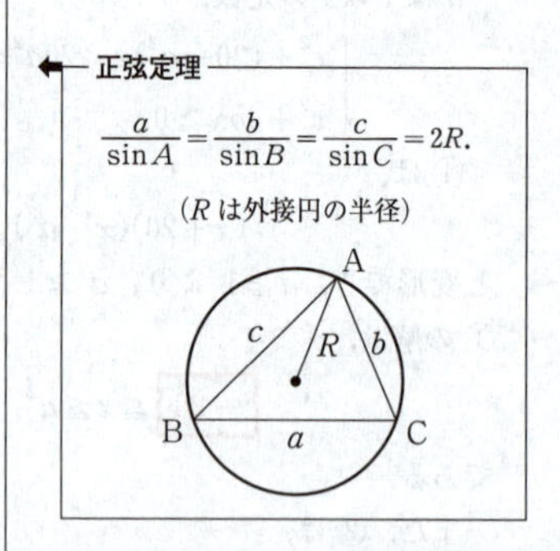

(1)　2PA＝3PB のとき，PA:PB＝3:2 となるから，$x>0$ として PA＝$3x$，PB＝$2x$ とおく．

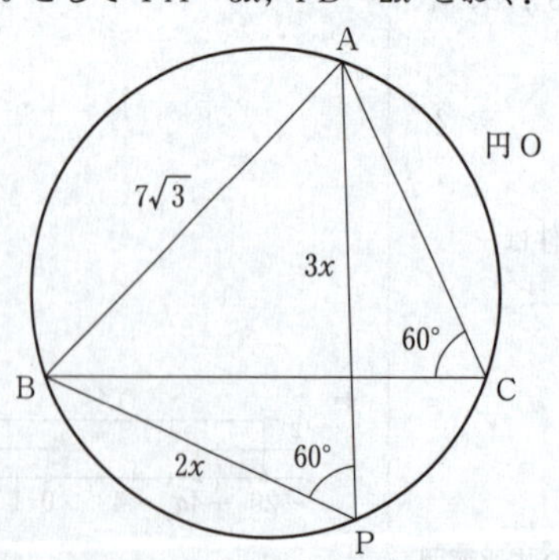

円周角の定理より，

$$\angle\mathrm{APB}=\angle\mathrm{ACB}=60^\circ$$

であるから，△ABP に余弦定理を用いると，

$$AB^2 = PA^2 + PB^2 - 2 \cdot PA \cdot PB\cos 60°$$

$$(7\sqrt{3})^2 = (3x)^2 + (2x)^2 - 2 \cdot 3x \cdot 2x \cdot \frac{1}{2}$$

$$7x^2 = 147$$

$$x^2 = 21$$

となり，$x>0$ から，

$$x = \sqrt{21}$$

である．

よって，2PA＝3PB となるのは，

$$PA = 3x = \boxed{3}\sqrt{\boxed{21}}$$

のときである．

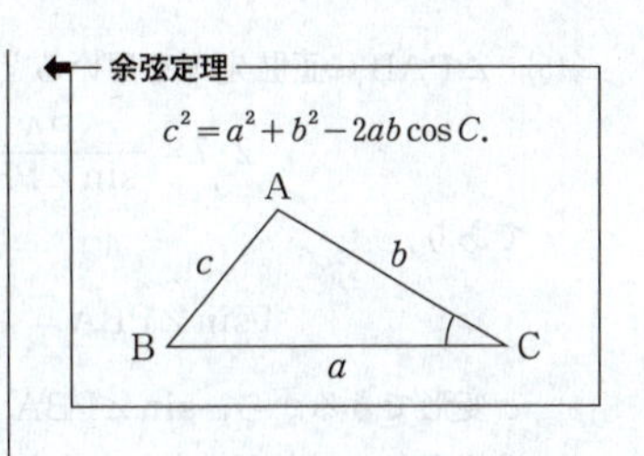

(2)　点Pから直線ABに下ろした垂線と直線ABの交点をHとすると，

$$(\triangle PAB\text{の面積}) = \frac{1}{2}AB \cdot PH$$

$$= \frac{7\sqrt{3}}{2}PH$$

← $AB = 7\sqrt{3}$.

であるから，△PABの面積が最大となるのは線分PHの長さが最大となるときである．

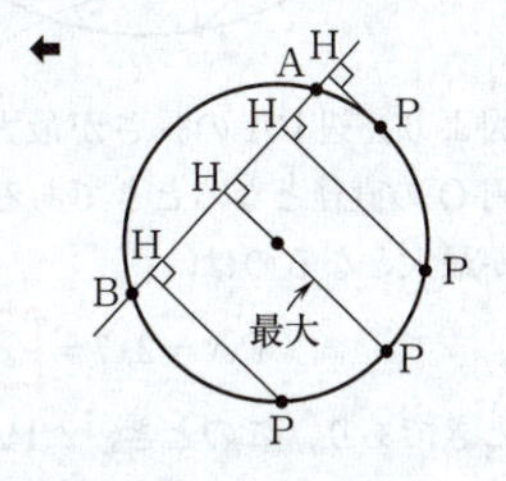

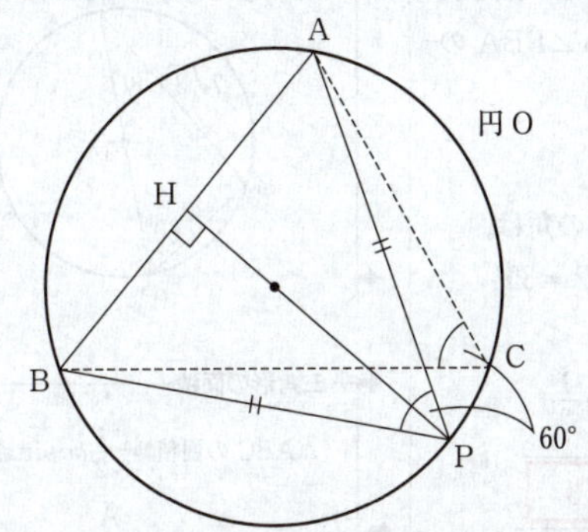

図より，線分PHの長さが最大となるのは線分PH上に円Oの中心があるときである．このとき，PA＝PB であり，∠APB＝60° であるから，△PABは正三角形である．

よって，△PABの面積が最大となるのは，

$$PA = AB = \boxed{7}\sqrt{\boxed{3}}$$

のときである．

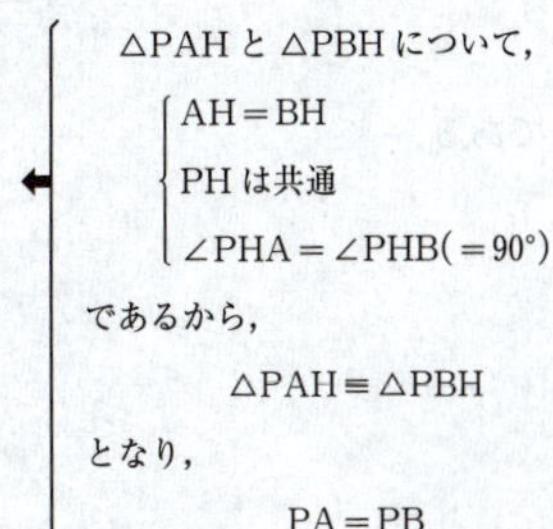

← △PAHと△PBHについて，

AH＝BH
PHは共通
∠PHA＝∠PHB(＝90°)

であるから，

△PAH≡△PBH

となり，

PA＝PB

である．

(3)　△PAB に正弦定理を用いると,

$$2\cdot 7=\frac{\mathrm{PA}}{\sin\angle\mathrm{PBA}}$$

であり,

$$\sin\angle\mathrm{PBA}=\frac{\mathrm{PA}}{14}$$

と変形できるから, sin∠PBA の値が最大となるのは辺 PA の長さが最大となるときである.

◆ △ABC の外接円 O は △PAB の外接円でもあるから, △PAB の外接円の半径は $R=7$ である.

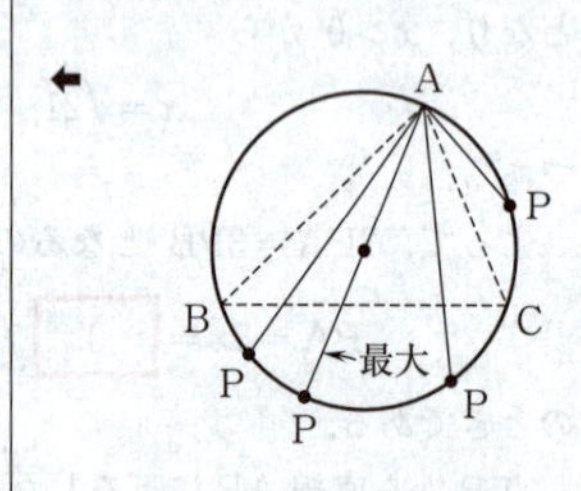

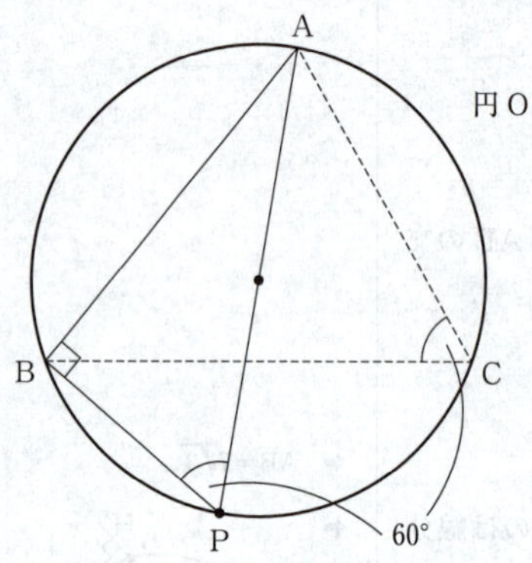

図より, 辺 PA の長さが最大となるのは, 辺 PA が円 O の直径となるときであるから, sin∠PBA の値が最大となるのは,

$$\mathrm{PA}=2\cdot 7=\boxed{14}$$

のときであり, このとき, △PAB の 3 つの角は,

$$\angle\mathrm{PBA}=90^\circ,\ \angle\mathrm{APB}=60^\circ,\ \angle\mathrm{BAP}=30^\circ$$

となるから, △PAB の面積は,

$$\frac{1}{2}\mathrm{AB}\cdot\mathrm{AP}\sin 30^\circ=\frac{1}{2}\cdot 7\sqrt{3}\cdot 14\cdot\frac{1}{2}$$

$$=\frac{\boxed{49}\sqrt{\boxed{3}}}{\boxed{2}}$$

である.

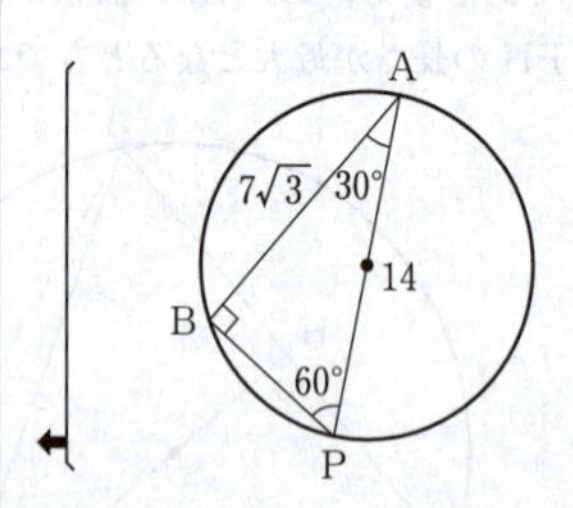

◆ **三角形の面積**

(△ABC の面積) $=\frac{1}{2}bc\sin A$.

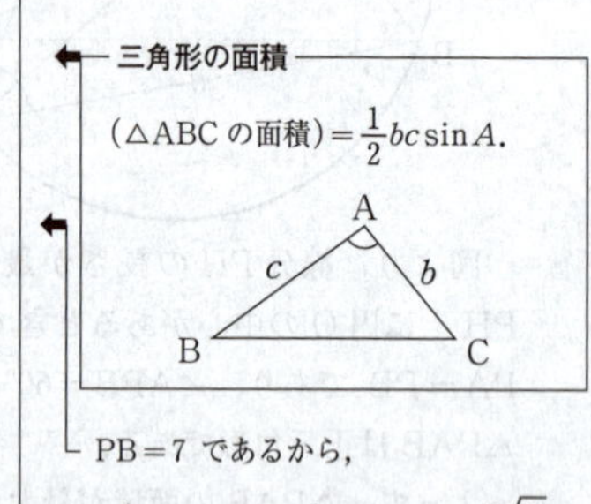

PB＝7 であるから,

$$\frac{1}{2}\cdot\mathrm{AB}\cdot\mathrm{BP}=\frac{1}{2}\cdot 7\sqrt{3}\cdot 7=\frac{49\sqrt{3}}{2}$$

としてもよい.

〔2〕

⓪は正しい．

1日あたり平均降水量が多くなっても購入額について10円前後から40円前後までの点が存在するから購入額が増加するとは言えない．よって，①は正しくない．

平均湿度が高くなっても購入額について10円前後から40～50円までの点が存在するから散らばりは小さくなる傾向にあるとは言えない．よって，②は正しくない．

③は正しい．

正の相関は，平均湿度と購入額の間以外に，平均最高気温と購入額の間にもあるから，④は正しくない．

← 2つの変量からなるデータにおいて，一方が増加すると他方も増加する傾向がみられるとき，2つの変量には正の相関があるという．また，一方が増加すると他方が減少する傾向がみられるとき，2つの変量には負の相関があるという．

よって，ス，セ に当てはまるものは ⓪ と ③ である．

〔3〕

(1) 東京，N市，M市の2013年の365日の各日の最高気温のデータをまとめたヒストグラムより，3つの都市の最大値と最小値は次のようになる．

	最大値	最小値
東京	35℃～40℃	0℃～5℃
N市	35℃～40℃	−10℃～−5℃
M市	40℃～45℃	5℃～10℃

また，a，b，cの箱ひげ図より，a，b，cの最大値と最小値は次のようになる．

← 箱ひげ図からは，次の5つの情報が得られる．

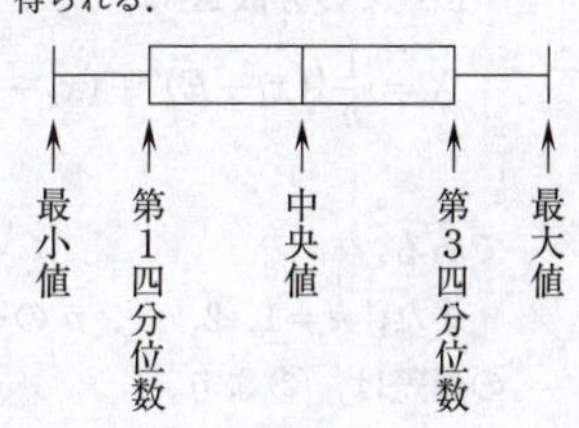

	最大値	最小値
a	40℃～45℃	5℃～10℃
b	35℃～40℃	−10℃～−5℃
c	35℃～40℃	0℃～5℃

2つの表より，都市名と箱ひげ図の組合せは，

東京—c，　N市—b，　M市—a

である．

よって，ソ に当てはまるものは ⑤ である．

(2) 3つの散布図について，次のようなことが読み取れる．

・東京とO市の最高気温の間には正の相関がある．
・東京とN市の最高気温の間には正の相関がある．
・東京とM市の最高気温の間には負の相関がある．
・東京とO市の最高気温の間の正の相関の方が東京とN市の最高気温の間の正の相関より強い．

よって，タ，チ に当てはまるものは ① と ③ である．

← 2つの変量の間に相関があるとき，散布図における点の分布の様子が1つの直線に接近しているほど相関が強いといい，散らばっているほど相関が弱いという．

(3) $n=365$ とし，N市の2013年の365日の各日の最高気温の摂氏(℃)のデータを x_1, x_2, …, x_n, 華氏(℉)のデータを x_1', x_2', …, x_n' とする．さらに，摂氏の平均値を E, 華氏の平均値を E' とすると，

$$E=\frac{1}{n}(x_1+x_2+\cdots+x_n) \quad \cdots ①$$

であり，

$$\begin{aligned} E'&=\frac{1}{n}(x_1'+x_2'+\cdots+x_n') \\ &=\frac{1}{n}\left\{\left(\frac{9}{5}x_1+32\right)+\left(\frac{9}{5}x_2+32\right)+\cdots+\left(\frac{9}{5}x_n+32\right)\right\} \\ &=\frac{1}{n}\left\{\frac{9}{5}(x_1+x_2+\cdots+x_n)+32n\right\} \\ &=\frac{1}{n}\left(\frac{9}{5}En+32n\right) \quad (①\text{より}) \\ &=\frac{9}{5}E+32 \quad \cdots ② \end{aligned}$$

である．

← $k=1$, 2, …, n のそれぞれについて，

$$x_k'=\frac{9}{5}x_k+32$$

である．

← ①より，

$$x_1+x_2+\cdots+x_n=En$$

である．

まず，$\dfrac{Y}{X}$ について調べる．

摂氏での分散 X は，

$$X=\frac{1}{n}\{(x_1-E)^2+(x_2-E)^2+\cdots+(x_n-E)^2\} \quad \cdots ③$$

である．

また，$k=1$, 2, …, n のそれぞれについて華氏での偏差は，②より，

$$\left.\begin{aligned} x_1'-E'&=\left(\frac{9}{5}x_1+32\right)-\left(\frac{9}{5}E+32\right)=\frac{9}{5}(x_1-E), \\ x_2'-E'&=\left(\frac{9}{5}x_2+32\right)-\left(\frac{9}{5}E+32\right)=\frac{9}{5}(x_2-E), \\ &\vdots \\ x_n'-E'&=\left(\frac{9}{5}x_n+32\right)-\left(\frac{9}{5}E+32\right)=\frac{9}{5}(x_n-E) \end{aligned}\right\} \cdots ④$$

となるから，華氏での分散 Y は，

$$Y=\frac{1}{n}\{(x_1'-E')^2+(x_2'-E')^2+\cdots+(x_n'-E')^2\}$$

$$=\frac{1}{n}\left[\left\{\frac{9}{5}(x_1-E)\right\}^2+\left\{\frac{9}{5}(x_2-E)\right\}^2+\cdots+\left\{\frac{9}{5}(x_n-E)\right\}^2\right]$$

（④より）

$$=\frac{81}{25}\cdot\frac{1}{n}\{(x_1-E)^2+(x_2-E)^2+\cdots+(x_n-E)^2\}$$

となる．

これに③を代入すると，

$$Y=\frac{81}{25}X \quad つまり \quad \frac{Y}{X}=\frac{81}{25} \qquad \cdots⑤$$

となるから，ツ に当てはまるものは ⑨ である．

次に，$\frac{W}{Z}$ について調べる．

東京の摂氏でのデータを $y_1,\ y_2,\ \cdots,\ y_n$ とし，その平均値を G とすると，東京（摂氏）とN市（摂氏）の共分散 Z は，

$$Z=\frac{1}{n}\{(y_1-G)(x_1-E)+(y_2-G)(x_2-E)+\cdots+(y_n-G)(x_n-E)\} \qquad \cdots⑥$$

である．

また，東京（摂氏）とN市（華氏）の共分散 W は，

$$W=\frac{1}{n}\{(y_1-G)(x_1'-E')+(y_2-G)(x_2'-E')+\cdots+(y_n-G)(x_n'-E')\}$$

$$=\frac{1}{n}\left\{(y_1-G)\cdot\frac{9}{5}(x_1-E)+(y_2-G)\cdot\frac{9}{5}(x_2-E)+\cdots+(y_n-G)\cdot\frac{9}{5}(x_n-E)\right\}$$

（④より）

$$=\frac{9}{5}\cdot\frac{1}{n}\{(y_1-G)(x_1-E)+(y_2-G)(x_2-E)+\cdots+(y_n-G)(x_n-E)\}$$

となる．

これに⑥を代入すると，

$$W=\frac{9}{5}Z \quad つまり \quad \frac{W}{Z}=\frac{9}{5} \qquad \cdots⑦$$

となるから，テ に当てはまるものは ⑧ である．

最後に，$\frac{V}{U}$ について調べる．

東京の摂氏での分散を H とすると，東京(摂氏)とN市(摂氏)の相関係数 U は，

$$U=\frac{Z}{\sqrt{H}\sqrt{X}}$$

である．

← X はN市の摂氏での分散．

また，東京(摂氏)とN市(華氏)の相関係数 V は，

$$V=\frac{W}{\sqrt{H}\sqrt{Y}}$$

である．

← Y はN市の華氏での分散．

よって，

$$\frac{V}{U}=\frac{\dfrac{W}{\sqrt{H}\sqrt{Y}}}{\dfrac{Z}{\sqrt{H}\sqrt{X}}}$$

$$=\frac{W}{Z}\sqrt{\frac{X}{Y}}$$

$$=\frac{9}{5}\sqrt{\frac{25}{81}} \quad (⑤, ⑦より)$$

$$=1$$

← $\dfrac{Y}{X}=\dfrac{81}{25}$. …⑤

となるから，ト に当てはまるものは ⑦ である．

第3問　場合の数・確率

赤球4個，青球3個，白球5個，合計12個の球はすべて区別して考える．

(1)　AさんとBさんが取り出した2個の球のなかに，赤球か青球が少なくとも1個含まれる事象の余事象は，

「2個の球はともに白球」

であり，その余事象の確率は，Aさんが白球を取り出し，かつBさんも白球を取り出すから，

$$\frac{5}{12}\times\frac{4}{11}=\frac{5}{33} \quad \cdots ①$$

である．

よって，赤球か青球が少なくとも1個含まれている確率は，

$$1-\frac{5}{33}=\frac{\boxed{28}}{\boxed{33}}$$

である．

(2)　Aさんが赤球を取り出し，かつBさんが白球を取り出す確率は，

$$\frac{4}{12}\times\frac{5}{11}=\frac{\boxed{5}}{\boxed{33}} \quad \cdots ②$$

である．

これより，Aさんが取り出した球が赤球であったとき，Bさんが取り出した球が白球である条件付き確率は，

$$\frac{\begin{pmatrix}\text{Aさんが赤球を取り出し，かつ}\\ \text{Bさんが白球を取り出す確率}\end{pmatrix}}{(\text{Aさんが赤球を取り出す確率})}=\frac{\frac{5}{33}}{\frac{4}{12}}=\frac{\boxed{5}}{\boxed{11}}$$

である．

(3)　Aさんが青球を取り出し，かつBさんが白球を取り出す確率は，

$$\frac{3}{12}\times\frac{5}{11}=\frac{\boxed{5}}{\boxed{44}} \quad \cdots ③$$

である．

Bさんが白球を取り出す状況は，

←　Aさんが白球を取り出す確率は，

$$\frac{5}{12}.$$

Bさんが白球を取り出す確率は，11個の球のなかに白球が4個入っているから，

$$\frac{4}{11}.$$

←　事象 A の余事象を $\overline{A}$ とすると，

$$P(A)+P(\overline{A})=1$$

であるから，

$$P(A)=1-P(\overline{A})$$

である．

←　**条件付き確率**

事象 A が起こったときに事象 B が起こる条件付き確率 $P_A(B)$ は，

$$P_A(B)=\frac{P(A\cap B)}{P(A)}.$$

(i) Aさんが赤球を取り出し，かつBさんが白球を取り出すとき
(ii) Aさんが青球を取り出し，かつBさんが白球を取り出すとき
(iii) Aさんが白球を取り出し，かつBさんが白球を取り出すとき

の3つの場合がある．

(i)の確率は，②より，$\frac{5}{33}$である．

(ii)の確率は，③より，$\frac{5}{44}$である．

(iii)の確率は，①より，$\frac{5}{33}$である．

これらの事象は互いに排反であるから，Bさんが白球を取り出す確率は，

$$\frac{5}{33}+\frac{5}{44}+\frac{5}{33}=\frac{\boxed{5}}{\boxed{12}}$$

である．

よって，Bさんが取り出した球が白球であることがわかったとき，Aさんが取り出した球も白球であった条件付き確率は，

$$\frac{\left(\begin{array}{l}\text{Aさんが白球を取り出し，かつ}\\\text{Bさんが白球を取り出す確率}\end{array}\right)}{(\text{Bさんが白球を取り出す確率})}=\frac{\frac{5}{33}}{\frac{5}{12}}$$

$$=\frac{\boxed{4}}{\boxed{11}}$$

← 分子は，(iii)の確率である．

である．

第4問　整数の性質

(1)
$$92x+197y=1. \qquad \cdots ①$$

割り算を繰り返し用いると，

$$197=92\times 2+13, \qquad \cdots ②$$
$$92=13\times 7+1 \qquad \cdots ③$$

であるから，197 と 92 の最大公約数は，13 と 1 の最大公約数と等しく，それは 1 である．

よって，197 と 92 は互いに素である．　$\cdots (*)$

さらに，②，③ を

$$197-92\times 2=13, \qquad \cdots ②'$$
$$92-13\times 7=1 \qquad \cdots ③'$$

と変形し，②′ を ③′ に代入すると，

$$92-(197-92\times 2)\times 7=1$$

すなわち，

$$92\times 15+197\times(-7)=1 \qquad \cdots ④$$

である．

①−④ より，

$$92(x-15)+197(y+7)=0$$

すなわち，

$$197(y+7)=92(15-x) \qquad \cdots ⑤$$

と変形できる．

(*)より，整数 k を用いて $15-x=197k$ とおける．

これを ⑤ に代入すると，

$$197(y+7)=92\cdot 197k$$
$$y+7=92k$$

となるから，① を満たす整数 x，y の組は，

$$x=-197k+15,\quad y=92k-7\ (k\text{ は整数})$$

である．

このうち，x の絶対値，つまり，$|-197k+15|$ が最小のものは，$k=0$ のときであるから，整数 x，y の値は，

$$x=\boxed{15},\quad y=\boxed{-7}$$

である．

$$92x+197y=10. \qquad \cdots ⑥$$

④ の両辺を 10 倍すると，

$$92\times 150+197\times(-70)=10 \qquad \cdots ⑦$$

である．

⑥−⑦ より，

$$92(x-150)+197(y+70)=0$$

ユークリッドの互除法を用いて，197 と 92 の最大公約数を求めるとともに，① の整数解の 1 つを求める．

a を b で割ったときの商を q，余りを r とする．すなわち，

$$a=bq+r,\ 0\leqq r<b$$

のとき，

$$\begin{pmatrix} a\text{ と }b\text{ の}\\ \text{最大公約数}\end{pmatrix}=\begin{pmatrix} b\text{ と }r\text{ の}\\ \text{最大公約数}\end{pmatrix}$$

である．

x と y についての不定方程式

$$ax+by=c$$

の整数解は，一組の解

$$(x,\ y)=(x_0,\ y_0)$$

を用いて

$$a(x-x_0)=b(y_0-y)$$

と変形し，次の性質を用いて求める．

a と b が互いに素であるとき，
$x-x_0$ は b の倍数，
y_0-y は a の倍数

である．

$u=|-197t+15|$ のグラフ．

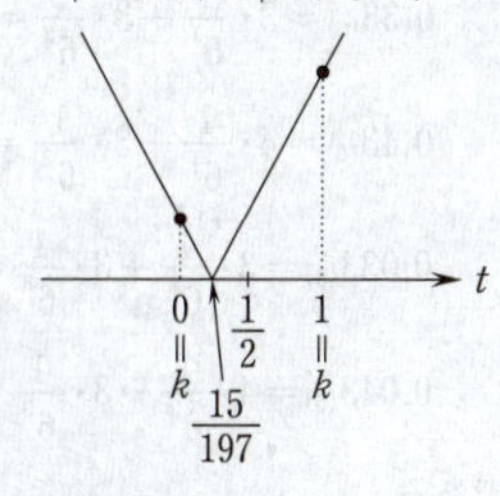

すなわち，

$$197(y+70)=92(150-x) \qquad \cdots ⑧$$

と変形できる．

(*)より，整数 ℓ を用いて $150-x=197\ell$ とおける．

これを ⑧ に代入すると，

$$197(y+70)=92\cdot 197\ell$$
$$y+70=92\ell$$

となるから，⑥ を満たす整数 x，y の組は，

$$x=-197\ell+150, \quad y=92\ell-70 \quad (\ell \text{は整数})$$

である．

このうち，x の絶対値，つまり，$|-197\ell+150|$ が最小のものは，$\ell=1$ のときであるから，整数 x，y の値は，

$$x=\boxed{-47}, \quad y=\boxed{22}$$

である．

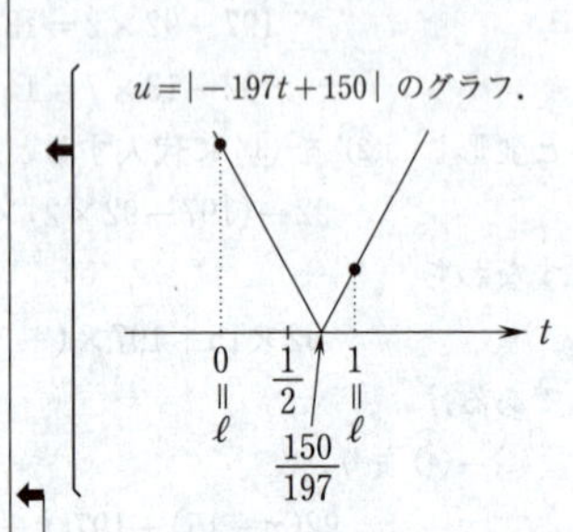

(2) 2 進法で $11011_{(2)}$ と表される数を 10 進法で表すと，

$$1\cdot 2^4+1\cdot 2^3+0\cdot 2^2+1\cdot 2^1+1\cdot 2^0$$

であり，これは，

$$1\cdot 2^4+(1\cdot 2+0)\cdot 2^2+(1\cdot 2+1)\cdot 2^0$$
$$=1\cdot 4^2+2\cdot 4^1+3\cdot 4^0$$

と変形できるから，$11011_{(2)}$ を 4 進法で表すと，

$$\boxed{123}_{(4)}$$

である．

$1\cdot 2^4+1\cdot 2^3+0\cdot 2^2+1\cdot 2^1+1\cdot 2^0=27$ であるから，10 進数 27 を 4 進法で表すことを考えて，次のように求めてもよい．

		余り
4	27	
4	6	… 3
4	1	… 2
	0	… 1

よって，$123_{(4)}$ である．

次に，6 個の 6 進法の小数を 10 進法で表すと，

$$0.3_{(6)}=3\cdot\frac{1}{6^1}=\frac{1}{2},$$

$$0.4_{(6)}=4\cdot\frac{1}{6^1}=\frac{2}{3},$$

$$0.33_{(6)}=3\cdot\frac{1}{6^1}+3\cdot\frac{1}{6^2}=\frac{7}{12}=\frac{7}{2^2\cdot 3},$$

$$0.43_{(6)}=4\cdot\frac{1}{6^1}+3\cdot\frac{1}{6^2}=\frac{3}{4}=\frac{3}{2^2},$$

$$0.033_{(6)}=3\cdot\frac{1}{6^2}+3\cdot\frac{1}{6^3}=\frac{7}{72}=\frac{7}{2^3\cdot 3^2},$$

$$0.043_{(6)}=4\cdot\frac{1}{6^2}+3\cdot\frac{1}{6^3}=\frac{1}{8}=\frac{1}{2^3}$$

である．

整数でない既約分数 $\frac{m}{n}$ について，

(分母 n の素因数 2, 5 だけからなる)

$\Leftrightarrow$ $\left(\frac{m}{n}\text{ は有限小数で表される}\right)$，

(分母 n の素因数に 2, 5 以外のものがある)

$\Leftrightarrow$ $\left(\frac{m}{n}\text{ は循環小数で表される}\right)$．

有限小数で表される条件は，分母が素因数 2 または 5 のみで構成されているときであるから，6 個のうち有

限小数として表せるのは,

$$0.3_{(6)},\quad 0.43_{(6)},\quad 0.043_{(6)}$$

である．よって, ス , セ , ソ に当てはまるものは ⓪ , ③ , ⑤ である．

第5問　図形の性質

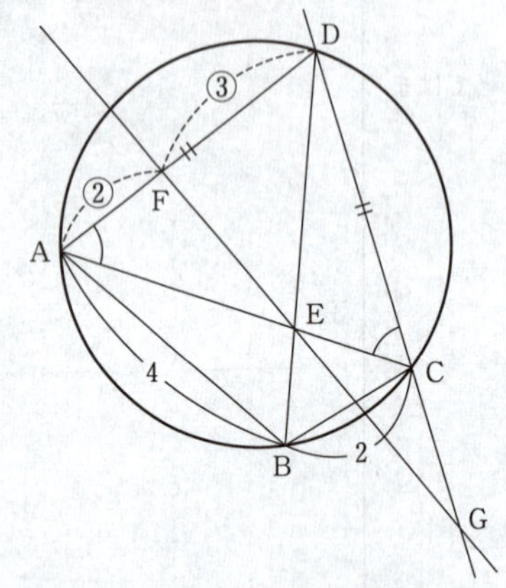

∠DAC と大きさが等しい角を求める.

△ACD は DA＝DC の二等辺三角形であるから,

$$\angle DAC = \angle DCA \qquad \cdots ①$$

である.

また, 円周角の定理より,

$$\angle DAC = \angle DBC$$

← $\overset{\frown}{CD}$ に対する円周角.

$$\angle DCA = \angle ABD$$

← $\overset{\frown}{AD}$ に対する円周角.

である.

よって, ∠DAC の大きさが等しい角は, ① より,

∠DCA と ∠DBC と ∠ABD

←

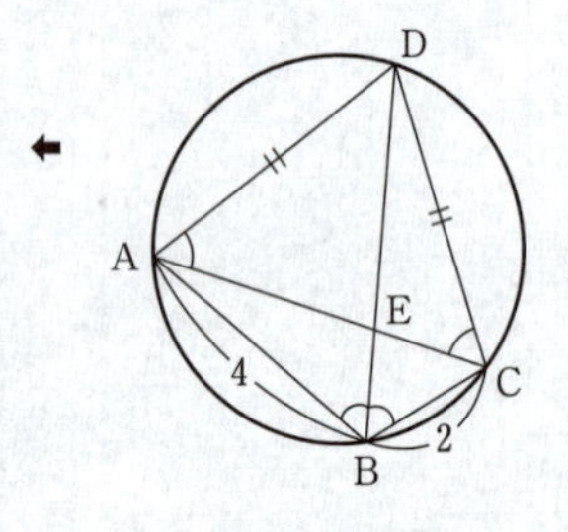

である. したがって, [ア] に当てはまるものは

[⓪] である.

このことより, 線分 BE は ∠ABC の二等分線であるから, その性質より,

$$\frac{EC}{AE} = \frac{BC}{BA} = \frac{2}{4} = \frac{\boxed{1}}{\boxed{2}}$$

である.

← 角の二等分線の性質

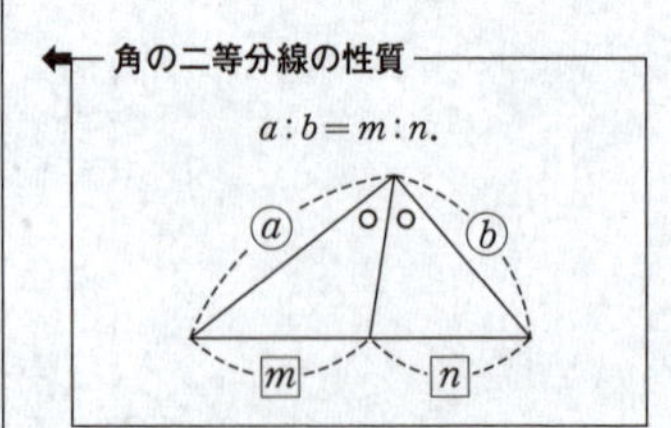

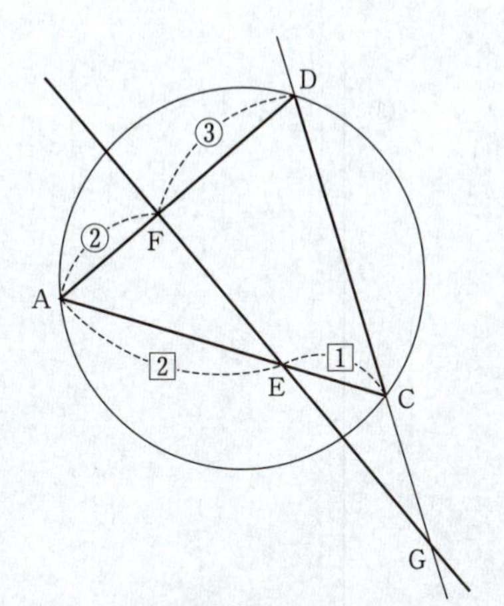

次に，△ACD と直線 FE に対して，メネラウスの定理を用いると，

$$\frac{CG}{GD}\cdot\frac{DF}{FA}\cdot\frac{AE}{EC}=1$$

すなわち，

$$\frac{CG}{GD}\cdot\frac{3}{2}\cdot\frac{2}{1}=1$$

であるから，

$$\frac{GC}{DG}=\frac{\boxed{1}}{\boxed{3}} \quad \cdots ②$$

である．

(1)　直線 AB が点 G を通る場合の図は次のようになる．

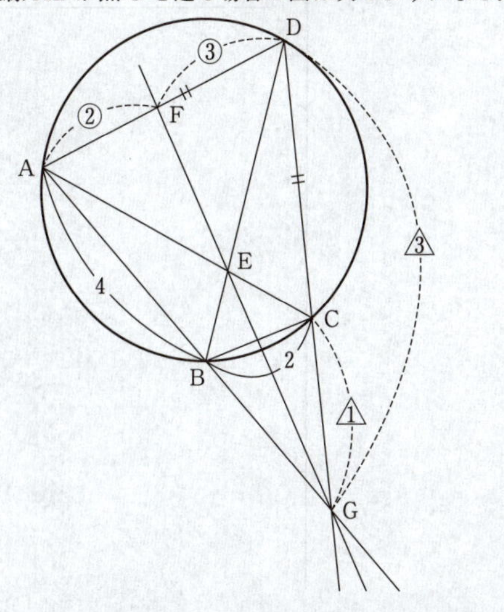

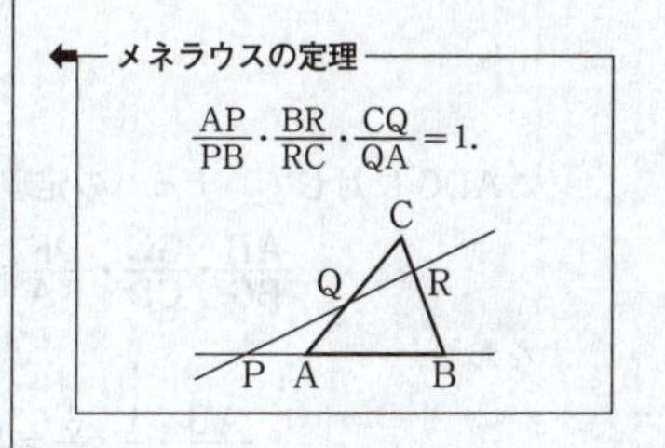

②より,

$$\frac{GC}{CD}=\frac{1}{2} \qquad \cdots ③$$

である.

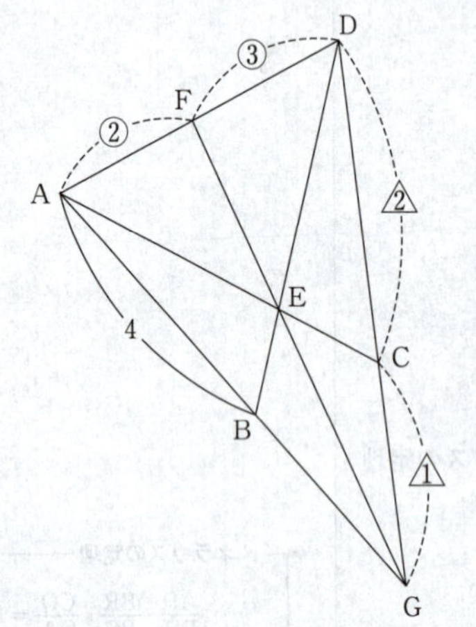

△ADG に対して, チェバの定理を用いると,

$$\frac{AB}{BG}\cdot\frac{GC}{CD}\cdot\frac{DF}{FA}=1$$

すなわち,

$$\frac{AB}{BG}\cdot\frac{1}{2}\cdot\frac{3}{2}=1$$

であるから,

$$\frac{AB}{BG}=\frac{4}{3}$$

である.

よって, AB＝4 より,

BG＝ 3

である.

←チェバの定理

$$\frac{AR}{RB}\cdot\frac{BP}{PC}\cdot\frac{CQ}{QA}=1.$$

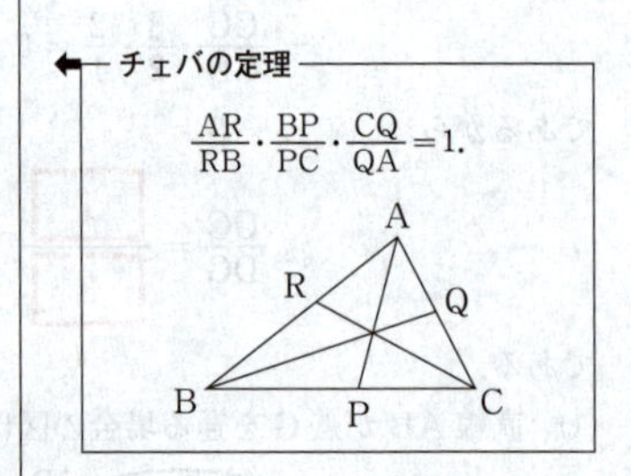

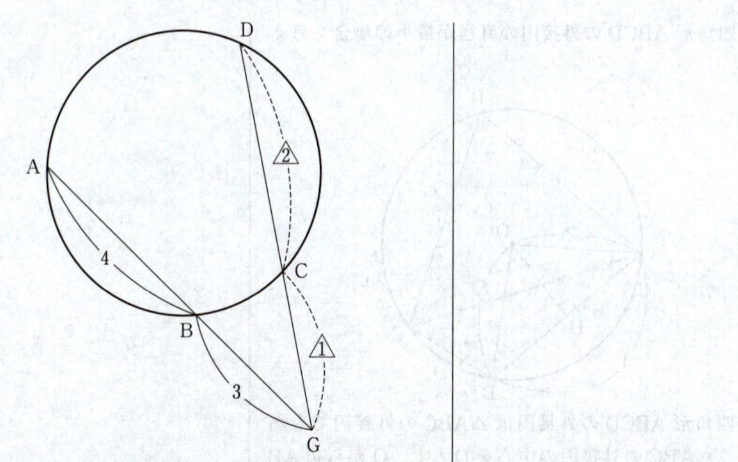

また，4点A，B，C，Dは同一円周上にあるから，方べきの定理を用いると，

$$GB\cdot GA=GC\cdot GD$$
$$GB(GB+BA)=GC(GC+CD)$$

である．

$x>0$ として，$DC=2x$ とおくと，③ より，$GC=x$ であるから，

$$3(3+4)=x(x+2x)$$
$$3x^2=21$$
$$x^2=7$$

となり，$x>0$ より，

$$x=\sqrt{7}$$

である．

よって，

$$DC=2x=\boxed{2}\sqrt{\boxed{7}}$$

である．

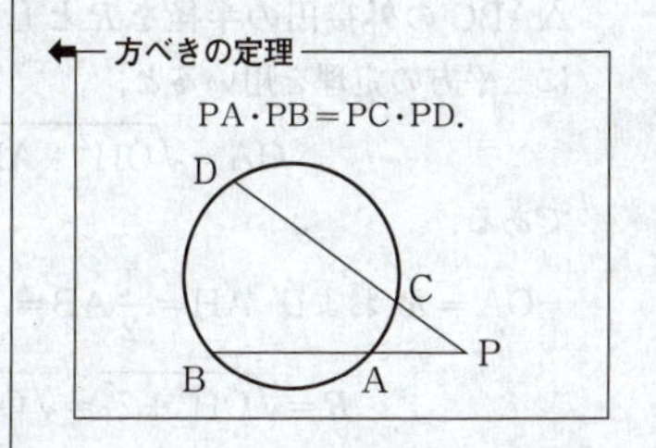

(2)　四角形ABCDの外接円の直径が最小の場合を考える.

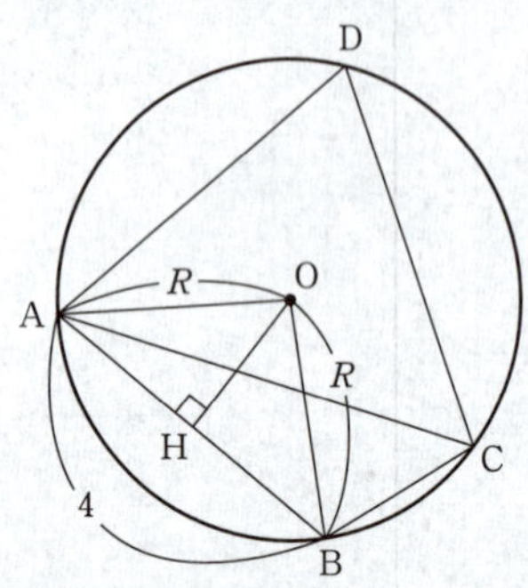

四角形ABCDの外接円は△ABCの外接円でもある. △ABCの外接円の中心をOとし, Oから辺ABに下ろした垂線と辺ABの交点をHとする. さらに, △ABCの外接円の半径をRとし, 直角三角形OAHに三平方の定理を用いると,

$$OA=\sqrt{OH^2+AH^2}$$

である.

$OA=R$ および $AH=\frac{1}{2}AB=\frac{1}{2}\cdot4=2$ より,

$$R=\sqrt{OH^2+2^2}=\sqrt{OH^2+4}$$

である.

⬅ △OAH≡△OBH より,

$$AH=BH$$

であるから,

$$AH=\frac{1}{2}AB$$

である.

これより, Rが最小となるのは, OHが最小のとき, つまり, 点Oと点Hが一致するときであり, このようになるのは辺ABが△ABCの外接円の直径になるときである.

よって, 四角形ABCDの外接円の直径が最小となる場合, 四角形ABCDの外接円の直径は,

$$AB=\boxed{4}$$

である.

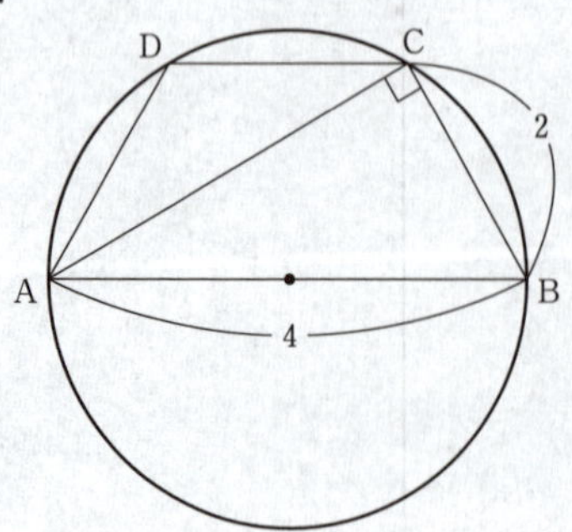

直角三角形 ABC に着目すると,

$\angle C=90°$, $AB:BC=4:2=2:1$

であるから,

$\angle ABC=60°$, $\angle BAC=$ 30 °

である.

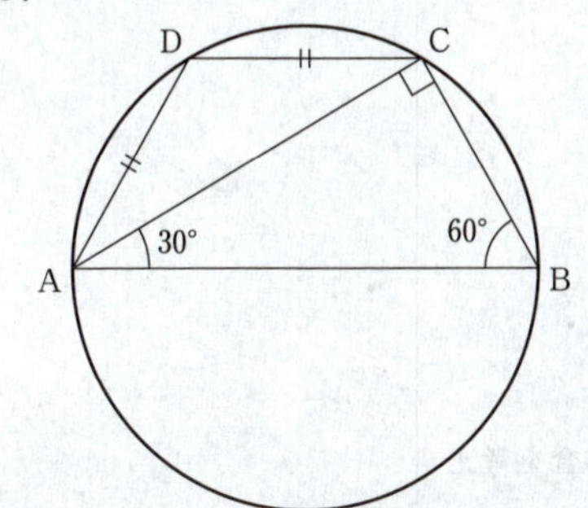

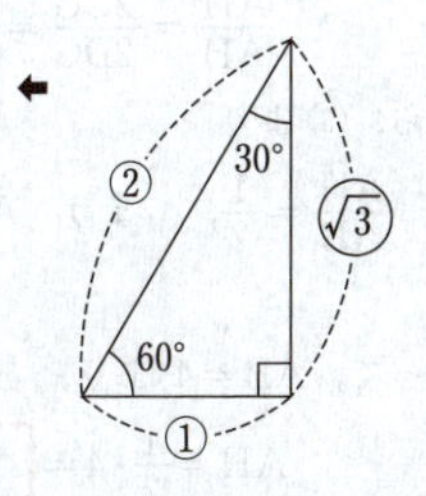

四角形 ABCD は円に内接しているから,

$$\angle ADC=180°-\angle ABC$$
$$=180°-60°$$
$$=120°$$

であり, △ACD は $DA=DC$ の二等辺三角形であるから,

$$\angle ACD=\frac{180°-\angle ADC}{2}$$
$$=\frac{180°-120°}{2}$$
$$=30°$$

である.

円に内接する四角形の性質

対角の和は 180° である.
($\angle A+\angle C=\angle B+\angle D=180°$.)

A, D, B, C (図)

よって, $\angle BAC=\angle ACD=30°$ となるから,

$AB /\!/ DC$ …④

である.

錯角が等しいとき, 2 直線は平行である.

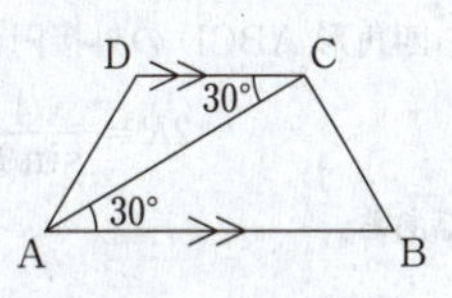

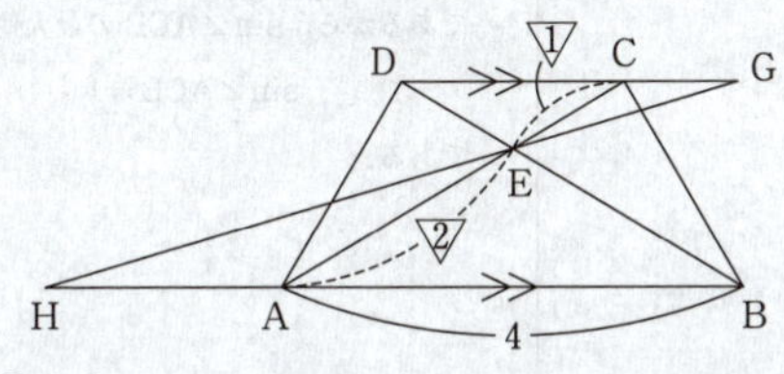

④より,

△AEH∽△CEG,　△AEB∽△CED

であり, $AE:EC=2:1$ であるから

「△AEH と △CEG, および △AEB と △CED の相似比は 2 : 1」

である．

これより，

$$\frac{AH}{AB}=\frac{2CG}{2DC}=\frac{GC}{CD}$$

となるから，③ より

$$\frac{AH}{AB}=\frac{1}{2}, \text{ つまり } AH=\frac{1}{2}AB$$

である．

⬅ $\frac{GC}{CD}=\frac{1}{2}$. …③

したがって，AB＝4 より，

$$AH=\frac{1}{2}\cdot 4=\boxed{2}$$

である．

【(2) ケ の別解】

四角形 ABCD の外接円の直径が最小の場合を考える．

四角形 ABCD の外接円は △ABC の外接円でもあるから，△ABC の外接円の半径を R とし，正弦定理を用いると，

$$\frac{AB}{\sin\angle ACB}=2R$$

であり，AB＝4 より，

$$\frac{4}{\sin\angle ACB}=2R$$

（$2R$ は △ABC の外接円の直径および四角形 ABCD の外接円の直径）

である．

これより，$2R$ が最小となるのは，$\sin\angle ACB$ の値が最大のとき，つまり，$\angle ACB=90^\circ$ のときである．

⬅ $0^\circ<\angle ACB<180^\circ$ より，

$$0<\sin\angle ACB\leqq 1$$

であるから，$\sin\angle ACB$ の最大値は，

$$\sin\angle ACB=1$$

である．

よって，このときの △ABC の外接円の直径，すなわち四角形 ABCD の外接円の直径は，

$$2R=\frac{4}{\sin 90^\circ}=\boxed{4}$$

である．

数学Ⅱ・数学B

解答・採点基準

（100点満点）

問題番号(配点)	解答記号	正解	配点	自己採点
第1問 (30)	ア$\sqrt{イ}$	$4\sqrt{2}$	2	
	$\frac{ウエ}{オ}$	$\frac{-2}{3}$	2	
	カ	②	1	
	キ	③	1	
	ク	①	1	
	ケ	①	1	
	t^2-コ$t+$サ	t^2-6t+7	2	
	シ	③	2	
	ス，セ	3，8	2	
	ソタ	−2	1	
	$\frac{\sin^2 2x}{チ}$	$\frac{\sin^2 2x}{4}$	3	
	$\frac{\pi}{ツ}$	$\frac{\pi}{4}$	2	
	$\frac{テ}{ト}$	$\frac{1}{4}$	2	
	ナ	3	2	
	ニ	1	2	
	$\frac{ヌ}{ネ}$	$\frac{4}{5}$	1	
	$\frac{ノハ}{ヒ}$	$\frac{-3}{5}$	1	
	$\frac{\sqrt{フ}}{ヘ}$	$\frac{\sqrt{5}}{5}$	2	
第1問　自己採点小計				

問題番号(配点)	解答記号	正解	配点	自己採点
第2問 (30)	$\frac{1}{ア}x^2+\frac{1}{イ}$	$\frac{1}{4}x^2+\frac{1}{2}$	2	
	$\frac{a^2}{ウ}+\frac{a}{エ}$	$\frac{a^2}{4}+\frac{a}{4}$	3	
	$\frac{オ}{カキ}$	$\frac{7}{12}$	3	
	$\frac{クケ}{コ}$	$\frac{-1}{2}$	2	
	$\frac{サシ}{スセ}$	$\frac{25}{48}$	3	
	±ソ	±1	2	
	±タ	±2	1	
	チ	2	2	
	ツ	①	2	
	$\frac{a^3}{テ}$	$\frac{a^3}{6}$	2	
	$\frac{a^2}{ト}$	$\frac{a^2}{2}$	2	
	$-\frac{a^3}{ナ}-\frac{a^2}{ニ}+\frac{a}{ヌ}$	$-\frac{a^3}{6}-\frac{a^2}{4}+\frac{a}{4}$	3	
	$\frac{ネノ+\sqrt{ハ}}{ヒ}$	$\frac{-1+\sqrt{3}}{2}$	3	
第2問　自己採点小計				
第3問 (20)	$\frac{ア}{イ}$	$\frac{5}{6}$	2	
	$a_{ウエ}$	a_{22}	2	
	$\frac{オ}{カ}k^2-\frac{キ}{ク}k+$ケ	$\frac{1}{2}k^2-\frac{3}{2}k+2$	2	
	$\frac{コ}{サ}k^2-\frac{シ}{ス}k$	$\frac{1}{2}k^2-\frac{1}{2}k$	2	
	$\frac{セソ}{タチ}$	$\frac{13}{15}$	4	
	$\frac{ツ}{テ}k-\frac{ト}{ナ}$	$\frac{1}{2}k-\frac{1}{2}$	2	
	$\frac{ニ}{ヌ}k^2-\frac{ネ}{ノ}k$	$\frac{1}{4}k^2-\frac{1}{4}k$	2	
	$\frac{ハヒフ}{ヘホ}$	$\frac{507}{10}$	4	
第3問　自己採点小計				

問題番号(配点)	解答記号	正解	配点	自己採点
第4問 (20)	ア	3	1	
	イ	2	1	
	$(ウs-エ)^2$	$(3s-1)^2$	2	
	$(オt-カ)^2$	$(2t-1)^2$	2	
	キ	2	1	
	$\frac{ク}{ケ}$	$\frac{1}{3}$	1	
	$\frac{コ}{サ}$	$\frac{1}{2}$	1	
	$\sqrt{シ}$	$\sqrt{2}$	1	
	ス	0	1	
	セソ°	90°	1	
	$\sqrt{タ}$	$\sqrt{2}$	2	
	$\frac{チ}{ツ}\overrightarrow{OA}+\frac{テ}{ト}\overrightarrow{OQ}$	$\frac{1}{3}\overrightarrow{OA}+\frac{2}{3}\overrightarrow{OQ}$	2	
	ナ:1	2:1	2	
	$\frac{\sqrt{ニ}}{ヌ}$	$\frac{\sqrt{2}}{3}$	2	
	第4問　自己採点小計			
第5問 (20)	−ア，イ，ウ	−2，2，6	1	
	$\frac{エ}{オ}$	$\frac{4}{9}$	1	
	カ	4	1	
	キ	1	1	
	$クn+ケY$	$-n+4Y$	1	
	コ	⓪	1	
	サ	①	1	
	シ	⑨	1	
	ス	⑧	2	
	セソタ	300	1	
	チツ	15	1	
	テ.トナ	2.00	2	
	0.ニヌネ	0.023	2	
	0.ノハヒ	0.380	2	
	0.フヘホ	0.420	2	
	第5問　自己採点小計			
	自己採点合計			

(注)

第1問，第2問は必答。

第3問～第5問のうちから2問選択。計4問を解答。

第1問　指数関数・対数関数，三角関数

［1］

(1)　$8^{\frac{5}{6}}=(2^3)^{\frac{5}{6}}=2^{\frac{5}{2}}=2^{2+\frac{1}{2}}=2^2\cdot 2^{\frac{1}{2}}=\boxed{4}\sqrt{\boxed{2}}$，

$$\log_{27}\frac{1}{9}=\frac{\log_3\frac{1}{9}}{\log_3 27}=\frac{\log_3 3^{-2}}{\log_3 3^3}=\frac{\boxed{-2}}{\boxed{3}}$$

である．

> $a>0$，x，y が実数のとき
> $(a^x)^y=a^{xy}$．

> $a>0$，x，y が実数のとき
> $a^{x+y}=a^x a^y$．

> $a>0$，n は2以上の整数，m は整数のとき
> $a^{\frac{m}{n}}=\sqrt[n]{a^m}$．

> **底の変換公式**
> a，b，c が正の数で，$a\neq 1$，$c\neq 1$ のとき
> $\log_a b=\dfrac{\log_c b}{\log_c a}$．

> $a>0$，x が実数のとき
> $\dfrac{1}{a^x}=a^{-x}$．

> $a>0$，$a\neq 1$，$M>0$ のとき
> $\log_a M=x \iff a^x=M$．

(2)　$y=2^x$ のグラフと $y=\left(\frac{1}{2}\right)^x=2^{-x}$ のグラフは y 軸に関して対称である．

> $y=f(x)$ のグラフと $y=f(-x)$ のグラフは，y 軸に関して対称である．

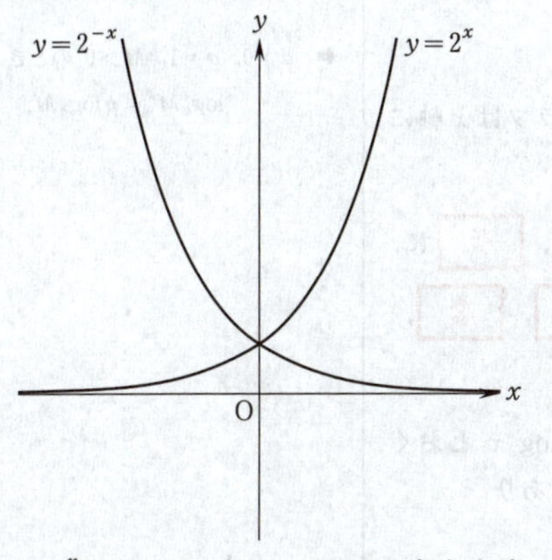

$y=2^x$ のグラフと $y=\log_2 x$，すなわち $x=2^y$ のグラフは直線 $y=x$ に関して対称である．

> $y=f(x)$ のグラフと $x=f(y)$ のグラフは，直線 $y=x$ に関して対称である．

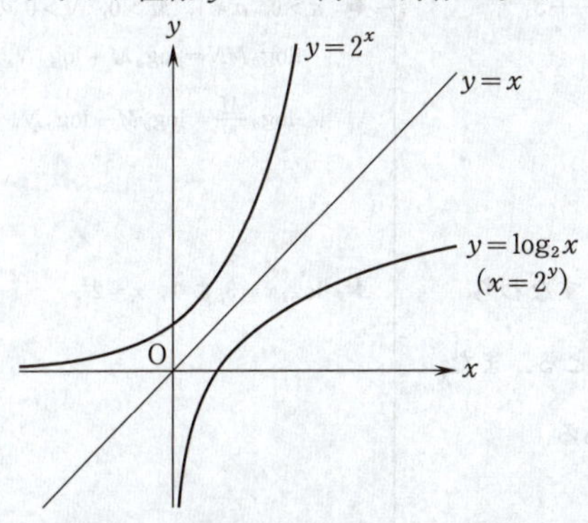

$y=\log_2 x$ のグラフと

$$y=\log_{\frac{1}{2}}x=\frac{\log_2 x}{\log_2\frac{1}{2}}=\frac{\log_2 x}{\log_2 2^{-1}}=-\log_2 x$$

のグラフは x 軸に関して対称である．

> $y=f(x)$ のグラフと $y=-f(x)$ のグラフは，x 軸に関して対称である．

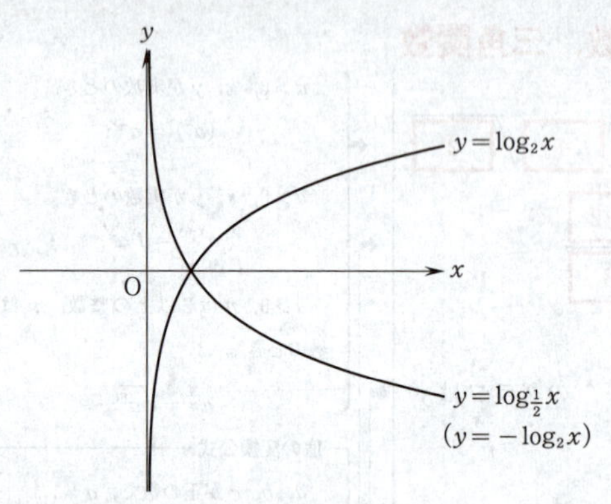

$y=\log_2 x$ のグラフと

$y=\log_2 \dfrac{1}{x}=\log_2 x^{-1}=-\log_2 x$ のグラフは x 軸に関して対称である.

← $a>0$, $a\neq 1$, $M>0$ のとき $\log_a M^p=p\log_a M$.

以上より，[カ]，[キ]，[ク]，[ケ] に，当てはまるものはそれぞれ [②]，[③]，[①]，[①] である.

(3)　x が $x>0$ の範囲を動くとき，$t=\log_2 x$ とおくと，t のとり得る値の範囲は実数全体であり

$$\begin{aligned} y&=\left(\log_2 \frac{x}{4}\right)^2-4\log_4 x+3 \\ &=(\log_2 x-\log_2 4)^2-4\cdot\frac{\log_2 x}{\log_2 4}+3 \\ &=(t-2)^2-4\cdot\frac{t}{2}+3 \\ &=t^2-\boxed{6}\,t+\boxed{7} \\ &=(t-3)^2-2 \end{aligned}$$

← $a>0$, $a\neq 1$, $M>0$, $N>0$ のとき $\log_a MN=\log_a M+\log_a N$, $\log_a \dfrac{M}{N}=\log_a M-\log_a N$.

であるから，y は $t=$ [3] のとき，すなわち $x=$ [8] のとき，最小値 [-2] をとる．また，[シ] に当てはまるものは [③] である.

← $\log_2 x=3$ より，$x=2^3$.

［2］

(1)　$\cos^2 x-\sin^2 x+k\left(\dfrac{1}{\cos^2 x}-\dfrac{1}{\sin^2 x}\right)=0$　…①

を変形すると

$$\cos^2 x-\sin^2 x-k\cdot\frac{\cos^2 x-\sin^2 x}{\cos^2 x\sin^2 x}=0$$

$$\left(1-\frac{k}{\cos^2 x\sin^2 x}\right)(\cos^2 x-\sin^2 x)=0$$

となる．この両辺に $\sin^2 x\cos^2 x$ をかけ，2倍角の公式を用いて変形すると

$$(\sin^2 x\cos^2 x-k)(\cos^2 x-\sin^2 x)=0$$

$$\left(\frac{\sin^2 2x}{\boxed{4}}-k\right)\cos 2x=0 \qquad \cdots ②$$

2倍角の公式

$$\sin 2x=2\sin x\cos x,$$
$$\cos 2x=\cos^2 x-\sin^2 x$$
$$=2\cos^2 x-1$$
$$=1-2\sin^2 x.$$

を得る．これより

$$\sin^2 2x=4k \quad \text{または} \quad \cos 2x=0$$

が成り立つ．

$0<x<\frac{\pi}{2}$，すなわち $0<2x<\pi$ の範囲で，

$\cos 2x=0$ を満たすのは $2x=\frac{\pi}{2}$，すなわち $x=\frac{\pi}{4}$ のみであるから，k の値に関係なく，$x=\frac{\pi}{\boxed{4}}$ のときはつねに①が成り立つ．また，$0<x<\frac{\pi}{2}$，すなわち $0<2x<\pi$ の範囲で $0<\sin^2 2x\leqq 1$ であるから，$\sin^2 2x=4k$ を満たす x の個数は次の表のようになる．

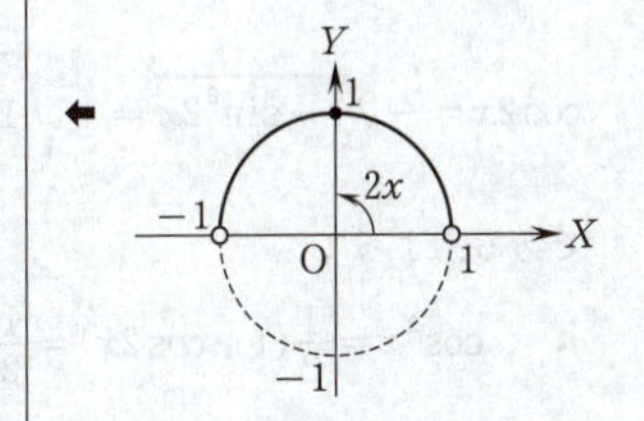

$4k>1\ \left(k>\frac{1}{4}\right)$	0個
$0<4k<1\ \left(0<k<\frac{1}{4}\right)$	2個 $\left(2x\neq\frac{\pi}{2}，すなわち\ x\neq\frac{\pi}{4}\right)$
$4k=1\ \left(k=\frac{1}{4}\right)$	1個 $\left(2x=\frac{\pi}{2}，すなわち\ x=\frac{\pi}{4}\right)$

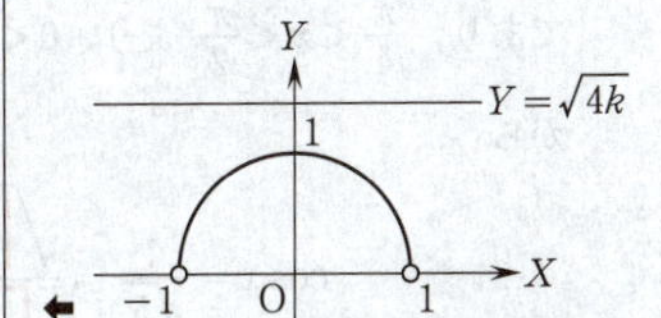

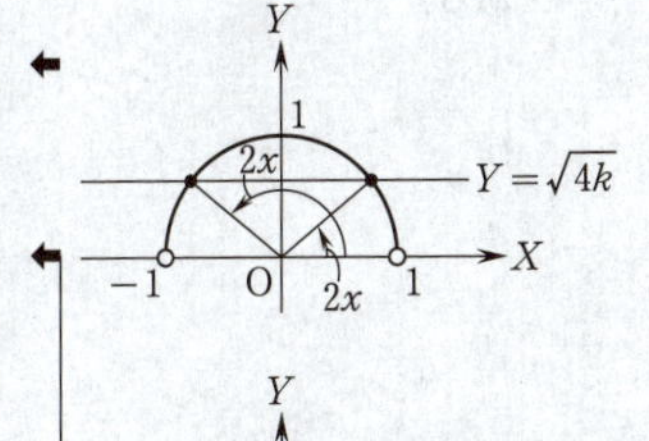

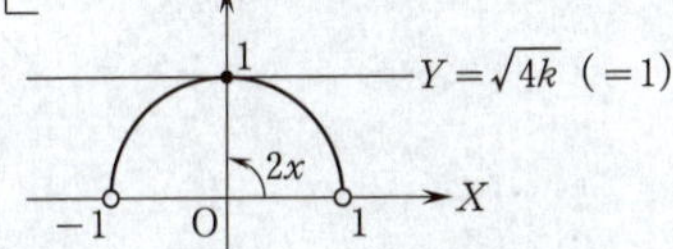

以上より，$k>\frac{\boxed{1}}{\boxed{4}}$ のとき，①を満たす x は $\frac{\pi}{4}$ のみである．$0<k<\frac{1}{4}$ のとき，①を満たす x の個数は $\boxed{3}$ 個であり，$k=\frac{1}{4}$ のときは①を満たす x は $\frac{\pi}{4}$ のみで $\boxed{1}$ 個である．

(2)　$k=\frac{4}{25}$ のとき

$$\sin^2 2x = 4k$$

は

$$\sin^2 2x = \frac{16}{25}$$

となる．$\frac{\pi}{4} < x < \frac{\pi}{2}$，すなわち $\frac{\pi}{2} < 2x < \pi$ より，

$0 < \sin 2x < 1$ であるから

$$\sin 2x = \frac{\boxed{4}}{\boxed{5}}$$

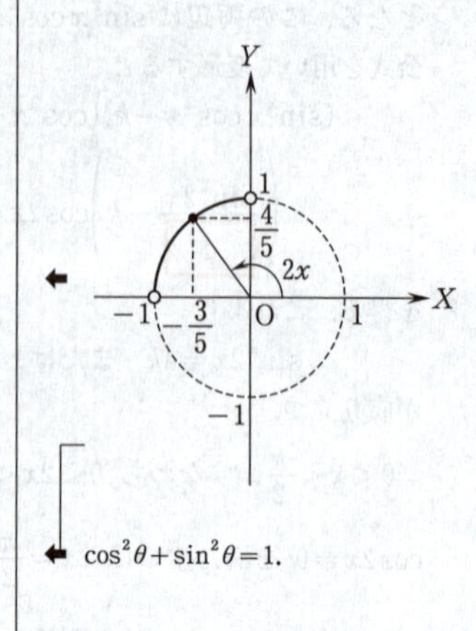

である．$\frac{\pi}{2} < 2x < \pi$ より，$-1 < \cos 2x < 0$ である

から

$$\cos 2x = -\sqrt{1-\sin^2 2x} = -\sqrt{1-\left(\frac{4}{5}\right)^2} = \frac{\boxed{-3}}{\boxed{5}}$$

← $\cos^2\theta + \sin^2\theta = 1$.

である．よって

$$\cos^2 x = \frac{1}{2}(1+\cos 2x) = \frac{1}{2}\left(1-\frac{3}{5}\right) = \frac{1}{5}$$

← $\cos^2\theta = \frac{1}{2}(1+\cos 2\theta)$.

であり，$\frac{\pi}{4} < x < \frac{\pi}{2}$ より，$0 < \cos x < \frac{1}{\sqrt{2}}$ である ←

から

$$\cos x = \frac{1}{\sqrt{5}} = \frac{\sqrt{\boxed{5}}}{\boxed{5}}$$

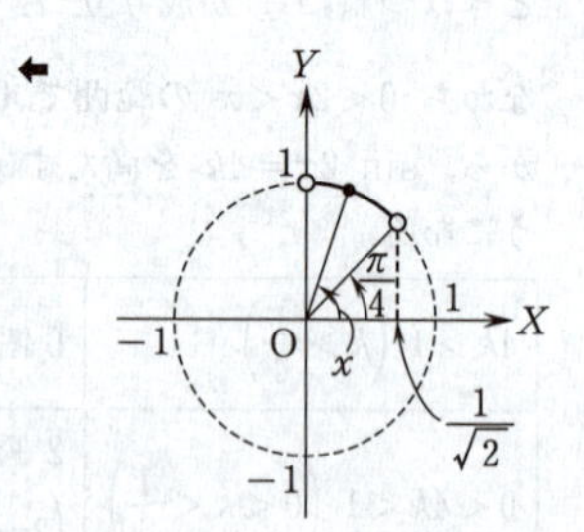

である．

第2問　微分法・積分法

$$C_1 : y=\frac{1}{2}x^2+\frac{1}{2},$$

$$C_2 : y=\frac{1}{4}x^2.$$

(1)

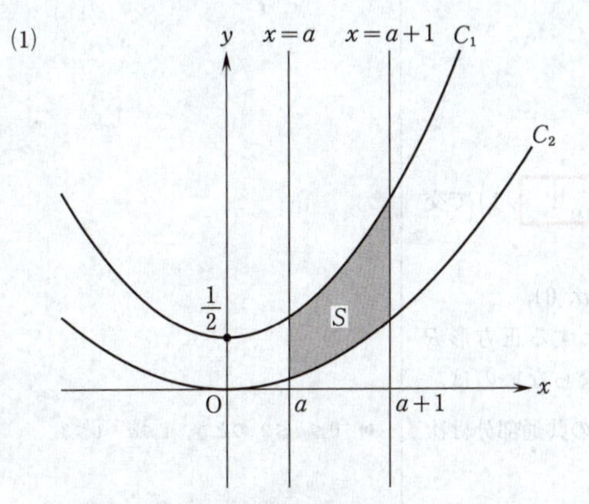

実数 a に対して，2直線 $x=a$，$x=a+1$ と C_1，C_2 で囲まれた図形 D の面積 S は

$$S=\int_a^{a+1}\left\{\left(\frac{1}{2}x^2+\frac{1}{2}\right)-\frac{1}{4}x^2\right\}dx$$

$$=\int_a^{a+1}\left(\frac{1}{\boxed{4}}x^2+\frac{1}{\boxed{2}}\right)dx$$

$$=\left[\frac{1}{12}x^3+\frac{1}{2}x\right]_a^{a+1}$$

$$=\frac{1}{12}\{(a+1)^3-a^3\}+\frac{1}{2}\{(a+1)-a\}$$

$$=\frac{1}{12}(3a^2+3a+1)+\frac{1}{2}$$

$$=\frac{a^2}{\boxed{4}}+\frac{a}{\boxed{4}}+\frac{\boxed{7}}{\boxed{12}}$$

$$=\frac{1}{4}\left(a+\frac{1}{2}\right)^2+\frac{25}{48}$$

である．S は $a=\dfrac{\boxed{-1}}{\boxed{2}}$ で最小値 $\dfrac{\boxed{25}}{\boxed{48}}$ をとる．

(2)　C_1 の方程式において，$y=1$ とすると

$$1=\frac{1}{2}x^2+\frac{1}{2}$$

となり，これを満たす x の値は

面積

区間 $\alpha \leqq x \leqq \beta$ においてつねに $g(x) \leqq f(x)$ ならば2曲線 $y=f(x)$，$y=g(x)$ および直線 $x=\alpha$，$x=\beta$ で囲まれた部分の面積は

$$S=\int_\alpha^\beta \{f(x)-g(x)\}\,dx.$$

y　$y=f(x)$　$y=g(x)$　O　α　β　x

定積分

$$\int x^n\,dx=\frac{1}{n+1}x^{n+1}+C$$

($n=0, 1, 2, \cdots$. C は積分定数)

であり，$f(x)$ の原始関数の一つを $F(x)$ とすると

$$\int_\alpha^\beta f(x)\,dx=\Big[F(x)\Big]_\alpha^\beta$$
$$=F(\beta)-F(\alpha).$$

$$x = \pm 1$$

であるから，直線 $y=1$ は，C_1 と $\left(\pm \boxed{1}, 1\right)$ で交わる．

C_2 の方程式において，$y=1$ とすると

$$1 = \frac{1}{4}x^2$$

となり，これを満たす x の値は

$$x = \pm 2$$

であるから，直線 $y=1$ は，C_2 と $\left(\pm \boxed{2}, 1\right)$ で交わる．

a が $a \geqq 0$ の範囲を動くとき，4点 $(a, 0)$, $(a+1, 0)$, $(a+1, 1)$, $(a, 1)$ を頂点とする正方形 R と(1)の図形 D の共通部分が空集合にならないのは，$0 \leqq a \leqq \boxed{2}$ のときであり，R と D の共通部分は次の図の影の部分のようになる．

⬅ $0 \leqq a \leqq 2$ のとき，$1 \leqq a+1 \leqq 3$.

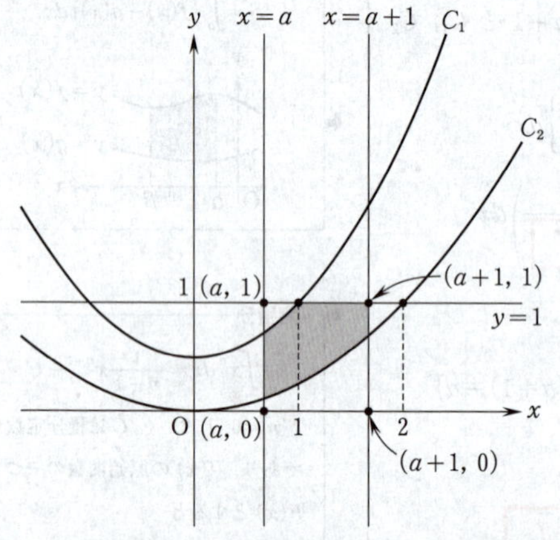

⬅ R と D の共通部分は D のうち，$0 \leqq y \leqq 1$ である部分．

$a > 2$ のときは，次の図のように R と D の共通部分は空集合となる．

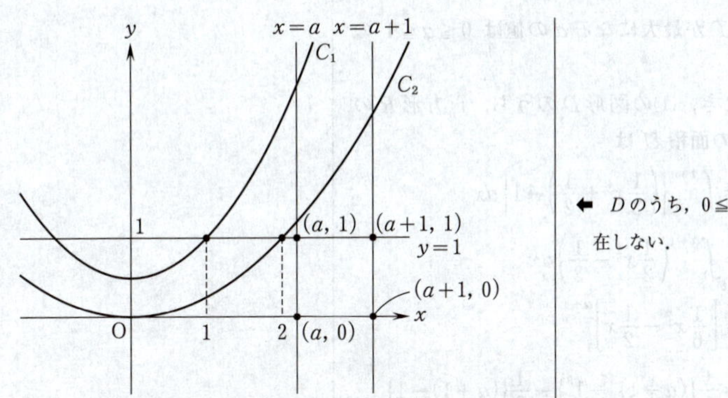

⬅ Dのうち，$0 \leqq y \leqq 1$ である部分が存在しない．

$1 \leqq a \leqq 2$ のとき，正方形 R は放物線 C_1 と x 軸の間にあり，この範囲で a が増加するとき，R と D の共通部分の面積 T は減少する．よって ツ に当てはまるものは ① である．

$a=1.3$ のとき

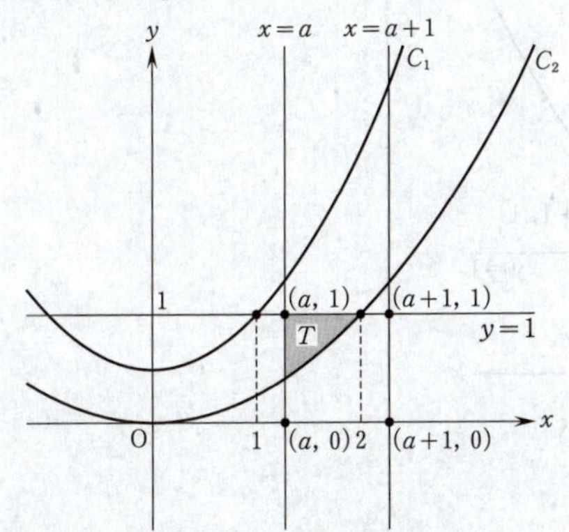

$a=1.7$ のとき

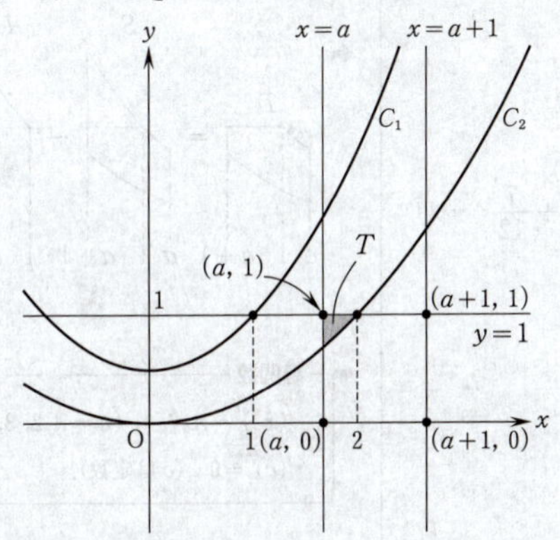

したがって，T が最大になる a の値は $0 \leqq a \leqq 1$ の範囲にある．

$0 \leqq a \leqq 1$ のとき，(1)の図形 D のうち，正方形 R の外側にある部分の面積 U は

$$U=\int_1^{a+1}\left\{\left(\frac{1}{2}x^2+\frac{1}{2}\right)-1\right\}dx$$

$$=\int_1^{a+1}\left(\frac{1}{2}x^2-\frac{1}{2}\right)dx$$

$$=\left[\frac{1}{6}x^3-\frac{1}{2}x\right]_1^{a+1}$$

$$=\frac{1}{6}\{(a+1)^3-1^3\}-\frac{1}{2}\{(a+1)-1\}$$

$$=\frac{a^3}{\boxed{6}}+\frac{a^2}{\boxed{2}}$$

である．

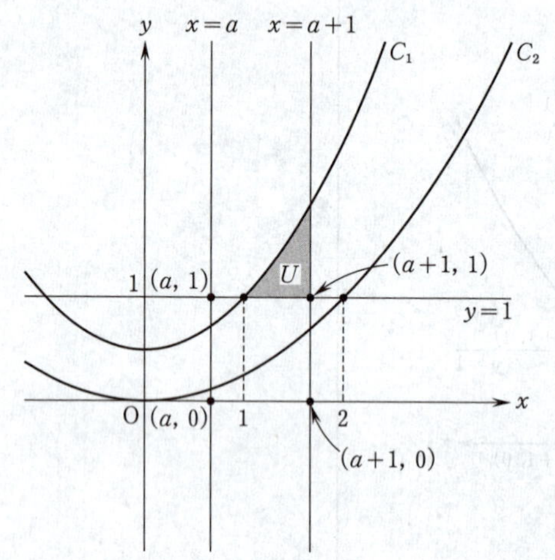

よって，$0 \leqq a \leqq 1$ において

$$T=S-U$$

$$=\left(\frac{a^2}{4}+\frac{a}{4}+\frac{7}{12}\right)-\left(\frac{a^3}{6}+\frac{a^2}{2}\right)$$

$$=-\frac{a^3}{\boxed{6}}-\frac{a^2}{\boxed{4}}+\frac{a}{\boxed{4}}+\frac{7}{12} \quad \cdots①$$

である．① を a で微分すると

$$T'=-\frac{a^2}{2}-\frac{a}{2}+\frac{1}{4}$$

$$=-\frac{1}{4}(2a^2+2a-1)$$

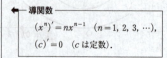

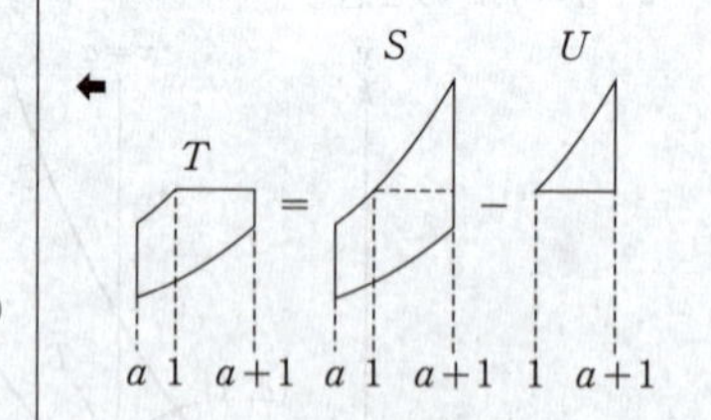

導関数

$(x^n)'=nx^{n-1}$　($n=1, 2, 3, \cdots$),

$(c)'=0$　(c は定数).

$$= -\frac{1}{2}\left(a - \frac{-1-\sqrt{3}}{2}\right)\left(a - \frac{-1+\sqrt{3}}{2}\right)$$

であるから，$0 \leqq a \leqq 1$ における T の増減は次の表のようになる．

a	0	$\cdots$	$\frac{-1+\sqrt{3}}{2}$	$\cdots$	1
T'		$+$	0	$-$	
T		↗		↘	

以上より，T は

$$a = \frac{\boxed{-1} + \sqrt{\boxed{3}}}{\boxed{2}}$$

で最大値をとることがわかる．

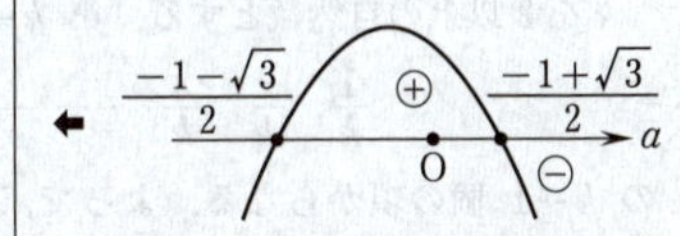

T' の符号はグラフを利用するとわかりやすい．

第3問　数列

与えられた数列を次のように群に分ける.

$$\frac{1}{2}\,\Big|\,\frac{1}{3},\ \frac{2}{3}\,\Big|\,\frac{1}{4},\ \frac{2}{4},\ \frac{3}{4}\,\Big|\,\frac{1}{5},\ \cdots$$

第1群　第2群　第3群　第4群

k を2以上の自然数とする. 第 $k-1$ 群は

$$\frac{1}{k},\ \frac{2}{k},\ \frac{3}{k},\ \cdots,\ \frac{k-1}{k}$$

の $k-1$ 個の項からなる. よって, 第1群から第 $k-1$ 群に含まれる項の項数は

$$1+2+3+\cdots+(k-1)=\frac{1}{2}(k-1)k$$

← $\sum_{i=1}^{k} i=\frac{1}{2}k(k+1)$.

である.

(1)
$$15 \leqq \frac{1}{2}(k-1)k$$

を満たす2以上の自然数で最小の k は6で, a_{15} は第5群の末項(第5項)である. よって, $a_{15}=\dfrac{\boxed{5}}{\boxed{6}}$ である. また, 分母に初めて8が現れる項は第7群の初項の $\frac{1}{8}$ であり, これは第6群の末項(第6項)の次の項であるから

← $k=6$ より, $k-1=5$.

← $k=8$ より, $k-1=7$.

$$\frac{1}{2}\cdot 6\cdot 7+1=22$$

より, $a_{\boxed{22}}$ である.

(2)　k が3以上の自然数であるとき, 数列 $\{a_n\}$ において $\frac{1}{k}$ が初めて現れる項を第 M_k 項とすると, $\frac{1}{k}$ は第 $k-1$ 群の初項であり, これは第 $k-2$ 群の末項(第 $k-2$ 項)の次の項であるから

← $k=8$ のときが(1)の a_{22}.

$$M_k=\frac{1}{2}(k-2)(k-1)+1$$

← $k=8$ のとき $M_8=22$.

$$=\frac{\boxed{1}}{\boxed{2}}k^2-\frac{\boxed{3}}{\boxed{2}}k+\boxed{2}$$

である. この式は $k=2$ のときも成り立つ. 数列 $\{a_n\}$ において $\frac{k-1}{k}$ が初めて現れる項を第 N_k 項とすると, $\frac{k-1}{k}$ は第 $k-1$ 群の末項(第 $k-1$ 項)であるから

← $k=6$ のときが(1)の a_{15}.

$$N_k=\frac{1}{2}(k-1)k$$

$$=\frac{\boxed{1}}{\boxed{2}}k^2-\frac{\boxed{1}}{\boxed{2}}k$$

← $k=6$ のとき $N_6=15$.

である．よって，a_{104} が第 $k-1$ 群に属しているとすると

$$\frac{1}{2}(k-2)(k-1)<104\leqq\frac{1}{2}(k-1)k \quad \cdots①$$

← $M_k-1<104\leqq N_k$.

が成り立つ．

$$\frac{1}{2}(15-2)(15-1)=91,\quad \frac{1}{2}(15-1)15=105$$

より，① を満たす自然数 k は 15 であり

$$104-91=13$$

であるから，a_{104} は第 14 群の第 13 項である．よって

$$a_{104}=\frac{\boxed{13}}{\boxed{15}}$$

である．

(3)　k が 2 以上の自然数であるとき，数列 $\{a_n\}$ の第 M_k 項から第 N_k 項までの和，すなわち第 $k-1$ 群に含まれる項の和は

$$\frac{1}{k}+\frac{2}{k}+\cdots+\frac{k-1}{k}$$

$$=\frac{1}{k}\{1+2+\cdots+(k-1)\}$$

$$=\frac{1}{k}\cdot\frac{1}{2}(k-1)k$$

$$=\frac{1}{2}(k-1)$$

$$=\frac{\boxed{1}}{\boxed{2}}k-\frac{\boxed{1}}{\boxed{2}}$$

である．したがって，数列 $\{a_n\}$ の初項から第 N_k 項までの和は

← 第 N_k 項は第 $k-1$ 群の末項.

$$\sum_{i=2}^{k}\frac{1}{2}(i-1)$$

$$=\frac{1}{2}\{1+2+\cdots+(k-1)\}$$

$$=\frac{1}{2}\cdot\frac{1}{2}(k-1)k$$

$$=\frac{1}{4}(k-1)k$$

$$=\frac{\boxed{1}}{\boxed{4}}k^2-\frac{\boxed{1}}{\boxed{4}}k$$

である.

← 第 $i-1$ 群に含まれる項の和が $\frac{1}{2}(i-1)$.

a_{103} は第 14 群の第 12 項，すなわち 14 群の最後から 3 番目の項であるから

← a_{104} は第 14 群の第 13 項.

$$\sum_{n=1}^{103}a_n$$

$$=\sum_{n=1}^{105}a_n-(a_{104}+a_{105})$$

$$=\frac{1}{4}\cdot(15-1)\cdot 15-\left(\frac{13}{15}+\frac{14}{15}\right)$$

$$=\frac{\boxed{507}}{\boxed{10}}$$

である.

← $a_{104}=\frac{13}{15}$.

← a_{105} は第 14 群の末項，すなわち数列 $\{a_n\}$ の第 N_{15} 項.

第4問　空間ベクトル

$|\overrightarrow{OA}|=3$, $|\overrightarrow{OB}|=|\overrightarrow{OC}|=2$,

$\angle AOB=\angle BOC=\angle COA=60^\circ$,

$\overrightarrow{OA}=\vec{a}$, $\overrightarrow{OB}=\vec{b}$, $\overrightarrow{OC}=\vec{c}$.

(1)　$\vec{a}\cdot\vec{b}=|\vec{a}||\vec{b}|\cos\angle AOB=3\cdot2\cdot\cos60^\circ=\boxed{3}$,

$\vec{a}\cdot\vec{c}=|\vec{a}||\vec{c}|\cos\angle AOC=3\cdot2\cdot\cos60^\circ=3$,

$\vec{b}\cdot\vec{c}=|\vec{b}||\vec{c}|\cos\angle BOC=2\cdot2\cdot\cos60^\circ=\boxed{2}$

である.

> **内積**
>
> $\vec{0}$ でない2つのベクトル $\vec{x}$ と $\vec{y}$ のなす角を θ $(0^\circ\leqq\theta\leqq180^\circ)$ とすると
>
> $\vec{x}\cdot\vec{y}=|\vec{x}||\vec{y}|\cos\theta$.
>
> 特に
>
> $\vec{x}\cdot\vec{x}=|\vec{x}||\vec{x}|\cos0^\circ=|\vec{x}|^2$

$0\leqq s\leqq1$, $0\leqq t\leqq1$ として

$$\overrightarrow{OP}=s\vec{a}$$

$$\overrightarrow{OQ}=(1-t)\vec{b}+t\vec{c}$$

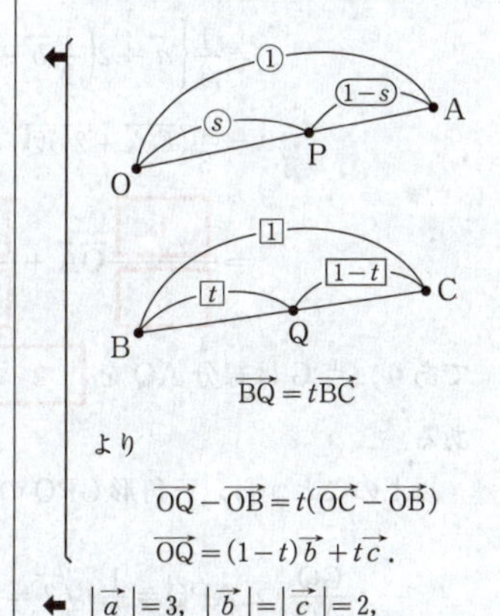

$\overrightarrow{BQ}=t\overrightarrow{BC}$

より

$\overrightarrow{OQ}-\overrightarrow{OB}=t(\overrightarrow{OC}-\overrightarrow{OB})$

$\overrightarrow{OQ}=(1-t)\vec{b}+t\vec{c}$.

より

$$\begin{aligned}\overrightarrow{PQ}&=\overrightarrow{OQ}-\overrightarrow{OP}\\&=\{(1-t)\vec{b}+t\vec{c}\}-s\vec{a}\\&=-s\vec{a}+(1-t)\vec{b}+t\vec{c}\end{aligned}$$

であるから

$$\begin{aligned}|\overrightarrow{PQ}|^2&=|-s\vec{a}+(1-t)\vec{b}+t\vec{c}|^2\\&=s^2|\vec{a}|^2+(1-t)^2|\vec{b}|^2+t^2|\vec{c}|^2\\&\quad-2s(1-t)\vec{a}\cdot\vec{b}+2(1-t)t\vec{b}\cdot\vec{c}-2st\vec{a}\cdot\vec{c}\\&=s^2\cdot3^2+(1-t)^2\cdot2^2+t^2\cdot2^2\\&\quad-2s(1-t)\cdot3+2(1-t)t\cdot2-2st\cdot3\\&=9s^2-6s+4t^2-4t+4\\&=(\boxed{3}s-\boxed{1})^2\\&\qquad+(\boxed{2}t-\boxed{1})^2+\boxed{2}\end{aligned}$$

← $|\vec{a}|=3$, $|\vec{b}|=|\vec{c}|=2$, $\vec{a}\cdot\vec{b}=\vec{a}\cdot\vec{c}=3$, $\vec{b}\cdot\vec{c}=2$.

となる. したがって, $|\overrightarrow{PQ}|$ が最小となるのは

$s=\dfrac{\boxed{1}}{\boxed{3}}$, $t=\dfrac{\boxed{1}}{\boxed{2}}$ のときであり, このとき

← $0\leqq s\leqq1$, $0\leqq t\leqq1$ を満たす.

$|\overrightarrow{PQ}|=\sqrt{\boxed{2}}$ となる.

(2)　三角形ABCの重心をGとし, $|\overrightarrow{PQ}|=\sqrt{2}$ のとき, 三角形GPQの面積を求める.

$$\begin{aligned}\overrightarrow{OA}\cdot\overrightarrow{PQ}&=\vec{a}\cdot\{-s\vec{a}+(1-t)\vec{b}+t\vec{c}\}\\&=-s|\vec{a}|^2+(1-t)\vec{a}\cdot\vec{b}+t\vec{a}\cdot\vec{c}\\&=-\left(\frac{1}{3}\right)\cdot3^2+\left(1-\frac{1}{2}\right)\cdot3+\frac{1}{2}\cdot3\end{aligned}$$

← $\overrightarrow{PQ}=-s\vec{a}+(1-t)\vec{b}+t\vec{c}$.

← $|\overrightarrow{PQ}|=\sqrt{2}$ のとき $s=\dfrac{1}{3}$, $t=\dfrac{1}{2}$.

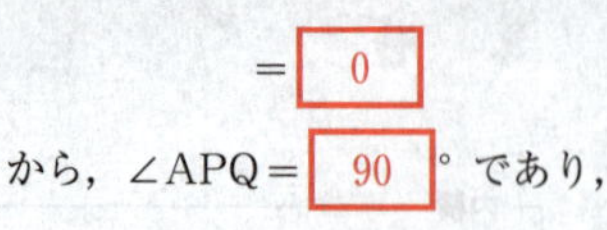

$$=\boxed{0}$$

から，$\angle \mathrm{APQ}=\boxed{90}^\circ$ であり，

$$\mathrm{PA}=|\overrightarrow{\mathrm{OA}}|-|\overrightarrow{\mathrm{OP}}|=|\vec{a}|-s|\vec{a}|=3-\frac{1}{3}\cdot 3=2$$

である．したがって，三角形 APQ の面積は

$$\frac{1}{2}\cdot \mathrm{PA}\cdot \mathrm{PQ}=\frac{1}{2}\cdot 2\cdot \sqrt{2}=\sqrt{\boxed{2}}$$

である．また

$$\overrightarrow{\mathrm{OG}}=\frac{1}{3}(\vec{a}+\vec{b}+\vec{c})$$
$$=\frac{1}{3}\left\{\vec{a}+2\left(\frac{1}{2}\vec{b}+\frac{1}{2}\vec{c}\right)\right\}$$
$$=\frac{1}{3}(\overrightarrow{\mathrm{OA}}+2\overrightarrow{\mathrm{OQ}})$$
$$=\frac{\boxed{1}}{\boxed{3}}\overrightarrow{\mathrm{OA}}+\frac{\boxed{2}}{\boxed{3}}\overrightarrow{\mathrm{OQ}}$$

であり，点 G は線分 AQ を $\boxed{2}:1$ に内分する点である．

以上のことから，三角形 GPQ の面積は

$$\frac{\mathrm{GQ}}{\mathrm{AQ}}\cdot \triangle \mathrm{APQ}=\frac{1}{3}\cdot\sqrt{2}=\frac{\sqrt{\boxed{2}}}{\boxed{3}}$$

である．

【$s=\dfrac{\boxed{ク}}{\boxed{ケ}}$，$t=\dfrac{\boxed{コ}}{\boxed{サ}}$ の別解】

【$\angle \mathrm{APQ}=\boxed{セソ}^\circ$，$\overrightarrow{\mathrm{OA}}\cdot\overrightarrow{\mathrm{PQ}}=\boxed{ス}$ の別解】

$|\overrightarrow{\mathrm{PQ}}|$ が最小となるのは

$$\overrightarrow{\mathrm{PQ}}\perp\overrightarrow{\mathrm{OA}} \quad かつ \quad \overrightarrow{\mathrm{PQ}}\perp\overrightarrow{\mathrm{BC}}$$

となるときである．$\overrightarrow{\mathrm{PQ}}\perp\overrightarrow{\mathrm{OA}}$ より

$$\overrightarrow{\mathrm{PQ}}\cdot\overrightarrow{\mathrm{OA}}=0$$
$$\{-s\vec{a}+(1-t)\vec{b}+t\vec{c}\}\cdot\vec{a}=0$$
$$-s|\vec{a}|^2+(1-t)\vec{b}\cdot\vec{a}+t\vec{c}\cdot\vec{a}=0$$
$$-9s+3(1-t)+3t=0$$
$$s=\frac{1}{3}$$

であり，このとき，$\overrightarrow{\mathrm{PQ}}\perp\overrightarrow{\mathrm{BC}}$ より

$$\overrightarrow{\mathrm{PQ}}\cdot\overrightarrow{\mathrm{BC}}=0$$

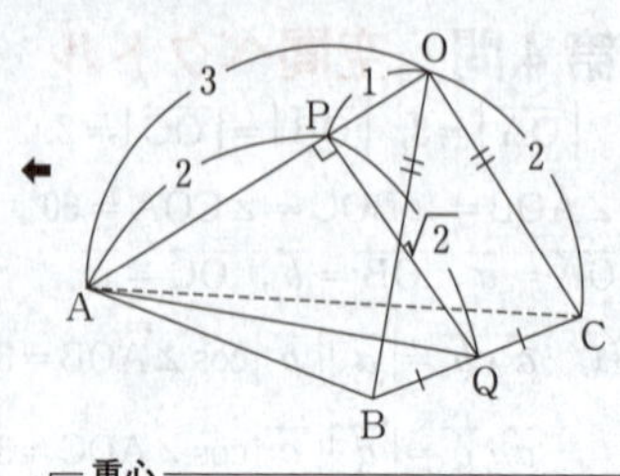

重心

三角形 ABC の重心を G とすると

$$\overrightarrow{\mathrm{OG}}=\frac{1}{3}(\overrightarrow{\mathrm{OA}}+\overrightarrow{\mathrm{OB}}+\overrightarrow{\mathrm{OC}}).$$

$t=\dfrac{1}{2}$ のとき $\overrightarrow{\mathrm{OQ}}=\dfrac{1}{2}\vec{b}+\dfrac{1}{2}\vec{c}$.

内分点

点 P が線分 AB を $m:n$ の比に内分するとき

$$\overrightarrow{\mathrm{OP}}=\frac{n\overrightarrow{\mathrm{OA}}+m\overrightarrow{\mathrm{OB}}}{m+n}$$

と表される．

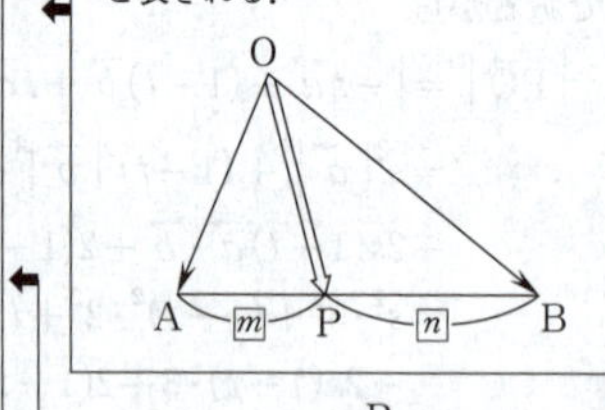

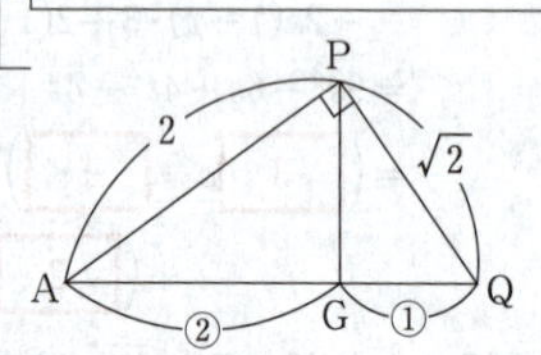

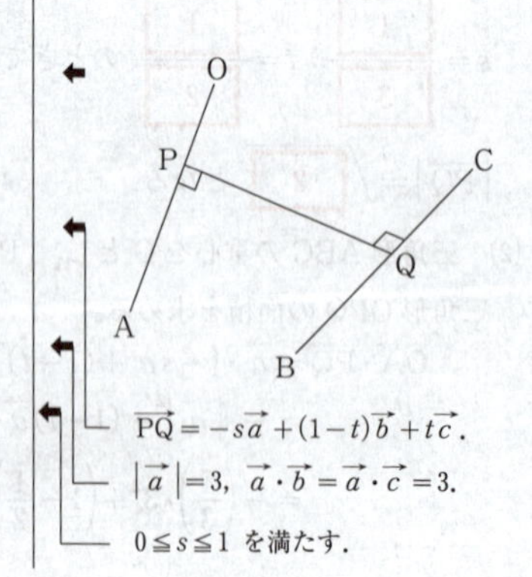

$\overrightarrow{\mathrm{PQ}}=-s\vec{a}+(1-t)\vec{b}+t\vec{c}$.

$|\vec{a}|=3$，$\vec{a}\cdot\vec{b}=\vec{a}\cdot\vec{c}=3$.

$0\leqq s\leqq 1$ を満たす．

$$\{-s\vec{a}+(1-t)\vec{b}+t\vec{c}\}\cdot(\vec{b}-\vec{c})=0$$

$$-s\vec{a}\cdot\vec{b}+(1-t)|\vec{b}|^2+t\vec{c}\cdot\vec{b}+s\vec{a}\cdot\vec{c}-(1-t)\vec{b}\cdot\vec{c}-t|\vec{c}|^2=0$$

$$-1+4(1-t)+2t+1-2(1-t)-4t=0$$

← $|\vec{b}|=|\vec{c}|=2$, $\vec{a}\cdot\vec{b}=\vec{a}\cdot\vec{c}=3$, $\vec{b}\cdot\vec{c}=2$.

$$t=\frac{1}{2}$$

← $0\leqq t\leqq 1$ を満たす.

である.

$|\overrightarrow{PQ}|=\sqrt{2}$ のとき，$\overrightarrow{PQ}\perp\overrightarrow{OA}$，すなわち $\angle APQ=90^\circ$ であるから，$\overrightarrow{OA}\cdot\overrightarrow{PQ}=0$ である.

←

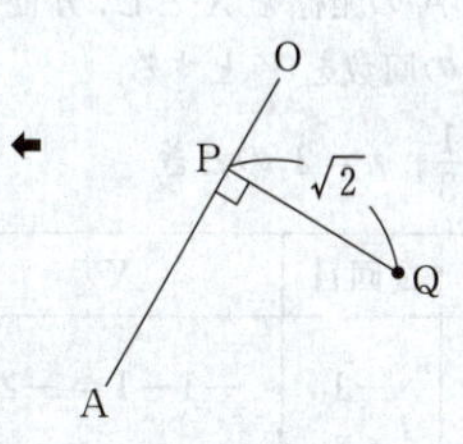

【$\overrightarrow{OG}=\dfrac{\boxed{チ}}{\boxed{ツ}}\overrightarrow{OA}+\dfrac{\boxed{テ}}{\boxed{ト}}\overrightarrow{OQ}$ の別解】

$|\overrightarrow{PQ}|=\sqrt{2}$ のとき，$t=\dfrac{1}{2}$ であるから，点Qは線分BCの中点である．よって，線分AQは三角形ABCの中線であり，三角形ABCの重心Gは線分AQを2:1に内分する．したがって

← $\overrightarrow{OQ}=\frac{1}{2}\vec{b}+\frac{1}{2}\vec{c}$.

←

$$\overrightarrow{OG}=\frac{1}{3}\overrightarrow{OA}+\frac{2}{3}\overrightarrow{OQ}$$

である.

第5問　確率分布と統計的な推測

(1)　点Aは原点Oから出発して数直線上を n 回移動する．1回ごとに確率 p で正の向きに3だけ移動し，確率 $1-p$ で負の向きに1だけ移動する．n 回移動した後の点Aの座標を X とし，n 回の移動のうち正の向きの移動の回数を Y とする．

(1)　$p=\frac{1}{3}$，$n=2$ のとき

1回目	2回目	X	確率
-1	-1	$-1-1=-2$	$\left(1-\frac{1}{3}\right)^2=\frac{4}{9}$
-1	3	$-1+3=2$	$\left(1-\frac{1}{3}\right)\frac{1}{3}=\frac{2}{9}$
3	-1	$3-1=2$	$\frac{1}{3}\left(1-\frac{1}{3}\right)=\frac{2}{9}$
3	3	$3+3=6$	$\left(\frac{1}{3}\right)^2=\frac{1}{9}$

この表より，確率変数 X のとり得る値は，小さい順に $-$ 2 ，2 ，6 であり，これらの値をとる確率はそれぞれ $\frac{4}{9}$，$\frac{4}{9}$，$\frac{1}{9}$ である．

(2)　n 回移動したとき，X と Y の間に

$$X=3Y+(-1)(n-Y)$$
$$= - n+ 4 Y$$

の関係が成り立つ．

確率変数 Y は二項分布 $B(n,\ p)$ に従うので，Y の平均(期待値) $E(Y)$ は np，分散 $V(Y)$ は $np(1-p)$ である．したがって コ ，サ に当てはまるものはそれぞれ ⓪ ，① である．X の平均 $E(X)$ は

$$E(X)=E(-n+4Y)=-n+4E(Y)=-n+4np$$

であり，X の分散 $V(X)$ は

$$V(X)=V(-n+4Y)=4^2V(Y)=16np(1-p)$$

である．したがって シ ，ス に当てはまるものはそれぞれ ⑨ ，⑧ である．

$X=2$ となる確率は，$2\cdot\frac{2}{9}=\frac{4}{9}$．

二項分布

n を自然数とする．

確率変数 X のとり得る値が

$$0,\ 1,\ 2,\ \cdots,\ n$$

であり，X の確率分布が

$$P(X=r)={}_nC_r\,p^r(1-p)^{n-r}$$
$$(r=0,\ 1,\ 2,\ \cdots,\ n)$$

であるとき，X の確率分布を二項分布といい，$B(n,\ p)$ で表す．

平均(期待値)

確率変数 X がとり得る値を x_1，x_2，…，x_n とし，X がこれらの値をとる確率をそれぞれ p_1，p_2，…，p_n とすると，平均(期待値) $E(X)$ は

$$E(X)=\sum_{k=1}^{n}x_kp_k.$$

分散

確率変数 X がとり得る値を x_1，x_2，…，x_n とし，X がこれらの値をとる確率をそれぞれ，p_1，p_2，…，p_n とすると，分散 $V(X)$ は，$E(X)=m$ として

$$V(X)=\sum_{k=1}^{n}(x_k-m)^2p_k \quad \cdots①$$

または

$$V(X)=E(X^2)-\{E(X)\}^2. \quad \cdots②$$

確率変数 X が二項分布 $B(n,\ p)$ に従うとき，X の平均(期待値) $E(X)$，分散 $V(X)$ は

$$E(X)=np,$$
$$V(X)=np(1-p)$$

である．

X が確率変数，a，b は定数とする．

$$E(aX+b)=aE(X)+b.$$
$$V(aX+b)=a^2V(X).$$

(3)　$p=\dfrac{1}{4}$，$n=1200$ のとき，(2)により，Y の平均は

$$1200\cdot\frac{1}{4}=\boxed{300},$$

標準偏差は

$$\sqrt{1200\cdot\frac{1}{4}\cdot\left(1-\frac{1}{4}\right)}=\boxed{15}$$

であり，(2)により

$$X=-1200+4Y$$

であるから

$$X\geqq 120$$

は

$$-1200+4Y\geqq 120$$

であり，これを変形すると

$$4(Y-300)\geqq 120$$

$$\frac{Y-300}{15}\geqq 2$$

となる．よって

$$P(X\geqq 120)=P\left(\frac{Y-300}{15}\geqq \boxed{2}.\boxed{00}\right)$$

である．$n=1200$ は十分に大きいので，$Z=\dfrac{Y-300}{15}$ とおくと，Z は近似的に標準正規分布に従う．よって，$p=\dfrac{1}{4}$ のとき，1200 回移動した後の点 A の座標 X が 120 以上になる確率の近似値は正規分布表から

$$\begin{aligned}P(X\geqq 120)&=P(Z\geqq 2.00)\\&=1-P(Z\leqq 2.00)\\&=1-\{P(Z\leqq 0)+P(0\leqq Z\leqq 2.00)\}\\&=1-(0.5+0.4772)\\&=0.\boxed{023}\end{aligned}$$

である．

(4)　p の値がわからないとし，2400 回移動した後の点 A の座標が $X=1440$ のとき，p に対する信頼度 95% の信頼区間を求める．

n 回移動したときに Y がとる値を y とすると，(2)より

$$X=-2400+4Y$$

であるから

$$X=1440$$

は

← $\sqrt{V(X)}$ を X の標準偏差という．

← $\dfrac{120}{4\cdot 15}=2.$

← **標準正規分布**
平均 0，標準偏差 1 の正規分布 $N(0,\ 1)$ を標準正規分布という．

← 正規分布表より
$P(0\leqq Z\leqq 2.00)=0.4772,$
$P(Z\leqq 0)=0.5.$

$$-2400+4Y=1440$$

であり，これより

$$Y=960$$

となるから

$$y=960$$

である．$r=\dfrac{y}{n}$ とおくと，

$$r=\frac{960}{2400}=0.4$$

である．

n が十分に大きいならば，確率変数 $R=\dfrac{Y}{n}$ は近似的に平均 p，分散 $\dfrac{p(1-p)}{n}$ の正規分布に従う．

$n=2400$ は十分に大きいので，このことを利用し，分散を

$$\frac{r(1-r)}{n}=\frac{0.4(1-0.4)}{2400}=0.0001$$

← 標準偏差は $\sqrt{0.0001}=0.01$．

で置き換えると，正規分布表から

$$P\left(-1.96\leqq\frac{0.4-p}{0.01}\leqq1.96\right)$$

← $\dfrac{0.4-p}{0.01}$ は近似的に標準正規分布に従う．

$$=2P\left(0\leqq\frac{0.4-p}{0.01}\leqq1.96\right)$$

$$=2\cdot0.4750$$

← 正規分布表より $P(0\leqq Z\leqq1.96)=0.4750$

$$=0.95$$

である．これより

$$P(0.4-1.96\cdot0.01\leqq p\leqq0.4+1.96\cdot0.01)=0.95$$

すなわち

$$P(0.3804\leqq p\leqq0.4196)=0.95$$

であるから，求める信頼区間は

$$0.\boxed{380}\leqq p\leqq0.\boxed{420}$$

である．

数学Ⅰ・数学A
数学Ⅱ・数学B

（2015年1月実施）

	受験者数	平均点
数学Ⅰ・数学A	338,406	61.27
数学Ⅱ・数学B	301,184	39.31

数学Ⅰ・数学A

解答・採点基準

（100点満点）

問題番号(配点)	解答記号	正　解	配点	自己採点
第1問 (20)	（ア，イ）	（1，3）	5	
	ウ，エ	③，1	5	
	オ，カ	②，2	5	
	$\frac{キク}{ケ}$	$\frac{-1}{2}$	2	
	$\frac{コサ}{シ}$	$\frac{13}{4}$	3	
	第1問　自己採点小計			
第2問 (25)	ア	①	4	
	イ	3	3	
	ウエ	29	3	
	オ	7	3	
	$\frac{\sqrt{カ}}{キ}$	$\frac{\sqrt{3}}{2}$	3	
	$\frac{ク\sqrt{ケ}}{コサ}$	$\frac{3\sqrt{3}}{14}$	3	
	$\frac{シ}{ス}$	$\frac{7}{2}$	3	
	セ	7	3	
	第2問　自己採点小計			
第3問 (15)	ア	④	3	
	イ，ウ，エ，オ	⓪，②，③，⑤（解答の順序は問わない）	4	
	カ，キ	⓪，②（解答の順序は問わない）	6	
	ク	⑦	2	
	第3問　自己採点小計			

問題番号(配点)	解答記号	正　解	配点	自己採点
第4問 (20)	アイ	48	3	
	ウエ	12	2	
	オ	2	3	
	カ	4	3	
	キ	4	2	
	クケ	12	2	
	コサ	16	2	
	シス	26	3	
	第4問　自己採点小計			
第5問 (20)	$2^{ア}\cdot3^{イ}\cdot ウ$	$2^{2}\cdot3^{3}\cdot7$	3	
	エオ	24	3	
	カキ	21	3	
	クケコ	126	3	
	サ	9	2	
	シスセ	103	2	
	ソタチツ	1701	4	
	第5問　自己採点小計			
第6問 (20)	アイ	10	3	
	$\sqrt{ウ}$	$\sqrt{5}$	3	
	$\frac{エオ}{カ}$	$\frac{10}{3}$	3	
	$\frac{キ}{ク}$	$\frac{3}{5}$	4	
	$ケ\sqrt{コ}$	$2\sqrt{5}$	4	
	$\frac{サ\sqrt{シ}}{ス}$	$\frac{5\sqrt{5}}{4}$	3	
	第6問　自己採点小計			
	自己採点合計			

（注）

第1問～第3問は必答。

第4問～第6問のうちから2問選択。計5問を解答。

第1問　2次関数

$$y=-x^2+2x+2. \quad \cdots ①$$

①は,

$$y=-(x-1)^2+3$$

と変形できるから，①のグラフの頂点の座標は,

$$(\boxed{1},\ \boxed{3})$$

である.

← 2次関数 $y=p(x-q)^2+r$ のグラフの頂点の座標は，$(q,\ r)$.

$y=f(x)$ のグラフは，①のグラフを x 軸方向に p，y 軸方向に q だけ平行移動したものであるから，その頂点の座標は,

$$(p+1,\ q+3)$$

であり,

$$f(x)=-(x-p-1)^2+q+3$$

である.

← 平行移動をしても，x^2 の係数は変化しない.

(1)　$y=f(x)$ のグラフは，上に凸で軸が直線 $x=p+1$ の放物線であるから，$2\leqq x\leqq 4$ における $f(x)$ の最大値が $f(2)$ になるような p の値の範囲は,

$$p+1\leqq 2$$

より,

$$p\leqq \boxed{1}$$

である．$\boxed{ウ}$ に当てはまるものは $\boxed{③}$ である.

←

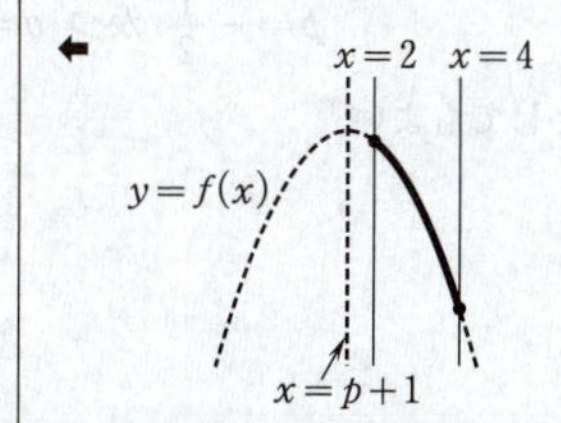

また，$2\leqq x\leqq 4$ における $f(x)$ の最小値が $f(2)$ になるような p の値の範囲は,

$$p+1\geqq \frac{2+4}{2}=3$$

より,

$$p\geqq \boxed{2}$$

である．$\boxed{オ}$ に当てはまるものは $\boxed{②}$ である.

←

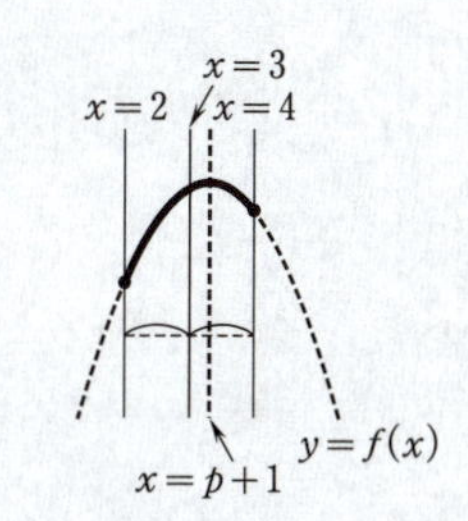

$p=2$ のとき，$x=2$ と $x=4$ で最小値をとるから，最小値は $f(2)$ である（$f(4)$ でもある).

(2)　2次不等式 $f(x)>0$ の解が $-2<x<3$ となるのは,

$$f(-2)=0 \text{ かつ } f(3)=0$$

すなわち

$$-(-p-3)^2+q+3=0 \quad \cdots ②$$

かつ

$$-(-p+2)^2+q+3=0 \quad \cdots ③$$

のときである.

②−③ より,

←

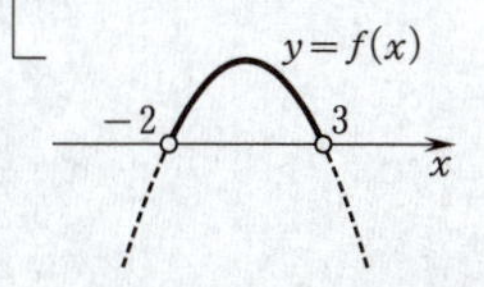

$$p=\frac{\boxed{-1}}{\boxed{2}}$$

であり，これと③より，

$$q=\frac{\boxed{13}}{\boxed{4}}$$

である．

（注）　$f(x)>0$ の解が $-2<x<3$ であるとき，

$$f(x)=-(x+2)(x-3)$$

$$-(x-p-1)^2+q+3=-(x+2)(x-3)$$

すなわち

$$-x^2+2(p+1)x-(p+1)^2+q+3=-x^2+x+6$$

であり，係数を比較すると，

$$2(p+1)=1 \text{ かつ } -(p+1)^2+q+3=6$$

である．

これより，

$$p=-\frac{1}{2} \text{ かつ } q=\frac{13}{4}$$

としてもよい．

第2問　集合と論理・図形と計量

〔1〕

(1)　命題「$(p_1$ かつ $p_2) \Longrightarrow (q_1$ かつ $q_2)$」の対偶は，

$$\overline{(q_1 \text{ かつ } q_2)} \Longrightarrow \overline{(p_1 \text{ かつ } p_2)}.$$

ド・モルガンの法則を用いて，

$$(\overline{q_1} \text{ または } \overline{q_2}) \Longrightarrow (\overline{p_1} \text{ または } \overline{p_2}).$$

よって，**ア** に当てはまるものは **①** である．

← 命題「$s \Longrightarrow t$」の対偶は，

$$\overline{t} \Longrightarrow \overline{s}.$$

← **ド・モルガンの法則**

$$\overline{s \text{ かつ } t} \iff \overline{s} \text{ または } \overline{t},$$

$$\overline{s \text{ または } t} \iff \overline{s} \text{ かつ } \overline{t}.$$

(2)　30 以下の自然数 n のなかで，素数であるものは，

2，3，5，7，11，13，17，19，23，29

であり，$n+2$ も素数であるものは，

「3，5，11，17，29」　…①

である．

①が条件$(p_1$ かつ $p_2)$を満たす 30 以下の自然数である．

①のうち，条件$(\overline{q_1}$ かつ $q_2)$の否定

$$(q_1 \text{ または } \overline{q_2})$$

すなわち

$n+1$ が5の倍数である，

または $n+1$ が6の倍数でない

を満たすものが求める反例であり，それは，

3 と **29**

である．

← 命題「$s \Longrightarrow t$」の反例は，

条件「s かつ $\overline{t}$」

を満たすものである．

〔2〕

$$\cos\angle\text{ABC} = \cos 120^\circ = -\frac{1}{2}$$

であり，△ABC に余弦定理を用いると，

$$\begin{aligned} \text{AC}^2 &= \text{AB}^2 + \text{BC}^2 - 2\text{AB}\cdot\text{BC}\cos\angle\text{ABC} \\ &= 3^2 + 5^2 - 2\cdot3\cdot5\cdot\left(-\frac{1}{2}\right) \\ &= 49 \end{aligned}$$

であるから，

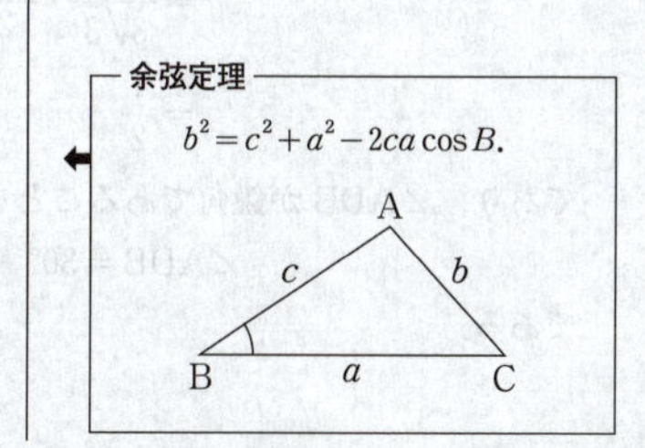

余弦定理
$b^2 = c^2 + a^2 - 2ca\cos B.$
A
c
b
B
a
C

$$\mathrm{AC} = \boxed{7}$$

である.

また,

$$\sin\angle\mathrm{ABC} = \sin 120^\circ = \frac{\sqrt{\boxed{3}}}{\boxed{2}}$$

である.

さらに,△ABC に正弦定理を用いると,

$$\frac{\mathrm{AC}}{\sin\angle\mathrm{ABC}} = \frac{\mathrm{AB}}{\sin\angle\mathrm{BCA}}$$

であるから,

$$\sin\angle\mathrm{BCA} = \frac{\mathrm{AB}}{\mathrm{AC}}\sin\angle\mathrm{ABC}$$

$$= \frac{3}{7}\cdot\frac{\sqrt{3}}{2}$$

$$= \frac{\boxed{3}\sqrt{\boxed{3}}}{\boxed{14}}$$

である.

∠ADC が鋭角であるから,点 D は線分 BC の点 B の側への延長上にある.

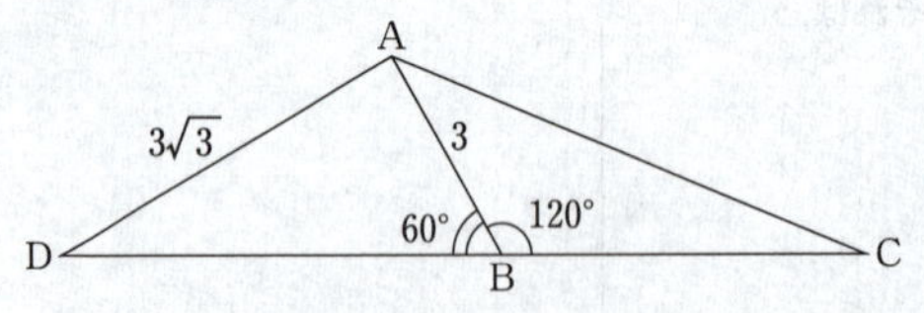

∠ABD＝60° であり,△ADB に正弦定理を用いると,

$$\frac{\mathrm{AD}}{\sin\angle\mathrm{ABD}} = \frac{\mathrm{AB}}{\sin\angle\mathrm{ADB}}$$

より,

$$\sin\angle\mathrm{ADB} = \frac{\mathrm{AB}}{\mathrm{AD}}\sin\angle\mathrm{ABD}$$

$$= \frac{3}{3\sqrt{3}}\cdot\frac{\sqrt{3}}{2}$$

$$= \frac{1}{2}$$

であり,∠ADB が鋭角であることを考慮すると,

$$\angle\mathrm{ADB} = 30^\circ$$

である.

正弦定理

$$\frac{a}{\sin A} = \frac{b}{\sin B} = \frac{c}{\sin C} = 2R.$$

(R は外接円の半径)

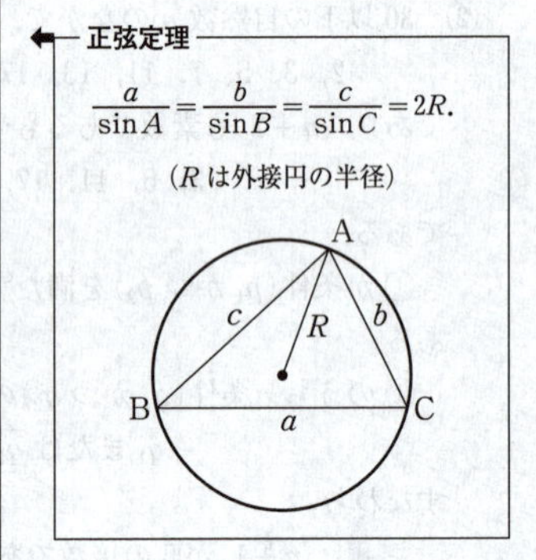

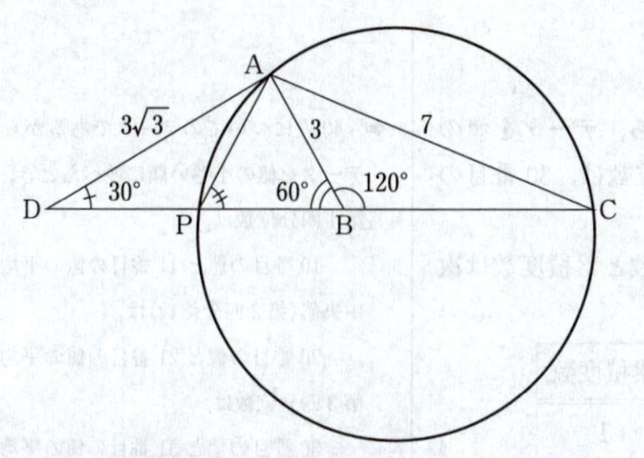

点Pは線分BD上にあるから，∠APCのとり得る値の範囲は，

$$30^\circ \leqq \angle APC \leqq 120^\circ$$

であり，sin∠APCのとり得る値の範囲は，

$$\frac{1}{2} \leqq \sin\angle APC \leqq 1$$

である．

⬅ sin∠APCが最小になるのは，∠APC＝30° のときであり，最大になるのは，∠APC＝90° のときである．

また，△APCに正弦定理を用いると，

$$\frac{AC}{\sin\angle APC} = 2R$$

であるから，

$$R = \frac{7}{2\sin\angle APC}$$

である．

ゆえに，Rのとり得る値の範囲は，

$$\frac{7}{2\cdot 1} \leqq R \leqq \frac{7}{2\cdot\frac{1}{2}}$$

すなわち

$$\frac{\boxed{7}}{\boxed{2}} \leqq R \leqq \boxed{7}$$

である．

第3問　データの分析

〔1〕

(1)　40人についてのデータであるから，データを値の小さい順に並べたとき，第3四分位数は，30番目の値と31番目の値の平均である．

ヒストグラムより，各階級の度数と累積度数は次のようになる．

階級	度数	累積度数
5 m 以上 10 m 未満	1	1
10 m 以上 15 m 未満	4	5
15 m 以上 20 m 未満	6	11
20 m 以上 25 m 未満	11	22
25 m 以上 30 m 未満	9	31
30 m 以上 35 m 未満	4	35
35 m 以上 40 m 未満	3	38
40 m 以上 45 m 未満	1	39
45 m 以上 50 m 未満	1	40

よって，第3四分位数は，25 m 以上 30 m 未満の階級に属する．すなわち［ア］に当てはまるものは

［④］である．

← 40人についてのデータであるから，データを値の小さい順に並べたとき，第1四分位数は，

10番目の値と11番目の値の平均，

中央値(第2四分位数)は，

20番目の値と21番目の値の平均，

第3四分位数は，

30番目の値と31番目の値の平均

である．

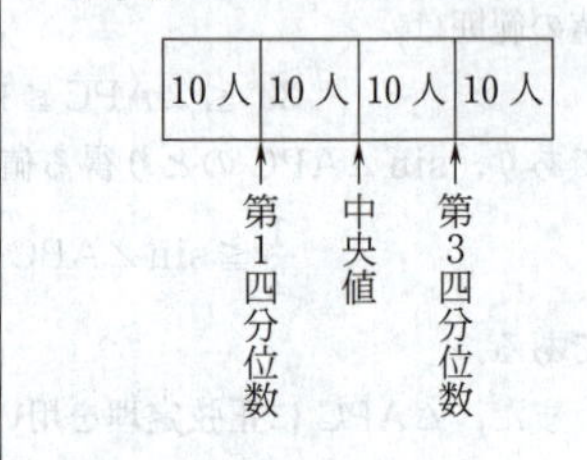

(2)　(1)より，第3四分位数は，25 m 以上 30 m 未満の階級に属し，この条件を満たさない箱ひげ図は，

⓪，②，③.

第1四分位数は，10番目の値と11番目の値の平均であるから，15 m 以上 20 m 未満の階級に属する．この条件を満たさない箱ひげ図は，

②，③，⑤.

よって，ヒストグラムと矛盾する箱ひげ図として，

⓪，②，③，⑤

がある．

ヒストグラムより，

最小値は 5 m 以上 10 m 未満の階級，

最大値は 45 m 以上 50 m 未満の階級

に属し，中央値は20番目と21番目の平均であるから，(1)の表より 20 m 以上 25 m 未満の階級に属する．①，④はこれらを満たす．

← 箱ひげ図からは，次の5つの情報が得られる．

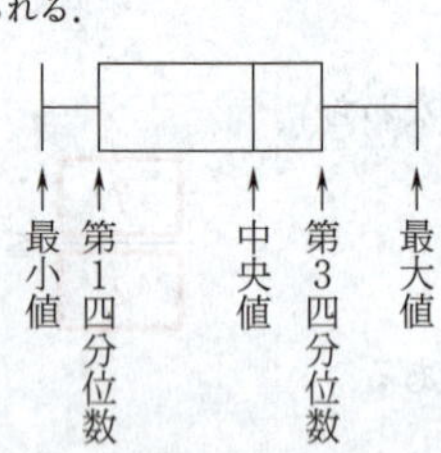

以上より，［イ］，［ウ］，［エ］，［オ］に当てはまるものは，

［⓪］，［②］，［③］，［⑤］

である．

(3)(i)　A－a について．

どの生徒の記録も下がったならば，第1四分位数は減少するが

最初の第1四分位数は，

15 m 以上 20 m 未満の階級，

a の第1四分位数は，

20 m 以上 25 m 未満の階級

であり，第1四分位数は増加している．

よって，A－a は矛盾している．

(ii)　B－b について．

どの生徒の記録も伸びたならば，

最小値，第1四分位数，中央値，

第3四分位数，最大値

はすべて増加するが，b の箱ひげ図はそのようになっており矛盾していない．

(iii)　C－c について．

上位 $\frac{1}{3}$ に入るすべての生徒の記録が伸びたならば，最大値は増加するが，

最初の最大値は，

45 m 以上 50 m 未満の階級，

c の最大値は，

40 m 以上 45 m 未満の階級

であり，最大値は減少している．

よって，C－c は矛盾している．

(iv)　D－d について．

上位 $\frac{1}{3}$ に入るすべての生徒の記録が伸び，下位 $\frac{1}{3}$ に入るすべての生徒の記録が下がったならば，

最小値と第1四分位数

は減少し，

第3四分位数と最大値

は増加するが，d の箱ひげ図はそのようになっており矛盾していない．

以上(i)～(iv)より，［カ］，［キ］に当てはまる

ものは，

⓪，②

である．

〔2〕

1回目，2回目のデータの標準偏差がそれぞれ8.21，6.98であり，1回目のデータと2回目のデータの共分散が54.30であるから，1回目のデータと2回目のデータの相関係数は，

$$\frac{54.30}{8.21 \cdot 6.98} = = 0.947\cdots$$

である．

よって，ク に当てはまるものは ⑦ である．

相関係数

2つの変量 x，y について，それらの標準偏差をそれぞれ s_x，s_y とし，共分散を s_{xy} とすると，相関係数は，

$$\frac{s_{xy}}{s_x s_y}.$$

第4問　場合の数・確率

5枚の正方形を次のように左から順にA, B, C, D, Eとする.

A	B	C	D	E

(1)　左から塗っていくとすると, Aの塗り方は3通りであり, B, C, D, Eの塗り方はそれぞれ2通りであるから, 塗り方は全部で,

$$3\cdot2\cdot2\cdot2\cdot2=\boxed{48}\ (\text{通り})$$

ある.

← Bの色はAの色以外, Cの色はBの色以外, Dの色はCの色以外, Eの色はDの色以外.

(2)　左右対称となるのは, AとEの色が同じで, さらにBとDの色が同じときである.

よって, A, B, Cの塗り方を考えて, 左右対称となる塗り方は,

$$3\cdot2\cdot2=\boxed{12}\ (\text{通り})$$

である.

(3)　青色と緑色の2色だけを用いる塗り方は,

青	緑	青	緑	青

緑	青	緑	青	緑

の $\boxed{2}$ 通りである.

(4)　赤色はA, C, Eに塗られる.

赤	B	赤	D	赤

B, Dの塗り方はそれぞれ2通りずつであるから, 赤色に塗られる正方形が3枚である塗り方は,

$$2\cdot2=\boxed{4}\ (\text{通り})$$

である.

←
B　D
青 ＜ 青 / 緑
緑 ＜ 青 / 緑

(5)　Aを赤色に塗るとき, B, C, D, Eの塗り方は, 青と緑が交互に並ぶ2通りである.

Eを赤色に塗るときも同様に2通りである.

よって, どちらかの端の1枚が赤色に塗られる塗り方は,

$$2+2=\boxed{4}\ (\text{通り})\qquad\cdots①$$

である.

Bを赤色に塗るとき, Aの塗り方は2通り,「C, D, E」の塗り方は2通りである. よって, Bを赤色に塗る塗り方は,

$$2\cdot2=4\ (\text{通り})$$

である. Dを赤色に塗るときも同様に4通り.

←
A　CDE
青 ＜ 青緑青 / 緑青緑
緑 ＜ 青緑青 / 緑青緑

Cを赤色に塗るとき，「A，B」の塗り方は2通り，「D，E」の塗り方は2通りである．よって，Cを赤色に塗る塗り方は，

$$2 \cdot 2 = 4 \text{（通り）}$$

である．

ゆえに，端以外の1枚が赤色に塗られる塗り方は，

$$4 + 4 + 4 = \boxed{12} \text{（通り）} \quad \cdots ②$$

である．

したがって，赤色に塗られる正方形が1枚であるのは，①，②より，

$$4 + 12 = \boxed{16} \text{（通り）}$$

である．

(6)　赤色に塗られる正方形が4枚以上になることはないから，(1)，(3)，(4)，(5)より，赤色に塗られる正方形が2枚である塗り方は，

$$48 - (2 + 4 + 16) = \boxed{26} \text{（通り）}$$

である．

⬅ 赤色に塗られる正方形の枚数は，

0か1か2か3

である．総数から，2枚のとき以外の塗り方の数を引けばよい．

第5問　整数の性質

(1)　a を素因数分解すると，

$$a=2^{\boxed{2}}\cdot 3^{\boxed{3}}\cdot \boxed{7}$$

である．

よって，a の正の約数の個数は，

$$(2+1)(3+1)(1+1)=\boxed{24}\ (\text{個})$$

である．

← $p^aq^br^c\cdots$ と素因数分解される自然数の正の約数の個数は，
$$(a+1)(b+1)(c+1)\cdots.$$

(2)　$\sqrt{am}$ が自然数となる最小の自然数 m は，

$$am=2^2\cdot 3^3\cdot 7m=2^2\cdot 3^4\cdot 7^2$$

より，

$$m=3\cdot 7=\boxed{21}$$

である．

← $\sqrt{am}$ が自然数となるのは，
$$am=(\text{自然数})^2$$
のとき．

自然数 k を用いて，$m=21k^2$ とするとき，

$$\sqrt{am}=\sqrt{2^2\cdot 3^4\cdot 7^2k^2}=\boxed{126}\,k$$

である．

(3)　$126=11\cdot 11+5,\ 11=5\cdot 2+1$ であるから，

$$11=(126-11\cdot 11)\cdot 2+1$$

すなわち

$$126\cdot(-2)-11\cdot(-23)=1. \qquad \cdots ①$$

← 126 を 11 で割ると，商は 11 で余りは 5．
11 を 5 で割ると，商は 2 で余りは 1．

よって，

$$126k-11\ell=1 \qquad \cdots ②$$

は，②−① より，

$$126(k+2)-11(\ell+23)=0$$

すなわち

$$126(k+2)=11(\ell+23) \qquad \cdots ③$$

と変形できる．

← x と y についての不定方程式
$$ax-by=c$$
は，一組の解
$$(x,\ y)=(x_0,\ y_0)$$
を用いて，
$$a(x-x_0)=b(y-y_0)$$
と変形できる．
ここでは割り算を利用して，一組の解
$$(k,\ \ell)=(-2,\ -23)$$
を求め，利用した．

126 と 11 の最大公約数は，11 と 5 の最大公約数と等しく，それは 1 である．

← 2 つの自然数 a, b について，a を b で割ったときの商を q，余りを r とすると，a と b の最大公約数は，b と r の最大公約数に等しい．
最大公約数が 1 であるから，126 と 11 は互いに素である．

したがって，③ より自然数 p を用いて $k+2=11p$ とおける．このとき ③ より $\ell+23=126p$ であり，

$$k=11p-2,\quad \ell=126p-23$$

である．

ゆえに，$k>0$ となる k, ℓ のうち k が最小のものは，$p=1$ として，

$$k=\boxed{9},\quad \ell=\boxed{103}$$

である．

(4)　$\sqrt{am}$ が 11 で割ると 1 余る自然数となるとき，

$m=21k^2$ かつ $k=11p-2$（p は自然数）

より，

$$m=21(11p-2)^2$$

とおける．

ゆえに，求める最小の自然数 m は，$p=1$ として，

$$m=21\cdot 9^2=\boxed{1701}$$

である．

第6問　図形の性質

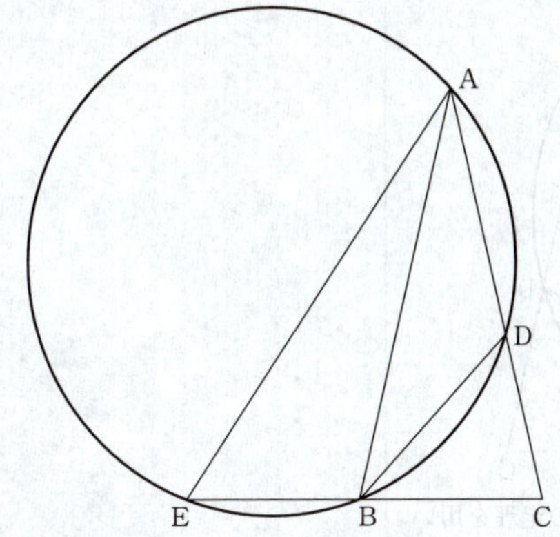

方べきの定理より，

$$CB \cdot CE = CD \cdot CA$$

であるから，

$$CA = 5, \quad CD = CA - AD = 5 - 3 = 2$$

より，

$$CB \cdot CE = 2 \cdot 5$$

すなわち

$$CE \cdot CB = \boxed{10}$$

である．

これと

$$CB = \sqrt{5}, \ CE = CB + BE = \sqrt{5} + BE$$

より，

$$\sqrt{5}(\sqrt{5} + BE) = 10$$

であるから，

$$BE = \sqrt{\boxed{5}}$$

である．

したがって，Bは線分CEの中点であり，線分ABは，△ACEの中線の1つである．

ゆえに，Gは線分ABを2:1に内分する点であり，

$$AG = \frac{2}{2+1}AB = \frac{2}{3} \cdot 5 = \frac{\boxed{10}}{\boxed{3}}$$

である．

← 方べきの定理

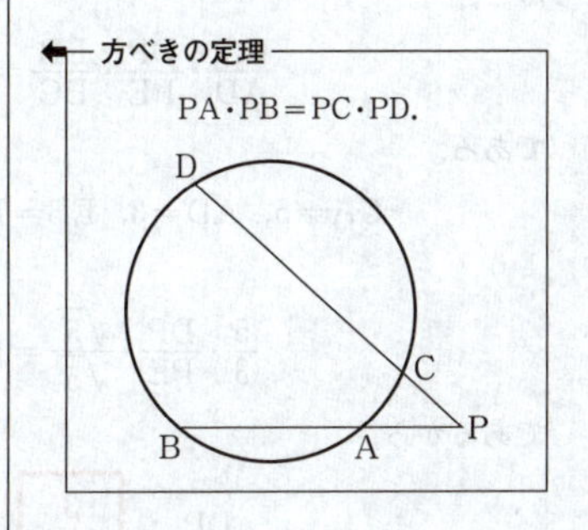

← 重心は中線を2:1に内分する．

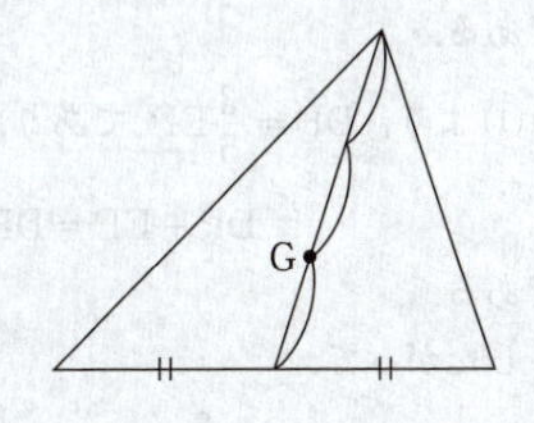

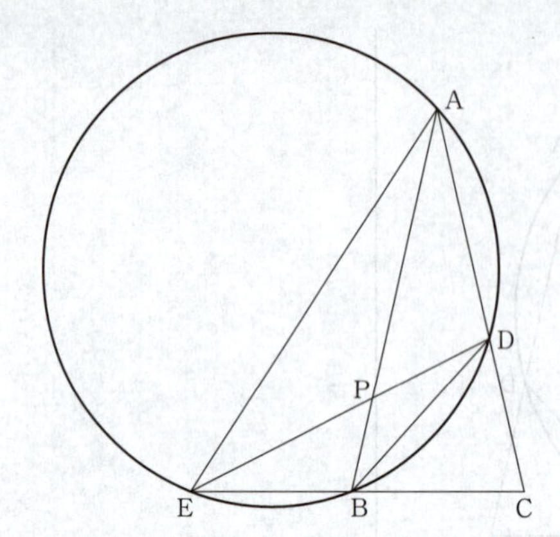

$\triangle$CDE と直線 AB に対して，メネラウスの定理を用いると，

$$\frac{CA}{AD}\cdot\frac{DP}{PE}\cdot\frac{EB}{BC}=1$$

である．

$$CA=5,\ AD=3,\ EB=BC=\sqrt{5}$$

より，

$$\frac{5}{3}\cdot\frac{DP}{PE}\cdot\frac{\sqrt{5}}{\sqrt{5}}=1$$

であるから，

$$\frac{DP}{EP}=\frac{\boxed{3}}{\boxed{5}} \quad \cdots ①$$

である．

4 点 A，B，D，E は同一円周上にあるから，

$$\angle CAB=\angle CED$$

であり，さらに，

$$\angle ACB=\angle ECD$$

であるから，$\triangle$ABC と $\triangle$EDC は相似である．

よって，BA＝CA より，

$$DE=CE=\sqrt{5}+\sqrt{5}=\boxed{2}\sqrt{\boxed{5}} \quad \cdots ②$$

である．

① より，$DP=\frac{3}{5}EP$ であり，② より，

$$DP+EP=DE=2\sqrt{5}$$

である．

したがって，

$$\frac{3}{5}EP+EP=2\sqrt{5}$$

メネラウスの定理

$$\frac{AQ}{QB}\cdot\frac{BR}{RC}\cdot\frac{CP}{PA}=1.$$

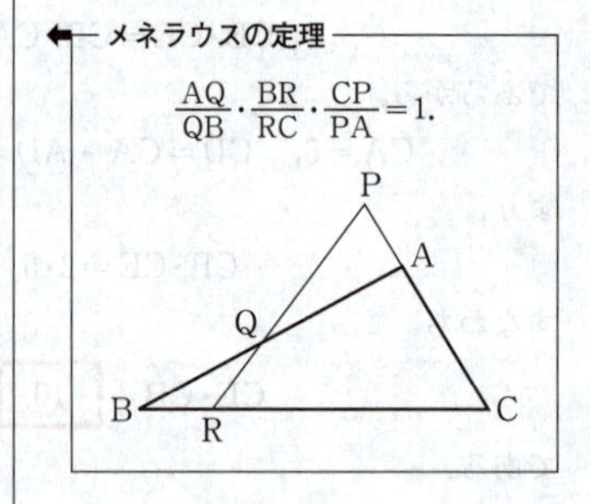

であり，

$$\mathrm{EP}=\frac{\boxed{5}\sqrt{\boxed{5}}}{\boxed{4}}$$

である．

数学Ⅱ・数学B

解答・採点基準　（100点満点）

問題番号(配点)	解答記号	正解	配点	自己採点
第1問 (30)	ア	2	1	
	イ	1	1	
	ウ	5	1	
	エ	4	1	
	オθ	6θ	2	
	$\frac{\pi}{\text{カ}}$, $\sqrt{\text{キ}}$	$\frac{\pi}{4}$, $\sqrt{5}$	2	
	ク	③	1	
	$\frac{\pi}{\text{ケ}}$	$\frac{\pi}{6}$	2	
	$\sqrt{\text{コ}}$	$\sqrt{3}$	1	
	$\frac{\text{サ}}{\text{シ}}\pi$	$\frac{2}{9}\pi$	3	
	ス，セソ	2，−3	3	
	タ，$\frac{\text{チツ}}{\text{テ}}$	2，$\frac{-2}{3}$	3	
	トナ	−2	2	
	ニ	2	2	
	$\sqrt{\text{ヌ}}$	$\sqrt{2}$	2	
	$\frac{\text{ネノ}}{\text{ハ}}$	$\frac{-5}{4}$	3	
第1問　自己採点小計				
第2問 (30)	ア$+\frac{h}{\text{イ}}$	$a+\frac{h}{2}$	2	
	ウ	0	2	
	エ	a	1	
	オ$x-\frac{1}{\text{カ}}a^2$	$ax-\frac{1}{2}a^2$	3	
	$\frac{\text{キ}}{\text{ク}}$	$\frac{a}{2}$	1	
	$\frac{\text{ケコ}}{\text{サ}}x+\frac{\text{シ}}{\text{ス}}$	$\frac{-1}{a}x+\frac{1}{2}$	3	
	セ，ソ	1，8	4	
	タ，チツ	3，12	5	
	テ，トナ	3，24	2	
	$\sqrt{\text{ニ}}$	$\sqrt{3}$	2	
	ヌ	1	2	
	$\frac{\text{ネノ}}{\text{ハヒ}}$	$\frac{-1}{12}$	3	
第2問　自己採点小計				

問題番号(配点)	解答記号	正解	配点	自己採点
第3問 (20)	ア，イ，ウ，エ	4，8，6，2	2	
	オ	⓪又は③	1	
	カ	8	2	
	$3\cdot2^{\text{キ}}$	$3\cdot2^{7}$	2	
	$\frac{\text{ク}}{\text{ケ}}$	$\frac{3}{2}$	1	
	$\frac{\text{コ}}{\text{サ}}$	$\frac{3}{2}$	1	
	$\frac{\text{シ}}{\text{ス}}$	$\frac{1}{2}$	1	
	$\frac{\text{セ}}{\text{ソ}}$	$\frac{1}{2}$	1	
	タ，チ	6，6	3	
	ツ，テ	4，4	2	
	トm^2-ナm	$2m^2-2m$	3	
	ニ，ヌネ	8，13	1	
第3問　自己採点小計				
第4問 (20)	$\frac{\text{ア}}{\text{イ}}$，ウ	$\frac{1}{3}$，2	2	
	エ	−	1	
	$\frac{\text{オ}}{\text{カ}}$	$\frac{1}{2}$	1	
	キ	0	1	
	$\frac{\text{ク}}{\text{ケ}}$	$\frac{5}{4}$	2	
	$\frac{\sqrt{\text{コ}}}{\text{サ}}$	$\frac{\sqrt{7}}{3}$	1	
	$\frac{\sqrt{\text{シス}}}{\text{セ}}$	$\frac{\sqrt{21}}{4}$	1	
	$\frac{\text{ソ}\sqrt{\text{タ}}}{\text{チツ}}$	$\frac{7\sqrt{3}}{24}$	2	
	$\frac{\text{テ}}{\text{ト}}$	$\frac{7}{9}$	2	
	$\frac{\text{ナ}}{\text{ニ}}$	$\frac{1}{3}$	2	
	$\frac{\text{ヌネ}}{\text{ノハ}}\vec{a}+\frac{\text{ヒ}}{\text{フ}}\vec{b}$	$\frac{-7}{36}\vec{a}+\frac{7}{9}\vec{b}$	2	
	ヘホ	21	3	
第4問　自己採点小計				

(注)　第3問[オ]については，⓪又は③を正解とする。

【大学入試センターの公表理由】

第3問全体で考えれば選択肢③が適切な解答である。しかし，(1)を独立の問題と考えたときは選択肢⓪も当てはまるため，これも正解とした。

問題番号(配点)	解答記号	正解	配点	自己採点
第5問 (20)	$\frac{ア}{イウ}$	$\frac{1}{35}$	2	
	エオ	12	2	
	カキ	18	2	
	ク	4	2	
	$\frac{ケコ}{サ}$	$\frac{12}{7}$	3	
	$\frac{シス}{セソ}$	$\frac{24}{49}$	3	
	タ	③	2	
	チ.ツ	1.3	2	
	テ.ト	0.5	2	
第5問　自己採点小計				
自己採点合計				

(注)

第1問，第2問は必答。

第3問～第5問のうちから2問選択。計4問を解答。

第1問　三角関数，指数関数

〔1〕　$P(2\cos\theta,\ 2\sin\theta)$,

$Q(2\cos\theta+\cos 7\theta,\ 2\sin\theta+\sin 7\theta)$.

(1)　$OP=\sqrt{(2\cos\theta)^2+(2\sin\theta)^2}=\boxed{2}$,

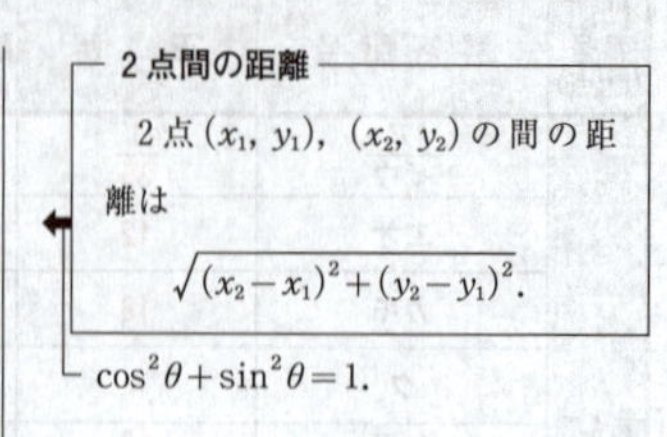

PQ

$=\sqrt{\{(2\cos\theta+\cos 7\theta)-(2\cos\theta)\}^2+\{(2\sin\theta+\sin 7\theta)-(2\sin\theta)\}^2}$

$=\sqrt{\cos^2 7\theta+\sin^2 7\theta}$

$=\boxed{1}$

← $\cos^2\theta+\sin^2\theta=1$.

である．また

OQ^2

$=(2\cos\theta+\cos 7\theta)^2+(2\sin\theta+\sin 7\theta)^2$

$=4(\cos^2\theta+\sin^2\theta)+(\cos^2 7\theta+\sin^2 7\theta)$

$\qquad+4(\cos\theta\cos 7\theta+\sin\theta\sin 7\theta)$

$=\boxed{5}+\boxed{4}(\cos 7\theta\cos\theta+\sin 7\theta\sin\theta)$

$=5+4\cos(7\theta-\theta)$

$=5+4\cos(\boxed{6}\theta)$

である．

← 加法定理

$\cos(\alpha-\beta)=\cos\alpha\cos\beta+\sin\alpha\sin\beta$.

よって，$\dfrac{\pi}{8}\leqq\theta\leqq\dfrac{\pi}{4}$，すなわち，$\dfrac{3}{4}\pi\leqq 6\theta\leqq\dfrac{3}{2}\pi$

の範囲で $6\theta=\dfrac{3}{2}\pi$，すなわち，$\theta=\dfrac{\pi}{\boxed{4}}$ のとき，

$\cos 6\theta$ は最大値 0 をとるから，このとき，

$OQ=\sqrt{5+4\cos 6\theta}$ は最大値 $\sqrt{\boxed{5}}$ をとる．

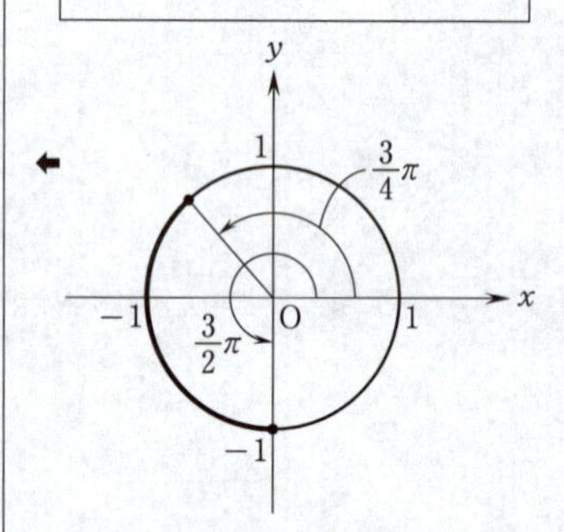

(2)　$\dfrac{\pi}{8}\leqq\theta\leqq\dfrac{\pi}{4}$ のとき，$\cos\theta\neq 0$ であるから，直線 OP の方程式は

$$y=\frac{2\sin\theta}{2\cos\theta}x$$

すなわち

$$(\sin\theta)x-(\cos\theta)y=0$$

である．したがって $\boxed{ク}$ に当てはまるものは $\boxed{③}$ である．

← 2点を通る直線の方程式

2点 $(x_1,\ y_1)$, $(x_2,\ y_2)$ $(x_1\neq x_2)$ を通る直線の方程式は

$$y=\frac{y_2-y_1}{x_2-x_1}(x-x_1)+y_1.$$

3点 O，P，Q が一直線上にある，すなわち，Q が直線 OP 上にあるのは

$(\sin\theta)(2\cos\theta+\cos 7\theta)-(\cos\theta)(2\sin\theta+\sin 7\theta)=0$

が成り立つときであり，これを変形すると

$$\sin\theta\cos 7\theta - \cos\theta\sin 7\theta = 0$$
$$\sin(\theta - 7\theta) = 0$$
$$\sin(-6\theta) = 0$$
$$\sin 6\theta = 0$$

加法定理
$\sin(\alpha-\beta)=\sin\alpha\cos\beta-\cos\alpha\sin\beta.$

$\sin(-\theta)=-\sin\theta.$

となる．このとき，$\frac{\pi}{8} \leqq \theta \leqq \frac{\pi}{4}$，すなわち，

$\frac{3}{4}\pi \leqq 6\theta \leqq \frac{3}{2}\pi$ より

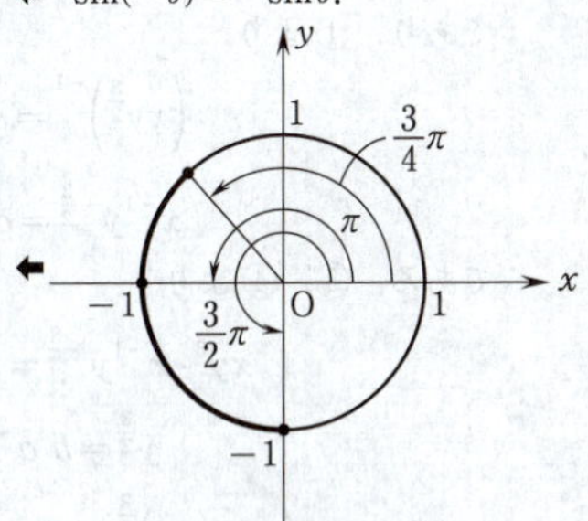

$$6\theta = \pi$$
$$\theta = \frac{\pi}{\boxed{6}}$$

である．

(3)　∠OQP が直角となるのは

$$OP^2 = OQ^2 + PQ^2$$

三平方の定理．

が成り立つときであり，このとき

$$2^2 = OQ^2 + 1^2$$
$$OQ^2 = 3$$
$$OQ = \sqrt{\boxed{3}}$$

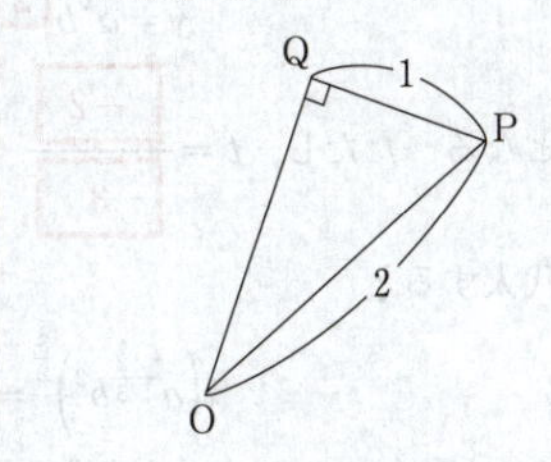

である．したがって，$\frac{\pi}{8} \leqq \theta \leqq \frac{\pi}{4}$，すなわち，

$\frac{3}{4}\pi \leqq 6\theta \leqq \frac{3}{2}\pi$ の範囲で，∠OQP が直角となるのは

$$5 + 4\cos 6\theta = 3$$

$OQ^2 = 5 + 4\cos 6\theta.$

が成り立つときであり，このとき

$$\cos 6\theta = -\frac{1}{2}$$
$$6\theta = \frac{4}{3}\pi$$
$$\theta = \frac{\boxed{2}}{\boxed{9}}\pi$$

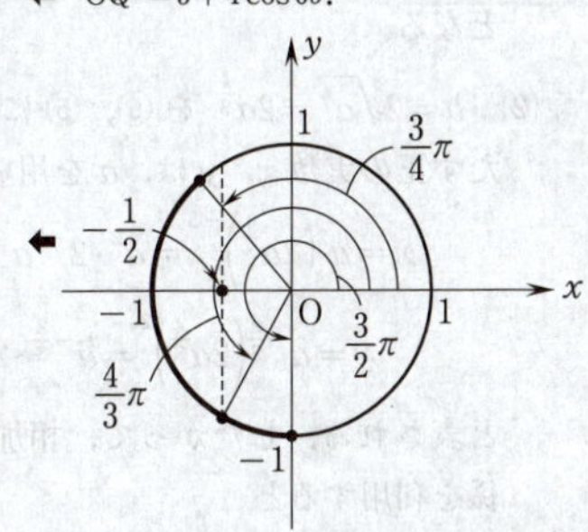

である．

〔2〕　a，b を正の実数とする．連立方程式

$$(*)\begin{cases} x\sqrt{y^3} = a \\ \sqrt[3]{x}\,y = b \end{cases}$$

すなわち

$$(*)\begin{cases} xy^{\frac{3}{2}} = a & \cdots ① \\ x^{\frac{1}{3}}y = b & \cdots ② \end{cases}$$

を満たす正の実数 x，y について考えよう．

$a>0$，n は 2 以上の整数，m は整数のとき

$$\sqrt[n]{a^m} = a^{\frac{m}{n}}.$$

22

(1) ② より

$$\left(x^{\frac{1}{3}}y\right)^3=b^3$$

$$xy^3=b^3 \qquad \cdots ③$$

であり，① より

$$\left(xy^{\frac{3}{2}}\right)^{-1}=a^{-1}$$

$$x^{-1}y^{-\frac{3}{2}}=a^{-1} \qquad \cdots ④$$

である．③，④ より

$$xy^3\cdot x^{-1}y^{-\frac{3}{2}}=b^3\cdot a^{-1}$$

$$y^{\frac{3}{2}}=b^3a^{-1}$$

$$\left(y^{\frac{3}{2}}\right)^{\frac{2}{3}}=\left(b^3a^{-1}\right)^{\frac{2}{3}}$$

$$y=a^pb^{\boxed{2}} \qquad \cdots ⑤$$

となる．ただし，$p=\dfrac{\boxed{-2}}{\boxed{3}}$ である．これを ① に代入すると

$$x\left(a^{-\frac{2}{3}}b^2\right)^{\frac{3}{2}}=a$$

$$xa^{-1}b^3=a$$

$$xa^{-1}b^3\cdot ab^{-3}=a\cdot ab^{-3}$$

$$x=a^{\boxed{2}}b^{\boxed{-3}} \qquad \cdots ⑥$$

となる．

(2) $b=2\sqrt[3]{a^4}=2a^{\frac{4}{3}}$ を ⑥，⑤ に代入すると，(*) を満たす正の実数 x，y は，a を用いて

$$x=a^2\left(2a^{\frac{4}{3}}\right)^{-3}=a^2\cdot 2^{-3}a^{-4}=2^{-3}a^{\boxed{-2}},$$

$$y=a^{-\frac{2}{3}}\left(2a^{\frac{4}{3}}\right)^2=a^{-\frac{2}{3}}\cdot 2^2a^{\frac{8}{3}}=2^2a^{\boxed{2}}$$

と表される．したがって，相加平均と相乗平均の関係を利用すると

$$x+y=2^{-3}a^{-2}+2^2a^2\geqq 2\sqrt{2^{-3}a^{-2}\cdot 2^2a^2}=\sqrt{2}$$

が成り立つ．等号成立条件は

$$x=y$$

より

$$2^{-3}a^{-2}=2^2a^2$$

$$2^{-3}a^{-2}\cdot 2^{-2}a^2=2^2a^2\cdot 2^{-2}a^2$$

$$a^4=2^{-5}$$

$a>0$，$b>0$，x が実数のとき

$$a^xb^x=(ab)^x.$$

$a>0$，x，y が実数のとき

$$(a^x)^y=a^{xy}.$$

$a>0$，x，y が実数のとき

$$a^xa^y=a^{x+y}.$$

$a\neq 0$ のとき，$a^0=1$.

相加平均と相乗平均の大小関係

$x>0$，$y>0$ のとき

$$\frac{x+y}{2}\geqq\sqrt{xy}$$

が成り立つ．等号成立条件は

$$x=y.$$

$$(a^4)^{\frac{1}{4}}=(2^{-5})^{\frac{1}{4}}$$
$$a=2^q$$

であり，このとき，$x+y$ は最小値 $\sqrt{\boxed{2}}$ をとる

ことがわかる．ただし，$q=\dfrac{\boxed{-5}}{\boxed{4}}$ である．

第2問　微分法・積分法

(1)　関数 $f(x)=\frac{1}{2}x^2$ の $x=a$ における微分係数 $f'(a)$ を求めよう．h が 0 でないとき，x が a から $a+h$ まで変化するときの $f(x)$ の平均変化率は

$$\frac{f(a+h)-f(a)}{h}=\frac{\frac{1}{2}(a+h)^2-\frac{1}{2}a^2}{h}$$

$$=\boxed{a}+\frac{h}{\boxed{2}}$$

である．したがって，求める微分係数は

$$f'(a)=\lim_{h\to\boxed{0}}\left(a+\frac{h}{2}\right)=\boxed{a}$$

である．

(2)　点 $\mathrm{P}\left(a,\ \frac{1}{2}a^2\right)$ $(a>0)$ における $C: y=\frac{1}{2}x^2$ の接線 ℓ の方程式は

$$y=a(x-a)+\frac{1}{2}a^2=\boxed{a}\,x-\frac{1}{\boxed{2}}a^2 \quad \cdots ①$$

である．① において $y=0$ とすると

$$0=ax-\frac{1}{2}a^2$$

となり，$a\neq 0$ であるから

$$x=\frac{a}{2}$$

である．よって，直線 ℓ と x 軸との交点 Q の座標は $\left(\frac{\boxed{a}}{\boxed{2}},\ 0\right)$ である．点 Q を通り ℓ に垂直な直線を m とすると，m の方程式は

$$y=-\frac{1}{a}\left(x-\frac{a}{2}\right)=\frac{\boxed{-1}}{\boxed{a}}x+\frac{\boxed{1}}{\boxed{2}}$$

である．

平均変化率

曲線 $y=f(x)$ 上の2点 $(a,\ f(a))$，$(a+h,\ f(a+h))$ $(h\neq 0)$ を通る直線の傾きは $\frac{f(a+h)-f(a)}{h}$ であり，これを x が a から $a+h$ まで変化するときの平均変化率という．

微分係数

曲線 $y=f(x)$ 上の点 $(a,\ f(a))$ における接線の傾き $\lim_{h\to 0}\frac{f(a+h)-f(a)}{h}$ を $f(x)$ の $x=a$ における微分係数といい，$f'(a)$ で表す．

接線の方程式

曲線 $y=f(x)$ 上の点 $(t,\ f(t))$ における接線の方程式は

$$y-f(t)=f'(t)(x-t).$$

垂直条件

傾き m の直線と，傾き m' の直線が直交するための条件は

$$mm'=-1.$$

直線の方程式

点 $(a,\ b)$ を通り，傾き m の直線の方程式は

$$y=m(x-a)+b.$$

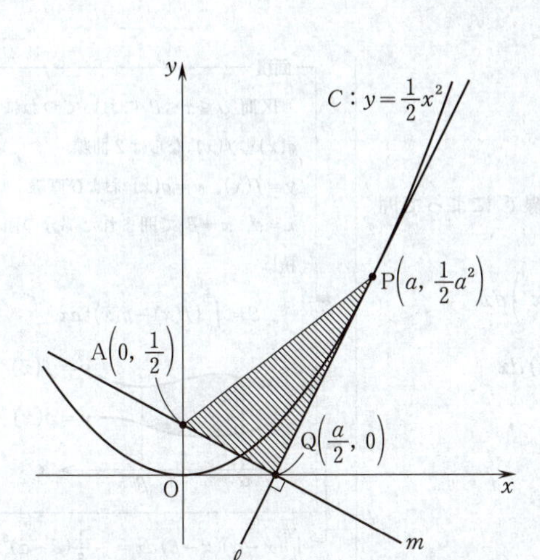

直線 m と y 軸との交点 A の座標は $\left(0, \frac{1}{2}\right)$ であり，

三角形 APQ の面積 S は

$$S=\frac{1}{2}\mathrm{QA}\cdot\mathrm{QP}$$

$$=\frac{1}{2}\sqrt{\left(0-\frac{a}{2}\right)^2+\left(\frac{1}{2}-0\right)^2}\sqrt{\left(a-\frac{a}{2}\right)^2+\left(\frac{1}{2}a^2-0\right)^2}$$

$$=\frac{1}{2}\sqrt{\frac{1}{4}(a^2+1)}\sqrt{\frac{1}{4}a^2(a^2+1)}$$

$$=\frac{a\left(a^2+\boxed{1}\right)}{\boxed{8}}$$

となる．

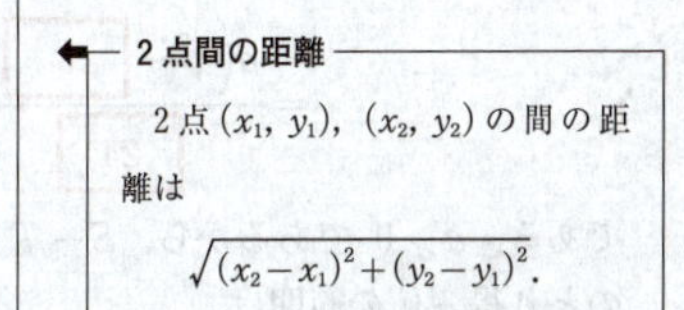
2 点間の距離

2 点 (x_1, y_1)，(x_2, y_2) の間の距離は

$$\sqrt{(x_2-x_1)^2+(y_2-y_1)^2}.$$

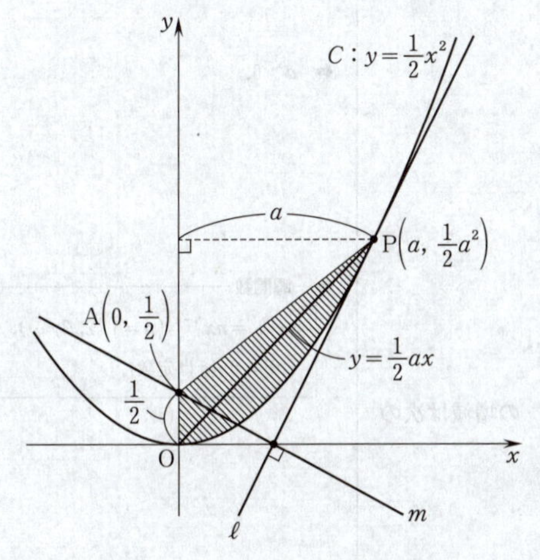

また，直線 OP の方程式は

$$y=\frac{\frac{1}{2}a^2}{a}x=\frac{1}{2}ax$$

であるから，y 軸と線分 AP および曲線 C によって囲まれた図形の面積 T は

$$T=\triangle\mathrm{OAP}+\int_0^a\left(\frac{1}{2}ax-\frac{1}{2}x^2\right)dx$$

$$=\frac{1}{2}\cdot\frac{1}{2}\cdot a-\frac{1}{2}\int_0^a x(x-a)\,dx$$

$$=\frac{1}{4}a+\frac{1}{2}\cdot\frac{1}{6}(a-0)^3$$

$$=\frac{a\left(a^2+\boxed{3}\right)}{\boxed{12}}$$

となる．

$a>0$ の範囲における $S-T$ の値について調べよう．

$$S-T=\frac{a(a^2+1)}{8}-\frac{a(a^2+3)}{12}$$

$$=\frac{a\left(a^2-\boxed{3}\right)}{\boxed{24}}$$

である．$a>0$ であるから，$S-T>0$ となるような a のとり得る値の範囲は

$$a^2-3>0$$

$$(a+\sqrt{3})(a-\sqrt{3})>0$$

より

$$a>\sqrt{\boxed{3}}$$

である．また

$$S-T=\frac{1}{24}(a^3-3a)$$

であるから，これを $g(a)$ とおくと

$$g'(a)=\frac{1}{24}(3a^2-3)$$

$$=\frac{1}{8}(a+1)(a-1)$$

である．よって，$a>0$ のときの $S-T$ の増減は次の表のようになる．

面積

区間 $\alpha\leqq x\leqq\beta$ においてつねに $g(x)\leqq f(x)$ ならば 2 曲線 $y=f(x)$，$y=g(x)$ および直線 $x=\alpha$，$x=\beta$ で囲まれた部分の面積は

$$S=\int_\alpha^\beta\{f(x)-g(x)\}\,dx.$$

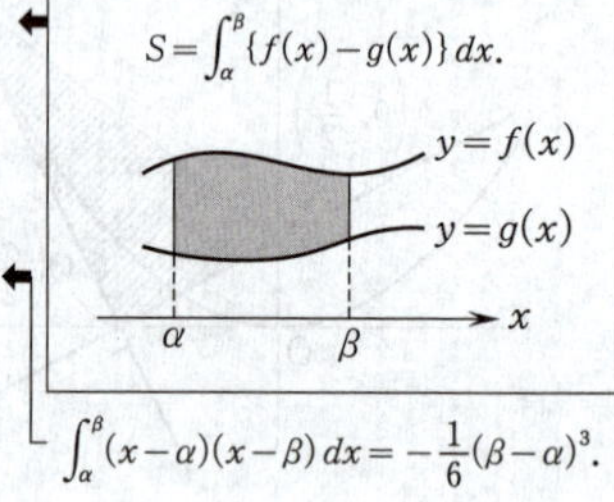

$$\int_\alpha^\beta(x-\alpha)(x-\beta)\,dx=-\frac{1}{6}(\beta-\alpha)^3.$$

$a>0$.

導関数

$(x^n)'=nx^{n-1}$ $(n=1, 2, 3, \cdots)$,

$(c)'=0$ (c は定数).

a	(0)	$\cdots$	1	$\cdots$
$g'(a)$		$-$	0	$+$
$g(a)$		↘	$-\frac{1}{12}$	↗

これより，$a>0$ のとき，$S-T$ は $a=$ 1 で，最小値 $\dfrac{-1}{12}$ をとることがわかる．

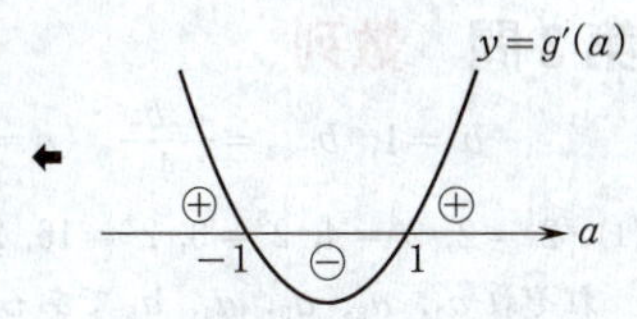

$g'(a)$ の符号は $y=g'(a)$ のグラフをかくとわかりやすい．

【$T=\dfrac{a(a^2+\text{タ})}{\text{チツ}}$ の別解】

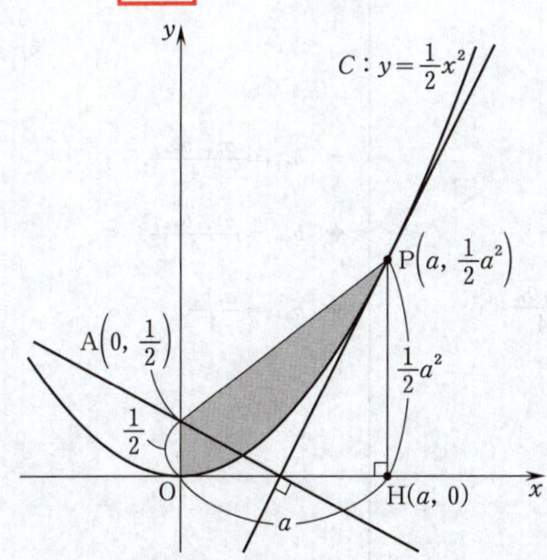

点Pを通り x 軸に垂直な直線と x 軸との交点をHとすると

$$T=(\text{台形 OHPA の面積})-\int_0^a \frac{1}{2}x^2\,dx$$

$$=\frac{1}{2}\left(\frac{1}{2}+\frac{1}{2}a^2\right)a-\left[\frac{1}{6}x^3\right]_0^a$$

$$=\frac{a+a^3}{4}-\frac{a^3}{6}$$

$$=\frac{a(a^2+3)}{12}.$$

定積分

$$\int x^n\,dx=\frac{1}{n+1}x^{n+1}+C$$

($n=0,\ 1,\ 2,\ \cdots$. C は積分定数)

であり，$f(x)$ の原始関数の一つを $F(x)$ とすると

$$\int_\alpha^\beta f(x)\,dx=\Big[F(x)\Big]_\alpha^\beta$$

$$=F(\beta)-F(\alpha).$$

第3問　数列

$$b_1=1,\ b_{n+1}=\frac{a_n b_n}{4}\quad (n=1,\ 2,\ 3,\ \cdots)\qquad \cdots ①$$

(1)　$2^1=2,\ 2^2=4,\ 2^3=8,\ 2^4=16,\ 2^5=32$ の一の位がそれぞれ $a_1,\ a_2,\ a_3,\ a_4,\ a_5$ であるから，$a_1=2$，

$a_2=$ 4 ，$a_3=$ 8 ，$a_4=$ 6 ，$a_5=$ 2

である．このことから，すべての自然数 n に対して，$a_{n+4}=a_n$ となることがわかる．したがって， オ に当てはまるものは ③ である．

← 詳しくは，pp. 30～31 の解説を参照．

(2)　数列 $\{b_n\}$ の一般項を求めよう．① を繰り返し用いることにより

$$\begin{aligned}
b_{n+4}&=\frac{a_{n+3}b_{n+3}}{4}\\
&=\frac{a_{n+3}}{4}\cdot\frac{a_{n+2}b_{n+2}}{4}\\
&=\frac{a_{n+3}}{4}\cdot\frac{a_{n+2}}{4}\cdot\frac{a_{n+1}b_{n+1}}{4}\\
&=\frac{a_{n+3}}{4}\cdot\frac{a_{n+2}}{4}\cdot\frac{a_{n+1}}{4}\cdot\frac{a_n b_n}{4}\\
&=\frac{a_{n+3}a_{n+2}a_{n+1}a_n}{4^4}b_n\\
&=\frac{a_{n+3}a_{n+2}a_{n+1}a_n}{2^{\boxed{8}}}b_n
\end{aligned}$$

← $b_{n+3}=\dfrac{a_{n+2}b_{n+2}}{4}$．

← $b_{n+2}=\dfrac{a_{n+1}b_{n+1}}{4}$．

← $b_{n+1}=\dfrac{a_n b_n}{4}$．

が成り立つことがわかる．ここで

$$\begin{aligned}
a_{n+3}a_{n+2}a_{n+1}a_n&=6\cdot 8\cdot 4\cdot 2\\
&=(3\cdot 2)\cdot 2^3\cdot 2^2\cdot 2\\
&=3\cdot 2^{\boxed{7}}
\end{aligned}$$

← 詳しくは，pp. 30～31 の解説を参照．

であることから

$$\begin{aligned}
b_{n+4}&=\frac{a_{n+3}a_{n+2}a_{n+1}a_n}{2^8}b_n\\
&=\frac{3\cdot 2^7}{2^8}b_n\\
&=\frac{\boxed{3}}{\boxed{2}}b_n\qquad \cdots ②
\end{aligned}$$

が成り立つ．また，① より

$$b_2=\frac{a_1 b_1}{4}=\frac{2\cdot 1}{4}=\frac{1}{2}$$

← $a_1=2,\quad b_1=1$．

$$b_3=\frac{a_2b_2}{4}=\frac{4\cdot\frac{1}{2}}{4}=\frac{1}{2}$$

← $a_2=4$.

$$b_4=\frac{a_3b_3}{4}=\frac{8\cdot\frac{1}{2}}{4}=1$$

← $a_3=8$.

である．これと ② より，自然数 k に対して

$$b_{4k-3}=\left(\frac{\boxed{3}}{\boxed{2}}\right)^{k-1}$$

← $1=b_1,\ b_5,\ b_9,\ \cdots,\ b_{4k-7},\ b_{4k-3}$.（各項 $\times\frac{3}{2}$）

$$b_{4k-2}=\frac{\boxed{1}}{\boxed{2}}\left(\frac{3}{2}\right)^{k-1}$$

← $\frac{1}{2}=b_2,\ b_6,\ b_{10},\ \cdots,\ b_{4k-6},\ b_{4k-2}$.（各項 $\times\frac{3}{2}$）

$$b_{4k-1}=\frac{\boxed{1}}{\boxed{2}}\left(\frac{3}{2}\right)^{k-1}$$

← $\frac{1}{2}=b_3,\ b_7,\ b_{11},\ \cdots,\ b_{4k-5},\ b_{4k-1}$.（各項 $\times\frac{3}{2}$）

$$b_{4k}=\left(\frac{3}{2}\right)^{k-1}$$

← $1=b_4,\ b_8,\ b_{12},\ \cdots,\ b_{4k-4},\ b_{4k}$.（各項 $\times\frac{3}{2}$）

である．

(3)
$$\begin{aligned}S_{4m}&=\sum_{j=1}^{4m}b_j\\&=(b_1+b_2+b_3+b_4)+(b_5+b_6+b_7+b_8)+\\&\qquad\cdots+(b_{4m-3}+b_{4m-2}+b_{4m-1}+b_{4m})\\&=\sum_{i=1}^{m}(b_{4i-3}+b_{4i-2}+b_{4i-1}+b_{4i})\\&=\sum_{i=1}^{m}\left\{\left(\frac{3}{2}\right)^{i-1}+\frac{1}{2}\left(\frac{3}{2}\right)^{i-1}+\frac{1}{2}\left(\frac{3}{2}\right)^{i-1}+\left(\frac{3}{2}\right)^{i-1}\right\}\\&=\sum_{i=1}^{m}\left(1+\frac{1}{2}+\frac{1}{2}+1\right)\left(\frac{3}{2}\right)^{i-1}\\&=\sum_{i=1}^{m}3\left(\frac{3}{2}\right)^{i-1}\\&=\frac{3\left\{\left(\frac{3}{2}\right)^{m}-1\right\}}{\frac{3}{2}-1}\\&=\boxed{6}\left(\frac{3}{2}\right)^{m}-\boxed{6}\end{aligned}$$

である．

← **等比数列の一般項**

初項を a，公比を r とする等比数列 $\{a_n\}$ の一般項は

$a_n=ar^{n-1}$ $(n=1,\ 2,\ 3,\ \cdots)$.

← **等比数列の和**

初項 a，公比 r，項数 n の等比数列の和は，$r\neq1$ のとき

$$\frac{a(r^n-1)}{r-1}.$$

(4)
$$\begin{aligned}b_{4k-3}b_{4k-2}b_{4k-1}b_{4k}&=\left(\frac{3}{2}\right)^{k-1}\cdot\frac{1}{2}\left(\frac{3}{2}\right)^{k-1}\cdot\frac{1}{2}\left(\frac{3}{2}\right)^{k-1}\cdot\left(\frac{3}{2}\right)^{k-1}\\&=\frac{1}{2^2}\left\{\left(\frac{3}{2}\right)^{k-1}\right\}^4\\&=\frac{1}{\boxed{4}}\left(\frac{3}{2}\right)^{\boxed{4}(k-1)}\end{aligned}$$

であることから

$$T_{4m}=(b_1b_2b_3b_4)(b_5b_6b_7b_8)(b_9b_{10}b_{11}b_{12})\cdots(b_{4m-3}b_{4m-2}b_{4m-1}b_{4m})$$

$$=\frac{1}{4}\left(\frac{3}{2}\right)^{4\cdot0}\cdot\frac{1}{4}\left(\frac{3}{2}\right)^{4\cdot1}\cdot\frac{1}{4}\left(\frac{3}{2}\right)^{4\cdot2}\cdot\cdots\cdot\frac{1}{4}\left(\frac{3}{2}\right)^{4(m-1)}$$

$$=\frac{1}{4^m}\left(\frac{3}{2}\right)^{4\{1+2+\cdots+(m-1)\}}$$

$$=\frac{1}{4^m}\left(\frac{3}{2}\right)^{4\cdot\frac{1}{2}(m-1)m}$$

$$=\frac{1}{4^m}\left(\frac{3}{2}\right)^{\boxed{2}m^2-\boxed{2}m}$$

← $\sum_{k=1}^{n}k=\frac{1}{2}n(n+1)$.

である．また

$$T_{10}=(b_1b_2b_3b_4b_5b_6b_7b_8)b_9b_{10}$$

$$=T_8b_9b_{10}$$

$$=\frac{1}{4^2}\left(\frac{3}{2}\right)^{2\cdot2^2-2\cdot2}\cdot\left(\frac{3}{2}\right)^2\cdot\frac{1}{2}\left(\frac{3}{2}\right)^2$$

$$=\frac{1}{4^2\cdot2}\left(\frac{3}{2}\right)^{4+2+2}$$

$$=\frac{3^8}{2^{4+1+8}}$$

$$=\frac{3^{\boxed{8}}}{2^{\boxed{13}}}$$

← $T_8=T_{4\cdot2}$，$b_9=b_{4\cdot3-3}$，$b_{10}=b_{4\cdot3-2}$.

である．

【オ，キの解説】

2^n の一の位の数，すなわち，2^n を 10 で割ったときの余りを a_n とするとき，$2^n=10A_n+a_n$（A_n は 2^n を 10 で割ったときの商）と表すと

← 例えば，$2^5=10\cdot3+2$.

$$2^{n+4}-2^n=(10A_{n+4}+a_{n+4})-(10A_n+a_n)$$

$$=10(A_{n+4}-A_n)+a_{n+4}-a_n$$

であり

$$2^{n+4}-2^n=(2^4-1)2^n=15\cdot2^n$$

$$=15\cdot2\cdot2^{n-1}=10\cdot3\cdot2^{n-1}$$

← $2^{n+4}=2^4\cdot2^n$

は 10 で割り切れるから

$$a_{n+4}=a_n$$

が成り立つ．このことと

$$a_1=2,\ a_2=4,\ a_3=8,\ a_4=6$$

より

$$a_n=\begin{cases}2 & (n\text{を}4\text{で割った余りが}1\text{のとき})\\ 4 & (n\text{を}4\text{で割った余りが}2\text{のとき})\\ 8 & (n\text{を}4\text{で割った余りが}3\text{のとき})\\ 6 & (n\text{が}4\text{の倍数のとき})\end{cases}$$

← $2=a_1=a_5=a_9=\cdots$.

← $4=a_2=a_6=a_{10}=\cdots$.

← $8=a_3=a_7=a_{11}=\cdots$.

← $6=a_4=a_8=a_{12}=\cdots$.

となる．よって

$$a_{n+3}a_{n+2}a_{n+1}a_n$$
$$=\begin{cases}6\cdot8\cdot4\cdot2 & (n\text{を}4\text{で割った余りが}1\text{のとき})\\ 2\cdot6\cdot8\cdot4 & (n\text{を}4\text{で割った余りが}2\text{のとき})\\ 4\cdot2\cdot6\cdot8 & (n\text{を}4\text{で割った余りが}3\text{のとき})\\ 8\cdot4\cdot2\cdot6 & (n\text{が}4\text{の倍数のとき})\end{cases}$$

すなわち

$$a_{n+3}a_{n+2}a_{n+1}a_n=6\cdot8\cdot4\cdot2 \quad (n\text{は自然数})$$

である．

第４問　平面ベクトル

(1)　点 P は辺 AB を 2:1 に内分するから

$$\overrightarrow{\mathrm{OP}}=\frac{\boxed{1}}{\boxed{3}}\vec{a}+\frac{\boxed{2}}{3}\vec{b}$$

である．四角形 OABC はひし形であるから

$$\overrightarrow{\mathrm{OB}}=\overrightarrow{\mathrm{OA}}+\overrightarrow{\mathrm{OC}}$$

すなわち

$$\overrightarrow{\mathrm{OC}}=\vec{b}-\vec{a}$$

であり，点 Q は直線 BC 上にあるから，実数 t を用いて

$$\overrightarrow{\mathrm{BQ}}=t\overrightarrow{\mathrm{BC}}$$

と表される．これより

$$\overrightarrow{\mathrm{OQ}}-\overrightarrow{\mathrm{OB}}=t(\overrightarrow{\mathrm{OC}}-\overrightarrow{\mathrm{OB}})$$

であるから

$$\begin{aligned}\overrightarrow{\mathrm{OQ}}&=(1-t)\overrightarrow{\mathrm{OB}}+t\overrightarrow{\mathrm{OC}}\\&=(1-t)\vec{b}+t(\vec{b}-\vec{a})\\&=\boxed{-}\,t\vec{a}+\vec{b}\end{aligned}$$

である．四角形 OABC は１辺の長さが１のひし形であり，$\angle\mathrm{AOC}=120^\circ$ であるから

$$|\vec{a}|=|\vec{b}|=1,\ \angle\mathrm{AOB}=60^\circ$$

である．よって

$$\vec{a}\cdot\vec{b}=1\cdot1\cdot\cos60^\circ=\frac{\boxed{1}}{\boxed{2}}$$

である．また，$\overrightarrow{\mathrm{OP}}\perp\overrightarrow{\mathrm{OQ}}$ より，$\overrightarrow{\mathrm{OP}}\cdot\overrightarrow{\mathrm{OQ}}=\boxed{0}$ であり

$$\begin{aligned}\overrightarrow{\mathrm{OP}}\cdot\overrightarrow{\mathrm{OQ}}&=\left(\frac{1}{3}\vec{a}+\frac{2}{3}\vec{b}\right)\cdot(-t\vec{a}+\vec{b})\\&=-\frac{t}{3}|\vec{a}|^2+\left(\frac{1-2t}{3}\right)\vec{a}\cdot\vec{b}+\frac{2}{3}|\vec{b}|^2\\&=-\frac{t}{3}+\left(\frac{1-2t}{3}\right)\cdot\frac{1}{2}+\frac{2}{3}\\&=\frac{5-4t}{6}\end{aligned}$$

であるから

$$\frac{5-4t}{6}=0$$

が成り立つ．よって，$t=\dfrac{\boxed{5}}{\boxed{4}}$ である．

分点の公式

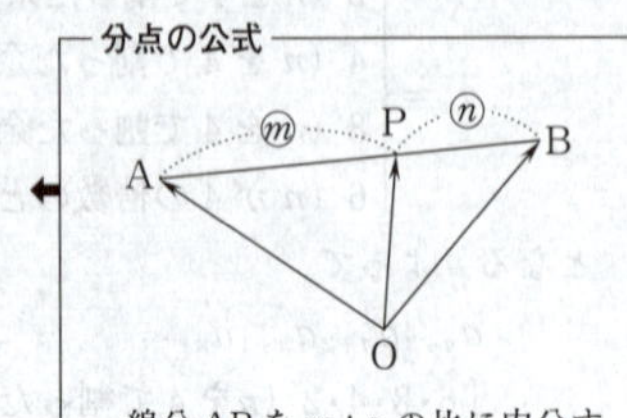

線分 AB を $m:n$ の比に内分する点を P とすると

$$\overrightarrow{\mathrm{OP}}=\frac{n\overrightarrow{\mathrm{OA}}+m\overrightarrow{\mathrm{OB}}}{m+n}.$$

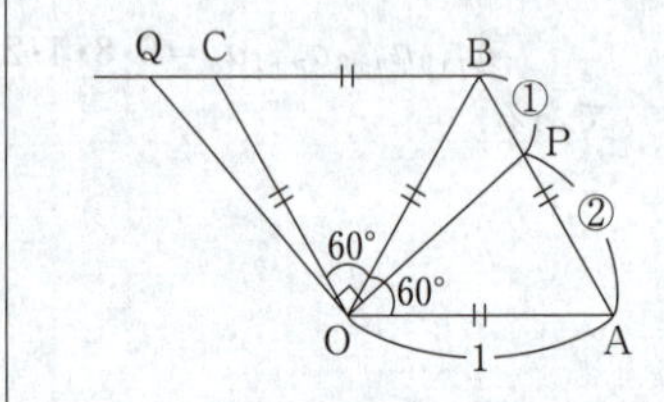

内積

$\vec{0}$ でない２つのベクトル $\vec{x}$ と $\vec{y}$ のなす角を θ $(0^\circ\leqq\theta\leqq180^\circ)$ とすると

$$\vec{x}\cdot\vec{y}=|\vec{x}||\vec{y}|\cos\theta.$$

特に，

$$\vec{x}\cdot\vec{x}=|\vec{x}||\vec{x}|\cos0^\circ=|\vec{x}|^2.$$

これらのことから

$$|\overrightarrow{OP}|^2=\frac{1}{3^2}|\vec{a}+2\vec{b}|^2$$
$$=\frac{1}{3^2}(|\vec{a}|^2+4\vec{a}\cdot\vec{b}+4|\vec{b}|^2)$$
$$=\frac{1}{3^2}\left(1+4\cdot\frac{1}{2}+4\right)$$
$$=\frac{7}{3^2}$$

$$|\overrightarrow{OQ}|^2=\frac{1}{4^2}|-5\vec{a}+4\vec{b}|^2$$

⬅ $\overrightarrow{OQ}=-t\vec{a}+\vec{b}=-\frac{5}{4}\vec{a}+\vec{b}$.

$$=\frac{1}{4^2}(25|\vec{a}|^2-40\vec{a}\cdot\vec{b}+16|\vec{b}|^2)$$
$$=\frac{1}{4^2}\left(25-40\cdot\frac{1}{2}+16\right)$$
$$=\frac{21}{4^2}$$

となるから，$|\overrightarrow{OP}|=\frac{\sqrt{\boxed{7}}}{\boxed{3}}$，$|\overrightarrow{OQ}|=\frac{\sqrt{\boxed{21}}}{\boxed{4}}$

である．

よって，三角形 OPQ の面積 S_1 は

$$S_1=\frac{1}{2}|\overrightarrow{OP}||\overrightarrow{OQ}|=\frac{1}{2}\cdot\frac{\sqrt{7}}{3}\cdot\frac{\sqrt{21}}{4}$$
$$=\frac{\boxed{7}\sqrt{\boxed{3}}}{\boxed{24}}$$

⬅

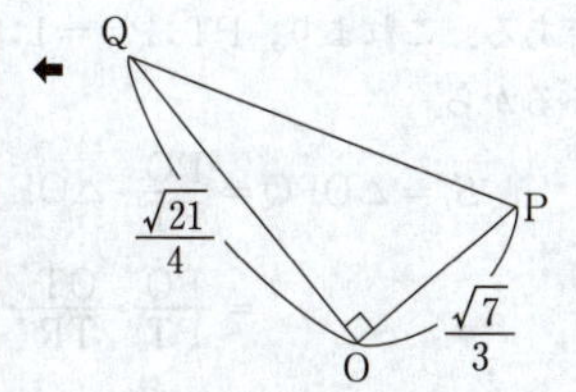

である．

(2)　辺 BC を 1：3 に内分する点が R であるから

$$\overrightarrow{OR}=\frac{3}{4}\overrightarrow{OB}+\frac{1}{4}\overrightarrow{OC}$$

⬅

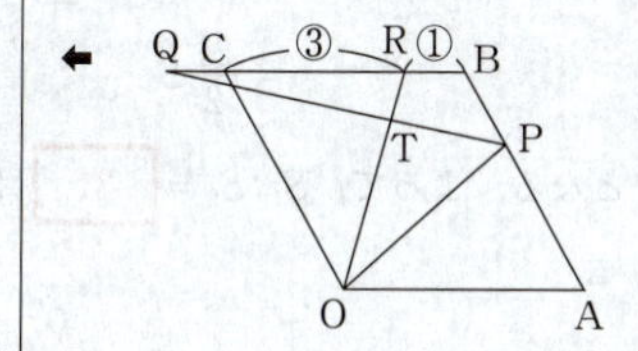

であり，点 T は直線 OR 上の点であるから，実数 r を用いて

$$\overrightarrow{OT}=r\overrightarrow{OR}$$
$$=r\left(\frac{3}{4}\overrightarrow{OB}+\frac{1}{4}\overrightarrow{OC}\right)$$
$$=r\left\{\frac{3}{4}\vec{b}+\frac{1}{4}(\vec{b}-\vec{a})\right\}$$
$$=-\frac{r}{4}\vec{a}+r\vec{b} \quad \cdots ①$$

と表される．また，点 T は直線 PQ 上の点であるから，実数 s を用いて

$$\overrightarrow{PT}=s\overrightarrow{PQ}$$

と表される．これより

$$\overrightarrow{OT}-\overrightarrow{OP}=s(\overrightarrow{OQ}-\overrightarrow{OP})$$

であるから

$$\overrightarrow{OT}=(1-s)\overrightarrow{OP}+s\overrightarrow{OQ}$$
$$=(1-s)\left(\frac{1}{3}\vec{a}+\frac{2}{3}\vec{b}\right)+s\left(-\frac{5}{4}\vec{a}+\vec{b}\right)$$
$$=\frac{4-19s}{12}\vec{a}+\frac{2+s}{3}\vec{b} \qquad \cdots ②$$

と表される．$\vec{a}\neq\vec{0}$，$\vec{b}\neq\vec{0}$，$\vec{a}\not\parallel\vec{b}$ であるから，①，② より

$$-\frac{r}{4}=\frac{4-19s}{12},\quad r=\frac{2+s}{3}$$

が成り立つ．これを解くと $r=\frac{\boxed{7}}{\boxed{9}}$，$s=\frac{\boxed{1}}{\boxed{3}}$

となることがわかる．よって

$$\overrightarrow{OT}=\frac{\boxed{-7}}{\boxed{36}}\vec{a}+\frac{\boxed{7}}{\boxed{9}}\vec{b}=\frac{2}{3}\overrightarrow{OP}+\frac{1}{3}\overrightarrow{OQ}$$
$$=\frac{7}{9}\overrightarrow{OR}$$

である．これより，PT : PQ = 1 : 3，OT : TR = 7 : 2 であるから

$$S_1=\triangle OPQ=\frac{PQ}{PT}\cdot\triangle OPT$$
$$=\frac{PQ}{PT}\cdot\frac{OT}{TR}\cdot\triangle PRT$$
$$=3\cdot\frac{7}{2}\cdot S_2$$
$$=\frac{21}{2}S_2$$

となる．よって，$S_1:S_2=\boxed{21}:2$ である．

←**ベクトルの相等**

$\vec{x}\neq\vec{0}$，$\vec{y}\neq\vec{0}$，$\vec{x}\not\parallel\vec{y}$ のとき

$$s\vec{x}+t\vec{y}=s'\vec{x}+t'\vec{y}$$
$$\Longleftrightarrow s=s' \text{ かつ } t=t'.$$

←

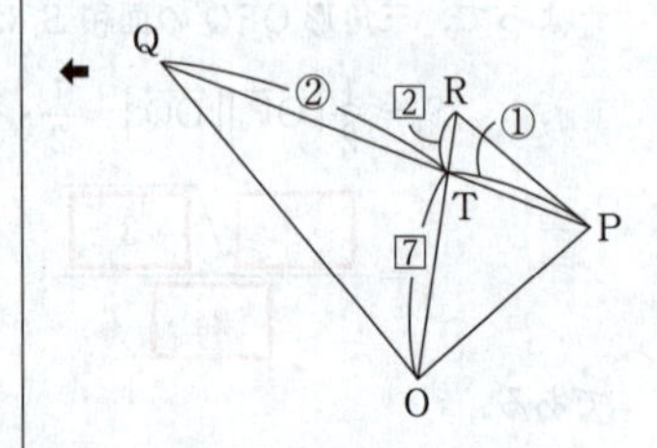

第5問　確率分布と統計的な推測

(1)　袋の中に白球が4個，赤球が3個，合計7個入っている．この袋の中から3個の球を取り出すとき，球の取り出し方は

$$ {}_7\mathrm{C}_3=\frac{7!}{3!4!}=35 \text{（通り）} $$

である．取り出した白球の個数を W とする．

$W=k$ $(k=0,\ 1,\ 2,\ 3)$ のとき，取り出した赤球の個数は $3-k$ であるから，$W=k$ となるような球の取り出し方は

$$ {}_4\mathrm{C}_k\cdot{}_3\mathrm{C}_{3-k}=\frac{4!}{k!(4-k)!}\cdot\frac{3!}{(3-k)!k!} \text{（通り）} $$

である．よって，確率変数 W について

$$ P(W=k)=\frac{\dfrac{4!}{k!(4-k)!}\cdot\dfrac{3!}{(3-k)!k!}}{35} $$

であるから

$$ P(W=0)=\frac{\dfrac{4!}{4!}\cdot\dfrac{3!}{3!}}{35}=\frac{\boxed{1}}{\boxed{35}} $$

$$ P(W=1)=\frac{\dfrac{4!}{3!}\cdot\dfrac{3!}{2!}}{35}=\frac{\boxed{12}}{35} $$

$$ P(W=2)=\frac{\dfrac{4!}{2!2!}\cdot\dfrac{3!}{2!}}{35}=\frac{\boxed{18}}{35} $$

$$ P(W=3)=\frac{\dfrac{4!}{3!}\cdot\dfrac{3!}{3!}}{35}=\frac{\boxed{4}}{35} $$

であり，期待値(平均)は

$$ 0\cdot\frac{1}{35}+1\cdot\frac{12}{35}+2\cdot\frac{18}{35}+3\cdot\frac{4}{35}=\frac{\boxed{12}}{\boxed{7}}, $$

分散は

$$ 0^2\cdot\frac{1}{35}+1^2\cdot\frac{12}{35}+2^2\cdot\frac{18}{35}+3^2\cdot\frac{4}{35}-\left(\frac{12}{7}\right)^2=\frac{\boxed{24}}{\boxed{49}} $$

である．

(2)　確率変数 Z が標準正規分布に従うとき，正規分布表より

$$ \begin{aligned} P(-2.58\leqq Z\leqq 2.58)&=2P(0\leqq Z\leqq 2.58)\\ &=2\cdot 0.4951\\ &=0.9902 \end{aligned} $$

期待値(平均)

確率変数 X がとりうる値を x_1, x_2, …, x_n とし，X がこれらの値をとる確率をそれぞれ p_1, p_2, …, p_n とすると，期待値(平均) $E(X)$ は

$$ E(X)=\sum_{k=1}^{n}x_kp_k. $$

分散

確率変数 X がとりうる値を x_1, x_2, …, x_n とし，X がこれらの値をとる確率をそれぞれ p_1, p_2, …, p_n とすると，分散 $V(X)$ は $E(X)=m$ として

$$ V(X)=\sum_{k=1}^{n}(x_k-m)^2p_k \quad \cdots① $$

または

$$ V(X)=E(X^2)-\{E(X)\}^2. \quad \cdots② $$

ここでは②を用いた．

p. 38.

である．したがって タ に当てはまるものは

③ である．

← 同様に考えると他の選択肢は不適.

(3)　母平均 m，母標準偏差 σ をもつ母集団から抽出された大きさ n の無作為標本の標本平均を $\overline{X}$ とし，

$Z=\dfrac{\overline{X}-m}{\dfrac{\sigma}{\sqrt{n}}}$ とすると，n が十分に大きいとき，Z は近似的に標準正規分布 $N(0,\ 1)$ に従う．正規分布表より

$$P(-1.96\leqq Z\leqq 1.96)=2P(0\leqq Z\leqq 1.96)$$
$$=2\cdot 0.4750$$
$$=0.95$$

← p. 38.

であるから

$$P\left(-1.96\leqq \frac{\overline{X}-m}{\frac{\sigma}{\sqrt{n}}}\leqq 1.96\right)=0.95$$

が成り立つ．これより

$$P\left(\overline{X}-1.96\cdot\frac{\sigma}{\sqrt{n}}\leqq m\leqq \overline{X}+1.96\cdot\frac{\sigma}{\sqrt{n}}\right)=0.95$$

であるから，母平均 m の信頼度(信頼係数) 95%の信頼区間の幅 L_1 は

$$L_1=\left(\overline{X}+1.96\cdot\frac{\sigma}{\sqrt{n}}\right)-\left(\overline{X}-1.96\cdot\frac{\sigma}{\sqrt{n}}\right)$$
$$=2\cdot 1.96\cdot\frac{\sigma}{\sqrt{n}}$$

である．また，(2)より

$$P(-2.58\leqq Z\leqq 2.58)=0.9902$$

であるから，同様にして，信頼度(信頼係数) 99%の信頼区間の幅 L_2 は

$$L_2=2\cdot 2.58\cdot\frac{\sigma}{\sqrt{n}}$$

である．よって

$$\frac{L_2}{L_1}=\frac{2\cdot 2.58\cdot\frac{\sigma}{\sqrt{n}}}{2\cdot 1.96\cdot\frac{\sigma}{\sqrt{n}}}=\frac{2.58}{1.96}=\boxed{1}.\boxed{3}$$

が成り立つ．また，同じ母集団から，大きさ $4n$ の無作為標本を抽出して得られる母平均 m の信頼度 95%の信頼区間の幅 L_3 は，同様にして

$$L_3=2\cdot 1.96\cdot\frac{\sigma}{\sqrt{4n}}=2\cdot 1.96\cdot\frac{\sigma}{2\sqrt{n}}$$

であるから

$$\frac{L_3}{L_1}=\frac{2\cdot 1.96\cdot\frac{\sigma}{2\sqrt{n}}}{2\cdot 1.96\cdot\frac{\sigma}{\sqrt{n}}}=\frac{1}{2}=\boxed{0}.\boxed{5}$$

が成り立つ.

正　規　分　布　表

次の表は，標準正規分布の分布曲線における右図の灰色部分の面積の値をまとめたものである。

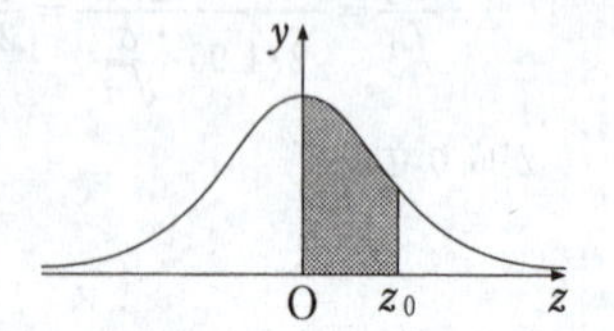

z_0	0.00	0.01	0.02	0.03	0.04	0.05	0.06	0.07	0.08	0.09
0.0	0.0000	0.0040	0.0080	0.0120	0.0160	0.0199	0.0239	0.0279	0.0319	0.0359
0.1	0.0398	0.0438	0.0478	0.0517	0.0557	0.0596	0.0636	0.0675	0.0714	0.0753
0.2	0.0793	0.0832	0.0871	0.0910	0.0948	0.0987	0.1026	0.1064	0.1103	0.1141
0.3	0.1179	0.1217	0.1255	0.1293	0.1331	0.1368	0.1406	0.1443	0.1480	0.1517
0.4	0.1554	0.1591	0.1628	0.1664	0.1700	0.1736	0.1772	0.1808	0.1844	0.1879
0.5	0.1915	0.1950	0.1985	0.2019	0.2054	0.2088	0.2123	0.2157	0.2190	0.2224
0.6	0.2257	0.2291	0.2324	0.2357	0.2389	0.2422	0.2454	0.2486	0.2517	0.2549
0.7	0.2580	0.2611	0.2642	0.2673	0.2704	0.2734	0.2764	0.2794	0.2823	0.2852
0.8	0.2881	0.2910	0.2939	0.2967	0.2995	0.3023	0.3051	0.3078	0.3106	0.3133
0.9	0.3159	0.3186	0.3212	0.3238	0.3264	0.3289	0.3315	0.3340	0.3365	0.3389
1.0	0.3413	0.3438	0.3461	0.3485	0.3508	0.3531	0.3554	0.3577	0.3599	0.3621
1.1	0.3643	0.3665	0.3686	0.3708	0.3729	0.3749	0.3770	0.3790	0.3810	0.3830
1.2	0.3849	0.3869	0.3888	0.3907	0.3925	0.3944	0.3962	0.3980	0.3997	0.4015
1.3	0.4032	0.4049	0.4066	0.4082	0.4099	0.4115	0.4131	0.4147	0.4162	0.4177
1.4	0.4192	0.4207	0.4222	0.4236	0.4251	0.4265	0.4279	0.4292	0.4306	0.4319
1.5	0.4332	0.4345	0.4357	0.4370	0.4382	0.4394	0.4406	0.4418	0.4429	0.4441
1.6	0.4452	0.4463	0.4474	0.4484	0.4495	0.4505	0.4515	0.4525	0.4535	0.4545
1.7	0.4554	0.4564	0.4573	0.4582	0.4591	0.4599	0.4608	0.4616	0.4625	0.4633
1.8	0.4641	0.4649	0.4656	0.4664	0.4671	0.4678	0.4686	0.4693	0.4699	0.4706
1.9	0.4713	0.4719	0.4726	0.4732	0.4738	0.4744	0.4750	0.4756	0.4761	0.4767
2.0	0.4772	0.4778	0.4783	0.4788	0.4793	0.4798	0.4803	0.4808	0.4812	0.4817
2.1	0.4821	0.4826	0.4830	0.4834	0.4838	0.4842	0.4846	0.4850	0.4854	0.4857
2.2	0.4861	0.4864	0.4868	0.4871	0.4875	0.4878	0.4881	0.4884	0.4887	0.4890
2.3	0.4893	0.4896	0.4898	0.4901	0.4904	0.4906	0.4909	0.4911	0.4913	0.4916
2.4	0.4918	0.4920	0.4922	0.4925	0.4927	0.4929	0.4931	0.4932	0.4934	0.4936
2.5	0.4938	0.4940	0.4941	0.4943	0.4945	0.4946	0.4948	0.4949	0.4951	0.4952
2.6	0.4953	0.4955	0.4956	0.4957	0.4959	0.4960	0.4961	0.4962	0.4963	0.4964
2.7	0.4965	0.4966	0.4967	0.4968	0.4969	0.4970	0.4971	0.4972	0.4973	0.4974
2.8	0.4974	0.4975	0.4976	0.4977	0.4977	0.4978	0.4979	0.4979	0.4980	0.4981
2.9	0.4981	0.4982	0.4982	0.4983	0.4984	0.4984	0.4985	0.4985	0.4986	0.4986
3.0	0.4987	0.4987	0.4987	0.4988	0.4988	0.4989	0.4989	0.4989	0.4990	0.4990

数学Ⅰ・数学A
数学Ⅱ・数学B

（2014年１月実施）

	受験者数	平均点
数学Ⅰ・数学A	391,273	62.08
数学Ⅱ・数学B	355,423	53.94

数学Ⅰ・数学A

解答・採点基準

(100点満点)

問題番号(配点)	解答記号	正解	配点	自己採点
第1問 (20)	ア	2	1	
	イ(ウエ＋$\sqrt{オ}$)	$2(-1+\sqrt{6})$	2	
	カ(キ－$\sqrt{ク}$)	$8(3-\sqrt{6})$	2	
	ケコ	16	2	
	a^4＋サa^3－シスa^2＋セa＋ソ＝0	$a^4+4a^3-16a^2+8a+4=0$	3	
	タチ	10	2	
	ツとテ	⓪と④または④と⓪	4	
	トとナ	①と④または④と①	4	
第1問　自己採点小計				
第2問 (25)	(アa, イa^2－ウa－エオ)	$(-a,\ 2a^2-6a-36)$	3	
	カ，キク	3，－1	2	
	ケ	4	2	
	コ	8	2	
	サシ	－3	1	
	ス，セ	③，③	1	
	ソ	6	1	
	タ	1	3	
	チツテ	－39	1	
	ト	6	3	
	ナニ	36	1	
	ヌネ	－3	2	
	ノ，ハ	③，①	1	
	$\frac{ヒフ}{ヘ}$	$\frac{-7}{3}$	2	
第2問　自己採点小計				

問題番号(配点)	解答記号	正解	配点	自己採点
第3問 (30)	ア	4	3	
	$\frac{イ}{ウ}$	$\frac{7}{8}$	3	
	$\frac{\sqrt{エオ}}{カ}$	$\frac{\sqrt{15}}{8}$	3	
	$\frac{キ\sqrt{クケ}}{コサ}$	$\frac{8\sqrt{15}}{15}$	3	
	$\frac{シ}{ス}$	$\frac{8}{3}$	4	
	$\frac{セ\sqrt{ソタ}}{チ}$	$\frac{2\sqrt{10}}{3}$	4	
	$\frac{ツ\sqrt{テト}}{ナ}$	$\frac{2\sqrt{10}}{5}$	4	
	$\frac{ニ}{ヌ}$	$\frac{5}{8}$	3	
	ネ	④	3	
第3問　自己採点小計				
第4問 (25)	ア	6	2	
	イ	6	2	
	ウエ	36	3	
	$\frac{オ}{カキクケ}$	$\frac{1}{1296}$	3	
	コ	6	3	
	サシ	30	3	
	ス	2	3	
	セソ	90	3	
	タチツ	156	3	
第4問　自己採点小計				
自己採点合計				

第1問　数と式・集合と論理

〔1〕

(1)
$$a=\frac{1+\sqrt{3}}{1+\sqrt{2}},\ b=\frac{1-\sqrt{3}}{1-\sqrt{2}}$$

より,

$$ab=\frac{(1+\sqrt{3})(1-\sqrt{3})}{(1+\sqrt{2})(1-\sqrt{2})}$$

$$=\frac{1^2-(\sqrt{3})^2}{1^2-(\sqrt{2})^2}$$

⬅ $(p+q)(p-q)=p^2-q^2$.

$$=\boxed{2},\quad \cdots ①$$

$$a+b=\frac{(1+\sqrt{3})(1-\sqrt{2})+(1-\sqrt{3})(1+\sqrt{2})}{(1+\sqrt{2})(1-\sqrt{2})}$$

⬅ 通分をした.

$$=\frac{(1-\sqrt{2}+\sqrt{3}-\sqrt{6})+(1+\sqrt{2}-\sqrt{3}-\sqrt{6})}{1^2-(\sqrt{2})^2}$$

$$=\boxed{2}\left(\boxed{-1}+\sqrt{\boxed{6}}\right),\quad \cdots ②$$

$$a^2+b^2=(a+b)^2-2ab$$

⬅ $(a+b)^2=a^2+2ab+b^2$ より, $a^2+b^2=(a+b)^2-2ab$.

$$=4(-1+\sqrt{6})^2-2\cdot2$$

$$=\boxed{8}\left(\boxed{3}-\sqrt{\boxed{6}}\right)\quad \cdots ③$$

である.

(2) $a^2+b^2+4(a+b)=8(3-\sqrt{6})+4\cdot2(-1+\sqrt{6})$

⬅ ②, ③を用いた.

$$=\boxed{16}$$

であり, これに①すなわち $b=\dfrac{2}{a}$ を代入すると,

$$a^2+\left(\frac{2}{a}\right)^2+4\left(a+\frac{2}{a}\right)=16$$

が成り立ち, 両辺に a^2 を掛けることで, a は,

$$a^4+\boxed{4}a^3-\boxed{16}a^2+\boxed{8}a+\boxed{4}=0$$

を満たすことがわかる.

〔2〕

(1)　$5<\sqrt{n}<6$ より，$25<n<36$ であるから，

$U=\{26, 27, 28, 29, 30, 31, 32, 33, 34, 35\}$

であり，U の要素の個数は 10 個である．

(2)　$P=\{28, 32\}$，$Q=\{30, 35\}$，
$R=\{30\}$，$S=\{28, 35\}$

である．

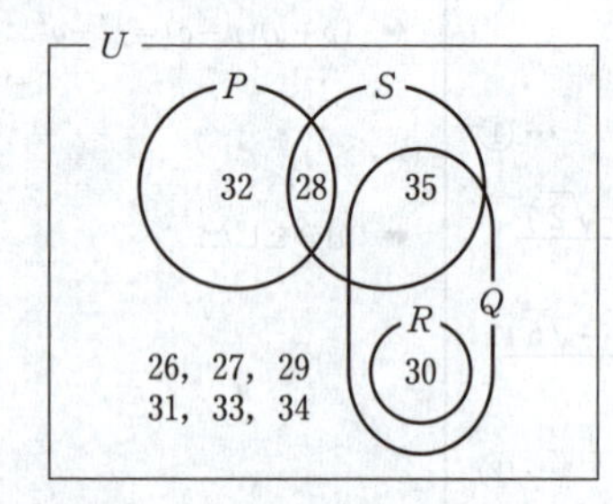

← 全体集合 U とその部分集合 P，Q，R，S の関係を図にまとめた．

$P\cap R=\phi$，$P\cap S=\{28\}$，$Q\cap R=\{30\}$，
$P\cap\overline{Q}=\{28, 32\}$，$R\cap\overline{Q}=\phi$

← 空集合 ϕ … 要素が1つもない集合．

であるから，⓪～④で与えられた集合のうち，空集合であるものは⓪と④すなわち ツ，テ に当てはまるものは，⓪，④ である．

(3)　$P\cup R=\{28, 30, 32\}$ であり，30 は $\overline{Q}$ に属さないから，

「$P\cup R\subset\overline{Q}$ は成り立たない．」

← $X\subset Y$ が成り立つとき，X のすべての要素が Y の要素となっている．

$S\cap\overline{Q}=\{28\}$，$P=\{28, 32\}$ であるから，

「$S\cap\overline{Q}\subset P$ は成り立つ．」

$\overline{Q}\cap\overline{S}=\overline{Q\cup S}=\{26, 27, 29, 31, 32, 33, 34\}$ であり，32 は $\overline{P}$ に属さないから，

「$\overline{Q}\cap\overline{S}\subset\overline{P}$ は成り立たない．」

← ド・モルガンの法則

$\overline{A\cup B}=\overline{A}\cap\overline{B}$.
$\overline{A\cap B}=\overline{A}\cup\overline{B}$.

$\overline{P}\cup\overline{Q}=\overline{P\cap Q}=U$ であり，28，35 は $\overline{S}$ に属さないから，

「$\overline{P}\cup\overline{Q}\subset\overline{S}$ は成り立たない．」

$\overline{R}\cap\overline{S}=\overline{R\cup S}=\{26, 27, 29, 31, 32, 33, 34\}$ であり，$\overline{Q}=\{26, 27, 28, 29, 31, 32, 33, 34\}$ であるから，

「$\overline{R}\cap\overline{S}\subset\overline{Q}$ は成り立つ．」

以上より，ト，ナ に当てはまるものは，①，④ である．

第2問　2次関数

$$f(x)=x^2+2ax+3a^2-6a-36$$

とする．

$$f(x)=(x+a)^2+2a^2-6a-36$$

であるから，G の頂点の座標は，

$$\left(\boxed{-}\,a,\ \boxed{2}\,a^2-\boxed{6}\,a-\boxed{36}\right)\quad\cdots③$$

であり，

$$p=f(0)=3a^2-6a-36$$

である．

⬅ 2次関数 $y=p(x-q)^2+r$ のグラフの頂点の座標は，$(q,\ r)$．

⬅ y 軸は，直線 $x=0$．

(1)　$p=-27$ のとき，

$$3a^2-6a-36=-27$$

すなわち

$$3(a-3)(a+1)=0$$

より，

$$a=\boxed{3},\ \boxed{-1}$$

である．

$a=3$ のときの ① のグラフの頂点の座標は，

$$(-3,\ -36)$$

⬅ ③より．

であり，$a=-1$ のときの ① のグラフの頂点の座標は，

$$(1,\ -28)$$

⬅ ③より．

であるから，$a=3$ のときの ① のグラフを

x 軸方向に $1-(-3)=\boxed{4}$，

y 軸方向に $-28-(-36)=\boxed{8}$

だけ平行移動すると，$a=-1$ のときの ① のグラフに一致する．

⬅

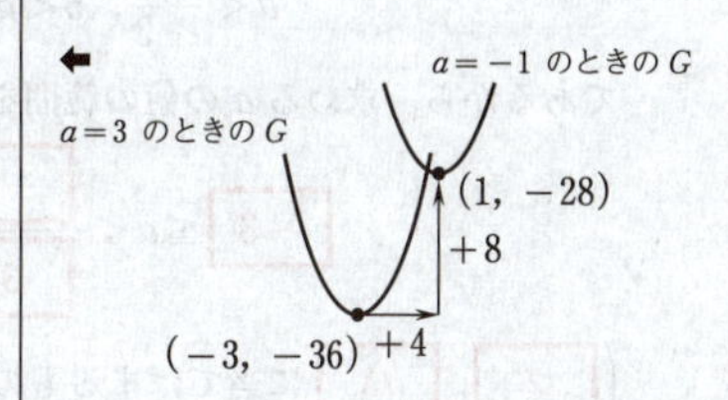

(2)　G は下に凸の放物線であるから，G が x 軸と共有点を持つような a の値の範囲を表す不等式は，

$$(G\text{ の頂点の }y\text{ 座標})\leqq 0$$

より，

$$2a^2-6a-36\leqq 0$$

すなわち

$$2(a+3)(a-6)\leqq 0$$

から，

$$\boxed{-3}\leqq a\leqq\boxed{6}\quad\cdots②$$

$\left(\boxed{ス},\ \boxed{セ}\right.$ に当てはまるものはいずれも $\left.\boxed{③}.\right)$

⬅

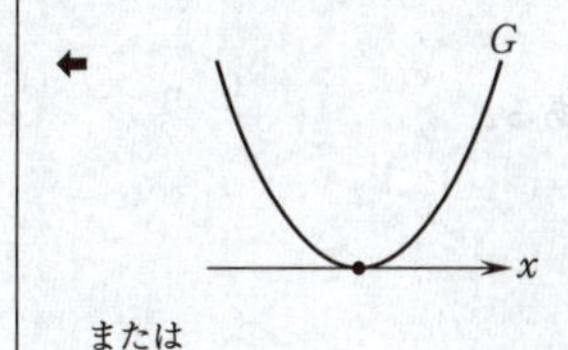

または

である.

$$p=3(a-1)^2-39$$

であるから，a が ② の範囲にあるとき，p は，

$a=$ 1 で最小値 -39

をとり，

$a=$ 6 で最大値 36

をとる.

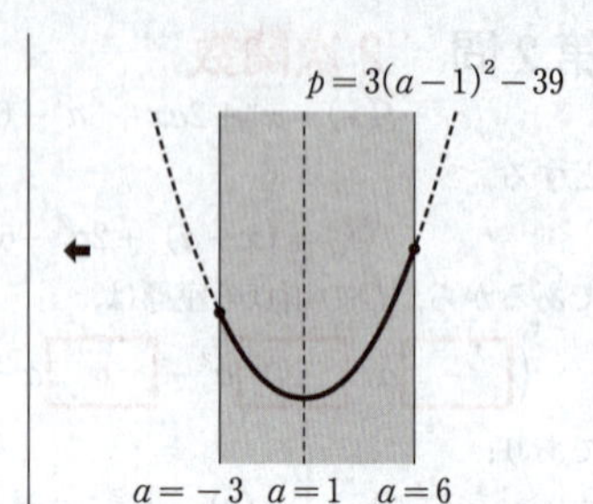

G が x 軸と共有点を持ち，さらにそのすべての共有点の x 座標が -1 より大きくなる条件は，G が下に凸の放物線であることに注意すると，

$$\begin{cases} ②, \\ -a>-1, \\ f(-1)>0 \end{cases}$$

すなわち

$$\begin{cases} -3\leqq a\leqq 6, \\ a<1, \\ 3a^2-8a-35>0 \end{cases} \quad \cdots ④$$

である.

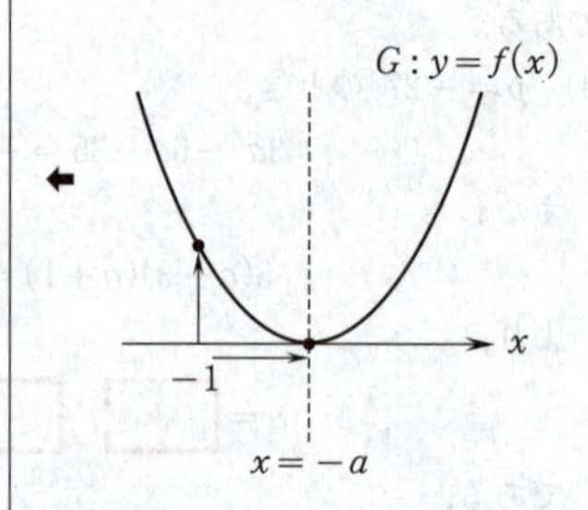

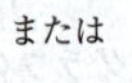

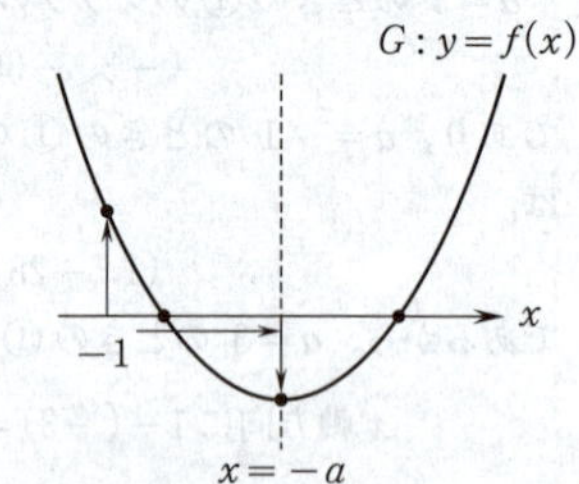

ここで，④ は，

$$(3a+7)(a-5)>0$$

より，

$$a<-\frac{7}{3},\ 5<a$$

であるから，求める a の値の範囲を表す不等式は，

$$-3\leqq a<\frac{-7}{3}$$

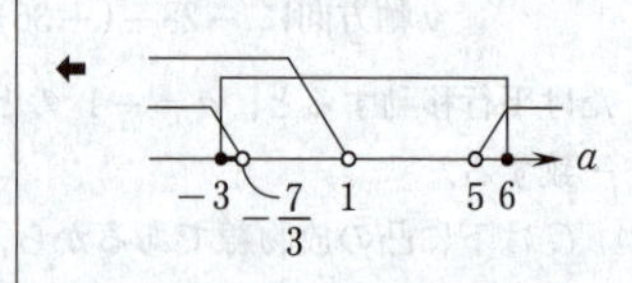

（ ノ ， ハ に当てはまるものはそれぞれ

③ ， ① ）

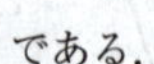

である.

第3問　図形と計量・平面図形

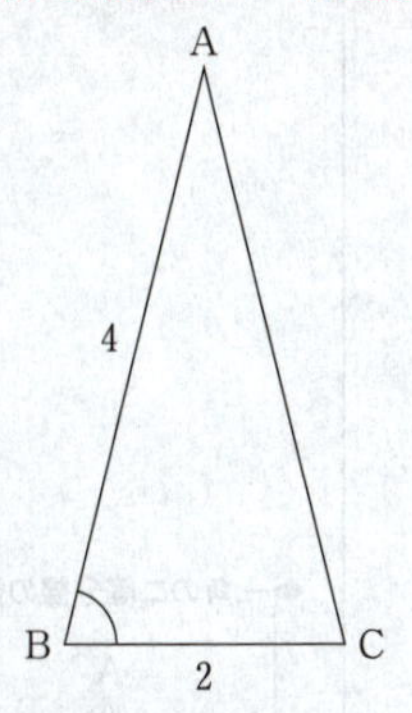

△ABC に余弦定理を用いると,

$$CA^2=4^2+2^2-2\cdot4\cdot2\cdot\frac{1}{4}$$
$$=16$$

より,

$$CA=\boxed{4}$$

であり,

$$\cos\angle BAC=\frac{4^2+4^2-2^2}{2\cdot4\cdot4}$$
$$=\frac{\boxed{7}}{\boxed{8}}$$

である.

$$\sin\angle BAC=\sqrt{1-\left(\frac{7}{8}\right)^2}$$
$$=\frac{\sqrt{\boxed{15}}}{\boxed{8}}$$

であり, △ABC の外接円 O の半径を R とすると, 正弦定理により,

$$2R=\frac{2}{\frac{\sqrt{15}}{8}}$$

すなわち

$$R=\frac{\boxed{8}\sqrt{\boxed{15}}}{\boxed{15}}$$

である.

余弦定理

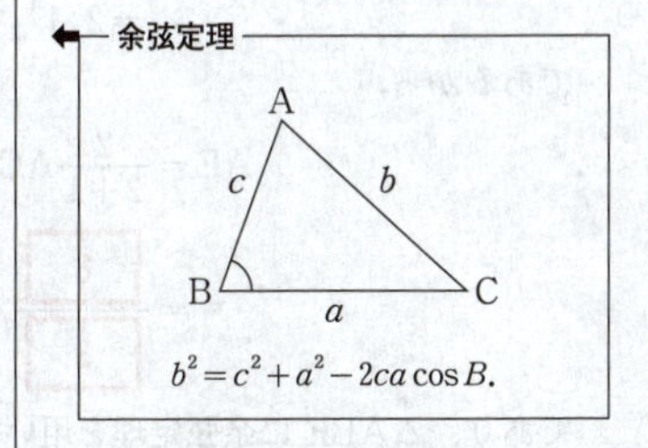

余弦定理

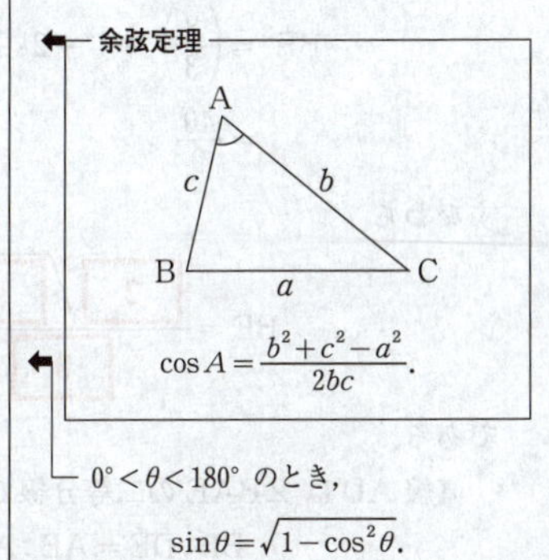

$0°<\theta<180°$ のとき,

$\sin\theta=\sqrt{1-\cos^2\theta}.$

正弦定理

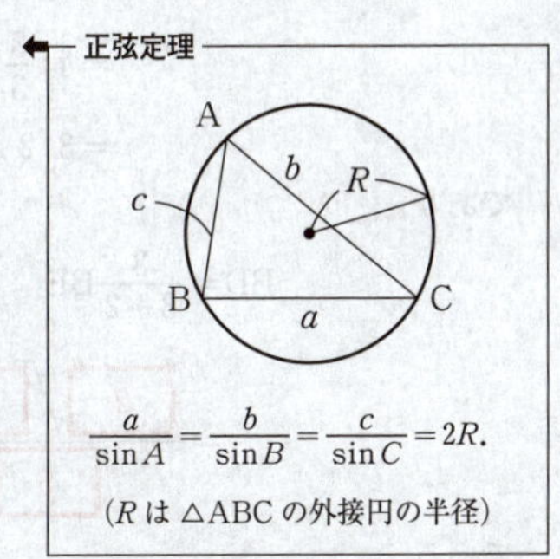

$$\frac{a}{\sin A}=\frac{b}{\sin B}=\frac{c}{\sin C}=2R.$$

(R は △ABC の外接円の半径)

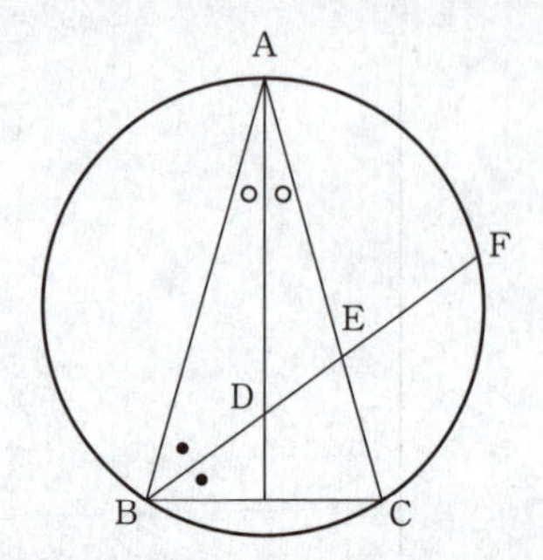

(1)　角の二等分線の性質により，

$$\mathrm{AE}:\mathrm{EC}=\mathrm{AB}:\mathrm{BC}$$
$$=2:1$$

であるから，

$$\mathrm{AE}=\frac{2}{2+1}\mathrm{AC}$$
$$=\frac{\boxed{8}}{\boxed{3}}$$

であり，△ABE に余弦定理を用いると，

$$\mathrm{BE}^2=\left(\frac{8}{3}\right)^2+4^2-2\cdot\frac{8}{3}\cdot4\cdot\frac{7}{8}$$
$$=\frac{40}{9}$$

すなわち

$$\mathrm{BE}=\frac{\boxed{2}\sqrt{\boxed{10}}}{\boxed{3}}$$

である．

直線 AD は ∠BAE の二等分線であるから，

$$\mathrm{BD}:\mathrm{DE}=\mathrm{AB}:\mathrm{AE}$$
$$=4:\frac{8}{3}$$
$$=3:2$$

であり，

$$\mathrm{BD}=\frac{3}{3+2}\mathrm{BE}$$
$$=\frac{\boxed{2}\sqrt{\boxed{10}}}{\boxed{5}}$$

である．

←角の二等分線の性質

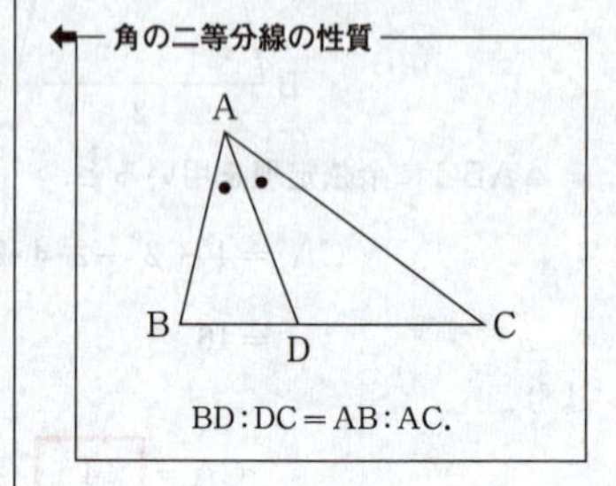

$\mathrm{BD}:\mathrm{DC}=\mathrm{AB}:\mathrm{AC}.$

(2)

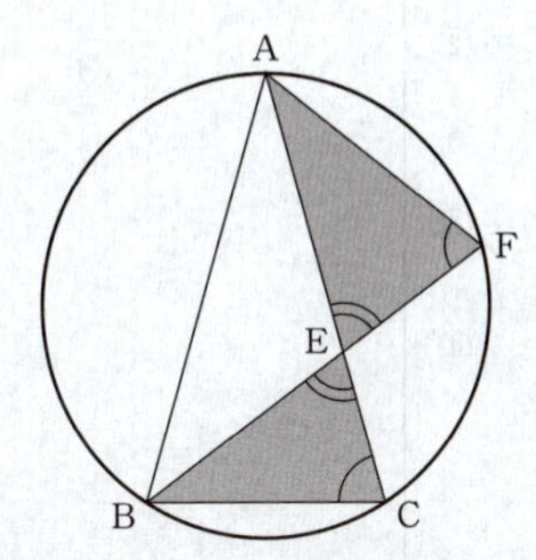

$\angle BCE = \angle AFE$（弧 AB の円周角より），
$\angle CEB = \angle FEA$（対頂角）より，

$$\triangle EBC \backsim \triangle EAF$$

であるから，

$$(\triangle EBC\text{の面積}):(\triangle EAF\text{の面積}) = BE^2 : AE^2$$

が成り立つ．

したがって，△EBC の面積は △EAF の面積の

$$\frac{BE^2}{AE^2} = \left(\frac{BE}{AE}\right)^2$$

$$= \left(\frac{\frac{2\sqrt{10}}{3}}{\frac{8}{3}}\right)^2$$

$$= \frac{\boxed{5}}{\boxed{8}}\text{(倍)}$$

である．

⬅ 2つの相似な図形において，相似比（対応する辺の長さの比）が

$$a : b$$

ならば，面積の比は，

$$a^2 : b^2$$

である．

(3)

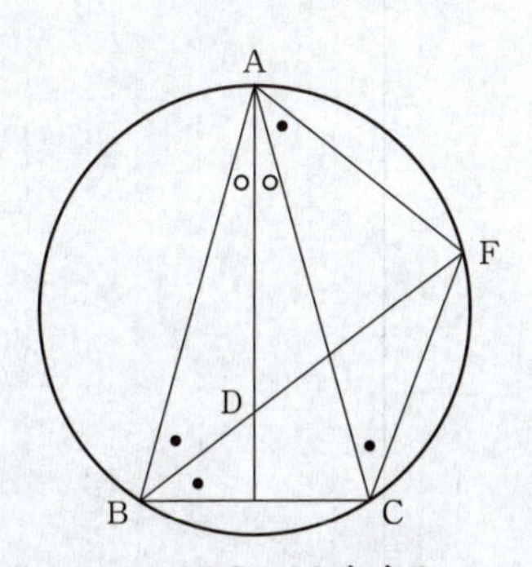

$\angle BAC = 2\alpha$，$\angle ABC = 2\beta$ とする．

直線 BF は ∠ABC の二等分線より，

$$\angle FBA = \angle FBC = \beta \qquad \cdots ①$$

であるから，弧 FA と弧 FC の長さは等しく，さらに，

$$\mathrm{FA}=\mathrm{FC} \qquad \cdots ②$$

である．

弧 FC の円周角を考えて，

$$\angle\mathrm{FAC}=\angle\mathrm{FBC}=\beta \qquad \cdots ③$$

であり，直線 AD は ∠BAC の二等分線より，

$$\angle\mathrm{DAC}=\angle\mathrm{DAB}=\alpha \qquad \cdots ④$$

である．

③，④ より，

$$\angle\mathrm{DAF}=\angle\mathrm{DAC}+\angle\mathrm{FAC}$$
$$=\alpha+\beta$$

であり，①，④ と △ABD の外角を考えて，

$$\angle\mathrm{ADF}=\angle\mathrm{DAB}+\angle\mathrm{FBA}$$
$$=\alpha+\beta$$

であるから，

$$\angle\mathrm{DAF}=\angle\mathrm{ADF}$$

であり，

$$\mathrm{FA}=\mathrm{FD} \qquad \cdots ⑤$$

である．

②，⑤ より，FA＝FC＝FD であるから，ネ

に当てはまるものは ④ である．

第4問　場合の数・確率

1, 2, 3, 4, 5, 6 の各矢印の方向の移動をそれぞれ

△1, △2, △3, △4, △5, △6

と表すことにする.

(1)　A を出発し，4 回移動して B にいる移動は，△3, △4 をそれぞれ 2 回ずつ行えばよいから，このような移動の仕方は，

$$\frac{4!}{2!2!}=\boxed{6}\ (通り)$$

ある.

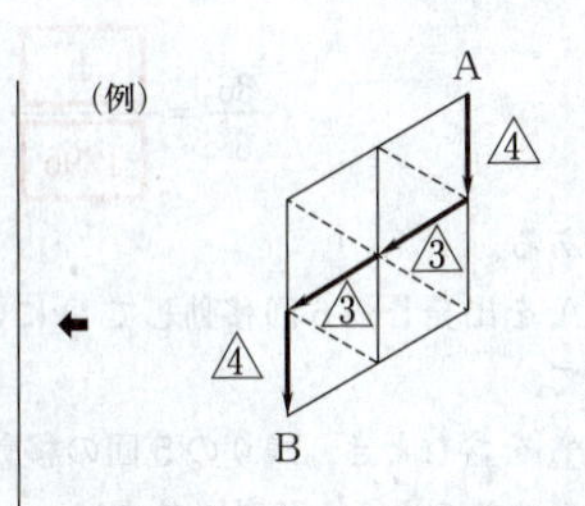

← △3 2 コ, △4 2 コを並べる同じものを含む順列.

(2)　A から出発し，初めにどの移動を行うかで分けて考える.

(i)　△1, △2, △6 のとき，3 回の移動で C にいることはできない.

(ii)　△3 のとき，残り 2 回の移動で C にいるためには，△4, △5 をそれぞれ 1 回ずつ行えばよいから，このような移動の仕方は，

$$2!=2\ (通り)$$

ある.

(iii)　△4 のとき，残り 2 回の移動で C にいるためには，△3, △5 をそれぞれ 1 回ずつ行えばよいから，このような移動の仕方は，

$$2!=2\ (通り)$$

ある.

(iv)　△5 のとき，残り 2 回の移動で C にいるためには，△3, △4 をそれぞれ 1 回ずつ行えばよいから，このような移動の仕方は，

$$2!=2\ (通り)$$

ある.

(i)〜(iv) より，求める移動の仕方は，

$$2+2+2=\boxed{6}\ (通り)$$

ある.

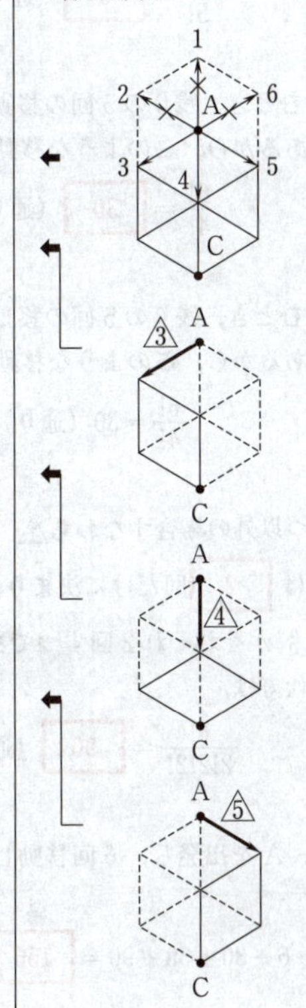

(3)　A を出発し，3 回の移動で C にいる移動の仕方と C を出発し，3 回の移動で D にいる移動の仕方の場合の数は等しいから，求める移動の仕方は，

$$6\times6=\boxed{36}\ (通り)$$

ある.

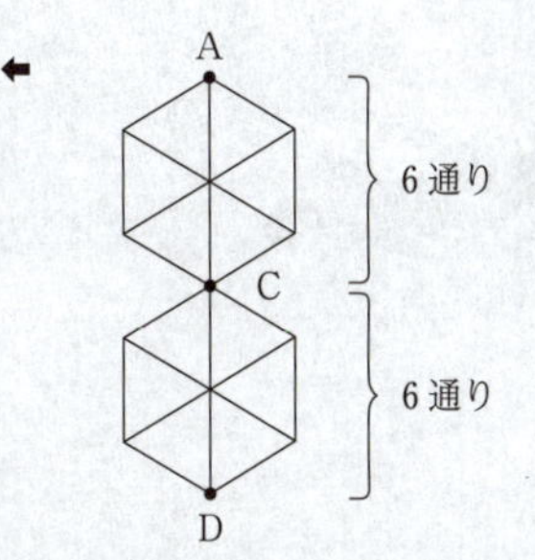

さらに，6 回の移動の仕方の総数は 6^6 通りあり，これらは同様に確からしいから，求める確率は，

$$\frac{36}{6^6}=\frac{\boxed{1}}{\boxed{1296}}$$

である.

(4) Aを出発し，6回移動してDにいる移動の仕方について，

・①を含むとき，残りの5回の移動はすべて④であるから，このような移動の仕方は，

$$\frac{6!}{5!}=\boxed{6}\ (\text{通り})$$

ある.

・②を含むとき，残りの5回の移動は，⑤が1回と④が4回であるから，このような移動の仕方は，

$$\frac{6!}{4!}=\boxed{30}\ (\text{通り})$$

ある.

・⑥を含むとき，残りの5回の移動は，③が1回と④が4回であるから，このような移動の仕方は，

$$\frac{6!}{4!}=30\ (\text{通り})$$

ある.

・上記3つ以外の場合すなわち①，②，⑥を含まないとき，④は $\boxed{2}$ 回だけに決まり，残りの4回の移動は，③，⑤がそれぞれ2回ずつであるから，このような移動の仕方は，

$$\frac{6!}{2!2!2!}=\boxed{90}\ (\text{通り})$$

ある.

よって，Aを出発し，6回移動してDにいる移動の仕方は，

$$6+30+30+90=\boxed{156}\ (\text{通り})$$

ある.

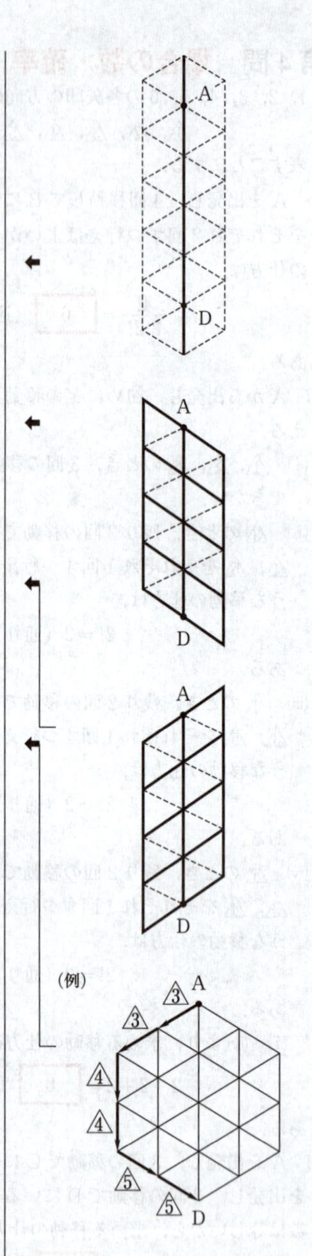

数学Ⅱ・数学B

解答・採点基準

(100点満点)

問題番号(配点)	解答記号	正解	配点	自己採点
第1問 (30)	$-\frac{ア}{イ}$	$-\frac{3}{4}$	2	
	ウp+エq	$3p+4q$	2	
	|オp−カq|	$\lvert 4p-3q\rvert$	2	
	キ	2	3	
	ク，ケ，コ	2，1，1	2	
	サ，シ，ス	4，2，4	2	
	セ	④	2	
	ソ	3	1	
	タ	8	1	
	$\frac{チ}{ツ}$	$\frac{2}{3}$	1	
	テ	1	1	
	ト	0	1	
	ナ	1	1	
	ニ	2	1	
	$\frac{ヌ}{ネ}$	$\frac{3}{2}$	1	
	ノハ	27	2	
	ヒ	5	2	
	フ	1	2	
	ヘ	6	1	
	第1問　自己採点小計			
第2問 (30)	ア$x^{イ}$	$3x^2$	2	
	ウ	0	2	
	エ	①	3	
	オ	3	3	
	カキ，ク	−1，1	3	
	ケb^2−コ	$3b^2-3$	2	
	サb^3−シb^2+1	$2b^3-3b^2+1$	2	
	ス，$\frac{セソ}{タ}$	1，$\frac{-1}{2}$	3	
	$\frac{チツ}{テ}x+\frac{ト}{ナ}$	$\frac{-9}{4}x+\frac{1}{4}$	3	
	ニx^2−ヌx	$2x^2-4x$	3	
	ネノ	11	4	
	第2問　自己採点小計			

問題番号(配点)	解答記号	正解	配点	自己採点
第3問 (20)	アイ	15	1	
	ウエ	28	2	
	オn+カ	$4n+5$	2	
	キ$n^{ク}$+ケn+コ	$2n^2+3n+1$	2	
	$\frac{サ}{シス}$	$\frac{6}{35}$	1	
	セ，ソ，タ	2，1，5	2	
	チ，ツ	5，3	2	
	テ	3	2	
	ト	6	2	
	ナ，ニ	3，3	2	
	$\frac{ヌn}{ネn+ノ}$	$\frac{2n}{2n+3}$	2	
	第3問　自己採点小計			
第4問 (20)	(アイ，ウ，エ)	(−1，0，2)	2	
	オ	③	1	
	カ，キ	1，2	2	
	ク	2	2	
	ケ	0	1	
	コ	5	1	
	サシ	14	1	
	スセ	70	2	
	ソ	0	1	
	タ，$\frac{チツ}{テ}$	2，$\frac{-5}{3}$	2	
	$\frac{ト}{ナニ}$	$\frac{9}{35}$	2	
	$\frac{ヌ\sqrt{ネノ}}{ハヒ}$	$\frac{3\sqrt{70}}{35}$	2	
	フ	1	1	
	第4問　自己採点小計			

問題番号(配点)	解答記号	正　解	配点	自己採点
第5問 (20)	アイ	14	1	
	ウエ.オカ	10.00	2	
	キク	32	1	
	ケ	4	2	
	コサ	18	1	
	シス	14	1	
	セ	⓪	2	
	ソタ.チ	15.0	2	
	ツ	5	2	
	テ	8	2	
	ト	④	2	
	ナ	①	2	
		第5問　自己採点小計		
第6問 (20)	ア，イ	4，2	1	
	ウ	②	2	
	エ	③	2	
	オ	6	2	
	カキ	97	2	
	クケコ，サ	110，④	2	
	シスセ	501	2	
	ソタチ	501	1	
	ツ，テ	②，⑧	2	
	ト	9	2	
	ナ	2	2	
		第6問　自己採点小計		
		自己採点合計		

(注)

第1問，第2問は必答。

第3問～第6問のうちから2問選択。計4問を解答。

第1問　図形と方程式，指数関数・対数関数

〔1〕

(1) 円Cの半径rを求めよう．

点$\mathrm{P}(p,\ q)$を通り直線 $\ell：y=\dfrac{4}{3}x$ に垂直な直線の方程式は

$$y=-\frac{\boxed{3}}{\boxed{4}}(x-p)+q$$

なので，Pからℓに引いた垂線とℓの交点Qのx座標は

$$\frac{4}{3}x=-\frac{3}{4}(x-p)+q$$

$$\left(\frac{4}{3}+\frac{3}{4}\right)x=\frac{3}{4}p+q$$

より

$$x=\frac{3}{25}\left(\boxed{3}\,p+\boxed{4}\,q\right)$$

であり，これを $y=\dfrac{4}{3}x$ に代入すると，Qのy座標は

$$y=\frac{4}{25}(3p+4q)$$

である．

求めるCの半径rは，Cの中心Pとℓの距離PQに等しいので

$$r=\sqrt{\left\{\frac{3}{25}(3p+4q)-p\right\}^2+\left\{\frac{4}{25}(3p+4q)-q\right\}^2}$$

$$=\sqrt{\left\{\frac{4}{25}(4p-3q)\right\}^2+\left\{\frac{3}{25}(4p-3q)\right\}^2}$$

$$=\sqrt{\frac{4^2+3^2}{25^2}(4p-3q)^2}$$

$$=\frac{1}{5}\left|\boxed{4}\,p-\boxed{3}\,q\right| \quad \cdots ①$$

垂直条件

傾きmの直線と，傾きm'の直線が直交するための条件は，

$$mm'=-1.$$

直線の方程式

点$(a,\ b)$を通り，傾きmの直線の方程式は

$$y=m(x-a)+b.$$

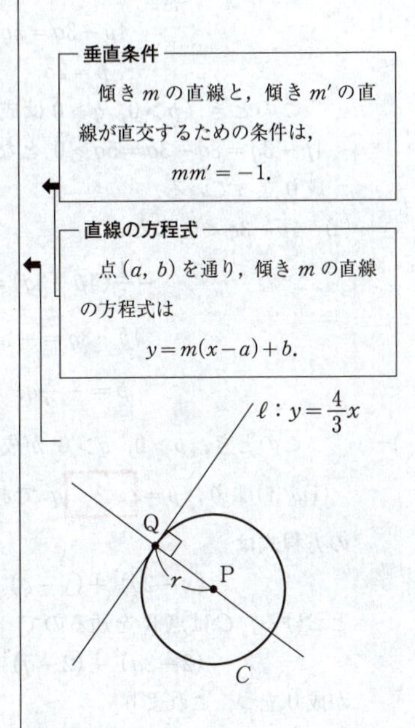

2点間の距離

2点$(x_1,\ y_1)$，$(x_2,\ y_2)$の間の距離は

$$\sqrt{(x_2-x_1)^2+(y_2-y_1)^2}.$$

(2) 円Cが，x軸に接し，点$\mathrm{R}(2,\ 2)$を通る場合を考える．このとき，$p>0$，$q>0$ である．Cの方程式を求めよう．

Cはx軸に接するので，Cの半径rはqに等しい．したがって，①により

$$\frac{1}{5}|4p-3q|=q.$$

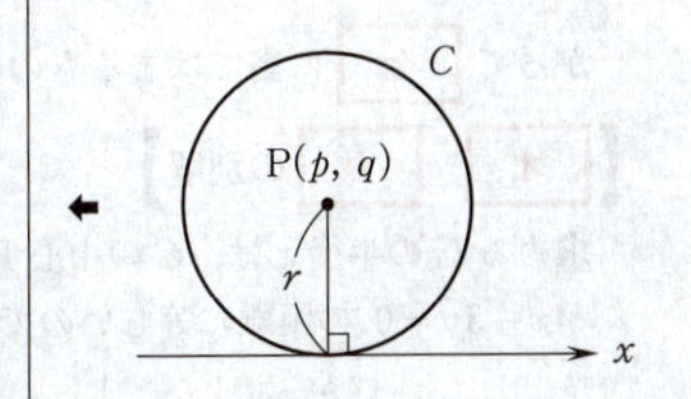

(i)　$4p-3q \geqq 0$ のとき

$$\frac{1}{5}(4p-3q)=q$$
$$4p-3q=5q$$
$$p=2q.$$

　このとき，$p>0$，$q>0$ は成り立ち，さらに，$4p-3q=8q-3q=5q>0$ となり，$4p-3q \geqq 0$ は成り立っている．

(ii)　$4p-3q<0$ のとき

$$-\frac{1}{5}(4p-3q)=q$$
$$4p-3q=-5q$$
$$p=-\frac{1}{2}q.$$

　このとき，$p>0$，$q>0$ が成り立たない．

　(i)，(ii) より，$p=$ [2] q である．以上より，C の方程式は

$$(x-2q)^2+(y-q)^2=q^2$$

とおける．C は点 R を通るので

$$(2-2q)^2+(2-q)^2=q^2$$

が成り立つ．これより

$$q^2-3q+2=0$$
$$(q-1)(q-2)=0$$
$$q=1 \quad \text{または} \quad q=2.$$

　よって，求める C の方程式は

$$\left(x-\boxed{2}\right)^2+\left(y-\boxed{1}\right)^2=\boxed{1} \quad \cdots ②$$

または

$$\left(x-\boxed{4}\right)^2+\left(y-\boxed{2}\right)^2=\boxed{4} \quad \cdots ③$$

である．

(3)　方程式 ② の表す円の中心を S(2, 1)，方程式 ③ の表す円の中心を T(4, 2) とおくと，直線 ST は原点 O を通り，点 O は線分 ST を 1 : 2 に外分する．したがって [セ] に当てはまるものは [④] である．

T(4, 2)
S(2, 1)
①
②
O

【[オ]，[カ] の別解】

求める C の半径 r は，C の中心 P(p, q) と $\ell : 4x-3y=0$ の距離に等しいので

$$\frac{|4p-3q|}{\sqrt{4^2+(-3)^2}}=\frac{1}{5}|4p-3q|.$$

円の方程式

中心 (a, b)，半径 r の円の方程式は

$$(x-a)^2+(y-b)^2=r^2.$$

点と直線の距離

点 (x_0, y_0) と直線 $ax+by+c=0$ の距離は

$$\frac{|ax_0+by_0+c|}{\sqrt{a^2+b^2}}$$

〔2〕
$$\log_2 m^3+\log_3 n^2 \leqq 3. \qquad \cdots ④$$

$m=2,\ n=1$ のとき

$$\log_2 m^3+\log_3 n^2=\log_2 2^3+\log_3 1^2=3+0=\boxed{3}$$

← $a>0,\ a \neq 1,\ p$ が実数のとき $\log_a a^p=p.$ $\log_a 1=0.$

であり，この $m,\ n$ の値の組は ④ を満たす．

$m=4,\ n=3$ のとき

$$\log_2 m^3+\log_3 n^2=\log_2 2^6+\log_3 3^2=6+2=\boxed{8}$$

← $4^3=(2^2)^3=2^6.$

であり，この $m,\ n$ の値の組は ④ を満たさない．

不等式 ④ を満たす自然数 $m,\ n$ の組の個数を調べよう．④ は

$$\log_2 m^3+\log_3 n^2 \leqq 3$$
$$3\log_2 m+2\log_3 n \leqq 3$$
$$\log_2 m+\frac{\boxed{2}}{\boxed{3}}\log_3 n \leqq \boxed{1} \qquad \cdots ⑤$$

← $a>0,\ a \neq 1,\ R>0$ のとき $\log_a R^r=r\log_a R.$

と変形できる．

n が自然数のとき，$\log_3 n$ のとり得る最小の値は $\log_3 1=\boxed{0}$ である．⑤ により

$$\frac{2}{3}\log_3 n \leqq 1-\log_2 m \qquad \cdots ⑥$$

が成り立ち，左辺が 0 以上であるから，右辺も 0 以上である．よって，$\log_2 m \leqq 1$ でなければならない．

$\log_2 m \leqq 1$ により，$m=\boxed{1}$ または $m=\boxed{2}$ でなければならない．

$m=1$ の場合，⑤ すなわち，⑥ は

$$\frac{2}{3}\log_3 n \leqq 1-\log_2 1$$
$$\log_3 n \leqq \frac{\boxed{3}}{\boxed{2}}$$

となり

$$n \leqq 3^{\frac{3}{2}}$$
$$n^2 \leqq \boxed{27}$$

← $a>1,\ x>0$ のとき $\log_a x \leqq y \iff x \leqq a^y.$

← $\left(3^{\frac{3}{2}}\right)^2=3^3=27.$

と変形できる．よって，$m=1$ のとき，⑤ を満たす自然数 n のとり得る値の範囲は $n \leqq \boxed{5}$ である．したがって，$m=1$ の場合，④ を満たす自然数 $m,\ n$ の組の個数は 5 である．

← $(m,\ n)=(1,\ 1),\ (1,\ 2),\ (1,\ 3),\ (1,\ 4),\ (1,\ 5)$

同様にして，$m=2$ の場合，⑤ すなわち，⑥ は

$$\frac{2}{3}\log_3 n \leqq 1-\log_2 2$$

$$\log_3 n \leqq 0$$

となり

$$n \leqq 1$$

と変形できる．よって，$m=2$ の場合，④ を満たす自然数 m，n の組の個数は 1 である．

← $(m,\ n)=(2,\ 1)$

以上のことから，④ を満たす自然数 m，n の組の個数は

$$5+1=\boxed{6}$$

である．

第2問　微分法・積分法

p を実数とし，$f(x)=x^3-px$ とする．

(1)　関数 $f(x)$ が極値をもつための p の条件を求めよう．

$f(x)$ の導関数は，$f'(x)=$ 3 $x^{2}-p$ である．したがって，$f(x)$ が $x=a$ で極値をとるならば，

$3a^2-p=$ 0 が成り立つ．さらに，$x=a$ の前後での $f'(x)$ の符号の変化を考えることにより，p が条件 $p>0$ を満たす場合は，$f(x)$ は必ず極値をもつことがわかる．したがって エ に当てはまるものは

① である．

導関数

$(x^n)'=nx^{n-1}$　$(n=1,\ 2,\ 3)$

$(c)'=0$　(c は定数)．

$p>0$ のとき

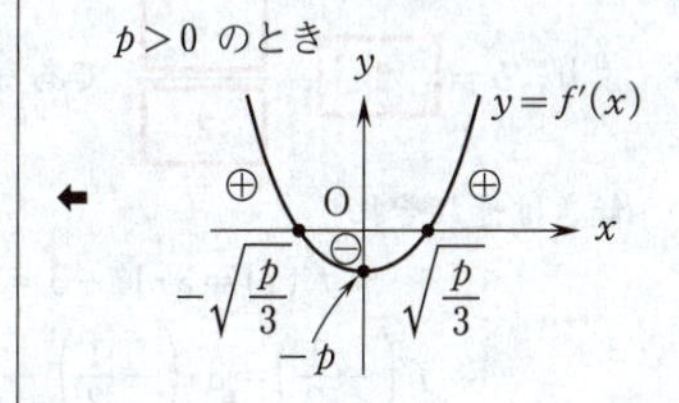

(2)　$f(x)$ が $x=\dfrac{p}{3}$ で極値をとることから

$$f'\left(\frac{p}{3}\right)=0 \quad かつ \quad p>0$$

$$3\left(\frac{p}{3}\right)^2-p=0 \quad かつ \quad p>0$$

$$p(p-3)=0 \quad かつ \quad p>0$$

が成り立つ．よって，$p=$ 3 である．このとき，

$$f(x)=x^3-3x$$

$$f'(x)=3x^2-3=3(x+1)(x-1)$$

となり，$f(x)$ の増減は次の表のようになる．

x	$\cdots$	-1	$\cdots$	1	$\cdots$
$f'(x)$	$+$	0	$-$	0	$+$
$f(x)$	↗	2	↘	-2	↗

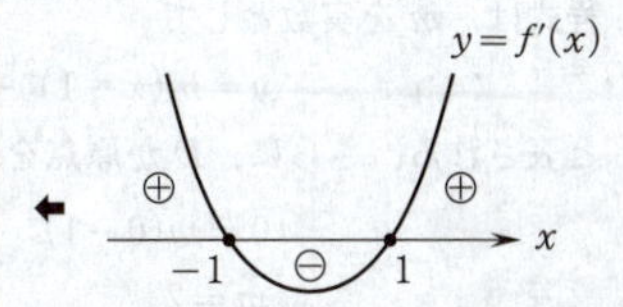

$f'(x)$ の符号はグラフを利用するとわかりやすい．

よって，$f(x)$ は $x=$ -1 で極大値をとり，

$x=$ 1 で極小値をとる．また，$\mathrm{A}(1,\ -2)$ である．

$\dfrac{p}{3}=1$，$f(1)=1^3-3\cdot1=-2$

曲線 $C:y=f(x)$ の接線で，点Aを通り傾きが0でないものを ℓ とし，ℓ の方程式を求めよう．ℓ と C の接点の x 座標を b とすると，ℓ は点 $(b,\ f(b))$ における C の接線であるから，ℓ の方程式は b を用いて

$$y=f'(b)(x-b)+f(b)$$

$$y=(\ 3\ b^2-\ 3\ )(x-b)+f(b)$$

$$y=(3b^2-3)(x-b)+b^3-3b$$

$$y=(3b^2-3)x-2b^3 \qquad \cdots①$$

と表すことができる．また，ℓ は点 $\mathrm{A}(1,\ -2)$ を通る

接線の方程式

曲線 $y=f(x)$ 上の点 $(t,\ f(t))$ における接線の方程式は

$$y-f(t)=f'(t)(x-t).$$

から，① より，方程式

$$-2=(3b^2-3)\cdot 1-2b^3$$

$$\boxed{2}\,b^3-\boxed{3}\,b^2+1=0$$

を得る．この方程式を解くと

$$(b-1)^2(2b+1)=0$$

より，$b=\boxed{1}$，$\dfrac{\boxed{-1}}{\boxed{2}}$ であるが，このとき，ℓ の傾きはそれぞれ

$$f'(1)=3\cdot 1^2-3=0,$$

$$f'\left(-\frac{1}{2}\right)=3\cdot\left(-\frac{1}{2}\right)^2-3=-\frac{9}{4}$$

となる．ℓ の傾きが 0 でないことから，$b=-\dfrac{1}{2}$ である．よって，ℓ の方程式は，① より

$$y=-\frac{9}{4}x-2\left(-\frac{1}{2}\right)^3$$

$$y=\frac{\boxed{-9}}{\boxed{4}}x+\frac{\boxed{1}}{\boxed{4}}$$

である．

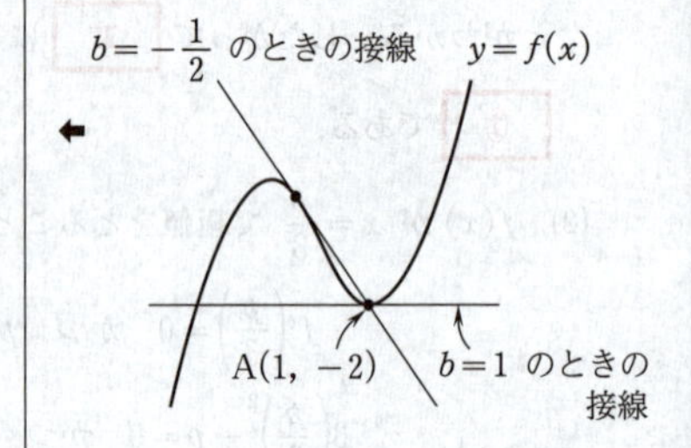

D の頂点が点 A(1, −2) であることから，D の方程式は，m を実数として

$$y=m(x-1)^2-2$$

と表される．さらに，D が原点を通ることから

$$0=m(0-1)^2-2$$

$$m=2$$

である．よって，D の方程式は

$$y=2(x-1)^2-2$$

$$=\boxed{2}\,x^2-\boxed{4}\,x$$

である．

ℓ と D の共有点の x 座標は

$$2x^2-4x=-\frac{9}{4}x+\frac{1}{4}$$

$$8x^2-7x-1=0$$

$$(8x+1)(x-1)=0$$

より

$$x=-\frac{1}{8},\ 1$$

であるから，ℓ と D で囲まれた図形のうち，不等式 $x \geqq 0$ の表す領域に含まれる部分の面積 S は

$$\int_0^1 \left\{\left(-\frac{9}{4}x+\frac{1}{4}\right)-(2x^2-4x)\right\}dx$$
$$=-\frac{1}{4}\int_0^1 (8x^2-7x-1)\,dx$$
$$=-\frac{1}{4}\left[\frac{8}{3}x^3-\frac{7}{2}x^2-x\right]_0^1$$
$$=-\frac{1}{4}\left(\frac{8}{3}-\frac{7}{2}-1\right)$$
$$=\frac{\boxed{11}}{24}$$

である．

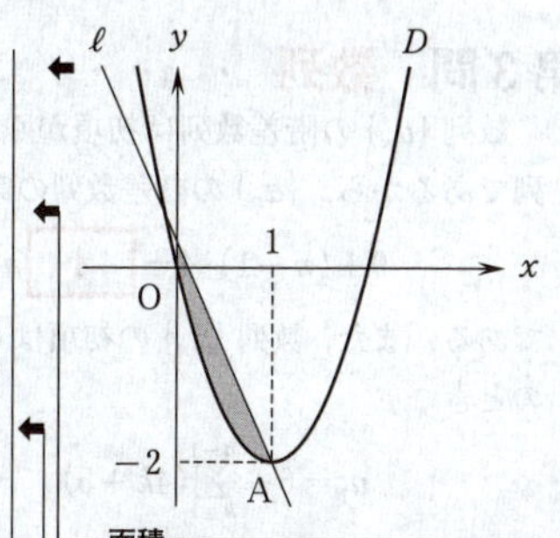

面積

区間 $\alpha \leqq x \leqq \beta$ においてつねに $g(x) \leqq f(x)$ ならば 2 曲線 $y=f(x)$，$y=g(x)$ および直線 $x=\alpha$，$x=\beta$ で囲まれた部分の面積は

$$S=\int_\alpha^\beta \{f(x)-g(x)\}\,dx.$$

定積分

$$\int x^n\,dx=\frac{1}{n+1}x^{n+1}+C,$$

($n=0$, 1, 2, C は積分定数)

であり，$f(x)$ の原始関数の一つを $F(x)$ とすると

$$\int_\alpha^\beta f(x)\,dx=\Big[F(x)\Big]_\alpha^\beta$$
$$=F(\beta)-F(\alpha).$$

第3問 数列

(1) 数列 $\{a_n\}$ の階差数列は初項が9，公差が4の等差数列であるから，$\{a_n\}$ の階差数列の第 n 項は

$$9+(n-1)\cdot 4=\boxed{4}\,n+\boxed{5}$$

である．また，数列 $\{a_n\}$ の初項は6であるから，$n \geqq 2$ のとき

$$a_n=6+\sum_{k=1}^{n-1}(4k+5)$$

$$=6+\frac{n-1}{2}\{9+4(n-1)+5\}$$

$$=2n^2+3n+1$$

である．これは $n=1$ のときも成り立つ．よって

$$a_n=\boxed{2}\,n^{\boxed{2}}+\boxed{3}\,n+\boxed{1} \quad \cdots ①$$

である．これより

$$a_2=2\cdot 2^2+3\cdot 2+1=\boxed{15}$$

$$a_3=2\cdot 3^2+3\cdot 3+1=\boxed{28}$$

である．

等差数列の一般項

初項を a，公差を d とする等差数列 $\{a_n\}$ の一般項は

$$a_n=a+(n-1)d.$$
$$(n=1,\ 2,\ 3,\ \cdots)$$

階差数列

数列 $\{a_n\}$ に対して

$$b_n=a_{n+1}-a_n \ (n=1,\ 2,\ 3,\ \cdots)$$

で定められる数列 $\{b_n\}$ を $\{a_n\}$ の階差数列という．このとき

$$a_n=a_1+\sum_{k=1}^{n-1}b_k \ (n=2,\ 3,\ \cdots)$$

が成り立つ．

等差数列の和

初項 a，末項 ℓ，項数 n の等差数列の和は

$$\frac{n}{2}(a+\ell).$$

(2) 数列 $\{b_n\}$ は，初項が $\frac{2}{5}$ で，漸化式

$$b_{n+1}=\frac{a_n}{a_{n+1}-1}b_n \quad \cdots ②$$

を満たしている．この式において，$n=1$ とすると

$$b_2=\frac{a_1}{a_2-1}b_1$$

$$=\frac{6}{15-1}\cdot\frac{2}{5}$$

$$=\frac{\boxed{6}}{\boxed{35}}$$

← $a_1=6$，$a_2=15$.

である．数列 $\{b_n\}$ の一般項と初項から第 n 項までの和 S_n を求めよう．

①，②により，すべての自然数 n に対して

$$b_{n+1}=\frac{2n^2+3n+1}{\{2(n+1)^2+3(n+1)+1\}-1}b_n$$

$$=\frac{(2n+1)(n+1)}{(2n+5)(n+1)}b_n$$

$$=\frac{\boxed{2}\,n+\boxed{1}}{2n+\boxed{5}}b_n \quad \cdots ③$$

が成り立つことがわかる．

ここで

$$c_n=(2n+1)b_n \quad \cdots ④$$

とすると

$$b_n=\frac{c_n}{2n+1}$$

であるから，これを ③ に代入すると

$$\frac{c_{n+1}}{2(n+1)+1}=\frac{2n+1}{2n+5}\cdot\frac{c_n}{2n+1}$$

$$\frac{c_{n+1}}{2n+3}=\frac{c_n}{2n+5}$$

$$\left(2n+\boxed{5}\right)c_{n+1}=\left(2n+\boxed{3}\right)c_n$$

が成り立つことがわかる．さらに，これは

$$\{2(n+1)+3\}c_{n+1}=(2n+3)c_n$$

と表されるから

$$d_n=\left(2n+\boxed{3}\right)c_n \quad \cdots ⑤$$

とおくと，すべての自然数 n に対して，$d_{n+1}=d_n$ が成り立つことがわかる．$c_1=(2\cdot1+1)b_1=3\cdot\frac{2}{5}=\frac{6}{5}$ より，$d_1=(2\cdot1+3)c_1=5\cdot\frac{6}{5}=\boxed{6}$ であるから，すべての自然数 n に対して，$d_n=6$ である．

⬅ $d_1=d_2=d_3=\cdots$

⬅ $b_1=\frac{2}{5}$

したがって，⑤ により

$$c_n=\frac{6}{2n+3}$$

であり，④ により

$$b_n=\frac{6}{(2n+1)(2n+3)}$$

である．また

$$b_n=\frac{\boxed{3}}{2n+1}-\frac{\boxed{3}}{2n+3}$$

⬅ $\frac{3}{2n+1}-\frac{3}{2n+3}=\frac{3(2n+3)-3(2n+1)}{(2n+1)(2n+3)}$
$=\frac{6}{(2n+1)(2n+3)}$

が成り立つことを利用すると，数列 $\{b_n\}$ の初項から第 n 項までの和 S_n は

$$S_n=b_1+b_2+b_3+\cdots+b_n$$

$$=\left(1-\frac{3}{5}\right)+\left(\frac{3}{5}-\frac{3}{7}\right)+\left(\frac{3}{7}-\frac{3}{9}\right)+\cdots+\left(\frac{3}{2n+1}-\frac{3}{2n+3}\right)$$

$$=1-\frac{3}{2n+3}$$

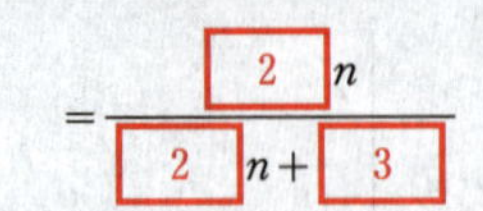

であることがわかる．

第4問　空間ベクトル

O(0, 0, 0), A(3, 0, 0), B(3, 3, 0), C(0, 3, 0),

D(0, 0, 3), E(3, 0, 3), F(3, 3, 3), G(0, 3, 3)

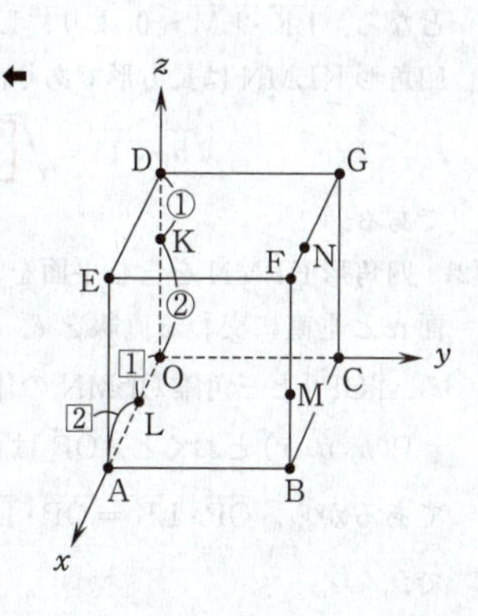

(1)　四角形KLMNの面積を求めよう．

ODを2 : 1に内分する点がKであるから

$$\overrightarrow{\mathrm{OK}}=\frac{2}{3}\overrightarrow{\mathrm{OD}}=\frac{2}{3}(0,\ 0,\ 3)=(0,\ 0,\ 2)$$

であり，OAを1 : 2に内分する点がLであるから

$$\overrightarrow{\mathrm{OL}}=\frac{1}{3}\overrightarrow{\mathrm{OA}}=\frac{1}{3}(3,\ 0,\ 0)=(1,\ 0,\ 0)$$

である．よって

$$\overrightarrow{\mathrm{LK}}=\overrightarrow{\mathrm{OK}}-\overrightarrow{\mathrm{OL}}=(0,\ 0,\ 2)-(1,\ 0,\ 0)$$
$$=(\boxed{-1},\ \boxed{0},\ \boxed{2})$$

となり，四角形KLMNが平行四辺形であることにより

$$\overrightarrow{\mathrm{LK}}=\overrightarrow{\mathrm{MN}}$$

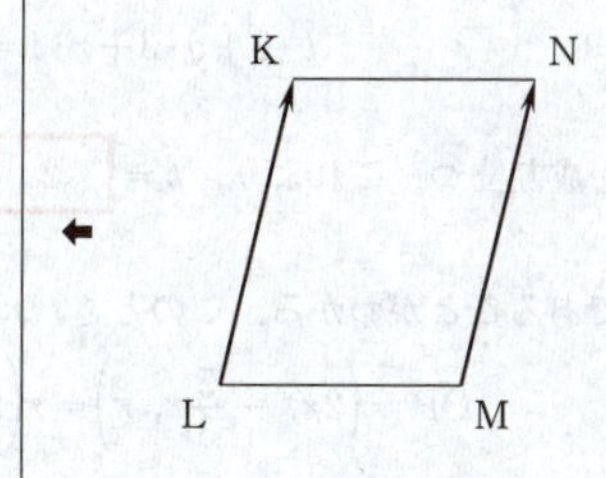

である．したがって [オ] に当てはまるものは [③] である．

ここで，M(3, 3, s)，N(t, 3, 3)と表すと，

$$\overrightarrow{\mathrm{MN}}=\overrightarrow{\mathrm{ON}}-\overrightarrow{\mathrm{OM}}=(t,\ 3,\ 3)-(3,\ 3,\ s)$$
$$=(t-3,\ 0,\ 3-s)$$

であり，$\overrightarrow{\mathrm{LK}}=\overrightarrow{\mathrm{MN}}$，すなわち

$$(-1,\ 0,\ 2)=(t-3,\ 0,\ 3-s)$$

であるので

$$t-3=-1$$
$$3-s=2$$

が成り立つ．よって，$s=\boxed{1}$，$t=\boxed{2}$ となり，M(3, 3, 1)，N(2, 3, 3)である．NはFGを1 : [2] に内分することがわかる．

← F(3, 3, 3), G(0, 3, 3)

また

$$\overrightarrow{\mathrm{LM}}=\overrightarrow{\mathrm{OM}}-\overrightarrow{\mathrm{OL}}=(3,\ 3,\ 1)-(1,\ 0,\ 0)=(2,\ 3,\ 1)$$

より，$\overrightarrow{\mathrm{LK}}$ と $\overrightarrow{\mathrm{LM}}$ について

$$\overrightarrow{\mathrm{LK}}\cdot\overrightarrow{\mathrm{LM}}=(-1)\cdot 2+0\cdot 3+2\cdot 1=\boxed{0},$$
$$|\overrightarrow{\mathrm{LK}}|=\sqrt{(-1)^2+0^2+2^2}=\sqrt{\boxed{5}},$$
$$|\overrightarrow{\mathrm{LM}}|=\sqrt{2^2+3^2+1^2}=\sqrt{\boxed{14}}$$

内積

$$\vec{a}=(a_1,\ a_2,\ a_3),$$
$$\vec{b}=(b_1,\ b_2,\ b_3)$$

のとき

$$\vec{a}\cdot\vec{b}=a_1b_1+a_2b_2+a_3b_3.$$

ベクトルの大きさ

$$\vec{a}=(a_1,\ a_2,\ a_3)$$

のとき

$$|\vec{a}|=\sqrt{a_1^2+a_2^2+a_3^2}.$$

となる．$\overrightarrow{LK}\cdot\overrightarrow{LM}=0$ より，$\overrightarrow{LK}\perp\overrightarrow{LM}$ であるから，四角形 KLMN は長方形であり，その面積は

$$\sqrt{5}\cdot\sqrt{14}=\sqrt{\boxed{70}}$$

である．

(2) 四角形 KLMN を含む平面を α とし，点 O を通り平面 α と垂直に交わる直線を ℓ，α と ℓ の交点を P とする．$|\overrightarrow{OP}|$ と三角錐 OLMN の体積を求めよう．

P$(p,\ q,\ r)$ とおくと，$\overrightarrow{OP}$ は $\overrightarrow{LK}$ および $\overrightarrow{LM}$ と垂直であるから，$\overrightarrow{OP}\cdot\overrightarrow{LK}=\overrightarrow{OP}\cdot\overrightarrow{LM}=\boxed{0}$ となるので，

$$p\cdot(-1)+q\cdot0+r\cdot2=0$$
$$p\cdot2+q\cdot3+r\cdot1=0$$

が成り立つ．これより，$p=\boxed{2}\,r$，$q=\dfrac{\boxed{-5}}{\boxed{3}}r$

であることがわかる．このとき，$r\neq0$ として

$$\overrightarrow{OP}=\left(2r,\ -\frac{5}{3}r,\ r\right)=r\left(2,\ -\frac{5}{3},\ 1\right)$$

であり

$$\overrightarrow{PL}=\overrightarrow{OL}-\overrightarrow{OP}=(1,\ 0,\ 0)-\left(2r,\ -\frac{5}{3}r,\ r\right)$$
$$=\left(1-2r,\ \frac{5}{3}r,\ -r\right)$$

である．$\overrightarrow{OP}$ と $\overrightarrow{PL}$ が垂直であることにより，$\overrightarrow{OP}\cdot\overrightarrow{PL}=0$ となるので

$$2(1-2r)+\left(-\frac{5}{3}\right)\cdot\frac{5}{3}r+1\cdot(-r)=0$$
$$9-35r=0$$
$$r=\frac{\boxed{9}}{\boxed{35}}$$

となる．よって

$$|\overrightarrow{OP}|=\frac{9}{35}\sqrt{2^2+\left(-\frac{5}{3}\right)^2+1^2}=\frac{\boxed{3}\sqrt{\boxed{70}}}{\boxed{35}}$$

ベクトルの垂直条件
$\vec{a}\neq\vec{0}$，$\vec{b}\neq\vec{0}$
のとき
$\vec{a}\perp\vec{b}\iff\vec{a}\cdot\vec{b}=0$.

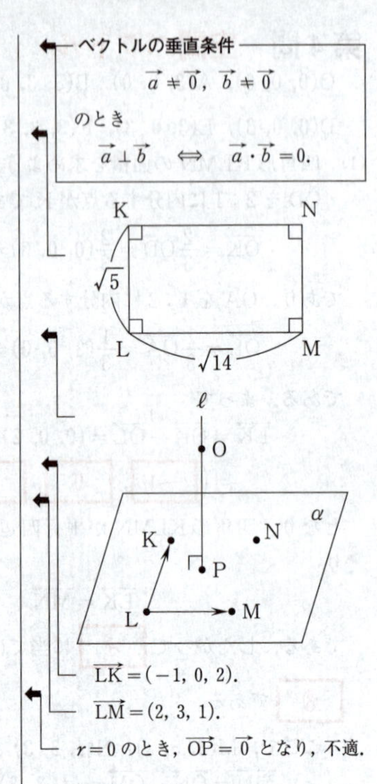

$\overrightarrow{LK}=(-1,\ 0,\ 2)$.

$\overrightarrow{LM}=(2,\ 3,\ 1)$.

$r=0$ のとき，$\overrightarrow{OP}=\vec{0}$ となり，不適．

である．$\left|\overrightarrow{OP}\right|$ は三角形LMNを底面とする三角錐OLMNの高さであり，三角形LMNの面積は四角形KLMNの面積の半分であるから，三角錐OLMNの体積は

$$\frac{1}{3}\cdot\triangle LMN\cdot\left|\overrightarrow{OP}\right|$$

$$=\frac{1}{3}\cdot\frac{1}{2}\sqrt{70}\cdot\frac{3\sqrt{70}}{35}$$

$$=\boxed{1}$$

である．

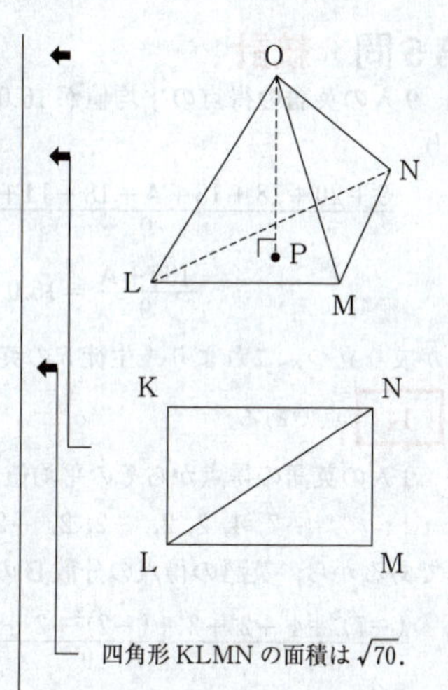

四角形KLMNの面積は $\sqrt{70}$．

第5問 統計

(1) 9人の英語の得点の平均値が16.0点であることにより

$$\frac{9+20+18+18+\mathsf{A}+18+14+15+18}{9}=16.0$$

$$\frac{130+\mathsf{A}}{9}=16.0$$

が成り立つ．これより，生徒5の英語の得点Aは

14 点である．

9人の英語の得点からその平均値16.0を引いた値は

$$-7,\ 4,\ 2,\ 2,\ -2,\ 2,\ -2,\ -1,\ 2 \qquad \cdots ①$$

であるから，英語の得点の分散Bの値は

$$\frac{(-7)^2+4^2+2^2+2^2+(-2)^2+2^2+(-2)^2+(-1)^2+2^2}{9}$$

$$= 10 . 00$$

である．

9人の数学の得点の平均値が15.0点であるから

$$\frac{15+20+14+17+8+\mathsf{C}+\mathsf{D}+14+15}{9}=15.0$$

$$\frac{103+\mathsf{C}+\mathsf{D}}{9}=15.0$$

$$\mathsf{C}+\mathsf{D}= 32 \qquad \cdots ②$$

である．

9人の数学の得点からその平均値15.0を引いた値は

$$0,\ 5,\ -1,\ 2,\ -7,\ \mathsf{C}-15,\ \mathsf{D}-15,\ -1,\ 0 \quad \cdots ③$$

である．次の表は①，③をまとめたものである．ただし，英語，数学の得点をそれぞれ変量 x, y とし，英語，数学の得点の平均値をそれぞれ $\overline{x}$，$\overline{y}$ とした．

平均値

変量 x がとる N 個の値を x_1, x_2, …, x_N とすると平均値 $\overline{x}$ は

$$\overline{x}=\frac{x_1+x_2+\cdots+x_N}{N}.$$

分散

変量 x がとる N 個の値を x_1, x_2, …, x_N とすると，分散 s^2 は，平均値を $\overline{x}$ として

$$s^2=\frac{1}{N}\sum_{k=1}^{N}(x_k-\overline{x})^2 \quad \cdots ①$$

または

$$s^2=\frac{1}{N}\sum_{k=1}^{N}x_k{}^2-\overline{x}^2. \quad \cdots ②$$

ここでは①を用いた．

	$x-\overline{x}$	$y-\overline{y}$	$(x-\overline{x})(y-\overline{y})$
生徒1	-7	0	0
生徒2	4	5	20
生徒3	2	-1	-2
生徒4	2	2	4
生徒5	-2	-7	14
生徒6	2	C-15	2C-30
生徒7	-2	D-15	-2D$+30$
生徒8	-1	-1	1
生徒9	2	0	0

この表より，英語と数学の得点の共分散は

$$\frac{0+20+(-2)+4+14+(2\mathrm{C}-30)+(-2\mathrm{D}+30)+1+0}{9}$$

$$=\frac{37+2(\mathrm{C}-\mathrm{D})}{9}$$

である．また，英語，数学の得点の分散の値がそれぞれ10.00，10.00であり，英語と数学の得点の相関係数の値が0.500であることから

$$\frac{37+2(\mathrm{C}-\mathrm{D})}{9\sqrt{10}\sqrt{10}}=0.500$$

$$\mathrm{C}-\mathrm{D}=\boxed{4} \qquad \cdots④$$

が成り立つ．②＋④，②－④ より，C は $\boxed{18}$ 点，D は $\boxed{14}$ 点である．

(2)　生徒5の英語の得点14と数学の得点8に対応する点は①，②には存在しない．生徒7の英語の得点14と数学の得点14に対応する点は③には存在しない，⓪は，9人の生徒の英語と数学の得点に対応する点が正しく存在している．したがって $\boxed{セ}$ に当てはまるものは $\boxed{⓪}$ である．

(3)　生徒1から生徒9までの9人の英語の得点の平均値が16.0点であるから，生徒1から生徒9までの9人の英語の得点の合計は

$$16.0\times 9=144.0$$

である．よって，生徒1から生徒10までの10人の英語の得点の平均値 E は

共分散

N 組の資料

$(x_1,\ y_1)$，$(x_2,\ y_2)$，…，$(x_N,\ y_N)$

が与えられているとき，x，y の平均値を $\overline{x}$，$\overline{y}$ とする．このとき，

$$s_{xy}=\frac{1}{N}\sum_{k=1}^{N}(x_k-\overline{x})(y_k-\overline{y})$$

を x と y の共分散という．

相関係数

変量 x の標準偏差を s_x，変量 y の標準偏差を s_y，x と y の共分散を s_{xy} とすると，相関係数 r は

$$r=\frac{s_{xy}}{s_x s_y}.$$

ただし，分散 s^2 の正の平方根 s を標準偏差という．

$$\frac{144.0+6}{10}=\boxed{15}.\boxed{0}\text{ 点}$$

である．

← 生徒 10 の英語の得点は 6.

生徒 1 から生徒 9 までの 9 人の数学の得点の平均値が 15.0 点であるから，生徒 1 から生徒 9 までの 9 人の数学の得点の合計は

$$15.0\times 9=135.0$$

である．これと，生徒 1 から生徒 10 までの 10 人の数学の得点の平均値が 14.0 点であることより

$$\frac{135.0+\mathsf{F}}{10}=14.0$$

が成り立つ．よって，生徒 10 の数学の得点 F は $\boxed{5}$ 点である．

(4) 英語，数学の得点をそれぞれ変量 x，y とし，英語，数学の得点の平均値をそれぞれ $\overline{x}$，$\overline{y}$ とする．10 人についての $\overline{x}$，$\overline{y}$ と残った 9 人についての $\overline{x}$，$\overline{y}$ はそれぞれ等しく

$$\overline{x}=15.0,\quad \overline{y}=14.0$$

である．10 人の x の合計を S，残った 9 人の x の合計を S'，転出した生徒の英語の得点を X とすると

$$\frac{S}{10}=\frac{S'}{9}=\overline{x}\quad\text{かつ}\quad S=S'+X$$

が成り立っている．これより

$$S=10\overline{x},$$
$$S'=9\overline{x},$$
$$X=10\overline{x}-9\overline{x}=\overline{x}=15.0$$

を得る．同様にして，10 人の y の合計は $10\overline{y}$，残った 9 人の y の合計は $9\overline{y}$，転出した生徒の数学の得点は $10\overline{y}-9\overline{y}=\overline{y}=14.0$ である．以上より，転出したのは生徒 $\boxed{8}$ である．

← 生徒 8 の英語，数学の得点はそれぞれ 15，14.

10 人の $(x-\overline{x})^2$ の合計を S_1，残った 9 人の $(x-\overline{x})^2$ の合計を $S_1{}'$ とすると，転出した生徒 8 の x の値は 15 であるから

$$S_1=S_1{}'+(15-\overline{x})^2=S_1{}'$$

← $\overline{x}=15.0$.

が成り立つ．このとき

$$v=\frac{S_1}{10},\quad v'=\frac{S_1{}'}{9}=\frac{S_1}{9}$$

となるから

$$\frac{v'}{v}=\frac{\frac{S_1}{9}}{\frac{S_1}{10}}=\frac{10}{9}$$

が成り立つ．したがって ト に当てはまるものは ④ である．

数学について，10 人の得点の分散の値を w，残った 9 人の得点の分散の値を w' とすると，同様にして

$$\frac{w'}{w}=\frac{10}{9}$$

が成り立つ．

10 人の $(x-\overline{x})(y-\overline{y})$ の合計を S_2，残った 9 人の $(x-\overline{x})(y-\overline{y})$ の合計を S_2' とすると，転出した生徒 8 の x，y の値は 15，14 であるから

$$S_2=S_2'+(15-\overline{x})(14-\overline{y})=S_2'$$

← $\overline{x}=15.0$，$\overline{y}=14.0$，

が成り立つ．このとき

$$r=\frac{S_2}{10\sqrt{vw}},\ r'=\frac{S_2'}{9\sqrt{v'w'}}=\frac{S_2}{9\cdot\frac{10}{9}\sqrt{vw}}=\frac{S_2}{10\sqrt{vw}}$$

← $v'=\frac{10}{9}v$，$w'=\frac{10}{9}w$

となるから，

$$\frac{r'}{r}=\frac{\frac{S_2}{10\sqrt{vw}}}{\frac{S_2}{10\sqrt{vw}}}=1$$

が成り立つ．したがって ナ に当てはまるものは ① である．

第6問　コンピュータ

(1)　$N=6$ のとき，$N!$ を素因数分解すると

$$\begin{aligned} N! &= 6! \\ &= 1\times2\times3\times4\times5\times6 \\ &= 1\times2\times3\times2^2\times5\times(2\times3) \\ &= 2^{\boxed{4}}\times3^{\boxed{2}}\times5 \end{aligned}$$

となる．6! は素因数 2 を 4 個，素因数 3 を 2 個，素因数 5 を 1 個もつ．

(2)　〔プログラム 1〕の 190 行における C の値が素因数 2 の個数であり，150 行で得られた M の値を順に足していったものが C であるから，160 行では，C に M を足したものをあらためて C に代入すればよい．したがって［ウ］に当てはまるものは［②］である．

170 行では，M が D より小さければ 190 行にいくようにすればよい．したがって［エ］に当てはまるものは［③］である．

← $M<D$ のとき，INT(M/D)=0 となる．

〔プログラム 1〕において，変数 N に 101 を入力すると，170 行における各変数の値は以下の表のように変化していく．

J	M	C
1	50	50
2	25	75
3	12	87
4	6	93
5	3	96
6	1	97

この表より，$M<D$ となるのは $J=6$ のときであるから，170 行の「GOTO 190」が実行されるときの変数 J の値は［6］である．また，190 行で出力される変数 C の値は［97］である．

← $97=50+25+12+6+3+1$.

正しく作成された〔プログラム 1〕と流れ図は次のようになる．

〔プログラム１〕

```
100 INPUT PROMPT "N =":N
110 LET D=2
120 LET C=0
130 LET M=N
140 FOR J=1 TO N
150     LET M=INT(M/D)
160     LET C=C+M
170     IF M<D THEN GOTO 190
180 NEXT J
190 PRINT "素因数";D;"は";C;"個"
200 END
```

[流れ図]

開　始

N の値を入力

D に 2 を代入

C に 0 を代入

M に N の値を代入

J
1　TO　N

M に $INT(M/D)$ の値を代入

C に $C+M$ の値を代入

$M<D$ か？

はい

いいえ

J

素因数 D の個数 C の値を出力

終　了

← この流れ図での記号の意味

記号	意味
（平行四辺形）	入出力
（長方形）	処　理
（ひし形）	条件判断

記号（ループ始端）と（ループ終端）で囲まれた部分はループを表す．

(3)　$N!$ がもつ素因数5の個数を求めるためには,〔プログラム1〕の 110 行を, LET D=5 に変更すればよい. したがって サ に当てはまるものは ④ である.

← D の値が, 個数を求める素因数の値.

〔プログラム1〕において, 変数 N に2014を入力すると, 170行における各変数の値は以下の表のように変化していく.

J	M	C
1	402	402
2	80	482
3	16	498
4	3	501

この表より, 2014! は素因数5を 501 個もつことがわかる.「10で割り切れること」と,「2で割り切れ, かつ, 5で割り切れる」ことは同値であり, 2014! がもつ素因数2の個数と5の個数では, 2014! がもつ素因数5の個数の方が少ないから, 2014! を10で割り切れる限り割り続けると, 501 回割れる.

← $501=402+80+16+3$.

← $\frac{2014}{2}=1007$ より, $D=2$ のとき, 190行において $C>501$ とわかる.

(4)　112行において D が素数ではないと判定されれば, 113行から190行の操作を行わないようにすればよい. よって, 112行では D が K で割り切れるならば191行にいくようにすればよい. したがって, ツ, テ に当てはまるものは, それぞれ ②, ⑧ である.

← D が K で割り切れれば, D は素数ではない.

〔プログラム2〕において, 変数 N に26を入力すると, 190行における D の値は, 26以下の素数の値

$$2, 3, 5, 7, 11, 13, 17, 19, 23$$

を順に取っていくから, 190行は 9 回実行される.

← 全部で9個.

150行において, $J=1$ のとき, $\frac{26}{D}$ の整数部分が3以上となるのは $D=2, 3, 5, 7$ のときであり, このとき, 160行において C も3以上となる. よって, 190行においても C は3以上である.

← 160 LET C=C+M

150行において, $J=1$ のとき, $\frac{26}{D}$ の整数部分が2

となるのは $D=11$, 13 のときであり，このとき，160 行において $C=2$ となり，170 行において，$M<D$ となるから，190 行において $C=2$ である．

150 行において，$J=1$ のとき，$\frac{26}{D}$ の整数部分が 1 となるのは，$D=17$, 19, 23 のときであり，このとき，160 行において $C=1$ となり，170 行において，$M<D$ となるから，190 行において $C=1$ である．

以上より，190 行が実行される 9 回のうち，変数 C の値が 2 となるのは [2] 回である．

正しく作成された〔プログラム 2〕と流れ図は次のようになる．

〔プログラム 2〕

```
100 INPUT PROMPT "N=":N
110 FOR D=2 TO N
111     FOR K=2 TO D-1
112         IF D=INT (D/K)*K THEN GOTO 191
113     NEXT K
120     LET C=0
130     LET M=N
140     FOR J=1 TO N
150         LET M=INT(M/D)
160         LET C=C+M
170         IF M<D THEN GOTO 190
180     NEXT J
190     PRINT "素因数";D;"は";C;"個"
191 NEXT D
200 END
```

[流れ図]

開　始
↓
N の値を入力
↓
D 2 TO N
↓
K 2 TO $D-1$
↓
D は K で割り切れるか？（はい → D のループ終端へ）
↓ いいえ
K
↓
C に 0 を代入
↓
M に N の値を代入
↓
J 1 TO N
↓
M に $INT(M/D)$ の値を代入
↓
C に $C+M$ の値を代入
↓
$M<D$ か？（はい → J のループの後へ）
↓ いいえ
J
↓
素因数 D の個数 C の値を出力
↓
D
↓
終　了

← この流れ図での記号の意味

記号	意味
平行四辺形	入出力
長方形	処　理
ひし形	条件判断

記号（上辺の角を切った六角形）と（下辺の角を切った六角形）で囲まれた部分はループを表す．

MEMO

MEMO

MEMO

MEMO

MEMO

MEMO

MEMO

MEMO

河合出版ホームページ
http://www.kawai-publishing.jp/
E-mail
kp@kawaijuku.jp

表紙デザイン　河野宗平

2024大学入学共通テスト
過去問レビュー
数学Ⅰ・A，Ⅱ・B

発　行　2023年5月20日

編　者　河合出版編集部

発行者　宮本正生

発行所　**株式会社　河合出版**
［東　京］東京都新宿区西新宿7－15－2
〒160-0023　tel (03)5539-1511
fax(03)5539-1508
［名古屋］名古屋市東区葵3－24－2
〒461-0004　tel (052)930-6310
fax(052)936-6335

印刷所　協和オフセット印刷株式会社

製本所　望月製本所

© 河合出版編集部
2023 Printed in Japan
・乱丁本，落丁本はお取り替えいたします。
・編集上のご質問，お問い合わせは，
編集部までお願いいたします。
（禁無断転載）

ISBN 978-4-7772-2676-4

数学① 解答用紙・第1面

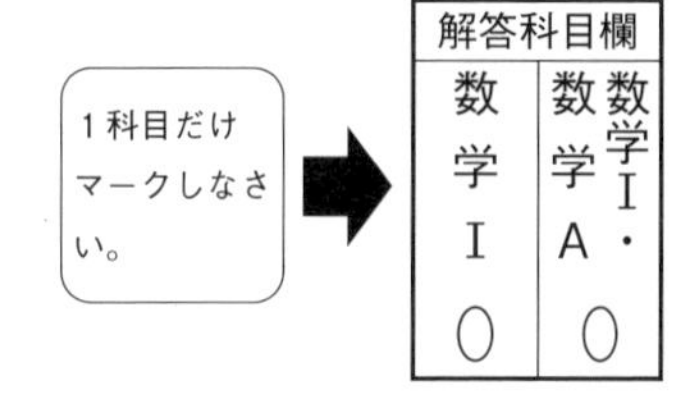

1科目だけマークしなさい。
解答科目欄
数学I
数学A
数学I・

注意事項

1 解答科目欄が無マーク又は複数マークの場合は、0点となります。
2 問題番号4 5 6の解答欄は、この用紙の第2面にあります。
3 訂正は、消しゴムできれいに消し、消しくずを残してはいけません。
4 所定欄以外にはマークしたり、記入したりしてはいけません。

1	解答欄											
	−	±	0	1	2	3	4	5	6	7	8	9
ア	⊖	⊕	⓪	①	②	③	④	⑤	⑥	⑦	⑧	⑨
イ	⊖	⊕	⓪	①	②	③	④	⑤	⑥	⑦	⑧	⑨
ウ	⊖	⊕	⓪	①	②	③	④	⑤	⑥	⑦	⑧	⑨
エ	⊖	⊕	⓪	①	②	③	④	⑤	⑥	⑦	⑧	⑨
オ	⊖	⊕	⓪	①	②	③	④	⑤	⑥	⑦	⑧	⑨
カ	⊖	⊕	⓪	①	②	③	④	⑤	⑥	⑦	⑧	⑨
キ	⊖	⊕	⓪	①	②	③	④	⑤	⑥	⑦	⑧	⑨
ク	⊖	⊕	⓪	①	②	③	④	⑤	⑥	⑦	⑧	⑨
ケ	⊖	⊕	⓪	①	②	③	④	⑤	⑥	⑦	⑧	⑨
コ	⊖	⊕	⓪	①	②	③	④	⑤	⑥	⑦	⑧	⑨
サ	⊖	⊕	⓪	①	②	③	④	⑤	⑥	⑦	⑧	⑨
シ	⊖	⊕	⓪	①	②	③	④	⑤	⑥	⑦	⑧	⑨
ス	⊖	⊕	⓪	①	②	③	④	⑤	⑥	⑦	⑧	⑨
セ	⊖	⊕	⓪	①	②	③	④	⑤	⑥	⑦	⑧	⑨
ソ	⊖	⊕	⓪	①	②	③	④	⑤	⑥	⑦	⑧	⑨
タ	⊖	⊕	⓪	①	②	③	④	⑤	⑥	⑦	⑧	⑨
チ	⊖	⊕	⓪	①	②	③	④	⑤	⑥	⑦	⑧	⑨
ツ	⊖	⊕	⓪	①	②	③	④	⑤	⑥	⑦	⑧	⑨
テ	⊖	⊕	⓪	①	②	③	④	⑤	⑥	⑦	⑧	⑨
ト	⊖	⊕	⓪	①	②	③	④	⑤	⑥	⑦	⑧	⑨
ナ	⊖	⊕	⓪	①	②	③	④	⑤	⑥	⑦	⑧	⑨
ニ	⊖	⊕	⓪	①	②	③	④	⑤	⑥	⑦	⑧	⑨
ヌ	⊖	⊕	⓪	①	②	③	④	⑤	⑥	⑦	⑧	⑨
ネ	⊖	⊕	⓪	①	②	③	④	⑤	⑥	⑦	⑧	⑨
ノ	⊖	⊕	⓪	①	②	③	④	⑤	⑥	⑦	⑧	⑨
ハ	⊖	⊕	⓪	①	②	③	④	⑤	⑥	⑦	⑧	⑨
ヒ	⊖	⊕	⓪	①	②	③	④	⑤	⑥	⑦	⑧	⑨
フ	⊖	⊕	⓪	①	②	③	④	⑤	⑥	⑦	⑧	⑨
ヘ	⊖	⊕	⓪	①	②	③	④	⑤	⑥	⑦	⑧	⑨
ホ	⊖	⊕	⓪	①	②	③	④	⑤	⑥	⑦	⑧	⑨

2	解答欄											
	−	±	0	1	2	3	4	5	6	7	8	9
ア	⊖	⊕	⓪	①	②	③	④	⑤	⑥	⑦	⑧	⑨
イ	⊖	⊕	⓪	①	②	③	④	⑤	⑥	⑦	⑧	⑨
ウ	⊖	⊕	⓪	①	②	③	④	⑤	⑥	⑦	⑧	⑨
エ	⊖	⊕	⓪	①	②	③	④	⑤	⑥	⑦	⑧	⑨
オ	⊖	⊕	⓪	①	②	③	④	⑤	⑥	⑦	⑧	⑨
カ	⊖	⊕	⓪	①	②	③	④	⑤	⑥	⑦	⑧	⑨
キ	⊖	⊕	⓪	①	②	③	④	⑤	⑥	⑦	⑧	⑨
ク	⊖	⊕	⓪	①	②	③	④	⑤	⑥	⑦	⑧	⑨
ケ	⊖	⊕	⓪	①	②	③	④	⑤	⑥	⑦	⑧	⑨
コ	⊖	⊕	⓪	①	②	③	④	⑤	⑥	⑦	⑧	⑨
サ	⊖	⊕	⓪	①	②	③	④	⑤	⑥	⑦	⑧	⑨
シ	⊖	⊕	⓪	①	②	③	④	⑤	⑥	⑦	⑧	⑨
ス	⊖	⊕	⓪	①	②	③	④	⑤	⑥	⑦	⑧	⑨
セ	⊖	⊕	⓪	①	②	③	④	⑤	⑥	⑦	⑧	⑨
ソ	⊖	⊕	⓪	①	②	③	④	⑤	⑥	⑦	⑧	⑨
タ	⊖	⊕	⓪	①	②	③	④	⑤	⑥	⑦	⑧	⑨
チ	⊖	⊕	⓪	①	②	③	④	⑤	⑥	⑦	⑧	⑨
ツ	⊖	⊕	⓪	①	②	③	④	⑤	⑥	⑦	⑧	⑨
テ	⊖	⊕	⓪	①	②	③	④	⑤	⑥	⑦	⑧	⑨
ト	⊖	⊕	⓪	①	②	③	④	⑤	⑥	⑦	⑧	⑨
ナ	⊖	⊕	⓪	①	②	③	④	⑤	⑥	⑦	⑧	⑨
ニ	⊖	⊕	⓪	①	②	③	④	⑤	⑥	⑦	⑧	⑨
ヌ	⊖	⊕	⓪	①	②	③	④	⑤	⑥	⑦	⑧	⑨
ネ	⊖	⊕	⓪	①	②	③	④	⑤	⑥	⑦	⑧	⑨
ノ	⊖	⊕	⓪	①	②	③	④	⑤	⑥	⑦	⑧	⑨
ハ	⊖	⊕	⓪	①	②	③	④	⑤	⑥	⑦	⑧	⑨
ヒ	⊖	⊕	⓪	①	②	③	④	⑤	⑥	⑦	⑧	⑨
フ	⊖	⊕	⓪	①	②	③	④	⑤	⑥	⑦	⑧	⑨
ヘ	⊖	⊕	⓪	①	②	③	④	⑤	⑥	⑦	⑧	⑨
ホ	⊖	⊕	⓪	①	②	③	④	⑤	⑥	⑦	⑧	⑨

3	解答欄											
	−	±	0	1	2	3	4	5	6	7	8	9
ア	⊖	⊕	⓪	①	②	③	④	⑤	⑥	⑦	⑧	⑨
イ	⊖	⊕	⓪	①	②	③	④	⑤	⑥	⑦	⑧	⑨
ウ	⊖	⊕	⓪	①	②	③	④	⑤	⑥	⑦	⑧	⑨
エ	⊖	⊕	⓪	①	②	③	④	⑤	⑥	⑦	⑧	⑨
オ	⊖	⊕	⓪	①	②	③	④	⑤	⑥	⑦	⑧	⑨
カ	⊖	⊕	⓪	①	②	③	④	⑤	⑥	⑦	⑧	⑨
キ	⊖	⊕	⓪	①	②	③	④	⑤	⑥	⑦	⑧	⑨
ク	⊖	⊕	⓪	①	②	③	④	⑤	⑥	⑦	⑧	⑨
ケ	⊖	⊕	⓪	①	②	③	④	⑤	⑥	⑦	⑧	⑨
コ	⊖	⊕	⓪	①	②	③	④	⑤	⑥	⑦	⑧	⑨
サ	⊖	⊕	⓪	①	②	③	④	⑤	⑥	⑦	⑧	⑨
シ	⊖	⊕	⓪	①	②	③	④	⑤	⑥	⑦	⑧	⑨
ス	⊖	⊕	⓪	①	②	③	④	⑤	⑥	⑦	⑧	⑨
セ	⊖	⊕	⓪	①	②	③	④	⑤	⑥	⑦	⑧	⑨
ソ	⊖	⊕	⓪	①	②	③	④	⑤	⑥	⑦	⑧	⑨
タ	⊖	⊕	⓪	①	②	③	④	⑤	⑥	⑦	⑧	⑨
チ	⊖	⊕	⓪	①	②	③	④	⑤	⑥	⑦	⑧	⑨
ツ	⊖	⊕	⓪	①	②	③	④	⑤	⑥	⑦	⑧	⑨
テ	⊖	⊕	⓪	①	②	③	④	⑤	⑥	⑦	⑧	⑨
ト	⊖	⊕	⓪	①	②	③	④	⑤	⑥	⑦	⑧	⑨
ナ	⊖	⊕	⓪	①	②	③	④	⑤	⑥	⑦	⑧	⑨
ニ	⊖	⊕	⓪	①	②	③	④	⑤	⑥	⑦	⑧	⑨
ヌ	⊖	⊕	⓪	①	②	③	④	⑤	⑥	⑦	⑧	⑨
ネ	⊖	⊕	⓪	①	②	③	④	⑤	⑥	⑦	⑧	⑨
ノ	⊖	⊕	⓪	①	②	③	④	⑤	⑥	⑦	⑧	⑨
ハ	⊖	⊕	⓪	①	②	③	④	⑤	⑥	⑦	⑧	⑨
ヒ	⊖	⊕	⓪	①	②	③	④	⑤	⑥	⑦	⑧	⑨
フ	⊖	⊕	⓪	①	②	③	④	⑤	⑥	⑦	⑧	⑨
ヘ	⊖	⊕	⓪	①	②	③	④	⑤	⑥	⑦	⑧	⑨
ホ	⊖	⊕	⓪	①	②	③	④	⑤	⑥	⑦	⑧	⑨

良い例	悪い例
●	(悪い例のマーク)

氏名(フリガナ)、クラス、出席番号を記入しなさい。

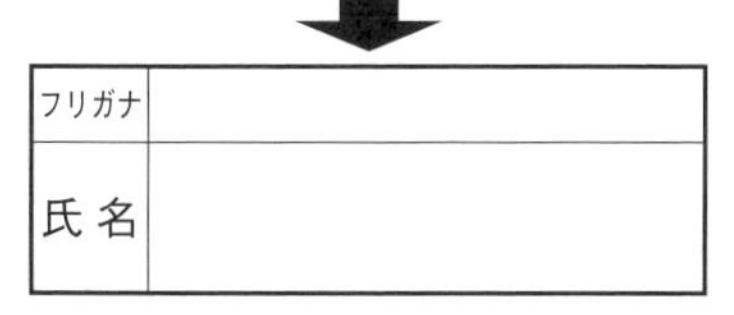

クラス	クラス	出席番号	番

数学① 解答用紙・第２面

注意事項

1　問題番号 1 2 3 の解答欄は、この用紙の第１面にあります。

2　選択問題は、選択した問題番号の解答欄に解答しなさい。

4

	解答欄											
	－	±	0	1	2	3	4	5	6	7	8	9
ア	⊖	⊕	⓪	①	②	③	④	⑤	⑥	⑦	⑧	⑨
イ	⊖	⊕	⓪	①	②	③	④	⑤	⑥	⑦	⑧	⑨
ウ	⊖	⊕	⓪	①	②	③	④	⑤	⑥	⑦	⑧	⑨
エ	⊖	⊕	⓪	①	②	③	④	⑤	⑥	⑦	⑧	⑨
オ	⊖	⊕	⓪	①	②	③	④	⑤	⑥	⑦	⑧	⑨
カ	⊖	⊕	⓪	①	②	③	④	⑤	⑥	⑦	⑧	⑨
キ	⊖	⊕	⓪	①	②	③	④	⑤	⑥	⑦	⑧	⑨
ク	⊖	⊕	⓪	①	②	③	④	⑤	⑥	⑦	⑧	⑨
ケ	⊖	⊕	⓪	①	②	③	④	⑤	⑥	⑦	⑧	⑨
コ	⊖	⊕	⓪	①	②	③	④	⑤	⑥	⑦	⑧	⑨
サ	⊖	⊕	⓪	①	②	③	④	⑤	⑥	⑦	⑧	⑨
シ	⊖	⊕	⓪	①	②	③	④	⑤	⑥	⑦	⑧	⑨
ス	⊖	⊕	⓪	①	②	③	④	⑤	⑥	⑦	⑧	⑨
セ	⊖	⊕	⓪	①	②	③	④	⑤	⑥	⑦	⑧	⑨
ソ	⊖	⊕	⓪	①	②	③	④	⑤	⑥	⑦	⑧	⑨
タ	⊖	⊕	⓪	①	②	③	④	⑤	⑥	⑦	⑧	⑨
チ	⊖	⊕	⓪	①	②	③	④	⑤	⑥	⑦	⑧	⑨
ツ	⊖	⊕	⓪	①	②	③	④	⑤	⑥	⑦	⑧	⑨
テ	⊖	⊕	⓪	①	②	③	④	⑤	⑥	⑦	⑧	⑨
ト	⊖	⊕	⓪	①	②	③	④	⑤	⑥	⑦	⑧	⑨
ナ	⊖	⊕	⓪	①	②	③	④	⑤	⑥	⑦	⑧	⑨
ニ	⊖	⊕	⓪	①	②	③	④	⑤	⑥	⑦	⑧	⑨
ヌ	⊖	⊕	⓪	①	②	③	④	⑤	⑥	⑦	⑧	⑨
ネ	⊖	⊕	⓪	①	②	③	④	⑤	⑥	⑦	⑧	⑨
ノ	⊖	⊕	⓪	①	②	③	④	⑤	⑥	⑦	⑧	⑨
ハ	⊖	⊕	⓪	①	②	③	④	⑤	⑥	⑦	⑧	⑨
ヒ	⊖	⊕	⓪	①	②	③	④	⑤	⑥	⑦	⑧	⑨
フ	⊖	⊕	⓪	①	②	③	④	⑤	⑥	⑦	⑧	⑨
ヘ	⊖	⊕	⓪	①	②	③	④	⑤	⑥	⑦	⑧	⑨
ホ	⊖	⊕	⓪	①	②	③	④	⑤	⑥	⑦	⑧	⑨

5

	解答欄											
	－	±	0	1	2	3	4	5	6	7	8	9
ア	⊖	⊕	⓪	①	②	③	④	⑤	⑥	⑦	⑧	⑨
イ	⊖	⊕	⓪	①	②	③	④	⑤	⑥	⑦	⑧	⑨
ウ	⊖	⊕	⓪	①	②	③	④	⑤	⑥	⑦	⑧	⑨
エ	⊖	⊕	⓪	①	②	③	④	⑤	⑥	⑦	⑧	⑨
オ	⊖	⊕	⓪	①	②	③	④	⑤	⑥	⑦	⑧	⑨
カ	⊖	⊕	⓪	①	②	③	④	⑤	⑥	⑦	⑧	⑨
キ	⊖	⊕	⓪	①	②	③	④	⑤	⑥	⑦	⑧	⑨
ク	⊖	⊕	⓪	①	②	③	④	⑤	⑥	⑦	⑧	⑨
ケ	⊖	⊕	⓪	①	②	③	④	⑤	⑥	⑦	⑧	⑨
コ	⊖	⊕	⓪	①	②	③	④	⑤	⑥	⑦	⑧	⑨
サ	⊖	⊕	⓪	①	②	③	④	⑤	⑥	⑦	⑧	⑨
シ	⊖	⊕	⓪	①	②	③	④	⑤	⑥	⑦	⑧	⑨
ス	⊖	⊕	⓪	①	②	③	④	⑤	⑥	⑦	⑧	⑨
セ	⊖	⊕	⓪	①	②	③	④	⑤	⑥	⑦	⑧	⑨
ソ	⊖	⊕	⓪	①	②	③	④	⑤	⑥	⑦	⑧	⑨
タ	⊖	⊕	⓪	①	②	③	④	⑤	⑥	⑦	⑧	⑨
チ	⊖	⊕	⓪	①	②	③	④	⑤	⑥	⑦	⑧	⑨
ツ	⊖	⊕	⓪	①	②	③	④	⑤	⑥	⑦	⑧	⑨
テ	⊖	⊕	⓪	①	②	③	④	⑤	⑥	⑦	⑧	⑨
ト	⊖	⊕	⓪	①	②	③	④	⑤	⑥	⑦	⑧	⑨
ナ	⊖	⊕	⓪	①	②	③	④	⑤	⑥	⑦	⑧	⑨
ニ	⊖	⊕	⓪	①	②	③	④	⑤	⑥	⑦	⑧	⑨
ヌ	⊖	⊕	⓪	①	②	③	④	⑤	⑥	⑦	⑧	⑨
ネ	⊖	⊕	⓪	①	②	③	④	⑤	⑥	⑦	⑧	⑨
ノ	⊖	⊕	⓪	①	②	③	④	⑤	⑥	⑦	⑧	⑨
ハ	⊖	⊕	⓪	①	②	③	④	⑤	⑥	⑦	⑧	⑨
ヒ	⊖	⊕	⓪	①	②	③	④	⑤	⑥	⑦	⑧	⑨
フ	⊖	⊕	⓪	①	②	③	④	⑤	⑥	⑦	⑧	⑨
ヘ	⊖	⊕	⓪	①	②	③	④	⑤	⑥	⑦	⑧	⑨
ホ	⊖	⊕	⓪	①	②	③	④	⑤	⑥	⑦	⑧	⑨

6

	解答欄											
	－	±	0	1	2	3	4	5	6	7	8	9
ア	⊖	⊕	⓪	①	②	③	④	⑤	⑥	⑦	⑧	⑨
イ	⊖	⊕	⓪	①	②	③	④	⑤	⑥	⑦	⑧	⑨
ウ	⊖	⊕	⓪	①	②	③	④	⑤	⑥	⑦	⑧	⑨
エ	⊖	⊕	⓪	①	②	③	④	⑤	⑥	⑦	⑧	⑨
オ	⊖	⊕	⓪	①	②	③	④	⑤	⑥	⑦	⑧	⑨
カ	⊖	⊕	⓪	①	②	③	④	⑤	⑥	⑦	⑧	⑨
キ	⊖	⊕	⓪	①	②	③	④	⑤	⑥	⑦	⑧	⑨
ク	⊖	⊕	⓪	①	②	③	④	⑤	⑥	⑦	⑧	⑨
ケ	⊖	⊕	⓪	①	②	③	④	⑤	⑥	⑦	⑧	⑨
コ	⊖	⊕	⓪	①	②	③	④	⑤	⑥	⑦	⑧	⑨
サ	⊖	⊕	⓪	①	②	③	④	⑤	⑥	⑦	⑧	⑨
シ	⊖	⊕	⓪	①	②	③	④	⑤	⑥	⑦	⑧	⑨
ス	⊖	⊕	⓪	①	②	③	④	⑤	⑥	⑦	⑧	⑨
セ	⊖	⊕	⓪	①	②	③	④	⑤	⑥	⑦	⑧	⑨
ソ	⊖	⊕	⓪	①	②	③	④	⑤	⑥	⑦	⑧	⑨
タ	⊖	⊕	⓪	①	②	③	④	⑤	⑥	⑦	⑧	⑨
チ	⊖	⊕	⓪	①	②	③	④	⑤	⑥	⑦	⑧	⑨
ツ	⊖	⊕	⓪	①	②	③	④	⑤	⑥	⑦	⑧	⑨
テ	⊖	⊕	⓪	①	②	③	④	⑤	⑥	⑦	⑧	⑨
ト	⊖	⊕	⓪	①	②	③	④	⑤	⑥	⑦	⑧	⑨
ナ	⊖	⊕	⓪	①	②	③	④	⑤	⑥	⑦	⑧	⑨
ニ	⊖	⊕	⓪	①	②	③	④	⑤	⑥	⑦	⑧	⑨
ヌ	⊖	⊕	⓪	①	②	③	④	⑤	⑥	⑦	⑧	⑨
ネ	⊖	⊕	⓪	①	②	③	④	⑤	⑥	⑦	⑧	⑨
ノ	⊖	⊕	⓪	①	②	③	④	⑤	⑥	⑦	⑧	⑨
ハ	⊖	⊕	⓪	①	②	③	④	⑤	⑥	⑦	⑧	⑨
ヒ	⊖	⊕	⓪	①	②	③	④	⑤	⑥	⑦	⑧	⑨
フ	⊖	⊕	⓪	①	②	③	④	⑤	⑥	⑦	⑧	⑨
ヘ	⊖	⊕	⓪	①	②	③	④	⑤	⑥	⑦	⑧	⑨
ホ	⊖	⊕	⓪	①	②	③	④	⑤	⑥	⑦	⑧	⑨

数学② 解答用紙・第１面

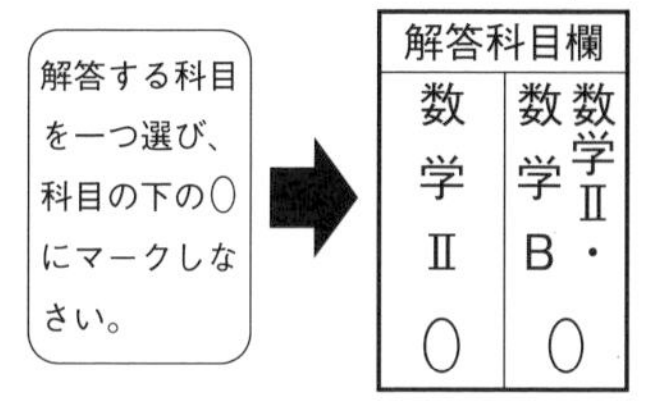

注意事項

1　解答科目が無マークまたは複数マークの場合は、０点となります。
2　問題番号４５６の解答欄は、この用紙の第２面にあります。
3　選択問題は、選択した問題番号の解答欄に解答しなさい。
4　訂正は、消しゴムできれいに消し、消しくずを残してはいけません。
5　所定欄以外にはマークしたり、記入したりしてはいけません。

良い例	悪い例
●	

氏名(フリガナ)、クラス、出席番号を記入しなさい。

フリガナ	
氏名	

クラス	クラス	出席番号	番

1

	解答欄														
	−	0	1	2	3	4	5	6	7	8	9	a	b	c	d
ア	⊖	⓪	①	②	③	④	⑤	⑥	⑦	⑧	⑨	ⓐ	ⓑ	ⓒ	ⓓ
イ	⊖	⓪	①	②	③	④	⑤	⑥	⑦	⑧	⑨	ⓐ	ⓑ	ⓒ	ⓓ
ウ	⊖	⓪	①	②	③	④	⑤	⑥	⑦	⑧	⑨	ⓐ	ⓑ	ⓒ	ⓓ
エ	⊖	⓪	①	②	③	④	⑤	⑥	⑦	⑧	⑨	ⓐ	ⓑ	ⓒ	ⓓ
オ	⊖	⓪	①	②	③	④	⑤	⑥	⑦	⑧	⑨	ⓐ	ⓑ	ⓒ	ⓓ
カ	⊖	⓪	①	②	③	④	⑤	⑥	⑦	⑧	⑨	ⓐ	ⓑ	ⓒ	ⓓ
キ	⊖	⓪	①	②	③	④	⑤	⑥	⑦	⑧	⑨	ⓐ	ⓑ	ⓒ	ⓓ
ク	⊖	⓪	①	②	③	④	⑤	⑥	⑦	⑧	⑨	ⓐ	ⓑ	ⓒ	ⓓ
ケ	⊖	⓪	①	②	③	④	⑤	⑥	⑦	⑧	⑨	ⓐ	ⓑ	ⓒ	ⓓ
コ	⊖	⓪	①	②	③	④	⑤	⑥	⑦	⑧	⑨	ⓐ	ⓑ	ⓒ	ⓓ
サ	⊖	⓪	①	②	③	④	⑤	⑥	⑦	⑧	⑨	ⓐ	ⓑ	ⓒ	ⓓ
シ	⊖	⓪	①	②	③	④	⑤	⑥	⑦	⑧	⑨	ⓐ	ⓑ	ⓒ	ⓓ
ス	⊖	⓪	①	②	③	④	⑤	⑥	⑦	⑧	⑨	ⓐ	ⓑ	ⓒ	ⓓ
セ	⊖	⓪	①	②	③	④	⑤	⑥	⑦	⑧	⑨	ⓐ	ⓑ	ⓒ	ⓓ
ソ	⊖	⓪	①	②	③	④	⑤	⑥	⑦	⑧	⑨	ⓐ	ⓑ	ⓒ	ⓓ
タ	⊖	⓪	①	②	③	④	⑤	⑥	⑦	⑧	⑨	ⓐ	ⓑ	ⓒ	ⓓ
チ	⊖	⓪	①	②	③	④	⑤	⑥	⑦	⑧	⑨	ⓐ	ⓑ	ⓒ	ⓓ
ツ	⊖	⓪	①	②	③	④	⑤	⑥	⑦	⑧	⑨	ⓐ	ⓑ	ⓒ	ⓓ
テ	⊖	⓪	①	②	③	④	⑤	⑥	⑦	⑧	⑨	ⓐ	ⓑ	ⓒ	ⓓ
ト	⊖	⓪	①	②	③	④	⑤	⑥	⑦	⑧	⑨	ⓐ	ⓑ	ⓒ	ⓓ
ナ	⊖	⓪	①	②	③	④	⑤	⑥	⑦	⑧	⑨	ⓐ	ⓑ	ⓒ	ⓓ
ニ	⊖	⓪	①	②	③	④	⑤	⑥	⑦	⑧	⑨	ⓐ	ⓑ	ⓒ	ⓓ
ヌ	⊖	⓪	①	②	③	④	⑤	⑥	⑦	⑧	⑨	ⓐ	ⓑ	ⓒ	ⓓ
ネ	⊖	⓪	①	②	③	④	⑤	⑥	⑦	⑧	⑨	ⓐ	ⓑ	ⓒ	ⓓ
ノ	⊖	⓪	①	②	③	④	⑤	⑥	⑦	⑧	⑨	ⓐ	ⓑ	ⓒ	ⓓ
ハ	⊖	⓪	①	②	③	④	⑤	⑥	⑦	⑧	⑨	ⓐ	ⓑ	ⓒ	ⓓ
ヒ	⊖	⓪	①	②	③	④	⑤	⑥	⑦	⑧	⑨	ⓐ	ⓑ	ⓒ	ⓓ
フ	⊖	⓪	①	②	③	④	⑤	⑥	⑦	⑧	⑨	ⓐ	ⓑ	ⓒ	ⓓ
ヘ	⊖	⓪	①	②	③	④	⑤	⑥	⑦	⑧	⑨	ⓐ	ⓑ	ⓒ	ⓓ
ホ	⊖	⓪	①	②	③	④	⑤	⑥	⑦	⑧	⑨	ⓐ	ⓑ	ⓒ	ⓓ

2

	解答欄														
	−	0	1	2	3	4	5	6	7	8	9	a	b	c	d
ア	⊖	⓪	①	②	③	④	⑤	⑥	⑦	⑧	⑨	ⓐ	ⓑ	ⓒ	ⓓ
イ	⊖	⓪	①	②	③	④	⑤	⑥	⑦	⑧	⑨	ⓐ	ⓑ	ⓒ	ⓓ
ウ	⊖	⓪	①	②	③	④	⑤	⑥	⑦	⑧	⑨	ⓐ	ⓑ	ⓒ	ⓓ
エ	⊖	⓪	①	②	③	④	⑤	⑥	⑦	⑧	⑨	ⓐ	ⓑ	ⓒ	ⓓ
オ	⊖	⓪	①	②	③	④	⑤	⑥	⑦	⑧	⑨	ⓐ	ⓑ	ⓒ	ⓓ
カ	⊖	⓪	①	②	③	④	⑤	⑥	⑦	⑧	⑨	ⓐ	ⓑ	ⓒ	ⓓ
キ	⊖	⓪	①	②	③	④	⑤	⑥	⑦	⑧	⑨	ⓐ	ⓑ	ⓒ	ⓓ
ク	⊖	⓪	①	②	③	④	⑤	⑥	⑦	⑧	⑨	ⓐ	ⓑ	ⓒ	ⓓ
ケ	⊖	⓪	①	②	③	④	⑤	⑥	⑦	⑧	⑨	ⓐ	ⓑ	ⓒ	ⓓ
コ	⊖	⓪	①	②	③	④	⑤	⑥	⑦	⑧	⑨	ⓐ	ⓑ	ⓒ	ⓓ
サ	⊖	⓪	①	②	③	④	⑤	⑥	⑦	⑧	⑨	ⓐ	ⓑ	ⓒ	ⓓ
シ	⊖	⓪	①	②	③	④	⑤	⑥	⑦	⑧	⑨	ⓐ	ⓑ	ⓒ	ⓓ
ス	⊖	⓪	①	②	③	④	⑤	⑥	⑦	⑧	⑨	ⓐ	ⓑ	ⓒ	ⓓ
セ	⊖	⓪	①	②	③	④	⑤	⑥	⑦	⑧	⑨	ⓐ	ⓑ	ⓒ	ⓓ
ソ	⊖	⓪	①	②	③	④	⑤	⑥	⑦	⑧	⑨	ⓐ	ⓑ	ⓒ	ⓓ
タ	⊖	⓪	①	②	③	④	⑤	⑥	⑦	⑧	⑨	ⓐ	ⓑ	ⓒ	ⓓ
チ	⊖	⓪	①	②	③	④	⑤	⑥	⑦	⑧	⑨	ⓐ	ⓑ	ⓒ	ⓓ
ツ	⊖	⓪	①	②	③	④	⑤	⑥	⑦	⑧	⑨	ⓐ	ⓑ	ⓒ	ⓓ
テ	⊖	⓪	①	②	③	④	⑤	⑥	⑦	⑧	⑨	ⓐ	ⓑ	ⓒ	ⓓ
ト	⊖	⓪	①	②	③	④	⑤	⑥	⑦	⑧	⑨	ⓐ	ⓑ	ⓒ	ⓓ
ナ	⊖	⓪	①	②	③	④	⑤	⑥	⑦	⑧	⑨	ⓐ	ⓑ	ⓒ	ⓓ
ニ	⊖	⓪	①	②	③	④	⑤	⑥	⑦	⑧	⑨	ⓐ	ⓑ	ⓒ	ⓓ
ヌ	⊖	⓪	①	②	③	④	⑤	⑥	⑦	⑧	⑨	ⓐ	ⓑ	ⓒ	ⓓ
ネ	⊖	⓪	①	②	③	④	⑤	⑥	⑦	⑧	⑨	ⓐ	ⓑ	ⓒ	ⓓ
ノ	⊖	⓪	①	②	③	④	⑤	⑥	⑦	⑧	⑨	ⓐ	ⓑ	ⓒ	ⓓ
ハ	⊖	⓪	①	②	③	④	⑤	⑥	⑦	⑧	⑨	ⓐ	ⓑ	ⓒ	ⓓ
ヒ	⊖	⓪	①	②	③	④	⑤	⑥	⑦	⑧	⑨	ⓐ	ⓑ	ⓒ	ⓓ
フ	⊖	⓪	①	②	③	④	⑤	⑥	⑦	⑧	⑨	ⓐ	ⓑ	ⓒ	ⓓ
ヘ	⊖	⓪	①	②	③	④	⑤	⑥	⑦	⑧	⑨	ⓐ	ⓑ	ⓒ	ⓓ
ホ	⊖	⓪	①	②	③	④	⑤	⑥	⑦	⑧	⑨	ⓐ	ⓑ	ⓒ	ⓓ

3

	解答欄														
	−	0	1	2	3	4	5	6	7	8	9	a	b	c	d
ア	⊖	⓪	①	②	③	④	⑤	⑥	⑦	⑧	⑨	ⓐ	ⓑ	ⓒ	ⓓ
イ	⊖	⓪	①	②	③	④	⑤	⑥	⑦	⑧	⑨	ⓐ	ⓑ	ⓒ	ⓓ
ウ	⊖	⓪	①	②	③	④	⑤	⑥	⑦	⑧	⑨	ⓐ	ⓑ	ⓒ	ⓓ
エ	⊖	⓪	①	②	③	④	⑤	⑥	⑦	⑧	⑨	ⓐ	ⓑ	ⓒ	ⓓ
オ	⊖	⓪	①	②	③	④	⑤	⑥	⑦	⑧	⑨	ⓐ	ⓑ	ⓒ	ⓓ
カ	⊖	⓪	①	②	③	④	⑤	⑥	⑦	⑧	⑨	ⓐ	ⓑ	ⓒ	ⓓ
キ	⊖	⓪	①	②	③	④	⑤	⑥	⑦	⑧	⑨	ⓐ	ⓑ	ⓒ	ⓓ
ク	⊖	⓪	①	②	③	④	⑤	⑥	⑦	⑧	⑨	ⓐ	ⓑ	ⓒ	ⓓ
ケ	⊖	⓪	①	②	③	④	⑤	⑥	⑦	⑧	⑨	ⓐ	ⓑ	ⓒ	ⓓ
コ	⊖	⓪	①	②	③	④	⑤	⑥	⑦	⑧	⑨	ⓐ	ⓑ	ⓒ	ⓓ
サ	⊖	⓪	①	②	③	④	⑤	⑥	⑦	⑧	⑨	ⓐ	ⓑ	ⓒ	ⓓ
シ	⊖	⓪	①	②	③	④	⑤	⑥	⑦	⑧	⑨	ⓐ	ⓑ	ⓒ	ⓓ
ス	⊖	⓪	①	②	③	④	⑤	⑥	⑦	⑧	⑨	ⓐ	ⓑ	ⓒ	ⓓ
セ	⊖	⓪	①	②	③	④	⑤	⑥	⑦	⑧	⑨	ⓐ	ⓑ	ⓒ	ⓓ
ソ	⊖	⓪	①	②	③	④	⑤	⑥	⑦	⑧	⑨	ⓐ	ⓑ	ⓒ	ⓓ
タ	⊖	⓪	①	②	③	④	⑤	⑥	⑦	⑧	⑨	ⓐ	ⓑ	ⓒ	ⓓ
チ	⊖	⓪	①	②	③	④	⑤	⑥	⑦	⑧	⑨	ⓐ	ⓑ	ⓒ	ⓓ
ツ	⊖	⓪	①	②	③	④	⑤	⑥	⑦	⑧	⑨	ⓐ	ⓑ	ⓒ	ⓓ
テ	⊖	⓪	①	②	③	④	⑤	⑥	⑦	⑧	⑨	ⓐ	ⓑ	ⓒ	ⓓ
ト	⊖	⓪	①	②	③	④	⑤	⑥	⑦	⑧	⑨	ⓐ	ⓑ	ⓒ	ⓓ
ナ	⊖	⓪	①	②	③	④	⑤	⑥	⑦	⑧	⑨	ⓐ	ⓑ	ⓒ	ⓓ
ニ	⊖	⓪	①	②	③	④	⑤	⑥	⑦	⑧	⑨	ⓐ	ⓑ	ⓒ	ⓓ
ヌ	⊖	⓪	①	②	③	④	⑤	⑥	⑦	⑧	⑨	ⓐ	ⓑ	ⓒ	ⓓ
ネ	⊖	⓪	①	②	③	④	⑤	⑥	⑦	⑧	⑨	ⓐ	ⓑ	ⓒ	ⓓ
ノ	⊖	⓪	①	②	③	④	⑤	⑥	⑦	⑧	⑨	ⓐ	ⓑ	ⓒ	ⓓ
ハ	⊖	⓪	①	②	③	④	⑤	⑥	⑦	⑧	⑨	ⓐ	ⓑ	ⓒ	ⓓ
ヒ	⊖	⓪	①	②	③	④	⑤	⑥	⑦	⑧	⑨	ⓐ	ⓑ	ⓒ	ⓓ
フ	⊖	⓪	①	②	③	④	⑤	⑥	⑦	⑧	⑨	ⓐ	ⓑ	ⓒ	ⓓ
ヘ	⊖	⓪	①	②	③	④	⑤	⑥	⑦	⑧	⑨	ⓐ	ⓑ	ⓒ	ⓓ
ホ	⊖	⓪	①	②	③	④	⑤	⑥	⑦	⑧	⑨	ⓐ	ⓑ	ⓒ	ⓓ

数学② 解答用紙・第2面

注意事項

1 問題番号 1 2 3 の解答欄は、この用紙の第1面にあります。

2 選択問題は、選択した問題番号の解答欄に解答しなさい。

4	解答欄														
	−	0	1	2	3	4	5	6	7	8	9	a	b	c	d
ア	⊖	⓪	①	②	③	④	⑤	⑥	⑦	⑧	⑨	ⓐ	ⓑ	ⓒ	ⓓ
イ	⊖	⓪	①	②	③	④	⑤	⑥	⑦	⑧	⑨	ⓐ	ⓑ	ⓒ	ⓓ
ウ	⊖	⓪	①	②	③	④	⑤	⑥	⑦	⑧	⑨	ⓐ	ⓑ	ⓒ	ⓓ
エ	⊖	⓪	①	②	③	④	⑤	⑥	⑦	⑧	⑨	ⓐ	ⓑ	ⓒ	ⓓ
オ	⊖	⓪	①	②	③	④	⑤	⑥	⑦	⑧	⑨	ⓐ	ⓑ	ⓒ	ⓓ
カ	⊖	⓪	①	②	③	④	⑤	⑥	⑦	⑧	⑨	ⓐ	ⓑ	ⓒ	ⓓ
キ	⊖	⓪	①	②	③	④	⑤	⑥	⑦	⑧	⑨	ⓐ	ⓑ	ⓒ	ⓓ
ク	⊖	⓪	①	②	③	④	⑤	⑥	⑦	⑧	⑨	ⓐ	ⓑ	ⓒ	ⓓ
ケ	⊖	⓪	①	②	③	④	⑤	⑥	⑦	⑧	⑨	ⓐ	ⓑ	ⓒ	ⓓ
コ	⊖	⓪	①	②	③	④	⑤	⑥	⑦	⑧	⑨	ⓐ	ⓑ	ⓒ	ⓓ
サ	⊖	⓪	①	②	③	④	⑤	⑥	⑦	⑧	⑨	ⓐ	ⓑ	ⓒ	ⓓ
シ	⊖	⓪	①	②	③	④	⑤	⑥	⑦	⑧	⑨	ⓐ	ⓑ	ⓒ	ⓓ
ス	⊖	⓪	①	②	③	④	⑤	⑥	⑦	⑧	⑨	ⓐ	ⓑ	ⓒ	ⓓ
セ	⊖	⓪	①	②	③	④	⑤	⑥	⑦	⑧	⑨	ⓐ	ⓑ	ⓒ	ⓓ
ソ	⊖	⓪	①	②	③	④	⑤	⑥	⑦	⑧	⑨	ⓐ	ⓑ	ⓒ	ⓓ
タ	⊖	⓪	①	②	③	④	⑤	⑥	⑦	⑧	⑨	ⓐ	ⓑ	ⓒ	ⓓ
チ	⊖	⓪	①	②	③	④	⑤	⑥	⑦	⑧	⑨	ⓐ	ⓑ	ⓒ	ⓓ
ツ	⊖	⓪	①	②	③	④	⑤	⑥	⑦	⑧	⑨	ⓐ	ⓑ	ⓒ	ⓓ
テ	⊖	⓪	①	②	③	④	⑤	⑥	⑦	⑧	⑨	ⓐ	ⓑ	ⓒ	ⓓ
ト	⊖	⓪	①	②	③	④	⑤	⑥	⑦	⑧	⑨	ⓐ	ⓑ	ⓒ	ⓓ
ナ	⊖	⓪	①	②	③	④	⑤	⑥	⑦	⑧	⑨	ⓐ	ⓑ	ⓒ	ⓓ
ニ	⊖	⓪	①	②	③	④	⑤	⑥	⑦	⑧	⑨	ⓐ	ⓑ	ⓒ	ⓓ
ヌ	⊖	⓪	①	②	③	④	⑤	⑥	⑦	⑧	⑨	ⓐ	ⓑ	ⓒ	ⓓ
ネ	⊖	⓪	①	②	③	④	⑤	⑥	⑦	⑧	⑨	ⓐ	ⓑ	ⓒ	ⓓ
ノ	⊖	⓪	①	②	③	④	⑤	⑥	⑦	⑧	⑨	ⓐ	ⓑ	ⓒ	ⓓ
ハ	⊖	⓪	①	②	③	④	⑤	⑥	⑦	⑧	⑨	ⓐ	ⓑ	ⓒ	ⓓ
ヒ	⊖	⓪	①	②	③	④	⑤	⑥	⑦	⑧	⑨	ⓐ	ⓑ	ⓒ	ⓓ
フ	⊖	⓪	①	②	③	④	⑤	⑥	⑦	⑧	⑨	ⓐ	ⓑ	ⓒ	ⓓ
ヘ	⊖	⓪	①	②	③	④	⑤	⑥	⑦	⑧	⑨	ⓐ	ⓑ	ⓒ	ⓓ
ホ	⊖	⓪	①	②	③	④	⑤	⑥	⑦	⑧	⑨	ⓐ	ⓑ	ⓒ	ⓓ

5	解答欄														
	−	0	1	2	3	4	5	6	7	8	9	a	b	c	d
ア	⊖	⓪	①	②	③	④	⑤	⑥	⑦	⑧	⑨	ⓐ	ⓑ	ⓒ	ⓓ
イ	⊖	⓪	①	②	③	④	⑤	⑥	⑦	⑧	⑨	ⓐ	ⓑ	ⓒ	ⓓ
ウ	⊖	⓪	①	②	③	④	⑤	⑥	⑦	⑧	⑨	ⓐ	ⓑ	ⓒ	ⓓ
エ	⊖	⓪	①	②	③	④	⑤	⑥	⑦	⑧	⑨	ⓐ	ⓑ	ⓒ	ⓓ
オ	⊖	⓪	①	②	③	④	⑤	⑥	⑦	⑧	⑨	ⓐ	ⓑ	ⓒ	ⓓ
カ	⊖	⓪	①	②	③	④	⑤	⑥	⑦	⑧	⑨	ⓐ	ⓑ	ⓒ	ⓓ
キ	⊖	⓪	①	②	③	④	⑤	⑥	⑦	⑧	⑨	ⓐ	ⓑ	ⓒ	ⓓ
ク	⊖	⓪	①	②	③	④	⑤	⑥	⑦	⑧	⑨	ⓐ	ⓑ	ⓒ	ⓓ
ケ	⊖	⓪	①	②	③	④	⑤	⑥	⑦	⑧	⑨	ⓐ	ⓑ	ⓒ	ⓓ
コ	⊖	⓪	①	②	③	④	⑤	⑥	⑦	⑧	⑨	ⓐ	ⓑ	ⓒ	ⓓ
サ	⊖	⓪	①	②	③	④	⑤	⑥	⑦	⑧	⑨	ⓐ	ⓑ	ⓒ	ⓓ
シ	⊖	⓪	①	②	③	④	⑤	⑥	⑦	⑧	⑨	ⓐ	ⓑ	ⓒ	ⓓ
ス	⊖	⓪	①	②	③	④	⑤	⑥	⑦	⑧	⑨	ⓐ	ⓑ	ⓒ	ⓓ
セ	⊖	⓪	①	②	③	④	⑤	⑥	⑦	⑧	⑨	ⓐ	ⓑ	ⓒ	ⓓ
ソ	⊖	⓪	①	②	③	④	⑤	⑥	⑦	⑧	⑨	ⓐ	ⓑ	ⓒ	ⓓ
タ	⊖	⓪	①	②	③	④	⑤	⑥	⑦	⑧	⑨	ⓐ	ⓑ	ⓒ	ⓓ
チ	⊖	⓪	①	②	③	④	⑤	⑥	⑦	⑧	⑨	ⓐ	ⓑ	ⓒ	ⓓ
ツ	⊖	⓪	①	②	③	④	⑤	⑥	⑦	⑧	⑨	ⓐ	ⓑ	ⓒ	ⓓ
テ	⊖	⓪	①	②	③	④	⑤	⑥	⑦	⑧	⑨	ⓐ	ⓑ	ⓒ	ⓓ
ト	⊖	⓪	①	②	③	④	⑤	⑥	⑦	⑧	⑨	ⓐ	ⓑ	ⓒ	ⓓ
ナ	⊖	⓪	①	②	③	④	⑤	⑥	⑦	⑧	⑨	ⓐ	ⓑ	ⓒ	ⓓ
ニ	⊖	⓪	①	②	③	④	⑤	⑥	⑦	⑧	⑨	ⓐ	ⓑ	ⓒ	ⓓ
ヌ	⊖	⓪	①	②	③	④	⑤	⑥	⑦	⑧	⑨	ⓐ	ⓑ	ⓒ	ⓓ
ネ	⊖	⓪	①	②	③	④	⑤	⑥	⑦	⑧	⑨	ⓐ	ⓑ	ⓒ	ⓓ
ノ	⊖	⓪	①	②	③	④	⑤	⑥	⑦	⑧	⑨	ⓐ	ⓑ	ⓒ	ⓓ
ハ	⊖	⓪	①	②	③	④	⑤	⑥	⑦	⑧	⑨	ⓐ	ⓑ	ⓒ	ⓓ
ヒ	⊖	⓪	①	②	③	④	⑤	⑥	⑦	⑧	⑨	ⓐ	ⓑ	ⓒ	ⓓ
フ	⊖	⓪	①	②	③	④	⑤	⑥	⑦	⑧	⑨	ⓐ	ⓑ	ⓒ	ⓓ
ヘ	⊖	⓪	①	②	③	④	⑤	⑥	⑦	⑧	⑨	ⓐ	ⓑ	ⓒ	ⓓ
ホ	⊖	⓪	①	②	③	④	⑤	⑥	⑦	⑧	⑨	ⓐ	ⓑ	ⓒ	ⓓ

6	解答欄														
	−	0	1	2	3	4	5	6	7	8	9	a	b	c	d
ア	⊖	⓪	①	②	③	④	⑤	⑥	⑦	⑧	⑨	ⓐ	ⓑ	ⓒ	ⓓ
イ	⊖	⓪	①	②	③	④	⑤	⑥	⑦	⑧	⑨	ⓐ	ⓑ	ⓒ	ⓓ
ウ	⊖	⓪	①	②	③	④	⑤	⑥	⑦	⑧	⑨	ⓐ	ⓑ	ⓒ	ⓓ
エ	⊖	⓪	①	②	③	④	⑤	⑥	⑦	⑧	⑨	ⓐ	ⓑ	ⓒ	ⓓ
オ	⊖	⓪	①	②	③	④	⑤	⑥	⑦	⑧	⑨	ⓐ	ⓑ	ⓒ	ⓓ
カ	⊖	⓪	①	②	③	④	⑤	⑥	⑦	⑧	⑨	ⓐ	ⓑ	ⓒ	ⓓ
キ	⊖	⓪	①	②	③	④	⑤	⑥	⑦	⑧	⑨	ⓐ	ⓑ	ⓒ	ⓓ
ク	⊖	⓪	①	②	③	④	⑤	⑥	⑦	⑧	⑨	ⓐ	ⓑ	ⓒ	ⓓ
ケ	⊖	⓪	①	②	③	④	⑤	⑥	⑦	⑧	⑨	ⓐ	ⓑ	ⓒ	ⓓ
コ	⊖	⓪	①	②	③	④	⑤	⑥	⑦	⑧	⑨	ⓐ	ⓑ	ⓒ	ⓓ
サ	⊖	⓪	①	②	③	④	⑤	⑥	⑦	⑧	⑨	ⓐ	ⓑ	ⓒ	ⓓ
シ	⊖	⓪	①	②	③	④	⑤	⑥	⑦	⑧	⑨	ⓐ	ⓑ	ⓒ	ⓓ
ス	⊖	⓪	①	②	③	④	⑤	⑥	⑦	⑧	⑨	ⓐ	ⓑ	ⓒ	ⓓ
セ	⊖	⓪	①	②	③	④	⑤	⑥	⑦	⑧	⑨	ⓐ	ⓑ	ⓒ	ⓓ
ソ	⊖	⓪	①	②	③	④	⑤	⑥	⑦	⑧	⑨	ⓐ	ⓑ	ⓒ	ⓓ
タ	⊖	⓪	①	②	③	④	⑤	⑥	⑦	⑧	⑨	ⓐ	ⓑ	ⓒ	ⓓ
チ	⊖	⓪	①	②	③	④	⑤	⑥	⑦	⑧	⑨	ⓐ	ⓑ	ⓒ	ⓓ
ツ	⊖	⓪	①	②	③	④	⑤	⑥	⑦	⑧	⑨	ⓐ	ⓑ	ⓒ	ⓓ
テ	⊖	⓪	①	②	③	④	⑤	⑥	⑦	⑧	⑨	ⓐ	ⓑ	ⓒ	ⓓ
ト	⊖	⓪	①	②	③	④	⑤	⑥	⑦	⑧	⑨	ⓐ	ⓑ	ⓒ	ⓓ
ナ	⊖	⓪	①	②	③	④	⑤	⑥	⑦	⑧	⑨	ⓐ	ⓑ	ⓒ	ⓓ
ニ	⊖	⓪	①	②	③	④	⑤	⑥	⑦	⑧	⑨	ⓐ	ⓑ	ⓒ	ⓓ
ヌ	⊖	⓪	①	②	③	④	⑤	⑥	⑦	⑧	⑨	ⓐ	ⓑ	ⓒ	ⓓ
ネ	⊖	⓪	①	②	③	④	⑤	⑥	⑦	⑧	⑨	ⓐ	ⓑ	ⓒ	ⓓ
ノ	⊖	⓪	①	②	③	④	⑤	⑥	⑦	⑧	⑨	ⓐ	ⓑ	ⓒ	ⓓ
ハ	⊖	⓪	①	②	③	④	⑤	⑥	⑦	⑧	⑨	ⓐ	ⓑ	ⓒ	ⓓ
ヒ	⊖	⓪	①	②	③	④	⑤	⑥	⑦	⑧	⑨	ⓐ	ⓑ	ⓒ	ⓓ
フ	⊖	⓪	①	②	③	④	⑤	⑥	⑦	⑧	⑨	ⓐ	ⓑ	ⓒ	ⓓ
ヘ	⊖	⓪	①	②	③	④	⑤	⑥	⑦	⑧	⑨	ⓐ	ⓑ	ⓒ	ⓓ
ホ	⊖	⓪	①	②	③	④	⑤	⑥	⑦	⑧	⑨	ⓐ	ⓑ	ⓒ	ⓓ

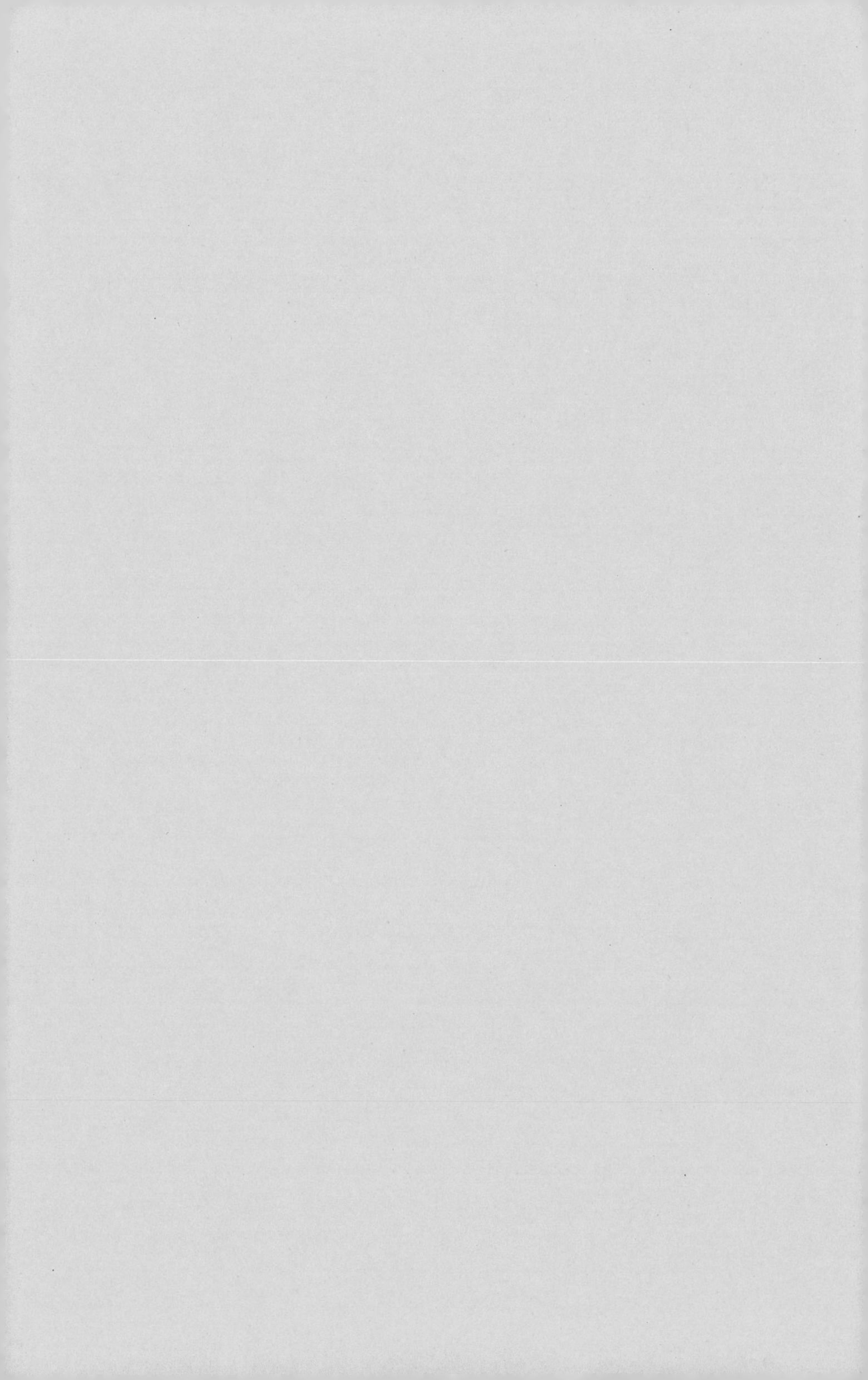

河合塾
SERIES

2024 大学入学

共通テスト過去問レビュー

数学 I・A, II・B

●問題編●

河合出版

▶問題編◀

● 解答上の注意〈数学Ⅰ・A／数学Ⅰ〉

1　解答は，解答用紙の問題番号に対応した解答欄にマークしなさい。

2　問題の文中の［ア］，［イウ］などには，符号(－，±)又は数字(0～9)が入ります。ア，イ，ウ，…の一つ一つは，これらのいずれか一つに対応します。それらを解答用紙のア，イ，ウ，…で示された解答欄にマークして答えなさい。

例　［アイウ］に－83と答えたいとき

ア	● ± 0 1 2 3 4 5 6 7 8 9
イ	－ ± 0 1 2 3 4 5 6 7 ● 9
ウ	－ ± 0 1 2 ● 4 5 6 7 8 9

3　分数形で解答する場合，分数の符号は分子につけ，分母につけてはいけません。

例えば，$\frac{［エオ］}{［カ］}$に$-\frac{4}{5}$と答えたいときは，$\frac{-4}{5}$として答えなさい。

また，それ以上約分できない形で答えなさい。

例えば，$\frac{3}{4}$と答えるところを，$\frac{6}{8}$のように答えてはいけません。

4　小数の形で解答する場合，指定された桁数の一つ下の桁を四捨五入して答えなさい。また，必要に応じて，指定された桁まで⓪にマークしなさい。

例えば，［キ］．［クケ］に2.5と答えたいときは，2.50として答えなさい。

5　根号を含む形で解答する場合，根号の中に現れる自然数が最小となる形で答えなさい。

例えば，［コ］$\sqrt{［サ］}$に$4\sqrt{2}$と答えるところを，$2\sqrt{8}$のように答えてはいけません。

6　根号を含む分数形で解答する場合，例えば$\frac{［シ］+［ス］\sqrt{［セ］}}{［ソ］}$に$\frac{3+2\sqrt{2}}{2}$と答えるところを，$\frac{6+4\sqrt{2}}{4}$や$\frac{6+2\sqrt{8}}{4}$のように答えてはいけません。

7　問題の文中の二重四角で表記された［［タ］］などには，選択肢から一つを選んで，答えなさい。

8　同一の問題文中に［チツ］，［［テ］］などが2度以上現れる場合，原則として，2度目以降は，［チツ］，［［テ］］のように細字で表記します。

● 解答上の注意〈数学Ⅱ・B／数学Ⅱ〉

1　解答は，解答用紙の問題番号に対応した解答欄にマークしなさい。

2　問題の文中の［ア］，［イウ］などには，符号(－)，数字(0～9)，又は文字(a～d)が入ります。ア，イ，ウ，…の一つ一つは，これらのいずれか一つに対応します。それらを解答用紙のア，イ，ウ，…で示された解答欄にマークして答えなさい。

例　［アイウ］に$-8a$と答えたいとき

ア	●	⓪	①	②	③	④	⑤	⑥	⑦	⑧	⑨	ⓐ	ⓑ	ⓒ	ⓓ
イ	⊖	⓪	①	②	③	④	⑤	⑥	⑦	●	⑨	ⓐ	ⓑ	ⓒ	ⓓ
ウ	⊖	⓪	①	②	③	④	⑤	⑥	⑦	⑧	⑨	●	ⓑ	ⓒ	ⓓ

3　数と文字の積の形で解答する場合，数を文字の前にして答えなさい。
例えば，$3a$と答えるところを，$a3$と答えてはいけません。

4　分数形で解答する場合，分数の符号は分子につけ，分母につけてはいけません。

例えば，$\frac{［エオ］}{［カ］}$に$-\frac{4}{5}$と答えたいときは，$\frac{-4}{5}$として答えなさい。

また，それ以上約分できない形で答えなさい。

例えば，$\frac{3}{4}$，$\frac{2a+1}{3}$と答えるところを，$\frac{6}{8}$，$\frac{4a+2}{6}$のように答えてはいけません。

5　小数の形で解答する場合，指定された桁数の一つ下の桁を四捨五入して答えなさい。また，必要に応じて，指定された桁まで⓪にマークしなさい。

例えば，［キ］．［クケ］に2.5と答えたいときは，2.50として答えなさい。

6　根号を含む形で解答する場合，根号の中に現れる自然数が最小となる形で答えなさい。

例えば，$4\sqrt{2}$，$\frac{\sqrt{13}}{2}$，$6\sqrt{2a}$と答えるところを，$2\sqrt{8}$，$\frac{\sqrt{52}}{4}$，$3\sqrt{8a}$のように答えてはいけません。

7　問題の文中の二重四角で表記された［［コ］］などには，選択肢から一つを選んで，答えなさい。

8　同一の問題文中に［サシ］，［［ス］］などが2度以上現れる場合，原則として，2度目以降は，［サシ］，［［ス］］のように細字で表記します。

2023 本試験

数学Ⅰ・数学A
数学Ⅱ・数学B
数学Ⅰ
数学Ⅱ

（2023年１月実施）

数学Ⅰ・数学A	70分	100点
数学Ⅱ・数学B	60分	100点
数学Ⅰ	70分	100点
数学Ⅱ	60分	100点

数学Ⅰ・数学A

問　題	選　択　方　法
第1問	必　　答
第2問	必　　答
第3問	いずれか2問を選択し，解答しなさい。
第4問	
第5問	

（注）この科目には，選択問題があります。（2ページ参照。）

第１問　（必答問題）（配点　30）

〔1〕　実数 x についての不等式

$$|x+6| \leqq 2$$

の解は

$$\boxed{アイ} \leqq x \leqq \boxed{ウエ}$$

である。

よって，実数 a，b，c，d が

$$|(1-\sqrt{3})(a-b)(c-d)+6| \leqq 2$$

を満たしているとき，$1-\sqrt{3}$ は負であることに注意すると，$(a-b)(c-d)$ のとり得る値の範囲は

$$\boxed{オ} + \boxed{カ}\sqrt{3} \leqq (a-b)(c-d) \leqq \boxed{キ} + \boxed{ク}\sqrt{3}$$

であることがわかる。

（数学Ⅰ・数学A第１問は次ページに続く。）

特に

$$(a-b)(c-d)= \boxed{\text{キ}} + \boxed{\text{ク}}\sqrt{3} \quad \cdots\cdots\cdots\cdots ①$$

であるとき，さらに

$$(a-c)(b-d)=-3+\sqrt{3} \quad \cdots\cdots\cdots\cdots ②$$

が成り立つならば

$$(a-d)(c-b)= \boxed{\text{ケ}} + \boxed{\text{コ}}\sqrt{3} \quad \cdots\cdots\cdots\cdots ③$$

であることが，等式①，②，③の左辺を展開して比較することによりわかる。

（数学Ⅰ・数学Ａ第１問は次ページに続く。）

〔2〕

(1) 点Oを中心とし，半径が5である円Oがある。この円周上に2点A，BをAB = 6となるようにとる。また，円Oの円周上に，2点A，Bとは異なる点Cをとる。

(i) $\sin\angle ACB =$ サ である。また，点Cを$\angle ACB$が鈍角となるようにとるとき，$\cos\angle ACB =$ シ である。

(ii) 点Cを$\triangle ABC$の面積が最大となるようにとる。点Cから直線ABに垂直な直線を引き，直線ABとの交点をDとするとき，

$\tan\angle OAD =$ ス である。また，$\triangle ABC$の面積は セソ である。

サ ～ ス の解答群(同じものを繰り返し選んでもよい。)

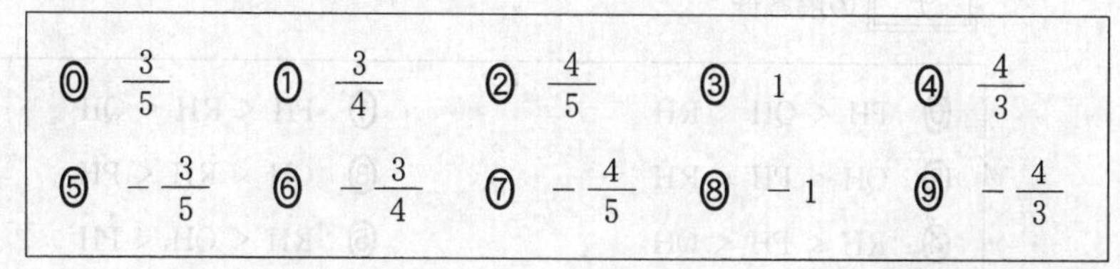

⓪ $\frac{3}{5}$　① $\frac{3}{4}$　② $\frac{4}{5}$　③ 1　④ $\frac{4}{3}$

⑤ $-\frac{3}{5}$　⑥ $-\frac{3}{4}$　⑦ $-\frac{4}{5}$　⑧ -1　⑨ $-\frac{4}{3}$

(数学Ⅰ・数学A第1問は次ページに続く。)

(2) 半径が5である球Sがある。この球面上に3点P，Q，Rをとったとき，これらの3点を通る平面α上で$PQ = 8$，$QR = 5$，$RP = 9$であったとする。

球Sの球面上に点Tを三角錐(すい)TPQRの体積が最大となるようにとるとき，その体積を求めよう。

まず，$\cos\angle QPR = \dfrac{\boxed{タ}}{\boxed{チ}}$であることから，$\triangle PQR$の面積は

$\boxed{ツ}\sqrt{\boxed{テト}}$である。

次に，点Tから平面αに垂直な直線を引き，平面αとの交点をHとする。このとき，PH，QH，RHの長さについて，$\boxed{ナ}$が成り立つ。

以上より，三角錐TPQRの体積は$\boxed{ニヌ}\left(\sqrt{\boxed{ネノ}}+\sqrt{\boxed{ハ}}\right)$である。

$\boxed{ナ}$の解答群

⓪ $PH < QH < RH$	① $PH < RH < QH$
② $QH < PH < RH$	③ $QH < RH < PH$
④ $RH < PH < QH$	⑤ $RH < QH < PH$
⑥ $PH = QH = RH$	

第2問 (必答問題) (配点 30)

〔1〕 太郎さんは，総務省が公表している2020年の家計調査の結果を用いて，地域による食文化の違いについて考えている。家計調査における調査地点は，都道府県庁所在市および政令指定都市(都道府県庁所在市を除く)であり，合計52市である。家計調査の結果の中でも，スーパーマーケットなどで販売されている調理食品の「二人以上の世帯の1世帯当たり年間支出金額(以下，支出金額，単位は円)」を分析することにした。以下においては，52市の調理食品の支出金額をデータとして用いる。

太郎さんは調理食品として，最初にうなぎのかば焼き(以下，かば焼き)に着目し，図1のように52市におけるかば焼きの支出金額のヒストグラムを作成した。ただし，ヒストグラムの各階級の区間は，左側の数値を含み，右側の数値を含まない。

なお，以下の図や表については，総務省のWebページをもとに作成している。

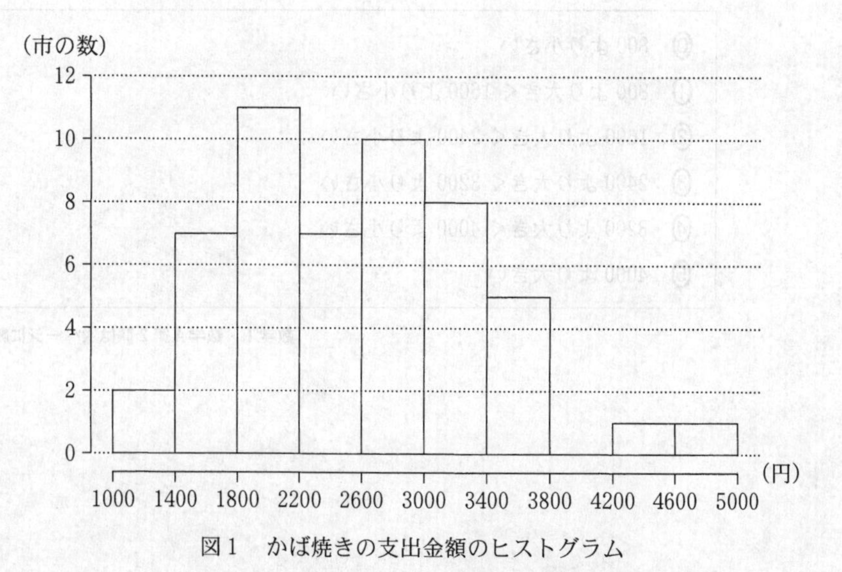

図1　かば焼きの支出金額のヒストグラム

(数学Ⅰ・数学A第2問は次ページに続く。)

(1) 図1から次のことが読み取れる。

- 第1四分位数が含まれる階級は [ア] である。
- 第3四分位数が含まれる階級は [イ] である。
- 四分位範囲は [ウ] 。

[ア] , [イ] の解答群(同じものを繰り返し選んでもよい。)

⓪ 1000 以上 1400 未満	① 1400 以上 1800 未満
② 1800 以上 2200 未満	③ 2200 以上 2600 未満
④ 2600 以上 3000 未満	⑤ 3000 以上 3400 未満
⑥ 3400 以上 3800 未満	⑦ 3800 以上 4200 未満
⑧ 4200 以上 4600 未満	⑨ 4600 以上 5000 未満

[ウ] の解答群

⓪ 800 より小さい
① 800 より大きく 1600 より小さい
② 1600 より大きく 2400 より小さい
③ 2400 より大きく 3200 より小さい
④ 3200 より大きく 4000 より小さい
⑤ 4000 より大きい

(数学Ⅰ・数学A第2問は次ページに続く。)

(2) 太郎さんは，東西での地域による食文化の違いを調べるために，52市を東側の地域E(19市)と西側の地域W(33市)の二つに分けて考えることにした。

(i) 地域Eと地域Wについて，かば焼きの支出金額の箱ひげ図を，図2，図3のようにそれぞれ作成した。

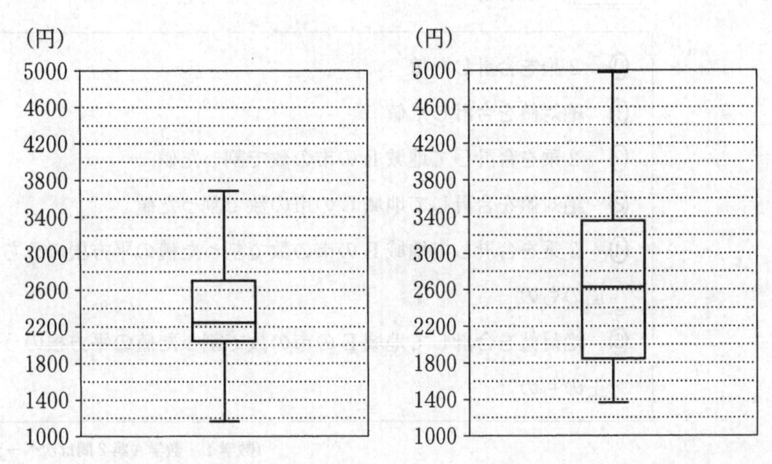

図2　地域Eにおけるかば焼きの支出金額の箱ひげ図

図3　地域Wにおけるかば焼きの支出金額の箱ひげ図

かば焼きの支出金額について，図2と図3から読み取れることとして，次の⓪～③のうち，正しいものは [エ] である。

[エ] の解答群

⓪ 地域Eにおいて，小さい方から5番目は2000以下である。

① 地域Eと地域Wの範囲は等しい。

② 中央値は，地域Eより地域Wの方が大きい。

③ 2600未満の市の割合は，地域Eより地域Wの方が大きい。

(数学Ⅰ・数学A第2問は次ページに続く。)

(ii) 太郎さんは，地域Ｅと地域Ｗのデータの散らばりの度合いを数値でとらえようと思い，それぞれの分散を考えることにした。地域Ｅにおけるかば焼きの支出金額の分散は，地域Ｅのそれぞれの市におけるかば焼きの支出金額の偏差の［オ］である。

［オ］の解答群

⓪　2乗を合計した値
①　絶対値を合計した値
②　2乗を合計して地域Ｅの市の数で割った値
③　絶対値を合計して地域Ｅの市の数で割った値
④　2乗を合計して地域Ｅの市の数で割った値の平方根のうち正のもの
⑤　絶対値を合計して地域Ｅの市の数で割った値の平方根のうち正のもの

(数学Ⅰ・数学Ａ第２問は次ページに続く。)

(3) 太郎さんは，(2)で考えた地域Eにおける，やきとりの支出金額についても調べることにした。

ここでは地域Eにおいて，やきとりの支出金額が増加すれば，かば焼きの支出金額も増加する傾向があるのではないかと考え，まず図4のように，地域Eにおける，やきとりとかば焼きの支出金額の散布図を作成した。そして，相関係数を計算するために，表1のように平均値，分散，標準偏差および共分散を算出した。ただし，共分散は地域Eのそれぞれの市における，やきとりの支出金額の偏差とかば焼きの支出金額の偏差との積の平均値である。

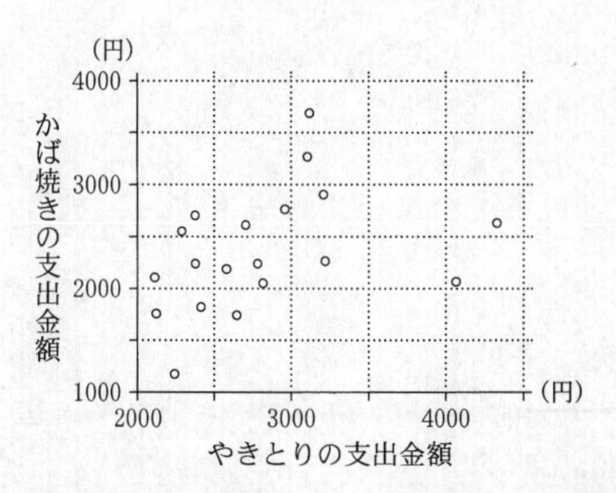

図4　地域Eにおける，やきとりとかば焼きの支出金額の散布図

表1　地域Eにおける，やきとりとかば焼きの支出金額の平均値，分散，標準偏差および共分散

	平均値	分　散	標準偏差	共分散
やきとりの支出金額	2810	348100	590	124000
かば焼きの支出金額	2350	324900	570	

(数学Ⅰ・数学A第2問は次ページに続く。)

表1を用いると，地域Eにおける，やきとりの支出金額とかば焼きの支出金額の相関係数は カ である。

カ については，最も適当なものを，次の⓪～⑨のうちから一つ選べ。

⓪ − 0.62	① − 0.50	② − 0.37	③ − 0.19
④ − 0.02	⑤ 0.02	⑥ 0.19	⑦ 0.37
⑧ 0.50	⑨ 0.62		

（数学Ⅰ・数学A第2問は次ページに続く。）

〔2〕 太郎さんと花子さんは，バスケットボールのプロ選手の中には，リングと同じ高さでシュートを打てる人がいることを知り，シュートを打つ高さによってボールの軌道がどう変わるかについて考えている。

二人は，図1のように座標軸が定められた平面上に，プロ選手と花子さんがシュートを打つ様子を真横から見た図をかき，ボールがリングに入った場合について，後の**仮定**を設定して考えることにした。長さの単位はメートルであるが，以下では省略する。

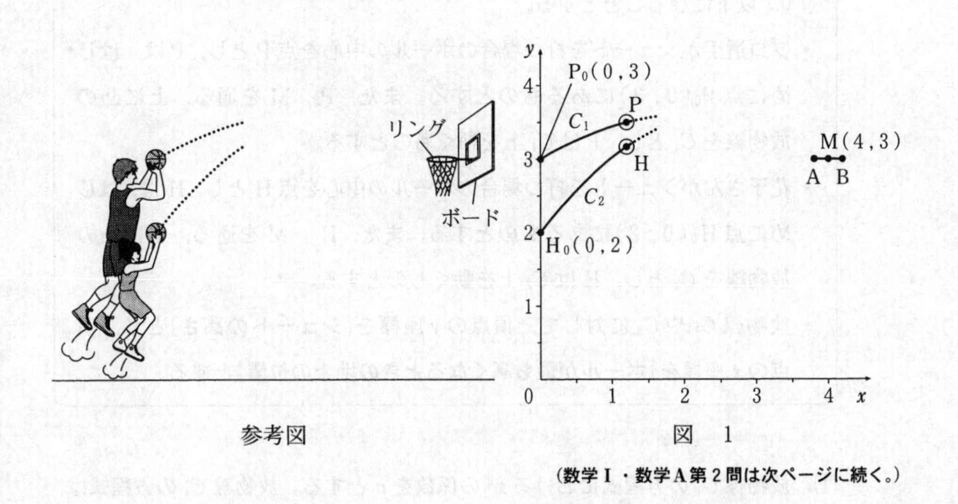

参考図　　　図 1

(数学Ⅰ・数学A第2問は次ページに続く。)

仮定

- 平面上では，ボールを直径 0.2 の円とする。
- リングを真横から見たときの左端を点 A(3.8，3)，右端を点 B(4.2，3) とし，リングの太さは無視する。
- ボールがリングや他のものに当たらずに上からリングを通り，かつ，ボールの中心が AB の中点 M(4，3) を通る場合を考える。ただし，ボールがリングに当たるとは，ボールの中心と A または B との距離が 0.1 以下になることとする。
- プロ選手がシュートを打つ場合のボールの中心を点 P とし，P は，はじめに点 $P_0(0,\ 3)$ にあるものとする。また，P_0，M を通る，上に凸の放物線を C_1 とし，P は C_1 上を動くものとする。
- 花子さんがシュートを打つ場合のボールの中心を点 H とし，H は，はじめに点 $H_0(0,\ 2)$ にあるものとする。また，H_0，M を通る，上に凸の放物線を C_2 とし，H は C_2 上を動くものとする。
- 放物線 C_1 や C_2 に対して，頂点の y 座標を「**シュートの高さ**」とし，頂点の x 座標を「**ボールが最も高くなるときの地上の位置**」とする。

(1)　放物線 C_1 の方程式における x^2 の係数を a とする。放物線 C_1 の方程式は

$$y = ax^2 - \boxed{\text{キ}}\,ax + \boxed{\text{ク}}$$

と表すことができる。また，プロ選手の「**シュートの高さ**」は

$$-\boxed{\text{ケ}}\,a + \boxed{\text{コ}}$$

である。

(数学I・数学A第2問は次ページに続く。)

放物線 C_2 の方程式における x^2 の係数を p とする。放物線 C_2 の方程式は

$$y = p\left\{x - \left(2 - \frac{1}{8p}\right)\right\}^2 - \frac{(16p-1)^2}{64p} + 2$$

と表すことができる。

プロ選手と花子さんの「**ボールが最も高くなるときの地上の位置**」の比較の記述として，次の⓪～③のうち，正しいものは［サ］である。

［サ］の解答群

⓪ プロ選手と花子さんの「**ボールが最も高くなるときの地上の位置**」は，つねに一致する。

① プロ選手の「**ボールが最も高くなるときの地上の位置**」の方が，つねにMの x 座標に近い。

② 花子さんの「**ボールが最も高くなるときの地上の位置**」の方が，つねにMの x 座標に近い。

③ プロ選手の「**ボールが最も高くなるときの地上の位置**」の方がMの x 座標に近いときもあれば，花子さんの「**ボールが最も高くなるときの地上の位置**」の方がMの x 座標に近いときもある。

（数学Ⅰ・数学A第2問は次ページに続く。）

⑵ 二人は，ボールがリングすれすれを通る場合のプロ選手と花子さんの「**シュートの高さ**」について次のように話している。

太郎：例えば，プロ選手のボールがリングに当たらないようにするには，Pがリングの左端Aのどのくらい上を通れば良いのかな。

花子：Aの真上の点でPが通る点Dを，線分DMがAを中心とする半径0.1の円と接するようにとって考えてみたらどうかな。

太郎：なるほど。Pの軌道は上に凸の放物線で山なりだから，その場合，図2のように，PはDを通った後で線分DMより上側を通るのでボールはリングに当たらないね。花子さんの場合も，HがこのDを通れば，ボールはリングに当たらないね。

花子：放物線 C_1 と C_2 がDを通る場合でプロ選手と私の「**シュートの高さ**」を比べてみようよ。

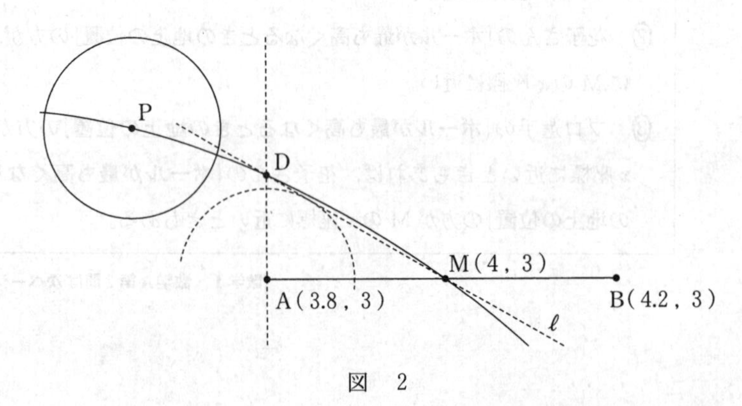

図　2

(数学Ⅰ・数学A第2問は次ページに続く。)

図2のように，Mを通る直線ℓが，Aを中心とする半径0.1の円に直線ABの上側で接しているとする。また，Aを通り直線ABに垂直な直線を引き，ℓとの交点をDとする。このとき，$\mathrm{AD}=\dfrac{\sqrt{3}}{15}$である。

よって，放物線C_1がDを通るとき，C_1の方程式は

$$y=-\frac{\boxed{\text{シ}}\sqrt{\boxed{\text{ス}}}}{\boxed{\text{セソ}}}\left(x^2-\boxed{\text{キ}}\,x\right)+\boxed{\text{ク}}$$

となる。

また，放物線C_2がDを通るとき，(1)で与えられたC_2の方程式を用いると，花子さんの「**シュートの高さ**」は約3.4と求められる。

以上のことから，放物線C_1とC_2がDを通るとき，プロ選手と花子さんの「**シュートの高さ**」を比べると，［タ］の「**シュートの高さ**」の方が大きく，その差はボール［チ］である。なお，$\sqrt{3}=1.7320508\cdots$である。

［タ］の解答群

⓪ プロ選手	① 花子さん

［チ］については，最も適当なものを，次の⓪～③のうちから一つ選べ。

⓪ 約1個分	① 約2個分	② 約3個分	③ 約4個分

第3問〜第5問は，いずれか2問を選択し，解答しなさい。

第3問　（選択問題）（配点　20）

番号によって区別された複数の球が，何本かのひもでつながれている。ただし，各ひもはその両端で二つの球をつなぐものとする。次の**条件**を満たす球の塗り分け方(以下，球の塗り方)を考える。

条件

- それぞれの球を，用意した5色(赤，青，黄，緑，紫)のうちのいずれか1色で塗る。
- 1本のひもでつながれた二つの球は異なる色になるようにする。
- 同じ色を何回使ってもよく，また使わない色があってもよい。

例えば図Aでは，三つの球が2本のひもでつながれている。この三つの球を塗るとき，球1の塗り方が5通りあり，球1を塗った後，球2の塗り方は4通りあり，さらに球3の塗り方は4通りある。したがって，球の塗り方の総数は80である。

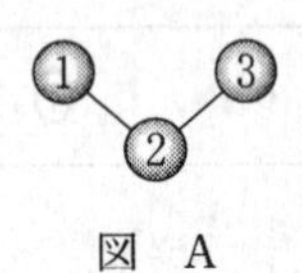

図　A

(1)　図Bにおいて，球の塗り方は **アイウ** 通りある。

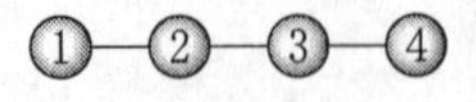

図　B

(数学Ⅰ・数学A第3問は次ページに続く。)

(2) 図Cにおいて，球の塗り方は［エオ］通りある。

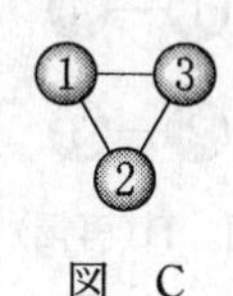

図　C

(3) 図Dにおける球の塗り方のうち，赤をちょうど2回使う塗り方は［カキ］通りある。

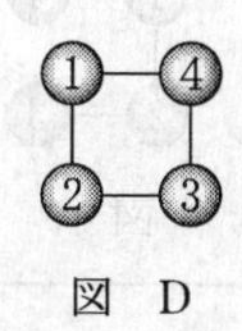

図　D

(4) 図Eにおける球の塗り方のうち，赤をちょうど3回使い，かつ青をちょうど2回使う塗り方は［クケ］通りある。

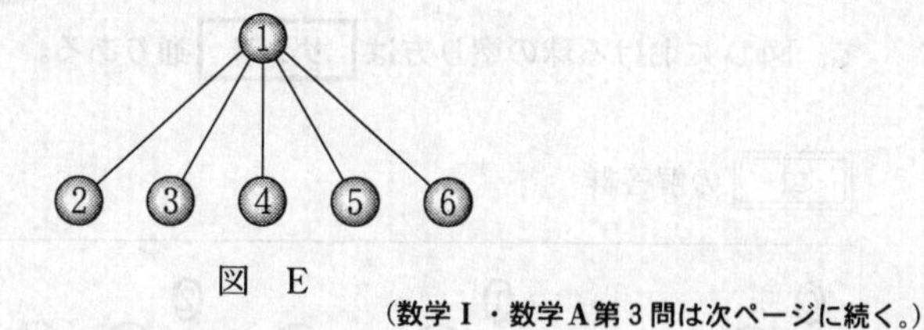

図　E

（数学Ⅰ・数学A第3問は次ページに続く。）

(5) 図Dにおいて，球の塗り方の総数を求める。

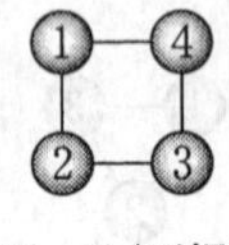

図　D(再掲)

そのために，次の**構想**を立てる。

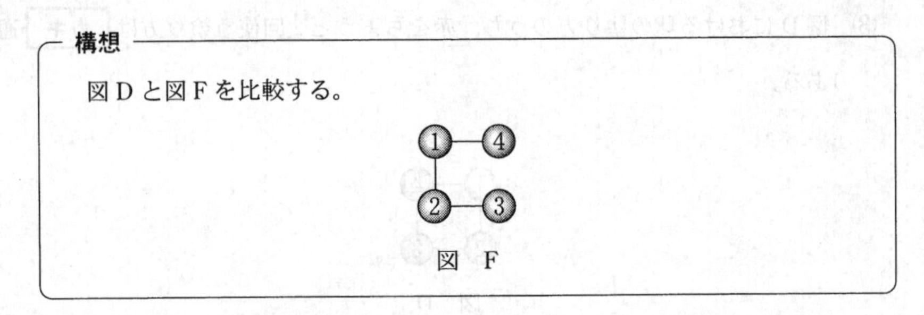

構想

図Dと図Fを比較する。

図　F

図Fでは球3と球4が同色になる球の塗り方が可能であるため，図Dよりも図Fの球の塗り方の総数の方が大きい。

図Fにおける球の塗り方は，図Bにおける球の塗り方と同じであるため，全部で［アイウ］通りある。そのうち球3と球4が同色になる球の塗り方の総数と一致する図として，後の⓪～④のうち，正しいものは［コ］である。したがって，図Dにおける球の塗り方は［サシス］通りある。

［コ］の解答群

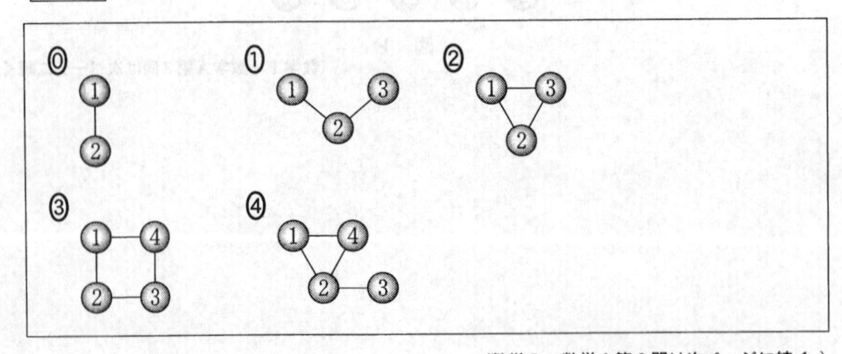

(数学Ⅰ・数学A第3問は次ページに続く。)

(6)　図Gにおいて，球の塗り方は **セソタチ** 通りある。

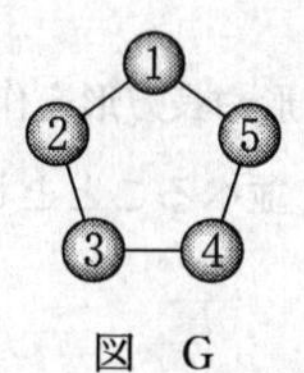

図　G

第3問～第5問は，いずれか2問を選択し，解答しなさい。

第4問 (選択問題)（配点　20）

色のついた長方形を並べて正方形や長方形を作ることを考える。色のついた長方形は，向きを変えずにすき間なく並べることとし，色のついた長方形は十分（じゅうぶん）あるものとする。

(1)　横の長さが462で縦の長さが110である赤い長方形を，図1のように並べて正方形や長方形を作ることを考える。

赤	赤	…	赤
赤	赤	…	赤
⋮	⋮	⋱	⋮
赤	赤	…	赤

（1つの赤い長方形：横 462，縦 110）

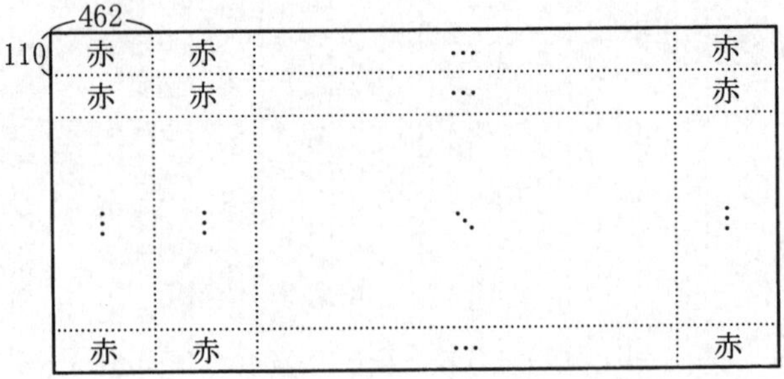

図　1

（数学Ⅰ・数学A第4問は次ページに続く。）

462 と 110 の両方を割り切る素数のうち最大のものは **アイ** である。

赤い長方形を並べて作ることができる正方形のうち，辺の長さが最小であるものは，一辺の長さが **ウエオカ** のものである。

また，赤い長方形を並べて正方形ではない長方形を作るとき，横の長さと縦の長さの差の絶対値が最小になるのは，462 の約数と 110 の約数を考えると，差の絶対値が **キク** になるときであることがわかる。

縦の長さが横の長さより キク 長い長方形のうち，横の長さが最小であるものは，横の長さが **ケコサシ** のものである。

（数学Ⅰ・数学A第 4 問は次ページに続く。）

⑵　花子さんと太郎さんは，⑴で用いた赤い長方形を1枚以上並べて長方形を作り，その右側に横の長さが363で縦の長さが154である青い長方形を1枚以上並べて，図2のような正方形や長方形を作ることを考えている。

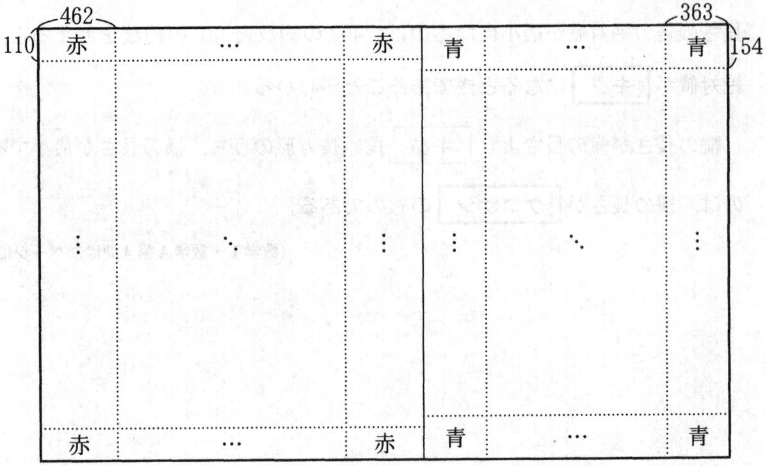

図　2

このとき，赤い長方形を並べてできる長方形の縦の長さと，青い長方形を並べてできる長方形の縦の長さは等しい。よって，図2のような長方形のうち，縦の長さが最小のものは，縦の長さが **スセソ** のものであり，図2のような長方形は縦の長さが スセソ の倍数である。

（数学Ⅰ・数学A第4問は次ページに続く。）

二人は，次のように話している。

花子：赤い長方形と青い長方形を図 2 のように並べて正方形を作ってみようよ。

太郎：赤い長方形の横の長さが 462 で青い長方形の横の長さが 363 だから，図 2 のような正方形の横の長さは 462 と 363 を組み合わせて作ることができる長さでないといけないね。

花子：正方形だから，横の長さは［スセソ］の倍数でもないといけないね。

462 と 363 の最大公約数は **［タチ］** であり，［タチ］の倍数のうちで［スセソ］の倍数でもある最小の正の整数は **［ツテトナ］** である。

これらのことと，使う長方形の枚数が赤い長方形も青い長方形も 1 枚以上であることから，図 2 のような正方形のうち，辺の長さが最小であるものは，一辺の長さが **［ニヌネノ］** のものであることがわかる。

第3問～第5問は，いずれか2問を選択し，解答しなさい。

第5問 （選択問題）（配点　20）

(1)　円Oに対して，次の手順1で作図を行う。

手順1

(Step 1)　円Oと異なる2点で交わり，中心Oを通らない直線ℓを引く。円Oと直線ℓとの交点をA，Bとし，線分ABの中点Cをとる。

(Step 2)　円Oの周上に，点Dを∠CODが鈍角となるようにとる。直線CDを引き，円Oとの交点でDとは異なる点をEとする。

(Step 3)　点Dを通り直線OCに垂直な直線を引き，直線OCとの交点をFとし，円Oとの交点でDとは異なる点をGとする。

(Step 4)　点Gにおける円Oの接線を引き，直線ℓとの交点をHとする。

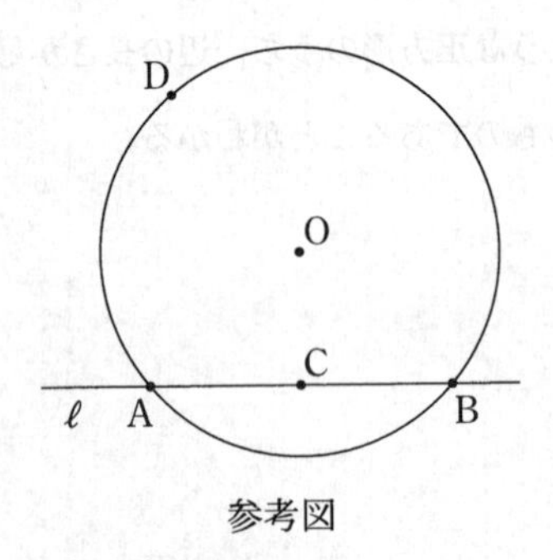

参考図

このとき，直線ℓと点Dの位置によらず，直線EHは円Oの接線である。このことは，次の**構想**に基づいて，後のように説明できる。

（数学Ⅰ・数学A第5問は次ページに続く。）

構想

直線EHが円Oの接線であることを証明するためには，

∠OEH = [アイ]° であることを示せばよい。

手順1の(Step 1)と(Step 4)により，4点C，G，H，[ウ] は同一円周上にあることがわかる。よって，∠CHG = [エ] である。一方，点Eは円Oの周上にあることから，[エ] = [オ] がわかる。よって，∠CHG = [オ] であるので，4点C，G，H，[カ] は同一円周上にある。この円が点 [ウ] を通ることにより，∠OEH = [アイ]° を示すことができる。

[ウ] の解答群

⓪ B	① D	② F	③ O

[エ] の解答群

⓪ ∠AFC	① ∠CDF	② ∠CGH	③ ∠CBO	④ ∠FOG

[オ] の解答群

⓪ ∠AED	① ∠ADE	② ∠BOE	③ ∠DEG	④ ∠EOH

[カ] の解答群

⓪ A	① D	② E	③ F

（数学Ⅰ・数学A第5問は次ページに続く。）

(2) 円Oに対して，(1)の**手順1**とは直線ℓの引き方を変え，次の**手順2**で作図を行う。

手順2

(Step 1) 円Oと共有点をもたない直線ℓを引く。中心Oから直線ℓに垂直な直線を引き，直線ℓとの交点をPとする。

(Step 2) 円Oの周上に，点Qを∠POQが鈍角となるようにとる。直線PQを引き，円Oとの交点でQとは異なる点をRとする。

(Step 3) 点Qを通り直線OPに垂直な直線を引き，円Oとの交点でQとは異なる点をSとする。

(Step 4) 点Sにおける円Oの接線を引き，直線ℓとの交点をTとする。

このとき，∠PTS = [キ] である。

円Oの半径が$\sqrt{5}$で，OT = $3\sqrt{6}$であったとすると，3点O，P，Rを通る

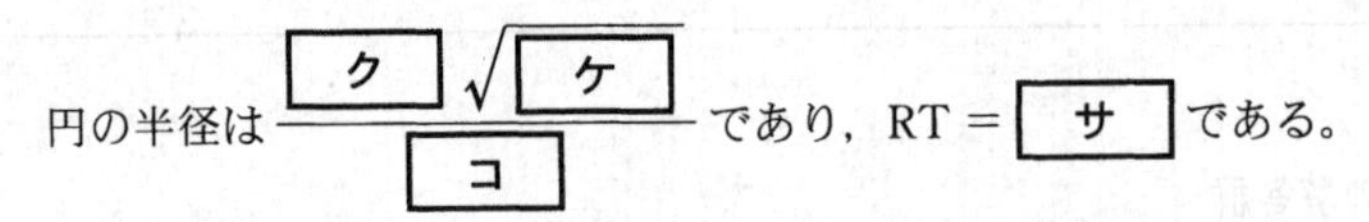

円の半径は $\dfrac{[ク]\sqrt{[ケ]}}{[コ]}$ であり，RT = [サ] である。

[キ] の解答群

⓪ ∠PQS	① ∠PST	② ∠QPS	③ ∠QRS	④ ∠SRT

数学Ⅱ・数学B

問　題	選　択　方　法
第1問	必　　答
第2問	必　　答
第3問	いずれか2問を選択し，解答しなさい。
第4問	
第5問	

(注) この科目には，選択問題があります。(29ページ参照。)

第1問 (必答問題) (配点 30)

〔1〕 三角関数の値の大小関係について考えよう。

(1) $x=\dfrac{\pi}{6}$ のとき $\sin x$ [ア] $\sin 2x$ であり，$x=\dfrac{2}{3}\pi$ のとき

$\sin x$ [イ] $\sin 2x$ である。

[ア]，[イ] の解答群(同じものを繰り返し選んでもよい。)

⓪ <	① ＝	② >

(数学Ⅱ・数学B第1問は次ページに続く。)

⑵　$\sin x$ と $\sin 2x$ の値の大小関係を詳しく調べよう。

$$\sin 2x - \sin x = \sin x\left(\boxed{\text{ウ}}\cos x - \boxed{\text{エ}}\right)$$

であるから，$\sin 2x - \sin x > 0$ が成り立つことは

「$\sin x > 0$　かつ　$\boxed{\text{ウ}}\cos x - \boxed{\text{エ}} > 0$」 …………… ①

または

「$\sin x < 0$　かつ　$\boxed{\text{ウ}}\cos x - \boxed{\text{エ}} < 0$」 …………… ②

が成り立つことと同値である。$0 \leqq x \leqq 2\pi$ のとき，① が成り立つような x の値の範囲は

$$0 < x < \frac{\pi}{\boxed{\text{オ}}}$$

であり，② が成り立つような x の値の範囲は

$$\pi < x < \frac{\boxed{\text{カ}}}{\boxed{\text{キ}}}\pi$$

である。よって，$0 \leqq x \leqq 2\pi$ のとき，$\sin 2x > \sin x$ が成り立つような x の値の範囲は

$$0 < x < \frac{\pi}{\boxed{\text{オ}}},\quad \pi < x < \frac{\boxed{\text{カ}}}{\boxed{\text{キ}}}\pi$$

である。

(数学Ⅱ・数学B第1問は次ページに続く。)

(3)　$\sin 3x$ と $\sin 4x$ の値の大小関係を調べよう。

三角関数の加法定理を用いると，等式

$$\sin(\alpha+\beta)-\sin(\alpha-\beta)=2\cos\alpha\sin\beta \quad \cdots\cdots ③$$

が得られる。$\alpha+\beta=4x$，$\alpha-\beta=3x$ を満たす α，β に対して ③ を用いることにより，$\sin 4x-\sin 3x>0$ が成り立つことは

「$\cos$ [ク] >0　かつ　$\sin$ [ケ] >0」　$\cdots\cdots$ ④

または

「$\cos$ [ク] <0　かつ　$\sin$ [ケ] <0」　$\cdots\cdots$ ⑤

が成り立つことと同値であることがわかる。

$0\leqq x\leqq\pi$ のとき，④，⑤ により，$\sin 4x>\sin 3x$ が成り立つような x の値の範囲は

$$0<x<\frac{\pi}{\boxed{コ}},\quad \frac{\boxed{サ}}{\boxed{シ}}\pi<x<\frac{\boxed{ス}}{\boxed{セ}}\pi$$

である。

[ク]，[ケ] の解答群(同じものを繰り返し選んでもよい。)

⓪　0	①　x	②　$2x$	③　$3x$
④　$4x$	⑤　$5x$	⑥　$6x$	⑦　$\frac{x}{2}$
⑧　$\frac{3}{2}x$	⑨　$\frac{5}{2}x$	ⓐ　$\frac{7}{2}x$	ⓑ　$\frac{9}{2}x$

(数学Ⅱ・数学B第1問は次ページに続く。)

(4)　(2), (3)の考察から，$0 \leqq x \leqq \pi$ のとき，$\sin 3x > \sin 4x > \sin 2x$ が成り立つような x の値の範囲は

$$\frac{\pi}{\boxed{\text{コ}}} < x < \frac{\pi}{\boxed{\text{ソ}}},\quad \frac{\boxed{\text{ス}}}{\boxed{\text{セ}}}\pi < x < \frac{\boxed{\text{タ}}}{\boxed{\text{チ}}}\pi$$

であることがわかる。

(数学Ⅱ・数学B第1問は次ページに続く。)

〔2〕

(1) $a>0$, $a \neq 1$, $b>0$ のとき, $\log_a b = x$ とおくと, ツ が成り立つ。

ツ の解答群

⓪ $x^a = b$	① $x^b = a$
② $a^x = b$	③ $b^x = a$
④ $a^b = x$	⑤ $b^a = x$

(2) 様々な対数の値が有理数か無理数かについて考えよう。

(i) $\log_5 25 =$ テ, $\log_9 27 = \dfrac{\text{ト}}{\text{ナ}}$ であり, どちらも有理数である。

(ii) $\log_2 3$ が有理数と無理数のどちらであるかを考えよう。

$\log_2 3$ が有理数であると仮定すると, $\log_2 3 > 0$ であるので, 二つの自然数 p, q を用いて $\log_2 3 = \dfrac{p}{q}$ と表すことができる。このとき, (1)により $\log_2 3 = \dfrac{p}{q}$ は ニ と変形できる。いま, 2は偶数であり3は奇数であるので, ニ を満たす自然数 p, q は存在しない。

したがって, $\log_2 3$ は無理数であることがわかる。

(iii) a, b を2以上の自然数とするとき, (ii)と同様に考えると,「 ヌ ならば $\log_a b$ はつねに無理数である」ことがわかる。

(数学Ⅱ・数学B第1問は次ページに続く。)

ニ の解答群

⓪ $p^2 = 3q^2$　① $q^2 = p^3$　② $2^q = 3^p$

③ $p^3 = 2q^3$　④ $p^2 = q^3$　⑤ $2^p = 3^q$

ヌ の解答群

⓪ aが偶数

① bが偶数

② aが奇数

③ bが奇数

④ aとbがともに偶数，またはaとbがともに奇数

⑤ aとbのいずれか一方が偶数で，もう一方が奇数

第2問 (必答問題) (配点 30)

〔1〕

(1) kを正の定数とし，次の3次関数を考える。

$$f(x) = x^2(k - x)$$

$y = f(x)$のグラフとx軸との共有点の座標は$(0, 0)$と$\left(\boxed{ア}, 0\right)$である。

$f(x)$の導関数$f'(x)$は

$$f'(x) = \boxed{イウ}x^2 + \boxed{エ}kx$$

である。

$x = \boxed{オ}$のとき，$f(x)$は極小値$\boxed{カ}$をとる。

$x = \boxed{キ}$のとき，$f(x)$は極大値$\boxed{ク}$をとる。

また，$0 < x < k$の範囲において$x = \boxed{キ}$のとき$f(x)$は最大となることがわかる。

$\boxed{ア}$，$\boxed{オ}$ ～ $\boxed{ク}$ の解答群(同じものを繰り返し選んでもよい。)

⓪ 0	① $\frac{1}{3}k$	② $\frac{1}{2}k$	③ $\frac{2}{3}k$
④ k	⑤ $\frac{3}{2}k$	⑥ $-4k^2$	⑦ $\frac{1}{8}k^2$
⑧ $\frac{2}{27}k^3$	⑨ $\frac{4}{27}k^3$	ⓐ $\frac{4}{9}k^3$	ⓑ $4k^3$

(数学Ⅱ・数学B第2問は次ページに続く。)

(2)　後の図のように底面が半径 9 の円で高さが 15 の円錐(すい)に内接する円柱を考える。円柱の底面の半径と体積をそれぞれ x, V とする。V を x の式で表すと

$$V = \frac{\boxed{\text{ケ}}}{\boxed{\text{コ}}}\pi x^2\left(\boxed{\text{サ}} - x\right) \quad (0 < x < 9)$$

である。(1)の考察より，$x = \boxed{\text{シ}}$ のとき V は最大となることがわかる。V の最大値は $\boxed{\text{スセソ}}\,\pi$ である。

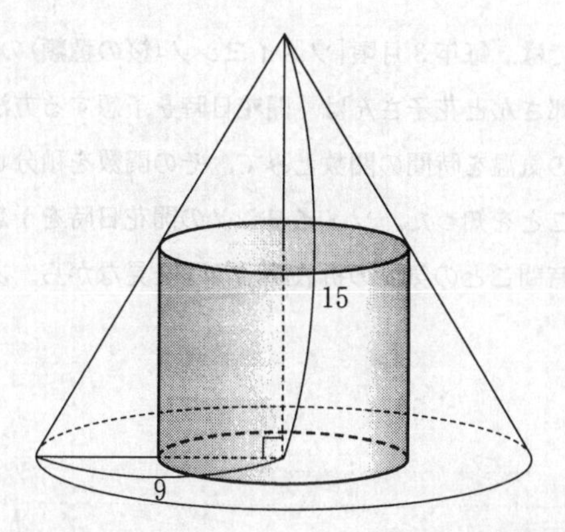

(数学Ⅱ・数学B第 2 問は次ページに続く。)

〔2〕

(1)　定積分 $\int_0^{30}\left(\frac{1}{5}x+3\right)dx$ の値は [タチツ] である。

また，関数 $\frac{1}{100}x^2-\frac{1}{6}x+5$ の不定積分は

$$\int\left(\frac{1}{100}x^2-\frac{1}{6}x+5\right)dx=\frac{1}{[テトナ]}x^3-\frac{1}{[ニヌ]}x^2+[ネ]x+C$$

である。ただし，C は積分定数とする。

(2)　ある地域では，毎年3月頃「ソメイヨシノ（桜の種類）の開花予想日」が話題になる。太郎さんと花子さんは，開花日時を予想する方法の一つに，2月に入ってからの気温を時間の関数とみて，その関数を積分した値をもとにする方法があることを知った。ソメイヨシノの開花日時を予想するために，二人は図1の6時間ごとの気温の折れ線グラフを見ながら，次のように考えることにした。

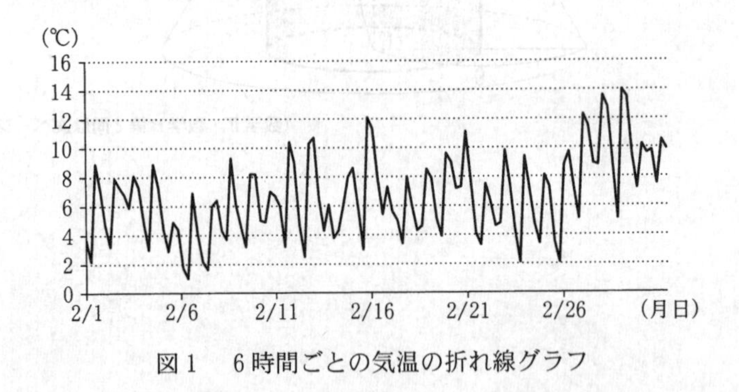

図1　6時間ごとの気温の折れ線グラフ

x の値の範囲を0以上の実数全体として，2月1日午前0時から $24x$ 時間経った時点を x 日後とする。（例えば，10.3日後は2月11日午前7時12分を表す。）また，x 日後の気温を y ℃とする。このとき，y は x の関数であり，これを $y=f(x)$ とおく。ただし，y は負にはならないものとする。

（数学Ⅱ・数学B第2問は次ページに続く。）

気温を表す関数$f(x)$を用いて二人はソメイヨシノの開花日時を次の**設定**で考えることにした。

設定

正の実数tに対して，$f(x)$を0からtまで積分した値を$S(t)$とする。すなわち，$S(t)=\int_0^t f(x)\,dx$とする。この$S(t)$が400に到達したとき，ソメイヨシノが開花する。

設定のもと，太郎さんは気温を表す関数$y=f(x)$のグラフを図2のように直線とみなしてソメイヨシノの開花日時を考えることにした。

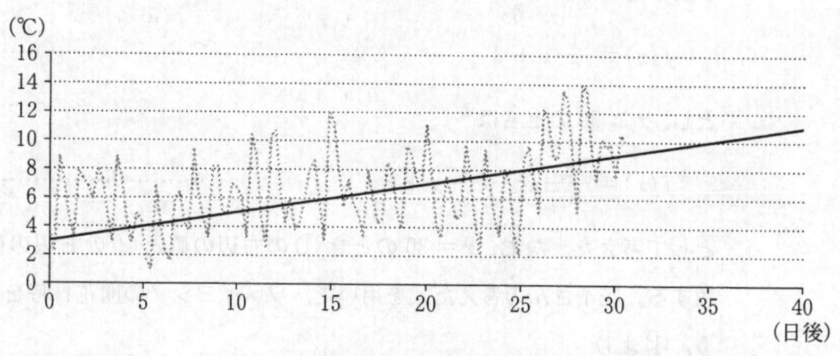

図2　図1のグラフと，太郎さんが直線とみなした$y=f(x)$のグラフ

(i)　太郎さんは

$$f(x)=\frac{1}{5}x+3 \quad (x \geqq 0)$$

として考えた。このとき，ソメイヨシノの開花日時は2月に入ってから［ノ］となる。

［ノ］の解答群

⓪　30日後	①　35日後	②　40日後
③　45日後	④　50日後	⑤　55日後
⑥　60日後	⑦　65日後	

(数学Ⅱ・数学B第2問は次ページに続く。)

(ii) 太郎さんと花子さんは，2月に入ってから30日後以降の気温について話をしている。

太郎：1次関数を用いてソメイヨシノの開花日時を求めてみたよ。

花子：気温の上がり方から考えて，2月に入ってから30日後以降の気温を表す関数が2次関数の場合も考えてみようか。

花子さんは気温を表す関数$f(x)$を，$0 \leqq x \leqq 30$のときは太郎さんと同じように

$$f(x) = \frac{1}{5}x + 3 \qquad \cdots\cdots\cdots\cdots ①$$

とし，$x \geqq 30$のときは

$$f(x) = \frac{1}{100}x^2 - \frac{1}{6}x + 5 \qquad \cdots\cdots\cdots\cdots ②$$

として考えた。なお，$x = 30$のとき①の右辺の値と②の右辺の値は一致する。花子さんの考えた式を用いて，ソメイヨシノの開花日時を考えよう。(1)より

$$\int_0^{30}\left(\frac{1}{5}x + 3\right)dx = \boxed{\text{タチツ}}$$

であり

$$\int_{30}^{40}\left(\frac{1}{100}x^2 - \frac{1}{6}x + 5\right)dx = 115$$

となることがわかる。

また，$x \geqq 30$の範囲において$f(x)$は増加する。よって

$$\int_{30}^{40} f(x)\,dx \quad \boxed{\text{ハ}} \quad \int_{40}^{50} f(x)\,dx$$

であることがわかる。以上より，ソメイヨシノの開花日時は2月に入ってから $\boxed{\text{ヒ}}$ となる。

（数学Ⅱ・数学B第2問は次ページに続く。）

ハ の解答群

⓪ $<$	① $=$	② $>$

ヒ の解答群

⓪ 30日後より前

① 30日後

② 30日後より後，かつ40日後より前

③ 40日後

④ 40日後より後，かつ50日後より前

⑤ 50日後

⑥ 50日後より後，かつ60日後より前

⑦ 60日後

⑧ 60日後より後

第3問～第5問は，いずれか2問を選択し，解答しなさい。

第3問　（選択問題）（配点　20）

以下の問題を解答するにあたっては，必要に応じて46ページの正規分布表を用いてもよい。

(1)　ある生産地で生産されるピーマン全体を母集団とし，この母集団におけるピーマン1個の重さ(単位はg)を表す確率変数をXとする。mとσを正の実数とし，Xは正規分布$N(m,\ \sigma^2)$に従うとする。

(i)　この母集団から1個のピーマンを無作為に抽出したとき，重さがm g以上である確率$P(X \geqq m)$は

$$P(X \geqq m) = P\left(\frac{X-m}{\sigma} \geqq \boxed{\text{ア}}\right) = \frac{\boxed{\text{イ}}}{\boxed{\text{ウ}}}$$

である。

(ii)　母集団から無作為に抽出された大きさnの標本X_1，X_2，…，X_nの標本平均を$\overline{X}$とする。$\overline{X}$の平均(期待値)と標準偏差はそれぞれ

$$E(\overline{X}) = \boxed{\text{エ}},\quad \sigma(\overline{X}) = \boxed{\text{オ}}$$

となる。

$n = 400$，標本平均が30.0 g，標本の標準偏差が3.6 gのとき，mの信頼度90 %の信頼区間を次の**方針**で求めよう。

方針

Zを標準正規分布$N(0,1)$に従う確率変数として，$P(-z_0 \leqq Z \leqq z_0) = 0.901$となる$z_0$を正規分布表から求める。この$z_0$を用いると$m$の信頼度90.1 %の信頼区間が求められるが，これを信頼度90 %の信頼区間とみなして考える。

方針において，$z_0 = \boxed{\text{カ}}.\boxed{\text{キク}}$である。

(数学II・数学B第3問は次ページに続く。)

一般に，標本の大きさ n が大きいときには，母標準偏差の代わりに，標本の標準偏差を用いてよいことが知られている。$n = 400$ は十分に大きいので，**方針**に基づくと，m の信頼度 90 % の信頼区間は［ケ］となる。

［エ］，［オ］の解答群(同じものを繰り返し選んでもよい。)

⓪ σ	① σ^2	② $\dfrac{\sigma}{\sqrt{n}}$	③ $\dfrac{\sigma^2}{n}$
④ m	⑤ $2m$	⑥ m^2	⑦ $\sqrt{m}$
⑧ $\dfrac{\sigma}{n}$	⑨ $n\sigma$	ⓐ nm	ⓑ $\dfrac{m}{n}$

［ケ］については，最も適当なものを，次の⓪～⑤のうちから一つ選べ。

⓪ $28.6 \leqq m \leqq 31.4$	① $28.7 \leqq m \leqq 31.3$	② $28.9 \leqq m \leqq 31.1$
③ $29.6 \leqq m \leqq 30.4$	④ $29.7 \leqq m \leqq 30.3$	⑤ $29.9 \leqq m \leqq 30.1$

(数学Ⅱ・数学B第3問は次ページに続く。)

(2) (1)の確率変数 X において，$m = 30.0$，$\sigma = 3.6$ とした母集団から無作為にピーマンを1個ずつ抽出し，ピーマン2個を1組にしたものを袋に入れていく。このようにしてピーマン2個を1組にしたものを25袋作る。その際，1袋ずつの重さの分散を小さくするために，次の**ピーマン分類法**を考える。

ピーマン分類法

無作為に抽出したいくつかのピーマンについて，重さが30.0g以下のときをSサイズ，30.0gを超えるときはLサイズと分類する。そして，分類されたピーマンからSサイズとLサイズのピーマンを一つずつ選び，ピーマン2個を1組とした袋を作る。

(i) ピーマンを無作為に50個抽出したとき，**ピーマン分類法**で25袋作ることができる確率 p_0 を考えよう。無作為に1個抽出したピーマンがSサイズである確率は $\dfrac{\boxed{コ}}{\boxed{サ}}$ である。ピーマンを無作為に50個抽出したときのSサイズのピーマンの個数を表す確率変数を U_0 とすると，U_0 は二項分布 $B\left(50, \dfrac{\boxed{コ}}{\boxed{サ}}\right)$ に従うので

$$p_0 = {}_{50}\mathrm{C}_{\boxed{シス}} \times \left(\frac{\boxed{コ}}{\boxed{サ}}\right)^{\boxed{シス}} \times \left(1 - \frac{\boxed{コ}}{\boxed{サ}}\right)^{50-\boxed{シス}}$$

となる。

p_0 を計算すると，$p_0 = 0.1122\cdots$ となることから，ピーマンを無作為に50個抽出したとき，25袋作ることができる確率は0.11程度とわかる。

(ii) **ピーマン分類法**で25袋作ることができる確率が0.95以上となるようなピーマンの個数を考えよう。

(数学Ⅱ・数学B第3問は次ページに続く。)

kを自然数とし，ピーマンを無作為に$(50+k)$個抽出したとき，Sサイズのピーマンの個数を表す確率変数をU_kとすると，U_kは二項分布$B\left(50+k,\ \dfrac{\boxed{コ}}{\boxed{サ}}\right)$に従う。

$(50+k)$は十分に大きいので，U_kは近似的に正規分布$N\left(\boxed{セ},\ \boxed{ソ}\right)$に従い，$Y=\dfrac{U_k-\boxed{セ}}{\sqrt{\boxed{ソ}}}$とすると，$Y$は近似的に標準正規分布$N(0,1)$に従う。

よって，**ピーマン分類法**で，25袋作ることができる確率をp_kとすると

$$p_k=P(25\leqq U_k\leqq 25+k)=P\left(-\frac{\boxed{タ}}{\sqrt{50+k}}\leqq Y\leqq\frac{\boxed{タ}}{\sqrt{50+k}}\right)$$

となる。

$\boxed{タ}=\alpha,\ \sqrt{50+k}=\beta$とおく。

$p_k\geqq 0.95$になるような$\dfrac{\alpha}{\beta}$について，正規分布表から$\dfrac{\alpha}{\beta}\geqq 1.96$を満たせばよいことがわかる。ここでは

$$\frac{\alpha}{\beta}\geqq 2 \qquad \cdots\cdots\cdots\cdots ①$$

を満たす自然数kを考えることとする。①の両辺は正であるから，$\alpha^2\geqq 4\beta^2$を満たす最小のkをk_0とすると，$k_0=\boxed{チツ}$であることがわかる。ただし，$\boxed{チツ}$の計算においては，$\sqrt{51}=7.14$を用いてもよい。

したがって，少なくとも$\left(50+\boxed{チツ}\right)$個のピーマンを抽出しておけば，**ピーマン分類法**で25袋作ることができる確率は0.95以上となる。

$\boxed{セ}$～$\boxed{タ}$の解答群(同じものを繰り返し選んでもよい。)

⓪ k	① $2k$	② $3k$	③ $\dfrac{50+k}{2}$
④ $\dfrac{25+k}{2}$	⑤ $25+k$	⑥ $\dfrac{\sqrt{50+k}}{2}$	⑦ $\dfrac{50+k}{4}$

(数学Ⅱ・数学B第3問は次ページに続く。)

正規分布表

次の表は，標準正規分布の分布曲線における右図の灰色部分の面積の値をまとめたものである。

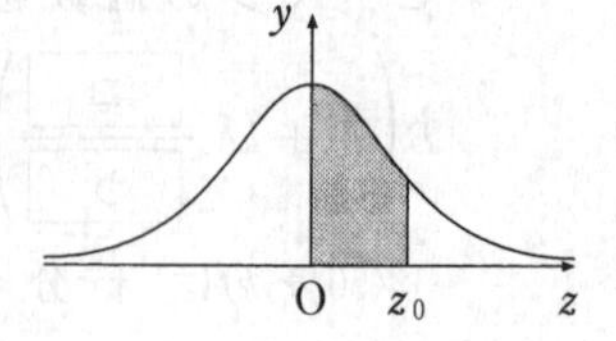

z_0	0.00	0.01	0.02	0.03	0.04	0.05	0.06	0.07	0.08	0.09
0.0	0.0000	0.0040	0.0080	0.0120	0.0160	0.0199	0.0239	0.0279	0.0319	0.0359
0.1	0.0398	0.0438	0.0478	0.0517	0.0557	0.0596	0.0636	0.0675	0.0714	0.0753
0.2	0.0793	0.0832	0.0871	0.0910	0.0948	0.0987	0.1026	0.1064	0.1103	0.1141
0.3	0.1179	0.1217	0.1255	0.1293	0.1331	0.1368	0.1406	0.1443	0.1480	0.1517
0.4	0.1554	0.1591	0.1628	0.1664	0.1700	0.1736	0.1772	0.1808	0.1844	0.1879
0.5	0.1915	0.1950	0.1985	0.2019	0.2054	0.2088	0.2123	0.2157	0.2190	0.2224
0.6	0.2257	0.2291	0.2324	0.2357	0.2389	0.2422	0.2454	0.2486	0.2517	0.2549
0.7	0.2580	0.2611	0.2642	0.2673	0.2704	0.2734	0.2764	0.2794	0.2823	0.2852
0.8	0.2881	0.2910	0.2939	0.2967	0.2995	0.3023	0.3051	0.3078	0.3106	0.3133
0.9	0.3159	0.3186	0.3212	0.3238	0.3264	0.3289	0.3315	0.3340	0.3365	0.3389
1.0	0.3413	0.3438	0.3461	0.3485	0.3508	0.3531	0.3554	0.3577	0.3599	0.3621
1.1	0.3643	0.3665	0.3686	0.3708	0.3729	0.3749	0.3770	0.3790	0.3810	0.3830
1.2	0.3849	0.3869	0.3888	0.3907	0.3925	0.3944	0.3962	0.3980	0.3997	0.4015
1.3	0.4032	0.4049	0.4066	0.4082	0.4099	0.4115	0.4131	0.4147	0.4162	0.4177
1.4	0.4192	0.4207	0.4222	0.4236	0.4251	0.4265	0.4279	0.4292	0.4306	0.4319
1.5	0.4332	0.4345	0.4357	0.4370	0.4382	0.4394	0.4406	0.4418	0.4429	0.4441
1.6	0.4452	0.4463	0.4474	0.4484	0.4495	0.4505	0.4515	0.4525	0.4535	0.4545
1.7	0.4554	0.4564	0.4573	0.4582	0.4591	0.4599	0.4608	0.4616	0.4625	0.4633
1.8	0.4641	0.4649	0.4656	0.4664	0.4671	0.4678	0.4686	0.4693	0.4699	0.4706
1.9	0.4713	0.4719	0.4726	0.4732	0.4738	0.4744	0.4750	0.4756	0.4761	0.4767
2.0	0.4772	0.4778	0.4783	0.4788	0.4793	0.4798	0.4803	0.4808	0.4812	0.4817
2.1	0.4821	0.4826	0.4830	0.4834	0.4838	0.4842	0.4846	0.4850	0.4854	0.4857
2.2	0.4861	0.4864	0.4868	0.4871	0.4875	0.4878	0.4881	0.4884	0.4887	0.4890
2.3	0.4893	0.4896	0.4898	0.4901	0.4904	0.4906	0.4909	0.4911	0.4913	0.4916
2.4	0.4918	0.4920	0.4922	0.4925	0.4927	0.4929	0.4931	0.4932	0.4934	0.4936
2.5	0.4938	0.4940	0.4941	0.4943	0.4945	0.4946	0.4948	0.4949	0.4951	0.4952
2.6	0.4953	0.4955	0.4956	0.4957	0.4959	0.4960	0.4961	0.4962	0.4963	0.4964
2.7	0.4965	0.4966	0.4967	0.4968	0.4969	0.4970	0.4971	0.4972	0.4973	0.4974
2.8	0.4974	0.4975	0.4976	0.4977	0.4977	0.4978	0.4979	0.4979	0.4980	0.4981
2.9	0.4981	0.4982	0.4982	0.4983	0.4984	0.4984	0.4985	0.4985	0.4986	0.4986
3.0	0.4987	0.4987	0.4987	0.4988	0.4988	0.4989	0.4989	0.4989	0.4990	0.4990

第3問～第5問は，いずれか2問を選択し，解答しなさい。

第4問 （選択問題）（配点　20）

花子さんは，毎年の初めに預金口座に一定額の入金をすることにした。この入金を始める前における花子さんの預金は10万円である。ここで，預金とは預金口座にあるお金の額のことである。預金には年利1％で利息がつき，ある年の初めの預金がx万円であれば，その年の終わりには預金は$1.01x$万円となる。次の年の初めには$1.01x$万円に入金額を加えたものが預金となる。

毎年の初めの入金額をp万円とし，n年目の初めの預金をa_n万円とおく。ただし，$p > 0$とし，nは自然数とする。

例えば，$a_1 = 10 + p$，$a_2 = 1.01(10 + p) + p$である。

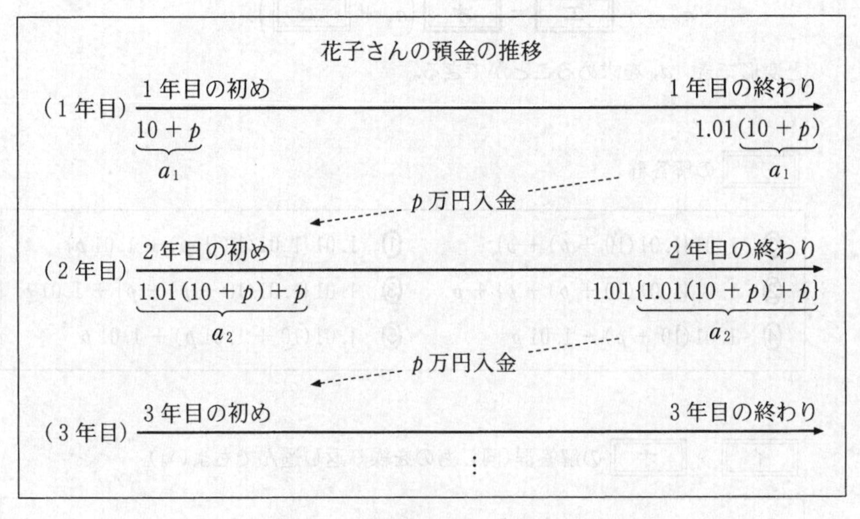

参考図

（数学Ⅱ・数学B第4問は次ページに続く。）

(1)　a_n を求めるために二つの方針で考える。

方針1

n 年目の初めの預金と$(n+1)$年目の初めの預金との関係に着目して考える。

3年目の初めの預金 a_3 万円について，$a_3 =$ ア である。すべての自然数 n について

$$a_{n+1} = \boxed{イ}\, a_n + \boxed{ウ}$$

が成り立つ。これは

$$a_{n+1} + \boxed{エ} = \boxed{オ}\left(a_n + \boxed{エ}\right)$$

と変形でき，a_n を求めることができる。

ア の解答群

⓪ $1.01\{1.01(10+p)+p\}$	① $1.01\{1.01(10+p)+1.01p\}$
② $1.01\{1.01(10+p)+p\}+p$	③ $1.01\{1.01(10+p)+p\}+1.01p$
④ $1.01(10+p)+1.01p$	⑤ $1.01(10+1.01p)+1.01p$

イ ～ オ の解答群(同じものを繰り返し選んでもよい。)

⓪ 1.01	① 1.01^{n-1}	② 1.01^n
③ p	④ $100p$	⑤ np
⑥ $100np$	⑦ $1.01^{n-1}\times 100p$	⑧ $1.01^n \times 100p$

(数学Ⅱ・数学B第4問は次ページに続く。)

方針 2

もともと預金口座にあった10万円と毎年の初めに入金したp万円について，n年目の初めにそれぞれがいくらになるかに着目して考える。

もともと預金口座にあった10万円は，2年目の初めには10×1.01万円になり，3年目の初めには10×1.01^2万円になる。同様に考えるとn年目の初めには$10 \times 1.01^{n-1}$万円になる。

- 1年目の初めに入金したp万円は，n年目の初めには$p \times 1.01^{\boxed{\text{カ}}}$万円になる。
- 2年目の初めに入金したp万円は，n年目の初めには$p \times 1.01^{\boxed{\text{キ}}}$万円になる。

　⋮

- n年目の初めに入金したp万円は，n年目の初めにはp万円のままである。

これより

$$\begin{aligned} a_n &= 10 \times 1.01^{n-1} + p \times 1.01^{\boxed{\text{カ}}} + p \times 1.01^{\boxed{\text{キ}}} + \cdots + p \\ &= 10 \times 1.01^{n-1} + p \sum_{k=1}^{n} 1.01^{\boxed{\text{ク}}} \end{aligned}$$

となることがわかる。ここで，$\sum_{k=1}^{n} 1.01^{\boxed{\text{ク}}} = \boxed{\text{ケ}}$ となるので，a_nを求めることができる。

$\boxed{\text{カ}}$，$\boxed{\text{キ}}$ の解答群（同じものを繰り返し選んでもよい。）

⓪ $n+1$　① n　② $n-1$　③ $n-2$

$\boxed{\text{ク}}$ の解答群

⓪ $k+1$　① k　② $k-1$　③ $k-2$

$\boxed{\text{ケ}}$ の解答群

⓪ 100×1.01^n　① $100(1.01^n - 1)$

② $100(1.01^{n-1} - 1)$　③ $n + 1.01^{n-1} - 1$

④ $0.01(101n - 1)$　⑤ $\dfrac{n \times 1.01^{n-1}}{2}$

（数学Ⅱ・数学B第4問は次ページに続く。）

(2) 花子さんは，10 年目の終わりの預金が 30 万円以上になるための入金額について考えた。

10 年目の終わりの預金が 30 万円以上であることを不等式を用いて表すと

[コ] $\geqq 30$ となる。この不等式を p について解くと

$$p \geqq \frac{\boxed{サシ} - \boxed{スセ} \times 1.01^{10}}{101\left(1.01^{10} - 1\right)}$$

となる。したがって，毎年の初めの入金額が例えば 18000 円であれば，10 年目の終わりの預金が 30 万円以上になることがわかる。

[コ] の解答群

⓪ a_{10}	① $a_{10} + p$	② $a_{10} - p$
③ $1.01\,a_{10}$	④ $1.01\,a_{10} + p$	⑤ $1.01\,a_{10} - p$

（数学II・数学B第 4 問は次ページに続く。）

(3)　1年目の入金を始める前における花子さんの預金が10万円ではなく，13万円の場合を考える。すべての自然数 n に対して，この場合の n 年目の初めの預金は a_n 万円よりも［ソ］万円多い。なお，年利は1％であり，毎年の初めの入金額は p 万円のままである。

［ソ］の解答群

⓪ 3	① 13	② $3(n-1)$
③ $3n$	④ $13(n-1)$	⑤ $13n$
⑥ 3^n	⑦ $3+1.01(n-1)$	⑧ $3\times1.01^{n-1}$
⑨ 3×1.01^n	ⓐ $13\times1.01^{n-1}$	ⓑ 13×1.01^n

第3問～第5問は，いずれか2問を選択し，解答しなさい。

第5問 （選択問題）（配点　20）

三角錐（すい）PABCにおいて，辺BCの中点をMとおく。また，$\angle PAB = \angle PAC$ とし，この角度を θ とおく。ただし，$0° < \theta < 90°$ とする。

(1) $\overrightarrow{AM}$ は

$$\overrightarrow{AM} = \frac{\boxed{ア}}{\boxed{イ}}\overrightarrow{AB} + \frac{\boxed{ウ}}{\boxed{エ}}\overrightarrow{AC}$$

と表せる。また

$$\frac{\overrightarrow{AP}\cdot\overrightarrow{AB}}{|\overrightarrow{AP}|\,|\overrightarrow{AB}|} = \frac{\overrightarrow{AP}\cdot\overrightarrow{AC}}{|\overrightarrow{AP}|\,|\overrightarrow{AC}|} = \boxed{オ} \quad \cdots\cdots\cdots ①$$

である。

$\boxed{オ}$ の解答群

⓪ $\sin\theta$	① $\cos\theta$	② $\tan\theta$
③ $\dfrac{1}{\sin\theta}$	④ $\dfrac{1}{\cos\theta}$	⑤ $\dfrac{1}{\tan\theta}$
⑥ $\sin\angle BPC$	⑦ $\cos\angle BPC$	⑧ $\tan\angle BPC$

(2) $\theta = 45°$ とし，さらに

$$|\overrightarrow{AP}| = 3\sqrt{2}, \quad |\overrightarrow{AB}| = |\overrightarrow{PB}| = 3, \quad |\overrightarrow{AC}| = |\overrightarrow{PC}| = 3$$

が成り立つ場合を考える。このとき

$$\overrightarrow{AP}\cdot\overrightarrow{AB} = \overrightarrow{AP}\cdot\overrightarrow{AC} = \boxed{カ}$$

である。さらに，直線AM上の点Dが $\angle APD = 90°$ を満たしているとする。このとき，$\overrightarrow{AD} = \boxed{キ}\,\overrightarrow{AM}$ である。

（数学Ⅱ・数学B第5問は次ページに続く。）

(3)

$$\overrightarrow{AQ} = \boxed{\text{キ}}\ \overrightarrow{AM}$$

で定まる点をQとおく。$\overrightarrow{PA}$ と $\overrightarrow{PQ}$ が垂直である三角錐PABCはどのようなものかについて考えよう。例えば(2)の場合では，点Qは点Dと一致し，$\overrightarrow{PA}$ と $\overrightarrow{PQ}$ は垂直である。

(i) $\overrightarrow{PA}$ と $\overrightarrow{PQ}$ が垂直であるとき，$\overrightarrow{PQ}$ を $\overrightarrow{AB}$，$\overrightarrow{AC}$，$\overrightarrow{AP}$ を用いて表して考えると，$\boxed{\text{ク}}$ が成り立つ。さらに①に注意すると，$\boxed{\text{ク}}$ から $\boxed{\text{ケ}}$ が成り立つことがわかる。

したがって，$\overrightarrow{PA}$ と $\overrightarrow{PQ}$ が垂直であれば，$\boxed{\text{ケ}}$ が成り立つ。逆に，$\boxed{\text{ケ}}$ が成り立てば，$\overrightarrow{PA}$ と $\overrightarrow{PQ}$ は垂直である。

$\boxed{\text{ク}}$ の解答群

⓪ $\overrightarrow{AP}\cdot\overrightarrow{AB}+\overrightarrow{AP}\cdot\overrightarrow{AC}=\overrightarrow{AP}\cdot\overrightarrow{AP}$

① $\overrightarrow{AP}\cdot\overrightarrow{AB}+\overrightarrow{AP}\cdot\overrightarrow{AC}=-\overrightarrow{AP}\cdot\overrightarrow{AP}$

② $\overrightarrow{AP}\cdot\overrightarrow{AB}+\overrightarrow{AP}\cdot\overrightarrow{AC}=\overrightarrow{AB}\cdot\overrightarrow{AC}$

③ $\overrightarrow{AP}\cdot\overrightarrow{AB}+\overrightarrow{AP}\cdot\overrightarrow{AC}=-\overrightarrow{AB}\cdot\overrightarrow{AC}$

④ $\overrightarrow{AP}\cdot\overrightarrow{AB}+\overrightarrow{AP}\cdot\overrightarrow{AC}=0$

⑤ $\overrightarrow{AP}\cdot\overrightarrow{AB}-\overrightarrow{AP}\cdot\overrightarrow{AC}=0$

$\boxed{\text{ケ}}$ の解答群

⓪ $|\overrightarrow{AB}|+|\overrightarrow{AC}|=\sqrt{2}\,|\overrightarrow{BC}|$

① $|\overrightarrow{AB}|+|\overrightarrow{AC}|=2\,|\overrightarrow{BC}|$

② $|\overrightarrow{AB}|\sin\theta+|\overrightarrow{AC}|\sin\theta=|\overrightarrow{AP}|$

③ $|\overrightarrow{AB}|\cos\theta+|\overrightarrow{AC}|\cos\theta=|\overrightarrow{AP}|$

④ $|\overrightarrow{AB}|\sin\theta=|\overrightarrow{AC}|\sin\theta=2\,|\overrightarrow{AP}|$

⑤ $|\overrightarrow{AB}|\cos\theta=|\overrightarrow{AC}|\cos\theta=2\,|\overrightarrow{AP}|$

(数学Ⅱ・数学B第5問は次ページに続く。)

(ii) kを正の実数とし

$$k\overrightarrow{AP}\cdot\overrightarrow{AB}=\overrightarrow{AP}\cdot\overrightarrow{AC}$$

が成り立つとする。このとき，［コ］が成り立つ。

また，点Bから直線APに下ろした垂線と直線APとの交点をB′とし，同様に点Cから直線APに下ろした垂線と直線APとの交点をC′とする。

このとき，$\overrightarrow{PA}$と$\overrightarrow{PQ}$が垂直であることは，［サ］であることと同値である。特に$k=1$のとき，$\overrightarrow{PA}$と$\overrightarrow{PQ}$が垂直であることは，［シ］であることと同値である。

［コ］の解答群

⓪ $k|\overrightarrow{AB}|=|\overrightarrow{AC}|$
① $|\overrightarrow{AB}|=k|\overrightarrow{AC}|$
② $k|\overrightarrow{AP}|=\sqrt{2}|\overrightarrow{AB}|$
③ $k|\overrightarrow{AP}|=\sqrt{2}|\overrightarrow{AC}|$

［サ］の解答群

⓪ B′とC′がともに線分APの中点
① B′とC′が線分APをそれぞれ$(k+1):1$と$1:(k+1)$に内分する点
② B′とC′が線分APをそれぞれ$1:(k+1)$と$(k+1):1$に内分する点
③ B′とC′が線分APをそれぞれ$k:1$と$1:k$に内分する点
④ B′とC′が線分APをそれぞれ$1:k$と$k:1$に内分する点
⑤ B′とC′がともに線分APを$k:1$に内分する点
⑥ B′とC′がともに線分APを$1:k$に内分する点

（数学Ⅱ・数学B第5問は次ページに続く。）

シ の解答群

⓪ △PAB と△PAC がともに正三角形

① △PAB と△PAC がそれぞれ∠PBA = 90°，∠PCA = 90° を満たす直角二等辺三角形

② △PAB と△PAC がそれぞれ BP = BA，CP = CA を満たす二等辺三角形

③ △PAB と△PAC が合同

④ AP = BC

数　学　I

（全　問　必　答）

第1問　（配点　20）

〔1〕　実数 x についての不等式

$$|x+6| \leqq 2$$

の解は

$$\boxed{\text{アイ}} \leqq x \leqq \boxed{\text{ウエ}}$$

である。

よって，実数 a，b，c，d が

$$|(1-\sqrt{3})(a-b)(c-d)+6| \leqq 2$$

を満たしているとき，$1-\sqrt{3}$ は負であることに注意すると，$(a-b)(c-d)$ のとり得る値の範囲は

$$\boxed{\text{オ}} + \boxed{\text{カ}}\sqrt{3} \leqq (a-b)(c-d) \leqq \boxed{\text{キ}} + \boxed{\text{ク}}\sqrt{3}$$

であることがわかる。

（数学 I 第1問は次ページに続く。）

特に

$$(a-b)(c-d)=\boxed{\text{キ}}+\boxed{\text{ク}}\sqrt{3} \quad \cdots\cdots\cdots\cdots ①$$

であるとき，さらに

$$(a-c)(b-d)=-3+\sqrt{3} \quad \cdots\cdots\cdots\cdots ②$$

が成り立つならば

$$(a-d)(c-b)=\boxed{\text{ケ}}+\boxed{\text{コ}}\sqrt{3} \quad \cdots\cdots\cdots\cdots ③$$

であることが，等式①，②，③の左辺を展開して比較することによりわかる。

（数学I第1問は次ページに続く。）

〔2〕 Uを全体集合とし，A，B，CをUの部分集合とする。Uの部分集合Xに対して，Xの補集合を$\overline{X}$で表す。

(1) U，A，B，Cの関係を図1のように表すと，例えば，$A \cap (B \cup C)$はAと$B \cup C$の共通部分で，$B \cup C$は図2の斜線部分なので，$A \cap (B \cup C)$は図3の斜線部分となる。

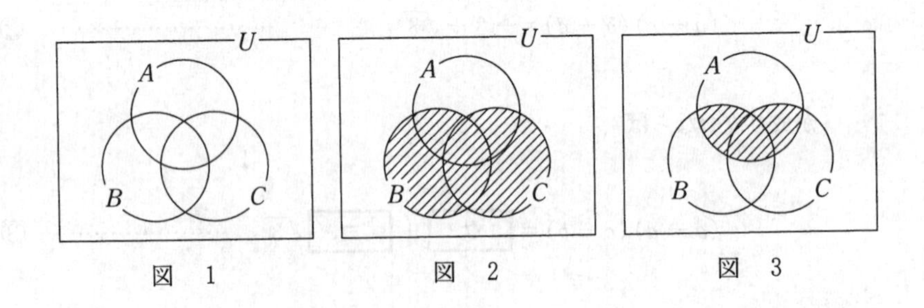

図 1　　図 2　　図 3

このとき，$(A \cap \overline{C}) \cup (B \cap C)$は サ の斜線部分である。

サ については，最も適当なものを，次の⓪～⑤のうちから一つ選べ。

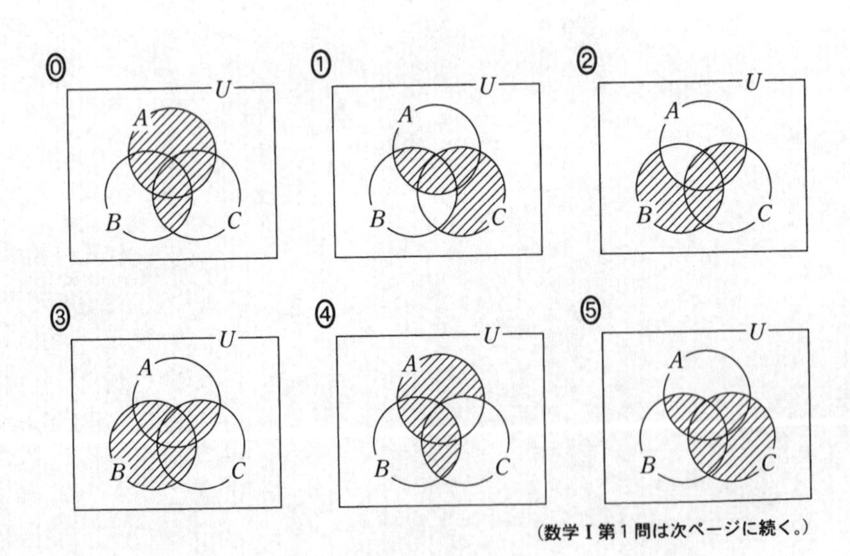

（数学Ⅰ第1問は次ページに続く。）

(2)　全体集合 U を

$$U=\{0,1,2,3,4,5,6,7,8,9\}$$

とする。また，U の部分集合 A，B を次のように定める。

$$A=\{0,2,3,4,6,8,9\},\quad B=\{1,3,5,6,7,9\}$$

(i)　このとき

$$A\cap B=\{\boxed{シ},\ \boxed{ス},\ \boxed{セ}\}$$

$$\overline{A}\cap B=\{\boxed{ソ},\ \boxed{タ},\ \boxed{チ}\}$$

である。ただし

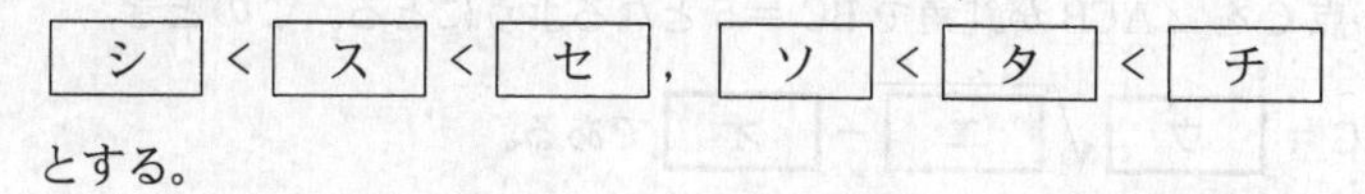

とする。

(ii)　U の部分集合 C は

$$(A\cap\overline{C})\cup(B\cap C)=A$$

を満たすとする。このとき，次のことが成り立つ。

- $\overline{A}\cap B$ の $\boxed{ツ}$。
- $A\cap\overline{B}$ の $\boxed{テ}$。

$\boxed{ツ}$，$\boxed{テ}$ の解答群（同じものを繰り返し選んでもよい。）

⓪　すべての要素は C の要素である
①　どの要素も C の要素ではない
②　要素には，C の要素であるものと，C の要素でないものがある

第2問 (配点 30)

(1) 点Oを中心とし，半径が5である円Oがある。この円周上に2点A，Bを$AB=6$となるようにとる。また，円Oの円周上に，2点A，Bとは異なる点Cをとる。

(i) $\sin\angle ACB=$ ア である。また，点Cを$\angle ACB$が鈍角となるようにとるとき，$\cos\angle ACB=$ イ である。

(ii) 点Cを$\angle ACB$が鈍角で$BC=5$となるようにとる。このとき，

$AC=$ ウ $\sqrt{\text{エ}}-$ オ である。

(iii) 点Cを△ABCの面積が最大となるようにとる。点Cから直線ABに垂直な直線を引き，直線ABとの交点をDとするとき，$\tan\angle OAD=$ カ である。また，△ABCの面積は キク である。

(数学Ⅰ第2問は次ページに続く。)

(iv)　点Cを，(iii)と同様に，△ABCの面積が最大となるようにとる。このとき，

$\tan \angle ACB =$ ケ である。

さらに，点Cを通り直線ACに垂直な直線を引き，直線ABとの交点をEとする。このとき，$\sin \angle BCE =$ コ である。

点Fを線分CE上にとるとき，BFの長さの最小値は $\dfrac{\text{サシ}\sqrt{\text{スセ}}}{\text{ソ}}$

である。

ア，イ，カ，ケ，コ の解答群（同じものを繰り返し選んでもよい。）

⓪ $\frac{3}{5}$	① $\frac{3}{4}$	② $\frac{4}{5}$	③ 1	④ $\frac{4}{3}$
⑤ $-\frac{3}{5}$	⑥ $-\frac{3}{4}$	⑦ $-\frac{4}{5}$	⑧ -1	⑨ $-\frac{4}{3}$

（数学Ⅰ第２問は次ページに続く。）

(2)　半径が5である球Sがある。この球面上に3点P，Q，Rをとったとき，これらの3点を通る平面α上で$PQ = 8$，$QR = 5$，$RP = 9$であったとする。

球Sの球面上に点Tを三角錐（すい）TPQRの体積が最大となるようにとるとき，その体積を求めよう。

まず，$\cos\angle QPR = \dfrac{\boxed{タ}}{\boxed{チ}}$であることから，△PQRの面積は

$\boxed{ツ}\sqrt{\boxed{テト}}$である。

次に，点Tから平面αに垂直な直線を引き，平面αとの交点をHとする。このとき，PH，QH，RHの長さについて，$\boxed{ナ}$が成り立つ。

以上より，三角錐TPQRの体積は$\boxed{ニヌ}\left(\sqrt{\boxed{ネノ}}+\sqrt{\boxed{ハ}}\right)$である。

$\boxed{ナ}$の解答群

⓪　$PH < QH < RH$	①　$PH < RH < QH$
②　$QH < PH < RH$	③　$QH < RH < PH$
④　$RH < PH < QH$	⑤　$RH < QH < PH$
⑥　$PH = QH = RH$	

第3問 （配点　20）

太郎さんは，総務省が公表している2020年の家計調査の結果を用いて，地域による食文化の違いについて考えている。家計調査における調査地点は，都道府県庁所在市および政令指定都市（都道府県庁所在市を除く）であり，合計52市である。家計調査の結果の中でも，スーパーマーケットなどで販売されている調理食品の「二人以上の世帯の1世帯当たり年間支出金額（以下，支出金額，単位は円）」を分析することにした。以下においては，52市の調理食品の支出金額をデータとして用いる。

太郎さんは調理食品として，最初にうなぎのかば焼き（以下，かば焼き）に着目し，図1のように52市におけるかば焼きの支出金額のヒストグラムを作成した。ただし，ヒストグラムの各階級の区間は，左側の数値を含み，右側の数値を含まない。

なお，以下の図や表については，総務省のWebページをもとに作成している。

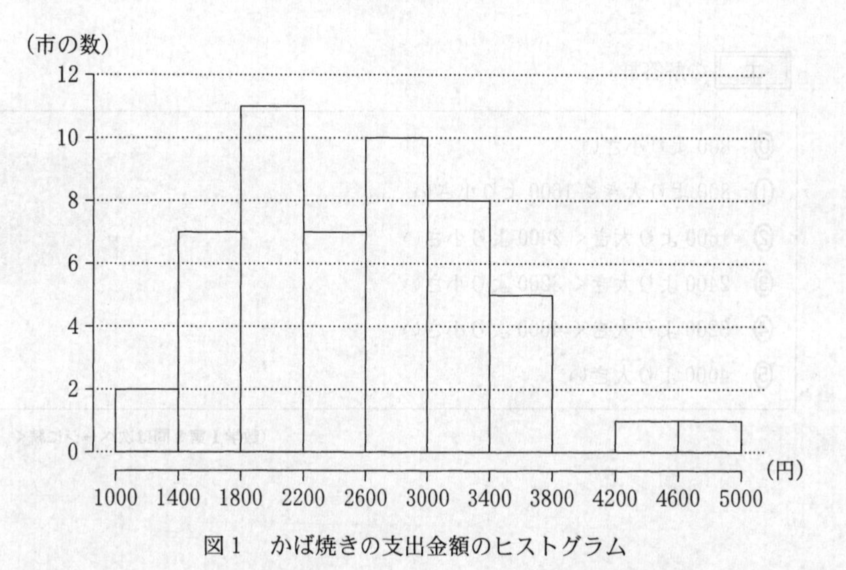

図1　かば焼きの支出金額のヒストグラム

（数学Ⅰ第3問は次ページに続く。）

(1)　図1から次のことが読み取れる。

- 中央値が含まれる階級は ア である。
- 第1四分位数が含まれる階級は イ である。
- 第3四分位数が含まれる階級は ウ である。
- 四分位範囲は エ 。

ア ～ ウ の解答群(同じものを繰り返し選んでもよい。)

⓪　1000以上1400未満	①　1400以上1800未満
②　1800以上2200未満	③　2200以上2600未満
④　2600以上3000未満	⑤　3000以上3400未満
⑥　3400以上3800未満	⑦　3800以上4200未満
⑧　4200以上4600未満	⑨　4600以上5000未満

エ の解答群

⓪　800より小さい
①　800より大きく1600より小さい
②　1600より大きく2400より小さい
③　2400より大きく3200より小さい
④　3200より大きく4000より小さい
⑤　4000より大きい

(数学Ⅰ第3問は次ページに続く。)

⑵ 太郎さんは，東西での地域による食文化の違いを調べるために，52 市を東側の地域 E(19 市)と西側の地域 W(33 市)の二つに分けて考えることにした。

(i) 地域 E と地域 W について，かば焼きの支出金額の箱ひげ図を，図 2，図 3 のようにそれぞれ作成した。

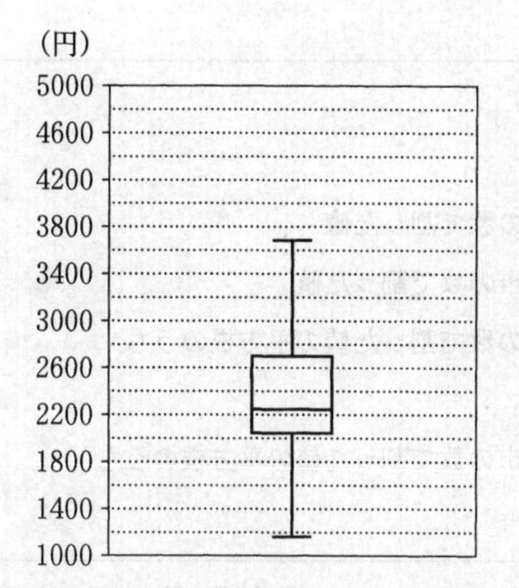

図 2　地域 E におけるかば焼きの支出金額の箱ひげ図

図 3　地域 W におけるかば焼きの支出金額の箱ひげ図

かば焼きの支出金額について，図 2 と図 3 から読み取れることとして，次の⓪〜③のうち，正しいものは［オ］である。

［オ］の解答群

⓪ 地域 E において，小さい方から 5 番目は 2000 以下である。

① 地域 E と地域 W の範囲は等しい。

② 中央値は，地域 E より地域 W の方が大きい。

③ 2600 未満の市の割合は，地域 E より地域 W の方が大きい。

(数学Ⅰ第 3 問は次ページに続く。)

(ii) 太郎さんは，地域Ｅと地域Ｗのデータの散らばりの度合いを数値でとらえようと思い，それぞれの分散を考えることにした。地域Ｅにおけるかば焼きの支出金額の分散は，地域Ｅのそれぞれの市におけるかば焼きの支出金額の偏差の［カ］である。

［カ］の解答群

⓪ 2乗を合計した値
① 絶対値を合計した値
② 2乗を合計して地域Ｅの市の数で割った値
③ 絶対値を合計して地域Ｅの市の数で割った値
④ 2乗を合計して地域Ｅの市の数で割った値の平方根のうち正のもの
⑤ 絶対値を合計して地域Ｅの市の数で割った値の平方根のうち正のもの

(数学Ⅰ第3問は次ページに続く。)

(3) 太郎さんは，(2)で考えた地域Ｅにおける，やきとりの支出金額についても調べることにした。

ここでは地域Ｅにおいて，やきとりの支出金額が増加すれば，かば焼きの支出金額も増加する傾向があるのではないかと考え，まず図４のように，地域Ｅにおける，やきとりとかば焼きの支出金額の散布図を作成した。そして，相関係数を計算するために，表１のように平均値，分散，標準偏差および共分散を算出した。ただし，共分散は地域Ｅのそれぞれの市における，やきとりの支出金額の偏差とかば焼きの支出金額の偏差との積の平均値である。

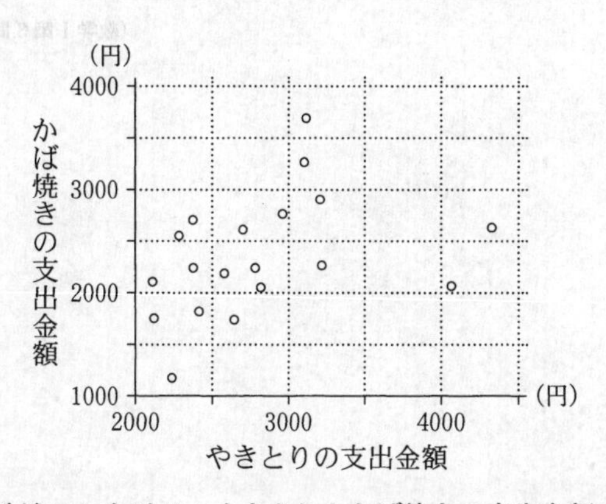

図４　地域Ｅにおける，やきとりとかば焼きの支出金額の散布図

表１　地域Ｅにおける，やきとりとかば焼きの支出金額の平均値，分散，標準偏差および共分散

	平均値	分　散	標準偏差	共分散
やきとりの支出金額	2810	348100	590	124000
かば焼きの支出金額	2350	324900	570	

(数学Ⅰ第３問は次ページに続く。)

(i)　表1を用いると，地域Eにおける，やきとりの支出金額とかば焼きの支出金額の相関係数は キ である。

キ については，最も適当なものを，次の⓪～⑨のうちから一つ選べ。

⓪　－0.62	①　－0.50	②　－0.37	③　－0.19
④　－0.02	⑤　0.02	⑥　0.19	⑦　0.37
⑧　0.50	⑨　0.62		

（数学Ⅰ第3問は次ページに続く。）

(ii)　地域Eの19市それぞれにおける，やきとりの支出金額 x とかば焼きの支出金額 y の値の組を

$$(x_1,\ y_1),\ (x_2,\ y_2),\ \cdots,\ (x_{19},\ y_{19})$$

とする。この支出金額のデータを千円単位に変換することを考える。地域Eにおいて千円単位に変換した，やきとりの支出金額 x' とかば焼きの支出金額 y' の値の組を

$$(x'_1,\ y'_1),\ (x'_2,\ y'_2),\ \cdots,\ (x'_{19},\ y'_{19})$$

とすると

$$\begin{cases} x'_i = \dfrac{x_i}{1000} \\ y'_i = \dfrac{y_i}{1000} \end{cases} \quad (i = 1,\ 2,\ \cdots,\ 19)$$

と表される。このとき，次のことが成り立つ。

- x' の分散は［ク］となる。
- x' と y' の相関係数は，x と y の相関係数［ケ］。

（数学Ⅰ第3問は次ページに続く。）

ク の解答群

⓪ $\dfrac{348100}{1000^2}$　① $\dfrac{348100}{1000}$　② 348100

③ 1000×348100　④ $1000^2 \times 348100$

ケ の解答群

⓪ の $\dfrac{1}{1000^2}$ 倍となる　① の $\dfrac{1}{1000}$ 倍となる　② と等しい

③ の 1000 倍となる　④ の 1000^2 倍となる

第４問 (配点　30)

〔1〕 pを実数とし，$f(x)=(x-2)(x-8)+p$とする。

(1) ２次関数$y=f(x)$のグラフの頂点の座標は

$$\left(\boxed{\text{ア}},\ \boxed{\text{イウ}}+p\right)$$

である。

(2) ２次関数$y=f(x)$のグラフとx軸との位置関係は，pの値によって次のように三つの場合に分けられる。

$p>\boxed{\text{エ}}$のとき，２次関数$y=f(x)$のグラフはx軸と共有点をもたない。

$p=\boxed{\text{エ}}$のとき，２次関数$y=f(x)$のグラフはx軸と点$\left(\boxed{\text{オ}},\ 0\right)$で接する。

$p<\boxed{\text{エ}}$のとき，２次関数$y=f(x)$のグラフはx軸と異なる２点で交わる。

(数学Ⅰ第４問は次ページに続く。)

(3)　2次関数 $y=f(x)$ のグラフを x 軸方向に -3，y 軸方向に5だけ平行移動した放物線をグラフとする2次関数を $y=g(x)$ とすると

$$g(x)=x^2-\boxed{\text{カ}}\,x+p$$

となる。

関数 $y=|f(x)-g(x)|$ のグラフを考えることにより，

関数 $y=|f(x)-g(x)|$ は $x=\dfrac{\boxed{\text{キ}}}{\boxed{\text{ク}}}$ で最小値をとることがわかる。

（数学Ⅰ第4問は次ページに続く。）

〔2〕　太郎さんと花子さんは，バスケットボールのプロ選手の中には，リングと同じ高さでシュートを打てる人がいることを知り，シュートを打つ高さによってボールの軌道がどう変わるかについて考えている。

二人は，図1のように座標軸が定められた平面上に，プロ選手と花子さんがシュートを打つ様子を真横から見た図をかき，ボールがリングに入った場合について，後の**仮定**を設定して考えることにした。長さの単位はメートルであるが，以下では省略する。

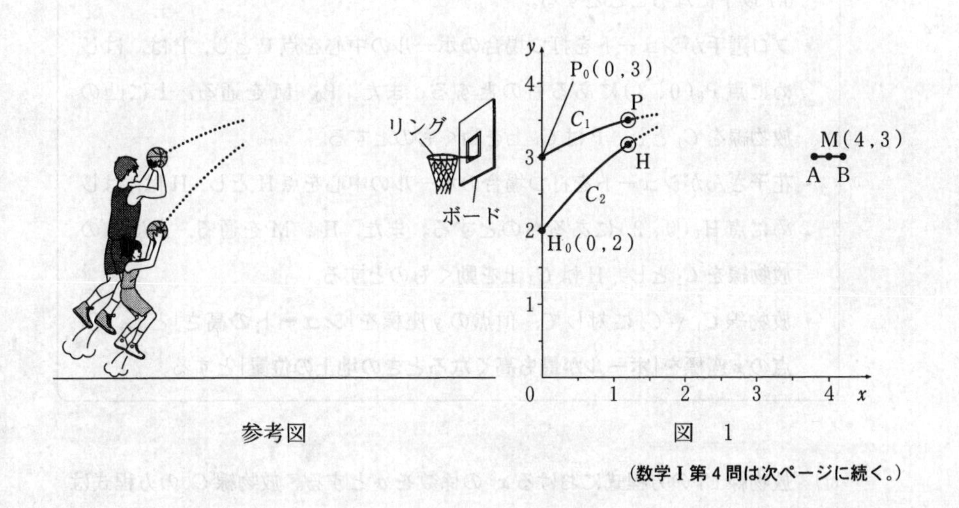

参考図　　　　図　1

(数学Ⅰ第4問は次ページに続く。)

仮定

- 平面上では，ボールを直径0.2の円とする。
- リングを真横から見たときの左端を点A(3.8，3)，右端を点B(4.2，3)とし，リングの太さは無視する。
- ボールがリングや他のものに当たらずに上からリングを通り，かつ，ボールの中心がABの中点M(4，3)を通る場合を考える。ただし，ボールがリングに当たるとは，ボールの中心とAまたはBとの距離が0.1以下になることとする。
- プロ選手がシュートを打つ場合のボールの中心を点Pとし，Pは，はじめに点P_0(0，3)にあるものとする。また，P_0，Mを通る，上に凸の放物線をC_1とし，PはC_1上を動くものとする。
- 花子さんがシュートを打つ場合のボールの中心を点Hとし，Hは，はじめに点H_0(0，2)にあるものとする。また，H_0，Mを通る，上に凸の放物線をC_2とし，HはC_2上を動くものとする。
- 放物線C_1やC_2に対して，頂点のy座標を「**シュートの高さ**」とし，頂点のx座標を「**ボールが最も高くなるときの地上の位置**」とする。

(1) 放物線C_1の方程式におけるx^2の係数をaとする。放物線C_1の方程式は

$$y = ax^2 - \boxed{\text{ケ}}\,ax + \boxed{\text{コ}}$$

と表すことができる。また，プロ選手の「**シュートの高さ**」は

$$-\boxed{\text{サ}}\,a + \boxed{\text{シ}}$$

である。

(数学Ⅰ第4問は次ページに続く。)

放物線 C_2 の方程式における x^2 の係数を p とする。放物線 C_2 の方程式は

$$y = p\left\{x - \left(2 - \frac{1}{8p}\right)\right\}^2 - \frac{(16p-1)^2}{64p} + 2$$

と表すことができる。

プロ選手と花子さんの「**ボールが最も高くなるときの地上の位置**」の比較の記述として，次の⓪～③のうち，正しいものは［ス］である。

［ス］の解答群

⓪　プロ選手と花子さんの「**ボールが最も高くなるときの地上の位置**」は，つねに一致する。

①　プロ選手の「**ボールが最も高くなるときの地上の位置**」の方が，つねにMの x 座標に近い。

②　花子さんの「**ボールが最も高くなるときの地上の位置**」の方が，つねにMの x 座標に近い。

③　プロ選手の「**ボールが最も高くなるときの地上の位置**」の方がMの x 座標に近いときもあれば，花子さんの「**ボールが最も高くなるときの地上の位置**」の方がMの x 座標に近いときもある。

(数学Ⅰ第4問は次ページに続く。)

(2) 二人は，ボールがリングすれすれを通る場合のプロ選手と花子さんの「**シュートの高さ**」について次のように話している。

太郎：例えば，プロ選手のボールがリングに当たらないようにするには，Pがリングの左端Aのどのくらい上を通れば良いのかな。

花子：Aの真上の点でPが通る点Dを，線分DMがAを中心とする半径0.1の円と接するようにとって考えてみたらどうかな。

太郎：なるほど。Pの軌道は上に凸の放物線で山なりだから，その場合，図2のように，PはDを通った後で線分DMより上側を通るのでボールはリングに当たらないね。花子さんの場合も，HがこのDを通れば，ボールはリングに当たらないね。

花子：放物線 C_1 と C_2 がDを通る場合でプロ選手と私の「**シュートの高さ**」を比べてみようよ。

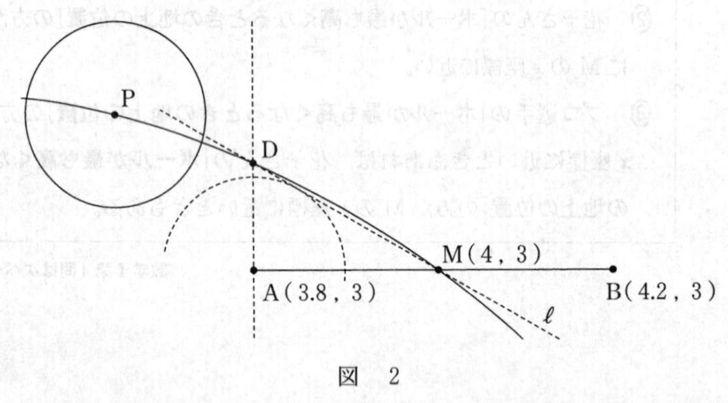

図 2

（数学Ⅰ第4問は次ページに続く。）

図2のように，Mを通る直線ℓが，Aを中心とする半径0.1の円に直線ABの上側で接しているとする。また，Aを通り直線ABに垂直な直線を引き，ℓとの交点をDとする。このとき，$\mathrm{AD} = \dfrac{\sqrt{3}}{15}$である。

よって，放物線C_1がDを通るとき，C_1の方程式は

$$y = -\frac{\boxed{セ}\sqrt{\boxed{ソ}}}{\boxed{タチ}}\left(x^2 - \boxed{ケ}\,x\right) + \boxed{コ}$$

となる。

また，放物線C_2がDを通るとき，(1)で与えられたC_2の方程式を用いると，花子さんの「**シュートの高さ**」は約3.4と求められる。

以上のことから，放物線C_1とC_2がDを通るとき，プロ選手と花子さんの「**シュートの高さ**」を比べると，ツ の「**シュートの高さ**」の方が大きく，その差はボール テ である。なお，$\sqrt{3} = 1.7320508\cdots$である。

ツ の解答群

⓪　プロ選手	①　花子さん

テ については，最も適当なものを，次の⓪～③のうちから一つ選べ。

⓪　約1個分	①　約2個分	②　約3個分	③　約4個分

数　学　Ⅱ

（全　問　必　答）

第１問　（配点　30）

〔１〕　三角関数の値の大小関係について考えよう。

(1)　$x = \dfrac{\pi}{6}$ のとき $\sin x$ ［ア］ $\sin 2x$ であり，$x = \dfrac{2}{3}\pi$ のとき

$\sin x$ ［イ］ $\sin 2x$ である。

［ア］，［イ］の解答群（同じものを繰り返し選んでもよい。）

⓪　<	①　=	②　>

（数学Ⅱ第１問は次ページに続く。）

(2)　$\sin x$ と $\sin 2x$ の値の大小関係を詳しく調べよう。

$$\sin 2x - \sin x = \sin x\left(\boxed{\text{ウ}}\cos x - \boxed{\text{エ}}\right)$$

であるから，$\sin 2x - \sin x > 0$ が成り立つことは

「$\sin x > 0$　かつ　$\boxed{\text{ウ}}\cos x - \boxed{\text{エ}} > 0$」 ……………… ①

または

「$\sin x < 0$　かつ　$\boxed{\text{ウ}}\cos x - \boxed{\text{エ}} < 0$」 ……………… ②

が成り立つことと同値である。$0 \leqq x \leqq 2\pi$ のとき，① が成り立つような x の値の範囲は

$$0 < x < \frac{\pi}{\boxed{\text{オ}}}$$

であり，② が成り立つような x の値の範囲は

$$\pi < x < \frac{\boxed{\text{カ}}}{\boxed{\text{キ}}}\pi$$

である。よって，$0 \leqq x \leqq 2\pi$ のとき，$\sin 2x > \sin x$ が成り立つような x の値の範囲は

$$0 < x < \frac{\pi}{\boxed{\text{オ}}},\quad \pi < x < \frac{\boxed{\text{カ}}}{\boxed{\text{キ}}}\pi$$

である。

（数学Ⅱ第１問は次ページに続く。）

(3)　$\sin 3x$ と $\sin 4x$ の値の大小関係を調べよう。

三角関数の加法定理を用いると，等式

$$\sin(\alpha+\beta)-\sin(\alpha-\beta)=2\cos\alpha\sin\beta \quad \cdots\cdots\cdots\cdots\cdots\cdots ③$$

が得られる。$\alpha+\beta=4x$，$\alpha-\beta=3x$ を満たす α，β に対して ③ を用いることにより，$\sin 4x-\sin 3x>0$ が成り立つことは

「$\cos$ [ク] >0　かつ　$\sin$ [ケ] >0」 ……………………… ④

または

「$\cos$ [ク] <0　かつ　$\sin$ [ケ] <0」 ……………………… ⑤

が成り立つことと同値であることがわかる。

$0\leqq x\leqq\pi$ のとき，④，⑤により，$\sin 4x>\sin 3x$ が成り立つような x の値の範囲は

$$0<x<\frac{\pi}{[コ]},\quad \frac{[サ]}{[シ]}\pi<x<\frac{[ス]}{[セ]}\pi$$

である。

[ク]，[ケ] の解答群(同じものを繰り返し選んでもよい。)

⓪ 0	① x	② $2x$	③ $3x$
④ $4x$	⑤ $5x$	⑥ $6x$	⑦ $\frac{x}{2}$
⑧ $\frac{3}{2}x$	⑨ $\frac{5}{2}x$	ⓐ $\frac{7}{2}x$	ⓑ $\frac{9}{2}x$

(数学II第1問は次ページに続く。)

(4) (2), (3)の考察から，$0 \leqq x \leqq \pi$ のとき，$\sin 3x > \sin 4x > \sin 2x$ が成り立つような x の値の範囲は

$$\frac{\pi}{\boxed{\text{コ}}} < x < \frac{\pi}{\boxed{\text{ソ}}},\quad \frac{\boxed{\text{ス}}}{\boxed{\text{セ}}}\pi < x < \frac{\boxed{\text{タ}}}{\boxed{\text{チ}}}\pi$$

であることがわかる。

(数学Ⅱ第1問は次ページに続く。)

〔2〕

(1)　$a > 0$，$a \neq 1$，$b > 0$ のとき，$\log_a b = x$ とおくと，［ツ］が成り立つ。

［ツ］の解答群

⓪　$x^a = b$	①　$x^b = a$
②　$a^x = b$	③　$b^x = a$
④　$a^b = x$	⑤　$b^a = x$

(2)　様々な対数の値が有理数か無理数かについて考えよう。

(i)　$\log_5 25 =$ ［テ］，$\log_9 27 = \dfrac{［ト］}{［ナ］}$ であり，どちらも有理数である。

(ii)　$\log_2 3$ が有理数と無理数のどちらであるかを考えよう。

$\log_2 3$ が有理数であると仮定すると，$\log_2 3 > 0$ であるので，二つの自然数 p，q を用いて $\log_2 3 = \dfrac{p}{q}$ と表すことができる。このとき，(1)により $\log_2 3 = \dfrac{p}{q}$ は［ニ］と変形できる。いま，2は偶数であり3は奇数であるので，［ニ］を満たす自然数 p，q は存在しない。

したがって，$\log_2 3$ は無理数であることがわかる。

(iii)　a，b を2以上の自然数とするとき，(ii)と同様に考えると，「［ヌ］ならば $\log_a b$ はつねに無理数である」ことがわかる。

(数学Ⅱ第1問は次ページに続く。)

ニ の解答群

⓪ $p^2 = 3q^2$	① $q^2 = p^3$	② $2^q = 3^p$
③ $p^3 = 2q^3$	④ $p^2 = q^3$	⑤ $2^p = 3^q$

ヌ の解答群

⓪ aが偶数

① bが偶数

② aが奇数

③ bが奇数

④ aとbがともに偶数，またはaとbがともに奇数

⑤ aとbのいずれか一方が偶数で，もう一方が奇数

第2問 （配点　30）

〔1〕

(1)　kを正の定数とし，次の3次関数を考える。

$$f(x)=x^2(k-x)$$

$y=f(x)$のグラフとx軸との共有点の座標は$(0,0)$と$\left(\boxed{ア},0\right)$である。

$f(x)$の導関数$f'(x)$は

$$f'(x)=\boxed{イウ}x^2+\boxed{エ}kx$$

である。

$x=\boxed{オ}$のとき，$f(x)$は極小値$\boxed{カ}$をとる。

$x=\boxed{キ}$のとき，$f(x)$は極大値$\boxed{ク}$をとる。

また，$0<x<k$の範囲において$x=\boxed{キ}$のとき$f(x)$は最大となることがわかる。

$\boxed{ア}$，$\boxed{オ}$～$\boxed{ク}$の解答群(同じものを繰り返し選んでもよい。)

⓪　0	①　$\frac{1}{3}k$	②　$\frac{1}{2}k$	③　$\frac{2}{3}k$
④　k	⑤　$\frac{3}{2}k$	⑥　$-4k^2$	⑦　$\frac{1}{8}k^2$
⑧　$\frac{2}{27}k^3$	⑨　$\frac{4}{27}k^3$	ⓐ　$\frac{4}{9}k^3$	ⓑ　$4k^3$

(数学Ⅱ第2問は次ページに続く。)

⑵　後の図のように底面が半径 9 の円で高さが 15 の円錐(すい)に内接する円柱を考える。円柱の底面の半径と体積をそれぞれ x，V とする。V を x の式で表すと

$$V = \frac{\boxed{ケ}}{\boxed{コ}}\pi x^2\left(\boxed{サ} - x\right) \quad (0 < x < 9)$$

である。⑴の考察より，$x = \boxed{シ}$ のとき V は最大となることがわかる。V の最大値は $\boxed{スセソ}\pi$ である。

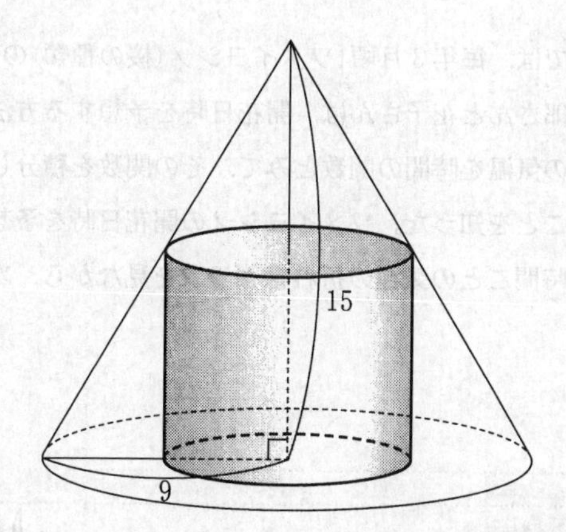

（数学Ⅱ第 2 問は次ページに続く。）

〔2〕

(1)　定積分 $\int_0^{30}\left(\frac{1}{5}x+3\right)dx$ の値は **タチツ** である。

また，関数 $\frac{1}{100}x^2-\frac{1}{6}x+5$ の不定積分は

$$\int\left(\frac{1}{100}x^2-\frac{1}{6}x+5\right)dx=\frac{1}{\boxed{\text{テトナ}}}x^3-\frac{1}{\boxed{\text{ニヌ}}}x^2+\boxed{\text{ネ}}\,x+C$$

である。ただし，Cは積分定数とする。

(2)　ある地域では，毎年3月頃「ソメイヨシノ(桜の種類)の開花予想日」が話題になる。太郎さんと花子さんは，開花日時を予想する方法の一つに，2月に入ってからの気温を時間の関数とみて，その関数を積分した値をもとにする方法があることを知った。ソメイヨシノの開花日時を予想するために，二人は図1の6時間ごとの気温の折れ線グラフを見ながら，次のように考えることにした。

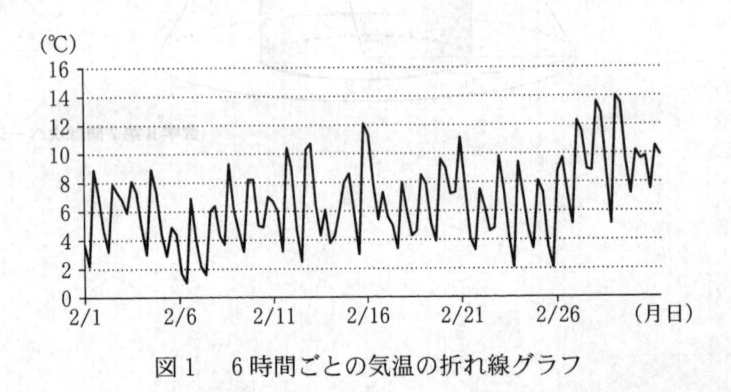

図1　6時間ごとの気温の折れ線グラフ

xの値の範囲を0以上の実数全体として，2月1日午前0時から$24x$時間経った時点をx日後とする。(例えば，10.3日後は2月11日午前7時12分を表す。)また，x日後の気温をy℃とする。このとき，yはxの関数であり，これを$y=f(x)$とおく。ただし，yは負にはならないものとする。

(数学Ⅱ第2問は次ページに続く。)

気温を表す関数$f(x)$を用いて二人はソメイヨシノの開花日時を次の**設定**で考えることにした。

設定

正の実数tに対して，$f(x)$を0からtまで積分した値を$S(t)$とする。すなわち，$S(t)=\int_0^t f(x)\,dx$とする。この$S(t)$が400に到達したとき，ソメイヨシノが開花する。

設定のもと，太郎さんは気温を表す関数$y=f(x)$のグラフを図2のように直線とみなしてソメイヨシノの開花日時を考えることにした。

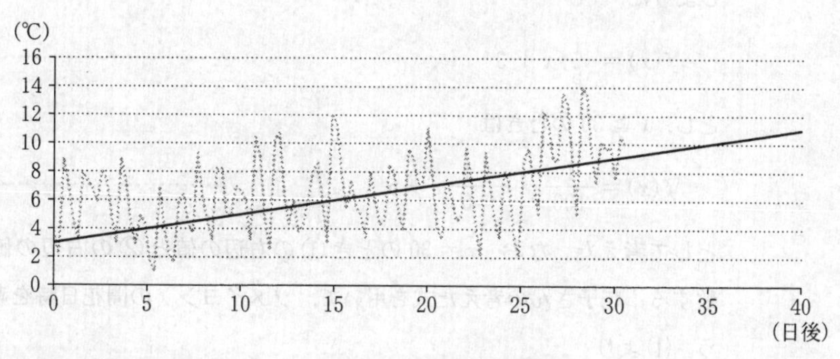

図2　図1のグラフと，太郎さんが直線とみなした$y=f(x)$のグラフ

(i)　太郎さんは

$$f(x)=\frac{1}{5}x+3 \quad (x \geqq 0)$$

として考えた。このとき，ソメイヨシノの開花日時は2月に入ってから［ノ］となる。

［ノ］の解答群

⓪　30日後	①　35日後	②　40日後
③　45日後	④　50日後	⑤　55日後
⑥　60日後	⑦　65日後	

(数学Ⅱ第2問は次ページに続く。)

(ii) 太郎さんと花子さんは，2月に入ってから30日後以降の気温について話をしている。

太郎：1次関数を用いてソメイヨシノの開花日時を求めてみたよ。

花子：気温の上がり方から考えて，2月に入ってから30日後以降の気温を表す関数が2次関数の場合も考えてみようか。

花子さんは気温を表す関数$f(x)$を，$0 \leqq x \leqq 30$のときは太郎さんと同じように

$$f(x)=\frac{1}{5}x+3 \quad \cdots\cdots\cdots\cdots\cdots ①$$

とし，$x \geqq 30$のときは

$$f(x)=\frac{1}{100}x^2-\frac{1}{6}x+5 \quad \cdots\cdots\cdots\cdots\cdots ②$$

として考えた。なお，$x=30$のとき①の右辺の値と②の右辺の値は一致する。花子さんの考えた式を用いて，ソメイヨシノの開花日時を考えよう。(1)より

$$\int_0^{30}\left(\frac{1}{5}x+3\right)dx = \boxed{\text{タチツ}}$$

であり

$$\int_{30}^{40}\left(\frac{1}{100}x^2-\frac{1}{6}x+5\right)dx = 115$$

となることがわかる。

また，$x \geqq 30$の範囲において$f(x)$は増加する。よって

$$\int_{30}^{40} f(x)\,dx \quad \boxed{\text{ハ}} \quad \int_{40}^{50} f(x)\,dx$$

であることがわかる。以上より，ソメイヨシノの開花日時は2月に入ってから $\boxed{\text{ヒ}}$ となる。

(数学Ⅱ第2問は次ページに続く。)

ハ の解答群

⓪ <	① ＝	② >

ヒ の解答群

⓪ 30日後より前
① 30日後
② 30日後より後，かつ40日後より前
③ 40日後
④ 40日後より後，かつ50日後より前
⑤ 50日後
⑥ 50日後より後，かつ60日後より前
⑦ 60日後
⑧ 60日後より後

第3問 (配点 20)

(1) 次の**問題1**について考えよう。

> **問題1** 座標平面上の原点をOとし，方程式$(x-10)^2+(y-5)^2=25$が表す円をC_1とする。点Pが円C_1上を動くとき，線分OPを2：3に内分する点Qの軌跡を求めよ。

(i) 円C_1は，中心(アイ , ウ)，半径 エ の円である。

(数学Ⅱ第3問は次ページに続く。)

(ii) 点Qの軌跡を求めよう。

点P，Qの座標をそれぞれ$(s,\ t)$，$(x,\ y)$とすると

$$x = \frac{\boxed{\text{オ}}}{\boxed{\text{カ}}}s, \quad y = \frac{\boxed{\text{キ}}}{\boxed{\text{ク}}}t$$

が成り立つ。したがって

$$s = \frac{\boxed{\text{カ}}}{\boxed{\text{オ}}}x, \quad t = \frac{\boxed{\text{ク}}}{\boxed{\text{キ}}}y$$

である。

点$P(s,\ t)$は円C_1上にあることに注意すると，点Qは方程式

$$\left(x - \boxed{\text{ケ}}\right)^2 + \left(y - \boxed{\text{コ}}\right)^2 = \boxed{\text{サ}}^2 \quad \cdots\cdots ①$$

が表す円上にあることがわかる。方程式①が表す円をC_2とする。

逆に，円C_2上のすべての点$Q(x,\ y)$は，条件を満たす。

これより，点Qの軌跡が円C_2であることがわかる。

(iii) 円C_1の中心をAとする。円C_2の中心は線分OAを［シ］に内分する点である。

［シ］の解答群

⓪ 1：2	① 1：3	② 2：3
③ 2：1	④ 3：1	⑤ 3：2

（数学Ⅱ第3問は次ページに続く。）

⑵ 次の**問題 2** について考えよう。

> **問題 2** 座標平面上の原点を O とし，方程式 $(x-10)^2+(y-5)^2=25$ が表す円を C_1 とする。点 P が円 C_1 上を動くとき，線分 OP を $m:n$ に内分する点 R の軌跡を求めよ。ただし，m と n は正の実数である。

円 C_1 の中心を A とする。点 R の軌跡は円となり，その中心は線分 OA を [ス] に内分する点であり，半径は円 C_1 の半径の [セ] 倍である。

[ス] の解答群

⓪ $1:m$	① $1:n$	② $m:n$
③ $m:1$	④ $n:1$	⑤ $n:m$

[セ] の解答群

⓪ $\dfrac{m}{n}$	① $\dfrac{n}{m}$	② $\dfrac{m+n}{m}$
③ $\dfrac{m+n}{n}$	④ $\dfrac{m}{m+n}$	⑤ $\dfrac{n}{m+n}$

（数学Ⅱ第 3 問は次ページに続く。）

(3)　太郎さんと花子さんは，次の**問題3**について話している。

> **問題3**　座標平面上の2点D(1，6)，E(3，2)をとり，方程式
> $(x-5)^2+(y-7)^2=9$ が表す円を C_3 とする。点Pが円 C_3 上を
> 動くとき，△DEPの重心Gの軌跡を求めよ。

太郎：点P，Gの座標をそれぞれ$(s,\ t)$，$(x,\ y)$とおいて，(1)の(ii)のようにして計算すれば求められそうだね。

花子：(1)の(iii)や(2)で考えたことをもとにしても求められるかな。

線分DEの中点をMとする。△DEPの重心Gは，線分MPを［ソ］に内分する点である。

点Gの軌跡は，中心(［タ］，［チ］)，半径［ツ］の円である。

［ソ］の解答群

⓪　1：2	①　1：3	②　2：3
③　2：1	④　3：1	⑤　3：2

第4問　(配点　20)

p, q を実数とし，x の整式 $S(x)$，$T(x)$ を次のように定める。

$$S(x)=(x-2)\{x^2-2(p+1)x+2p^2-2p+5\}$$
$$T(x)=x^3+x+q$$

x の3次方程式 $S(x)=0$ の三つの解を 2, α, β とする。x の3次方程式 $T(x)=0$ の三つの解を r, α', β' とする。ただし，r は実数であるとする。

(1)　$S(x)=0$ の解がすべて実数になるのは，x の2次方程式

$$x^2-2(p+1)x+2p^2-2p+5=0 \quad \cdots\cdots\cdots\cdots\cdots ①$$

が実数解をもつときである。① の判別式を考えることにより，① が実数解をもつための必要十分条件は

$$p^2-\boxed{\text{ア}}p+\boxed{\text{イ}}\leqq 0$$

であることがわかる。すなわち，$p=\boxed{\text{ウ}}$ である。よって，$S(x)=0$ の解がすべて実数になるとき，その解は $x=2$，$\boxed{\text{エ}}$ である。

$p\neq\boxed{\text{ウ}}$ のとき，$S(x)=0$ は二つの虚数

$$x=p+\boxed{\text{オ}}\pm\left(p-\boxed{\text{カ}}\right)i$$

を解にもつ。このことから，$p\neq\boxed{\text{ウ}}$ のとき，$S(x)=0$ の二つの虚数解 α, β は互いに共役な複素数であることがわかる。

(数学II第4問は次ページに続く。)

(2)　$x=r$ が $T(x)=0$ の解であるので，$q=-r^{\boxed{キ}}-r$ となる。これより $T(x)$ は次のように表せる。

$$T(x)=(x-r)\left(x^2+rx+r^{\boxed{ク}}+\boxed{ケ}\right)$$

ここで x の2次方程式 $x^2+rx+r^{\boxed{ク}}+\boxed{ケ}=0$ の判別式を D とおくと，すべての実数 r に対して D $\boxed{コ}$ 0となり，$T(x)=0$ の $x=r$ 以外の解は $x=\boxed{サ}$ となる。したがって，α'，β' は $\boxed{シ}$。

$\boxed{コ}$ の解答群

⓪ $<$	① $=$	② $>$

$\boxed{サ}$ の解答群

⓪ $-\dfrac{r}{2}$	① $-r$	② $\dfrac{-r\pm D}{2}$
③ $\dfrac{-2r\pm D}{2}$	④ $\dfrac{-r\pm\sqrt{D}\,i}{2}$	⑤ $\dfrac{-2r\pm\sqrt{D}\,i}{2}$
⑥ $\dfrac{-r\pm\sqrt{-D}\,i}{2}$	⑦ $\dfrac{-2r\pm\sqrt{-D}\,i}{2}$	

$\boxed{シ}$ の解答群

⓪　異なる実数である
①　等しい実数である
②　虚数であり，互いに共役な複素数である

（数学Ⅱ第4問は次ページに続く。）

(3)　$S(x) = 0$，$T(x) = 0$ が共通の解をもつ場合を考える。

(i)　共通の解が $x = 2$ であるような r の値は［ス］。

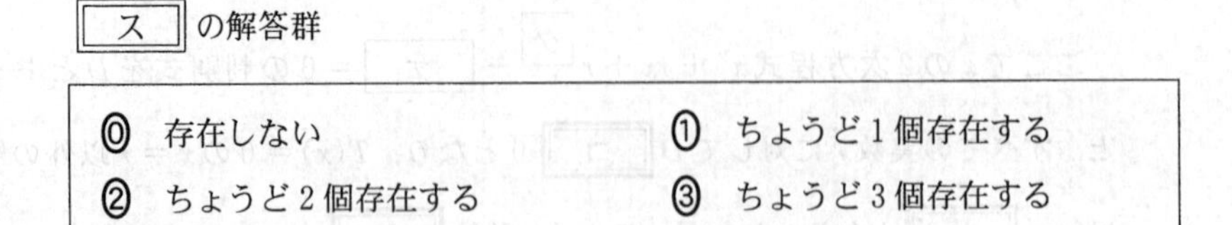

［ス］の解答群

⓪ 存在しない	① ちょうど1個存在する
② ちょうど2個存在する	③ ちょうど3個存在する

(ii)　共通の実数解をもつが，$x = 2$ が共通の解ではないとき，p，r の値の組 $(p,\ r)$ は

（［セ］，［ソ］）

である。

(iii)　共通の解が虚数のとき，p，r の値の組 $(p,\ r)$ は

（［タ］，［チツ］），　（［テト］，［ナ］）

である。

数学Ⅰ・数学A
数学Ⅱ・数学B

（2023年１月実施）

数学Ⅰ・数学A	70分	100点
数学Ⅱ・数学B	60分	100点

追試験
2023

数学Ⅰ・数学A

問　題	選　択　方　法
第1問	必　　答
第2問	必　　答
第3問	いずれか2問を選択し，解答しなさい。
第4問	
第5問	

（注）この科目には，選択問題があります。（98ページ参照。）

第１問　（必答問題）（配点　30）

〔1〕 kを定数として，xについての不等式

$$\sqrt{5}\,x < k - x < 2x + 1 \qquad \cdots\cdots ①$$

を考える。

(1) 不等式 $k - x < 2x + 1$ を解くと

$$x > \frac{k - \boxed{\text{ア}}}{\boxed{\text{イ}}}$$

であり，不等式 $\sqrt{5}\,x < k - x$ を解くと

$$x < \frac{\boxed{\text{ウエ}} + \sqrt{5}}{\boxed{\text{オ}}}k$$

である。

よって，不等式①を満たすxが存在するようなkの値の範囲は

$$k < \boxed{\text{カ}} + \boxed{\text{キ}}\sqrt{5} \qquad \cdots\cdots ②$$

である。

（数学Ⅰ・数学A第１問は次ページに続く。）

(2) p, q は $p < q$ を満たす実数とする。x の値の範囲 $p < x < q$ に対し，$q - p$ をその範囲の幅ということにする。

②が成り立つとき，不等式①を満たす x の値の範囲の幅が $\frac{\sqrt{5}}{3}$ より大きくなるような k の値の範囲は

$$k < \boxed{\text{クケ}} - \boxed{\text{コ}}\sqrt{5}$$

である。

（数学Ⅰ・数学A第1問は次ページに続く。）

〔2〕 △ABCにおいてBC＝1であるとする。sin∠ABCとsin∠ACBに関する条件が与えられたときの△ABCの辺，角，面積について考察する。

(1) $\sin\angle ABC = \dfrac{\sqrt{15}}{4}$ であるとき，$\cos\angle ABC = \pm\dfrac{\boxed{サ}}{\boxed{シ}}$ である。

(2) $\sin\angle ABC = \dfrac{\sqrt{15}}{4}$，$\sin\angle ACB = \dfrac{\sqrt{15}}{8}$ であるとする。

(i) このとき，AC＝ $\boxed{ス}$ ABである。

(ii) この条件を満たす三角形は二つあり，その中で面積が大きい方の△ABCにおいては，$AB = \dfrac{\boxed{セ}}{\boxed{ソ}}$ である。

（数学Ⅰ・数学A第1問は次ページに続く。）

(3)　$\sin\angle ABC = 2\sin\angle ACB$ を満たす $\triangle ABC$ のうち，面積 S が最大となるものを求めよう。

$\sin\angle ABC = 2\sin\angle ACB$ と $BC = 1$ により

$$\cos\angle ABC = \frac{\boxed{タ} - \boxed{チ}AB^2}{2AB}$$

である。$\triangle ABC$ の面積 S について調べるために，S^2 を考える。$AB^2 = x$ とおくと

$$S^2 = -\frac{\boxed{ツ}}{\boxed{テト}}x^2 + \frac{\boxed{ナ}}{\boxed{ニ}}x - \frac{1}{16}$$

と表すことができる。したがって，S^2 が最大となるのは $x = \frac{\boxed{ヌ}}{\boxed{ネ}}$ のとき，すなわち $AB = \frac{\sqrt{\boxed{ノ}}}{\boxed{ハ}}$ のときである。$S > 0$ より，このときに面積 S も最大となる。

また，面積 S が最大となる $\triangle ABC$ において，$\angle ABC$ は $\boxed{ヒ}$ で，$\angle ACB$ は $\boxed{フ}$ である。

$\boxed{ヒ}$，$\boxed{フ}$ の解答群（同じものを繰り返し選んでもよい。）

⓪ 鋭　角	① 直　角	② 鈍　角

第2問 (必答問題)(配点　30)

〔1〕 高校1年生の太郎さんと花子さんのクラスでは，文化祭でやきそば屋を出店することになった。二人は1皿あたりの価格をいくらにするかを検討するためにアンケート調査を行い，1皿あたりの価格と売り上げ数の関係について次の表のように予測した。

1皿あたりの価格(円)	100	150	200	250	300
売り上げ数　　　(皿)	1250	750	450	250	50

この結果から太郎さんと花子さんは，1皿あたりの価格が100円以上300円以下の範囲で，予測される利益(以下，利益)の最大値について考えることにした。

太郎：価格を横軸，売り上げ数を縦軸にとって散布図をかいてみたよ。

花子：散布図の点の並びは，1次関数のグラフのようには見えないね。
2次関数のグラフみたいに見えるよ。

太郎：価格が100，200，300のときの点を通る2次関数のグラフをかくと，図1のように価格が150，250のときの点もそのグラフの近くにあるよ。

花子：現実には，もっと複雑な関係なのだろうけど，1次関数と2次関数で比べると，2次関数で考えた方がよいような気がするね。

(数学Ⅰ・数学A第2問は次ページに続く。)

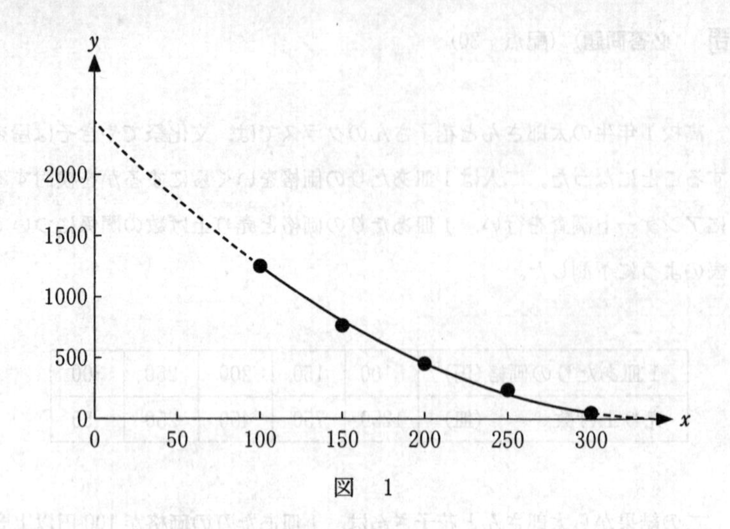

図　1

2次関数

$$y = ax^2 + bx + c \qquad \cdots\cdots\cdots\cdots\cdots\cdots\cdots\cdots\cdots ①$$

のグラフは，3点(100，1250)，(200，450)，(300，50)を通るとする。このとき，$b =$ アイウ である。

（数学Ⅰ・数学A第2問は次ページに続く。）

二人は，1皿あたりの価格xと売り上げ数yの関係が①を満たしたときの，$100 \leqq x \leqq 300$での利益の最大値Mについて考えることにした。

1皿あたりの材料費は80円であり，材料費以外にかかる費用は5000円である。よって，$x-80$と売り上げ数の積から，5000を引いたものが利益となる。

このとき，売り上げ数を①の右辺の2次式とすると，利益はxの［エ］次式となる。一方で，売り上げ数として①の右辺の代わりにxの［オ］次式を使えば，利益はxの2次式となる。

太郎：利益が［エ］次式だと，今の私たちの知識では最大値Mを正確に求めることができないね。

花子：①の右辺の代わりに［オ］次式を使えば利益は2次式になるから，最大値を求められるよ。

太郎：現実の問題を考えるときには正確な答えが出せないことも多いから，自分の知識の範囲内で工夫しておおよその値を出すことには価値があると思うよ。

花子：考えているのが利益だから，①の右辺の代わりの式は売り上げ数を少なく見積もった式を考えると手堅いね。

太郎：少なく見積もるということは，その関数のグラフは①のグラフより，下の方にあるということだね。

（数学Ⅰ・数学A第2問は次ページに続く。）

1次関数

$$y = -4x + 1160 \quad \cdots\cdots ②$$

を考える。このとき，① と ② のグラフの位置関係は次の図 2 のようになっている。

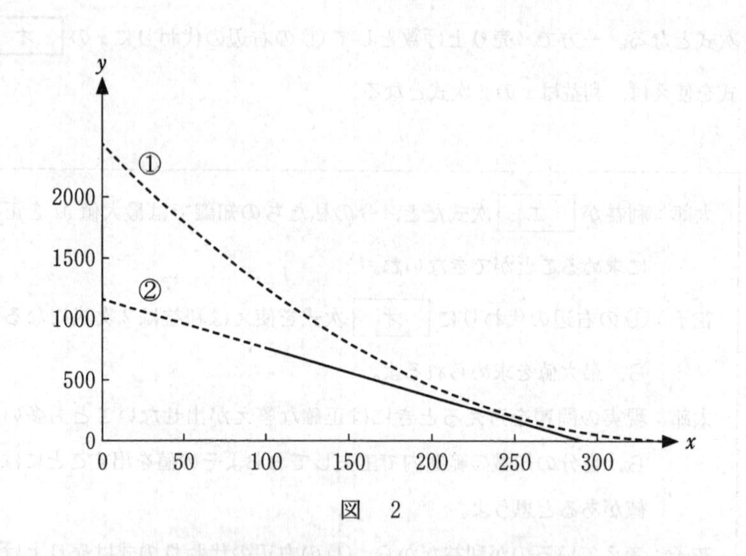

図　2

① の右辺の代わりに ② の右辺を使うと，売り上げ数を少なく見積もることになる。売り上げ数を ② の右辺としたときの利益 z は

$$z = -\boxed{\text{カ}}x^2 + \boxed{\text{キクケコ}}x - 97800$$

で与えられる。z が最大となる x を p とおくと，$p = \boxed{\text{サシス}}$ であり，z の最大値は 39100 である。

（数学Ⅰ・数学A第 2 問は次ページに続く。）

> 太郎：売り上げ数を少なく見積もった式は，各 x について値が①より小さければよいので，色々な式が考えられるね。
>
> 花子：それらの式を①の右辺の代わりに使ったときの利益の最大値と，①の右辺から計算される利益の最大値 M との関係はどうなるのかな。

1次関数

$$y = -8x + 1968 \quad \cdots\cdots\cdots\cdots ③$$

を考える。売り上げ数を③の右辺としたときの利益は $x = 163$ のときに最大となり，最大値は 50112 となる。

また，①〜③のグラフの位置関係は次の図3のようになっている。

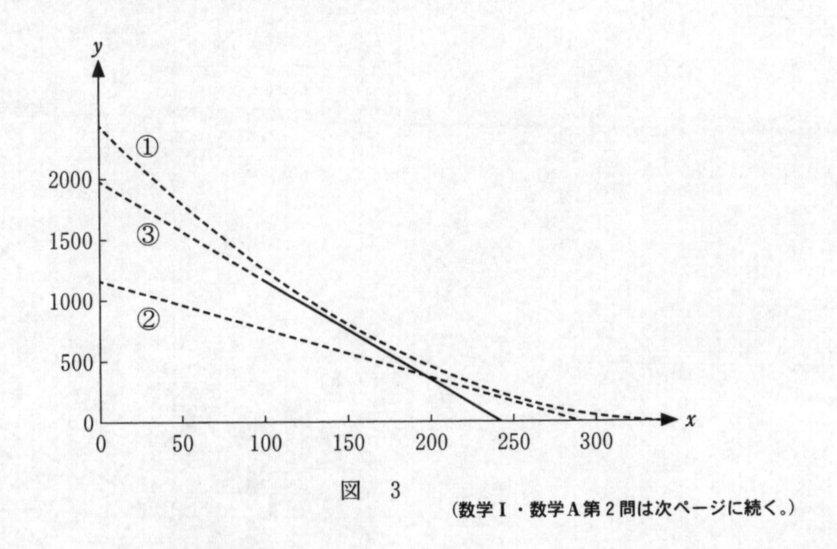

図　3

(数学Ⅰ・数学A第2問は次ページに続く。)

売り上げ数を①の右辺としたときの利益の記述として，次の⓪～⑥のうち，正しいものは［セ］と［ソ］である。

［セ］，［ソ］の解答群(解答の順序は問わない。)

⓪　利益の最大値 M は 39100 である。

①　利益の最大値 M は 50112 である。

②　利益の最大値 M は $\dfrac{39100 + 50112}{2}$ である。

③　$x = 163$ とすれば，利益は少なくとも 50112 以上となる。

④　$x = p$ とすれば，利益は少なくとも 39100 以上となる。

⑤　$x = 163$ のときに利益は最大値 M をとる。

⑥　$x = p$ のときに利益は最大値 M をとる。

(数学Ⅰ・数学Ａ第２問は次ページに続く。)

1次関数

$$y = -6x + 1860 \quad \cdots\cdots ④$$

を考える。$100 \leqq x \leqq 300$ において，売り上げ数を④の右辺としたときの利益は $x = 195$ のときに最大となり，最大値は74350となる。

また，①～④のグラフの位置関係は次の図4のようになっている。

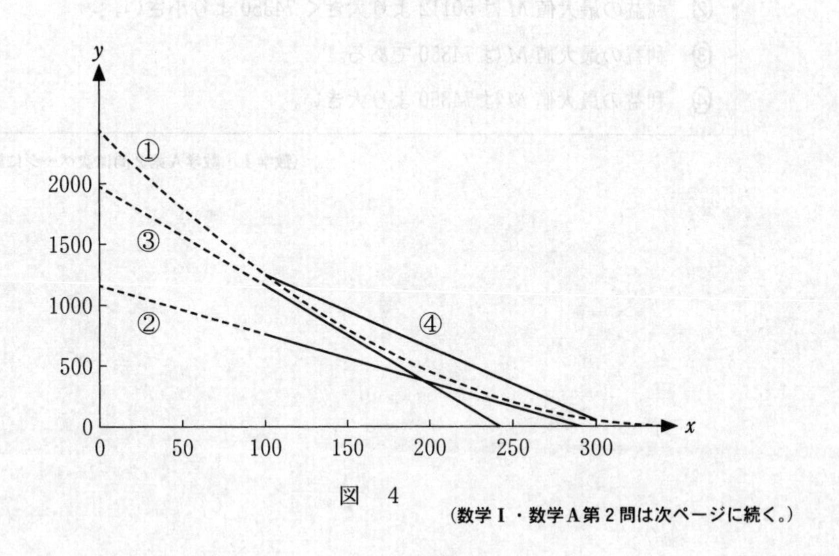

図　4

（数学Ⅰ・数学A第2問は次ページに続く。）

売り上げ数を①の右辺としたときの利益の最大値 M についての記述として，次の⓪～④のうち，正しいものは タ である。

タ の解答群

⓪ 利益の最大値 M は 50112 より小さい。
① 利益の最大値 M は 50112 である。
② 利益の最大値 M は 50112 より大きく 74350 より小さい。
③ 利益の最大値 M は 74350 である。
④ 利益の最大値 M は 74350 より大きい。

（数学Ⅰ・数学A第2問は次ページに続く。）

〔2〕 花子さんの通う学校では，生徒会会則の一部を変更することの賛否について生徒全員が投票をすることになった。投票結果に関心がある花子さんは，身近な人たちに尋ねて下調べをしてみようと思い，各回答が賛成ならば1，反対ならば0と表すことにした。このようにして作成される n 人分のデータを x_1, x_2, …, x_n と表す。ただし，賛成と反対以外の回答はないものとする。

例えば，10人について調べた結果が

$$0,1,1,1,0,1,1,1,1,1$$

であったならば，$x_1=0$，$x_2=1$，…，$x_{10}=1$ となる。この場合，データの値の総和は8であり，平均値は $\frac{4}{5}$ である。

(1) データの値の総和 $x_1+x_2+\cdots+x_n$ は [チ] と一致し，平均値 $\overline{x}=\frac{x_1+x_2+\cdots+x_n}{n}$ は [ツ] と一致する。

[チ]，[ツ] の解答群(同じものを繰り返し選んでもよい。)

⓪ 賛成の人の数
① 反対の人の数
② 賛成の人の数から反対の人の数を引いた値
③ n 人中における賛成の人の割合
④ n 人中における反対の人の割合
⑤ $\frac{賛成の人の数}{反対の人の数}$ の値

(数学Ⅰ・数学A第2問は次ページに続く。)

(2)　花子さんは，0と1だけからなるデータの平均値と分散について考えてみることにした。

$m = x_1 + x_2 + \cdots + x_n$ とおくと，平均値は $\dfrac{m}{n}$ である。また，分散を s^2 で表す。s^2 は，0と1の個数に着目すると

$$s^2 = \frac{1}{n}\left\{ \boxed{\text{テ}}\left(1 - \frac{m}{n}\right)^2 + \boxed{\text{ト}}\left(0 - \frac{m}{n}\right)^2 \right\} = \boxed{\text{ナ}}$$

と表すことができる。

テ，ト の解答群(同じものを繰り返し選んでもよい。)

⓪ n　① m　② $(n-m)$　③ $\dfrac{m}{n}$

④ $\left(1-\dfrac{m}{n}\right)$　⑤ $\dfrac{n}{2}$　⑥ $\dfrac{m}{2}$　⑦ $\dfrac{n-m}{2}$

ナ の解答群

⓪ $\dfrac{m^2}{n^2}$　① $\left(1-\dfrac{m}{n}\right)^2$　② $\dfrac{m(n-m)}{n^2}$

③ $\dfrac{m(1-m)}{n^2}$　④ $\dfrac{m(n-m)}{2n^2}$　⑤ $\dfrac{n^2-3mn+3m^2}{n^2}$

⑥ $\dfrac{n^2-2mn+2m^2}{2n^2}$

(数学Ⅰ・数学A第2問は次ページに続く。)

〔3〕　変量 x，y の値の組

$$(-1,\ -1),\quad (-1, 1),\quad (1,\ -1),\quad (1, 1)$$

をデータ W とする。データ W の x と y の相関係数は0である。データ W に，新たに1個の値の組を加えたときの相関係数について調べる。なお，必要に応じて，後に示す表1の計算表を用いて考えてもよい。

a を実数とする。データ W に $(5a, 5a)$ を加えたデータを W' とする。W' の x の平均値 $\bar{x}$ は [ニ]，W' の x と y の共分散 s_{xy} は [ヌ] となる。ただし，x と y の共分散とは，x の偏差と y の偏差の積の平均値である。

W' の x と y の標準偏差を，それぞれ s_x，s_y とする。積 $s_x s_y$ は [ネ] となる。また相関係数が0.95以上となるための必要十分条件は $s_{xy} \geqq 0.95\, s_x s_y$ である。これより，相関係数が0.95以上となるような a の値の範囲は [ノ] である。

表1　計算表

x	y	$x-\bar{x}$	$y-\bar{y}$	$(x-\bar{x})(y-\bar{y})$
-1	-1			
-1	1			
1	-1			
1	1			
$5a$	$5a$			

（数学Ⅰ・数学A第2問は次ページに続く。）

ニ の解答群

⓪ 0　① $5a$　② $5a+4$　③ a　④ $a+\frac{4}{5}$

ヌ の解答群

⓪ $4a^2$　① $4a^2+\frac{4}{5}$　② $4a^2+\frac{4}{5}a$　③ $5a^2$　④ $20a^2$

ネ の解答群

⓪ $4a^2+\frac{16}{5}a+\frac{4}{5}$　① $4a^2+1$

② $4a^2+\frac{4}{5}$　③ $2a^2+\frac{2}{5}$

ノ の解答群

⓪ $-\frac{\sqrt{95}}{4} \leqq a \leqq \frac{\sqrt{95}}{4}$　① $a \leqq -\frac{\sqrt{95}}{4},\ \frac{\sqrt{95}}{4} \leqq a$

② $-\frac{\sqrt{95}}{5} \leqq a \leqq \frac{\sqrt{95}}{5}$　③ $a \leqq -\frac{\sqrt{95}}{5},\ \frac{\sqrt{95}}{5} \leqq a$

④ $-\frac{2\sqrt{19}}{5} \leqq a \leqq \frac{2\sqrt{19}}{5}$　⑤ $a \leqq -\frac{2\sqrt{19}}{5},\ \frac{2\sqrt{19}}{5} \leqq a$

第3問～第5問は，いずれか2問を選択し，解答しなさい。

第3問 （選択問題）（配点　20）

(1)　1枚の硬貨を繰り返し投げるとき，この硬貨の表裏の出方に応じて，座標平面上の点Pが次の**規則1**に従って移動するものとする。

規則1

- 点Pは原点O(0，0)を出発点とする。
- 点Pのx座標は，硬貨を投げるごとに1だけ増加する。
- 点Pのy座標は，硬貨を投げるごとに，表が出たら1だけ増加し，裏が出たら1だけ減少する。

また，点Pの座標を次の**記号**で表す。

記号

硬貨をk回投げ終えた時点での点Pの座標$(x,\ y)$を$(k,\ y_k)$で表す。

座標平面上の点Pの移動の仕方について，例えば，硬貨を1回投げて表が出た場合について考える。このとき，点Pの座標は(1，1)となる。これを図1のように，原点O(0，0)と点(1，1)をまっすぐな矢印で結ぶ。このようにして点Pの移動の仕方を表す。

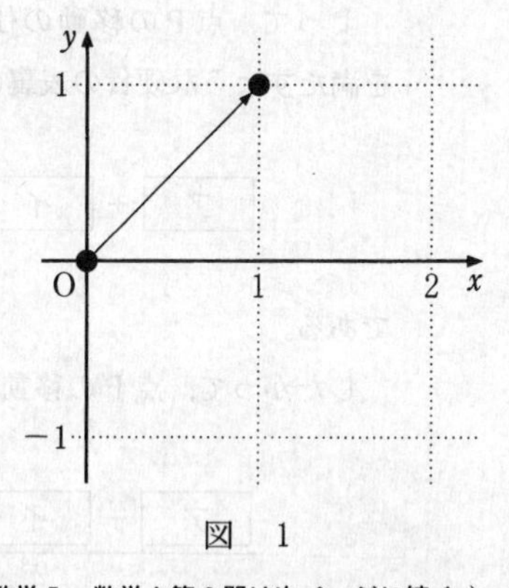

図　1

以下において，図を使用する際には同じように考えることにする。

（数学Ⅰ・数学A第3問は次ページに続く。）

(i)　硬貨を3回投げ終えたとき，点Pの移動の仕方が条件

$y_1 \geqq -1$ かつ $y_2 \geqq -1$ かつ $y_3 \geqq -1$　……………………………(＊)

を満たす確率を求めよう。

条件(＊)を満たす点Pの移動の仕方は図2のようになる。例えば点O(0，0)から点A(2，0)までの点Pの移動の仕方は，点O(0，0)から点(1，1)まで移動したのち点A(2，0)に移動する場合と，点O(0，0)から点(1，－1)まで移動したのち点A(2，0)に移動する場合のいずれかであるため，2通りある。このとき，この移動の仕方の総数である2を，**四角囲みの中の数字**で点A(2，0)の近くに書く。図2における他の四角囲みの中の数字についても同様に考える。

このように考えると，条件(＊)を満たす点Pの移動の仕方のうち，点(3，3)に至る移動の仕方は［ア］通りあり，点(3，1)に至る移動の仕方は［イ］通りあり，点(3，－1)に至る移動の仕方は［ウ］通りある。

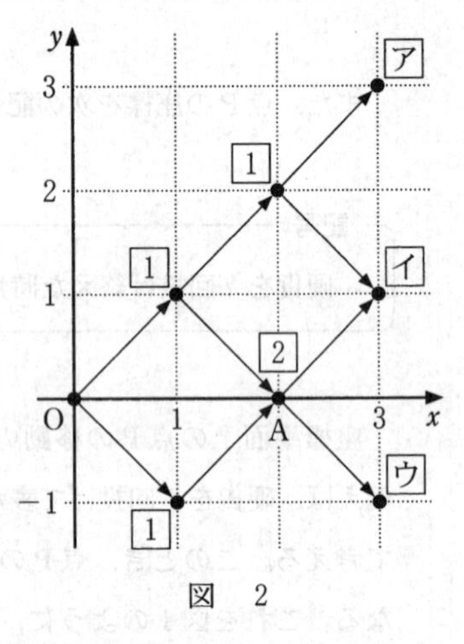

図　2

よって，点Pの移動の仕方が条件(＊)を満たすような硬貨の表裏の出方の総数は

［ア］＋［イ］＋［ウ］

である。

したがって，点Pの移動の仕方が条件(＊)を満たす確率は

$$\frac{［ア］＋［イ］＋［ウ］}{2^3}$$

として求めることができる。

(数学I・数学A第3問は次ページに続く。)

(ii) 硬貨を4回投げるとする。このとき，(i)と同様に図を用いて考えよう。

$y_1 \geqq 0$ かつ $y_2 \geqq 0$ かつ $y_3 \geqq 0$ かつ $y_4 \geqq 0$ である確率は $\dfrac{\boxed{\text{エ}}}{\boxed{\text{オ}}}$ となる。

また，$y_1 \geqq 0$ かつ $y_2 \geqq 0$ かつ $y_3 = 1$ かつ $y_4 \geqq 0$ である確率は $\dfrac{\boxed{\text{カ}}}{\boxed{\text{キ}}}$ となる。さらに，$y_1 \geqq 0$ かつ $y_2 \geqq 0$ かつ $y_3 \geqq 0$ かつ $y_4 \geqq 0$ であったとき，$y_3 = 1$ である条件付き確率は $\dfrac{\boxed{\text{ク}}}{\boxed{\text{ケ}}}$ となる。

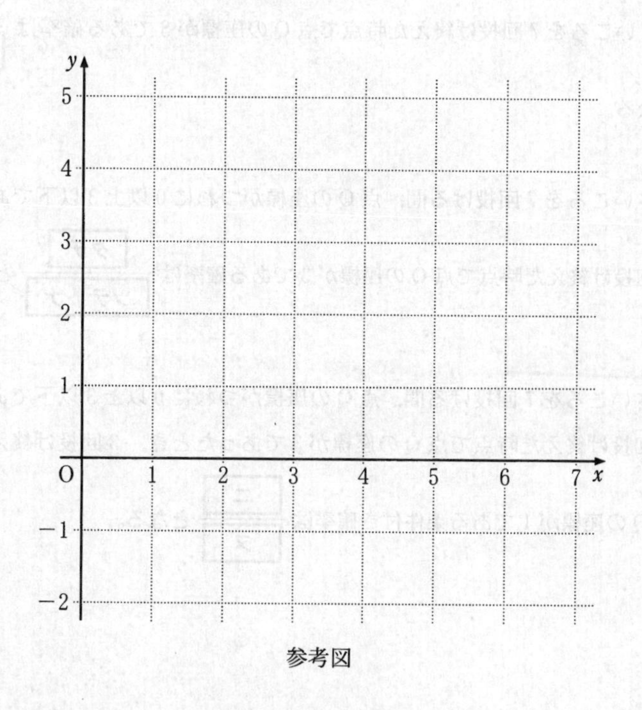

参考図

(iii) 硬貨を4回投げ終えた時点で点Pの座標が(4，2)であるとき，点(4，2)に至る移動の仕方によらず表の出る回数は $\boxed{\text{コ}}$ 回となり，裏の出る回数は $\left(4 - \boxed{\text{コ}}\right)$ 回となる。

(数学Ⅰ・数学A第3問は次ページに続く。)

(2)　1個のさいころを繰り返し投げるとき，このさいころの目の出方に応じて，数直線上の点Qが次の**規則2**に従って移動するものとする。

規則2

- 点Qは原点Oを出発点とする。
- 点Qの座標は，さいころを投げるごとに，3の倍数の目が出たら1だけ増加し，それ以外の目が出たら1だけ減少する。

(i)　さいころを7回投げ終えた時点で点Qの座標が3である確率は $\dfrac{\boxed{\text{サシ}}}{\boxed{\text{スセソ}}}$ となる。

(ii)　さいころを7回投げる間，点Qの座標がつねに0以上3以下であり，かつ7回投げ終えた時点で点Qの座標が3である確率は $\dfrac{\boxed{\text{タチ}}}{\boxed{\text{ツテトナ}}}$ となる。

(iii)　さいころを7回投げる間，点Qの座標がつねに0以上3以下であり，かつ7回投げ終えた時点で点Qの座標が3であったとき，3回投げ終えた時点で点Qの座標が1である条件付き確率は $\dfrac{\boxed{\text{ニ}}}{\boxed{\text{ヌ}}}$ となる。

第3問～第5問は，いずれか2問を選択し，解答しなさい。

第4問 （選択問題）（配点　20）

x，y，z についての二つの式をともに満たす整数 x，y，z が存在するかどうかを考えてみよう。

(1)　二つの式が

$$7x + 13y + 17z = 8 \quad \cdots\cdots ①$$

と

$$35x + 39y + 34z = 37 \quad \cdots\cdots ②$$

の場合を考える。①，②から x を消去すると

$$\boxed{アイ}\,y + \boxed{ウエ}\,z = 3 \quad \cdots\cdots ③$$

を得る。③を y，z についての不定方程式とみると，その整数解のうち，y が正の整数で最小になるのは

$$y = \boxed{オ}, \quad z = \boxed{カキ}$$

である。よって，③のすべての整数解は，k を整数として

$$y = \boxed{オ} - \boxed{クケ}\,k, \quad z = \boxed{カキ} + \boxed{コサ}\,k$$

と表される。これらを①に代入して x を求めると

$$x = 31k - 3 + \frac{\boxed{シ}\,k + 2}{7}$$

となるので，x が整数になるのは，k を7で割ったときの余りが $\boxed{ス}$ のときである。

以上のことから，この場合は，二つの式をともに満たす整数 x，y，z が存在することがわかる。

（数学Ⅰ・数学A第4問は次ページに続く。）

(2) a を整数とする。二つの式が

$$2x+5y+7z=a \quad \cdots\cdots ④$$

と

$$3x+25y+21z=-1 \quad \cdots\cdots ⑤$$

の場合を考える。⑤－④から

$$x=-20y-14z-1-a \quad \cdots\cdots ⑥$$

を得る。また，⑤×2－④×3から

$$35y+21z=-2-3a \quad \cdots\cdots ⑦$$

を得る。このとき

a を［セ］で割ったときの余りが［ソ］である

ことは，⑦を満たす整数 y，z が存在するための必要十分条件であることがわかる。そのときの整数 y，z を⑥に代入すると，x も整数になる。また，そのときの x，y，z は④と⑤をともに満たす。

以上のことから，この場合は，a の値によって，二つの式をともに満たす整数 x，y，z が存在する場合と存在しない場合があることがわかる。

（数学Ⅰ・数学A第4問は次ページに続く。）

(3) b を整数とする。二つの式が

$$x + 2y + bz = 1 \quad \cdots\cdots ⑧$$

と

$$5x + 6y + 3z = 5 + b \quad \cdots\cdots ⑨$$

の場合を考える。⑨－⑧×5から

$$-4y + (3 - 5b)z = b \quad \cdots\cdots ⑩$$

を得る。⑩ の左辺の y の係数に着目することにより

b を4で割ったときの余りが [タ] または [チ] である

ことは，⑩ を満たす整数 y，z が存在するための必要十分条件であることがわかる。ただし，[タ] < [チ] とする。

そのときの整数 y，z を ⑧ に代入すると，x も整数になる。また，そのときの x，y，z は ⑧ と ⑨ をともに満たす。

以上のことから，この場合も，b の値によって，二つの式をともに満たす整数 x，y，z が存在する場合と存在しない場合があることがわかる。

（数学Ⅰ・数学A第4問は次ページに続く。）

(4) c を整数とする。二つの式が

$$x + 3y + 5z = 1 \quad \cdots\cdots\cdots\cdots ⑪$$

と

$$cx + 3(c+5)y + 10z = 3 \quad \cdots\cdots\cdots\cdots ⑫$$

の場合を考える。これまでと同様に，y，z についての不定方程式を考察することにより

c を [ツテ] で割ったときの余りが [ト] または [ナニ] である

ことは，⑪ と ⑫ をともに満たす整数 x，y，z が存在するための必要十分条件であることがわかる。

第3問～第5問は，いずれか2問を選択し，解答しなさい。

第5問 （選択問題）（配点　20）

△ABCにおいて辺ABを2：3に内分する点をPとする。辺AC上に2点A，Cのいずれとも異なる点Qをとる。線分BQと線分CPとの交点をRとし，直線ARと辺BCとの交点をSとする。

以下の問題において比を解答する場合は，最も簡単な整数の比で答えよ。

(1) 点Qは辺ACを1：2に内分する点とする。このとき，点Sは辺BCを［ア］：［イ］に内分する点である。

AB＝5とし，△ABCの内接円が辺AB，辺ACとそれぞれ点P，点Qで接しているとする。AQ＝［ウ］であることに注意すると，BC＝［エ］であり，［オ］であることがわかる。

［オ］の解答群

⓪　点Rは△ABCの内心
①　点Rは△ABCの重心
②　点Sは△ABCの内接円と辺BCとの接点
③　点Sは点Aから辺BCに下ろした垂線と辺BCとの交点

（数学Ⅰ・数学A第5問は次ページに続く。）

(2) △BPR と △CQR の面積比について考察する。

(i) 点 Q は辺 AC を 1 : 4 に内分する点とする。このとき，点 R は，線分 BQ を [カキ] : [ク] に内分し，線分 CP を [ケコ] : [サ] に内分する。したがって

$$\frac{\triangle \mathrm{CQR}\ の面積}{\triangle \mathrm{BPR}\ の面積} = \frac{[シス]}{[セ]}$$

である。

(ii) $\dfrac{\triangle \mathrm{CQR}\ の面積}{\triangle \mathrm{BPR}\ の面積} = \dfrac{1}{4}$ のとき，点 Q は辺 AC を [ソ] : [タ] に内分する点である。

数学Ⅱ・数学B

問　題	選　択　方　法
第1問	必　　答
第2問	必　　答
第3問	いずれか2問を選択し，解答しなさい。
第4問	
第5問	

（注）この科目には，選択問題があります。（125ページ参照。）

第1問 （必答問題）（配点 30）

〔1〕 $P(x)$を係数が実数であるxの整式とする。方程式$P(x)=0$は虚数$1+\sqrt{2}\,i$を解にもつとする。

(1) 虚数$1-\sqrt{2}\,i$も$P(x)=0$の解であることを示そう。

$1\pm\sqrt{2}\,i$を解とするxの2次方程式でx^2の係数が1であるものは

$$x^2 - \boxed{\text{ア}}\,x + \boxed{\text{イ}} = 0$$

である。$S(x)=x^2-\boxed{\text{ア}}\,x+\boxed{\text{イ}}$とし，$P(x)$を$S(x)$で割ったときの商を$Q(x)$，余りを$R(x)$とすると，次が成り立つ。

$$P(x) = \boxed{\text{ウ}}$$

また，$S(x)$は2次式であるから，m，nを実数として，$R(x)$は

$$R(x) = mx + n$$

と表せる。ここで，$1+\sqrt{2}\,i$が二つの方程式$P(x)=0$と$S(x)=0$の解であることを用いれば$R(1+\sqrt{2}\,i)=\boxed{\text{エ}}$となるので，$x=1+\sqrt{2}\,i$を$R(x)=mx+n$に代入することにより，$m=\boxed{\text{オ}}$，$n=\boxed{\text{カ}}$であることがわかる。したがって，$\boxed{\text{キ}}$であることがわかるので，$1-\sqrt{2}\,i$も$P(x)=0$の解である。

（数学Ⅱ・数学B第1問は次ページに続く。）

ウ の解答群

⓪ $S(x)Q(x)R(x)$　① $S(x)R(x)+Q(x)$
② $R(x)Q(x)+S(x)$　③ $S(x)Q(x)+R(x)$

キ の解答群

⓪ $P(x)=S(x)R(x)$　① $P(x)=Q(x)R(x)$
② $Q(x)=0$　③ $R(x)=0$
④ $S(x)=Q(x)R(x)$　⑤ $Q(x)=S(x)R(x)$

(数学Ⅱ・数学B第1問は次ページに続く。)

(2) k, ℓ を実数として

$$P(x)=3x^4+2x^3+kx+\ell$$

の場合を考える。このとき，$P(x)$ を(1)の $S(x)$ で割ったときの商を $Q(x)$，余りを $R(x)$ とすると

$$Q(x)=\boxed{\text{ク}}\,x^2+\boxed{\text{ケ}}\,x+\boxed{\text{コ}}$$

$$R(x)=\left(k-\boxed{\text{サシ}}\right)x+\ell-\boxed{\text{スセ}}$$

となる。$P(x)=0$ は $1+\sqrt{2}\,i$ を解にもつので，(1)の考察を用いると

$$k=\boxed{\text{ソタ}},\quad \ell=\boxed{\text{チツ}}$$

である。また，$P(x)=0$ の $1+\sqrt{2}\,i$ 以外の解は

$$x=\boxed{\text{テ}}-\sqrt{\boxed{\text{ト}}}\,i,\quad \frac{-\boxed{\text{ナ}}\pm\sqrt{\boxed{\text{ニ}}}\,i}{\boxed{\text{ヌ}}}$$

であることがわかる。

(数学Ⅱ・数学B第1問は次ページに続く。)

〔2〕以下の問題を解答するにあたっては，必要に応じて132, 133ページの常用対数表を用いてもよい。

花子さんは，あるスポーツドリンク(以下，商品S)の売り上げ本数が気温にどう影響されるかを知りたいと考えた。そこで，地区Aについて調べたところ，最高気温が22℃，25℃，28℃であった日の商品Sの売り上げ本数をそれぞれN_1，N_2，N_3とするとき

$$N_1 = 285, \quad N_2 = 368, \quad N_3 = 475$$

であった。このとき

$$\frac{N_2 - N_1}{25 - 22} < \frac{N_3 - N_2}{28 - 25}$$

であり，座標平面上の3点$(22,\ N_1)$，$(25,\ N_2)$，$(28,\ N_3)$は一つの直線上にはないので，花子さんはN_1，N_2，N_3の対数を考えてみることにした。

(1) 常用対数表によると，$\log_{10} 2.85 = 0.4548$であるので

$$\log_{10} N_1 = \log_{10} 285 = 0.4548 + \boxed{\text{ネ}} = \boxed{\text{ネ}}.4548$$

である。この値の小数第4位を四捨五入したものをp_1とすると

$$p_1 = \boxed{\text{ネ}}.455$$

である。同じように，$\log_{10} N_2$の値の小数第4位を四捨五入したものをp_2とすると

$$p_2 = \boxed{\text{ノ}}.\boxed{\text{ハヒフ}}$$

である。

(数学Ⅱ・数学B第1問は次ページに続く。)

さらに，$\log_{10} N_3$ の値の小数第4位を四捨五入したものを p_3 とすると

$$\frac{p_2 - p_1}{25 - 22} = \frac{p_3 - p_2}{28 - 25}$$

が成り立つことが確かめられる。したがって

$$\frac{p_2 - p_1}{25 - 22} = \frac{p_3 - p_2}{28 - 25} = k$$

とおくとき，座標平面上の3点$(22,\ p_1)$，$(25,\ p_2)$，$(28,\ p_3)$は次の方程式が表す直線上にある。

$$y = k(x - 22) + p_1 \qquad \cdots\cdots\cdots\cdots\cdots\cdots\cdots\cdots\cdots ①$$

いま，Nを正の実数とし，座標平面上の点$(x,\ \log_{10} N)$が①の直線上にあるとする。このとき，xとNの関係式として，次の⓪～③のうち，正しいものは［ヘ］である。

［ヘ］の解答群

⓪ $N = 10k(x - 22) + p_1$
① $N = 10\{k(x - 22) + p_1\}$
② $N = 10^{k(x-22)+p_1}$
③ $N = p_1 \cdot 10^{k(x-22)}$

（数学II・数学B第1問は次ページに続く。）

(2)　花子さんは，地区Aで最高気温が32℃になる日の商品Sの売り上げ本数を予想することにした。$x = 32$ のときに関係式 [ヘ] を満たす N の値は [ホ] の範囲にある。そこで，花子さんは売り上げ本数が [ホ] の範囲に入るだろうと考えた。

[ホ] の解答群

⓪ 440 以上 450 未満	① 450 以上 460 未満
② 460 以上 470 未満	③ 470 以上 480 未満
④ 650 以上 660 未満	⑤ 660 以上 670 未満
⑥ 670 以上 680 未満	⑦ 680 以上 690 未満
⑧ 890 以上 900 未満	⑨ 900 以上 910 未満
ⓐ 910 以上 920 未満	ⓑ 920 以上 930 未満

（数学Ⅱ・数学B第1問は 次 ページに続く。）

常用対数表

数	0	1	2	3	4	5	6	7	8	9
1.0	0.0000	0.0043	0.0086	0.0128	0.0170	0.0212	0.0253	0.0294	0.0334	0.0374
1.1	0.0414	0.0453	0.0492	0.0531	0.0569	0.0607	0.0645	0.0682	0.0719	0.0755
1.2	0.0792	0.0828	0.0864	0.0899	0.0934	0.0969	0.1004	0.1038	0.1072	0.1106
1.3	0.1139	0.1173	0.1206	0.1239	0.1271	0.1303	0.1335	0.1367	0.1399	0.1430
1.4	0.1461	0.1492	0.1523	0.1553	0.1584	0.1614	0.1644	0.1673	0.1703	0.1732
1.5	0.1761	0.1790	0.1818	0.1847	0.1875	0.1903	0.1931	0.1959	0.1987	0.2014
1.6	0.2041	0.2068	0.2095	0.2122	0.2148	0.2175	0.2201	0.2227	0.2253	0.2279
1.7	0.2304	0.2330	0.2355	0.2380	0.2405	0.2430	0.2455	0.2480	0.2504	0.2529
1.8	0.2553	0.2577	0.2601	0.2625	0.2648	0.2672	0.2695	0.2718	0.2742	0.2765
1.9	0.2788	0.2810	0.2833	0.2856	0.2878	0.2900	0.2923	0.2945	0.2967	0.2989
2.0	0.3010	0.3032	0.3054	0.3075	0.3096	0.3118	0.3139	0.3160	0.3181	0.3201
2.1	0.3222	0.3243	0.3263	0.3284	0.3304	0.3324	0.3345	0.3365	0.3385	0.3404
2.2	0.3424	0.3444	0.3464	0.3483	0.3502	0.3522	0.3541	0.3560	0.3579	0.3598
2.3	0.3617	0.3636	0.3655	0.3674	0.3692	0.3711	0.3729	0.3747	0.3766	0.3784
2.4	0.3802	0.3820	0.3838	0.3856	0.3874	0.3892	0.3909	0.3927	0.3945	0.3962
2.5	0.3979	0.3997	0.4014	0.4031	0.4048	0.4065	0.4082	0.4099	0.4116	0.4133
2.6	0.4150	0.4166	0.4183	0.4200	0.4216	0.4232	0.4249	0.4265	0.4281	0.4298
2.7	0.4314	0.4330	0.4346	0.4362	0.4378	0.4393	0.4409	0.4425	0.4440	0.4456
2.8	0.4472	0.4487	0.4502	0.4518	0.4533	0.4548	0.4564	0.4579	0.4594	0.4609
2.9	0.4624	0.4639	0.4654	0.4669	0.4683	0.4698	0.4713	0.4728	0.4742	0.4757
3.0	0.4771	0.4786	0.4800	0.4814	0.4829	0.4843	0.4857	0.4871	0.4886	0.4900
3.1	0.4914	0.4928	0.4942	0.4955	0.4969	0.4983	0.4997	0.5011	0.5024	0.5038
3.2	0.5051	0.5065	0.5079	0.5092	0.5105	0.5119	0.5132	0.5145	0.5159	0.5172
3.3	0.5185	0.5198	0.5211	0.5224	0.5237	0.5250	0.5263	0.5276	0.5289	0.5302
3.4	0.5315	0.5328	0.5340	0.5353	0.5366	0.5378	0.5391	0.5403	0.5416	0.5428
3.5	0.5441	0.5453	0.5465	0.5478	0.5490	0.5502	0.5514	0.5527	0.5539	0.5551
3.6	0.5563	0.5575	0.5587	0.5599	0.5611	0.5623	0.5635	0.5647	0.5658	0.5670
3.7	0.5682	0.5694	0.5705	0.5717	0.5729	0.5740	0.5752	0.5763	0.5775	0.5786
3.8	0.5798	0.5809	0.5821	0.5832	0.5843	0.5855	0.5866	0.5877	0.5888	0.5899
3.9	0.5911	0.5922	0.5933	0.5944	0.5955	0.5966	0.5977	0.5988	0.5999	0.6010
4.0	0.6021	0.6031	0.6042	0.6053	0.6064	0.6075	0.6085	0.6096	0.6107	0.6117
4.1	0.6128	0.6138	0.6149	0.6160	0.6170	0.6180	0.6191	0.6201	0.6212	0.6222
4.2	0.6232	0.6243	0.6253	0.6263	0.6274	0.6284	0.6294	0.6304	0.6314	0.6325
4.3	0.6335	0.6345	0.6355	0.6365	0.6375	0.6385	0.6395	0.6405	0.6415	0.6425
4.4	0.6435	0.6444	0.6454	0.6464	0.6474	0.6484	0.6493	0.6503	0.6513	0.6522
4.5	0.6532	0.6542	0.6551	0.6561	0.6571	0.6580	0.6590	0.6599	0.6609	0.6618
4.6	0.6628	0.6637	0.6646	0.6656	0.6665	0.6675	0.6684	0.6693	0.6702	0.6712
4.7	0.6721	0.6730	0.6739	0.6749	0.6758	0.6767	0.6776	0.6785	0.6794	0.6803
4.8	0.6812	0.6821	0.6830	0.6839	0.6848	0.6857	0.6866	0.6875	0.6884	0.6893
4.9	0.6902	0.6911	0.6920	0.6928	0.6937	0.6946	0.6955	0.6964	0.6972	0.6981
5.0	0.6990	0.6998	0.7007	0.7016	0.7024	0.7033	0.7042	0.7050	0.7059	0.7067
5.1	0.7076	0.7084	0.7093	0.7101	0.7110	0.7118	0.7126	0.7135	0.7143	0.7152
5.2	0.7160	0.7168	0.7177	0.7185	0.7193	0.7202	0.7210	0.7218	0.7226	0.7235
5.3	0.7243	0.7251	0.7259	0.7267	0.7275	0.7284	0.7292	0.7300	0.7308	0.7316
5.4	0.7324	0.7332	0.7340	0.7348	0.7356	0.7364	0.7372	0.7380	0.7388	0.7396

(数学Ⅱ・数学B第1問は次ページに続く。)

数	0	1	2	3	4	5	6	7	8	9
5.5	0.7404	0.7412	0.7419	0.7427	0.7435	0.7443	0.7451	0.7459	0.7466	0.7474
5.6	0.7482	0.7490	0.7497	0.7505	0.7513	0.7520	0.7528	0.7536	0.7543	0.7551
5.7	0.7559	0.7566	0.7574	0.7582	0.7589	0.7597	0.7604	0.7612	0.7619	0.7627
5.8	0.7634	0.7642	0.7649	0.7657	0.7664	0.7672	0.7679	0.7686	0.7694	0.7701
5.9	0.7709	0.7716	0.7723	0.7731	0.7738	0.7745	0.7752	0.7760	0.7767	0.7774
6.0	0.7782	0.7789	0.7796	0.7803	0.7810	0.7818	0.7825	0.7832	0.7839	0.7846
6.1	0.7853	0.7860	0.7868	0.7875	0.7882	0.7889	0.7896	0.7903	0.7910	0.7917
6.2	0.7924	0.7931	0.7938	0.7945	0.7952	0.7959	0.7966	0.7973	0.7980	0.7987
6.3	0.7993	0.8000	0.8007	0.8014	0.8021	0.8028	0.8035	0.8041	0.8048	0.8055
6.4	0.8062	0.8069	0.8075	0.8082	0.8089	0.8096	0.8102	0.8109	0.8116	0.8122
6.5	0.8129	0.8136	0.8142	0.8149	0.8156	0.8162	0.8169	0.8176	0.8182	0.8189
6.6	0.8195	0.8202	0.8209	0.8215	0.8222	0.8228	0.8235	0.8241	0.8248	0.8254
6.7	0.8261	0.8267	0.8274	0.8280	0.8287	0.8293	0.8299	0.8306	0.8312	0.8319
6.8	0.8325	0.8331	0.8338	0.8344	0.8351	0.8357	0.8363	0.8370	0.8376	0.8382
6.9	0.8388	0.8395	0.8401	0.8407	0.8414	0.8420	0.8426	0.8432	0.8439	0.8445
7.0	0.8451	0.8457	0.8463	0.8470	0.8476	0.8482	0.8488	0.8494	0.8500	0.8506
7.1	0.8513	0.8519	0.8525	0.8531	0.8537	0.8543	0.8549	0.8555	0.8561	0.8567
7.2	0.8573	0.8579	0.8585	0.8591	0.8597	0.8603	0.8609	0.8615	0.8621	0.8627
7.3	0.8633	0.8639	0.8645	0.8651	0.8657	0.8663	0.8669	0.8675	0.8681	0.8686
7.4	0.8692	0.8698	0.8704	0.8710	0.8716	0.8722	0.8727	0.8733	0.8739	0.8745
7.5	0.8751	0.8756	0.8762	0.8768	0.8774	0.8779	0.8785	0.8791	0.8797	0.8802
7.6	0.8808	0.8814	0.8820	0.8825	0.8831	0.8837	0.8842	0.8848	0.8854	0.8859
7.7	0.8865	0.8871	0.8876	0.8882	0.8887	0.8893	0.8899	0.8904	0.8910	0.8915
7.8	0.8921	0.8927	0.8932	0.8938	0.8943	0.8949	0.8954	0.8960	0.8965	0.8971
7.9	0.8976	0.8982	0.8987	0.8993	0.8998	0.9004	0.9009	0.9015	0.9020	0.9025
8.0	0.9031	0.9036	0.9042	0.9047	0.9053	0.9058	0.9063	0.9069	0.9074	0.9079
8.1	0.9085	0.9090	0.9096	0.9101	0.9106	0.9112	0.9117	0.9122	0.9128	0.9133
8.2	0.9138	0.9143	0.9149	0.9154	0.9159	0.9165	0.9170	0.9175	0.9180	0.9186
8.3	0.9191	0.9196	0.9201	0.9206	0.9212	0.9217	0.9222	0.9227	0.9232	0.9238
8.4	0.9243	0.9248	0.9253	0.9258	0.9263	0.9269	0.9274	0.9279	0.9284	0.9289
8.5	0.9294	0.9299	0.9304	0.9309	0.9315	0.9320	0.9325	0.9330	0.9335	0.9340
8.6	0.9345	0.9350	0.9355	0.9360	0.9365	0.9370	0.9375	0.9380	0.9385	0.9390
8.7	0.9395	0.9400	0.9405	0.9410	0.9415	0.9420	0.9425	0.9430	0.9435	0.9440
8.8	0.9445	0.9450	0.9455	0.9460	0.9465	0.9469	0.9474	0.9479	0.9484	0.9489
8.9	0.9494	0.9499	0.9504	0.9509	0.9513	0.9518	0.9523	0.9528	0.9533	0.9538
9.0	0.9542	0.9547	0.9552	0.9557	0.9562	0.9566	0.9571	0.9576	0.9581	0.9586
9.1	0.9590	0.9595	0.9600	0.9605	0.9609	0.9614	0.9619	0.9624	0.9628	0.9633
9.2	0.9638	0.9643	0.9647	0.9652	0.9657	0.9661	0.9666	0.9671	0.9675	0.9680
9.3	0.9685	0.9689	0.9694	0.9699	0.9703	0.9708	0.9713	0.9717	0.9722	0.9727
9.4	0.9731	0.9736	0.9741	0.9745	0.9750	0.9754	0.9759	0.9763	0.9768	0.9773
9.5	0.9777	0.9782	0.9786	0.9791	0.9795	0.9800	0.9805	0.9809	0.9814	0.9818
9.6	0.9823	0.9827	0.9832	0.9836	0.9841	0.9845	0.9850	0.9854	0.9859	0.9863
9.7	0.9868	0.9872	0.9877	0.9881	0.9886	0.9890	0.9894	0.9899	0.9903	0.9908
9.8	0.9912	0.9917	0.9921	0.9926	0.9930	0.9934	0.9939	0.9943	0.9948	0.9952
9.9	0.9956	0.9961	0.9965	0.9969	0.9974	0.9978	0.9983	0.9987	0.9991	0.9996

第2問　（必答問題）（配点　30）

〔1〕 縦の長さが9 cm，横の長さが24 cmの長方形の厚紙がある。この厚紙から容積が最大となる箱を作る。このとき，箱にふたがない場合とふたがある場合で容積の最大値がどう変わるかを調べたい。ただし，厚紙の厚さは考えず，作る箱の形を直方体とみなす。

(1) 厚紙の四隅から図1のように四つの合同な正方形の斜線部分を切り取り，破線にそって折り曲げて，ふたのない箱を作る。この箱の容積をV cm^{3}とする。

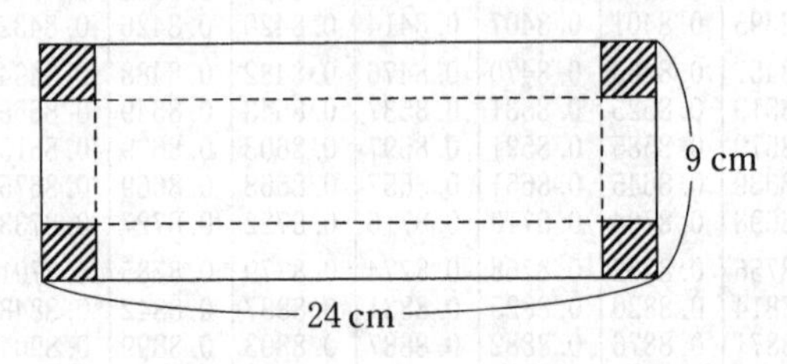

図1　ふたのない箱を作る場合

次の構想に基づいて箱の容積の最大値を考える。

構想

図1のように切り取る斜線部分の正方形の一辺の長さをx cmとする。Vをxの関数として表し，箱が作れるxの値の範囲に注意してVの最大値を考える。

（数学Ⅱ・数学B第2問は次ページに続く。）

箱が作れるための x のとり得る値の範囲は $0 < x < \dfrac{\boxed{ア}}{\boxed{イ}}$ である。V を x の式で表すと

$$V = \boxed{ウ}\,x^3 - \boxed{エオ}\,x^2 + \boxed{カキク}\,x$$

であり，V は $x = \boxed{ケ}$ で最大値 $\boxed{コサシ}$ をとる。

(数学Ⅱ・数学B第2問は次ページに続く。)

(2) 厚紙の四隅から図2のように四つの斜線部分を切り取り，破線にそって折り曲げて，ふたでぴったりと閉じることのできる箱を作る。この箱の容積を $W\,\mathrm{cm}^3$ とする。

図2の四つの斜線部分のうち，左側二つの斜線部分をそれぞれ一辺の長さが x cm の正方形とすると，右側二つの斜線部分は，それぞれ縦の長さが x cm，横の長さが ［ス］ cm の長方形となる。

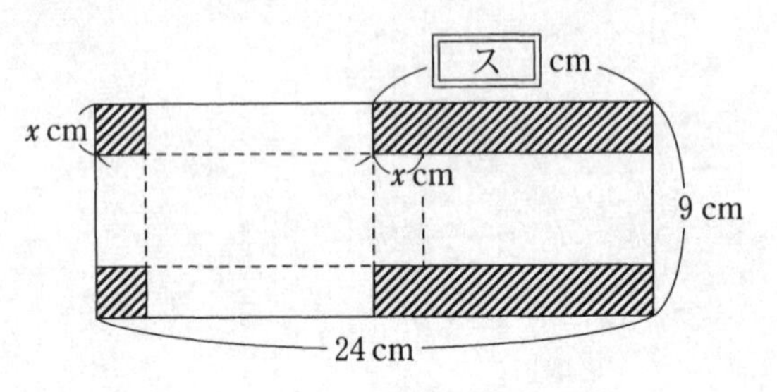

図2　ふたのある箱を作る場合

［ス］ の解答群

⓪ 6	① $(6-x)$	② $(6+x)$
③ 12	④ $(12-x)$	⑤ $(12+x)$
⑥ 18	⑦ $(18-x)$	⑧ $(18+x)$

(数学Ⅱ・数学B第2問は次ページに続く。)

太郎さんと花子さんは，Wをxの式で表した後，(1)の結果を見ながらWの最大値の求め方について話している。

太郎：Wの式がわかったから，Wの最大値は(1)と同じように求められるね。

花子：ちょっと待って。Wを表す式と(1)のVを表す式は似ているね。Wを表す式とVを表す式の関係を利用できないかな。

(1)のVが最大値をとるときのxの値をx_0とする。Wの最大値は(1)で求めたVの最大値［セ］。また，Wが最大値をとるxは［ソ］。

［セ］の解答群

⓪ の$\frac{1}{4}$倍である	① の4倍である
② の$\frac{1}{3}$倍である	③ の3倍である
④ の$\frac{1}{2}$倍である	⑤ の2倍である
⑥ と等しくなる	

［ソ］の解答群

⓪ ただ一つあり，その値はx_0より小さい
① ただ一つあり，その値はx_0より大きい
② ただ一つあり，その値はx_0と等しい
③ 二つ以上ある

（数学Ⅱ・数学B第2問は次ページに続く。）

(3)　縦の長さが 9 cm，横の長さが 24 cm の長方形に限らず，いろいろな長方形の厚紙から(1)，(2)と同じようにふたのない箱とふたのある箱を作る。このとき

ふたのある箱の容積の最大値が，ふたのない箱の容積の最大値［セ］

ということが成り立つための長方形についての記述として，次の⓪～④のうち，正しいものは［タ］である。

［タ］の解答群

⓪　縦の長さが 9 cm，横の長さが 24 cm の長方形のときのみ成り立つ。
①　縦の長さが 9 cm，横の長さが 24 cm の長方形のときと，縦の長さが 24 cm，横の長さが 9 cm の長方形のときのみ成り立つ。
②　縦と横の長さの比が 3 ： 8 の長方形のときのみ成り立つ。
③　縦と横の長さの比が 3 ： 8 の長方形のときと，縦と横の長さの比が 8 ： 3 の長方形のときのみ成り立つ。
④　縦と横の長さに関係なくどのような長方形のときでも成り立つ。

（数学Ⅱ・数学B第2問は次ページに続く。）

〔2〕　$1^2+2^2+\cdots+10^2$ をある関数の定積分で表すことを考えよう。

(1) すべての実数 t に対して，$\displaystyle\int_t^{t+1} f(x)\,dx=t^2$ となる2次関数 $f(x)$ を求めよう。

$$\int_t^{t+1} 1\,dx=\boxed{\text{チ}}$$

$$\int_t^{t+1} x\,dx=t+\frac{\boxed{\text{ツ}}}{\boxed{\text{テ}}}$$

$$\int_t^{t+1} x^2\,dx=t^2+t+\frac{\boxed{\text{ト}}}{\boxed{\text{ナ}}}$$

である。また，ℓ, m, n を定数とし，$f(x)=\ell x^2+mx+n$ とおくと

$$\int_t^{t+1} f(x)\,dx=\ell t^2+(\ell+m)t+\frac{\boxed{\text{ト}}}{\boxed{\text{ナ}}}\ell+\frac{\boxed{\text{ツ}}}{\boxed{\text{テ}}}m+n$$

を得る。このことから，t についての恒等式

$$t^2=\ell t^2+(\ell+m)t+\frac{\boxed{\text{ト}}}{\boxed{\text{ナ}}}\ell+\frac{\boxed{\text{ツ}}}{\boxed{\text{テ}}}m+n$$

を得る。よって，$\ell=\boxed{\text{ニ}}$，$m=\boxed{\text{ヌネ}}$，$n=\dfrac{\boxed{\text{ノ}}}{\boxed{\text{ハ}}}$ とわかる。

(2) (1)で求めた $f(x)$ を用いれば，次が成り立つ。

$$1^2+2^2+\cdots+10^2=\int_1^{\boxed{\text{ヒフ}}} f(x)\,dx$$

第3問～第5問は，いずれか2問を選択し，解答しなさい。

第3問　（選択問題）（配点　20）

以下の問題を解答するにあたっては，必要に応じて145ページの正規分布表を用いてもよい。

1，2，3，4の数字がそれぞれ一つずつ書かれた4枚の白のカードが箱Aに，1，2，3，4の数字がそれぞれ一つずつ書かれた4枚の赤のカードが箱Bに入っている。箱A，Bからそれぞれ1枚ずつのカードを無作為に取り出し，取り出したカードの数字を確認してからもとに戻す試行について，次のように確率変数X，Yを定める。

「確率変数X」

取り出した白のカードに書かれた数と赤のカードに書かれた数の**小さい方**の数（書かれた数が等しい場合はその数）をXの値とする。

「確率変数Y」

取り出した白のカードに書かれた数と赤のカードに書かれた数の**大きい方**の数（書かれた数が等しい場合はその数）をYの値とする。

太郎さんは，この試行を2回繰り返したときに記録された2個の数の平均値$t_2 = 2.50$と，100回繰り返したときに記録された100個の数の平均値$t_{100} = 2.95$が書いてあるメモを見つけた。メモに関する**太郎さんの記憶**は次のとおりである。

太郎さんの記憶

メモに書かれていたt_2とt_{100}は「確率変数X」の平均値である。

太郎さんは，このメモに書かれていたt_2とt_{100}が「確率変数X」か「確率変数Y」のうちどちらか一方の平均値であったことは覚えていたが，**太郎さんの記憶**における「確率変数X」の部分が確かでなく，もしかしたら「確率変数Y」だったかもしれないと感じている。このことについて，太郎さんが花子さんに相談したところ，花子さんは，太郎さんが見つけたメモに書かれていた二つの平均値をもとにして**太郎さんの記憶**が正しいかどうかがわかるのではないかと考えた。

（数学Ⅱ・数学B第3問は次ページに続く。）

(1)　$X=1$ となるのは，白のカード，赤のカードともに 1 か，白のカードが 1 で赤のカードが 2 以上か，赤のカードが 1 で白のカードが 2 以上の場合であり，全部で ア 通りある。$X=2$，3，4 についても同様に考えることにより，X の確率分布は

X	1	2	3	4	計
P	$\frac{ア}{16}$	$\frac{イ}{16}$	$\frac{ウ}{16}$	$\frac{エ}{16}$	1

となることがわかる。また，Y の確率分布は

Y	1	2	3	4	計
P	$\frac{1}{16}$	$\frac{オ}{16}$	$\frac{カ}{16}$	$\frac{キ}{16}$	1

となる。

確率変数 Z を $Z=$ ク $-X$ とすると，Z の確率分布と Y の確率分布は同じであることがわかる。

(2)　確率変数 X の平均(期待値)と標準偏差はそれぞれ

$$E(X)=\frac{ケコ}{8},\quad \sigma(X)=\frac{\sqrt{55}}{8}$$

となる。このことと，(1)の確率変数 Z に関する考察から，確率変数 Y の平均は

$$E(Y)=\frac{サシ}{8}$$

となり，標準偏差は $\sigma(Y)=$ ス となる。

ス の解答群

⓪ $\{\sigma(X)\}^2$	① $5-\sigma(X)$	② $5\sigma(X)$	③ $\sigma(X)$

(数学Ⅱ・数学B第3問は次ページに続く。)

(3) 確率変数 X, Y の分布から**太郎さんの記憶**が正しいかどうかを推測しよう。

X の確率分布をもつ母集団を考え，この母集団から無作為に抽出した大きさ n の標本を確率変数 X_1, X_2, $\cdots$, X_n とし，標本平均を $\overline{X}$ とする。Y の確率分布をもつ母集団を考え，この母集団から無作為に抽出した大きさ n の標本を確率変数 Y_1, Y_2, $\cdots$, Y_n とし，標本平均を $\overline{Y}$ とする。

(i) メモに書かれていた，$t_2 = 2.50$ について考えよう。

花子さんは，$\overline{X} = 2.50$ となる確率 $P(\overline{X} = 2.50)$ と $\overline{Y} = 2.50$ となる確率 $P(\overline{Y} = 2.50)$ を比較することで，**太郎さんの記憶**が正しいかどうかがわかるのではないかと考えた。

$\overline{X} = 2.50$ となる確率は，$X_1 + X_2 = 5$ となる確率であり，(1)の X の確率分布より

$$P(\overline{X} = 2.50) = \frac{\boxed{セソ}}{64}$$

となり，(1)の Y の確率分布から，$P(\overline{Y} = 2.50)$ $\boxed{タ}$ $P(\overline{X} = 2.50)$ が成り立つことがわかる。

このことから，花子さんは，$t_2 = 2.50$ からでは**太郎さんの記憶**が正しいかどうかはわからないと考えた。

$\boxed{タ}$ の解答群

⓪ $<$	① $=$	② $>$

（数学Ⅱ・数学B第3問は次ページに続く。）

(ii) メモに書かれていた，$t_{100} = 2.95$ について考えよう。

n が大きいとき，$\overline{X}$ は近似的に正規分布 $N(E(\overline{X}),\ \{\sigma(\overline{X})\}^2)$ に従い，

$\sigma(\overline{X}) =$ チ である。$n = 100$ は大きいので，$\overline{X} = 2.95$ であったとすると，推定される母平均を m_X として，m_X の信頼度 95 % の信頼区間は

ツ $\leqq m_X \leqq$ テ ……………………… ①

となる。一方，$\overline{Y} = 2.95$ であったとすると，推定される母平均を m_Y として，m_Y の信頼度 95 % の信頼区間は

ト $\leqq m_Y \leqq$ ナ ……………………… ②

となることもわかる。ただし， ツ ～ ナ の計算においては，$\sqrt{55} = 7.4$ とする。

チ の解答群

⓪ $\{\sigma(X)\}^2$	① $\dfrac{\sigma(X)}{n}$	② $\dfrac{\sigma(X)}{\sqrt{n}}$	③ $\dfrac{\{\sigma(X)\}^2}{n}$

ツ ～ ナ については，最も適当なものを，次の⓪～⑧のうちから一つずつ選べ。ただし，同じものを繰り返し選んでもよい。

⓪ 1.693	① 1.875	② 2.057
③ 2.740	④ 2.769	⑤ 2.798
⑥ 3.102	⑦ 3.131	⑧ 3.160

（数学Ⅱ・数学B第3問は次ページに続く。）

花子さんは，次の**基準**により**太郎さんの記憶**が正しいかどうかを判断することにした。ただし，**基準**が適用できない場合には，判断しないものとする。

基準

①の信頼区間に$E(X)$が含まれていて，②の信頼区間に$E(Y)$が含まれていないならば，**太郎さんの記憶**は正しいものとする。①の信頼区間に$E(X)$が含まれず，②の信頼区間に$E(Y)$が含まれているならば，**太郎さんの記憶**は正しくないものとする。

$E(X)$は①の信頼区間に［ニ］。$E(Y)$は②の信頼区間に［ヌ］。

以上より，**太郎さんの記憶**については，［ネ］。

［ニ］，［ヌ］の解答群（同じものを繰り返し選んでもよい。）

⓪ 含まれている	① 含まれていない

［ネ］については，最も適当なものを，次の⓪～②のうちから一つ選べ。

⓪ 正しいと判断され，メモに書かれていたt_2とt_{100}は「確率変数X」の平均値である

① 正しくないと判断され，メモに書かれていたt_2とt_{100}は「確率変数Y」の平均値である

② 基準が適用できないので，判断しない

（数学Ⅱ・数学B第3問は次ページに続く。）

正 規 分 布 表

次の表は，標準正規分布の分布曲線における右図の灰色部分の面積の値をまとめたものである。

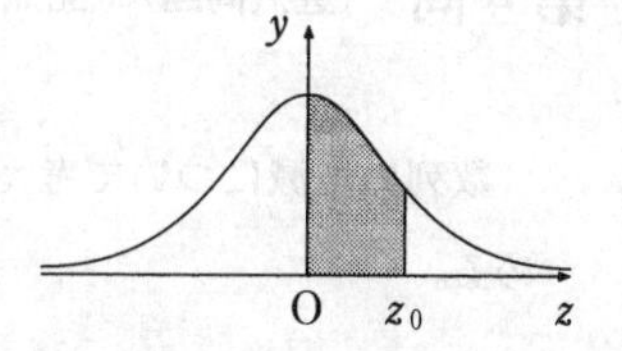

z_0	0.00	0.01	0.02	0.03	0.04	0.05	0.06	0.07	0.08	0.09
0.0	0.0000	0.0040	0.0080	0.0120	0.0160	0.0199	0.0239	0.0279	0.0319	0.0359
0.1	0.0398	0.0438	0.0478	0.0517	0.0557	0.0596	0.0636	0.0675	0.0714	0.0753
0.2	0.0793	0.0832	0.0871	0.0910	0.0948	0.0987	0.1026	0.1064	0.1103	0.1141
0.3	0.1179	0.1217	0.1255	0.1293	0.1331	0.1368	0.1406	0.1443	0.1480	0.1517
0.4	0.1554	0.1591	0.1628	0.1664	0.1700	0.1736	0.1772	0.1808	0.1844	0.1879
0.5	0.1915	0.1950	0.1985	0.2019	0.2054	0.2088	0.2123	0.2157	0.2190	0.2224
0.6	0.2257	0.2291	0.2324	0.2357	0.2389	0.2422	0.2454	0.2486	0.2517	0.2549
0.7	0.2580	0.2611	0.2642	0.2673	0.2704	0.2734	0.2764	0.2794	0.2823	0.2852
0.8	0.2881	0.2910	0.2939	0.2967	0.2995	0.3023	0.3051	0.3078	0.3106	0.3133
0.9	0.3159	0.3186	0.3212	0.3238	0.3264	0.3289	0.3315	0.3340	0.3365	0.3389
1.0	0.3413	0.3438	0.3461	0.3485	0.3508	0.3531	0.3554	0.3577	0.3599	0.3621
1.1	0.3643	0.3665	0.3686	0.3708	0.3729	0.3749	0.3770	0.3790	0.3810	0.3830
1.2	0.3849	0.3869	0.3888	0.3907	0.3925	0.3944	0.3962	0.3980	0.3997	0.4015
1.3	0.4032	0.4049	0.4066	0.4082	0.4099	0.4115	0.4131	0.4147	0.4162	0.4177
1.4	0.4192	0.4207	0.4222	0.4236	0.4251	0.4265	0.4279	0.4292	0.4306	0.4319
1.5	0.4332	0.4345	0.4357	0.4370	0.4382	0.4394	0.4406	0.4418	0.4429	0.4441
1.6	0.4452	0.4463	0.4474	0.4484	0.4495	0.4505	0.4515	0.4525	0.4535	0.4545
1.7	0.4554	0.4564	0.4573	0.4582	0.4591	0.4599	0.4608	0.4616	0.4625	0.4633
1.8	0.4641	0.4649	0.4656	0.4664	0.4671	0.4678	0.4686	0.4693	0.4699	0.4706
1.9	0.4713	0.4719	0.4726	0.4732	0.4738	0.4744	0.4750	0.4756	0.4761	0.4767
2.0	0.4772	0.4778	0.4783	0.4788	0.4793	0.4798	0.4803	0.4808	0.4812	0.4817
2.1	0.4821	0.4826	0.4830	0.4834	0.4838	0.4842	0.4846	0.4850	0.4854	0.4857
2.2	0.4861	0.4864	0.4868	0.4871	0.4875	0.4878	0.4881	0.4884	0.4887	0.4890
2.3	0.4893	0.4896	0.4898	0.4901	0.4904	0.4906	0.4909	0.4911	0.4913	0.4916
2.4	0.4918	0.4920	0.4922	0.4925	0.4927	0.4929	0.4931	0.4932	0.4934	0.4936
2.5	0.4938	0.4940	0.4941	0.4943	0.4945	0.4946	0.4948	0.4949	0.4951	0.4952
2.6	0.4953	0.4955	0.4956	0.4957	0.4959	0.4960	0.4961	0.4962	0.4963	0.4964
2.7	0.4965	0.4966	0.4967	0.4968	0.4969	0.4970	0.4971	0.4972	0.4973	0.4974
2.8	0.4974	0.4975	0.4976	0.4977	0.4977	0.4978	0.4979	0.4979	0.4980	0.4981
2.9	0.4981	0.4982	0.4982	0.4983	0.4984	0.4984	0.4985	0.4985	0.4986	0.4986
3.0	0.4987	0.4987	0.4987	0.4988	0.4988	0.4989	0.4989	0.4989	0.4990	0.4990

第3問～第5問は，いずれか2問を選択し，解答しなさい。

第4問 （選択問題）（配点　20）

数列の増減について考える。与えられた数列$\{p_n\}$の増減について次のように定める。

- すべての自然数nについて$p_n < p_{n+1}$となるとき，数列$\{p_n\}$はつねに増加するという。
- すべての自然数nについて$p_n > p_{n+1}$となるとき，数列$\{p_n\}$はつねに減少するという。
- $p_k < p_{k+1}$となる自然数kがあり，さらに$p_\ell > p_{\ell+1}$となる自然数ℓもあるとき，数列$\{p_n\}$は増加することも減少することもあるという。

(1)　数列$\{a_n\}$は

$$a_1 = 23, \quad a_{n+1} = a_n - 3 \quad (n = 1, 2, 3, \cdots)$$

を満たすとする。このとき

$$a_n = \boxed{\text{アイ}}\,n + \boxed{\text{ウエ}} \quad (n = 1, 2, 3, \cdots)$$

となり，$a_n < 0$を満たす最小の自然数nは $\boxed{\text{オ}}$ である。

数列$\{a_n\}$は $\boxed{\text{カ}}$ 。また，自然数nに対して，$S_n = \sum_{k=1}^{n} a_k$とおくと，数列$\{S_n\}$は $\boxed{\text{キ}}$ 。

$n \geqq \boxed{\text{オ}}$ のとき， $\boxed{\text{ク}}$ 。また，$b_n = \dfrac{1}{a_n}$とおくと，$n \geqq \boxed{\text{オ}}$ のとき， $\boxed{\text{ケ}}$ 。

（数学Ⅱ・数学B第4問は次ページに続く。）

［カ］，［キ］の解答群（同じものを繰り返し選んでもよい。）

⓪ つねに増加する
① つねに減少する
② 増加することも減少することもある

［ク］の解答群

⓪ $a_n < 0$ である
① $a_n > 0$ である
② $a_n < 0$ となることも $a_n > 0$ となることもある

［ケ］の解答群

⓪ $b_n < b_{n+1}$ である
① $b_n > b_{n+1}$ である
② $b_n < b_{n+1}$ となることも $b_n > b_{n+1}$ となることもある

（数学Ⅱ・数学B第4問は次ページに続く。）

(2)　数列$\{c_n\}$は

$$c_1 = 30, \quad c_{n+1} = \frac{50c_n - 800}{c_n - 10} \quad (n = 1, 2, 3, \cdots)$$

を満たすとする。

以下では，すべての自然数nに対してc_n キ 20となることを用いてよい。

$d_n = \dfrac{1}{c_n - 20}$　$(n = 1, 2, 3, \cdots)$とおくと，$d_1 = \dfrac{1}{\boxed{\text{コサ}}}$であり，また

$$c_n = \frac{1}{d_n} + \boxed{\text{シス}} \quad (n = 1, 2, 3, \cdots) \cdots\cdots\cdots\cdots ①$$

が成り立つ。したがって

$$\frac{1}{d_{n+1}} = \frac{50\left(\dfrac{1}{d_n} + \boxed{\text{シス}}\right) - 800}{\left(\dfrac{1}{d_n} + \boxed{\text{シス}}\right) - 10} - \boxed{\text{シス}} \quad (n = 1, 2, 3, \cdots)$$

により

$$d_{n+1} = \frac{d_n}{\boxed{\text{セ}}} + \frac{1}{\boxed{\text{ソタ}}} \quad (n = 1, 2, 3, \cdots)$$

が成り立つ。

数列$\{d_n\}$の一般項は

$$d_n = \frac{1}{\boxed{\text{チツ}}}\left(\frac{1}{\boxed{\text{テ}}}\right)^{n-1} + \frac{1}{\boxed{\text{トナ}}}$$

である。

したがって，d_n $\boxed{\text{ニ}}$ $\dfrac{1}{\boxed{\text{トナ}}}$　$(n = 1, 2, 3, \cdots)$であり，数列$\{d_n\}$は

$\boxed{\text{ヌ}}$。

よって①により，Oを原点とする座標平面上に$n = 1$から$n = 10$まで

点(n, c_n)を図示すると $\boxed{\text{ネ}}$ となる。

（数学Ⅱ・数学Ｂ第４問は次ページに続く。）

ニ の解答群

⓪ <	① =	② >

ヌ の解答群

⓪ つねに増加する

① つねに減少する

② 増加することも減少することもある

ネ については，最も適当なものを，次の⓪～⑤のうちから一つ選べ。

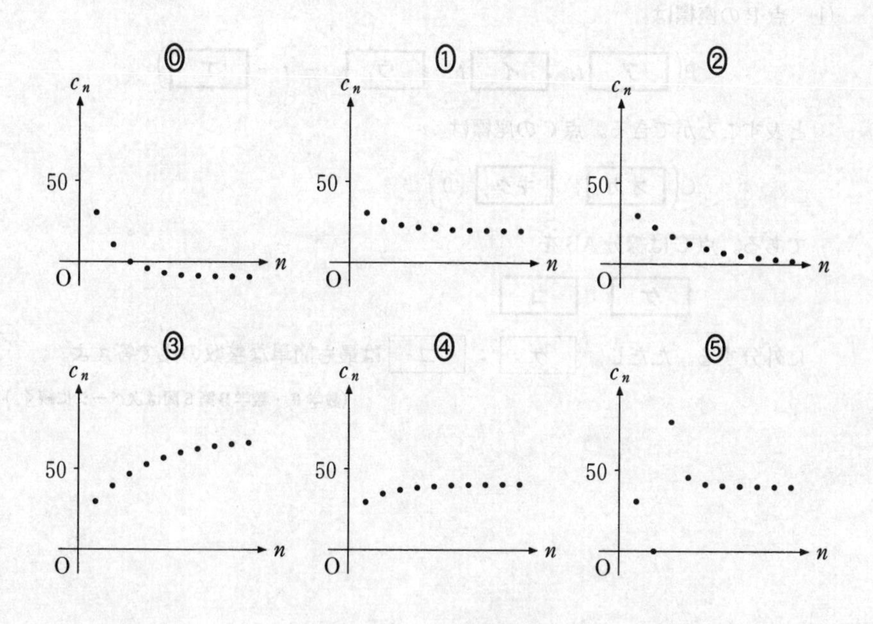

第3問～第5問は，いずれか2問を選択し，解答しなさい。

第5問 (選択問題)(配点 20)

点Oを原点とする座標空間において2点A，Bの座標を

A(0，-3，5)，　B(2，0，4)

とし，直線ABとxy平面との交点をCとする。また，点Dの座標を

D(7，4，5)

とする。

直線AB上の点Pについて，$\overrightarrow{OP}$を実数tを用いて

$$\overrightarrow{OP} = \overrightarrow{OA} + t\overrightarrow{AB}$$

と表すことにする。

(1) 点Pの座標は

P(ア t， イ $t-$ ウ ，$-t+$ エ)

と表すことができる。点Cの座標は

C(オカ ， キク ，0)

である。点Cは線分ABを

ケ ： コ

に外分する。ただし， ケ ： コ は最も簡単な整数の比で答えよ。

(数学Ⅱ・数学B第5問は次ページに続く。)

(2) $\angle CPD = 120°$ となるときの点Pの座標について考えよう。

$\angle CPD = 120°$ のとき

$$\overrightarrow{PC} \cdot \overrightarrow{PD} = \frac{\boxed{サシ}}{\boxed{ス}} |\overrightarrow{PC}| |\overrightarrow{PD}| \quad \cdots\cdots\cdots ①$$

が成り立つ。ここで，$\overrightarrow{PC}$ と $\overrightarrow{AB}$ が平行であることから，0でない実数 k を用いて $\overrightarrow{PC} = k\overrightarrow{AB}$ と表すことができるので，① は

$$k\overrightarrow{AB} \cdot \overrightarrow{PD} = \frac{\boxed{サシ}}{\boxed{ス}} |k\overrightarrow{AB}| |\overrightarrow{PD}| \quad \cdots\cdots\cdots ②$$

と表すことができる。

$\overrightarrow{AB} \cdot \overrightarrow{PD}$ と $|\overrightarrow{PD}|^2$ は，それぞれ

$$\overrightarrow{AB} \cdot \overrightarrow{PD} = -7\left(\boxed{セ}\, t - \boxed{ソ}\right)$$

$$|\overrightarrow{PD}|^2 = 14\left(t^2 - \boxed{タ}\, t + \boxed{チ}\right)$$

と表される。したがって，② の両辺の2乗が等しくなるのは

$$t = \boxed{ツ}, \ \boxed{テ}$$

のときである。ただし，$\boxed{ツ} < \boxed{テ}$ とする。

$t = \boxed{ツ}$，$\boxed{テ}$ のときの $\angle CPD$ をそれぞれ調べることで，$\angle CPD = 120°$ となる点Pの座標は

$$P\left(\boxed{ト}, \ \boxed{ナ}, \ \boxed{ニ}\right)$$

であることがわかる。

（数学Ⅱ・数学B第5問は次ページに続く。）

(3) 直線ABから点Aを除いた部分を点Pが動くとき，直線DPはxy平面と交わる。この交点をQとするとき，点Qが描く図形について考えよう。

点Qが直線DP上にあることから，$\overrightarrow{OQ}$は実数sを用いて

$$\overrightarrow{OQ}=\overrightarrow{OD}+s\overrightarrow{DP}$$

と表すことができる。さらに，点Qがxy平面上にあることから，sはtを用いて表すことができる。よって，$\overrightarrow{OQ}$はtを用いて

$$\overrightarrow{OQ}=\left(\boxed{\text{ヌネ}},\ \boxed{\text{ノハ}},\ 0\right)-\frac{\boxed{\text{ヒフ}}}{t}(1,\ 1,\ 0)$$

と表すことができる。

したがって，点Qはある直線上を動くことがわかる。さらに，tが0以外の実数値を変化するとき$\dfrac{1}{t}$は0以外のすべての実数値をとることに注意すると，点Qが描く図形は直線から1点を除いたものであることがわかる。この除かれた点をRとするとき，$\overrightarrow{DR}$は $\boxed{\text{ヘ}}$ と平行である。

$\boxed{\text{ヘ}}$ の解答群

⓪ $\overrightarrow{OA}$	① $\overrightarrow{OB}$	② $\overrightarrow{OC}$	③ $\overrightarrow{OD}$
④ $\overrightarrow{AB}$	⑤ $\overrightarrow{AD}$	⑥ $\overrightarrow{BD}$	⑦ $\overrightarrow{CD}$

数学Ⅰ・数学A
数学Ⅱ・数学B
数学Ⅰ
数学Ⅱ

（2022年１月実施）

2022 本試験

数学Ⅰ・数学A	70分	100点
数学Ⅱ・数学B	60分	100点
数学Ⅰ	70分	100点
数学Ⅱ	60分	100点

数学 I ・数学 A

<table>
<tr><th>問　題</th><th>選　択　方　法</th></tr>
<tr><td>第 1 問</td><td>必　答</td></tr>
<tr><td>第 2 問</td><td>必　答</td></tr>
<tr><td>第 3 問</td><td rowspan="3">いずれか 2 問を選択し,
解答しなさい。</td></tr>
<tr><td>第 4 問</td></tr>
<tr><td>第 5 問</td></tr>
</table>

(注) この科目には，選択問題があります。(２ページ参照。)

第１問 (必答問題) (配点　30)

〔1〕 実数 a, b, c が

$$a + b + c = 1 \quad \cdots\cdots\cdots ①$$

および

$$a^2 + b^2 + c^2 = 13 \quad \cdots\cdots\cdots ②$$

を満たしているとする。

(1) $(a + b + c)^2$ を展開した式において，① と ② を用いると

$$ab + bc + ca = \boxed{アイ}$$

であることがわかる。よって

$$(a - b)^2 + (b - c)^2 + (c - a)^2 = \boxed{ウエ}$$

である。

(数学Ⅰ・数学A第１問は次ページに続く。)

(2)　$a-b=2\sqrt{5}$ の場合に，$(a-b)(b-c)(c-a)$ の値を求めてみよう。

$b-c=x$，$c-a=y$ とおくと

$$x+y=\boxed{\text{オカ}}\sqrt{5}$$

である。また，(1)の計算から

$$x^2+y^2=\boxed{\text{キク}}$$

が成り立つ。

これらより

$$(a-b)(b-c)(c-a)=\boxed{\text{ケ}}\sqrt{5}$$

である。

(数学Ⅰ・数学A第1問は次ページに続く。)

〔2〕 以下の問題を解答するにあたっては，必要に応じて 7 ページの三角比の表を用いてもよい。

太郎さんと花子さんは，キャンプ場のガイドブックにある地図を見ながら，後のように話している。

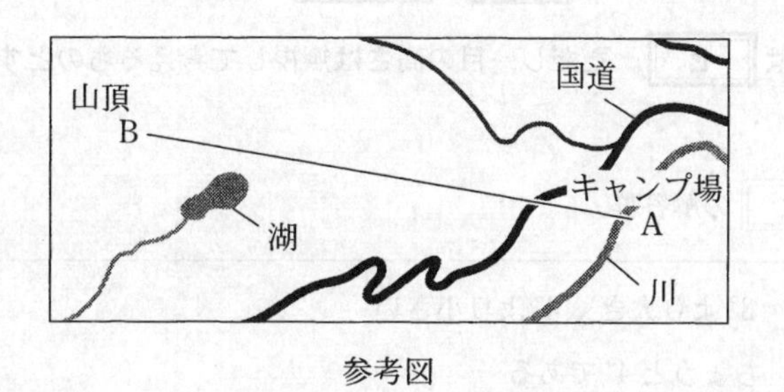

参考図

太郎：キャンプ場の地点 A から山頂 B を見上げる角度はどれくらいかな。

花子：地図アプリを使って，地点 A と山頂 B を含む断面図を調べたら，図 1 のようになったよ。点 C は，山頂 B から地点 A を通る水平面に下ろした垂線とその水平面との交点のことだよ。

太郎：図 1 の角度 θ は，AC，BC の長さを定規で測って，三角比の表を用いて調べたら 16° だったよ。

花子：本当に 16° なの？　図 1 の鉛直方向の縮尺と水平方向の縮尺は等しいのかな？

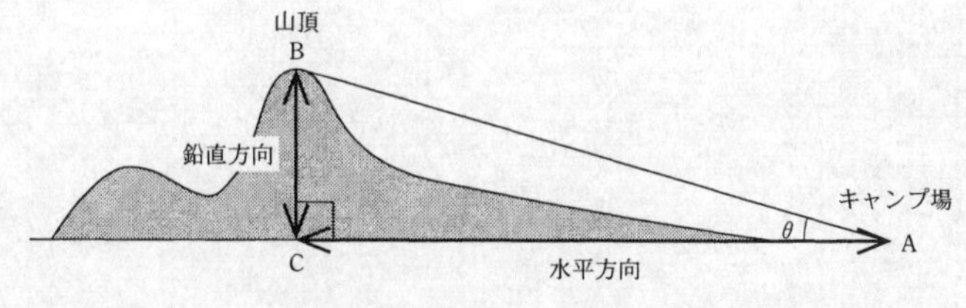

図　1

(数学Ⅰ・数学A第 1 問は次ページに続く。)

図1のθはちょうど16°であったとする。しかし，図1の縮尺は，水平方向が$\dfrac{1}{100000}$であるのに対して，鉛直方向は$\dfrac{1}{25000}$であった。

実際にキャンプ場の地点Aから山頂Bを見上げる角である∠BACを考えると，tan∠BACは［コ］.［サシス］となる。したがって，∠BACの大きさは［セ］。ただし，目の高さは無視して考えるものとする。

［セ］の解答群

⓪ 3°より大きく4°より小さい
① ちょうど4°である
② 4°より大きく5°より小さい
③ ちょうど16°である
④ 48°より大きく49°より小さい
⑤ ちょうど49°である
⑥ 49°より大きく50°より小さい
⑦ 63°より大きく64°より小さい
⑧ ちょうど64°である
⑨ 64°より大きく65°より小さい

（数学Ⅰ・数学A第1問は次ページに続く。）

三角比の表

角	正弦(sin)	余弦(cos)	正接(tan)
0°	0.0000	1.0000	0.0000
1°	0.0175	0.9998	0.0175
2°	0.0349	0.9994	0.0349
3°	0.0523	0.9986	0.0524
4°	0.0698	0.9976	0.0699
5°	0.0872	0.9962	0.0875
6°	0.1045	0.9945	0.1051
7°	0.1219	0.9925	0.1228
8°	0.1392	0.9903	0.1405
9°	0.1564	0.9877	0.1584
10°	0.1736	0.9848	0.1763
11°	0.1908	0.9816	0.1944
12°	0.2079	0.9781	0.2126
13°	0.2250	0.9744	0.2309
14°	0.2419	0.9703	0.2493
15°	0.2588	0.9659	0.2679
16°	0.2756	0.9613	0.2867
17°	0.2924	0.9563	0.3057
18°	0.3090	0.9511	0.3249
19°	0.3256	0.9455	0.3443
20°	0.3420	0.9397	0.3640
21°	0.3584	0.9336	0.3839
22°	0.3746	0.9272	0.4040
23°	0.3907	0.9205	0.4245
24°	0.4067	0.9135	0.4452
25°	0.4226	0.9063	0.4663
26°	0.4384	0.8988	0.4877
27°	0.4540	0.8910	0.5095
28°	0.4695	0.8829	0.5317
29°	0.4848	0.8746	0.5543
30°	0.5000	0.8660	0.5774
31°	0.5150	0.8572	0.6009
32°	0.5299	0.8480	0.6249
33°	0.5446	0.8387	0.6494
34°	0.5592	0.8290	0.6745
35°	0.5736	0.8192	0.7002
36°	0.5878	0.8090	0.7265
37°	0.6018	0.7986	0.7536
38°	0.6157	0.7880	0.7813
39°	0.6293	0.7771	0.8098
40°	0.6428	0.7660	0.8391
41°	0.6561	0.7547	0.8693
42°	0.6691	0.7431	0.9004
43°	0.6820	0.7314	0.9325
44°	0.6947	0.7193	0.9657
45°	0.7071	0.7071	1.0000

角	正弦(sin)	余弦(cos)	正接(tan)
45°	0.7071	0.7071	1.0000
46°	0.7193	0.6947	1.0355
47°	0.7314	0.6820	1.0724
48°	0.7431	0.6691	1.1106
49°	0.7547	0.6561	1.1504
50°	0.7660	0.6428	1.1918
51°	0.7771	0.6293	1.2349
52°	0.7880	0.6157	1.2799
53°	0.7986	0.6018	1.3270
54°	0.8090	0.5878	1.3764
55°	0.8192	0.5736	1.4281
56°	0.8290	0.5592	1.4826
57°	0.8387	0.5446	1.5399
58°	0.8480	0.5299	1.6003
59°	0.8572	0.5150	1.6643
60°	0.8660	0.5000	1.7321
61°	0.8746	0.4848	1.8040
62°	0.8829	0.4695	1.8807
63°	0.8910	0.4540	1.9626
64°	0.8988	0.4384	2.0503
65°	0.9063	0.4226	2.1445
66°	0.9135	0.4067	2.2460
67°	0.9205	0.3907	2.3559
68°	0.9272	0.3746	2.4751
69°	0.9336	0.3584	2.6051
70°	0.9397	0.3420	2.7475
71°	0.9455	0.3256	2.9042
72°	0.9511	0.3090	3.0777
73°	0.9563	0.2924	3.2709
74°	0.9613	0.2756	3.4874
75°	0.9659	0.2588	3.7321
76°	0.9703	0.2419	4.0108
77°	0.9744	0.2250	4.3315
78°	0.9781	0.2079	4.7046
79°	0.9816	0.1908	5.1446
80°	0.9848	0.1736	5.6713
81°	0.9877	0.1564	6.3138
82°	0.9903	0.1392	7.1154
83°	0.9925	0.1219	8.1443
84°	0.9945	0.1045	9.5144
85°	0.9962	0.0872	11.4301
86°	0.9976	0.0698	14.3007
87°	0.9986	0.0523	19.0811
88°	0.9994	0.0349	28.6363
89°	0.9998	0.0175	57.2900
90°	1.0000	0.0000	—

(数学Ⅰ・数学A第1問は次ページに続く。)

〔3〕 外接円の半径が3である△ABCを考える。点Aから直線BCに引いた垂線と直線BCとの交点をDとする。

(1) AB = 5，AC = 4とする。このとき

$$\sin\angle \mathrm{ABC} = \frac{\boxed{ソ}}{\boxed{タ}}, \qquad \mathrm{AD} = \frac{\boxed{チツ}}{\boxed{テ}}$$

である。

(2) 2辺AB，ACの長さの間に2AB + AC = 14の関係があるとする。

このとき，ABの長さのとり得る値の範囲は $\boxed{ト} \leqq \mathrm{AB} \leqq \boxed{ナ}$ であり

$$\mathrm{AD} = \frac{\boxed{ニヌ}}{\boxed{ネ}}\mathrm{AB}^2 + \frac{\boxed{ノ}}{\boxed{ハ}}\mathrm{AB}$$

と表せるので，ADの長さの最大値は $\boxed{ヒ}$ である。

第2問 (必答問題) (配点　30)

〔1〕 p, q を実数とする。

花子さんと太郎さんは，次の二つの2次方程式について考えている。

$$x^2 + px + q = 0 \quad \cdots\cdots ①$$
$$x^2 + qx + p = 0 \quad \cdots\cdots ②$$

① または ② を満たす実数 x の個数を n とおく。

(1) $p = 4$, $q = -4$ のとき，$n =$ [ア] である。

また，$p = 1$, $q = -2$ のとき，$n =$ [イ] である。

(2) $p = -6$ のとき，$n = 3$ になる場合を考える。

花子：例えば，① と ② をともに満たす実数 x があるときは $n = 3$ になりそうだね。

太郎：それを α としたら，$\alpha^2 - 6\alpha + q = 0$ と $\alpha^2 + q\alpha - 6 = 0$ が成り立つよ。

花子：なるほど。それならば，α^2 を消去すれば，α の値が求められそうだね。

太郎：確かに α の値が求まるけど，実際に $n = 3$ となっているかどうかの確認が必要だね。

花子：これ以外にも $n = 3$ となる場合がありそうだね。

$n = 3$ となる q の値は

$q =$ [ウ], [エ]

である。ただし，[ウ] < [エ] とする。

(数学Ⅰ・数学A第2問は次ページに続く。)

(3)　花子さんと太郎さんは，グラフ表示ソフトを用いて，①，②の左辺を y とおいた2次関数 $y = x^2 + px + q$ と $y = x^2 + qx + p$ のグラフの動きを考えている。

（数学Ⅰ・数学A第2問は次ページに続く。）

$p=-6$ に固定したまま，q の値だけを変化させる。

$$y=x^2-6x+q \quad \cdots\cdots ③$$
$$y=x^2+qx-6 \quad \cdots\cdots ④$$

の二つのグラフについて，$q=1$ のときのグラフを点線で，q の値を1から増加させたときのグラフを実線でそれぞれ表す。このとき，③のグラフの移動の様子を示すと **オ** となり，④のグラフの移動の様子を示すと **カ** となる。

オ ，**カ** については，最も適当なものを，次の⓪～⑦のうちから一つずつ選べ。ただし，同じものを繰り返し選んでもよい。なお，x 軸と y 軸は省略しているが，x 軸は右方向，y 軸は上方向がそれぞれ正の方向である。

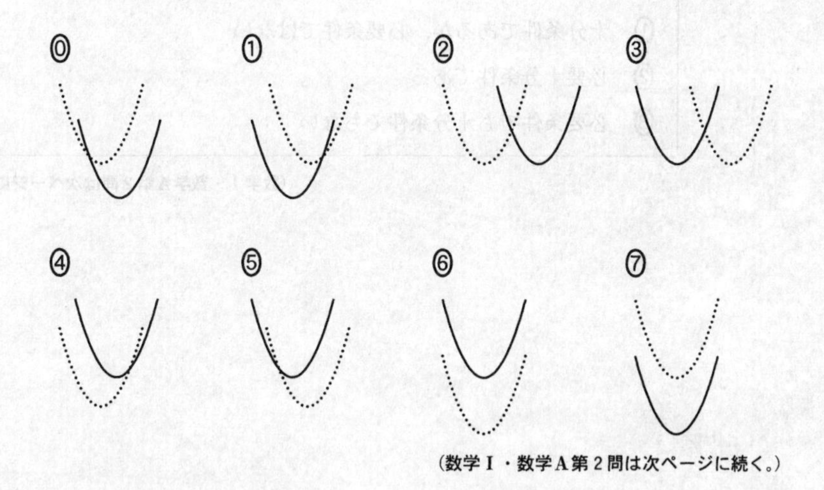

（数学Ⅰ・数学A第2問は次ページに続く。）

(4) $\boxed{\text{ウ}} < q < \boxed{\text{エ}}$ とする。全体集合Uを実数全体の集合とし，Uの部分集合A，Bを

$$A = \{x \mid x^2 - 6x + q < 0\}$$
$$B = \{x \mid x^2 + qx - 6 < 0\}$$

とする。Uの部分集合Xに対し，Xの補集合を$\overline{X}$と表す。このとき，次のことが成り立つ。

- $x \in A$ は，$x \in B$ であるための $\boxed{\text{キ}}$。
- $x \in B$ は，$x \in \overline{A}$ であるための $\boxed{\text{ク}}$。

$\boxed{\text{キ}}$，$\boxed{\text{ク}}$ の解答群（同じものを繰り返し選んでもよい。）

⓪ 必要条件であるが，十分条件ではない
① 十分条件であるが，必要条件ではない
② 必要十分条件である
③ 必要条件でも十分条件でもない

（数学Ⅰ・数学A第２問は次ページに続く。）

〔2〕 日本国外における日本語教育の状況を調べるために，独立行政法人国際交流基金では「海外日本語教育機関調査」を実施しており，各国における教育機関数，教員数，学習者数が調べられている。2018年度において学習者数が5000人以上の国と地域(以下，国)は29か国であった。これら29か国について，2009年度と2018年度のデータが得られている。

(1) 各国において，学習者数を教員数で割ることにより，国ごとの「教員1人あたりの学習者数」を算出することができる。図1と図2は，2009年度および2018年度における「教員1人あたりの学習者数」のヒストグラムである。これら二つのヒストグラムから，9年間の変化に関して，後のことが読み取れる。なお，ヒストグラムの各階級の区間は，左側の数値を含み，右側の数値を含まない。

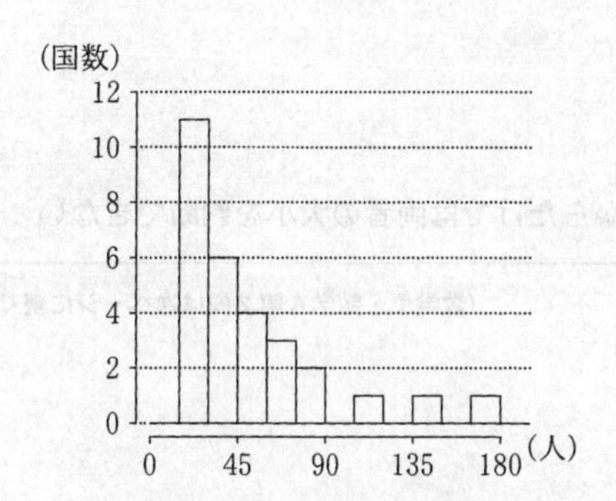

図1　2009年度における教員1人あたりの学習者数のヒストグラム

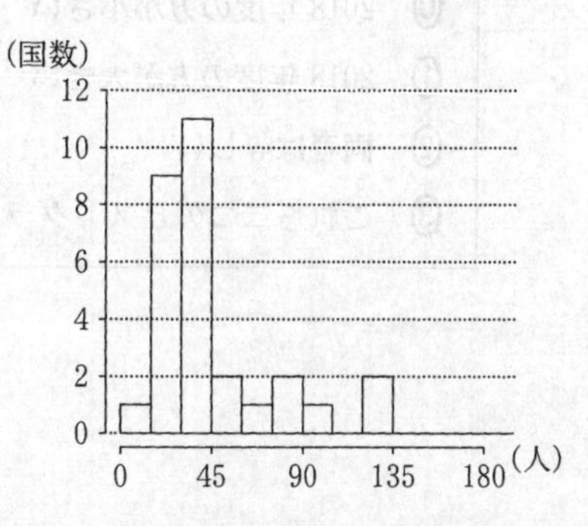

図2　2018年度における教員1人あたりの学習者数のヒストグラム

(出典：国際交流基金のWebページにより作成)

(数学Ⅰ・数学A第2問は次ページに続く。)

・2009年度と2018年度の中央値が含まれる階級の階級値を比較すると，[ケ]。

・2009年度と2018年度の第1四分位数が含まれる階級の階級値を比較すると，[コ]。

・2009年度と2018年度の第3四分位数が含まれる階級の階級値を比較すると，[サ]。

・2009年度と2018年度の範囲を比較すると，[シ]。

・2009年度と2018年度の四分位範囲を比較すると，[ス]。

[ケ]〜[ス]の解答群(同じものを繰り返し選んでもよい。)

⓪ 2018年度の方が小さい
① 2018年度の方が大きい
② 両者は等しい
③ これら二つのヒストグラムからだけでは両者の大小を判断できない

(数学Ⅰ・数学A第2問は次ページに続く。)

(2) 各国において，学習者数を教育機関数で割ることにより，「教育機関1機関あたりの学習者数」も算出した。図3は，2009年度における「教育機関1機関あたりの学習者数」の箱ひげ図である。

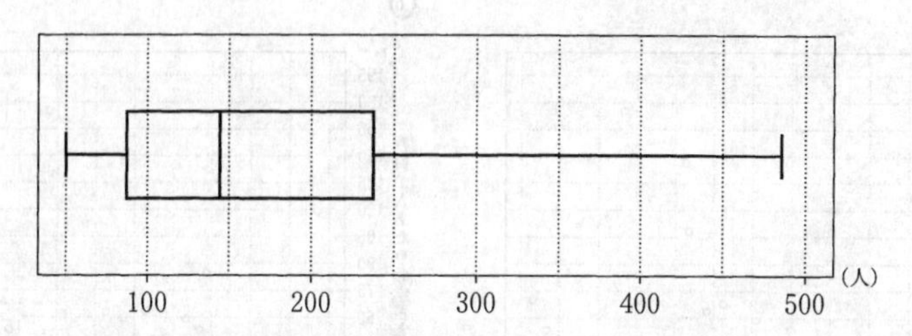

図3　2009年度における教育機関1機関あたりの学習者数の箱ひげ図

(出典：国際交流基金のWebページにより作成)

2009年度について，「教育機関1機関あたりの学習者数」(横軸)と「教員1人あたりの学習者数」(縦軸)の散布図は **セ** である。ここで，2009年度における「教員1人あたりの学習者数」のヒストグラムである(1)の図1を，図4として再掲しておく。

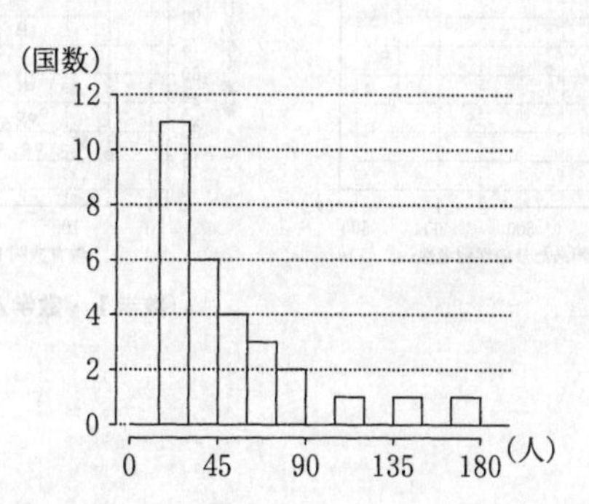

図4　2009年度における教員1人あたりの学習者数のヒストグラム

(出典：国際交流基金のWebページにより作成)

(数学Ⅰ・数学A第2問は次ページに続く。)

　セ　については，最も適当なものを，次の⓪～③のうちから一つ選べ。なお，これらの散布図には，完全に重なっている点はない。

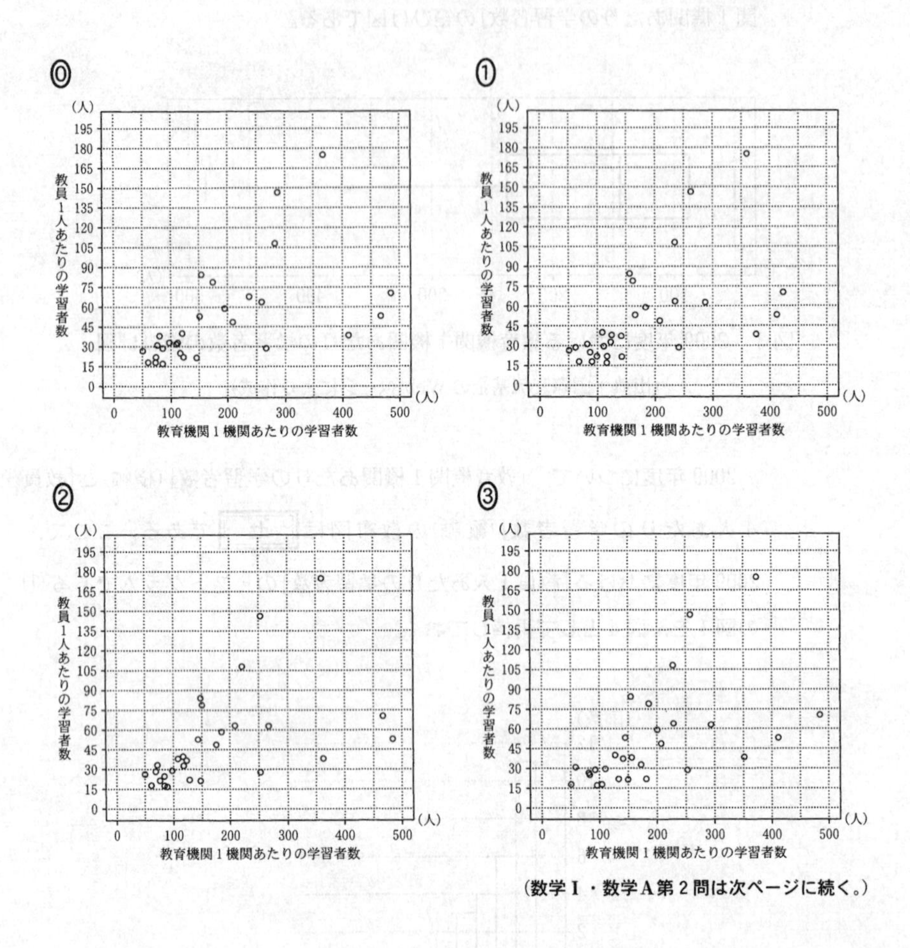

（数学Ⅰ・数学Ａ第２問は次ページに続く。）

(3)　各国における2018年度の学習者数を100としたときの2009年度の学習者数S，および，各国における2018年度の教員数を100としたときの2009年度の教員数Tを算出した。

例えば，学習者数について説明すると，ある国において，2009年度が44272人，2018年度が174521人であった場合，2009年度の学習者数Sは$\dfrac{44272}{174521}\times 100$より25.4と算出される。

表1はSとTについて，平均値，標準偏差および共分散を計算したものである。ただし，SとTの共分散は，Sの偏差とTの偏差の積の平均値である。

表1の数値が四捨五入していない正確な値であるとして，SとTの相関係数を求めると［ソ］.［タチ］である。

表1　平均値，標準偏差および共分散

Sの平均値	Tの平均値	Sの標準偏差	Tの標準偏差	SとTの共分散
81.8	72.9	39.3	29.9	735.3

（数学Ⅰ・数学A第2問は次ページに続く。）

(4)　表1と(3)で求めた相関係数を参考にすると，(3)で算出した2009年度のS(横軸)とT(縦軸)の散布図は　ツ　である。

　ツ　については，最も適当なものを，次の⓪～③のうちから一つ選べ。なお，これらの散布図には，完全に重なっている点はない。

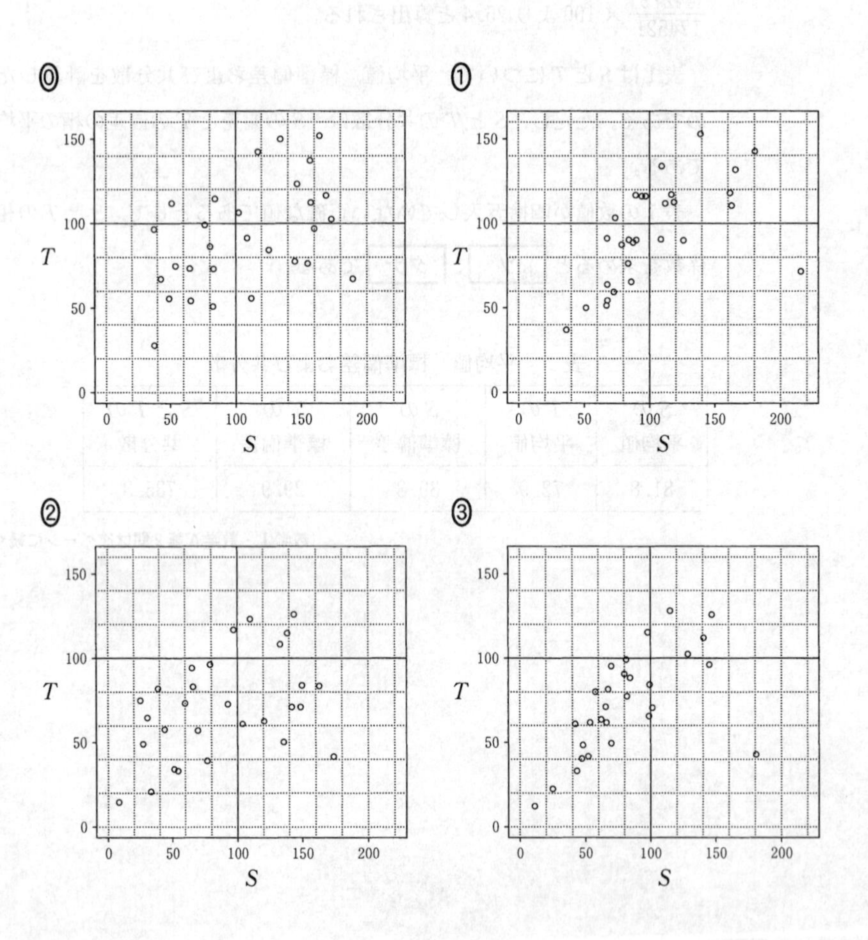

第3問～第5問は，いずれか2問を選択し，解答しなさい。

第3問 （選択問題）（配点　20）

複数人がそれぞれプレゼントを一つずつ持ち寄り，交換会を開く。ただし，プレゼントはすべて異なるとする。プレゼントの交換は次の手順で行う。

手順

外見が同じ袋を人数分用意し，各袋にプレゼントを一つずつ入れたうえで，各参加者に袋を一つずつでたらめに配る。各参加者は配られた袋の中のプレゼントを受け取る。

交換の結果，1人でも自分の持参したプレゼントを受け取った場合は，交換をやり直す。そして，全員が自分以外の人の持参したプレゼントを受け取ったところで交換会を終了する。

(1)　2人または3人で交換会を開く場合を考える。

(i)　2人で交換会を開く場合，1回目の交換で交換会が終了するプレゼントの受け取り方は［ア］通りある。したがって，1回目の交換で交換会が終了する確率は$\dfrac{\boxed{イ}}{\boxed{ウ}}$である。

(ii)　3人で交換会を開く場合，1回目の交換で交換会が終了するプレゼントの受け取り方は［エ］通りある。したがって，1回目の交換で交換会が終了する確率は$\dfrac{\boxed{オ}}{\boxed{カ}}$である。

(iii)　3人で交換会を開く場合，4回以下の交換で交換会が終了する確率は$\dfrac{\boxed{キク}}{\boxed{ケコ}}$である。

（数学Ⅰ・数学A第3問は次ページに続く。）

(2)　4人で交換会を開く場合，1回目の交換で交換会が終了する確率を次の**構想**に基づいて求めてみよう。

構想

1回目の交換で交換会が**終了しない**プレゼントの受け取り方の総数を求める。そのために，自分の持参したプレゼントを受け取る人数によって場合分けをする。

1回目の交換で，4人のうち，ちょうど1人が自分の持参したプレゼントを受け取る場合は［サ］通りあり，ちょうど2人が自分のプレゼントを受け取る場合は［シ］通りある。このように考えていくと，1回目のプレゼントの受け取り方のうち，1回目の交換で交換会が終了しない受け取り方の総数は［スセ］である。

したがって，1回目の交換で交換会が終了する確率は $\frac{\fbox{ソ}}{\fbox{タ}}$ である。

(3)　5人で交換会を開く場合，1回目の交換で交換会が終了する確率は $\frac{\fbox{チツ}}{\fbox{テト}}$ である。

(4)　A，B，C，D，Eの5人が交換会を開く。1回目の交換でA，B，C，Dがそれぞれ自分以外の人の持参したプレゼントを受け取ったとき，その回で交換会が終了する条件付き確率は $\frac{\fbox{ナニ}}{\fbox{ヌネ}}$ である。

第3問～第5問は，いずれか2問を選択し，解答しなさい。

第4問 （選択問題）（配点　20）

(1)　$5^4 = 625$ を 2^4 で割ったときの余りは1に等しい。このことを用いると，不定方程式

$$5^4 x - 2^4 y = 1 \quad \cdots\cdots\cdots\cdots\cdots\cdots\cdots\cdots\cdots\cdots ①$$

の整数解のうち，x が正の整数で最小になるのは

$$x = \boxed{\text{ア}}, \quad y = \boxed{\text{イウ}}$$

であることがわかる。

また，① の整数解のうち，x が2桁の正の整数で最小になるのは

$$x = \boxed{\text{エオ}}, \quad y = \boxed{\text{カキク}}$$

である。

(2)　次に，625^2 を 5^5 で割ったときの余りと，2^5 で割ったときの余りについて考えてみよう。

まず

$$625^2 = 5^{\boxed{\text{ケ}}}$$

であり，また，$m = \boxed{\text{イウ}}$ とすると

$$625^2 = 2^{\boxed{\text{ケ}}} m^2 + 2^{\boxed{\text{コ}}} m + 1$$

である。これらより，625^2 を 5^5 で割ったときの余りと，2^5 で割ったときの余りがわかる。

（数学Ⅰ・数学A第4問は次ページに続く。）

(3)　(2)の考察は，不定方程式

$$5^5 x - 2^5 y = 1 \quad \cdots\cdots\cdots\cdots ②$$

の整数解を調べるために利用できる。

x，yを②の整数解とする。$5^5 x$は5^5の倍数であり，2^5で割ったときの余りは1となる。よって，(2)により，$5^5 x - 625^2$は5^5でも2^5でも割り切れる。5^5と2^5は互いに素なので，$5^5 x - 625^2$は$5^5 \cdot 2^5$の倍数である。

このことから，②の整数解のうち，xが3桁の正の整数で最小になるのは

$x =$ [サシス]，$y =$ [セソタチツ]

であることがわかる。

(4)　11^4を2^4で割ったときの余りは1に等しい。不定方程式

$$11^5 x - 2^5 y = 1$$

の整数解のうち，xが正の整数で最小になるのは

$x =$ [テト]，$y =$ [ナニヌネノ]

である。

第3問～第5問は，いずれか2問を選択し，解答しなさい。

第5問 （選択問題）（配点　20）

△ABCの重心をGとし，線分AG上で点Aとは異なる位置に点Dをとる。直線AGと辺BCの交点をEとする。また，直線BC上で辺BC上にはない位置に点Fをとる。直線DFと辺ABの交点をP，直線DFと辺ACの交点をQとする。

(1)　点Dは線分AGの中点であるとする。このとき，△ABCの形状に関係なく

$$\frac{AD}{DE} = \frac{\boxed{ア}}{\boxed{イ}}$$

である。また，点Fの位置に関係なく

$$\frac{BP}{AP} = \boxed{ウ} \times \frac{\boxed{エ}}{\boxed{オ}}, \quad \frac{CQ}{AQ} = \boxed{カ} \times \frac{\boxed{キ}}{\boxed{ク}}$$

であるので，つねに

$$\frac{BP}{AP} + \frac{CQ}{AQ} = \boxed{ケ}$$

となる。

$\boxed{エ}$，$\boxed{オ}$，$\boxed{キ}$，$\boxed{ク}$ の解答群（同じものを繰り返し選んでもよい。）

⓪ BC	① BF	② CF	③ EF
④ FP	⑤ FQ	⑥ PQ	

（数学Ⅰ・数学A第5問は次ページに続く。）

(2)　AB = 9，BC = 8，AC = 6 とし，(1)と同様に，点 D は線分 AG の中点であるとする。ここで，4 点 B，C，Q，P が同一円周上にあるように点 F をとる。

このとき，$AQ = \dfrac{\boxed{\text{コ}}}{\boxed{\text{サ}}}AP$ であるから

$$AP = \frac{\boxed{\text{シス}}}{\boxed{\text{セ}}},\qquad AQ = \frac{\boxed{\text{ソタ}}}{\boxed{\text{チ}}}$$

であり

$$CF = \frac{\boxed{\text{ツテ}}}{\boxed{\text{トナ}}}$$

である。

(3)　△ABC の形状や点 F の位置に関係なく，つねに $\dfrac{BP}{AP} + \dfrac{CQ}{AQ} = 10$ となるのは，$\dfrac{AD}{DG} = \dfrac{\boxed{\text{ニ}}}{\boxed{\text{ヌ}}}$ のときである。

数学Ⅱ・数学B

問　題	選 択 方 法
第1問	必　　答
第2問	必　　答
第3問	いずれか2問を選択し，解答しなさい。
第4問	
第5問	

(注) この科目には，選択問題があります。(25ページ参照。)

第1問 (必答問題) (配点 30)

〔1〕 座標平面上に点A(−8, 0)をとる。また，不等式

$$x^2 + y^2 - 4x - 10y + 4 \leqq 0$$

の表す領域を D とする。

(1) 領域 D は，中心が点(ア , イ)，半径が ウ の円の エ である。

エ の解答群

⓪ 周	① 内 部	② 外 部
③ 周および内部	④ 周および外部	

以下，点(ア , イ)をQとし，方程式

$$x^2 + y^2 - 4x - 10y + 4 = 0$$

の表す図形を C とする。

(数学Ⅱ・数学B第1問は次ページに続く。)

⑵　点Aを通る直線と領域 D が共有点をもつのはどのようなときかを考えよう。

(i)　⑴により，直線 $y=$ **オ** は点Aを通る C の接線の一つとなることがわかる。

太郎さんと花子さんは点Aを通る C のもう一つの接線について話している。

点Aを通り，傾きが k の直線を ℓ とする。

太郎：直線 ℓ の方程式は $y=k(x+8)$ と表すことができるから，

これを

$$x^2+y^2-4x-10y+4=0$$

に代入することで接線を求められそうだね。

花子：x 軸と直線AQのなす角のタンジェントに着目することでも求められそうだよ。

(数学Ⅱ・数学B第1問は次ページに続く。)

(ii) 太郎さんの求め方について考えてみよう。

$y=k(x+8)$ を $x^2+y^2-4x-10y+4=0$ に代入すると，x についての2次方程式

$$(k^2+1)x^2+(16k^2-10k-4)x+64k^2-80k+4=0$$

が得られる。この方程式が [カ] ときの k の値が接線の傾きとなる。

[カ] の解答群

⓪ 重解をもつ
① 異なる二つの実数解をもち，一つは0である
② 異なる二つの正の実数解をもつ
③ 正の実数解と負の実数解をもつ
④ 異なる二つの負の実数解をもつ
⑤ 異なる二つの虚数解をもつ

(iii) 花子さんの求め方について考えてみよう。

x 軸と直線AQのなす角を θ $\left(0<\theta\leqq\frac{\pi}{2}\right)$ とすると

$$\tan\theta=\frac{\boxed{キ}}{\boxed{ク}}$$

であり，直線 $y=$ [オ] と異なる接線の傾きは $\tan$ [ケ] と表すことができる。

[ケ] の解答群

⓪ θ	① 2θ	② $\left(\theta+\frac{\pi}{2}\right)$
③ $\left(\theta-\frac{\pi}{2}\right)$	④ $(\theta+\pi)$	⑤ $(\theta-\pi)$
⑥ $\left(2\theta+\frac{\pi}{2}\right)$	⑦ $\left(2\theta-\frac{\pi}{2}\right)$	

(数学Ⅱ・数学B第1問は次ページに続く。)

(iv)　点Aを通るCの接線のうち，直線$y=$ オ と異なる接線の傾きをk_0とする。このとき，(ii)または(iii)の考え方を用いることにより

$$k_0 = \frac{\boxed{コ}}{\boxed{サ}}$$

であることがわかる。

直線ℓと領域Dが共有点をもつようなkの値の範囲は シ である。

シ の解答群

⓪　$k > k_0$	①　$k \geqq k_0$
②　$k < k_0$	③　$k \leqq k_0$
④　$0 < k < k_0$	⑤　$0 \leqq k \leqq k_0$

(数学Ⅱ・数学B第1問は次ページに続く。)

〔2〕 a, b は正の実数であり，$a \neq 1$，$b \neq 1$ を満たすとする。太郎さんは $\log_a b$ と $\log_b a$ の大小関係を調べることにした。

(1) 太郎さんは次のような考察をした。

まず，$\log_3 9 = \boxed{\text{ス}}$，$\log_9 3 = \dfrac{1}{\boxed{\text{ス}}}$ である。この場合

$\log_3 9 > \log_9 3$

が成り立つ。

一方，$\log_{\frac{1}{4}} \boxed{\text{セ}} = -\dfrac{3}{2}$，$\log_{\boxed{\text{セ}}} \dfrac{1}{4} = -\dfrac{2}{3}$ である。この場合

$\log_{\frac{1}{4}} \boxed{\text{セ}} < \log_{\boxed{\text{セ}}} \dfrac{1}{4}$

が成り立つ。

（数学Ⅱ・数学B第1問は次ページに続く。）

(2)　ここで

$\log_a b = t$ ……………………………… ①

とおく。

(1)の考察をもとにして，太郎さんは次の式が成り立つと推測し，それが正しいことを確かめることにした。

$\log_b a = \dfrac{1}{t}$ ……………………………… ②

①により，［ソ］である。このことにより［タ］が得られ，②が成り立つことが確かめられる。

［ソ］の解答群

⓪ $a^b = t$	① $a^t = b$	② $b^a = t$
③ $b^t = a$	④ $t^a = b$	⑤ $t^b = a$

［タ］の解答群

⓪ $a = t^{\frac{1}{b}}$	① $a = b^{\frac{1}{t}}$	② $b = t^{\frac{1}{a}}$
③ $b = a^{\frac{1}{t}}$	④ $t = b^{\frac{1}{a}}$	⑤ $t = a^{\frac{1}{b}}$

（数学Ⅱ・数学B第1問は次ページに続く。）

(3) 次に，太郎さんは(2)の考察をもとにして

$$t > \frac{1}{t} \quad \cdots\cdots ③$$

を満たす実数 t $(t \neq 0)$ の値の範囲を求めた。

太郎さんの考察

$t > 0$ ならば，③の両辺に t を掛けることにより，$t^2 > 1$ を得る。このような t $(t > 0)$ の値の範囲は $1 < t$ である。

$t < 0$ ならば，③の両辺に t を掛けることにより，$t^2 < 1$ を得る。このような t $(t < 0)$ の値の範囲は $-1 < t < 0$ である。

この考察により，③を満たす t $(t \neq 0)$ の値の範囲は

$$-1 < t < 0, \quad 1 < t$$

であることがわかる。

ここで，a の値を一つ定めたとき，不等式

$$\log_a b > \log_b a \quad \cdots\cdots ④$$

を満たす実数 b $(b > 0,\ b \neq 1)$ の値の範囲について考える。

④を満たす b の値の範囲は，$a > 1$ のときは [チ] であり，$0 < a < 1$ のときは [ツ] である。

（数学Ⅱ・数学B第1問は次ページに続く。）

チ の解答群

⓪ $0 < b < \frac{1}{a}$, $1 < b < a$　　① $0 < b < \frac{1}{a}$, $a < b$

② $\frac{1}{a} < b < 1$, $1 < b < a$　　③ $\frac{1}{a} < b < 1$, $a < b$

ツ の解答群

⓪ $0 < b < a$, $1 < b < \frac{1}{a}$　　① $0 < b < a$, $\frac{1}{a} < b$

② $a < b < 1$, $1 < b < \frac{1}{a}$　　③ $a < b < 1$, $\frac{1}{a} < b$

(4) $p = \frac{12}{13}$, $q = \frac{12}{11}$, $r = \frac{14}{13}$ とする。

次の⓪～③のうち，正しいものは テ である。

テ の解答群

⓪ $\log_p q > \log_q p$ かつ $\log_p r > \log_r p$

① $\log_p q > \log_q p$ かつ $\log_p r < \log_r p$

② $\log_p q < \log_q p$ かつ $\log_p r > \log_r p$

③ $\log_p q < \log_q p$ かつ $\log_p r < \log_r p$

第２問 （必答問題）（配点　30）

〔１〕 a を実数とし，$f(x) = x^3 - 6ax + 16$ とおく。

(1) $y = f(x)$ のグラフの概形は

$a = 0$ のとき，［ア］

$a < 0$ のとき，［イ］

である。

［ア］，［イ］については，最も適当なものを，次の⓪～⑤のうちから一つずつ選べ。ただし，同じものを繰り返し選んでもよい。

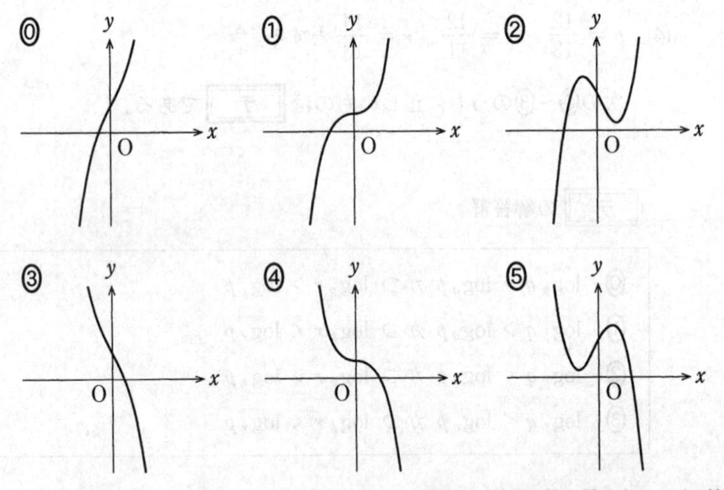

（数学Ⅱ・数学B第２問は次ページに続く。）

(2)　$a > 0$とし，pを実数とする。座標平面上の曲線$y = f(x)$と直線$y = p$が3個の共有点をもつようなpの値の範囲は［ウ］$< p <$［エ］である。

$p =$［ウ］のとき，曲線$y = f(x)$と直線$y = p$は2個の共有点をもつ。それらのx座標をq，r $(q < r)$とする。曲線$y = f(x)$と直線$y = p$が点(r, p)で接することに注意すると

$$q = \boxed{オカ}\sqrt{\boxed{キ}}\,a^{\frac{1}{2}},\quad r = \sqrt{\boxed{ク}}\,a^{\frac{1}{2}}$$

と表せる。

［ウ］，［エ］の解答群(同じものを繰り返し選んでもよい。)

⓪ $2\sqrt{2}\,a^{\frac{3}{2}} + 16$	① $-2\sqrt{2}\,a^{\frac{3}{2}} + 16$
② $4\sqrt{2}\,a^{\frac{3}{2}} + 16$	③ $-4\sqrt{2}\,a^{\frac{3}{2}} + 16$
④ $8\sqrt{2}\,a^{\frac{3}{2}} + 16$	⑤ $-8\sqrt{2}\,a^{\frac{3}{2}} + 16$

(3)　方程式$f(x) = 0$の異なる実数解の個数をnとする。次の⓪～⑤のうち，正しいものは［ケ］と［コ］である。

［ケ］，［コ］の解答群(解答の順序は問わない。)

⓪ $n = 1$ならば$a < 0$	① $a < 0$ならば$n = 1$
② $n = 2$ならば$a < 0$	③ $a < 0$ならば$n = 2$
④ $n = 3$ならば$a > 0$	⑤ $a > 0$ならば$n = 3$

(数学Ⅱ・数学B第2問は次ページに続く。)

〔2〕 $b>0$ とし，$g(x)=x^3-3bx+3b^2$，$h(x)=x^3-x^2+b^2$ とおく。座標平面上の曲線 $y=g(x)$ を C_1，曲線 $y=h(x)$ を C_2 とする。

C_1 と C_2 は2点で交わる。これらの交点の x 座標をそれぞれ α，β $(\alpha<\beta)$ とすると，$\alpha=$ [サ]，$\beta=$ [シス] である。

$\alpha \leqq x \leqq \beta$ の範囲で C_1 と C_2 で囲まれた図形の面積を S とする。また，$t>\beta$ とし，$\beta \leqq x \leqq t$ の範囲で C_1 と C_2 および直線 $x=t$ で囲まれた図形の面積を T とする。

このとき

$$S=\int_{\alpha}^{\beta} \boxed{\text{セ}}\,dx$$

$$T=\int_{\beta}^{t} \boxed{\text{ソ}}\,dx$$

$$S-T=\int_{\alpha}^{t} \boxed{\text{タ}}\,dx$$

であるので

$$S-T=\frac{\boxed{\text{チツ}}}{\boxed{\text{テ}}}\left(2t^3-\boxed{\text{ト}}\,bt^2+\boxed{\text{ナニ}}\,b^2t-\boxed{\text{ヌ}}\,b^3\right)$$

が得られる。

したがって，$S=T$ となるのは $t=\dfrac{\boxed{\text{ネ}}}{\boxed{\text{ノ}}}b$ のときである。

（数学Ⅱ・数学B第2問は次ページに続く。）

セ ～ タ の解答群(同じものを繰り返し選んでもよい。)

⓪	$\{g(x)+h(x)\}$	①	$\{g(x)-h(x)\}$
②	$\{h(x)-g(x)\}$	③	$\{2g(x)+2h(x)\}$
④	$\{2g(x)-2h(x)\}$	⑤	$\{2h(x)-2g(x)\}$
⑥	$2g(x)$	⑦	$2h(x)$

第3問～第5問は，いずれか2問を選択し，解答しなさい。

第3問 （選択問題）（配点　20）

以下の問題を解答するにあたっては，必要に応じて42ページの正規分布表を用いてもよい。

ジャガイモを栽培し販売している会社に勤務する花子さんは，A地区とB地区で収穫されるジャガイモについて調べることになった。

(1)　A地区で収穫されるジャガイモには1個の重さが200gを超えるものが25％含まれることが経験的にわかっている。花子さんはA地区で収穫されたジャガイモから400個を無作為に抽出し，重さを計測した。そのうち，重さが200gを超えるジャガイモの個数を表す確率変数をZとする。このときZは二項分布B(400, 0. アイ)に従うから，Zの平均(期待値)は ウエオ である。

（数学Ⅱ・数学B第3問は次ページに続く。）

(2) Zを(1)の確率変数とし，A地区で収穫されたジャガイモ400個からなる標本において，重さが200gを超えていたジャガイモの標本における比率を$R=\dfrac{Z}{400}$とする。このとき，Rの標準偏差は$\sigma(R)=$ カ である。

標本の大きさ400は十分に大きいので，Rは近似的に正規分布$N\left(0.\boxed{アイ},\left(\boxed{カ}\right)^2\right)$に従う。

したがって，$P(R \geqq x)=0.0465$となるようなxの値は キ となる。ただし，キ の計算においては$\sqrt{3}=1.73$とする。

カ の解答群

⓪ $\dfrac{3}{6400}$	① $\dfrac{\sqrt{3}}{4}$	② $\dfrac{\sqrt{3}}{80}$	③ $\dfrac{3}{40}$

キ については，最も適当なものを，次の⓪～③のうちから一つ選べ。

⓪ 0.209	① 0.251	② 0.286	③ 0.395

（数学Ⅱ・数学B第3問は次ページに続く。）

(3)　B地区で収穫され，出荷される予定のジャガイモ1個の重さは100 gから300 gの間に分布している。B地区で収穫され，出荷される予定のジャガイモ1個の重さを表す確率変数をXとするとき，Xは連続型確率変数であり，Xのとり得る値xの範囲は$100 \leqq x \leqq 300$である。

花子さんは，B地区で収穫され，出荷される予定のすべてのジャガイモのうち，重さが200 g以上のものの割合を見積もりたいと考えた。そのために花子さんは，Xの確率密度関数$f(x)$として適当な関数を定め，それを用いて割合を見積もるという方針を立てた。

B地区で収穫され，出荷される予定のジャガイモから206個を無作為に抽出したところ，重さの標本平均は180 gであった。図1はこの標本のヒストグラムである。

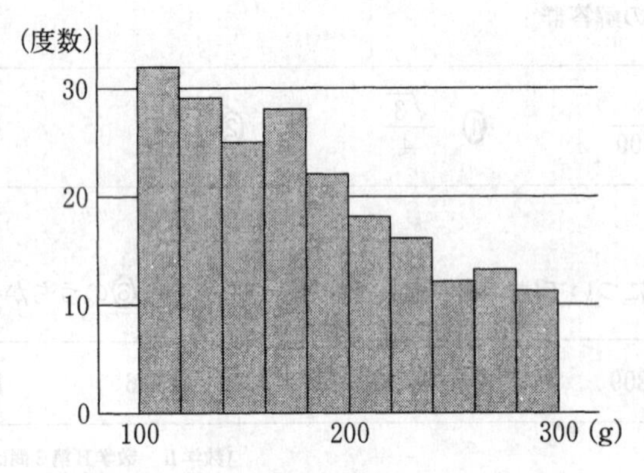

図1　ジャガイモの重さのヒストグラム

花子さんは図1のヒストグラムにおいて，重さxの増加とともに度数がほぼ一定の割合で減少している傾向に着目し，Xの確率密度関数$f(x)$として，1次関数

$$f(x) = ax + b \qquad (100 \leqq x \leqq 300)$$

を考えることにした。ただし，$100 \leqq x \leqq 300$の範囲で$f(x) \geqq 0$とする。

このとき，$P(100 \leqq X \leqq 300) =$ [ク] であることから

[ケ] $\cdot 10^4 a +$ [コ] $\cdot 10^2 b =$ [ク] ……………………①

である。

(数学Ⅱ・数学B第3問は次ページに続く。)

花子さんは，Xの平均(期待値)が重さの標本平均180 gと等しくなるように確率密度関数を定める方法を用いることにした。

連続型確率変数Xのとり得る値xの範囲が$100 \leqq x \leqq 300$で，その確率密度関数が$f(x)$のとき，Xの平均(期待値)mは

$$m = \int_{100}^{300} xf(x)\,dx$$

で定義される。この定義と花子さんの採用した方法から

$$m = \frac{26}{3} \cdot 10^6 a + 4 \cdot 10^4 b = 180 \quad \cdots\cdots\cdots\cdots\cdots\cdots ②$$

となる。①と②により，確率密度関数は

$$f(x) = -\boxed{\text{サ}} \cdot 10^{-5} x + \boxed{\text{シス}} \cdot 10^{-3} \quad \cdots\cdots\cdots\cdots\cdots\cdots ③$$

と得られる。このようにして得られた③の$f(x)$は，$100 \leqq x \leqq 300$の範囲で$f(x) \geqq 0$を満たしており，確かに確率密度関数として適当である。

したがって，この花子さんの方針に基づくと，B地区で収穫され，出荷される予定のすべてのジャガイモのうち，重さが200 g以上のものは［セ］%あると見積もることができる。

［セ］については，最も適当なものを，次の⓪～③のうちから一つ選べ。

⓪ 33	① 34	② 35	③ 36

(数学Ⅱ・数学B第3問は次ページに続く。)

正 規 分 布 表

次の表は，標準正規分布の分布曲線における右図の灰色部分の面積の値をまとめたものである。

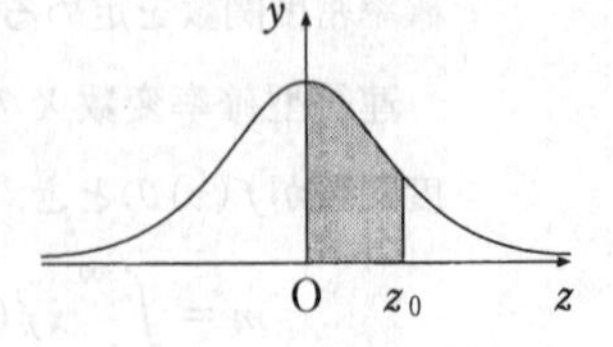

z_0	0.00	0.01	0.02	0.03	0.04	0.05	0.06	0.07	0.08	0.09
0.0	0.0000	0.0040	0.0080	0.0120	0.0160	0.0199	0.0239	0.0279	0.0319	0.0359
0.1	0.0398	0.0438	0.0478	0.0517	0.0557	0.0596	0.0636	0.0675	0.0714	0.0753
0.2	0.0793	0.0832	0.0871	0.0910	0.0948	0.0987	0.1026	0.1064	0.1103	0.1141
0.3	0.1179	0.1217	0.1255	0.1293	0.1331	0.1368	0.1406	0.1443	0.1480	0.1517
0.4	0.1554	0.1591	0.1628	0.1664	0.1700	0.1736	0.1772	0.1808	0.1844	0.1879
0.5	0.1915	0.1950	0.1985	0.2019	0.2054	0.2088	0.2123	0.2157	0.2190	0.2224
0.6	0.2257	0.2291	0.2324	0.2357	0.2389	0.2422	0.2454	0.2486	0.2517	0.2549
0.7	0.2580	0.2611	0.2642	0.2673	0.2704	0.2734	0.2764	0.2794	0.2823	0.2852
0.8	0.2881	0.2910	0.2939	0.2967	0.2995	0.3023	0.3051	0.3078	0.3106	0.3133
0.9	0.3159	0.3186	0.3212	0.3238	0.3264	0.3289	0.3315	0.3340	0.3365	0.3389
1.0	0.3413	0.3438	0.3461	0.3485	0.3508	0.3531	0.3554	0.3577	0.3599	0.3621
1.1	0.3643	0.3665	0.3686	0.3708	0.3729	0.3749	0.3770	0.3790	0.3810	0.3830
1.2	0.3849	0.3869	0.3888	0.3907	0.3925	0.3944	0.3962	0.3980	0.3997	0.4015
1.3	0.4032	0.4049	0.4066	0.4082	0.4099	0.4115	0.4131	0.4147	0.4162	0.4177
1.4	0.4192	0.4207	0.4222	0.4236	0.4251	0.4265	0.4279	0.4292	0.4306	0.4319
1.5	0.4332	0.4345	0.4357	0.4370	0.4382	0.4394	0.4406	0.4418	0.4429	0.4441
1.6	0.4452	0.4463	0.4474	0.4484	0.4495	0.4505	0.4515	0.4525	0.4535	0.4545
1.7	0.4554	0.4564	0.4573	0.4582	0.4591	0.4599	0.4608	0.4616	0.4625	0.4633
1.8	0.4641	0.4649	0.4656	0.4664	0.4671	0.4678	0.4686	0.4693	0.4699	0.4706
1.9	0.4713	0.4719	0.4726	0.4732	0.4738	0.4744	0.4750	0.4756	0.4761	0.4767
2.0	0.4772	0.4778	0.4783	0.4788	0.4793	0.4798	0.4803	0.4808	0.4812	0.4817
2.1	0.4821	0.4826	0.4830	0.4834	0.4838	0.4842	0.4846	0.4850	0.4854	0.4857
2.2	0.4861	0.4864	0.4868	0.4871	0.4875	0.4878	0.4881	0.4884	0.4887	0.4890
2.3	0.4893	0.4896	0.4898	0.4901	0.4904	0.4906	0.4909	0.4911	0.4913	0.4916
2.4	0.4918	0.4920	0.4922	0.4925	0.4927	0.4929	0.4931	0.4932	0.4934	0.4936
2.5	0.4938	0.4940	0.4941	0.4943	0.4945	0.4946	0.4948	0.4949	0.4951	0.4952
2.6	0.4953	0.4955	0.4956	0.4957	0.4959	0.4960	0.4961	0.4962	0.4963	0.4964
2.7	0.4965	0.4966	0.4967	0.4968	0.4969	0.4970	0.4971	0.4972	0.4973	0.4974
2.8	0.4974	0.4975	0.4976	0.4977	0.4977	0.4978	0.4979	0.4979	0.4980	0.4981
2.9	0.4981	0.4982	0.4982	0.4983	0.4984	0.4984	0.4985	0.4985	0.4986	0.4986
3.0	0.4987	0.4987	0.4987	0.4988	0.4988	0.4989	0.4989	0.4989	0.4990	0.4990

第3問～第5問は，いずれか2問を選択し，解答しなさい。

第4問 （選択問題）（配点　20）

以下のように，歩行者と自転車が自宅を出発して移動と停止を繰り返している。歩行者と自転車の動きについて，数学的に考えてみよう。

自宅を原点とする数直線を考え，歩行者と自転車をその数直線上を動く点とみなす。数直線上の点の座標が y であるとき，その点は位置 y にあるということにする。また，歩行者が自宅を出発してから x 分経過した時点を時刻 x と表す。歩行者は時刻 0 に自宅を出発し，正の向きに毎分 1 の速さで歩き始める。自転車は時刻 2 に自宅を出発し，毎分 2 の速さで歩行者を追いかける。自転車が歩行者に追いつくと，歩行者と自転車はともに 1 分だけ停止する。その後，歩行者は再び正の向きに毎分 1 の速さで歩き出し，自転車は毎分 2 の速さで自宅に戻る。自転車は自宅に到着すると，1 分だけ停止した後，再び毎分 2 の速さで歩行者を追いかける。これを繰り返し，自転車は自宅と歩行者の間を往復する。

$x = a_n$ を自転車が n 回目に自宅を出発する時刻とし，$y = b_n$ をそのときの歩行者の位置とする。

(1)　花子さんと太郎さんは，数列 $\{a_n\}$，$\{b_n\}$ の一般項を求めるために，歩行者と自転車について，時刻 x において位置 y にいることを O を原点とする座標平面上の点 $(x,\ y)$ で表すことにした。

（数学Ⅱ・数学B第4問は次ページに続く。）

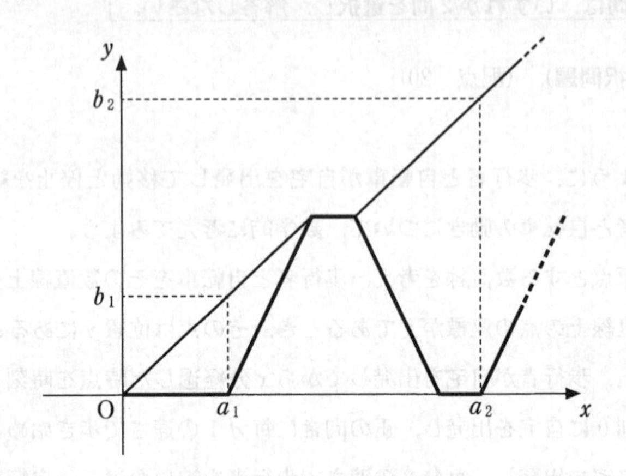

$a_1 = 2$，$b_1 = 2$により，自転車が最初に自宅を出発するときの時刻と自転車の位置を表す点の座標は$(2, 0)$であり，そのときの時刻と歩行者の位置を表す点の座標は$(2, 2)$である。また，自転車が最初に歩行者に追いつくときの時刻と位置を表す点の座標は(ア ， ア)である。よって

$a_2 =$ イ ，$b_2 =$ ウ

である。

花子：数列$\{a_n\}$，$\{b_n\}$の一般項について考える前に，(ア ， ア)の求め方について整理してみようか。

太郎：花子さんはどうやって求めたの？

花子：自転車が歩行者を追いかけるときに，間隔が1分間に1ずつ縮まっていくことを利用したよ。

太郎：歩行者と自転車の動きをそれぞれ直線の方程式で表して，交点を計算して求めることもできるね。

（数学Ⅱ・数学B第4問は次ページに続く。）

自転車が n 回目に自宅を出発するときの時刻と自転車の位置を表す点の座標は$(a_n,\ 0)$であり，そのときの時刻と歩行者の位置を表す点の座標は$(a_n,\ b_n)$である。よって，n 回目に自宅を出発した自転車が次に歩行者に追いつくときの時刻と位置を表す点の座標は，a_n，b_n を用いて，(エ ， オ)と表せる。

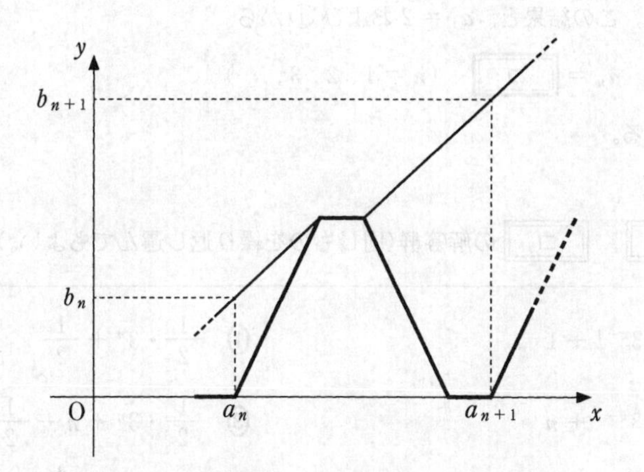

エ ， オ の解答群(同じものを繰り返し選んでもよい。)

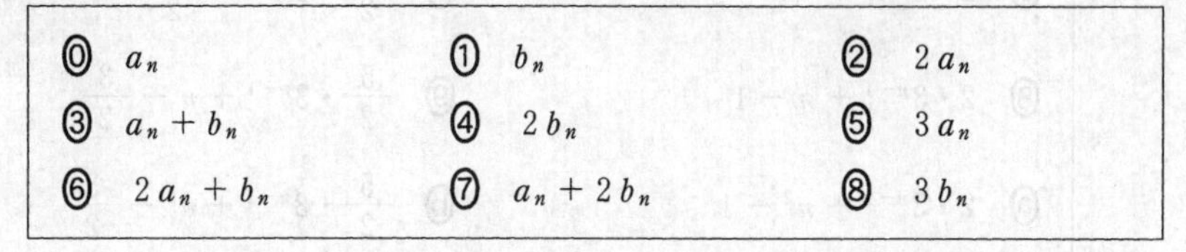

⓪ a_n　① b_n　② $2a_n$
③ a_n+b_n　④ $2b_n$　⑤ $3a_n$
⑥ $2a_n+b_n$　⑦ a_n+2b_n　⑧ $3b_n$

(数学Ⅱ・数学B第4問は次ページに続く。)

以上から，数列$\{a_n\}$，$\{b_n\}$について，自然数nに対して，関係式

$$a_{n+1} = a_n + \boxed{\text{カ}}\,b_n + \boxed{\text{キ}} \quad \cdots\cdots ①$$

$$b_{n+1} = 3b_n + \boxed{\text{ク}} \quad \cdots\cdots ②$$

が成り立つことがわかる。まず，$b_1 = 2$と②から

$$b_n = \boxed{\text{ケ}} \quad (n = 1, 2, 3, \cdots)$$

を得る。この結果と，$a_1 = 2$および①から

$$a_n = \boxed{\text{コ}} \quad (n = 1, 2, 3, \cdots)$$

がわかる。

ケ，コ の解答群(同じものを繰り返し選んでもよい。)

⓪ $3^{n-1} + 1$	① $\frac{1}{2} \cdot 3^n + \frac{1}{2}$
② $3^{n-1} + n$	③ $\frac{1}{2} \cdot 3^n + n - \frac{1}{2}$
④ $3^{n-1} + n^2$	⑤ $\frac{1}{2} \cdot 3^n + n^2 - \frac{1}{2}$
⑥ $2 \cdot 3^{n-1}$	⑦ $\frac{5}{2} \cdot 3^{n-1} - \frac{1}{2}$
⑧ $2 \cdot 3^{n-1} + n - 1$	⑨ $\frac{5}{2} \cdot 3^{n-1} + n - \frac{3}{2}$
ⓐ $2 \cdot 3^{n-1} + n^2 - 1$	ⓑ $\frac{5}{2} \cdot 3^{n-1} + n^2 - \frac{3}{2}$

(2) 歩行者が$y = 300$の位置に到着するときまでに，自転車が歩行者に追いつく回数は $\boxed{\text{サ}}$ 回である。また，$\boxed{\text{サ}}$ 回目に自転車が歩行者に追いつく時刻は，$x = \boxed{\text{シスセ}}$ である。

第3問～第5問は，いずれか2問を選択し，解答しなさい。

第5問 （選択問題）（配点　20）

平面上の点Oを中心とする半径1の円周上に，3点A，B，Cがあり，$\overrightarrow{OA}\cdot\overrightarrow{OB}=-\dfrac{2}{3}$ および $\overrightarrow{OC}=-\overrightarrow{OA}$ を満たすとする。t を $0<t<1$ を満たす実数とし，線分ABを $t:(1-t)$ に内分する点をPとする。また，直線OP上に点Qをとる。

(1) $\cos\angle AOB=\dfrac{\boxed{アイ}}{\boxed{ウ}}$ である。

また，実数 k を用いて，$\overrightarrow{OQ}=k\overrightarrow{OP}$ と表せる。したがって

$\overrightarrow{OQ}=\boxed{エ}\overrightarrow{OA}+\boxed{オ}\overrightarrow{OB}$ ……………………… ①

$\overrightarrow{CQ}=\boxed{カ}\overrightarrow{OA}+\boxed{キ}\overrightarrow{OB}$

となる。

$\overrightarrow{OA}$ と $\overrightarrow{OP}$ が垂直となるのは，$t=\dfrac{\boxed{ク}}{\boxed{ケ}}$ のときである。

$\boxed{エ}$ ～ $\boxed{キ}$ の解答群（同じものを繰り返し選んでもよい。）

⓪ kt	① $(k-kt)$	② $(kt+1)$
③ $(kt-1)$	④ $(k-kt+1)$	⑤ $(k-kt-1)$

（数学Ⅱ・数学B第5問は次ページに続く。）

以下，t を $\dfrac{\boxed{\text{ク}}}{\boxed{\text{ケ}}}$ とし，∠OCQ が直角であるとする。

(2) ∠OCQ が直角であることにより，(1)の k は

$$k=\frac{\boxed{\text{コ}}}{\boxed{\text{サ}}\,t-\boxed{\text{シ}}} \quad \cdots\cdots\cdots\cdots ②$$

となることがわかる。

平面から直線 OA を除いた部分は，直線 OA を境に二つの部分に分けられる。そのうち，点 B を含む部分を D_1，含まない部分を D_2 とする。また，平面から直線 OB を除いた部分は，直線 OB を境に二つの部分に分けられる。そのうち，点 A を含む部分を E_1，含まない部分を E_2 とする。

- $0<t<\dfrac{\boxed{\text{ク}}}{\boxed{\text{ケ}}}$ ならば，点 Q は $\boxed{\text{ス}}$。

- $\dfrac{\boxed{\text{ク}}}{\boxed{\text{ケ}}}<t<1$ ならば，点 Q は $\boxed{\text{セ}}$。

$\boxed{\text{ス}}$，$\boxed{\text{セ}}$ の解答群（同じものを繰り返し選んでもよい。）

⓪ D_1 に含まれ，かつ E_1 に含まれる
① D_1 に含まれ，かつ E_2 に含まれる
② D_2 に含まれ，かつ E_1 に含まれる
③ D_2 に含まれ，かつ E_2 に含まれる

（数学Ⅱ・数学B第5問は次ページに続く。）

(3)　太郎さんと花子さんは，点Pの位置と$|\overrightarrow{OQ}|$の関係について考えている。

$t=\frac{1}{2}$のとき，①と②により，$|\overrightarrow{OQ}|=\sqrt{\boxed{\text{ソ}}}$とわかる。

太郎：$t \neq \frac{1}{2}$のときにも，$|\overrightarrow{OQ}|=\sqrt{\boxed{\text{ソ}}}$となる場合があるかな。

花子：$|\overrightarrow{OQ}|$をtを用いて表して，$|\overrightarrow{OQ}|=\sqrt{\boxed{\text{ソ}}}$を満たす$t$の値について考えればいいと思うよ。

太郎：計算が大変そうだね。

花子：直線OAに関して，$t=\frac{1}{2}$のときの点Qと対称な点をRとしたら，$|\overrightarrow{OR}|=\sqrt{\boxed{\text{ソ}}}$となるよ。

太郎：$\overrightarrow{OR}$を$\overrightarrow{OA}$と$\overrightarrow{OB}$を用いて表すことができれば，tの値が求められそうだね。

直線OAに関して，$t=\frac{1}{2}$のときの点Qと対称な点をRとすると

$$\overrightarrow{CR}=\boxed{\text{タ}}\overrightarrow{CQ}$$
$$=\boxed{\text{チ}}\overrightarrow{OA}+\boxed{\text{ツ}}\overrightarrow{OB}$$

となる。

$t \neq \frac{1}{2}$のとき，$|\overrightarrow{OQ}|=\sqrt{\boxed{\text{ソ}}}$となる$t$の値は$\frac{\boxed{\text{テ}}}{\boxed{\text{ト}}}$である。

数　学　I

（全　問　必　答）

第１問　（配点　20）

〔1〕　実数 $a,\ b,\ c$ が

$$a + b + c = 1 \quad \cdots\cdots ①$$

および

$$a^2 + b^2 + c^2 = 13 \quad \cdots\cdots ②$$

を満たしているとする。

(1)　$(a + b + c)^2$ を展開した式において，① と ② を用いると

$$ab + bc + ca = \boxed{\text{アイ}}$$

であることがわかる。よって

$$(a - b)^2 + (b - c)^2 + (c - a)^2 = \boxed{\text{ウエ}}$$

である。

（数学 I 第１問は次ページに続く。）

(2) $a-b=2\sqrt{5}$ の場合に，$(a-b)(b-c)(c-a)$ の値を求めてみよう。

$b-c=x$，$c-a=y$ とおくと

$$x+y=\boxed{\text{オカ}}\sqrt{5}$$

である。また，(1)の計算から

$$x^2+y^2=\boxed{\text{キク}}$$

が成り立つ。

これらより

$$(a-b)(b-c)(c-a)=\boxed{\text{ケ}}\sqrt{5}$$

である。

（数学Ⅰ第1問は次ページに続く。）

〔2〕 太郎さんと花子さんは，次の**命題A**が真であることを証明しようとしている。

> **命題A**　p，q，r，s を実数とする。$pq = 2(r+s)$ ならば，二つの2次関数 $y = x^2 + px + r$，$y = x^2 + qx + s$ のグラフのうち，少なくとも一方は x 軸と共有点をもつ。

> 太郎：**命題A**は，グラフと x 軸との共有点についての命題だね。
> 花子：$y = 0$ とおいた2次方程式の解の問題として**命題A**を考えてみてはどうかな。

2次方程式 $x^2 + px + r = 0$ に解の公式を適用すると

$$x = \frac{-p \pm \sqrt{p^{\boxed{\text{コ}}} - \boxed{\text{サ}}\,r}}{\boxed{\text{シ}}}$$

となる。ここで，D_1 を

$$D_1 = p^{\boxed{\text{コ}}} - \boxed{\text{サ}}\,r$$

とおく。同様に，2次方程式 $x^2 + qx + s = 0$ に対して，D_2 を

$$D_2 = q^{\boxed{\text{コ}}} - \boxed{\text{サ}}\,s$$

とおく。

（数学 I 第1問は次ページに続く。）

$y = x^2 + px + r$，$y = x^2 + qx + s$ のグラフのうち，少なくとも一方が x 軸と共有点をもつための必要十分条件は，［ス］である。つまり，**命題A** の代わりに，次の**命題B**を証明すればよい。

> **命題B**　p，q，r，s を実数とする。$pq = 2(r + s)$ ならば，［ス］が成り立つ。

> 太郎：D_1 と D_2 を用いて，**命題B**をどうやって証明したらいいかな。
> 花子：結論を否定して，**背理法**を用いて証明したらどうかな。

背理法を用いて証明するには，［ス］が成り立たない，すなわち［セ］が成り立つと仮定して矛盾を導けばよい。

［ス］，［セ］の解答群（同じものを繰り返し選んでもよい。）

⓪ $D_1 < 0$ かつ $D_2 < 0$	① $D_1 < 0$ かつ $D_2 \geqq 0$
② $D_1 \geqq 0$ かつ $D_2 < 0$	③ $D_1 \geqq 0$ かつ $D_2 \geqq 0$
④ $D_1 > 0$ かつ $D_2 > 0$	⑤ $D_1 < 0$ または $D_2 < 0$
⑥ $D_1 < 0$ または $D_2 \geqq 0$	⑦ $D_1 \geqq 0$ または $D_2 < 0$
⑧ $D_1 \geqq 0$ または $D_2 \geqq 0$	⑨ $D_1 > 0$ または $D_2 > 0$

（数学Ⅰ第１問は次ページに続く。）

セ が成り立つならば

$$D_1 + D_2 \ \boxed{ソ}\ 0$$

が得られる。

一方，$pq = 2(r + s)$を用いると

$$D_1 + D_2 = \boxed{タ}$$

が得られるので

$$D_1 + D_2 \ \boxed{チ}\ 0$$

となるが，これは$D_1 + D_2$ ソ 0に矛盾する。したがって，セ は成り立たない。よって，**命題B**は真である。

ソ ， チ の解答群(同じものを繰り返し選んでもよい。)

⓪ $=$	① $<$	② $>$	③ $\geqq$

タ の解答群

⓪ $p^2 + q^2 + 2pq$	① $p^2 + q^2 - 2pq$	② $p^2 + q^2 + 3pq$
③ $p^2 + q^2 - 3pq$	④ $p^2 + q^2 + 4pq$	⑤ $p^2 + q^2 - 4pq$
⑥ $p^2 + q^2$	⑦ pq	⑧ $2pq$

第2問 (配点　30)

〔1〕 以下の問題を解答するにあたっては，必要に応じて57ページの三角比の表を用いてもよい。

太郎さんと花子さんは，キャンプ場のガイドブックにある地図を見ながら，後のように話している。

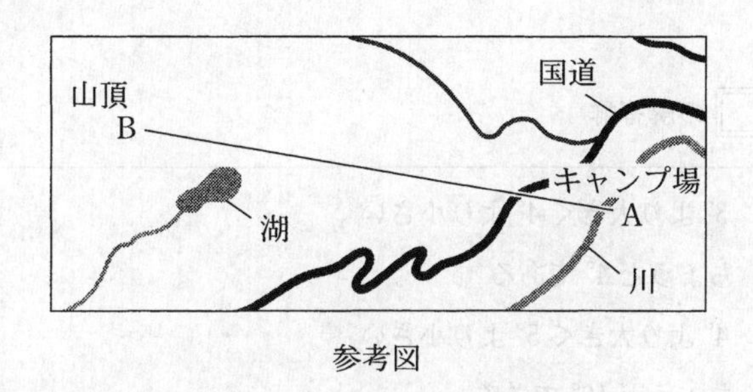

参考図

太郎：キャンプ場の地点Aから山頂Bを見上げる角度はどれくらいかな。

花子：地図アプリを使って，地点Aと山頂Bを含む断面図を調べたら，図1のようになったよ。点Cは，山頂Bから地点Aを通る水平面に下ろした垂線とその水平面との交点のことだよ。

太郎：図1の角度θは，AC，BCの長さを定規で測って，三角比の表を用いて調べたら16°だったよ。

花子：本当に16°なの？　図1の鉛直方向の縮尺と水平方向の縮尺は等しいのかな？

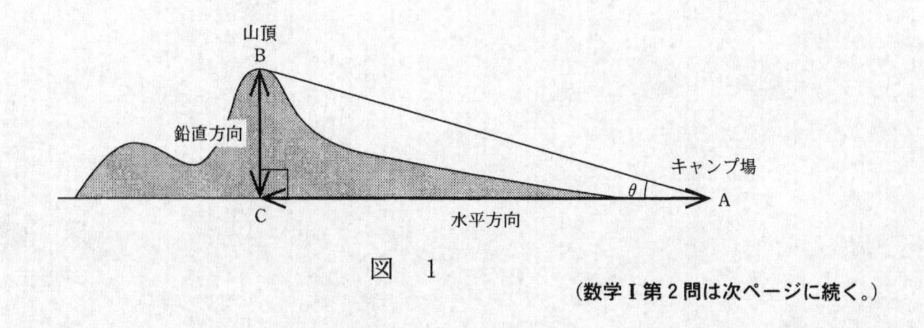

図　1

(数学Ⅰ第2問は次ページに続く。)

図1のθはちょうど16°であったとする。しかし，図1の縮尺は，水平方向が$\dfrac{1}{100000}$であるのに対して，鉛直方向は$\dfrac{1}{25000}$であった。

実際にキャンプ場の地点Aから山頂Bを見上げる角である∠BACを考えると，tan∠BACは **ア** . **イウエ** となる。したがって，∠BACの大きさは **オ** 。ただし，目の高さは無視して考えるものとする。

オ の解答群

⓪ 3°より大きく4°より小さい

① ちょうど4°である

② 4°より大きく5°より小さい

③ ちょうど16°である

④ 48°より大きく49°より小さい

⑤ ちょうど49°である

⑥ 49°より大きく50°より小さい

⑦ 63°より大きく64°より小さい

⑧ ちょうど64°である

⑨ 64°より大きく65°より小さい

(数学I第2問は次ページに続く。)

三角比の表

角	正弦(sin)	余弦(cos)	正接(tan)
0°	0.0000	1.0000	0.0000
1°	0.0175	0.9998	0.0175
2°	0.0349	0.9994	0.0349
3°	0.0523	0.9986	0.0524
4°	0.0698	0.9976	0.0699
5°	0.0872	0.9962	0.0875
6°	0.1045	0.9945	0.1051
7°	0.1219	0.9925	0.1228
8°	0.1392	0.9903	0.1405
9°	0.1564	0.9877	0.1584
10°	0.1736	0.9848	0.1763
11°	0.1908	0.9816	0.1944
12°	0.2079	0.9781	0.2126
13°	0.2250	0.9744	0.2309
14°	0.2419	0.9703	0.2493
15°	0.2588	0.9659	0.2679
16°	0.2756	0.9613	0.2867
17°	0.2924	0.9563	0.3057
18°	0.3090	0.9511	0.3249
19°	0.3256	0.9455	0.3443
20°	0.3420	0.9397	0.3640
21°	0.3584	0.9336	0.3839
22°	0.3746	0.9272	0.4040
23°	0.3907	0.9205	0.4245
24°	0.4067	0.9135	0.4452
25°	0.4226	0.9063	0.4663
26°	0.4384	0.8988	0.4877
27°	0.4540	0.8910	0.5095
28°	0.4695	0.8829	0.5317
29°	0.4848	0.8746	0.5543
30°	0.5000	0.8660	0.5774
31°	0.5150	0.8572	0.6009
32°	0.5299	0.8480	0.6249
33°	0.5446	0.8387	0.6494
34°	0.5592	0.8290	0.6745
35°	0.5736	0.8192	0.7002
36°	0.5878	0.8090	0.7265
37°	0.6018	0.7986	0.7536
38°	0.6157	0.7880	0.7813
39°	0.6293	0.7771	0.8098
40°	0.6428	0.7660	0.8391
41°	0.6561	0.7547	0.8693
42°	0.6691	0.7431	0.9004
43°	0.6820	0.7314	0.9325
44°	0.6947	0.7193	0.9657
45°	0.7071	0.7071	1.0000

角	正弦(sin)	余弦(cos)	正接(tan)
45°	0.7071	0.7071	1.0000
46°	0.7193	0.6947	1.0355
47°	0.7314	0.6820	1.0724
48°	0.7431	0.6691	1.1106
49°	0.7547	0.6561	1.1504
50°	0.7660	0.6428	1.1918
51°	0.7771	0.6293	1.2349
52°	0.7880	0.6157	1.2799
53°	0.7986	0.6018	1.3270
54°	0.8090	0.5878	1.3764
55°	0.8192	0.5736	1.4281
56°	0.8290	0.5592	1.4826
57°	0.8387	0.5446	1.5399
58°	0.8480	0.5299	1.6003
59°	0.8572	0.5150	1.6643
60°	0.8660	0.5000	1.7321
61°	0.8746	0.4848	1.8040
62°	0.8829	0.4695	1.8807
63°	0.8910	0.4540	1.9626
64°	0.8988	0.4384	2.0503
65°	0.9063	0.4226	2.1445
66°	0.9135	0.4067	2.2460
67°	0.9205	0.3907	2.3559
68°	0.9272	0.3746	2.4751
69°	0.9336	0.3584	2.6051
70°	0.9397	0.3420	2.7475
71°	0.9455	0.3256	2.9042
72°	0.9511	0.3090	3.0777
73°	0.9563	0.2924	3.2709
74°	0.9613	0.2756	3.4874
75°	0.9659	0.2588	3.7321
76°	0.9703	0.2419	4.0108
77°	0.9744	0.2250	4.3315
78°	0.9781	0.2079	4.7046
79°	0.9816	0.1908	5.1446
80°	0.9848	0.1736	5.6713
81°	0.9877	0.1564	6.3138
82°	0.9903	0.1392	7.1154
83°	0.9925	0.1219	8.1443
84°	0.9945	0.1045	9.5144
85°	0.9962	0.0872	11.4301
86°	0.9976	0.0698	14.3007
87°	0.9986	0.0523	19.0811
88°	0.9994	0.0349	28.6363
89°	0.9998	0.0175	57.2900
90°	1.0000	0.0000	—

(数学Ⅰ第2問は次ページに続く。)

〔2〕 外接円の半径が 3 である △ABC を考える。

(1) $\cos\angle ACB=\dfrac{\sqrt{3}}{3}$，AC : BC $=\sqrt{3}$: 2 とする。このとき

$$\sin\angle ACB=\frac{\sqrt{\boxed{カ}}}{\boxed{キ}}$$

$$AB=\boxed{ク}\sqrt{\boxed{ケ}},\qquad AC=\boxed{コ}\sqrt{\boxed{サ}}$$

である。

(数学Ⅰ第 2 問は次ページに続く。)

(2) 点Aから直線BCに引いた垂線と直線BCとの交点をDとする。

(i) AB = 5，AC = 4とする。このとき

$$\sin \angle ABC = \frac{\boxed{\text{シ}}}{\boxed{\text{ス}}}, \qquad AD = \frac{\boxed{\text{セソ}}}{\boxed{\text{タ}}}$$

である。

(ii) 2辺AB，ACの長さの間に2AB + AC = 14の関係があるとする。
このとき，ABの長さのとり得る値の範囲は

$\boxed{\text{チ}} \leqq AB \leqq \boxed{\text{ツ}}$ であり

$$AD = \frac{\boxed{\text{テト}}}{\boxed{\text{ナ}}} AB^2 + \frac{\boxed{\text{ニ}}}{\boxed{\text{ヌ}}} AB$$

と表せるので，ADの長さの最大値は $\boxed{\text{ネ}}$ である。AD = $\boxed{\text{ネ}}$

のとき，△ABCの面積は $\boxed{\text{ノ}}\sqrt{\boxed{\text{ハ}}}$ である。

第3問 （配点　30）

〔1〕 a, b, c, d を実数とし，$a \neq 0$，$c \neq 0$ とする。x の1次式の積で表される2次関数

$$y = (ax + b)(cx + d)$$

の最大値や最小値について，二つの直線 $\ell : y = ax + b$ と $m : y = cx + d$ の関係に着目して考える。

ℓ と m の関係として，次の ㋐～㋔ の場合について考える。

㋐ $a > 0,\ c < 0$　㋑ $a < c < 0$　㋒ $0 < a < c$

㋓ $a = c < 0$　㋔ $a = c > 0$

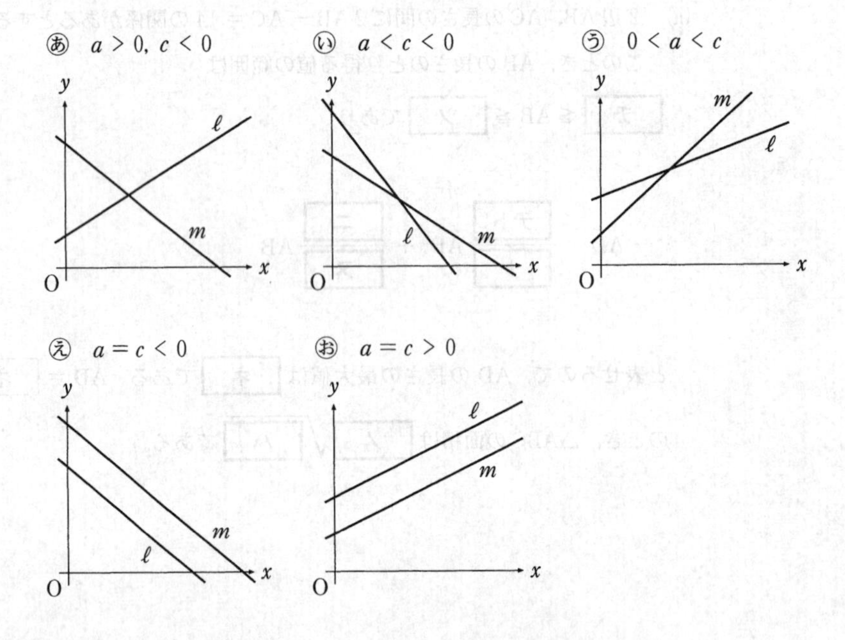

ℓ と x 軸との交点の x 座標を s，m と x 軸との交点の x 座標を t とする。㋐～㋔ のすべてにおいて，$s < t$ であり，ℓ，m は y 軸と $y > 0$ の部分で交わるものとする。また，㋐～㋒ では ℓ と m の交点の x 座標と y 座標はともに正であるとする。

以下，x のとり得る値の範囲は実数全体とする。

（数学Ⅰ第3問は次ページに続く。）

(1)　s, t が具体的な値である場合を考える。

(i)　㋐について考える。$s = -1$, $t = 5$ であるとき，

$y = (ax + b)(cx + d)$ は，$x =$ ア で イ をとる。

(ii)　㋑について考える。$s = 6$, $t = 8$ であるとき，

$y = (ax + b)(cx + d)$ は，$x =$ ウ で エ をとる。

イ ， エ の解答群(同じものを繰り返し選んでもよい。)

⓪ 最大値	① 最小値

(数学Ⅰ第3問は次ページに続く。)

(2) $s=-1$ のときの ⓐ について考える。$y=(ax+b)(cx+d)$ が [イ] を $0<x<10$ の範囲でとるような t の値の範囲は

[オ] $< t <$ [カキ]

である。

(数学 I 第 3 問は次ページに続く。)

(3)　$y=(ax+b)(cx+d)$について，次のことが成り立つ。

- yの最大値があるのは［ク］。
- yの最小値があり，その値が0以上になるのは［ケ］。
- yの最小値があり，その値を$x>0$の範囲でとるのは［コ］。

［ク］～［コ］の解答群(同じものを繰り返し選んでもよい。)

⓪　ⓐのみである
①　ⓘとⓤのみである
②　ⓔとⓞのみである
③　ⓘとⓔのみである
④　ⓤとⓞのみである
⑤　ⓐ，ⓘ，ⓔのみである
⑥　ⓐ，ⓤ，ⓞのみである
⑦　ⓐ～ⓞのうちにはない

(数学Ⅰ第3問は次ページに続く。)

〔2〕 p, q を実数とする。

花子さんと太郎さんは，次の二つの2次方程式について考えている。

$x^2 + px + q = 0$ ……………………… ①

$x^2 + qx + p = 0$ ……………………… ②

① または ② を満たす実数 x の個数を n とおく。

(1) $p = 4$，$q = -4$ のとき，$n =$ [サ] である。

また，$p = 1$，$q = -2$ のとき，$n =$ [シ] である。

(2) $p = -6$ のとき，$n = 3$ になる場合を考える。

花子：例えば，① と ② をともに満たす実数 x があるときは $n = 3$ になりそうだね。

太郎：それを α としたら，$\alpha^2 - 6\alpha + q = 0$ と $\alpha^2 + q\alpha - 6 = 0$ が成り立つよ。

花子：なるほど。それならば，α^2 を消去すれば，α の値が求められそうだね。

太郎：確かに α の値が求まるけど，実際に $n = 3$ となっているかどうかの確認が必要だね。

花子：これ以外にも $n = 3$ となる場合がありそうだね。

$n = 3$ となる q の値は

$q =$ [ス]，[セ]

である。ただし，[ス] < [セ] とする。

(数学Ⅰ第3問は次ページに続く。)

(3)　花子さんと太郎さんは，グラフ表示ソフトを用いて，①，②の左辺を y とおいた2次関数 $y = x^2 + px + q$ と $y = x^2 + qx + p$ のグラフの動きを考えている。

（数学Ⅰ第3問は次ページに続く。）

$p=-6$ に固定したまま，q の値だけを変化させる。

$y=x^2-6x+q$ ……………………… ③

$y=x^2+qx-6$ ……………………… ④

の二つのグラフについて，$q=1$ のときのグラフを点線で，q の値を 1 から増加させたときのグラフを実線でそれぞれ表す。このとき，③ のグラフの移動の様子を示すと［ソ］となり，④ のグラフの移動の様子を示すと［タ］となる。

［ソ］，［タ］については，最も適当なものを，次の⓪～⑦のうちから一つずつ選べ。ただし，同じものを繰り返し選んでもよい。なお，x 軸と y 軸は省略しているが，x 軸は右方向，y 軸は上方向がそれぞれ正の方向である。

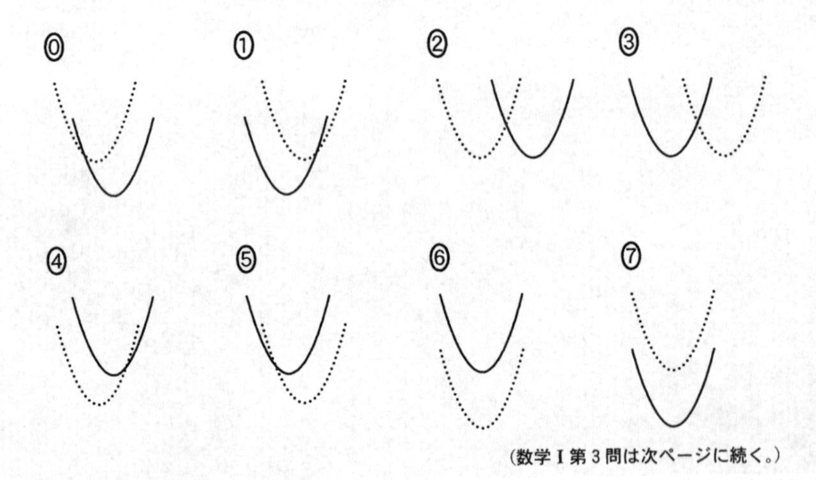

（数学Ⅰ第3問は次ページに続く。）

(4) [ス] $< q <$ [セ] とする。全体集合 U を実数全体の集合とし，U の部分集合 A，B を

$$A = \{x \mid x^2 - 6x + q < 0\}$$
$$B = \{x \mid x^2 + qx - 6 < 0\}$$

とする。U の部分集合 X に対し，X の補集合を $\overline{X}$ と表す。このとき，次のことが成り立つ。

- $x \in A$ は，$x \in B$ であるための [チ]。
- $x \in B$ は，$x \in \overline{A}$ であるための [ツ]。

[チ]，[ツ] の解答群(同じものを繰り返し選んでもよい。)

⓪　必要条件であるが，十分条件ではない
①　十分条件であるが，必要条件ではない
②　必要十分条件である
③　必要条件でも十分条件でもない

第4問 (配点　20)

日本国外における日本語教育の状況を調べるために，独立行政法人国際交流基金では「海外日本語教育機関調査」を実施しており，各国における教育機関数，教員数，学習者数が調べられている。2018年度において学習者数が5000人以上の国と地域(以下，国)は29か国であった。これら29か国について，2009年度と2018年度のデータが得られている。

(1) 各国において，学習者数を教員数で割ることにより，国ごとの「教員1人あたりの学習者数」を算出することができる。図1と図2は，2009年度および2018年度における「教員1人あたりの学習者数」のヒストグラムである。これら二つのヒストグラムから，9年間の変化に関して，後のことが読み取れる。なお，ヒストグラムの各階級の区間は，左側の数値を含み，右側の数値を含まない。

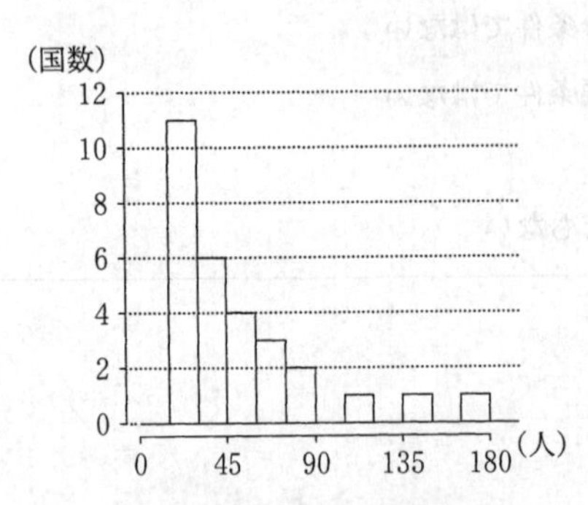

図1　2009年度における教員1人あたりの学習者数のヒストグラム

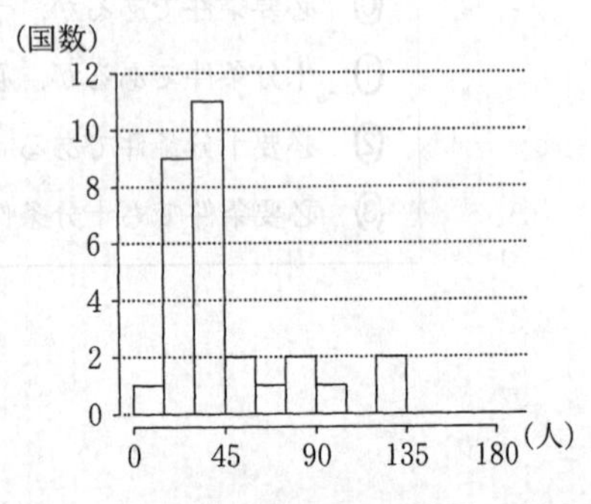

図2　2018年度における教員1人あたりの学習者数のヒストグラム

(出典：国際交流基金のWebページにより作成)

(数学Ⅰ第4問は次ページに続く。)

・2009 年度と 2018 年度の中央値が含まれる階級の階級値を比較すると，
　ア 。

・2009 年度と 2018 年度の第 1 四分位数が含まれる階級の階級値を比較すると，イ 。

・2009 年度と 2018 年度の第 3 四分位数が含まれる階級の階級値を比較すると，ウ 。

・2009 年度と 2018 年度の範囲を比較すると，エ 。

・2009 年度と 2018 年度の四分位範囲を比較すると，オ 。

ア ～ オ の解答群(同じものを繰り返し選んでもよい。)

⓪ 2018 年度の方が小さい
① 2018 年度の方が大きい
② 両者は等しい
③ これら二つのヒストグラムからだけでは両者の大小を判断できない

(数学Ⅰ第 4 問は次ページに続く。)

(2) 各国において，学習者数を教育機関数で割ることにより，「教育機関１機関あたりの学習者数」も算出した。図３は，2009 年度における「教育機関１機関あたりの学習者数」の箱ひげ図である。

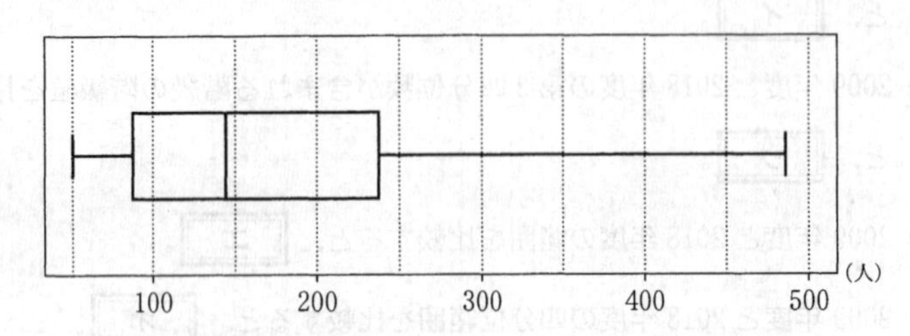

図３　2009 年度における教育機関１機関あたりの学習者数の箱ひげ図

（出典：国際交流基金の Web ページにより作成）

2009 年度について，「教育機関１機関あたりの学習者数」(横軸)と「教員１人あたりの学習者数」(縦軸)の散布図は **カ** である。ここで，2009 年度における「教員１人あたりの学習者数」のヒストグラムである(1)の図１を，図４として再掲しておく。

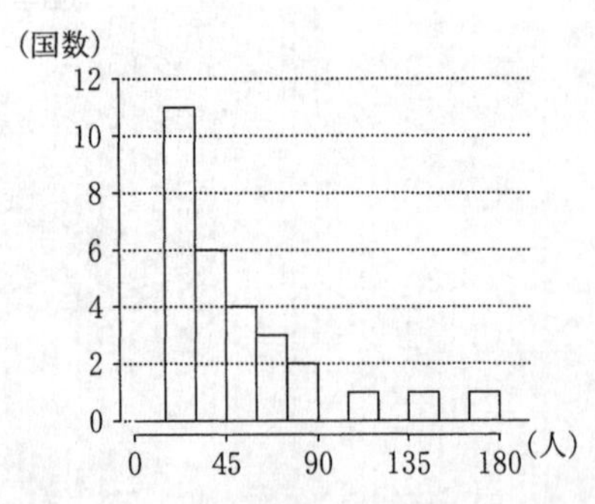

図４　2009 年度における教員１人あたりの学習者数のヒストグラム

（出典：国際交流基金の Web ページにより作成）

（数学Ⅰ第４問は次ページに続く。）

カ については，最も適当なものを，次の⓪～③のうちから一つ選べ。なお，これらの散布図には，完全に重なっている点はない。

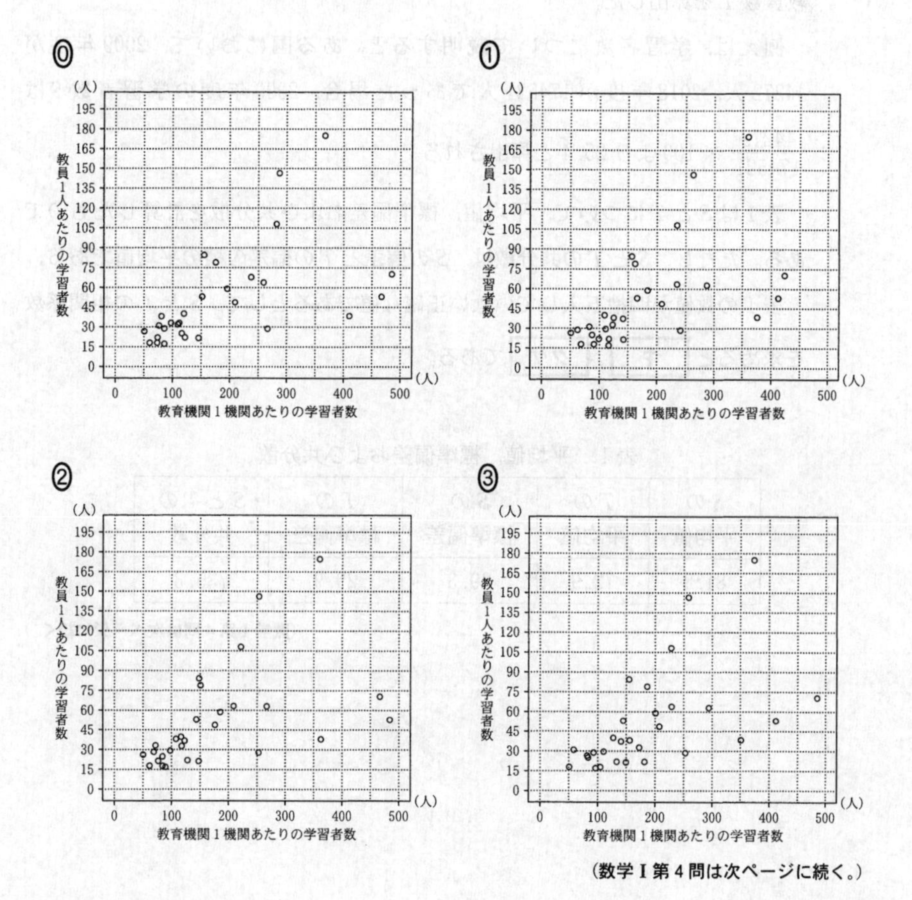

（数学Ⅰ第４問は次ページに続く。）

(3)　各国における2018年度の学習者数を100としたときの2009年度の学習者数S，および，各国における2018年度の教員数を100としたときの2009年度の教員数Tを算出した。

例えば，学習者数について説明すると，ある国において，2009年度が44272人，2018年度が174521人であった場合，2009年度の学習者数Sは$\frac{44272}{174521} \times 100$より25.4と算出される。

表1はSとTについて，平均値，標準偏差および共分散を計算したものである。ただし，SとTの共分散は，Sの偏差とTの偏差の積の平均値である。

表1の数値が四捨五入していない正確な値であるとして，SとTの相関係数を求めると［キ］.［クケ］である。

表1　平均値，標準偏差および共分散

Sの平均値	Tの平均値	Sの標準偏差	Tの標準偏差	SとTの共分散
81.8	72.9	39.3	29.9	735.3

(数学Ⅰ第4問は次ページに続く。)

(4) 表1と(3)で求めた相関係数を参考にすると，(3)で算出した2009年度の S(横軸)と T(縦軸)の散布図は［コ］である。

［コ］については，最も適当なものを，次の⓪～③のうちから一つ選べ。なお，これらの散布図には，完全に重なっている点はない。

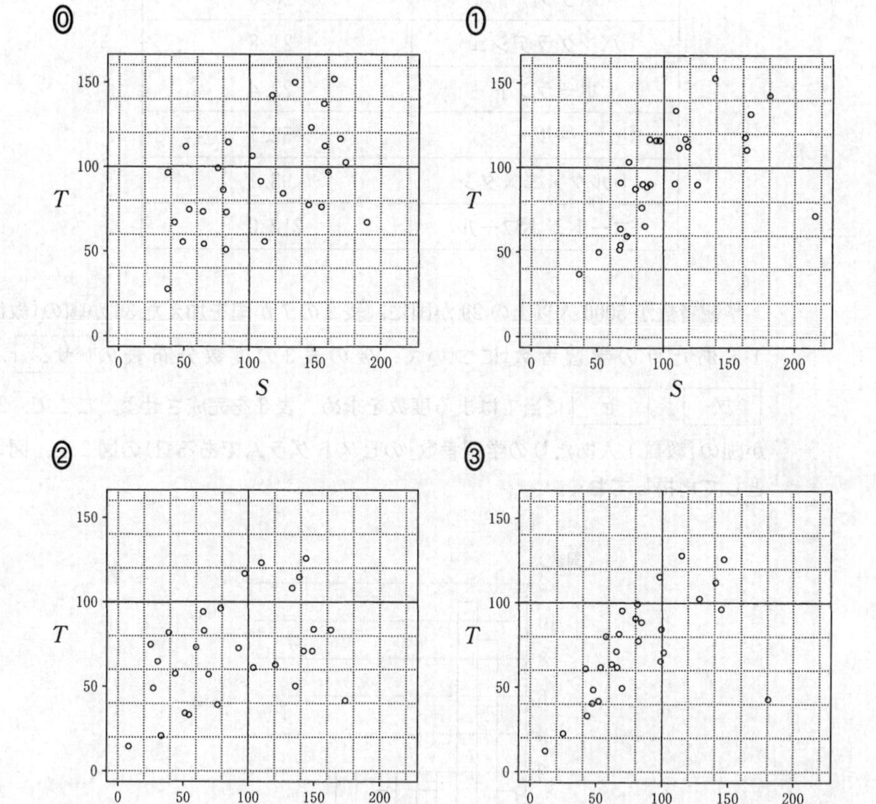

(数学Ⅰ第4問は次ページに続く。)

(5) 2018 年度において，学習者数が 3000 人以上 5000 人未満の国は表 2 の 7 か国であった。これらの国々について「教員 1 人あたりの学習者数」を算出した。

表 2　学習者数が 3000 人以上 5000 人未満の 7 か国

国　名	教員 1 人あたりの学習者数（人）
スイス	15.5
パラグアイ	20.6
バングラデシュ	21.8
ポーランド	22.4
ペルー	52.7
トルクメニスタン	93.1
コートジボワール	212.0

学習者数が 5000 人以上の 29 か国に，表 2 の 7 か国を加えた 36 か国の「教員 1 人あたりの学習者数」について，後の表 3 の度数分布表の サシ ，ス ，セ に当てはまる度数を求め，表 3 を完成させよ。ここで，29 か国の「教員 1 人あたりの学習者数」のヒストグラムである(1)の図 2 を，図 5 として再掲しておく。

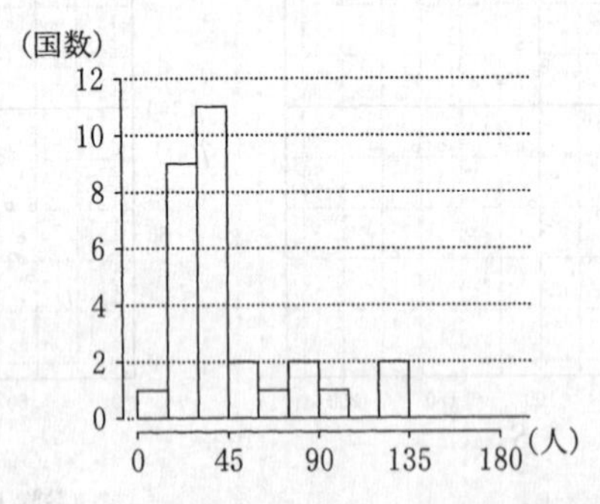

図 5　29 か国の 2018 年度における教員 1 人あたりの学習者数のヒストグラム

（出典：国際交流基金の Web ページにより作成）

（数学 I 第 4 問は次ページに続く。）

表3　度数分布表

階級(人)	度数(国数)
0 以上　30 未満	14
30 以上　60 未満	サシ
60 以上　90 未満	ス
90 以上 120 未満	セ
120 以上 150 未満	2
150 以上 180 未満	0
180 以上 210 未満	0
210 以上 240 未満	1

(数学Ⅰ第4問は次ページに続く。)

表4は，29か国と7か国のそれぞれの群の「教員1人あたりの学習者数」の，平均値と標準偏差である。なお，ここでの平均値および標準偏差は，国ごとの「教員1人あたりの学習者数」に対して算出したものとする。以下，同様とする。

表4　教員1人あたりの学習者数の平均値と標準偏差

	平均値	標準偏差
学習者数が5000人以上の29か国	44.8	29.1
学習者数が3000人以上5000人未満の7か国	62.6	66.1

表4より，これらを合わせた36か国の「教員1人あたりの学習者数」の平均値を算出する式は［ソ］である。

［ソ］については，最も適当なものを，次の⓪～⑤のうちから一つ選べ。

⓪ $\dfrac{44.8+62.6}{2}$　① $\dfrac{62.6-44.8}{2}$

② $\dfrac{44.8\times 29+62.6\times 7}{29+7}$　③ $\dfrac{44.8\times 29-62.6\times 7}{29+7}$

④ $\dfrac{44.8\times 7+62.6\times 29}{29+7}$　⑤ $\dfrac{62.6\times 29-44.8\times 7}{29+7}$

（数学Ⅰ第4問は次ページに続く。）

次の(Ⅰ)，(Ⅱ)は，「教員１人あたりの学習者数」についての記述である。

(Ⅰ)　36 か国の「教員１人あたりの学習者数」の平均値は，29 か国の「教員１人あたりの学習者数」の平均値より小さい。

(Ⅱ)　29 か国の「教員１人あたりの学習者数」の分散は，７か国の「教員１人あたりの学習者数」の分散より小さい。

(Ⅰ)，(Ⅱ)の正誤の組合せとして正しいものは［タ］である。

［タ］の解答群

	⓪	①	②	③
(Ⅰ)	正	正	誤	誤
(Ⅱ)	正	誤	正	誤

数　学　Ⅱ

（全 問 必 答）

第１問　（配点　30）

〔1〕　座標平面上に点A(－8，0)をとる。また，不等式

$$x^2+y^2-4x-10y+4\leqq 0$$

の表す領域をDとする。

(1)　領域Dは，中心が点(ア ， イ)，半径が ウ の円の

エ である。

エ の解答群

⓪ 周	① 内 部	② 外 部
③ 周および内部	④ 周および外部	

以下，点(ア ， イ)をQとし，方程式

$$x^2+y^2-4x-10y+4=0$$

の表す図形をCとする。

（数学Ⅱ第１問は次ページに続く。）

(2) 点Aを通る直線と領域Dが共有点をもつのはどのようなときかを考えよう。

(i) (1)により，直線$y=$ **オ** は点Aを通るCの接線の一つとなることがわかる。

太郎さんと花子さんは点Aを通るCのもう一つの接線について話している。

点Aを通り，傾きがkの直線をℓとする。

太郎：直線ℓの方程式は$y=k(x+8)$と表すことができるから，これを

$$x^2+y^2-4x-10y+4=0$$

に代入することで接線を求められそうだね。

花子：x軸と直線AQのなす角のタンジェントに着目することでも求められそうだよ。

(数学Ⅱ第1問は次ページに続く。)

(ii)　太郎さんの求め方について考えてみよう。

$y=k(x+8)$ を $x^2+y^2-4x-10y+4=0$ に代入すると，x についての2次方程式

$$(k^2+1)x^2+(16k^2-10k-4)x+64k^2-80k+4=0$$

が得られる。この方程式が［カ］ときの k の値が接線の傾きとなる。

［カ］の解答群

⓪　重解をもつ
①　異なる二つの実数解をもち，一つは0である
②　異なる二つの正の実数解をもつ
③　正の実数解と負の実数解をもつ
④　異なる二つの負の実数解をもつ
⑤　異なる二つの虚数解をもつ

(iii)　花子さんの求め方について考えてみよう。

x 軸と直線AQのなす角を θ $\left(0<\theta\leqq\frac{\pi}{2}\right)$ とすると

$$\tan\theta=\frac{\boxed{キ}}{\boxed{ク}}$$

であり，直線 $y=$［オ］と異なる接線の傾きは $\tan$［ケ］と表すことができる。

［ケ］の解答群

⓪　θ	①　2θ	②　$\left(\theta+\frac{\pi}{2}\right)$
③　$\left(\theta-\frac{\pi}{2}\right)$	④　$(\theta+\pi)$	⑤　$(\theta-\pi)$
⑥　$\left(2\theta+\frac{\pi}{2}\right)$	⑦　$\left(2\theta-\frac{\pi}{2}\right)$	

（数学II第1問は次ページに続く。）

(iv) 点Aを通るCの接線のうち，直線$y =$ [オ] と異なる接線の傾きをk_0とする。このとき，(ii)または(iii)の考え方を用いることにより

$$k_0 = \frac{\boxed{コ}}{\boxed{サ}}$$

であることがわかる。

直線ℓと領域Dが共有点をもつようなkの値の範囲は [シ] である。

[シ] の解答群

⓪ $k > k_0$	① $k \geqq k_0$
② $k < k_0$	③ $k \leqq k_0$
④ $0 < k < k_0$	⑤ $0 \leqq k \leqq k_0$

（数学Ⅱ第１問は次ページに続く。）

〔2〕 a, bは正の実数であり, $a \neq 1$, $b \neq 1$を満たすとする。太郎さんは $\log_a b$ と $\log_b a$ の大小関係を調べることにした。

(1) 太郎さんは次のような考察をした。

まず, $\log_3 9 = \boxed{\text{ス}}$, $\log_9 3 = \dfrac{1}{\boxed{\text{ス}}}$ である。この場合

$\log_3 9 > \log_9 3$

が成り立つ。

一方, $\log_{\frac{1}{4}} \boxed{\text{セ}} = -\dfrac{3}{2}$, $\log_{\boxed{\text{セ}}} \dfrac{1}{4} = -\dfrac{2}{3}$ である。この場合

$\log_{\frac{1}{4}} \boxed{\text{セ}} < \log_{\boxed{\text{セ}}} \dfrac{1}{4}$

が成り立つ。

(数学Ⅱ第1問は次ページに続く。)

(2)　ここで

$\log_a b = t$　……………………………… ①

とおく。

(1)の考察をもとにして，太郎さんは次の式が成り立つと推測し，それが正しいことを確かめることにした。

$\log_b a = \dfrac{1}{t}$　……………………………… ②

①により，［ソ］である。このことにより［タ］が得られ，②が成り立つことが確かめられる。

［ソ］の解答群

⓪　$a^b = t$	①　$a^t = b$	②　$b^a = t$
③　$b^t = a$	④　$t^a = b$	⑤　$t^b = a$

［タ］の解答群

⓪　$a = t^{\frac{1}{b}}$	①　$a = b^{\frac{1}{t}}$	②　$b = t^{\frac{1}{a}}$
③　$b = a^{\frac{1}{t}}$	④　$t = b^{\frac{1}{a}}$	⑤　$t = a^{\frac{1}{b}}$

（数学Ⅱ第１問は次ページに続く。）

(3)　次に，太郎さんは(2)の考察をもとにして

$$t > \frac{1}{t} \quad \cdots\cdots ③$$

を満たす実数 t ($t \neq 0$) の値の範囲を求めた。

太郎さんの考察

$t > 0$ ならば，③の両辺に t を掛けることにより，$t^2 > 1$ を得る。このような t ($t > 0$) の値の範囲は $1 < t$ である。

$t < 0$ ならば，③の両辺に t を掛けることにより，$t^2 < 1$ を得る。このような t ($t < 0$) の値の範囲は $-1 < t < 0$ である。

この考察により，③を満たす t ($t \neq 0$) の値の範囲は

$-1 < t < 0$，$1 < t$

であることがわかる。

ここで，a の値を一つ定めたとき，不等式

$$\log_a b > \log_b a \quad \cdots\cdots ④$$

を満たす実数 b ($b > 0$，$b \neq 1$) の値の範囲について考える。

④を満たす b の値の範囲は，$a > 1$ のときは [チ] であり，$0 < a < 1$ のときは [ツ] である。

(数学II第1問は次ページに続く。)

チ の解答群

⓪ $0 < b < \frac{1}{a},\ 1 < b < a$	① $0 < b < \frac{1}{a},\ a < b$
② $\frac{1}{a} < b < 1,\ 1 < b < a$	③ $\frac{1}{a} < b < 1,\ a < b$

ツ の解答群

⓪ $0 < b < a,\ 1 < b < \frac{1}{a}$	① $0 < b < a,\ \frac{1}{a} < b$
② $a < b < 1,\ 1 < b < \frac{1}{a}$	③ $a < b < 1,\ \frac{1}{a} < b$

(4) $p = \frac{12}{13}$, $q = \frac{12}{11}$, $r = \frac{14}{13}$ とする。

次の⓪～③のうち，正しいものは テ である。

テ の解答群

⓪ $\log_p q > \log_q p$ かつ $\log_p r > \log_r p$

① $\log_p q > \log_q p$ かつ $\log_p r < \log_r p$

② $\log_p q < \log_q p$ かつ $\log_p r > \log_r p$

③ $\log_p q < \log_q p$ かつ $\log_p r < \log_r p$

第２問 （配点　30）

〔1〕 a を実数とし，$f(x) = x^3 - 6ax + 16$ とおく。

(1) $y = f(x)$ のグラフの概形は

　　$a = 0$ のとき，［ア］

　　$a < 0$ のとき，［イ］

である。

［ア］，［イ］については，最も適当なものを，次の⓪～⑤のうちから一つずつ選べ。ただし，同じものを繰り返し選んでもよい。

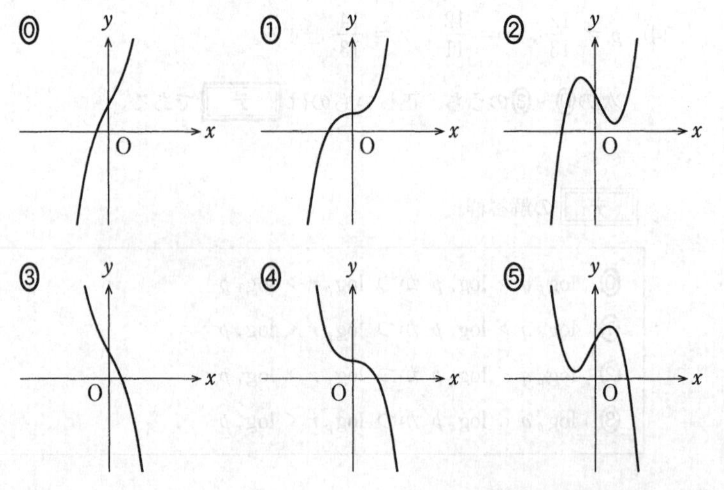

（数学Ⅱ第２問は次ページに続く。）

(2)　$a > 0$とし，pを実数とする。座標平面上の曲線$y = f(x)$と直線$y = p$が3個の共有点をもつようなpの値の範囲は［ウ］$< p <$［エ］である。

$p =$［ウ］のとき，曲線$y = f(x)$と直線$y = p$は2個の共有点をもつ。それらのx座標をq，r $(q < r)$とする。曲線$y = f(x)$と直線$y = p$が点$(r,\ p)$で接することに注意すると

$$q = \boxed{オカ}\sqrt{\boxed{キ}}\,a^{\frac{1}{2}},\quad r = \sqrt{\boxed{ク}}\,a^{\frac{1}{2}}$$

と表せる。

［ウ］，［エ］の解答群(同じものを繰り返し選んでもよい。)

⓪　$2\sqrt{2}\,a^{\frac{3}{2}} + 16$	①　$-2\sqrt{2}\,a^{\frac{3}{2}} + 16$
②　$4\sqrt{2}\,a^{\frac{3}{2}} + 16$	③　$-4\sqrt{2}\,a^{\frac{3}{2}} + 16$
④　$8\sqrt{2}\,a^{\frac{3}{2}} + 16$	⑤　$-8\sqrt{2}\,a^{\frac{3}{2}} + 16$

(3)　方程式$f(x) = 0$の異なる実数解の個数をnとする。次の⓪～⑤のうち，正しいものは［ケ］と［コ］である。

［ケ］，［コ］の解答群(解答の順序は問わない。)

⓪　$n = 1$ならば$a < 0$	①　$a < 0$ならば$n = 1$
②　$n = 2$ならば$a < 0$	③　$a < 0$ならば$n = 2$
④　$n = 3$ならば$a > 0$	⑤　$a > 0$ならば$n = 3$

(数学Ⅱ第2問は次ページに続く。)

〔2〕 $b>0$ とし，$g(x)=x^3-3bx+3b^2$，$h(x)=x^3-x^2+b^2$ とおく。座標平面上の曲線 $y=g(x)$ を C_1，曲線 $y=h(x)$ を C_2 とする。

C_1 と C_2 は2点で交わる。これらの交点の x 座標をそれぞれ α，β $(\alpha<\beta)$ とすると，$\alpha=$ サ，$\beta=$ シス である。

$\alpha \leqq x \leqq \beta$ の範囲で C_1 と C_2 で囲まれた図形の面積を S とする。また，$t>\beta$ とし，$\beta \leqq x \leqq t$ の範囲で C_1 と C_2 および直線 $x=t$ で囲まれた図形の面積を T とする。

このとき

$$S=\int_\alpha^\beta \boxed{\text{セ}}\,dx$$

$$T=\int_\beta^t \boxed{\text{ソ}}\,dx$$

$$S-T=\int_\alpha^t \boxed{\text{タ}}\,dx$$

であるので

$$S-T=\frac{\boxed{\text{チツ}}}{\boxed{\text{テ}}}\left(2t^3-\boxed{\text{ト}}\,bt^2+\boxed{\text{ナニ}}\,b^2t-\boxed{\text{ヌ}}\,b^3\right)$$

が得られる。

したがって，$S=T$ となるのは $t=\dfrac{\boxed{\text{ネ}}}{\boxed{\text{ノ}}}b$ のときである。

（数学II第2問は次ページに続く。）

セ ～ タ の解答群(同じものを繰り返し選んでもよい。)

⓪ $\{g(x)+h(x)\}$	① $\{g(x)-h(x)\}$
② $\{h(x)-g(x)\}$	③ $\{2g(x)+2h(x)\}$
④ $\{2g(x)-2h(x)\}$	⑤ $\{2h(x)-2g(x)\}$
⑥ $2g(x)$	⑦ $2h(x)$

第3問 (配点 20)

$0 \leqq \theta \leqq \pi$ のとき

$$4\cos 2\theta + 2\cos\theta + 3 = 0 \qquad \cdots\cdots ①$$

を満たす θ について考えよう。

(1) $t = \cos\theta$ とおくと，t のとり得る値の範囲は $-1 \leqq t \leqq 1$ である。2倍角の公式により

$$\cos 2\theta = \boxed{\text{ア}}\, t^2 - \boxed{\text{イ}}$$

であるから，① により，t についての方程式

$$\boxed{\text{ウ}}\, t^2 + \boxed{\text{エ}}\, t - 1 = 0$$

が得られる。この方程式の解は

$$t = \frac{\boxed{\text{オカ}}}{\boxed{\text{キ}}},\ \frac{1}{4}$$

である。

(数学II第3問は次ページに続く。)

以下，$0 \leqq \theta \leqq \pi$ かつ $\cos\theta = \dfrac{\boxed{\text{オカ}}}{\boxed{\text{キ}}}$ を満たす θ を α とし，$0 \leqq \theta \leqq \pi$ かつ $\cos\theta = \dfrac{1}{4}$ を満たす θ を β とする。

(2)　$\cos\alpha = \dfrac{\boxed{\text{オカ}}}{\boxed{\text{キ}}}$ により，$\alpha = \dfrac{\boxed{\text{ク}}}{\boxed{\text{ケ}}}\pi$ であることがわかる。そこで β の値について調べてみよう。

$\cos\beta = \dfrac{1}{4}$ と

$$\cos\frac{\pi}{6} = \boxed{\text{コ}},\ \cos\frac{\pi}{4} = \boxed{\text{サ}},\ \cos\frac{\pi}{3} = \boxed{\text{シ}}$$

を比較することにより，β は $\boxed{\text{ス}}$ を満たすことがわかる。

$\boxed{\text{コ}}$ ～ $\boxed{\text{シ}}$ の解答群(同じものを繰り返し選んでもよい。)

⓪　0	①　1	②　-1
③　$\dfrac{\sqrt{3}}{2}$	④　$-\dfrac{\sqrt{3}}{2}$	⑤　$\dfrac{\sqrt{2}}{2}$
⑥　$-\dfrac{\sqrt{2}}{2}$	⑦　$\dfrac{1}{2}$	⑧　$-\dfrac{1}{2}$

$\boxed{\text{ス}}$ の解答群

⓪　$0 < \beta < \dfrac{\pi}{6}$	①　$\dfrac{\pi}{6} < \beta < \dfrac{\pi}{4}$
②　$\dfrac{\pi}{4} < \beta < \dfrac{\pi}{3}$	③　$\dfrac{\pi}{3} < \beta < \dfrac{\pi}{2}$

(数学Ⅱ第３問は次ページに続く。)

(3)　β の値について，さらに詳しく調べてみよう。

2倍角の公式を用いると

$$\cos 2\beta = \frac{\boxed{セソ}}{\boxed{タ}}, \quad \cos 4\beta = \frac{\boxed{チツ}}{\boxed{テト}}$$

であることがわかる。さらに，座標平面上で 4β の動径は第 $\boxed{ナ}$ 象限にあり，β は $\boxed{ニ}$ を満たすことがわかる。ただし，角の動径は x 軸の正の部分を始線として考えるものとする。

$\boxed{ニ}$ の解答群

⓪ $0 < \beta < \dfrac{\pi}{8}$	① $\dfrac{\pi}{8} < \beta < \dfrac{\pi}{6}$
② $\dfrac{\pi}{6} < \beta < \dfrac{3}{16}\pi$	③ $\dfrac{3}{16}\pi < \beta < \dfrac{\pi}{4}$
④ $\dfrac{\pi}{4} < \beta < \dfrac{5}{16}\pi$	⑤ $\dfrac{5}{16}\pi < \beta < \dfrac{\pi}{3}$
⑥ $\dfrac{\pi}{3} < \beta < \dfrac{3}{8}\pi$	⑦ $\dfrac{3}{8}\pi < \beta < \dfrac{5}{12}\pi$
⑧ $\dfrac{5}{12}\pi < \beta < \dfrac{7}{16}\pi$	⑨ $\dfrac{7}{16}\pi < \beta < \dfrac{\pi}{2}$

第4問 （配点　20）

m，n を実数とし，次の二つの整式 $P(x)$ と $Q(x)$ を考える。

$$P(x) = x^4 + (m-1)x^3 + 5x^2 + (m-3)x + n$$

$$Q(x) = x^2 - x + 2$$

また，$P(x)$ は $Q(x)$ で割り切れるとし，$P(x)$ を $Q(x)$ で割ったときの商を $R(x)$ とおく。

(1)　2次方程式 $Q(x) = 0$ の解は

$$x = \frac{\boxed{\text{ア}} \pm \sqrt{\boxed{\text{イ}}}\, i}{\boxed{\text{ウ}}}$$

である。

(2)　$P(x)$ は $Q(x)$ で割り切れるから，n を m を用いて表すと

$$n = \boxed{\text{エ}}\, m + \boxed{\text{オ}}$$

である。また

$$R(x) = x^2 + mx + m + \boxed{\text{カ}}$$

である。

（数学II第4問は次ページに続く。）

(3) 方程式 $R(x)=0$ は異なる二つの虚数解 α, β をもつとする。このとき，m のとり得る値の範囲は

$$\boxed{\text{キク}} < m < \boxed{\text{ケ}}$$

である。また

$$\alpha+\beta=\boxed{\text{コ}}\,m,\ \alpha\beta=m+\boxed{\text{サ}}$$

である。

いま，$\alpha\beta(\alpha+\beta)=-10$ であるとする。このとき，$m=\boxed{\text{シ}}$ であり，方程式 $R(x)=0$ の虚数解は

$$x=\boxed{\text{スセ}}\pm\boxed{\text{ソ}}\,i$$

である。

(4) 方程式 $P(x)=0$ の解について考える。

異なる解が全部で3個になるのは，$m=\boxed{\text{タチ}}$，$\boxed{\text{ツ}}$ のときであり，そのうち虚数解は $\boxed{\text{テ}}$ 個である。

異なる解が全部で2個になるのは，$m=\boxed{\text{トナ}}$ のときである。

異なる解が全部で4個になるのは，m の値が $\boxed{\text{タチ}}$，$\boxed{\text{ツ}}$，$\boxed{\text{トナ}}$ のいずれとも等しくないときであり，$m<\boxed{\text{タチ}}$，$\boxed{\text{ツ}}<m$ のとき，4個の解のうち虚数解は $\boxed{\text{ニ}}$ 個である。

数学Ⅰ・数学A
数学Ⅱ・数学B

（2022年１月実施）

数学Ⅰ・数学A　70分　100点
数学Ⅱ・数学B　60分　100点

追試験
2022

数学Ⅰ・数学A

問　題	選　択　方　法
第1問	必　　答
第2問	必　　答
第3問	いずれか2問を選択し，解答しなさい。
第4問	
第5問	

（注）この科目には，選択問題があります。（96ページ参照。）

第1問 （必答問題）（配点　30）

〔1〕 c を実数とし，x の方程式

$$|3x-3c+1|=(3-\sqrt{3})x-1 \quad \cdots\cdots ①$$

を考える。

(1) $x \geqq c-\frac{1}{3}$ のとき，① は

$$3x-3c+1=(3-\sqrt{3})x-1 \quad \cdots\cdots ②$$

となる。② を満たす x は

$$x=\sqrt{\boxed{\text{ア}}}\,c-\frac{\boxed{\text{イ}}\sqrt{3}}{3} \quad \cdots\cdots ③$$

となる。③ が $x \geqq c-\frac{1}{3}$ を満たすような c の値の範囲は $\boxed{\text{ウ}}$ である。

また，$x < c-\frac{1}{3}$ のとき，① は

$$-3x+3c-1=(3-\sqrt{3})x-1 \quad \cdots\cdots ④$$

となる。④ を満たす x は

$$x=\frac{\boxed{\text{エ}}+\sqrt{3}}{\boxed{\text{オカ}}}\,c \quad \cdots\cdots ⑤$$

となる。⑤ が $x < c-\frac{1}{3}$ を満たすような c の値の範囲は $\boxed{\text{キ}}$ である。

（数学Ⅰ・数学A第1問は次ページに続く。）

ウ, キ の解答群(同じものを繰り返し選んでもよい。)

⓪ $c \leqq \dfrac{3+\sqrt{3}}{6}$	① $c < \dfrac{3-\sqrt{3}}{6}$	② $c \geqq \dfrac{5+\sqrt{3}}{6}$
③ $c > \dfrac{3+\sqrt{3}}{6}$	④ $c \geqq \dfrac{3-\sqrt{3}}{6}$	⑤ $c > \dfrac{5+\sqrt{3}}{6}$
⑥ $c \leqq \dfrac{5-\sqrt{3}}{6}$	⑦ $c \geqq \dfrac{7-3\sqrt{3}}{6}$	
⑧ $c < \dfrac{5-\sqrt{3}}{6}$	⑨ $c > \dfrac{7-3\sqrt{3}}{6}$	

(2)　①が異なる二つの解をもつための必要十分条件は ク であり，ただ一つの解をもつための必要十分条件は ケ である。さらに，①が解をもたないための必要十分条件は コ である。

ク ～ コ の解答群(同じものを繰り返し選んでもよい。)

⓪ $c > \dfrac{3-\sqrt{3}}{6}$	① $c > \dfrac{5+\sqrt{3}}{6}$	② $c \geqq \dfrac{7-3\sqrt{3}}{6}$
③ $c = \dfrac{3-\sqrt{3}}{6}$	④ $c = \dfrac{5+\sqrt{3}}{6}$	⑤ $c = \dfrac{7-3\sqrt{3}}{6}$
⑥ $c \leqq \dfrac{3-\sqrt{3}}{6}$	⑦ $c < \dfrac{5+\sqrt{3}}{6}$	⑧ $c < \dfrac{7-3\sqrt{3}}{6}$

(数学I・数学A第1問は次ページに続く。)

〔2〕 以下の問題を解答するにあたっては，必要に応じて102ページの三角比の表を用いてもよい。

火災時に，ビルの高層階に取り残された人を救出する際，はしご車を使用することがある。

図1のはしご車で考える。はしごの先端をA，はしごの支点をBとする。はしごの角度(はしごと水平面のなす角の大きさ)は75°まで大きくすることができ，はしごの長さABは35 mまで伸ばすことができる。また，はしごの支点Bは地面から2 mの高さにあるとする。

以下，はしごの長さABは35 mに固定して考える。また，はしごは太さを無視して線分とみなし，はしご車は水平な地面上にあるものとする。

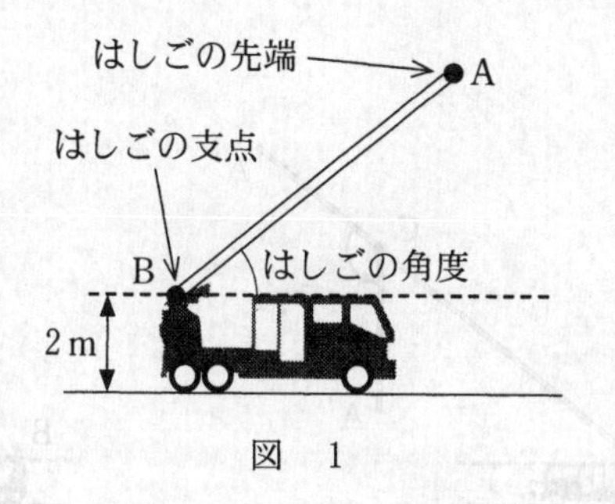

図　1

(1) はしごの先端Aの最高到達点の高さは，地面から［サシ］mである。小数第1位を四捨五入して答えよ。

(数学Ⅰ・数学A第1問は次ページに続く。)

(2) 図1のはしごは，図2のように，点Cで，ACが鉛直方向になるまで下向きに屈折させることができる。ACの長さは10 mである。

図3のように，あるビルにおいて，地面から26 mの高さにある位置を点Pとする。障害物のフェンスや木があるため，はしご車をBQの長さが18 mとなる場所にとめる。ここで，点Qは，点Pの真下で，点Bと同じ高さにある位置である。

このとき，はしごの先端Aが点Pに届くかどうかは，障害物の高さや，はしご車と障害物の距離によって決まる。そこで，このことについて，後の(i)，(ii)のように考える。

ただし，はしご車，障害物，ビルは同じ水平な地面上にあり，点A，B，C，P，Qはすべて同一平面上にあるものとする。

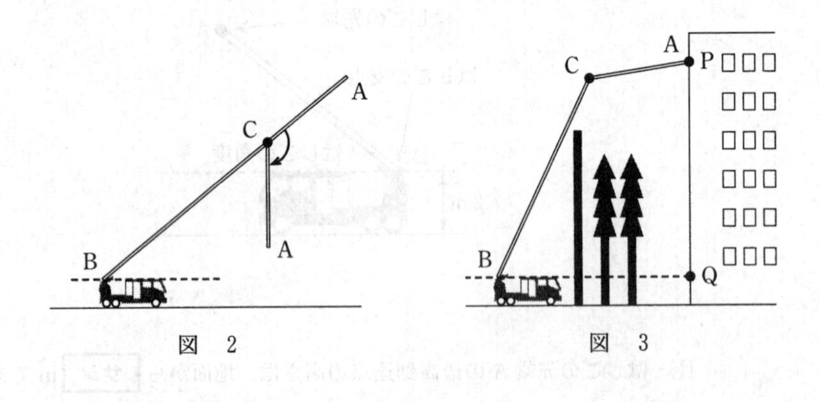

図　2　　図　3

(i) はしごを点Cで屈折させ，はしごの先端Aが点Pに一致したとすると，∠QBCの大きさはおよそ **ス** °になる。

ス については，最も適当なものを，次の⓪～⑥のうちから一つ選べ。

⓪ 53	① 56	② 59	③ 63
④ 67	⑤ 71	⑥ 75	

(数学Ⅰ・数学A第1問は次ページに続く。)

(ii)　はしご車に最も近い障害物はフェンスで，フェンスの高さは 7 m 以上あり，障害物の中で最も高いものとする。フェンスは地面に垂直で 2 点 B，Q の間にあり，フェンスと BQ との交点から点 B までの距離は 6 m である。また，フェンスの厚みは考えないとする。

このとき，次の⓪～⑥のフェンスの高さのうち，図 3 のように，はしごがフェンスに当たらずに，はしごの先端 A を点 P に一致させることができる最大のものは，［セ］である。

［セ］の解答群

⓪	7 m	①	10 m	②	13 m	③	16 m
④	19 m	⑤	22 m	⑥	25 m		

（数学Ⅰ・数学A第 1 問は次ページに続く。）

三角比の表

角	正弦(sin)	余弦(cos)	正接(tan)	角	正弦(sin)	余弦(cos)	正接(tan)
0°	0.0000	1.0000	0.0000	45°	0.7071	0.7071	1.0000
1°	0.0175	0.9998	0.0175	46°	0.7193	0.6947	1.0355
2°	0.0349	0.9994	0.0349	47°	0.7314	0.6820	1.0724
3°	0.0523	0.9986	0.0524	48°	0.7431	0.6691	1.1106
4°	0.0698	0.9976	0.0699	49°	0.7547	0.6561	1.1504
5°	0.0872	0.9962	0.0875	50°	0.7660	0.6428	1.1918
6°	0.1045	0.9945	0.1051	51°	0.7771	0.6293	1.2349
7°	0.1219	0.9925	0.1228	52°	0.7880	0.6157	1.2799
8°	0.1392	0.9903	0.1405	53°	0.7986	0.6018	1.3270
9°	0.1564	0.9877	0.1584	54°	0.8090	0.5878	1.3764
10°	0.1736	0.9848	0.1763	55°	0.8192	0.5736	1.4281
11°	0.1908	0.9816	0.1944	56°	0.8290	0.5592	1.4826
12°	0.2079	0.9781	0.2126	57°	0.8387	0.5446	1.5399
13°	0.2250	0.9744	0.2309	58°	0.8480	0.5299	1.6003
14°	0.2419	0.9703	0.2493	59°	0.8572	0.5150	1.6643
15°	0.2588	0.9659	0.2679	60°	0.8660	0.5000	1.7321
16°	0.2756	0.9613	0.2867	61°	0.8746	0.4848	1.8040
17°	0.2924	0.9563	0.3057	62°	0.8829	0.4695	1.8807
18°	0.3090	0.9511	0.3249	63°	0.8910	0.4540	1.9626
19°	0.3256	0.9455	0.3443	64°	0.8988	0.4384	2.0503
20°	0.3420	0.9397	0.3640	65°	0.9063	0.4226	2.1445
21°	0.3584	0.9336	0.3839	66°	0.9135	0.4067	2.2460
22°	0.3746	0.9272	0.4040	67°	0.9205	0.3907	2.3559
23°	0.3907	0.9205	0.4245	68°	0.9272	0.3746	2.4751
24°	0.4067	0.9135	0.4452	69°	0.9336	0.3584	2.6051
25°	0.4226	0.9063	0.4663	70°	0.9397	0.3420	2.7475
26°	0.4384	0.8988	0.4877	71°	0.9455	0.3256	2.9042
27°	0.4540	0.8910	0.5095	72°	0.9511	0.3090	3.0777
28°	0.4695	0.8829	0.5317	73°	0.9563	0.2924	3.2709
29°	0.4848	0.8746	0.5543	74°	0.9613	0.2756	3.4874
30°	0.5000	0.8660	0.5774	75°	0.9659	0.2588	3.7321
31°	0.5150	0.8572	0.6009	76°	0.9703	0.2419	4.0108
32°	0.5299	0.8480	0.6249	77°	0.9744	0.2250	4.3315
33°	0.5446	0.8387	0.6494	78°	0.9781	0.2079	4.7046
34°	0.5592	0.8290	0.6745	79°	0.9816	0.1908	5.1446
35°	0.5736	0.8192	0.7002	80°	0.9848	0.1736	5.6713
36°	0.5878	0.8090	0.7265	81°	0.9877	0.1564	6.3138
37°	0.6018	0.7986	0.7536	82°	0.9903	0.1392	7.1154
38°	0.6157	0.7880	0.7813	83°	0.9925	0.1219	8.1443
39°	0.6293	0.7771	0.8098	84°	0.9945	0.1045	9.5144
40°	0.6428	0.7660	0.8391	85°	0.9962	0.0872	11.4301
41°	0.6561	0.7547	0.8693	86°	0.9976	0.0698	14.3007
42°	0.6691	0.7431	0.9004	87°	0.9986	0.0523	19.0811
43°	0.6820	0.7314	0.9325	88°	0.9994	0.0349	28.6363
44°	0.6947	0.7193	0.9657	89°	0.9998	0.0175	57.2900
45°	0.7071	0.7071	1.0000	90°	1.0000	0.0000	—

(数学Ⅰ・数学A第1問は次ページに続く。)

〔3〕 三角形は，与えられた辺の長さや角の大きさの条件によって，ただ一通りに決まる場合や二通りに決まる場合がある。

以下，△ABC において AB = 4 とする。

(1) AC = 6，$\cos\angle BAC = \frac{1}{3}$ とする。このとき，BC = [ソ] であり，△ABC はただ一通りに決まる。

(2) $\sin\angle BAC = \frac{1}{3}$ とする。このとき，BC の長さのとり得る値の範囲は，点 B と直線 AC との距離を考えることにより，$BC \geqq \frac{[タ]}{[チ]}$ である。

$BC = \frac{[タ]}{[チ]}$ または BC = [ツ] のとき，△ABC はただ一通りに決まる。

また，∠ABC = 90° のとき，$BC = \sqrt{[テ]}$ である。

（数学Ⅰ・数学A第1問は次ページに続く。）

したがって，△ABC の形状について，次のことが成り立つ。

- $\dfrac{\boxed{\text{タ}}}{\boxed{\text{チ}}} < \mathrm{BC} < \sqrt{\boxed{\text{テ}}}$ のとき，△ABC は $\boxed{\text{ト}}$。
- $\mathrm{BC} = \sqrt{\boxed{\text{テ}}}$ のとき，△ABC は $\boxed{\text{ナ}}$。
- $\mathrm{BC} > \sqrt{\boxed{\text{テ}}}$ かつ $\mathrm{BC} \neq \boxed{\text{ツ}}$ のとき，△ABC は $\boxed{\text{ニ}}$。

$\boxed{\text{ト}}$ ～ $\boxed{\text{ニ}}$ の解答群(同じものを繰り返し選んでもよい。)

⓪ ただ一通りに決まり，それは鋭角三角形である
① ただ一通りに決まり，それは直角三角形である
② ただ一通りに決まり，それは鈍角三角形である
③ 二通りに決まり，それらはともに鋭角三角形である
④ 二通りに決まり，それらは鋭角三角形と直角三角形である
⑤ 二通りに決まり，それらは鋭角三角形と鈍角三角形である
⑥ 二通りに決まり，それらはともに直角三角形である
⑦ 二通りに決まり，それらは直角三角形と鈍角三角形である
⑧ 二通りに決まり，それらはともに鈍角三角形である

第2問 （必答問題）（配点 30）

〔1〕 aを$5 < a < 10$を満たす実数とする。長方形ABCDを考え，$\mathrm{AB} = \mathrm{CD} = 5$，$\mathrm{BC} = \mathrm{DA} = a$とする。

次のようにして，長方形ABCDの辺上に4点P，Q，R，Sをとり，内部に点Tをとることを考える。

辺AB上に点Bと異なる点Pをとる。辺BC上に点Qを$\angle\mathrm{BPQ}$が$45°$になるようにとる。Qを通り，直線PQと垂直に交わる直線をℓとする。ℓが頂点C，D以外の点で辺CDと交わるとき，ℓと辺CDの交点をRとする。

点Rを通りℓと垂直に交わる直線をmとする。mと辺ADとの交点をSとする。点Sを通りmと垂直に交わる直線をnとする。nと直線PQとの交点をTとする。

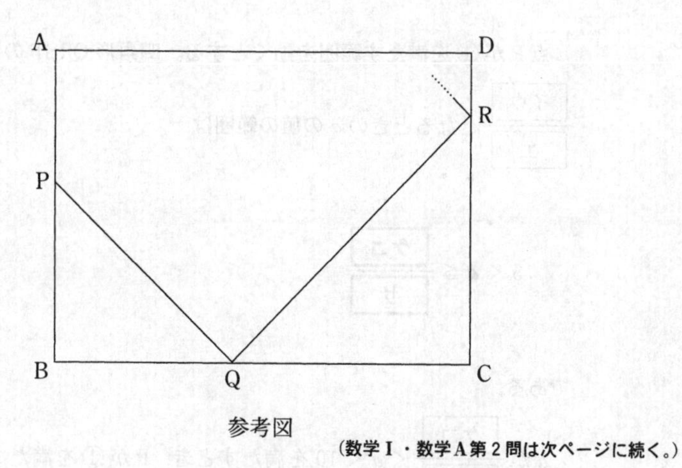

参考図

（数学Ⅰ・数学A第2問は次ページに続く。）

(1)　$a=6$ のとき，ℓ が頂点C，D以外の点で辺CDと交わるときのAPの値の範囲は $0 \leqq \mathrm{AP} <$ ［ア］ である。このとき，四角形QRSTの面積の最大値は $\dfrac{［イウ］}{［エ］}$ である。

$a=8$ のとき，四角形QRSTの面積の最大値は ［オカ］ である。

(2)　$5<a<10$ とする。ℓ が頂点C，D以外の点で辺CDと交わるときのAPの値の範囲は

$$0 \leqq \mathrm{AP} < ［キク］ - a \qquad \cdots\cdots\cdots\cdots\cdots\cdots ①$$

である。

点Pが①を満たす範囲を動くとする。四角形QRSTの面積の最大値が $\dfrac{［イウ］}{［エ］}$ となるときの a の値の範囲は

$$5 < a \leqq \frac{［ケコ］}{［サ］}$$

である。

a が $\dfrac{［ケコ］}{［サ］} < a < 10$ を満たすとき，Pが①を満たす範囲を動いたときの四角形QRSTの面積の最大値は

$$［シス］a^2 + ［セソ］a - ［タチツ］$$

である。

（数学Ⅰ・数学A第2問は次ページに続く。）

〔2〕 国土交通省では「全国道路・街路交通情勢調査」を行い，地域ごとのデータを公開している。以下では，2010 年と 2015 年に 67 地域で調査された高速道路の交通量と速度を使用する。交通量としては，それぞれの地域において，ある 1 日にある区間を走行した自動車の台数(以下，交通量という。単位は台)を用いる。また，速度としては，それぞれの地域において，ある区間を走行した自動車の走行距離および走行時間から算出した値(以下，速度という。単位は km/h)を用いる。

(数学Ⅰ・数学A第2問は 次ページに続く。)

(1)　表1は，2015年の交通量と速度の平均値，標準偏差および共分散である。ただし，共分散は交通量の偏差と速度の偏差の積の平均値である。

表1　2015年の交通量と速度の平均値，標準偏差および共分散

	平均値	標準偏差	共分散
交通量	17300	10200	－63600
速　度	82.0	9.60	

この表より，(標準偏差)：(平均値)の比の値は，小数第3位を四捨五入すると，交通量については0.59であり，速度については［テ］である。また，交通量と速度の相関係数は［ト］である。

また，図1は，2015年の交通量と速度の散布図である。なお，この散布図には，完全に重なっている点はない。

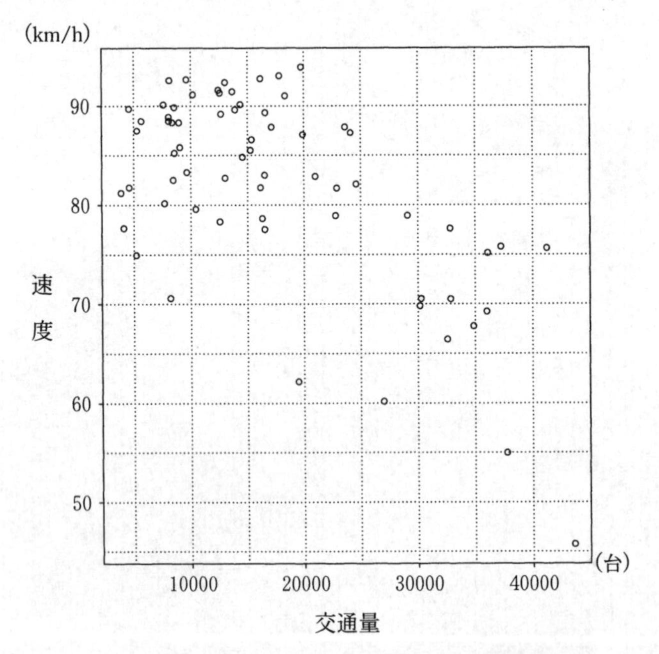

図1　2015年の交通量と速度の散布図
(出典：国土交通省のWebページにより作成)

(数学Ⅰ・数学A第2問は次ページに続く。)

2015年の交通量のヒストグラムは，図1を参考にすると，[ナ] である。なお，ヒストグラムの各階級の区間は，左側の数値を含み，右側の数値を含まない。また，表1および図1から読み取れることとして，後の⓪～⑤のうち，正しいものは [ニ] と [ヌ] である。

[テ]，[ト] については，最も適当なものを，次の⓪～⑨のうちから一つずつ選べ。ただし，同じものを繰り返し選んでもよい。

⓪	−0.71	①	−0.65	②	−0.59	③	−0.12	④	−0.03
⑤	0.03	⑥	0.12	⑦	0.59	⑧	0.65	⑨	0.71

[ナ] の解答群

⓪
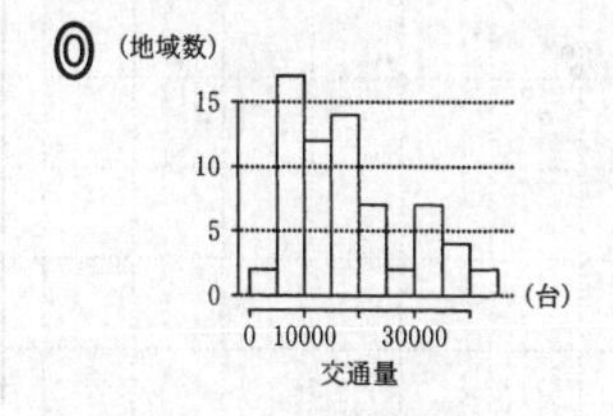

①
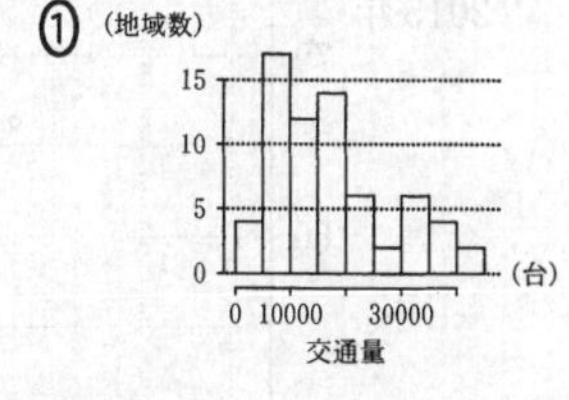

②
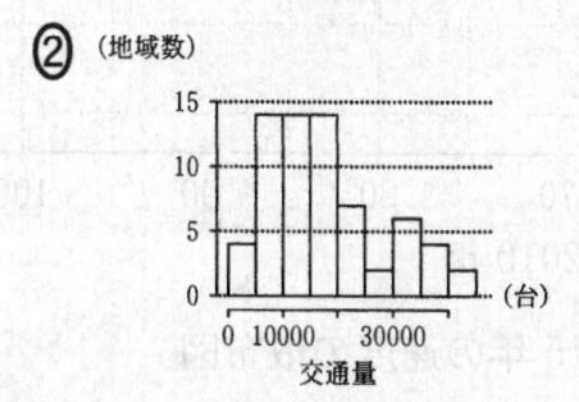

③
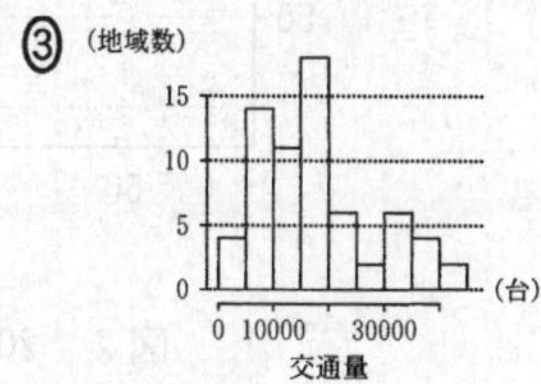

[ニ]，[ヌ] の解答群(解答の順序は問わない。)

⓪　交通量が27500以上のすべての地域の速度は75未満である。
①　交通量が10000未満のすべての地域の速度は70以上である。
②　速度が平均値以上のすべての地域では，交通量が平均値以上である。
③　速度が平均値未満のすべての地域では，交通量が平均値未満である。
④　交通量が27500以上の地域は，ちょうど7地域存在する。
⑤　速度が72.5未満の地域は，ちょうど11地域存在する。

(数学Ⅰ・数学A第2問は次ページに続く。)

⑵ 図2は，2010年と2015年の速度の散布図である。ただし，原点を通り，傾きが1である直線(点線)を補助的に描いている。また，この散布図には，完全に重なっている点はない。

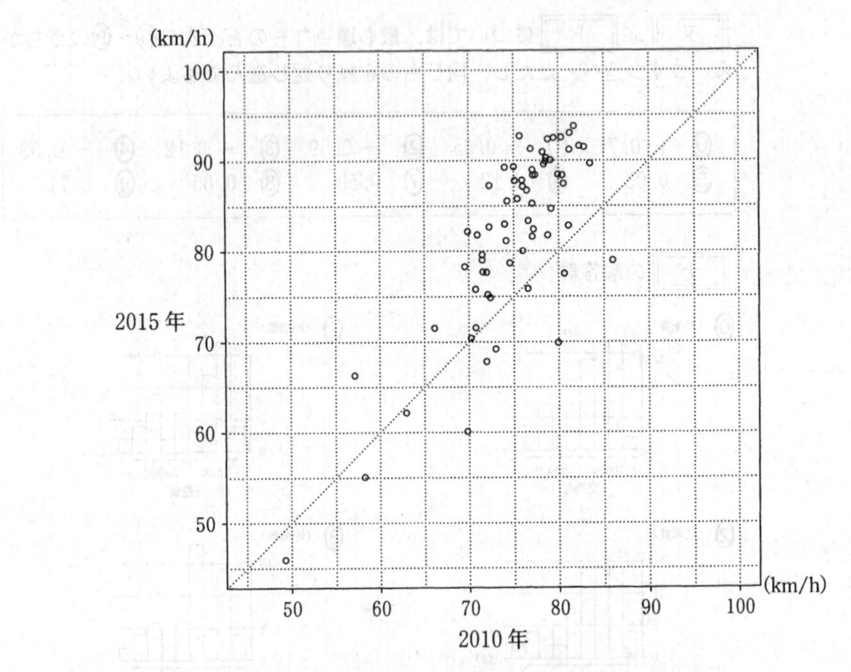

図2　2010年と2015年の速度の散布図

(出典：国土交通省のWebページにより作成)

(数学Ⅰ・数学A第2問は次ページに続く。)

67 地域について，2010 年より 2015 年の速度が速くなった地域群をA群，遅くなった地域群をB群とする。A群の地域数は［ネノ］である。

B群において，2010 年より 2015 年の速度が，5 km/h 以上遅くなった地域数は［ハ］であり，10％以上遅くなった地域数は［ヒ］である。

A群の 2015 年の速度については，第1四分位数は 81.2，中央値は 86.7，第3四分位数は 89.7 であった。次の(Ⅰ)，(Ⅱ)，(Ⅲ)はA群とB群の 2015 年の速度に関する記述である。

(Ⅰ)　A群の速度の範囲は，B群の速度の範囲より小さい。

(Ⅱ)　A群の速度の第1四分位数は，B群の速度の第3四分位数より小さい。

(Ⅲ)　A群の速度の四分位範囲は，B群の速度の四分位範囲より小さい。

(Ⅰ)，(Ⅱ)，(Ⅲ)の正誤の組合せとして正しいものは［フ］である。

［フ］の解答群

	⓪	①	②	③	④	⑤	⑥	⑦
(Ⅰ)	正	正	正	正	誤	誤	誤	誤
(Ⅱ)	正	正	誤	誤	正	正	誤	誤
(Ⅲ)	正	誤	正	誤	正	誤	正	誤

(数学Ⅰ・数学A第2問は次ページに続く。)

(3) 図3は2015年の速度の箱ひげ図である。図4は図1を再掲したものであり，2015年の交通量と速度の散布図である。これらの速度から1kmあたりの走行時間(分)を考える。例えば，速度が55km/hの場合は，1時間あたりの走行距離が55kmなので，1kmあたりの走行時間は$\frac{1}{55}\times 60$の小数第3位を四捨五入して1.09分となる。

このようにして2015年の速度を1kmあたりの走行時間に変換したデータの箱ひげ図は［ヘ］であり，2015年の交通量と1kmあたりの走行時間の散布図は［ホ］である。なお，解答群の散布図には，完全に重なっている点はない。

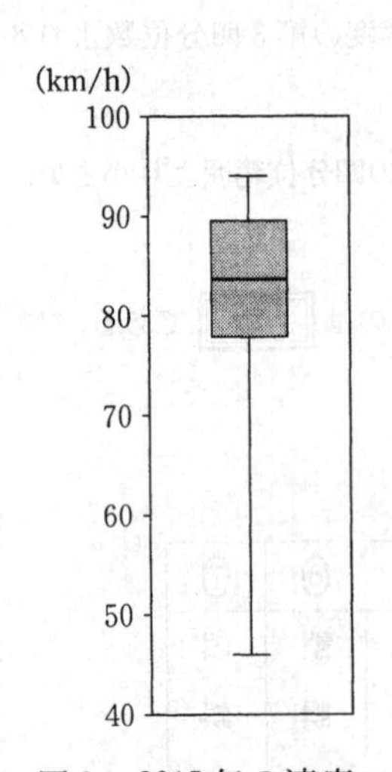

図3　2015年の速度の箱ひげ図

(km/h)
90
80
速度
70
60
50
10000　20000　30000　40000
(台)
交通量

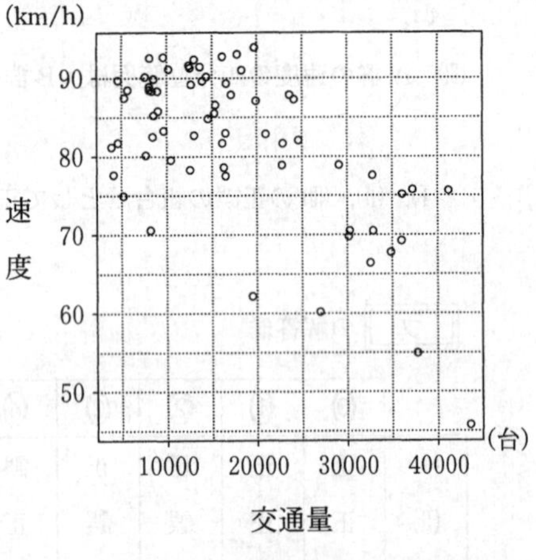

図4　2015年の交通量と速度の散布図

(出典：国土交通省のWebページにより作成)

(数学Ⅰ・数学A第2問は次ページに続く。)

ヘ の解答群

ホ の解答群

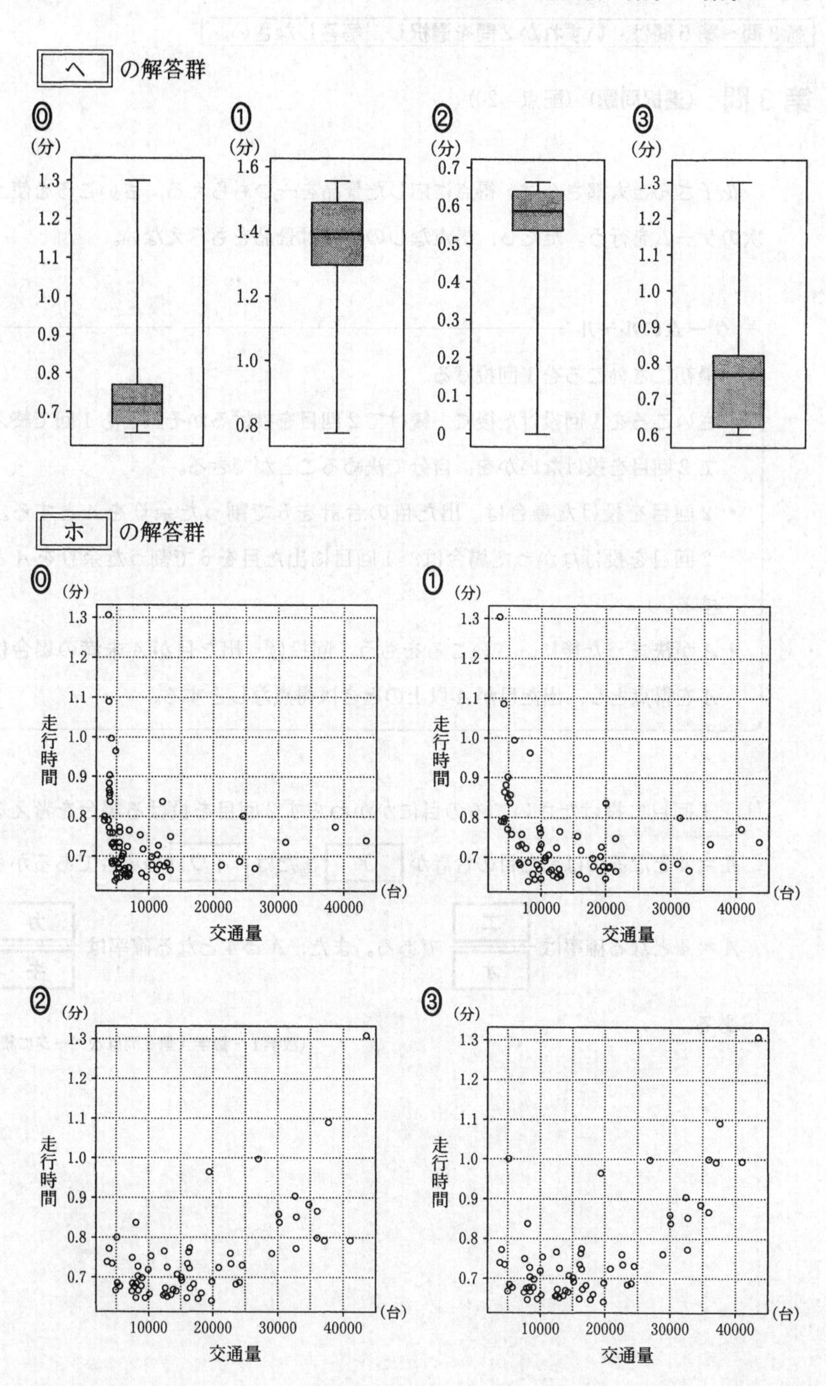

⓪
①
②
③
(分)
1.3
1.2
1.1
1.0
0.9
0.8
0.7
1.6
1.4
0.6
0.5
0.4
0.3
0.2
0.1
0
走行時間
交通量
(台)
10000
20000
30000
40000

第3問～第5問は，いずれか2問を選択し，解答しなさい。

第3問 （選択問題）（配点　20）

花子さんと太郎さんは，得点に応じた景品を一つもらえる，さいころを使った次のゲームを行う。ただし，得点なしの場合は景品をもらえない。

ゲームのルール

- 最初にさいころを1回投げる。
- さいころを1回投げた後に，続けて2回目を投げるかそれとも1回で終えて2回目を投げないかを，自分で決めることができる。
- 2回目を投げた場合は，出た目の合計を6で割った余りをAとする。
  2回目を投げなかった場合は，1回目に出た目を6で割った余りをAとする。
- Aが決まった後に，さいころをもう1回投げ，出た目がA未満の場合はAを得点とし，出た目がA以上のときは得点なしとする。

(1)　1回目に投げたさいころの目にかかわらず2回目を投げる場合を考える。

$A=4$となるのは出た目の合計が［ア］または［イウ］の場合であるから，

$A=4$となる確率は$\dfrac{\boxed{エ}}{\boxed{オ}}$である。また，$A \geqq 4$となる確率は$\dfrac{\boxed{カ}}{\boxed{キ}}$である。

（数学Ⅰ・数学A第3問は次ページに続く。）

(2) 花子さんは4点以上の景品が欲しいと思い，$A \geqq 4$ となる確率が最大となるような戦略を考えた。

例えば，さいころを1回投げたところ，出た目は5であったとする。この条件のもとでは，2回目を投げない場合は確実に $A \geqq 4$ となるが，2回目を投げると $A \geqq 4$ となる確率は $\dfrac{\boxed{ク}}{\boxed{ケ}}$ である。よって，この条件のもとでは2回目を投げない方が $A \geqq 4$ となる確率は大きくなる。

1回目に出た目が5以外の場合も，このように2回目を投げない場合と投げる場合を比較すると，花子さんの戦略は次のようになる。

花子さんの戦略

1回目に投げたさいころの目を6で割った余りが $\boxed{コ}$ のときのみ，2回目を投げる。

1回目に投げたさいころの目が5以外の場合も考えてみると，いずれの場合も2回目を投げたときに $A \geqq 4$ となる確率は $\dfrac{\boxed{ク}}{\boxed{ケ}}$ である。このことから，花子さんの戦略のもとで $A \geqq 4$ となる確率は $\dfrac{\boxed{サ}}{\boxed{シ}}$ であり，この確率は $\dfrac{\boxed{カ}}{\boxed{キ}}$ より大きくなる。

$\boxed{コ}$ の解答群

⓪　2以下	①　3以下	②　4以下
③　2以上	④　3以上	⑤　4以上

(数学Ⅰ・数学A第3問は次ページに続く。)

(3) 太郎さんは，どの景品でもよいからもらいたいと思い，得点なしとなる確率が最小となるような戦略を考えた。

例えば，さいころを1回投げたところ，出た目は3であったとする。この条件のもとでは，2回目を投げない場合，得点なしとなる確率は $\dfrac{\boxed{\text{ス}}}{\boxed{\text{セ}}}$ であり，2回目を投げる場合，得点なしとなる確率は $\dfrac{\boxed{\text{ソタ}}}{\boxed{\text{チツ}}}$ である。よって，1回目に投げたさいころの目が3であったときは，$\boxed{\text{テ}}$。

1回目に投げたさいころの目が3以外の場合についても考えてみると，太郎さんの戦略は次のようになる。

太郎さんの戦略

1回目に投げたさいころの目を6で割った余りが $\boxed{\text{ト}}$ のときのみ，2回目を投げる。

この戦略のもとで太郎さんが得点なしとなる確率は $\dfrac{\boxed{\text{ナニ}}}{\boxed{\text{ヌネ}}}$ であり，この確率は，1回目に投げたさいころの目にかかわらず2回目を投げる場合における得点なしとなる確率より小さくなる。

(数学Ⅰ・数学A第3問は次ページに続く。)

テ の解答群

⓪ 2回目を投げない方が得点なしとなる確率は小さい
① 2回目を投げた方が得点なしとなる確率は小さい
② 2回目を投げても投げなくても得点なしとなる確率は変わらない

ト の解答群

⓪ 2以下	① 3以下	② 4以下
③ 2以上	④ 3以上	⑤ 4以上

第3問～第5問は，いずれか2問を選択し，解答しなさい。

第4問 （選択問題）（配点　20）

(1)　整数 k が $0 \leqq k < 5$ を満たすとする。$77k = 5 \times 15k + 2k$ に注意すると，$77k$ を5で割った余りが1となるのは $k=$ ア のときである。

(2)　三つの整数 $k,\ \ell,\ m$ が

$$0 \leqq k < 5,\quad 0 \leqq \ell < 7,\quad 0 \leqq m < 11$$

を満たすとする。このとき

$$\frac{k}{5} + \frac{\ell}{7} + \frac{m}{11} - \frac{1}{385} \qquad \cdots\cdots ①$$

が整数となる $k,\ \ell,\ m$ を求めよう。

①の値が整数のとき，その値を n とすると

$$\frac{k}{5} + \frac{\ell}{7} + \frac{m}{11} = \frac{1}{385} + n \qquad \cdots\cdots ②$$

となる。②の両辺に385を掛けると

$$77k + 55\ell + 35m = 1 + 385n \qquad \cdots\cdots ③$$

となる。これより

$$77k = 5(-11\ell - 7m + 77n) + 1$$

となることから，$77k$ を5で割った余りは1なので $k=$ ア である。

（数学Ⅰ・数学A第4問は次ページに続く。）

同様にして

$$55\ell = 7(-11k - 5m + 55n) + 1$$

および

$$35m = 11(-7k - 5\ell + 35n) + 1$$

であることに注意すると，$\ell =$ [イ] および $m =$ [ウ] が得られる。

なお，$k =$ [ア]，$\ell =$ [イ]，$m =$ [ウ] を③に代入すると $n = 2$ であることがわかる。

（数学Ⅰ・数学A第4問は次ページに続く。）

(3) 三つの整数 x, y, z が

$$0 \leqq x < 5,\ 0 \leqq y < 7,\ 0 \leqq z < 11$$

を満たすとする。次の形の整数

$$77 \times \boxed{\text{ア}} \times x + 55 \times \boxed{\text{イ}} \times y + 35 \times \boxed{\text{ウ}} \times z$$

を 5, 7, 11 で割った余りがそれぞれ 2, 4, 5 であるとする。このとき, x, y, z を求めよう。$77 \times \boxed{\text{ア}} \times x$ を 5 で割った余りが 2 であることから $x = \boxed{\text{エ}}$ となる。同様にして $y = \boxed{\text{オ}}$, $z = \boxed{\text{カ}}$ となる。

x, y, z を上で求めた値として, 整数 p を

$$p = 77 \times \boxed{\text{ア}} \times x + 55 \times \boxed{\text{イ}} \times y + 35 \times \boxed{\text{ウ}} \times z$$

で定める。このとき, 5, 7, 11 で割った余りがそれぞれ 2, 4, 5 である整数 M は, ある整数 r を用いて $M = p + 385r$ と表すことができる。

(4) 整数 p を(3)で定めたものとする。p^a を 5 で割った余りが 1 となる正の整数 a のうち, 最小のものは $a = 4$ である。また, p^b を 7 で割った余りが 1 となる正の整数 b のうち, 最小のものは $b = \boxed{\text{キ}}$ となる。さらに, p^c を 11 で割った余りが 1 となる正の整数 c のうち, 最小のものは $c = \boxed{\text{ク}}$ である。

p^8 を 385 で割った余りを q とするとき, q を求めよう。p^8 を 5, 7, 11 で割った余りを利用して(3)と同様に考えると, $q = \boxed{\text{ケコサ}}$ であることがわかる。

第3問～第5問は，いずれか2問を選択し，解答しなさい。

第5問　(選択問題)(配点　20)

(1)　円と直線に関する次の**定理**を考える。

> **定理**　3点P，Q，Rは一直線上にこの順に並んでいるとし，点Tはこの直線上にないものとする。このとき，PQ・PR ＝ PT^2 が成り立つならば，直線PTは3点Q，R，Tを通る円に接する。

この**定理**が成り立つことは，次のように説明できる。

直線PTは3点Q，R，Tを通る円Oに接しないとする。このとき，直線PTは円Oと異なる2点で交わる。直線PTと円Oとの交点で点Tとは異なる点をT′とすると

PT・PT′ ＝ [ア]・[イ]

が成り立つ。点Tと点T′が異なることにより，PT・PT′の値と PT^2 の値は異なる。したがって，PQ・PR ＝ PT^2 に矛盾するので，背理法により，直線PTは3点Q，R，Tを通る円に接するといえる。

[ア]，[イ]の解答群(解答の順序は問わない。)

⓪ PQ	① PR	② QR	③ QT	④ RT

(数学Ⅰ・数学A第5問は次ページに続く。)

(2) △ABCにおいて，$AB=\dfrac{1}{2}$，$BC=\dfrac{3}{4}$，$AC=1$とする。

このとき，∠ABCの二等分線と辺ACとの交点をDとすると，

$AD=\dfrac{\boxed{\text{ウ}}}{\boxed{\text{エ}}}$である。直線BC上に，点Cとは異なり，$BC=BE$となる点Eをとる。∠ABEの二等分線と線分AEとの交点をFとし，直線ACとの交点をGとすると

$$\frac{AC}{AG}=\frac{\boxed{\text{オ}}}{\boxed{\text{カ}}},\qquad \frac{\triangle ABF\text{の面積}}{\triangle AFG\text{の面積}}=\frac{\boxed{\text{キ}}}{\boxed{\text{ク}}}$$

である。

線分DGの中点をHとすると，$BH=\dfrac{\boxed{\text{ケ}}}{\boxed{\text{コ}}}$である。また

$$AH=\frac{\boxed{\text{サ}}}{\boxed{\text{シ}}},\qquad CH=\frac{\boxed{\text{ス}}}{\boxed{\text{セ}}}$$

である。

△ABCの外心をOとする。△ABCの外接円Oの半径が

$\dfrac{\boxed{\text{ソ}}\sqrt{\boxed{\text{タチ}}}}{\boxed{\text{ツテ}}}$であることから，線分BHを1：2に内分する点をIとすると

$$IO=\frac{\boxed{\text{ト}}\sqrt{\boxed{\text{ナ}}}}{\boxed{\text{ニヌ}}}$$

であることがわかる。

数学Ⅱ・数学B

問　題	選　択　方　法
第1問	必　　答
第2問	必　　答
第3問	いずれか2問を選択し，解答しなさい。
第4問	
第5問	

（注）この科目には，選択問題があります。（123ページ参照。）

第1問 （必答問題）（配点　30）

〔1〕 座標平面上で，直線 $3x+2y-39=0$ を ℓ_1 とする。また，k を実数とし，直線 $kx-y-5k+12=0$ を ℓ_2 とする。

(1) 直線 ℓ_1 と x 軸は，点（ アイ ，0）で交わる。

また，直線 ℓ_2 は k の値に関係なく点（ ウ ， エオ ）を通り，直線 ℓ_1 もこの点を通る。

(2) 2直線 ℓ_1，ℓ_2 および x 軸によって囲まれた三角形ができないような k の値は

$$k=\boxed{カ},\ \frac{\boxed{キク}}{\boxed{ケ}}$$

である。

（数学Ⅱ・数学B第1問は次ページに続く。）

(3)　2直線ℓ_1，ℓ_2およびx軸によって囲まれた三角形ができるとき，この三角形の周および内部からなる領域をDとする。さらに，rを正の実数とし，不等式$x^2+y^2 \leqq r^2$の表す領域をEとする。

直線ℓ_2が点$(-13, 0)$を通る場合を考える。このとき，$k = \dfrac{\boxed{\text{コ}}}{\boxed{\text{サ}}}$

である。さらに，DがEに含まれるようなrの値の範囲は

$r \geqq \boxed{\text{シス}}$

である。

次に，$r = \boxed{\text{シス}}$ の場合を考える。このとき，DがEに含まれるようなkの値の範囲は

$k \geqq \dfrac{\boxed{\text{セ}}}{\boxed{\text{ソ}}}$ または $k < \dfrac{\boxed{\text{タチ}}}{\boxed{\text{ツ}}}$

である。

（数学Ⅱ・数学B第1問は次ページに続く。）

〔2〕 θ は $-\dfrac{\pi}{2} < \theta < \dfrac{\pi}{2}$ を満たすとする。

(1) $\tan\theta = -\sqrt{3}$ のとき，$\theta =$ テ であり

$\cos\theta =$ ト ，$\sin\theta =$ ナ

である。

一般に，$\tan\theta = k$ のとき

$\cos\theta =$ ニ ，$\sin\theta =$ ヌ

である。

テ の解答群

⓪ $-\dfrac{\pi}{3}$　① $-\dfrac{\pi}{4}$　② $-\dfrac{\pi}{6}$　③ $\dfrac{\pi}{6}$　④ $\dfrac{\pi}{4}$　⑤ $\dfrac{\pi}{3}$

ト ，ナ の解答群（同じものを繰り返し選んでもよい。）

⓪ 0　① 1　② -1

③ $\dfrac{\sqrt{3}}{2}$　④ $-\dfrac{\sqrt{3}}{2}$　⑤ $\dfrac{\sqrt{2}}{2}$

⑥ $-\dfrac{\sqrt{2}}{2}$　⑦ $\dfrac{1}{2}$　⑧ $-\dfrac{1}{2}$

ニ ，ヌ の解答群（同じものを繰り返し選んでもよい。）

⓪ $\dfrac{1}{1+k^2}$　① $-\dfrac{1}{1+k^2}$　② $\dfrac{k}{1+k^2}$　③ $-\dfrac{k}{1+k^2}$

④ $\dfrac{2}{1+k^2}$　⑤ $-\dfrac{2}{1+k^2}$　⑥ $\dfrac{2k}{1+k^2}$　⑦ $-\dfrac{2k}{1+k^2}$

⑧ $\dfrac{1}{\sqrt{1+k^2}}$　⑨ $-\dfrac{1}{\sqrt{1+k^2}}$　ⓐ $\dfrac{k}{\sqrt{1+k^2}}$　ⓑ $-\dfrac{k}{\sqrt{1+k^2}}$

（数学Ⅱ・数学B第１問は次ページに続く。）

(2) 花子さんと太郎さんは，関数のとり得る値の範囲について話している。

花子：$-\frac{\pi}{2}<\theta<\frac{\pi}{2}$ の範囲で θ を動かすとき，$\tan\theta$ のとり得る値の範囲は実数全体だよね。

太郎：$\tan\theta=\frac{\sin\theta}{\cos\theta}$ だけど，分子を少し変えるとどうなるかな。

$\frac{\sin 2\theta}{\cos\theta}=p$，$\frac{\sin\left(\theta+\frac{\pi}{7}\right)}{\cos\theta}=q$ とおく。

$-\frac{\pi}{2}<\theta<\frac{\pi}{2}$ の範囲で θ を動かすとき，p のとり得る値の範囲は［ネ］であり，q のとり得る値の範囲は［ノ］である。

［ネ］の解答群

⓪ $-1<p<1$　　① $0<p<1$

② $-2<p<2$　　③ $0<p<2$

④ 実数全体　　⑤ 正の実数全体

［ノ］の解答群

⓪ $-1<q<1$　　① $0<q<1$

② $-2<q<2$　　③ $0<q<2$

④ 実数全体　　⑤ 正の実数全体

⑥ $-\sin\frac{\pi}{7}<q<\sin\frac{\pi}{7}$　　⑦ $0<q<\sin\frac{\pi}{7}$

⑧ $-\cos\frac{\pi}{7}<q<\cos\frac{\pi}{7}$　　⑨ $0<q<\cos\frac{\pi}{7}$

（数学Ⅱ・数学B第1問は次ページに続く。）

(3) α は $0 \leqq \alpha < 2\pi$ を満たすとし

$$\frac{\sin(\theta + \alpha)}{\cos\theta} = r$$

とおく。$\alpha = \frac{\pi}{7}$ の場合，r は(2)で定めた q と等しい。

α の値を一つ定め，$-\frac{\pi}{2} < \theta < \frac{\pi}{2}$ の範囲で θ のみを動かすとき，r のとり得る値の範囲を考える。

r のとり得る値の範囲が q のとり得る値の範囲と異なるような $\alpha\ (0 \leqq \alpha < 2\pi)$ は［ハ］。

［ハ］の解答群

⓪ 存在しない	① ちょうど1個存在する
② ちょうど2個存在する	③ ちょうど3個存在する
④ ちょうど4個存在する	⑤ 5個以上存在する

第2問 (必答問題) (配点　30)

k を実数とし

$$f(x) = x^3 - kx$$

とおく。また，座標平面上の曲線 $y = f(x)$ を C とする。

必要に応じて，次のことを用いてもよい。

曲線 C の平行移動

曲線 C を x 軸方向に p，y 軸方向に q だけ平行移動した曲線の方程式は

$$y = (x - p)^3 - k(x - p) + q$$

である。

(1) t を実数とし

$$g(x) = (x - t)^3 - k(x - t)$$

とおく。また，座標平面上の曲線 $y = g(x)$ を C_1 とする。

(i) 関数 $f(x)$ は $x = 2$ で極値をとるとする。

このとき，$f'(2) =$ [ア] であるから，$k =$ [イウ] であり，$f(x)$ は $x =$ [エオ] で極大値をとる。また，$g(x)$ が $x = 3$ で極大値をとるとき，$t =$ [カ] である。

(数学Ⅱ・数学B第2問は次ページに続く。)

(ii) $t=1$ とする。また，曲線 C と C_1 は 2 点で交わるとし，一つの交点の x 座標は -2 であるとする。このとき，$k=$ **キク** であり，もう一方の交点の x 座標は **ケ** である。また，C と C_1 で囲まれた図形のうち，$x \geqq 0$ の範囲にある部分の面積は $\dfrac{\boxed{\text{コサ}}}{\boxed{\text{シ}}}$ である。

(数学Ⅱ・数学B第2問は次ページに続く。)

(2) a, b, c を実数とし

$$h(x) = x^3 + 3ax^2 + bx + c$$

とおく。また，座標平面上の曲線 $y = h(x)$ を C_2 とする。

(i) 曲線 C を平行移動して，C_2 と一致させることができるかどうかを考察しよう。C を x 軸方向に p，y 軸方向に q だけ平行移動した曲線が C_2 と一致するとき

$$h(x) = (x - p)^3 - k(x - p) + q \quad \cdots\cdots ①$$

である。よって，$p =$ [スセ]，$b =$ [ソ] $p^2 - k$ であり

$$k = \boxed{タ}\, a^2 - b \quad \cdots\cdots ②$$

である。また，① において，$x = p$ を代入すると，$q = h(p) = h\left(\boxed{スセ}\right)$ となる。

逆に，k が ② を満たすとき，C を x 軸方向に [スセ]，y 軸方向に $h\left(\boxed{スセ}\right)$ だけ平行移動させると C_2 と一致することが確かめられる。

(数学Ⅱ・数学B第2問は次ページに続く。)

(ii) $b = 3a^2 - 3$ とする。このとき，曲線 C_2 は曲線

$$y = x^3 - \boxed{\text{チ}}\,x$$

を平行移動したものと一致する。よって，$h(x)$ が $x = 4$ で極大値 3 をとるとき，$h(x)$ は $x = \boxed{\text{ツ}}$ で極小値 $\boxed{\text{テト}}$ をとることがわかる。

(iii) 次の⓪～③のうち，平行移動によって一致させることができる二つの異なる曲線は $\boxed{\text{ナ}}$ と $\boxed{\text{ニ}}$ である。

$\boxed{\text{ナ}}$，$\boxed{\text{ニ}}$ の解答群(解答の順序は問わない。)

⓪ $y = x^3 - x - 5$
① $y = x^3 + 3x^2 - 2x - 4$
② $y = x^3 - 6x^2 - x - 4$
③ $y = x^3 - 6x^2 + 7x - 5$

第3問～第5問は，いずれか2問を選択し，解答しなさい。

第3問 （選択問題）（配点　20）

以下の問題を解答するにあたっては，必要に応じて138ページの正規分布表を用いてもよい。

太郎さんのクラスでは，確率分布の問題として，2個のさいころを同時に投げることを72回繰り返す試行を行い，2個とも1の目が出た回数を表す確率変数 X の分布を考えることとなった。そこで，21名の生徒がこの試行を行った。

(1) X は二項分布 $B\left(\boxed{\text{アイ}}, \dfrac{\boxed{\text{ウ}}}{\boxed{\text{エオ}}}\right)$ に従う。このとき，$k = \boxed{\text{アイ}}$，

$p = \dfrac{\boxed{\text{ウ}}}{\boxed{\text{エオ}}}$ とおくと，$X = r$ である確率は

$$P(X = r) = {}_k\mathrm{C}_r\, p^r (1-p)^{\boxed{\text{カ}}} \qquad (r = 0,\ 1,\ 2,\ \cdots,\ k) \quad \cdots\cdots ①$$

である。

また，X の平均（期待値）は $E(X) = \boxed{\text{キ}}$，標準偏差は

$\sigma(X) = \dfrac{\sqrt{\boxed{\text{クケ}}}}{\boxed{\text{コ}}}$ である。

カ の解答群

⓪ k	① $k+r$	② $k-r$	③ r

（数学Ⅱ・数学B第3問は次ページに続く。）

(2)　21 名全員の試行結果について，2 個とも 1 の目が出た回数を調べたところ，次の表のような結果になった。なお，5 回以上出た生徒はいなかった。

回数	0	1	2	3	4	計
人数	2	7	7	3	2	21

この表をもとに，確率変数 Y を考える。Y のとり得る値を 0，1，2，3，4 とし，各値の相対度数を確率として，Y の確率分布を次の表のとおりとする。

Y	0	1	2	3	4	計
P	$\frac{2}{21}$	$\frac{1}{3}$	$\frac{1}{3}$	$\frac{\boxed{サ}}{\boxed{シ}}$	$\frac{2}{21}$	$\boxed{ス}$

このとき，Y の平均は $E(Y) = \dfrac{\boxed{セソ}}{\boxed{タチ}}$，標準偏差は $\sigma(Y) = \dfrac{\sqrt{530}}{21}$ である。

(数学II・数学B第 3 問は次ページに続く。)

(3) 太郎さんは，(2)の実際の試行結果から作成した確率変数 Y の分布について，二項分布の①のように，その確率の値を数式で表したいと考えた。そこで，$Y=1$，$Y=2$ である確率が最大であり，かつ，それら二つの確率が等しくなっている確率分布について先生に相談したところ，Y の代わりとして，新しく次のような確率変数 Z を提案された。

先生の提案

Z のとり得る値は0，1，2，3，4であり，$Z=r$ である確率を

$$P(Z=r)=a\cdot\frac{2^r}{r!}\quad(r=0,\ 1,\ 2,\ 3,\ 4)$$

とする。ただし，a を正の定数とする。また，$r!=r(r-1)\cdots\cdot 2\cdot 1$ であり，$0!=1$，$1!=1$，$2!=2$，$3!=6$，$4!=24$ である。

このとき，(2)と同様に Z の確率分布の表を作成することにより，

$a=\dfrac{\boxed{\text{ツ}}}{\boxed{\text{テ}}}$ であることがわかる。

Z の平均は $E(Z)=\dfrac{\boxed{\text{セソ}}}{\boxed{\text{タチ}}}$，標準偏差は $\sigma(Z)=\dfrac{\sqrt{614}}{21}$ であり，

$E(Z)=E(Y)$ が成り立つ。また，$Z=1$，$Z=2$ である確率が最大であり，かつ，それら二つの確率は等しい。これらのことから，太郎さんは提案されたこの Z の確率分布を利用することを考えた。

(数学Ⅱ・数学B第3問は次ページに続く。)

(4) (3)で考えた確率変数 Z の確率分布をもつ母集団を考え，この母集団から無作為に抽出した大きさ n の標本を確率変数 W_1, W_2, $\cdots$, W_n とし，標本平均を $\overline{W}=\dfrac{1}{n}(W_1+W_2+\cdots+W_n)$ とする。

$\overline{W}$ の平均を $E(\overline{W})=m$，標準偏差を $\sigma(\overline{W})=s$ とおくと，$m=\dfrac{\boxed{\text{トナ}}}{\boxed{\text{ニヌ}}}$，

$s=\sigma(Z)\cdot$ ネ である。

ネ の解答群

⓪ $\dfrac{1}{n}$	① 1	② $\dfrac{1}{\sqrt{n}}$
③ $\sqrt{n}$	④ n	⑤ n^2

(数学Ⅱ・数学B第3問は次ページに続く。)

また，標本の大きさnが十分に大きいとき，$\overline{W}$は近似的に正規分布$N(m,\ s^2)$に従う。さらに，nが増加するとs^2は［ノ］ので，$\overline{W}$の分布曲線と，mと$E(X)=$［キ］の大小関係に注意すれば，nが増加すると$P\left(\overline{W} \geqq \text{［キ］}\right)$は［ハ］ことがわかる。

ここで，$U=$［ヒ］とおくと，nが十分に大きいとき，確率変数Uは近似的に標準正規分布$N(0,\ 1)$に従う。このことを利用すると，$n=100$のとき，標本の大きさは十分に大きいので

$$P\left(\overline{W} \geqq \text{［キ］}\right) = 0.\text{［フヘホ］}$$

である。ただし，0.［フヘホ］の計算においては$\dfrac{1}{\sqrt{614}}=\dfrac{\sqrt{614}}{614}=0.040$とする。

$\overline{W}$の確率分布において$E(X)$は極端に大きな値をとっていることがわかり，$E(X)$と$E(\overline{W})$は等しいとはみなせない。

［ノ］，［ハ］の解答群(同じものを繰り返し選んでもよい。)

⓪ 小さくなる	① 変化しない	② 大きくなる

［ヒ］の解答群

⓪ $\dfrac{\overline{W}-m}{\sqrt{n}}$	① $\dfrac{\overline{W}-m}{n}$	② $\dfrac{\overline{W}-m}{n^2}$
③ $\dfrac{\overline{W}-m}{\sqrt{s}}$	④ $\dfrac{\overline{W}-m}{s}$	⑤ $\dfrac{\overline{W}-m}{s^2}$

(数学Ⅱ・数学B第3問は次ページに続く。)

正 規 分 布 表

次の表は，標準正規分布の分布曲線における右図の灰色部分の面積の値をまとめたものである。

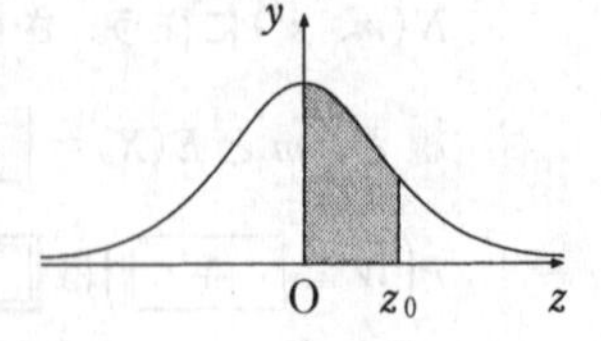

z_0	0.00	0.01	0.02	0.03	0.04	0.05	0.06	0.07	0.08	0.09
0.0	0.0000	0.0040	0.0080	0.0120	0.0160	0.0199	0.0239	0.0279	0.0319	0.0359
0.1	0.0398	0.0438	0.0478	0.0517	0.0557	0.0596	0.0636	0.0675	0.0714	0.0753
0.2	0.0793	0.0832	0.0871	0.0910	0.0948	0.0987	0.1026	0.1064	0.1103	0.1141
0.3	0.1179	0.1217	0.1255	0.1293	0.1331	0.1368	0.1406	0.1443	0.1480	0.1517
0.4	0.1554	0.1591	0.1628	0.1664	0.1700	0.1736	0.1772	0.1808	0.1844	0.1879
0.5	0.1915	0.1950	0.1985	0.2019	0.2054	0.2088	0.2123	0.2157	0.2190	0.2224
0.6	0.2257	0.2291	0.2324	0.2357	0.2389	0.2422	0.2454	0.2486	0.2517	0.2549
0.7	0.2580	0.2611	0.2642	0.2673	0.2704	0.2734	0.2764	0.2794	0.2823	0.2852
0.8	0.2881	0.2910	0.2939	0.2967	0.2995	0.3023	0.3051	0.3078	0.3106	0.3133
0.9	0.3159	0.3186	0.3212	0.3238	0.3264	0.3289	0.3315	0.3340	0.3365	0.3389
1.0	0.3413	0.3438	0.3461	0.3485	0.3508	0.3531	0.3554	0.3577	0.3599	0.3621
1.1	0.3643	0.3665	0.3686	0.3708	0.3729	0.3749	0.3770	0.3790	0.3810	0.3830
1.2	0.3849	0.3869	0.3888	0.3907	0.3925	0.3944	0.3962	0.3980	0.3997	0.4015
1.3	0.4032	0.4049	0.4066	0.4082	0.4099	0.4115	0.4131	0.4147	0.4162	0.4177
1.4	0.4192	0.4207	0.4222	0.4236	0.4251	0.4265	0.4279	0.4292	0.4306	0.4319
1.5	0.4332	0.4345	0.4357	0.4370	0.4382	0.4394	0.4406	0.4418	0.4429	0.4441
1.6	0.4452	0.4463	0.4474	0.4484	0.4495	0.4505	0.4515	0.4525	0.4535	0.4545
1.7	0.4554	0.4564	0.4573	0.4582	0.4591	0.4599	0.4608	0.4616	0.4625	0.4633
1.8	0.4641	0.4649	0.4656	0.4664	0.4671	0.4678	0.4686	0.4693	0.4699	0.4706
1.9	0.4713	0.4719	0.4726	0.4732	0.4738	0.4744	0.4750	0.4756	0.4761	0.4767
2.0	0.4772	0.4778	0.4783	0.4788	0.4793	0.4798	0.4803	0.4808	0.4812	0.4817
2.1	0.4821	0.4826	0.4830	0.4834	0.4838	0.4842	0.4846	0.4850	0.4854	0.4857
2.2	0.4861	0.4864	0.4868	0.4871	0.4875	0.4878	0.4881	0.4884	0.4887	0.4890
2.3	0.4893	0.4896	0.4898	0.4901	0.4904	0.4906	0.4909	0.4911	0.4913	0.4916
2.4	0.4918	0.4920	0.4922	0.4925	0.4927	0.4929	0.4931	0.4932	0.4934	0.4936
2.5	0.4938	0.4940	0.4941	0.4943	0.4945	0.4946	0.4948	0.4949	0.4951	0.4952
2.6	0.4953	0.4955	0.4956	0.4957	0.4959	0.4960	0.4961	0.4962	0.4963	0.4964
2.7	0.4965	0.4966	0.4967	0.4968	0.4969	0.4970	0.4971	0.4972	0.4973	0.4974
2.8	0.4974	0.4975	0.4976	0.4977	0.4977	0.4978	0.4979	0.4979	0.4980	0.4981
2.9	0.4981	0.4982	0.4982	0.4983	0.4984	0.4984	0.4985	0.4985	0.4986	0.4986
3.0	0.4987	0.4987	0.4987	0.4988	0.4988	0.4989	0.4989	0.4989	0.4990	0.4990

第３問～第５問は，いずれか２問を選択し，解答しなさい。

第４問 （選択問題）（配点　20）

数列$\{a_n\}$は，初項が１で

$$a_{n+1} = a_n + 4n + 2 \quad (n = 1, 2, 3, \cdots)$$

を満たすとする。また，数列$\{b_n\}$は，初項が１で

$$b_{n+1} = b_n + 4n + 2 + 2\cdot(-1)^n \quad (n = 1, 2, 3, \cdots)$$

を満たすとする。さらに，$S_n = \sum_{k=1}^{n} a_k$ とおく。

(1)　$a_2 =$ [ア] である。また，階差数列を考えることにより

$$a_n = \boxed{イ}\,n^2 - \boxed{ウ} \quad (n = 1, 2, 3, \cdots)$$

であることがわかる。さらに

$$S_n = \frac{\boxed{エ}\,n^3 + \boxed{オ}\,n^2 - \boxed{カ}\,n}{\boxed{キ}} \quad (n = 1, 2, 3, \cdots)$$

を得る。

(2)　$b_2 =$ [ク] である。また，すべての自然数nに対して

$$a_n - b_n = \boxed{ケ}$$

が成り立つ。

[ケ] の解答群

⓪ 0	① $2n$	② $2n-2$
③ n^2-1	④ n^2-n	⑤ $1+(-1)^n$
⑥ $1-(-1)^n$	⑦ $-1+(-1)^n$	⑧ $-1-(-1)^n$

（数学Ⅱ・数学B第４問は次ページに続く。）

(3) (2)から

$$a_{2021} \boxed{\text{コ}} b_{2021}, \qquad a_{2022} \boxed{\text{サ}} b_{2022}$$

が成り立つことがわかる。また，$T_n = \sum_{k=1}^{n} b_k$ とおくと

$$S_{2021} \boxed{\text{シ}} T_{2021}, \qquad S_{2022} \boxed{\text{ス}} T_{2022}$$

が成り立つこともわかる。

［コ］～［ス］の解答群（同じものを繰り返し選んでもよい。）

⓪ <	① =	② >

（数学Ⅱ・数学B第4問は次ページに続く。）

(4)　数列$\{b_n\}$の初項を変えたらどうなるかを考えてみよう。つまり，初項がcで

$$c_{n+1} = c_n + 4n + 2 + 2\cdot(-1)^n \qquad (n = 1, 2, 3, \cdots)$$

を満たす数列$\{c_n\}$を考える。

すべての自然数nに対して

$$b_n - c_n = \boxed{セ} - \boxed{ソ}$$

が成り立つ。

また，$U_n = \sum_{k=1}^{n} c_k$とおく。$S_4 = U_4$が成り立つとき，$c = \boxed{タ}$である。このとき

$$S_{2021} \boxed{チ} U_{2021}, \qquad S_{2022} \boxed{ツ} U_{2022}$$

も成り立つ。

ただし，$\boxed{タ}$は，文字(a～d)を用いない形で答えること。

$\boxed{チ}$，$\boxed{ツ}$の解答群(同じものを繰り返し選んでもよい。)

⓪ <	① =	② >

第3問～第5問は，いずれか2問を選択し，解答しなさい。

第5問 （選択問題）（配点 20）

a を正の実数とする。O を原点とする座標空間に4点

$$A_1(1,\ 0,\ a),\ A_2(0,\ 1,\ a),\ A_3(-1,\ 0,\ a),\ A_4(0,\ -1,\ a)$$

がある。また，次の図のように，4点 B_1，B_2，B_3，B_4 を四角形 $A_1OA_2B_1$，$A_2OA_3B_2$，$A_3OA_4B_3$，$A_4OA_1B_4$ がそれぞれひし形になるようにとる。さらに，4点 C_1，C_2，C_3，C_4 を四角形 $A_1B_1C_1B_4$，$A_2B_2C_2B_1$，$A_3B_3C_3B_2$，$A_4B_4C_4B_3$ がそれぞれひし形になるようにとる。

ただし，座標空間における四角形を考える際には，その四つの頂点が同一平面上にあるものとする。

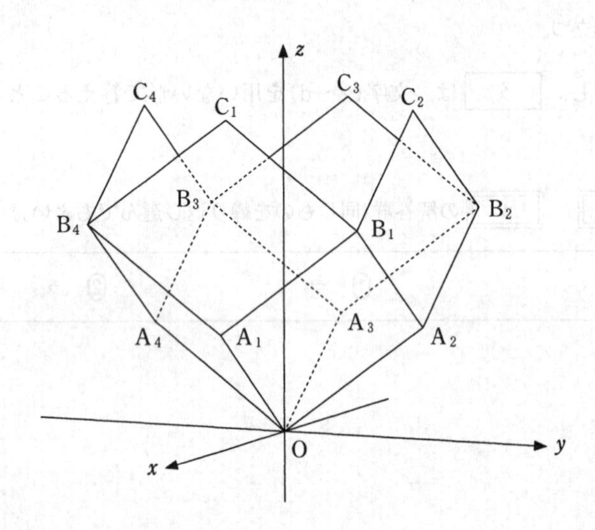

(1) 点 B_2，C_3 の座標は

$B_2\left(-1,\ \boxed{\text{ア}},\ \boxed{\text{イウ}}\right)$，$C_3\left(-1,\ \boxed{\text{エ}},\ \boxed{\text{オカ}}\right)$

である。

（数学Ⅱ・数学B第5問は次ページに続く。）

また,

$$\overrightarrow{OA_1}\cdot\overrightarrow{OB_2} = \boxed{キ}, \quad \overrightarrow{OA_1}\cdot\overrightarrow{B_2C_3} = \boxed{ク}$$

となる。

キ, ク の解答群(同じものを繰り返し選んでもよい。)

⓪ 0	① 1	② -1
③ a^2	④ a^2+1	⑤ a^2-1
⑥ $2a^2$	⑦ $2a^2+1$	⑧ $2a^2-1$

(2) ひし形 $A_1OA_2B_1$ と $A_1B_1C_1B_4$ が合同であるとする。

対応する対角線の長さが等しいことから, $a = \dfrac{\sqrt{\boxed{ケ}}}{\boxed{コ}}$ であることがわかる。

直線 OA_1 上に点Pを $\angle OPA_2$ が直角となるようにとる。

実数 s を用いて $\overrightarrow{OP} = s\overrightarrow{OA_1}$ と表せる。$\overrightarrow{PA_2}$ と $\overrightarrow{OA_1}$ が垂直であること, および

$$\overrightarrow{OA_1}\cdot\overrightarrow{OA_1} = \frac{\boxed{サ}}{\boxed{シ}}, \quad \overrightarrow{OA_1}\cdot\overrightarrow{OA_2} = \frac{\boxed{ス}}{\boxed{セ}}$$

であることにより

$$s = \frac{\boxed{ソ}}{\boxed{タ}}$$

であることがわかる。

(数学Ⅱ・数学B第5問は次ページに続く。)

(3)　実数 a および点Pを(2)のようにとり，3点P，A_2，A_4 を通る平面を α とするとき，次のことについて考察しよう。

考察すること

平面 α と2点 B_2，C_3 の位置関係

$\angle OPA_4$ も直角であるので，$\overrightarrow{OA_1}$ と平面 α は垂直であることに注意する。

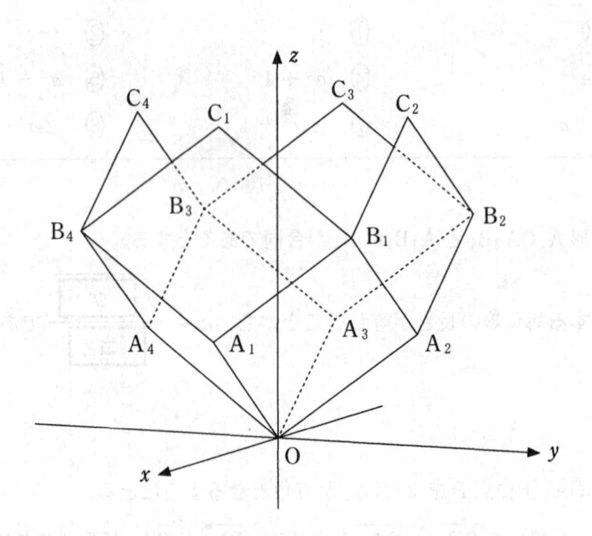

直線 B_2C_3 と平面 α の交点をQとする。

実数 t を用いて

$$\overrightarrow{OQ} = \overrightarrow{OB_2} + t\,\overrightarrow{B_2C_3}$$

と表せる。$\overrightarrow{PQ}$ が $\overrightarrow{OA_1}$ と垂直であることにより

$t =$ [チ]

であることがわかる。

座標空間から平面 α を除いた部分は，α を境に，原点Oを含む側と含まない側に分けられる。このとき，点 B_2 は [ツ] にあり，点 C_3 は [テ] にある。

(数学Ⅱ・数学B第5問は次ページに続く。)

チ の解答群

⓪ 0	① 1	② -1	③ $\frac{1}{2}$
④ $-\frac{1}{2}$	⑤ $\frac{1}{3}$	⑥ $-\frac{1}{3}$	⑦ $\frac{2}{3}$

ツ ， テ の解答群（同じものを繰り返し選んでもよい。）

⓪ α 上

① O を含む側

② O を含まない側

MEMO

2021 第1日程

数学Ⅰ・数学A
数学Ⅱ・数学B
数学Ⅰ
数学Ⅱ

（2021年１月実施）

数学Ⅰ・数学A	70分	100点
数学Ⅱ・数学B	60分	100点
数学Ⅰ	70分	100点
数学Ⅱ	60分	100点

数学Ⅰ・数学A

問題	選択方法
第1問	必答
第2問	必答
第3問	いずれか2問を選択し，解答しなさい。
第4問	
第5問	

（注）この科目には，選択問題があります。（2ページ参照。）

第1問 （必答問題）（配点　30）

〔1〕 c を正の整数とする。x の2次方程式

$$2x^2+(4c-3)x+2c^2-c-11=0 \quad \cdots\cdots\cdots \text{①}$$

について考える。

(1) $c=1$ のとき，① の左辺を因数分解すると

$$\left(\boxed{\text{ア}}\,x+\boxed{\text{イ}}\right)\left(x-\boxed{\text{ウ}}\right)$$

であるから，① の解は

$$x=-\frac{\boxed{\text{イ}}}{\boxed{\text{ア}}},\quad \boxed{\text{ウ}}$$

である。

(2) $c=2$ のとき，① の解は

$$x=\frac{-\boxed{\text{エ}}\pm\sqrt{\boxed{\text{オカ}}}}{\boxed{\text{キ}}}$$

であり，大きい方の解を α とすると

$$\frac{5}{\alpha}=\frac{\boxed{\text{ク}}+\sqrt{\boxed{\text{ケコ}}}}{\boxed{\text{サ}}}$$

である。また，$m<\dfrac{5}{\alpha}<m+1$ を満たす整数 m は $\boxed{\text{シ}}$ である。

（数学Ⅰ・数学A第1問は次ページに続く。）

(3) 太郎さんと花子さんは，① の解について考察している。

太郎：① の解は c の値によって，ともに有理数である場合もあれば，ともに無理数である場合もあるね。c がどのような値のときに，解は有理数になるのかな。

花子：2 次方程式の解の公式の根号の中に着目すればいいんじゃないかな。

① の解が異なる二つの有理数であるような正の整数 c の個数は ス 個である。

（数学Ⅰ・数学A第1問は次ページに続く。）

〔2〕 右の図のように，△ABCの外側に辺AB，BC，CAをそれぞれ1辺とする正方形ADEB，BFGC，CHIAをかき，2点EとF，GとH，IとDをそれぞれ線分で結んだ図形を考える。以下において

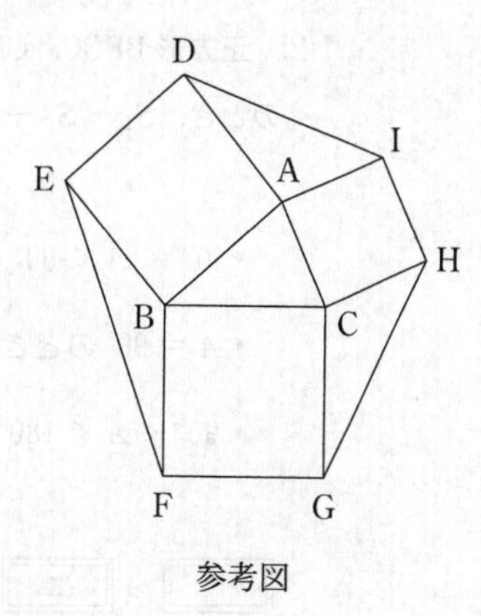

参考図

$BC = a$，$CA = b$，$AB = c$

$\angle CAB = A$，$\angle ABC = B$，$\angle BCA = C$

とする。

(1) $b = 6$，$c = 5$，$\cos A = \dfrac{3}{5}$ のとき，$\sin A = \dfrac{\boxed{セ}}{\boxed{ソ}}$ であり，

△ABCの面積は $\boxed{タチ}$，△AIDの面積は $\boxed{ツテ}$ である。

（数学Ⅰ・数学A第1問は次ページに続く。）

(2) 正方形 BFGC，CHIA，ADEB の面積をそれぞれ S_1，S_2，S_3 とする。このとき，$S_1 - S_2 - S_3$ は

- $0° < A < 90°$ のとき，［ト］。
- $A = 90°$ のとき，［ナ］。
- $90° < A < 180°$ のとき，［ニ］。

［ト］～［ニ］の解答群(同じものを繰り返し選んでもよい。)

⓪ 0である
① 正の値である
② 負の値である
③ 正の値も負の値もとる

(3) △AID，△BEF，△CGH の面積をそれぞれ T_1，T_2，T_3 とする。このとき，［ヌ］である。

［ヌ］の解答群

⓪ $a < b < c$ ならば，$T_1 > T_2 > T_3$
① $a < b < c$ ならば，$T_1 < T_2 < T_3$
② A が鈍角ならば，$T_1 < T_2$ かつ $T_1 < T_3$
③ a，b，c の値に関係なく，$T_1 = T_2 = T_3$

(数学Ⅰ・数学A第1問は次ページに続く。)

(4)　△ABC，△AID，△BEF，△CGH のうち，外接円の半径が最も小さいものを求める。

$0° < A < 90°$ のとき，ID [ネ] BC であり

(△AID の外接円の半径) [ノ] (△ABC の外接円の半径)

であるから，外接円の半径が最も小さい三角形は

- $0° < A < B < C < 90°$ のとき，[ハ] である。
- $0° < A < B < 90° < C$ のとき，[ヒ] である。

[ネ]，[ノ] の解答群(同じものを繰り返し選んでもよい。)

⓪ $<$	① $=$	② $>$

[ハ]，[ヒ] の解答群(同じものを繰り返し選んでもよい。)

⓪ △ABC	① △AID	② △BEF	③ △CGH

第2問 (必答問題) (配点　30)

〔1〕 陸上競技の短距離100 m走では，100 mを走るのにかかる時間(以下，タイムと呼ぶ)は，1歩あたりの進む距離(以下，ストライドと呼ぶ)と1秒あたりの歩数(以下，ピッチと呼ぶ)に関係がある。ストライドとピッチはそれぞれ以下の式で与えられる。

$$\text{ストライド}(\text{m/歩}) = \frac{100(\text{m})}{100\ \text{mを走るのにかかった歩数}(\text{歩})}$$

$$\text{ピッチ}(\text{歩/秒}) = \frac{100\ \text{mを走るのにかかった歩数}(\text{歩})}{\text{タイム}(\text{秒})}$$

ただし，100 mを走るのにかかった歩数は，最後の1歩がゴールラインをまたぐこともあるので，小数で表される。以下，単位は必要のない限り省略する。

例えば，タイムが10.81で，そのときの歩数が48.5であったとき，ストライドは$\frac{100}{48.5}$より約2.06，ピッチは$\frac{48.5}{10.81}$より約4.49である。

なお，小数の形で解答する場合は，**解答上の注意**にあるように，指定された桁数の一つ下の桁を四捨五入して答えよ。また，必要に応じて，指定された桁まで⓪にマークせよ。

(数学Ⅰ・数学A第2問は次ページに続く。)

(1) ストライドをx，ピッチをzとおく。ピッチは1秒あたりの歩数，ストライドは1歩あたりの進む距離なので，1秒あたりの進む距離すなわち平均速度は，xとzを用いて［ア］(m/秒)と表される。

これより，タイムと，ストライド，ピッチとの関係は

$$タイム = \frac{100}{[ア]} \quad \cdots\cdots\cdots ①$$

と表されるので，［ア］が最大になるときにタイムが最もよくなる。ただし，タイムがよくなるとは，タイムの値が小さくなることである。

［ア］の解答群

⓪ $x + z$	① $z - x$	② xz
③ $\frac{x + z}{2}$	④ $\frac{z - x}{2}$	⑤ $\frac{xz}{2}$

(数学Ⅰ・数学A第2問は次ページに続く。)

(2) 男子短距離100 m 走の選手である太郎さんは，①に着目して，タイムが最もよくなるストライドとピッチを考えることにした。

次の表は，太郎さんが練習で100 m を3回走ったときのストライドとピッチのデータである。

	1回目	2回目	3回目
ストライド	2.05	2.10	2.15
ピッチ	4.70	4.60	4.50

また，ストライドとピッチにはそれぞれ限界がある。太郎さんの場合，ストライドの最大値は2.40，ピッチの最大値は4.80である。

太郎さんは，上の表から，ストライドが0.05大きくなるとピッチが0.1小さくなるという関係があると考えて，ピッチがストライドの1次関数として表されると仮定した。このとき，ピッチ z はストライド x を用いて

$$z = \boxed{\text{イウ}}\,x + \frac{\boxed{\text{エオ}}}{5} \qquad \cdots\cdots\cdots\cdots\cdots\cdots ②$$

と表される。

②が太郎さんのストライドの最大値2.40とピッチの最大値4.80まで成り立つと仮定すると，x の値の範囲は次のようになる。

$$\boxed{\text{カ}}\,.\,\boxed{\text{キク}} \leqq x \leqq 2.40$$

(数学Ⅰ・数学A第2問は次ページに続く。)

$y=$ ア とおく。② を $y=$ ア に代入することにより，y を x の関数として表すことができる。太郎さんのタイムが最もよくなるストライドとピッチを求めるためには，カ . キク $\leqq x \leqq 2.40$ の範囲で y の値を最大にする x の値を見つければよい。このとき，y の値が最大になるのは $x=$ ケ . コサ のときである。

よって，太郎さんのタイムが最もよくなるのは，ストライドが ケ . コサ のときであり，このとき，ピッチは シ . スセ である。また，このときの太郎さんのタイムは，① により ソ である。

ソ については，最も適当なものを，次の⓪～⑤のうちから一つ選べ。

⓪　9.68	①　9.97	②　10.09
③　10.33	④　10.42	⑤　10.55

（数学Ⅰ・数学A第2問は次ページに続く。）

〔2〕 就業者の従事する産業は，勤務する事業所の主な経済活動の種類によって，第1次産業(農業，林業と漁業)，第2次産業(鉱業，建設業と製造業)，第3次産業(前記以外の産業)の三つに分類される。国の労働状況の調査(国勢調査)では，47の都道府県別に第1次，第2次，第3次それぞれの産業ごとの就業者数が発表されている。ここでは都道府県別に，就業者数に対する各産業に就業する人数の割合を算出したものを，各産業の「就業者数割合」と呼ぶことにする。

(数学Ⅰ・数学A第2問は次ページに続く。)

(1)　図1は，1975年度から2010年度まで5年ごとの8個の年度(それぞれを時点という)における都道府県別の三つの産業の就業者数割合を箱ひげ図で表したものである。各時点の箱ひげ図は，それぞれ上から順に第1次産業，第2次産業，第3次産業のものである。

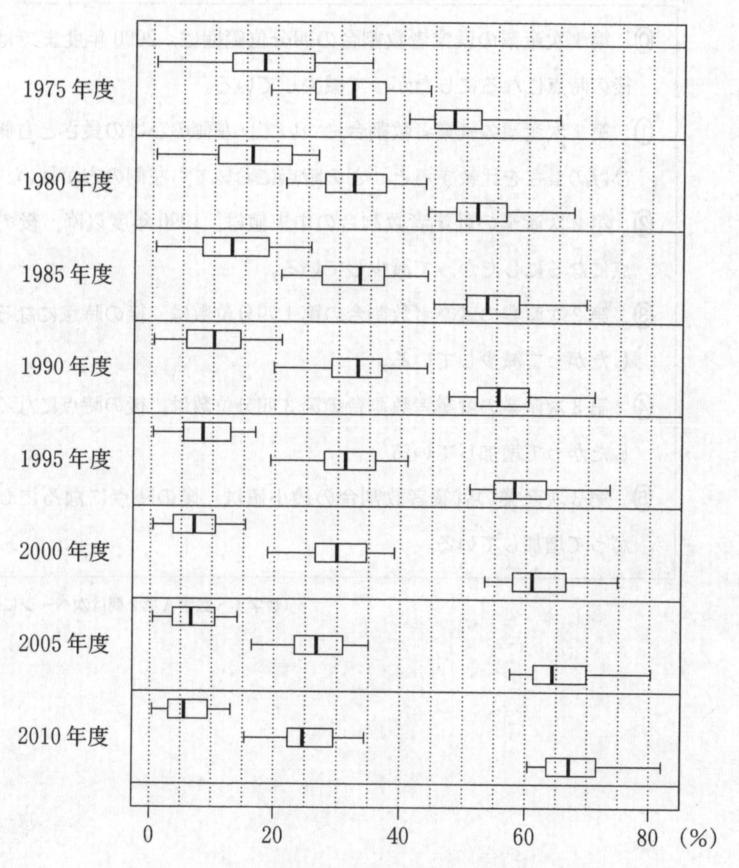

図1　三つの産業の就業者数割合の箱ひげ図

(出典：総務省のWebページにより作成)

(数学Ⅰ・数学A第2問は次ページに続く。)

次の⓪～⑤のうち，図1から読み取れることとして**正しくないもの**は [タ] と [チ] である。

[タ]，[チ] の解答群（解答の順序は問わない。）

⓪　第1次産業の就業者数割合の四分位範囲は，2000年度までは，後の時点になるにしたがって減少している。

①　第1次産業の就業者数割合について，左側のひげの長さと右側のひげの長さを比較すると，どの時点においても左側の方が長い。

②　第2次産業の就業者数割合の中央値は，1990年度以降，後の時点になるにしたがって減少している。

③　第2次産業の就業者数割合の第1四分位数は，後の時点になるにしたがって減少している。

④　第3次産業の就業者数割合の第3四分位数は，後の時点になるにしたがって増加している。

⑤　第3次産業の就業者数割合の最小値は，後の時点になるにしたがって増加している。

（数学Ⅰ・数学A第2問は次ページに続く。）

⑵ ⑴で取り上げた8時点の中から5時点を取り出して考える。各時点における都道府県別の，第1次産業と第3次産業の就業者数割合のヒストグラムを一つのグラフにまとめてかいたものが，次ページの五つのグラフである。それぞれの右側の網掛けしたヒストグラムが第3次産業のものである。なお，ヒストグラムの各階級の区間は，左側の数値を含み，右側の数値を含まない。

- 1985年度におけるグラフは［ツ］である。
- 1995年度におけるグラフは［テ］である。

［ツ］，［テ］については，最も適当なものを，次の⓪～④のうちから一つずつ選べ。ただし，同じものを繰り返し選んでもよい。

（数学Ⅰ・数学A第2問は次ページに続く。）

⓪

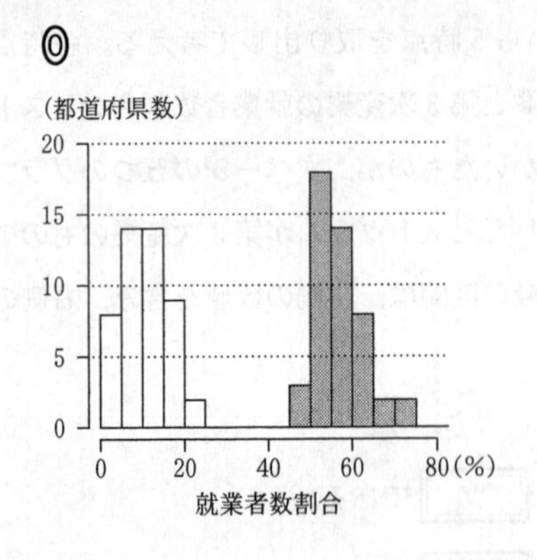

①

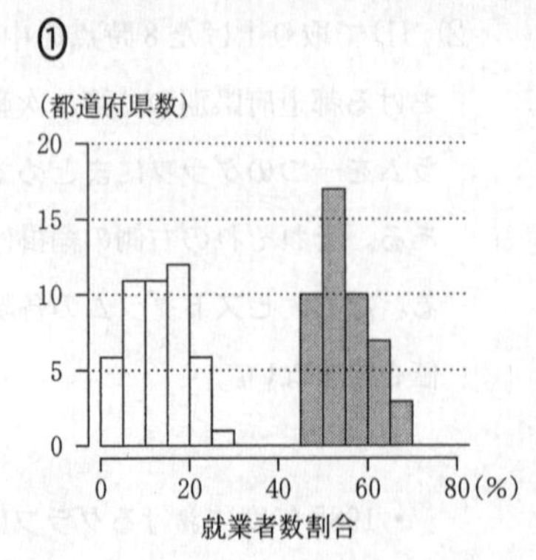

②

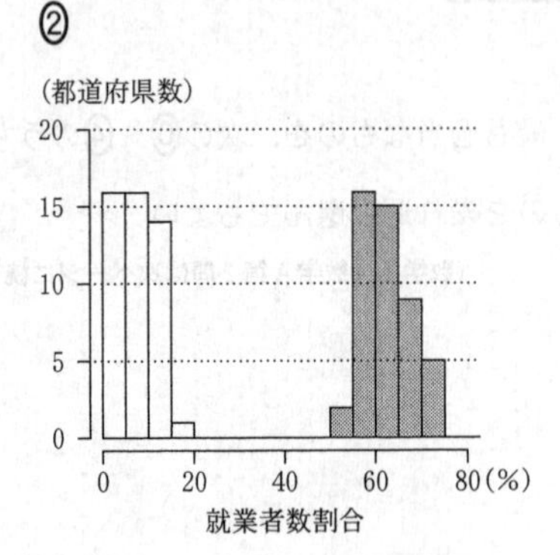

③

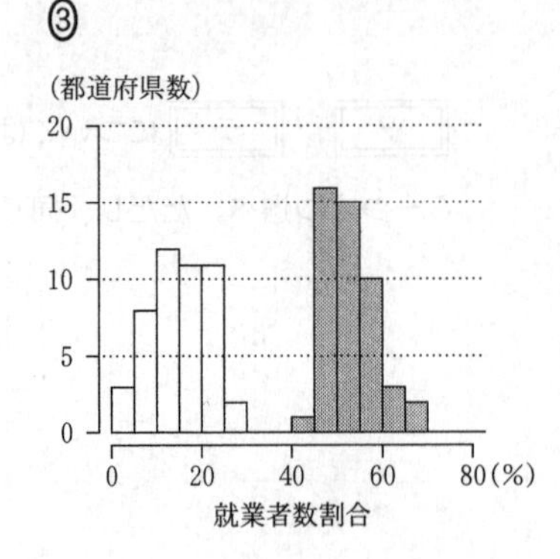

④

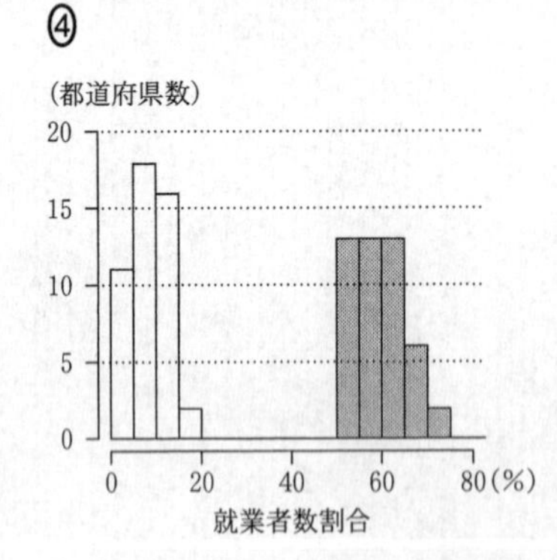

(出典：総務省の Web ページにより作成)

(数学Ⅰ・数学A第2問は次ページに続く。)

⑶　三つの産業から二つずつを組み合わせて都道府県別の就業者数割合の散布図を作成した。図2の散布図群は，左から順に1975年度における第1次産業（横軸）と第2次産業（縦軸）の散布図，第2次産業（横軸）と第3次産業（縦軸）の散布図，および第3次産業（横軸）と第1次産業（縦軸）の散布図である。また，図3は同様に作成した2015年度の散布図群である。

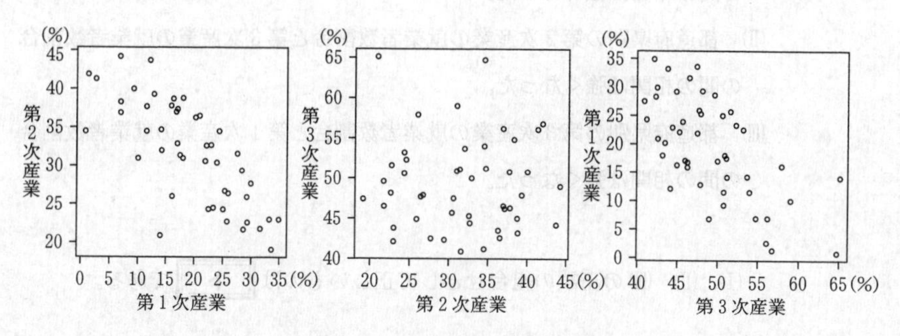

図2　1975年度の散布図群

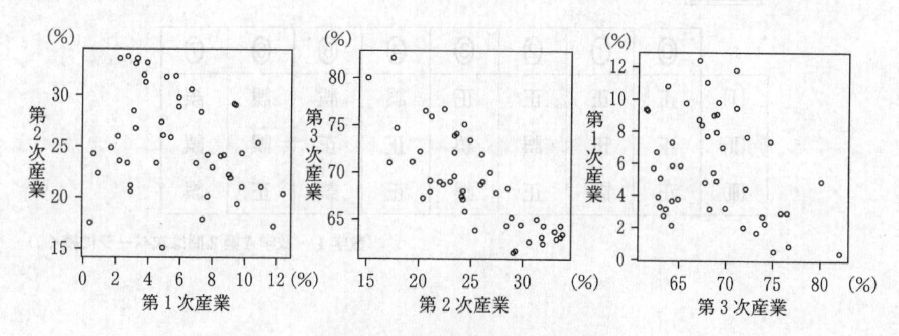

図3　2015年度の散布図群

（出典：図2，図3はともに総務省のWebページにより作成）

（数学Ⅰ・数学A第2問は次ページに続く。）

下の(Ⅰ), (Ⅱ), (Ⅲ)は, 1975年度を基準としたときの, 2015年度の変化を記述したものである。ただし, ここで「相関が強くなった」とは, 相関係数の絶対値が大きくなったことを意味する。

(Ⅰ) 都道府県別の第1次産業の就業者数割合と第2次産業の就業者数割合の間の相関は強くなった。

(Ⅱ) 都道府県別の第2次産業の就業者数割合と第3次産業の就業者数割合の間の相関は強くなった。

(Ⅲ) 都道府県別の第3次産業の就業者数割合と第1次産業の就業者数割合の間の相関は強くなった。

(Ⅰ), (Ⅱ), (Ⅲ)の正誤の組合せとして正しいものは [ト] である。

[ト] の解答群

	⓪	①	②	③	④	⑤	⑥	⑦
(Ⅰ)	正	正	正	正	誤	誤	誤	誤
(Ⅱ)	正	正	誤	誤	正	正	誤	誤
(Ⅲ)	正	誤	正	誤	正	誤	正	誤

(数学Ⅰ・数学A第2問は次ページに続く。)

(4) 各都道府県の就業者数の内訳として男女別の就業者数も発表されている。そこで，就業者数に対する男性・女性の就業者数の割合をそれぞれ「男性の就業者数割合」,「女性の就業者数割合」と呼ぶことにし，これらを都道府県別に算出した。図4は，2015年度における都道府県別の，第1次産業の就業者数割合(横軸)と，男性の就業者数割合(縦軸)の散布図である。

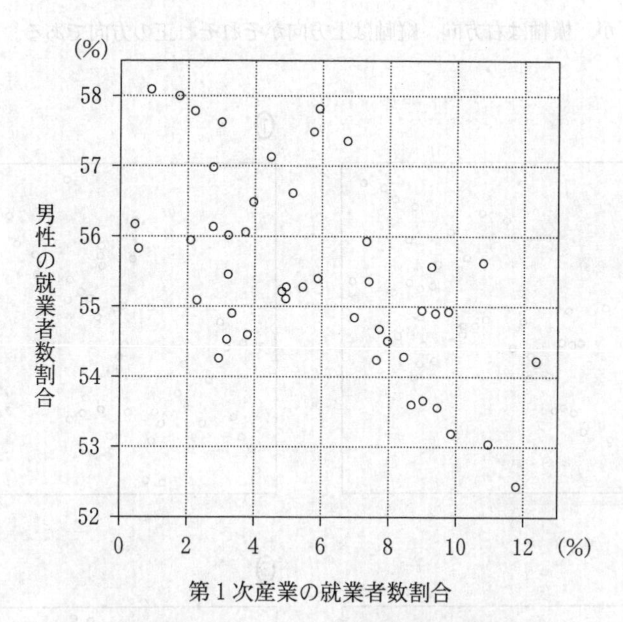

図4　都道府県別の，第1次産業の就業者数割合と，男性の就業者数割合の散布図

(出典：総務省のWebページにより作成)

(数学Ⅰ・数学A第2問は次ページに続く。)

各都道府県の，男性の就業者数と女性の就業者数を合計すると就業者数の全体となることに注意すると，2015 年度における都道府県別の，第 1 次産業の就業者数割合(横軸)と，女性の就業者数割合(縦軸)の散布図は **ナ** である。

ナ については，最も適当なものを，下の⓪～③のうちから一つ選べ。なお，設問の都合で各散布図の横軸と縦軸の目盛りは省略しているが，横軸は右方向，縦軸は上方向がそれぞれ正の方向である。

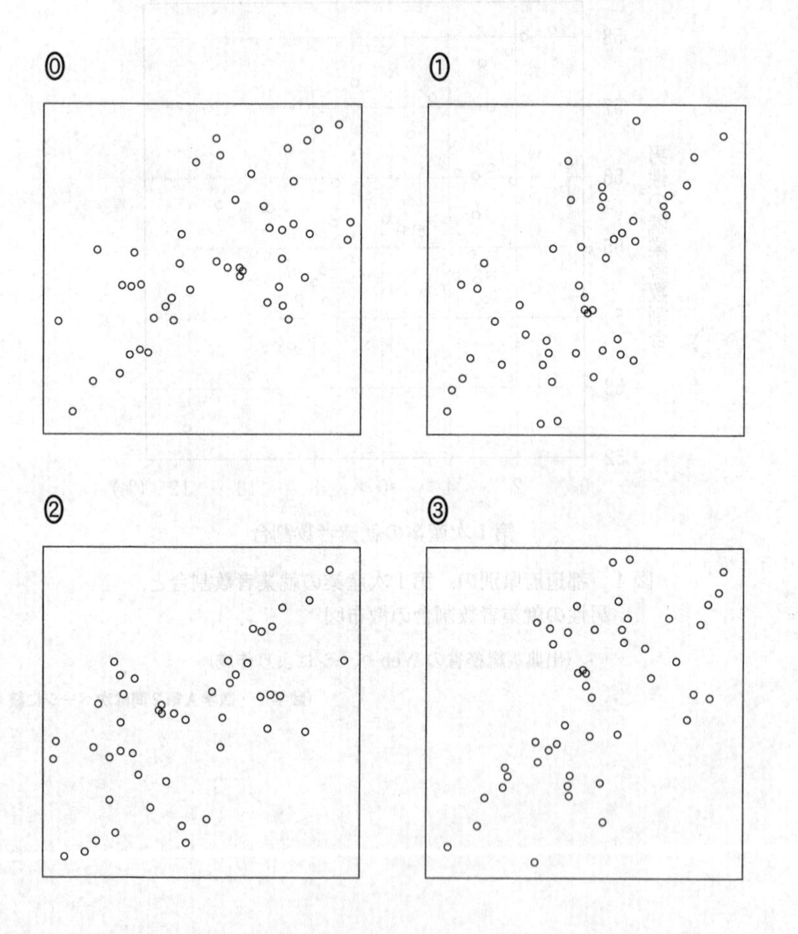

第3問～第5問は，いずれか2問を選択し，解答しなさい。

第3問 （選択問題）（配点　20）

中にくじが入っている箱が複数あり，各箱の外見は同じであるが，当たりくじを引く確率は異なっている。くじ引きの結果から，どの箱からくじを引いた可能性が高いかを，条件付き確率を用いて考えよう。

(1)　当たりくじを引く確率が $\frac{1}{2}$ である箱Aと，当たりくじを引く確率が $\frac{1}{3}$ である箱Bの二つの箱の場合を考える。

(i)　各箱で，くじを1本引いてはもとに戻す試行を3回繰り返したとき

箱Aにおいて，3回中ちょうど1回当たる確率は $\frac{\boxed{ア}}{\boxed{イ}}$ …①

箱Bにおいて，3回中ちょうど1回当たる確率は $\frac{\boxed{ウ}}{\boxed{エ}}$ …②

である。

(ii)　まず，AとBのどちらか一方の箱をでたらめに選ぶ。次にその選んだ箱において，くじを1本引いてはもとに戻す試行を3回繰り返したところ，3回中ちょうど1回当たった。このとき，箱Aが選ばれる事象を A，箱Bが選ばれる事象を B，3回中ちょうど1回当たる事象を W とすると

$$P(A \cap W) = \frac{1}{2} \times \frac{\boxed{ア}}{\boxed{イ}},\quad P(B \cap W) = \frac{1}{2} \times \frac{\boxed{ウ}}{\boxed{エ}}$$

である。$P(W) = P(A \cap W) + P(B \cap W)$ であるから，3回中ちょうど1回当たったとき，選んだ箱がAである条件付き確率 $P_W(A)$ は $\frac{\boxed{オカ}}{\boxed{キク}}$ となる。また，条件付き確率 $P_W(B)$ は $\frac{\boxed{ケコ}}{\boxed{サシ}}$ となる。

（数学Ⅰ・数学A第3問は次ページに続く。）

(2) (1)の$P_W(A)$と$P_W(B)$について，次の**事実(＊)**が成り立つ。

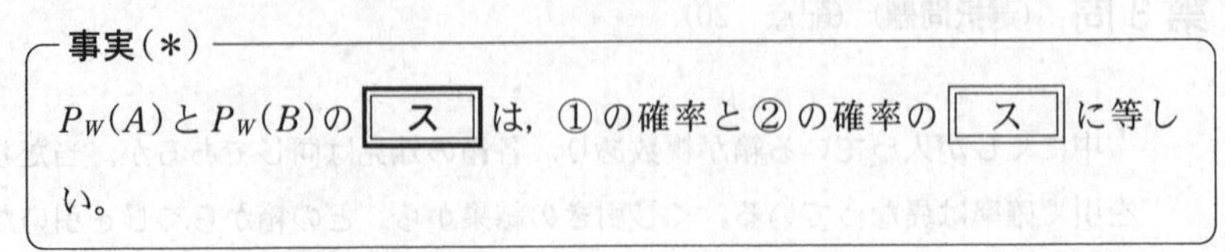

事実(＊)

$P_W(A)$と$P_W(B)$の［ス］は，①の確率と②の確率の［ス］に等しい。

［ス］の解答群

⓪ 和	① 2乗の和	② 3乗の和	③ 比	④ 積

(3) 花子さんと太郎さんは**事実(＊)**について話している。

花子：**事実(＊)**はなぜ成り立つのかな？

太郎：$P_W(A)$と$P_W(B)$を求めるのに必要な$P(A\cap W)$と$P(B\cap W)$の計算で，①,②の確率に同じ数$\dfrac{1}{2}$をかけているからだよ。

花子：なるほどね。外見が同じ三つの箱の場合は，同じ数$\dfrac{1}{3}$をかけることになるので，同様のことが成り立ちそうだね。

当たりくじを引く確率が，$\dfrac{1}{2}$である箱A，$\dfrac{1}{3}$である箱B，$\dfrac{1}{4}$である箱Cの三つの箱の場合を考える。まず，A，B，Cのうちどれか一つの箱をでたらめに選ぶ。次にその選んだ箱において，くじを1本引いてはもとに戻す試行を3回繰り返したところ，3回中ちょうど1回当たった。このとき，選んだ箱がAである条件付き確率は$\dfrac{\boxed{セソタ}}{\boxed{チツテ}}$となる。

(数学Ⅰ・数学A第3問は次ページに続く。)

(4)

花子：どうやら箱が三つの場合でも，条件付き確率の［ス］は各箱で3回中ちょうど1回当たりくじを引く確率の［ス］になっているみたいだね。

太郎：そうだね。それを利用すると，条件付き確率の値は計算しなくても，その大きさを比較することができるね。

当たりくじを引く確率が，$\frac{1}{2}$ である箱A，$\frac{1}{3}$ である箱B，$\frac{1}{4}$ である箱C，$\frac{1}{5}$ である箱Dの四つの箱の場合を考える。まず，A，B，C，Dのうちどれか一つの箱をでたらめに選ぶ。次にその選んだ箱において，くじを1本引いてはもとに戻す試行を3回繰り返したところ，3回中ちょうど1回当たった。このとき，条件付き確率を用いて，どの箱からくじを引いた可能性が高いかを考える。可能性が高い方から順に並べると［ト］となる。

［ト］の解答群

⓪ A，B，C，D	① A，B，D，C	② A，C，B，D
③ A，C，D，B	④ A，D，B，C	⑤ B，A，C，D
⑥ B，A，D，C	⑦ B，C，A，D	⑧ B，C，D，A

第3問～第5問は，いずれか2問を選択し，解答しなさい。

第4問 （選択問題）（配点　20）

円周上に15個の点P_0，P_1，…，P_{14}が反時計回りに順に並んでいる。最初，点P_0に石がある。さいころを投げて偶数の目が出たら石を反時計回りに5個先の点に移動させ，奇数の目が出たら石を時計回りに3個先の点に移動させる。この操作を繰り返す。例えば，石が点P_5にあるとき，さいころを投げて6の目が出たら石を点P_{10}に移動させる。次に，5の目が出たら点P_{10}にある石を点P_7に移動させる。

(1) さいころを5回投げて，偶数の目が［ア］回，奇数の目が［イ］回出れば，点P_0にある石を点P_1に移動させることができる。このとき，$x=$［ア］，$y=$［イ］は，不定方程式$5x-3y=1$の整数解になっている。

（数学Ⅰ・数学A第4問は次ページに続く。）

(2)　不定方程式

$$5x - 3y = 8 \quad \cdots\cdots\cdots\cdots ①$$

のすべての整数解 x, y は，k を整数として

$x =$ [ア] $\times 8 +$ [ウ] k, $y =$ [イ] $\times 8 +$ [エ] k

と表される。① の整数解 x, y の中で，$0 \leqq y <$ [エ] を満たすものは

$x =$ [オ], $y =$ [カ]

である。したがって，さいころを [キ] 回投げて，偶数の目が [オ] 回，奇数の目が [カ] 回出れば，点 P_0 にある石を点 P_8 に移動させることができる。

（数学Ⅰ・数学A第4問は次ページに続く。）

(3) (2)において，さいころを キ 回より少ない回数だけ投げて，点P_0にある石を点P_8に移動させることはできないだろうか。

(＊) 石を反時計回りまたは時計回りに15個先の点に移動させると元の点に戻る。

(＊)に注意すると，偶数の目が ク 回，奇数の目が ケ 回出れば，さいころを投げる回数が コ 回で，点P_0にある石を点P_8に移動させることができる。このとき， コ ＜ キ である。

(4) 点P_1，P_2，…，P_{14}のうちから点を一つ選び，点P_0にある石をさいころを何回か投げてその点に移動させる。そのために必要となる，さいころを投げる最小回数を考える。例えば，さいころを1回だけ投げて点P_0にある石を点P_2へ移動させることはできないが，さいころを2回投げて偶数の目と奇数の目が1回ずつ出れば，点P_0にある石を点P_2へ移動させることができる。したがって，点P_2を選んだ場合には，この最小回数は2回である。

点P_1，P_2，…，P_{14}のうち，この最小回数が最も大きいのは点 サ であり，その最小回数は シ 回である。

サ の解答群

⓪ P_{10}	① P_{11}	② P_{12}	③ P_{13}	④ P_{14}

第3問～第5問は，いずれか2問を選択し，解答しなさい。

第5問 （選択問題）（配点　20）

△ABCにおいて，AB = 3，BC = 4，AC = 5とする。

∠BACの二等分線と辺BCとの交点をDとすると

$$\mathrm{BD} = \frac{\boxed{\text{ア}}}{\boxed{\text{イ}}},\quad \mathrm{AD} = \frac{\boxed{\text{ウ}}\sqrt{\boxed{\text{エ}}}}{\boxed{\text{オ}}}$$

である。

また，∠BACの二等分線と△ABCの外接円Oとの交点で点Aとは異なる点をEとする。△AECに着目すると

$$\mathrm{AE} = \boxed{\text{カ}}\sqrt{\boxed{\text{キ}}}$$

である。

△ABCの2辺ABとACの両方に接し，外接円Oに内接する円の中心をPとする。円Pの半径をrとする。さらに，円Pと外接円Oとの接点をFとし，直線PFと外接円Oとの交点で点Fとは異なる点をGとする。このとき

$$\mathrm{AP} = \sqrt{\boxed{\text{ク}}}\,r,\quad \mathrm{PG} = \boxed{\text{ケ}} - r$$

と表せる。したがって，方べきの定理により$r = \dfrac{\boxed{\text{コ}}}{\boxed{\text{サ}}}$である。

（数学I・数学A第5問は次ページに続く。）

△ABCの内心をQとする。内接円Qの半径は［シ］で，AQ = $\sqrt{［ス］}$

である。また，円Pと辺ABとの接点をHとすると，AH = $\dfrac{［セ］}{［ソ］}$ である。

以上から，点Hに関する次の(a)，(b)の正誤の組合せとして正しいものは

［タ］である。

(a)　点Hは3点B，D，Qを通る円の周上にある。

(b)　点Hは3点B，E，Qを通る円の周上にある。

［タ］の解答群

	⓪	①	②	③
(a)	正	正	誤	誤
(b)	正	誤	正	誤

数学Ⅱ・数学Ｂ

問　題	選　択　方　法
第１問	必　　答
第２問	必　　答
第３問	いずれか２問を選択し，解答しなさい。
第４問	
第５問	

（注）この科目には，選択問題があります。（29ページ参照。）

第１問 （必答問題）（配点　30）

〔１〕

(1) 次の**問題A**について考えよう。

> **問題A** 関数 $y=\sin\theta+\sqrt{3}\cos\theta\left(0\leqq\theta\leqq\dfrac{\pi}{2}\right)$ の最大値を求めよ。

$$\sin\frac{\pi}{\boxed{\text{ア}}}=\frac{\sqrt{3}}{2},\ \cos\frac{\pi}{\boxed{\text{ア}}}=\frac{1}{2}$$

であるから，三角関数の合成により

$$y=\boxed{\text{イ}}\sin\left(\theta+\frac{\pi}{\boxed{\text{ア}}}\right)$$

と変形できる。よって，y は $\theta=\dfrac{\pi}{\boxed{\text{ウ}}}$ で最大値 $\boxed{\text{エ}}$ をとる。

(2) p を定数とし，次の**問題B**について考えよう。

> **問題B** 関数 $y=\sin\theta+p\cos\theta\left(0\leqq\theta\leqq\dfrac{\pi}{2}\right)$ の最大値を求めよ。

(i) $p=0$ のとき，y は $\theta=\dfrac{\pi}{\boxed{\text{オ}}}$ で最大値 $\boxed{\text{カ}}$ をとる。

（数学Ⅱ・数学B第１問は次ページに続く。）

(ii) $p>0$ のときは，加法定理

$$\cos(\theta-\alpha)=\cos\theta\cos\alpha+\sin\theta\sin\alpha$$

を用いると

$$y=\sin\theta+p\cos\theta=\sqrt{\boxed{キ}}\cos(\theta-\alpha)$$

と表すことができる。ただし，α は

$$\sin\alpha=\frac{\boxed{ク}}{\sqrt{\boxed{キ}}},\quad \cos\alpha=\frac{\boxed{ケ}}{\sqrt{\boxed{キ}}},\quad 0<\alpha<\frac{\pi}{2}$$

を満たすものとする。このとき，y は $\theta=\boxed{コ}$ で最大値 $\sqrt{\boxed{サ}}$ をとる。

(iii) $p<0$ のとき，y は $\theta=\boxed{シ}$ で最大値 $\boxed{ス}$ をとる。

$\boxed{キ}$ ～ $\boxed{ケ}$，$\boxed{サ}$，$\boxed{ス}$ の解答群(同じものを繰り返し選んでもよい。)

⓪ -1	① 1	② $-p$
③ p	④ $1-p$	⑤ $1+p$
⑥ $-p^2$	⑦ p^2	⑧ $1-p^2$
⑨ $1+p^2$	ⓐ $(1-p)^2$	ⓑ $(1+p)^2$

$\boxed{コ}$，$\boxed{シ}$ の解答群(同じものを繰り返し選んでもよい。)

⓪ 0	① α	② $\frac{\pi}{2}$

(数学Ⅱ・数学B第1問は次ページに続く。)

〔2〕　二つの関数 $f(x)=\dfrac{2^x+2^{-x}}{2}$，$g(x)=\dfrac{2^x-2^{-x}}{2}$ について考える。

(1)　$f(0)=$ [セ]，$g(0)=$ [ソ] である。また，$f(x)$ は相加平均と相乗平均の関係から，$x=$ [タ] で最小値 [チ] をとる。

$g(x)=-2$ となる x の値は $\log_2\left(\sqrt{\boxed{ツ}}-\boxed{テ}\right)$ である。

(2)　次の①～④は，x にどのような値を代入してもつねに成り立つ。

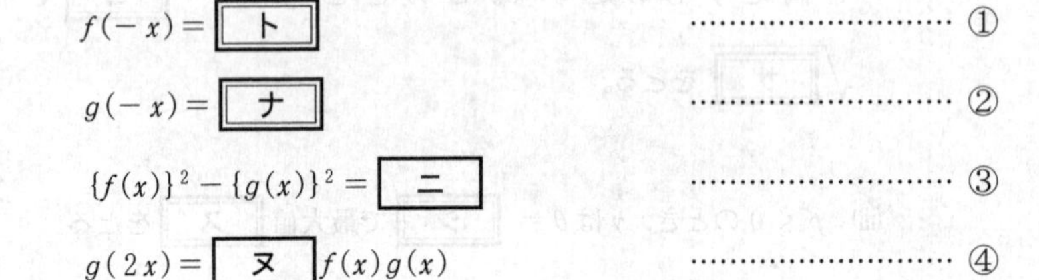

$f(-x)=$ [ト] ………………………… ①

$g(-x)=$ [ナ] ………………………… ②

$\{f(x)\}^2-\{g(x)\}^2=$ [ニ] ………………………… ③

$g(2x)=$ [ヌ] $f(x)g(x)$ ………………………… ④

[ト]，[ナ] の解答群（同じものを繰り返し選んでもよい。）

⓪ $f(x)$	① $-f(x)$	② $g(x)$	③ $-g(x)$

（数学Ⅱ・数学B第1問は次ページに続く。）

(3) 花子さんと太郎さんは，$f(x)$ と $g(x)$ の性質について話している。

花子：①〜④ は三角関数の性質に似ているね。

太郎：三角関数の加法定理に類似した式(A)〜(D)を考えてみたけど，つねに成り立つ式はあるだろうか。

花子：成り立たない式を見つけるために，式(A)〜(D)の β に何か具体的な値を代入して調べてみたらどうかな。

太郎さんが考えた式

$$f(\alpha-\beta)=f(\alpha)g(\beta)+g(\alpha)f(\beta) \quad \cdots\cdots \text{(A)}$$

$$f(\alpha+\beta)=f(\alpha)f(\beta)+g(\alpha)g(\beta) \quad \cdots\cdots \text{(B)}$$

$$g(\alpha-\beta)=f(\alpha)f(\beta)+g(\alpha)g(\beta) \quad \cdots\cdots \text{(C)}$$

$$g(\alpha+\beta)=f(\alpha)g(\beta)-g(\alpha)f(\beta) \quad \cdots\cdots \text{(D)}$$

(1)，(2)で示されたことのいくつかを利用すると，式(A)〜(D)のうち，［ネ］以外の三つは成り立たないことがわかる。［ネ］は左辺と右辺をそれぞれ計算することによって成り立つことが確かめられる。

［ネ］の解答群

⓪ (A)	① (B)	② (C)	③ (D)

第2問 (必答問題)(配点　30)

(1) 座標平面上で，次の二つの2次関数のグラフについて考える。

$y = 3x^2 + 2x + 3$ ……………………… ①

$y = 2x^2 + 2x + 3$ ……………………… ②

①，②の2次関数のグラフには次の**共通点**がある。

共通点

- y軸との交点のy座標は［ア］である。
- y軸との交点における接線の方程式は$y =$［イ］$x +$［ウ］である。

次の⓪～⑤の2次関数のグラフのうち，y軸との交点における接線の方程式が$y =$［イ］$x +$［ウ］となるものは［エ］である。

［エ］の解答群

⓪ $y = 3x^2 - 2x - 3$	① $y = -3x^2 + 2x - 3$
② $y = 2x^2 + 2x - 3$	③ $y = 2x^2 - 2x + 3$
④ $y = -x^2 + 2x + 3$	⑤ $y = -x^2 - 2x + 3$

a，b，cを0でない実数とする。

曲線$y = ax^2 + bx + c$上の点$\left(0,\ \text{［オ］}\right)$における接線を$\ell$とすると，その方程式は$y =$［カ］$x +$［キ］である。

(数学Ⅱ・数学B第2問は次ページに続く。)

接線 ℓ と x 軸との交点の x 座標は $\dfrac{\boxed{\text{クケ}}}{\boxed{\text{コ}}}$ である。

a, b, c が正の実数であるとき，曲線 $y = ax^2 + bx + c$ と接線 ℓ および直線 $x = \dfrac{\boxed{\text{クケ}}}{\boxed{\text{コ}}}$ で囲まれた図形の面積を S とすると

$$S = \frac{ac^{\boxed{\text{サ}}}}{\boxed{\text{シ}}\, b^{\boxed{\text{ス}}}} \quad \cdots\cdots\cdots\cdots\cdots\cdots\cdots \text{③}$$

である。

③において，$a = 1$ とし，S の値が一定となるように正の実数 b，c の値を変化させる。このとき，b と c の関係を表すグラフの概形は $\boxed{\text{セ}}$ である。

$\boxed{\text{セ}}$ については，最も適当なものを，次の⓪～⑤のうちから一つ選べ。

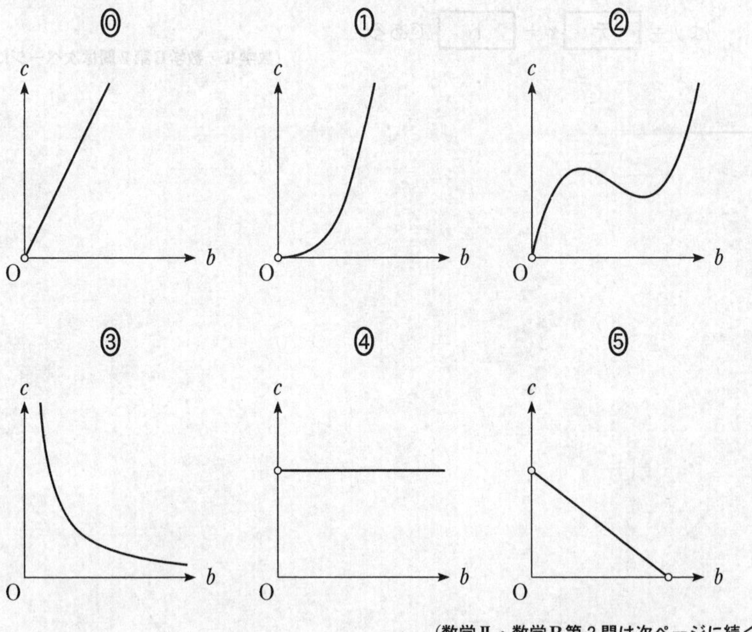

（数学Ⅱ・数学B第2問は次ページに続く。）

(2)　座標平面上で，次の三つの3次関数のグラフについて考える。

$y = 4x^3 + 2x^2 + 3x + 5$ ……………………… ④

$y = -2x^3 + 7x^2 + 3x + 5$ ……………………… ⑤

$y = 5x^3 - x^2 + 3x + 5$ ……………………… ⑥

④，⑤，⑥の3次関数のグラフには次の**共通点**がある。

共通点

- y 軸との交点の y 座標は［ソ］である。
- y 軸との交点における接線の方程式は $y =$［タ］$x +$［チ］である。

a，b，c，d を0でない実数とする。

曲線 $y = ax^3 + bx^2 + cx + d$ 上の点$(0,$［ツ］$)$における接線の方程式は $y =$［テ］$x +$［ト］である。

（数学Ⅱ・数学B第2問は次ページに続く。）

次に，$f(x) = ax^3 + bx^2 + cx + d$，$g(x) =$ テ $x +$ ト とし，

$f(x) - g(x)$について考える。

$h(x) = f(x) - g(x)$とおく。a，b，c，dが正の実数であるとき，$y = h(x)$

のグラフの概形は ナ である。

$y = f(x)$のグラフと$y = g(x)$のグラフの共有点のx座標は$\dfrac{\text{ニヌ}}{\text{ネ}}$

と ノ である。また，xが$\dfrac{\text{ニヌ}}{\text{ネ}}$と ノ の間を動くとき，

$|f(x) - g(x)|$の値が最大となるのは，$x = \dfrac{\text{ハヒフ}}{\text{ヘホ}}$のときである。

ナ については，最も適当なものを，次の⓪～⑤のうちから一つ選べ。

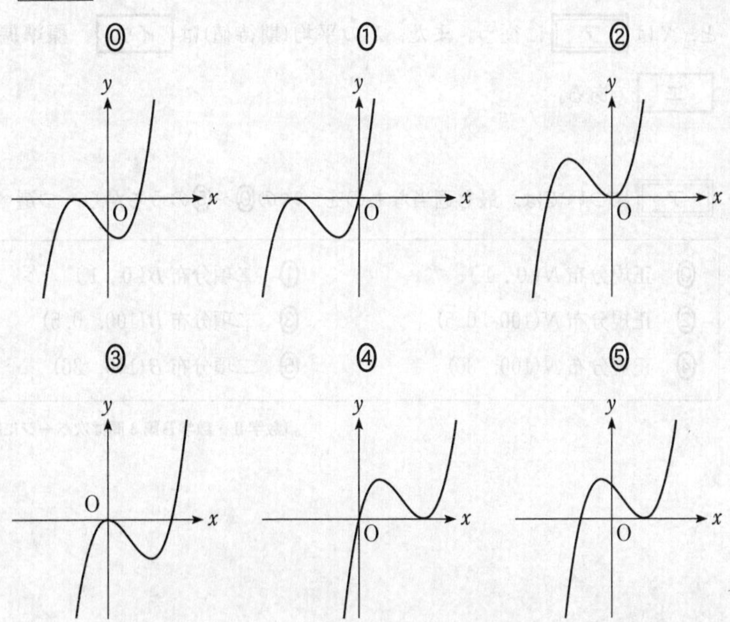

第3問〜第5問は，いずれか2問を選択し，解答しなさい。

第3問 （選択問題）（配点　20）

以下の問題を解答するにあたっては，必要に応じて41ページの正規分布表を用いてもよい。

Q高校の校長先生は，ある日，新聞で高校生の読書に関する記事を読んだ。そこで，Q高校の生徒全員を対象に，直前の1週間の読書時間に関して，100人の生徒を無作為に抽出して調査を行った。その結果，100人の生徒のうち，この1週間に全く読書をしなかった生徒が36人であり，100人の生徒のこの1週間の読書時間(分)の平均値は204であった。Q高校の生徒全員のこの1週間の読書時間の母平均をm，母標準偏差を150とする。

(1)　全く読書をしなかった生徒の母比率を0.5とする。このとき，100人の無作為標本のうちで全く読書をしなかった生徒の数を表す確率変数をXとすると，Xは［ア］に従う。また，Xの平均(期待値)は［イウ］，標準偏差は［エ］である。

［ア］については，最も適当なものを，次の⓪〜⑤のうちから一つ選べ。

⓪　正規分布$N(0, 1)$	①　二項分布$B(0, 1)$
②　正規分布$N(100,\ 0.5)$	③　二項分布$B(100,\ 0.5)$
④　正規分布$N(100,\ 36)$	⑤　二項分布$B(100,\ 36)$

(数学Ⅱ・数学B第3問は次ページに続く。)

(2)　標本の大きさ100は十分に大きいので，100人のうち全く読書をしなかった生徒の数は近似的に正規分布に従う。

全く読書をしなかった生徒の母比率を0.5とするとき，全く読書をしなかった生徒が36人以下となる確率をp_5とおく。p_5の近似値を求めると，$p_5 =$ [オ] である。

また，全く読書をしなかった生徒の母比率を0.4とするとき，全く読書をしなかった生徒が36人以下となる確率をp_4とおくと，[カ] である。

[オ] については，最も適当なものを，次の⓪～⑤のうちから一つ選べ。

⓪　0.001	①　0.003	②　0.026
③　0.050	④　0.133	⑤　0.497

[カ] の解答群

⓪　$p_4 < p_5$	①　$p_4 = p_5$	②　$p_4 > p_5$

(3)　1週間の読書時間の母平均mに対する信頼度95％の信頼区間を$C_1 \leqq m \leqq C_2$とする。標本の大きさ100は十分大きいことと，1週間の読書時間の標本平均が204，母標準偏差が150であることを用いると，$C_1 + C_2 =$ [キクケ]，$C_2 - C_1 =$ [コサ].[シ] であることがわかる。

また，母平均mとC_1，C_2については，[ス]。

[ス] の解答群

⓪　$C_1 \leqq m \leqq C_2$が必ず成り立つ

①　$m \leqq C_2$は必ず成り立つが，$C_1 \leqq m$が成り立つとは限らない

②　$C_1 \leqq m$は必ず成り立つが，$m \leqq C_2$が成り立つとは限らない

③　$C_1 \leqq m$も$m \leqq C_2$も成り立つとは限らない

(数学Ⅱ・数学B第3問は次ページに続く。)

(4)　Q高校の図書委員長も，校長先生と同じ新聞記事を読んだため，校長先生が調査をしていることを知らずに，図書委員会として校長先生と同様の調査を独自に行った。ただし，調査期間は校長先生による調査と同じ直前の１週間であり，対象をQ高校の生徒全員として100人の生徒を無作為に抽出した。その調査における，全く読書をしなかった生徒の数を n とする。

校長先生の調査結果によると全く読書をしなかった生徒は36人であり，[セ]。

[セ] の解答群

⓪　n は必ず36に等しい	①　n は必ず36未満である
②　n は必ず36より大きい	③　n と36との大小はわからない

(5)　(4)の図書委員会が行った調査結果による母平均 m に対する信頼度95％の信頼区間を $D_1 \leqq m \leqq D_2$，校長先生が行った調査結果による母平均 m に対する信頼度95％の信頼区間を(3)の $C_1 \leqq m \leqq C_2$ とする。ただし，母集団は同一であり，１週間の読書時間の母標準偏差は150とする。

このとき，次の⓪～⑤のうち，正しいものは [ソ] と [タ] である。

[ソ]，[タ] の解答群（解答の順序は問わない。）

⓪　$C_1 = D_1$ と $C_2 = D_2$ が必ず成り立つ。
①　$C_1 < D_2$ または $D_1 < C_2$ のどちらか一方のみが必ず成り立つ。
②　$D_2 < C_1$ または $C_2 < D_1$ となる場合もある。
③　$C_2 - C_1 > D_2 - D_1$ が必ず成り立つ。
④　$C_2 - C_1 = D_2 - D_1$ が必ず成り立つ。
⑤　$C_2 - C_1 < D_2 - D_1$ が必ず成り立つ。

（数学Ⅱ・数学Ｂ第３問は次ページに続く。）

正 規 分 布 表

次の表は，標準正規分布の分布曲線における右図の灰色部分の面積の値をまとめたものである。

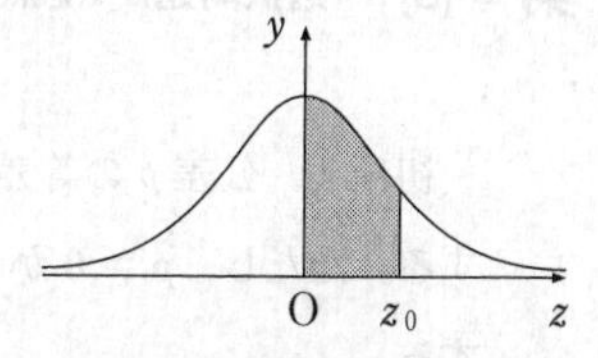

z_0	0.00	0.01	0.02	0.03	0.04	0.05	0.06	0.07	0.08	0.09
0.0	0.0000	0.0040	0.0080	0.0120	0.0160	0.0199	0.0239	0.0279	0.0319	0.0359
0.1	0.0398	0.0438	0.0478	0.0517	0.0557	0.0596	0.0636	0.0675	0.0714	0.0753
0.2	0.0793	0.0832	0.0871	0.0910	0.0948	0.0987	0.1026	0.1064	0.1103	0.1141
0.3	0.1179	0.1217	0.1255	0.1293	0.1331	0.1368	0.1406	0.1443	0.1480	0.1517
0.4	0.1554	0.1591	0.1628	0.1664	0.1700	0.1736	0.1772	0.1808	0.1844	0.1879
0.5	0.1915	0.1950	0.1985	0.2019	0.2054	0.2088	0.2123	0.2157	0.2190	0.2224
0.6	0.2257	0.2291	0.2324	0.2357	0.2389	0.2422	0.2454	0.2486	0.2517	0.2549
0.7	0.2580	0.2611	0.2642	0.2673	0.2704	0.2734	0.2764	0.2794	0.2823	0.2852
0.8	0.2881	0.2910	0.2939	0.2967	0.2995	0.3023	0.3051	0.3078	0.3106	0.3133
0.9	0.3159	0.3186	0.3212	0.3238	0.3264	0.3289	0.3315	0.3340	0.3365	0.3389
1.0	0.3413	0.3438	0.3461	0.3485	0.3508	0.3531	0.3554	0.3577	0.3599	0.3621
1.1	0.3643	0.3665	0.3686	0.3708	0.3729	0.3749	0.3770	0.3790	0.3810	0.3830
1.2	0.3849	0.3869	0.3888	0.3907	0.3925	0.3944	0.3962	0.3980	0.3997	0.4015
1.3	0.4032	0.4049	0.4066	0.4082	0.4099	0.4115	0.4131	0.4147	0.4162	0.4177
1.4	0.4192	0.4207	0.4222	0.4236	0.4251	0.4265	0.4279	0.4292	0.4306	0.4319
1.5	0.4332	0.4345	0.4357	0.4370	0.4382	0.4394	0.4406	0.4418	0.4429	0.4441
1.6	0.4452	0.4463	0.4474	0.4484	0.4495	0.4505	0.4515	0.4525	0.4535	0.4545
1.7	0.4554	0.4564	0.4573	0.4582	0.4591	0.4599	0.4608	0.4616	0.4625	0.4633
1.8	0.4641	0.4649	0.4656	0.4664	0.4671	0.4678	0.4686	0.4693	0.4699	0.4706
1.9	0.4713	0.4719	0.4726	0.4732	0.4738	0.4744	0.4750	0.4756	0.4761	0.4767
2.0	0.4772	0.4778	0.4783	0.4788	0.4793	0.4798	0.4803	0.4808	0.4812	0.4817
2.1	0.4821	0.4826	0.4830	0.4834	0.4838	0.4842	0.4846	0.4850	0.4854	0.4857
2.2	0.4861	0.4864	0.4868	0.4871	0.4875	0.4878	0.4881	0.4884	0.4887	0.4890
2.3	0.4893	0.4896	0.4898	0.4901	0.4904	0.4906	0.4909	0.4911	0.4913	0.4916
2.4	0.4918	0.4920	0.4922	0.4925	0.4927	0.4929	0.4931	0.4932	0.4934	0.4936
2.5	0.4938	0.4940	0.4941	0.4943	0.4945	0.4946	0.4948	0.4949	0.4951	0.4952
2.6	0.4953	0.4955	0.4956	0.4957	0.4959	0.4960	0.4961	0.4962	0.4963	0.4964
2.7	0.4965	0.4966	0.4967	0.4968	0.4969	0.4970	0.4971	0.4972	0.4973	0.4974
2.8	0.4974	0.4975	0.4976	0.4977	0.4977	0.4978	0.4979	0.4979	0.4980	0.4981
2.9	0.4981	0.4982	0.4982	0.4983	0.4984	0.4984	0.4985	0.4985	0.4986	0.4986
3.0	0.4987	0.4987	0.4987	0.4988	0.4988	0.4989	0.4989	0.4989	0.4990	0.4990

第3問～第5問は，いずれか2問を選択し，解答しなさい。

第4問　（選択問題）（配点　20）

初項3，公差pの等差数列を$\{a_n\}$とし，初項3，公比rの等比数列を$\{b_n\}$とする。ただし，$p \neq 0$かつ$r \neq 0$とする。さらに，これらの数列が次を満たすとする。

$$a_n b_{n+1} - 2a_{n+1}b_n + 3b_{n+1} = 0 \qquad (n = 1, 2, 3, \cdots) \cdots\cdots ①$$

(1)　pとrの値を求めよう。自然数nについて，a_n，a_{n+1}，b_nはそれぞれ

$$a_n = \boxed{\text{ア}} + (n-1)p \qquad \cdots\cdots\cdots\cdots ②$$

$$a_{n+1} = \boxed{\text{ア}} + np \qquad \cdots\cdots\cdots\cdots ③$$

$$b_n = \boxed{\text{イ}}\, r^{n-1}$$

と表される。$r \neq 0$により，すべての自然数nについて，$b_n \neq 0$となる。

$\dfrac{b_{n+1}}{b_n} = r$であることから，①の両辺をb_nで割ることにより

$$\boxed{\text{ウ}}\, a_{n+1} = r\left(a_n + \boxed{\text{エ}}\right) \qquad \cdots\cdots\cdots\cdots ④$$

が成り立つことがわかる。④に②と③を代入すると

$$\left(r - \boxed{\text{オ}}\right)pn = r\left(p - \boxed{\text{カ}}\right) + \boxed{\text{キ}} \qquad \cdots\cdots\cdots\cdots ⑤$$

となる。⑤がすべてのnで成り立つことおよび$p \neq 0$により，$r = \boxed{\text{オ}}$を得る。さらに，このことから，$p = \boxed{\text{ク}}$を得る。

以上から，すべての自然数nについて，a_nとb_nが正であることもわかる。

（数学II・数学B第4問は次ページに続く。）

(2) $p =$ ［ク］，$r =$ ［オ］であることから，$\{a_n\}$，$\{b_n\}$の初項から第n項までの和は，それぞれ次の式で与えられる。

$$\sum_{k=1}^{n} a_k = \frac{\boxed{ケ}}{\boxed{コ}} n\left(n + \boxed{サ}\right)$$

$$\sum_{k=1}^{n} b_k = \boxed{シ}\left(\boxed{オ}^{n} - \boxed{ス}\right)$$

(3) 数列$\{a_n\}$に対して，初項3の数列$\{c_n\}$が次を満たすとする。

$$a_n c_{n+1} - 4a_{n+1}c_n + 3c_{n+1} = 0 \quad (n = 1, 2, 3, \cdots) \quad \cdots\cdots\cdots ⑥$$

a_nが正であることから，⑥を変形して，$c_{n+1} = \dfrac{\boxed{セ}\, a_{n+1}}{a_n + \boxed{ソ}} c_n$ を得る。

さらに，$p =$ ［ク］であることから，数列$\{c_n\}$は［タ］ことがわかる。

［タ］の解答群

⓪ すべての項が同じ値をとる数列である
① 公差が0でない等差数列である
② 公比が1より大きい等比数列である
③ 公比が1より小さい等比数列である
④ 等差数列でも等比数列でもない

(4) q，uは定数で，$q \neq 0$とする。数列$\{b_n\}$に対して，初項3の数列$\{d_n\}$が次を満たすとする。

$$d_n b_{n+1} - q d_{n+1} b_n + u b_{n+1} = 0 \quad (n = 1, 2, 3, \cdots) \quad \cdots\cdots\cdots ⑦$$

$r =$ ［オ］であることから，⑦を変形して，$d_{n+1} = \dfrac{\boxed{チ}}{q}(d_n + u)$

を得る。したがって，数列$\{d_n\}$が，公比が0より大きく1より小さい等比数列となるための必要十分条件は，$q >$ ［ツ］かつ$u =$ ［テ］である。

第３問～第５問は，いずれか２問を選択し，解答しなさい。

第５問 （選択問題）（配点　20）

１辺の長さが１の正五角形の対角線の長さを a とする。

(1)　１辺の長さが１の正五角形 $OA_1B_1C_1A_2$ を考える。

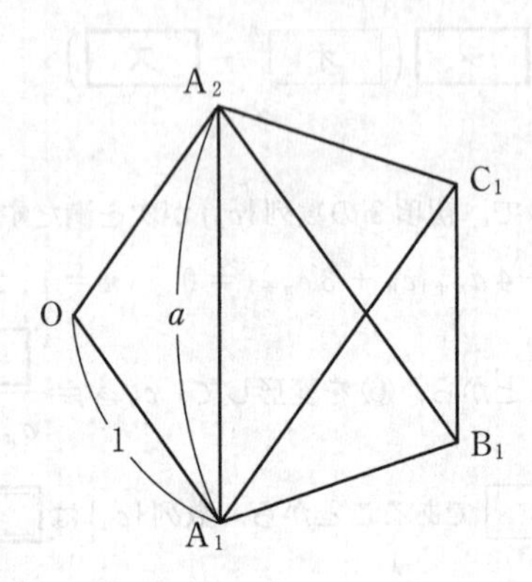

$\angle A_1C_1B_1 =$ アイ °，$\angle C_1A_1A_2 =$ アイ ° となることから，$\overrightarrow{A_1A_2}$ と $\overrightarrow{B_1C_1}$ は平行である。ゆえに

$$\overrightarrow{A_1A_2} = \boxed{ウ}\,\overrightarrow{B_1C_1}$$

であるから

$$\overrightarrow{B_1C_1} = \frac{1}{\boxed{ウ}}\overrightarrow{A_1A_2} = \frac{1}{\boxed{ウ}}\left(\overrightarrow{OA_2} - \overrightarrow{OA_1}\right)$$

また，$\overrightarrow{OA_1}$ と $\overrightarrow{A_2B_1}$ は平行で，さらに，$\overrightarrow{OA_2}$ と $\overrightarrow{A_1C_1}$ も平行であることから

$$\begin{aligned}\overrightarrow{B_1C_1} &= \overrightarrow{B_1A_2} + \overrightarrow{A_2O} + \overrightarrow{OA_1} + \overrightarrow{A_1C_1}\\ &= -\boxed{ウ}\,\overrightarrow{OA_1} - \overrightarrow{OA_2} + \overrightarrow{OA_1} + \boxed{ウ}\,\overrightarrow{OA_2}\\ &= \left(\boxed{エ} - \boxed{オ}\right)\left(\overrightarrow{OA_2} - \overrightarrow{OA_1}\right)\end{aligned}$$

となる。したがって

$$\frac{1}{\boxed{ウ}} = \boxed{エ} - \boxed{オ}$$

が成り立つ。$a > 0$ に注意してこれを解くと，$a = \dfrac{1+\sqrt{5}}{2}$ を得る。

（数学Ⅱ・数学B第５問は次ページに続く。）

⑵　下の図のような，１辺の長さが１の正十二面体を考える。正十二面体とは，どの面もすべて合同な正五角形であり，どの頂点にも三つの面が集まっているへこみのない多面体のことである。

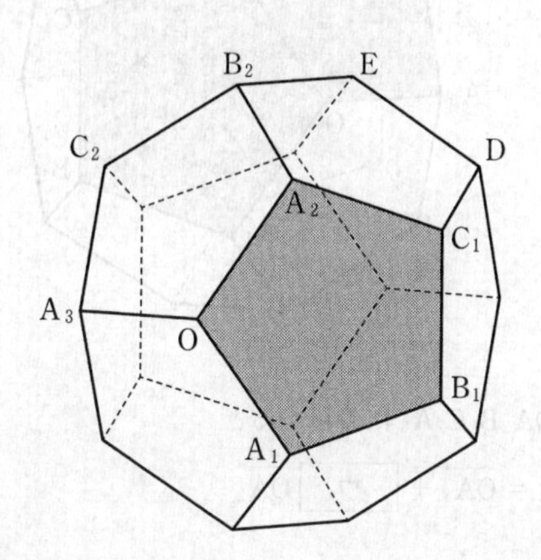

面 $\mathrm{OA_1B_1C_1A_2}$ に着目する。$\overrightarrow{\mathrm{OA_1}}$ と $\overrightarrow{\mathrm{A_2B_1}}$ が平行であることから

$$\overrightarrow{\mathrm{OB_1}} = \overrightarrow{\mathrm{OA_2}} + \overrightarrow{\mathrm{A_2B_1}} = \overrightarrow{\mathrm{OA_2}} + \boxed{\text{ウ}}\,\overrightarrow{\mathrm{OA_1}}$$

である。また

$$\left|\overrightarrow{\mathrm{OA_2}} - \overrightarrow{\mathrm{OA_1}}\right|^2 = \left|\overrightarrow{\mathrm{A_1A_2}}\right|^2 = \frac{\boxed{\text{カ}} + \sqrt{\boxed{\text{キ}}}}{\boxed{\text{ク}}}$$

に注意すると

$$\overrightarrow{\mathrm{OA_1}} \cdot \overrightarrow{\mathrm{OA_2}} = \frac{\boxed{\text{ケ}} - \sqrt{\boxed{\text{コ}}}}{\boxed{\text{サ}}}$$

を得る。

（数学Ⅱ・数学Ｂ第５問は次ページに続く。）

補　足　説　明

ただし，$\boxed{\text{カ}}$ ～ $\boxed{\text{サ}}$ は，文字 a を用いない形で答えること。

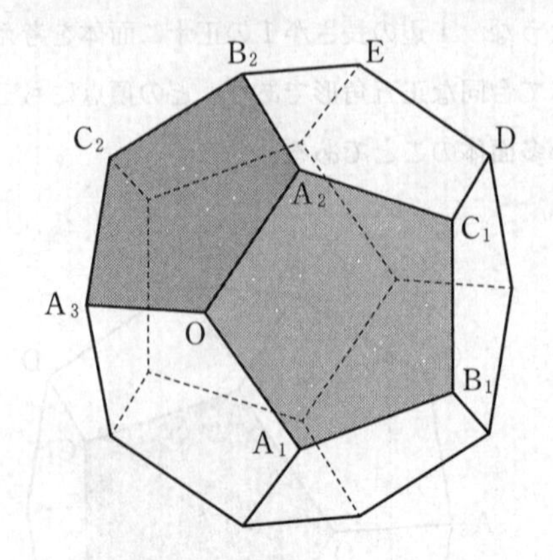

次に，面 $OA_2B_2C_2A_3$ に着目すると

$$\overrightarrow{OB_2} = \overrightarrow{OA_3} + \boxed{\text{ウ}}\,\overrightarrow{OA_2}$$

である。さらに

$$\overrightarrow{OA_2}\cdot\overrightarrow{OA_3} = \overrightarrow{OA_3}\cdot\overrightarrow{OA_1} = \frac{\boxed{\text{ケ}} - \sqrt{\boxed{\text{コ}}}}{\boxed{\text{サ}}}$$

が成り立つことがわかる。ゆえに

$$\overrightarrow{OA_1}\cdot\overrightarrow{OB_2} = \boxed{\text{シ}},\quad \overrightarrow{OB_1}\cdot\overrightarrow{OB_2} = \boxed{\text{ス}}$$

である。

$\boxed{\text{シ}}$，$\boxed{\text{ス}}$ の解答群(同じものを繰り返し選んでもよい。)

⓪ 0	① 1	② -1	③ $\frac{1+\sqrt{5}}{2}$
④ $\frac{1-\sqrt{5}}{2}$	⑤ $\frac{-1+\sqrt{5}}{2}$	⑥ $\frac{-1-\sqrt{5}}{2}$	⑦ $-\frac{1}{2}$
⑧ $\frac{-1+\sqrt{5}}{4}$	⑨ $\frac{-1-\sqrt{5}}{4}$		

(数学Ⅱ・数学B第5問は次ページに続く。)

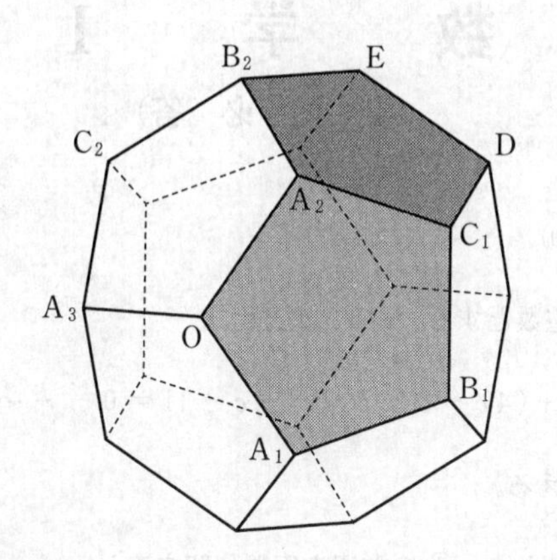

最後に，面 $A_2C_1DEB_2$ に着目する。

$$\overrightarrow{B_2D} = \boxed{\text{ウ}}\ \overrightarrow{A_2C_1} = \overrightarrow{OB_1}$$

であることに注意すると，4 点 O，B_1，D，B_2 は同一平面上にあり，四角形 OB_1DB_2 は $\boxed{\text{セ}}$ ことがわかる。

$\boxed{\text{セ}}$ の解答群

- ⓪　正方形である
- ①　正方形ではないが，長方形である
- ②　正方形ではないが，ひし形である
- ③　長方形でもひし形でもないが，平行四辺形である
- ④　平行四辺形ではないが，台形である
- ⑤　台形でない

ただし，少なくとも一組の対辺が平行な四角形を台形という。

数学 I

（全問必答）

第1問 （配点 20）

〔1〕 c を正の整数とする。x の2次方程式

$$2x^2+(4c-3)x+2c^2-c-11=0 \quad \cdots\cdots\cdots ①$$

について考える。

(1) $c=1$ のとき，① の左辺を因数分解すると

$$\left(\boxed{ア}x+\boxed{イ}\right)\left(x-\boxed{ウ}\right)$$

であるから，① の解は

$$x=-\frac{\boxed{イ}}{\boxed{ア}},\quad \boxed{ウ}$$

である。

(2) $c=2$ のとき，① の解は

$$x=\frac{-\boxed{エ}\pm\sqrt{\boxed{オカ}}}{\boxed{キ}}$$

であり，大きい方の解を α とすると

$$\frac{5}{\alpha}=\frac{\boxed{ク}+\sqrt{\boxed{ケコ}}}{\boxed{サ}}$$

である。また，$m<\frac{5}{\alpha}<m+1$ を満たす整数 m は $\boxed{シ}$ である。

（数学 I 第1問は次ページに続く。）

(3)　太郎さんと花子さんは，① の解について考察している。

太郎：① の解は c の値によって，ともに有理数である場合もあれば，ともに無理数である場合もあるね。c がどのような値のときに，解は有理数になるのかな。

花子：2次方程式の解の公式の根号の中に着目すればいいんじゃないかな。

① の解が異なる二つの有理数であるような正の整数 c の個数は **ス** 個である。

（数学Ⅰ第1問は次ページに続く。）

〔2〕 Uを全体集合とし，A，B，CをUの部分集合とする。また，A，B，Cは

$$C=(A \cup B) \cap \overline{(A \cap B)}$$

を満たすとする。ただし，Uの部分集合Xに対し，$\overline{X}$はXの補集合を表す。

(1) U，A，Bの関係を図1のように表すと，$A \cap \overline{B}$は図2の斜線部分である。

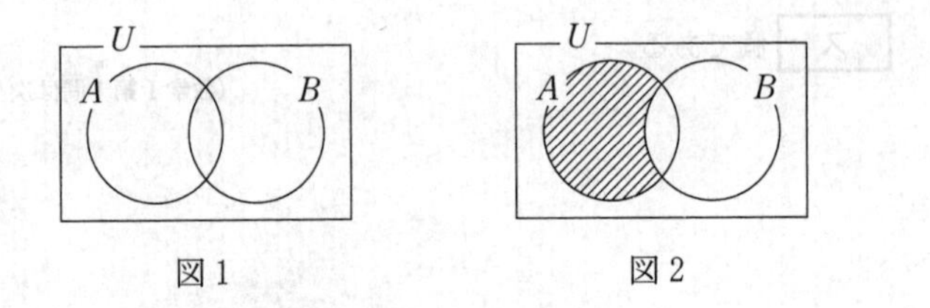

図1　　　図2

このとき，Cは ［セ］ の斜線部分である。

［セ］ については，最も適当なものを，次の⓪～③のうちから一つ選べ。

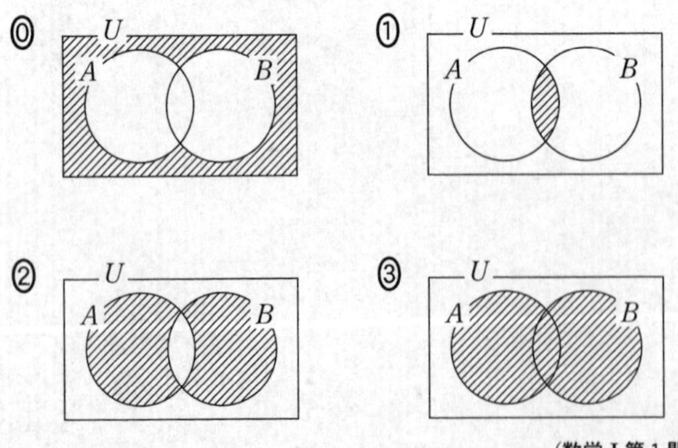

（数学Ⅰ第1問は次ページに続く。）

(2)　集合 U, A, C が

$U = \{x \mid x$ は15以下の正の整数$\}$

$A = \{x \mid x$ は15以下の正の整数で3の倍数$\}$

$C = \{2,\ 3,\ 5,\ 7,\ 9,\ 11,\ 13,\ 15\}$

であるとする。$A \cap B = A \cap \overline{C}$ であることに注意すると

$A \cap B = \{$ ソ , タチ $\}$

であることがわかる。また，B の要素は全部で ツ 個あり，そのうち最大のものは テト である。

さらに，U の要素 x について，条件 p, q を次のように定める。

p：x は $\overline{A} \cap B$ の要素である

q：x は5以上かつ15以下の素数である

このとき，p は q であるための ナ 。

ナ の解答群

⓪　必要条件であるが，十分条件ではない

①　十分条件であるが，必要条件ではない

②　必要十分条件である

③　必要条件でも十分条件でもない

第２問　(配点　30)

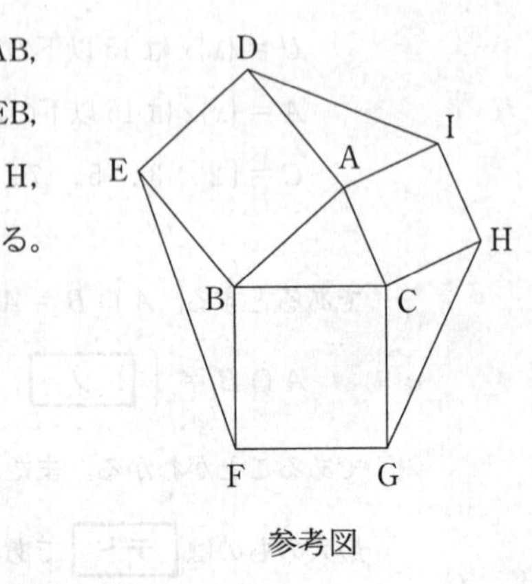

参考図

右の図のように，△ABC の外側に辺 AB, BC, CA をそれぞれ１辺とする正方形 ADEB, BFGC, CHIA をかき，２点 E と F，G と H，I と D をそれぞれ線分で結んだ図形を考える。以下において

$BC = a,\ CA = b,\ AB = c$

$\angle CAB = A,\ \angle ABC = B,\ \angle BCA = C$

とする。

(1)　$b = 6$，$c = 5$，$\cos A = \dfrac{3}{5}$ のとき，$\sin A = \dfrac{\boxed{ア}}{\boxed{イ}}$ であり，△ABC の面積は $\boxed{ウエ}$，△AID の面積は $\boxed{オカ}$ である。また，正方形 BFGC の面積は $\boxed{キク}$ である。

(数学Ⅰ第２問は次ページに続く。)

(2) 正方形BFGC，CHIA，ADEBの面積をそれぞれS_1，S_2，S_3とする。このとき，$S_1 - S_2 - S_3$は

- $0° < A < 90°$のとき，［ケ］。
- $A = 90°$のとき，［コ］。
- $90° < A < 180°$のとき，［サ］。

［ケ］～［サ］の解答群（同じものを繰り返し選んでもよい。）

⓪　0である
①　正の値である
②　負の値である
③　正の値も負の値もとる

(3) △AID，△BEF，△CGHの面積をそれぞれT_1，T_2，T_3とする。このとき，［シ］である。

［シ］の解答群

⓪　$a < b < c$ならば，$T_1 > T_2 > T_3$
①　$a < b < c$ならば，$T_1 < T_2 < T_3$
②　Aが鈍角ならば，$T_1 < T_2$ かつ $T_1 < T_3$
③　a，b，cの値に関係なく，$T_1 = T_2 = T_3$

（数学Ⅰ第2問は次ページに続く。）

(4) どのような△ABCに対しても，六角形DEFGHIの面積はb，c，Aを用いて

$$2\left\{b^2+c^2+bc\left(\boxed{\text{ス}}\right)\right\}$$

と表せる。

ス の解答群

⓪ $\sin A+\cos A$	① $\sin A-\cos A$	② $2\sin A+\cos A$
③ $2\sin A-\cos A$	④ $\sin A+2\cos A$	⑤ $\sin A-2\cos A$

(数学Ⅰ第2問は次ページに続く。)

(5)　△ABC，△AID，△BEF，△CGH のうち，外接円の半径が**最も小さい**ものを求める。

$0^\circ < A < 90^\circ$ のとき，ID［セ］BC であり

（△AID の外接円の半径）［ソ］（△ABC の外接円の半径）

であるから，外接円の半径が最も小さい三角形は

- $0^\circ < A < B < C < 90^\circ$ のとき，［タ］である。
- $0^\circ < A < B < 90^\circ < C$ のとき，［チ］である。

［セ］，［ソ］の解答群（同じものを繰り返し選んでもよい。）

⓪ <	① =	② >

［タ］，［チ］の解答群（同じものを繰り返し選んでもよい。）

⓪ △ABC	① △AID	② △BEF	③ △CGH

(6)　△ABC，△AID，△BEF，△CGH のうち，内接円の半径が**最も大きい**三角形は

- $0^\circ < A < B < C < 90^\circ$ のとき，［ツ］である。
- $0^\circ < A < B < 90^\circ < C$ のとき，［テ］である。

［ツ］，［テ］の解答群（同じものを繰り返し選んでもよい。）

⓪ △ABC	① △AID	② △BEF	③ △CGH

第3問 (配点　30)

〔1〕 kを実数とする。2次関数

$$y=2x^2-4x+5$$

のグラフをGとする。また，グラフGをy軸方向にkだけ平行移動したグラフをHとする。

(1) グラフGの頂点の座標は(ア , イ)である。

(2) グラフHがx軸と共有点をもたないようなkの値の範囲は

$k>$ ウエ

である。

(3) $k=-5$のとき，グラフHをx軸方向に1だけ平行移動したものは，$2\leqq x\leqq 6$の範囲でx軸と オ 点で交わる。また，$k=-5$のとき，グラフHをx軸方向に3だけ平行移動したものは，$2\leqq x\leqq 6$の範囲でx軸と カ 点で交わる。

(数学Ⅰ第3問は次ページに続く。)

(4)　グラフ H が x 軸と異なる2点で交わるとき，その2点の間の距離は

$$\sqrt{\boxed{\text{キク}}\left(k+\boxed{\text{ケ}}\right)}$$

である。

したがって，グラフ H を x 軸方向に平行移動して，$2 \leqq x \leqq 6$ の範囲で x 軸と異なる2点で交わるようにできるとき，k のとり得る値の範囲は

$$\boxed{\text{コサシ}} \leqq k < \boxed{\text{スセ}}$$

である。

（数学Ⅰ第3問は次ページに続く。）

〔2〕 陸上競技の短距離100 m 走では，100 m を走るのにかかる時間(以下，タイムと呼ぶ)は，１歩あたりの進む距離(以下，ストライドと呼ぶ)と１秒あたりの歩数(以下，ピッチと呼ぶ)に関係がある。ストライドとピッチはそれぞれ以下の式で与えられる。

$$\text{ストライド}(\text{m/歩}) = \frac{100(\text{m})}{100\ \text{m を走るのにかかった歩数}(\text{歩})}$$

$$\text{ピッチ}(\text{歩/秒}) = \frac{100\ \text{m を走るのにかかった歩数}(\text{歩})}{\text{タイム}(\text{秒})}$$

ただし，100 m を走るのにかかった歩数は，最後の１歩がゴールラインをまたぐこともあるので，小数で表される。以下，単位は必要のない限り省略する。

例えば，タイムが10.81で，そのときの歩数が48.5であったとき，ストライドは$\frac{100}{48.5}$より約2.06，ピッチは$\frac{48.5}{10.81}$より約4.49である。

なお，小数の形で解答する場合は，**解答上の注意**にあるように，指定された桁数の一つ下の桁を四捨五入して答えよ。また，必要に応じて，指定された桁まで⓪にマークせよ。

(数学Ⅰ第3問は次ページに続く。)

(1) ストライドを x，ピッチを z とおく。ピッチは1秒あたりの歩数，ストライドは1歩あたりの進む距離なので，1秒あたりの進む距離すなわち平均速度は，x と z を用いて [ソ] (m/秒)と表される。

これより，タイムと，ストライド，ピッチとの関係は

$$\text{タイム} = \frac{100}{\boxed{ソ}} \quad \cdots\cdots\cdots\cdots ①$$

と表されるので，[ソ] が最大になるときにタイムが最もよくなる。ただし，タイムがよくなるとは，タイムの値が小さくなることである。

[ソ] の解答群

⓪ $x+z$	① $z-x$	② xz
③ $\frac{x+z}{2}$	④ $\frac{z-x}{2}$	⑤ $\frac{xz}{2}$

(数学Ⅰ第3問は次ページに続く。)

(2) 男子短距離 100 m 走の選手である太郎さんは，① に着目して，タイムが最もよくなるストライドとピッチを考えることにした。

次の表は，太郎さんが練習で 100 m を 3 回走ったときのストライドとピッチのデータである。

	1 回目	2 回目	3 回目
ストライド	2.05	2.10	2.15
ピッチ	4.70	4.60	4.50

また，ストライドとピッチにはそれぞれ限界がある。太郎さんの場合，ストライドの最大値は 2.40，ピッチの最大値は 4.80 である。

太郎さんは，上の表から，ストライドが 0.05 大きくなるとピッチが 0.1 小さくなるという関係があると考えて，ピッチがストライドの 1 次関数として表されると仮定した。このとき，ピッチ z はストライド x を用いて

$$z = \boxed{\text{タチ}}\,x + \frac{\boxed{\text{ツテ}}}{5} \quad \cdots\cdots\cdots\cdots ②$$

と表される。

② が太郎さんのストライドの最大値 2.40 とピッチの最大値 4.80 まで成り立つと仮定すると，x の値の範囲は次のようになる。

$\boxed{\text{ト}}.\boxed{\text{ナニ}} \leqq x \leqq 2.40$

(数学Ⅰ第 3 問は次ページに続く。)

$y=$ ［ソ］ とおく。②を $y=$ ［ソ］ に代入することにより，y を x の関数として表すことができる。太郎さんのタイムが最もよくなるストライドとピッチを求めるためには，［ト］．［ナニ］ $\leqq x \leqq 2.40$ の範囲で y の値を最大にする x の値を見つければよい。このとき，y の値が最大になるのは $x=$ ［ヌ］．［ネノ］ のときである。

よって，太郎さんのタイムが最もよくなるのは，ストライドが ［ヌ］．［ネノ］ のときであり，このとき，ピッチは ［ハ］．［ヒフ］ である。また，このときの太郎さんのタイムは，①により ［ヘ］ である。

［ヘ］ については，最も適当なものを，次の⓪～⑤のうちから一つ選べ。

⓪　9.68	①　9.97	②　10.09
③　10.33	④　10.42	⑤　10.55

第4問 (配点 20)

就業者の従事する産業は，勤務する事業所の主な経済活動の種類によって，第1次産業(農業，林業と漁業)，第2次産業(鉱業，建設業と製造業)，第3次産業(前記以外の産業)の三つに分類される。国の労働状況の調査(国勢調査)では，47の都道府県別に第1次，第2次，第3次それぞれの産業ごとの就業者数が発表されている。ここでは都道府県別に，就業者数に対する各産業に就業する人数の割合を算出したものを，各産業の「就業者数割合」と呼ぶことにする。

(1) 図1は，2015年度における都道府県別の第2次産業の就業者数割合のヒストグラムである。なお，ヒストグラムの各階級の区間は，左側の数値を含み，右側の数値を含まない。

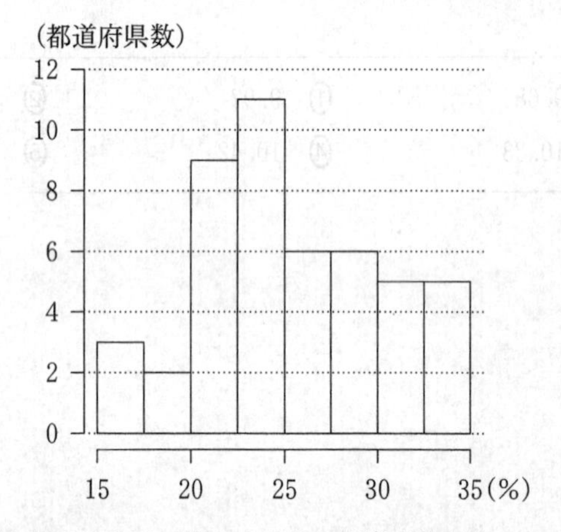

図1　2015年度における第2次産業の就業者数割合のヒストグラム

(出典：総務省のWebページにより作成)

(数学Ⅰ第4問は次ページに続く。)

図1のヒストグラムから次のことが読み取れる。

- 最頻値は階級 ア の階級値である。
- 中央値が含まれる階級は イ である。
- 第1四分位数が含まれる階級は ウ である。
- 第3四分位数が含まれる階級は エ である。
- 最大値が含まれる階級は オ である。

ア ～ オ の解答群(同じものを繰り返し選んでもよい。)

⓪ 15.0 以上 17.5 未満	① 17.5 以上 20.0 未満
② 20.0 以上 22.5 未満	③ 22.5 以上 25.0 未満
④ 25.0 以上 27.5 未満	⑤ 27.5 以上 30.0 未満
⑥ 30.0 以上 32.5 未満	⑦ 32.5 以上 35.0 未満

(数学Ⅰ第4問は次ページに続く。)

(2) 図2は，1975年度から2010年度まで5年ごとの8個の年度(それぞれを時点という)における都道府県別の三つの産業の就業者数割合を箱ひげ図で表したものである。各時点の箱ひげ図は，それぞれ上から順に第1次産業，第2次産業，第3次産業のものである。

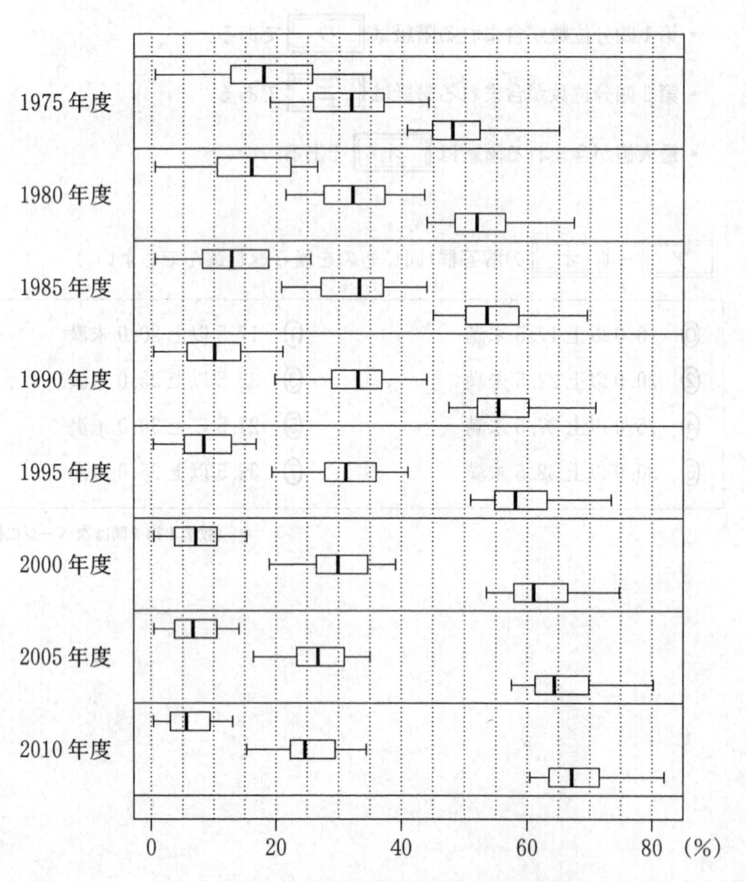

図2　三つの産業の就業者数割合の箱ひげ図

(出典：総務省のWebページにより作成)

(数学Ⅰ第4問は次ページに続く。)

次の⓪～⑤のうち，図2から読み取れることとして**正しくないもの**は **カ** と **キ** である。

カ ， **キ** の解答群(解答の順序は問わない。)

⓪ 第1次産業の就業者数割合の四分位範囲は，2000年度までは，後の時点になるにしたがって減少している。

① 第1次産業の就業者数割合について，左側のひげの長さと右側のひげの長さを比較すると，どの時点においても左側の方が長い。

② 第2次産業の就業者数割合の中央値は，1990年度以降，後の時点になるにしたがって減少している。

③ 第2次産業の就業者数割合の第1四分位数は，後の時点になるにしたがって減少している。

④ 第3次産業の就業者数割合の第3四分位数は，後の時点になるにしたがって増加している。

⑤ 第3次産業の就業者数割合の最小値は，後の時点になるにしたがって増加している。

(数学Ⅰ第4問は次ページに続く。)

(3) (2)で取り上げた8時点の中から5時点を取り出して考える。各時点における都道府県別の，第1次産業と第3次産業の就業者数割合のヒストグラムを一つのグラフにまとめてかいたものが，次ページの五つのグラフである。それぞれの右側の網掛けしたヒストグラムが第3次産業のものである。なお，ヒストグラムの各階級の区間は，左側の数値を含み，右側の数値を含まない。

・1985年度におけるグラフは ク である。

・1995年度におけるグラフは ケ である。

ク ， ケ については，最も適当なものを，次の⓪～④のうちから一つずつ選べ。ただし，同じものを繰り返し選んでもよい。

(数学Ⅰ第4問は次ページに続く。)

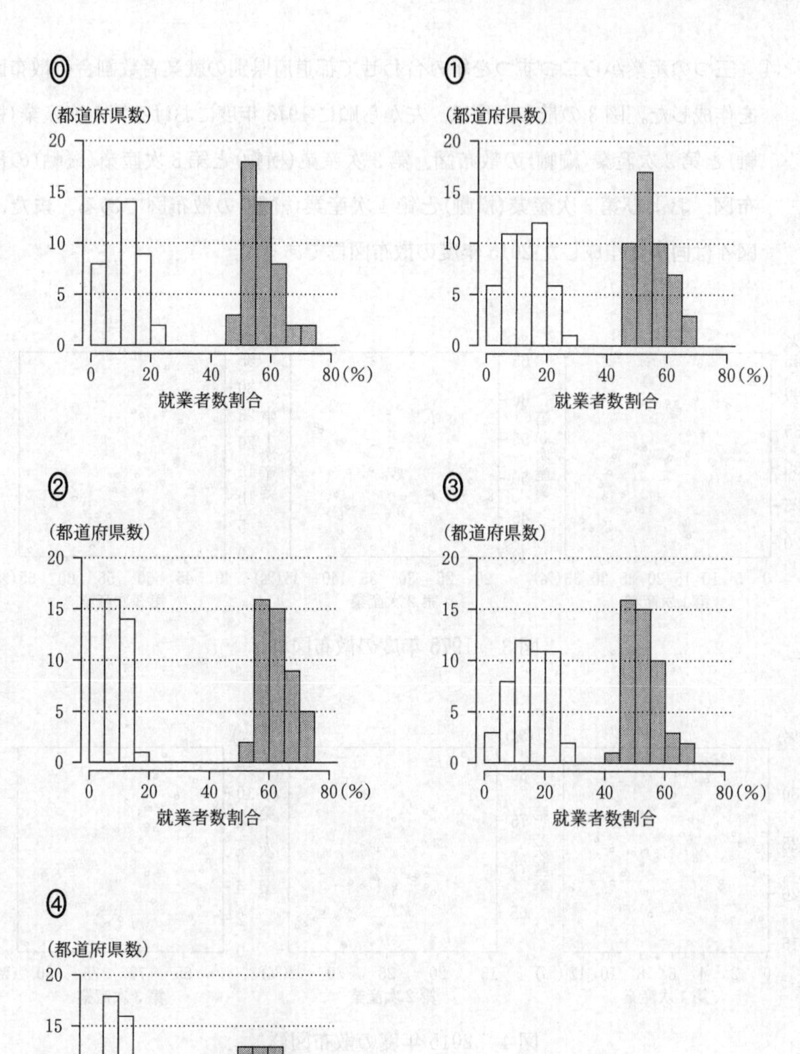

(出典：総務省の Web ページにより作成)

(数学Ⅰ第4問は次ページに続く。)

(4) 三つの産業から二つずつを組み合わせて都道府県別の就業者数割合の散布図を作成した。図3の散布図群は，左から順に1975年度における第1次産業(横軸)と第2次産業(縦軸)の散布図，第2次産業(横軸)と第3次産業(縦軸)の散布図，および第3次産業(横軸)と第1次産業(縦軸)の散布図である。また，図4は同様に作成した2015年度の散布図群である。

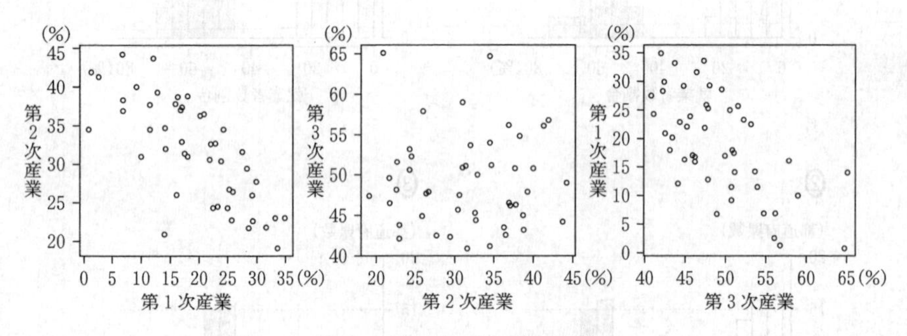

図3　1975年度の散布図群

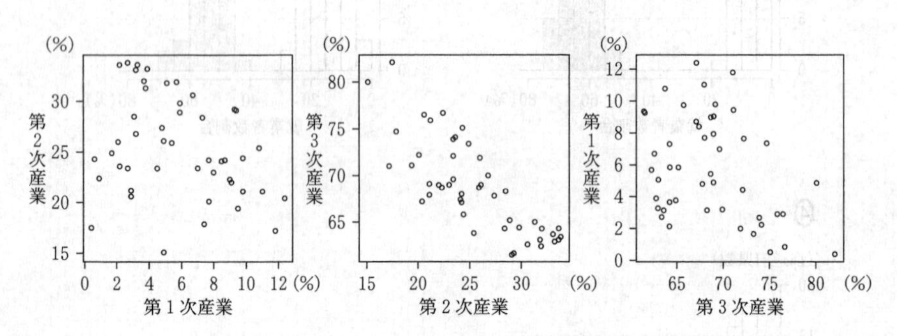

図4　2015年度の散布図群

(出典：図3，図4はともに総務省のWebページにより作成)

(数学Ⅰ第4問は次ページに続く。)

下の(Ⅰ), (Ⅱ), (Ⅲ)は, 1975年度を基準としたときの, 2015年度の変化を記述したものである。ただし, ここで「相関が強くなった」とは, 相関係数の絶対値が大きくなったことを意味する。

(Ⅰ)　都道府県別の第1次産業の就業者数割合と第2次産業の就業者数割合の間の相関は強くなった。

(Ⅱ)　都道府県別の第2次産業の就業者数割合と第3次産業の就業者数割合の間の相関は強くなった。

(Ⅲ)　都道府県別の第3次産業の就業者数割合と第1次産業の就業者数割合の間の相関は強くなった。

(Ⅰ), (Ⅱ), (Ⅲ)の正誤の組合せとして正しいものは　コ　である。

コ　の解答群

	⓪	①	②	③	④	⑤	⑥	⑦
(Ⅰ)	正	正	正	正	誤	誤	誤	誤
(Ⅱ)	正	正	誤	誤	正	正	誤	誤
(Ⅲ)	正	誤	正	誤	正	誤	正	誤

(数学Ⅰ第4問は次ページに続く。)

⑸　各都道府県の就業者数の内訳として男女別の就業者数も発表されている。そこで，就業者数に対する男性・女性の就業者数の割合をそれぞれ「男性の就業者数割合」，「女性の就業者数割合」と呼ぶことにし，これらを都道府県別に算出した。図5は，2015年度における都道府県別の，第1次産業の就業者数割合（横軸）と，男性の就業者数割合（縦軸）の散布図である。

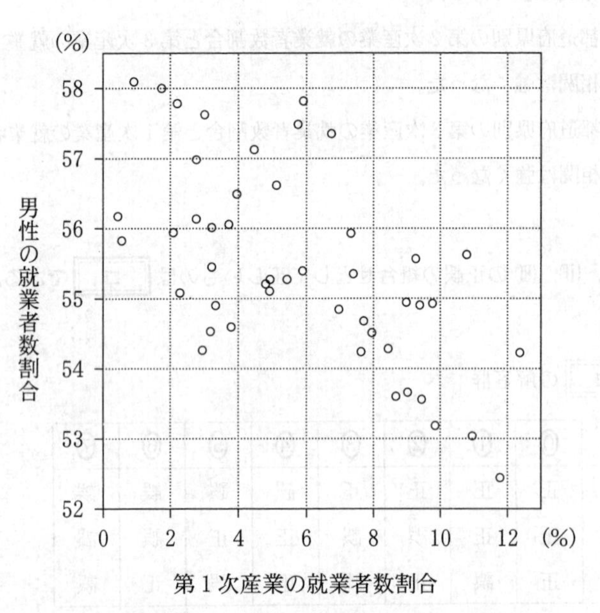

図5　都道府県別の，第1次産業の就業者数割合と，
男性の就業者数割合の散布図

（出典：総務省のWebページにより作成）

（数学Ⅰ第4問は次ページに続く。）

各都道府県の，男性の就業者数と女性の就業者数を合計すると就業者数の全体となることに注意すると，2015年度における都道府県別の，第1次産業の就業者数割合(横軸)と，女性の就業者数割合(縦軸)の散布図は サ である。

サ については，最も適当なものを，下の⓪～③のうちから一つ選べ。なお，設問の都合で各散布図の横軸と縦軸の目盛りは省略しているが，横軸は右方向，縦軸は上方向がそれぞれ正の方向である。

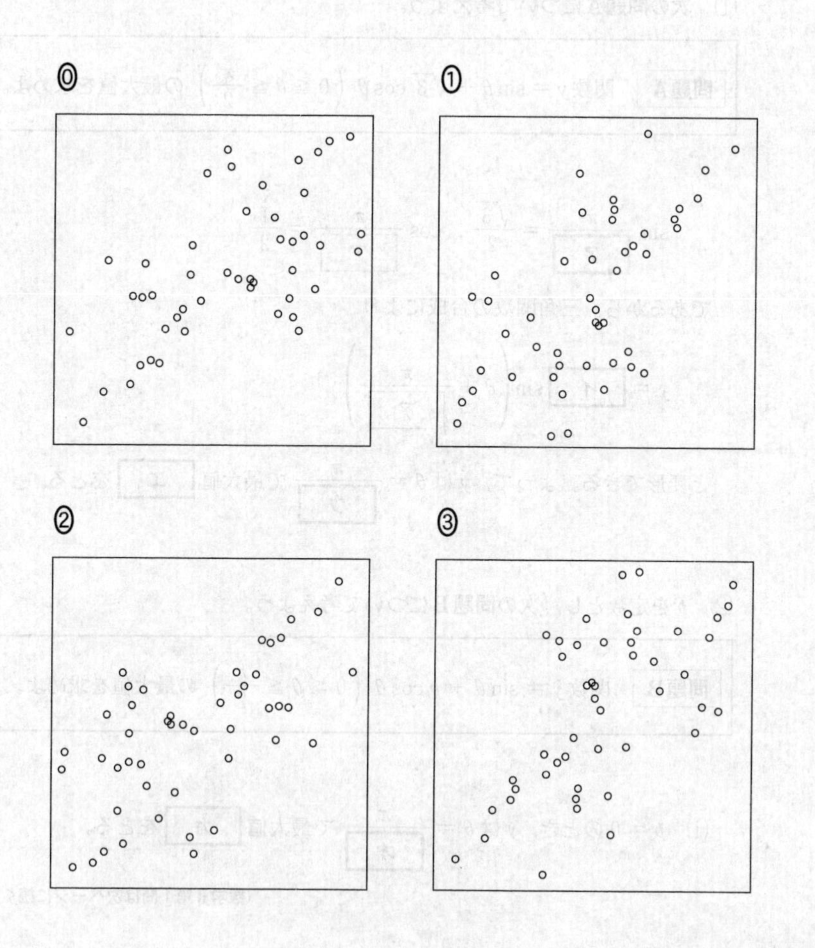

数　学　Ⅱ

（全 問 必 答）

第1問　（配点　30）

〔1〕

(1)　次の**問題A**について考えよう。

> **問題A**　関数 $y=\sin\theta+\sqrt{3}\cos\theta\ \left(0\leqq\theta\leqq\dfrac{\pi}{2}\right)$ の最大値を求めよ。

$$\sin\frac{\pi}{\boxed{\text{ア}}}=\frac{\sqrt{3}}{2},\ \cos\frac{\pi}{\boxed{\text{ア}}}=\frac{1}{2}$$

であるから，三角関数の合成により

$$y=\boxed{\text{イ}}\sin\left(\theta+\frac{\pi}{\boxed{\text{ア}}}\right)$$

と変形できる。よって，y は $\theta=\dfrac{\pi}{\boxed{\text{ウ}}}$ で最大値 $\boxed{\text{エ}}$ をとる。

(2)　p を定数とし，次の**問題B**について考えよう。

> **問題B**　関数 $y=\sin\theta+p\cos\theta\ \left(0\leqq\theta\leqq\dfrac{\pi}{2}\right)$ の最大値を求めよ。

(i)　$p=0$ のとき，y は $\theta=\dfrac{\pi}{\boxed{\text{オ}}}$ で最大値 $\boxed{\text{カ}}$ をとる。

（数学Ⅱ第1問は次ページに続く。）

(ii)　$p>0$ のときは，加法定理

$$\cos(\theta-\alpha)=\cos\theta\cos\alpha+\sin\theta\sin\alpha$$

を用いると

$$y=\sin\theta+p\cos\theta=\sqrt{\boxed{キ}}\cos(\theta-\alpha)$$

と表すことができる。ただし，α は

$$\sin\alpha=\frac{\boxed{ク}}{\sqrt{\boxed{キ}}},\ \cos\alpha=\frac{\boxed{ケ}}{\sqrt{\boxed{キ}}},\ 0<\alpha<\frac{\pi}{2}$$

を満たすものとする。このとき，y は $\theta=$ **コ** で最大値 $\sqrt{\boxed{サ}}$ をとる。

(iii)　$p<0$ のとき，y は $\theta=$ **シ** で最大値 **ス** をとる。

キ ～ **ケ** ， **サ** ， **ス** の解答群（同じものを繰り返し選んでもよい。）

⓪ -1	① 1	② $-p$
③ p	④ $1-p$	⑤ $1+p$
⑥ $-p^2$	⑦ p^2	⑧ $1-p^2$
⑨ $1+p^2$	ⓐ $(1-p)^2$	ⓑ $(1+p)^2$

コ ， **シ** の解答群（同じものを繰り返し選んでもよい。）

⓪ 0	① α	② $\frac{\pi}{2}$

（数学Ⅱ第1問は次ページに続く。）

〔2〕 二つの関数 $f(x)=\dfrac{2^x+2^{-x}}{2}$，$g(x)=\dfrac{2^x-2^{-x}}{2}$ について考える。

(1) $f(0)=$ セ，$g(0)=$ ソ である。また，$f(x)$ は相加平均と相乗平均の関係から，$x=$ タ で最小値 チ をとる。

$g(x)=-2$ となる x の値は $\log_2\left(\sqrt{\boxed{ツ}}-\boxed{テ}\right)$ である。

(2) 次の①～④は，x にどのような値を代入してもつねに成り立つ。

$f(-x)=$ ト ……………………… ①

$g(-x)=$ ナ ……………………… ②

$\{f(x)\}^2-\{g(x)\}^2=$ ニ ……………………… ③

$g(2x)=$ ヌ $f(x)g(x)$ ……………………… ④

ト，ナ の解答群（同じものを繰り返し選んでもよい。）

⓪ $f(x)$	① $-f(x)$	② $g(x)$	③ $-g(x)$

（数学Ⅱ第1問は次ページに続く。）

⑶　花子さんと太郎さんは，$f(x)$ と $g(x)$ の性質について話している。

花子：①～④ は三角関数の性質に似ているね。

太郎：三角関数の加法定理に類似した式(A)～(D)を考えてみたけど，つねに成り立つ式はあるだろうか。

花子：成り立たない式を見つけるために，式(A)～(D)の β に何か具体的な値を代入して調べてみたらどうかな。

太郎さんが考えた式

$f(\alpha-\beta)=f(\alpha)g(\beta)+g(\alpha)f(\beta)$ ………………………… (A)

$f(\alpha+\beta)=f(\alpha)f(\beta)+g(\alpha)g(\beta)$ ………………………… (B)

$g(\alpha-\beta)=f(\alpha)f(\beta)+g(\alpha)g(\beta)$ ………………………… (C)

$g(\alpha+\beta)=f(\alpha)g(\beta)-g(\alpha)f(\beta)$ ………………………… (D)

⑴，⑵で示されたことのいくつかを利用すると，式(A)～(D)のうち，［ネ］以外の三つは成り立たないことがわかる。［ネ］は左辺と右辺をそれぞれ計算することによって成り立つことが確かめられる。

［ネ］の解答群

⓪ (A)　① (B)　② (C)　③ (D)

第2問 (配点　30)

(1)　座標平面上で，次の二つの2次関数のグラフについて考える。

$y = 3x^2 + 2x + 3$　…………………………… ①

$y = 2x^2 + 2x + 3$　…………………………… ②

①，②の2次関数のグラフには次の**共通点**がある。

共通点

- y 軸との交点の y 座標は［ア］である。
- y 軸との交点における接線の方程式は $y =$［イ］$x +$［ウ］である。

次の⓪～⑤の2次関数のグラフのうち，y 軸との交点における接線の方程式が $y =$［イ］$x +$［ウ］となるものは［エ］である。

［エ］の解答群

⓪　$y = 3x^2 - 2x - 3$	①　$y = -3x^2 + 2x - 3$
②　$y = 2x^2 + 2x - 3$	③　$y = 2x^2 - 2x + 3$
④　$y = -x^2 + 2x + 3$	⑤　$y = -x^2 - 2x + 3$

a，b，c を0でない実数とする。

曲線 $y = ax^2 + bx + c$ 上の点$\left(0,\ ［オ］\right)$における接線を ℓ とすると，

その方程式は $y =$［カ］$x +$［キ］である。

(数学Ⅱ第2問は次ページに続く。)

接線 ℓ と x 軸との交点の x 座標は $\dfrac{\boxed{\text{クケ}}}{\boxed{\text{コ}}}$ である。

a, b, c が正の実数であるとき，曲線 $y = ax^2 + bx + c$ と接線 ℓ および直線

$x = \dfrac{\boxed{\text{クケ}}}{\boxed{\text{コ}}}$ で囲まれた図形の面積を S とすると

$$S = \frac{ac^{\boxed{\text{サ}}}}{\boxed{\text{シ}}\,b^{\boxed{\text{ス}}}} \quad \cdots\cdots\cdots\cdots\cdots\cdots\cdots ③$$

である。

③において，$a = 1$ とし，S の値が一定となるように正の実数 b, c の値を変化させる。このとき，b と c の関係を表すグラフの概形は $\boxed{\text{セ}}$ である。

$\boxed{\text{セ}}$ については，最も適当なものを，次の⓪～⑤のうちから一つ選べ。

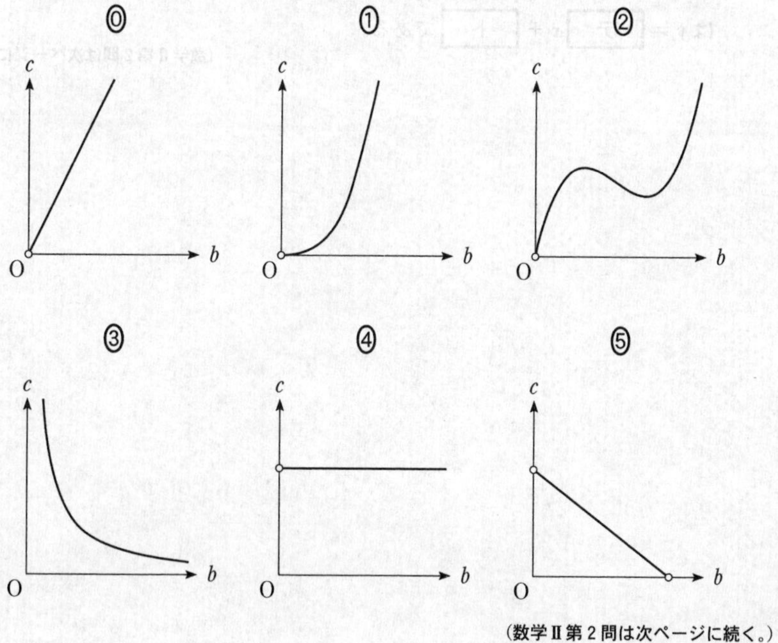

(数学Ⅱ第2問は次ページに続く。)

⑵　座標平面上で，次の三つの３次関数のグラフについて考える。

$y = 4x^3 + 2x^2 + 3x + 5$ ……………………………… ④

$y = -2x^3 + 7x^2 + 3x + 5$ ……………………………… ⑤

$y = 5x^3 - x^2 + 3x + 5$ ……………………………… ⑥

④，⑤，⑥の３次関数のグラフには次の**共通点**がある。

共通点

・y 軸との交点の y 座標は［ソ］である。

・y 軸との交点における接線の方程式は $y =$［タ］$x +$［チ］である。

a，b，c，d を０でない実数とする。

曲線 $y = ax^3 + bx^2 + cx + d$ 上の点（0，［ツ］）における接線の方程式は $y =$［テ］$x +$［ト］である。

（数学Ⅱ第２問は次ページに続く。）

次に，$f(x)=ax^3+bx^2+cx+d$，$g(x)=$ テ $x+$ ト とし，

$f(x)-g(x)$について考える。

$h(x)=f(x)-g(x)$とおく。a，b，c，dが正の実数であるとき，$y=h(x)$

のグラフの概形は ナ である。

$y=f(x)$のグラフと$y=g(x)$のグラフの共有点のx座標は $\dfrac{\text{ニヌ}}{\text{ネ}}$

と ノ である。また，xが $\dfrac{\text{ニヌ}}{\text{ネ}}$ と ノ の間を動くとき，

$|f(x)-g(x)|$の値が最大となるのは，$x=\dfrac{\text{ハヒフ}}{\text{ヘホ}}$のときである。

ナ については，最も適当なものを，次の⓪～⑤のうちから一つ選べ。

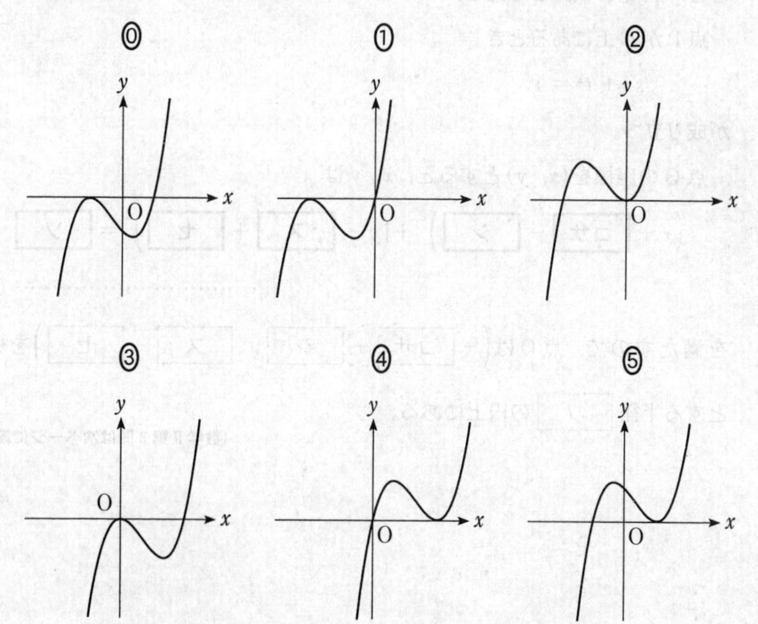

第3問 (配点 20)

a は $a>1$ を満たす定数とする。また，座標平面上に点 $\mathrm{M}(2,\ -1)$ がある。M と異なる点 $\mathrm{P}(s,\ t)$ に対して，点Qを，3点M，P，Qがこの順に同一直線上に並び，線分MQの長さが線分MPの長さの a 倍となるようにとる。

(1) 点Pは線分MQを $1:\left(\boxed{\text{ア}}-\boxed{\text{イ}}\right)$ に内分する。よって，点Qの座標を $(x,\ y)$ とすると

$$s=\frac{x+\boxed{\text{ウエ}}-\boxed{\text{オ}}}{\boxed{\text{カ}}},\quad t=\frac{y-\boxed{\text{キ}}+\boxed{\text{ク}}}{\boxed{\text{ケ}}}$$

である。

(2) 座標平面上に原点Oを中心とする半径1の円 C がある。点Pが C 上を動くとき，点Qの軌跡を考える。

点Pが C 上にあるとき

$$s^2+t^2=1$$

が成り立つ。

点Qの座標を $(x,\ y)$ とすると，$x,\ y$ は

$$\left(x+\boxed{\text{コサ}}-\boxed{\text{シ}}\right)^2+\left(y-\boxed{\text{ス}}+\boxed{\text{セ}}\right)^2=\boxed{\text{ソ}}^2 \quad \cdots\cdots\cdots ①$$

を満たすので，点Qは $\left(-\boxed{\text{コサ}}+\boxed{\text{シ}},\ \boxed{\text{ス}}-\boxed{\text{セ}}\right)$ を中心とする半径 $\boxed{\text{ソ}}$ の円上にある。

(数学Ⅱ第3問は次ページに続く。)

(3) kを正の定数とし，直線$\ell: x+y-k=0$と円$C: x^2+y^2=1$は接しているとする。このとき，$k=\sqrt{\boxed{タ}}$である。

点Pがℓ上を動くとき，点Q(x, y)の軌跡の方程式は

$$x+y+\left(\boxed{チ}-\sqrt{\boxed{ツ}}\right)a-\boxed{テ}=0 \quad \cdots\cdots\cdots\cdots \text{②}$$

であり，点Qの軌跡はℓと平行な直線である。

(4) (2)の①が表す円をC_a，(3)の②が表す直線をℓ_aとする。C_aの中心とℓ_aの距離は$\boxed{ト}$であり，C_aとℓ_aは$\boxed{ナ}$。

$\boxed{ト}$の解答群

⓪ $a+1$	① $a-1$	② a
③ $\frac{\sqrt{2}}{2}a$	④ $\frac{\sqrt{2}}{2}(a+1)$	⑤ $\frac{\sqrt{2}}{2}(a-1)$
⑥ $\frac{2+\sqrt{2}}{2}a$	⑦ $\frac{2-\sqrt{2}}{2}a$	

$\boxed{ナ}$の解答群

⓪ aの値によらず，２点で交わる

① aの値によらず，接する

② aの値によらず，共有点をもたない

③ aの値によらず共有点をもつが，aの値によって，２点で交わる場合と接する場合がある

④ aの値によって，共有点をもつ場合と共有点をもたない場合がある

第4問 (配点 20)

k を実数とし，x の整式 $P(x)$ を

$$P(x)=x^4+(k-1)x^2+(6-2k)x+3k$$

とする。

(1) $k=0$ とする。このとき

$$P(x)=x\left(x^3-x+\boxed{\text{ア}}\right)$$

である。また，$P(-2)=\boxed{\text{イ}}$ である。これらのことにより，$P(x)$ は

$$P(x)=x\left(x+\boxed{\text{ウ}}\right)(x^2-2x+3)$$

と因数分解できる。

また，方程式 $P(x)=0$ の虚数解は $\boxed{\text{エ}}\pm\sqrt{\boxed{\text{オ}}}\,i$ である。

(2) $k=3$ とすると，$P(x)$ を x^2-2x+3 で割ることにより

$$P(x)=\left(x^2+\boxed{\text{カ}}x+\boxed{\text{キ}}\right)(x^2-2x+3)$$

が成り立つことがわかる。

(数学Ⅱ第4問は次ページに続く。)

(3)　(1)，(2)の結果を踏まえると，次の**予想**が立てられる。

予想

kがどのような実数であっても，$P(x)$はx^2-2x+3で割り切れる。

この**予想**が正しいとすると，ある実数m，nに対して

$$P(x)=(x^2+mx+n)(x^2-2x+3)$$

が成り立つ。この式のx^3の係数に着目することにより，$m=$ ［ク］ が得られる。また，定数項に着目することにより，$n=k$が得られる。

このとき，実際に

$$\left(x^2+\boxed{\text{ク}}\,x+k\right)(x^2-2x+3)$$

$$=x^4+(k-1)x^2+(6-2k)x+3k$$

が成り立つことが計算により確かめられ，この**予想**が正しいことがわかる。

(4)　方程式$P(x)=0$が実数解をもたないようなkの値の範囲は

$k>$ ［ケ］

である。

MEMO

数学Ⅰ・数学A
数学Ⅱ・数学B

（2021年１月実施）

2021
第2日程

数学Ⅰ・数学A　70分　100点
数学Ⅱ・数学B　60分　100点

数学Ⅰ・数学A

問　題	選　択　方　法
第1問	必　　答
第2問	必　　答
第3問	いずれか2問を選択し，解答しなさい。
第4問	
第5問	

（注）この科目には，選択問題があります。(86ページ参照。)

第1問 (必答問題)(配点　30)

〔1〕 a, bを定数とするとき，xについての不等式

$$|ax - b - 7| < 3 \quad \cdots\cdots\cdots ①$$

を考える。

(1) $a = -3$, $b = -2$とする。①を満たす整数全体の集合をPとする。この集合Pを，要素を書き並べて表すと

$P = \{$ **アイ** , **ウエ** $\}$

となる。ただし， アイ ， ウエ の解答の順序は問わない。

(2) $a = \frac{1}{\sqrt{2}}$とする。

(i) $b = 1$のとき，①を満たす整数は全部で **オ** 個である。

(ii) ①を満たす整数が全部で(オ $+1$)個であるような正の整数bのうち，最小のものは **カ** である。

(数学Ⅰ・数学A第1問は次ページに続く。)

〔2〕 平面上に2点A，Bがあり，AB = 8である。直線AB上にない点Pをとり，△ABPをつくり，その外接円の半径をRとする。

太郎さんは，図1のように，コンピュータソフトを使って点Pをいろいろな位置にとった。

図1は，点Pをいろいろな位置にとったときの△ABPの外接円をかいたものである。

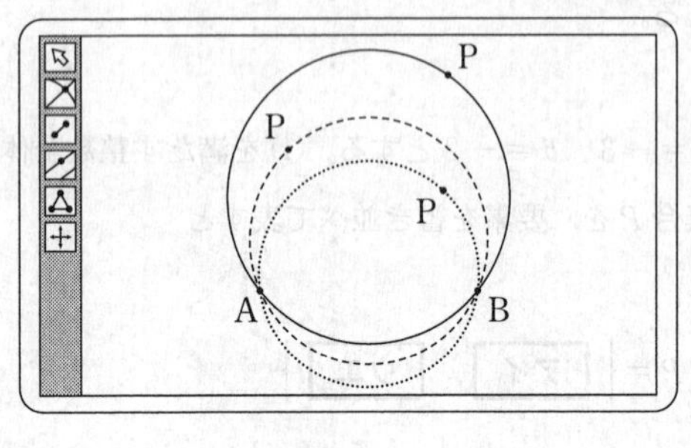

図　1

(1) 太郎さんは，点Pのとり方によって外接円の半径が異なることに気づき，次の**問題1**を考えることにした。

問題1　点Pをいろいろな位置にとるとき，外接円の半径Rが最小となる△ABPはどのような三角形か。

正弦定理により，$2R = \dfrac{\boxed{\text{キ}}}{\sin\angle\text{APB}}$ である。よって，Rが最小となるのは $\angle\text{APB} = \boxed{\text{クケ}}^\circ$ の三角形である。このとき，$R = \boxed{\text{コ}}$ である。

（数学Ⅰ・数学A第1問は次ページに続く。）

(2) 太郎さんは，図2のように，**問題1**の点Pのとり方に条件を付けて，次の**問題2**を考えた。

> **問題2**　直線ABに平行な直線をℓとし，直線ℓ上で点Pをいろいろな位置にとる。このとき，外接円の半径Rが最小となる△ABPはどのような三角形か。

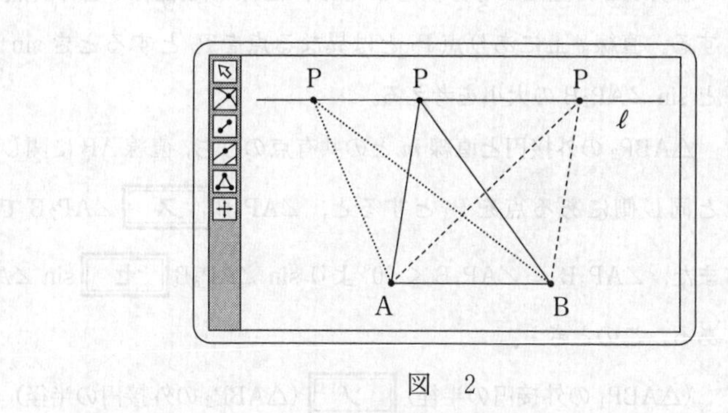

図　2

太郎さんは，この問題を解決するために，次の構想を立てた。

問題2の解決の構想

問題1の考察から，線分ABを直径とする円をCとし，円Cに着目する。直線ℓは，その位置によって，円Cと共有点をもつ場合ともたない場合があるので，それぞれの場合に分けて考える。

直線ABと直線ℓとの距離をhとする。直線ℓが円Cと共有点をもつ場合は，$h \leqq$ **サ** のときであり，共有点をもたない場合は，$h >$ サ のときである。

(数学Ⅰ・数学A第1問は次ページに続く。)

(i) $h \leqq$ [サ] のとき

直線 ℓ が円Cと共有点をもつので，R が最小となる△ABPは，

$h <$ [サ] のとき [シ] であり，$h =$ [サ] のとき直角二等辺三角形である。

(ii) $h >$ [サ] のとき

線分ABの垂直二等分線を m とし，直線 m と直線 ℓ との交点を P_1 とする。直線 ℓ 上にあり点 P_1 とは異なる点を P_2 とするとき $\sin \angle AP_1B$ と $\sin \angle AP_2B$ の大小を考える。

$\triangle ABP_2$ の外接円と直線 m との共有点のうち，直線ABに関して点 P_2 と同じ側にある点を P_3 とすると，$\angle AP_3B$ [ス] $\angle AP_2B$ である。

また，$\angle AP_3B < \angle AP_1B < 90°$ より $\sin \angle AP_3B$ [セ] $\sin \angle AP_1B$ である。このとき

($\triangle ABP_1$ の外接円の半径) [ソ] ($\triangle ABP_2$ の外接円の半径)

であり，R が最小となる△ABPは [タ] である。

[シ]，[タ] については，最も適当なものを，次の⓪～④のうちから一つずつ選べ。ただし，同じものを繰り返し選んでもよい。

⓪ 鈍角三角形	① 直角三角形	② 正三角形
③ 二等辺三角形	④ 直角二等辺三角形	

[ス] ～ [ソ] の解答群（同じものを繰り返し選んでもよい。）

⓪ <	① ＝	② >

（数学Ⅰ・数学A第１問は次ページに続く。）

(3) **問題2**の考察を振り返って，$h = 8$ のとき，△ABPの外接円の半径 R が最小である場合について考える。このとき，$\sin \angle \mathrm{APB} = \dfrac{\boxed{チ}}{\boxed{ツ}}$ であり，$R = \boxed{テ}$ である。

第2問 (必答問題)(配点　30)

〔1〕 花子さんと太郎さんのクラスでは，文化祭でたこ焼き店を出店することになった。二人は1皿あたりの価格をいくらにするかを検討している。次の表は，過去の文化祭でのたこ焼き店の売り上げデータから，1皿あたりの価格と売り上げ数の関係をまとめたものである。

1皿あたりの価格(円)	200	250	300
売り上げ数(皿)	200	150	100

(1) まず，二人は，上の表から，1皿あたりの価格が50円上がると売り上げ数が50皿減ると考えて，売り上げ数が1皿あたりの価格の1次関数で表されると仮定した。このとき，1皿あたりの価格を x 円とおくと，売り上げ数は

$$\boxed{\text{アイウ}} - x \quad \cdots\cdots\cdots\cdots ①$$

と表される。

(2) 次に，二人は，利益の求め方について考えた。

花子：利益は，売り上げ金額から必要な経費を引けば求められるよ。
太郎：売り上げ金額は，1皿あたりの価格と売り上げ数の積で求まるね。
花子：必要な経費は，たこ焼き用器具の賃貸料と材料費の合計だね。
材料費は，売り上げ数と1皿あたりの材料費の積になるね。

(数学Ⅰ・数学A第2問は次ページに続く。)

二人は，次の三つの条件のもとで，1皿あたりの価格 x を用いて利益を表すことにした。

（条件1）　1皿あたりの価格が x 円のときの売り上げ数として ① を用いる。

（条件2）　材料は，① により得られる売り上げ数に必要な分量だけ仕入れる。

（条件3）　1皿あたりの材料費は160円である。たこ焼き用器具の賃貸料は6000円である。材料費とたこ焼き用器具の賃貸料以外の経費はない。

利益を y 円とおく。y を x の式で表すと

$$y = -x^2 + \boxed{\text{エオカ}}\,x - \boxed{\text{キ}} \times 10000 \quad \cdots\cdots\cdots\cdots ②$$

である。

(3)　太郎さんは利益を最大にしたいと考えた。② を用いて考えると，利益が最大になるのは1皿あたりの価格が **クケコ** 円のときであり，そのときの利益は **サシスセ** 円である。

(4)　花子さんは，利益を7500円以上となるようにしつつ，できるだけ安い価格で提供したいと考えた。② を用いて考えると，利益が7500円以上となる1皿あたりの価格のうち，最も安い価格は **ソタチ** 円となる。

（数学Ⅰ・数学A第2問は次ページに続く。）

〔2〕 総務省が実施している国勢調査では都道府県ごとの総人口が調べられており，その内訳として日本人人口と外国人人口が公表されている。また，外務省では旅券(パスポート)を取得した人数を都道府県ごとに公表している。加えて，文部科学省では都道府県ごとの小学校に在籍する児童数を公表している。

そこで，47 都道府県の，人口 1 万人あたりの外国人人口(以下，外国人数)，人口 1 万人あたりの小学校児童数(以下，小学生数)，また，日本人 1 万人あたりの旅券を取得した人数(以下，旅券取得者数)を，それぞれ計算した。

(数学Ⅰ・数学A第 2 問は次ページに続く。)

(1) 図1は，2010年における47都道府県の，旅券取得者数(横軸)と小学生数(縦軸)の関係を黒丸で，また，旅券取得者数(横軸)と外国人数(縦軸)の関係を白丸で表した散布図である。

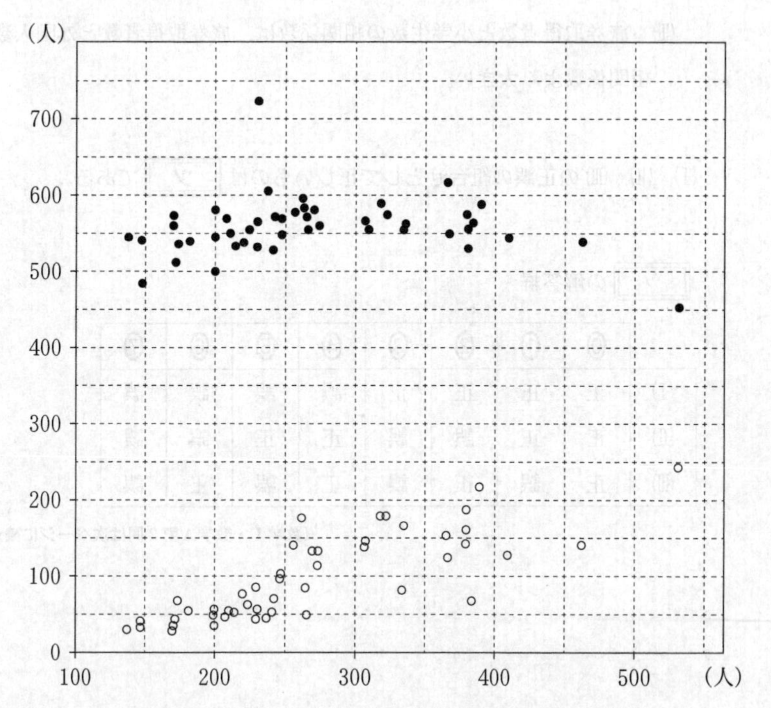

図1　2010年における，旅券取得者数と小学生数の散布図(黒丸)，
旅券取得者数と外国人数の散布図(白丸)

(出典：外務省，文部科学省および総務省のWebページにより作成)

(数学Ⅰ・数学A第2問は次ページに続く。)

次の(Ⅰ), (Ⅱ), (Ⅲ)は図1の散布図に関する記述である。

(Ⅰ)　小学生数の四分位範囲は，外国人数の四分位範囲より大きい。

(Ⅱ)　旅券取得者数の範囲は，外国人数の範囲より大きい。

(Ⅲ)　旅券取得者数と小学生数の相関係数は，旅券取得者数と外国人数の相関係数より大きい。

(Ⅰ), (Ⅱ), (Ⅲ)の正誤の組合せとして正しいものは ツ である。

ツ の解答群

	⓪	①	②	③	④	⑤	⑥	⑦
(Ⅰ)	正	正	正	正	誤	誤	誤	誤
(Ⅱ)	正	正	誤	誤	正	正	誤	誤
(Ⅲ)	正	誤	正	誤	正	誤	正	誤

(数学Ⅰ・数学A第2問は次ページに続く。)

(2) 一般に，度数分布表

階級値	x_1	x_2	x_3	x_4	…	x_k	計
度数	f_1	f_2	f_3	f_4	…	f_k	n

が与えられていて，各階級に含まれるデータの値がすべてその階級値に等しいと仮定すると，平均値 $\overline{x}$ は

$$\overline{x}=\frac{1}{n}(x_1f_1+x_2f_2+x_3f_3+x_4f_4+\cdots+x_kf_k)$$

で求めることができる。さらに階級の幅が一定で，その値が h のときは

$$x_2=x_1+h,\ x_3=x_1+2h,\ x_4=x_1+3h,\ \cdots,\ x_k=x_1+(k-1)h$$

に注意すると

$$\overline{x}=\boxed{テ}$$

と変形できる。

テ については，最も適当なものを，次の⓪～④のうちから一つ選べ。

⓪ $\dfrac{x_1}{n}(f_1+f_2+f_3+f_4+\cdots+f_k)$

① $\dfrac{h}{n}(f_1+2f_2+3f_3+4f_4+\cdots+kf_k)$

② $x_1+\dfrac{h}{n}(f_2+f_3+f_4+\cdots+f_k)$

③ $x_1+\dfrac{h}{n}\{f_2+2f_3+3f_4+\cdots+(k-1)f_k\}$

④ $\dfrac{1}{2}(f_1+f_k)x_1-\dfrac{1}{2}(f_1+kf_k)$

（数学Ⅰ・数学A第2問は次ページに続く。）

図 2 は，2008 年における 47 都道府県の旅券取得者数のヒストグラムである。なお，ヒストグラムの各階級の区間は，左側の数値を含み，右側の数値を含まない。

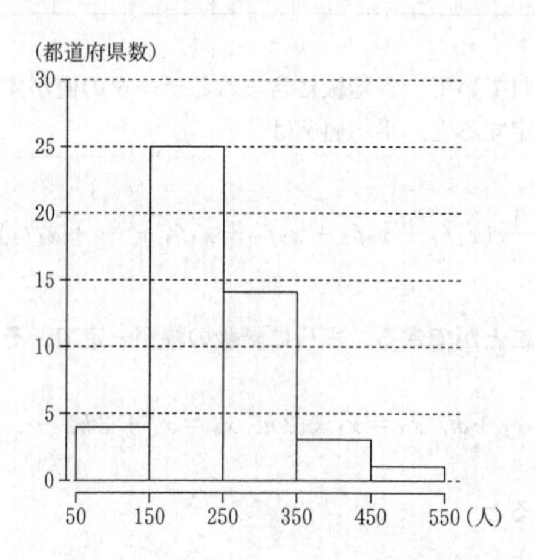

図 2　2008 年における旅券取得者数のヒストグラム

(出典：外務省の Web ページにより作成)

図 2 のヒストグラムに関して，各階級に含まれるデータの値がすべてその階級値に等しいと仮定する。このとき，平均値 $\bar{x}$ は小数第 1 位を四捨五入すると [トナニ] である。

(数学Ⅰ・数学A第 2 問は次ページに続く。)

(3)　一般に，度数分布表

階級値	x_1	x_2	…	x_k	計
度数	f_1	f_2	…	f_k	n

が与えられていて，各階級に含まれるデータの値がすべてその階級値に等しいと仮定すると，分散 s^2 は

$$s^2=\frac{1}{n}\left\{(x_1-\overline{x})^2f_1+(x_2-\overline{x})^2f_2+\cdots+(x_k-\overline{x})^2f_k\right\}$$

で求めることができる。さらに s^2 は

$$s^2=\frac{1}{n}\left\{(x_1^2f_1+x_2^2f_2+\cdots+x_k^2f_k)-2\overline{x}\times\boxed{\text{ヌ}}+(\overline{x})^2\times\boxed{\text{ネ}}\right\}$$

と変形できるので

$$s^2=\frac{1}{n}(x_1^2f_1+x_2^2f_2+\cdots+x_k^2f_k)-\boxed{\text{ノ}}\quad\cdots\cdots\cdots\cdots\cdots\text{①}$$

である。

［ヌ］～［ノ］の解答群(同じものを繰り返し選んでもよい。)

⓪ n	① n^2	② $\overline{x}$	③ $n\overline{x}$	④ $2n\overline{x}$
⑤ $n^2\overline{x}$	⑥ $(\overline{x})^2$	⑦ $n(\overline{x})^2$	⑧ $2n(\overline{x})^2$	⑨ $3n(\overline{x})^2$

(数学Ⅰ・数学Ａ第２問は次ページに続く。)

図3は，図2を再掲したヒストグラムである。

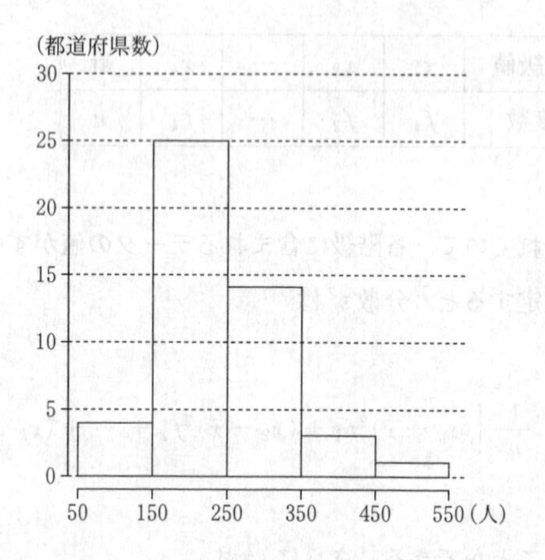

図3　2008年における旅券取得者数のヒストグラム

(出典：外務省のWebページにより作成)

図3のヒストグラムに関して，各階級に含まれるデータの値がすべてその階級値に等しいと仮定すると，平均値 $\bar{x}$ は(2)で求めた [トナニ] である。[トナニ] の値と式①を用いると，分散 s^2 は [ハ] である。

[ハ] については，最も近いものを，次の⓪～⑦のうちから一つ選べ。

⓪ 3900	① 4900	② 5900	③ 6900
④ 7900	⑤ 8900	⑥ 9900	⑦ 10900

第3問〜第5問は，いずれか2問を選択し，解答しなさい。

第3問 （選択問題）（配点　20）

二つの袋A，Bと一つの箱がある。Aの袋には赤球2個と白球1個が入っており，Bの袋には赤球3個と白球1個が入っている。また，箱には何も入っていない。

(1) A，Bの袋から球をそれぞれ1個ずつ同時に取り出し，球の色を調べずに箱に入れる。

(i) 箱の中の2個の球のうち少なくとも1個が赤球である確率は $\dfrac{\boxed{\text{アイ}}}{\boxed{\text{ウエ}}}$ である。

(ii) 箱の中をよくかき混ぜてから球を1個取り出すとき，取り出した球が赤球である確率は $\dfrac{\boxed{\text{オカ}}}{\boxed{\text{キク}}}$ であり，取り出した球が赤球であったときに，それがBの袋に入っていたものである条件付き確率は $\dfrac{\boxed{\text{ケ}}}{\boxed{\text{コサ}}}$ である。

（数学Ⅰ・数学A第3問は次ページに続く。）

(2) A，Bの袋から球をそれぞれ2個ずつ同時に取り出し，球の色を調べずに箱に入れる。

(i) 箱の中の4個の球のうち，ちょうど2個が赤球である確率は $\frac{\boxed{シ}}{\boxed{ス}}$ である。また，箱の中の4個の球のうち，ちょうど3個が赤球である確率は $\frac{\boxed{セ}}{\boxed{ソ}}$ である。

(ii) 箱の中をよくかき混ぜてから球を2個同時に取り出すとき，どちらの球も赤球である確率は $\frac{\boxed{タチ}}{\boxed{ツテ}}$ である。また，取り出した2個の球がどちらも赤球であったときに，それらのうちの1個のみがBの袋に入っていたものである条件付き確率は $\frac{\boxed{トナ}}{\boxed{ニヌ}}$ である。

第3問～第5問は，いずれか2問を選択し，解答しなさい。

第4問 （選択問題）（配点　20）

正の整数 m に対して

$$a^2 + b^2 + c^2 + d^2 = m,\ a \geqq b \geqq c \geqq d \geqq 0 \quad \cdots\cdots\cdots\cdots\cdots\cdots ①$$

を満たす整数 a，b，c，d の組がいくつあるかを考える。

(1) $m = 14$ のとき，① を満たす整数 a，b，c，d の組 $(a,\ b,\ c,\ d)$ は

([ア] , [イ] , [ウ] , [エ])

のただ一つである。

また，$m = 28$ のとき，① を満たす整数 a，b，c，d の組の個数は [オ] 個である。

(2) a が奇数のとき，整数 n を用いて $a = 2n + 1$ と表すことができる。このとき，$n(n + 1)$ は偶数であるから，次の条件がすべての奇数 a で成り立つような正の整数 h のうち，最大のものは $h =$ [カ] である。

条件：$a^2 - 1$ は h の倍数である。

よって，a が奇数のとき，a^2 を [カ] で割ったときの余りは1である。

また，a が偶数のとき，a^2 を [カ] で割ったときの余りは，0または4のいずれかである。

（数学Ⅰ・数学A第4問は次ページに続く。）

(3) (2)により，$a^2+b^2+c^2+d^2$ が [カ] の倍数ならば，整数 a, b, c, d のうち，偶数であるものの個数は [キ] 個である。

(4) (3)を用いることにより，m が [カ] の倍数であるとき，①を満たす整数 a, b, c, d が求めやすくなる。

例えば，$m=224$ のとき，①を満たす整数 a, b, c, d の組 (a, b, c, d) は

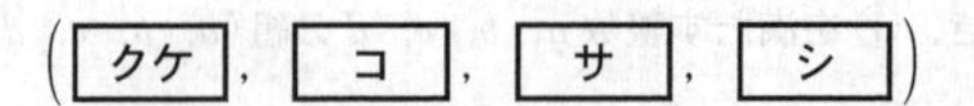

のただ一つであることがわかる。

(5) 7の倍数で896の約数である正の整数 m のうち，①を満たす整数 a, b, c, d の組の個数が [オ] 個であるものの個数は [ス] 個であり，そのうち最大のものは $m=$ [セソタ] である。

第3問～第5問は，いずれか2問を選択し，解答しなさい。

第5問 （選択問題）（配点　20）

点Zを端点とする半直線ZXと半直線ZYがあり，$0^\circ < \angle XZY < 90^\circ$ とする。また，$0^\circ < \angle SZX < \angle XZY$ かつ $0^\circ < \angle SZY < \angle XZY$ を満たす点Sをとる。点Sを通り，半直線ZXと半直線ZYの両方に接する円を作図したい。

円Oを，次の(Step 1)～(Step 5)の**手順**で作図する。

手順

(Step 1)　$\angle XZY$ の二等分線 ℓ 上に点Cをとり，下図のように半直線ZXと半直線ZYの両方に接する円Cを作図する。また，円Cと半直線ZXとの接点をD，半直線ZYとの接点をEとする。

(Step 2)　円Cと直線ZSとの交点の一つをGとする。

(Step 3)　半直線ZX上に点HをDG//HSを満たすようにとる。

(Step 4)　点Hを通り，半直線ZXに垂直な直線を引き，ℓ との交点をOとする。

(Step 5)　点Oを中心とする半径OHの円Oをかく。

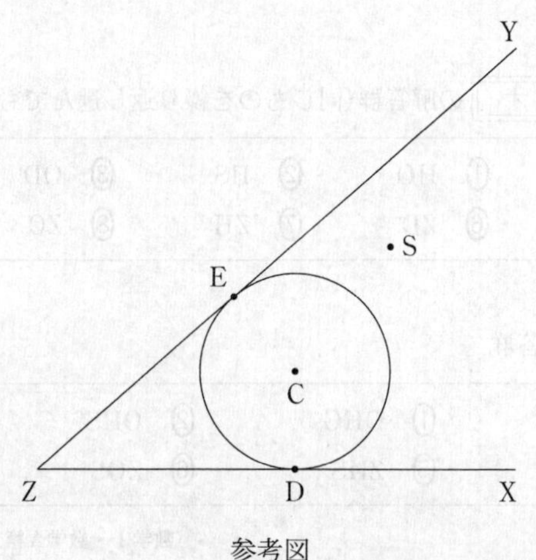

参考図

（数学Ⅰ・数学A第5問は次ページに続く。）

(1) (Step 1)～(Step 5)の**手順**で作図した円Oが求める円であることは，次の**構想**に基づいて下のように説明できる。

構想

円Oが点Sを通り，半直線ZXと半直線ZYの両方に接する円であることを示すには，OH＝［ア］が成り立つことを示せばよい。

作図の**手順**より，△ZDGと△ZHSとの関係，および△ZDCと△ZHOとの関係に着目すると

DG：［イ］＝［ウ］：［エ］

DC：［オ］＝［ウ］：［エ］

であるから，DG：［イ］＝DC：［オ］となる。

ここで，3点S，O，Hが一直線上にない場合は，∠CDG＝∠［カ］であるので，△CDGと△［カ］との関係に着目すると，CD＝CGより OH＝［ア］であることがわかる。

なお，3点S，O，Hが一直線上にある場合は，DG＝［キ］DCとなり，DG：［イ］＝DC：［オ］よりOH＝［ア］であることがわかる。

［ア］～［オ］の解答群(同じものを繰り返し選んでもよい。)

⓪ DH	① HO	② HS	③ OD	④ OG
⑤ OS	⑥ ZD	⑦ ZH	⑧ ZO	⑨ ZS

［カ］の解答群

⓪ OHD	① OHG	② OHS	③ ZDS
④ ZHG	⑤ ZHS	⑥ ZOS	⑦ ZCG

(数学Ⅰ・数学A第5問は次ページに続く。)

(2)　点Sを通り，半直線ZXと半直線ZYの両方に接する円は二つ作図できる。特に，点Sが$\angle XZY$の二等分線ℓ上にある場合を考える。半径が大きい方の円の中心をO_1とし，半径が小さい方の円の中心をO_2とする。また，円O_2と半直線ZYが接する点をIとする。円O_1と半直線ZYが接する点をJとし，円O_1と半直線ZXが接する点をKとする。

作図をした結果，円O_1の半径は5，円O_2の半径は3であったとする。このとき，$IJ = \boxed{ク}\sqrt{\boxed{ケコ}}$である。さらに，円$O_1$と円$O_2$の接点Sにおける共通接線と半直線ZYとの交点をLとし，直線LKと円O_1との交点で点Kとは異なる点をMとすると

$$LM \cdot LK = \boxed{サシ}$$

である。

また，$ZI = \boxed{ス}\sqrt{\boxed{セソ}}$であるので，直線LKと直線$\ell$との交点をNとすると

$$\frac{LN}{NK} = \frac{\boxed{タ}}{\boxed{チ}}, \quad SN = \frac{\boxed{ツ}}{\boxed{テ}}$$

である。

数学Ⅱ・数学B

<table>
<tr><th>問　題</th><th>選　択　方　法</th></tr>
<tr><td>第1問</td><td>必　　答</td></tr>
<tr><td>第2問</td><td>必　　答</td></tr>
<tr><td>第3問</td><td rowspan="3">いずれか2問を選択し，解答しなさい。</td></tr>
<tr><td>第4問</td></tr>
<tr><td>第5問</td></tr>
</table>

（注）この科目には，選択問題があります。（108ページ参照。）

第1問　（必答問題）（配点　30）

〔1〕

(1)　$\log_{10} 10 =$ [ア] である。また，$\log_{10} 5$，$\log_{10} 15$ をそれぞれ $\log_{10} 2$ と $\log_{10} 3$ を用いて表すと

$$\log_{10} 5 = \boxed{イ}\log_{10} 2 + \boxed{ウ}$$

$$\log_{10} 15 = \boxed{エ}\log_{10} 2 + \log_{10} 3 + \boxed{オ}$$

となる。

（数学Ⅱ・数学B第1問は次ページに続く。）

(2) 太郎さんと花子さんは，15^{20} について話している。

以下では，$\log_{10} 2 = 0.3010$，$\log_{10} 3 = 0.4771$ とする。

太郎：15^{20} は何桁の数だろう。

花子：15 の 20 乗を求めるのは大変だね。$\log_{10} 15^{20}$ の整数部分に着目してみようよ。

$\log_{10} 15^{20}$ は

$$\boxed{\text{カキ}} < \log_{10} 15^{20} < \boxed{\text{カキ}} + 1$$

を満たす。よって，15^{20} は $\boxed{\text{クケ}}$ 桁の数である。

太郎：15^{20} の最高位の数字も知りたいね。だけど，$\log_{10} 15^{20}$ の整数部分にだけ着目してもわからないな。

花子：$N \cdot 10^{\boxed{\text{カキ}}} < 15^{20} < (N + 1) \cdot 10^{\boxed{\text{カキ}}}$ を満たすような正の整数 N に着目してみたらどうかな。

$\log_{10} 15^{20}$ の小数部分は $\log_{10} 15^{20} - \boxed{\text{カキ}}$ であり

$$\log_{10} \boxed{\text{コ}} < \log_{10} 15^{20} - \boxed{\text{カキ}} < \log_{10}\left(\boxed{\text{コ}} + 1\right)$$

が成り立つので，15^{20} の最高位の数字は $\boxed{\text{サ}}$ である。

(数学Ⅱ・数学B第1問は次ページに続く。)

〔2〕 座標平面上の原点を中心とする半径1の円周上に3点 $P(\cos\theta,\ \sin\theta)$, $Q(\cos\alpha,\ \sin\alpha)$, $R(\cos\beta,\ \sin\beta)$ がある。ただし, $0 \leqq \theta < \alpha < \beta < 2\pi$ とする。このとき, s と t を次のように定める。

$$s = \cos\theta + \cos\alpha + \cos\beta,\quad t = \sin\theta + \sin\alpha + \sin\beta$$

(1) △PQR が正三角形や二等辺三角形のときの s と t の値について考察しよう。

考察 1

△PQR が正三角形である場合を考える。

この場合, α, β を θ で表すと

$$\alpha = \theta + \frac{\boxed{シ}}{3}\pi,\ \beta = \theta + \frac{\boxed{ス}}{3}\pi$$

であり, 加法定理により

$$\cos\alpha = \boxed{セ},\ \sin\alpha = \boxed{ソ}$$

である。同様に, $\cos\beta$ および $\sin\beta$ を, $\sin\theta$ と $\cos\theta$ を用いて表すことができる。

これらのことから, $s = t = \boxed{タ}$ である。

$\boxed{セ}$, $\boxed{ソ}$ の解答群(同じものを繰り返し選んでもよい。)

⓪ $\frac{1}{2}\sin\theta + \frac{\sqrt{3}}{2}\cos\theta$	① $\frac{\sqrt{3}}{2}\sin\theta + \frac{1}{2}\cos\theta$
② $\frac{1}{2}\sin\theta - \frac{\sqrt{3}}{2}\cos\theta$	③ $\frac{\sqrt{3}}{2}\sin\theta - \frac{1}{2}\cos\theta$
④ $-\frac{1}{2}\sin\theta + \frac{\sqrt{3}}{2}\cos\theta$	⑤ $-\frac{\sqrt{3}}{2}\sin\theta + \frac{1}{2}\cos\theta$
⑥ $-\frac{1}{2}\sin\theta - \frac{\sqrt{3}}{2}\cos\theta$	⑦ $-\frac{\sqrt{3}}{2}\sin\theta - \frac{1}{2}\cos\theta$

(数学Ⅱ・数学B第1問は次ページに続く。)

考察 2

△PQR が PQ = PR となる二等辺三角形である場合を考える。

例えば，点 P が直線 $y = x$ 上にあり，点 Q，R が直線 $y = x$ に関して対称であるときを考える。このとき，$\theta = \frac{\pi}{4}$ である。また，α は $\alpha < \frac{5}{4}\pi$，β は $\frac{5}{4}\pi < \beta$ を満たし，点 Q，R の座標について，$\sin\beta = \cos\alpha$，$\cos\beta = \sin\alpha$ が成り立つ。よって

$$s = t = \frac{\sqrt{\boxed{\text{チ}}}}{\boxed{\text{ツ}}} + \sin\alpha + \cos\alpha$$

である。

ここで，三角関数の合成により

$$\sin\alpha + \cos\alpha = \sqrt{\boxed{\text{テ}}}\sin\left(\alpha + \frac{\pi}{\boxed{\text{ト}}}\right)$$

である。したがって

$$\alpha = \frac{\boxed{\text{ナニ}}}{12}\pi,\ \beta = \frac{\boxed{\text{ヌネ}}}{12}\pi$$

のとき，$s = t = 0$ である。

（数学Ⅱ・数学B第1問は次ページに続く。）

(2)　次に，s と t の値を定めたときの θ，α，β の関係について考察しよう。

考察 3

$s=t=0$ の場合を考える。

この場合，$\sin^2\theta+\cos^2\theta=1$ により，α と β について考えると

$$\cos\alpha\cos\beta+\sin\alpha\sin\beta=\frac{\boxed{\text{ノハ}}}{\boxed{\text{ヒ}}}$$

である。

同様に，θ と α について考えると

$$\cos\theta\cos\alpha+\sin\theta\sin\alpha=\frac{\boxed{\text{ノハ}}}{\boxed{\text{ヒ}}}$$

であるから，θ，α，β の範囲に注意すると

$$\beta-\alpha=\alpha-\theta=\frac{\boxed{\text{フ}}}{\boxed{\text{ヘ}}}\pi$$

という関係が得られる。

（数学Ⅱ・数学B第1問は次ページに続く。）

(3) これまででの考察を振り返ると，次の⓪～③のうち，正しいものは

[ホ] であることがわかる。

[ホ] の解答群

⓪ △PQR が正三角形ならば $s=t=0$ であり，$s=t=0$ ならば △PQR は正三角形である。

① △PQR が正三角形ならば $s=t=0$ であるが，$s=t=0$ であっても △PQR が正三角形でない場合がある。

② △PQR が正三角形であっても $s=t=0$ でない場合があるが，$s=t=0$ ならば △PQR は正三角形である。

③ △PQR が正三角形であっても $s=t=0$ でない場合があり，$s=t=0$ であっても △PQR が正三角形でない場合がある。

第2問 （必答問題）（配点　30）

〔1〕 aを実数とし，$f(x)=(x-a)(x-2)$とおく。また，$F(x)=\int_0^x f(t)\,dt$とする。

(1) $a=1$のとき，$F(x)$は$x=$ **ア** で極小になる。

(2) $a=$ **イ** のとき，$F(x)$はつねに増加する。また，$F(0)=$ **ウ** であるから，$a=$ イ のとき，$F(2)$の値は **エ** である。

エ の解答群

⓪ 0	① 正	② 負

（数学Ⅱ・数学B第2問は次ページに続く。）

(3)　$a >$ [イ] とする。

b を実数とし，$G(x)=\int_b^x f(t)\,dt$ とおく。

関数 $y=G(x)$ のグラフは，$y=F(x)$ のグラフを [オ] 方向に [カ] だけ平行移動したものと一致する。また，$G(x)$ は $x=$ [キ] で極大になり，$x=$ [ク] で極小になる。

$G(b)=$ [ケ] であるから，$b=$ [キ] のとき，曲線 $y=G(x)$ と x 軸との共有点の個数は [コ] 個である。

[オ] の解答群

⓪　x 軸	①　y 軸

[カ] の解答群

⓪　b	①　$-b$	②　$F(b)$
③　$-F(b)$	④　$F(-b)$	⑤　$-F(-b)$

（数学Ⅱ・数学B第２問は次ページに続く。）

〔2〕 $g(x)=|x|(x+1)$とおく。

点P$(-1,\ 0)$を通り，傾きがcの直線をℓとする。$g'(-1)=$ サ であるから，$0<c<$ サ のとき，曲線$y=g(x)$と直線ℓは3点で交わる。そのうちの1点はPであり，残りの2点を点Pに近い方から順にQ, Rとすると，点Qのx座標は シス であり，点Rのx座標は セ である。

（数学Ⅱ・数学B第2問は次ページに続く。）

また，$0 < c <$ [サ] のとき，線分 PQ と曲線 $y = g(x)$ で囲まれた図形の面積を S とし，線分 QR と曲線 $y = g(x)$ で囲まれた図形の面積を T とすると

$$S = \frac{\boxed{\text{ソ}}\,c^3 + \boxed{\text{タ}}\,c^2 - \boxed{\text{チ}}\,c + 1}{\boxed{\text{ツ}}}$$

$$T = c^{\boxed{\text{テ}}}$$

である。

第3問～第5問は，いずれか2問を選択し，解答しなさい。

第3問 (選択問題)(配点　20)

以下の問題を解答するにあたっては，必要に応じて122ページの正規分布表を用いてもよい。

ある大学には，多くの留学生が在籍している。この大学の留学生に対して学習や生活を支援する留学生センターでは，留学生の日本語の学習状況について関心を寄せている。

(1)　この大学では，留学生に対する授業として，以下に示す三つの日本語学習コースがある。

初級コース：1週間に10時間の日本語の授業を行う

中級コース：1週間に8時間の日本語の授業を行う

上級コース：1週間に6時間の日本語の授業を行う

すべての留学生が三つのコースのうち，いずれか一つのコースのみに登録することになっている。留学生全体における各コースに登録した留学生の割合は，それぞれ

初級コース：20 %，中級コース：35 %，上級コース：［アイ］%

であった。ただし，数値はすべて正確な値であり，四捨五入されていないものとする。

この留学生の集団において，一人を無作為に抽出したとき，その留学生が1週間に受講する日本語学習コースの授業の時間数を表す確率変数をXとする。Xの平均(期待値)は$\dfrac{\boxed{ウエ}}{2}$であり，Xの分散は$\dfrac{\boxed{オカ}}{20}$である。

(数学Ⅱ・数学B第3問は次ページに続く。)

次に，留学生全体を母集団とし，a 人を無作為に抽出したとき，初級コースに登録した人数を表す確率変数を Y とすると，Y は二項分布に従う。このとき，Y の平均 $E(Y)$ は

$$E(Y)=\frac{\boxed{キ}}{\boxed{ク}}$$

である。

また，上級コースに登録した人数を表す確率変数を Z とすると，Z は二項分布に従う。Y，Z の標準偏差をそれぞれ $\sigma(Y)$，$\sigma(Z)$ とすると

$$\frac{\sigma(Z)}{\sigma(Y)}=\frac{\boxed{ケ}\sqrt{\boxed{コサ}}}{\boxed{シ}}$$

である。

ここで，$a=100$ としたとき，無作為に抽出された留学生のうち，初級コースに登録した留学生が 28 人以上となる確率を p とする。$a=100$ は十分大きいので，Y は近似的に正規分布に従う。このことを用いて p の近似値を求めると，$p=$ $\boxed{ス}$ である。

$\boxed{ス}$ については，最も適当なものを，次の⓪～⑤のうちから一つ選べ。

⓪ 0.002	① 0.023	② 0.228
③ 0.477	④ 0.480	⑤ 0.977

（数学Ⅱ・数学B第3問は次ページに続く。）

(2)　40人の留学生を無作為に抽出し，ある1週間における留学生の日本語学習コース以外の日本語の学習時間(分)を調査した。ただし，日本語の学習時間は母平均 m，母分散 σ^2 の分布に従うものとする。

母分散 σ^2 を640と仮定すると，標本平均の標準偏差は［セ］となる。

調査の結果，40人の学習時間の平均値は120であった。標本平均が近似的に正規分布に従うとして，母平均 m に対する信頼度95％の信頼区間を $C_1 \leqq m \leqq C_2$ とすると

$C_1 =$［ソタチ］.［ツテ］，$C_2 =$［トナニ］.［ヌネ］

である。

(3)　(2)の調査とは別に，日本語の学習時間を再度調査することになった。そこで，50人の留学生を無作為に抽出し，調査した結果，学習時間の平均値は120であった。

母分散 σ^2 を640と仮定したとき，母平均 m に対する信頼度95％の信頼区間を $D_1 \leqq m \leqq D_2$ とすると，［ノ］が成り立つ。

一方，母分散 σ^2 を960と仮定したとき，母平均 m に対する信頼度95％の信頼区間を $E_1 \leqq m \leqq E_2$ とする。このとき，$D_2 - D_1 = E_2 - E_1$ となるためには，標本の大きさを50の［ハ］.［ヒ］倍にする必要がある。

［ノ］の解答群

⓪　$D_1 < C_1$ かつ $D_2 < C_2$	①　$D_1 < C_1$ かつ $D_2 > C_2$
②　$D_1 > C_1$ かつ $D_2 < C_2$	③　$D_1 > C_1$ かつ $D_2 > C_2$

(数学Ⅱ・数学B第3問は次ページに続く。)

正規分布表

次の表は，標準正規分布の分布曲線における右図の灰色部分の面積の値をまとめたものである。

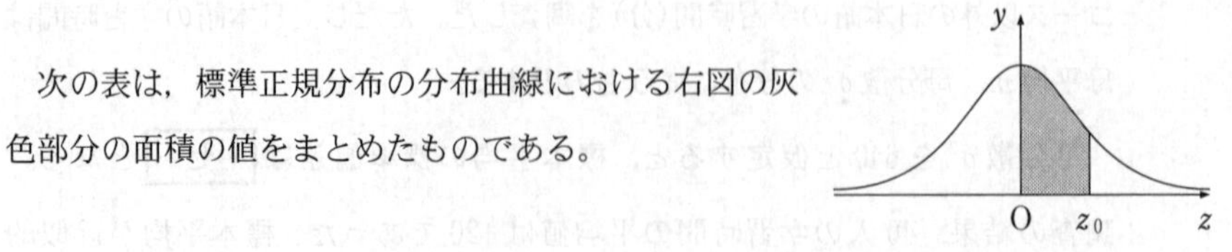

z_0	0.00	0.01	0.02	0.03	0.04	0.05	0.06	0.07	0.08	0.09
0.0	0.0000	0.0040	0.0080	0.0120	0.0160	0.0199	0.0239	0.0279	0.0319	0.0359
0.1	0.0398	0.0438	0.0478	0.0517	0.0557	0.0596	0.0636	0.0675	0.0714	0.0753
0.2	0.0793	0.0832	0.0871	0.0910	0.0948	0.0987	0.1026	0.1064	0.1103	0.1141
0.3	0.1179	0.1217	0.1255	0.1293	0.1331	0.1368	0.1406	0.1443	0.1480	0.1517
0.4	0.1554	0.1591	0.1628	0.1664	0.1700	0.1736	0.1772	0.1808	0.1844	0.1879
0.5	0.1915	0.1950	0.1985	0.2019	0.2054	0.2088	0.2123	0.2157	0.2190	0.2224
0.6	0.2257	0.2291	0.2324	0.2357	0.2389	0.2422	0.2454	0.2486	0.2517	0.2549
0.7	0.2580	0.2611	0.2642	0.2673	0.2704	0.2734	0.2764	0.2794	0.2823	0.2852
0.8	0.2881	0.2910	0.2939	0.2967	0.2995	0.3023	0.3051	0.3078	0.3106	0.3133
0.9	0.3159	0.3186	0.3212	0.3238	0.3264	0.3289	0.3315	0.3340	0.3365	0.3389
1.0	0.3413	0.3438	0.3461	0.3485	0.3508	0.3531	0.3554	0.3577	0.3599	0.3621
1.1	0.3643	0.3665	0.3686	0.3708	0.3729	0.3749	0.3770	0.3790	0.3810	0.3830
1.2	0.3849	0.3869	0.3888	0.3907	0.3925	0.3944	0.3962	0.3980	0.3997	0.4015
1.3	0.4032	0.4049	0.4066	0.4082	0.4099	0.4115	0.4131	0.4147	0.4162	0.4177
1.4	0.4192	0.4207	0.4222	0.4236	0.4251	0.4265	0.4279	0.4292	0.4306	0.4319
1.5	0.4332	0.4345	0.4357	0.4370	0.4382	0.4394	0.4406	0.4418	0.4429	0.4441
1.6	0.4452	0.4463	0.4474	0.4484	0.4495	0.4505	0.4515	0.4525	0.4535	0.4545
1.7	0.4554	0.4564	0.4573	0.4582	0.4591	0.4599	0.4608	0.4616	0.4625	0.4633
1.8	0.4641	0.4649	0.4656	0.4664	0.4671	0.4678	0.4686	0.4693	0.4699	0.4706
1.9	0.4713	0.4719	0.4726	0.4732	0.4738	0.4744	0.4750	0.4756	0.4761	0.4767
2.0	0.4772	0.4778	0.4783	0.4788	0.4793	0.4798	0.4803	0.4808	0.4812	0.4817
2.1	0.4821	0.4826	0.4830	0.4834	0.4838	0.4842	0.4846	0.4850	0.4854	0.4857
2.2	0.4861	0.4864	0.4868	0.4871	0.4875	0.4878	0.4881	0.4884	0.4887	0.4890
2.3	0.4893	0.4896	0.4898	0.4901	0.4904	0.4906	0.4909	0.4911	0.4913	0.4916
2.4	0.4918	0.4920	0.4922	0.4925	0.4927	0.4929	0.4931	0.4932	0.4934	0.4936
2.5	0.4938	0.4940	0.4941	0.4943	0.4945	0.4946	0.4948	0.4949	0.4951	0.4952
2.6	0.4953	0.4955	0.4956	0.4957	0.4959	0.4960	0.4961	0.4962	0.4963	0.4964
2.7	0.4965	0.4966	0.4967	0.4968	0.4969	0.4970	0.4971	0.4972	0.4973	0.4974
2.8	0.4974	0.4975	0.4976	0.4977	0.4977	0.4978	0.4979	0.4979	0.4980	0.4981
2.9	0.4981	0.4982	0.4982	0.4983	0.4984	0.4984	0.4985	0.4985	0.4986	0.4986
3.0	0.4987	0.4987	0.4987	0.4988	0.4988	0.4989	0.4989	0.4989	0.4990	0.4990

第3問～第5問は，いずれか2問を選択し，解答しなさい。

第4問 （選択問題）（配点　20）

〔1〕 自然数 n に対して，$S_n = 5^n - 1$ とする。さらに，数列 $\{a_n\}$ の初項から第 n 項までの和が S_n であるとする。このとき，$a_1 =$ ［ア］ である。また，$n \geqq 2$ のとき

$$a_n = \boxed{\text{イ}} \cdot \boxed{\text{ウ}}^{\,n-1}$$

である。この式は $n = 1$ のときにも成り立つ。

上で求めたことから，すべての自然数 n に対して

$$\sum_{k=1}^{n} \frac{1}{a_k} = \frac{\boxed{\text{エ}}}{\boxed{\text{オカ}}}\left(1 - \boxed{\text{キ}}^{\,-n}\right)$$

が成り立つことがわかる。

（数学Ⅱ・数学B第4問は次ページに続く。）

〔2〕 太郎さんは和室の畳を見て，畳の敷(し)き方が何通りあるかに興味を持った。ちょうど手元にタイルがあったので，畳をタイルに置き換えて，数学的に考えることにした。

縦の長さが1，横の長さが2の長方形のタイルが多数ある。それらを縦か横の向きに，隙間(すきま)も重なりもなく敷き詰めるとき，その敷き詰め方をタイルの「配置」と呼ぶ。

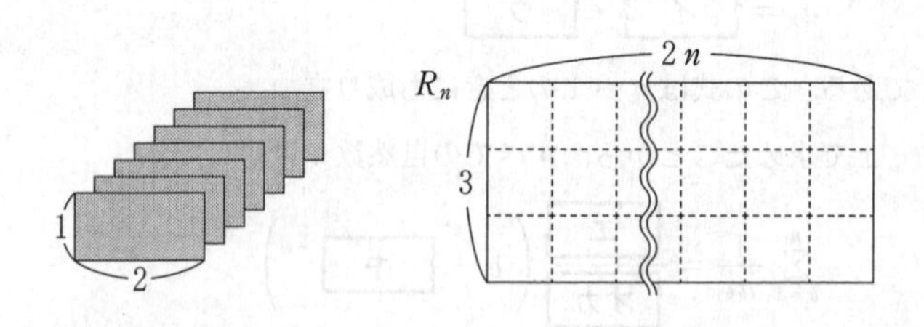

上の図のように，縦の長さが3，横の長さが $2n$ の長方形を R_n とする。$3n$ 枚のタイルを用いた R_n 内の配置の総数を r_n とする。

$n=1$ のときは，下の図のように $r_1=3$ である。

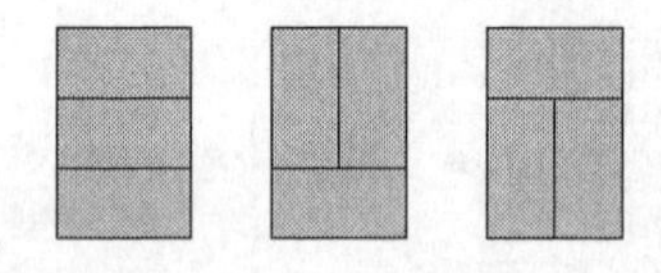

また，$n=2$ のときは，下の図のように $r_2=11$ である。

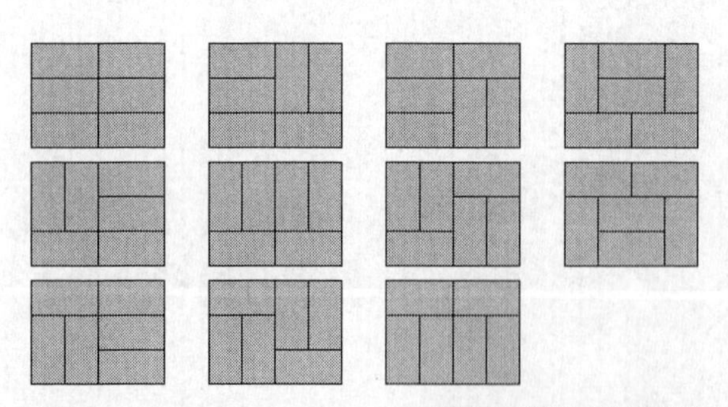

(数学Ⅱ・数学B第4問は次ページに続く。)

(1)　太郎さんは次のような図形 T_n 内の配置を考えた。

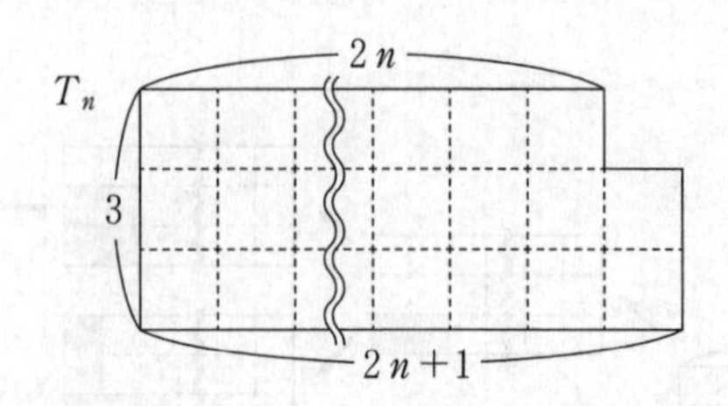

$(3n+1)$枚のタイルを用いた T_n 内の配置の総数を t_n とする。$n=1$ のときは，$t_1=$ [ク] である。

さらに，太郎さんは T_n 内の配置について，右下隅(すみ)のタイルに注目して次のような図をかいて考えた。

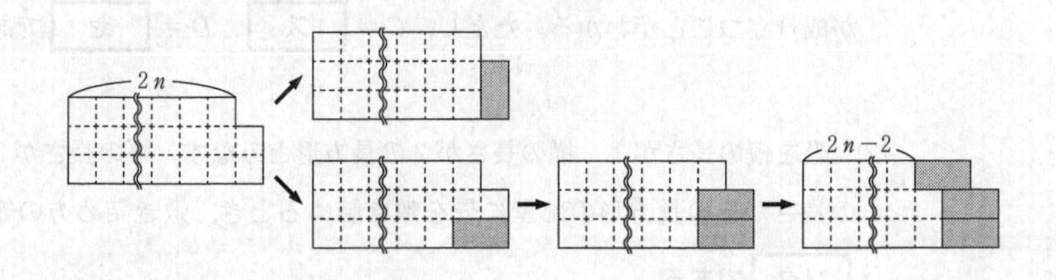

この図から，2以上の自然数 n に対して

$t_n = Ar_n + Bt_{n-1}$

が成り立つことがわかる。ただし，$A=$ [ケ]，$B=$ [コ] である。

以上から，$t_2=$ [サシ] であることがわかる。

(数学Ⅱ・数学B第4問は次ページに続く。)

同様に，R_n の右下隅のタイルに注目して次のような図をかいて考えた。

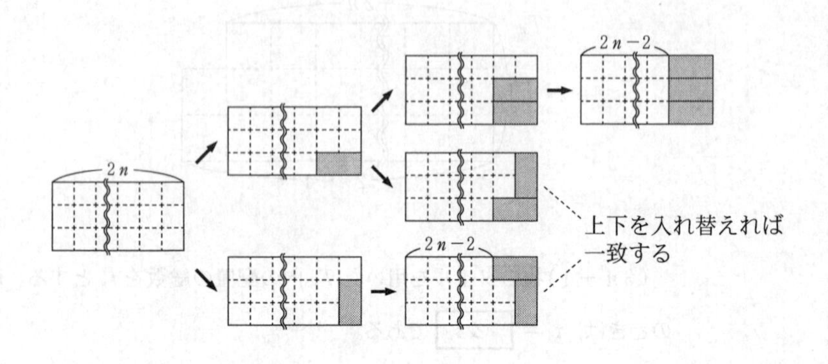

この図から，2 以上の自然数 n に対して

$$r_n = Cr_{n-1} + Dt_{n-1}$$

が成り立つことがわかる。ただし，$C =$ [ス]，$D =$ [セ] である。

(2) 畳を縦の長さが 1，横の長さが 2 の長方形とみなす。縦の長さが 3，横の長さが 6 の長方形の部屋に畳を敷き詰めるとき，敷き詰め方の総数は [ソタ] である。

また，縦の長さが 3，横の長さが 8 の長方形の部屋に畳を敷き詰めるとき，敷き詰め方の総数は [チツテ] である。

第3問～第5問は，いずれか2問を選択し，解答しなさい。

第5問 （選択問題）（配点　20）

Oを原点とする座標空間に2点A$(-1,\ 2,\ 0)$，B$(2,\ p,\ q)$がある。ただし，$q>0$とする。線分ABの中点Cから直線OAに引いた垂線と直線OAの交点Dは，線分OAを9：1に内分するものとする。また，点Cから直線OBに引いた垂線と直線OBの交点Eは，線分OBを3：2に内分するものとする。

(1)　点Bの座標を求めよう。

$\left|\overrightarrow{\mathrm{OA}}\right|^2=$ [ア] である。また，$\overrightarrow{\mathrm{OD}}=\dfrac{[イ]}{[ウエ]}\overrightarrow{\mathrm{OA}}$ であることにより，

$\overrightarrow{\mathrm{CD}}=\dfrac{[オ]}{[カ]}\overrightarrow{\mathrm{OA}}-\dfrac{[キ]}{[ク]}\overrightarrow{\mathrm{OB}}$ と表される。$\overrightarrow{\mathrm{OA}}\perp\overrightarrow{\mathrm{CD}}$ から

$\overrightarrow{\mathrm{OA}}\cdot\overrightarrow{\mathrm{OB}}=$ [ケ] …………………………… ①

である。同様に，$\overrightarrow{\mathrm{CE}}$ を $\overrightarrow{\mathrm{OA}}$，$\overrightarrow{\mathrm{OB}}$ を用いて表すと，$\overrightarrow{\mathrm{OB}}\perp\overrightarrow{\mathrm{CE}}$ から

$\left|\overrightarrow{\mathrm{OB}}\right|^2=20$ …………………………… ②

を得る。

①と②，および$q>0$から，Bの座標は$\left(2,\ [コ],\ \sqrt{[サ]}\right)$である。

（数学Ⅱ・数学B第5問は次ページに続く。）

(2) 3点O，A，Bの定める平面をαとし，点$(4, 4, -\sqrt{7})$をGとする。また，α上に点Hを$\overrightarrow{GH} \perp \overrightarrow{OA}$と$\overrightarrow{GH} \perp \overrightarrow{OB}$が成り立つようにとる。$\overrightarrow{OH}$を$\overrightarrow{OA}$，$\overrightarrow{OB}$を用いて表そう。

Hがα上にあることから，実数s，tを用いて

$$\overrightarrow{OH} = s\overrightarrow{OA} + t\overrightarrow{OB}$$

と表される。よって

$$\overrightarrow{GH} = \boxed{\text{シ}}\,\overrightarrow{OG} + s\overrightarrow{OA} + t\overrightarrow{OB}$$

である。これと，$\overrightarrow{GH} \perp \overrightarrow{OA}$ および $\overrightarrow{GH} \perp \overrightarrow{OB}$ が成り立つことから，

$s = \dfrac{\boxed{\text{ス}}}{\boxed{\text{セ}}}$，$t = \dfrac{\boxed{\text{ソ}}}{\boxed{\text{タチ}}}$が得られる。ゆえに

$$\overrightarrow{OH} = \frac{\boxed{\text{ス}}}{\boxed{\text{セ}}}\overrightarrow{OA} + \frac{\boxed{\text{ソ}}}{\boxed{\text{タチ}}}\overrightarrow{OB}$$

となる。また，このことから，Hは $\boxed{\text{ツ}}$ であることがわかる。

$\boxed{\text{ツ}}$ の解答群

- ⓪ 三角形OACの内部の点
- ① 三角形OBCの内部の点
- ② 点O，Cと異なる，線分OC上の点
- ③ 三角形OABの周上の点
- ④ 三角形OABの内部にも周上にもない点

2020
本試験

数学Ⅰ・数学A
数学Ⅱ・数学B

（2020年１月実施）

数学Ⅰ・数学A　60分　100点
数学Ⅱ・数学B　60分　100点

数学Ⅰ・数学A

<table>
<tr><th>問　題</th><th>選　択　方　法</th></tr>
<tr><td>第1問</td><td>必　　答</td></tr>
<tr><td>第2問</td><td>必　　答</td></tr>
<tr><td>第3問</td><td rowspan="3">いずれか2問を選択し，解答しなさい。</td></tr>
<tr><td>第4問</td></tr>
<tr><td>第5問</td></tr>
</table>

（注）この科目には，選択問題があります。（2ページ参照。）

第1問（必答問題）（配点　30）

〔1〕 a を定数とする。

(1) 直線 $\ell : y = (a^2 - 2a - 8)x + a$ の傾きが負となるのは，a の値の範囲が

$$\boxed{\text{アイ}} < a < \boxed{\text{ウ}}$$

のときである。

(2) $a^2 - 2a - 8 \neq 0$ とし，(1)の直線 ℓ と x 軸との交点の x 座標を b とする。

$a > 0$ の場合，$b > 0$ となるのは $\boxed{\text{エ}} < a < \boxed{\text{オ}}$ のときである。

$a \leqq 0$ の場合，$b > 0$ となるのは $a < \boxed{\text{カキ}}$ のときである。

また，$a = \sqrt{3}$ のとき

$$b = \frac{\boxed{\text{ク}}\sqrt{\boxed{\text{ケ}}} - \boxed{\text{コ}}}{\boxed{\text{サシ}}}$$

である。

（数学Ⅰ・数学A第1問は次ページに続く。）

〔2〕 自然数 n に関する三つの条件 p, q, r を次のように定める。

p：n は4の倍数である

q：n は6の倍数である

r：n は24の倍数である

条件 p, q, r の否定をそれぞれ $\overline{p}$, $\overline{q}$, $\overline{r}$ で表す。

条件 p を満たす自然数全体の集合を P とし，条件 q を満たす自然数全体の集合を Q とし，条件 r を満たす自然数全体の集合を R とする。自然数全体の集合を全体集合とし，集合 P, Q, R の補集合をそれぞれ $\overline{P}$, $\overline{Q}$, $\overline{R}$ で表す。

(1) 次の［ス］に当てはまるものを，下の⓪～⑤のうちから一つ選べ。

32 ∈［ス］である。

⓪ $P \cap Q \cap R$　① $P \cap Q \cap \overline{R}$　② $P \cap \overline{Q}$

③ $\overline{P} \cap Q$　④ $\overline{P} \cap \overline{Q} \cap R$　⑤ $\overline{P} \cap \overline{Q} \cap \overline{R}$

(数学Ⅰ・数学A第1問は次ページに続く。)

(2)　次の ［タ］ に当てはまるものを，下の⓪～④のうちから一つ選べ。

$P \cap Q$ に属する自然数のうち最小のものは ［セソ］ である。

また， ［セソ］ ［タ］ R である。

⓪ $=$　　① $\subset$　　② $\supset$　　③ $\in$　　④ $\notin$

(3)　次の ［チ］ に当てはまるものを，下の⓪～③のうちから一つ選べ。

自然数 ［セソ］ は，命題 ［チ］ の反例である。

⓪「(p かつ q) $\Longrightarrow \overline{r}$」　　①「($p$ または q) $\Longrightarrow \overline{r}$」

②「$r \Longrightarrow$ (p かつ q)」　　③「(p かつ q) $\Longrightarrow r$」

(数学Ⅰ・数学A第1問は次ページに続く。)

〔3〕 cを定数とする。2次関数$y = x^2$のグラフを，2点$(c, 0)$，$(c + 4, 0)$を通るように平行移動して得られるグラフをGとする。

(1) Gをグラフにもつ2次関数は，cを用いて

$$y = x^2 - 2\left(c + \boxed{ツ}\right)x + c\left(c + \boxed{テ}\right)$$

と表せる。

2点$(3, 0)$，$(3, -3)$を両端とする線分とGが共有点をもつようなcの値の範囲は

$$-\boxed{ト} \leqq c \leqq \boxed{ナ},\quad \boxed{ニ} \leqq c \leqq \boxed{ヌ}$$

である。

(2) $\boxed{ニ} \leqq c \leqq \boxed{ヌ}$の場合を考える。$G$が点$(3, -1)$を通るとき，$G$は2次関数$y = x^2$のグラフを$x$軸方向に$\boxed{ネ} + \sqrt{\boxed{ノ}}$，$y$軸方向に$\boxed{ハヒ}$だけ平行移動したものである。また，このとき$G$と$y$軸との交点の$y$座標は$\boxed{フ} + \boxed{ヘ}\sqrt{\boxed{ホ}}$である。

第2問 (必答問題)(配点　30)

〔1〕 △ABCにおいて，$BC = 2\sqrt{2}$ とする。∠ACBの二等分線と辺ABの交点をDとし，$CD = \sqrt{2}$，$\cos \angle BCD = \frac{3}{4}$ とする。このとき，BD = [ア] であり

$$\sin \angle ADC = \frac{\sqrt{\boxed{イウ}}}{\boxed{エ}}$$

である。$\frac{AC}{AD} = \sqrt{\boxed{オ}}$ であるから

$$AD = \boxed{カ}$$

である。また，△ABCの外接円の半径は $\frac{\boxed{キ}\sqrt{\boxed{ク}}}{\boxed{ケ}}$ である。

(数学Ⅰ・数学A第2問は次ページに続く。)

〔2〕

(1) 次の コ ， サ に当てはまるものを，下の⓪～⑤のうちから一つずつ選べ。ただし，解答の順序は問わない。

99 個の観測値からなるデータがある。四分位数について述べた記述で，どのようなデータでも成り立つものは コ と サ である。

⓪ 平均値は第 1 四分位数と第 3 四分位数の間にある。

① 四分位範囲は標準偏差より大きい。

② 中央値より小さい観測値の個数は 49 個である。

③ 最大値に等しい観測値を 1 個削除しても第 1 四分位数は変わらない。

④ 第 1 四分位数より小さい観測値と，第 3 四分位数より大きい観測値とをすべて削除すると，残りの観測値の個数は 51 個である。

⑤ 第 1 四分位数より小さい観測値と，第 3 四分位数より大きい観測値とをすべて削除すると，残りの観測値からなるデータの範囲はもとのデータの四分位範囲に等しい。

(数学Ⅰ・数学A第 2 問は次ページに続く。)

⑵ 図1は，平成27年の男の市区町村別平均寿命のデータを47の都道府県P1，P2，…，P47ごとに箱ひげ図にして，並べたものである。

次の(Ⅰ)，(Ⅱ)，(Ⅲ)は図1に関する記述である。

(Ⅰ) 四分位範囲はどの都道府県においても1以下である。

(Ⅱ) 箱ひげ図は中央値が小さい値から大きい値の順に上から下へ並んでいる。

(Ⅲ) P1のデータのどの値とP47のデータのどの値とを比較しても1.5以上の差がある。

次の シ に当てはまるものを，下の⓪～⑦のうちから一つ選べ。

(Ⅰ)，(Ⅱ)，(Ⅲ)の正誤の組合せとして正しいものは シ である。

	⓪	①	②	③	④	⑤	⑥	⑦
(Ⅰ)	正	正	正	誤	正	誤	誤	誤
(Ⅱ)	正	正	誤	正	誤	正	誤	誤
(Ⅲ)	正	誤	正	正	誤	誤	正	誤

(数学Ⅰ・数学A第2問は次ページに続く。)

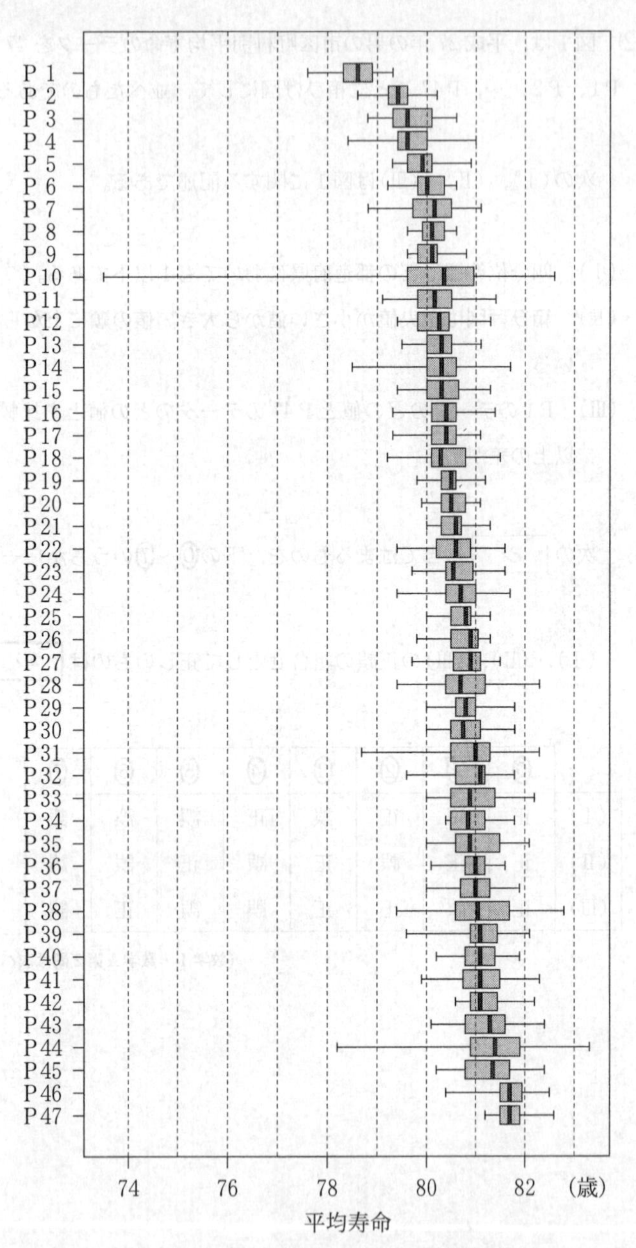

図1　男の市区町村別平均寿命の箱ひげ図
（出典：厚生労働省の Web ページにより作成）

（数学Ⅰ・数学A第２問は次ページに続く。）

(3)　ある県は20の市区町村からなる。図2はその県の男の市区町村別平均寿命のヒストグラムである。なお，ヒストグラムの各階級の区間は，左側の数値を含み，右側の数値を含まない。

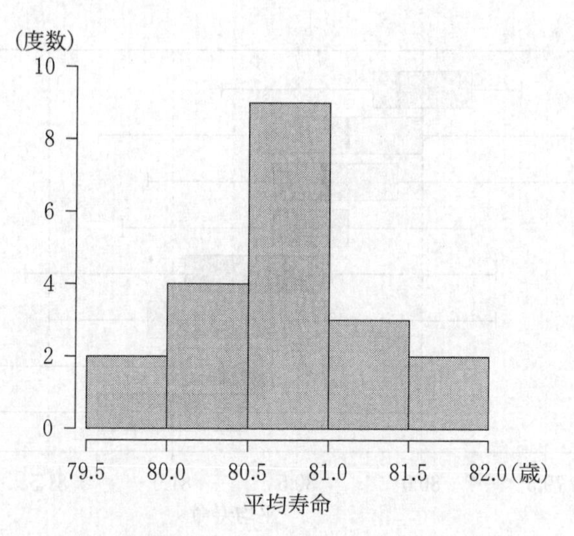

図2　市区町村別平均寿命のヒストグラム

(出典：厚生労働省のWebページにより作成)

(数学Ⅰ・数学A第2問は次ページに続く。)

次の　ス　に当てはまるものを，下の⓪～⑦のうちから一つ選べ。

図2のヒストグラムに対応する箱ひげ図は　ス　である。

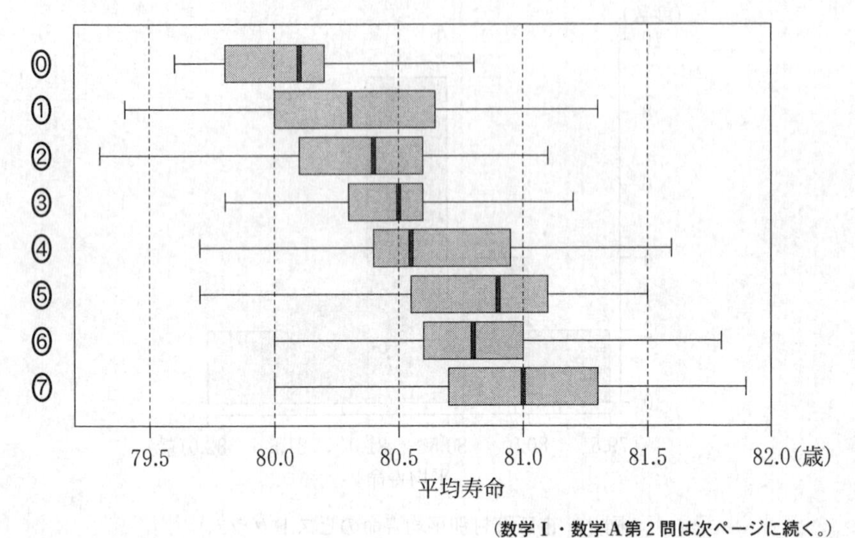

(数学Ⅰ・数学A第2問は次ページに続く。)

(4)　図3は，平成27年の男の都道府県別平均寿命と女の都道府県別平均寿命の散布図である。2個の点が重なって区別できない所は黒丸にしている。図には補助的に切片が5.5から7.5まで0.5刻みで傾き1の直線を5本付加している。

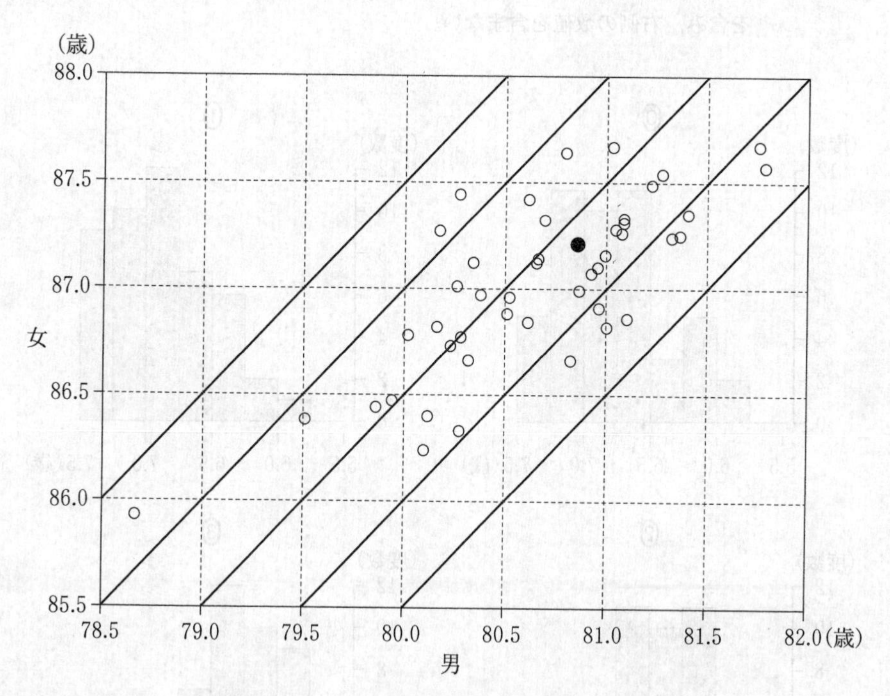

図3　男と女の都道府県別平均寿命の散布図

(出典：厚生労働省のWebページにより作成)

(数学Ⅰ・数学A第2問は次ページに続く。)

次の セ に当てはまるものを，下の⓪～③のうちから一つ選べ。

都道府県ごとに男女の平均寿命の差をとったデータに対するヒストグラムは セ である。なお，ヒストグラムの各階級の区間は，左側の数値を含み，右側の数値を含まない。

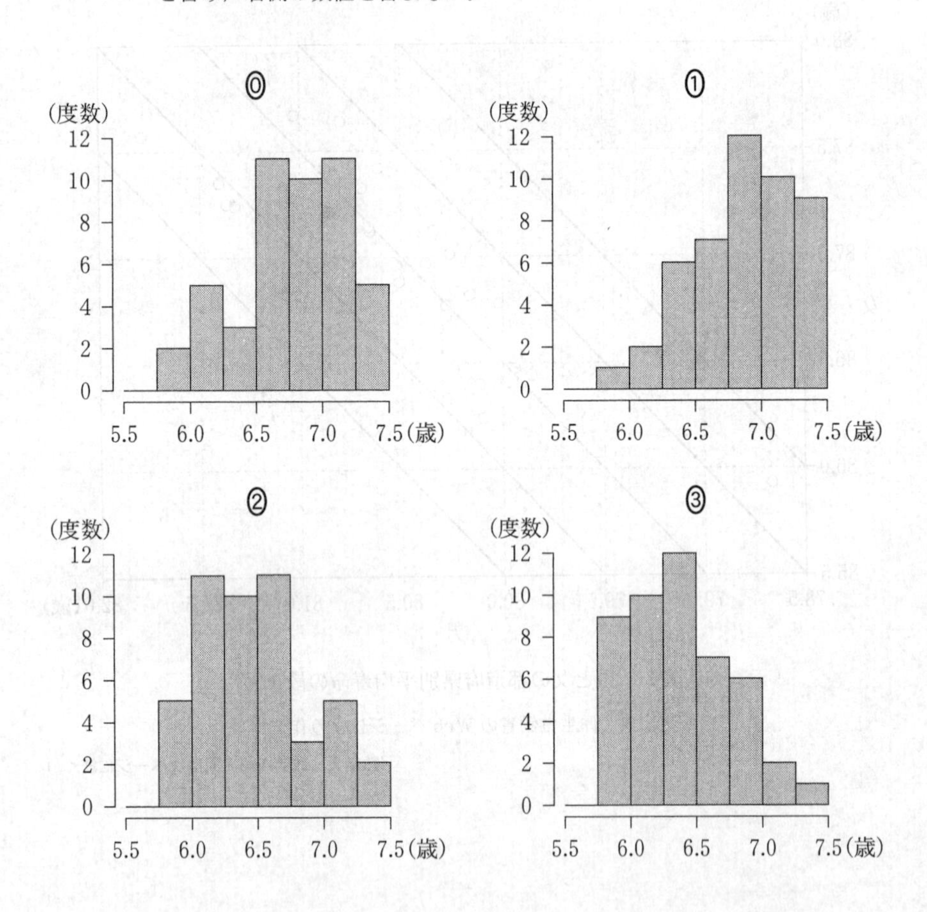

第3問～第5問は，いずれか2問を選択し，解答しなさい。

第3問 （選択問題）（配点　20）

〔1〕 次の ア ， イ に当てはまるものを，下の⓪～③のうちから一つずつ選べ。ただし，解答の順序は問わない。

正しい記述は ア と イ である。

⓪ 1枚のコインを投げる試行を5回繰り返すとき，少なくとも1回は表が出る確率を p とすると，$p > 0.95$ である。

① 袋の中に赤球と白球が合わせて8個入っている。球を1個取り出し，色を調べてから袋に戻す試行を行う。この試行を5回繰り返したところ赤球が3回出た。したがって，1回の試行で赤球が出る確率は $\frac{3}{5}$ である。

② 箱の中に「い」と書かれたカードが1枚，「ろ」と書かれたカードが2枚，「は」と書かれたカードが2枚の合計5枚のカードが入っている。同時に2枚のカードを取り出すとき，書かれた文字が異なる確率は $\frac{4}{5}$ である。

③ コインの面を見て「オモテ(表)」または「ウラ(裏)」とだけ発言するロボットが2体ある。ただし，どちらのロボットも出た面に対して正しく発言する確率が0.9，正しく発言しない確率が0.1であり，これら2体は互いに影響されることなく発言するものとする。いま，ある人が1枚のコインを投げる。出た面を見た2体が，ともに「オモテ」と発言したときに，実際に表が出ている確率を p とすると，$p \leqq 0.9$ である。

（数学Ⅰ・数学A第3問は次ページに続く。）

〔2〕　1枚のコインを最大で5回投げるゲームを行う。このゲームでは，1回投げるごとに表が出たら持ち点に2点を加え，裏が出たら持ち点に－1点を加える。はじめの持ち点は0点とし，ゲーム終了のルールを次のように定める。

- 持ち点が再び0点になった場合は，その時点で終了する。
- 持ち点が再び0点にならない場合は，コインを5回投げ終わった時点で終了する。

(1)　コインを2回投げ終わって持ち点が－2点である確率は $\dfrac{\boxed{ウ}}{\boxed{エ}}$ である。また，コインを2回投げ終わって持ち点が1点である確率は $\dfrac{\boxed{オ}}{\boxed{カ}}$ である。

(2)　持ち点が再び0点になることが起こるのは，コインを $\boxed{キ}$ 回投げ終わったときである。コインを $\boxed{キ}$ 回投げ終わって持ち点が0点になる確率は $\dfrac{\boxed{ク}}{\boxed{ケ}}$ である。

(3)　ゲームが終了した時点で持ち点が4点である確率は $\dfrac{\boxed{コ}}{\boxed{サシ}}$ である。

(4)　ゲームが終了した時点で持ち点が4点であるとき，コインを2回投げ終わって持ち点が1点である条件付き確率は $\dfrac{\boxed{ス}}{\boxed{セ}}$ である。

第3問～第5問は，いずれか2問を選択し，解答しなさい。

第4問 （選択問題）（配点　20）

(1) x を循環小数 $2.\dot{3}\dot{6}$ とする。すなわち

$$x = 2.363636\cdots\cdots$$

とする。このとき

$$100 \times x - x = 236.\dot{3}\dot{6} - 2.\dot{3}\dot{6}$$

であるから，x を分数で表すと

$$x = \frac{\boxed{\text{アイ}}}{\boxed{\text{ウエ}}}$$

である。

（数学Ⅰ・数学A第4問は次ページに続く。）

(2) 有理数 y は，7 進法で表すと，二つの数字の並び ab が繰り返し現れる循環小数 $2.\dot{a}\dot{b}_{(7)}$ になるとする。ただし，a，b は 0 以上 6 以下の**異なる**整数である。このとき

$$49 \times y - y = 2ab.\dot{a}\dot{b}_{(7)} - 2.\dot{a}\dot{b}_{(7)}$$

であるから

$$y = \frac{\boxed{\text{オカ}} + 7 \times a + b}{\boxed{\text{キク}}}$$

と表せる。

(i) y が，分子が奇数で分母が 4 である分数で表されるのは

$$y = \frac{\boxed{\text{ケ}}}{4} \quad \text{または} \quad y = \frac{\boxed{\text{コサ}}}{4}$$

のときである。$y = \dfrac{\boxed{\text{コサ}}}{4}$ のときは，$7 \times a + b = \boxed{\text{シス}}$ であるから

$$a = \boxed{\text{セ}}, \quad b = \boxed{\text{ソ}}$$

である。

(ii) $y - 2$ は，分子が 1 で分母が 2 以上の整数である分数で表されるとする。このような y の個数は，全部で $\boxed{\text{タ}}$ 個である。

第3問～第5問は，いずれか2問を選択し，解答しなさい。

第5問 （選択問題）（配点　20）

△ABCにおいて，辺BCを7：1に内分する点をDとし，辺ACを7：1に内分する点をEとする。線分ADと線分BEの交点をFとし，直線CFと辺ABの交点をGとすると

$$\frac{\mathrm{GB}}{\mathrm{AG}} = \boxed{\text{ア}}, \quad \frac{\mathrm{FD}}{\mathrm{AF}} = \frac{\boxed{\text{イ}}}{\boxed{\text{ウ}}}, \quad \frac{\mathrm{FC}}{\mathrm{GF}} = \frac{\boxed{\text{エ}}}{\boxed{\text{オ}}}$$

である。したがって

$$\frac{\triangle\mathrm{CDG}\text{の面積}}{\triangle\mathrm{BFG}\text{の面積}} = \frac{\boxed{\text{カ}}}{\boxed{\text{キク}}}$$

となる。

（数学Ⅰ・数学A第5問は次ページに続く。）

4点B，D，F，Gが同一円周上にあり，かつ$FD = 1$のとき

$AB =$ **ケコ**

である。さらに，$AE = 3\sqrt{7}$とするとき，$AE \cdot AC =$ **サシ** であり

$\angle AEG =$ **ス**

である。**ス** に当てはまるものを，次の⓪～③のうちから一つ選べ。

⓪ $\angle BGE$　　① $\angle ADB$　　② $\angle ABC$　　③ $\angle BAD$

数学Ⅱ・数学B

問　題	選　択　方　法
第1問	必　　答
第2問	必　　答
第3問	いずれか2問を選択し，解答しなさい。
第4問	
第5問	

(注) この科目には，選択問題があります。(21ページ参照。)

第１問 (必答問題) (配点 30)

〔1〕

(1) $0 \leqq \theta < 2\pi$ のとき

$$\sin\theta > \sqrt{3}\cos\left(\theta - \frac{\pi}{3}\right) \quad \cdots\cdots ①$$

となる θ の値の範囲を求めよう。

加法定理を用いると

$$\sqrt{3}\cos\left(\theta - \frac{\pi}{3}\right) = \frac{\sqrt{\boxed{ア}}}{\boxed{イ}}\cos\theta + \frac{\boxed{ウ}}{\boxed{イ}}\sin\theta$$

である。よって，三角関数の合成を用いると，① は

$$\sin\left(\theta + \frac{\pi}{\boxed{エ}}\right) < 0$$

と変形できる。したがって，求める範囲は

$$\frac{\boxed{オ}}{\boxed{カ}}\pi < \theta < \frac{\boxed{キ}}{\boxed{ク}}\pi$$

である。

(数学Ⅱ・数学B第１問は次ページに続く。)

(2)　$0 \leqq \theta \leqq \dfrac{\pi}{2}$ とし，k を実数とする。$\sin\theta$ と $\cos\theta$ は x の 2 次方程式 $25x^2 - 35x + k = 0$ の解であるとする。このとき，解と係数の関係により $\sin\theta + \cos\theta$ と $\sin\theta\cos\theta$ の値を考えれば，$k =$ ［ケコ］であることがわかる。

さらに，θ が $\sin\theta \geqq \cos\theta$ を満たすとすると，$\sin\theta = \dfrac{［サ］}{［シ］}$，$\cos\theta = \dfrac{［ス］}{［セ］}$ である。このとき，θ は［ソ］を満たす。［ソ］に当てはまるものを，次の⓪～⑤のうちから一つ選べ。

⓪　$0 \leqq \theta < \dfrac{\pi}{12}$　①　$\dfrac{\pi}{12} \leqq \theta < \dfrac{\pi}{6}$　②　$\dfrac{\pi}{6} \leqq \theta < \dfrac{\pi}{4}$

③　$\dfrac{\pi}{4} \leqq \theta < \dfrac{\pi}{3}$　④　$\dfrac{\pi}{3} \leqq \theta < \dfrac{5}{12}\pi$　⑤　$\dfrac{5}{12}\pi \leqq \theta \leqq \dfrac{\pi}{2}$

(数学Ⅱ・数学B第1問は次ページに続く。)

〔2〕

(1) t は正の実数であり，$t^{\frac{1}{3}}-t^{-\frac{1}{3}}=-3$ を満たすとする。このとき

$$t^{\frac{2}{3}}+t^{-\frac{2}{3}}=\boxed{\text{タチ}}$$

である。さらに

$$t^{\frac{1}{3}}+t^{-\frac{1}{3}}=\sqrt{\boxed{\text{ツテ}}},\quad t-t^{-1}=\boxed{\text{トナニ}}$$

である。

(数学Ⅱ・数学B第1問は次ページに続く。)

(2)　x，yは正の実数とする。連立不等式

$$\begin{cases} \log_3(x\sqrt{y}) \leqq 5 & \cdots\cdots\text{②} \\ \log_{81}\dfrac{y}{x^3} \leqq 1 & \cdots\cdots\text{③} \end{cases}$$

について考える。

$X = \log_3 x$，$Y = \log_3 y$ とおくと，②は

$$\boxed{\text{ヌ}}\,X + Y \leqq \boxed{\text{ネノ}} \quad \cdots\cdots\text{④}$$

と変形でき，③は

$$\boxed{\text{ハ}}\,X - Y \geqq \boxed{\text{ヒフ}} \quad \cdots\cdots\text{⑤}$$

と変形できる。

X，Yが④と⑤を満たすとき，Yのとり得る最大の整数の値は $\boxed{\text{ヘ}}$ である。また，x，yが②，③と $\log_3 y = \boxed{\text{ヘ}}$ を同時に満たすとき，xのとり得る最大の整数の値は $\boxed{\text{ホ}}$ である。

第2問　（必答問題）（配点　30）

$a > 0$ とし，$f(x) = x^2 - (4a - 2)x + 4a^2 + 1$ とおく。座標平面上で，放物線 $y = x^2 + 2x + 1$ を C，放物線 $y = f(x)$ を D とする。また，ℓ を C と D の両方に接する直線とする。

(1)　ℓ の方程式を求めよう。

ℓ と C は点 $(t,\ t^2 + 2t + 1)$ において接するとすると，ℓ の方程式は

$$y = \left(\boxed{\text{ア}}\,t + \boxed{\text{イ}}\right)x - t^2 + \boxed{\text{ウ}} \quad \cdots\cdots\cdots\cdots ①$$

である。また，ℓ と D は点 $(s,\ f(s))$ において接するとすると，ℓ の方程式は

$$y = \left(\boxed{\text{エ}}\,s - \boxed{\text{オ}}\,a + \boxed{\text{カ}}\right)x - s^2 + \boxed{\text{キ}}\,a^2 + \boxed{\text{ク}} \quad \cdots\cdots\cdots\cdots ②$$

である。ここで，①と②は同じ直線を表しているので，$t = \boxed{\text{ケ}}$，$s = \boxed{\text{コ}}\,a$ が成り立つ。

したがって，ℓ の方程式は $y = \boxed{\text{サ}}\,x + \boxed{\text{シ}}$ である。

（数学Ⅱ・数学B第2問は次ページに続く。）

(2) 二つの放物線 C, D の交点の x 座標は $\boxed{\text{ス}}$ である。

C と直線 ℓ, および直線 $x=\boxed{\text{ス}}$ で囲まれた図形の面積を S とすると,

$S=\dfrac{a^{\boxed{\text{セ}}}}{\boxed{\text{ソ}}}$ である。

(3) $a \geqq \dfrac{1}{2}$ とする。二つの放物線 C, D と直線 ℓ で囲まれた図形の中で

$0 \leqq x \leqq 1$ を満たす部分の面積 T は, $a>\boxed{\text{タ}}$ のとき, a の値によらず

$$T=\frac{\boxed{\text{チ}}}{\boxed{\text{ツ}}}$$

であり, $\dfrac{1}{2} \leqq a \leqq \boxed{\text{タ}}$ のとき

$$T=-\boxed{\text{テ}}\,a^3+\boxed{\text{ト}}\,a^2-\boxed{\text{ナ}}\,a+\frac{\boxed{\text{ニ}}}{\boxed{\text{ヌ}}}$$

である。

(4) 次に, (2), (3) で定めた S, T に対して, $U=2T-3S$ とおく。a が

$\dfrac{1}{2} \leqq a \leqq \boxed{\text{タ}}$ の範囲を動くとき, U は $a=\dfrac{\boxed{\text{ネ}}}{\boxed{\text{ノ}}}$ で最大値 $\dfrac{\boxed{\text{ハ}}}{\boxed{\text{ヒフ}}}$

をとる。

第3問～第5問は，いずれか2問を選択し，解答しなさい。

第3問　（選択問題）（配点　20）

数列$\{a_n\}$は，初項a_1が0であり，$n=1,\ 2,\ 3,\ \cdots$のとき次の漸化式を満たすものとする。

$$a_{n+1}=\frac{n+3}{n+1}\{3a_n+3^{n+1}-(n+1)(n+2)\}\cdots\cdots\cdots\cdots\cdots\cdots ①$$

(1)　$a_2=$ [ア] である。

(2)　$b_n=\dfrac{a_n}{3^n(n+1)(n+2)}$とおき，数列$\{b_n\}$の一般項を求めよう。

$\{b_n\}$の初項b_1は [イ] である。①の両辺を$3^{n+1}(n+2)(n+3)$で割ると

$$b_{n+1}=b_n+\frac{\boxed{ウ}}{\left(n+\boxed{エ}\right)\left(n+\boxed{オ}\right)}-\left(\frac{1}{\boxed{カ}}\right)^{n+1}$$

を得る。ただし，[エ] < [オ] とする。

したがって

$$b_{n+1}-b_n=\left(\frac{\boxed{キ}}{n+\boxed{エ}}-\frac{\boxed{キ}}{n+\boxed{オ}}\right)-\left(\frac{1}{\boxed{カ}}\right)^{n+1}$$

である。

（数学Ⅱ・数学B第3問は次ページに続く。）

n を 2 以上の自然数とするとき

$$\sum_{k=1}^{n-1}\left(\frac{\boxed{キ}}{k+\boxed{エ}}-\frac{\boxed{キ}}{k+\boxed{オ}}\right)=\frac{1}{\boxed{ク}}\left(\frac{n-\boxed{ケ}}{n+\boxed{コ}}\right)$$

$$\sum_{k=1}^{n-1}\left(\frac{1}{\boxed{カ}}\right)^{k+1}=\frac{\boxed{サ}}{\boxed{シ}}-\frac{\boxed{ス}}{\boxed{セ}}\left(\frac{1}{\boxed{カ}}\right)^{n}$$

が成り立つことを利用すると

$$b_n=\frac{n-\boxed{ソ}}{\boxed{タ}\left(n+\boxed{チ}\right)}+\frac{\boxed{ス}}{\boxed{セ}}\left(\frac{1}{\boxed{カ}}\right)^{n}$$

が得られる。これは $n=1$ のときも成り立つ。

(3)　(2)により，$\{a_n\}$ の一般項は

$$a_n=\boxed{ツ}^{\,n-\boxed{テ}}\left(n^2-\boxed{ト}\right)+\frac{\left(n+\boxed{ナ}\right)\left(n+\boxed{ニ}\right)}{\boxed{ヌ}}$$

で与えられる。ただし，$\boxed{ナ}<\boxed{ニ}$ とする。

このことから，すべての自然数 n について，a_n は整数となることがわかる。

(4)　k を自然数とする。a_{3k}，a_{3k+1}，a_{3k+2} を 3 で割った余りはそれぞれ $\boxed{ネ}$，$\boxed{ノ}$，$\boxed{ハ}$ である。また，$\{a_n\}$ の初項から第 2020 項までの和を 3 で割った余りは $\boxed{ヒ}$ である。

第3問～第5問は，いずれか2問を選択し，解答しなさい。

第4問 （選択問題）（配点　20）

点Oを原点とする座標空間に2点

$$A(3,\ 3,\ -6),\quad B(2+2\sqrt{3},\ 2-2\sqrt{3},\ -4)$$

をとる。3点O，A，Bの定める平面をαとする。また，αに含まれる点Cは

$$\overrightarrow{OA}\perp\overrightarrow{OC},\quad \overrightarrow{OB}\cdot\overrightarrow{OC}=24 \quad \cdots\cdots ①$$

を満たすとする。

(1)　$|\overrightarrow{OA}|=$ **ア** $\sqrt{\boxed{\text{イ}}}$，$|\overrightarrow{OB}|=$ **ウ** $\sqrt{\boxed{\text{エ}}}$ であり，$\overrightarrow{OA}\cdot\overrightarrow{OB}=$ **オカ** である。

(2)　点Cは平面α上にあるので，実数s，tを用いて，$\overrightarrow{OC}=s\overrightarrow{OA}+t\overrightarrow{OB}$と表すことができる。このとき，①から$s=\dfrac{\boxed{\text{キク}}}{\boxed{\text{ケ}}}$，$t=$ **コ** である。したがって，$|\overrightarrow{OC}|=$ **サ** $\sqrt{\boxed{\text{シ}}}$ である。

（数学Ⅱ・数学B第4問は次ページに続く。）

(3) $\overrightarrow{CB}=\left(\boxed{ス},\ \boxed{セ},\ \boxed{ソタ}\right)$である。したがって，平面$\alpha$上の四角形OABCは$\boxed{チ}$。$\boxed{チ}$に当てはまるものを，次の⓪～④のうちから一つ選べ。ただし，少なくとも一組の対辺が平行な四角形を台形という。

⓪　正方形である

①　正方形ではないが，長方形である

②　長方形ではないが，平行四辺形である

③　平行四辺形ではないが，台形である

④　台形ではない

$\overrightarrow{OA}\perp\overrightarrow{OC}$であるので，四角形OABCの面積は$\boxed{ツテ}$である。

(4) $\overrightarrow{OA}\perp\overrightarrow{OD}$，$\overrightarrow{OC}\cdot\overrightarrow{OD}=2\sqrt{6}$かつ$z$座標が1であるような点Dの座標は

$$\left(\boxed{ト}+\frac{\sqrt{\boxed{ナ}}}{\boxed{ニ}},\ \boxed{ヌ}-\frac{\sqrt{\boxed{ネ}}}{\boxed{ノ}},\ 1\right)$$

である。このとき$\angle COD=\boxed{ハヒ}^\circ$である。

3点O，C，Dの定める平面をβとする。αとβは垂直であるので，三角形ABCを底面とする四面体DABCの高さは$\sqrt{\boxed{フ}}$である。したがって，四面体DABCの体積は$\boxed{ヘ}\sqrt{\boxed{ホ}}$である。

第3問～第5問は，いずれか2問を選択し，解答しなさい。

第5問 （選択問題）（配点　20）

以下の問題を解答するにあたっては，必要に応じて35ページの正規分布表を用いてもよい。

ある市の市立図書館の利用状況について調査を行った。

(1)　ある高校の生徒720人全員を対象に，ある1週間に市立図書館で借りた本の冊数について調査を行った。

その結果，1冊も借りなかった生徒が612人，1冊借りた生徒が54人，2冊借りた生徒が36人であり，3冊借りた生徒が18人であった。4冊以上借りた生徒はいなかった。

この高校の生徒から1人を無作為に選んだとき，その生徒が借りた本の冊数を表す確率変数をXとする。

このとき，Xの平均(期待値)は$E(X)=\dfrac{\boxed{\text{ア}}}{\boxed{\text{イ}}}$であり，$X^2$の平均は$E(X^2)=\dfrac{\boxed{\text{ウ}}}{\boxed{\text{エ}}}$である。よって，$X$の標準偏差は$\sigma(X)=\dfrac{\sqrt{\boxed{\text{オ}}}}{\boxed{\text{カ}}}$である。

（数学Ⅱ・数学B第5問は次ページに続く。）

(2) 市内の高校生全員を母集団とし，ある1週間に市立図書館を利用した生徒の割合(母比率)をpとする。この母集団から600人を無作為に選んだとき，その1週間に市立図書館を利用した生徒の数を確率変数Yで表す。

$p=0.4$のとき，Yの平均は$E(Y)=$ **キクケ** ，標準偏差は$\sigma(Y)=$ **コサ** になる。ここで，$Z=\dfrac{Y-\boxed{キクケ}}{\boxed{コサ}}$とおくと，標本数600は十分に大きいので，$Z$は近似的に標準正規分布に従う。このことを利用して，Yが215以下となる確率を求めると，その確率は0. **シス** になる。

また，$p=0.2$のとき，Yの平均は キクケ の$\dfrac{1}{\boxed{セ}}$倍，標準偏差は コサ の$\dfrac{\sqrt{\boxed{ソ}}}{3}$倍である。

(数学Ⅱ・数学B第5問は次ページに続く。)

(3)　市立図書館に利用者登録のある高校生全員を母集団とする。1回あたりの利用時間(分)を表す確率変数を W とし，W は母平均 m，母標準偏差30の分布に従うとする。この母集団から大きさ n の標本 W_1，W_2，…，W_n を無作為に抽出した。

利用時間が60分をどの程度超えるかについて調査するために

$$U_1 = W_1 - 60,\ U_2 = W_2 - 60,\ \cdots,\ U_n = W_n - 60$$

とおくと，確率変数 U_1，U_2，…，U_n の平均と標準偏差はそれぞれ

$$E(U_1) = E(U_2) = \cdots = E(U_n) = m - \boxed{\text{タチ}}$$

$$\sigma(U_1) = \sigma(U_2) = \cdots = \sigma(U_n) = \boxed{\text{ツテ}}$$

である。

ここで，$t = m - 60$ として，t に対する信頼度95％の信頼区間を求めよう。この母集団から無作為抽出された100人の生徒に対して U_1，U_2，…，U_{100} の値を調べたところ，その標本平均の値が50分であった。標本数は十分大きいことを利用して，この信頼区間を求めると

$$\boxed{\text{トナ}}.\boxed{\text{ニ}} \leqq t \leqq \boxed{\text{ヌネ}}.\boxed{\text{ノ}}$$

になる。

(数学Ⅱ・数学B第5問は次ページに続く。)

正 規 分 布 表

次の表は，標準正規分布の分布曲線における右図の灰色部分の面積の値をまとめたものである。

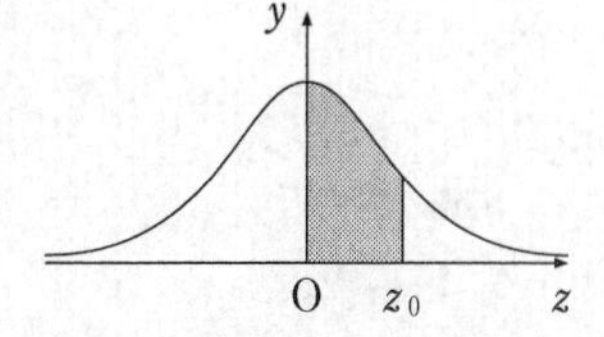

z_0	0.00	0.01	0.02	0.03	0.04	0.05	0.06	0.07	0.08	0.09
0.0	0.0000	0.0040	0.0080	0.0120	0.0160	0.0199	0.0239	0.0279	0.0319	0.0359
0.1	0.0398	0.0438	0.0478	0.0517	0.0557	0.0596	0.0636	0.0675	0.0714	0.0753
0.2	0.0793	0.0832	0.0871	0.0910	0.0948	0.0987	0.1026	0.1064	0.1103	0.1141
0.3	0.1179	0.1217	0.1255	0.1293	0.1331	0.1368	0.1406	0.1443	0.1480	0.1517
0.4	0.1554	0.1591	0.1628	0.1664	0.1700	0.1736	0.1772	0.1808	0.1844	0.1879
0.5	0.1915	0.1950	0.1985	0.2019	0.2054	0.2088	0.2123	0.2157	0.2190	0.2224
0.6	0.2257	0.2291	0.2324	0.2357	0.2389	0.2422	0.2454	0.2486	0.2517	0.2549
0.7	0.2580	0.2611	0.2642	0.2673	0.2704	0.2734	0.2764	0.2794	0.2823	0.2852
0.8	0.2881	0.2910	0.2939	0.2967	0.2995	0.3023	0.3051	0.3078	0.3106	0.3133
0.9	0.3159	0.3186	0.3212	0.3238	0.3264	0.3289	0.3315	0.3340	0.3365	0.3389
1.0	0.3413	0.3438	0.3461	0.3485	0.3508	0.3531	0.3554	0.3577	0.3599	0.3621
1.1	0.3643	0.3665	0.3686	0.3708	0.3729	0.3749	0.3770	0.3790	0.3810	0.3830
1.2	0.3849	0.3869	0.3888	0.3907	0.3925	0.3944	0.3962	0.3980	0.3997	0.4015
1.3	0.4032	0.4049	0.4066	0.4082	0.4099	0.4115	0.4131	0.4147	0.4162	0.4177
1.4	0.4192	0.4207	0.4222	0.4236	0.4251	0.4265	0.4279	0.4292	0.4306	0.4319
1.5	0.4332	0.4345	0.4357	0.4370	0.4382	0.4394	0.4406	0.4418	0.4429	0.4441
1.6	0.4452	0.4463	0.4474	0.4484	0.4495	0.4505	0.4515	0.4525	0.4535	0.4545
1.7	0.4554	0.4564	0.4573	0.4582	0.4591	0.4599	0.4608	0.4616	0.4625	0.4633
1.8	0.4641	0.4649	0.4656	0.4664	0.4671	0.4678	0.4686	0.4693	0.4699	0.4706
1.9	0.4713	0.4719	0.4726	0.4732	0.4738	0.4744	0.4750	0.4756	0.4761	0.4767
2.0	0.4772	0.4778	0.4783	0.4788	0.4793	0.4798	0.4803	0.4808	0.4812	0.4817
2.1	0.4821	0.4826	0.4830	0.4834	0.4838	0.4842	0.4846	0.4850	0.4854	0.4857
2.2	0.4861	0.4864	0.4868	0.4871	0.4875	0.4878	0.4881	0.4884	0.4887	0.4890
2.3	0.4893	0.4896	0.4898	0.4901	0.4904	0.4906	0.4909	0.4911	0.4913	0.4916
2.4	0.4918	0.4920	0.4922	0.4925	0.4927	0.4929	0.4931	0.4932	0.4934	0.4936
2.5	0.4938	0.4940	0.4941	0.4943	0.4945	0.4946	0.4948	0.4949	0.4951	0.4952
2.6	0.4953	0.4955	0.4956	0.4957	0.4959	0.4960	0.4961	0.4962	0.4963	0.4964
2.7	0.4965	0.4966	0.4967	0.4968	0.4969	0.4970	0.4971	0.4972	0.4973	0.4974
2.8	0.4974	0.4975	0.4976	0.4977	0.4977	0.4978	0.4979	0.4979	0.4980	0.4981
2.9	0.4981	0.4982	0.4982	0.4983	0.4984	0.4984	0.4985	0.4985	0.4986	0.4986
3.0	0.4987	0.4987	0.4987	0.4988	0.4988	0.4989	0.4989	0.4989	0.4990	0.4990

MEMO

数学Ⅰ・数学A
数学Ⅱ・数学B

（2019年１月実施）

2019
本試験

数学Ⅰ・数学A　60分　100点
数学Ⅱ・数学B　60分　100点

数学Ⅰ・数学A

問　題	選 択 方 法
第1問	必　　答
第2問	必　　答
第3問	いずれか2問を選択し，解答しなさい。
第4問	
第5問	

（注）この科目には，選択問題があります。（2ページ参照。）

第1問 （必答問題）（配点　30）

〔1〕 a を実数とする。

$9a^2-6a+1=\left(\boxed{\text{ア}}\,a-\boxed{\text{イ}}\right)^2$ である。次に

$$A=\sqrt{9a^2-6a+1}+|a+2|$$

とおくと

$$A=\sqrt{\left(\boxed{\text{ア}}\,a-\boxed{\text{イ}}\right)^2}+|a+2|$$

である。

次の三つの場合に分けて考える。

- $a>\dfrac{1}{3}$ のとき，$A=\boxed{\text{ウ}}\,a+\boxed{\text{エ}}$ である。
- $-2\leqq a\leqq\dfrac{1}{3}$ のとき，$A=\boxed{\text{オカ}}\,a+\boxed{\text{キ}}$ である。
- $a<-2$ のとき，$A=-\boxed{\text{ウ}}\,a-\boxed{\text{エ}}$ である。

（数学Ⅰ・数学A第1問は次ページに続く。）

$A = 2a + 13$ となる a の値は

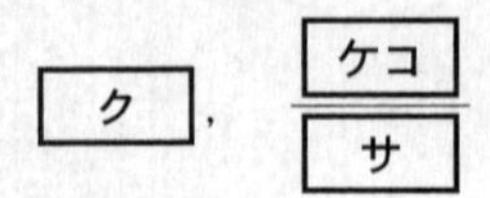

である。

（数学Ⅰ・数学A第１問は次ページに続く。）

〔2〕 二つの自然数 m, n に関する三つの条件 p, q, r を次のように定める。

p：m と n はともに奇数である

q：$3mn$ は奇数である

r：$m+5n$ は偶数である

また，条件 p の否定を $\overline{p}$ で表す。

(1) 次の シ ， ス に当てはまるものを，下の⓪～②のうちから一つずつ選べ。ただし，同じものを繰り返し選んでもよい。

二つの自然数 m, n が条件 $\overline{p}$ を満たすとする。このとき，m が奇数ならば n は シ 。また，m が偶数ならば n は ス 。

⓪ 偶数である

① 奇数である

② 偶数でも奇数でもよい

（数学Ⅰ・数学A第1問は次ページに続く。）

(2) 次の セ ， ソ ， タ に当てはまるものを，下の⓪～③のうちから一つずつ選べ。ただし，同じものを繰り返し選んでもよい。

p は q であるための セ 。

p は r であるための ソ 。

$\overline{p}$ は r であるための タ 。

⓪ 必要十分条件である

① 必要条件であるが，十分条件ではない

② 十分条件であるが，必要条件ではない

③ 必要条件でも十分条件でもない

(数学Ⅰ・数学A第1問は次ページに続く。)

〔3〕 a と b はともに正の実数とする。x の2次関数

$$y = x^2 + (2a - b)x + a^2 + 1$$

のグラフを G とする。

(1) グラフ G の頂点の座標は

$$\left(\frac{b}{\boxed{チ}} - a,\quad -\frac{b^2}{\boxed{ツ}} + ab + \boxed{テ} \right)$$

である。

(2) グラフ G が点 $(-1, 6)$ を通るとき，b のとり得る値の最大値は $\boxed{ト}$ であり，そのときの a の値は $\boxed{ナ}$ である。

$b = \boxed{ト}$，$a = \boxed{ナ}$ のとき，グラフ G は2次関数 $y = x^2$ のグラフを x 軸方向に $\dfrac{\boxed{ニ}}{\boxed{ヌ}}$，$y$ 軸方向に $\dfrac{\boxed{ネノ}}{\boxed{ハ}}$ だけ平行移動したものである。

第２問 （必答問題）（配点 30）

〔1〕 △ABC において，AB = 3，BC = 4，AC = 2 とする。

次の [エ] には，下の⓪～②のうちから当てはまるものを一つ選べ。

$\cos\angle BAC = \dfrac{\boxed{アイ}}{\boxed{ウ}}$ であり，∠BAC は [エ] である。また，

$\sin\angle BAC = \dfrac{\sqrt{\boxed{オカ}}}{\boxed{キ}}$ である。

⓪ 鋭角　　① 直角　　② 鈍角

（数学Ⅰ・数学Ａ第２問は次ページに続く。）

線分ACの垂直二等分線と直線ABの交点をDとする。

$\cos \angle CAD = \dfrac{\boxed{ク}}{\boxed{ケ}}$ であるから，$AD = \boxed{コ}$ であり，$\triangle DBC$ の面積

は $\dfrac{\boxed{サ}\sqrt{\boxed{シス}}}{\boxed{セ}}$ である。

(数学Ⅰ・数学A第2問は次ページに続く。)

〔2〕 全国各地の気象台が観測した「ソメイヨシノ(桜の種類)の開花日」や，「モンシロチョウの初見日(初めて観測した日)」，「ツバメの初見日」などの日付を気象庁が発表している。気象庁発表の日付は普通の月日形式であるが，この問題では該当する年の1月1日を「1」とし，12月31日を「365」(うるう年の場合は「366」)とする「年間通し日」に変更している。例えば，2月3日は，1月31日の「31」に2月3日の3を加えた「34」となる。

(1) 図1は全国48地点で観測しているソメイヨシノの2012年から2017年までの6年間の開花日を，年ごとに箱ひげ図にして並べたものである。

図2はソメイヨシノの開花日の年ごとのヒストグラムである。ただし，順番は年の順に並んでいるとは限らない。なお，ヒストグラムの各階級の区間は，左側の数値を含み，右側の数値を含まない。

次の ソ ， タ に当てはまるものを，図2の⓪～⑤のうちから一つずつ選べ。

- 2013年のヒストグラムは ソ である。
- 2017年のヒストグラムは タ である。

(数学Ⅰ・数学A第2問は次ページに続く。)

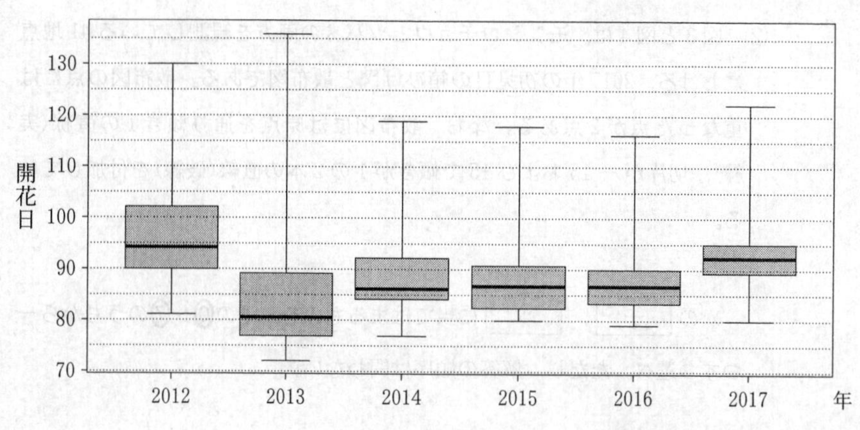

図1　ソメイヨシノの開花日の年別の箱ひげ図

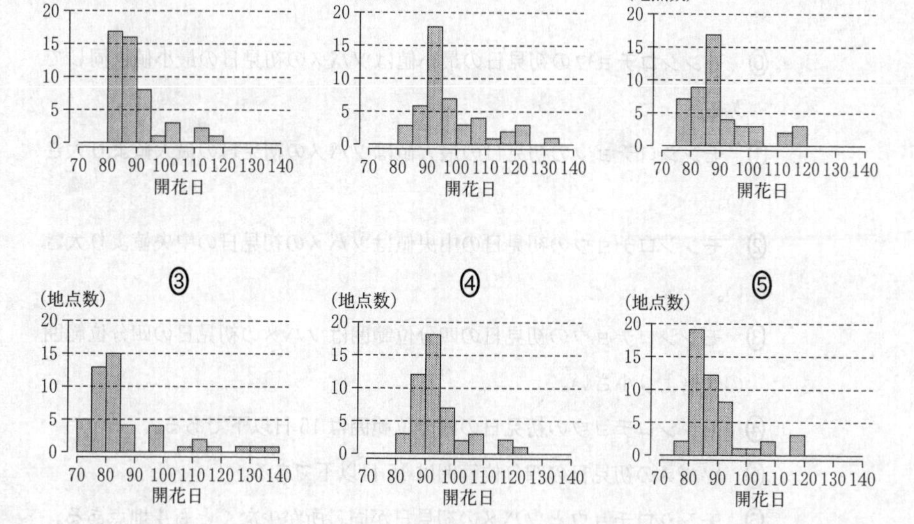

図2　ソメイヨシノの開花日の年別のヒストグラム

(出典：図1，図2は気象庁「生物季節観測データ」Webページにより作成)

(数学Ⅰ・数学A第2問は次ページに続く。)

⑵　図3と図4は，モンシロチョウとツバメの両方を観測している41地点における，2017年の初見日の箱ひげ図と散布図である。散布図の点には重なった点が2点ある。なお，散布図には原点を通り傾き1の直線(実線)，切片が－15および15で傾きが1の2本の直線(破線)を付加している。

次の チ ， ツ に当てはまるものを，下の⓪～⑦のうちから一つずつ選べ。ただし，解答の順序は問わない。

図3，図4から読み取れることとして**正しくないもの**は， チ ， ツ である。

⓪　モンシロチョウの初見日の最小値はツバメの初見日の最小値と同じである。

①　モンシロチョウの初見日の最大値はツバメの初見日の最大値より大きい。

②　モンシロチョウの初見日の中央値はツバメの初見日の中央値より大きい。

③　モンシロチョウの初見日の四分位範囲はツバメの初見日の四分位範囲の3倍より小さい。

④　モンシロチョウの初見日の四分位範囲は15日以下である。

⑤　ツバメの初見日の四分位範囲は15日以下である。

⑥　モンシロチョウとツバメの初見日が同じ所が少なくとも4地点ある。

⑦　同一地点でのモンシロチョウの初見日とツバメの初見日の差は15日以下である。

(数学Ⅰ・数学A第2問は次ページに続く。)

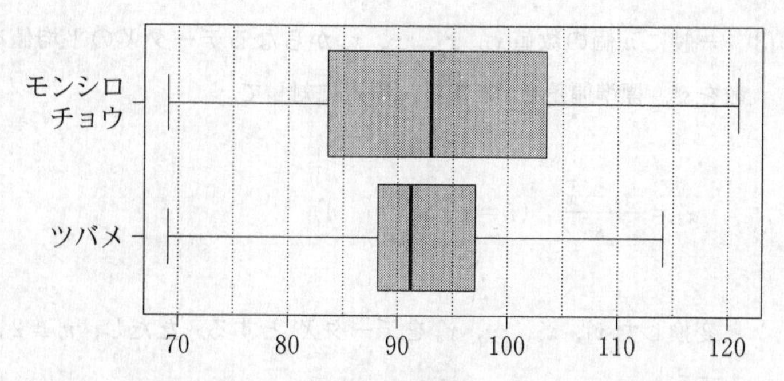

図3　モンシロチョウとツバメの初見日(2017年)の箱ひげ図

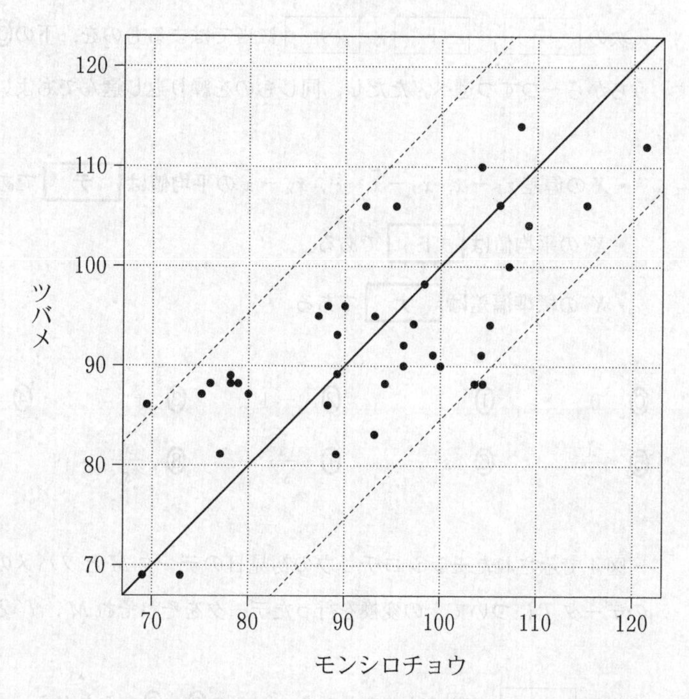

図4　モンシロチョウとツバメの初見日(2017年)の散布図

(出典：図3，図4は気象庁「生物季節観測データ」Webページにより作成)

(数学Ⅰ・数学A第2問は次ページに続く。)

(3)　一般に n 個の数値 x_1, x_2, …, x_n からなるデータ X の平均値を $\bar{x}$, 分散を s^2, 標準偏差を s とする。各 x_i に対して

$$x'_i = \frac{x_i - \bar{x}}{s} \quad (i = 1, 2, \cdots, n)$$

と変換した x'_1, x'_2, …, x'_n をデータ X' とする。ただし, $n \geqq 2$, $s > 0$ とする。

次の［テ］, ［ト］, ［ナ］に当てはまるものを, 下の⓪～⑧のうちから一つずつ選べ。ただし, 同じものを繰り返し選んでもよい。

- X の偏差 $x_1 - \bar{x}$, $x_2 - \bar{x}$, …, $x_n - \bar{x}$ の平均値は［テ］である。
- X' の平均値は［ト］である。
- X' の標準偏差は［ナ］である。

⓪ 0　① 1　② -1　③ $\bar{x}$　④ s

⑤ $\dfrac{1}{s}$　⑥ s^2　⑦ $\dfrac{1}{s^2}$　⑧ $\dfrac{\bar{x}}{s}$

図 4 で示されたモンシロチョウの初見日のデータ M とツバメの初見日のデータ T について上の変換を行ったデータをそれぞれ M', T' とする。

次の［ニ］に当てはまるものを, 図 5 の⓪～③のうちから一つ選べ。

変換後のモンシロチョウの初見日のデータ M' と変換後のツバメの初見日のデータ T' の散布図は, M' と T' の標準偏差の値を考慮すると［ニ］である。

（数学Ⅰ・数学A第 2 問は次ページに続く。）

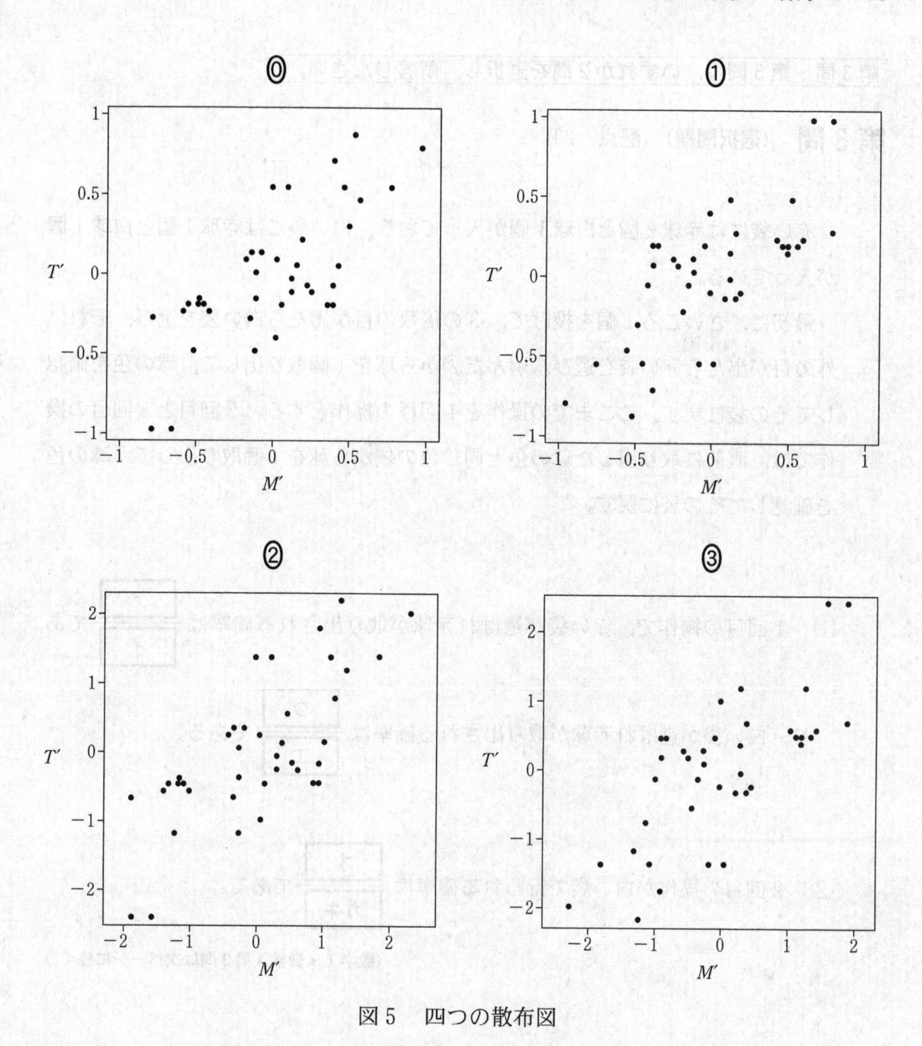

図5　四つの散布図

第3問～第5問は，いずれか2問を選択し，解答しなさい。

第3問 （選択問題）（配点　20）

赤い袋には赤球2個と白球1個が入っており，白い袋には赤球1個と白球1個が入っている。

最初に，さいころ1個を投げて，3の倍数の目が出たら白い袋を選び，それ以外の目が出たら赤い袋を選び，選んだ袋から球を1個取り出して，球の色を確認してその袋に戻す。ここまでの操作を1回目の操作とする。2回目と3回目の操作では，直前に取り出した球の色と同じ色の袋から球を1個取り出して，球の色を確認してその袋に戻す。

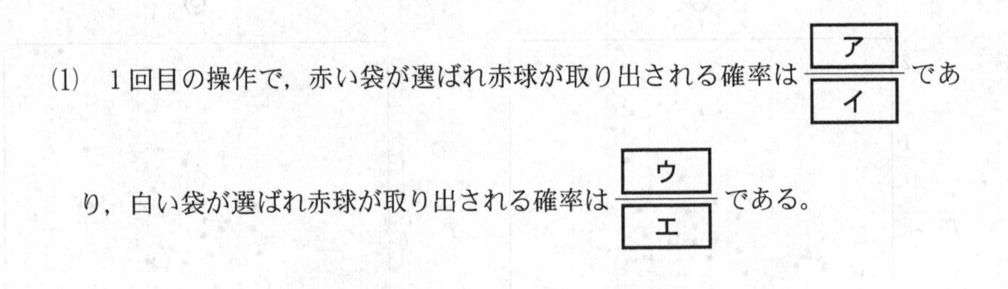

(1)　1回目の操作で，赤い袋が選ばれ赤球が取り出される確率は $\dfrac{\boxed{ア}}{\boxed{イ}}$ であり，白い袋が選ばれ赤球が取り出される確率は $\dfrac{\boxed{ウ}}{\boxed{エ}}$ である。

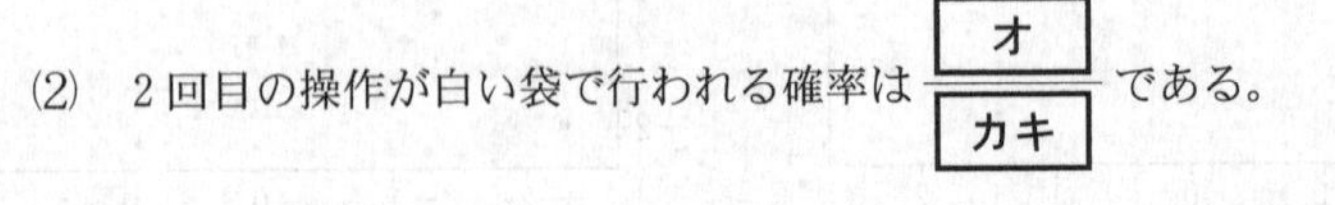

(2)　2回目の操作が白い袋で行われる確率は $\dfrac{\boxed{オ}}{\boxed{カキ}}$ である。

（数学Ⅰ・数学A第3問は次ページに続く。）

(3)　1回目の操作で白球を取り出す確率をpで表すと，2回目の操作で白球が取り出される確率は$\dfrac{\boxed{\text{ク}}}{\boxed{\text{ケ}}}p+\dfrac{1}{3}$と表される。

よって，2回目の操作で白球が取り出される確率は$\dfrac{\boxed{\text{コサ}}}{\boxed{\text{シスセ}}}$である。

同様に考えると，3回目の操作で白球が取り出される確率は$\dfrac{\boxed{\text{ソタチ}}}{\boxed{\text{ツテト}}}$である。

(4)　2回目の操作で取り出した球が白球であったとき，その球を取り出した袋の色が白である条件付き確率は$\dfrac{\boxed{\text{ナニ}}}{\boxed{\text{ヌネ}}}$である。

また，3回目の操作で取り出した球が白球であったとき，はじめて白球が取り出されたのが3回目の操作である条件付き確率は$\dfrac{\boxed{\text{ノハ}}}{\boxed{\text{ヒフヘ}}}$である。

第3問～第5問は，いずれか2問を選択し，解答しなさい。

第4問　（選択問題）（配点　20）

(1)　不定方程式

$$49x - 23y = 1$$

の解となる自然数 x，y の中で，x の値が最小のものは

$$x = \boxed{\text{ア}}, \quad y = \boxed{\text{イウ}}$$

であり，すべての整数解は，k を整数として

$$x = \boxed{\text{エオ}}\,k + \boxed{\text{ア}}, \quad y = \boxed{\text{カキ}}\,k + \boxed{\text{イウ}}$$

と表せる。

(2)　49の倍数である自然数 A と23の倍数である自然数 B の組 $(A,\ B)$ を考える。A と B の差の絶対値が1となる組 $(A,\ B)$ の中で，A が最小になるのは

$$(A,\ B) = \left(49 \times \boxed{\text{ク}},\quad 23 \times \boxed{\text{ケコ}}\right)$$

である。また，A と B の差の絶対値が2となる組 $(A,\ B)$ の中で，A が最小になるのは

$$(A,\ B) = \left(49 \times \boxed{\text{サ}},\quad 23 \times \boxed{\text{シス}}\right)$$

である。

（数学Ⅰ・数学A第4問は次ページに続く。）

(3)　連続する三つの自然数 a, $a+1$, $a+2$ を考える。

a と $a+1$ の最大公約数は1

$a+1$ と $a+2$ の最大公約数は1

a と $a+2$ の最大公約数は1または [セ]

である。

また，次の条件がすべての自然数 a で成り立つような自然数 m のうち，最大のものは $m=$ [ソ] である。

条件：$a(a+1)(a+2)$ は m の倍数である。

(4)　6762を素因数分解すると

$$6762 = 2 \times \boxed{タ} \times 7^{\boxed{チ}} \times \boxed{ツテ}$$

である。

b を，$b(b+1)(b+2)$ が6762の倍数となる最小の自然数とする。このとき，b, $b+1$, $b+2$ のいずれかは $7^{\boxed{チ}}$ の倍数であり，また，b, $b+1$, $b+2$ のいずれかは [ツテ] の倍数である。したがって，$b=$ [トナニ] である。

第3問～第5問は，いずれか2問を選択し，解答しなさい。

第5問　（選択問題）（配点　20）

△ABC において，AB = 4，BC = 7，AC = 5 とする。

このとき，$\cos\angle\mathrm{BAC} = -\dfrac{1}{5}$，$\sin\angle\mathrm{BAC} = \dfrac{2\sqrt{6}}{5}$ である。

△ABC の内接円の半径は $\dfrac{\sqrt{\boxed{\text{ア}}}}{\boxed{\text{イ}}}$ である。

この内接円と辺 AB との接点を D，辺 AC との接点を E とする。

$$\mathrm{AD} = \boxed{\text{ウ}},\quad \mathrm{DE} = \frac{\boxed{\text{エ}}\sqrt{\boxed{\text{オカ}}}}{\boxed{\text{キ}}}$$

である。

（数学I・数学A第5問は次ページに続く。）

線分 BE と線分 CD の交点を P，直線 AP と辺 BC の交点を Q とする。

$$\frac{BQ}{CQ} = \frac{\boxed{\text{ク}}}{\boxed{\text{ケ}}}$$

であるから，BQ = $\boxed{\text{コ}}$ であり，△ABC の内心を I とすると

$$IQ = \frac{\sqrt{\boxed{\text{サ}}}}{\boxed{\text{シ}}}$$

である。また，直線 CP と△ABC の内接円との交点で D とは異なる点を F とすると

$$\cos\angle DFE = \frac{\sqrt{\boxed{\text{スセ}}}}{\boxed{\text{ソ}}}$$

である。

数学Ⅱ・数学B

問題	選択方法
第1問	必答
第2問	必答
第3問	いずれか2問を選択し，解答しなさい。
第4問	
第5問	

(注) この科目には，選択問題があります。(22ページ参照。)

第1問 (必答問題) (配点　30)

〔1〕 関数 $f(\theta) = 3\sin^2\theta + 4\sin\theta\cos\theta - \cos^2\theta$ を考える。

(1) $f(0) =$ アイ ，$f\left(\frac{\pi}{3}\right) =$ ウ $+ \sqrt{\text{エ}}$ である。

(2) 2倍角の公式を用いて計算すると，$\cos^2\theta = \dfrac{\cos 2\theta + \text{オ}}{\text{カ}}$ となる。さらに，$\sin 2\theta$，$\cos 2\theta$ を用いて $f(\theta)$ を表すと

$$f(\theta) = \text{キ}\sin 2\theta - \text{ク}\cos 2\theta + \text{ケ} \quad \cdots\cdots\cdots\cdots\cdots \text{①}$$

となる。

(数学Ⅱ・数学B第1問は次ページに続く。)

(3)　θ が $0 \leqq \theta \leqq \pi$ の範囲を動くとき，関数 $f(\theta)$ のとり得る最大の整数の値 m とそのときの θ の値を求めよう。

三角関数の合成を用いると，① は

$$f(\theta) = \boxed{\text{コ}}\sqrt{\boxed{\text{サ}}}\sin\left(2\theta - \frac{\pi}{\boxed{\text{シ}}}\right) + \boxed{\text{ケ}}$$

と変形できる。したがって，$m = \boxed{\text{ス}}$ である。

また，$0 \leqq \theta \leqq \pi$ において，$f(\theta) = \boxed{\text{ス}}$ となる θ の値は，小さい順に，$\dfrac{\pi}{\boxed{\text{セ}}}$，$\dfrac{\pi}{\boxed{\text{ソ}}}$ である。

（数学Ⅱ・数学B第１問は次ページに続く。）

〔2〕 連立方程式

$$\begin{cases} \log_2(x+2) - 2\log_4(y+3) = -1 & \cdots\cdots ② \\ \left(\dfrac{1}{3}\right)^y - 11\left(\dfrac{1}{3}\right)^{x+1} + 6 = 0 & \cdots\cdots ③ \end{cases}$$

を満たす実数 x, y を求めよう。

真数の条件により，x, y のとり得る値の範囲は［タ］である。［タ］に当てはまるものを，次の⓪～⑤のうちから一つ選べ。ただし，対数 $\log_a b$ に対し，a を底といい，b を真数という。

⓪ $x > 0,\ y > 0$　① $x > 2,\ y > 3$　② $x > -2,\ y > -3$

③ $x < 0,\ y < 0$　④ $x < 2,\ y < 3$　⑤ $x < -2,\ y < -3$

底の変換公式により

$$\log_4(y+3) = \frac{\log_2(y+3)}{\boxed{チ}}$$

である。よって，② から

$$y = \boxed{ツ}\,x + \boxed{テ} \qquad \cdots\cdots ④$$

が得られる。

（数学Ⅱ・数学B第１問は次ページに続く。）

次に，$t=\left(\dfrac{1}{3}\right)^x$ とおき，④ を用いて ③ を t の方程式に書き直すと

$$t^2 - \boxed{\text{トナ}}\,t + \boxed{\text{ニヌ}} = 0 \qquad \cdots\cdots ⑤$$

が得られる。また，x が $\boxed{\text{タ}}$ における x の範囲を動くとき，t のとり得る値の範囲は

$$\boxed{\text{ネ}} < t < \boxed{\text{ノ}} \qquad \cdots\cdots ⑥$$

である。

⑥ の範囲で方程式 ⑤ を解くと，$t=\boxed{\text{ハ}}$ となる。したがって，連立方程式 ②，③ を満たす実数 x，y の値は

$$x=\log_3\frac{\boxed{\text{ヒ}}}{\boxed{\text{フ}}}, \quad y=\log_3\frac{\boxed{\text{ヘ}}}{\boxed{\text{ホ}}}$$

であることがわかる。

第2問　(必答問題)　(配点　30)

p, qを実数とし，関数$f(x)=x^3+px^2+qx$は$x=-1$で極値2をとるとする。また，座標平面上の曲線$y=f(x)$をC，放物線$y=-kx^2$をD，放物線D上の点$(a,\ -ka^2)$をAとする。ただし，$k>0$，$a>0$である。

(1)　関数$f(x)$が$x=-1$で極値をとるので，$f'(-1)=$ ア である。これと$f(-1)=2$より，$p=$ イ ，$q=$ ウエ である。よって，$f(x)$は$x=$ オ で極小値 カキ をとる。

(2)　点Aにおける放物線Dの接線をℓとする。Dとℓおよびx軸で囲まれた図形の面積Sをaとkを用いて表そう。

ℓの方程式は

$$y=\boxed{クケ}\,kax+ka^{\boxed{コ}}\quad\cdots\cdots\cdots\cdots①$$

と表せる。ℓとx軸の交点のx座標は$\dfrac{\boxed{サ}}{\boxed{シ}}$であり，$D$と$x$軸および直線$x=a$で囲まれた図形の面積は$\dfrac{k}{\boxed{ス}}a^{\boxed{セ}}$である。よって，

$S=\dfrac{k}{\boxed{ソタ}}a^{\boxed{セ}}$である。

(数学Ⅱ・数学B第2問は次ページに続く。)

(3)　さらに，点Aが曲線 C 上にあり，かつ(2)の接線 ℓ が C にも接するとする。

このときの(2)の S の値を求めよう。

Aが C 上にあるので，$k = \dfrac{\boxed{\text{チ}}}{\boxed{\text{ツ}}} - \boxed{\text{テ}}$ である。

ℓ と C の接点の x 座標を b とすると，ℓ の方程式は b を用いて

$$y = \boxed{\text{ト}}\left(b^2 - \boxed{\text{ナ}}\right)x - \boxed{\text{ニ}}\,b^3 \quad \cdots\cdots\cdots\cdots\cdots\cdots ②$$

と表される。② の右辺を $g(x)$ とおくと

$$f(x) - g(x) = \left(x - \boxed{\text{ヌ}}\right)^2\left(x + \boxed{\text{ネ}}\,b\right)$$

と因数分解されるので，$a = -\boxed{\text{ネ}}\,b$ となる。① と ② の表す直線の傾きを比較することにより，$a^2 = \dfrac{\boxed{\text{ノハ}}}{\boxed{\text{ヒ}}}$ である。

したがって，求める S の値は $\dfrac{\boxed{\text{フ}}}{\boxed{\text{ヘホ}}}$ である。

第3問～第5問は，いずれか2問を選択し，解答しなさい。

第3問 （選択問題）（配点　20）

初項が3，公比が4の等比数列の初項から第n項までの和をS_nとする。また，数列$\{T_n\}$は，初項が-1であり，$\{T_n\}$の階差数列が数列$\{S_n\}$であるような数列とする。

(1)　$S_2 =$ アイ ，$T_2 =$ ウ である。

(2)　$\{S_n\}$と$\{T_n\}$の一般項は，それぞれ

$$S_n = \boxed{エ}^{\boxed{オ}} - \boxed{カ}$$

$$T_n = \frac{\boxed{キ}^{\boxed{ク}}}{\boxed{ケ}} - n - \frac{\boxed{コ}}{\boxed{サ}}$$

である。ただし， オ と ク については，当てはまるものを，次の⓪～④のうちから一つずつ選べ。同じものを選んでもよい。

⓪　$n-1$　　①　n　　②　$n+1$　　③　$n+2$　　④　$n+3$

（数学Ⅱ・数学B第3問は次ページに続く。）

(3)　数列$\{a_n\}$は，初項が-3であり，漸化式

$$na_{n+1}=4(n+1)a_n+8T_n \quad (n=1,2,3,\cdots)$$

を満たすとする。$\{a_n\}$の一般項を求めよう。

そのために，$b_n=\dfrac{a_n+2T_n}{n}$により定められる数列$\{b_n\}$を考える。$\{b_n\}$の初項は［シス］である。

$\{T_n\}$は漸化式

$$T_{n+1}=\boxed{セ}\,T_n+\boxed{ソ}\,n+\boxed{タ} \quad (n=1,2,3,\cdots)$$

を満たすから，$\{b_n\}$は漸化式

$$b_{n+1}=\boxed{チ}\,b_n+\boxed{ツ} \quad (n=1,2,3,\cdots)$$

を満たすことがわかる。よって，$\{b_n\}$の一般項は

$$b_n=\boxed{テト}\cdot\boxed{チ}^{\boxed{ナ}}-\boxed{ニ}$$

である。ただし，［ナ］については，当てはまるものを，次の⓪～④のうちから一つ選べ。

⓪　$n-1$　　①　n　　②　$n+1$　　③　$n+2$　　④　$n+3$

したがって，$\{T_n\}$，$\{b_n\}$の一般項から$\{a_n\}$の一般項を求めると

$$a_n=\frac{\boxed{ヌ}\left(\boxed{ネ}\,n+\boxed{ノ}\right)\boxed{チ}^{\boxed{ナ}}+\boxed{ハ}}{\boxed{ヒ}}$$

である。

第3問～第5問は，いずれか2問を選択し，解答しなさい。

第4問 （選択問題）（配点　20）

四角形ABCDを底面とする四角錐(すい)OABCDを考える。四角形ABCDは，辺ADと辺BCが平行で，AB = CD，∠ABC = ∠BCDを満たすとする。さらに，$\overrightarrow{OA} = \vec{a}$，$\overrightarrow{OB} = \vec{b}$，$\overrightarrow{OC} = \vec{c}$として

$$|\vec{a}| = 1,\quad |\vec{b}| = \sqrt{3},\quad |\vec{c}| = \sqrt{5}$$

$$\vec{a}\cdot\vec{b} = 1,\quad \vec{b}\cdot\vec{c} = 3,\quad \vec{a}\cdot\vec{c} = 0$$

であるとする。

(1)　∠AOC = [アイ]°により，三角形OACの面積は $\dfrac{\sqrt{[ウ]}}{[エ]}$ である。

(2)　$\overrightarrow{BA}\cdot\overrightarrow{BC} =$ [オカ]，$|\overrightarrow{BA}| = \sqrt{[キ]}$，$|\overrightarrow{BC}| = \sqrt{[ク]}$ であるから，∠ABC = [ケコサ]°である。さらに，辺ADと辺BCが平行であるから，∠BAD = ∠ADC = [シス]°である。よって，$\overrightarrow{AD} =$ [セ] $\overrightarrow{BC}$ であり

$$\overrightarrow{OD} = \vec{a} - [ソ]\,\vec{b} + [タ]\,\vec{c}$$

と表される。また，四角形ABCDの面積は $\dfrac{[チ]\sqrt{[ツ]}}{[テ]}$ である。

（数学Ⅱ・数学B第4問は次ページに続く。）

(3)　三角形 OAC を底面とする三角錐 BOAC の体積 V を求めよう。

3 点 O，A，C の定める平面 α 上に，点 H を $\overrightarrow{\mathrm{BH}} \perp \vec{a}$ と $\overrightarrow{\mathrm{BH}} \perp \vec{c}$ が成り立つようにとる。$|\overrightarrow{\mathrm{BH}}|$ は三角錐 BOAC の高さである。H は α 上の点であるから，実数 s，t を用いて $\overrightarrow{\mathrm{OH}} = s\vec{a} + t\vec{c}$ の形に表される。

$\overrightarrow{\mathrm{BH}} \cdot \vec{a} = \boxed{\text{ト}}$，$\overrightarrow{\mathrm{BH}} \cdot \vec{c} = \boxed{\text{ト}}$ により，$s = \boxed{\text{ナ}}$，$t = \dfrac{\boxed{\text{ニ}}}{\boxed{\text{ヌ}}}$

である。よって，$|\overrightarrow{\mathrm{BH}}| = \dfrac{\sqrt{\boxed{\text{ネ}}}}{\boxed{\text{ノ}}}$ が得られる。したがって，(1)により，

$V = \dfrac{\boxed{\text{ハ}}}{\boxed{\text{ヒ}}}$ であることがわかる。

(4)　(3)の V を用いると，四角錐 OABCD の体積は $\boxed{\text{フ}}\,V$ と表せる。さらに，

四角形 ABCD を底面とする四角錐 OABCD の高さは $\dfrac{\sqrt{\boxed{\text{ヘ}}}}{\boxed{\text{ホ}}}$ である。

第3問～第5問は，いずれか2問を選択し，解答しなさい。

第5問　（選択問題）（配点　20）

以下の問題を解答するにあたっては，必要に応じて36ページの正規分布表を用いてもよい。

(1)　ある食品を摂取したときに，血液中の物質Aの量がどのように変化するか調べたい。食品摂取前と摂取してから3時間後に，それぞれ一定量の血液に含まれる物質Aの量(単位はmg)を測定し，その変化量，すなわち摂取後の量から摂取前の量を引いた値を表す確率変数をXとする。Xの期待値(平均)は$E(X) = -7$，標準偏差は$\sigma(X) = 5$とする。

このとき，X^2の期待値は$E(X^2) =$ アイ である。

また，測定単位を変更して$W = 1000X$とすると，その期待値は$E(W) = -7 \times 10^{\fbox{ウ}}$，分散は$V(W) = 5^{\fbox{エ}} \times 10^{\fbox{オ}}$となる。

(数学Ⅱ・数学B第5問は次ページに続く。)

⑵　⑴のXが正規分布に従うとするとき，物質Aの量が減少しない確率$P(X \geqq 0)$を求めよう。この確率は

$$P(X \geqq 0) = P\left(\frac{X+7}{5} \geqq \boxed{\text{カ}}.\boxed{\text{キ}}\right)$$

であるので，標準正規分布に従う確率変数をZとすると，正規分布表から，次のように求められる。

$$P\left(Z \geqq \boxed{\text{カ}}.\boxed{\text{キ}}\right) = 0.\boxed{\text{クケ}} \cdots\cdots\cdots ①$$

無作為に抽出された50人がこの食品を摂取したときに，物質Aの量が減少するか，減少しないかを考え，物質Aの量が減少しない人数を表す確率変数をMとする。Mは二項分布$B\left(50,\ 0.\boxed{\text{クケ}}\right)$に従うので，期待値は$E(M) = \boxed{\text{コ}}.\boxed{\text{サ}}$，標準偏差は$\sigma(M) = \sqrt{\boxed{\text{シ}}.\boxed{\text{ス}}}$となる。ただし，$0.\boxed{\text{クケ}}$は①で求めた小数第2位までの値とする。

（数学Ⅱ・数学B第5問は次ページに続く。）

(3)　(1)の食品摂取前と摂取してから3時間後に，それぞれ一定量の血液に含まれる別の物質Bの量(単位はmg)を測定し，その変化量，すなわち摂取後の量から摂取前の量を引いた値を表す確率変数をYとする。Yの母集団分布は母平均m，母標準偏差6をもつとする。mを推定するため，母集団から無作為に抽出された100人に対して物質Bの変化量を測定したところ，標本平均$\overline{Y}$の値は-10.2であった。

このとき，$\overline{Y}$の期待値は$E(\overline{Y})=m$，標準偏差は$\sigma(\overline{Y})=$ セ . ソ である。$\overline{Y}$の分布が正規分布で近似できるとすれば，$Z=\dfrac{\overline{Y}-m}{\boxed{セ}.\boxed{ソ}}$は近似的に標準正規分布に従うとみなすことができる。

正規分布表を用いて$|Z|\leqq 1.64$となる確率を求めると0. タチ となる。このことを利用して，母平均mに対する信頼度 タチ %の信頼区間，すなわち， タチ %の確率でmを含む信頼区間を求めると， ツ となる。

ツ に当てはまる最も適当なものを，次の⓪～③のうちから一つ選べ。

⓪　$-11.7\leqq m\leqq -8.7$　　①　$-11.4\leqq m\leqq -9.0$

②　$-11.2\leqq m\leqq -9.2$　　③　$-10.8\leqq m\leqq -9.6$

(数学Ⅱ・数学B第5問は次ページに続く。)

正 規 分 布 表

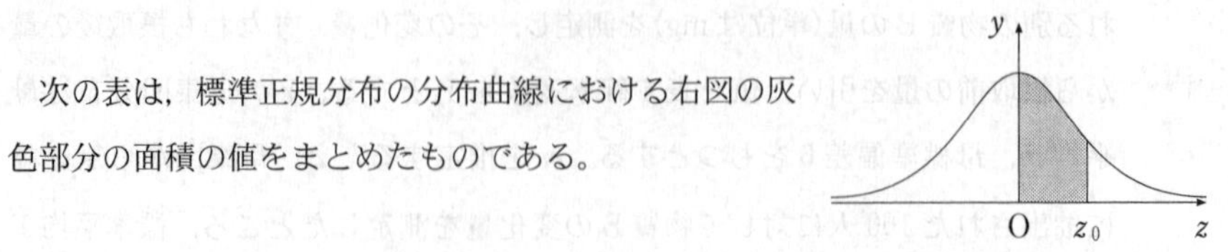

次の表は，標準正規分布の分布曲線における右図の灰色部分の面積の値をまとめたものである。

z_0	0.00	0.01	0.02	0.03	0.04	0.05	0.06	0.07	0.08	0.09
0.0	0.0000	0.0040	0.0080	0.0120	0.0160	0.0199	0.0239	0.0279	0.0319	0.0359
0.1	0.0398	0.0438	0.0478	0.0517	0.0557	0.0596	0.0636	0.0675	0.0714	0.0753
0.2	0.0793	0.0832	0.0871	0.0910	0.0948	0.0987	0.1026	0.1064	0.1103	0.1141
0.3	0.1179	0.1217	0.1255	0.1293	0.1331	0.1368	0.1406	0.1443	0.1480	0.1517
0.4	0.1554	0.1591	0.1628	0.1664	0.1700	0.1736	0.1772	0.1808	0.1844	0.1879
0.5	0.1915	0.1950	0.1985	0.2019	0.2054	0.2088	0.2123	0.2157	0.2190	0.2224
0.6	0.2257	0.2291	0.2324	0.2357	0.2389	0.2422	0.2454	0.2486	0.2517	0.2549
0.7	0.2580	0.2611	0.2642	0.2673	0.2704	0.2734	0.2764	0.2794	0.2823	0.2852
0.8	0.2881	0.2910	0.2939	0.2967	0.2995	0.3023	0.3051	0.3078	0.3106	0.3133
0.9	0.3159	0.3186	0.3212	0.3238	0.3264	0.3289	0.3315	0.3340	0.3365	0.3389
1.0	0.3413	0.3438	0.3461	0.3485	0.3508	0.3531	0.3554	0.3577	0.3599	0.3621
1.1	0.3643	0.3665	0.3686	0.3708	0.3729	0.3749	0.3770	0.3790	0.3810	0.3830
1.2	0.3849	0.3869	0.3888	0.3907	0.3925	0.3944	0.3962	0.3980	0.3997	0.4015
1.3	0.4032	0.4049	0.4066	0.4082	0.4099	0.4115	0.4131	0.4147	0.4162	0.4177
1.4	0.4192	0.4207	0.4222	0.4236	0.4251	0.4265	0.4279	0.4292	0.4306	0.4319
1.5	0.4332	0.4345	0.4357	0.4370	0.4382	0.4394	0.4406	0.4418	0.4429	0.4441
1.6	0.4452	0.4463	0.4474	0.4484	0.4495	0.4505	0.4515	0.4525	0.4535	0.4545
1.7	0.4554	0.4564	0.4573	0.4582	0.4591	0.4599	0.4608	0.4616	0.4625	0.4633
1.8	0.4641	0.4649	0.4656	0.4664	0.4671	0.4678	0.4686	0.4693	0.4699	0.4706
1.9	0.4713	0.4719	0.4726	0.4732	0.4738	0.4744	0.4750	0.4756	0.4761	0.4767
2.0	0.4772	0.4778	0.4783	0.4788	0.4793	0.4798	0.4803	0.4808	0.4812	0.4817
2.1	0.4821	0.4826	0.4830	0.4834	0.4838	0.4842	0.4846	0.4850	0.4854	0.4857
2.2	0.4861	0.4864	0.4868	0.4871	0.4875	0.4878	0.4881	0.4884	0.4887	0.4890
2.3	0.4893	0.4896	0.4898	0.4901	0.4904	0.4906	0.4909	0.4911	0.4913	0.4916
2.4	0.4918	0.4920	0.4922	0.4925	0.4927	0.4929	0.4931	0.4932	0.4934	0.4936
2.5	0.4938	0.4940	0.4941	0.4943	0.4945	0.4946	0.4948	0.4949	0.4951	0.4952
2.6	0.4953	0.4955	0.4956	0.4957	0.4959	0.4960	0.4961	0.4962	0.4963	0.4964
2.7	0.4965	0.4966	0.4967	0.4968	0.4969	0.4970	0.4971	0.4972	0.4973	0.4974
2.8	0.4974	0.4975	0.4976	0.4977	0.4977	0.4978	0.4979	0.4979	0.4980	0.4981
2.9	0.4981	0.4982	0.4982	0.4983	0.4984	0.4984	0.4985	0.4985	0.4986	0.4986
3.0	0.4987	0.4987	0.4987	0.4988	0.4988	0.4989	0.4989	0.4989	0.4990	0.4990

2018

本試験

数学Ⅰ・数学A
数学Ⅱ・数学B

(2018年1月実施)

数学Ⅰ・数学A　60分　100点
数学Ⅱ・数学B　60分　100点

数学Ⅰ・数学A

<table>
<tr><th>問　題</th><th>選　択　方　法</th></tr>
<tr><td>第1問</td><td>必　　答</td></tr>
<tr><td>第2問</td><td>必　　答</td></tr>
<tr><td>第3問</td><td rowspan="3">いずれか2問を選択し，解答しなさい。</td></tr>
<tr><td>第4問</td></tr>
<tr><td>第5問</td></tr>
</table>

（注）この科目には，選択問題があります。（2ページ参照。）

第1問 （必答問題）（配点　30）

〔1〕 x を実数とし

$$A = x(x+1)(x+2)(5-x)(6-x)(7-x)$$

とおく。整数 n に対して

$$(x+n)(n+5-x) = x(5-x) + n^2 + \boxed{\text{ア}}\, n$$

であり，したがって，$X = x(5-x)$ とおくと

$$A = X\left(X + \boxed{\text{イ}}\right)\left(X + \boxed{\text{ウエ}}\right)$$

と表せる。

$x = \dfrac{5+\sqrt{17}}{2}$ のとき，$X = \boxed{\text{オ}}$ であり，$A = 2^{\boxed{\text{カ}}}$ である。

（数学Ⅰ・数学A第1問は次ページに続く。）

〔2〕

(1) 全体集合Uを$U=\{x \mid x$は20以下の自然数$\}$とし，次の部分集合A, B, Cを考える。

$A=\{x \mid x \in U$かつxは20の約数$\}$

$B=\{x \mid x \in U$かつxは3の倍数$\}$

$C=\{x \mid x \in U$かつxは偶数$\}$

集合Aの補集合を$\overline{A}$と表し，空集合を$\varnothing$と表す。

次の キ に当てはまるものを，下の⓪～③のうちから一つ選べ。

集合の関係

(a) $A \subset C$

(b) $A \cap B = \varnothing$

の正誤の組合せとして正しいものは キ である。

	⓪	①	②	③
(a)	正	正	誤	誤
(b)	正	誤	正	誤

（数学Ⅰ・数学A第1問は次ページに続く。）

次の［ク］に当てはまるものを，下の⓪～③のうちから一つ選べ。

集合の関係

(c)　$(A \cup C) \cap B = \{6,\ 12,\ 18\}$

(d)　$(\overline{A} \cap C) \cup B = \overline{A} \cap (B \cup C)$

の正誤の組合せとして正しいものは［ク］である。

	⓪	①	②	③
(c)	正	正	誤	誤
(d)	正	誤	正	誤

(2)　実数 x に関する次の条件 p，q，r，s を考える。

$$p:\ |x-2|>2,\quad q:\ x<0,\quad r:\ x>4,\quad s:\ \sqrt{x^2}>4$$

次の［ケ］，［コ］に当てはまるものを，下の⓪～③のうちからそれぞれ一つ選べ。ただし，同じものを繰り返し選んでもよい。

q または r であることは，p であるための［ケ］。また，s は r であるための［コ］。

⓪　必要条件であるが，十分条件ではない

①　十分条件であるが，必要条件ではない

②　必要十分条件である

③　必要条件でも十分条件でもない

（数学Ⅰ・数学A第1問は次ページに続く。）

〔3〕 a を正の実数とし

$$f(x) = ax^2 - 2(a+3)x - 3a + 21$$

とする。2次関数 $y = f(x)$ のグラフの頂点の x 座標を p とおくと

$$p = \boxed{\text{サ}} + \frac{\boxed{\text{シ}}}{a}$$

である。

$0 \leqq x \leqq 4$ における関数 $y = f(x)$ の最小値が $f(4)$ となるような a の値の範囲は

$$0 < a \leqq \boxed{\text{ス}}$$

である。

また，$0 \leqq x \leqq 4$ における関数 $y = f(x)$ の最小値が $f(p)$ となるような a の値の範囲は

$$\boxed{\text{セ}} \leqq a$$

である。

したがって，$0 \leqq x \leqq 4$ における関数 $y = f(x)$ の最小値が 1 であるのは

$$a = \frac{\boxed{\text{ソ}}}{\boxed{\text{タ}}} \quad \text{または} \quad a = \frac{\boxed{\text{チ}} + \sqrt{\boxed{\text{ツテ}}}}{\boxed{\text{ト}}}$$

のときである。

第2問 （必答問題）（配点　30）

〔1〕 四角形ABCDにおいて，3辺の長さをそれぞれAB = 5，BC = 9，CD = 3，対角線ACの長さをAC = 6とする。このとき

$$\cos\angle ABC = \frac{\boxed{ア}}{\boxed{イ}},\quad \sin\angle ABC = \frac{\boxed{ウ}\sqrt{\boxed{エ}}}{\boxed{オ}}$$

である。

（数学Ⅰ・数学A第2問は次ページに続く。）

ここで，四角形ABCDは台形であるとする。

次の カ には下の⓪～②から， キ には③・④から当てはまるものを一つずつ選べ。

CD カ AB・sin ∠ABC であるから キ である。

⓪ <　　① ＝　　② >

③ 辺ADと辺BCが平行　④ 辺ABと辺CDが平行

したがって

$$BD = \boxed{ク}\sqrt{\boxed{ケコ}}$$

である。

(数学Ⅰ・数学A第2問は次ページに続く。)

〔2〕 ある陸上競技大会に出場した選手の身長(単位は cm)と体重(単位は kg)のデータが得られた。男子短距離，男子長距離，女子短距離，女子長距離の四つのグループに分けると，それぞれのグループの選手数は，男子短距離が 328 人，男子長距離が 271 人，女子短距離が 319 人，女子長距離が 263 人である。

(1) 次ページの図 1 および図 2 は，男子短距離，男子長距離，女子短距離，女子長距離の四つのグループにおける，身長のヒストグラムおよび箱ひげ図である。

次の［サ］，［シ］に当てはまるものを，下の⓪～⑥のうちから一つずつ選べ。ただし，解答の順序は問わない。

図 1 および図 2 から読み取れる内容として正しいものは，［サ］，［シ］である。

⓪ 四つのグループのうちで範囲が最も大きいのは，女子短距離グループである。

① 四つのグループのすべてにおいて，四分位範囲は 12 未満である。

② 男子長距離グループのヒストグラムでは，度数最大の階級に中央値が入っている。

③ 女子長距離グループのヒストグラムでは，度数最大の階級に第 1 四分位数が入っている。

④ すべての選手の中で最も身長の高い選手は，男子長距離グループの中にいる。

⑤ すべての選手の中で最も身長の低い選手は，女子長距離グループの中にいる。

⑥ 男子短距離グループの中央値と男子長距離グループの第 3 四分位数は，ともに 180 以上 182 未満である。

(数学Ⅰ・数学A第 2 問は次ページに続く。)

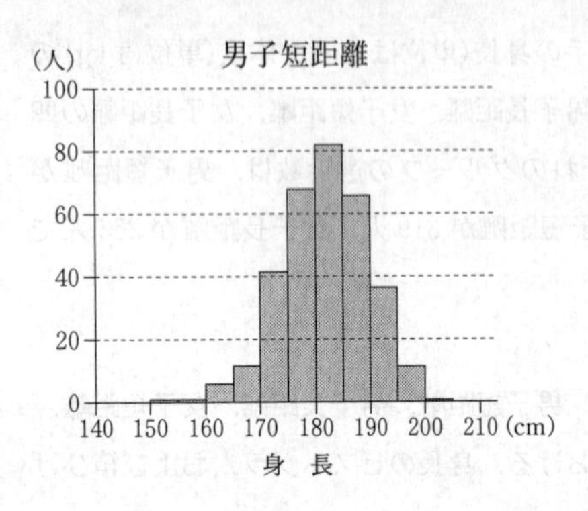

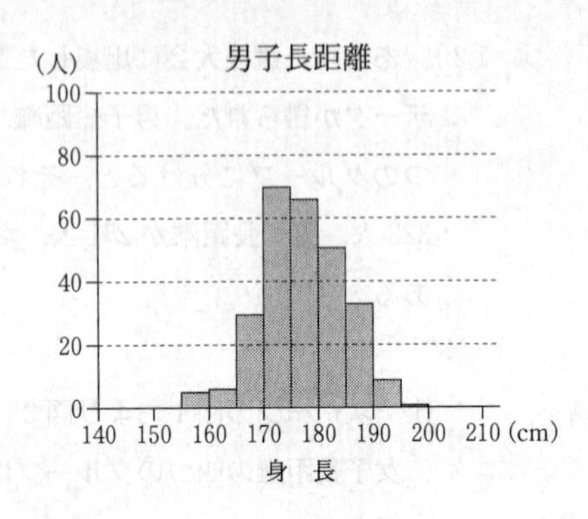

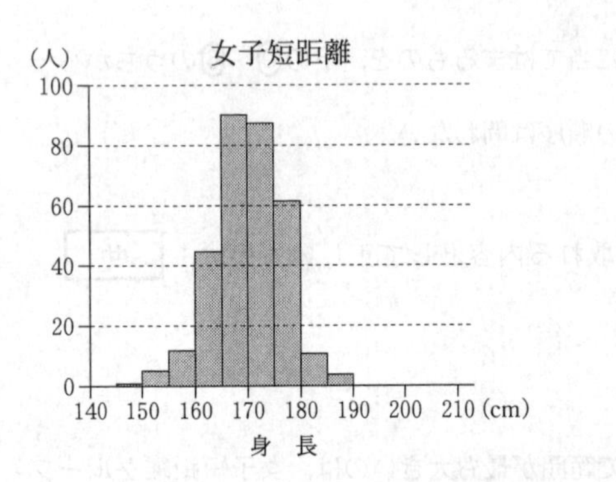

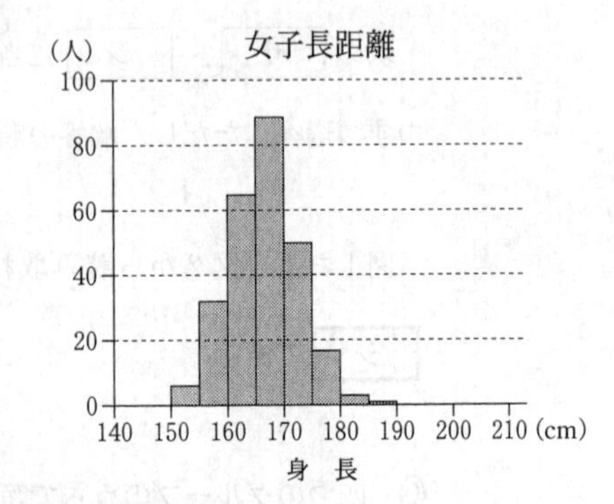

図1　身長のヒストグラム

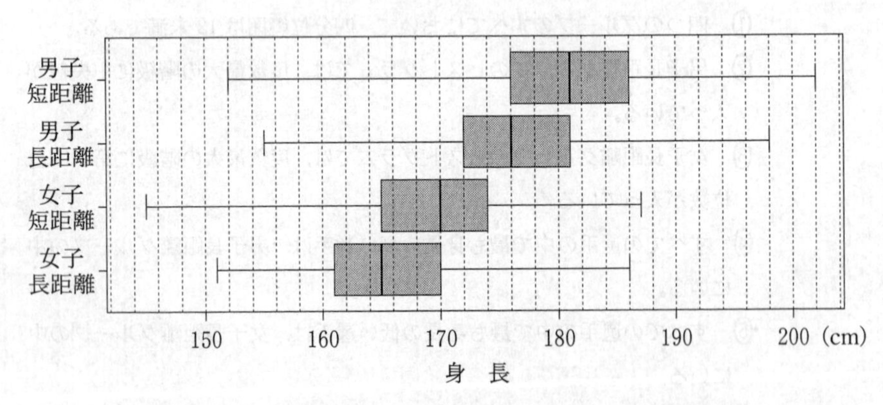

図2　身長の箱ひげ図

(出典：図1，図2はガーディアン社のWebページにより作成)

(数学Ⅰ・数学A第2問は次ページに続く。)

(2)　身長をH，体重をWとし，Xを$X=\left(\frac{H}{100}\right)^2$で，$Z$を$Z=\frac{W}{X}$で定義する。次ページの図3は，男子短距離，男子長距離，女子短距離，女子長距離の四つのグループにおけるXとWのデータの散布図である。ただし，原点を通り，傾きが15，20，25，30である四つの直線l_1，l_2，l_3，l_4も補助的に描いている。また，次ページの図4の(a)，(b)，(c)，(d)で示すZの四つの箱ひげ図は，男子短距離，男子長距離，女子短距離，女子長距離の四つのグループのいずれかの箱ひげ図に対応している。

次の［ス］，［セ］に当てはまるものを，下の⓪～⑤のうちから一つずつ選べ。ただし，解答の順序は問わない。

図3および図4から読み取れる内容として正しいものは，［ス］，［セ］である。

⓪　四つのグループのすべてにおいて，XとWには負の相関がある。

①　四つのグループのうちでZの中央値が一番大きいのは，男子長距離グループである。

②　四つのグループのうちでZの範囲が最小なのは，男子長距離グループである。

③　四つのグループのうちでZの四分位範囲が最小なのは，男子短距離グループである。

④　女子長距離グループのすべてのZの値は25より小さい。

⑤　男子長距離グループのZの箱ひげ図は(c)である。

(数学Ⅰ・数学A第2問は次ページに続く。)

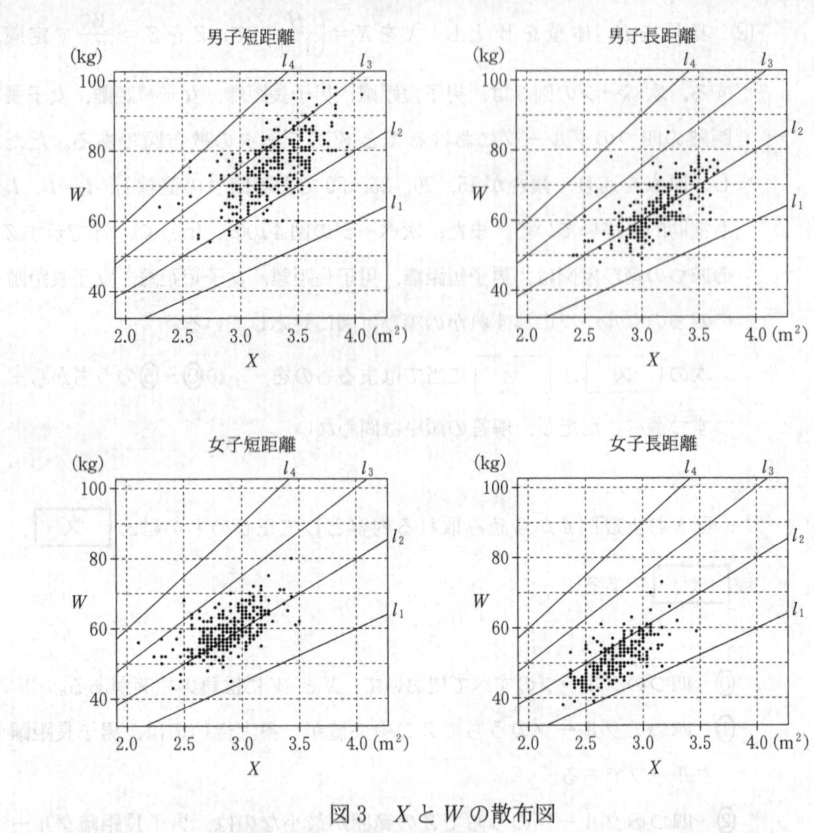

図3　X と W の散布図

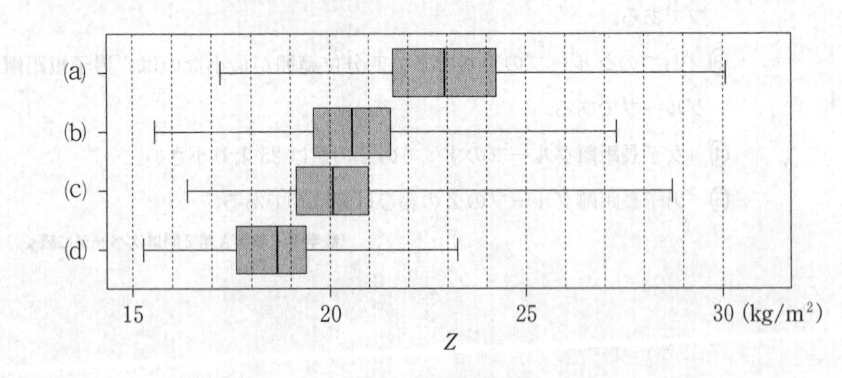

図4　Z の箱ひげ図

(出典：図3，図4はガーディアン社の Web ページにより作成)

(数学Ⅰ・数学A第2問は次ページに続く。)

⑶　n を自然数とする。実数値のデータ x_1, x_2, …, x_n および w_1, w_2, …, w_n に対して，それぞれの平均値を

$$\overline{x} = \frac{x_1 + x_2 + \cdots + x_n}{n}, \quad \overline{w} = \frac{w_1 + w_2 + \cdots + w_n}{n}$$

とおく。等式 $(x_1 + x_2 + \cdots + x_n)\overline{w} = n\overline{x}\,\overline{w}$ などに注意すると，偏差の積の和は

$$(x_1 - \overline{x})(w_1 - \overline{w}) + (x_2 - \overline{x})(w_2 - \overline{w}) + \cdots + (x_n - \overline{x})(w_n - \overline{w})$$
$$= x_1w_1 + x_2w_2 + \cdots + x_nw_n - \boxed{\text{ソ}}$$

となることがわかる。 ソ に当てはまるものを，次の⓪～③のうちから一つ選べ。

⓪　$\overline{x}\,\overline{w}$　　①　$(\overline{x}\,\overline{w})^2$　　②　$n\overline{x}\,\overline{w}$　　③　$n^2\overline{x}\,\overline{w}$

第3問～第5問は，いずれか2問を選択し，解答しなさい。

第3問 （選択問題）（配点　20）

一般に，事象Aの確率を$P(A)$で表す。また，事象Aの余事象を$\overline{A}$と表し，二つの事象A，Bの積事象を$A \cap B$と表す。

大小2個のさいころを同時に投げる試行において

Aを「大きいさいころについて，4の目が出る」という事象

Bを「2個のさいころの出た目の和が7である」という事象

Cを「2個のさいころの出た目の和が9である」という事象

とする。

(1)　事象A，B，Cの確率は，それぞれ

$$P(A)=\frac{\boxed{ア}}{\boxed{イ}},\quad P(B)=\frac{\boxed{ウ}}{\boxed{エ}},\quad P(C)=\frac{\boxed{オ}}{\boxed{カ}}$$

である。

(2)　事象Cが起こったときの事象Aが起こる条件付き確率は$\dfrac{\boxed{キ}}{\boxed{ク}}$であり，

事象Aが起こったときの事象Cが起こる条件付き確率は$\dfrac{\boxed{ケ}}{\boxed{コ}}$である。

（数学Ⅰ・数学A第3問は次ページに続く。）

(3) 次の サ ， シ に当てはまるものを，下の⓪～②のうちからそれぞれ一つ選べ。ただし，同じものを繰り返し選んでもよい。

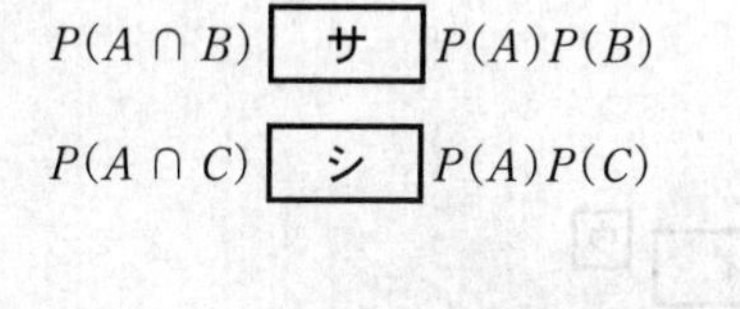

⓪ ＜　　①　＝　　②　＞

(4) 大小２個のさいころを同時に投げる試行を２回繰り返す。１回目に事象 $A \cap B$ が起こり，２回目に事象 $\overline{A} \cap C$ が起こる確率は $\dfrac{\text{ス}}{\text{セソタ}}$ である。三つの事象 A，B，C がいずれもちょうど１回ずつ起こる確率は $\dfrac{\text{チ}}{\text{ツテ}}$ である。

第3問～第5問は，いずれか2問を選択し，解答しなさい。

第4問 （選択問題）（配点　20）

(1)　144を素因数分解すると

$$144 = 2^{\boxed{ア}} \times \boxed{イ}^{\boxed{ウ}}$$

であり，144の正の約数の個数は $\boxed{エオ}$ 個である。

(2)　不定方程式

$$144x - 7y = 1$$

の整数解 x，y の中で，x の絶対値が最小になるのは

$$x = \boxed{カ}, \quad y = \boxed{キク}$$

であり，すべての整数解は，k を整数として

$$x = \boxed{ケ}k + \boxed{カ}, \quad y = \boxed{コサシ}k + \boxed{キク}$$

と表される。

（数学Ⅰ・数学A第4問は次ページに続く。）

(3) 144 の倍数で，7 で割ったら余りが 1 となる自然数のうち，正の約数の個数が 18 個である最小のものは 144 × [ス] であり，正の約数の個数が 30 個である最小のものは 144 × [セソ] である。

第3問～第5問は，いずれか2問を選択し，解答しなさい。

第5問　（選択問題）（配点　20）

△ABCにおいてAB＝2，AC＝1，∠A＝90°とする。

∠Aの二等分線と辺BCとの交点をDとすると，BD＝$\dfrac{\boxed{\text{ア}}\sqrt{\boxed{\text{イ}}}}{\boxed{\text{ウ}}}$

である。

点Aを通り点Dで辺BCに接する円と辺ABとの交点でAと異なるものをE

とすると，AB・BE＝$\dfrac{\boxed{\text{エオ}}}{\boxed{\text{カ}}}$であるから，BE＝$\dfrac{\boxed{\text{キク}}}{\boxed{\text{ケ}}}$である。

（数学I・数学A第5問は次ページに続く。）

次の［コ］には下の⓪～②から，［サ］には③・④から当てはまるものを一つずつ選べ。

$\dfrac{BE}{BD}$［コ］$\dfrac{AB}{BC}$ であるから，直線ACと直線DEの交点は辺ACの端点［サ］の側の延長上にある。

⓪ <　① ＝　② >　③ A　④ C

その交点をFとすると，$\dfrac{CF}{AF}=\dfrac{\text{シ}}{\text{ス}}$ であるから，$CF=\dfrac{\text{セ}}{\text{ソ}}$ である。したがって，BFの長さが求まり，$\dfrac{CF}{AC}=\dfrac{BF}{AB}$ であることがわかる。

次の［タ］には下の⓪～③から当てはまるものを一つ選べ。

点Dは△ABFの［タ］。

⓪ 外心である　① 内心である　② 重心である
③ 外心，内心，重心のいずれでもない

数学Ⅱ・数学B

<table>
<tr><th>問　題</th><th>選　択　方　法</th></tr>
<tr><td>第1問</td><td>必　　　答</td></tr>
<tr><td>第2問</td><td>必　　　答</td></tr>
<tr><td>第3問</td><td rowspan="3">いずれか2問を選択し，
解答しなさい。</td></tr>
<tr><td>第4問</td></tr>
<tr><td>第5問</td></tr>
</table>

（注）この科目には，選択問題があります。（20ページ参照。）

第1問　（必答問題）（配点　30）

〔1〕

(1)　1ラジアンとは，［ア］のことである。［ア］に当てはまるものを，次の⓪～③のうちから一つ選べ。

⓪　半径が1，面積が1の扇形の中心角の大きさ
①　半径がπ，面積が1の扇形の中心角の大きさ
②　半径が1，弧の長さが1の扇形の中心角の大きさ
③　半径がπ，弧の長さが1の扇形の中心角の大きさ

(2)　144° を弧度で表すと $\dfrac{\boxed{イ}}{\boxed{ウ}}\pi$ ラジアンである。また，$\dfrac{23}{12}\pi$ ラジアンを度で表すと［エオカ］° である。

（数学Ⅱ・数学B第1問は次ページに続く。）

(3)　$\dfrac{\pi}{2} \leqq \theta \leqq \pi$ の範囲で

$$2\sin\left(\theta+\frac{\pi}{5}\right)-2\cos\left(\theta+\frac{\pi}{30}\right)=1 \quad \cdots\cdots\cdots\cdots\cdots\cdots\cdots\cdots\cdots\cdots ①$$

を満たす θ の値を求めよう。

$x=\theta+\dfrac{\pi}{5}$ とおくと，① は

$$2\sin x-2\cos\left(x-\frac{\pi}{\boxed{\text{キ}}}\right)=1$$

と表せる。加法定理を用いると，この式は

$$\sin x-\sqrt{\boxed{\text{ク}}}\,\cos x=1$$

となる。さらに，三角関数の合成を用いると

$$\sin\left(x-\frac{\pi}{\boxed{\text{ケ}}}\right)=\frac{1}{\boxed{\text{コ}}}$$

と変形できる。$x=\theta+\dfrac{\pi}{5}$，$\dfrac{\pi}{2} \leqq \theta \leqq \pi$ だから，$\theta=\dfrac{\boxed{\text{サシ}}}{\boxed{\text{スセ}}}\pi$ である。

（数学Ⅱ・数学B第１問は次ページに続く。）

〔2〕 c を正の定数として，不等式

$$x^{\log_3 x} \geqq \left(\frac{x}{c}\right)^3 \quad \cdots\cdots ②$$

を考える。

3を底とする ② の両辺の対数をとり，$t = \log_3 x$ とおくと

$$t^{\boxed{ソ}} - \boxed{タ}\, t + \boxed{タ} \log_3 c \geqq 0 \quad \cdots\cdots ③$$

となる。ただし，対数 $\log_a b$ に対し，a を底といい，b を真数という。

$c = \sqrt[3]{9}$ のとき，② を満たす x の値の範囲を求めよう。③ により

$$t \leqq \boxed{チ}, \quad t \geqq \boxed{ツ}$$

である。さらに，真数の条件を考えて

$$\boxed{テ} < x \leqq \boxed{ト}, \quad x \geqq \boxed{ナ}$$

となる。

（数学Ⅱ・数学B第１問は次ページに続く。）

次に，②が $x>$ [テ] の範囲でつねに成り立つような c の値の範囲を求めよう。

x が $x>$ [テ] の範囲を動くとき，t のとり得る値の範囲は [ニ] である。[ニ] に当てはまるものを，次の⓪～③のうちから一つ選べ。

⓪ 正の実数全体　　① 負の実数全体
② 実数全体　　③ 1以外の実数全体

この範囲の t に対して，③がつねに成り立つための必要十分条件は，

$\log_3 c \geqq \dfrac{\boxed{ヌ}}{\boxed{ネ}}$ である。すなわち，$c \geqq \sqrt[\boxed{ノ}]{\boxed{ハヒ}}$ である。

第2問　(必答問題)(配点　30)

〔1〕 $p>0$とする。座標平面上の放物線$y=px^2+qx+r$をCとし，直線$y=2x-1$をℓとする。Cは点A$(1,1)$においてℓと接しているとする。

(1) qとrを，pを用いて表そう。放物線C上の点Aにおける接線ℓの傾きは［ア］であることから，$q=$［イウ］$p+$［エ］がわかる。さらに，Cは点Aを通ることから，$r=p-$［オ］となる。

(2) $v>1$とする。放物線Cと直線ℓおよび直線$x=v$で囲まれた図形の面積Sは$S=\dfrac{p}{［カ］}\left(v^3-［キ］v^2+［ク］v-［ケ］\right)$である。

また，x軸とℓおよび2直線$x=1$，$x=v$で囲まれた図形の面積Tは，

$T=v^{［コ］}-v$である。

$U=S-T$は$v=2$で極値をとるとする。このとき，$p=$［サ］であり，$v>1$の範囲で$U=0$となるvの値をv_0とすると，

$v_0=\dfrac{［シ］+\sqrt{［ス］}}{［セ］}$である。$1<v<v_0$の範囲で$U$は［ソ］。

［ソ］に当てはまるものを，次の⓪～④のうちから一つ選べ。

⓪ つねに増加する　① つねに減少する　② 正の値のみをとる
③ 負の値のみをとる　④ 正と負のどちらの値もとる

$p=$［サ］のとき，$v>1$におけるUの最小値は［タチ］である。

(数学Ⅱ・数学B第2問は次ページに続く。)

〔2〕 関数$f(x)$は$x \geqq 1$の範囲でつねに$f(x) \leqq 0$を満たすとする。$t>1$のとき，曲線$y=f(x)$とx軸および2直線$x=1$，$x=t$で囲まれた図形の面積をWとする。tが$t>1$の範囲を動くとき，Wは，底辺の長さが$2t^2-2$，他の2辺の長さがそれぞれt^2+1の二等辺三角形の面積とつねに等しいとする。このとき，$x>1$における$f(x)$を求めよう。

$F(x)$を$f(x)$の不定積分とする。一般に，$F'(x)=$ ツ ，$W=$ テ が成り立つ。 ツ ， テ に当てはまるものを，次の⓪～⑧のうちから一つずつ選べ。ただし，同じものを選んでもよい。

⓪ $-F(t)$　① $F(t)$　② $F(t)-F(1)$

③ $F(t)+F(1)$　④ $-F(t)+F(1)$　⑤ $-F(t)-F(1)$

⑥ $-f(x)$　⑦ $f(x)$　⑧ $f(x)-f(1)$

したがって，$t>1$において

$$f(t)=\boxed{\text{トナ}}\,t^{\boxed{\text{ニ}}}+\boxed{\text{ヌ}}$$

である。よって，$x>1$における$f(x)$がわかる。

第3問～第5問は，いずれか2問を選択し，解答しなさい。

第3問 （選択問題）（配点　20）

第4項が30，初項から第8項までの和が288である等差数列を$\{a_n\}$とし，$\{a_n\}$の初項から第n項までの和をS_nとする。また，第2項が36，初項から第3項までの和が156である等比数列で公比が1より大きいものを$\{b_n\}$とし，$\{b_n\}$の初項から第n項までの和をT_nとする。

(1)　$\{a_n\}$の初項は［アイ］，公差は［ウエ］であり

$$S_n = \boxed{\text{オ}}\,n^2 - \boxed{\text{カキ}}\,n$$

である。

(2)　$\{b_n\}$の初項は［クケ］，公比は［コ］であり

$$T_n = \boxed{\text{サ}}\left(\boxed{\text{シ}}^{\,n} - \boxed{\text{ス}}\right)$$

である。

（数学Ⅱ・数学B第3問は次ページに続く。）

(3) 数列$\{c_n\}$を次のように定義する。

$$c_n = \sum_{k=1}^{n} (n-k+1)(a_k - b_k)$$

$$= n(a_1 - b_1) + (n-1)(a_2 - b_2) + \cdots + 2(a_{n-1} - b_{n-1}) + (a_n - b_n)$$

$$(n = 1, 2, 3, \cdots)$$

たとえば

$$c_1 = a_1 - b_1, \qquad c_2 = 2(a_1 - b_1) + (a_2 - b_2)$$

$$c_3 = 3(a_1 - b_1) + 2(a_2 - b_2) + (a_3 - b_3)$$

である。数列$\{c_n\}$の一般項を求めよう。

$\{c_n\}$の階差数列を$\{d_n\}$とする。$d_n = c_{n+1} - c_n$であるから，$d_n =$ [セ] を満たす。[セ] に当てはまるものを，次の⓪～⑦のうちから一つ選べ。

⓪ $S_n + T_n$　① $S_n - T_n$　② $-S_n + T_n$

③ $-S_n - T_n$　④ $S_{n+1} + T_{n+1}$　⑤ $S_{n+1} - T_{n+1}$

⑥ $-S_{n+1} + T_{n+1}$　⑦ $-S_{n+1} - T_{n+1}$

したがって，(1)と(2)により

$$d_n = \boxed{ソ}\, n^2 - 2 \cdot \boxed{タ}^{\,n+\boxed{チ}}$$

である。$c_1 =$ [ツテト] であるから，$\{c_n\}$の一般項は

$$c_n = \boxed{ナ}\, n^3 - \boxed{ニ}\, n^2 + n + \boxed{ヌ} - \boxed{タ}^{\,n+\boxed{ネ}}$$

である。

第3問～第5問は，いずれか2問を選択し，解答しなさい。

第4問 （選択問題）（配点　20）

aを$0 < a < 1$を満たす定数とする。三角形ABCを考え，辺ABを1：3に内分する点をD，辺BCを$a:(1-a)$に内分する点をE，直線AEと直線CDの交点をFとする。$\overrightarrow{FA} = \vec{p}$，$\overrightarrow{FB} = \vec{q}$，$\overrightarrow{FC} = \vec{r}$とおく。

(1) $\overrightarrow{AB} = $ [ア] であり

$$|\overrightarrow{AB}|^2 = |\vec{p}|^2 - \boxed{イ}\,\vec{p}\cdot\vec{q} + |\vec{q}|^2 \quad \cdots\cdots ①$$

である。ただし，[ア] については，当てはまるものを，次の⓪～③のうちから一つ選べ。

⓪ $\vec{p} + \vec{q}$　　① $\vec{p} - \vec{q}$　　② $\vec{q} - \vec{p}$　　③ $-\vec{p} - \vec{q}$

(2) $\overrightarrow{FD}$を$\vec{p}$と$\vec{q}$を用いて表すと

$$\overrightarrow{FD} = \frac{\boxed{ウ}}{\boxed{エ}}\vec{p} + \frac{\boxed{オ}}{\boxed{カ}}\vec{q} \quad \cdots\cdots ②$$

である。

（数学Ⅱ・数学B第4問は次ページに続く。）

(3) s, t をそれぞれ $\overrightarrow{\mathrm{FD}}=s\vec{r}$, $\overrightarrow{\mathrm{FE}}=t\vec{p}$ となる実数とする。s と t を a を用いて表そう。

$\overrightarrow{\mathrm{FD}}=s\vec{r}$ であるから，② により

$$\vec{q}=\boxed{\text{キク}}\,\vec{p}+\boxed{\text{ケ}}\,s\vec{r} \quad \cdots\cdots\cdots\cdots ③$$

である。また，$\overrightarrow{\mathrm{FE}}=t\vec{p}$ であるから

$$\vec{q}=\frac{t}{\boxed{\text{コ}}-\boxed{\text{サ}}}\vec{p}-\frac{\boxed{\text{シ}}}{\boxed{\text{コ}}-\boxed{\text{サ}}}\vec{r} \quad \cdots\cdots ④$$

である。③ と ④ により

$$s=\frac{\boxed{\text{スセ}}}{\boxed{\text{ソ}}\left(\boxed{\text{コ}}-\boxed{\text{サ}}\right)},\quad t=\boxed{\text{タチ}}\left(\boxed{\text{コ}}-\boxed{\text{サ}}\right)$$

である。

(4) $|\overrightarrow{\mathrm{AB}}|=|\overrightarrow{\mathrm{BE}}|$ とする。$|\vec{p}|=1$ のとき，$\vec{p}$ と $\vec{q}$ の内積を a を用いて表そう。

① により

$$|\overrightarrow{\mathrm{AB}}|^2=1-\boxed{\text{イ}}\,\vec{p}\cdot\vec{q}+|\vec{q}|^2$$

である。また

$$|\overrightarrow{\mathrm{BE}}|^2=\boxed{\text{ツ}}\left(\boxed{\text{コ}}-\boxed{\text{サ}}\right)^2+\boxed{\text{テ}}\left(\boxed{\text{コ}}-\boxed{\text{サ}}\right)\vec{p}\cdot\vec{q}+|\vec{q}|^2$$

である。したがって

$$\vec{p}\cdot\vec{q}=\frac{\boxed{\text{トナ}}-\boxed{\text{ニ}}}{\boxed{\text{ヌ}}}$$

である。

第3問～第5問は，いずれか2問を選択し，解答しなさい。

第5問　（選択問題）（配点　20）

以下の問題を解答するにあたっては，必要に応じて34ページの正規分布表を用いてもよい。

(1)　aを正の整数とする。2，4，6，…，$2a$の数字がそれぞれ一つずつ書かれたa枚のカードが箱に入っている。この箱から1枚のカードを無作為に取り出すとき，そこに書かれた数字を表す確率変数をXとする。このとき，

$X = 2a$となる確率は$\dfrac{\boxed{\text{ア}}}{\boxed{\text{イ}}}$である。

$a = 5$とする。Xの平均(期待値)は$\boxed{\text{ウ}}$，Xの分散は$\boxed{\text{エ}}$である。また，s，tは定数で$s > 0$のとき，$sX + t$の平均が20，分散が32となるようにs，tを定めると，$s = \boxed{\text{オ}}$，$t = \boxed{\text{カ}}$である。このとき，$sX + t$が20以上である確率は0.$\boxed{\text{キ}}$である。

（数学Ⅱ・数学B第5問は次ページに続く。）

(2) (1)の箱のカードの枚数 a は3以上とする。この箱から3枚のカードを同時に取り出し，それらのカードを横1列に並べる。この試行において，カードの数字が左から小さい順に並んでいる事象を A とする。このとき，事象 A の起こる確率は $\dfrac{\boxed{\text{ク}}}{\boxed{\text{ケ}}}$ である。

この試行を180回繰り返すとき，事象 A が起こる回数を表す確率変数を Y とすると，Y の平均 m は $\boxed{\text{コサ}}$，Y の分散 σ^2 は $\boxed{\text{シス}}$ である。ここで，事象 A が18回以上36回以下起こる確率の近似値を次のように求めよう。

試行回数180は大きいことから，Y は近似的に平均 $m = \boxed{\text{コサ}}$，標準偏差 $\sigma = \sqrt{\boxed{\text{シス}}}$ の正規分布に従うと考えられる。ここで，$Z = \dfrac{Y - m}{\sigma}$ とおくと，求める確率の近似値は次のようになる。

$$P(18 \leqq Y \leqq 36) = P\left(-\boxed{\text{セ}}.\boxed{\text{ソタ}} \leqq Z \leqq \boxed{\text{チ}}.\boxed{\text{ツテ}}\right)$$
$$= 0.\boxed{\text{トナ}}$$

(数学Ⅱ・数学B第5問は次ページに続く。)

⑶　ある都市での世論調査において，無作為に400人の有権者を選び，ある政策に対する賛否を調べたところ，320人が賛成であった。この都市の有権者全体のうち，この政策の賛成者の母比率pに対する信頼度95％の信頼区間を求めたい。

この調査での賛成者の比率（以下，これを標本比率という）は0. ニ である。標本の大きさが400と大きいので，二項分布の正規分布による近似を用いると，pに対する信頼度95％の信頼区間は

0. ヌネ $\leqq p \leqq$ 0. ノハ

である。

母比率pに対する信頼区間$A \leqq p \leqq B$において，$B - A$をこの信頼区間の幅とよぶ。以下，Rを標本比率とし，pに対する信頼度95％の信頼区間を考える。

上で求めた信頼区間の幅をL_1

標本の大きさが400の場合に$R = 0.6$が得られたときの信頼区間の幅をL_2

標本の大きさが500の場合に$R = 0.8$が得られたときの信頼区間の幅をL_3

とする。このとき，L_1，L_2，L_3について ヒ が成り立つ。 ヒ に当てはまるものを，次の⓪～⑤のうちから一つ選べ。

⓪　$L_1 < L_2 < L_3$　　①　$L_1 < L_3 < L_2$　　②　$L_2 < L_1 < L_3$

③　$L_2 < L_3 < L_1$　　④　$L_3 < L_1 < L_2$　　⑤　$L_3 < L_2 < L_1$

（数学Ⅱ・数学B第5問は次ページに続く。）

正 規 分 布 表

次の表は，標準正規分布の分布曲線における右図の灰色部分の面積の値をまとめたものである。

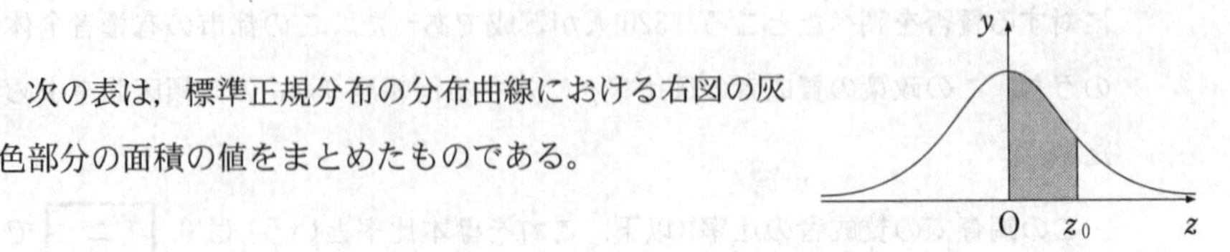

z_0	0.00	0.01	0.02	0.03	0.04	0.05	0.06	0.07	0.08	0.09
0.0	0.0000	0.0040	0.0080	0.0120	0.0160	0.0199	0.0239	0.0279	0.0319	0.0359
0.1	0.0398	0.0438	0.0478	0.0517	0.0557	0.0596	0.0636	0.0675	0.0714	0.0753
0.2	0.0793	0.0832	0.0871	0.0910	0.0948	0.0987	0.1026	0.1064	0.1103	0.1141
0.3	0.1179	0.1217	0.1255	0.1293	0.1331	0.1368	0.1406	0.1443	0.1480	0.1517
0.4	0.1554	0.1591	0.1628	0.1664	0.1700	0.1736	0.1772	0.1808	0.1844	0.1879
0.5	0.1915	0.1950	0.1985	0.2019	0.2054	0.2088	0.2123	0.2157	0.2190	0.2224
0.6	0.2257	0.2291	0.2324	0.2357	0.2389	0.2422	0.2454	0.2486	0.2517	0.2549
0.7	0.2580	0.2611	0.2642	0.2673	0.2704	0.2734	0.2764	0.2794	0.2823	0.2852
0.8	0.2881	0.2910	0.2939	0.2967	0.2995	0.3023	0.3051	0.3078	0.3106	0.3133
0.9	0.3159	0.3186	0.3212	0.3238	0.3264	0.3289	0.3315	0.3340	0.3365	0.3389
1.0	0.3413	0.3438	0.3461	0.3485	0.3508	0.3531	0.3554	0.3577	0.3599	0.3621
1.1	0.3643	0.3665	0.3686	0.3708	0.3729	0.3749	0.3770	0.3790	0.3810	0.3830
1.2	0.3849	0.3869	0.3888	0.3907	0.3925	0.3944	0.3962	0.3980	0.3997	0.4015
1.3	0.4032	0.4049	0.4066	0.4082	0.4099	0.4115	0.4131	0.4147	0.4162	0.4177
1.4	0.4192	0.4207	0.4222	0.4236	0.4251	0.4265	0.4279	0.4292	0.4306	0.4319
1.5	0.4332	0.4345	0.4357	0.4370	0.4382	0.4394	0.4406	0.4418	0.4429	0.4441
1.6	0.4452	0.4463	0.4474	0.4484	0.4495	0.4505	0.4515	0.4525	0.4535	0.4545
1.7	0.4554	0.4564	0.4573	0.4582	0.4591	0.4599	0.4608	0.4616	0.4625	0.4633
1.8	0.4641	0.4649	0.4656	0.4664	0.4671	0.4678	0.4686	0.4693	0.4699	0.4706
1.9	0.4713	0.4719	0.4726	0.4732	0.4738	0.4744	0.4750	0.4756	0.4761	0.4767
2.0	0.4772	0.4778	0.4783	0.4788	0.4793	0.4798	0.4803	0.4808	0.4812	0.4817
2.1	0.4821	0.4826	0.4830	0.4834	0.4838	0.4842	0.4846	0.4850	0.4854	0.4857
2.2	0.4861	0.4864	0.4868	0.4871	0.4875	0.4878	0.4881	0.4884	0.4887	0.4890
2.3	0.4893	0.4896	0.4898	0.4901	0.4904	0.4906	0.4909	0.4911	0.4913	0.4916
2.4	0.4918	0.4920	0.4922	0.4925	0.4927	0.4929	0.4931	0.4932	0.4934	0.4936
2.5	0.4938	0.4940	0.4941	0.4943	0.4945	0.4946	0.4948	0.4949	0.4951	0.4952
2.6	0.4953	0.4955	0.4956	0.4957	0.4959	0.4960	0.4961	0.4962	0.4963	0.4964
2.7	0.4965	0.4966	0.4967	0.4968	0.4969	0.4970	0.4971	0.4972	0.4973	0.4974
2.8	0.4974	0.4975	0.4976	0.4977	0.4977	0.4978	0.4979	0.4979	0.4980	0.4981
2.9	0.4981	0.4982	0.4982	0.4983	0.4984	0.4984	0.4985	0.4985	0.4986	0.4986
3.0	0.4987	0.4987	0.4987	0.4988	0.4988	0.4989	0.4989	0.4989	0.4990	0.4990

数学Ⅰ・数学A
数学Ⅱ・数学B

（2017年１月実施）

2017
本試験

数学Ⅰ・数学A　60分　100点
数学Ⅱ・数学B　60分　100点

数学Ⅰ・数学A

問　題	選　択　方　法
第1問	必　　答
第2問	必　　答
第3問	いずれか2問を選択し，解答しなさい。
第4問	
第5問	

（注）この科目には，選択問題があります。（2ページ参照。）

第1問 （必答問題）（配点　30）

〔1〕 x は正の実数で，$x^2+\dfrac{4}{x^2}=9$ を満たすとする。このとき

$$\left(x+\frac{2}{x}\right)^2=\boxed{\text{アイ}}$$

であるから，$x+\dfrac{2}{x}=\sqrt{\boxed{\text{アイ}}}$ である。さらに

$$x^3+\frac{8}{x^3}=\left(x+\frac{2}{x}\right)\left(x^2+\frac{4}{x^2}-\boxed{\text{ウ}}\right)$$
$$=\boxed{\text{エ}}\sqrt{\boxed{\text{オカ}}}$$

である。また

$$x^4+\frac{16}{x^4}=\boxed{\text{キク}}$$

である。

（数学Ⅰ・数学A第1問は次ページに続く。）

〔2〕 実数 x に関する2つの条件 p, q を

$$p:\ x = 1$$

$$q:\ x^2 = 1$$

とする。また，条件 p, q の否定をそれぞれ $\overline{p}$, $\overline{q}$ で表す。

(1) 次の ケ ， コ ， サ ， シ に当てはまるものを，下の⓪～③のうちから一つずつ選べ。ただし，同じものを繰り返し選んでもよい。

q は p であるための ケ 。

$\overline{p}$ は q であるための コ 。

(p または $\overline{q}$) は q であるための サ 。

($\overline{p}$ かつ q) は q であるための シ 。

⓪ 必要条件だが十分条件でない

① 十分条件だが必要条件でない

② 必要十分条件である

③ 必要条件でも十分条件でもない

(数学Ⅰ・数学A第1問は次ページに続く。)

(2)　実数 x に関する条件 r を

r：$x > 0$

とする。次の[ス]に当てはまるものを，下の⓪～⑦のうちから一つ選べ。

3つの命題

A：「(p かつ q) $\Longrightarrow r$」
B：「$q \Longrightarrow r$」
C：「$\overline{q} \Longrightarrow \overline{p}$」

の真偽について正しいものは[ス]である。

⓪　A は真，B は真，C は真
①　A は真，B は真，C は偽
②　A は真，B は偽，C は真
③　A は真，B は偽，C は偽
④　A は偽，B は真，C は真
⑤　A は偽，B は真，C は偽
⑥　A は偽，B は偽，C は真
⑦　A は偽，B は偽，C は偽

(数学Ⅰ・数学A第1問は次ページに続く。)

〔3〕 aを定数とし，$g(x) = x^2 - 2(3a^2 + 5a)x + 18a^4 + 30a^3 + 49a^2 + 16$ とおく。2次関数 $y = g(x)$ のグラフの頂点は

$$\left(\boxed{\text{セ}}\,a^2 + \boxed{\text{ソ}}\,a,\ \boxed{\text{タ}}\,a^4 + \boxed{\text{チツ}}\,a^2 + \boxed{\text{テト}}\right)$$

である。

aが実数全体を動くとき，頂点のx座標の最小値は $-\dfrac{\boxed{\text{ナニ}}}{\boxed{\text{ヌネ}}}$ である。

次に，$t = a^2$ とおくと，頂点のy座標は

$$\boxed{\text{タ}}\,t^2 + \boxed{\text{チツ}}\,t + \boxed{\text{テト}}$$

と表せる。したがって，aが実数全体を動くとき，頂点のy座標の最小値は $\boxed{\text{ノハ}}$ である。

第2問 (必答問題) (配点 30)

〔1〕 △ABCにおいて，$AB = \sqrt{3} - 1$，$BC = \sqrt{3} + 1$，$\angle ABC = 60°$とする。

(1) $AC = \sqrt{\boxed{\text{ア}}}$ であるから，△ABCの外接円の半径は $\sqrt{\boxed{\text{イ}}}$ であり

$$\sin \angle BAC = \frac{\sqrt{\boxed{\text{ウ}}} + \sqrt{\boxed{\text{エ}}}}{\boxed{\text{オ}}}$$

である。ただし，$\boxed{\text{ウ}}$，$\boxed{\text{エ}}$ の解答の順序は問わない。

(2) 辺AC上に点Dを，△ABDの面積が $\dfrac{\sqrt{2}}{6}$ になるようにとるとき

$$AB \cdot AD = \frac{\boxed{\text{カ}}\sqrt{\boxed{\text{キ}}} - \boxed{\text{ク}}}{\boxed{\text{ケ}}}$$

であるから，$AD = \dfrac{\boxed{\text{コ}}}{\boxed{\text{サ}}}$ である。

(数学Ⅰ・数学A第2問は次ページに続く。)

〔2〕 スキージャンプは，飛距離および空中姿勢の美しさを競う競技である。選手は斜面を滑り降り，斜面の端から空中に飛び出す。飛距離 D(単位は m)から得点 X が決まり，空中姿勢から得点 Y が決まる。ある大会における 58 回のジャンプについて考える。

(1) 得点 X，得点 Y および飛び出すときの速度 V(単位は km/h)について，図 1 の 3 つの散布図を得た。

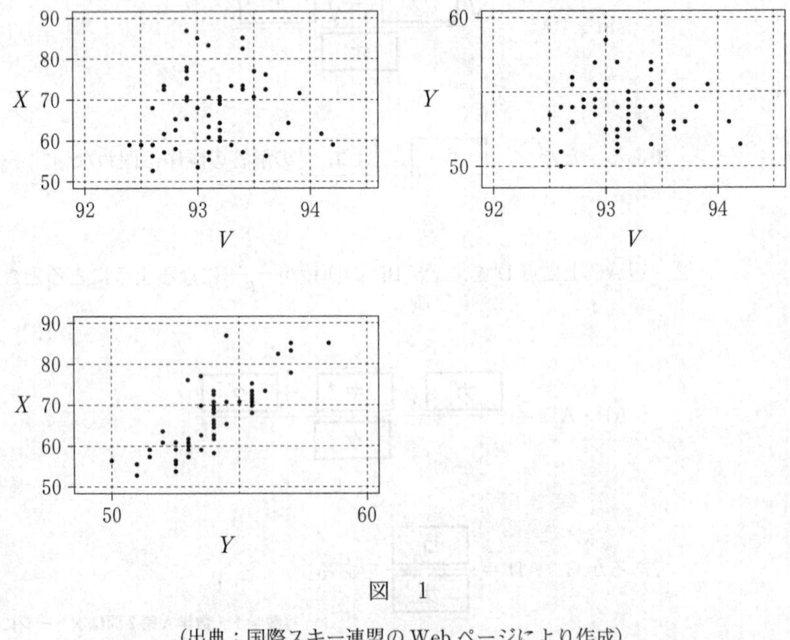

図 1

(出典：国際スキー連盟の Web ページにより作成)

(数学Ⅰ・数学A第 2 問は次ページに続く。)

次の シ ， ス ， セ に当てはまるものを，下の⓪～⑥のうちから一つずつ選べ。ただし，解答の順序は問わない。

図1から読み取れることとして正しいものは， シ ， ス ， セ である。

⓪ X と V の間の相関は，X と Y の間の相関より強い。

① X と Y の間には正の相関がある。

② V が最大のジャンプは，X も最大である。

③ V が最大のジャンプは，Y も最大である。

④ Y が最小のジャンプは，X は最小ではない。

⑤ X が 80 以上のジャンプは，すべて V が 93 以上である。

⑥ Y が 55 以上かつ V が 94 以上のジャンプはない。

（数学Ⅰ・数学A第2問は次ページに続く。）

(2) 得点 X は，飛距離 D から次の計算式によって算出される。

$$X = 1.80 \times (D - 125.0) + 60.0$$

次の ソ ， タ ， チ にそれぞれ当てはまるものを，下の⓪～⑥のうちから一つずつ選べ。ただし，同じものを繰り返し選んでもよい。

- X の分散は，D の分散の ソ 倍になる。
- X と Y の共分散は，D と Y の共分散の タ 倍である。ただし，共分散は，2つの変量のそれぞれにおいて平均値からの偏差を求め，偏差の積の平均値として定義される。
- X と Y の相関係数は，D と Y の相関係数の チ 倍である。

⓪ －125　① －1.80　② 1　③ 1.80
④ 3.24　⑤ 3.60　⑥ 60.0

（数学Ⅰ・数学A第2問は次ページに続く。）

(3)　58回のジャンプは29名の選手が2回ずつ行ったものである。1回目の$X+Y$(得点Xと得点Yの和)の値に対するヒストグラムと2回目の$X+Y$の値に対するヒストグラムは図2のA，Bのうちのいずれかである。また，1回目の$X+Y$の値に対する箱ひげ図と2回目の$X+Y$の値に対する箱ひげ図は図3のa，bのうちのいずれかである。ただし，1回目の$X+Y$の最小値は108.0であった。

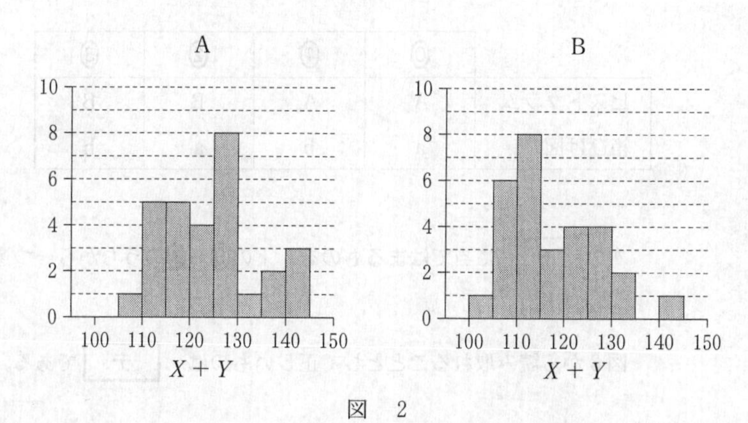

図　2

(出典：国際スキー連盟のWebページにより作成)

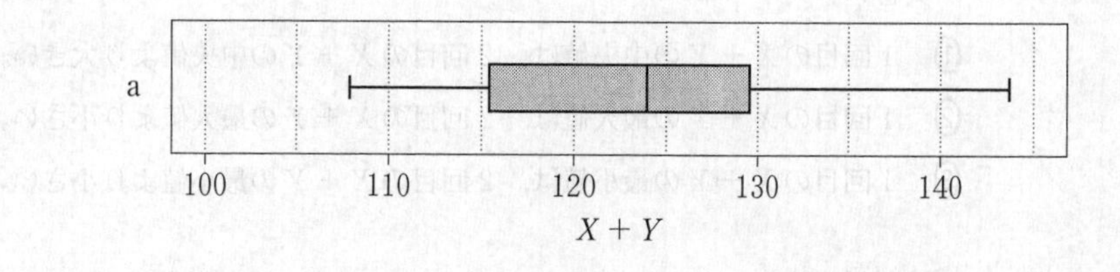

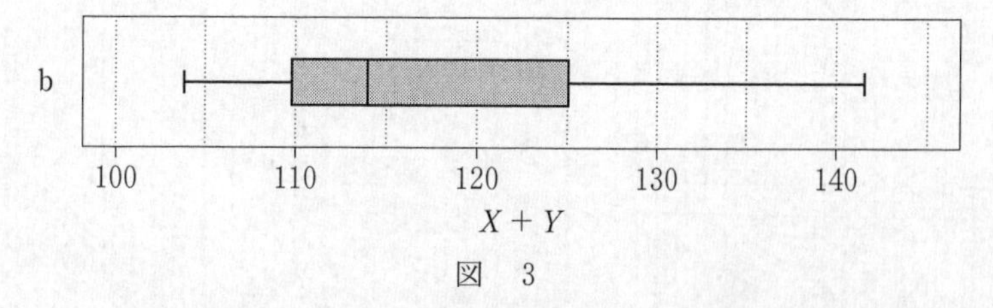

図　3

(出典：国際スキー連盟のWebページにより作成)

(数学Ⅰ・数学A第2問は次ページに続く。)

次の ツ に当てはまるものを，下の表の⓪～③のうちから一つ選べ。

1回目の$X+Y$の値について，ヒストグラムおよび箱ひげ図の組合せとして正しいものは， ツ である。

	⓪	①	②	③
ヒストグラム	A	A	B	B
箱ひげ図	a	b	a	b

次の テ に当てはまるものを，下の⓪～③のうちから一つ選べ。

図3から読み取れることとして正しいものは， テ である。

⓪　1回目の$X+Y$の四分位範囲は，2回目の$X+Y$の四分位範囲より大きい。
①　1回目の$X+Y$の中央値は，2回目の$X+Y$の中央値より大きい。
②　1回目の$X+Y$の最大値は，2回目の$X+Y$の最大値より小さい。
③　1回目の$X+Y$の最小値は，2回目の$X+Y$の最小値より小さい。

第3問～第5問は，いずれか2問を選択し，解答しなさい。

第3問　(選択問題)(配点　20)

あたりが2本，はずれが2本の合計4本からなるくじがある。A，B，Cの3人がこの順に1本ずつくじを引く。ただし，1度引いたくじはもとに戻さない。

(1)　A，Bの少なくとも一方があたりのくじを引く事象 E_1 の確率は，

$\dfrac{\boxed{ア}}{\boxed{イ}}$ である。

(2)　次の $\boxed{ウ}$，$\boxed{エ}$，$\boxed{オ}$ に当てはまるものを，下の⓪～⑤のうちから一つずつ選べ。ただし，解答の順序は問わない。

A，B，Cの3人で2本のあたりのくじを引く事象 E は，3つの排反な事象 $\boxed{ウ}$，$\boxed{エ}$，$\boxed{オ}$ の和事象である。

⓪　Aがはずれのくじを引く事象
①　Aだけがはずれのくじを引く事象
②　Bがはずれのくじを引く事象
③　Bだけがはずれのくじを引く事象
④　Cがはずれのくじを引く事象
⑤　Cだけがはずれのくじを引く事象

また，その和事象の確率は $\dfrac{\boxed{カ}}{\boxed{キ}}$ である。

(3)　事象 E_1 が起こったときの事象 E の起こる条件付き確率は，$\dfrac{\boxed{ク}}{\boxed{ケ}}$ である。

(数学Ⅰ・数学A第3問は次ページに続く。)

(4) 次の コ ， サ ， シ に当てはまるものを，下の⓪～⑤のうちから一つずつ選べ。ただし，解答の順序は問わない。

B，Cの少なくとも一方があたりのくじを引く事象 E_2 は，3つの排反な事象 コ ， サ ， シ の和事象である。

⓪ Aがはずれのくじを引く事象
① Aだけがはずれのくじを引く事象
② Bがはずれのくじを引く事象
③ Bだけがはずれのくじを引く事象
④ Cがはずれのくじを引く事象
⑤ Cだけがはずれのくじを引く事象

また，その和事象の確率は $\frac{\text{ス}}{\text{セ}}$ である。他方，A，Cの少なくとも一方があたりのくじをひく事象 E_3 の確率は，$\frac{\text{ソ}}{\text{タ}}$ である。

(5) 次の チ に当てはまるものを，下の⓪～⑥のうちから一つ選べ。

事象 E_1 が起こったときの事象 E の起こる条件付き確率 p_1，事象 E_2 が起こったときの事象 E の起こる条件付き確率 p_2，事象 E_3 が起こったときの事象 E の起こる条件付き確率 p_3 の間の大小関係は， チ である。

⓪ $p_1 < p_2 < p_3$　① $p_1 > p_2 > p_3$　② $p_1 < p_2 = p_3$
③ $p_1 > p_2 = p_3$　④ $p_1 = p_2 < p_3$　⑤ $p_1 = p_2 > p_3$
⑥ $p_1 = p_2 = p_3$

第3問～第5問は，いずれか2問を選択し，解答しなさい。

第4問 （選択問題）（配点　20）

(1)　百の位の数が3，十の位の数が7，一の位の数がaである3桁（けた）の自然数を$37a$と表記する。

$37a$が4で割り切れるのは

$$a = \boxed{\text{ア}},\quad \boxed{\text{イ}}$$

のときである。ただし，$\boxed{\text{ア}}$，$\boxed{\text{イ}}$の解答の順序は問わない。

(2)　千の位の数が7，百の位の数がb，十の位の数が5，一の位の数がcである4桁の自然数を$7b5c$と表記する。

$7b5c$が4でも9でも割り切れるb，cの組は，全部で$\boxed{\text{ウ}}$個ある。これらのうち，$7b5c$の値が最小になるのは$b = \boxed{\text{エ}}$，$c = \boxed{\text{オ}}$のときで，$7b5c$の値が最大になるのは$b = \boxed{\text{カ}}$，$c = \boxed{\text{キ}}$のときである。

また，$7b5c = (6 \times n)^2$となるb，cと自然数nは

$$b = \boxed{\text{ク}},\quad c = \boxed{\text{ケ}},\quad n = \boxed{\text{コサ}}$$

である。

（数学Ⅰ・数学A第4問は次ページに続く。）

(3) 1188 の正の約数は全部で シス 個ある。

これらのうち，2 の倍数は セソ 個，4 の倍数は タ 個ある。

1188 のすべての正の約数の積を 2 進法で表すと，末尾には 0 が連続して チツ 個並ぶ。

第3問～第5問は，いずれか2問を選択し，解答しなさい。

第5問 (選択問題)(配点　20)

△ABCにおいて，AB = 3，BC = 8，AC = 7とする。

(1) 辺AC上に点DをAD = 3となるようにとり，△ABDの外接円と直線BCの交点でBと異なるものをEとする。このとき，BC・CE = $\boxed{\text{アイ}}$ であるから，CE = $\dfrac{\boxed{\text{ウ}}}{\boxed{\text{エ}}}$ である。

直線ABと直線DEの交点をFとするとき，$\dfrac{\text{BF}}{\text{AF}} = \dfrac{\boxed{\text{オカ}}}{\boxed{\text{キ}}}$ であるから，

AF = $\dfrac{\boxed{\text{クケ}}}{\boxed{\text{コ}}}$ である。

(数学Ⅰ・数学A第5問は次ページに続く。)

(2) $\angle ABC = $ [サシ]°である。△ABC の内接円の半径は $\dfrac{[ス]\sqrt{[セ]}}{[ソ]}$

であり，△ABC の内心を I とすると BI $= \dfrac{[タ]\sqrt{[チ]}}{[ツ]}$ である。

数学Ⅱ・数学B

問　題	選 択 方 法
第1問	必　　答
第2問	必　　答
第3問	いずれか2問を選択し，解答しなさい。
第4問	
第5問	

（注）この科目には，選択問題があります。（19ページ参照。）

第１問 （必答問題）（配点　30）

〔1〕　連立方程式

$$\begin{cases} \cos 2\alpha + \cos 2\beta = \dfrac{4}{15} & \cdots\cdots\cdots\cdots\cdots ① \\ \cos\alpha\cos\beta = -\dfrac{2\sqrt{15}}{15} & \cdots\cdots\cdots\cdots\cdots ② \end{cases}$$

を考える。ただし，$0 \leqq \alpha \leqq \pi$，$0 \leqq \beta \leqq \pi$であり，$\alpha < \beta$かつ

$$|\cos\alpha| \geqq |\cos\beta| \quad \cdots\cdots\cdots\cdots\cdots ③$$

とする。このとき，$\cos\alpha$と$\cos\beta$の値を求めよう。

2倍角の公式を用いると，①から

$$\cos^2\alpha + \cos^2\beta = \frac{\boxed{アイ}}{\boxed{ウエ}}$$

が得られる。また，②から，$\cos^2\alpha\cos^2\beta = \dfrac{\boxed{オ}}{15}$である。

（数学Ⅱ・数学B第１問は次ページに続く。）

したがって，条件 ③ を用いると

$$\cos^2\alpha = \frac{\boxed{カ}}{\boxed{キ}}, \quad \cos^2\beta = \frac{\boxed{ク}}{\boxed{ケ}}$$

である。よって，② と条件 $0 \leqq \alpha \leqq \pi$，$0 \leqq \beta \leqq \pi$，$\alpha < \beta$ から

$$\cos\alpha = \frac{\boxed{コ}\sqrt{\boxed{サ}}}{\boxed{シ}}, \quad \cos\beta = \frac{\boxed{ス}\sqrt{\boxed{セ}}}{\boxed{ソ}}$$

である。

(数学Ⅱ・数学B第1問は次ページに続く。)

〔2〕 座標平面上に点$\mathrm{A}\left(0,\ \frac{3}{2}\right)$をとり，関数$y=\log_2 x$のグラフ上に2点$\mathrm{B}(p,\ \log_2 p)$，$\mathrm{C}(q,\ \log_2 q)$をとる。線分ABを1：2に内分する点がCであるとき，p，qの値を求めよう。

真数の条件により，$p>$ タ ，$q>$ タ である。ただし，対数$\log_a b$に対し，aを底といい，bを真数という。

線分ABを1：2に内分する点の座標は，pを用いて

$$\left(\frac{\text{チ}}{\text{ツ}}p,\quad \frac{\text{テ}}{\text{ト}}\log_2 p+\text{ナ}\right)$$

と表される。これがCの座標と一致するので

$$\begin{cases} \dfrac{\text{チ}}{\text{ツ}}p=q & \cdots\cdots ④ \\ \dfrac{\text{テ}}{\text{ト}}\log_2 p+\text{ナ}=\log_2 q & \cdots\cdots ⑤ \end{cases}$$

が成り立つ。

(数学Ⅱ・数学B第1問は次ページに続く。)

⑤は

$$p = \frac{\boxed{ニ}}{\boxed{ヌ}} q^{\boxed{ネ}} \quad \cdots\cdots\cdots\cdots\cdots\cdots ⑥$$

と変形できる。④と⑥を連立させた方程式を解いて，$p >$ [タ]，$q >$ [タ] に注意すると

$$p = \boxed{ノ}\sqrt{\boxed{ハ}}, \quad q = \boxed{ヒ}\sqrt{\boxed{フ}}$$

である。

また，Cの y 座標 $\log_2\left(\boxed{ヒ}\sqrt{\boxed{フ}}\right)$ の値を，小数第2位を四捨五入して小数第1位まで求めると，[ヘ] である。[ヘ] に当てはまるものを，次の⓪～ⓑのうちから一つ選べ。ただし，$\log_{10} 2 = 0.3010$，$\log_{10} 3 = 0.4771$，$\log_{10} 7 = 0.8451$ とする。

⓪ 0.3　① 0.6　② 0.9　③ 1.3　④ 1.6　⑤ 1.9
⑥ 2.3　⑦ 2.6　⑧ 2.9　⑨ 3.3　ⓐ 3.6　ⓑ 3.9

第2問　（必答問題）（配点　30）

Oを原点とする座標平面上の放物線 $y = x^2 + 1$ を C とし，点 $(a,\ 2a)$ をPとする。

(1)　点Pを通り，放物線 C に接する直線の方程式を求めよう。

C 上の点 $(t,\ t^2 + 1)$ における接線の方程式は

$$y = \boxed{\text{ア}}\,tx - t^2 + \boxed{\text{イ}}$$

である。この直線がPを通るとすると，t は方程式

$$t^2 - \boxed{\text{ウ}}\,at + \boxed{\text{エ}}\,a - \boxed{\text{オ}} = 0$$

を満たすから，$t = \boxed{\text{カ}}\,a - \boxed{\text{キ}}$，$\boxed{\text{ク}}$ である。よって，$a \neq \boxed{\text{ケ}}$ のとき，Pを通る C の接線は2本あり，それらの方程式は

$$y = \left(\boxed{\text{コ}}\,a - \boxed{\text{サ}}\right)x - \boxed{\text{シ}}\,a^2 + \boxed{\text{ス}}\,a \quad \cdots\cdots\cdots ①$$

と

$$y = \boxed{\text{セ}}\,x$$

である。

(2)　(1)の方程式①で表される直線を ℓ とする。ℓ と y 軸との交点を $\mathrm{R}(0,\ r)$ とすると，$r = -\boxed{\text{シ}}\,a^2 + \boxed{\text{ス}}\,a$ である。$r > 0$ となるのは，$\boxed{\text{ソ}} < a < \boxed{\text{タ}}$ のときであり，このとき，三角形OPRの面積 S は

$$S = \boxed{\text{チ}}\left(a^{\boxed{\text{ツ}}} - a^{\boxed{\text{テ}}}\right)$$

となる。

（数学II・数学B第2問は次ページに続く。）

[ソ] $< a <$ [タ] のとき，Sの増減を調べると，Sは$a = \dfrac{[ト]}{[ナ]}$

で最大値 $\dfrac{[ニ]}{[ヌネ]}$ をとることがわかる。

(3) [ソ] $< a <$ [タ] のとき，放物線Cと(2)の直線ℓおよび2直線

$x = 0$，$x = a$で囲まれた図形の面積をTとすると

$$T = \frac{[ノ]}{[ハ]}a^3 - [ヒ]a^2 + [フ]$$

である。$\dfrac{[ト]}{[ナ]} \leqq a <$ [タ] の範囲において，Tは [ヘ]。[ヘ]

に当てはまるものを，次の⓪～⑤のうちから一つ選べ。

⓪　減少する

①　極小値をとるが，極大値はとらない

②　増加する

③　極大値をとるが，極小値はとらない

④　一定である

⑤　極小値と極大値の両方をとる

第3問～第5問は，いずれか2問を選択し，解答しなさい。

第3問 （選択問題）（配点　20）

以下において考察する数列の項は，すべて実数であるとする。

(1)　等比数列$\{s_n\}$の初項が1，公比が2であるとき

$$s_1 s_2 s_3 = \boxed{\text{ア}},\quad s_1 + s_2 + s_3 = \boxed{\text{イ}}$$

である。

(2)　$\{s_n\}$を初項x，公比rの等比数列とする。a，bを実数(ただし$a \neq 0$)とし，$\{s_n\}$の最初の3項が

$$s_1 s_2 s_3 = a^3 \quad \cdots\cdots ①$$

$$s_1 + s_2 + s_3 = b \quad \cdots\cdots ②$$

を満たすとする。このとき

$$xr = \boxed{\text{ウ}} \quad \cdots\cdots ③$$

である。さらに，②，③を用いてr，a，bの満たす関係式を求めると

$$\boxed{\text{エ}}\, r^2 + \left(\boxed{\text{オ}} - \boxed{\text{カ}}\right) r + \boxed{\text{キ}} = 0 \quad \cdots\cdots ④$$

を得る。④を満たす実数rが存在するので

$$\boxed{\text{ク}}\, a^2 + \boxed{\text{ケ}}\, ab - b^2 \leqq 0 \quad \cdots\cdots ⑤$$

である。

逆に，a，bが⑤を満たすとき，③，④を用いてr，xの値を求めることができる。

(数学Ⅱ・数学B第3問は次ページに続く。)

(3)　$a=64,\ b=336$ のとき，(2)の条件 ①，② を満たし，公比が1より大きい等比数列 $\{s_n\}$ を考える。③，④ を用いて $\{s_n\}$ の公比 r と初項 x を求めると，

$r=$ [コ]，$x=$ [サシ] である。

$\{s_n\}$ を用いて，数列 $\{t_n\}$ を

$$t_n = s_n \log_{[コ]} s_n \qquad (n=1,\ 2,\ 3,\ \cdots)$$

と定める。このとき，$\{t_n\}$ の一般項は $t_n = \left(n + [ス]\right)\cdot[コ]^{n+[セ]}$ である。$\{t_n\}$ の初項から第 n 項までの和 U_n は，$U_n - [コ]\,U_n$ を計算することにより

$$U_n = \frac{[ソ]\,n + [タ]}{[チ]}\cdot[コ]^{n+[ツ]} - \frac{[テト]}{[ナ]}$$

であることがわかる。

第3問～第5問は，いずれか2問を選択し，解答しなさい。

第4問 （選択問題）（配点　20）

座標平面上に点A(2，0)をとり，原点Oを中心とする半径が2の円周上に点B，C，D，E，Fを，点A，B，C，D，E，Fが順に正六角形の頂点となるようにとる。ただし，Bは第1象限にあるとする。

(1) 点Bの座標は$\left(\boxed{\text{ア}},\ \sqrt{\boxed{\text{イ}}}\right)$，点Dの座標は$\left(-\boxed{\text{ウ}},\ 0\right)$である。

(2) 線分BDの中点をMとし，直線AMと直線CDの交点をNとする。$\overrightarrow{\mathrm{ON}}$を求めよう。

$\overrightarrow{\mathrm{ON}}$は実数$r$，$s$を用いて，$\overrightarrow{\mathrm{ON}}=\overrightarrow{\mathrm{OA}}+r\,\overrightarrow{\mathrm{AM}}$，$\overrightarrow{\mathrm{ON}}=\overrightarrow{\mathrm{OD}}+s\,\overrightarrow{\mathrm{DC}}$と2通りに表すことができる。ここで

$$\overrightarrow{\mathrm{AM}}=\left(-\frac{\boxed{\text{エ}}}{\boxed{\text{オ}}},\ \frac{\sqrt{\boxed{\text{カ}}}}{\boxed{\text{キ}}}\right)$$

$$\overrightarrow{\mathrm{DC}}=\left(\boxed{\text{ク}},\ \sqrt{\boxed{\text{ケ}}}\right)$$

であるから

$$r=\frac{\boxed{\text{コ}}}{\boxed{\text{サ}}},\quad s=\frac{\boxed{\text{シ}}}{\boxed{\text{ス}}}$$

である。よって

$$\overrightarrow{\mathrm{ON}}=\left(-\frac{\boxed{\text{セ}}}{\boxed{\text{ソ}}},\ \frac{\boxed{\text{タ}}\sqrt{\boxed{\text{チ}}}}{\boxed{\text{ツ}}}\right)$$

である。

（数学Ⅱ・数学B第4問は次ページに続く。）

(3)　線分 BF 上に点 P をとり，その y 座標を a とする。点 P から直線 CE に引いた垂線と，点 C から直線 EP に引いた垂線との交点を H とする。

$\overrightarrow{EP}$ が

$$\overrightarrow{EP} = \left(\boxed{テ},\ \boxed{ト} + \sqrt{\boxed{ナ}} \right)$$

と表せることにより，H の座標を a を用いて表すと

$$\left(\frac{\boxed{ニ}\,a^{\boxed{ヌ}} + \boxed{ネ}}{\boxed{ノ}},\ \boxed{ハ} \right)$$

である。

さらに，$\overrightarrow{OP}$ と $\overrightarrow{OH}$ のなす角を θ とする。$\cos\theta = \dfrac{12}{13}$ のとき，a の値は

$$a = \pm \frac{\boxed{ヒ}}{\boxed{フヘ}}$$

である。

第3問～第5問は，いずれか2問を選択し，解答しなさい。

第5問 （選択問題）（配点　20）

以下の問題を解答するにあたっては，必要に応じて33ページの正規分布表を用いてもよい。

(1)　1回の試行において，事象 A の起こる確率が p，起こらない確率が $1-p$ であるとする。この試行を n 回繰り返すとき，事象 A の起こる回数を W とする。確率変数 W の平均（期待値）m が $\frac{1216}{27}$，標準偏差 σ が $\frac{152}{27}$ であるとき，

$n=$ アイウ ，$p=\frac{\boxed{エ}}{\boxed{オカ}}$ である。

（数学Ⅱ・数学B第5問は次ページに続く。）

(2) (1)の反復試行において，W が 38 以上となる確率の近似値を求めよう。

いま

$$P(W \geqq 38) = P\left(\frac{W-m}{\sigma} \geqq -\boxed{\text{キ}}.\boxed{\text{クケ}}\right)$$

と変形できる。ここで，$Z = \dfrac{W-m}{\sigma}$ とおき，W の分布を正規分布で近似すると，正規分布表から確率の近似値は次のように求められる。

$$P\left(Z \geqq -\boxed{\text{キ}}.\boxed{\text{クケ}}\right) = 0.\boxed{\text{コサ}}$$

（数学Ⅱ・数学B第5問は次ページに続く。）

(3) 連続型確率変数Xのとり得る値xの範囲が$s \leqq x \leqq t$で，確率密度関数が$f(x)$のとき，Xの平均$E(X)$は次の式で与えられる。

$$E(X) = \int_s^t xf(x)\,dx$$

aを正の実数とする。連続型確率変数Xのとり得る値xの範囲が$-a \leqq x \leqq 2a$で，確率密度関数が

$$f(x) = \begin{cases} \dfrac{2}{3a^2}(x+a) & (-a \leqq x \leqq 0 \text{ のとき}) \\ \dfrac{1}{3a^2}(2a-x) & (0 \leqq x \leqq 2a \text{ のとき}) \end{cases}$$

であるとする。このとき，$a \leqq X \leqq \dfrac{3}{2}a$ となる確率は $\dfrac{\boxed{シ}}{\boxed{ス}}$ である。

また，Xの平均は $\dfrac{\boxed{セ}}{\boxed{ソ}}$ である。さらに，$Y = 2X + 7$ とおくと，Yの平均は $\dfrac{\boxed{タチ}}{\boxed{ツ}} + \boxed{テ}$ である。

(数学Ⅱ・数学B第5問は次ページに続く。)

正 規 分 布 表

次の表は，標準正規分布の分布曲線における右図の灰色部分の面積の値をまとめたものである。

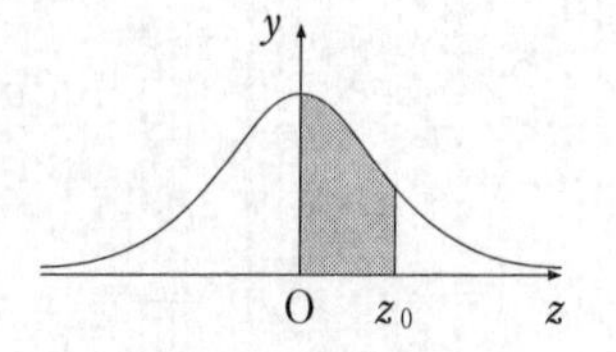

z_0	0.00	0.01	0.02	0.03	0.04	0.05	0.06	0.07	0.08	0.09
0.0	0.0000	0.0040	0.0080	0.0120	0.0160	0.0199	0.0239	0.0279	0.0319	0.0359
0.1	0.0398	0.0438	0.0478	0.0517	0.0557	0.0596	0.0636	0.0675	0.0714	0.0753
0.2	0.0793	0.0832	0.0871	0.0910	0.0948	0.0987	0.1026	0.1064	0.1103	0.1141
0.3	0.1179	0.1217	0.1255	0.1293	0.1331	0.1368	0.1406	0.1443	0.1480	0.1517
0.4	0.1554	0.1591	0.1628	0.1664	0.1700	0.1736	0.1772	0.1808	0.1844	0.1879
0.5	0.1915	0.1950	0.1985	0.2019	0.2054	0.2088	0.2123	0.2157	0.2190	0.2224
0.6	0.2257	0.2291	0.2324	0.2357	0.2389	0.2422	0.2454	0.2486	0.2517	0.2549
0.7	0.2580	0.2611	0.2642	0.2673	0.2704	0.2734	0.2764	0.2794	0.2823	0.2852
0.8	0.2881	0.2910	0.2939	0.2967	0.2995	0.3023	0.3051	0.3078	0.3106	0.3133
0.9	0.3159	0.3186	0.3212	0.3238	0.3264	0.3289	0.3315	0.3340	0.3365	0.3389
1.0	0.3413	0.3438	0.3461	0.3485	0.3508	0.3531	0.3554	0.3577	0.3599	0.3621
1.1	0.3643	0.3665	0.3686	0.3708	0.3729	0.3749	0.3770	0.3790	0.3810	0.3830
1.2	0.3849	0.3869	0.3888	0.3907	0.3925	0.3944	0.3962	0.3980	0.3997	0.4015
1.3	0.4032	0.4049	0.4066	0.4082	0.4099	0.4115	0.4131	0.4147	0.4162	0.4177
1.4	0.4192	0.4207	0.4222	0.4236	0.4251	0.4265	0.4279	0.4292	0.4306	0.4319
1.5	0.4332	0.4345	0.4357	0.4370	0.4382	0.4394	0.4406	0.4418	0.4429	0.4441
1.6	0.4452	0.4463	0.4474	0.4484	0.4495	0.4505	0.4515	0.4525	0.4535	0.4545
1.7	0.4554	0.4564	0.4573	0.4582	0.4591	0.4599	0.4608	0.4616	0.4625	0.4633
1.8	0.4641	0.4649	0.4656	0.4664	0.4671	0.4678	0.4686	0.4693	0.4699	0.4706
1.9	0.4713	0.4719	0.4726	0.4732	0.4738	0.4744	0.4750	0.4756	0.4761	0.4767
2.0	0.4772	0.4778	0.4783	0.4788	0.4793	0.4798	0.4803	0.4808	0.4812	0.4817
2.1	0.4821	0.4826	0.4830	0.4834	0.4838	0.4842	0.4846	0.4850	0.4854	0.4857
2.2	0.4861	0.4864	0.4868	0.4871	0.4875	0.4878	0.4881	0.4884	0.4887	0.4890
2.3	0.4893	0.4896	0.4898	0.4901	0.4904	0.4906	0.4909	0.4911	0.4913	0.4916
2.4	0.4918	0.4920	0.4922	0.4925	0.4927	0.4929	0.4931	0.4932	0.4934	0.4936
2.5	0.4938	0.4940	0.4941	0.4943	0.4945	0.4946	0.4948	0.4949	0.4951	0.4952
2.6	0.4953	0.4955	0.4956	0.4957	0.4959	0.4960	0.4961	0.4962	0.4963	0.4964
2.7	0.4965	0.4966	0.4967	0.4968	0.4969	0.4970	0.4971	0.4972	0.4973	0.4974
2.8	0.4974	0.4975	0.4976	0.4977	0.4977	0.4978	0.4979	0.4979	0.4980	0.4981
2.9	0.4981	0.4982	0.4982	0.4983	0.4984	0.4984	0.4985	0.4985	0.4986	0.4986
3.0	0.4987	0.4987	0.4987	0.4988	0.4988	0.4989	0.4989	0.4989	0.4990	0.4990

MEMO

数学Ⅰ・数学A
数学Ⅱ・数学B

（2016年1月実施）

2016
本試験

数学Ⅰ・数学A　60分　100点
数学Ⅱ・数学B　60分　100点

数学Ⅰ・数学A

問　題	選択方法
第1問	必　　答
第2問	必　　答
第3問	いずれか2問を選択し，解答しなさい。
第4問	
第5問	

（注）この科目には，選択問題があります。（2ページ参照。）

第1問 （必答問題）（配点　30）

〔1〕 aを実数とする。xの関数

$$f(x)=(1+2a)(1-x)+(2-a)x$$

を考える。

$$f(x)=\left(-\boxed{\text{ア}}\,a+\boxed{\text{イ}}\right)x+2a+1$$

である。

(1)　$0 \leqq x \leqq 1$における$f(x)$の最小値は，

$a \leqq \dfrac{\boxed{\text{イ}}}{\boxed{\text{ア}}}$のとき，$\boxed{\text{ウ}}\,a+\boxed{\text{エ}}$であり，

$a > \dfrac{\boxed{\text{イ}}}{\boxed{\text{ア}}}$のとき，$\boxed{\text{オ}}\,a+\boxed{\text{カ}}$である。

(2)　$0 \leqq x \leqq 1$において，常に$f(x) \geqq \dfrac{2(a+2)}{3}$となる$a$の値の範囲は，

$\dfrac{\boxed{\text{キ}}}{\boxed{\text{ク}}} \leqq a \leqq \dfrac{\boxed{\text{ケ}}}{\boxed{\text{コ}}}$である。

（数学Ⅰ・数学A第1問は次ページに続く。）

〔2〕 次の問いに答えよ。必要ならば，$\sqrt{7}$ が無理数であることを用いてよい。

(1) A を有理数全体の集合，B を無理数全体の集合とする。空集合を$\varnothing$と表す。

次の(i)〜(iv)が真の命題になるように，［サ］〜［セ］に当てはまるものを，下の⓪〜⑤のうちから一つずつ選べ。ただし，同じものを繰り返し選んでもよい。

(i) A ［サ］ $\{0\}$ (ii) $\sqrt{28}$ ［シ］ B

(iii) $A = \{0\}$ ［ス］ A (iv) $\varnothing = A$ ［セ］ B

⓪ $\in$ ① $\ni$ ② $\subset$ ③ $\supset$ ④ $\cap$ ⑤ $\cup$

(2) 実数 x に対する条件 p，q，r を次のように定める。

p：x は無理数

q：$x + \sqrt{28}$ は有理数

r：$\sqrt{28}\,x$ は有理数

次の［ソ］，［タ］に当てはまるものを，下の⓪〜③のうちから一つずつ選べ。ただし，同じものを繰り返し選んでもよい。

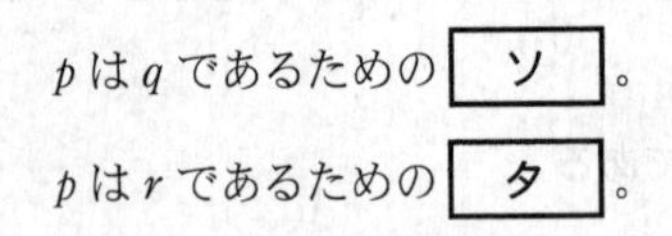

p は q であるための［ソ］。

p は r であるための［タ］。

⓪ 必要十分条件である

① 必要条件であるが，十分条件でない

② 十分条件であるが，必要条件でない

③ 必要条件でも十分条件でもない

(数学Ⅰ・数学A第1問は次ページに続く。)

〔3〕 aを1以上の定数とし，xについての連立不等式

$$\begin{cases} x^2+(20-a^2)x-20a^2 \leqq 0 & \cdots\cdots\cdots\cdots\cdots\cdots\cdots\cdots\cdots ① \\ x^2+4ax \geqq 0 & \cdots\cdots\cdots\cdots\cdots\cdots\cdots\cdots\cdots ② \end{cases}$$

を考える。このとき，不等式①の解は［チツテ］$\leqq x \leqq a^2$である。また，

不等式②の解は$x \leqq$［トナ］a，［ニ］$\leqq x$である。

この連立不等式を満たす負の実数が存在するようなaの値の範囲は

$1 \leqq a \leqq$［ヌ］

である。

第2問 （必答問題）（配点　30）

〔1〕 $\triangle$ABC の辺の長さと角の大きさを測ったところ，$\mathrm{AB} = 7\sqrt{3}$ および $\angle\mathrm{ACB} = 60^\circ$ であった。したがって，$\triangle$ABC の外接円 O の半径は $\boxed{\text{ア}}$ である。

外接円 O の，点 C を含む弧 AB 上で点 P を動かす。

(1)　$2\,\mathrm{PA} = 3\,\mathrm{PB}$ となるのは $\mathrm{PA} = \boxed{\text{イ}}\sqrt{\boxed{\text{ウエ}}}$ のときである。

(2)　$\triangle$PAB の面積が最大となるのは $\mathrm{PA} = \boxed{\text{オ}}\sqrt{\boxed{\text{カ}}}$ のときである。

(3)　$\sin\angle\mathrm{PBA}$ の値が最大となるのは $\mathrm{PA} = \boxed{\text{キク}}$ のときであり，このとき $\triangle$PAB の面積は $\dfrac{\boxed{\text{ケコ}}\sqrt{\boxed{\text{サ}}}}{\boxed{\text{シ}}}$ である。

（数学Ⅰ・数学A第2問は次ページに続く。）

〔2〕 次の4つの散布図は，2003年から2012年までの120か月の東京の月別データをまとめたものである。それぞれ，1日の最高気温の月平均(以下，平均最高気温)，1日あたり平均降水量，平均湿度，最高気温25℃以上の日数の割合を横軸にとり，各世帯の1日あたりアイスクリーム平均購入額(以下，購入額)を縦軸としてある。

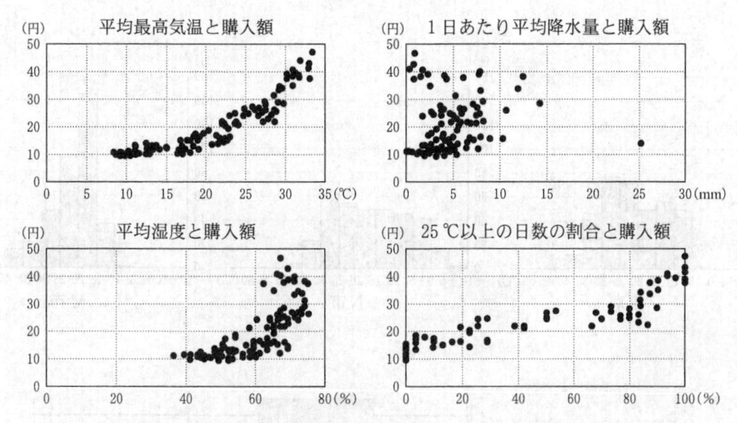

出典：総務省統計局(2013)『家計調査年報』，『過去の気象データ』(気象庁Webページ)などにより作成

次の［ス］，［セ］に当てはまるものを，下の⓪～④のうちから一つずつ選べ。ただし，解答の順序は問わない。

これらの散布図から読み取れることとして正しいものは，［ス］と［セ］である。

⓪ 平均最高気温が高くなるほど購入額は増加する傾向がある。
① 1日あたり平均降水量が多くなるほど購入額は増加する傾向がある。
② 平均湿度が高くなるほど購入額の散らばりは小さくなる傾向がある。
③ 25℃以上の日数の割合が80％未満の月は，購入額が30円を超えていない。
④ この中で正の相関があるのは，平均湿度と購入額の間のみである。

(数学Ⅰ・数学A第2問は次ページに続く。)

〔3〕 世界4都市(東京，O市，N市，M市)の2013年の365日の各日の最高気温のデータについて考える。

(1) 次のヒストグラムは，東京，N市，M市のデータをまとめたもので，この3都市の箱ひげ図は下のa，b，cのいずれかである。

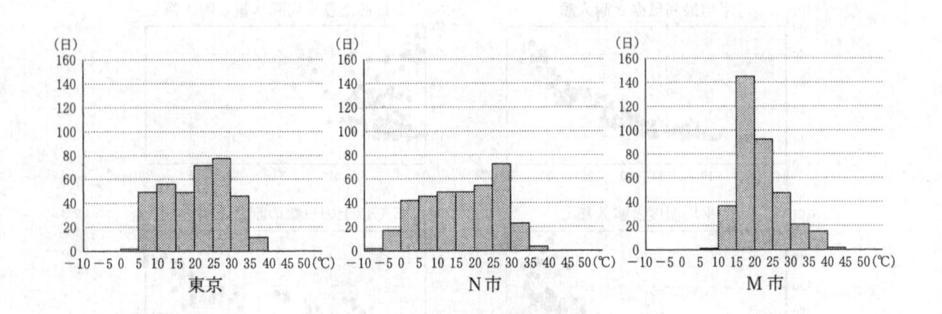

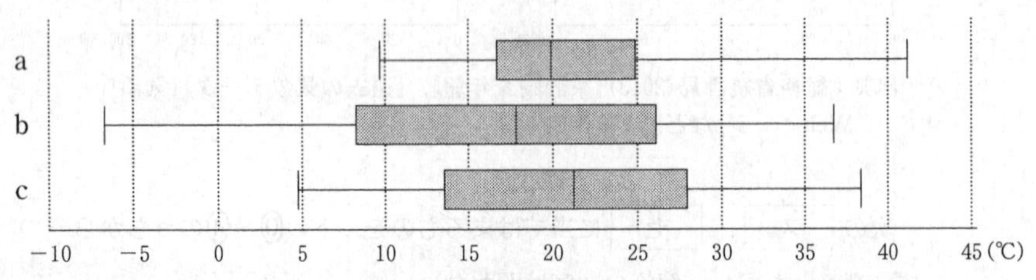

出典：『過去の気象データ』(気象庁Webページ)などにより作成

次の ソ に当てはまるものを，下の⓪〜⑤のうちから一つ選べ。

都市名と箱ひげ図の組合せとして正しいものは， ソ である。

⓪ 東京 — a, N市 — b, M市 — c　① 東京 — a, N市 — c, M市 — b
② 東京 — b, N市 — a, M市 — c　③ 東京 — b, N市 — c, M市 — a
④ 東京 — c, N市 — a, M市 — b　⑤ 東京 — c, N市 — b, M市 — a

(数学I・数学A第2問は次ページに続く。)

(2) 次の3つの散布図は，東京，O市，N市，M市の2013年の365日の各日の最高気温のデータをまとめたものである。それぞれ，O市，N市，M市の最高気温を縦軸にとり，東京の最高気温を横軸にとってある。

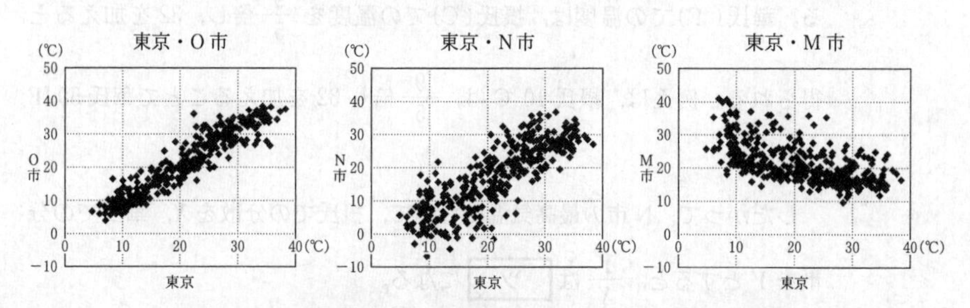

出典：『過去の気象データ』(気象庁 Web ページ)などにより作成

次の タ ， チ に当てはまるものを，下の⓪～④のうちから一つずつ選べ。ただし，解答の順序は問わない。

これらの散布図から読み取れることとして正しいものは， タ と チ である。

⓪ 東京とN市，東京とM市の最高気温の間にはそれぞれ正の相関がある。

① 東京とN市の最高気温の間には正の相関，東京とM市の最高気温の間には負の相関がある。

② 東京とN市の最高気温の間には負の相関，東京とM市の最高気温の間には正の相関がある。

③ 東京とO市の最高気温の間の相関の方が，東京とN市の最高気温の間の相関より強い。

④ 東京とO市の最高気温の間の相関の方が，東京とN市の最高気温の間の相関より弱い。

(数学Ⅰ・数学A第2問は次ページに続く。)

(3) 次の ツ , テ , ト に当てはまるものを，下の⓪～⑨のうちから一つずつ選べ。ただし，同じものを繰り返し選んでもよい。

N市では温度の単位として摂氏(℃)のほかに華氏(°F)も使われている。華氏(°F)での温度は，摂氏(℃)での温度を $\frac{9}{5}$ 倍し，32を加えると得られる。例えば，摂氏10℃は，$\frac{9}{5}$ 倍し32を加えることで華氏50°Fとなる。

したがって，N市の最高気温について，摂氏での分散を X，華氏での分散を Y とすると，$\frac{Y}{X}$ は ツ になる。

東京(摂氏)とN市(摂氏)の共分散を Z，東京(摂氏)とN市(華氏)の共分散を W とすると，$\frac{W}{Z}$ は テ になる(ただし，共分散は2つの変量のそれぞれの偏差の積の平均値)。

東京(摂氏)とN市(摂氏)の相関係数を U，東京(摂氏)とN市(華氏)の相関係数を V とすると，$\frac{V}{U}$ は ト になる。

⓪ $-\frac{81}{25}$　① $-\frac{9}{5}$　② -1　③ $-\frac{5}{9}$　④ $-\frac{25}{81}$

⑤ $\frac{25}{81}$　⑥ $\frac{5}{9}$　⑦ 1　⑧ $\frac{9}{5}$　⑨ $\frac{81}{25}$

第3問～第5問は，いずれか2問を選択し，解答しなさい。

第3問 （選択問題）（配点　20）

赤球4個，青球3個，白球5個，合計12個の球がある。これら12個の球を袋の中に入れ，この袋からAさんがまず1個取り出し，その球をもとに戻さずに続いてBさんが1個取り出す。

(1) AさんとBさんが取り出した2個の球のなかに，赤球か青球が少なくとも1個含まれている確率は $\dfrac{\boxed{アイ}}{\boxed{ウエ}}$ である。

(2) Aさんが赤球を取り出し，かつBさんが白球を取り出す確率は $\dfrac{\boxed{オ}}{\boxed{カキ}}$ である。これより，Aさんが取り出した球が赤球であったとき，Bさんが取り出した球が白球である条件付き確率は $\dfrac{\boxed{ク}}{\boxed{ケコ}}$ である。

（数学Ⅰ・数学A第3問は次ページに続く。）

(3) Aさんは1球取り出したのち，その色を見ずにポケットの中にしまった。Bさんが取り出した球が白球であることがわかったとき，Aさんが取り出した球も白球であった条件付き確率を求めたい。

Aさんが赤球を取り出し，かつBさんが白球を取り出す確率は$\dfrac{\boxed{オ}}{\boxed{カキ}}$であり，Aさんが青球を取り出し，かつBさんが白球を取り出す確率は$\dfrac{\boxed{サ}}{\boxed{シス}}$である。同様に，Aさんが白球を取り出し，かつBさんが白球を取り出す確率を求めることができ，これらの事象は互いに排反であるから，Bさんが白球を取り出す確率は$\dfrac{\boxed{セ}}{\boxed{ソタ}}$である。

よって，求める条件付き確率は$\dfrac{\boxed{チ}}{\boxed{ツテ}}$である。

第3問～第5問は，いずれか2問を選択し，解答しなさい。

第4問 （選択問題）（配点　20）

(1)　不定方程式

$$92x + 197y = 1$$

をみたす整数 x，y の組の中で，x の絶対値が最小のものは

$x =$ アイ，　$y =$ ウエ

である。不定方程式

$$92x + 197y = 10$$

をみたす整数 x，y の組の中で，x の絶対値が最小のものは

$x =$ オカキ，　$y =$ クケ

である。

（数学Ⅰ・数学A第4問は次ページに続く。）

(2)　2 進法で $11011_{(2)}$ と表される数を 4 進法で表すと [コサシ]$_{(4)}$ である。

次の⓪～⑤の 6 進法の小数のうち，10 進法で表すと有限小数として表せるのは，[ス]，[セ]，[ソ] である。ただし，解答の順序は問わない。

⓪　$0.3_{(6)}$　　①　$0.4_{(6)}$
②　$0.33_{(6)}$　　③　$0.43_{(6)}$
④　$0.033_{(6)}$　　⑤　$0.043_{(6)}$

第3問～第5問は，いずれか2問を選択し，解答しなさい。

第5問 （選択問題）（配点　20）

四角形ABCDにおいて，AB＝4，BC＝2，DA＝DCであり，4つの頂点A，B，C，Dは同一円周上にある。対角線ACと対角線BDの交点をE，線分ADを2：3の比に内分する点をF，直線FEと直線DCの交点をGとする。

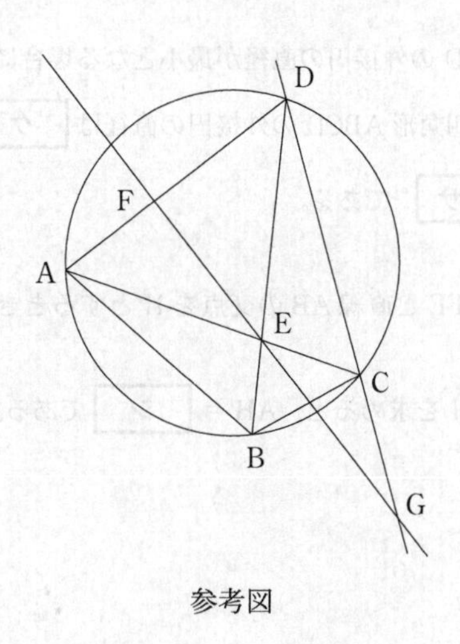

参考図

次の［ア］には，下の⓪～④のうちから当てはまるものを一つ選べ。

∠ABCの大きさが変化するとき四角形ABCDの外接円の大きさも変化することに注意すると，∠ABCの大きさがいくらであっても，∠DACと大きさが等しい角は，∠DCAと∠DBCと［ア］である。

⓪　∠ABD　　①　∠ACB　　②　∠ADB
③　∠BCG　　④　∠BEG

このことより $\frac{\mathrm{EC}}{\mathrm{AE}}=\frac{\boxed{イ}}{\boxed{ウ}}$ である。次に，△ACDと直線FEに着目すると，$\frac{\mathrm{GC}}{\mathrm{DG}}=\frac{\boxed{エ}}{\boxed{オ}}$ である。

（数学Ⅰ・数学A第5問は次ページに続く。）

(1)　直線ABが点Gを通る場合について考える。

このとき，△AGDの辺AG上に点Bがあるので，BG＝ **カ** である。

また，直線ABと直線DCが点Gで交わり，4点A，B，C，Dは同一円周上にあるので，DC＝ **キ** $\sqrt{\text{ク}}$ である。

(2)　四角形ABCDの外接円の直径が最小となる場合について考える。

このとき，四角形ABCDの外接円の直径は **ケ** であり，∠BAC＝ **コサ** °である。

また，直線FEと直線ABの交点をHとするとき，$\frac{GC}{DG}=\frac{\text{エ}}{\text{オ}}$ の関係に着目してAHを求めると，AH＝ **シ** である。

数学Ⅱ・数学B

問　題	選　択　方　法
第1問	必　　　答
第2問	必　　　答
第3問	いずれか2問を選択し，解答しなさい。
第4問	
第5問	

（注）この科目には，選択問題があります。（17ページ参照。）

第1問 （必答問題）（配点 30）

〔1〕

(1) $8^{\frac{5}{6}} = \boxed{\text{ア}}\sqrt{\boxed{\text{イ}}}$，$\log_{27}\dfrac{1}{9} = \dfrac{\boxed{\text{ウエ}}}{\boxed{\text{オ}}}$ である。

(2) $y = 2^x$ のグラフと $y = \left(\dfrac{1}{2}\right)^x$ のグラフは $\boxed{\text{カ}}$ である。

$y = 2^x$ のグラフと $y = \log_2 x$ のグラフは $\boxed{\text{キ}}$ である。

$y = \log_2 x$ のグラフと $y = \log_{\frac{1}{2}} x$ のグラフは $\boxed{\text{ク}}$ である。

$y = \log_2 x$ のグラフと $y = \log_2 \dfrac{1}{x}$ のグラフは $\boxed{\text{ケ}}$ である。

$\boxed{\text{カ}}$ ～ $\boxed{\text{ケ}}$ に当てはまるものを，次の⓪～③のうちから一つずつ選べ。ただし，同じものを繰り返し選んでもよい。

⓪ 同一のもの　　① x 軸に関して対称

② y 軸に関して対称　　③ 直線 $y = x$ に関して対称

（数学Ⅱ・数学B第1問は次ページに続く。）

(3)　$x>0$ の範囲における関数 $y=\left(\log_2 \frac{x}{4}\right)^2-4\log_4 x+3$ の最小値を求めよう。

$t=\log_2 x$ とおく。このとき，$y=t^2-$ **コ** $t+$ **サ** である。
また，x が $x>0$ の範囲を動くとき，t のとり得る値の範囲は **シ** である。**シ** に当てはまるものを，次の⓪～③のうちから一つ選べ。

⓪　$t>0$　　①　$t>1$
②　$t>0$ かつ $t\neq 1$　　③　実数全体

したがって，y は $t=$ **ス** のとき，すなわち $x=$ **セ** のとき，最小値 **ソタ** をとる。

（数学Ⅱ・数学B第1問は次ページに続く。）

〔2〕 kを正の定数として

$$\cos^2 x - \sin^2 x + k\left(\frac{1}{\cos^2 x} - \frac{1}{\sin^2 x}\right) = 0 \quad \cdots\cdots\cdots\cdots ①$$

を満たすxについて考える。

(1)　$0 < x < \frac{\pi}{2}$の範囲で①を満たすxの個数について考えよう。

①の両辺に$\sin^2 x \cos^2 x$をかけ，2倍角の公式を用いて変形すると

$$\left(\frac{\sin^2 2x}{\boxed{チ}} - k\right)\cos 2x = 0 \quad \cdots\cdots\cdots\cdots ②$$

を得る。したがって，kの値に関係なく，$x = \frac{\pi}{\boxed{ツ}}$のときはつねに①が成り立つ。また，$0 < x < \frac{\pi}{2}$の範囲で$0 < \sin^2 2x \leqq 1$であるから，$k > \frac{\boxed{テ}}{\boxed{ト}}$のとき，①を満たす$x$は$\frac{\pi}{\boxed{ツ}}$のみである。一方，$0 < k < \frac{\boxed{テ}}{\boxed{ト}}$のとき，①を満たす$x$の個数は$\boxed{ナ}$個であり，$k = \frac{\boxed{テ}}{\boxed{ト}}$のときは$\boxed{ニ}$個である。

（数学Ⅱ・数学B第1問は次ページに続く。）

(2) $k=\dfrac{4}{25}$とし，$\dfrac{\pi}{4}<x<\dfrac{\pi}{2}$の範囲で①を満たす$x$について考えよう。

②により$\sin 2x=\dfrac{\boxed{ヌ}}{\boxed{ネ}}$であるから

$$\cos 2x=\dfrac{\boxed{ノハ}}{\boxed{ヒ}}$$

である。したがって

$$\cos x=\dfrac{\sqrt{\boxed{フ}}}{\boxed{ヘ}}$$

である。

第2問　（必答問題）（配点　30）

座標平面上で，放物線 $y=\frac{1}{2}x^2+\frac{1}{2}$ を C_1 とし，放物線 $y=\frac{1}{4}x^2$ を C_2 とする。

(1)　実数 a に対して，2直線 $x=a$，$x=a+1$ と C_1，C_2 で囲まれた図形 D の面積 S は

$$S=\int_a^{a+1}\left(\frac{1}{\boxed{\text{ア}}}x^2+\frac{1}{\boxed{\text{イ}}}\right)dx$$

$$=\frac{a^2}{\boxed{\text{ウ}}}+\frac{a}{\boxed{\text{エ}}}+\frac{\boxed{\text{オ}}}{\boxed{\text{カキ}}}$$

である。S は $a=\frac{\boxed{\text{クケ}}}{\boxed{\text{コ}}}$ で最小値 $\frac{\boxed{\text{サシ}}}{\boxed{\text{スセ}}}$ をとる。

(2)　4点 $(a,\ 0)$，$(a+1,\ 0)$，$(a+1,\ 1)$，$(a,\ 1)$ を頂点とする正方形を R で表す。a が $a\geqq 0$ の範囲を動くとき，正方形 R と(1)の図形 D の共通部分の面積を T とおく。T が最大となる a の値を求めよう。

直線 $y=1$ は，C_1 と $\left(\pm\boxed{\text{ソ}},\ 1\right)$ で，C_2 と $\left(\pm\boxed{\text{タ}},\ 1\right)$ で交わる。

したがって，正方形 R と図形 D の共通部分が空集合にならないのは，$0\leqq a\leqq\boxed{\text{チ}}$ のときである。

（数学Ⅱ・数学B第2問は次ページに続く。）

[ソ] $\leqq a \leqq$ [チ] のとき，正方形 R は放物線 C_1 と x 軸の間にあり，この範囲で a が増加するとき，T は [ツ]。[ツ] に当てはまるものを，次の⓪～②のうちから一つ選べ。

⓪ 増加する　　① 減少する　　② 変化しない

したがって，T が最大になる a の値は，$0 \leqq a \leqq$ [ソ] の範囲にある。

$0 \leqq a \leqq$ [ソ] のとき，(1)の図形 D のうち，正方形 R の外側にある部分の面積 U は

$$U = \frac{a^3}{\boxed{テ}} + \frac{a^2}{\boxed{ト}}$$

である。よって，$0 \leqq a \leqq$ [ソ] において

$$T = -\frac{a^3}{\boxed{ナ}} - \frac{a^2}{\boxed{ニ}} + \frac{a}{\boxed{ヌ}} + \frac{\boxed{オ}}{\boxed{カキ}} \quad \cdots\cdots\cdots ①$$

である。① の右辺の増減を調べることにより，T は

$$a = \frac{\boxed{ネノ} + \sqrt{\boxed{ハ}}}{\boxed{ヒ}}$$

で最大値をとることがわかる。

第3問～第5問は，いずれか2問を選択し，解答しなさい。

第3問 （選択問題）（配点　20）

真分数を分母の小さい順に，分母が同じ場合には分子の小さい順に並べてできる数列

$$\frac{1}{2},\ \frac{1}{3},\ \frac{2}{3},\ \frac{1}{4},\ \frac{2}{4},\ \frac{3}{4},\ \frac{1}{5},\ \cdots$$

を$\{a_n\}$とする。真分数とは，分子と分母がともに自然数で，分子が分母より小さい分数のことであり，上の数列では，約分できる形の分数も含めて並べている。以下の問題に分数形で解答する場合は，**解答上の注意**にあるように，それ以上約分できない形で答えよ。

(1)　$a_{15} = \dfrac{\boxed{ア}}{\boxed{イ}}$ である。また，分母に初めて8が現れる項は，$a_{\boxed{ウエ}}$ である。

(2)　kを2以上の自然数とする。数列$\{a_n\}$において，$\dfrac{1}{k}$が初めて現れる項を第M_k項とし，$\dfrac{k-1}{k}$が初めて現れる項を第N_k項とすると

$$M_k = \frac{\boxed{オ}}{\boxed{カ}}k^2 - \frac{\boxed{キ}}{\boxed{ク}}k + \boxed{ケ}$$

$$N_k = \frac{\boxed{コ}}{\boxed{サ}}k^2 - \frac{\boxed{シ}}{\boxed{ス}}k$$

である。よって，$a_{104} = \dfrac{\boxed{セソ}}{\boxed{タチ}}$ である。

（数学Ⅱ・数学B第3問は次ページに続く。）

(3)　k を 2 以上の自然数とする。数列 $\{a_n\}$ の第 M_k 項から第 N_k 項までの和は，

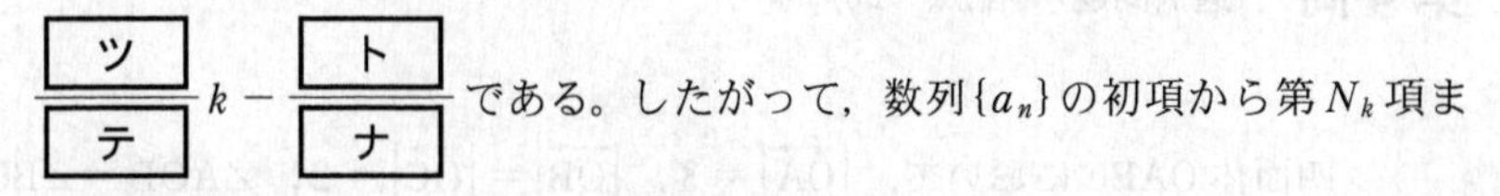

$\dfrac{\boxed{\text{ツ}}}{\boxed{\text{テ}}}k-\dfrac{\boxed{\text{ト}}}{\boxed{\text{ナ}}}$ である。したがって，数列 $\{a_n\}$ の初項から第 N_k 項までの和は

$$\frac{\boxed{\text{ニ}}}{\boxed{\text{ヌ}}}k^2-\frac{\boxed{\text{ネ}}}{\boxed{\text{ノ}}}k$$

である。よって

$$\sum_{n=1}^{103}a_n=\frac{\boxed{\text{ハヒフ}}}{\boxed{\text{ヘホ}}}$$

である。

第3問～第5問は，いずれか2問を選択し，解答しなさい。

第4問 （選択問題）（配点 20）

四面体OABCにおいて，$|\overrightarrow{\mathrm{OA}}|=3$，$|\overrightarrow{\mathrm{OB}}|=|\overrightarrow{\mathrm{OC}}|=2$，$\angle\mathrm{AOB}=\angle\mathrm{BOC}=\angle\mathrm{COA}=60^\circ$であるとする。また，辺OA上に点Pをとり，辺BC上に点Qをとる。以下，$\overrightarrow{\mathrm{OA}}=\vec{a}$，$\overrightarrow{\mathrm{OB}}=\vec{b}$，$\overrightarrow{\mathrm{OC}}=\vec{c}$とおく。

(1) $0\leqq s\leqq 1$，$0\leqq t\leqq 1$であるような実数s，tを用いて$\overrightarrow{\mathrm{OP}}=s\vec{a}$，$\overrightarrow{\mathrm{OQ}}=(1-t)\vec{b}+t\vec{c}$と表す。$\vec{a}\cdot\vec{b}=\vec{a}\cdot\vec{c}=$ ［ア］，$\vec{b}\cdot\vec{c}=$ ［イ］であることから

$$|\overrightarrow{\mathrm{PQ}}|^2=\left(\boxed{\text{ウ}}\,s-\boxed{\text{エ}}\right)^2+\left(\boxed{\text{オ}}\,t-\boxed{\text{カ}}\right)^2+\boxed{\text{キ}}$$

となる。したがって，$|\overrightarrow{\mathrm{PQ}}|$が最小となるのは$s=\dfrac{\boxed{\text{ク}}}{\boxed{\text{ケ}}}$，$t=\dfrac{\boxed{\text{コ}}}{\boxed{\text{サ}}}$のときであり，このとき$|\overrightarrow{\mathrm{PQ}}|=\sqrt{\boxed{\text{シ}}}$となる。

（数学Ⅱ・数学B第4問は次ページに続く。）

(2)　三角形ABCの重心をGとする。$|\overrightarrow{\mathrm{PQ}}| = \sqrt{\boxed{\text{シ}}}$ のとき，三角形GPQの面積を求めよう。

$\overrightarrow{\mathrm{OA}} \cdot \overrightarrow{\mathrm{PQ}} = \boxed{\text{ス}}$ から，$\angle \mathrm{APQ} = \boxed{\text{セソ}}^\circ$ である。したがって，三角形APQの面積は $\sqrt{\boxed{\text{タ}}}$ である。また

$$\overrightarrow{\mathrm{OG}} = \frac{\boxed{\text{チ}}}{\boxed{\text{ツ}}}\overrightarrow{\mathrm{OA}} + \frac{\boxed{\text{テ}}}{\boxed{\text{ト}}}\overrightarrow{\mathrm{OQ}}$$

であり，点Gは線分AQを $\boxed{\text{ナ}}$: 1に内分する点である。

以上のことから，三角形GPQの面積は $\dfrac{\sqrt{\boxed{\text{ニ}}}}{\boxed{\text{ヌ}}}$ である。

第3問～第5問は，いずれか2問を選択し，解答しなさい。

第5問 （選択問題）（配点　20）

n を自然数とする。原点Oから出発して数直線上を n 回移動する点Aを考える。点Aは，1回ごとに，確率 p で正の向きに3だけ移動し，確率 $1-p$ で負の向きに1だけ移動する。ここで，$0<p<1$ である。n 回移動した後の点Aの座標を X とし，n 回の移動のうち正の向きの移動の回数を Y とする。

以下の問題を解答するにあたっては，必要に応じて31ページの正規分布表を用いてもよい。

(1)　$p=\frac{1}{3}$，$n=2$ のとき，確率変数 X のとり得る値は，小さい順に $-$［ア］，［イ］，［ウ］であり，これらの値をとる確率は，それぞれ $\frac{［エ］}{［オ］}$，$\frac{［カ］}{［オ］}$，$\frac{［キ］}{［オ］}$ である。

（数学Ⅱ・数学B第5問は次ページに続く。）

(2) n 回移動したとき，X と Y の間に

$$X = \boxed{\text{ク}}\, n + \boxed{\text{ケ}}\, Y$$

の関係が成り立つ。

確率変数 Y の平均(期待値)は $\boxed{\text{コ}}$，分散は $\boxed{\text{サ}}$ なので，X の平均は $\boxed{\text{シ}}$，分散は $\boxed{\text{ス}}$ である。$\boxed{\text{コ}}$ ～ $\boxed{\text{ス}}$ に当てはまるものを，次の⓪～ⓑのうちから一つずつ選べ。ただし，同じものを繰り返し選んでもよい。

⓪ np	① $np(1-p)$	② $\dfrac{p(1-p)}{n}$
③ $2np$	④ $2np(1-p)$	⑤ $p(1-p)$
⑥ $4np$	⑦ $4np(1-p)$	⑧ $16np(1-p)$
⑨ $4np-n$	ⓐ $4np(1-p)-n$	ⓑ $16np(1-p)-n$

(数学Ⅱ・数学B第5問は次ページに続く。)

(3)　$p=\dfrac{1}{4}$ のとき，1200 回移動した後の点 A の座標 X が 120 以上になる確率の近似値を求めよう。

(2)により，Y の平均は **セソタ**，標準偏差は **チツ** であり，求める確率は次のようになる。

$$P(X \geqq 120)=P\left(\frac{Y-\boxed{\text{セソタ}}}{\boxed{\text{チツ}}} \geqq \boxed{\text{テ}}.\boxed{\text{トナ}}\right)$$

いま，標準正規分布に従う確率変数を Z とすると，$n=1200$ は十分に大きいので，求める確率の近似値は正規分布表から次のように求められる。

$$P\left(Z \geqq \boxed{\text{テ}}.\boxed{\text{トナ}}\right)=0.\boxed{\text{ニヌネ}}$$

(4)　p の値がわからないとする。2400 回移動した後の点 A の座標が $X=1440$ のとき，p に対する信頼度 95 ％ の信頼区間を求めよう。

n 回移動したときに Y がとる値を y とし，$r=\dfrac{y}{n}$ とおくと，n が十分に大きいならば，確率変数 $R=\dfrac{Y}{n}$ は近似的に平均 p，分散 $\dfrac{p(1-p)}{n}$ の正規分布に従う。

$n=2400$ は十分に大きいので，このことを利用し，分散を $\dfrac{r(1-r)}{n}$ で置き換えることにより，求める信頼区間は

$$0.\boxed{\text{ノハヒ}} \leqq p \leqq 0.\boxed{\text{フヘホ}}$$

となる。

(数学Ⅱ・数学B第5問は次ページに続く。)

正　規　分　布　表

次の表は，標準正規分布の分布曲線における右図の灰色部分の面積の値をまとめたものである。

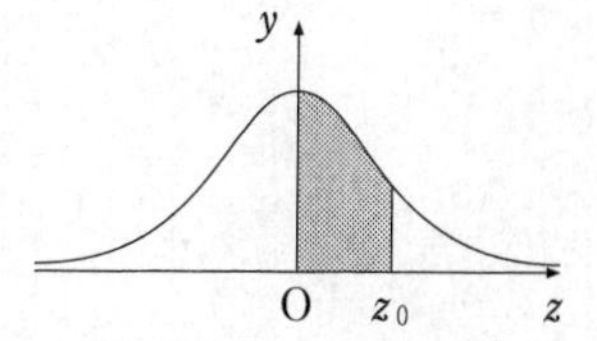

z_0	0.00	0.01	0.02	0.03	0.04	0.05	0.06	0.07	0.08	0.09
0.0	0.0000	0.0040	0.0080	0.0120	0.0160	0.0199	0.0239	0.0279	0.0319	0.0359
0.1	0.0398	0.0438	0.0478	0.0517	0.0557	0.0596	0.0636	0.0675	0.0714	0.0753
0.2	0.0793	0.0832	0.0871	0.0910	0.0948	0.0987	0.1026	0.1064	0.1103	0.1141
0.3	0.1179	0.1217	0.1255	0.1293	0.1331	0.1368	0.1406	0.1443	0.1480	0.1517
0.4	0.1554	0.1591	0.1628	0.1664	0.1700	0.1736	0.1772	0.1808	0.1844	0.1879
0.5	0.1915	0.1950	0.1985	0.2019	0.2054	0.2088	0.2123	0.2157	0.2190	0.2224
0.6	0.2257	0.2291	0.2324	0.2357	0.2389	0.2422	0.2454	0.2486	0.2517	0.2549
0.7	0.2580	0.2611	0.2642	0.2673	0.2704	0.2734	0.2764	0.2794	0.2823	0.2852
0.8	0.2881	0.2910	0.2939	0.2967	0.2995	0.3023	0.3051	0.3078	0.3106	0.3133
0.9	0.3159	0.3186	0.3212	0.3238	0.3264	0.3289	0.3315	0.3340	0.3365	0.3389
1.0	0.3413	0.3438	0.3461	0.3485	0.3508	0.3531	0.3554	0.3577	0.3599	0.3621
1.1	0.3643	0.3665	0.3686	0.3708	0.3729	0.3749	0.3770	0.3790	0.3810	0.3830
1.2	0.3849	0.3869	0.3888	0.3907	0.3925	0.3944	0.3962	0.3980	0.3997	0.4015
1.3	0.4032	0.4049	0.4066	0.4082	0.4099	0.4115	0.4131	0.4147	0.4162	0.4177
1.4	0.4192	0.4207	0.4222	0.4236	0.4251	0.4265	0.4279	0.4292	0.4306	0.4319
1.5	0.4332	0.4345	0.4357	0.4370	0.4382	0.4394	0.4406	0.4418	0.4429	0.4441
1.6	0.4452	0.4463	0.4474	0.4484	0.4495	0.4505	0.4515	0.4525	0.4535	0.4545
1.7	0.4554	0.4564	0.4573	0.4582	0.4591	0.4599	0.4608	0.4616	0.4625	0.4633
1.8	0.4641	0.4649	0.4656	0.4664	0.4671	0.4678	0.4686	0.4693	0.4699	0.4706
1.9	0.4713	0.4719	0.4726	0.4732	0.4738	0.4744	0.4750	0.4756	0.4761	0.4767
2.0	0.4772	0.4778	0.4783	0.4788	0.4793	0.4798	0.4803	0.4808	0.4812	0.4817
2.1	0.4821	0.4826	0.4830	0.4834	0.4838	0.4842	0.4846	0.4850	0.4854	0.4857
2.2	0.4861	0.4864	0.4868	0.4871	0.4875	0.4878	0.4881	0.4884	0.4887	0.4890
2.3	0.4893	0.4896	0.4898	0.4901	0.4904	0.4906	0.4909	0.4911	0.4913	0.4916
2.4	0.4918	0.4920	0.4922	0.4925	0.4927	0.4929	0.4931	0.4932	0.4934	0.4936
2.5	0.4938	0.4940	0.4941	0.4943	0.4945	0.4946	0.4948	0.4949	0.4951	0.4952
2.6	0.4953	0.4955	0.4956	0.4957	0.4959	0.4960	0.4961	0.4962	0.4963	0.4964
2.7	0.4965	0.4966	0.4967	0.4968	0.4969	0.4970	0.4971	0.4972	0.4973	0.4974
2.8	0.4974	0.4975	0.4976	0.4977	0.4977	0.4978	0.4979	0.4979	0.4980	0.4981
2.9	0.4981	0.4982	0.4982	0.4983	0.4984	0.4984	0.4985	0.4985	0.4986	0.4986
3.0	0.4987	0.4987	0.4987	0.4988	0.4988	0.4989	0.4989	0.4989	0.4990	0.4990

MEMO

数学Ⅰ・数学A
数学Ⅱ・数学B

（2015年１月実施）

数学Ⅰ・数学A　60分　100点
数学Ⅱ・数学B　60分　100点

2015
本試験

数学Ⅰ・数学A

<table>
<tr><th>問　題</th><th>選　択　方　法</th></tr>
<tr><td>第1問</td><td>必　　答</td></tr>
<tr><td>第2問</td><td>必　　答</td></tr>
<tr><td>第3問</td><td>必　　答</td></tr>
<tr><td>第4問</td><td rowspan="3">いずれか2問を選択し，解答しなさい。</td></tr>
<tr><td>第5問</td></tr>
<tr><td>第6問</td></tr>
</table>

（注）この科目には，選択問題があります。（2ページ参照。）

第1問（必答問題）（配点　20）

2次関数

$$y = -x^2 + 2x + 2 \qquad \cdots\cdots\cdots ①$$

のグラフの頂点の座標は（ ア ， イ ）である。また

$$y = f(x)$$

は x の2次関数で，そのグラフは，①のグラフを x 軸方向に p，y 軸方向に q だけ平行移動したものであるとする。

(1) 下の ウ ， オ には，次の⓪～④のうちから当てはまるものを一つずつ選べ。ただし，同じものを繰り返し選んでもよい。

⓪ $>$　　① $<$　　② $\geqq$　　③ $\leqq$　　④ $\neq$

$2 \leqq x \leqq 4$ における $f(x)$ の最大値が $f(2)$ になるような p の値の範囲は

p ウ エ

であり，最小値が $f(2)$ になるような p の値の範囲は

p オ カ

である。

（数学Ⅰ・数学A第1問は次ページに続く。）

(2)　2次不等式 $f(x) > 0$ の解が $-2 < x < 3$ になるのは

$$p = \frac{\boxed{\text{キク}}}{\boxed{\text{ケ}}},\quad q = \frac{\boxed{\text{コサ}}}{\boxed{\text{シ}}}$$

のときである。

第2問　(必答問題)（配点　25）

〔1〕 条件 p_1, p_2, q_1, q_2 の否定をそれぞれ $\overline{p_1}$, $\overline{p_2}$, $\overline{q_1}$, $\overline{q_2}$ と書く。

(1) 次の ア に当てはまるものを，下の⓪～③のうちから一つ選べ。

命題「$(p_1$ かつ $p_2) \Longrightarrow (q_1$ かつ $q_2)$」の対偶は ア である。

⓪ $(\overline{p_1}$ または $\overline{p_2}) \Longrightarrow (\overline{q_1}$ または $\overline{q_2})$

① $(\overline{q_1}$ または $\overline{q_2}) \Longrightarrow (\overline{p_1}$ または $\overline{p_2})$

② $(\overline{q_1}$ かつ $\overline{q_2}) \Longrightarrow (\overline{p_1}$ かつ $\overline{p_2})$

③ $(\overline{p_1}$ かつ $\overline{p_2}) \Longrightarrow (\overline{q_1}$ かつ $\overline{q_2})$

(2) 自然数 n に対する条件 p_1, p_2, q_1, q_2 を次のように定める。

p_1：n は素数である

p_2：$n+2$ は素数である

q_1：$n+1$ は5の倍数である

q_2：$n+1$ は6の倍数である

30以下の自然数 n のなかで イ と ウエ は

命題「$(p_1$ かつ $p_2) \Longrightarrow (\overline{q_1}$ かつ $q_2)$」

の反例となる。

（数学Ⅰ・数学A第2問は次ページに続く。）

〔2〕 △ABCにおいて，AB = 3，BC = 5，∠ABC = 120°とする。

このとき，AC = [オ]，$\sin\angle ABC = \dfrac{\sqrt{[カ]}}{[キ]}$であり，

$\sin\angle BCA = \dfrac{[ク]\sqrt{[ケ]}}{[コサ]}$である。

直線BC上に点Dを，AD = $3\sqrt{3}$ かつ∠ADCが鋭角，となるようにとる。点Pを線分BD上の点とし，△APCの外接円の半径をRとすると，Rのとり得る値の範囲は$\dfrac{[シ]}{[ス]} \leqq R \leqq$ [セ]である。

第3問 (必答問題) (配点　15)

〔1〕 ある高校3年生1クラスの生徒40人について，ハンドボール投げの飛距離のデータを取った。次の図1は，このクラスで最初に取ったデータのヒストグラムである。

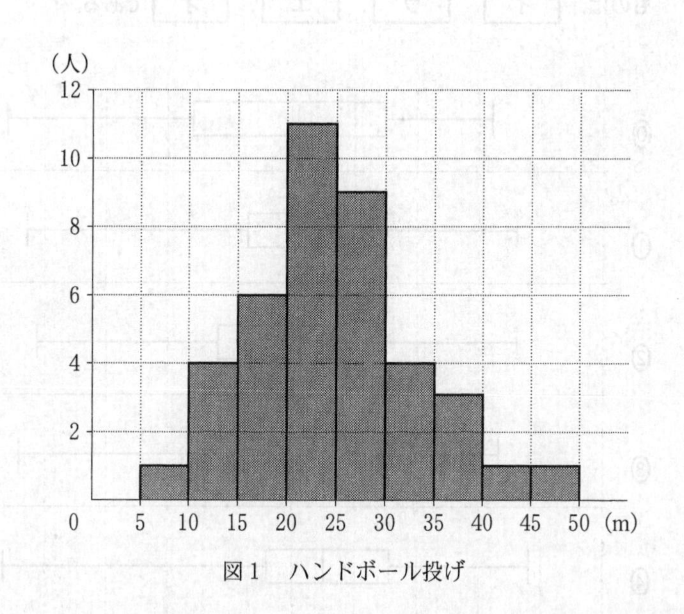

図1　ハンドボール投げ

(1) 次の ア に当てはまるものを，下の⓪～⑧のうちから一つ選べ。

この40人のデータの第3四分位数が含まれる階級は， ア である。

⓪ 5 m以上10 m未満　　① 10 m以上15 m未満

② 15 m以上20 m未満　　③ 20 m以上25 m未満

④ 25 m以上30 m未満　　⑤ 30 m以上35 m未満

⑥ 35 m以上40 m未満　　⑦ 40 m以上45 m未満

⑧ 45 m以上50 m未満

(数学Ⅰ・数学A第3問は次ページに続く。)

(2)　次の［イ］～［オ］に当てはまるものを，下の⓪～⑤のうちから一つずつ選べ。ただし，［イ］～［オ］の解答の順序は問わない。

このデータを箱ひげ図にまとめたとき，図1のヒストグラムと**矛盾する**ものは，［イ］，［ウ］，［エ］，［オ］である。

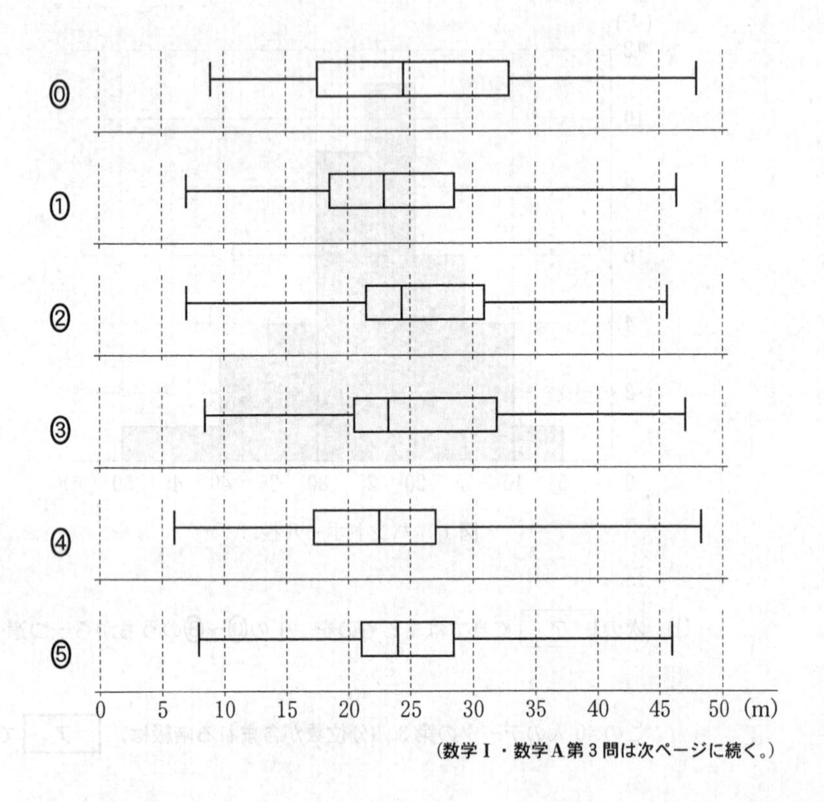

(数学Ⅰ・数学A第3問は次ページに続く。)

(3) 次の文章中の［カ］，［キ］に入れるものとして最も適当なものを，下の⓪～③のうちから一つずつ選べ。ただし，［カ］，［キ］の解答の順序は問わない。

後日，このクラスでハンドボール投げの記録を取り直した。次に示したA～Dは，最初に取った記録から今回の記録への変化の分析結果を記述したものである。a～dの各々が今回取り直したデータの箱ひげ図となる場合に，⓪～③の組合せのうち分析結果と箱ひげ図が**矛盾するものは**，［カ］，［キ］である。

⓪ A－a　① B－b　② C－c　③ D－d

A：どの生徒の記録も下がった。
B：どの生徒の記録も伸びた。
C：最初に取ったデータで上位$\frac{1}{3}$に入るすべての生徒の記録が伸びた。
D：最初に取ったデータで上位$\frac{1}{3}$に入るすべての生徒の記録は伸び，下位$\frac{1}{3}$に入るすべての生徒の記録は下がった。

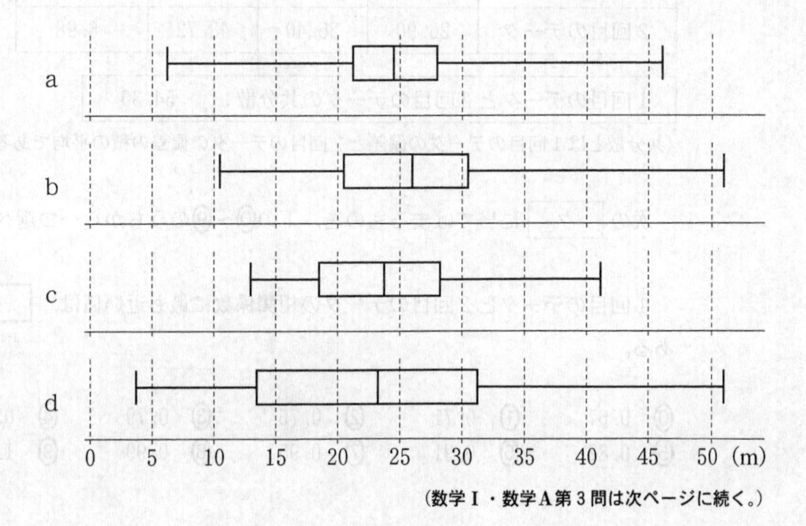

（数学Ⅰ・数学A第3問は次ページに続く。）

〔2〕 ある高校2年生40人のクラスで一人2回ずつハンドボール投げの飛距離のデータを取ることにした。次の図2は，1回目のデータを横軸に，2回目のデータを縦軸にとった散布図である。なお，一人の生徒が欠席したため，39人のデータとなっている。

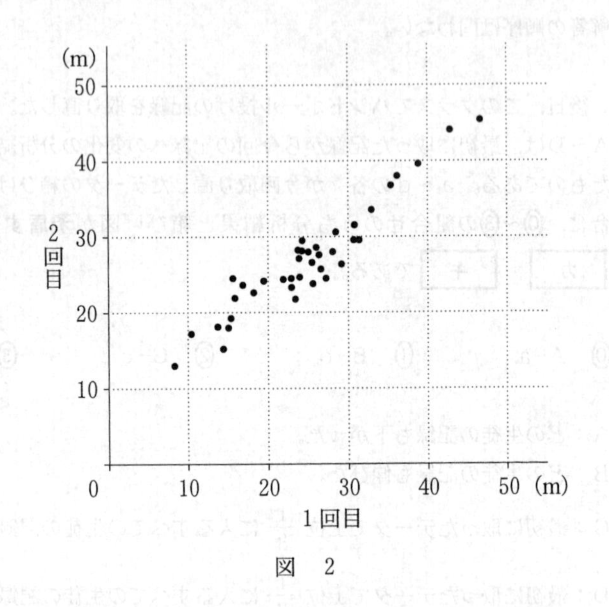

図　2

	平均値	中央値	分　散	標準偏差
1回目のデータ	24.70	24.30	67.40	8.21
2回目のデータ	26.90	26.40	48.72	6.98

1回目のデータと2回目のデータの共分散	54.30

(共分散とは1回目のデータの偏差と2回目のデータの偏差の積の平均である)

次の［ク］に当てはまるものを，下の⓪～⑨のうちから一つ選べ。

1回目のデータと2回目のデータの相関係数に最も近い値は，［ク］である。

⓪ 0.67　① 0.71　② 0.75　③ 0.79　④ 0.83
⑤ 0.87　⑥ 0.91　⑦ 0.95　⑧ 0.99　⑨ 1.03

第４問〜第６問は，いずれか２問を選択し，解答しなさい。

第４問　（選択問題）（配点　20）

同じ大きさの５枚の正方形の板を一列に並べて，図のような掲示板を作り，壁に固定する。赤色，緑色，青色のペンキを用いて，隣り合う正方形どうしが異なる色となるように，この掲示板を塗り分ける。ただし，塗り分ける際には，３色のペンキをすべて使わなければならないわけではなく，２色のペンキだけで塗り分けることがあってもよいものとする。

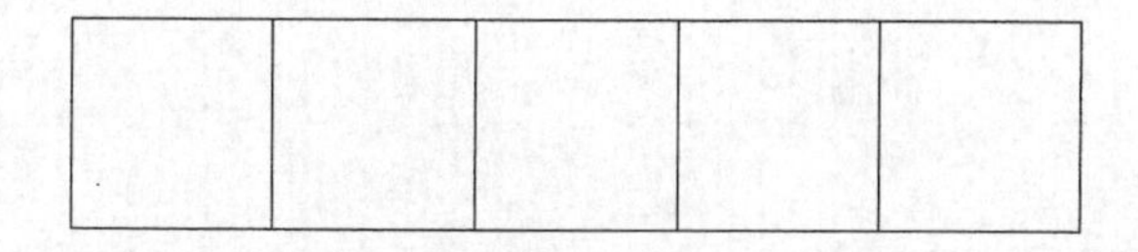

(1)　このような塗り方は，全部で［アイ］通りある。

(2)　塗り方が左右対称となるのは，［ウエ］通りある。

(3)　青色と緑色の２色だけで塗り分けるのは，［オ］通りある。

(4)　赤色に塗られる正方形が３枚であるのは，［カ］通りある。

（数学Ⅰ・数学A第４問は次ページに続く。）

(5) 赤色に塗られる正方形が 1 枚である場合について考える。

- どちらかの端の 1 枚が赤色に塗られるのは, キ 通りある。
- 端以外の 1 枚が赤色に塗られるのは, クケ 通りある。

よって, 赤色に塗られる正方形が 1 枚であるのは, コサ 通りある。

(6) 赤色に塗られる正方形が 2 枚であるのは, シス 通りある。

第4問〜第6問は，いずれか2問を選択し，解答しなさい。

第5問 （選択問題）（配点　20）

以下では，$a = 756$ とし，m は自然数とする。

(1) a を素因数分解すると

$$a = 2^{\boxed{ア}} \cdot 3^{\boxed{イ}} \cdot \boxed{ウ}$$

である。

a の正の約数の個数は $\boxed{エオ}$ 個である。

(2) $\sqrt{am}$ が自然数となる最小の自然数 m は $\boxed{カキ}$ である。$\sqrt{am}$ が自然数となるとき，m はある自然数 k により，$m = \boxed{カキ}\,k^2$ と表される数であり，そのときの $\sqrt{am}$ の値は $\boxed{クケコ}\,k$ である。

（数学Ⅰ・数学A第5問は次ページに続く。）

(3) 次に，自然数 k により [クケコ] k と表される数で，11 で割った余りが 1 となる最小の k を求める。1 次不定方程式

$$\boxed{クケコ}\, k - 11\ell = 1$$

を解くと，$k > 0$ となる整数解 (k, ℓ) のうち k が最小のものは，

$k =$ [サ]，$\ell =$ [シスセ] である。

(4) $\sqrt{am}$ が 11 で割ると 1 余る自然数となるとき，そのような自然数 m のなかで最小のものは [ソタチツ] である。

第4問～第6問は，いずれか2問を選択し，解答しなさい。

第6問 （選択問題）（配点　20）

△ABCにおいて，AB＝AC＝5，BC＝$\sqrt{5}$とする。辺AC上に点DをAD＝3となるようにとり，辺BCのBの側の延長と△ABDの外接円との交点でBと異なるものをEとする。

CE・CB＝［アイ］であるから，BE＝$\sqrt{\boxed{ウ}}$である。

△ACEの重心をGとすると，AG＝$\dfrac{\boxed{エオ}}{\boxed{カ}}$である。

ABとDEの交点をPとすると

$$\frac{DP}{EP}=\frac{\boxed{キ}}{\boxed{ク}} \quad \cdots\cdots ①$$

である。

（数学Ⅰ・数学A第6問は次ページに続く。）

△ABC と△EDC において，点 A，B，D，E は同一円周上にあるので

∠CAB = ∠CED で，∠C は共通であるから

DE = [ケ]$\sqrt{[コ]}$ ………………………… ②

である。

①，② から，EP = $\dfrac{[サ]\sqrt{[シ]}}{[ス]}$ である。

数学Ⅱ・数学B

問　題	選　択　方　法
第1問	必　　答
第2問	必　　答
第3問	いずれか2問を選択し，解答しなさい。
第4問	
第5問	

（注）この科目には，選択問題があります。（17ページ参照。）

第１問 （必答問題）（配点　30）

〔1〕 O を原点とする座標平面上の 2 点 P$(2\cos\theta,\ 2\sin\theta)$，Q$(2\cos\theta+\cos 7\theta,\ 2\sin\theta+\sin 7\theta)$を考える。ただし，$\frac{\pi}{8} \leqq \theta \leqq \frac{\pi}{4}$ とする。

(1) OP = $\boxed{\text{ア}}$，PQ = $\boxed{\text{イ}}$ である。また

$$\mathrm{OQ}^2 = \boxed{\text{ウ}} + \boxed{\text{エ}}\,(\cos 7\theta\cos\theta + \sin 7\theta\sin\theta)$$
$$= \boxed{\text{ウ}} + \boxed{\text{エ}}\cos\left(\boxed{\text{オ}}\,\theta\right)$$

である。

よって，$\frac{\pi}{8} \leqq \theta \leqq \frac{\pi}{4}$ の範囲で，OQ は $\theta = \frac{\pi}{\boxed{\text{カ}}}$ のとき最大値 $\sqrt{\boxed{\text{キ}}}$ をとる。

（数学Ⅱ・数学B第１問は次ページに続く。）

⑵　3点O，P，Qが一直線上にあるようなθの値を求めよう。

直線OPを表す方程式は［ク］である。［ク］に当てはまるものを，次の⓪～③のうちから一つ選べ。

⓪　$(\cos\theta)x+(\sin\theta)y=0$　　①　$(\sin\theta)x+(\cos\theta)y=0$

②　$(\cos\theta)x-(\sin\theta)y=0$　　③　$(\sin\theta)x-(\cos\theta)y=0$

このことにより，$\dfrac{\pi}{8}\leqq\theta\leqq\dfrac{\pi}{4}$の範囲で，3点O，P，Qが一直線上にあるのは$\theta=\dfrac{\pi}{\boxed{ケ}}$のときであることがわかる。

⑶　∠OQPが直角となるのは$\mathrm{OQ}=\sqrt{\boxed{コ}}$のときである。したがって，$\dfrac{\pi}{8}\leqq\theta\leqq\dfrac{\pi}{4}$の範囲で，∠OQPが直角となるのは$\theta=\dfrac{\boxed{サ}}{\boxed{シ}}\pi$のときである。

(数学Ⅱ・数学B第１問は次ページに続く。)

〔2〕 a, bを正の実数とする。連立方程式

$$(*)\begin{cases} x\sqrt{y^3} = a \\ \sqrt[3]{x}\, y = b \end{cases}$$

を満たす正の実数x, yについて考えよう。

(1) 連立方程式(＊)を満たす正の実数x, yは

$$x = a^{\boxed{ス}} b^{\boxed{セソ}}, \quad y = a^p b^{\boxed{タ}}$$

となる。ただし

$$p = \frac{\boxed{チツ}}{\boxed{テ}}$$

である。

(数学Ⅱ・数学B第1問は次ページに続く。)

(2)　$b = 2\sqrt[3]{a^4}$ とする。a が $a > 0$ の範囲を動くとき，連立方程式(＊)を満たす正の実数 x，y について，$x + y$ の最小値を求めよう。

$b = 2\sqrt[3]{a^4}$ であるから，(＊)を満たす正の実数 x，y は，a を用いて

$$x = 2^{\boxed{\text{セソ}}} a^{\boxed{\text{トナ}}}, \quad y = 2^{\boxed{\text{タ}}} a^{\boxed{\text{ニ}}}$$

と表される。したがって，相加平均と相乗平均の関係を利用すると，$x + y$ は $a = 2^q$ のとき最小値 $\sqrt{\boxed{\text{ヌ}}}$ をとることがわかる。ただし

$$q = \frac{\boxed{\text{ネノ}}}{\boxed{\text{ハ}}}$$

である。

第2問 （必答問題）（配点　30）

(1)　関数$f(x)=\frac{1}{2}x^2$の$x=a$における微分係数$f'(a)$を求めよう。hが0でないとき，xがaから$a+h$まで変化するときの$f(x)$の平均変化率は

$\boxed{ア}+\frac{h}{\boxed{イ}}$である。したがって，求める微分係数は

$$f'(a)=\lim_{h\to\boxed{ウ}}\left(\boxed{ア}+\frac{h}{\boxed{イ}}\right)=\boxed{エ}$$

である。

(2)　放物線$y=\frac{1}{2}x^2$をCとし，C上に点$\mathrm{P}\left(a,\ \frac{1}{2}a^2\right)$をとる。ただし，$a>0$とする。点Pにおける$C$の接線$\ell$の方程式は

$$y=\boxed{オ}x-\frac{1}{\boxed{カ}}a^2$$

である。直線ℓとx軸との交点Qの座標は$\left(\frac{\boxed{キ}}{\boxed{ク}},\ 0\right)$である。点Qを通り$\ell$に垂直な直線を$m$とすると，$m$の方程式は

$$y=\frac{\boxed{ケコ}}{\boxed{サ}}x+\frac{\boxed{シ}}{\boxed{ス}}$$

である。

（数学Ⅱ・数学B第2問は次ページに続く。）

直線 m と y 軸との交点をAとする。三角形APQの面積を S とおくと

$$S = \frac{a\left(a^2 + \boxed{\text{セ}}\right)}{\boxed{\text{ソ}}}$$

となる。また，y 軸と線分APおよび曲線 C によって囲まれた図形の面積を T とおくと

$$T = \frac{a\left(a^2 + \boxed{\text{タ}}\right)}{\boxed{\text{チツ}}}$$

となる。

$a > 0$ の範囲における $S - T$ の値について調べよう。

$$S - T = \frac{a\left(a^2 - \boxed{\text{テ}}\right)}{\boxed{\text{トナ}}}$$

である。$a > 0$ であるから，$S - T > 0$ となるような a のとり得る値の範囲は $a > \sqrt{\boxed{\text{ニ}}}$ である。また，$a > 0$ のときの $S - T$ の増減を調べると，$S - T$ は $a = \boxed{\text{ヌ}}$ で最小値 $\dfrac{\boxed{\text{ネノ}}}{\boxed{\text{ハヒ}}}$ をとることがわかる。

第3問～第5問は，いずれか2問を選択し，解答しなさい。

第3問 （選択問題）（配点 20）

自然数 n に対し，2^n の一の位の数を a_n とする。また，数列 $\{b_n\}$ は

$$b_1 = 1,\quad b_{n+1} = \frac{a_n b_n}{4}\quad (n = 1,\ 2,\ 3,\ \cdots)\ \cdots\cdots\cdots\cdots\ ①$$

を満たすとする。

(1) $a_1 = 2$，$a_2 = \boxed{ア}$，$a_3 = \boxed{イ}$，$a_4 = \boxed{ウ}$，$a_5 = \boxed{エ}$ である。このことから，すべての自然数 n に対して，$a_{\boxed{オ}} = a_n$ となることがわかる。$\boxed{オ}$ に当てはまるものを，次の⓪～④のうちから一つ選べ。

⓪ $5n$　① $4n+1$　② $n+3$　③ $n+4$　④ $n+5$

(2) 数列 $\{b_n\}$ の一般項を求めよう。① を繰り返し用いることにより

$$b_{n+4} = \frac{a_{n+3}\,a_{n+2}\,a_{n+1}\,a_n}{2^{\boxed{カ}}}\,b_n\quad (n = 1,\ 2,\ 3,\ \cdots)$$

が成り立つことがわかる。ここで，$a_{n+3}\,a_{n+2}\,a_{n+1}\,a_n = 3 \cdot 2^{\boxed{キ}}$ であること

から，$b_{n+4} = \dfrac{\boxed{ク}}{\boxed{ケ}}\,b_n$ が成り立つ。このことから，自然数 k に対して

$$b_{4k-3} = \left(\frac{\boxed{コ}}{\boxed{サ}}\right)^{k-1},\quad b_{4k-2} = \frac{\boxed{シ}}{\boxed{ス}}\left(\frac{\boxed{コ}}{\boxed{サ}}\right)^{k-1}$$

$$b_{4k-1} = \frac{\boxed{セ}}{\boxed{ソ}}\left(\frac{\boxed{コ}}{\boxed{サ}}\right)^{k-1},\quad b_{4k} = \left(\frac{\boxed{コ}}{\boxed{サ}}\right)^{k-1}$$

である。

（数学II・数学B第3問は次ページに続く。）

(3) $S_n = \sum_{j=1}^{n} b_j$ とおく。自然数 m に対して

$$S_{4m} = \boxed{\text{タ}}\left(\frac{\boxed{\text{コ}}}{\boxed{\text{サ}}}\right)^m - \boxed{\text{チ}}$$

である。

(4) 積 $b_1 b_2 \cdots b_n$ を T_n とおく。自然数 k に対して

$$b_{4k-3}\, b_{4k-2}\, b_{4k-1}\, b_{4k} = \frac{1}{\boxed{\text{ツ}}}\left(\frac{\boxed{\text{コ}}}{\boxed{\text{サ}}}\right)^{\boxed{\text{テ}}(k-1)}$$

であることから，自然数 m に対して

$$T_{4m} = \frac{1}{\boxed{\text{ツ}}^{\,m}}\left(\frac{\boxed{\text{コ}}}{\boxed{\text{サ}}}\right)^{\boxed{\text{ト}}m^2 - \boxed{\text{ナ}}m}$$

である。また，T_{10} を計算すると，$T_{10} = \dfrac{3^{\boxed{\text{ニ}}}}{2^{\boxed{\text{ヌネ}}}}$ である。

第3問～第5問は，いずれか2問を選択し，解答しなさい。

第4問 （選択問題）（配点　20）

1辺の長さが1のひし形OABCにおいて，∠AOC = 120°とする。辺ABを2：1に内分する点をPとし，直線BC上に点Qを$\overrightarrow{OP}\perp\overrightarrow{OQ}$となるようにとる。以下，$\overrightarrow{OA}=\vec{a}$，$\overrightarrow{OB}=\vec{b}$とおく。

(1)　三角形OPQの面積を求めよう。$\overrightarrow{OP}=\dfrac{\boxed{ア}}{\boxed{イ}}\vec{a}+\dfrac{\boxed{ウ}}{\boxed{イ}}\vec{b}$である。実数$t$を用いて$\overrightarrow{OQ}=(1-t)\overrightarrow{OB}+t\overrightarrow{OC}$と表されるので，$\overrightarrow{OQ}=\boxed{エ}t\vec{a}+\vec{b}$である。ここで，$\vec{a}\cdot\vec{b}=\dfrac{\boxed{オ}}{\boxed{カ}}$，$\overrightarrow{OP}\cdot\overrightarrow{OQ}=\boxed{キ}$であることから，$t=\dfrac{\boxed{ク}}{\boxed{ケ}}$である。

これらのことから，$|\overrightarrow{OP}|=\dfrac{\sqrt{\boxed{コ}}}{\boxed{サ}}$，$|\overrightarrow{OQ}|=\dfrac{\sqrt{\boxed{シス}}}{\boxed{セ}}$である。

よって，三角形OPQの面積S_1は，$S_1=\dfrac{\boxed{ソ}\sqrt{\boxed{タ}}}{\boxed{チツ}}$である。

（数学Ⅱ・数学B第4問は次ページに続く。）

(2)　辺BCを1：3に内分する点をRとし，直線ORと直線PQとの交点をTとする。$\overrightarrow{OT}$を$\vec{a}$と$\vec{b}$を用いて表し，三角形OPQと三角形PRTの面積比を求めよう。

Tは直線OR上の点であり，直線PQ上の点でもあるので，実数r，sを用いて

$$\overrightarrow{OT} = r\,\overrightarrow{OR} = (1-s)\overrightarrow{OP} + s\,\overrightarrow{OQ}$$

と表すと，$r = \dfrac{\boxed{テ}}{\boxed{ト}}$，$s = \dfrac{\boxed{ナ}}{\boxed{ニ}}$となることがわかる。よって，

$$\overrightarrow{OT} = \dfrac{\boxed{ヌネ}}{\boxed{ノハ}}\vec{a} + \dfrac{\boxed{ヒ}}{\boxed{フ}}\vec{b}$$ である。

上で求めたr，sの値から，三角形OPQの面積S_1と，三角形PRTの面積S_2との比は，$S_1 : S_2 = \boxed{ヘホ} : 2$である。

第３問〜第５問は，いずれか２問を選択し，解答しなさい。

第５問 （選択問題）（配点　20）

以下の問題を解答するにあたっては，必要に応じて 31 ページの正規分布表を用いてもよい。

また，小数の形で解答する場合，指定された桁(けた)数の一つ下の桁を四捨五入し，解答せよ。途中で割り切れた場合，指定された桁まで⓪にマークすること。

(1)　袋の中に白球が４個，赤球が３個入っている。この袋の中から同時に３個の球を取り出すとき，白球の個数を W とする。確率変数 W について

$$P(W=0)=\frac{\boxed{\text{ア}}}{\boxed{\text{イウ}}},\quad P(W=1)=\frac{\boxed{\text{エオ}}}{\boxed{\text{イウ}}}$$

$$P(W=2)=\frac{\boxed{\text{カキ}}}{\boxed{\text{イウ}}},\quad P(W=3)=\frac{\boxed{\text{ク}}}{\boxed{\text{イウ}}}$$

であり，期待値(平均)は $\frac{\boxed{\text{ケコ}}}{\boxed{\text{サ}}}$，分散は $\frac{\boxed{\text{シス}}}{\boxed{\text{セソ}}}$ である。

（数学Ⅱ・数学Ｂ第５問は次ページに続く。）

⑵　確率変数 Z が標準正規分布に従うとき

$$P\left(-\boxed{\text{タ}} \leqq Z \leqq \boxed{\text{タ}}\right) = 0.99$$

が成り立つ。 タ に当てはまる最も適切なものを，次の⓪～③のうちから一つ選べ。

⓪　1.64　　①　1.96　　②　2.33　　③　2.58

（数学Ⅱ・数学B第5問は次ページに続く。）

(3) 母標準偏差 σ の母集団から，大きさ n の無作為標本を抽出する。ただし，n は十分に大きいとする。この標本から得られる母平均 m の信頼度（信頼係数）95 % の信頼区間を $A \leqq m \leqq B$ とし，この信頼区間の幅 L_1 を $L_1 = B - A$ で定める。

この標本から得られる信頼度 99 % の信頼区間を $C \leqq m \leqq D$ とし，この信頼区間の幅 L_2 を $L_2 = D - C$ で定めると

$$\frac{L_2}{L_1} = \boxed{\text{チ}} . \boxed{\text{ツ}}$$

が成り立つ。また，同じ母集団から，大きさ $4n$ の無作為標本を抽出して得られる母平均 m の信頼度 95 % の信頼区間を $E \leqq m \leqq F$ とし，この信頼区間の幅 L_3 を $L_3 = F - E$ で定める。このとき

$$\frac{L_3}{L_1} = \boxed{\text{テ}} . \boxed{\text{ト}}$$

が成り立つ。

（数学Ⅱ・数学B第5問は次ページに続く。）

正 規 分 布 表

次の表は，標準正規分布の分布曲線における右図の灰色部分の面積の値をまとめたものである。

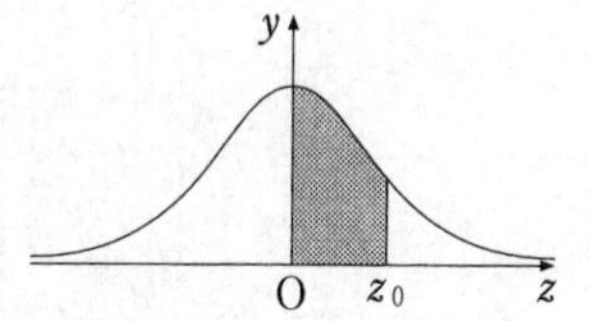

z_0	0.00	0.01	0.02	0.03	0.04	0.05	0.06	0.07	0.08	0.09
0.0	0.0000	0.0040	0.0080	0.0120	0.0160	0.0199	0.0239	0.0279	0.0319	0.0359
0.1	0.0398	0.0438	0.0478	0.0517	0.0557	0.0596	0.0636	0.0675	0.0714	0.0753
0.2	0.0793	0.0832	0.0871	0.0910	0.0948	0.0987	0.1026	0.1064	0.1103	0.1141
0.3	0.1179	0.1217	0.1255	0.1293	0.1331	0.1368	0.1406	0.1443	0.1480	0.1517
0.4	0.1554	0.1591	0.1628	0.1664	0.1700	0.1736	0.1772	0.1808	0.1844	0.1879
0.5	0.1915	0.1950	0.1985	0.2019	0.2054	0.2088	0.2123	0.2157	0.2190	0.2224
0.6	0.2257	0.2291	0.2324	0.2357	0.2389	0.2422	0.2454	0.2486	0.2517	0.2549
0.7	0.2580	0.2611	0.2642	0.2673	0.2704	0.2734	0.2764	0.2794	0.2823	0.2852
0.8	0.2881	0.2910	0.2939	0.2967	0.2995	0.3023	0.3051	0.3078	0.3106	0.3133
0.9	0.3159	0.3186	0.3212	0.3238	0.3264	0.3289	0.3315	0.3340	0.3365	0.3389
1.0	0.3413	0.3438	0.3461	0.3485	0.3508	0.3531	0.3554	0.3577	0.3599	0.3621
1.1	0.3643	0.3665	0.3686	0.3708	0.3729	0.3749	0.3770	0.3790	0.3810	0.3830
1.2	0.3849	0.3869	0.3888	0.3907	0.3925	0.3944	0.3962	0.3980	0.3997	0.4015
1.3	0.4032	0.4049	0.4066	0.4082	0.4099	0.4115	0.4131	0.4147	0.4162	0.4177
1.4	0.4192	0.4207	0.4222	0.4236	0.4251	0.4265	0.4279	0.4292	0.4306	0.4319
1.5	0.4332	0.4345	0.4357	0.4370	0.4382	0.4394	0.4406	0.4418	0.4429	0.4441
1.6	0.4452	0.4463	0.4474	0.4484	0.4495	0.4505	0.4515	0.4525	0.4535	0.4545
1.7	0.4554	0.4564	0.4573	0.4582	0.4591	0.4599	0.4608	0.4616	0.4625	0.4633
1.8	0.4641	0.4649	0.4656	0.4664	0.4671	0.4678	0.4686	0.4693	0.4699	0.4706
1.9	0.4713	0.4719	0.4726	0.4732	0.4738	0.4744	0.4750	0.4756	0.4761	0.4767
2.0	0.4772	0.4778	0.4783	0.4788	0.4793	0.4798	0.4803	0.4808	0.4812	0.4817
2.1	0.4821	0.4826	0.4830	0.4834	0.4838	0.4842	0.4846	0.4850	0.4854	0.4857
2.2	0.4861	0.4864	0.4868	0.4871	0.4875	0.4878	0.4881	0.4884	0.4887	0.4890
2.3	0.4893	0.4896	0.4898	0.4901	0.4904	0.4906	0.4909	0.4911	0.4913	0.4916
2.4	0.4918	0.4920	0.4922	0.4925	0.4927	0.4929	0.4931	0.4932	0.4934	0.4936
2.5	0.4938	0.4940	0.4941	0.4943	0.4945	0.4946	0.4948	0.4949	0.4951	0.4952
2.6	0.4953	0.4955	0.4956	0.4957	0.4959	0.4960	0.4961	0.4962	0.4963	0.4964
2.7	0.4965	0.4966	0.4967	0.4968	0.4969	0.4970	0.4971	0.4972	0.4973	0.4974
2.8	0.4974	0.4975	0.4976	0.4977	0.4977	0.4978	0.4979	0.4979	0.4980	0.4981
2.9	0.4981	0.4982	0.4982	0.4983	0.4984	0.4984	0.4985	0.4985	0.4986	0.4986
3.0	0.4987	0.4987	0.4987	0.4988	0.4988	0.4989	0.4989	0.4989	0.4990	0.4990

MEMO

数学Ⅰ・数学A
数学Ⅱ・数学B

（2014年１月実施）

数学Ⅰ・数学A　60分　100点
数学Ⅱ・数学B　60分　100点

	問題番号		解答記号		現行課程での範囲
数学Ⅰ・数学A	第１問	〔１〕	ア～ソ	数と式	Ⅰ
		〔２〕	タチ	集合の要素の個数	A
			ツ～ナ	集合	Ⅰ
	第２問		ア～へ	２次関数	Ⅰ
	第３問		ア～サ，ニヌ	図形と計量	Ⅰ
			シ～ナ，ネ	平面図形	A
	第４問		ア～ツ	場合の数・確率	A

	問題番号		解答記号		現行課程での範囲
数学Ⅱ・数学B	第１問	〔１〕	ア～セ	図形と方程式	Ⅱ
		〔２〕	ソ～へ	指数関数・対数関数	Ⅱ
	第２問		ア～ノ	微分法・積分法	Ⅱ
	第３問		ア～ノ	数列	B
	第４問		ア～フ	ベクトル	B
	第５問		ア～ナ	統計	Ⅰ
	第６問		ア～ナ	コンピュータ	範囲外

数学Ⅰ・数学A

（全　問　必　答）

第1問　（配点　20）

〔1〕　$a = \dfrac{1+\sqrt{3}}{1+\sqrt{2}}$，$b = \dfrac{1-\sqrt{3}}{1-\sqrt{2}}$ とおく。

(1)　$ab =$ [ア]

$a + b =$ [イ] ([ウエ] $+ \sqrt{[オ]}$)

$a^2 + b^2 =$ [カ] ([キ] $- \sqrt{[ク]}$)

である。

(2)　$ab =$ [ア] と $a^2 + b^2 + 4(a+b) =$ [ケコ] から，a は

$a^4 +$ [サ] $a^3 -$ [シス] $a^2 +$ [セ] $a +$ [ソ] $= 0$

を満たすことがわかる。

（数学Ⅰ・数学A第1問は次ページに続く。）

〔2〕 集合 U を $U=\{n \mid n$ は $5<\sqrt{n}<6$ を満たす自然数$\}$ で定め，また，U の部分集合 P, Q, R, S を次のように定める。

$P=\{n \mid n \in U$ かつ n は 4 の倍数$\}$

$Q=\{n \mid n \in U$ かつ n は 5 の倍数$\}$

$R=\{n \mid n \in U$ かつ n は 6 の倍数$\}$

$S=\{n \mid n \in U$ かつ n は 7 の倍数$\}$

全体集合を U とする。集合 P の補集合を $\overline{P}$ で表し，同様に Q, R, S の補集合をそれぞれ $\overline{Q}$, $\overline{R}$, $\overline{S}$ で表す。

(1) U の要素の個数は［タチ］個である。

(2) 次の⓪～④で与えられた集合のうち，空集合であるものは［ツ］，［テ］である。

［ツ］，［テ］に当てはまるものを，次の⓪～④のうちから一つずつ選べ。ただし，［ツ］，［テ］の解答の順序は問わない。

⓪ $P \cap R$　① $P \cap S$　② $Q \cap R$　③ $P \cap \overline{Q}$　④ $R \cap \overline{Q}$

(3) 集合 X が集合 Y の部分集合であるとき，$X \subset Y$ と表す。このとき，次の⓪～④のうち，部分集合の関係について成り立つものは［ト］，［ナ］である。

［ト］，［ナ］に当てはまるものを，次の⓪～④のうちから一つずつ選べ。ただし，［ト］，［ナ］の解答の順序は問わない。

⓪ $P \cup R \subset \overline{Q}$　① $S \cap \overline{Q} \subset P$　② $\overline{Q} \cap \overline{S} \subset \overline{P}$

③ $\overline{P} \cup \overline{Q} \subset \overline{S}$　④ $\overline{R} \cap \overline{S} \subset \overline{Q}$

第2問 (配点 25)

a を定数とし，x の2次関数

$$y = x^2 + 2ax + 3a^2 - 6a - 36 \quad \cdots\cdots ①$$

のグラフを G とする。G の頂点の座標は

$$\left(\boxed{ア}\,a,\ \boxed{イ}\,a^2 - \boxed{ウ}\,a - \boxed{エオ} \right)$$

である。G と y 軸との交点の y 座標を p とする。

(1) $p = -27$ のとき，a の値は $a = \boxed{カ}$，$\boxed{キク}$ である。$a = \boxed{カ}$ のときの①のグラフを x 軸方向に $\boxed{ケ}$，y 軸方向に $\boxed{コ}$ だけ平行移動すると，$a = \boxed{キク}$ のときの①のグラフに一致する。

(数学I・数学A第2問は次ページに続く。)

(2) 下の [ス], [セ], [ノ], [ハ] には，次の⓪～③のうちから当てはまるものを一つずつ選べ。ただし，同じものを繰り返し選んでもよい。

⓪ $>$　　① $<$　　② $\geqq$　　③ $\leqq$

G が x 軸と共有点を持つような a の値の範囲を表す不等式は

[サシ] [ス] a [セ] [ソ]　　……………………… ②

である。a が ② の範囲にあるとき，p は，$a =$ [タ] で最小値 [チツテ] をとり，$a =$ [ト] で最大値 [ナニ] をとる。

G が x 軸と共有点を持ち，さらにそのすべての共有点の x 座標が -1 より大きくなるような a の値の範囲を表す不等式は

[ヌネ] [ノ] a [ハ] $\dfrac{[ヒフ]}{[ヘ]}$

である。

第3問 （配点 30）

$\triangle$ABC は，AB = 4，BC = 2，$\cos\angle ABC = \dfrac{1}{4}$ を満たすとする。このとき

$$CA = \boxed{ア},\quad \cos\angle BAC = \frac{\boxed{イ}}{\boxed{ウ}},\quad \sin\angle BAC = \frac{\sqrt{\boxed{エオ}}}{\boxed{カ}}$$

であり，$\triangle$ABC の外接円 O の半径は $\dfrac{\boxed{キ}\sqrt{\boxed{クケ}}}{\boxed{コサ}}$ である。$\angle$ABC の二等分線と $\angle$BAC の二等分線の交点を D，直線 BD と辺 AC の交点を E，直線 BD と円 O との交点で B と異なる交点を F とする。

(1) このとき

$$AE = \frac{\boxed{シ}}{\boxed{ス}},\quad BE = \frac{\boxed{セ}\sqrt{\boxed{ソタ}}}{\boxed{チ}},\quad BD = \frac{\boxed{ツ}\sqrt{\boxed{テト}}}{\boxed{ナ}}$$

となる。

(2) $\triangle$EBC の面積は $\triangle$EAF の面積の $\dfrac{\boxed{ニ}}{\boxed{ヌ}}$ 倍である。

（数学Ⅰ・数学A第3問は次ページに続く。）

(3) 角度に注目すると，線分 FA，FC，FD の関係で正しいのは ［ネ］ であることが分かる。

［ネ］ に当てはまるものを，次の⓪～⑤のうちから一つ選べ。

⓪ FA < FC = FD　　① FA = FC < FD

② FC < FA = FD　　③ FD < FC < FA

④ FA = FC = FD　　⑤ FD < FC = FA

第４問 （配点　25）

下の図は，ある町の街路図の一部である。

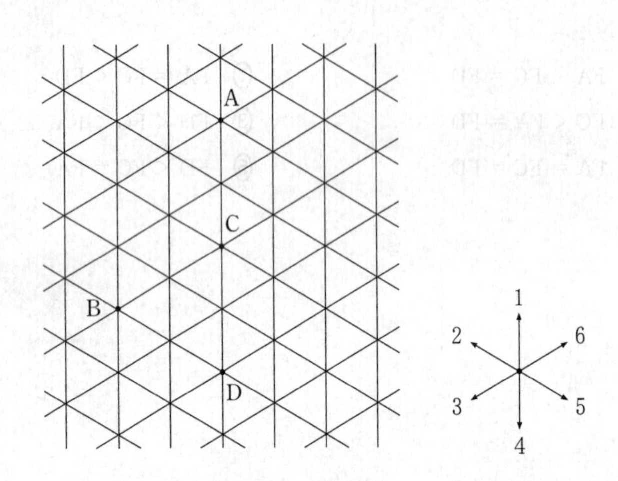

ある人が，交差点Ａから出発し，次の規則に従って，交差点から隣の交差点への移動を繰り返す。

① 街路上のみを移動する。

② 出発前にサイコロを投げ，出た目に応じて上図の１～６の矢印の方向の隣の交差点に移動する。

③ 交差点に達したら，再びサイコロを投げ，出た目に応じて図の１～６の矢印の方向の隣の交差点に移動する。（一度通った道を引き返すこともできる。）

④ 交差点に達するたびに，③と同じことを繰り返す。

（数学Ｉ・数学Ａ第４問は次ページに続く。）

(1) 交差点Aを出発し，4回移動して交差点Bにいる移動の仕方について考える。この場合，3の矢印の方向の移動と4の矢印の方向の移動をそれぞれ2回ずつ行うので，このような移動の仕方は［ア］通りある。

(2) 交差点Aを出発し，3回移動して交差点Cにいる移動の仕方は［イ］通りある。

(3) 交差点Aを出発し，6回移動することを考える。このとき，交差点Aを出発し，3回の移動が終わった時点で交差点Cにいて，次に3回移動して交差点Dにいる移動の仕方は［ウエ］通りあり，その確率は$\dfrac{\text{オ}}{\text{カキクケ}}$である。

(4) 交差点Aを出発し，6回移動して交差点Dにいる移動の仕方について考える。

- 1の矢印の向きの移動を含むものは［コ］通りある。
- 2の矢印の向きの移動を含むものは［サシ］通りある。
- 6の矢印の向きの移動を含むものも［サシ］通りある。
- 上記3つ以外の場合，4の矢印の向きの移動は［ス］回だけに決まるので，移動の仕方は［セソ］通りある。

よって，交差点Aを出発し，6回移動して交差点Dにいる移動の仕方は［タチツ］通りある。

数学Ⅱ・数学B

問　題	選　択　方　法
第1問	必　　答
第2問	必　　答
第3問	いずれか2問を選択し，解答しなさい。
第4問	
第5問	
第6問	

（注）この科目には，選択問題があります。（10ページ参照。）

第１問 （必答問題）（配点　30）

〔1〕 Oを原点とする座標平面において，点$\mathrm{P}(p,\ q)$を中心とする円Cが，方程式$y=\dfrac{4}{3}x$で表される直線ℓに接しているとする。

(1) 円Cの半径rを求めよう。

点Pを通り直線ℓに垂直な直線の方程式は

$$y=-\frac{\boxed{\text{ア}}}{\boxed{\text{イ}}}(x-p)+q$$

なので，Pからℓに引いた垂線とℓの交点Qの座標は

$$\left(\frac{3}{25}\left(\boxed{\text{ウ}}\,p+\boxed{\text{エ}}\,q\right),\quad \frac{4}{25}\left(\boxed{\text{ウ}}\,p+\boxed{\text{エ}}\,q\right)\right)$$

となる。

求めるCの半径rは，Pとℓの距離PQに等しいので

$$r=\frac{1}{5}\left|\boxed{\text{オ}}\,p-\boxed{\text{カ}}\,q\right| \quad\cdots\cdots\cdots\cdots\cdots\cdots\cdots\cdots\text{①}$$

である。

（数学Ⅱ・数学B第１問は次ページに続く。）

(2) 円Cが，x軸に接し，点R(2，2)を通る場合を考える。このとき，$p>0$，$q>0$である。Cの方程式を求めよう。

Cはx軸に接するので，Cの半径rはqに等しい。したがって，①により，$p=$ [キ] qである。

Cは点Rを通るので，求めるCの方程式は

$(x-$ [ク] $)^2+(y-$ [ケ] $)^2=$ [コ] ……………………②

または

$(x-$ [サ] $)^2+(y-$ [シ] $)^2=$ [ス] ……………………③

であることがわかる。ただし，[コ] < [ス] とする。

(3) 方程式②の表す円の中心をS，方程式③の表す円の中心をTとおくと，直線STは原点Oを通り，点Oは線分STを [セ] する。[セ] に当てはまるものを，次の⓪～⑤のうちから一つ選べ。

⓪ 1：1に内分　　① 1：2に内分　　② 2：1に内分
③ 1：1に外分　　④ 1：2に外分　　⑤ 2：1に外分

（数学Ⅱ・数学B第1問は次ページに続く。）

〔2〕 自然数 m, n に対して，不等式

$$\log_2 m^3 + \log_3 n^2 \leqq 3 \qquad \cdots\cdots ④$$

を考える。

$m = 2$，$n = 1$ のとき，$\log_2 m^3 + \log_3 n^2 =$ [ソ] であり，この m, n の値の組は ④ を満たす。

$m = 4$，$n = 3$ のとき，$\log_2 m^3 + \log_3 n^2 =$ [タ] であり，この m, n の値の組は ④ を満たさない。

不等式 ④ を満たす自然数 m, n の組の個数を調べよう。④ は

$$\log_2 m + \frac{\boxed{チ}}{\boxed{ツ}} \log_3 n \leqq \boxed{テ} \qquad \cdots\cdots ⑤$$

と変形できる。

n が自然数のとき，$\log_3 n$ のとり得る最小の値は [ト] であるから，⑤ により，$\log_2 m \leqq$ [テ] でなければならない。$\log_2 m \leqq$ [テ] により，$m =$ [ナ] または $m =$ [ニ] でなければならない。ただし，[ナ] < [ニ] とする。

（数学Ⅱ・数学B第1問は次ページに続く。）

$m=$ ［ナ］ の場合，⑤は，$\log_3 n \leqq \dfrac{\text{ヌ}}{\text{ネ}}$ となり，$n^2 \leqq$ ［ノハ］ と変形できる。よって，$m=$ ［ナ］ のとき，⑤を満たす自然数 n のとり得る値の範囲は $n \leqq$ ［ヒ］ である。したがって，$m=$ ［ナ］ の場合，④を満たす自然数 m，n の組の個数は ［ヒ］ である。

同様にして，$m=$ ［ニ］ の場合，④を満たす自然数 m，n の組の個数は ［フ］ である。

以上のことから，④を満たす自然数 m，n の組の個数は ［ヘ］ である。

第2問 （必答問題）（配点　30）

p を実数とし，$f(x)=x^3-px$ とする。

(1) 関数 $f(x)$ が極値をもつための p の条件を求めよう。$f(x)$ の導関数は，$f'(x)=$ [ア] $x^{[イ]}-p$ である。したがって，$f(x)$ が $x=a$ で極値をとるならば，[ア] $a^{[イ]}-p=$ [ウ] が成り立つ。さらに，$x=a$ の前後での $f'(x)$ の符号の変化を考えることにより，p が条件 [エ] を満たす場合は，$f(x)$ は必ず極値をもつことがわかる。[エ] に当てはまるものを，次の⓪～④のうちから一つ選べ。

⓪ $p=0$　① $p>0$　② $p\geqq 0$　③ $p<0$　④ $p\leqq 0$

(2) 関数 $f(x)$ が $x=\frac{p}{3}$ で極値をとるとする。また，曲線 $y=f(x)$ を C とし，C 上の点 $\left(\frac{p}{3},\ f\left(\frac{p}{3}\right)\right)$ を A とする。

$f(x)$ が $x=\frac{p}{3}$ で極値をとることから，$p=$ [オ] であり，$f(x)$ は $x=$ [カキ] で極大値をとり，$x=$ [ク] で極小値をとる。

（数学Ⅱ・数学B第2問は次ページに続く。）

曲線Cの接線で，点Aを通り傾きが0でないものをℓとする。ℓの方程式を求めよう。ℓとCの接点のx座標をbとすると，ℓは点$(b,\ f(b))$におけるCの接線であるから，ℓの方程式はbを用いて

$$y=\left(\boxed{\text{ケ}}\,b^2-\boxed{\text{コ}}\right)(x-b)+f(b)$$

と表すことができる。また，ℓは点Aを通るから，方程式

$$\boxed{\text{サ}}\,b^3-\boxed{\text{シ}}\,b^2+1=0$$

を得る。この方程式を解くと，$b=\boxed{\text{ス}}$，$\dfrac{\boxed{\text{セソ}}}{\boxed{\text{タ}}}$であるが，$\ell$の傾きが0でないことから，$\ell$の方程式は

$$y=\frac{\boxed{\text{チツ}}}{\boxed{\text{テ}}}x+\frac{\boxed{\text{ト}}}{\boxed{\text{ナ}}}$$

である。

点Aを頂点とし，原点を通る放物線をDとする。ℓとDで囲まれた図形のうち，不等式$x \geqq 0$の表す領域に含まれる部分の面積Sを求めよう。Dの方程式は

$$y=\boxed{\text{ニ}}\,x^2-\boxed{\text{ヌ}}\,x$$

であるから，定積分を計算することにより，$S=\dfrac{\boxed{\text{ネノ}}}{24}$となる。

第3問～第6問は，いずれか2問を選択し，解答しなさい。

第3問 （選択問題）（配点　20）

数列$\{a_n\}$の初項は6であり，$\{a_n\}$の階差数列は初項が9，公差が4の等差数列である。

(1)　$a_2 =$ アイ，$a_3 =$ ウエ である。数列$\{a_n\}$の一般項を求めよう。$\{a_n\}$の階差数列の第n項が オ $n +$ カ であるから，数列$\{a_n\}$の一般項は

$$a_n = \boxed{キ}\, n^{\boxed{ク}} + \boxed{ケ}\, n + \boxed{コ} \quad \cdots\cdots\cdots\cdots ①$$

である。

(2)　数列$\{b_n\}$は，初項が$\frac{2}{5}$で，漸化式

$$b_{n+1} = \frac{a_n}{a_{n+1} - 1} b_n \quad (n = 1,\ 2,\ 3,\ \cdots) \quad \cdots\cdots\cdots\cdots ②$$

を満たすとする。$b_2 = \dfrac{\boxed{サ}}{\boxed{シス}}$ である。数列$\{b_n\}$の一般項と初項から第n項までの和S_nを求めよう。

①，②により，すべての自然数nに対して

$$b_{n+1} = \frac{\boxed{セ}\, n + \boxed{ソ}}{\boxed{セ}\, n + \boxed{タ}} b_n \quad \cdots\cdots\cdots\cdots ③$$

が成り立つことがわかる。

（数学Ⅱ・数学B第3問は次ページに続く。）

ここで

$$c_n = \left(\boxed{\text{セ}}\, n + \boxed{\text{ソ}} \right) b_n \quad \cdots\cdots\cdots\cdots \text{④}$$

とするとき，③を c_n と c_{n+1} を用いて変形すると，すべての自然数 n に対して

$$\left(\boxed{\text{セ}}\, n + \boxed{\text{チ}} \right) c_{n+1} = \left(\boxed{\text{セ}}\, n + \boxed{\text{ツ}} \right) c_n$$

が成り立つことがわかる。これにより

$$d_n = \left(\boxed{\text{セ}}\, n + \boxed{\text{テ}} \right) c_n \quad \cdots\cdots\cdots\cdots \text{⑤}$$

とおくと，すべての自然数 n に対して，$d_{n+1} = d_n$ が成り立つことがわかる。

$d_1 = \boxed{\text{ト}}$ であるから，すべての自然数 n に対して，$d_n = \boxed{\text{ト}}$ である。

したがって，④と⑤により，数列 $\{b_n\}$ の一般項は

$$b_n = \frac{\boxed{\text{ト}}}{\left(\boxed{\text{セ}}\, n + \boxed{\text{ソ}} \right)\left(\boxed{\text{セ}}\, n + \boxed{\text{テ}} \right)}$$

である。また

$$b_n = \frac{\boxed{\text{ナ}}}{\boxed{\text{セ}}\, n + \boxed{\text{ソ}}} - \frac{\boxed{\text{ニ}}}{\boxed{\text{セ}}\, n + \boxed{\text{テ}}}$$

が成り立つことを利用すると，数列 $\{b_n\}$ の初項から第 n 項までの和 S_n は

$$S_n = \frac{\boxed{\text{ヌ}}\, n}{\boxed{\text{ネ}}\, n + \boxed{\text{ノ}}}$$

であることがわかる。

第3問～第6問は，いずれか2問を選択し，解答しなさい。

第4問 （選択問題）（配点　20）

座標空間において，立方体OABC–DEFGの頂点を

O(0，0，0)，A(3，0，0)，B(3，3，0)，C(0，3，0)，

D(0，0，3)，E(3，0，3)，F(3，3，3)，G(0，3，3)

とし，ODを2：1に内分する点をK，OAを1：2に内分する点をLとする。BF上の点M，FG上の点NおよびK，Lの4点は同一平面上にあり，四角形KLMNは平行四辺形であるとする。

(1)　四角形KLMNの面積を求めよう。ベクトル$\overrightarrow{LK}$を成分で表すと

$$\overrightarrow{LK}=(\boxed{アイ},\ \boxed{ウ},\ \boxed{エ})$$

となり，四角形KLMNが平行四辺形であることにより，$\overrightarrow{LK}=\boxed{オ}$である。$\boxed{オ}$に当てはまるものを，次の⓪～③のうちから一つ選べ。

⓪　$\overrightarrow{ML}$　　①　$\overrightarrow{LM}$　　②　$\overrightarrow{NM}$　　③　$\overrightarrow{MN}$

ここで，M(3，3，s)，N(t，3，3)と表すと，$\overrightarrow{LK}=\boxed{オ}$であるので，$s=\boxed{カ}$，$t=\boxed{キ}$となり，NはFGを1：$\boxed{ク}$に内分することがわかる。

また，$\overrightarrow{LK}$と$\overrightarrow{LM}$について

$$\overrightarrow{LK}\cdot\overrightarrow{LM}=\boxed{ケ},\quad |\overrightarrow{LK}|=\sqrt{\boxed{コ}},\quad |\overrightarrow{LM}|=\sqrt{\boxed{サシ}}$$

となるので，四角形KLMNの面積は$\sqrt{\boxed{スセ}}$である。

(数学Ⅱ・数学B第4問は次ページに続く。)

(2) 四角形KLMNを含む平面をαとし，点Oを通り平面αと垂直に交わる直線をℓ，αとℓの交点をPとする。$|\overrightarrow{OP}|$と三角錐(すい)OLMNの体積を求めよう。

P$(p,\ q,\ r)$とおくと，$\overrightarrow{OP}$は$\overrightarrow{LK}$および$\overrightarrow{LM}$と垂直であるから，

$\overrightarrow{OP}\cdot\overrightarrow{LK}=\overrightarrow{OP}\cdot\overrightarrow{LM}=$ ソ となるので，$p=$ タ r，$q=\dfrac{\text{チツ}}{\text{テ}}r$

であることがわかる。$\overrightarrow{OP}$と$\overrightarrow{PL}$が垂直であることにより$r=\dfrac{\text{ト}}{\text{ナニ}}$となり，$|\overrightarrow{OP}|$を求めると

$$|\overrightarrow{OP}|=\frac{\text{ヌ}\sqrt{\text{ネノ}}}{\text{ハヒ}}$$

である。$|\overrightarrow{OP}|$は三角形LMNを底面とする三角錐OLMNの高さであるから，三角錐OLMNの体積は フ である。

第3問～第6問は，いずれか2問を選択し，解答しなさい。

第5問 （選択問題）（配点　20）

次の表は，あるクラスの生徒9人に対して行われた英語と数学のテスト（各20点満点）の得点をまとめたものである。ただし，テストの得点は整数値である。また，表の数値はすべて正確な値であり，四捨五入されていないものとする。

	英語	数学
生徒1	9	15
生徒2	20	20
生徒3	18	14
生徒4	18	17
生徒5	A	8
生徒6	18	C
生徒7	14	D
生徒8	15	14
生徒9	18	15
平均値	16.0	15.0
分散	B	10.00
相関係数	0.500	

以下，小数の形で解答する場合，指定された桁(けた)数の一つ下の桁を四捨五入し，解答せよ。途中で割り切れた場合，指定された桁まで⓪にマークすること。

（数学Ⅱ・数学B第5問は次ページに続く。）

(1)　生徒 5 の英語の得点Aは **アイ** 点であり，9 人の英語の得点の分散Bの値は **ウエ** . **オカ** である。また，9 人の数学の得点の平均値が 15.0 点であることと，英語と数学の得点の相関係数の値が 0.500 であることから，生徒 6 の数学の得点Cと生徒 7 の数学の得点Dの関係式

　　C＋D＝ **キク**

　　C－D＝ **ケ**

が得られる。したがって，Cは **コサ** 点，Dは **シス** 点である。

(2)　9 人の英語と数学の得点の相関図（散布図）として適切なものは **セ** である。 **セ** に当てはまるものを，次の⓪～③のうちから一つ選べ。

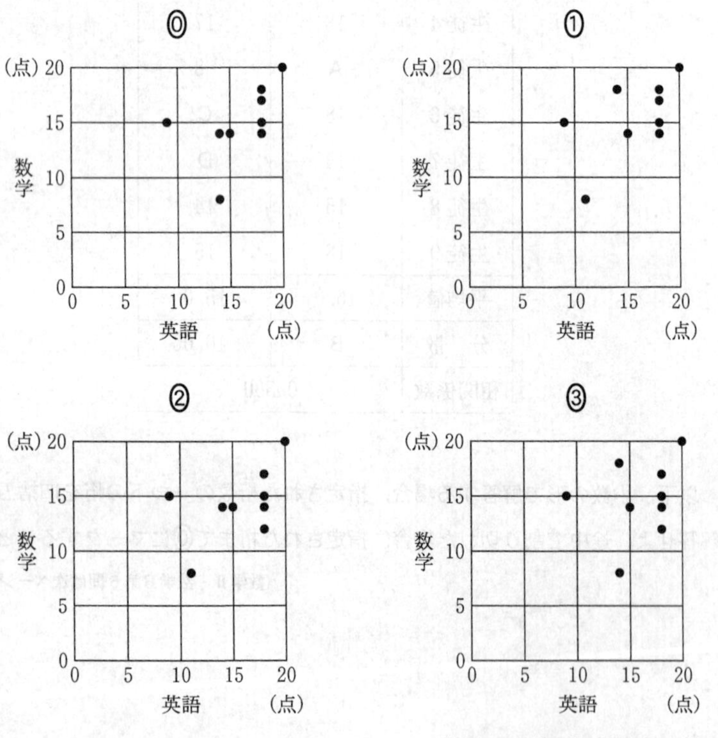

（数学Ⅱ・数学B第 5 問は次ページに続く。）

(3) 生徒10が転入したので，その生徒に対して同じテストを行った。次の表は，はじめの9人の生徒に生徒10を加えた10人の得点をまとめたものである。ただし，表の数値はすべて正確な値であり，四捨五入されていないものとする。

	英　語	数　学
生徒1	9	15
生徒2	20	20
生徒3	18	14
生徒4	18	17
生徒5	A	8
生徒6	18	C
生徒7	14	D
生徒8	15	14
生徒9	18	15
生徒10	6	F
平均値	E	14.0
分　散	18.00	18.00
相関係数	0.750	

10人の英語の得点の平均値Eは［ソタ］.［チ］点であり，生徒10の数学の得点Fは［ツ］点である。

(数学Ⅱ・数学B第5問は次ページに続く。)

(4) 生徒10が転入した後で1人の生徒が転出した。残った9人の生徒について，英語の得点の平均値は10人の平均値と同じ ソタ . チ 点，数学の得点の平均値は10人の平均値と同じ14.0点であった。転出したのは生徒 テ である。また，英語について，10人の得点の分散の値を v，残った9人の得点の分散の値を v' とすると

$$\frac{v'}{v} = \boxed{\text{ト}}$$

が成り立つ。さらに，10人についての英語と数学の得点の相関係数の値を r，残った9人についての英語と数学の得点の相関係数の値を r' とすると

$$\frac{r'}{r} = \boxed{\text{ナ}}$$

が成り立つ。 ト ， ナ に当てはまるものを，次の⓪～⑤のうちから一つずつ選べ。ただし，同じものを選んでもよい。

⓪ -1　　① 1　　② $\frac{9}{10}$

③ $\left(\frac{9}{10}\right)^2$　　④ $\frac{10}{9}$　　⑤ $\left(\frac{10}{9}\right)^2$

第3問～第6問は，いずれか2問を選択し，解答しなさい。

第6問 （選択問題）（配点　20）

2以上の自然数Nに対して，1からNまでの自然数の積

$$N! = 1 \times 2 \times \cdots \times N$$

の素因数分解を考える。

(1) $N = 6$のとき，$N!$の素因数分解は$6! = 2^{\boxed{ア}} \times 3^{\boxed{イ}} \times 5$である。6！は，素因数2を ア 個，素因数3を イ 個，素因数5を1個もつ。

(2) $N!$がもつ素因数2の個数を求める方法について考えよう。

まず，$\dfrac{N}{2}$の整数部分をMとおく。N以下の自然数の中には，M個の偶数2，4，…，$2M$がある。その他の奇数の積をQとおくと，$N!$は次のように表すことができる。

$$N! = Q \times 2 \times 4 \times \cdots \times 2M = Q \times 2^M \times M!$$

したがって，$N!$は少なくともM個の素因数2をもつことがわかる。さらに，$M!$がもつ素因数2の個数を求めるために，$N!$に対する手順を$M!$に対して再び用いることができる。

つまり，$N!$がもつ素因数2の個数を求めるためには，Nから$\dfrac{N}{2}$の整数部分であるMを求め，Mを改めてNと考えて，同じ手順を用いて新しくMを求める，という手順の繰り返しを$M < 2$となるまで行えばよい。この手順の繰り返しで求められたすべてのMの和が，$N!$がもつ素因数2の個数である。

たとえば，$N = 13$の場合には，$\dfrac{13}{2} = 6.5$であるから，$M = 6$となる。この手順を繰り返してMを求めた結果は，NからMを求める手順を矢印(→)で表すと，次のようにまとめられる。

$$13 \rightarrow \mathbf{6} \rightarrow \mathbf{3} \rightarrow \mathbf{1}$$

太字で表された6，3，1が，この手順を繰り返して求められたMの値である。それらの和$6 + 3 + 1 = 10$が，13！のもつ素因数2の個数である。

（数学Ⅱ・数学B第6問は次ページに続く。）

この手順にしたがって，2以上の自然数 N を入力して，$N!$ がもつ素因数2の個数を出力する〔プログラム1〕を作成した。ただし，INT(X)はXを超えない最大の整数を表す関数である。

〔プログラム1〕

```
100 INPUT PROMPT "N=":N
110 LET D=2
120 LET C=0
130 LET M=N
140 FOR J=1 TO N
150     LET M=INT(M/D)
160     LET [ ウ ]
170     IF [ エ ] THEN GOTO 190
180 NEXT J
190 PRINT "素因数";D;"は";C;"個"
200 END
```

〔プログラム1〕の ウ に当てはまるものを，次の⓪～③のうちから一つ選べ。

⓪ C=C+1　① C=M　② C=C+M　③ C=C+M+1

エ に当てはまるものを，次の⓪～④のうちから一つ選べ。

⓪ M>=D　① M=D　② M<=D　③ M<D　④ M>D

〔プログラム1〕を実行し，変数Nに101を入力する。170行の「GOTO 190」が実行されるときの変数Jの値は オ である。また，190行で出力される変数Cの値は カキ である。

（数学Ⅱ・数学B第6問は次ページに続く。）

(3) N！がもつ素因数2の個数を求める方法は，他の素因数の個数についても同様に適用できる。たとえば，N！がもつ素因数5の個数を求める場合は，まず，$\frac{N}{5}$の整数部分をMとおく。N以下の自然数の中にはM個の5の倍数があるので，N！は少なくともM個の素因数5をもつ。また，これらのM個の5の倍数を5で割った商は1，2，…，Mである。M！の中の素因数5の個数を求めるためには，MをNと考えて，同じ手順を繰り返せばよい。

したがって，N！がもつ素因数5の個数を求めるためには，〔プログラム1〕の **クケコ** 行を **サ** に変更すればよい。 **サ** に当てはまるものを，次の⓪～⑤のうちから一つ選べ。

⓪ INPUT PROMPT "N=":N　　① INPUT PROMPT "C=":C

② INPUT PROMPT "M=":M　　③ LET C=5

④ LET D=5　　⑤ LET M=D

変更した〔プログラム1〕を実行することにより，2014！は素因数5を **シスセ** 個もつことがわかる。したがって，2014！がもつ素因数2の個数と素因数5の個数について考えることにより，2014！を10で割り切れる限り割り続けると， **ソタチ** 回割れることがわかる。

(4) N以下のすべての素数が，N！の素因数として含まれる。その個数は，素数2や素数5の場合と同様に求められる。N以下のすべての素因数について，N！がもつ素因数とその個数を順に出力するように，〔プログラム1〕を変更して〔プログラム2〕を作成した。行番号に下線が引かれた行は，変更または追加された行である。

ただし，繰り返し処理「FOR K=A TO B～NEXT K」において，AがBより大きい場合，この繰り返し処理は実行されず次の処理に進む。

(数学Ⅱ・数学B第6問は次ページに続く。)

〔プログラム 2〕

```
100 INPUT PROMPT "N=":N
110 FOR D=2 TO N
111   FOR K=2 TO D-1
112     IF [ ツ ] THEN [ テ ]
113   NEXT K
120   LET C=0
130   LET M=N
140   FOR J=1 TO N
150     LET M=INT(M/D)
160     LET [ ウ ]
170     IF [ エ ] THEN GOTO 190
180   NEXT J
190   PRINT "素因数";D;"は";C;"個"
191 NEXT D
200 END
```

〔プログラム 2〕の 111 行から 113 行までの処理は，D が素数であるかどうかを判定するためのものである。[ツ]，[テ] に当てはまるものを，次の⓪～⑧のうちから一つずつ選べ。ただし，同じものを選んでもよい。

⓪ INT(D/K)=1	① INT(D/K)>1	② D=INT(D/K)*K
③ D<>INT(D/K)*K	④ GOTO 120	⑤ GOTO 130
⑥ GOTO 180	⑦ GOTO 190	⑧ GOTO 191

〔プログラム 2〕を実行し，変数 N に 26 を入力したとき，190 行は [ト] 回実行される。[ト] 回のうち，変数 C の値が 2 となるのは [ナ] 回である。

MEMO

MEMO

MEMO

MEMO

MEMO

MEMO

MEMO

MEMO

MEMO

2024大学入学共通テスト過去問レビュー

――どこよりも詳しく丁寧な解説――

書名			掲載年度											数学Ⅰ・Ⅱ，地歴A				掲載回数
			23	22	21①	21②	20	19	18	17	16	15	14	23	22	21①	21②	
英語		本試	●	●	●	●	●	●	●	●	●	●	●	リスニング	リスニング	リスニング	リスニング	10年19回
		追試	●	●										リスニング	リスニング			
数学Ⅰ・A Ⅱ・B	Ⅰ・A	本試	●	●	●	●	●	●	●	●	●	●	●	●	●	●		10年32回
		追試	●	●														
	Ⅱ・B	本試	●	●	●	●	●	●	●	●	●	●	●	●	●	●		
		追試	●	●														
国語		本試	●	●	●	●	●	●	●	●	●	●	●					10年13回
		追試	●	●														
物理基礎・物理	物理基礎	本試	●	●	●	●	●	●	●	●	●							10年22回
		追試		●														
	物理	本試	●	●	●	●	●	●	●	●	●	●	●					
		追試		●														
化学基礎・化学	化学基礎	本試	●	●	●	●	●	●	●	●	●							10年22回
		追試		●														
	化学	本試	●	●	●	●	●	●	●	●	●	●	●					
		追試		●														
生物基礎・生物	生物基礎	本試	●	●	●	●	●	●	●	●	●							10年22回
		追試		●														
	生物	本試	●	●	●	●	●	●	●	●	●	●	●					
		追試		●														
地学基礎・地学	地学基礎	本試	●	●	●	●	●	●	●	●	●	●						9年20回
		追試		●														
	地学	本試	●	●	●	●	●	●	●	●								
		追試		●														
日本史B		本試	●	●	●	●	●	●	●	●	●	●	●	●	●	●	●	10年15回
		追試																
世界史B		本試	●	●	●	●	●	●	●	●	●	●	●	●	●	●	●	10年15回
		追試																
地理B		本試	●	●	●	●	●	●	●	●	●	●	●	●	●	●	●	10年15回
		追試																
現代社会		本試	●	●	●	●	●	●	●	●								7年8回
		追試																
倫理，政治・経済	倫理	本試	●	●	●	●	●	●	●	●								7年24回
		追試																
	政治・経済	本試	●	●	●	●	●	●	●	●								
		追試																
	倫理，政治・経済	本試	●	●	●	●	●	●	●	●								
		追試																

・［英語（リスニング）］の音声は、ダウンロードおよび配信でご利用いただけます。